唯美

中文版After Effects 2022 从入门到精通

（微课视频 全彩版）

135集视频讲解+**手机扫码**看视频+在线交流

☑ 配色宝典 ☑ 构图宝典 ☑ 创意宝典 ☑ Premiere基础视频 ☑ AE插件介绍
☑ Photoshop基础视频 ☑ 3ds Max基础视频 ☑ PPT课件 ☑ 动态视频素材库

唯美世界 曹茂鹏 编著

中国水利水电出版社
www.waterpub.com.cn
·北京·

内 容 提 要

《中文版 After Effects 2022 从入门到精通（微课视频 全彩版）》是一本系统讲述 After Effects 软件的教程，也是一本 After Effects 2022 完全自学视频教程。它详细介绍了 After Effects 在影视特效、广告动画和影视包装等方面需要用到的 AE 核心功能和关键技术。

《中文版 After Effects 2022 从入门到精通（微课视频 全彩版）》全书共分 14 章。第 1 ～ 11 章介绍了 After Effects 的核心功能及基本操作，具体内容包括 After Effects 入门必备知识和基础操作，以及图层、蒙版、动画、视频效果、过渡效果、调色效果、抠像与合成、文字效果、视频渲染等内容，在介绍具体基础知识的同时还结合相关实例进行了实战讲解，以提高读者的学习效果；第 12～14 章通过影视包装、广告动画和影视特效 3 个不同方向的 8 个大型综合案例，进一步提升读者 After Effects 的综合实战水平。

《中文版 After Effects 2022 从入门到精通（微课视频 全彩版）》的各类学习资源有：

（1）135 集视频讲解 + 素材源文件 +PPT 课件 + 手机扫码看视频 + 在线交流。

（2）赠送 After Effects《跟踪与稳定》《表达式的应用》拓展学习的电子书 + 视频文件 + 素材源文件。

（3）赠送《配色宝典》《构图宝典》《创意宝典》《After Effects 插件介绍》等设计师必备知识电子书以及素材资源库、色谱表等教学或者设计素材。

（4）赠送《Premiere 基础视频教程》《Photoshop 基础视频教程》《3ds Max 基础视频教程》。

《中文版 After Effects 2022 从入门到精通（微课视频 全彩版）》语言通俗易懂，适合 After Effects 零基础读者学习，有一定使用经验的用户也可从本书中学到大量的高级功能。本书适合作为大中专院校和培训机构相关专业的教材，从事各类视频设计的人员及所有对视频设计感兴趣的读者均可选择本书进行学习。

图书在版编目（CIP）数据

中文版 After Effects 2022 从入门到精通 : 微课视频 : 全彩版 · 唯美 / 唯美世界，曹茂鹏编著 . -- 北京 : 中国水利水电出版社，2022.11（2024. 1 重印）

ISBN 978-7-5226-0913-3

Ⅰ . ①中… Ⅱ . ①唯… ②曹… Ⅲ . ①图像处理软件 Ⅳ . ① TP391.413

中国版本图书馆 CIP 数据核字 (2022) 第 158980 号

从书名	唯美
书　名	中文版After Effects 2022 从入门到精通（微课视频 全彩版） ZHONGWENBAN After Effects 2022 CONG RUMEN DAO JINGTONG
作　者	唯美世界　曹茂鹏　编著
出版发行	中国水利水电出版社 （北京市海淀区玉渊潭南路1号D座 100038） 网址：www.waterpub.com.cn E-mail：zhiboshangshu@163.com 电话：（010）62572966-2205/2266/2201（营销中心）
经　售	北京科水图书销售有限公司 电话：（010）68545874、63202643 全国各地新华书店和相关出版物销售网点
排　版	北京智博尚书文化传媒有限公司
印　刷	北京富博印刷有限公司
规　格	203mm×260mm　16开本　27印张　990千字　4插页
版　次	2022年11月第1版　2024年 1 月第3次印刷
印　数	8001—11000册
定　价	128.00元

Sunshine

第 8 章 调色效果
综合实例: 使用【Lumetri颜色】效果打造冷艳时尚大片

BEAUT
IFUI
OF
OR

第 4 章 蒙版工具
实例: 使用钢笔工具制作电影海报

A vast blue sky
I want to be freel love the freedom

第 11 章 渲染不同格式的作品
实例: 渲染JPG格式的静帧图片

本书精彩案例欣赏

第 10 章 文字效果
实例： 网红冲泡饮品宣传文字动画

第 8 章 调色效果
综合实例： 怀旧风格的风景调色

本书精彩案例欣赏

第13章 广告动画综合案例
综合实例：数码产品广告动画

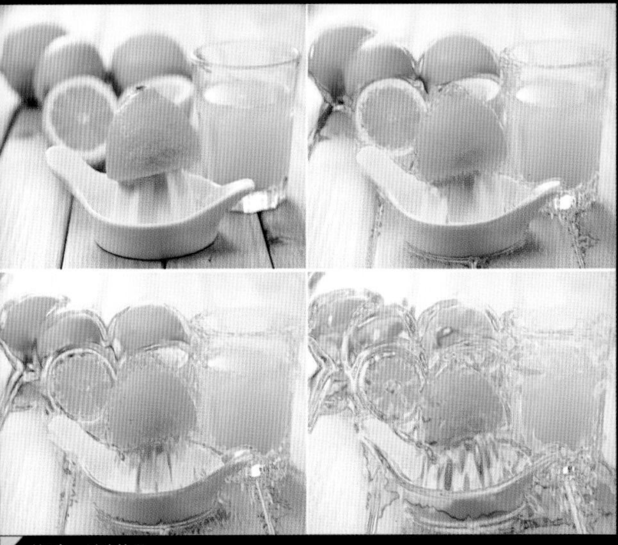

第7章 过渡效果
实例：使用【CC WarpoMatic】效果制作奇幻的冰冻过程

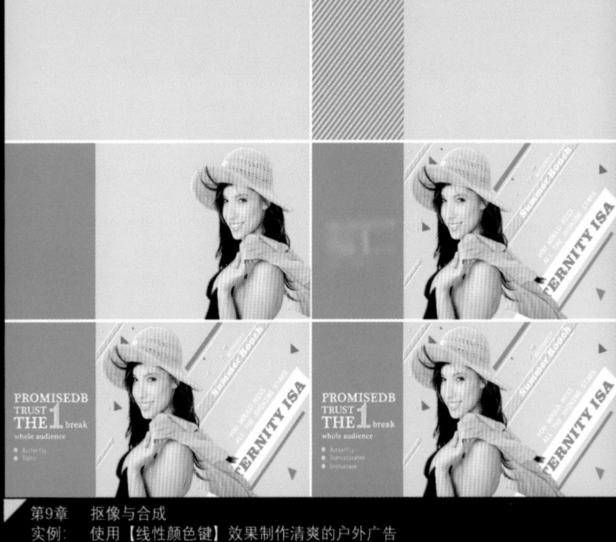

第9章 抠像与合成
实例：使用【线性颜色键】效果制作清爽的户外广告

第7章　过渡效果
轻松动手学：过渡效果的操作步骤

第6章　常用视频效果
实例：使用【泡沫】效果制作漫天飞舞的泡泡画面

第7章　过渡效果
实例：使用过渡效果制作旅游风景广告

本书精彩案例欣赏

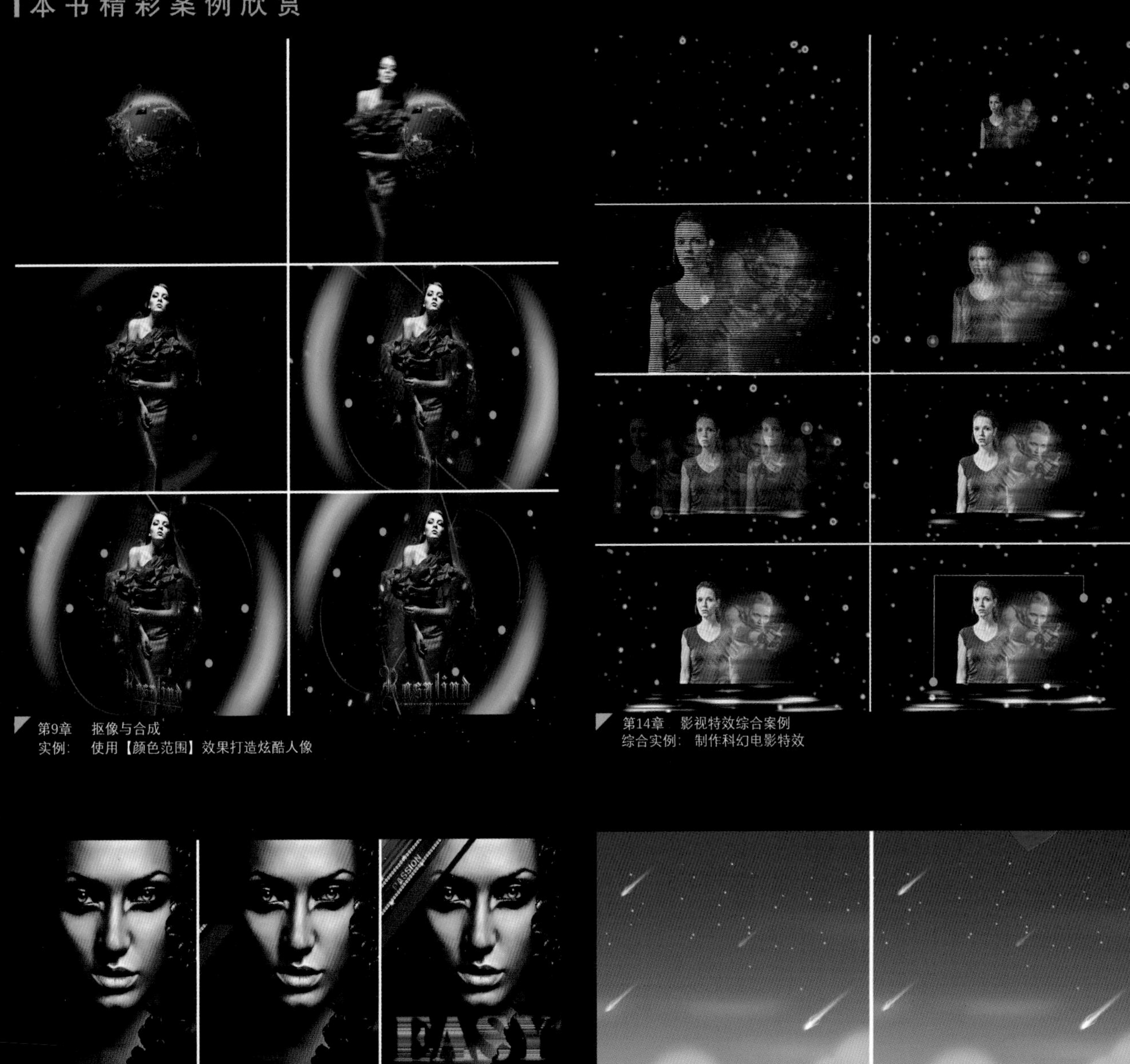

第9章 抠像与合成
实例： 使用【颜色范围】效果打造炫酷人像

第14章 影视特效综合案例
综合实例： 制作科幻电影特效

第14章 影视特效综合案例
综合实例： 炫彩光效动态海报

第5章 创建动画
轻松动手学：关键帧动画创建步骤

Adobe After Effects（简称 AE）是 Adobe 公司推出的一款功能强大的视频处理软件，它集强大的路径功能、高质量的视频剪辑、高效的关键帧编辑以及高效的渲染效果于一身，能够创建你能想到的任何视觉效果，如引人入胜的片头效果、滚动的片尾、旋转的字词、转动的字幕、爆炸的特效镜头以及绚丽的过渡效果等。此外，After Effects 还可以与其他 Adobe 软件无缝协作，创建出令人耳目一新的效果。

作为一款专业的非线性编辑软件，After Effects 已被广泛应用于数字电视、电影后期、电视广告、视觉创意和个人影像后期合成中，随着互联网和新兴多媒体的发展，After Effects 的发展空间必将更加宽广。

本书是以 After Effects 2022 版本软件为基础进行编写的，建议读者在学习本书前先安装好对应版本的软件。

本书显著特色

1. 配套视频讲解，手把手你学

本书配备了大量的同步教学视频，几乎涵盖全书所有实例，如同老师在身边手把手教学，让学习更轻松、更高效！

2. 二维码扫一扫，随时随地看视频

本书重要知识点和实例均录制了视频，并设置了二维码，通过手机扫一扫，随时随地就可在手机上看视频（若个别手机不能播放，可将视频下载到计算机上观看）。

3. 内容极为全面，注重学习规律

本书涵盖了 After Effects 2022 所有工具及命令的常用功能，是市场上内容最为全面的图书之一。同时本书采用“知识点 + 理论实践 + 实例练习 + 综合实例 + 技巧提示”的模式编写，符合轻松易学的学习规律。

4. 实例极为丰富，强化动手能力

“轻松动手学”便于读者动手操作，在模仿中学习。“实例”用以加深读者印象，让读者熟悉实战流程。“综合实例”则是通过对大型案例的讲解，为将来的设计工作奠定基础。

5. 案例效果精美，注重审美熏陶

好的作品不仅需要技术支持，还要彰显艺术品位。本书案例效果精美，目的是加强对美感的熏陶和培养。

6. 配套资源完善，便于深度、广度拓展

除了提供几乎覆盖全书的视频和素材文件外，本书还根据需要赠送了大量的软件学习资源、设计理论电子书、色彩技巧资源、练习资源等。

（1）软件学习资源包括《Premiere 基础视频教程》《Photoshop 基础视频教程》《3ds Max 基础视频教程》《19 款 After Effects 基本插件介绍》《After Effects 常用快捷键》。

（2）设计理论及色彩技巧资源包括《配色宝典》《构图宝典》《创意宝典》《色彩速查宝典》。

（3）练习资源包括实用设计素材、动态视频素材等。

（4）教学资源包括 PPT 课件。

（5）After Eflects 拓展学习的电子书 + 视频 + 素材源文件。

7. 专业作者心血之作，经验技巧尽在其中

作者系艺术学院讲师、Adobe® 创意大学专家委员会委员、Corel 中国专家委员会成员，设计、教学经验丰富，大量的经验技巧融于书中，可帮助读者提高学习效率，少走弯路。

8. 提供在线服务，随时随地可以交流

提供公众号资源下载、读者交流圈交流与答疑等服务。

本书服务

1. After Effects 2022 软件获取方式

本书提供的下载文件包括教学视频和素材文件等，教学视频可以直接扫码观看，如需操作本书中的实例，则需安装 After Effects 2022 软件。读者可通过以下方式获取 After Effects 2022 简体中文版软件。

（1）登录 Adobe 官方网站下载试用版软件或购买正版软件。

（2）可到网上咨询、搜索购买方式。

2. 本书资源下载及交流

（1）关注下方的微信公众号（设计指北），输入并发送“AEC0913”到公众号后台，即可获取本书资源的下载链接，然后将此链接复制到计算机浏览器的地址栏中，根据提示下载即可。

（2）用手机微信扫描下面的二维码，加入本书的读者交流圈，进行在线交流与学习。

说明：为了方便读者学习，本书提供了大量的素材资源供读者下载，这些资源仅限于读者个人使用，不可用于其他商业用途，否则，由此带来的一切后果均由读者个人承担。

设计指北

读者交流圈

关于作者

本书由唯美世界组织编写，曹茂鹏、瞿颖健承担主要的编写工作。其他参与编写的人员还有瞿玉珍、董辅川、王萍、杨力、瞿学严、杨宗香、曹元钢、张玉华、李芳、孙晓军、张吉太、唐玉明、朱于风等，在此一并表示感谢（本书部分插图素材购买于摄图网）。

最后，祝读者朋友在学习的路上一帆风顺！

编 者
2022 年 9 月

目 录
Contents
RK TOGETHE
ALTH OF M

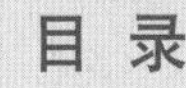

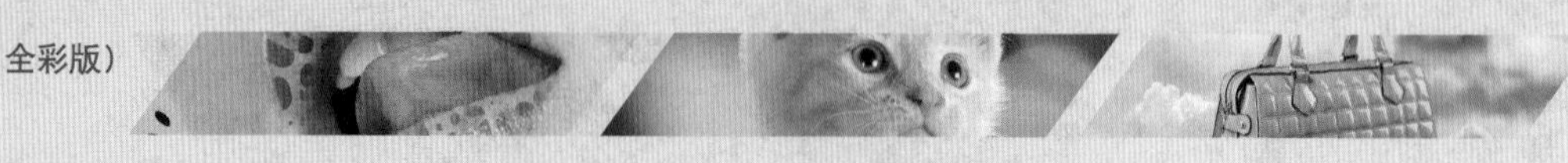

扫一扫，看视频

After Effects入门

本章内容简介：

本章主要讲解了在正式学习After Effects之前的必备基础理论知识，包括After Effects的概念、After Effects的行业应用、After Effects的学习思路、After Effects的安装、与After Effects相关的理论、After Effects中支持的文件格式等。

重点知识掌握：

- After Effects第一课
- 开启你的After Effects之旅
- 与After Effects相关的理论
- After Effects中支持的文件格式
- After Effects 2022对计算机的要求

优秀作品欣赏

1.1 After Effects 第一课

在正式学习After Effects之前，读者肯定有很多问题想问。例如，After Effects是什么？有什么用处？我能用After Effects做什么？学After Effects难吗？怎么学？这些问题我们将在本节中进行一一介绍。

1.1.1 After Effects是什么

大家口中常说的AE，就是After Effects，本书使用的软件全称是Adobe After Effects 2022，是由Adobe Systems开发和发行的影视特效处理软件。

为了更好地理解After Effects，我们可以把Adobe After Effects 2022分开来解释。“Adobe”就是After Effects、Photoshop等软件所属公司的名称。“After Effects”是软件名称，常被缩写为AE。“2022”是这款After Effects的版本号。如图1-1所示。就像“腾讯QQ 2016”一样，“腾讯”是企业名称，“QQ”是产品的名称，“2016”是版本号，如图1-2所示。

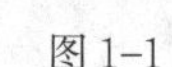

图 1-1

图 1-2

提示：关于 After Effects 的版本号

After Effects版本号中的CS和CC是什么意思呢？CS是Creative Suite的首字母缩写。Adobe Creative Suite(Adobe创意套件)是Adobe公司出品的一款图形设计、影像编辑与网络开发的软件产品套装。2007年7月 After Effects CS3(After Effects 8.0)发布，此后该软件由原来的以版本号结尾(如After Effects 8.0)变成了以CS3结尾(如After Effects CS3)。2013年，Adobe在MAX大会上推出了After Effects CC。CC是Creative Cloud的首字母缩写，从字面上可以翻译为“创意云”，至此After Effects进入了“云”时代。图1-3所示为Adobe CC套装中包含的软件。

图 1-3

随着技术的不断发展，After Effects的技术团队也在不断对软件的功能进行优化，After Effects也经历了许多次版本的更新。目前，After Effects的多个版本都拥有数量众多的用户群，每个版本的升级都会有性能的提升和功能上的改进，但是用户在日常工作中并不一定要使用最新的版本。我们要知道，新版本虽然会有功能上的更新，但是对设备的要求也会有所提高，在软件的运行过程中也会消耗更多的资源。所以，有时候用户在用新版本(如After Effects 2022)的时候会感觉软件运行起来特别“卡”，操作反应非常慢。这是因为计算机配置低，无法更好地满足After Effects的运行要求，这时可以尝试使用低版本的After Effects。如果卡顿的问题得以缓解，那就安心使用这个版本吧！虽然是较早期的版本，但是其功能也是非常强大的，它与最新版本之间并没有特别大的差别，几乎不会影响用户的日常工作。

1.1.2 After Effects的第一印象：视频特效处理

前面提到After Effects是一款视频特效处理软件，那什么是视频特效呢？简单来说，视频特效就是指围绕视频进行的各种各样的编辑修改，比如为人物脸部调亮、将灰蒙蒙的风景视频变得鲜艳明丽、为人物瘦身、进行视频抠像合成，效果如图1-4～图1-7所示。

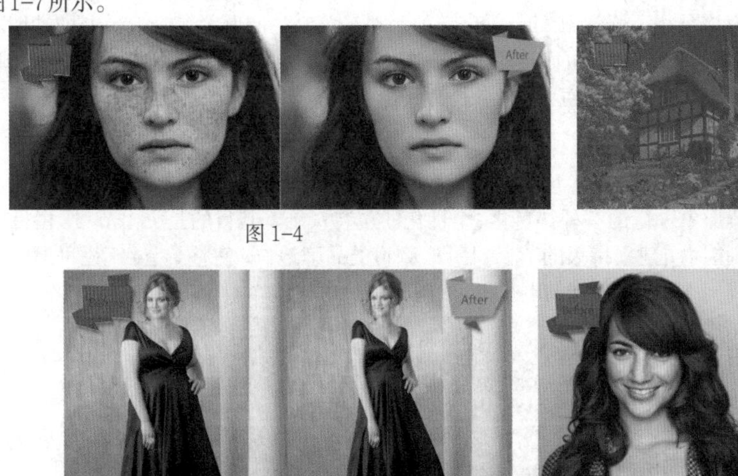

图1-4　　图1-5

图1-6　　图1-7

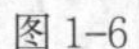

其实After Effects视频特效处理功能的强大远不限于此，对于影视从业人员来说，After Effects绝对是集万千功能于一身的“特效玩家”。拍摄的视频太普通，需要合成飘落的树叶？或者广告视频素材不够“精彩”？没关系，只要有After Effects，再加上你熟练的操作，这些问题统统都能“搞定”！效果如图1-8和图1-9所示。

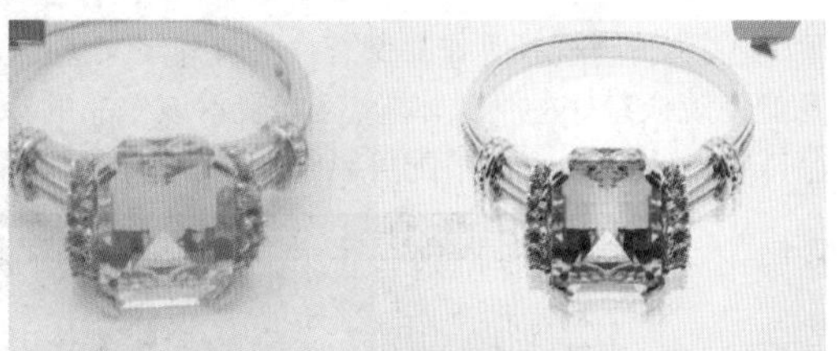

图1-8　　图1-9

充满创意的你肯定会有很多想法。想要和大明星“合影”？想要去火星“旅行”？想生活在童话里？想美到“没朋友”？想炫酷到“炸裂”？想变身机械侠？想飞上天？统统没问题！在After Effects的世界里，除非你的“功夫”不到位，否则没有实现不了的画面！效果如图1-10～图1-13所示。

图1-10　　图1-11　　图1-12　　图1-13

当然，After Effects不只是用来“玩”的，在各种动态效果设计领域里也少不了After Effects的身影。下面就来看一下制作视频特效的必备利器——After Effects适用的行业领域。

1.1.3 学会了After Effects，我能做什么

学会了After Effects，我能做什么？这应该是每一位学习After Effects的用户最关心的问题。After Effects的功能非常强大，适合于很多设计行业领域。熟练掌握After Effects的应用，可以让用户打开更多设计大门，在未来就业方面有更多选择。目前，After Effects的应用领域主要包括电视栏目包装、影视片头、宣传片、影视特效合成、广告设计、MG动画、UI动效等。

1. 电视栏目包装

说到After Effects，很多人就会先想到“电视栏目包装”，这是因为After Effects非常适合制作电视栏目包装设计。电视栏目包装是对电视节目、栏目、频道、电视台整体形象进行的一种特色化、个性化的包装宣传。其目的是突出节目、栏目、频道的个性特征；增强观众对节目、栏目、频道的识别能力；建立持久的节目、栏目、频道的品牌地位；使整个节目、栏目、频道保持统一的风格；为观众展示更精美的视觉特效。图1-14所示为优秀的电视栏目包装作品。

扫一扫，看视频

图1-14

2. 影视片头

电影、电视剧、微视频等作品都有片头及片尾，为了给观众更好的视觉体验，通常都会设置极具特点的片头片尾动画效果。其目的既能使观众有好的视觉体验，又能展示该作品的特色镜头、特色剧情、作品风格等。除了学习After Effects之外，也建议大家学习Premiere软件，两者搭配可制作出更多的视频效果。图1-15～图1-18所示为优秀的影视片头作品。

图1-15

图1-16

图1-17

图1-18

3. 宣传片

After Effects在婚礼宣传片、企业宣传片、活动宣传片等宣传片中发挥着巨大的作用。图1-19 ~ 图1-22所示为优秀的宣传片作品。

图1-19　　图1-20

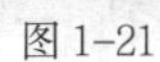

图1-21　　图1-22

4. 影视特效合成

After Effects最强大的功能就是特效。大部分特效类电影或非特效类电影中都会有一些“造假”的镜头，这是因为很多想要的效果在实际拍摄时不易实现，例如爆破、人物在高楼之间跳跃、火海等，而这些效果在After Effects中则比较容易实现。拍摄完成后，若是发现拍摄了有瑕疵的画面，也可进行调整。后期特效、抠像、后期合成、配乐、调色等都是影视作品中重要的环节，这些在After Effects中都可以实现。图1-23 ~ 图1-25所示为优秀的影视特效合成作品。

图1-23

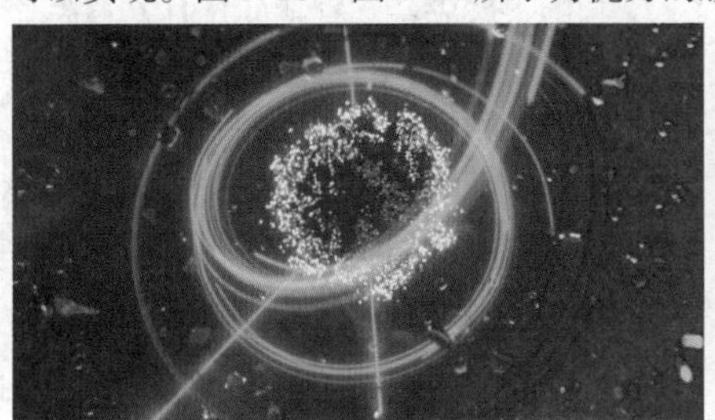

图1-24

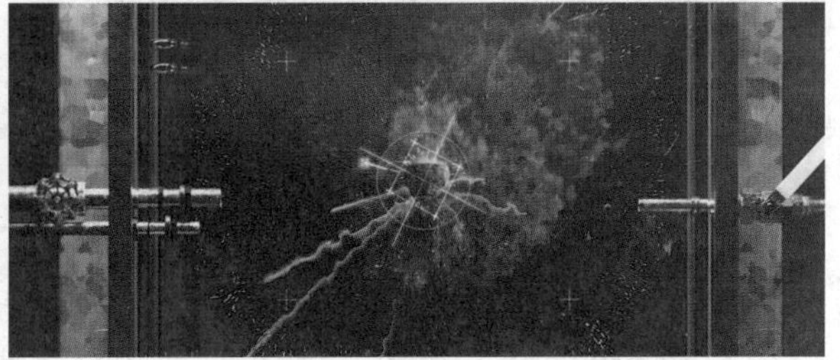

图1-25

5. 广告设计

广告设计的目的是宣传商品、活动、主题等内容。其中，新颖的构图、炫酷的动画、舒适的色彩搭配、虚幻的特效都是广告的重要组成部分。图1-26 ~ 图1-29所示为优秀的广告设计作品。

图1-26

图1-27

图1-28

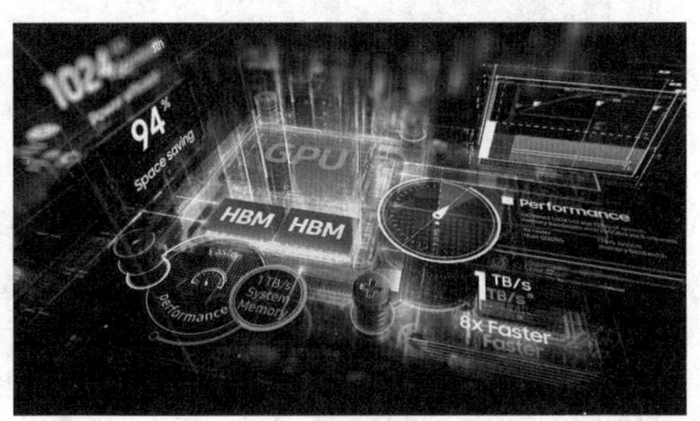

图1-29

6. MG 动画

MG动画(Motion Graphics，动态图形或者图形动画)是近几年超级流行的动画风格。动态图形可以解释为会动的图形设计，是影像艺术的一种。如今MG已经发展成一种潮流的动画风格，扁平化、点线面、抽象简洁的设计是它最大的特点。图1-30～图1-33所示为优秀的MG动画作品。

图 1-30

图 1-31

图 1-32

图 1-33

7. UI 动效

UI动效主要是指在手机、平板电脑等移动端设备上运行的App动画设计效果。随着硬件设备性能的提升，动效已不再是视觉设计中的奢侈品。UI动效可以解决很多实际问题，它可以提高用户对产品的体验、增强用户对产品的理解、使动画过渡更平滑舒适、增加用户的应用乐趣、提升人机互动感。图1-34～图1-37所示为优秀的UI动效作品。

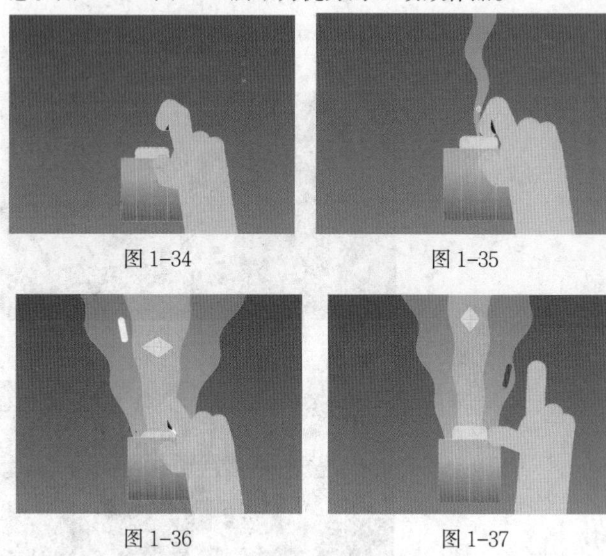

图 1-34　　图 1-35

图 1-36　　图 1-37

1.1.4　After Effects难不难学

千万别把学习After Effects想得太难！ After Effects其实很简单，就像玩手机一样。手机可以用来打电话、发短信，也可以用来聊天、玩游戏、看电影。同样的，After Effects既可以用来工作赚钱，也可以给自己的视频调色，或者恶搞好朋友的视频。所以，在学习After Effects之前希望大家能把After Effects当成一个有趣的玩具。首先你得喜欢去“玩”，想要去“玩”，像玩手机一样时刻不离手，这样你的学习过程就会是愉悦而快速的。

前面介绍了很多相关知识，相信大家对After Effects也有了一定的认识，下面告诉大家如何有效地学习After Effects。

1. 短教程，快入门

如果你非常急切地想在短时间内达到能够简单使用After Effects的目的，建议你看一套简单而基础的视频教程:《新手必看——After Effects基础视频教程》(恰好你手中这本教材就配备了这样一套视频教程)。这套视频教程选取了After Effects中最常用的功能，且每个视频讲解的时间都很短，短到在你感到枯燥之前就结束了。视频虽短，但是建议你在看视频的同时打开After Effects，并跟着视频一起尝试使用After Effects，这样你就会对After Effects的操作方式、功能有个基本的认识。

由于“入门级”的视频教程时长短，所以部分参数的含义无法完全在视频中讲解到。在练习的过程中如果遇到了问题，可马上翻开书找到相应的小节，并阅读这部分内容即可。

当然，一分努力一分收获，学习没有捷径。2小时的学习效果与200小时的学习成果肯定是不一样的。只学习了“入门级”视频教程的内容是无法参透After Effects的全部功能的。但是你应该能够进行一些简单的操作了。

2. 翻开教材 + 打开 After Effects = 系统学习

经过基础视频教程的学习后，我们看似已经学会了After Effects。但实际上，我们之前的学习只接触到了After Effects的皮毛，很多功能只是做到了“能够使用”，而不是做到了“掌握并熟练应用”的程度。所以接下来我们开始系统地学习After Effects。你手中的这本教材主要以操作为主，读者在翻开教材的同时可以打开After Effects，边看书边动手练习。因为After Effects是一门应用型技术，单纯的理论输入很难使读者熟记软件功能。而且After Effects的操作是“动态”的，每次鼠标的移动或单击都可能会触发指令，所以在动手练习的过程中能够更直观有效地理解软件功能。

3. 勇于尝试，一试就懂

在学习软件的过程中，我们一定要“勇于尝试”。在使用After Effects中的工具或者命令时，我们总能看到很多参数或者选项设置。面对这些参数，看书的确可以了解参数的作用，但是更好的办法是动手去尝试。比如随意勾选一个选项；把数值调到最大、最小后分别观察效果；移动滑块的位置，看看会有什么变化。

4. 别背参数，效果不佳

另外，在学习After Effects的过程中，切记勿死记硬背书中的参数。同样的参数在不同的情况下得到的效果肯定不同。因此在学习过程中，我们需要理解参数为什么这么设置，而不是记住特定的参数。

其实After Effects的参数设置并不复杂，在设置参数的过程中，可以多次尝试不同的参数，肯定能够得到看起来很舒服的“合适”的参数。

5. 抓住“重点”快速学

为了能够更有效、更快速地学习，在本书的目录中可以看到部分内容被标注为“重点”，那么这部分知识需要读者优先学习。若时间比较充裕，也可将非重点的知识一并学习。书中的练习案例非常多，案例的练习是非常重要的，通过案例的操作不仅可以巩固本章节学过的知识，还能够复习之前学习过的知识。在此基础上，甚至可以尝试使用其他章节的功能为后面章节的学习做铺垫。

6. 在临摹中进步

在经过前面阶段的学习后，After Effects的常用功能相信我们都能够熟练地掌握了。接下来就需要通过大量的练习来提升我们的技术了。如果此时你恰好有需要完成的设计工作或者课程作业，那么这将是一个非常好的练习过程。如果没有这样的机会，你也可以在各大视频网站欣赏优秀的视频创意作品，并选择适合自己水平的优秀作品进行临摹。仔细观察优秀作品的画面构图、配色、元素、动画的应用及细节的表现，尽可能一模一样地临摹出来。这里并不是教大家去抄袭优秀作品的创意，而是通过对画面内容无限接近的临摹，尝试在没有教程的情况下，实现我们独立思考、独立解决问题的能力，以此来提升我们的“After Effects功力”。图1-38和图1-39所示为难度不同的作品临摹。

图 1-38

图 1-39

7. 善用资源，自学成才

当然，在你独立制作视频特效的时候，肯定会遇到各种各样的问题，比如临摹的作品中出现了一个火焰燃烧的效果，这个效果可能是我们之前没有接触过的，这时“百度一下”就是最便捷的方式了，如图1-40、图1-41所示。网络上有非常多的教学资源，善于利用网络自主学习是非常有效的自我提升方式。

图 1-40

图 1-41

8. 永不止步的学习

好了，到这里After Effects软件技术对于我们来说已经不是问题了。克服了技术障碍，接下来就可以尝试独立设计了。有了好的创意和灵感，可以通过After Effects在画面中准确有效地表达，才是我们的终极目标。要知道，在设计的道路上，软件技术学习的结束并不意味着设计学习的结束。国内外优秀作品的学习、新鲜设计理念的吸纳及设计理论的研究都应该是永不止步的。

想要成为一名优秀的设计师，自学能力是非常重要的。学校的老师是无法把全部知识塞进我们脑海里的，很多时候网络和书籍更能够帮助我们学习。

提示：工具命令的快捷键背不背？

很多新手朋友会执着于背工具命令的快捷键，熟练掌握工具命令的快捷键的确很方便，但是快捷键速查表中列出了很多工具命令的快捷键，要想背下所有快捷键可能会花很长时间。而且不是所有的快捷键都适合我们使用，有的工具命令在实际操作中几乎不会用到。所以建议大家先不用急着背快捷键，而是尝试使用After Effects，在使用的过程中体会哪些操作是经常使用的，然后再看一下这个命令是否有快捷键。

其实大多数快捷键是有规律的，很多命令的快捷键也与命令的英文名称相关。例如，“打开”命令的英文是OPEN，其快捷键就选取了首字母O并配合Ctrl键使用；“新建”命令则是Ctrl+N（NEW：新的首字母）。这样记忆起来就容易多了。

1.2 开启你的 After Effects 之旅

带着一颗坚定要学好After Effects的心，接下来我们就要开始美妙的After Effects之旅啦。首先来了解一下如何安装After Effects，不同版本的安装方式略有不同，本书讲解的是After Effects 2022，所以在这里介绍的也是After Effects 2022的安装方式。想要安装其他版本的After Effects，可以在网络上搜索一下其安装方式，非常简单。在安装了After Effects之后我们先来熟悉一下After Effects的操作界面，为后面的学习做准备。

安装After Effects 2022

步骤 01 想要使用After Effects，首先需要安装After Effects。打开Adobe的官方网站，单击菜单栏中的【创意和设计】，然后在弹出列表中单击【查看所有产品】，如图1-42所示。接着在弹出的界面中找到【Adobe Creative Cloud】项目，并单击其下方的【下载】按钮，如图1-43所示。

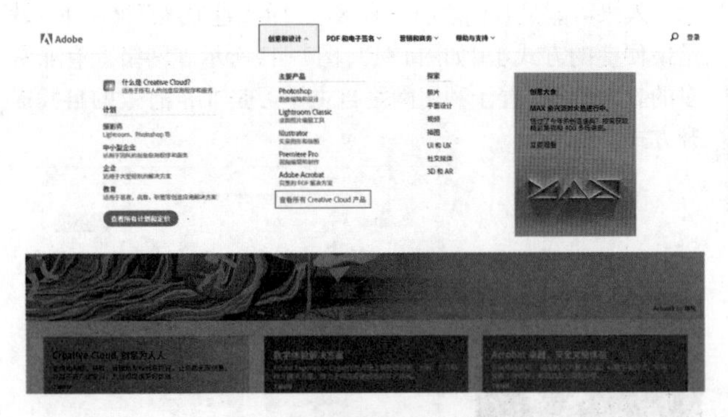

图1-42

图1-43

步骤 02 接下来会跳转到Adobe Creative Cloud的界面中，并弹出一个窗口，在窗口中选择下载路径并单击【下载】按钮，如图1-44所示。此时Creative Cloud的安装程序会被下载到你的计算机上，如图1-45所示。

图 1-44

图 1-45

步骤 03 双击安装程序进行安装，然后会弹出一个窗口，在弹出的窗口中可以注册一个Adobe ID(如果已有Adobe ID，则可以单击“登录”按钮)，如图1-46所示。在注册页面输入基本信息，如图1-47所示。注册完成后可以登录Adobe ID，如图1-48所示。此时会跳转到安装界面，如图1-49所示。安装成功后，双击该程序快捷方式启动Adobe Creative Cloud，如图1-50所示。

图 1-46

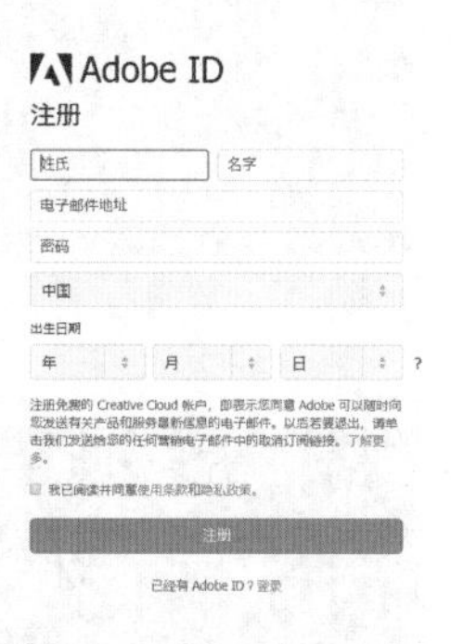

图 1-47

图 1-48

图 1-49

图 1-50

步骤 04 接着会在Creative Cloud窗口中出现软件列表，找到想要安装的After Effects软件项目后单击其右侧的“试用”按钮，如图1-51所示。此时软件进入安装状态，如图1-52所示。安装完成后，即可使用试用版After Effects软件。

图 1-51

图 1-52

提示：试用与购买

我们在以上安装的过程中是以“试用”的方式进行下载安装的，在付费购买After Effects软件之前，可以免费使用一段时间，但要长期使用，则需要购买该软件。

1.3 与 After Effects 相关的理论

在正式学习After Effects软件操作之前，我们应该对相关的影视理论有一个简单的了解，对影视作品的规格、标准有一个清晰的认识。本节将主要讲解常见的电视制式、帧、分辨率、像素长宽比。

1.3.1 常见的电视制式

世界上主要使用的电视广播制式有PAL、NTSC、SECAM三种，在我国的大部分地区都是使用PAL制式，在日本、韩国、东南亚地区及美国等欧美国家都使用NTSC制式，而俄罗斯则使用的是SECAM制式。

电视信号的标准也称为电视制式。目前各国的电视制式不尽相同，制式的区分主要在于其帧频（场频）的不同、分辨率的不同、信号带宽及载频的不同、色彩空间的转换关系不同等。

1. NTSC 制

正交平衡调幅制(National Television Systems Committee，NTSC)是1952年由美国国家电视标准委员会指定的彩色电视广播标准，它采用了正交平衡调幅的技术方式，故也称为正交平衡调幅制。美国、加拿大等大部分西半球国家，以及日本、韩国、菲律宾等国家均采用这种制式。这种制式的帧速率为29.97fps(帧/秒)，每帧525行262线，标准分辨率为720×480。

2. PAL 制

正交平衡调幅逐行倒相制(Phase-Alternative Line，PAL)，是西德在1962年指定的彩色电视广播标准，它采用了逐行倒相正交平衡调幅的技术方法，克服了NTSC制相位敏感造成色彩失真的缺点。中国、英国、新加坡、澳大利亚、新西兰等国家均采用这种制式。这种制式的帧速率为25fps，每帧625行312线，标准分辨率为720×576像素。

3. SECAM 制

行轮换调频制(Sequential Coleur Avec Memoire，SECAM)是顺序传送彩色信号与存储恢复彩色信号制，由法国在1956年提出，1966年制定的一种新的彩色电视制式。它也克服了NTSC制式相位失真的缺点，但会采用时间分隔法来传送两个色差信号。采用这种制式的有法国、俄罗斯和东欧的一些国家。这种制式的帧速率为25fps，每帧625行312线，标准分辨率为720×576像素。

1.3.2 帧

帧速率是指画面每秒传输的帧数，通俗地讲，就是指动画或视频的画面数，而“帧”是电影中最小的时间单位。例如，30fps就是指每一秒均由30张画面组成，那么30fps在播放时会比15fps流畅很多。通常NTSL制常用的帧速率为30fps，而PAL制常用的帧速率为25fps。如图1-53和图1-54所示，在新建合成时，可以设置“预设”的类型，而“帧速率”会自动进行设置。

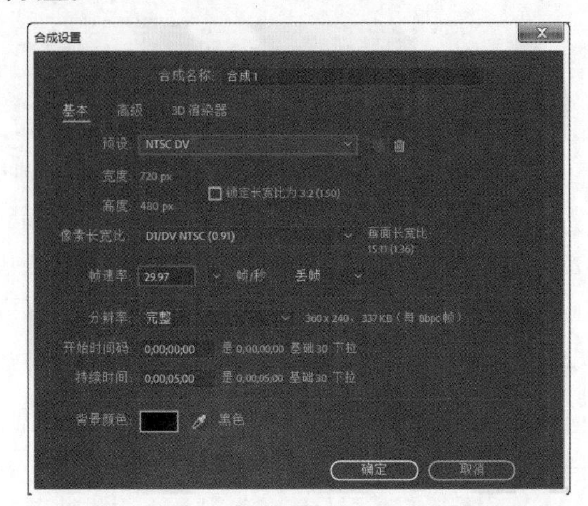

图 1-53

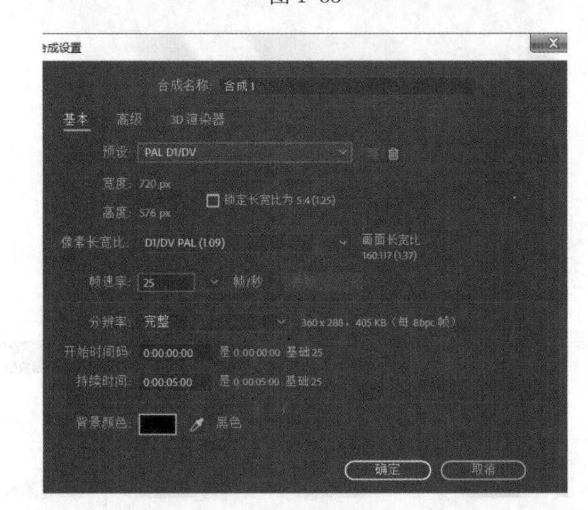

图 1-54

“电影是每秒24格的真理”这是电影最早期的技术标准。如今随着技术的不断提升，越来越多的电影在挑战更高的帧速率，给观众带来更丰富的视觉体验。例如，李安执导的电影作品《比利·林恩的中场战事》首次采用了120fps拍摄。

1.3.3 分辨率

我们经常能听到4K、2K、1920、1080、720等数字，这些数字说的就是影视作品的分辨率。

分辨率是用于度量图像内数据量多少的一个参数。例如分辨率为720×576像素，是指在横向和纵向上的有效像素为720和576，因此在很小的屏幕上播放该作品时会显得清晰，而在很大的屏幕上播放该作品时会因作品本身像素不够而显得模糊。

在数字技术领域，通常采用二进制运算，而且会用构成图像的像素来描述数字图像的大小。当像素数量巨大时，通常会以K(2的10次方，即1024)来表示。因此，$1K=2^{10}=1024$，$2K=2^{11}=2048$，$4K=2^{12}=4096$。

打开After Effects软件后，单击【新建合成】按钮，如图1-55所示。新建合成时有很多分辨率的预设类型可供用户选择，如图1-56所示。

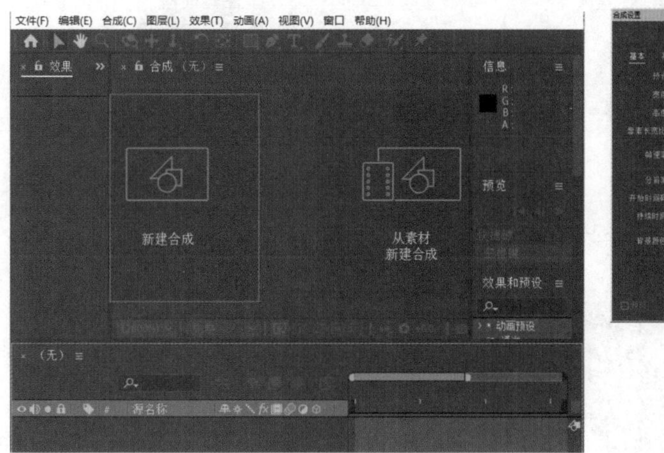

图1-55

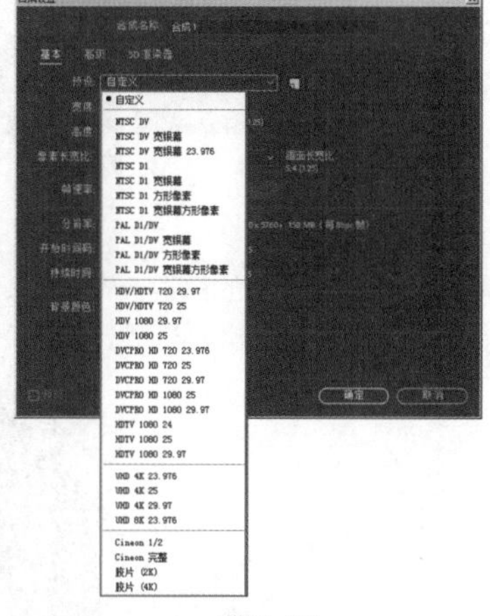

图1-56

设置完宽度和高度的数值后，例如，设置宽度为720像素、高度为480像素，选项右侧就会自动显示“长宽比为3 : 2(1.50)”，如图1-57所示。图1-58所示即为720×480像素的画面比例。需要注意的是，此处的“长宽比”是指在After Effects中新建合成整体的宽度和高度尺寸的比例。

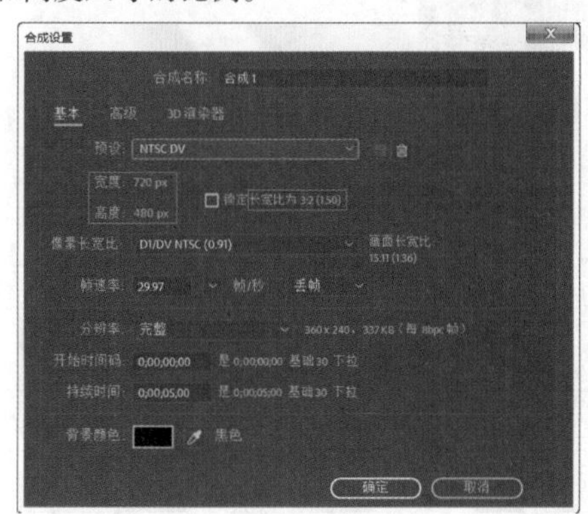

图1-57

图1-58

1.3.4 像素长宽比

与前面讲解的宽高比不同，像素长宽比是指在放大作品到极限时看到的每一个像素的宽度和高度的比例。由于电视等设备播放时，其设备本身的像素宽高比不是1 : 1，因此若在电视等设备播放作品时就需要修改像素宽高比数值。图1-59所示是将【像素长宽比】设置为【方形像素】和【D1/DV PAL 宽银屏(1.46)】时的效果对比。因此，选择哪种像素宽高比的类型取决于我们将把该作品放在哪种设备上播放。

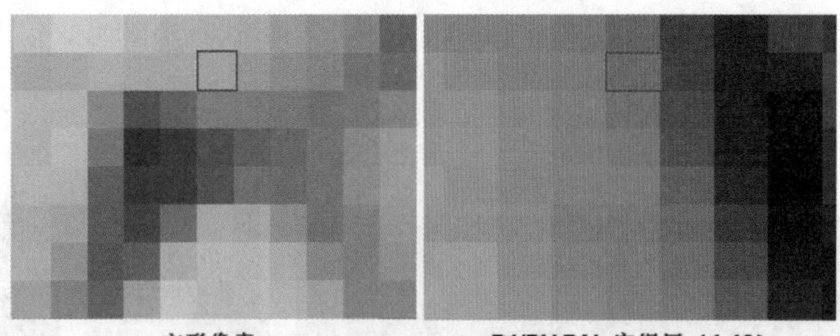

图 1-59

通常在计算机上播放的作品的像素长宽比为1.0，而在电视、电影院等设备上播放的作品的像素宽高比则大于1.0，图1-60所示为After Effects中的像素长宽比的类型。

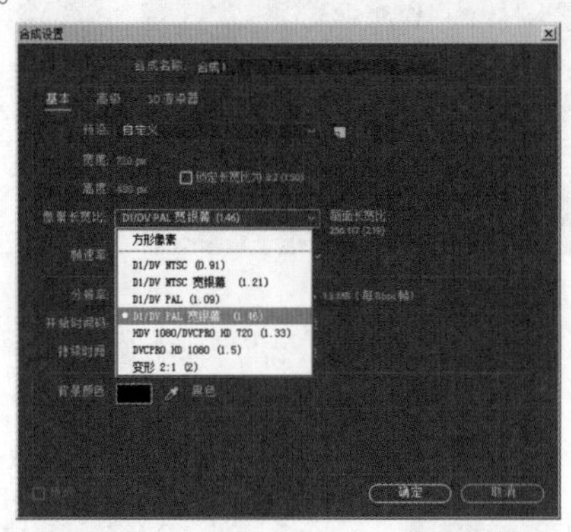

图 1-60

1.4 After Effects 支持的文件格式

After Effects支持很多种文件格式，有的格式是只可以导入，而有的格式是既可以导入也可以导出。

1. 静止图像类文件格式

格　式	导入/导出支持	格　式	导入/导出支持
Adobe Illustrator(AI、EPS、PS)	仅导入	JPEG(JPG、JPE)	导入和导出
Adobe PDF (PDF)	仅导入	Maya 相机数据 (MA)	仅导入
Adobe Photoshop (PSD)	导入和导出	OpenEXR (EXR)	导入和导出
位图(BMP、RLE、DIB)	仅导入	PCX (PCX)	仅导入
相机原始数据(TIF、CRW、NEF、RAF、ORF、MRW、DCR、MOS、RAW、PEF、SRF、DNG、X3F、CR2、ERF)	仅导入	便携网络图形 (PNG)	导入和导出
Cineon(CIN、DPX)	导入和导出	Radiance(HDR、RGBE、XYZE)	导入和导出
CompuServe GIF (GIF)	仅导入	SGI(SGI、BW、RGB)	导入和导出
Discreet RLA/RPF(RLA、RPF)	仅导入	Softimage (PIC)	仅导入
ElectricImage IMAGE(IMG、EI)	仅导入	Targa(TGA、VDA、ICB、VST)	导入和导出
封装的 PostScript (EPS)	仅导入	TIFF (TIF)	导入和导出
IFF(IFF、TDI)	导入和导出		

2. 视频和动画类文件格式

格　式	导入/导出支持	格　式	导入/导出支持
Panasonic	仅导入	AVCHD (M2TS)	仅导入
RED	仅导入	DV	导入和导出
Sony X-OCN	仅导入	H.264 (M4V)	仅导入
Canon EOS C200 Cinema RAW Light (.crm)	仅导入	媒体交换格式 (MXF)	仅导入
RED 图像处理	仅导入	MPEG-1(MPG、MPE、MPA、MPV、MOD)	仅导入
Sony VENICE X-OCN 4K 4：3 Anamorphic and 6K 3：2 (.mxf)	仅导入	MPEG-2(MPG、M2P、M2V、M2P、M2A、M2T)	仅导入
MXF/ARRIRAW	仅导入	MPEG-4(MP4、M4V)	仅导入
H.265 (HEVC)	仅导入	开放式媒体框架 (OMF)	导入和导出
3GPP(3GP、3G2、AMC	仅导入	QuickTime (MOV)	导入和导出
Adobe Flash Player (SWF)	仅导入	Video for Windows (AVI)	导入和导出
Adobe Flash 视频(FLV、F4V)	仅导入	Windows Media(WMV、WMA)	仅导入
动画 GIF (GIF)	导入	XDCAM HD 和 XDCAM EX(MXF、MP4)	仅导入

3. 音频类文件格式

格　式	导入/导出支持	格　式	导入/导出支持
MP3(MP3、MPEG、MPG、MPA、MPE)	导入和导出	高级音频编码(AAC、M4A)	导入和导出
Waveform (WAV)	导入和导出	音频交换文件格式(AIF、AIFF)	导入和导出
MPEG-1 音频层 II	仅导入		

4. 项目类文件格式

格　式	导入/导出支持	格　式	导入/导出支持
高级创作格式 (AAF)	仅导入	Adobe After Effects XML 项目 (AEPX)	导入和导出
高级创作格式(AEP、AET)	导入和导出	Adobe Premiere Pro (PRPROJ)	导入和导出

提示：有些格式的文件无法导入 After Effects 中，怎么办？

为了使After Effects中能够导入MOV、AVI格式的文件，可在计算机上安装特定文件使用的编解码器(例如，需要安装QuickTime软件才可以导入MOV格式的文件，安装常用的播放器软件会自动安装常见编解码器以便导入AVI格式的文件)。

若在导入文件时，若系统提示错误消息或视频无法正确显示的消息，那么就可能需要安装该格式文件使用的编解码器了。

1.5 After Effects 2022 对计算机的要求

该要求主要是针对After Effects 2022版本的。

1.5.1 Windows上运行After Effects 2022的最低推荐配置

- 具有 64 位支持的多核 Intel 处理器。
- Microsoft Windows 10（64 位）1909 版本及更高版本。注意：它不支持Windows 1607版本。
- 16GB RAM。

- 15GB 的可用硬盘空间用于安装；安装过程中还需要额外的可用空间（它无法安装在可移动闪存设备上）。
- 用于磁盘缓存的额外磁盘空间（建议 64GB）。
- 1920×1080像素的显示器。
- 可选：Adobe 认证的 GPU 显卡，用于 GPU 加速的光线追踪 3D 渲染器。

1.5.2 macOS上运行After Effects 2022的最低推荐配置

- 具有 64 位支持的多核 Intel 处理器。
- macOS 版本 10.15、macOS Big Sur (11.*)或macOS Monterey (12.*)。
- 16GB RAM。
- 15GB 的可用硬盘空间用于安装；安装过程中还需要额外的可用空间（它无法安装在能区分大小写的文件系统卷上或可移动闪存设备上）。
- 用于磁盘缓存的额外磁盘空间（建议 64GB）。
- 1440×900 像素的显示器。
- 可选：Adobe 认证的 GPU 显卡，用于 GPU 加速的光线追踪 3D 渲染器。

扫一扫，看视频

After Effects的基础操作

本章内容简介：

本章主要讲解After Effects的一些基础操作，通过本章的学习读者可以了解After Effects的工作界面、菜单栏、工具栏及各种面板，熟练掌握After Effects的工作流程，并能通过本章实例的学习掌握很多常用技术。本章是全书的基础，需熟练掌握和运用。

重点知识掌握：

- 认识和了解After Effects界面
- 掌握After Effects工作流程
- 熟悉和了解After Effects菜单栏
- 掌握After Effects界面中各个面板的作用及用途

优秀作品欣赏

重点 2.1 认识 After Effects 工作界面

扫一扫，看视频

After Effects的工作界面主要由标题栏、菜单栏、【效果控件】面板、【项目】面板、【合成】面板、【时间轴】面板及多个控制面板组成，如图2-1所示。在After Effects工作界面中，单击选中某一面板时，选中面板的边缘会显示出一个蓝色选框。

图 2-1

- 标题栏：用于显示软件版本、文件名称等基本信息。
- 菜单栏：按照程序功能分组排列，共9个菜单栏类型，包括文件、编辑、合成、图层、效果、动画、视图、窗口、帮助。
- 工具栏：在菜单栏下，其中有一些常用命令的快捷方式。
- 【效果控件】面板：该面板主要用于设置效果的参数。
- 【项目】面板：用于存放、导入及管理素材。
- 【合成】面板：用于预览【时间轴】面板中图层合成的效果。
- 【时间轴】面板：用于编辑音频视频、修改素材参数、创建动画等，大多数编辑工作都需要在该面板中完成。
- 【效果和预设】面板：用于为素材文件添加视频、音频及预设效果。
- 【信息】面板：用于显示选中素材的相关信息。
- 【音频】面板：用于显示混合声道输出音量大小的面板。
- 【库】面板：存储数据的合集。
- 【对齐】面板：用于设置图层对齐方式及图层分布方式。
- 【字符】面板：用于设置文本的相关属性。
- 【段落】面板：用于设置段落文本的相关属性。
- 【跟踪器】面板：用于设置跟踪摄影机、跟踪运动、变形稳定器、稳定运动。
- 【画笔】面板：用于设置画笔的相关属性。
- 【动态草图】面板：用于设置路径采集等相关属性。
- 【平滑器】面板：可对运动路径进行平滑处理。
- 【摇摆器】面板：用于制作画面动态摇摆的效果。
- 【蒙版插值】面板：用于创建蒙版路径关键帧和平滑逼真的动画。
- 【绘画】面板：用于设置绘画工具的不透明度、颜色、流量、模式及通道等属性。

实例：调整After Effects中各个面板的大小

扫一扫，看视频

在工作界面中，如果想调整某一面板的高度或宽度，可将光标定位在该面板边缘处，当光标变为(双向箭头)时，按住鼠标左键向两端滑动，即可调整面板的宽度或高度，如图2-2所示。

图 2-2

若想调整多个面板的整体大小，可将光标定位在该面板一角处，当光标变为(十字箭头)时，按住鼠标左键并拖曳，即可调整面板的整体大小，如图2-3所示。

图 2-3

实例：不同的After Effects工作界面

扫一扫，看视频

在工具栏中单击按钮，将全部的After Effects工作界面类型显示出来，此时可在弹出的菜单中选择不同的分类。其中包括【标准】【小屏幕】【库】【所有面板】【动画】【基本图形】【颜色】【效果】【简约】【绘画】【文本】【运动跟踪】【编辑工作区】类型，不同的类型适合不同操作使用。例如，我们在制作特效时，可以选择【效果】类型。图2-4所示为工作界面的类型。

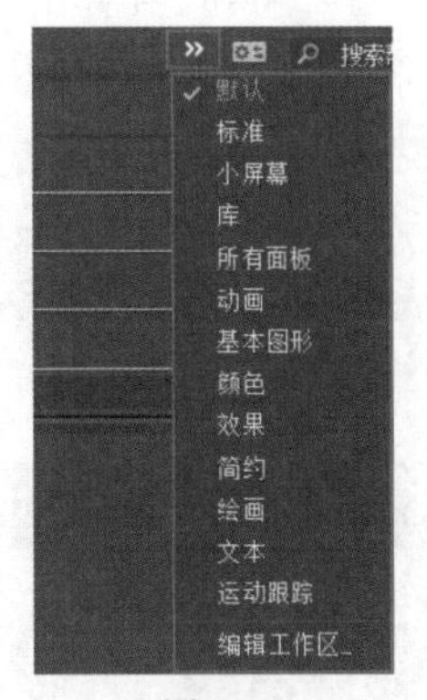

图 2-4

1. 默认

在工具栏中单击按钮，在弹出的属性菜单中选择【默认】，此时工作界面为【默认】模式，如图2-5所示。

图 2-5

2. 标准

在工具栏中单击按钮，在弹出的属性菜单中选择【标准】，此时工作界面为【标准】模式，【项目】面板、【合成】面板、【时间轴】面板及【效果和预设】面板为主要工作区，如图2-6所示。

图 2-6

3. 小屏幕

在工具栏中单击»按钮，在弹出的属性菜单中选择【小屏幕】，此时工作界面为【小屏幕】模式，如图2-7所示。

图 2-7

4. 库

在工具栏中单击»按钮，在弹出的属性菜单中选择【库】，此时工作界面为【库】模式，【合成】面板和【库】面板为主要工作区，如图2-8所示。

图 2-8

5. 所有面板

在工具栏中单击»按钮，在弹出的属性菜单中选择【所有面板】，此时工作界面显示出所有面板，如图2-9所示。

图 2-9

6. 动画

在工具栏中单击»按钮，在弹出的属性菜单中选择【动画】，此时工作界面为【动画】模式。【合成】面板、【效果控件】面板及【效果和预设】面板为主要工作区，适用于动画制作，如图2-10所示。

图 2-10

7. 基本图形

在工具栏中单击»按钮，在弹出的属性菜单中选择【基本图形】，此时工作界面为【基本图形】模式，【项目】面板、【时间轴】面板及【基本图形】面板为主要工作区，如图2-11所示。

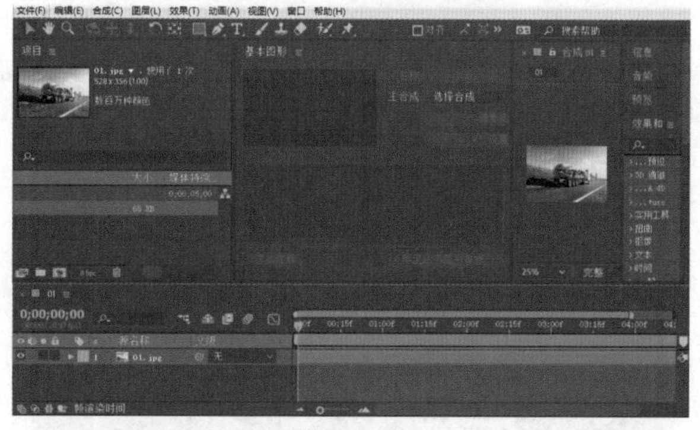

图 2-11

8. 颜色

在工具栏中单击»按钮，在弹出的属性菜单中选择【颜色】，此时工作界面为【颜色】模式，如图2-12所示。

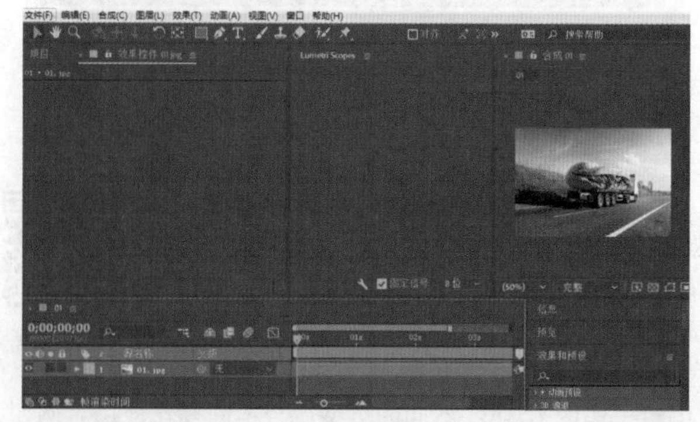

图 2-12

9. 效果

在工具栏中单击»按钮，在弹出的属性菜单中选择【效果】，此时工作界面为【效果】模式。适用于进行视频、音频等效果操作，如图2-13所示。

图2-13

10. 简约

在工具栏中单击»按钮，在弹出的属性菜单中选择【简约】，此时界面进入【简约】模式，【合成】面板及【时间轴】面板为主要工作区，如图2-14所示。

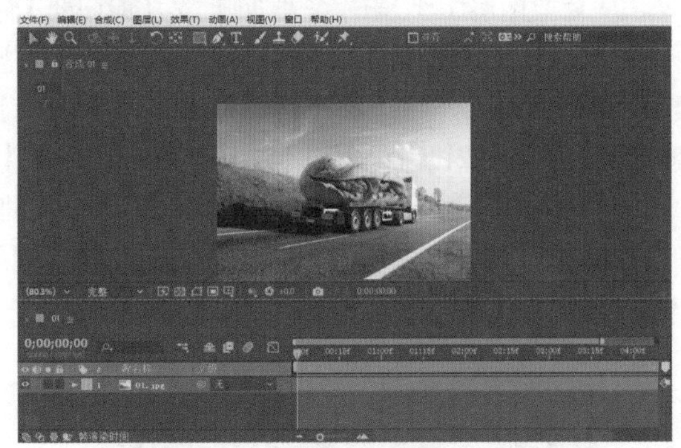

图2-14

11. 绘画

在工具栏中单击»按钮，在弹出的属性菜单中选择【绘画】，此时工作界面为【绘画】模式，【合成】面板、【时间轴】面板、【图层】面板、【绘画】面板和【画笔】面板为主要工作区，适用于绘画操作，如图2-15所示。

图2-15

12. 文本

在工具栏中单击»按钮，在弹出的属性菜单中选择【文本】，此时工作界面为【文本】模式，适用于进行文本编辑等操作，如图2-16所示。

图2-16

13. 运动跟踪

在工具栏中单击»按钮，在弹出的属性菜单中选择【运动跟踪】，此时工作界面进入【运动跟踪】模式，适用于制作画面动态跟踪效果，如图2-17所示。

图2-17

14. 编辑工作区

在工具栏中单击»按钮，在弹出的属性菜单中选择【编辑工作区】，在弹出的【编辑工作区】面板中可对工作区内容进行编辑操作，编辑完成后单击【确定】按钮完成此操作，如图2-18所示。

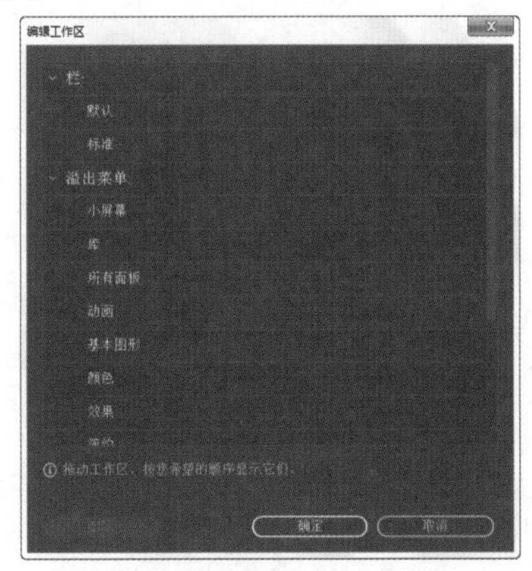

图2-18

重点 2.2 After Effects 的工作流程

在After Effects中制作一个项目时，需要进行一系列流程操作才可完成项目。现在来学习一下这些流程的基本操作方法。

实例：After Effects的工作流程简介

文件路径：Chapter 02 After Effects的基础操作→实例：After Effects的工作流程简介

扫一扫，看视频

在制作项目时，首先要新建合成，然后导入所需素材文件，并在【时间轴】面板或【效果控件】面板中设置相关的属性，最后导出视频完成项目制作。

操作步骤：

步骤 01 新建合成。在【项目】面板中单击鼠标右键执行【新建合成】命令，在弹出的【合成设置】对话框中设置【合成名称】为01，【预设】为自定义，【宽度】为1778，【高度】为1000，【像素长宽比】为方形像素，【帧速率】为25，【分辨率】为完整，【持续时间】为8秒，并单击【确定】按钮，如图2-19所示。

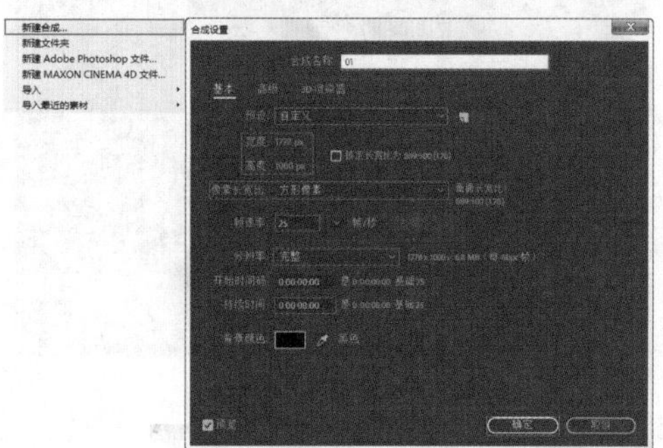

图 2-19

步骤 02 导入素材。执行【文件】/【导入】/【文件】命令或按【导入文件】的快捷键Ctrl+I，在弹出的【导入文件】对话框中选择所需的素材，并单击【导入】按钮导入素材，如图2-20所示。

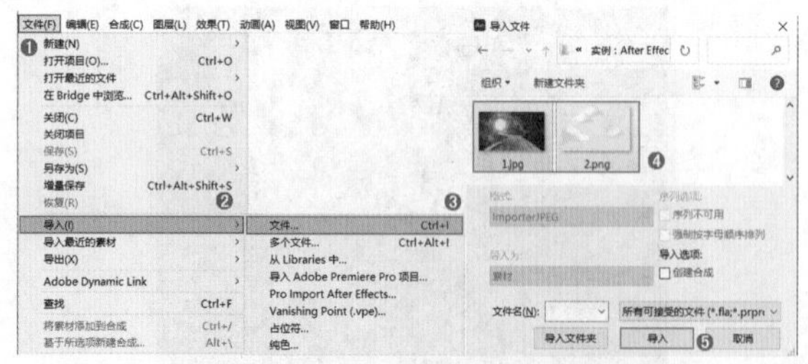

图 2-20

在【项目】面板中将素材1.jpg和2.png拖曳到【时间轴】面板中，并调整图层顺序，如图2-21所示。此时画面效果如图2-22所示。

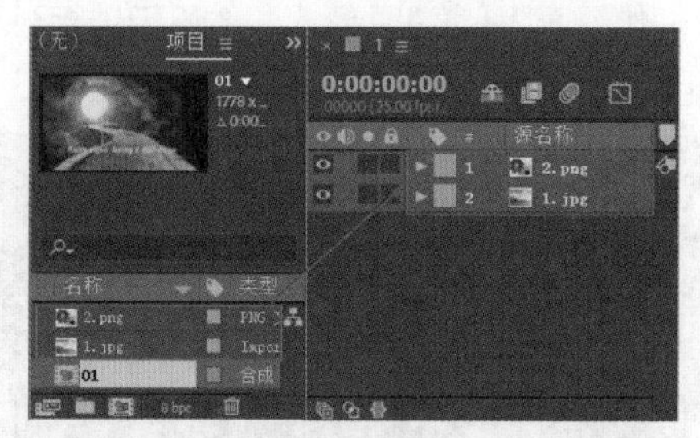

图 2-21

图 2-22

步骤 03 修改图层属性，制作云朵动画。在【时间轴】面板中单击打开2.png素材图层下方的【变换】，并将时间线拖曳至起始帧位置处，依次单击【位置】【缩放】和【不透明度】前的【时间变化秒表】按钮，设置【位置】为(-65.0,314.0)，【缩放】为(0.0,0.0%)，【不透明度】为0%，如图2-23所示。再将时间线拖曳至2秒位置处，设置【位置】为(441.6,314.0)，【缩放】为(100.0,100.0%)，【不透明度】为30%，如图2-24所示。

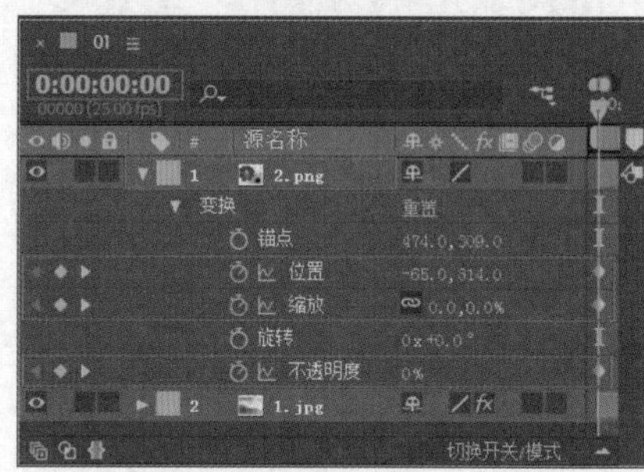

图 2-23

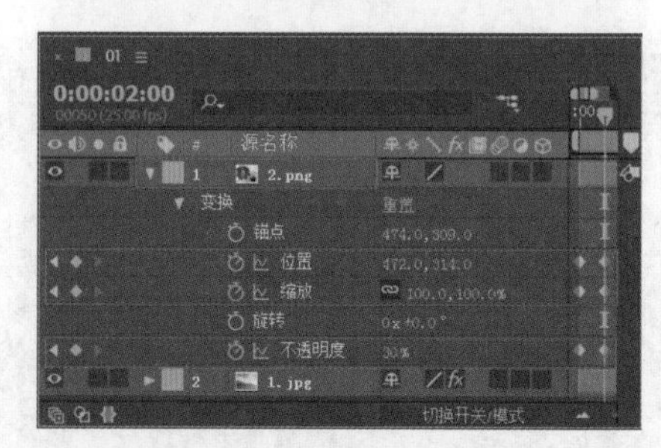

图 2-24

拖曳时间线查看此时的画面效果，如图2-25所示。

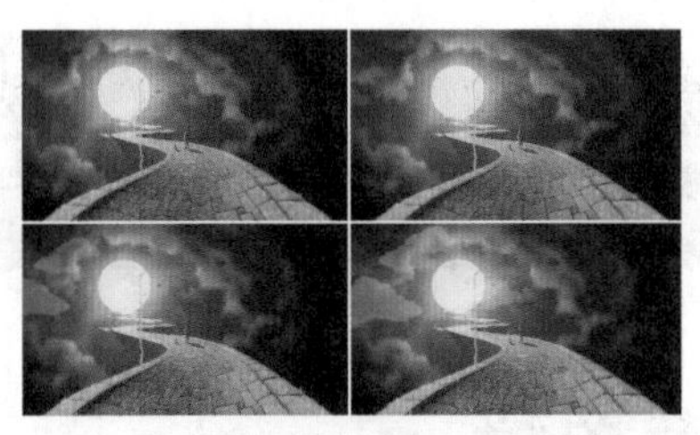

图 2-25

步骤 04 添加下雨效果。在【效果和预设】面板中搜索【CC Rainfall】效果，并将其拖曳到【时间轴】面板中的1.jpg图层上，如图2-26所示。

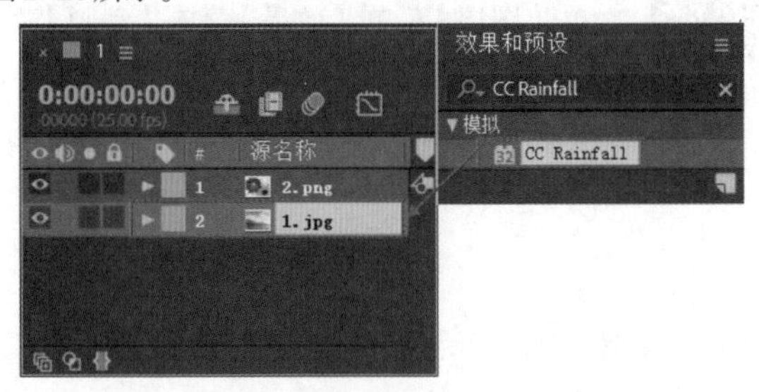

图 2-26

在【时间轴】面板中单击打开1.jpg素材图层下方的【效果】/【CC Rainfall】，设置【Drops】为8000，【Size】为5.00，如图2-27所示。此时画面效果如图2-28所示。

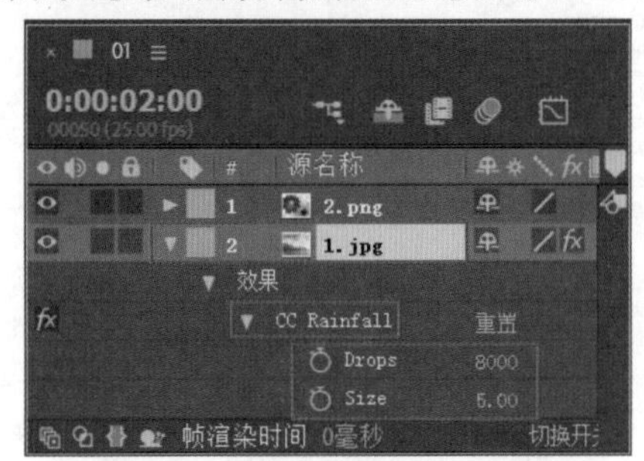

图 2-27

图 2-28

步骤 05 添加文字动画。在【时间轴】面板中的空白位置单击鼠标右键执行【新建】/【文本】命令，如图2-29所示。接着在【字符】面板中设置合适的字体及字体大小，设置【字体样式】为Regular，【填充颜色】为白色，【描边】为无，设置完成后输入文本“Rainy night during a full moon.”，如图2-30所示。

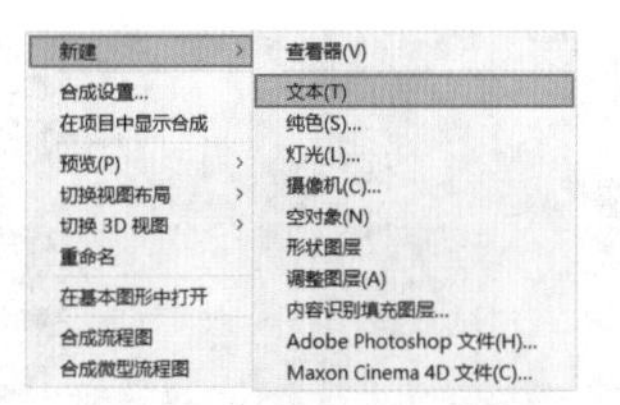

图 2-29

图 2-30

在【时间轴】面板中单击打开文本图层下方的【变换】，设置【位置】为(889.0,824.0)，如图2-31所示。此时画面效果如图2-32所示。

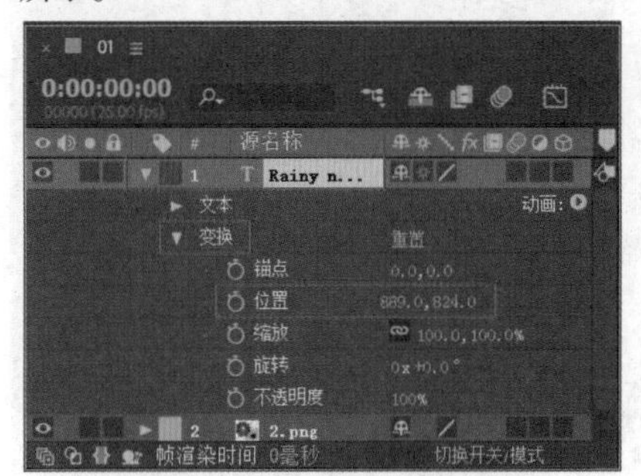

图 2-31

图 2-32

在【时间轴】面板中将时间线拖曳至2秒位置处，然后在【效果和预设】面板中搜索【下雨字符入】效果，并将其拖曳到【时间轴】面板中的文本图层上，如图2-33所示。

图 2-33

拖曳时间线查看画面最终效果，如图2-34所示。

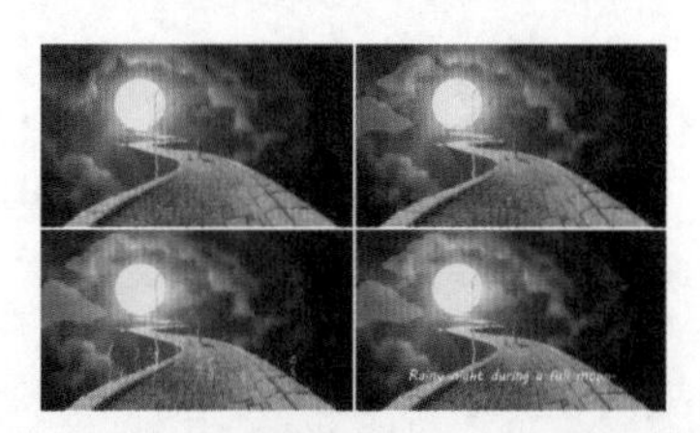

图 2-34

步骤 06 导出视频。选中【时间轴】面板，使用【渲染队列】快捷键Ctrl+M，如图2-35所示。单击【输出模块】的【无损】，在弹出的【输出模块设置】对话框中设置【格式】为AVI，如图2-36所示。

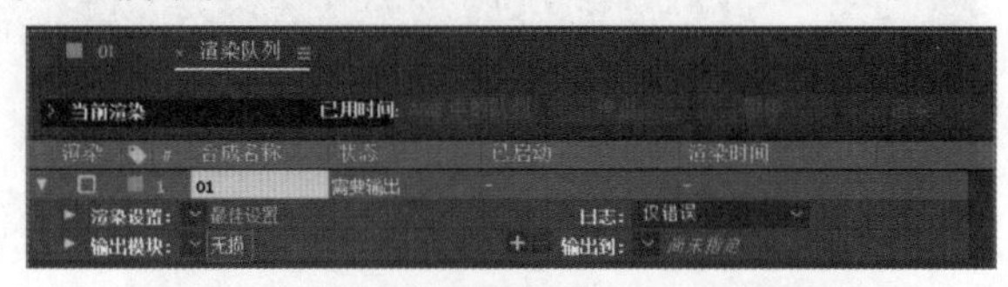

图 2-35

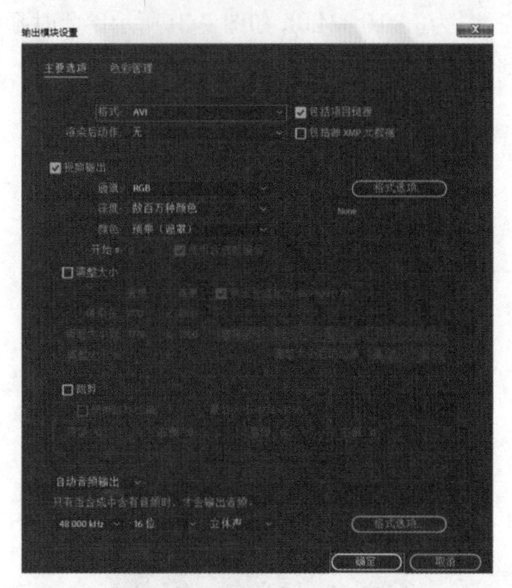

图 2-36

接着设置【输出到】后面的文字，在弹出的【将影片输出到】对话框中设置文件保存路径，设置完成后单击【保存】按钮，如图2-37所示。接着在【渲染队列】面板中单击【渲染】按钮，如图2-38所示。待听到提示音时，导出操作完成。

图 2-37

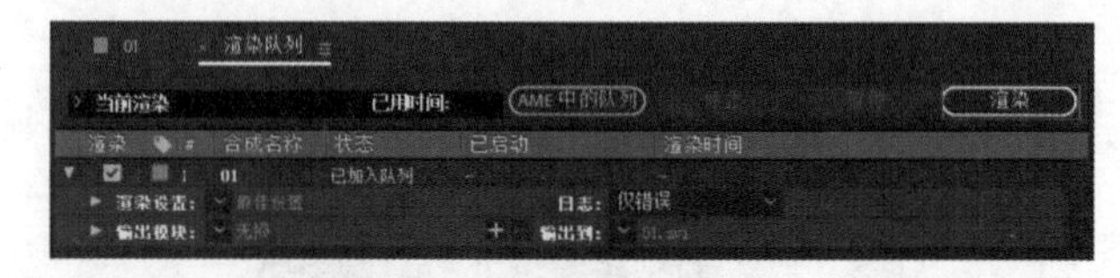

图 2-38

2.3 菜单栏

扫一扫，看视频

在Adobe After Effects 2022的菜单栏中包含了【文件】菜单、【编辑】菜单、【合成】菜单、【图层】菜单、【效果】菜单、【动画】菜单、【视图】菜单、【窗口】菜单和【帮助】菜单，如图2-39所示。

文件(F) 编辑(E) 合成(C) 图层(L) 效果(T) 动画(A) 视图(V) 窗口 帮助(H)

图 2-39

2.3.1 【文件】菜单

【文件】菜单中主要包含打开、关闭、保存项目及导入素材等操作命令，其下拉菜单如图2-40所示。

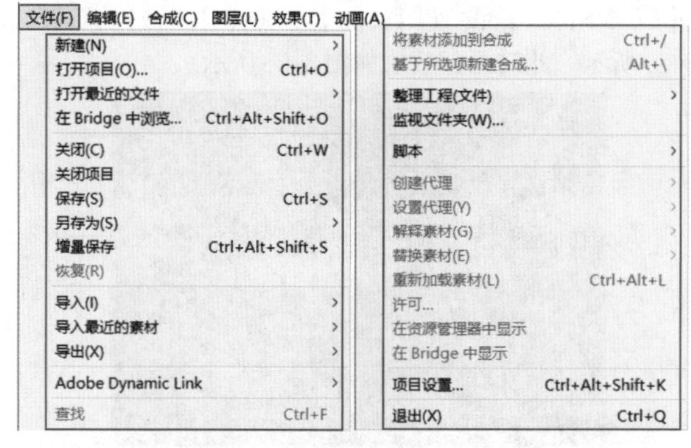

图 2-40

- 新建：可新建项目、团队项目、文件夹、Photoshop文件等，如图2-41所示。

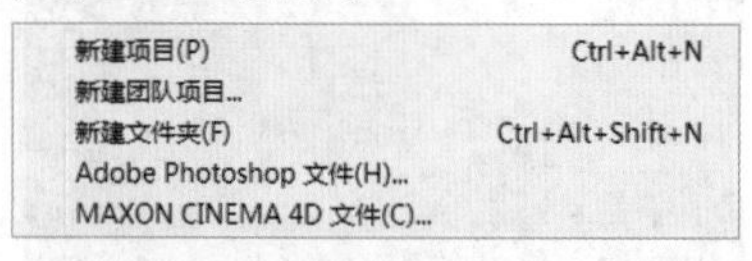

图 2-41

- 打开项目：可打开已完成的项目。该命令的快捷键为Ctrl+O。
- 打开最近的文件：可快速打开最近操作过的项目文件。
- 在Bridge中浏览：可将项目在Adobe Bridge中打开，并进行浏览。
- 关闭：在界面中选择某一面板后，通过【关闭】命令可关闭该面板。

- 关闭项目：可在After Effects中关闭已打开的项目文件。
- 保存：可直接对原有的已保存的文件进行替换。该命令的快捷键为Ctrl + S。
- 另存为：可将项目另存为其他文件。
- 增量保存：可理解为保存+另存。在保存的基础上不覆盖之前的工程文件，还要另存一份新文件。
- 恢复：可将After Effects项目恢复为上次保存的版本。
- 导入：可将素材文件导入软件的项目中。
- 导入最近的素材：可导入最近操作过的素材文件。
- 导出：可将项目导出为如图2-42所示的4种格式。

Adobe Premiere Pro 项目...
MAXON Cinema 4D Exporter...
添加到 Adobe Media Encoder 队列...
添加到渲染队列(A)

图 2-42

- Adobe Dynamic Link：Dynamic Link提供了一种工作流方法。可以在 After Effects 和 Adobe Premiere Pro 之间创建 Dynamic Link。创建 Dynamic Link 与导入其他类型的资源一样简单。
- 查找：可查找项目面板中所存在的素材文件。
- 将素材添加到合成：将所选素材文件添加到合成中。
- 基于所选项新建合成：将选择的素材文件归纳到一个新建合成中。
- 整理工程（文件）：对正在编辑的项目整合素材、删减素材，并查找缺失的效果、字体及素材等。
- 监视文件夹：执行该命令后，会弹出一个窗口让操作者选择要监视的文件夹，可观察文件是否被删除、创建或修改。
- 脚本：用代码语言呈现出的一种外挂插件，是一种功能性工具。
- 创建代理：可将静止图片或影片用一般的分辨率进行渲染，以便节约时间和内存。
- 设置代理：可替换合成中的实际素材，从而实现快速渲染。
- 解释素材：选择项目面板中的素材，使用该命令可对素材的属性进行解释分析。
- 替换素材：用其他文件来替换当前项目中已导入的素材文件。
- 重新加载素材：重新载入项目面板中已导入过的素材。若是源文件路径发生变动，可在After Effects中进行同步更新。
- 许可：给予该应用程序的使用权限。
- 在资源管理器中显示：选择素材，执行该选项即可打开该素材所在的文件夹。
- 在Bridge中显示：让素材在控制中心中显示，以便用户浏览和寻找所需资源。

- 项目设置：可在其窗口中设置视频渲染和效果、时间显示样式、颜色设置和音频设置，如图2-43所示。

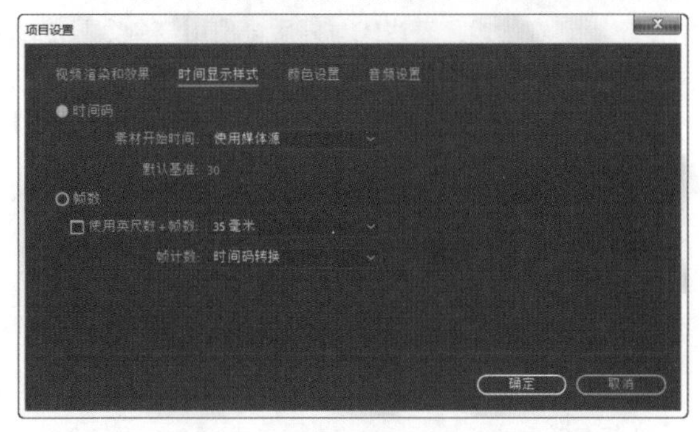

图 2-43

- 退出：可退出After Effects软件。其快捷键为Ctrl+Q。若是当前项目未进行保存，则会弹出一个提示操作者保存项目的对话框。

2.3.2 【编辑】菜单

【编辑】菜单中主要包含剪切、复制、粘贴、撤销及首选项等操作命令，其下拉菜单如图2-44所示。

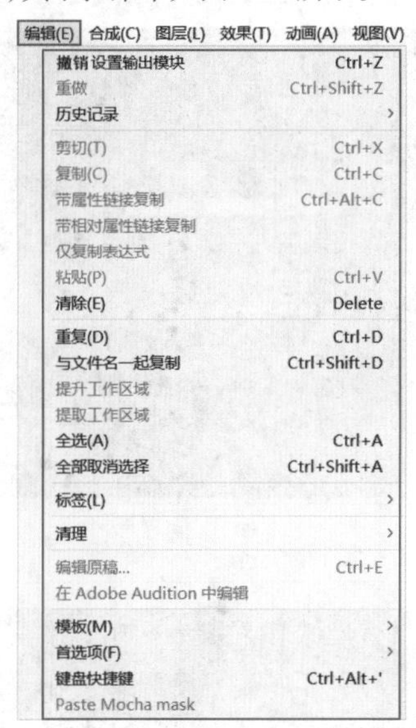

图 2-44

- 撤销：撤销当前操作的上一次操作。其快捷键为Ctrl+Z。
- 重做：可在当前撤销步骤中，返回上一步所执行的操作。其快捷键为Ctrl+Shift+Z。
- 历史记录：可重做或撤销刚才的某个步骤。
- 剪切/复制：可对项目面板或时间轴面板中的素材执行剪切（其快捷键为Ctrl+X）/复制（其快捷键为Ctrl+C）操作。
- 带属性链接复制：复制选择对象及它的链接。其快捷键为Ctrl+Alt+C。

- 带相对属性链接复制：与【带属性链接复制】的功能基本相同。
- 仅复制表达式：表达式写好后，使用该命令只能复制项目中的表达式。
- 粘贴：对选择的对象进行复制粘贴。其快捷键为Ctrl+V。
- 清除：将选择的对象删除。其快捷键为Delete。
- 重复：对当前进行的操作克隆。其快捷键为Ctrl+D。
- 提升工作区域：可提升【时间轴】面板中的工作区域。
- 全选：选择全部图层。其快捷键为Ctrl+A。
- 全部取消选择：将选择的图层进行取消。其快捷键为Ctrl+Shift+A。
- 标签：将选择的文件用不同颜色做上记号，以方便后续操作。
- 清理：可清理软件的缓存及图像的缓存内存等。
- 编辑原稿：可对原稿进行编辑。其快捷键为Ctrl+E。
- 在Adobe Audition中编辑：可将项目在Adobe Audition中进行编辑。
- 模板：包含【渲染设置模板】和【输出模块模板】，如图2-45和图2-46所示。

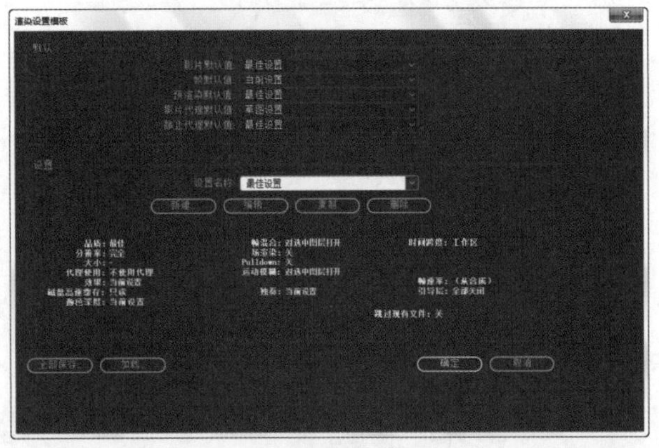

图 2-45

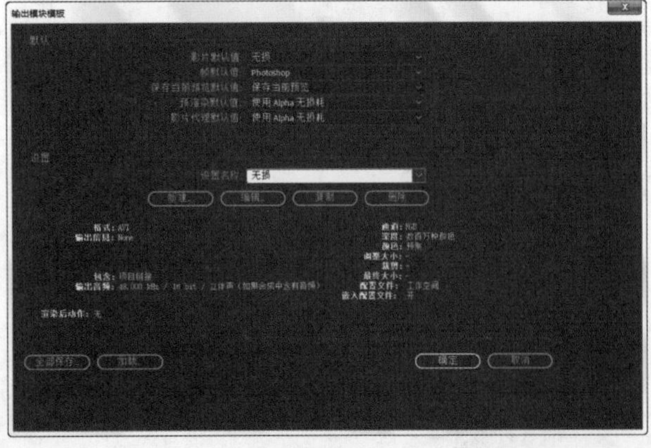

图 2-46

- 首选项：可对软件的运行环境、外观、输入、输出等进行设置，以提高用户的工作效率。
- 键盘快捷键：可设置命令的快捷键，以方便用户对命令的快速执行。其快捷键为Ctrl+Alt+’。
- Paste Mocha mask：这是After Effects中自带的一个插件，可将Mocha中的图形信息变成After Effects中的遮罩。

2.3.3 【合成】菜单

【合成】菜单中主要包含新建合成及合成设置等操作命令，其下拉菜单如图2-47所示。

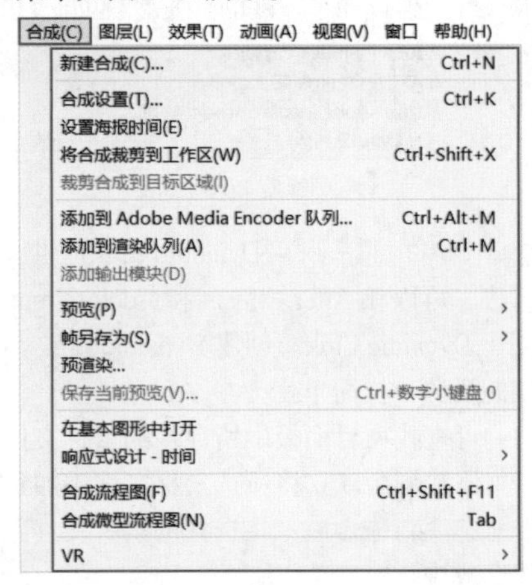

图 2-47

- 新建合成：为当前项目新建一个合成。其快捷键为Ctrl + N。
- 合成设置：执行该命令后会弹出一个窗口，在窗口中可设置合成的参数，如图2-48所示。其快捷键为Ctrl+K。

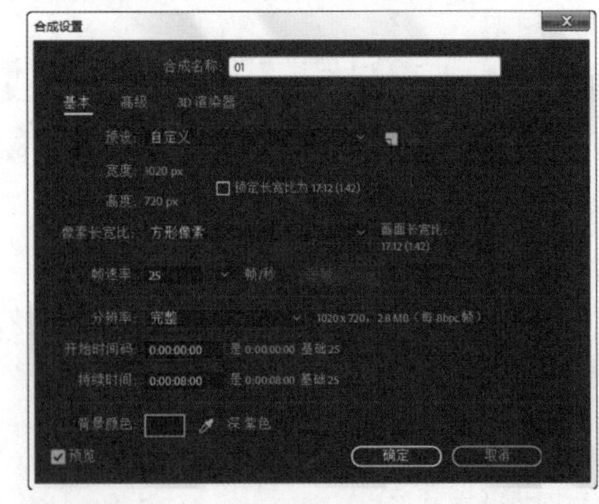

图 2-48

- 设置海报时间：要为合成设置缩览图图像，在【时间轴】面板中将当前时间指示器移动到合成的所需帧中，然后执行【合成】/【设置海报时间】命令。
- 将合成裁剪到工作区：可将合成裁剪到工作区中。其快捷键为Ctrl+Shift+X。

- 裁剪合成到目标区域：可将合成裁剪到目标区域。
- 添加到Adobe Media Encoder队列：可将该项目在Adobe Media Encoder中进行渲染。其快捷键为Ctrl+Alt+M。
- 添加到渲染队列：将合成或素材添加到渲染队列窗口中渲染。其快捷键为Ctrl+M。
- 添加输出模块：将合成或素材添加到输出模块中。
- 预览：可将当前操作进行播放预览。
- 帧另存为：激活时间轴面板，使用该命令可将时间轴当前的时刻存储为单帧的图像文件。
- 预渲染：遇到播放卡顿时，可进行预渲染，还能更流畅地预览视频效果。
- 保存当前预览：可将预览时存储在内存中的临时文件存储下来。其快捷键为Ctrl+数字小键盘上的0。
- 在基本图形中打开：可在基本图形窗口中打开界面中的素材文件。
- 合成流程图：可清晰地展示合成文件的步骤。其快捷键为Ctrl+Shift+F11。示范图如图2-49所示。

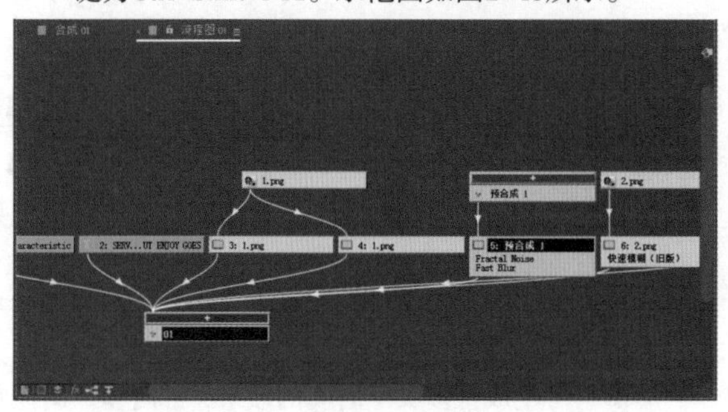

图 2-49

- 合成微型流程图：可以较小的流程图进行展示。其快捷键为Tab。
- VR：可创建VR环境及提取立方图。

2.3.4 【图层】菜单

【图层】菜单中主要包含新建图层、混合模式、图层样式及与图层相关的属性设置等操作命令，其下拉菜单如图2-50所示。

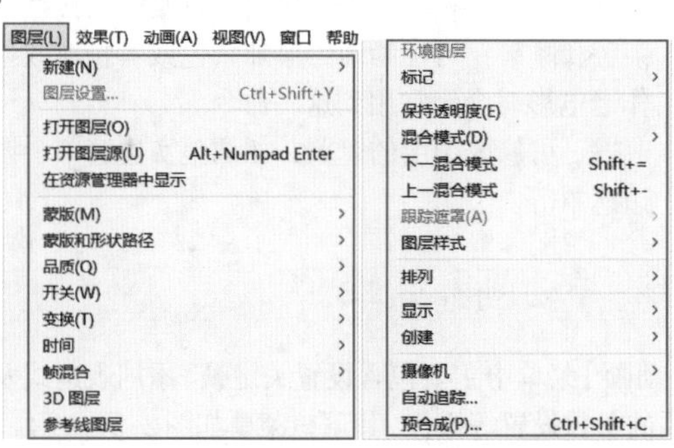

图 2-50

- 新建：激活时间轴面板后执行该操作命令可新建多种类型的层，如文本、纯色、灯光、摄像机、空对象、形状图层、调整图层、内容识别填充图层、Adobe Photoshop文件及Maxon Cinema 4D文件，如图2-51所示。

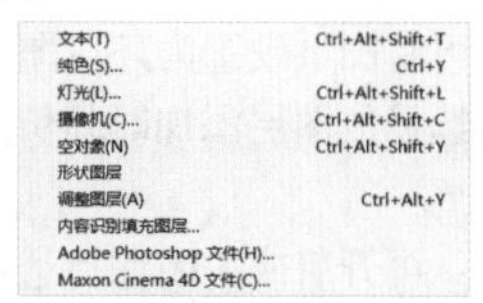

图 2-51

- 图层设置：选中【时间轴】面板中的图层，执行该操作可对该图层进行设置。其快捷键为Ctrl+Shift+Y（注意，以下操作大多需要选择【时间轴】面板中的图层才可使用）。
- 打开图层：打开选择的图层，并在合成面板中进行预览。
- 打开图层源：选择图层后，可在合成面板中打开所选图层源进行预览。
- 在资源管理器中显示：选择素材图层后，可打开素材的文件路径。
- 蒙版：对图层建立新的遮罩或对图层的遮罩进行相关操作。
- 蒙版和形状路径：在图层中可以进行蒙版和形状的绘制操作。
- 品质：可将品质设置为最佳、草图、线框、双线性、双立方等。
- 开关：可对视频进行隐藏、显示或解锁图层等操作。
- 变换：可对当前选中的图层设置基本的变换参数，如锚点、位置、缩放、方向、旋转、不透明度等，其子菜单如图2-52所示。

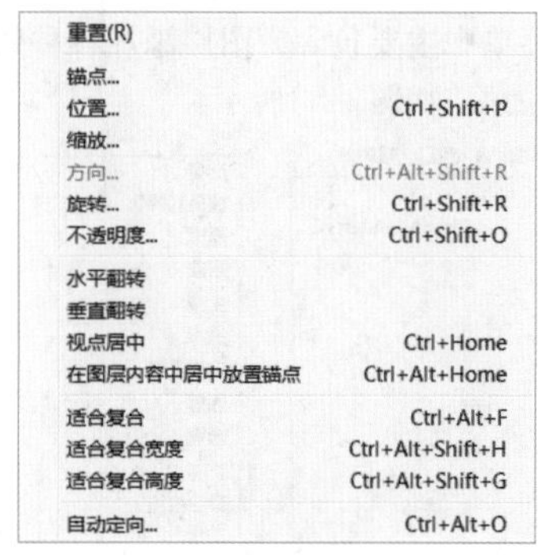

图 2-52

- 时间：可对当前选中的图层进行和时间有关的效果设置，包括启用时间重映射、时间方向图层、时间伸缩、冻结帧、在最后一帧上冻结等。
- 帧混合：有的视频缺帧严重，使用该命令可有效缓解视频的卡顿现象。

- 3D图层：选中图层，使用该命令可以将该图层变为3D图层，也可在【时间轴】面板中开启图层后面的（3D图层）按钮。
- 参考线图层：可将图层设置为参考线图层，图层上会出现一个标志。
- 环境图层：可将图层设置为环境图层。
- 标记：可为选择的图层添加时间位置标记点。其快捷键为Numpad*。
- 保持透明度：可开启或关闭保持透明度。
- 混合模式：可为图层添加如叠加、变亮、颜色加深、强光等混合效果。
- 下一混合模式：为图层选择某一混合模式后，可跳转到该模式的下一种图层模式中。
- 上一混合模式：为图层选择某一混合模式后，可跳转到该模式的上一种图层模式中。
- 跟踪遮罩：为图层设置遮罩后，可根据遮罩进行Alpha或亮度的追踪。
- 图层样式：在After Effects中可为各种图层设置如阴影、外发光、描边、斜面与浮雕等图层样式。
- 排列：可将选择的图层置于另一个图层的顶层、底层、前一层或者后一层。
- 创建：将文字转换为文字的形状图层以及创建形状和蒙版。
- 摄像机：用于设置基于3D视图生成摄像机、创建立体3D设备、创建空轨道等操作。
- 自动追踪：用于在素材的边缘处添加路径。
- 预合成：将原合成直接以嵌套的方式呈现在一个新合成中。其快捷键为Ctrl+Shift+C。

2.3.5 【效果】菜单

【效果】菜单中主要包含为图层添加各种效果滤镜的操作命令，其下拉菜单如图2-53所示。

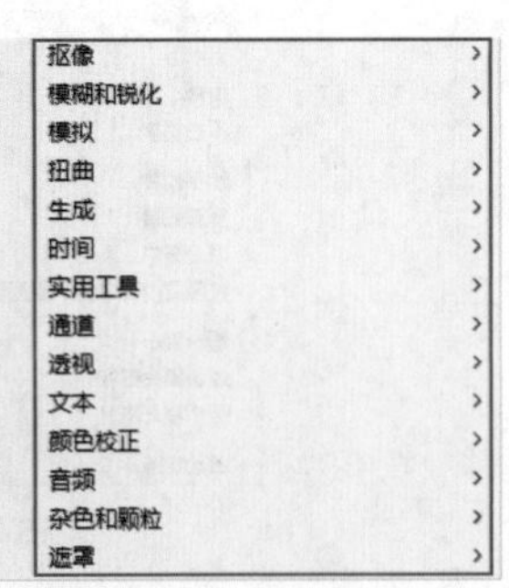

图 2-53

- 效果控件：打开效果控件面板。其快捷键为F3。
- 3D 通道：3D 通道效果可用于 2D 图层，特别是在辅助通道中包含 3D 信息的 2D 图层。
- Boris FX Mocha：可设置摄影机反求的跟踪类效果，常在跟踪时使用。
- Cinema 4D：利用 CineRender（基于 Cinema 4D 渲染引擎）的集成功能，可直接在 After Effects 中对基于 Cinema 4D 文件的图层进行渲染。Cineware 效果可进行渲染设置，还可在一定程度上控制渲染质量和速度之间的平衡。
- 表达式控制：可设置表达式控制的效果，包括下拉菜单的控件、复选框控制、3D点控制等。
- 沉浸式视频：可理解为交互式全方位视频，能将画面展现地更加完整。
- 风格化：通过置换像素将图像以一种特殊效果呈现在画面中，如画笔描边、查找边缘、纹理化等效果。
- 过渡：可制作图层间的过渡效果，如光圈擦出、百叶窗等效果。
- 过时：其中包含很多旧版的过时效果，如快速模糊（旧版）、高斯模糊（旧版）等。
- 抠像：抠取图像中的一部分。在影视作品中会频繁用到这一功能。
- 模糊和锐化：对素材进行模糊或锐化。
- 模拟：用于模拟多种特殊效果，如模拟泡沫、碎片或粒子运动等效果。
- 扭曲：对画面进行扭曲变形，让画面以更生动的效果呈现在人们眼中。
- 生成：可生产很多效果，如光束、形状、渐变等烘托画面氛围的效果。
- 时间：可生成很多关于时间的效果，如时差、时间扭曲、时间置换、残影等。
- 实用工具：可在图层中添加压缩、扩散、转换等效果。
- 通道：可对素材的通道设置效果，如反转、混合、设置通道、设置遮罩等。
- 透视：可对素材进行透视的相关操作，包括3D眼镜、投影、斜面Alpha等。
- 文本：可在画面中添加编号或时间码。
- 颜色校正：可校正偏色素材或将之调整为极具风格的色调效果。
- 音频：可为音频文件添加特效，以便烘托气氛。
- 杂色和颗粒：可在画面中添加杂色或者颗粒效果，制作老电影时会经常用到这一命令。
- 遮罩：可修改图层的遮罩，如调整实边遮罩、调整柔边遮罩等。

2.3.6 【动画】菜单

【动画】菜单中主要包含设置关键帧、添加表达式及与动画相关的参数设置等操作，其下拉菜单如图2-54所示。

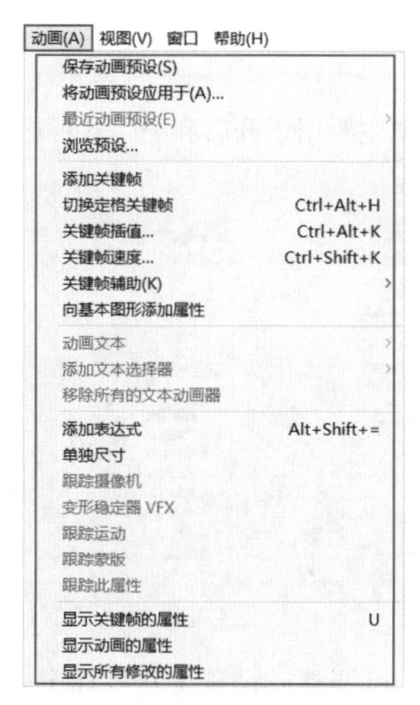

图 2-54

- 保存动画预设：可以将当前的动画保存为预设，以方便日后使用。
- 将动画预设应用于：可借助动画预设为画面添加效果。
- 最近动画预设：应用预设后可显示最近应用过的动画预设。
- 浏览预设：可浏览预设效果。
- 添加关键帧：选择图层中的某一参数，可为参数添加关键帧。
- 切换定格关键帧：将所选择的关键帧设置为定格。其快捷键为Ctrl+Alt+H。
- 关键帧插值：可将选中的关键帧设置为线性、贝塞尔曲线、连续贝塞尔曲线、自动贝塞尔曲线、定格方式。其快捷键为Ctrl+Alt+K。
- 关键帧速度：可改变关键帧的运动状态。其快捷键为Ctrl+Shift+K。
- 关键帧辅助：可设置关键帧的辅助功能，如缓入、缓出、缓动等。
- 动画文本：在应用动画时可通过动画文本改变脚本。
- 添加文本选择器：方便用户选择文本文件。
- 移除所有的文本动画器：选择层后，可删除层中的所有文本动画。
- 添加表达式：为图层的参数添加表达式。其快捷键为Alt+Shift+=。
- 单独尺寸：可应用于【位置】属性。
- 跟踪摄像机：可对摄像机进行跟踪。
- 变形稳定器VFX：通过变形画面，可令画面中的部分内容稳定。
- 跟踪运动：可跟踪拍摄画面中的运动物体。
- 跟踪蒙版：可对蒙版进行跟踪。
- 跟踪此属性：可对素材中的属性进行跟踪。
- 显示关键帧的属性：执行此命令可查看图层中关键帧的属性参数。
- 显示动画的属性：执行此命令可查看【时间轴】面板中的动画层。
- 显示所有修改的属性：执行此命令可打开所修改的图层。

2.3.7 【视图】菜单

【视图】菜单中主要包含合成【视图】面板中的查看和显示的操作命令，其下拉菜单如图2-55所示。

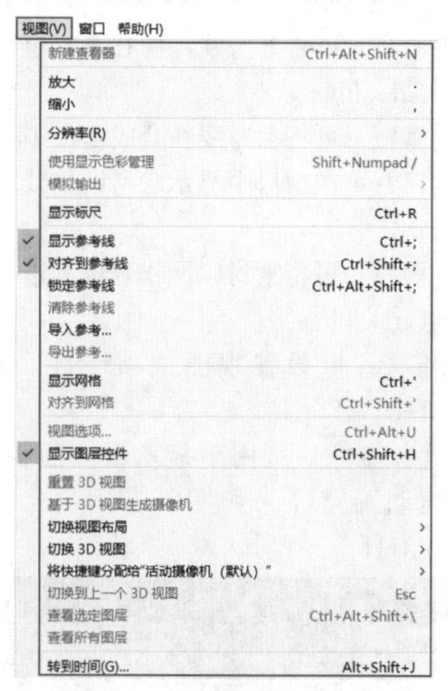

图 2-55

- 新建查看器：激活合成面板后，执行该操作可再新建一个面板，如图2-56所示。其快捷键为Ctrl+Alt+Shift+N。

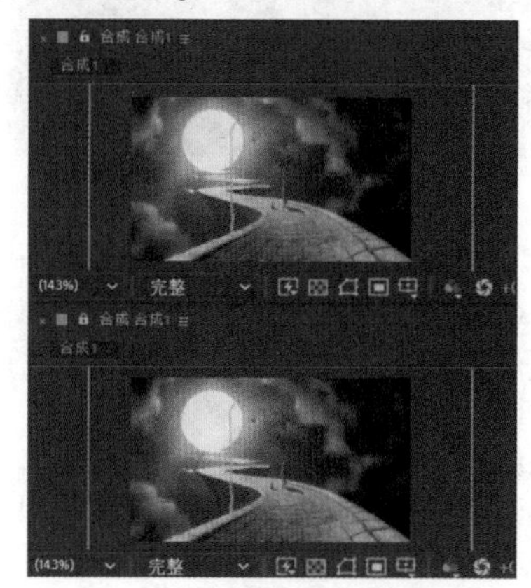

图 2-56

- 放大/缩小：可放大/缩小合成面板中的画面。
- 分辨率：可设置合成面板中画面显示的分辨率。若播放卡顿时可设置为一半、三分之一、四分之一。

- 使用显示色彩管理：在启用色彩管理后，默认行为是将RGB像素值从项目的工作色彩空间转换为计算机显示器的色彩空间。其快捷键为Shift+Numpad/。
- 模拟输出：模拟视频动画的输出。
- 显示标尺：可在合成面板中显示出带有刻度的标尺，以方便图形的绘制和对素材的操作。其快捷键为Ctrl+R。
- 显示参考线：可显示合成窗口中的参考线。其快捷键为Ctrl+;。
- 对齐到参考线：可将素材对齐到参考线位置。其快捷键为Ctrl+Shift+;。
- 锁定参考线：可将参考线停留在某一位置。其快捷键为Ctrl+Alt+Shift+;。
- 清除参考线：可将参考线在合成面板中移除。
- 显示网格：可在窗口中显示参考网格线。其快捷键为Ctrl+’。
- 对齐到网格：可将素材以网格为标准进行对齐。其快捷键为Ctrl+Shift+’。
- 视图选项：可设置视图选项参数。其快捷键为Ctrl+Alt+U。
- 显示图层控件：可用于显示合成面板中的素材的关键帧动画路径，如图2-57所示。其快捷键为Ctrl+Shift+H。

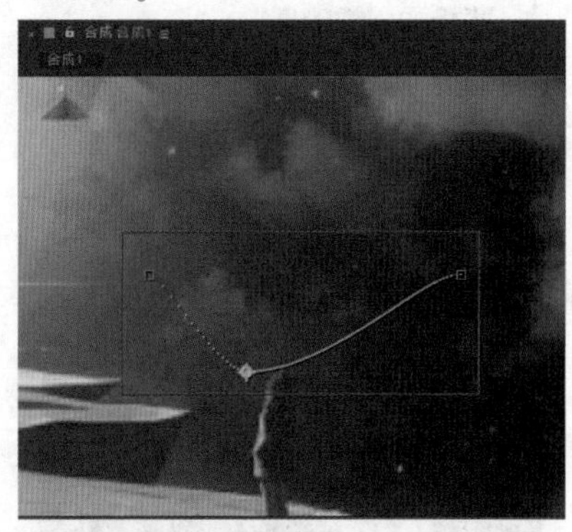

图 2-57

- 重置3D视图：可对已有的3D视图进行重新编辑。
- 切换3D视图：可对3D视图进行不同方位摄像机视角的切换。
- 将快捷键分配给“活动摄像机（默认）”：可为“活动摄像机”的操作命令添加快捷键。
- 切换到上一个3D视图：可将画面切换到当前视图的上一个视图效果。其快捷键为Esc。
- 查看选定图层：用当前的摄像机以最大化的方式观察所选图层的全貌。其快捷键为Ctrl+Alt+Shift+\。
- 查看所有图层：可将工程文件中的所有图层显示出来。
- 转到时间：可将时间指示线的位置精确地移动到指定的时间。其快捷键为Alt+Shift+J。

2.3.8 【窗口】菜单

【窗口】菜单主要用于开启和关闭各种面板，其下拉菜单如图2-58所示。

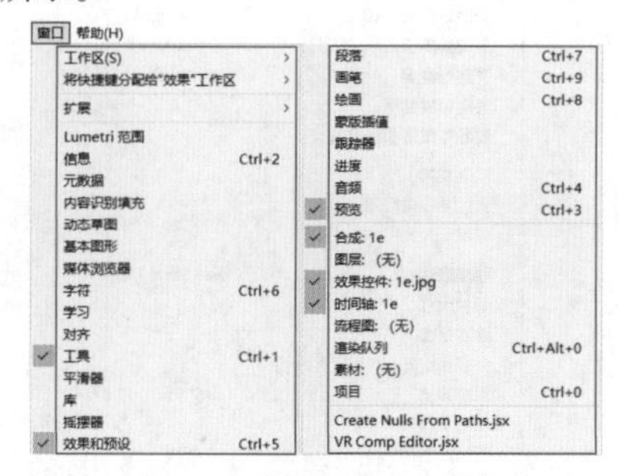

图 2-58

- 工作区：可调整或设置工作界面中各个面板的位置分布。
- 将快捷键分配给“效果”工作区：可给各个工作区面板设置快捷键。
- 扩展：可扩展到Adobe Color Themes窗口。
- Lumetri 范围：可显示视频色彩属性的内置视频示波器。
- 信息：可显示或隐藏【信息】面板，还可查看各层的信息。其快捷键为Ctrl+2。
- 元数据：可定义数据属性。
- 基本图形：基本图形面板可为动态图形创建自定义控件，并通过 Creative Cloud Libraries 将它们共享为动态图形模板或本地文件。
- 媒体浏览器：可显示本地驱动器、网络驱动器文件夹及收藏夹等。
- 字符：可设置文字的基本属性，如字体大小、填充颜色、描边宽度等。其快捷键为Ctrl+6。
- 对齐：可将图层对齐到选区，或者合成图层，其中包括了多种对齐方式。
- 工具：可显示或隐藏【工具】面板。各种常用工具都能在该面板中找到。其快捷键为Ctrl+1。
- 平滑器：可设置图层的平滑容差。
- 库：Creative Cloud Libraries 提供了一种机制，可从中下载资源。
- 摇摆器：激活该效果后，打开窗口可为素材制作摇摆效果。
- 效果和预设：该面板可为图层添加各种效果和预设效果。
- 段落：可设置文字的段落信息。其快捷键为Ctrl+7。
- 画笔：可显示或隐藏【画笔】面板。使用画笔工具时，可以在该面板中进行画笔设置。其快捷键为Ctrl+9。
- 绘画：可使用【绘图】面板中的辅助画笔进行绘图。其快捷键为Ctrl+8。

- 蒙版插值：用于调整路径变化形态。
- 跟踪器：在该面板中可进行跟踪摄影机、跟踪运动、变形稳定器、稳定运动。
- 进度：可调出【进度】面板，监视当前进度。
- 音频：可调整音频的声音效果。其快捷键为Ctrl+4。
- 预览：可预览视频动画的播放效果。其快捷键为Ctrl+3。
- 合成：可显示或隐藏【合成】面板，在该面板中可以预览时间线窗口中的素材效果。
- 图层：可调出【图层】面板。除此之外，双击【时间轴】面板中的素材也可调出该面板。
- 效果控件：在为素材添加效果后，可在【效果控件】面板中设置效果的参数。
- 时间轴：这是After Effects中最主要的面板之一。对素材的编辑、关键帧动画的创建、参数的调整等都在该面板中完成。
- 流程图：可调出文件的流程图窗口。
- 渲染队列：用于渲染输出不同格式的文件。
- 素材：可调出素材窗口，并针对素材执行操作。
- 项目：这是After Effects中最主要的面板之一。在该面板中可新建项目、导入素材等。
- Creata Nulls From Paths.jsx：可设置空白后接点、点后接空白及追踪路径。
- VR Comp Editor.jsx：可在该脚本中对图层的效果进行操作。

2.3.9 【帮助】菜单

【帮助】菜单中主要包含显示Adobe Effects的相关帮助信息的命令，其下拉菜单如图2-59所示。

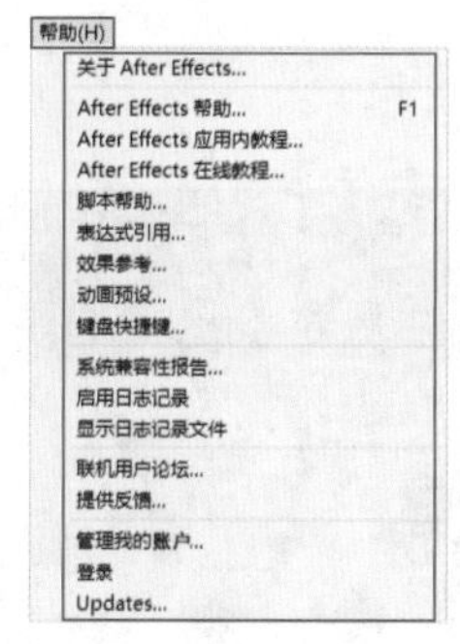

图 2-59

- 关于After Effects：可查看Adobe Effects的版本信息。
- After Effects帮助：可显示After Effects软件的帮助窗口。其快捷键为F1。
- After Effects在线教程：其中有对Adobe Effects使用方法的概述。
- 脚本帮助：可调用并执行应用程序。
- 表达式引用：可以打开有关表达式的参考文档。
- 效果参考：可查看软件中的效果插件。
- 动画预设：可保存和重复使用图层属性及动画的特定配置。
- 键盘快捷键：可管理After Effects中的键盘快捷键。
- 启用日志记录：用于启动Adobe Effects 的日志记录。
- 显示日志记录文件：单击该选项可调出After Effects日志文件所在的文件夹。
- 联机用户论坛：可在论坛内可升级用户级别。
- 提供反馈：可在Adobe Effects官网中发表观点及建议。
- 管理我的账户：可针对自己的Adobe Effects账户进行管理。
- 登录：可使用Adobe ID进行软件登录。
- Updates：可在Creative Cloud窗口中进行软件版本的更新。

实例：新建项目和合成

文件路径：Chapter 02 After Effects的基础操作→实例：新建项目和合成

本例是学习Adobe Effects最基本、最主要的操作之一，需要用户熟练掌握。

扫一扫，看视频

操作步骤：

步骤 01 打开Adobe Effects软件，在菜单栏中执行【文件】/【新建】/【新建项目】命令，如图2-60所示。

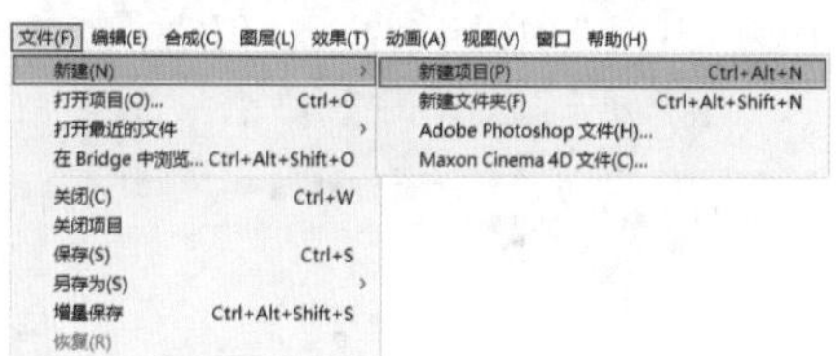

图 2-60

步骤 02 在【项目】面板中单击鼠标右键执行【新建合成】命令，在弹出的【合成设置】对话框中设置【合成名称】为01，【预设】为自定义，【宽度】为1378，【高度】为1000，【像素长宽比】为方形像素，【帧速率】为25，【分辨率】为完整，设置完成后单击【确定】按钮，如图2-61所示。此时界面如图2-62所示。

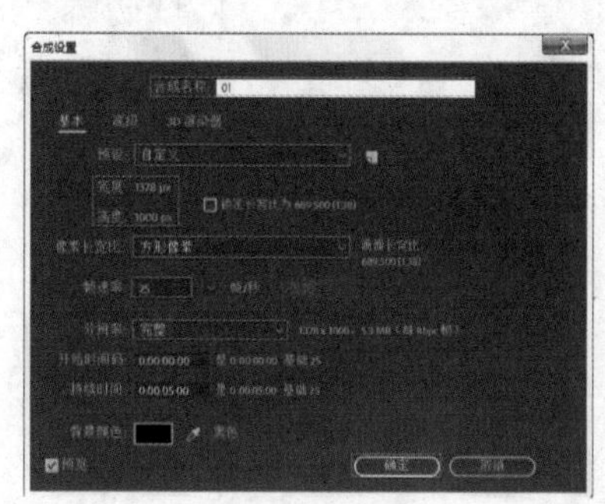

图 2-61

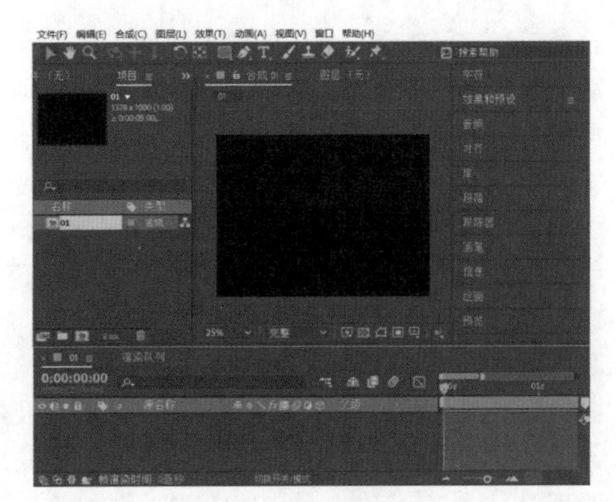

图 2-62

提示：如果创建合成后，还想修改合成参数，怎么改呢？

此时可以选择【项目】面板中的合成，然后按快捷键Ctrl+K，即可出现【合成设置】对话框，此时即可进行修改。

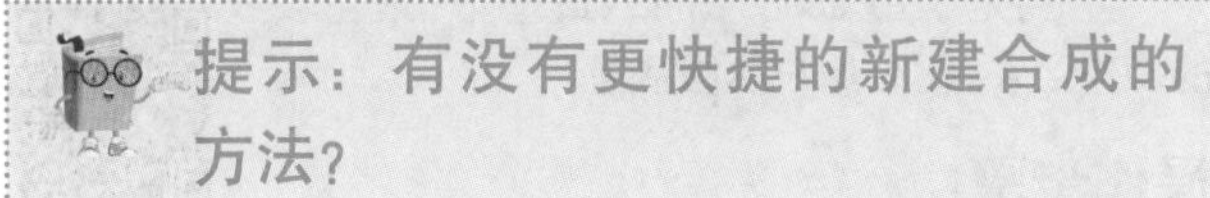

提示：有没有更快捷的新建合成的方法？

如果想快速创建一个与导入的素材尺寸一致的合成，可以先找到一张图片素材。例如，在素材库中找到这样一张图片01.jpg，尺寸为5184×3456，如图2-63所示。

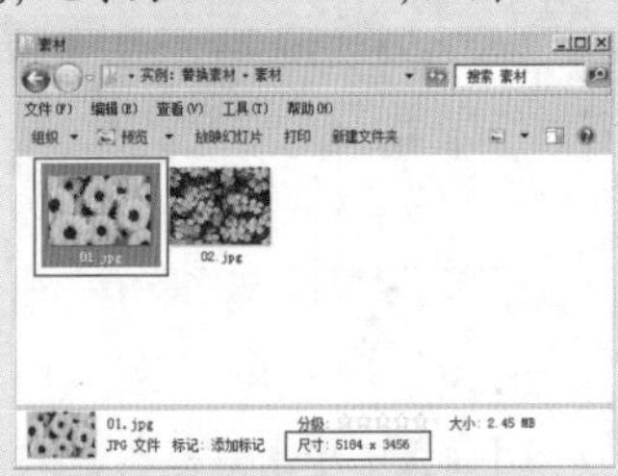

图 2-63

再打开After Effects软件，如图2-64所示。

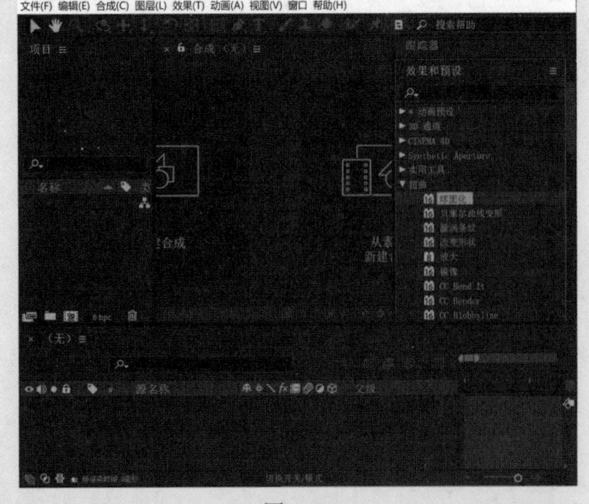

图 2-64

双击【项目】面板空白处，或在【项目】窗口单击鼠标右键执行【导入】/【文件】命令，导入需要的素材01.jpg，如图2-65所示。

图 2-65

将【项目】面板中的素材01.jpg拖到【时间轴】面板中，如图2-66所示。

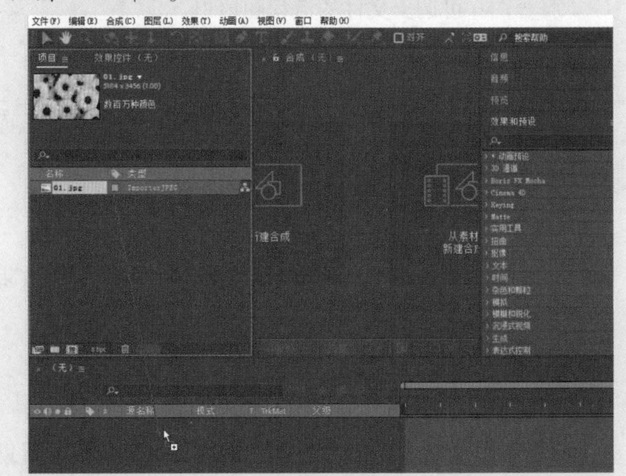

图 2-66

此时在【合成】面板中已自动新建了一个合成01，如图2-67所示。

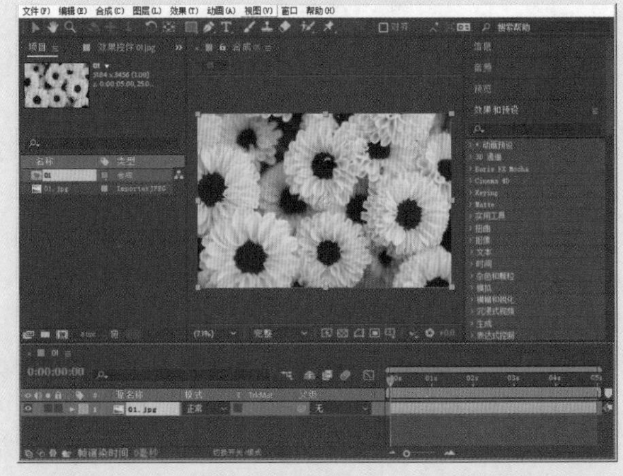

图 2-67

选择该合成，并按快捷键Ctrl+K，可以看到其【宽度】和【高度】数值与素材01.jpg的完全一致，如图2-68所示。

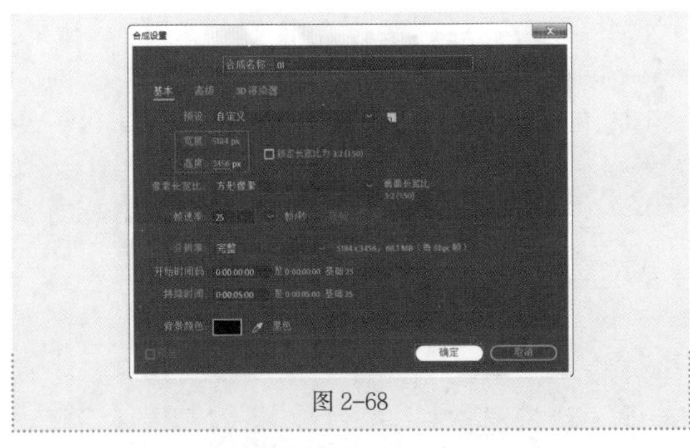

图 2-68

实例：保存和另存文件

文件路径：Chapter 02 After Effects的基础操作→实例：保存和另存文件

保存是使用设计软件创作作品时最重要、最容易忽略的操作，建议用户使用【保存】和【另存为】命令及时备份当前源文件。

扫一扫，看视频

操作步骤：

步骤 01 打开本书配套文件【实例：保存和另存文件.aep】，如图2-69所示。此时可继续对该文件进行调整。

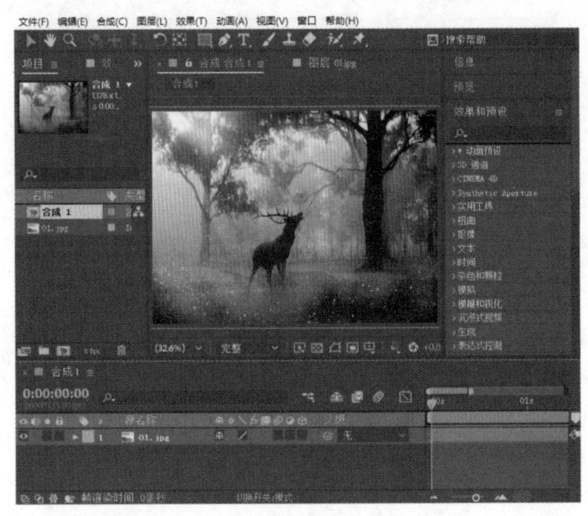

图 2-69

步骤 02 调整完成后，在菜单栏中执行【文件】/【保存】命令，或使用快捷键Ctrl+S，如图2-70所示。此时软件即会自动保存当前的操作步骤。

图 2-70

步骤 03 若想改变文件名称或文件的保存路径。可在菜单栏中执行【文件】/【另存为】/【另存为】命令，如图2-71所示。再在弹出的【另存为】对话框中设置文件名称及保存路径，单击【保存】按钮，即可完成文件的另存，如图2-72所示。

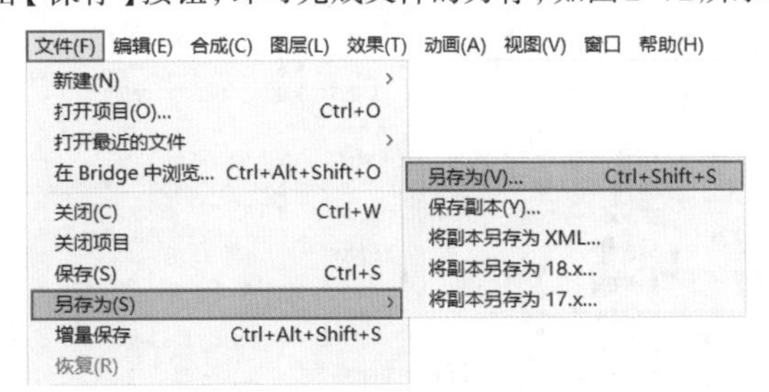

图 2-71

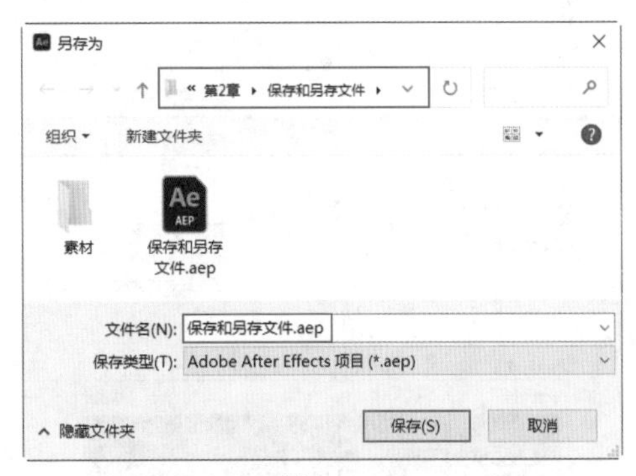

图 2-72

实例：整理工程（文件）

文件路径：Chapter 02 After Effects的基础操作→实例：整理工程（文件）

【收集文件】命令可以将文件用到的素材等整理到一个文件夹中，方便用户管理素材。

扫一扫，看视频

操作步骤：

步骤 01 打开本书配套文件【实例：整理工程（文件）.aep】，如图2-73所示。

图 2-73

步骤 02 在【项目】面板中执行【文件】/【整理工程(文件)】/【收集文件】命令，如图2-74所示。此时会弹出【收集文件】对话框，设置【收集源文件】为全部，并勾选【完成时在资源管理器中显示收集的项目】复选框，然后单击【收集】按钮，如图2-75所示。

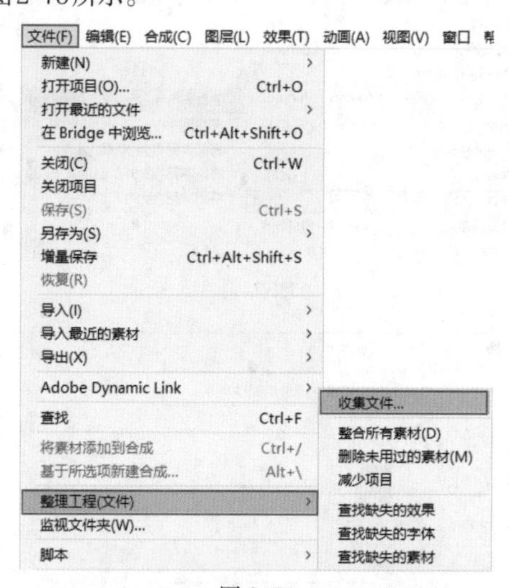

图 2-74

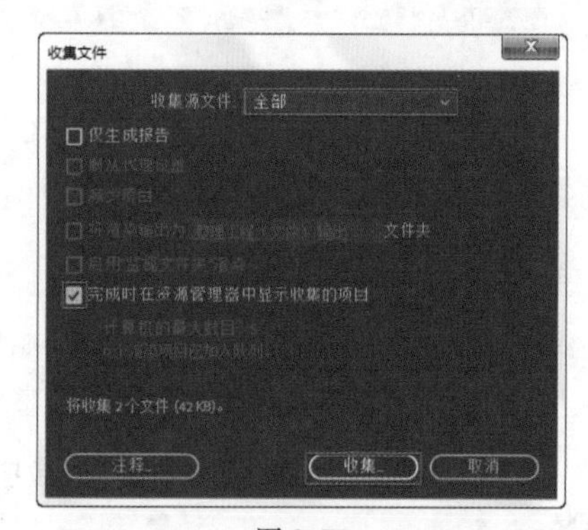

图 2-75

步骤 03 弹出【将文件收集到文件夹中】对话框，设置文件路径及名称后单击【保存】按钮，如图2-76所示。此时打开文件路径的位置，即可查看这个文件夹，如图2-77所示。

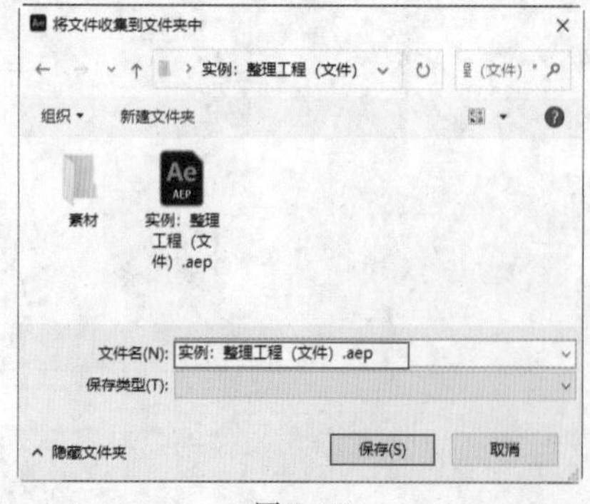

图 2-76

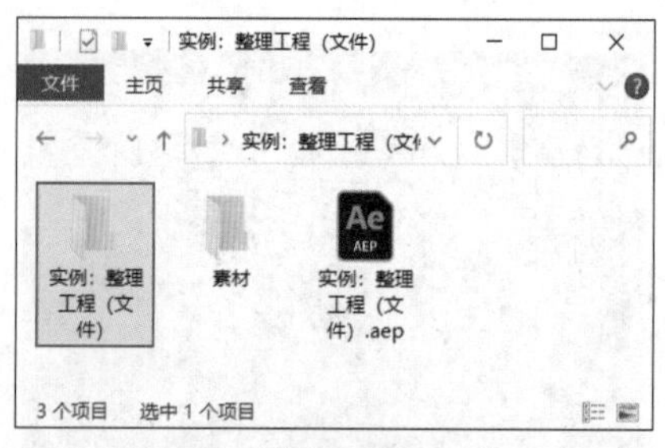

图 2-77

实例：替换素材

文件路径：Chapter 02 After Effects的基础操作→实例：替换素材

操作步骤：

步骤 01 在【项目】面板中单击鼠标右键执行【新建合成】命令，在弹出的【合成设置】对话框中设置【合成名称】为01，【预设】为自定义，【宽度】为5184，【高度】为3456，【像素长宽比】为方形像素，【帧速率】为25，【持续时间】为5秒，然后单击【确定】按钮，如图2-78所示。

扫一扫，看视频

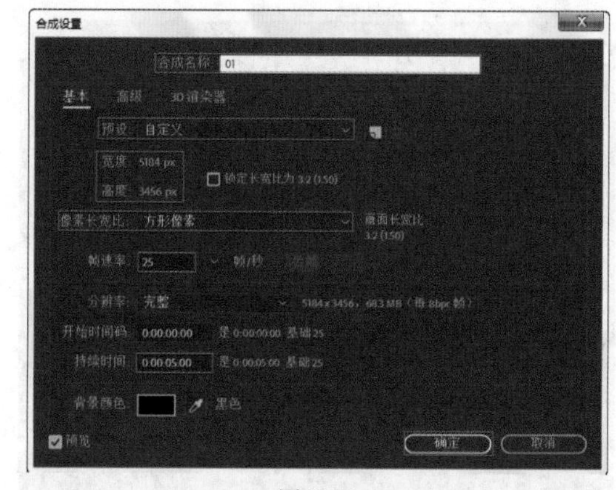

图 2-78

步骤 02 执行【文件】/【导入】/【文件】命令，如图2-79所示。在弹出的对话框中选择图片素材后单击【导入】按钮，如图2-80所示。

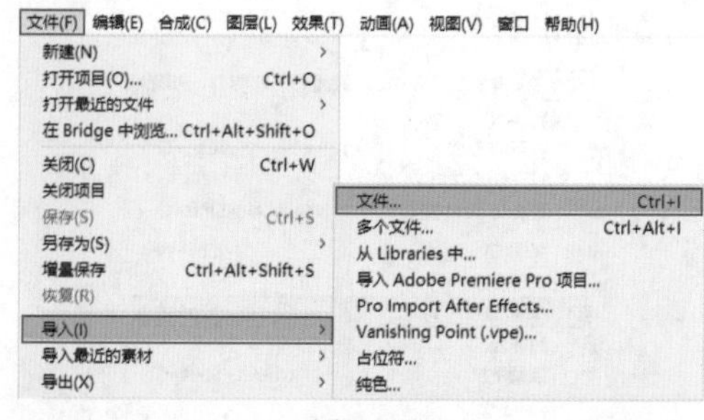

图 2-79

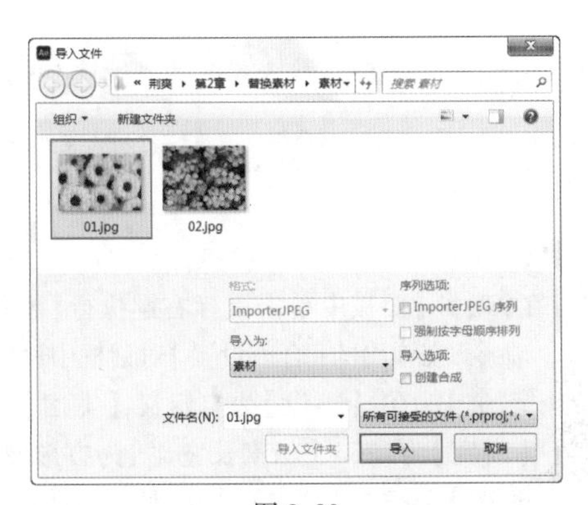

图 2-80

步骤 03 将导入【项目】面板中的图片素材拖到【时间轴】面板中，如图2-81所示。

图 2-81

步骤 04 在【项目】面板中右击选中01.jpg素材文件，并在弹出的快捷菜单中执行【替换素材】/【文件】命令，如图2-82所示。

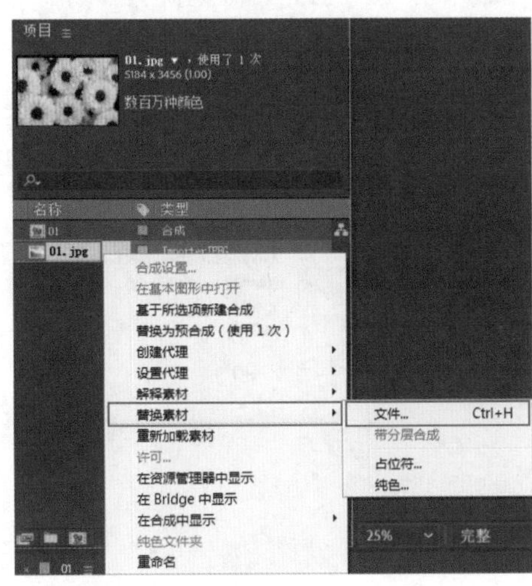

图 2-82

步骤 05 此时会弹出一个【替换素材文件(1.jpg)】对话框，选择02.jpg素材文件，并取消勾选下方的【Importer JPEG 序列】复选框，然后单击【导入】按钮，如图2-83所示。此时界面中的01.jpg被替换成了02.jpg素材文件，如图2-84所示。

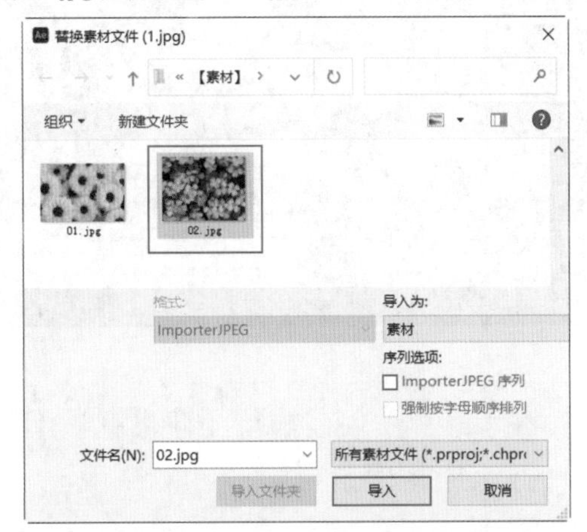

图 2-83

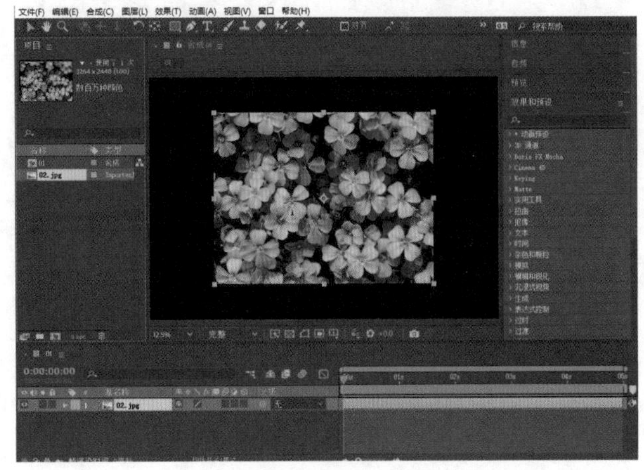

图 2-84

步骤 06 此时可以看出图片尺寸与项目尺寸不匹配。单击打开02.jpg下方的【变换】，设置【缩放】为(170.0, 170.0%)，如图2-85所示。最终的图片尺寸与画面相符的效果如图2-86所示。

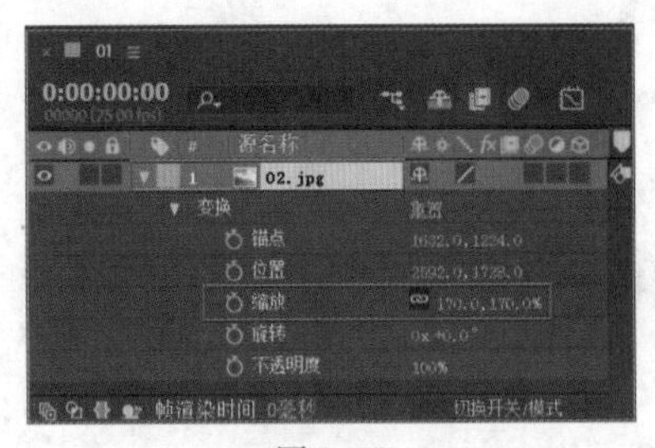

图 2-85

图 2-86

提示：为什么在执行了刚才的操作后，仍无法替换素材？

用户在进行素材替换时，若不取消勾选【Importer JPEG 序列】复选框，如图2-87所示。则【项目】面板中会同时存在两个素材文件，如图2-88所示，以致无法完成素材的替换。因此需要取消勾选【Importer JPEG 序列】复选框。

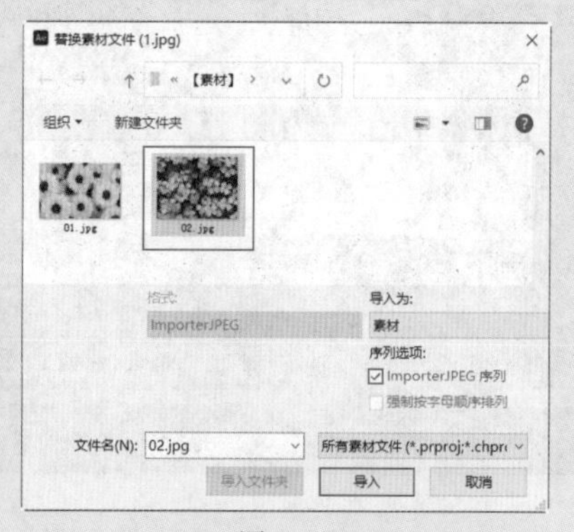

图 2-87

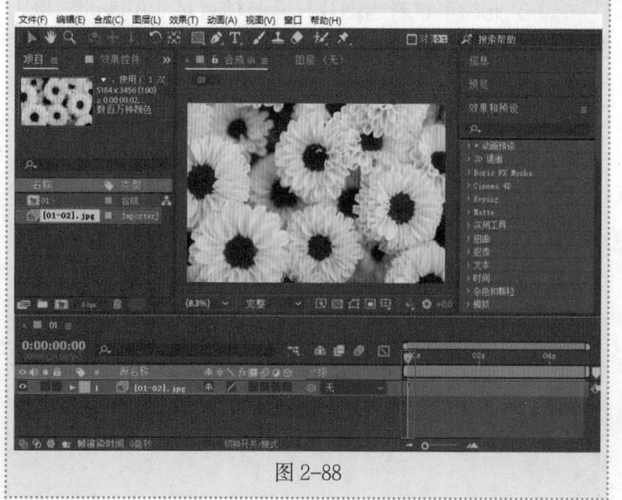

图 2-88

实例：通过设置首选项修改界面颜色

文件路径：Chapter 02 After Effects的基础操作→实例：通过设置首选项修改界面颜色

操作步骤

扫一扫，看视频

步骤 01 在【项目】面板中单击鼠标右键执行【新建合成】命令，在弹出的【合成设置】对话框中设置【合成名称】为01，【预设】为自定义，【宽度】为2048，【高度】为1356，【像素长宽比】为方形像素，【帧速率】为25，【持续时间】为5秒，然后单击【确定】按钮，如图2-89所示。

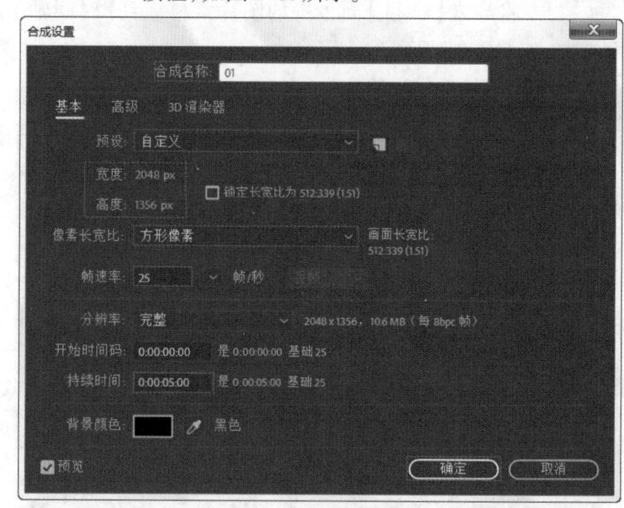

图 2-89

步骤 02 执行【文件】/【导入】/【文件】命令，如图2-90所示。在弹出的对话框中选择图片素材，并单击【导入】按钮，如图2-91所示。

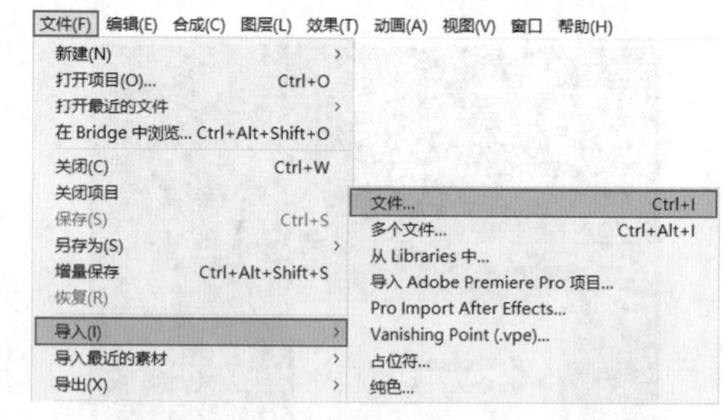

图 2-90

图 2-91

步骤 03 将导入【项目】面板中的图片素材拖到【时间轴】面板中，此时效果如图2-92所示。

图 2-92

步骤 04 若想调整界面的颜色，可在菜单栏中执行【编辑】/【首选项】/【外观】命令，如图2-93所示。在弹出的【首选项】对话框中将【亮度】下方的滑块滑到最左侧，然后单击【确定】按钮，如图2-94所示。此时界面变为最暗，如图2-95所示。

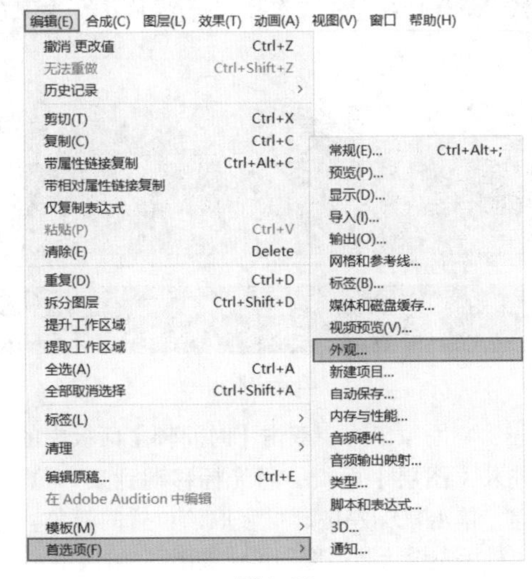

图 2-93

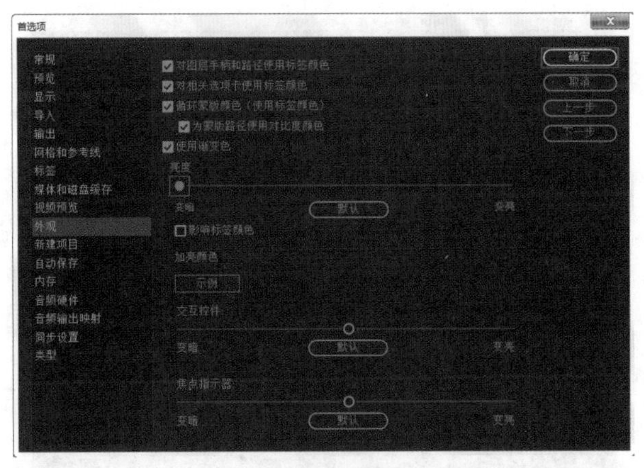

图 2-94

图 2-95

步骤 05 若想将界面调整为最亮状态，可再次执行【编辑】/【首选项】/【外观】命令，将【亮度】下方的滑块滑到最右侧，然后单击【确定】按钮，如图2-96所示。此时界面变为最亮，如图2-97所示。

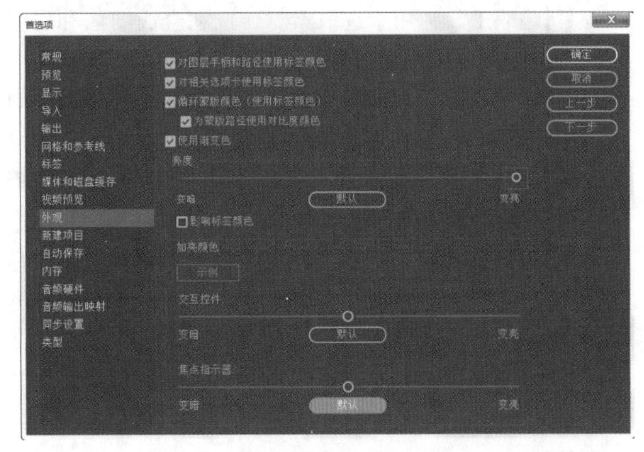

图 2-96

图 2-97

重点 2.4 工具栏

工具栏中有十余种工具，如图2-98所示。工具右下角有黑色小三角形的表示其还有隐藏/扩展工具，按住鼠标不放即可访问其隐藏/扩展工具。

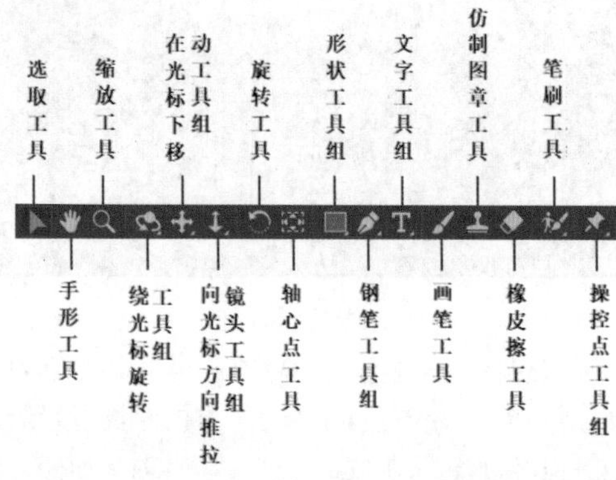

图 2-98

- 选取工具：用于选取素材，或在合成图像和层窗口中选取或者移动对象。
- 手形工具：可在【合成】面板或【图层】面板中按住鼠标左键进行拖曳素材的视图显示位置。
- 缩放工具：用于放大或缩小（按住Alt键可以缩小）画面。
- 绕光标旋转工具组：可在【合成】面板中绕光标单击位置移动摄像机。其扩展选项中还包含绕场景旋转工具和绕相机信息点旋转工具。
- 在光标下移动工具组：用于平移摄影机位置。其扩展选项中还包含平移摄像机 POI 工具。
- 向光标方向推拉镜头工具组：可以将镜头从合成中心推向光标点位置。其扩展选项中还包含推拉至光标工具和推拉至摄像机 POI 工具。
- 旋转工具：用于在【合成】面板和【图层】面板中对素材进行旋转操作。
- 轴心点工具：用于改变对象的轴心点位置，如图2-99所示。

图 2-99

- 形状工具组：用于在画面中建立矩形形状或矩形蒙版。其扩展选项中还包含圆角矩形工具、椭圆工具、多边形工具、星形工具。
- 钢笔工具组：用于为素材添加路径或蒙版。其扩展项中还包含添加顶点工具（可增加锚点）、删除顶点工具（可删除路径上的锚点）、转换顶点工具（可改变锚点类型）、蒙版羽化工具（可在蒙版中进行羽化操作）。
- 文字工具组：用于创建横向或竖向文字。其扩展选项中还包含直排文字工具。
- 画笔工具：双击【时间轴】面板中的素材，进入【图层】面板后即可使用该工具绘制图像，如图2-100所示。

图 2-100

- 仿制图章工具：双击【时间轴】面板中的素材，进入【图层】面板，将光标移动到某一位置按Alt键，单击鼠标左键即可吸取该位置的颜色，然后按住鼠标左键绘制图像即可，如图2-101所示。

图 2-101

- 橡皮擦工具：双击【时间轴】面板中的素材，进入【图层】面板后即可擦除画面中多余的像素。
- 笔刷工具：能够帮助用户在正常时间片段中独立出移动的前景元素。其扩展选项中还包含调整边缘工具。
- 操控点工具组：用来设置控制点的位置。其扩展选项中还包含操控控制点、操控叠加工具和操控扑粉工具。

重点 2.5 【项目】面板

通过【项目】面板可以新建合成、新建文件夹等，也可以显示及存放项目中的素材或合成，如图2-102所示。

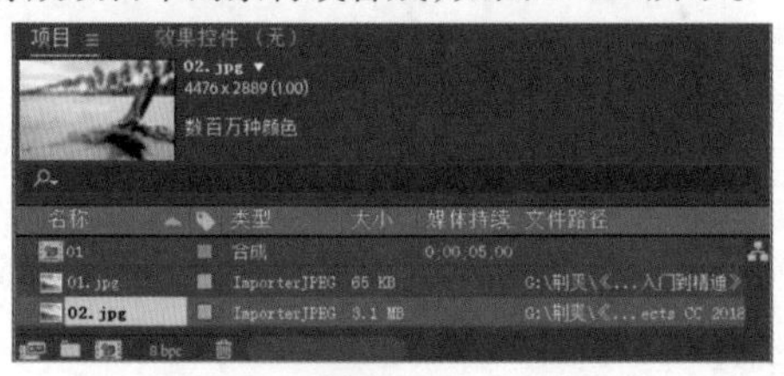

图 2-102

【项目】面板的上方为素材的信息栏，分别列出了素材的名称、类型、大小、媒体持续时间、文件路径等。

- 按钮：单击该按钮可以打开【项目】面板的相关菜单，如图2-103所示，并对【项目】面板进行相关操作。

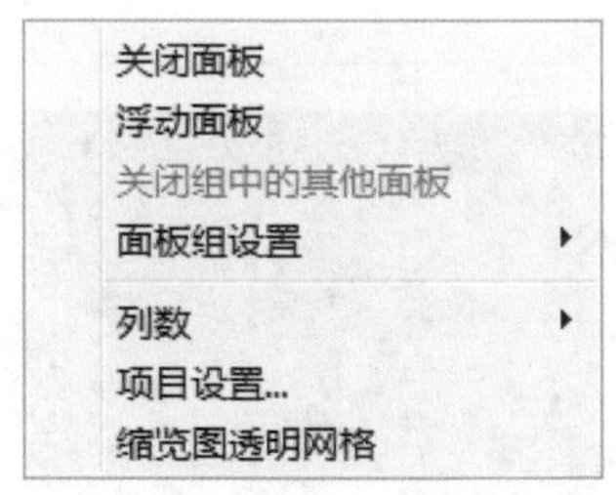

图 2-103

- 关闭面板：将当前选择的面板关闭。
- 浮动面板：将面板变为浮动状态，此时面板为独立的个体，可随意移动。
- 关闭组中的其他面板：若组中存在其他面板，执行此命令可将其关闭。
- 面板组设置：在其中可关闭面板组、浮动面板组、最大化面板组、堆叠面板组、堆栈中的单独面板、小选项卡。
- 列数：即【项目】面板中所显示的素材信息栏队列内容。其下级菜单中勾选的内容均会显示在【项目】面板中。
- 项目设置：打开项目设置窗口，在其中可进行有关项目的设置操作。
- 缩览图透明网格：当素材具有透明背景时，在缩览图的透明背景部分会显现出网格。

- 搜索栏：在【项目】面板中可进行素材或合成的查找搜索，适用于素材或合成较多的情况。
- 解释素材按钮：选择素材后单击该按钮，可以设置素材的Alpha、帧速率等参数。
- 新建文件夹按钮：单击该按钮可以在【项目】面板中新建一个文件夹，以方便素材管理。
- 新建合成按钮：单击该按钮可以在【项目】面板中新建一个合成。
- 删除所选项目按钮：选择【项目】面板中的层，单击该按钮即可进行删除操作。

实例：新建一个PAL宽银幕合成

文件路径：Chapter 02 After Effects的基础操作→实例：新建一个PAL宽银幕合成

操作步骤：

步骤 01 在【项目】面板中单击鼠标右键执行【新建合成】命令，在弹出的【合成设置】对话框中设置【合成名称】为01，【预设】为PAL D1/DV宽银幕，【宽度】为720，【高度】为576，【像素长宽比】为D1/DV PAL宽银幕(1.46)，【帧速率】为25，【持续时间】为5秒，然后单击【确定】按钮，如图2-104所示。

扫一扫，看视频

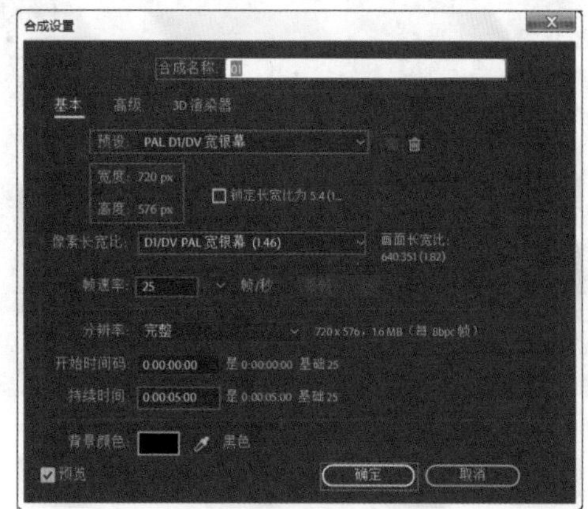

图 2-104

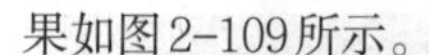

步骤 02 执行【文件】/【导入】/【文件】命令，如图2-105所示。在弹出的对话框中选择01.jpg素材文件后单击【导入】按钮，如图2-106所示。

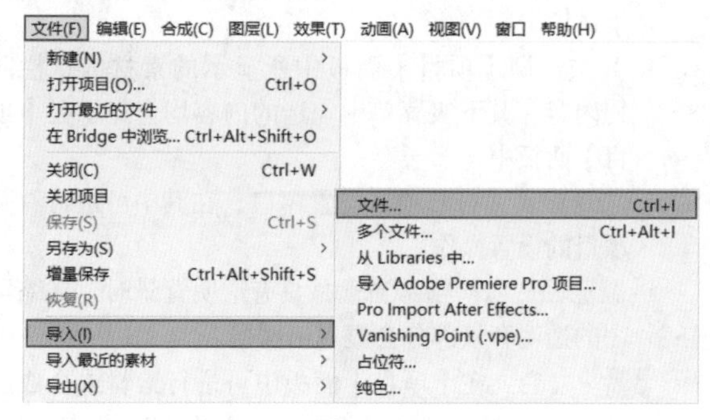

图 2-105

图 2-106

步骤 03 将导入【项目】面板中的01.jpg素材拖到【时间轴】面板中，可看出此时图片过大，如图2-107所示。

图 2-107

步骤 04 在【时间轴】面板中单击打开01.jpg下方的【变换】，设置【缩放】为(20.0，20.0%)，如图2-108所示。此时画面效果如图2-109所示。

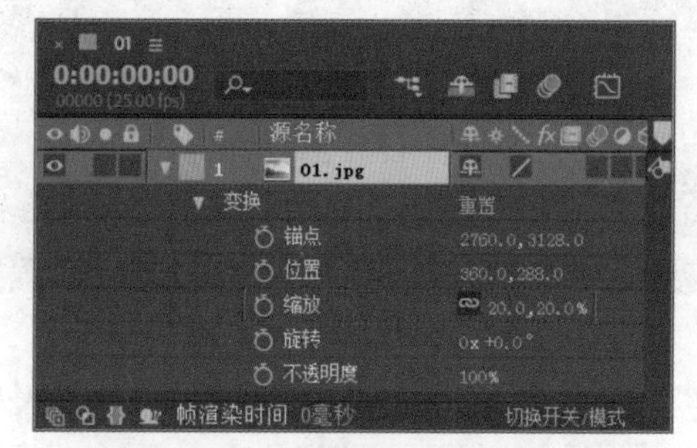

图 2-108

图 2-109

实例：新建文件夹整理素材

文件路径：Chapter 02 After Effects的基础操作→实例：新建文件夹整理素材

操作步骤：

步骤 01 在【项目】面板中单击鼠标右键执行【新建合成】命令，在弹出的【合成设置】对话框中设置【合成名称】为01，【预设】为【自定义】，【宽度】为1920，【高度】为1200，【像素长宽比】为方形像素，【帧速率】为25，【持续时间】为5秒，然后单击【确定】按钮，如图2-110所示。

扫一扫，看视频

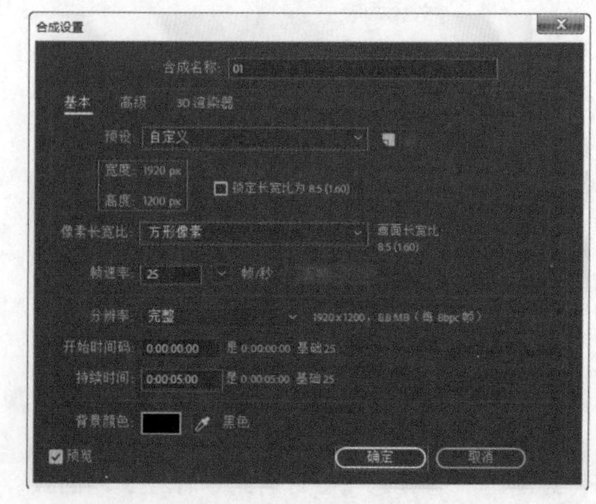

图 2-110

步骤 02 执行【文件】/【导入】/【文件】命令，如图2-111所示。在弹出的对话框中选择全部素材文件后单击【导入】按钮，如图2-112所示。

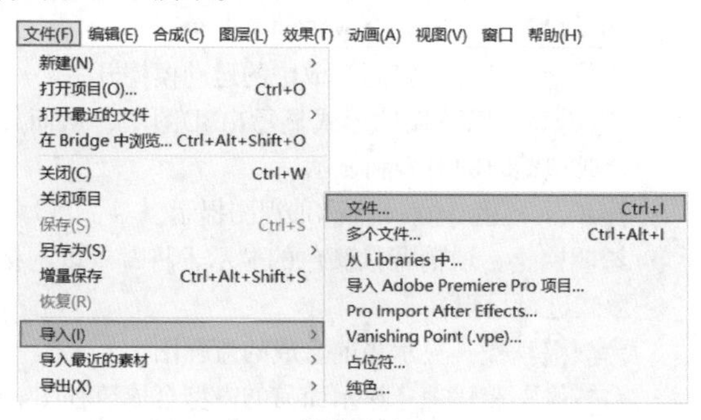

图2-111

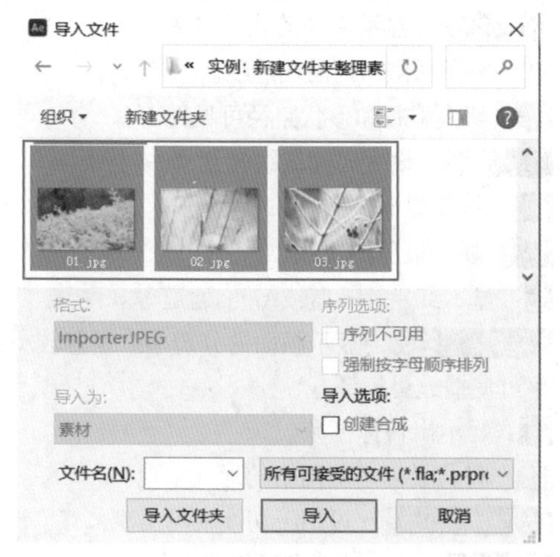

图2-112

步骤 03 在【项目】面板底部单击【新建文件夹】按钮，并将文件夹重名称为【素材】，如图2-113所示。然后按住Ctrl键的同时单击加选01.jpg、02.jpg、03.jpg素材文件，并将其拖到素材文件夹中，如图2-114所示。

图2-113

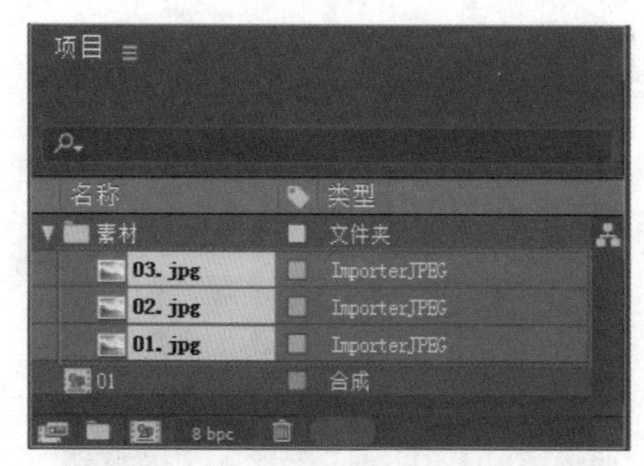

图2-114

步骤 04 在【项目】面板中选择这个文件夹，按住鼠标左键将其拖到【时间轴】面板中，如图2-115所示。释放鼠标后，文件夹中的素材即可出现在【时间轴】面板中，如图2-116所示。

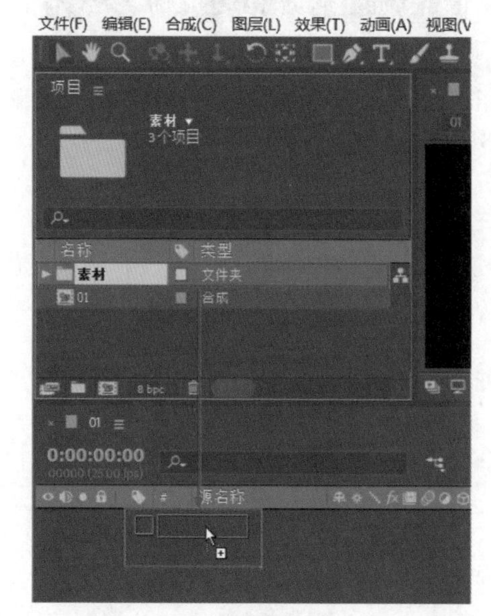

图2-115

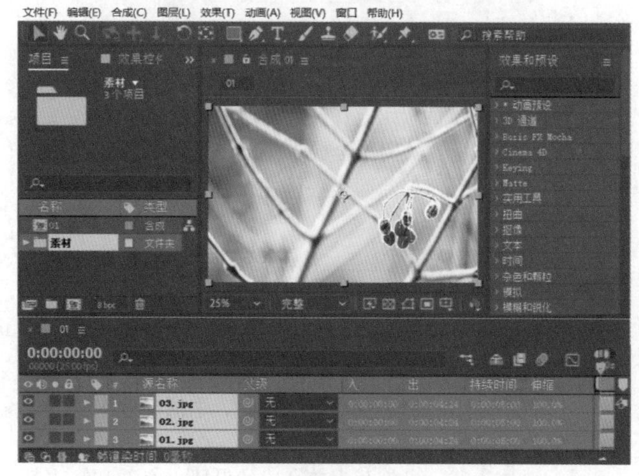

图2-116

重点 2.6 【合成】面板

通过【合成】面板可以显示当前合成的画面效果。图2-117所示即为Adobe After Effects的【合成】面板。

图 2-117

单击面板左上方的 ≡ 按钮会弹出一个快捷菜单，如图2-118所示。

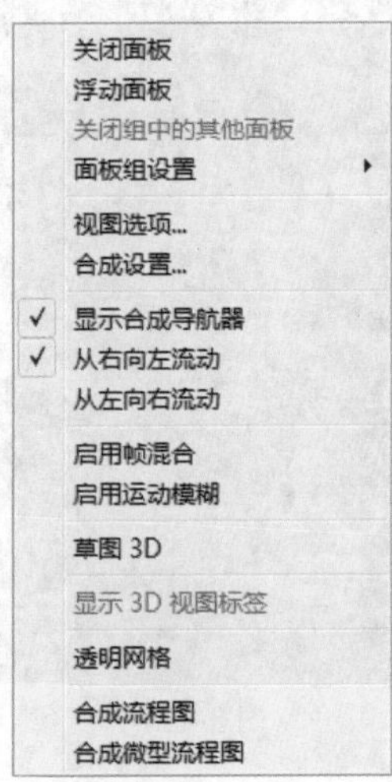

图 2-118

- ≡：单击此按钮，可对【合成】面板进行关闭面板、浮动面板、面板组设置、合成设置等相关操作。
  - 关闭面板：关闭【合成】面板在界面中的显示。
  - 浮动面板：解除面板一体化，使之变成独立的浮动状态。
  - 关闭组中的其他面板：用于关闭该组中的其他面板。
  - 面板组设置：包括关闭面板组、浮动面板组、最大化面板组、堆叠的面板组、堆栈中的单独面板、小选项卡。
  - 视图选项：用于设置图层控制、手柄、效果控件、关键帧等。
  - 合成设置：可打开当前合成的设置，查看和修改其中的合成参数。其快捷键为Ctrl+K。
  - 显示合成导航器：显示/隐藏合成导航器。
  - 从右向左流动：设置为由左侧向右侧的流动方式。
  - 从左向右流动：设置为由右侧向左侧的流动方式。
  - 启用帧混合：打开合成中的帧混合开关。
  - 启用运动模糊：打开合成中的运动模糊开关。
  - 草图3D：以草稿的形式显示出3D图层，从而加速合成预览时的渲染和显示。
  - 显示3D视图标签：显示3D视图提示。
  - 透明网格：取消背景颜色的显示，将背景以网格的形式进行呈现。
  - 合成流程图：显示当前合成的流程图。
  - 合成微型流程图：显示简易的微型合成流程图。
- ：始终预览此视图。
- (71%)：显示文件的放大倍率。
- ：选择网格和辅助线选项。
- ：切换蒙版和形状路径可见性。
- 0:00:00:00：设置时间线跳转到哪一时刻。
- ：捕获界面快照。
- ：显示最后的快照。
- ：显示红、绿、蓝或Alpha通道等。
- 完整：显示画面的分辨率。设置较小的分辨率可使播放更流畅。
- ：显示出目标区域。
- ：将背景以透明网格的形式呈现。
- 活动摄像机：可用于切换视图类型。
- 1个...：选择视图布局方式。
- ：切换像素纵横比修正。
- ：快速预览，单击该按钮后即可在弹出的窗口中进行设置。
- ：辅助编辑和剪辑视频素材。
- ：可查看合成流程的视图。
- ：重新设置图像的曝光。
- +0.0：调节图像曝光度。

实例：移动合成面板中的素材

文件路径：Chapter 02 After Effects的基础操作→实例：移动合成面板中的素材

操作步骤：

步骤 01 在【项目】面板中单击鼠标右键并执行【新建合成】命令，此时会弹出【合成设置】对话框，设置【合成名称】为合成1，【预设】为自定义，【宽度】为7200，【高度】为5760，【像素长宽比】为D1/DV PAL宽银屏(1.46)，【帧速率】为25，然后单击【确定】按钮完成新建合成，如图2-119所示。

扫一扫，看视频

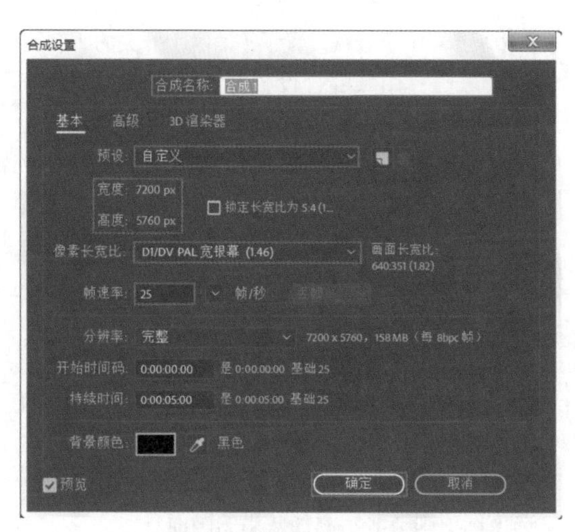

图 2-119

步骤 02 执行【文件】/【导入】/【文件】命令，如图2-120所示。在弹出的对话框中选择01.jpg素材文件，并单击【导入】按钮，如图2-121所示。

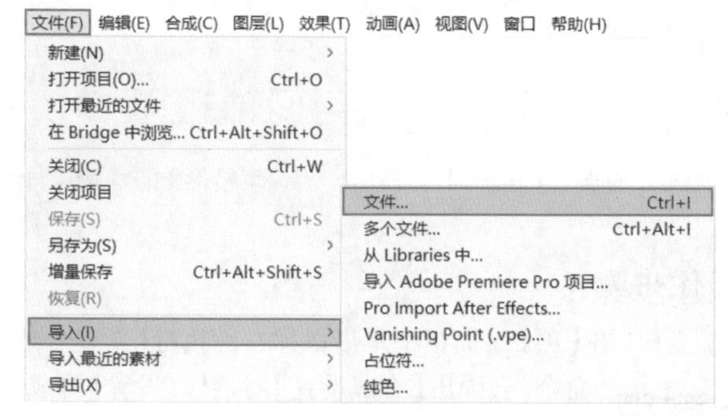

图 2-120

图 2-121

步骤 03 将【项目】面板中的素材文件拖到【时间轴】面板中，如图2-122所示。

图 2-122

步骤 04 接着在【时间轴】面板中单击打开01.jpg下方的【变换】，设置【缩放】为(210.0, 210.0%)，如图2-123所示。此时素材平铺于整个画面，如图2-124所示。

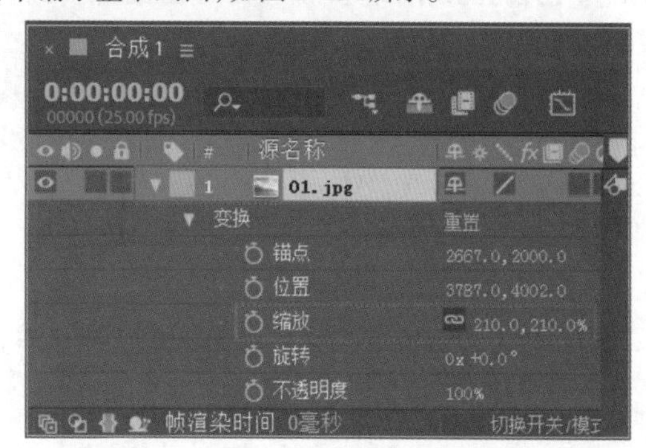

图 2-123

图 2-124

步骤 05 若想调整素材位置，可在【合成】面板中按住鼠标

左键并进行移动，如图2-125所示。

图 2-125

重点 2.7 【时间轴】面板

通过【时间轴】面板可新建不同类型的图层、创建关键帧动画等。图2-126所示即为Adobe After Effects的【时间轴】面板。

图 2-126

- ☰：单击左上方的按钮会弹出一个快捷菜单，如图2-127所示。

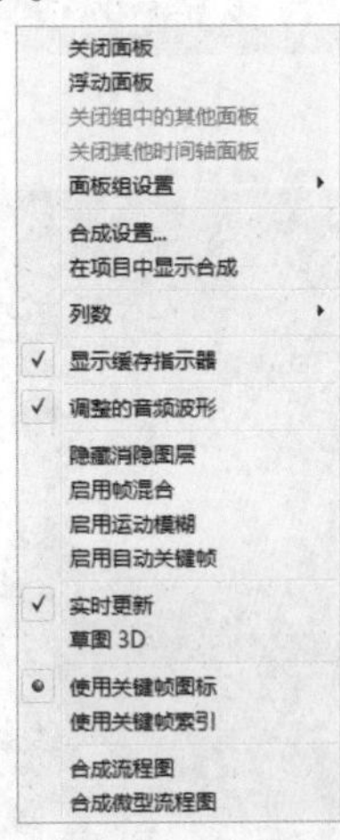

图 2-127

- 0:00:00:00：用于显示时间线停留的当前时间，单击它即可进行编辑。
- ：合成微型流程图（标签转换）。
- 草图3D：用于模拟素材草图的3D场景。
- 消隐：用于隐藏设置了【消隐】开关的所有图层。
- 帧混合：用帧混合设置开关打开或关闭对应图层中的帧混合。
- 运动模糊：用运动模糊开关打开或关闭对应图层中的运动模糊。
- 图标编辑器：使用关键帧进行【图表编辑器】的窗口开关设置。
- 质量和采样：用于设置作品质量，其中包括三种级别。若找不到该按钮，可单击 切换开关/模式 。
- ：对于合成图层，可遮掉变换；对于矢量图层，可连续栅格化。
- 效果：取消该选项会显示未添加效果的画面，勾选该选项则会显示添加效果的画面。
- 调整图层：它是针对【时间轴】面板中的调整图层使用的。用于关闭或开启调整图层中添加的效果。
- 3D图层：用于启用或关闭3D图层功能。在创建三维素材图层、灯光图层、摄影机图层时需要开启该功能。

实例：将素材导入到【时间轴】面板中

文件路径：Chapter 02 After Effects的基础操作→实例：将素材导入到【时间轴】面板中

操作步骤：

扫一扫，看视频

步骤 01 在【项目】面板中单击鼠标右键执行【新建合成】命令，会弹出【合成设置】对话框，设置【合成名称】为01，【预设】为自定义，【宽度】为1280，【高度】为1024，【像素长宽比】为方形像素，【帧速率】为25，【持续时间】为5秒，然后单击【确定】按钮，如图2-128所示。

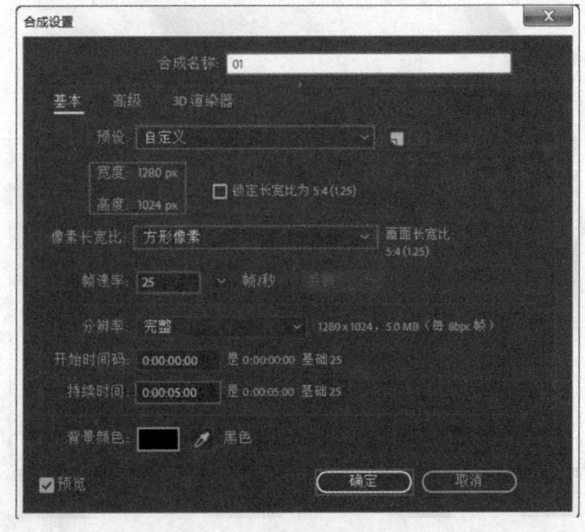

图 2-128

步骤 02 执行【文件】/【导入】/【文件】命令，如图2-129所示。在弹出的对话框中选择01.jpg素材文件，并单击【导入】按钮，如图2-130所示。

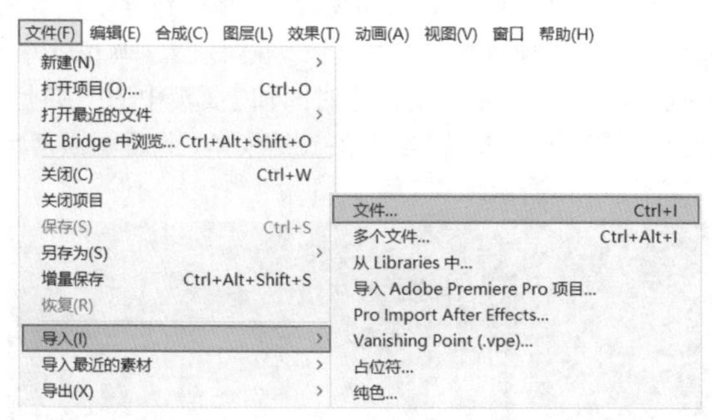

图 2-129

图 2-130

步骤 03 将【项目】面板中的01.jpg素材文件拖到【时间轴】面板中，如图2-131所示。

图 2-131

实例：修改和查看素材参数

文件路径：Chapter 02 After Effects的基础操作→实例：修改和查看素材参数

操作步骤：

扫一扫，看视频

步骤 01 首先新建项目，在【项目】面板中单击鼠标右键执行【新建合成】命令，弹出【合成设置】对话框，设置【合成名称】为01，【预设】为自定义，【宽度】为2950，【高度】为2094，【像素长宽比】为方形像素，【帧速率】为25，【持续时间】为5秒，然后单击【确定】按钮，如图2-132所示。

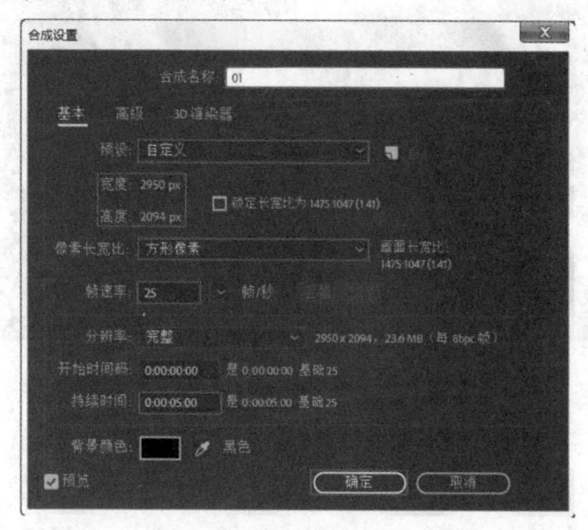

图 2-132

步骤 02 执行【文件】/【导入】/【文件】命令，如图2-133所示。此时在弹出的对话框中选择01.jpg素材文件，并单击【导入】按钮，如图2-134所示。

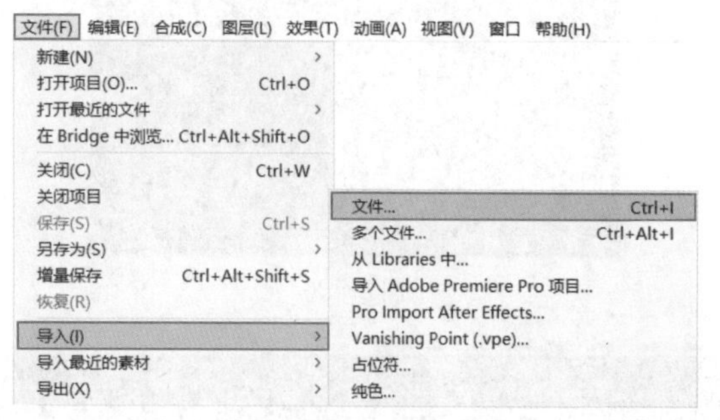

图 2-133

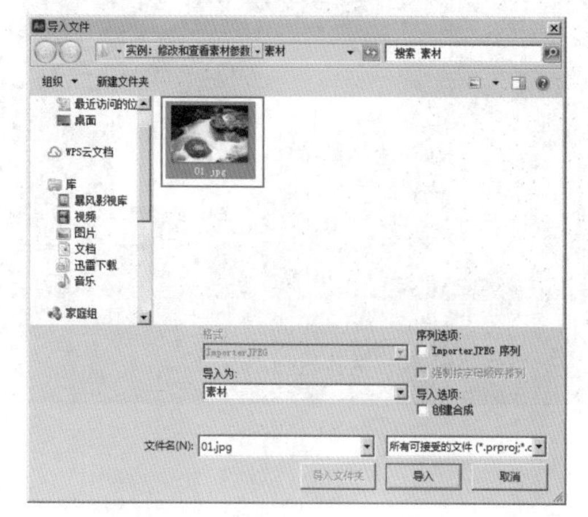

图 2-134

步骤 03 将【项目】面板中的01.jpg素材文件拖到【时间轴】面板中，如图2-135所示。

图 2-135

步骤 04 调整素材的基本参数。接着单击打开01.jpg下方的【变换】，此时可以调整所显示出来的参数，以【缩放】为例，设置【缩放】为(150.0，150.0%)，如图2-136所示。可以看到【合成】面板中的图像发生了变化，如图2-137所示。

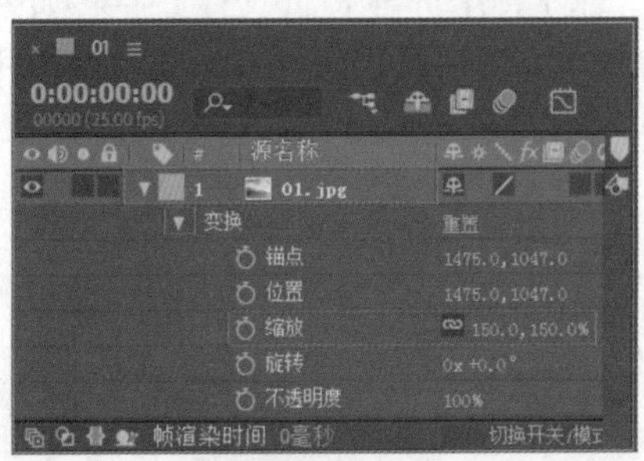

图 2-136

图 2-137

重点 2.8 【效果和预设】面板

After Effects中的【效果和预设】面板中包含了很多常用的视频效果、音频效果、过渡效果、抠像效果、调色效果等。直接找到需要的效果，并拖到【时间轴】面板中的图层上，即可为该图层添加该效果，如图2-138所示。此时画面产生的变化如图2-139所示。

图 2-138

图 2-139

重点 2.9 【效果控件】面板

为图层添加效果之后，可以选择该图层，并在【效果控件】面板中修改效果中的各个参数。图2-140所示即为After Effects的【效果控件】面板。

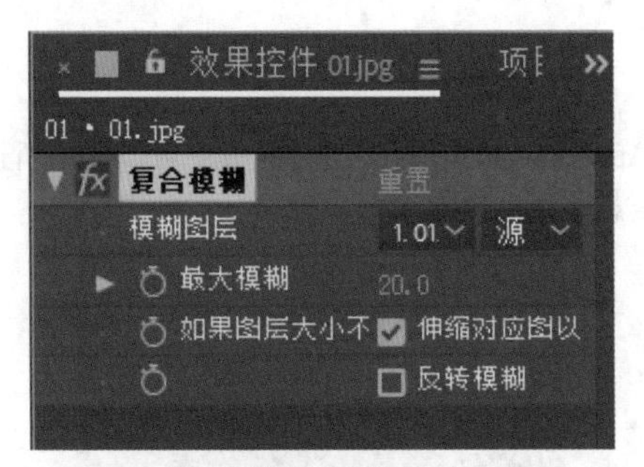

图 2-140

单击上方的☰按钮会弹出一个快捷菜单，如图2-141所示。

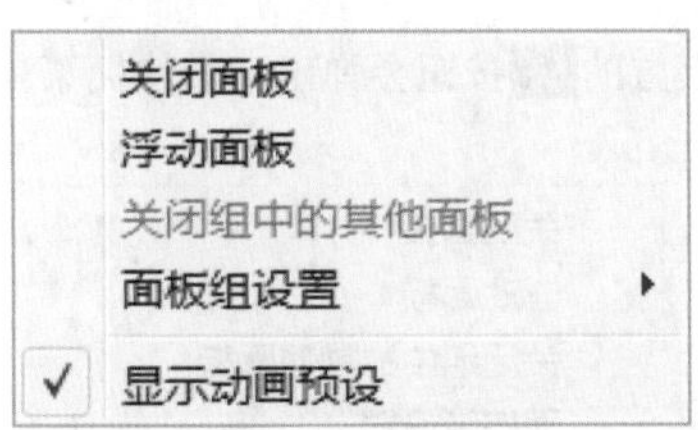

图 2-141

实例：为素材添加一个调色类效果

文件路径：Chapter 02 After Effects的基础操作→实例：为素材添加一个调色类效果

操作步骤：

步骤 01 在【项目】面板中单击鼠标右键执行【新建合成】命令，弹出【合成设置】对话框，设置【合成名称】为01，【预设】为自定义，【宽度】为1600，【高度】为1200，【像素长宽比】为方形像素，【帧速率】为25，【持续时间】为5秒，然后单击【确定】按钮，如图2-142所示。

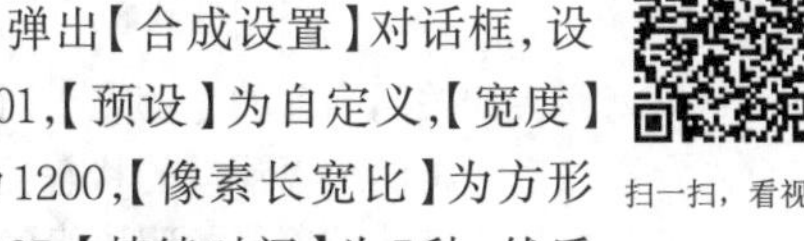

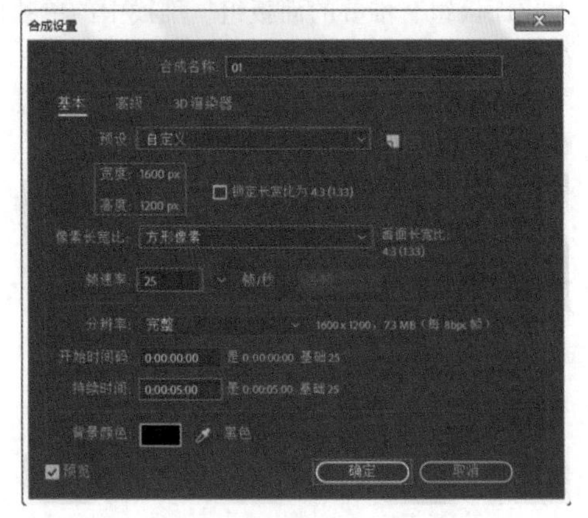

图 2-142

步骤 02 执行【文件】/【导入】/【文件】命令，如图2-143所示。此时在弹出的对话框中选择01.jpg素材文件，并单击【导入】按钮，如图2-144所示。

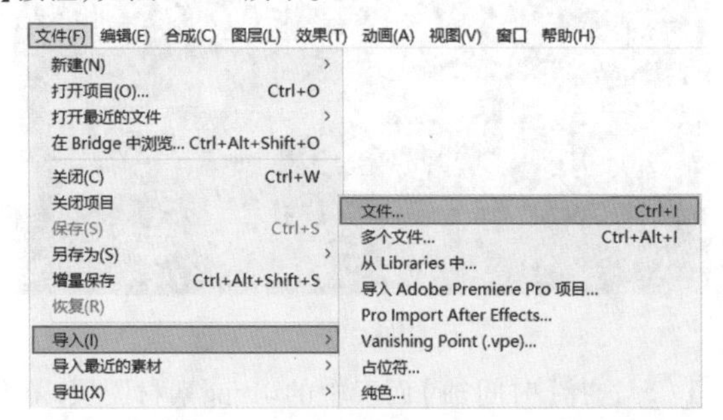

图 2-143

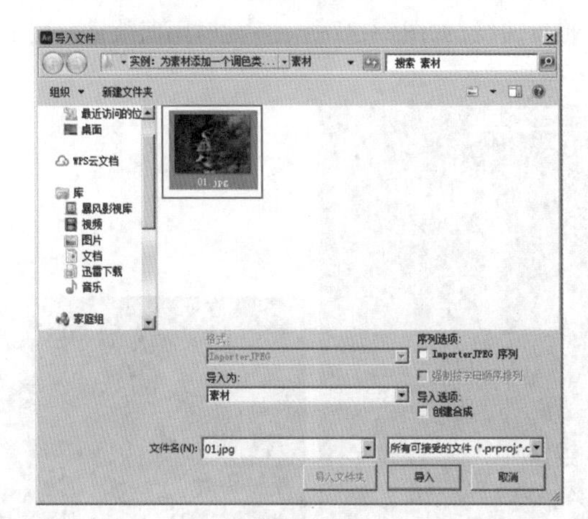

图 2-144

步骤 03 将【项目】面板中的01.jpg素材文件拖到【时间轴】面板中，如图2-145所示。

图 2-145

步骤 04 此时可以看出图像较暗，接下来可对图像进行调色。在界面右侧的【效果和预设】面板中搜索【曲线】效果，并将该效果直接拖到【时间轴】面板中的01.jpg图层上，如图2-146所示。

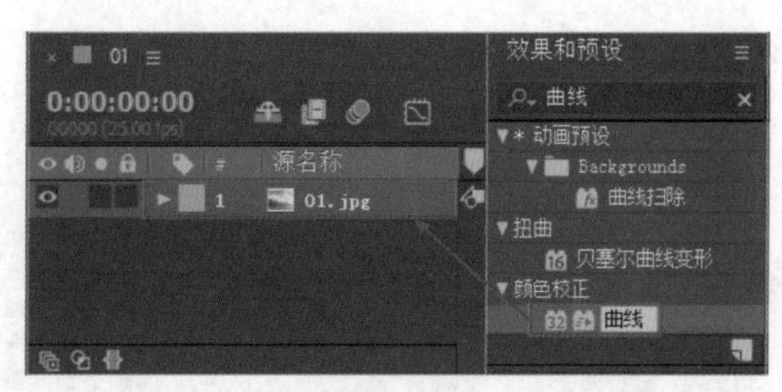

图 2-146

步骤 05 选择【时间轴】面板中的01.jpg素材图层，在【效果控件】面板中的曲线上单击鼠标以添加两个控制点，并向左上拖曳曲线，如图2-147所示。此时画面效果变亮了，如图2-148所示。

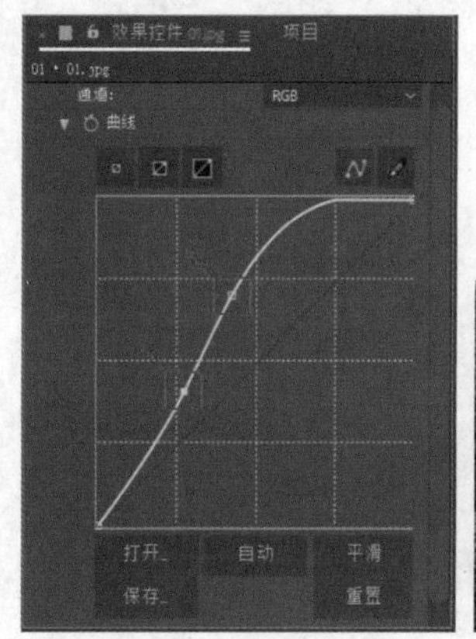

图 2-147

图 2-148

2.10 其他常用面板

After Effects中还有一些其他的面板，如【窗口】面板、【信息】面板、【音频】面板、【预览】面板、【效果和预设】面板及【图层】面板等，由于界面布局大小有限，不可能将所有面板都完整地显示在界面中。因此在需要显示哪个面板时，用户就在【窗口】菜单中勾选需要的面板即可，如图2-149所示。

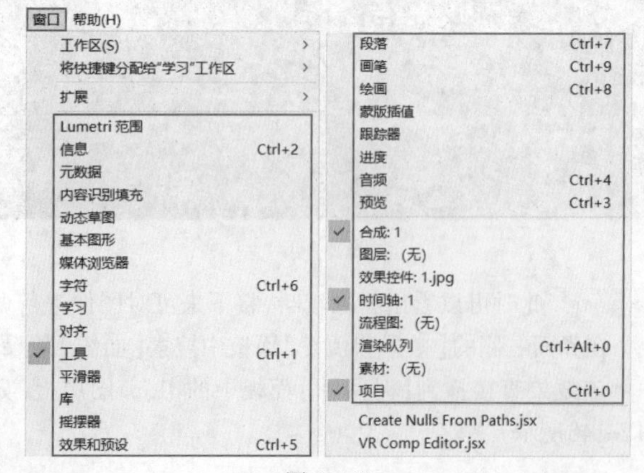

图 2-149

2.10.1 【信息】面板

在After Effects中的【信息】面板中可以显示所操作文件的颜色信息，如图2-150所示。

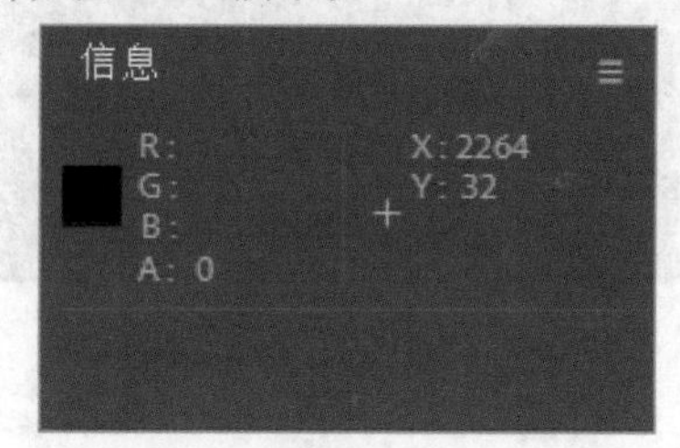

图 2-150

单击右上方的☰按钮会弹出一个快捷菜单，如图2-151所示。

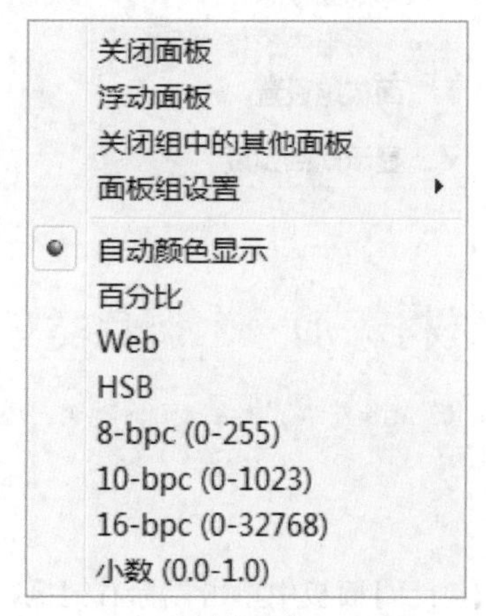

图 2-151

- 关闭面板：关闭当前的【信息】面板。
- 浮动面板：将面板以浮动的状态呈现。
- 关闭组中的其他面板：关闭该组中的其他面板。
- 面板组设置：其中包括关闭面板组、浮动面板组、最大化面板组、堆叠的面板组、堆栈中的单独面板、小选项卡。
- 自动颜色显示：默认的色彩显示方式。
- 百分比：百分比色彩显示方式。
- Web：网页色彩显示方式。
- HSB：HSB色彩显示方式。
- 8-bpc(0-255)：8-bpc色彩显示方式。
- 10-bpc(0-1023)：10-bpc色彩显示方式。
- 16-bpc(0-32768)：16-bpc色彩显示方式。
- 小数(0.0-1.0)：小数色彩显示方式。

2.10.2 【音频】面板

在After Effects中的【音频】面板中可以调整音频的音效，如图2-152所示。

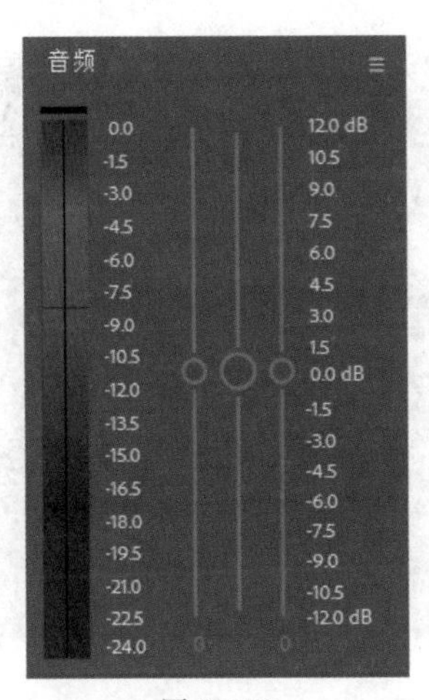

图 2-152

单击右上方的☰按钮会弹出一个快捷菜单，如图2-153所示。

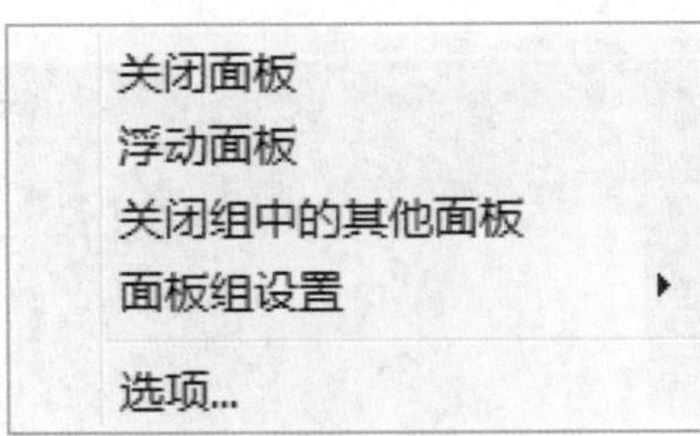

图 2-153

2.10.3 【预览】面板

在After Effects中的【预览】面板中可以控制预览效果，包括播放、暂停、上一帧、下一帧、在回放前缓存等，如图2-154所示。

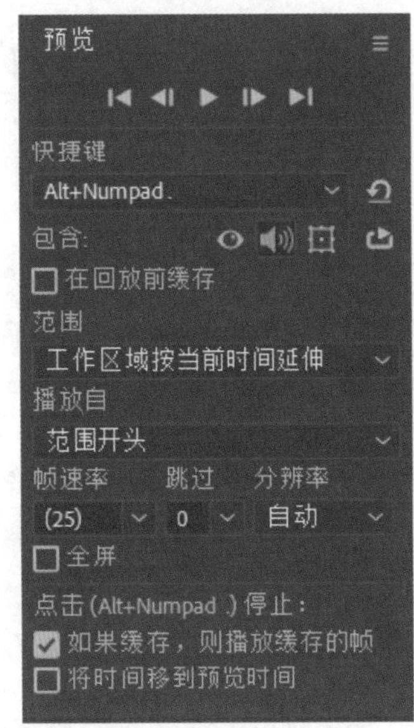

图 2-154

- 快捷键：使操作更加快速、便捷。
- 范围：工作区域按当前时间延伸，整个持续时间，围绕当前时间播放。
- 播放自：范围开头，当前时间。
- 帧速率：以每秒多少帧的速度进行播放。
- 跳过：在实时播放时有多少帧被跳过。
- 分辨率：即播放画面时显示的清晰程度，有自动全部品质、1/2品质、1/3品质、1/4品质和自定义几种类型。
- 全屏：勾选该选项后，在进行RAM预览时会以全屏显示的方式进行播放。

2.10.4 【图层】面板

【图层】面板与【合成】面板相似，在其中都可以预览效果。但是【合成】面板是预览作品的整体效果，而【图层】面板则是只预览当前图层的效果。双击【时间轴】面板上的图层，即可进入【图层】面板，如图2-155所示。

图 2-155

提示：当工程文件路径位置被移动时，如何在After Effects中打开该工程文件？

当制作完成的工程文件被移动位置后，再次打开时通常会在After Effects中弹出一个项目文件不存在的窗口，导致此文件无法打开，如图2-156所示。

此时可以将该工程文件复制到计算机的桌面位置，双击该文件即可打开该文件，但是打开后可能会弹出一个窗口，提示文件已丢失，此时需要单击【确定】按钮，如图2-157所示。

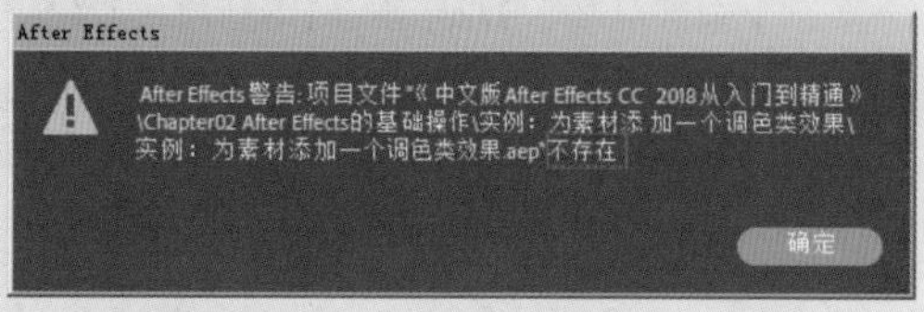

After Effects
After Effects警告：项目文件"《中文版After Effects CC 2018从入门到精通》\Chapter02 After Effects的基础操作\实例：为素材添加一个调色类效果\实例：为素材添加一个调色类效果.aep"不存在
确定

图 2-156

After Effects
确定

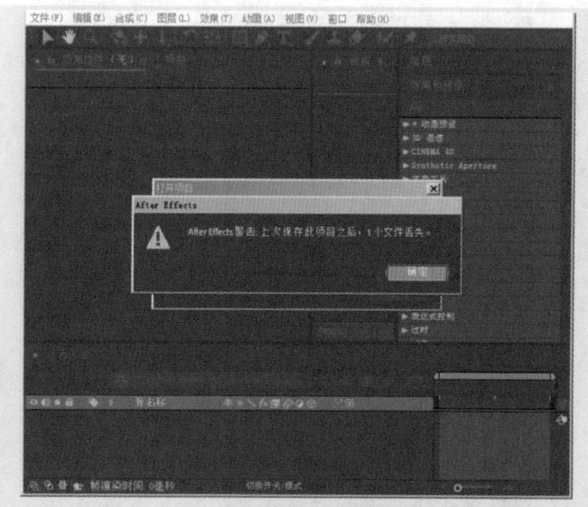

图 2-157

之后会发现因文件移动了位置导致素材找不到原来的路径，方以彩条方式显示，如图2-158所示。

这时就需要我们重新指定素材的路径。对项目窗口中的素材单击右键，然后执行【替换素材】/【文件】命令，如图2-159所示。

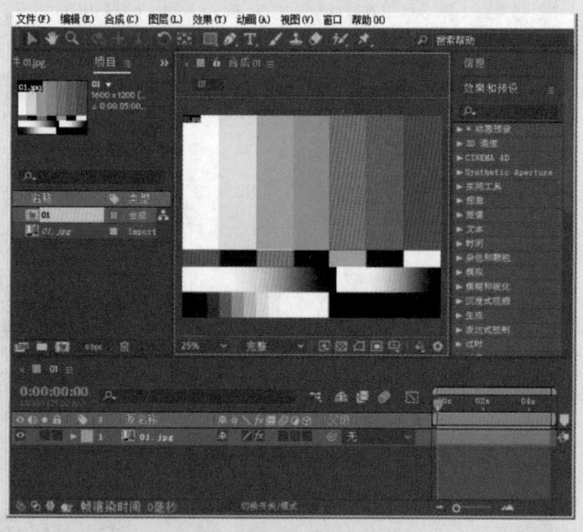

图 2-158

1
合成设置
在基本图形中打开
基于所选项新建合成
替换为预合成（使用 1 次）
创建代理
设置代理
解释素材
2
替换素材
重新加载素材
在资源管理器中显示
在 Bridge 中显示
在合成中显示
纯色文件夹
重命名
文件
带分层合成
占位符...
纯色...
3

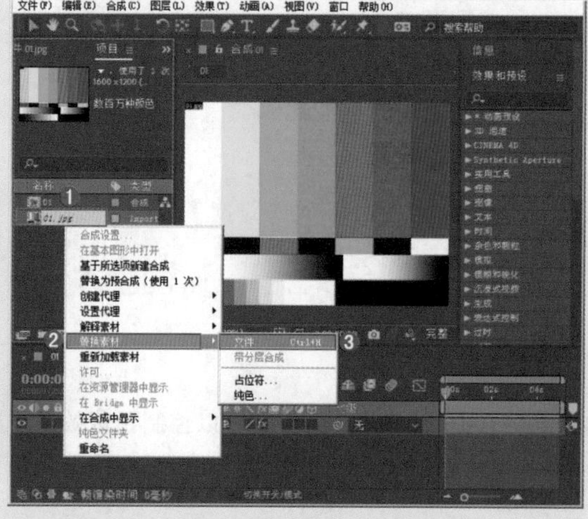

图 2-159

将路径指定到该素材所在的位置，然后选中该素材，并取消【序列选项】选项区域的第一个选项，最后单击【导入】按钮，如图2-160所示。

最终文件的效果显示正确了，如图2-161所示。

替换素材文件（01.jpg）
组织
新建文件夹
视频
图片
文档
迅雷下载
音乐
家庭组
计算机
01.jpg
4
5
序列选项：
ImporterJPEG 序列
导入为：
素材
文件名(N)：01.jpg
6
导入
取消

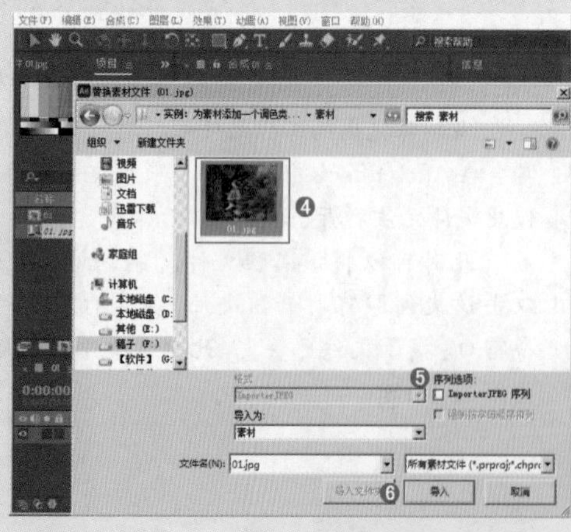

图 2-160

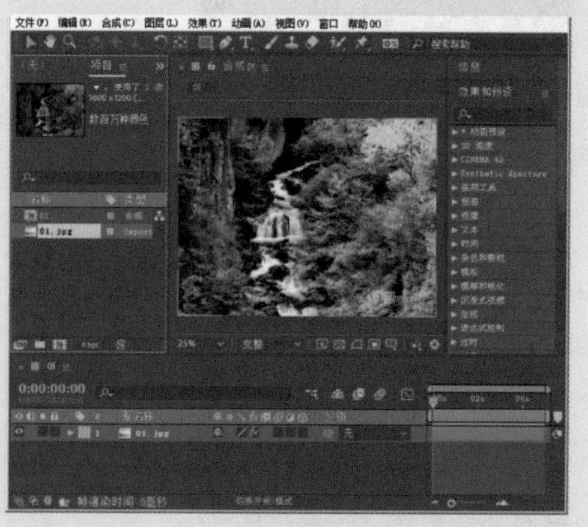

图 2-161

Chapter 3

第3章

扫一扫，看视频

创建不同类型的图层

本章内容简介：

图层是After Effects中比较基础的内容，是需要After Effects初学者熟练掌握的内容。本章通过讲解如何在After Effects中创建、编辑图层，以帮助读者掌握各种图层的使用方法。在本章可以创建文本图层、纯色图层、灯光图层、摄像机图层、空对象图层、形状图层、调整图层，并通过这些图层模拟很多效果，例如创建作品背景、创建文字、创建灯光阴影等。

重点知识掌握：

- 了解图层
- 图层的基本操作
- 图层的混合模式
- 创建不同类型图层的方法

优秀作品欣赏

3.1 了解图层

在合成作品时将一层层的素材按照顺序叠放在一起，组合起来就形成了画面的最终效果。在After Effects中每种图层类型都具有不同的作用。例如，文本图层可以为作品添加文字，形状图层可以绘制各种形状，调整图层可以统一为图层添加效果等。创建完图层后，还可对图层进行移动、调整顺序等基本操作，如图3-1所示。

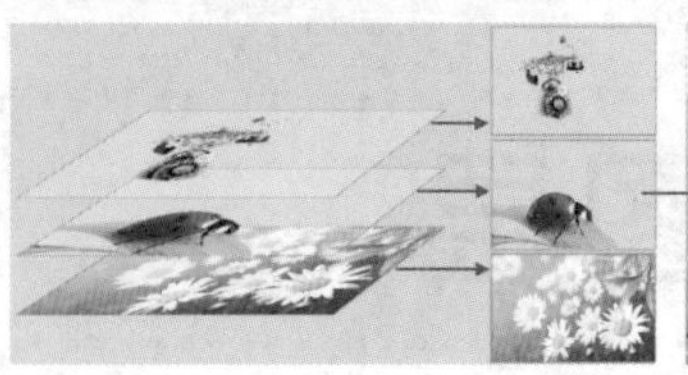

图 3-1

3.1.1 什么是图层

在After Effects中图层是最基础的内容，是学习After Effects的基础。导入素材、添加效果、设置参数、创建关键帧动画等对图层的操作，都可以在【时间轴】面板中完成，如图3-2所示。

图 3-2

3.1.2 常用的图层类型

在After Effects中，常用的图层类型主要包括【文本】【纯色】【灯光】【摄像机】【空对象】【形状图层】【调整图层】和【内容识别填充图层】。在【时间轴】面板中单击鼠标右键后执行【新建】命令即可看到这些类型，如图3-3所示。

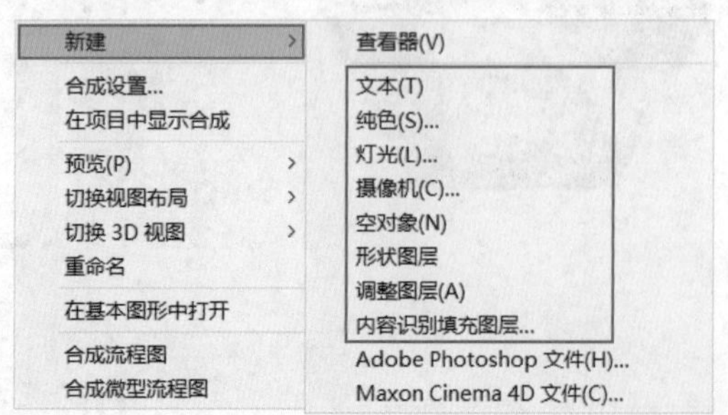

图 3-3

重点 3.1.3 图层的创建方法

常使用以下两种创建图层的方法。

方法 1：通过菜单栏创建

在菜单栏中执行【图层】/【新建】命令，然后选择要创建的图层类型，如图3-4所示。

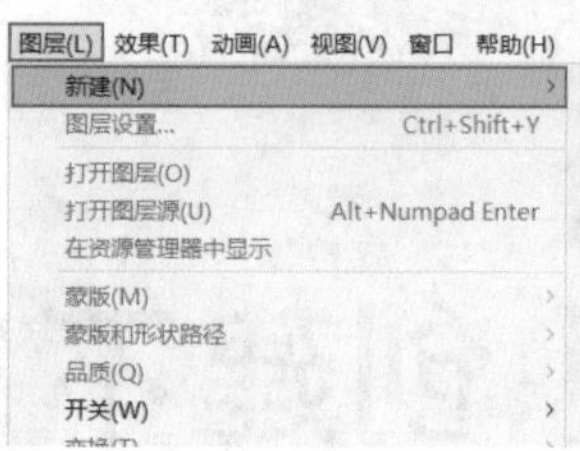

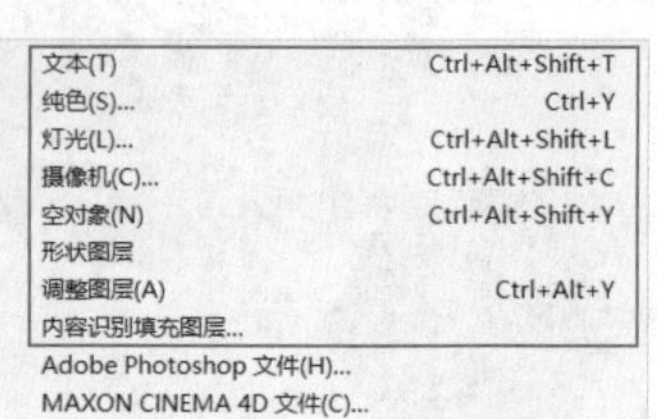

图 3-4

方法 2：通过【时间轴】面板创建

在【时间轴】面板中单击鼠标右键，执行【新建】命令后即可在其下拉菜单中选择要创建的图层类型，如图3-5所示。

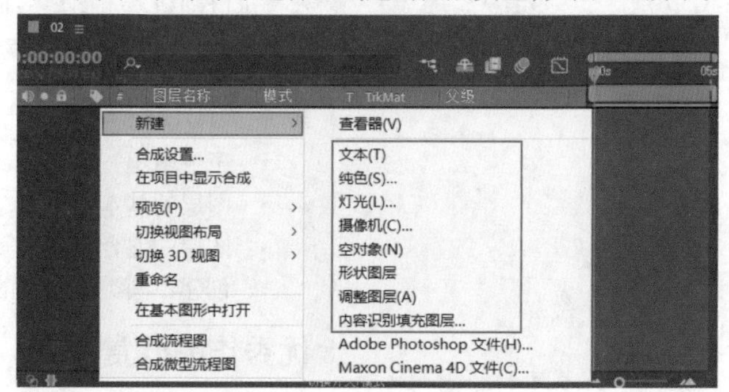

图 3-5

3.2 图层的基本操作

扫一扫，看视频

After Effects中图层的基本操作与Photoshop中相应的功能相似，其中包括对图层的选择、重命名、顺序更改、复制、粘贴、隐藏和显示及合并等。

重点 3.2.1 轻松动手学：选择图层的多种方法

文件路径：Chapter 03 创建不同类型的图层→轻松动手学：选择图层的多种方法

扫一扫，看视频

选择单个图层有以下三种方法。

方法 1：在【时间轴】面板中单击选择【图层】。图 3-6 所示为选择图层 2 的【时间轴】面板。

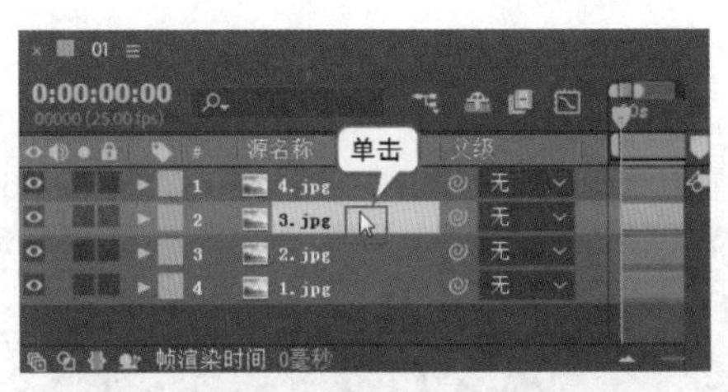

图 3-6

方法 2：在键盘右侧的小数字键盘中按图层对应的数字即可选中相应的图层。如图 3-7 所示为按小键盘上的 3，那么选中的就是图层 3 的素材。

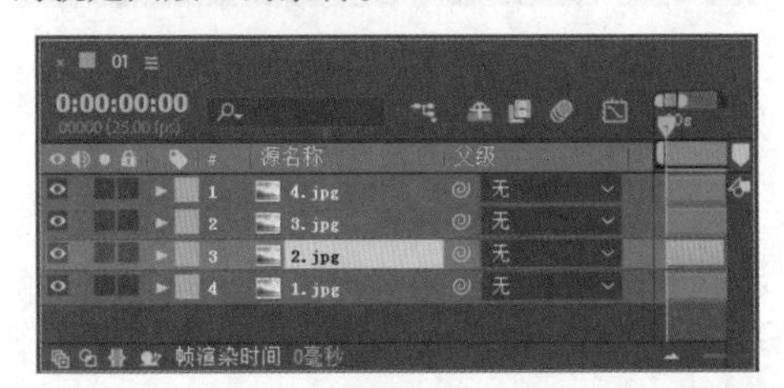

图 3-7

方法 3：在当前未选择任何图层的情况下，在【合成】面板中单击想要选择的图层，此时在【时间轴】面板中可以看到相应图层已被选中。如图 3-8 所示为选择图层 1 时的界面效果。

图 3-8

选择多个图层有以下三种方法。

方法 1：在【时间轴】面板中将光标定位在空白区域，按住鼠标左键向上拖曳即可框选图层，如图 3-9 所示。

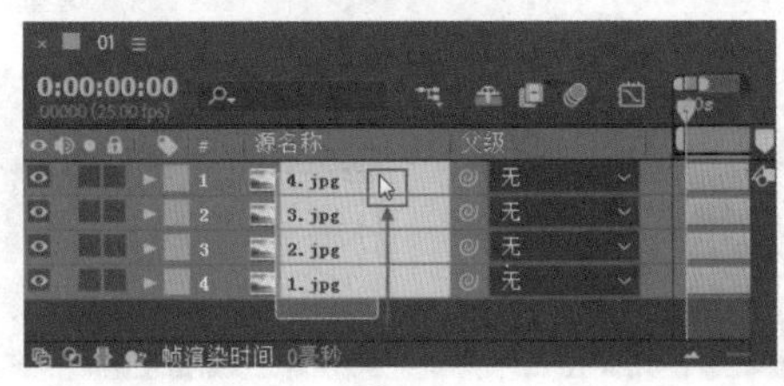

图 3-9

方法 2：在【时间轴】面板中按住 Ctrl 键的同时，依次单击相应图层即可加选这些图层，如图 3-10 所示。

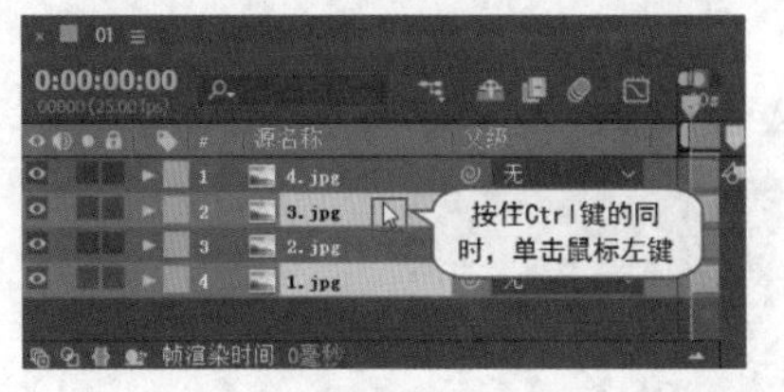

图 3-10

方法 3：在【时间轴】面板中按住 Shift 键的同时，依次单击起始图层和结束图层，即可连续选中这两个图层和这两个图层之间的所有图层，如图 3-11 所示。

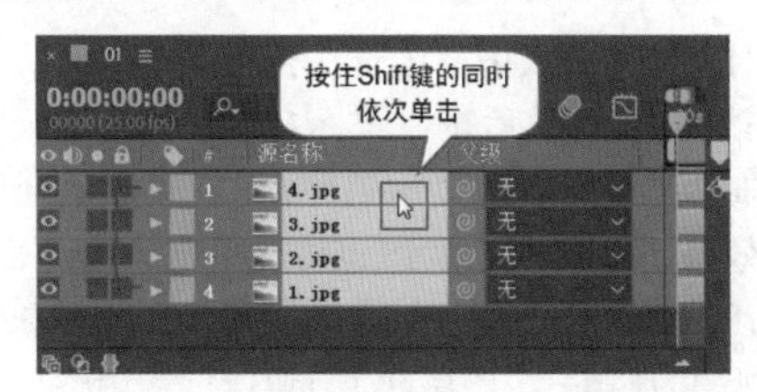

图 3-11

3.2.2 重命名图层

在创建图层完毕，可为图层重新命名，以方便以后进行查找。在【时间轴】面板中单击选中需要重命名的图层，然后按 Enter 键，即可输入新名称。输入完成后单击图层其他位置或再次按 Enter 键即可完成重命名操作，如图 3-12 所示。

图 3-12

提示：如何切换【图层名称】和【源图层】名称？

【源图层】是指素材本身的名称，而【图层名称】则是在 After Effects 中重命名的名称。在【时间轴】面板中单击【图层名称】或【源图层】即可切换显示图层的名称，如图 3-13 所示。

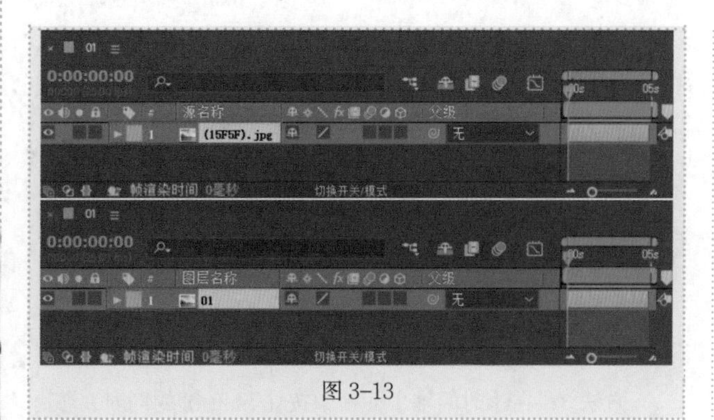

图 3-13

3.2.3 调整图层顺序

在【时间轴】面板中单击选中需要调整的图层，并将光标定位在该图层上，然后按住鼠标左键并拖曳至某图层上方或下方，即可调整图层的显示顺序，图层顺序不同会产生不同的画面效果，如图3-14所示(也可使用快捷键:【图层置顶】快捷键Ctrl+Shift+]、【图层置底】快捷键为Ctrl+Shift+[、【图层向上】快捷键为Ctrl+]、【图层向下】快捷键为Ctrl+[ )。

图 3-14

重点 3.2.4 图层的复制、粘贴

1. 复制和粘贴图层

在【时间轴】面板中单击选中需要进行复制的图层，然后使用【复制图层】(快捷键Ctrl+C) 和【粘贴图层】(快捷键Ctrl+V)，即可复制得到一个新的图层，如图3-15所示。

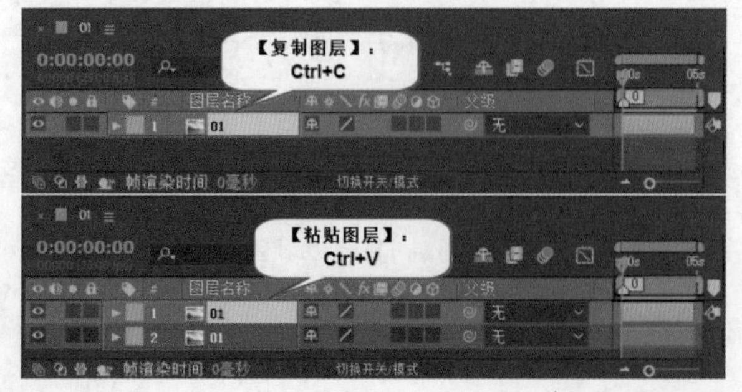

图 3-15

2. 快速创建图层副本

在【时间轴】面板中单击选中需要复制的图层，然后使用【创建副本】(快捷键Ctrl+D)得到图层副本，如图3-16所示。

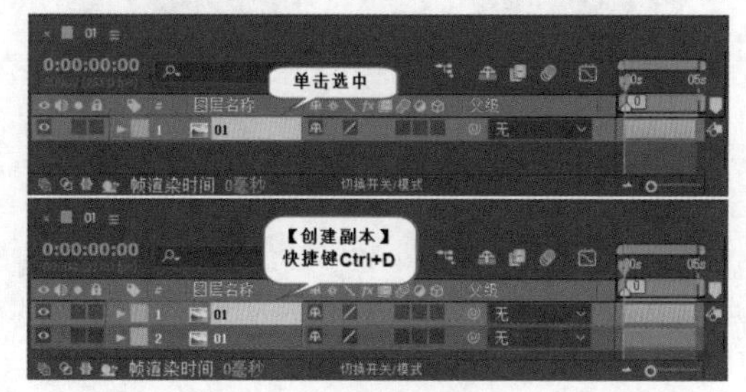

图 3-16

3.2.5 删除图层

在【时间轴】面板中单击选中一个或多个需要删除的图层，然后按Backspace键或Delete键，即可删除选中图层，如图3-17所示。

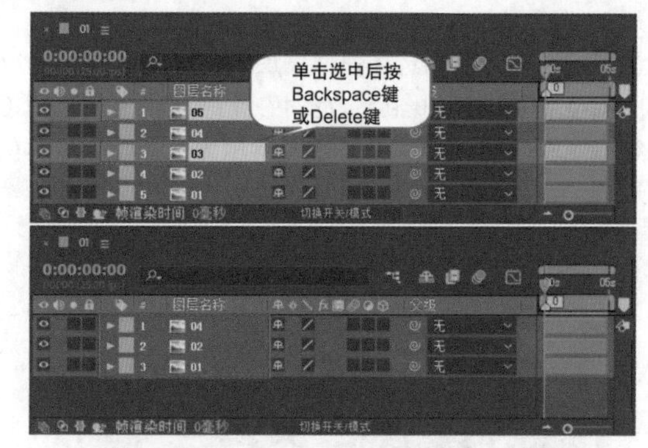

图 3-17

3.2.6 隐藏和显示图层

After Effects中的图层既可以隐藏又可以显示。用户只需要单击图层左侧的 按钮，即可将图层隐藏或显示，并且【合成】面板中的素材也会随之产生隐藏或显示变化，如图3-18所示(当【时间轴】面板中的图层数量较多时，单击该按钮，并观察【合成】面板效果，可以判断某个图层是否为需要寻找的图层)。

图 3-18

3.2.7 锁定图层

After Effects中的图层可以进行锁定，锁定后的图层将无法被选择或编辑。若要锁定图层，只需要单击图层左侧的🔒按钮即可，如图3-19所示。

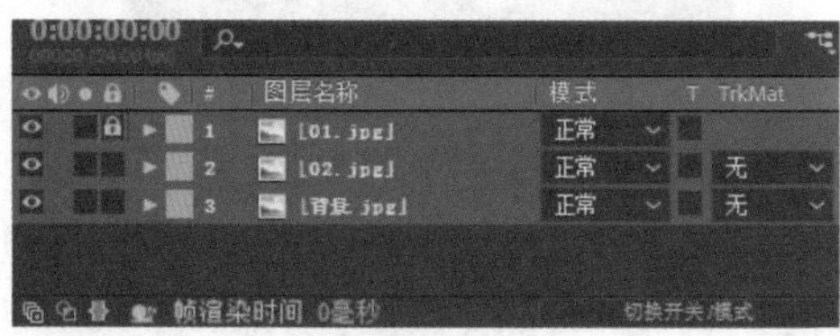

图 3-19

重点 3.2.8 轻松动手学：图层的预合成

文件路径：Chapter 03 创建不同类型的图层→轻松动手学：图层的预合成

将图层进行预合成的目的是方便管理图层、添加效果等。需要注意的是，预合成之后还可以对合成之前的任意素材图层进行属性调整。

扫一扫，看视频

在【时间轴】面板中选中需要合成的图层，然后使用【预合成】命令(快捷键Ctrl+Shift+C)，在弹出的【预合成】对话框中设置新合成名称，如图3-20所示。此时可在【时间轴】面板中看到预合成的图层，如图3-21所示(如果想重新调整预合成之前的某一个图层，只需要双击预合成图层即可单独调整)。

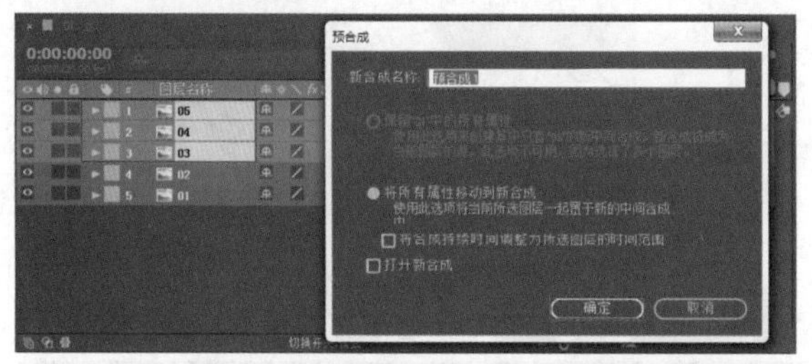

图 3-20

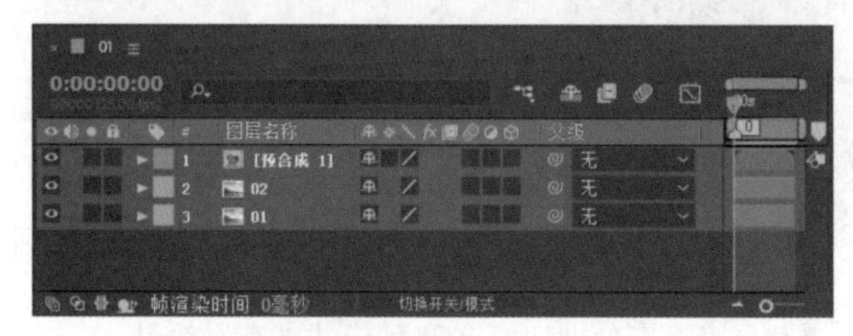

图 3-21

重点 3.2.9 图层的切分

将时间线移动到某一帧时，选中某个图层，然后单击菜单栏中的【编辑】/【拆分图层】命令(快捷键为Ctrl+Shift+D)，即可将图层拆分为两个图层。该功能与Premiere软件中的剪辑类似，如图3-22和图3-23所示。

图 3-22

图 3-23

3.3 图层的混合模式

图层混合模式可以控制图层与图层之间的融合效果，且不同的混合可使画面产生不同的效果。在After Effects 2022中，图层的【混合模式】有30余种，种类非常多，如图3-24所示，用户可以尝试使用每种模式，用效果来加深印象。

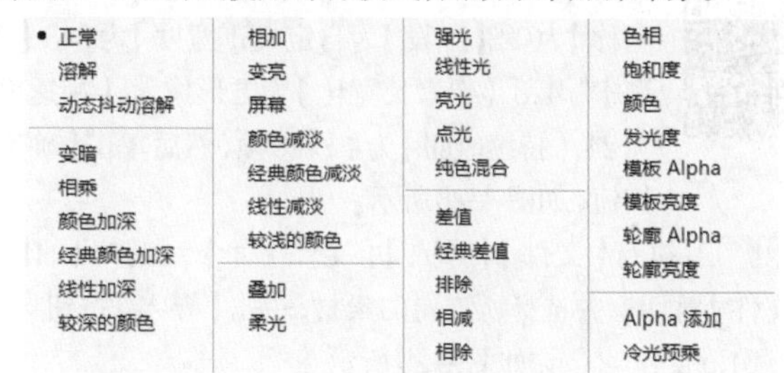

图 3-24

在【时间轴】面板中单击【切换开关/模式】或单击按钮，可以显示或隐藏【模式】按钮，如图3-25所示。

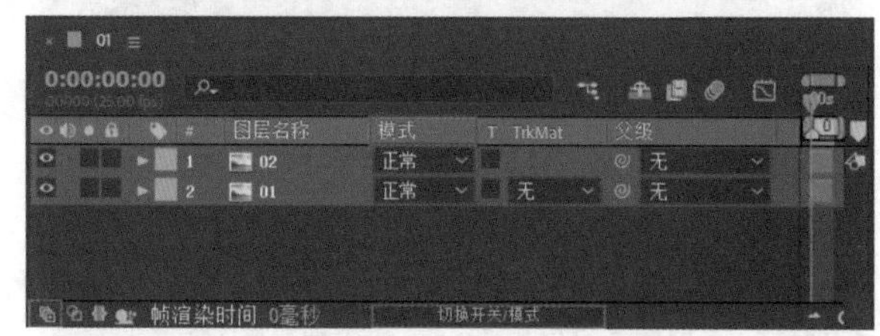

图 3-25

图层混合模式是指两个图层之间的混合，即修改混合模式的图层与该图形下面的那个图层之间会产生混合效果。在【时间轴】面板中单击图层对应的【模式】即可在弹出的菜单中选择合适的混合模式，如图3-26所示。或在【时间轴】面板中单击选中需要设置的图层，然后在菜单栏中执行【图层】/【混合模式】命令，如图3-27所示。

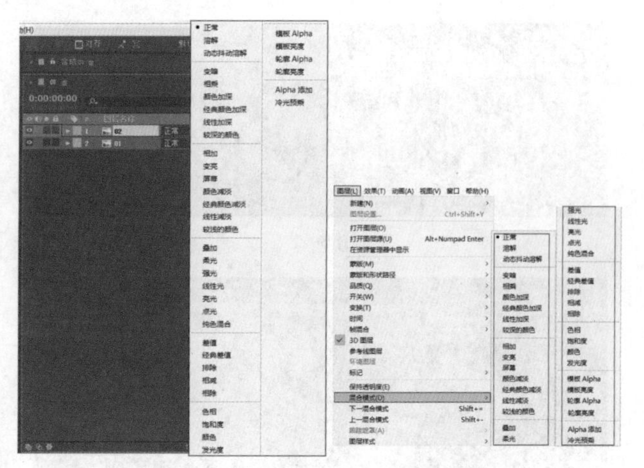

图 3-26　　　　　图 3-27

重点 轻松动手学：图层的混合模式

文件路径：Chapter 03 创建不同类型的图层→轻松动手学：图层的混合模式

操作步骤：

步骤 01 在【项目】面板中单击鼠标右键执行【新建合成】命令，在弹出的【合成设置】对话框中设置【合成名称】为02，【预设】为自定义，【宽度】为643，【高度】为428，【像素长宽比】为方形像素，【帧速率】为24，【持续时间】为4秒20帧，然后单击【确定】按钮，如图3-28所示。

扫一扫，看视频

步骤 02 执行【文件】/【导入】/【文件】命令，在弹出的【导入文件】对话框中选择所需要的素材，单击【导入】按钮导入素材01.png和02.jpg，如图3-29所示。

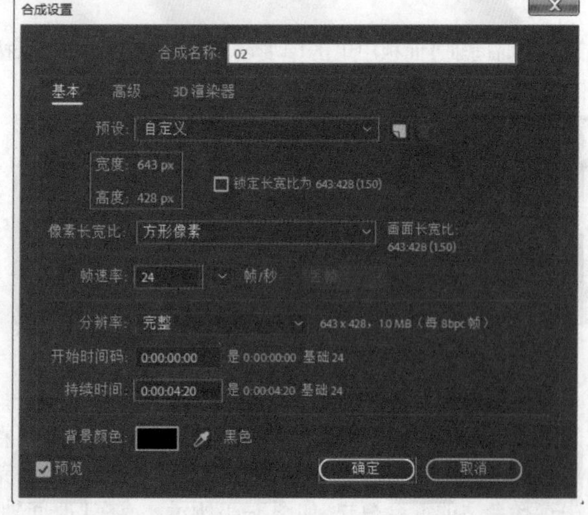

图 3-28

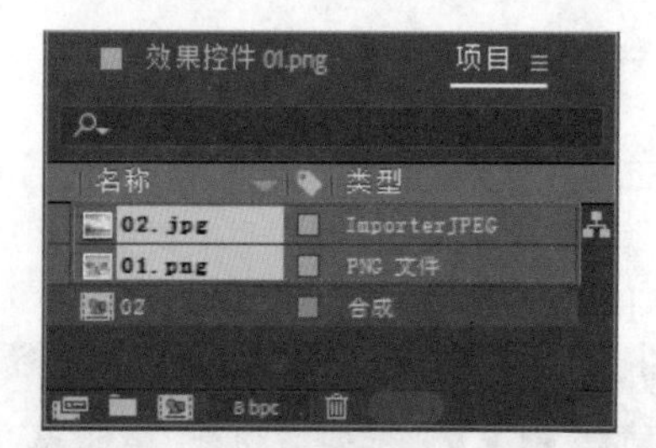

图 3-29

步骤 03 在【项目】面板中将素材01.png和02.jpg拖到【时间轴】面板中，设置01.png的【位置】为(458.6,271.3)，如图3-30所示。

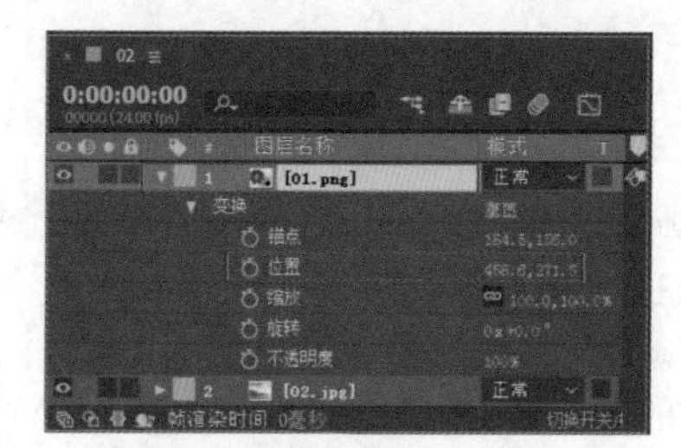

图 3-30

步骤 04 此时【合成】面板的效果如图3-31所示。

图 3-31

步骤 05 此时即可设置01.png素材的模式，如图3-32所示。

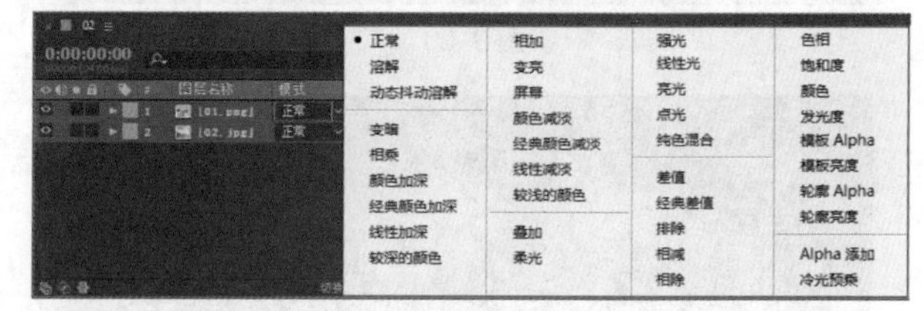

图 3-32

步骤 06 接下来分别切换这38种模式来查看效果。

1. 正常

【正常】模式即根据Alpha通道正常显示当前图层，且不受其他图层影响，如图3-33所示。

2. 溶解

【溶解】模式可设置图层之间的融合效果，对图层融合图层边界有着较大的影响，如图3-34所示。

图 3-33

图 3-34

3. 动态抖动溶解

【动态抖动溶解】模式可对融合区域进行随机动画，如图3-35所示。

4. 变暗

【变暗】模式可以通过每个通道中的颜色信息，将图像转换为基色或混合色中较暗的颜色，如图3-36所示。

图 3-35

图 3-36

5. 相乘

【相乘】模式可以将背景色与混合图层的颜色相结合，使画面产生图层叠加在一起的效果，如图3-37所示。

6. 颜色加深

【颜色加深】模式可以降低图层明度，使图像变暗。当混合色为黑色时图像不发生变化，如图3-38所示。

图 3-37

图 3-38

7. 经典颜色加深

【经典颜色加深】模式可以增加对比度使背景色变暗以反映混合色，如图3-39所示。

8. 线性加深

【线性加深】模式可以将背景色与混合色相结合，使图像形成更为明亮的颜色，当混合色为黑色或白色时图像不发生变化，如图3-40所示。

图 3-39

图 3-40

9. 较深的颜色

【较深的颜色】模式可以将背景色与混合色相加，使画面颜色更为明朗。当混合色为黑色或白色时图像不发生变化，如图3-41所示。

10. 相加

【相加】模式可以使画面产生背景图层和混合图层相加的效果，如图3-42所示。

图 3-41

图 3-42

11. 变亮

【变亮】模式可以将背景图层和混合图层中的明亮部分保留，而较暗的部分被替换，如图3-43所示。

12. 屏幕

【屏幕】模式可以将背景色与混合色进行相乘，使图像形成较为明亮的效果，如图3-44所示。

图 3-43

图 3-44

13. 颜色减淡

【颜色减淡】模式可以降低混合色的明暗对比程度，当混合色为白色时，混合效果则不发生变化，如图3-45所示。

14. 经典颜色减淡

【经典颜色减淡】模式可以降低混合颜色的明暗对比程度，如图3-46所示。

图 3-45

图 3-46

15. 线性减淡

【线性减淡】模式可以提升混合效果的明亮程度，当混合色为黑色时，画面效果不发生任何改变，如图3-47所示。

16. 较浅的颜色

【较浅的颜色】模式可以使混合图层时较亮的区域保留，而其他部分被替换，如图3-48所示。

图 3-47

图 3-48

17. 叠加

【叠加】模式可以根据混合图层的颜色进行过滤，且对混合图层的亮面和暗面影响较小，可保留混合图层的对比颜色，如图3-49所示。

18. 柔光

【柔光】模式可以根据混合图层颜色对混合效果进行变亮或变暗的效果处理，当混合图层颜色对比度较弱时，可使画面产生柔和减淡的效果，如图3-50所示。

图 3-49

图 3-50

19. 强光

【强光】模式可以根据原始图层颜色进行过滤，使图像中的高光、阴影反差更为强烈，如图3-51所示。

20. 线性光

【线性光】模式可以根据混合图层颜色进行加深或减淡阴影、高光部分。图像中有高光部分会增加明度，图像中有阴影部分则会降低明度，如图3-52所示。

图 3-51

图 3-52

21. 亮光

【亮光】模式可以根据混合图层颜色进行加深或减淡阴影、高光部分。若混合图层颜色明度较高，则混合效果也较为明亮，如图3-53所示。

22. 点光

【点光】模式可以根据混合图层颜色进行颜色替换，如图3-54所示。

图 3-53

图 3-54

23. 纯色混合

【纯色混合】模式可以将混合图层中的亮部变得更亮、暗部变得更暗。只有当混合图层颜色明度较高时，混合效果方为白色剪影，如图3-55所示。

24. 差值

【差值】模式可以在背景图中减去混合图层的颜色，使混合图层的颜色转变为反向颜色。只有当混合图层的颜色为黑色时，混合效果才不发生改变，如图3-56所示。

图 3-55

图 3-56

25. 经典差值

【经典差值】模式可以从背景色中减去混合图层的颜色，如图3-57所示。

26. 排除

【排除】模式不仅可以从背景色中减去混合图层的颜色，还可以降低混合效果的明暗对比程度、增强混合效果的灰度系数，如图3-58所示。

图 3-57　　图 3-58

27. 相减

【相减】模式可以减去混合图层的颜色。只有当混合色为黑色时，才不发生混合效果，如图3-59所示。

28. 相除

【相除】模式可以使背景色与混合色相结合，产生相除的混合效果，如图3-60所示。它与【相乘】模式相反。

图 3-59

图 3-60

29. 色相

【色相】模式可以产生色相的混合效果，如图3-61所示。

30. 饱和度

【饱和度】模式可以根据背景图层颜色和混合图层颜色的饱和度创建混合颜色，如图3-62所示。

图 3-61

图 3-62

31. 颜色

【颜色】模式可以根据两个图层的明度、色彩、饱和度进行混合叠加，如图3-63所示。

32. 发光度

【发光度】模式可以使图像产生发光度的混合效果，如图3-64所示。

33. 模板 Alpha

【模板Alpha】模式可以穿过背景图层，显示出更多图层，如图3-65所示。

34. 模板亮度

【模板亮度】模式可以增强混合效果的明亮程度，并显示出更多图层，如图3-66所示。

图 3-63

图 3-64

图 3-65

图 3-66

35. 轮廓 Alpha

【轮廓Alpha】模式可以通过图层的Alpha通道对背景图层进行混合图层的轮廓剪切，如图3-67所示。

36. 轮廓亮度

【轮廓亮度】模式可以通过图层的Alpha通道对背景图层进行轮廓剪切，并提升轮廓明度，如图3-68所示。

图 3-67

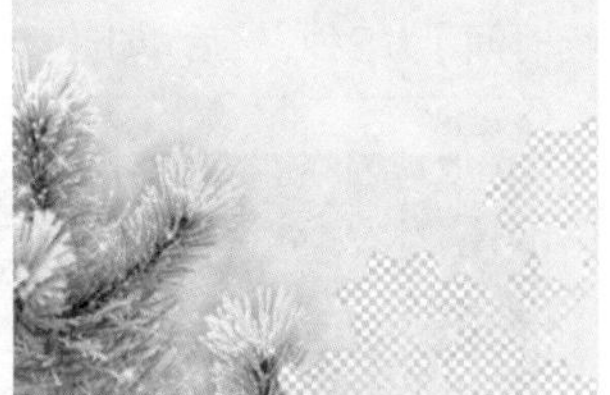

图 3-68

37. Alpha 添加

【Alpha 添加】模式可以使图像产生Alpha添加的混合效果，如图3-69所示。

38. 冷光预乘

【冷光预乘】模式可以使图像产生冷光预乘的混合效果，如图3-70所示。

图 3-69

图 3-70

实例：设置图层模式制作“人与城市”

扫一扫，看视频

文件路径：Chapter 03 创建不同类型的图层→实例：设置图层模式制作“人与城市”

现代生活中人和城市是不可分离的。本例要制作一个人与城市融合的奇幻效果，只需要修改图层的模式即可完成。案例效果如图3-71所示。

图 3-71

操作步骤：

步骤 01 在【项目】面板中单击鼠标右键执行【新建合成】命令，在弹出的【合成设置】对话框中设置【合成名称】为01，【预设】为自定义，【宽度】为1500，【高度】为1000，【像素长宽比】为方形像素，【帧速率】为25，【分辨率】为完整，【持续时间】为5秒，然后单击【确定】按钮，如图3-72所示。

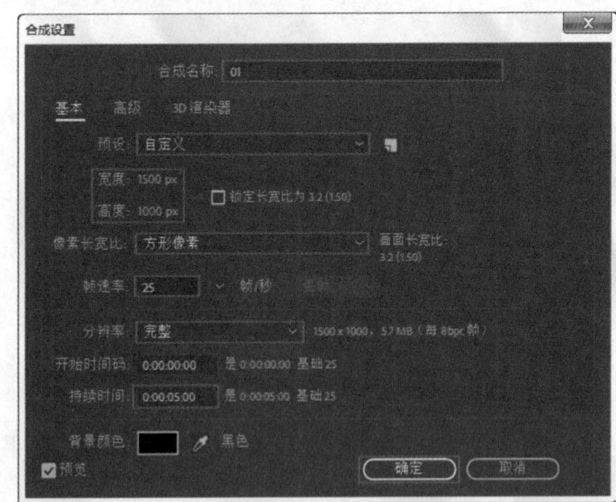

图 3-72

步骤 02 执行【文件】/【导入】/【文件】命令或使用导入文件的快捷键Ctrl+I，在弹出的【导入文件】对话框中选择所需要的素材，单击【导入】按钮导入素材1.jpg和2.jpg，如图3-73所示。

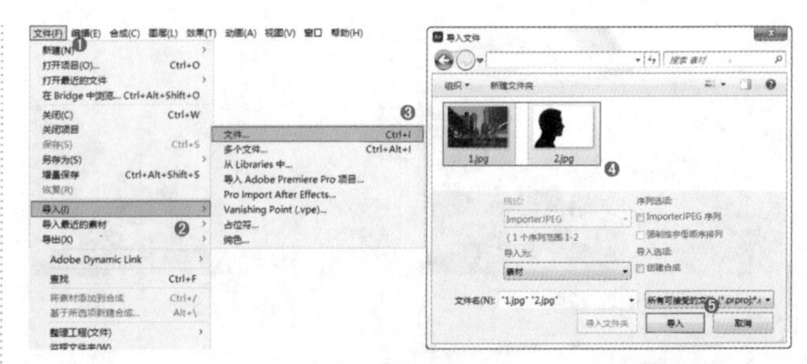

图 3-73

步骤 03 在【项目】面板中将素材1.jpg和2.jpg拖到【时间轴】面板中，并将2.jpg拖曳至图层最上方，如图3-74所示。

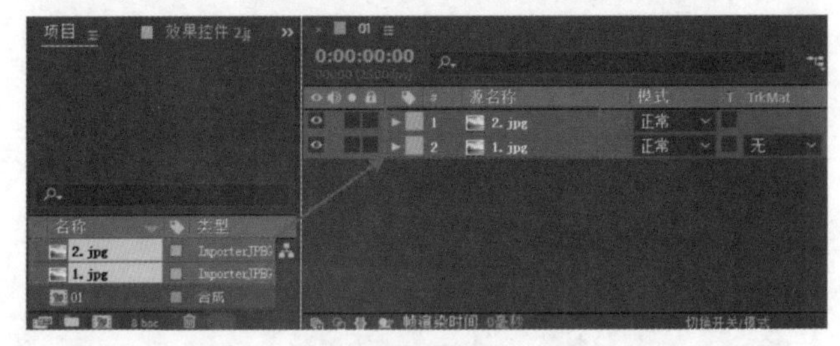

图 3-74

步骤 04 在【时间轴】面板中设置2.jpg素材图层的【模式】为屏幕，然后单击打开该图层下方的【变换】，设置【不透明度】为90%，如图3-75所示。此时画面效果如图3-76所示。

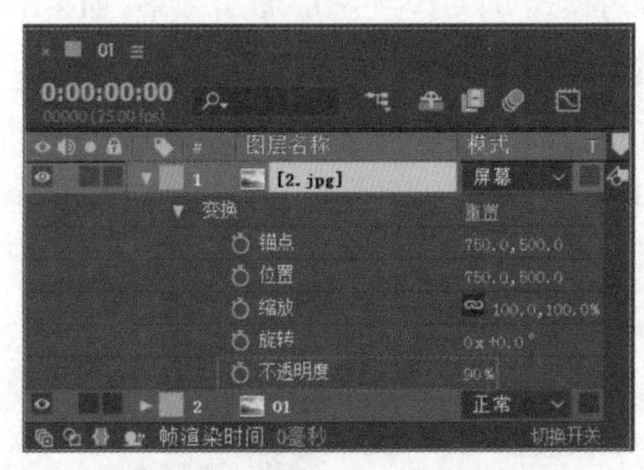

图 3-75

图 3-76

步骤 05 在【时间轴】面板中的空白位置处单击鼠标右键执行【新建】/【文本】命令，如图3-77所示。

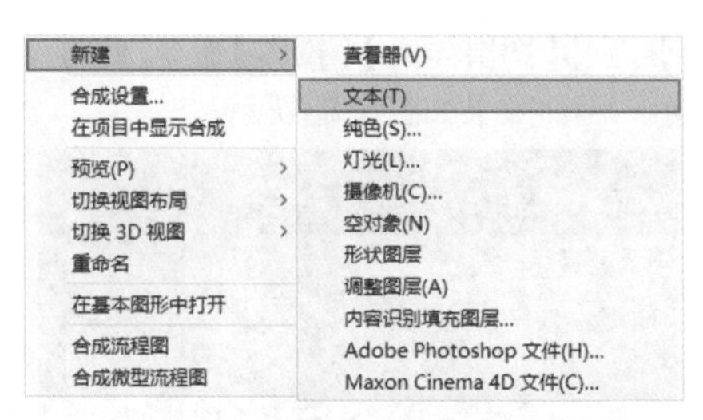

图 3-77

步骤 06 在【字符】面板中设置【字体系列】为Verdana，【字体样式】为Bold，【填充颜色】为蓝黑色，【描边颜色】为无颜色，【字体大小】为80，然后单击选择【字符】面板左下方的【仿粗体】，设置完成后输入文本“CITY&YOU”，如图3-78所示。

图 3-78

步骤 07 在【时间轴】面板中单击打开“CITY&YOU”文本图层下方的【变换】，设置【位置】为(874.0,844.0)，如图3-79所示。

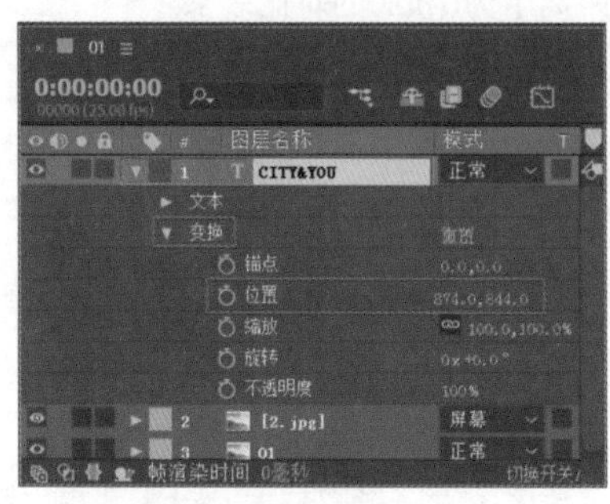

图 3-79

步骤 08 案例最终效果如图3-80所示。

图 3-80

重点 3.4 轻松动手学：图层样式

文件路径：Chapter 03 创建不同类型的图层→轻松动手学：图层样式

After Effects中的图层样式与Photoshop中的图层样式相似，这种图层处理功能是提升作品品质的重要手段之一，它能快速、简单地制作出发光、投影、描边等9种图层样式，如图3-81所示。

扫一扫，看视频

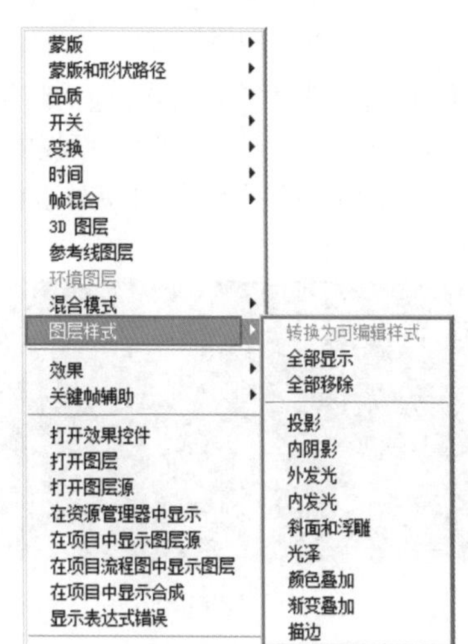

图 3-81

步骤 01 在【项目】面板中单击鼠标右键执行【新建合成】命令，在弹出的【合成设置】对话框中设置【合成名称】为01，【预设】为自定义，【宽度】为600，【高度】为400，【像素长宽比】为方形像素，【帧速率】为25，【分辨率】为完整，【持续时间】为5秒，然后单击【确定】按钮，如图3-82所示。

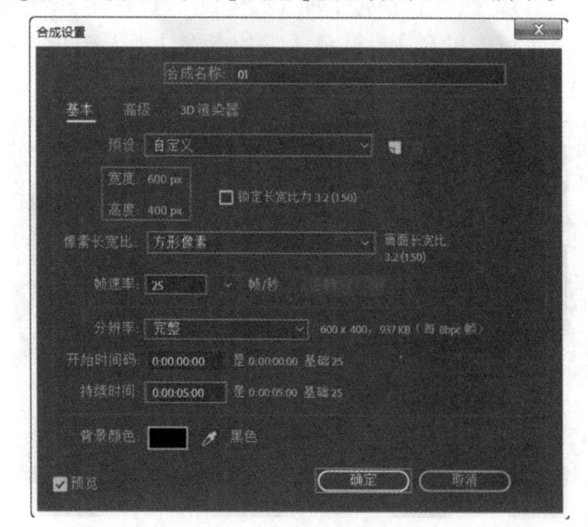

图 3-82

步骤 02 执行【文件】/【导入】/【文件】命令，在弹出的【导入文件】对话框中选择所需要的素材，单击【导入】按钮导入素材01.jpg，如图3-83所示。

图 3-83

步骤 03 在【项目】面板中将素材01.jpg拖到【时间轴】面板中，如图3-84所示。接着在【时间轴】面板中的空白处单击鼠标右键，在弹出的快捷菜单中执行【新建】/【文本】命令，如图3-85所示。

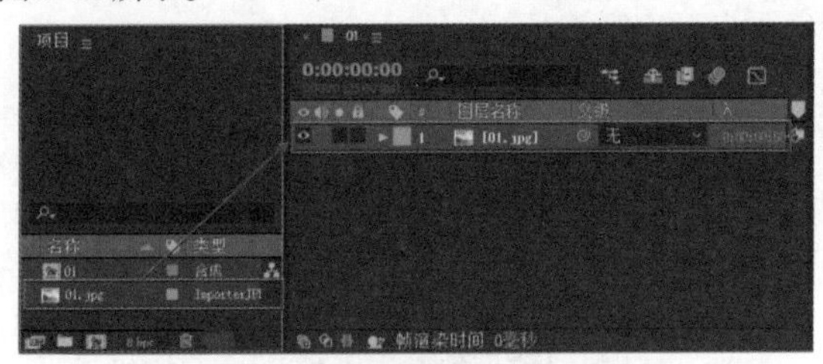

图 3-84

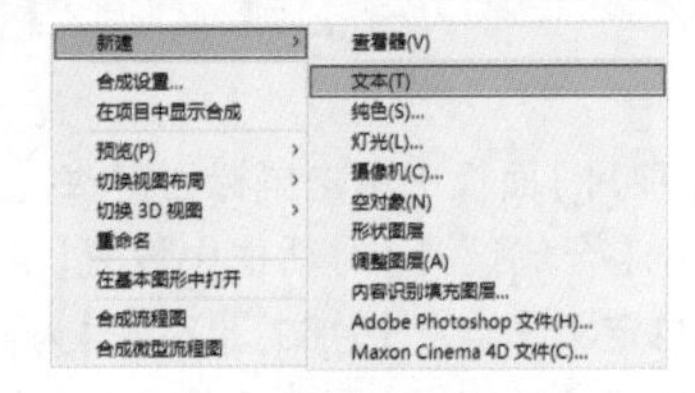

图 3-85

步骤 04 接着在【字符】面板中设置【字体系列】为Fixedsys，【填充颜色】为橙色，【描边颜色】为无颜色，【字体大小】为120，然后输入文本DESTINY，如图3-86所示。

图 3-86

3.4.1 投影

【投影】样式可为图层增添阴影效果。选中素材，在菜单栏中执行【图层】/【图层样式】/【投影】命令，此时参数设置如图3-87所示。画面效果如图3-88所示。

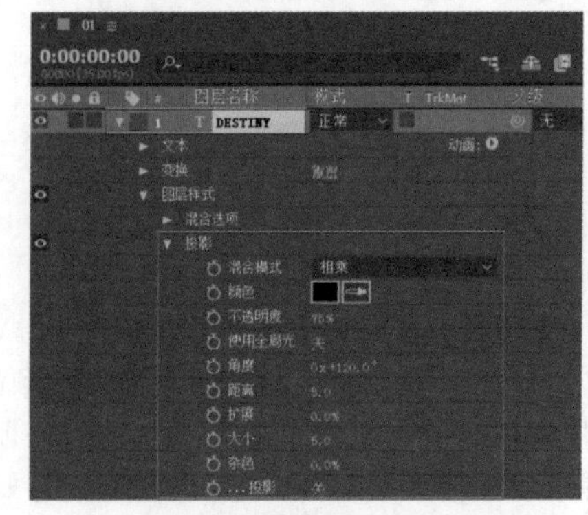

图 3-87

图 3-88

- 混合模式：为投影添加与画面融合的效果。
- 颜色：设置投影颜色。
- 不透明度：设置投影的厚度。
- 使用全局光：设置投影的光线角度，使画面光线一致。
- 角度：设置投影的方向。
- 距离：设置图层与投影之间的距离。图3-89所示为设置【距离】为5和20的对比效果。

图 3-89

- 扩展：设置投影大小及模糊程度。数值越大，投影越大，投影效果就越清晰。
- 大小：数值越大，投影越大，投影效果就越模糊。
- 杂色：制作画面颗粒感。数值越大，杂色效果越明显。
- 投影：在投影中设置相对投影属性的开或关。

3.4.2 内阴影

【内阴影】样式可为图层内部添加阴影效果，从而呈现图像的立体感。选中素材，在菜单栏中执行【图层】/【图层样式】/【内阴影】命令，此时参数设置如图3-90所示。画面效果如图3-91所示。

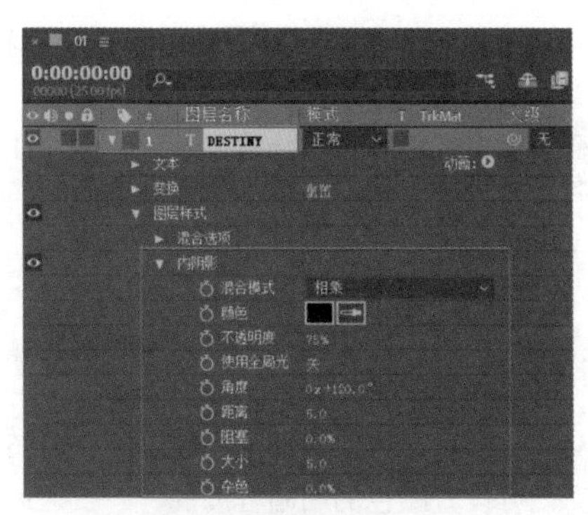

图 3-90

图 3-91

- 阻塞：内阴影效果的粗细程度。图3-92所示为设置【阻塞】为0和50的对比效果。

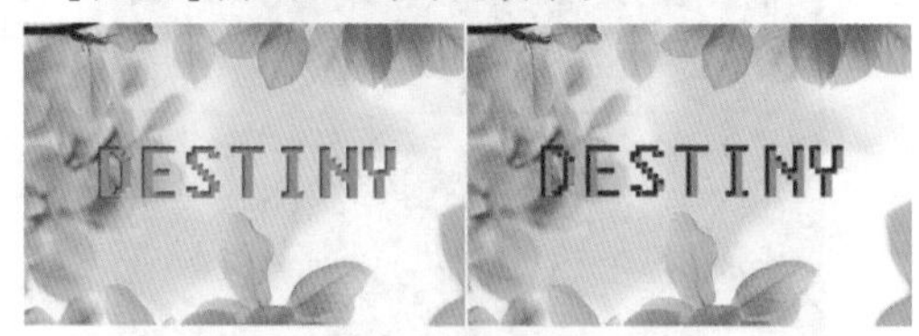

图 3-92

3.4.3 外发光

【外发光】样式可处理图层外部光照效果，选中素材，在菜单栏中执行【图层】/【图层样式】/【外发光】命令，此时参数设置如图3-93所示。画面效果如图3-94所示。

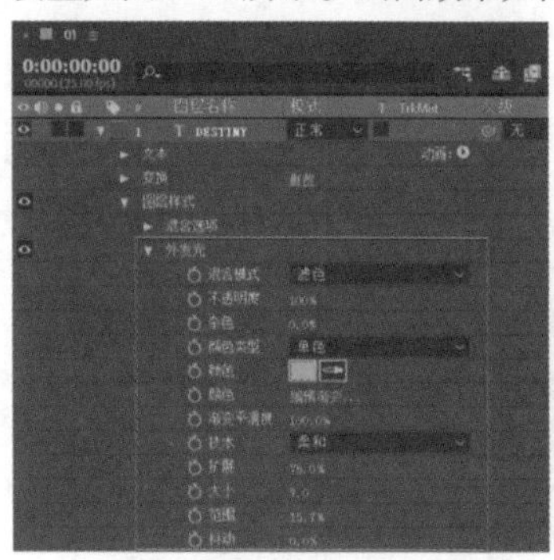

图 3-93

图 3-94

- 颜色类型：可设置外发光的颜色为单色或渐变颜色。
- 颜色：单击颜色右方的【编辑渐变器】，在弹出的对话框中可设置渐变颜色，如图3-95所示。

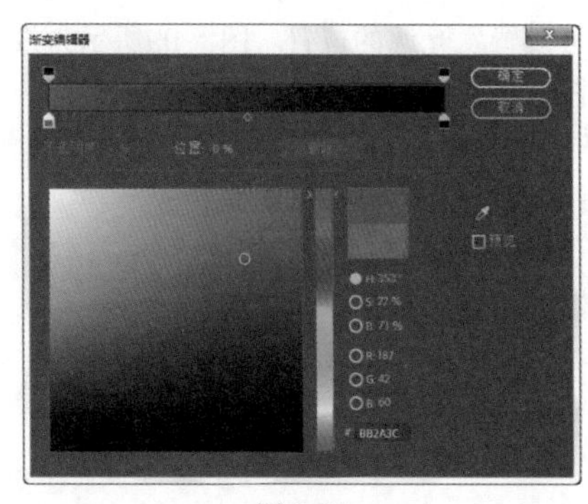

图 3-95

- 渐变平滑度：可设置渐变颜色的平滑过渡程度。
- 技术：可设置发光边缘的柔和或精细程度。
- 范围：可设置外发光的作用范围。图3-96所示为设置【范围】为15和100的对比效果。

图 3-96

- 抖动：可设置外发光的颗粒抖动情况。

3.4.4 内发光

【内发光】样式可处理图层内部光照效果。选中素材，在菜单栏中执行【图层】/【图层样式】/【内发光】命令，此时参数设置如图3-97所示。画面效果如图3-98所示。

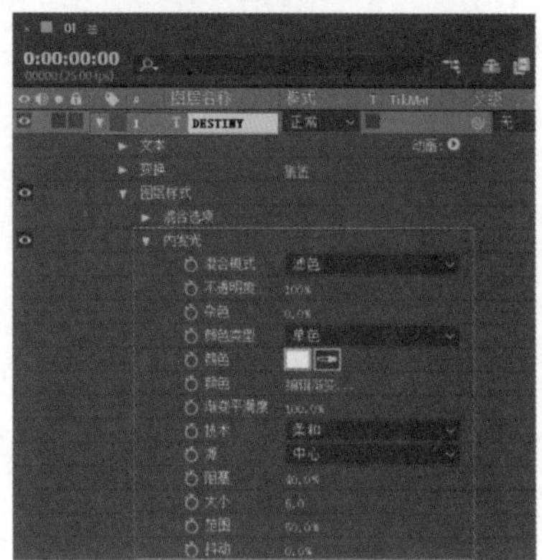

图 3-97

图 3-98

源：可设置发光源的位置。图3-99所示为设置【源】为边缘和中心的对比效果。

图 3-99

3.4.5 斜面和浮雕

【斜面和浮雕】样式可模拟冲压状态，为图层制作浮雕效果，以增强立体感。选中素材，在菜单栏中执行【图层】/【图层样式】/【斜面和浮雕】命令，此时参数设置如图3-100所示。画面效果如图3-101所示。

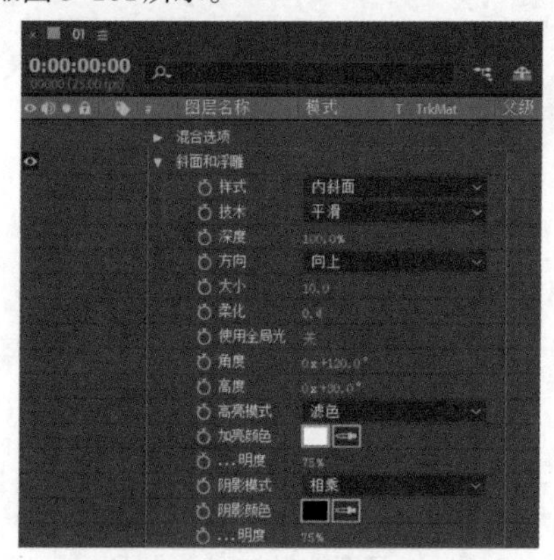

图 3-100

图 3-101

- 样式：可为图层制作外斜面、内斜面、浮雕、枕状浮雕和描边浮雕5种效果。图3-102所示为设置【样式】为外斜面和枕状浮雕的对比效果。

图 3-102

- 技术：可设置为平滑、雕刻清晰、雕刻柔和3种不同类型的效果。
- 深度：可设置浮雕的深浅程度。
- 方向：可设置浮雕向上或向下两种方向。
- 柔化：可设置浮雕的强硬程度。
- 高度：可设置图层中浮雕效果的立体程度。
- 高亮模式：可设置【斜面与浮雕】亮部区域的混合模式，其中包含27种模式。
- 加亮颜色：可设置【斜面与浮雕】的余光颜色。
- 明度：可设置颜色的明暗程度。
- 阴影模式：可设置【斜面与浮雕】暗部区域的混合模式。
- 阴影颜色：可设置该效果阴影部分的颜色。

3.4.6 光泽

【光泽】样式可使图层表面产生光滑的磨光或金属质感效果。选中素材，在菜单栏中执行【图层】/【图层样式】/【斜面和浮雕】命令，此时参数设置如图3-103所示。画面效果如图3-104所示。

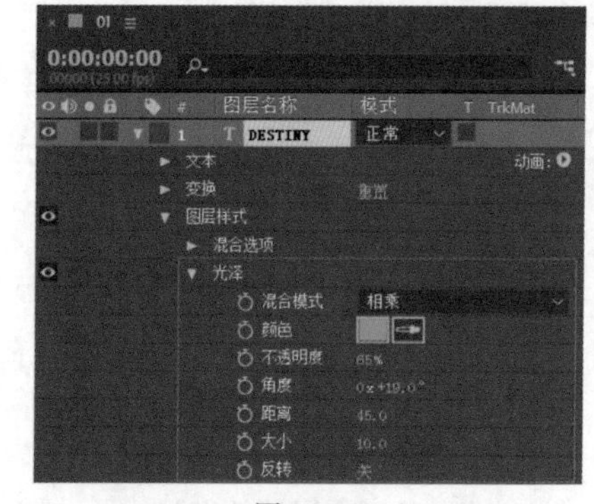

图 3-103

图 3-104

反转：可将【光泽】效果反向呈现在图层中。图3-105所示为【反转】为开和关的对比效果。

图 3-105

3.4.7 颜色叠加

【颜色叠加】样式可在图层上方叠加颜色。选中素材，在菜单栏中执行【图层】/【图层样式】/【颜色叠加】命令，此时参数设置如图3-106所示。画面效果如图3-107所示。

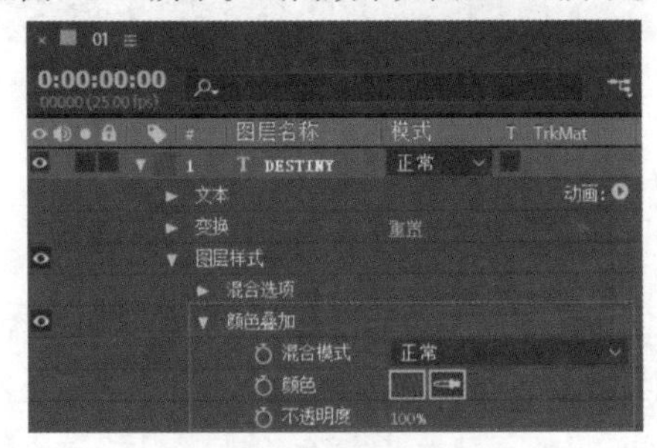

图3-106

图3-107

颜色：可设置叠加时在图层中呈现的颜色。图3-108所示为设置【颜色】为绿色和粉色的对比效果。

图3-108

3.4.8 渐变叠加

【渐变叠加】样式可在图层上方叠加颜色。选中素材，在菜单栏中执行【图层】/【图层样式】/【渐变叠加】命令，此时参数设置如图3-109所示。画面效果如图3-110所示。

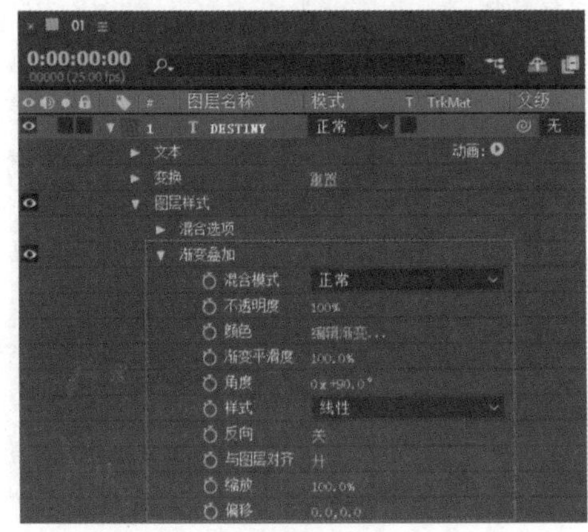

图3-109

图3-110

- 渐变平滑度：可设置渐变叠加时颜色的平滑程度。
- 与图层对其：可将【渐变叠加】效果与所选图层对齐。
- 缩放：可设置图层中渐变的缩放大小。图3-111所示为设置【缩放】为20和100的对比效果。

图3-111

- 偏移：可设置【渐变叠加】效果的移动位置。

3.4.9 描边

【描边】样式可为图层或素材的外轮廓添加具有某种颜色的描边效果。选中素材，在菜单栏中执行【图层】/【图层样式】/【描边】命令，此时参数设置如图3-112所示。画面效果如图3-113所示。

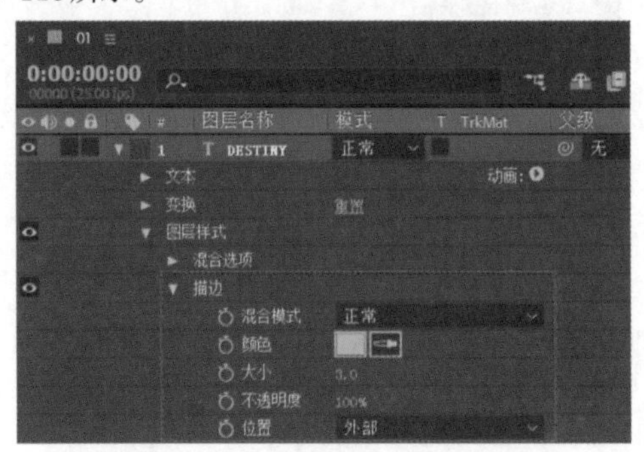

图3-112

图3-113

位置：可在图层中设置内部描边、外部描边或居中描边，如图3-114所示。

图 3-114

重点 3.5 【文本】图层

【文本】图层可以为作品添加文字效果，如字幕、解说等。在菜单栏中执行【图层】/【新建】/【文本】命令，如图3-115所示。或在【时间轴】面板中的空白位置单击鼠标右键，并执行【新建】/【文本】命令，如图3-116所示。也可在【时间轴】面板中按【创建文本】的快捷键Ctrl+Shift+Alt+T，都可创建【文本】图层。【文本】图层的相关参数及具体应用将在本书后面的【文字效果】章节中详细讲解。

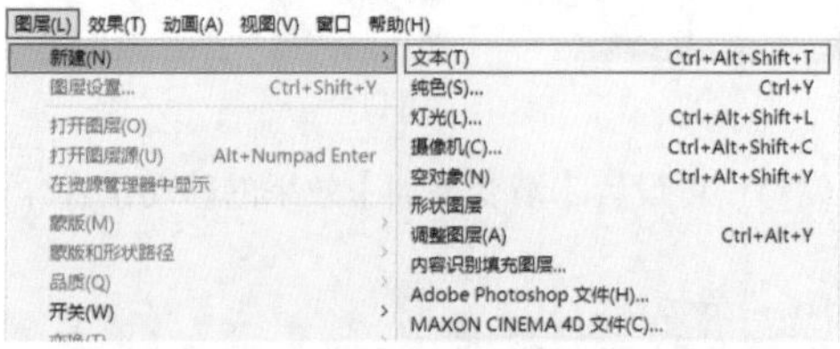

图 3-115

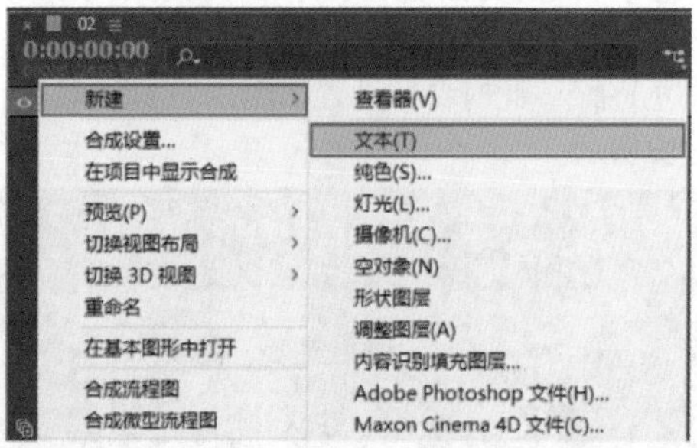

图 3-116

创建完成【文本】图层后，接着可以在【字符】和【段落】面板中为文字设置合适的字体、字号、对齐等相关属性，如图3-117和图3-118所示。最后可以输入合适的中文或英文等文字内容，为图像添加文本的前后对比效果如图3-119所示。

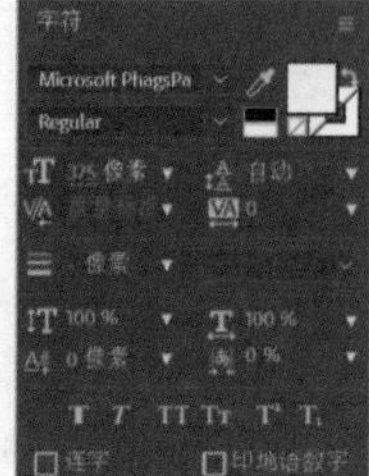

图 3-117

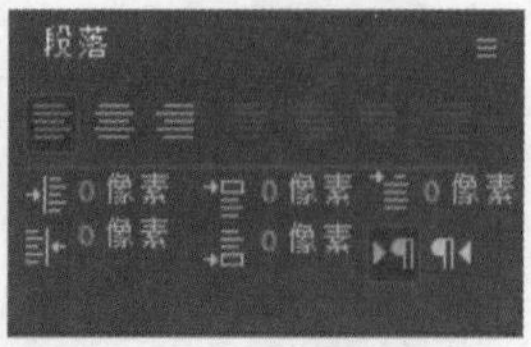

图 3-118

未添加文本效果　　添加文本效果

图 3-119

提示：创建完成文字后，还可以修改字符属性。

扫一扫，看视频

除了上面讲解的先设置字符属性，再输入文字内容的方法外，还可以在创建完文字后，再修改其字符属性。选中当前的【文字】图层，如图3-120所示。接着就可以修改字符属性了，如图3-121所示。

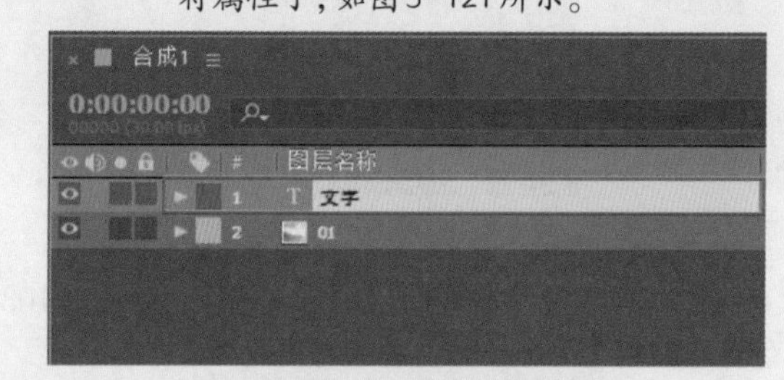

图 3-120

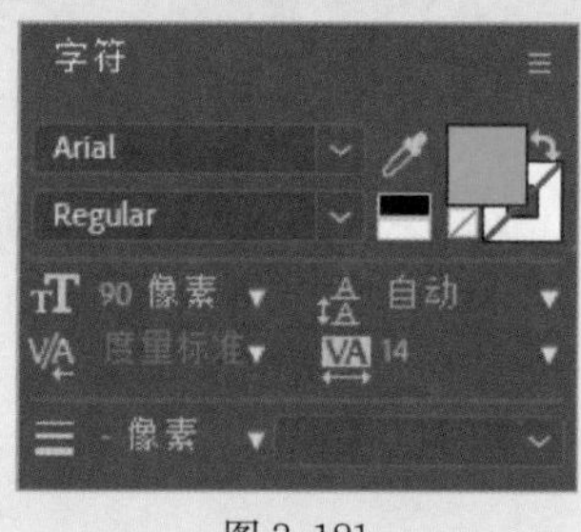

图 3-121

在【时间轴】面板中单击打开【文本】图层下方的【文本】，即可设置相应参数，并调整文本效果，如图3-122所示。

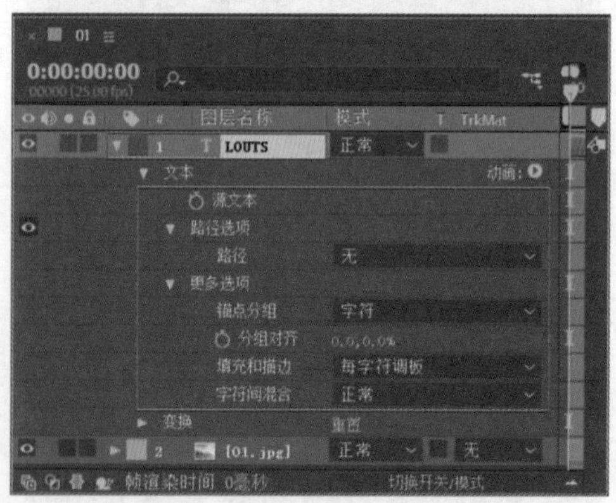

图 3-122

重点 3.6 【纯色】图层

【纯色】图层常用于制作纯色背景效果。要创建【纯色】图层，可在菜单栏中执行【图层】/【新建】/【纯色】命令，如图3-123所示；或在【时间轴】面板中的空白位置单击鼠标右键，执行【新建】/【纯色】命令，如图3-124所示；或使用快捷键Ctrl+Y，均可创建【纯色】图层。

扫一扫，看视频

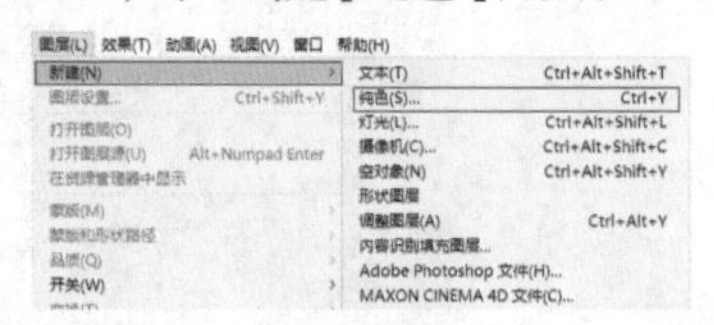

图 3-123

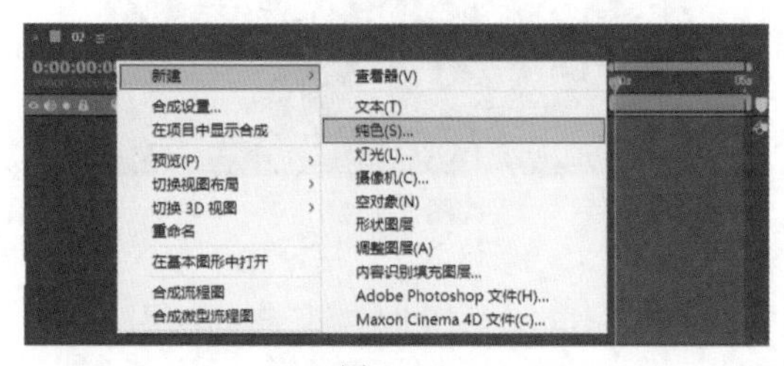

图 3-124

此时在弹出的【纯色设置】对话框中设置合适的参数，如图3-125所示。创建完成的纯色图层效果如图3-126所示。

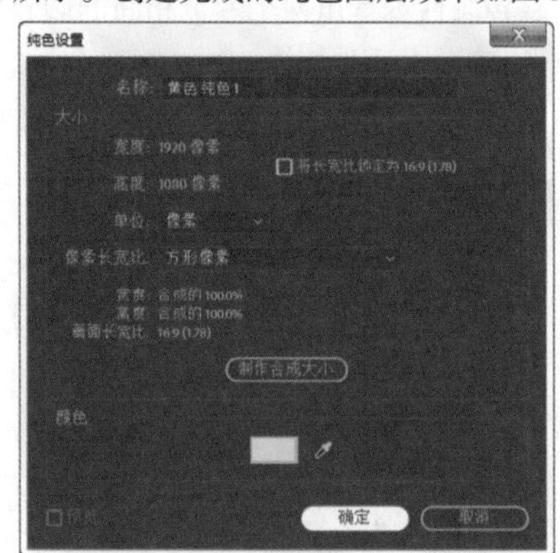

图 3-125

图 3-126

- 名称：可设置纯色图层的名称。
- 大小：可设置纯色图层的高度与宽度。设置适合的宽度和高度数值，会创建出不同尺寸的【纯色】图层。
  - 宽度：可设置【纯色】图层的宽度数值。
  - 高度：可设置【纯色】图层的高度数值。
  - 单位：可设置【纯色】图层的宽度和高度单位。

【纯色设置】对话框如图3-127所示。此时画面效果如图3-128所示。

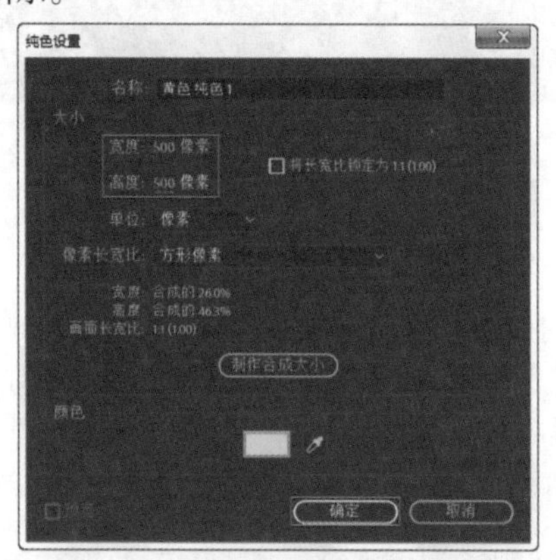

图 3-127

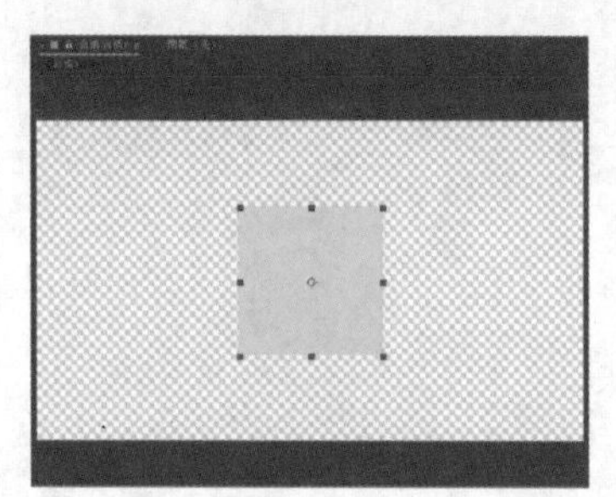

图 3-128

- 将长宽比锁定为：勾选此选项可锁定长宽比例。
- 像素长宽比：设置像素长宽比的方式。
- 制作合成大小：单击此按钮可新建一个与合成等大尺寸的纯色图层。
  - 颜色：可设置【纯色】图层的颜色。
  - 预览：单击可预览图层效果。

当创建第一个【纯色】图层后，在【项目】面板中会自动出现一个【纯色】文件夹，双击该文件夹即可看到创建的【纯色】图层，且【纯色】图层也会在【时间轴】面板中显示，如图3-129所示。

图 3-129

创建了多个【纯色】图层时的【项目】面板和【时间轴】

面板如图3-130所示。

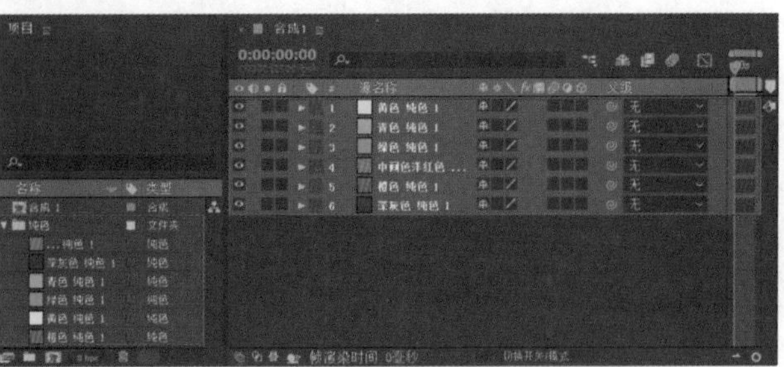

图 3-130

3.6.1 制作背景图层

在【时间轴】面板中的空白位置单击鼠标右键，执行【新建】/【纯色】命令。接着在弹出的【纯色设置】对话框中设置【颜色】为合适颜色，如图3-131所示。此时画面效果如图3-132所示。

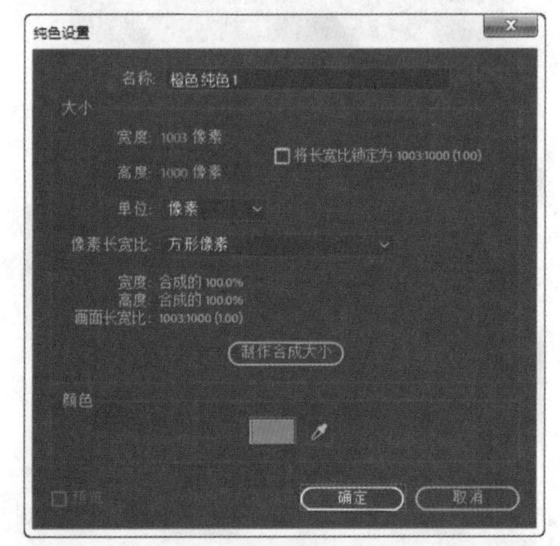

图 3-131

图 3-132

3.6.2 更改图层颜色

选中【时间轴】面板中已经创建完成的纯色图层，如图3-133所示，按快捷键Ctrl+Shift+Y，即可重新修改图层颜色，如图3-134所示。

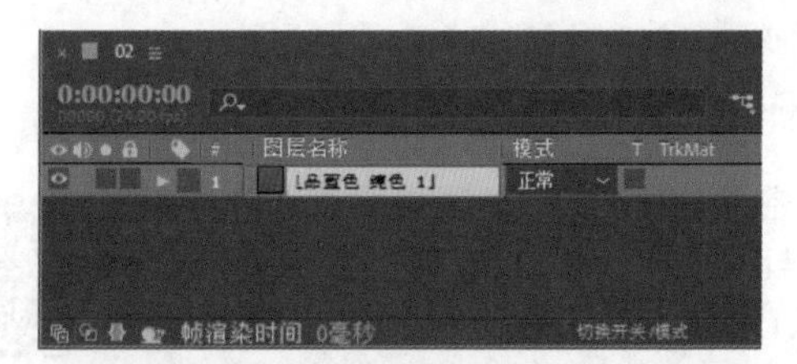

图 3-133

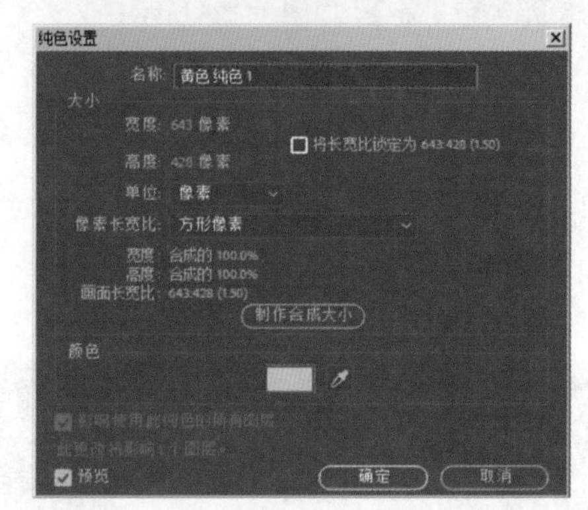

图 3-134

实例：使用纯色层制作双色背景

文件路径：Chapter 03 创建不同类型的图层→实例：使用纯色层制作双色背景

本实例先是新建纯色层，再修改纯色层参数，之后通过设置位置和旋转属性设置出两个颜色相间的倾斜彩色背景，最终的案例效果如图3-135所示。

扫一扫，看视频

图 3-135

操作步骤：

步骤 01 在【项目】面板中单击鼠标右键执行【新建合成】命令，在弹出的【合成设置】对话框中设置【合成名称】为合成1，【预设】为自定义，【宽度】为1287，【高度】为916，【像素长宽比】为方形像素，【帧速率】为30，【分辨率】为完整，【持续时间】为4秒5帧，单击【确定】按钮，如图3-136所示。

步骤 02 执行【文件】/【导入】/【文件】命令，在弹出的【导入文件】对话框中选择所需要的素材，选择完毕单击【导入】按钮导入素材5.png，如图3-137所示。

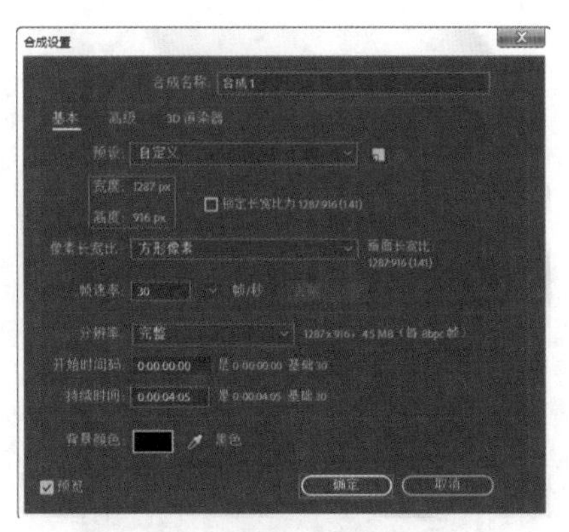

图 3-136

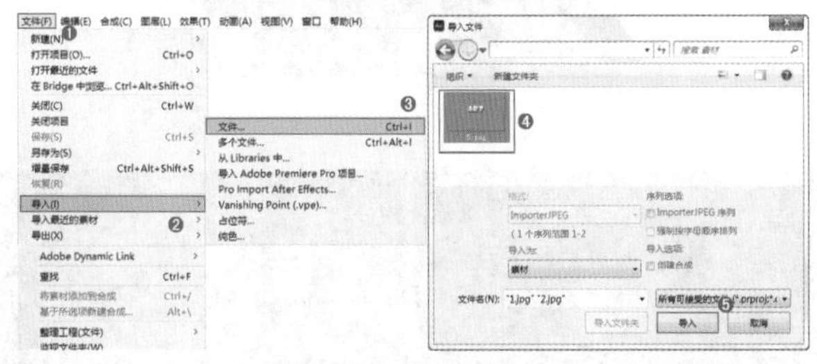

图 3-137

步骤 03 在【项目】面板中将素材5.png拖曳到【时间轴】面板中，如图3-138所示。

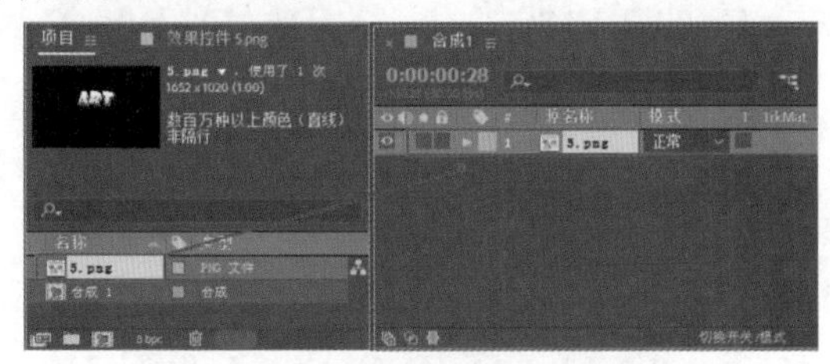

图 3-138

步骤 04 设置5.png素材的【位置】为(663.8,597.3),【缩放】为(150.0,150.0),如图3-139所示。

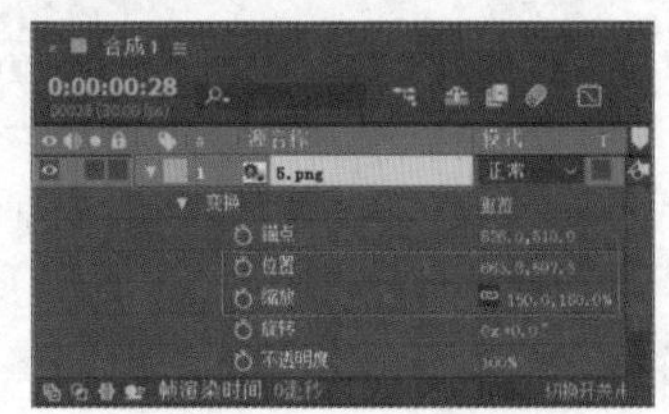

图 3-139

步骤 05 在【时间轴】面板中的空白位置处单击鼠标右键执行【新建】/【纯色】命令，如图3-140所示。

步骤 06 在弹出来的【纯色设置】对话框中设置【颜色】为青色，命名为(青色 纯色1),设置【宽度】为1500,【高度】为916,单击【确定】按钮，如图3-141所示。

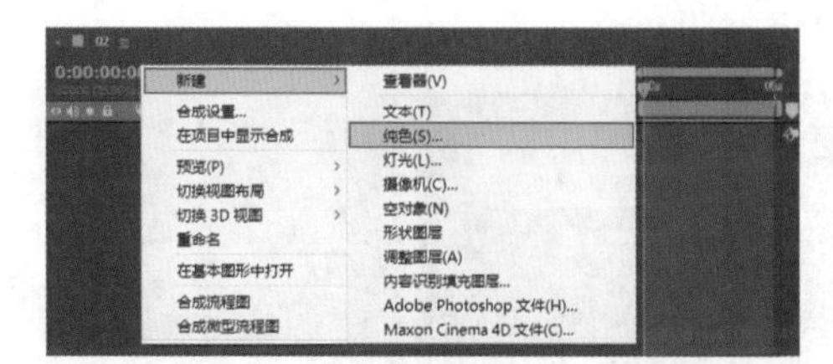

图 3-140

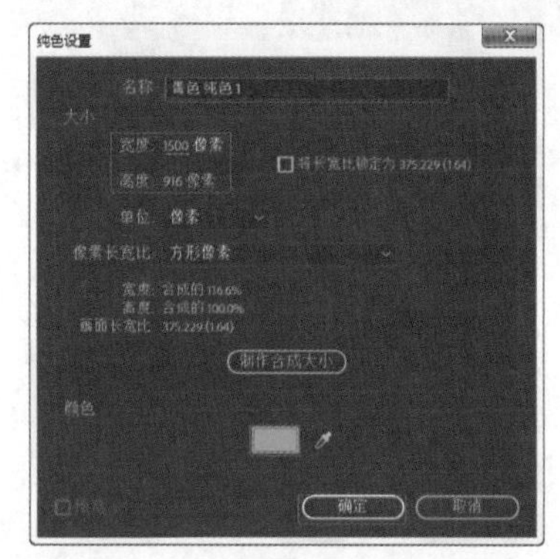

图 3-141

步骤 07 设置该纯色图层的【位置】为(304.0,741.7),【旋转】为(0x+45.0°),如图3-142所示。

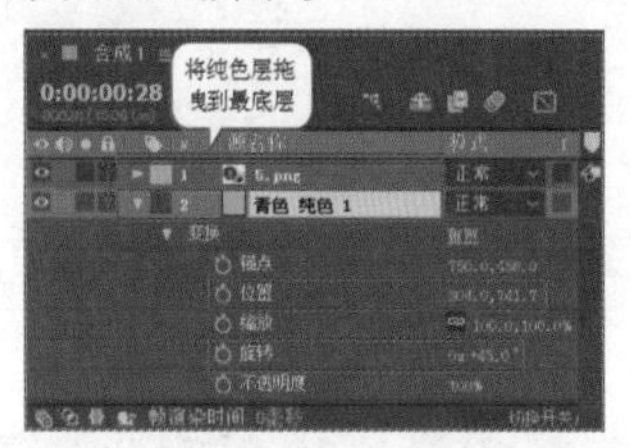

图 3-142

步骤 08 再次在【时间轴】面板中的空白位置处单击鼠标右键执行【新建】/【纯色】命令，在弹出的对话框中设置【颜色】为洋红色，命名为(中间色洋红色 纯色1),设置【宽度】为1500,【高度】为916,单击【确定】按钮，如图3-143所示。

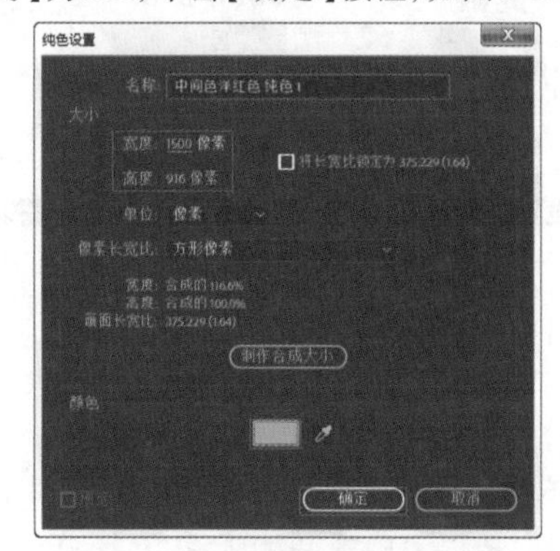

图 3-143

步骤 09 设置该纯色图层的【位置】为(1008.3,154.0),【旋转】为(0x+225.0°),如图3-144所示。

步骤 10 作品效果如图3-145所示。

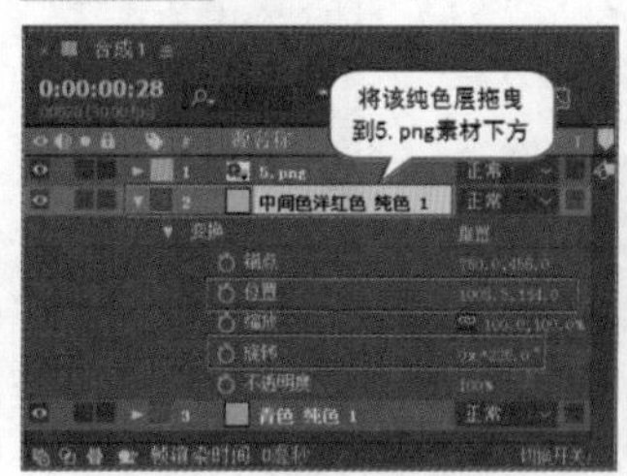

图 3-144

图 3-145

重点 3.7 【灯光】图层

扫一扫，看视频

【灯光】图层主要用于模拟真实的灯光、阴影，使作品层次感更强烈。在菜单栏中执行【图层】/【新建】/【灯光】命令，如图3-146所示；或在【时间轴】面板中的空白位置单击鼠标右键，并选择【新建】/【灯光】命令，如图3-147所示；或使用【灯光设置】的快捷键Ctrl+Shift+Alt+L，均可创建灯光图层。

图 3-146

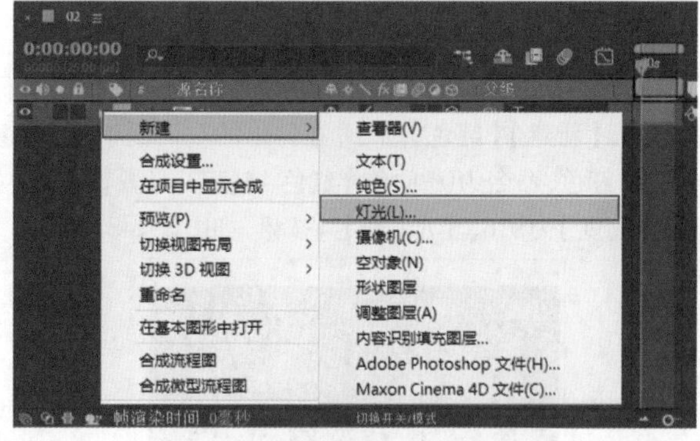

图 3-147

在弹出的【灯光设置】对话框中设置合适的参数，如图3-148所示。创建【灯光】图层的前后对比效果如图3-149所示。如果需要再次调整灯光属性，可先单击选中需要调整的【灯光】图层，再按快捷键Ctrl+Shift+Alt+L，然后在弹出的【灯光设置】对话框中调整其相关参数（注意：在创建【灯光】图层时，需将素材开启【3D图层】按钮，否则不会出现灯光效果）。

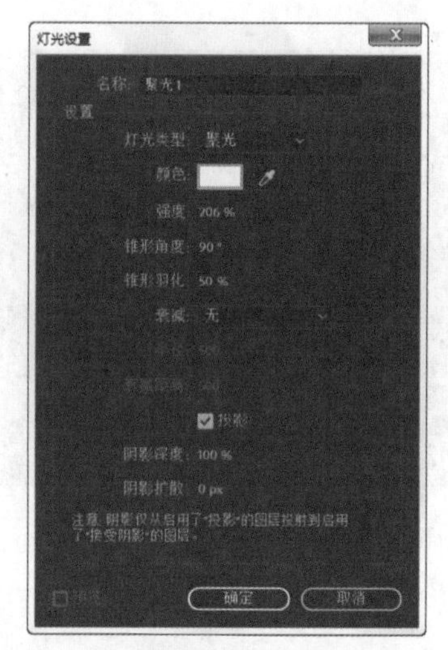

图 3-148

未开启（3D图层按钮）

开启（3D图层按钮）

图 3-149

提示：【灯光】图层和【摄像机】图层的注意事项。

在创建完成【灯光】图层后，若在【时间轴】面板中没有找到【3D图层】按钮，则需要单击【时间轴】左下方的【展开或折叠"图层开关"窗格】按钮，如图3-150和图3-151所示。

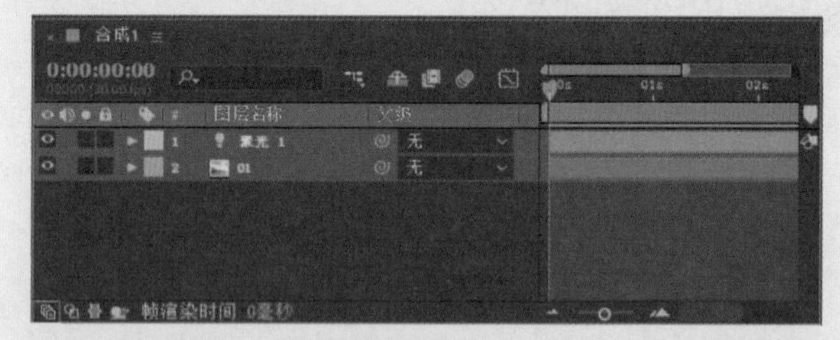

图 3-150

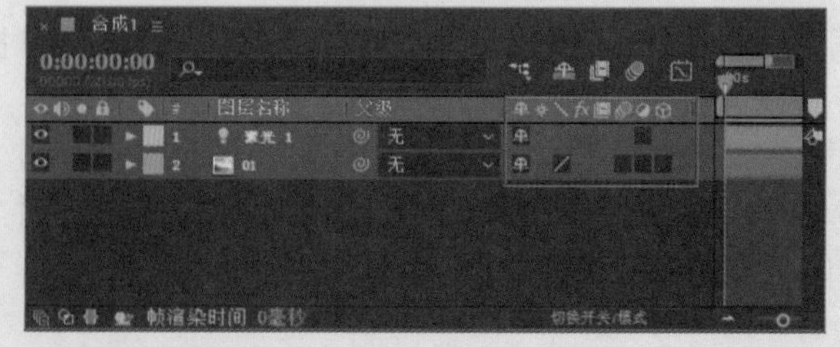

图 3-151

在创建【灯光】和【摄像机】图层时，需将素材图像转换为3D图层。在【时间轴】面板中单击素材图层的【3D图层】按钮下方相对应的位置，即可将该图层转换为3D图层，如图3-152所示。

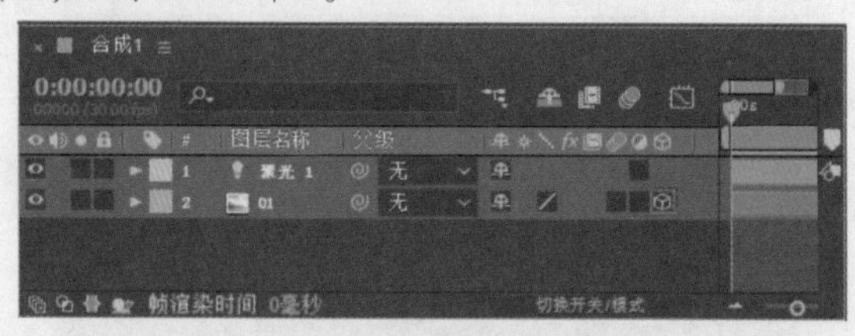

图3-152

图3-153所示为开启【3D图层】按钮前后的灯光对比效果。

图3-153

- 名称：可设置灯光图层的名称，默认名称为聚光灯1。
- 灯光类型：可设置灯光类型为平行、聚光、点或环境。
- 颜色：可设置灯光颜色。图3-154所示为设置【颜色】为黄色和青色的对比效果。

颜色：黄色　　颜色：青色

图3-154

- 吸管工具：单击该按钮，可在画面中的任意位置拾取灯光颜色。
- 强度：可设置灯光强弱程度。图3-155所示为设置【强度】为270和500的对比效果。

强度：270　　强度：500

图3-155

- 锥形角度：可设置灯光照射的锥形角度。图3-156所示为设置【锥形角度】为50.0°和100.0°的对比效果。

锥形角度：50.0°　　锥形角度：100.0°

图3-156

- 锥形羽化：可设置锥形灯光的柔和程度。
- 衰减：可设置衰减为无、平滑或反向平方限制。
- 半径：当设置【衰减】为平滑时，可设置灯光半径数值。
- 衰减距离：当设置【衰减】为平滑时，可设置衰减距离数值。
- 投影：勾选此选项可添加投影效果。
- 阴影深度：可设置阴影深度值。
- 阴影扩散：可设置阴影扩散程度。

在【时间轴】面板中单击打开灯光图层下方的【文本】，即可设置相应的参数，如图3-157所示。

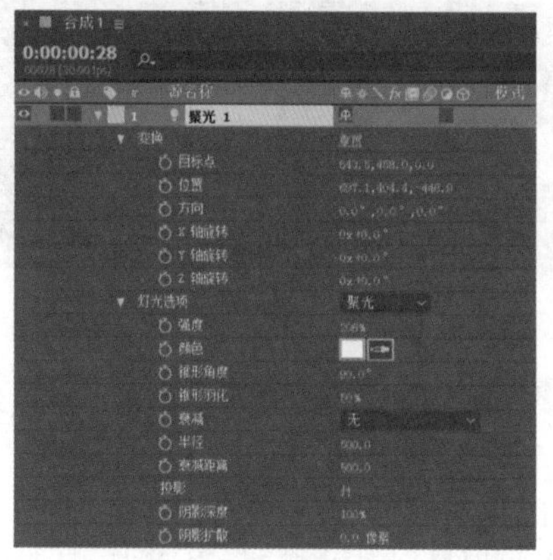

图3-157

- 变换：可设置图层变换属性。
  - 目标点：设置灯光目标点。
  - 位置：设置光源位置。
  - 方向：设置光线方向。
  - X/Y/Z轴旋转：调整灯光的X/Y/Z轴的旋转程度。
- 灯光选项：可设置灯光属性。其与【灯光设置】对话框中的属性设置、作用等均相同。

提示：修改灯光的照射角度。

1. 平移灯光位置

在创建完【灯光】图层，并正常开启素材的【3D图层】按钮后，则会出现真实的灯光效果。在【时间轴】面板中选择【灯光】图层，并在【合成】面板中移动灯光的位置，如图3-158所示。

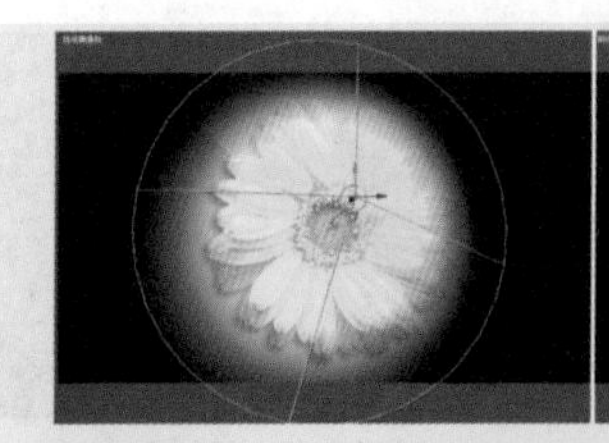
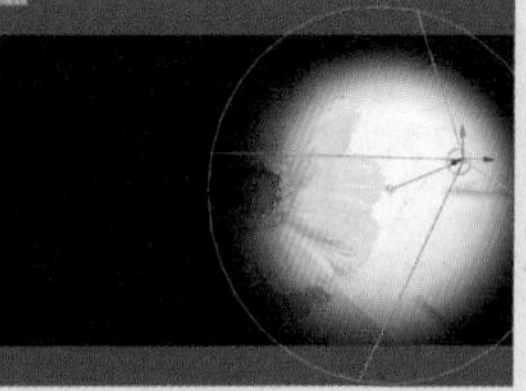

图 3-158

2.移动目标点位置

设置【变换】属性下的【目标点】参数，如图3-159所示，即可修改灯光的目标点位置，图3-160所示为两个不同参数的目标点对比效果。

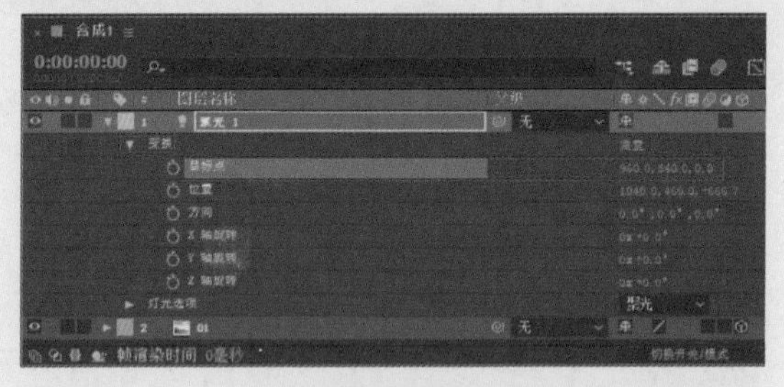

图 3-159

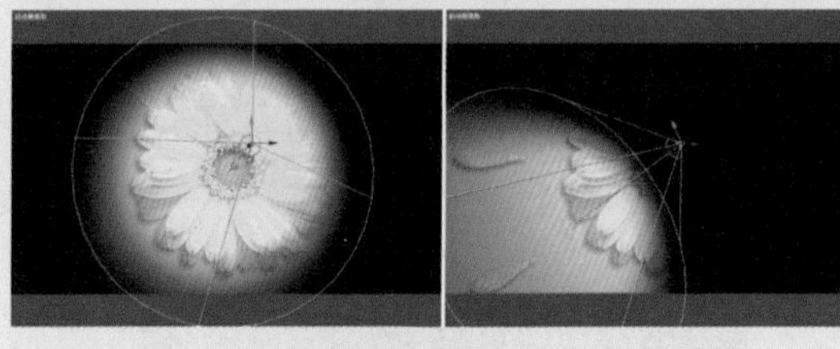

图 3-160

综合实例：使用【灯光】图层制作真实的灯光和阴影

文件路径：Chapter 03 创建不同类型的图层→综合实例：使用【灯光】图层制作真实的灯光和阴影

扫一扫，看视频

本案例主要使用纯色层作为背景，先将其设置为3D图层，使背景产生空间感。再通过创建【灯光】图层，使文字产生真实的光照和阴影效果。最终的案例效果如图3-161所示。

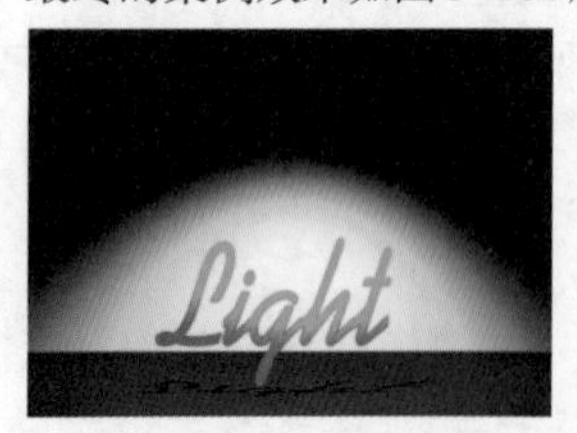

图 3-161

操作步骤：

步骤 01 在【项目】面板中单击鼠标右键执行【新建合成】命令，在弹出的【合成设置】对话框中设置【合成名称】为合

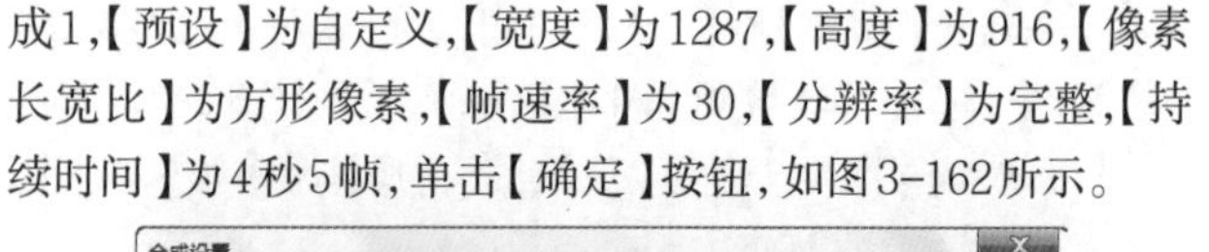

成1，【预设】为自定义，【宽度】为1287，【高度】为916，【像素长宽比】为方形像素，【帧速率】为30，【分辨率】为完整，【持续时间】为4秒5帧，单击【确定】按钮，如图3-162所示。

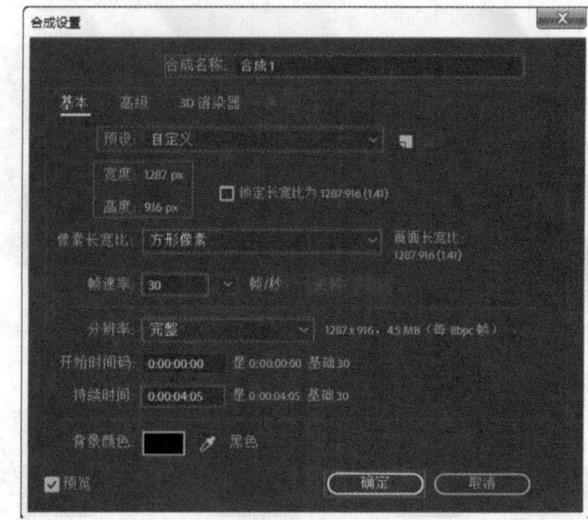

图 3-162

步骤 02 在【时间轴】面板中的空白位置处单击鼠标右键，并执行【新建】/【纯色】命令，在弹出的【纯色设置】对话框中设置【颜色】为浅蓝色，命名为【中间色品蓝色 纯色 1】，设置【宽度】为1500，【高度】为916，单击【确定】按钮。如图3-163所示。

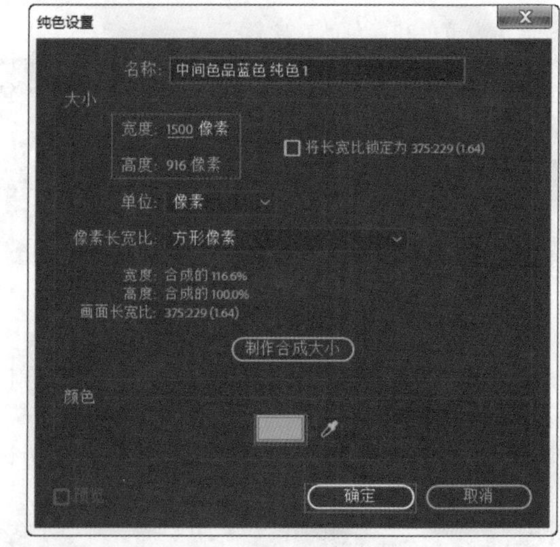

图 3-163

步骤 03 继续创建一个纯色层，命名为【中等灰色-品蓝色 纯色 1】，设置【颜色】为深蓝色，【宽度】为1500，【高度】为916，单击【确定】按钮，如图3-164所示。

步骤 04 单击【展开或折叠“图层开关”窗格】按钮，激活两个纯色层的【3D图层】按钮。设置【中间色品蓝色 纯色 1】的【位置】为(643.5,458.0,347.0)，【缩放】为(110.0,110.0,110.0%)。设置【中等灰色-品蓝色 纯色 1】的【位置】为(643.5,819.0,52.8)，【缩放】为(110.0,110.0,110.0%)，【方向】为(90.0°,0.0°,0.0°)，如图3-165所示。

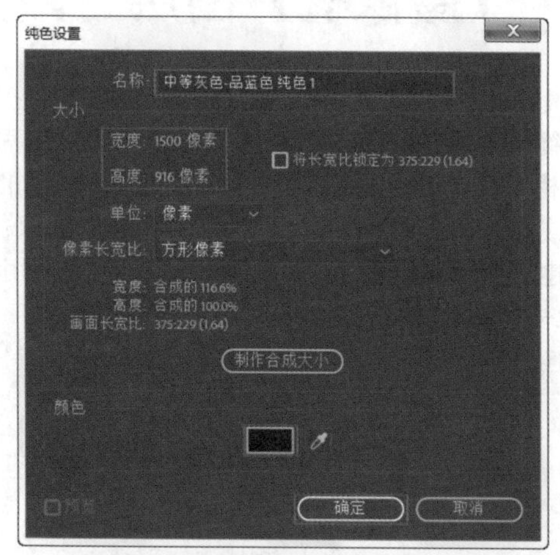

图 3-164

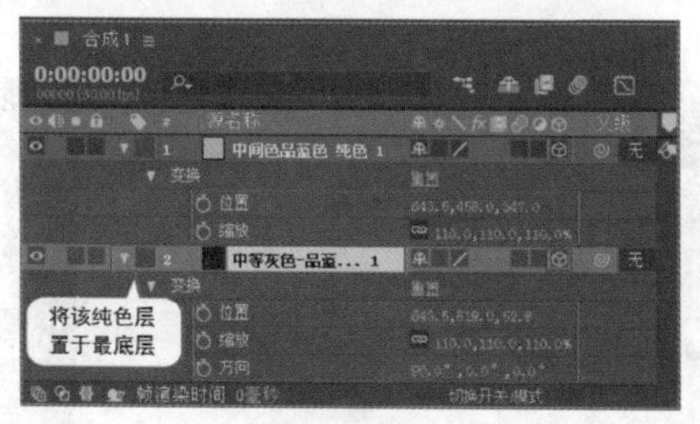

图 3-165

步骤 05 此时【合成】面板效果如图3-166所示。

图 3-166

步骤 06 创建文字。在【时间轴】面板中单击右键，执行【新建】/【文本】命令，如图3-167所示。

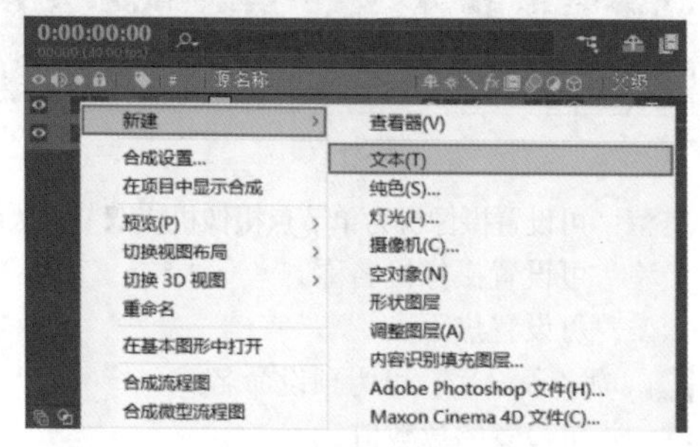

图 3-167

步骤 07 输入文字内容“Light”，在【字符】面板中设置【字体系列】为Kaufmann BT，设置【字体大小】为298，激活【仿粗体】按钮![T]，如图3-168所示。效果如图3-169所示。

图 3-168　　图 3-169

步骤 08 为文本层添加【发光】效果，设置【发光阈值】为50.0。激活文本层的【3D图层】按钮，设置【位置】为(385.1,709.9,-205.0)，再设置【材质选项】的【投影】为开，如图3-170所示。

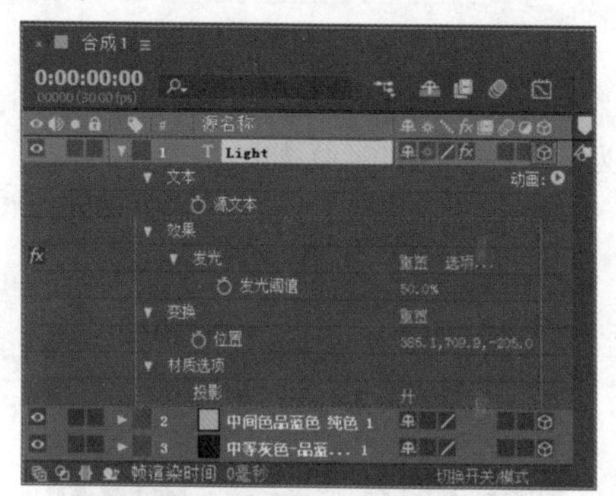

图 3-170

步骤 09 此时出现了发光文字效果，如图3-171所示。

图 3-171

步骤 10 在【时间轴】面板中单击右键，执行【新建】/【灯光】命令，如图3-172所示。

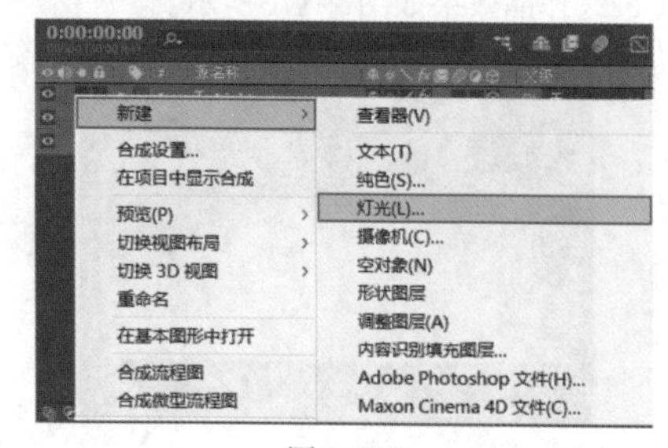

图 3-172

步骤 11 设置【灯光类型】为聚光，【强度】为250%，勾选【阴影】，如图3-173所示。

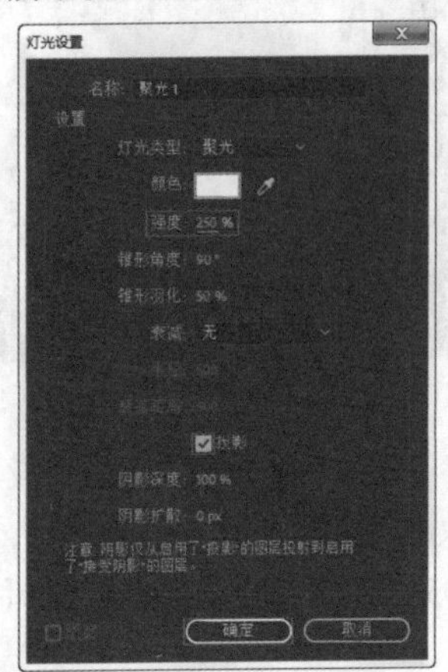

图 3-173

步骤 12 设置【聚光 1】的【目标点】为(665.6,606.1,–134.5)，【位置】为(669.2,–10.5,–464.4)，如图3-174所示。

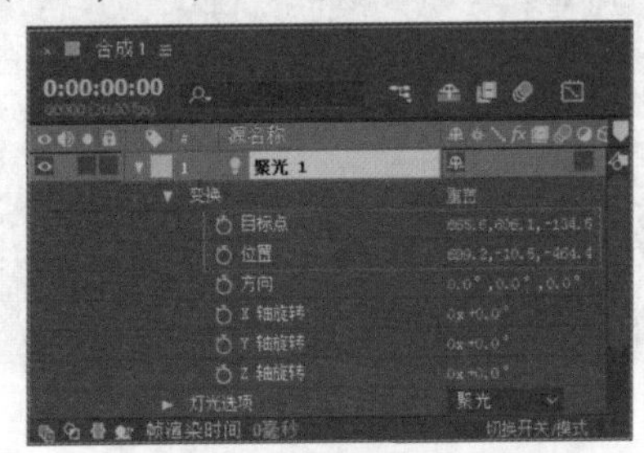

图 3-174

步骤 13 此时产生了灯光和阴影效果，如图3-175所示。

图 3-175

步骤 14 最终作品效果如图3-176所示。

图 3-176

3.8 【摄像机】图层

【摄像机】图层主要用于三维合成制作中，进行控制合成时的最终视角，通过对摄影机设置动画可模拟三维镜头运动。在菜单栏中执行【图层】/【新建】/【摄像机】命令，如图3-177所示；或在【时间轴】面板中的空白位置单击鼠标右键，执行【新建】/【摄像机】命令，如图3-178所示；或使用快捷键Ctrl+Alt+Shift+C，均可创建摄像机图层。

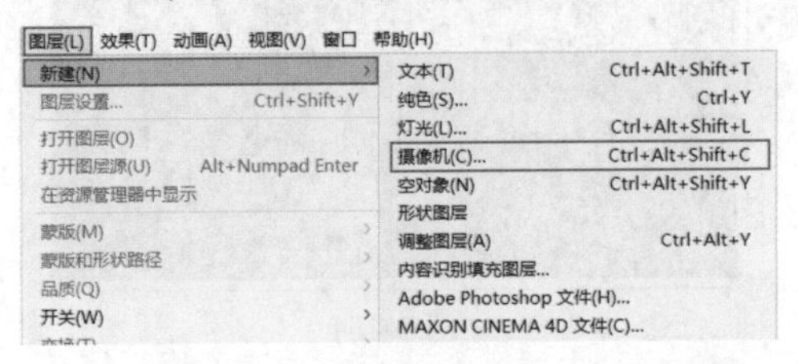

图 3-177

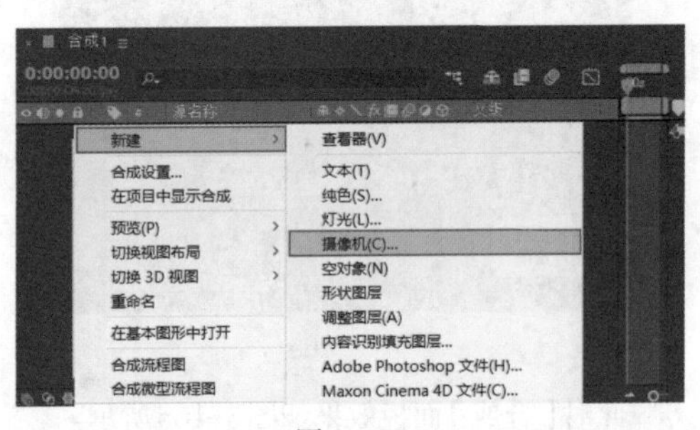

图 3-178

在弹出的【摄像机设置】对话框中可设置摄像机的属性，如图3-179所示。

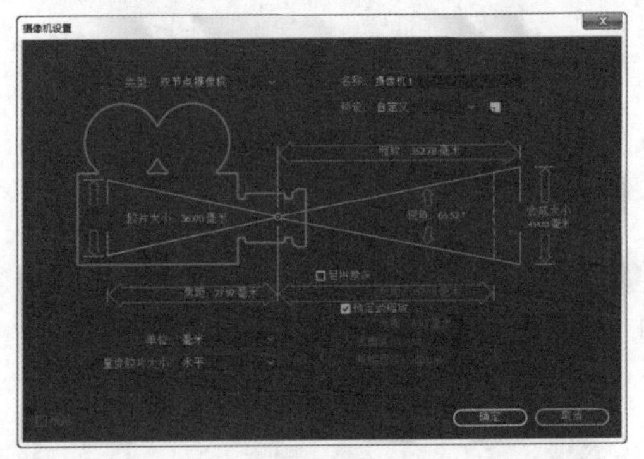

图 3-179

- 类型：可设置摄像机为单节点摄像机或双节点摄像机。
- 名称：可设置摄像机名称。
- 预设：可设置焦距。
- （命名预设）：可为预设命名。
- 缩放：可设置缩放数值。
- 胶片大小：可设置胶片大小。
- 视角：可设置取景视角。
- 启用景深：勾选此选项可启用景深效果。

- 焦距：可设置摄像机焦距。
- 单位：可设置单位为像素、英寸或毫米。
- 量度胶片大小：可设置量度胶片大小为水平、垂直或视角。

扫一扫，看视频

- 锁定到缩放：勾选此选项可锁定到缩放。
- 光圈：可设置光圈属性。
- 光圈大小：可显示光圈大小。
- 模糊层次：可显示模糊层次。

当创建【摄像机】图层时，需将素材图层转换为3D图层。在【时间轴】面板中单击素材图层的【3D图层】按钮下方相对应的位置，即可将该图层转换为3D图层。接着单击打开摄像机图层下方的【摄像机选项】，即可设置摄像机的相关属性，调整摄像机效果，如图3-180所示。

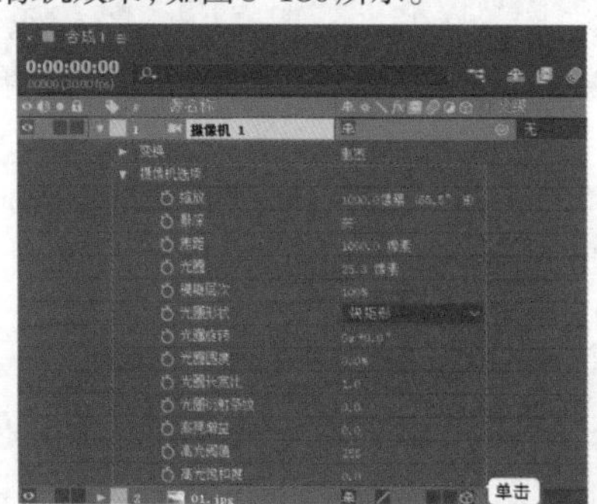

图 3-180

- 缩放：可设置画面缩放的比例，调整图像的像素。
- 景深：可控制景深开关。
- 焦距：可设置摄像机焦距的数值。
- 光圈：可设置摄像机光圈的大小。
- 模糊层次：可设置模糊层次百分比。
- 光圈形状：可设置光圈形状。
- 光圈旋转：可设置光圈旋转角度。
- 光圈圆度：可设置光圈圆滑程度。
- 光圈长宽比：可设置光圈长宽比数值。
- 光圈衍射条纹：可设置光圈衍射条纹数值。
- 高亮增益：可设置高亮增益数值。
- 高光阈值：可设置高光覆盖范围。
- 高光饱和度：可设置高光色彩纯度。

综合实例：使用【3D图层】和【摄影机】图层制作镜头动画

文件路径：Chapter 03 创建不同类型的图层→综合实例：使用【3D图层】和【摄影机】图层制作镜头动画

本案例将打开素材的【3D图层】按钮，并为素材添加关键帧动画，使其产生照片下落的动画效果。最后创建【摄像机】图层，并设置关键帧动画使其产生镜头运动的效果，如图3-181所示。

扫一扫，看视频

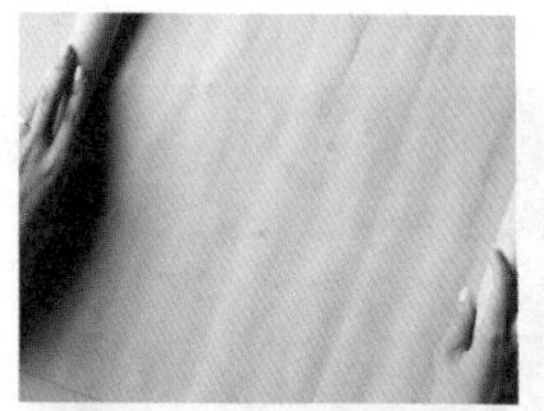

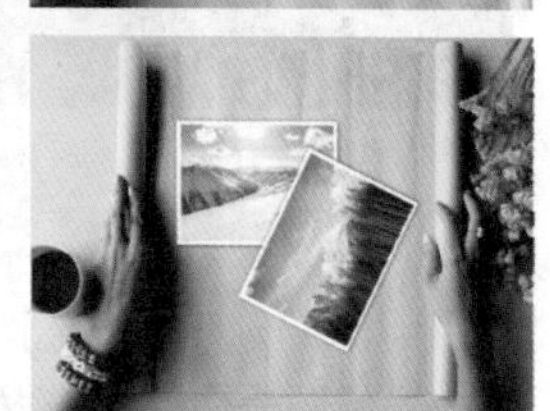
图 3-181

操作步骤：

步骤 01 在【项目】面板中单击鼠标右键执行【新建合成】命令，在弹出的【合成设置】对话框中设置【合成名称】为Comp 1，【预设】为自定义，【宽度】为2400，【高度】为1800，【像素长宽比】为方形像素，【帧速率】为29.97，【分辨率】为完整，【持续时间】为12秒，单击【确定】按钮，如图3-182所示。

步骤 02 执行【文件】/【导入】/【文件】命令，在弹出的【导入文件】对话框中选择所需要的素材，单击【导入】按钮导入素材01.jpg、02.jpg、背景.jpg，如图3-183所示。

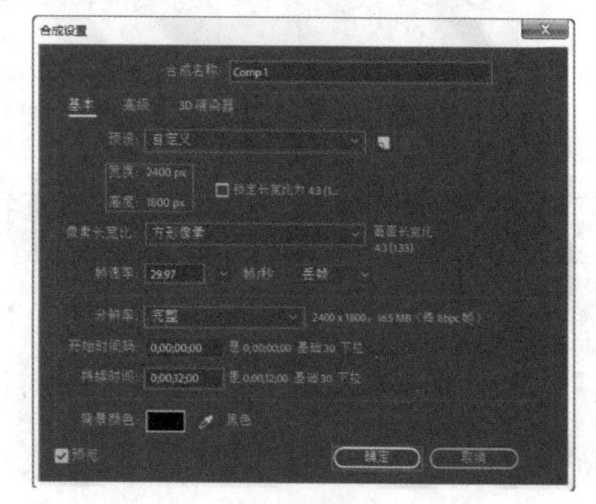

图 3-182

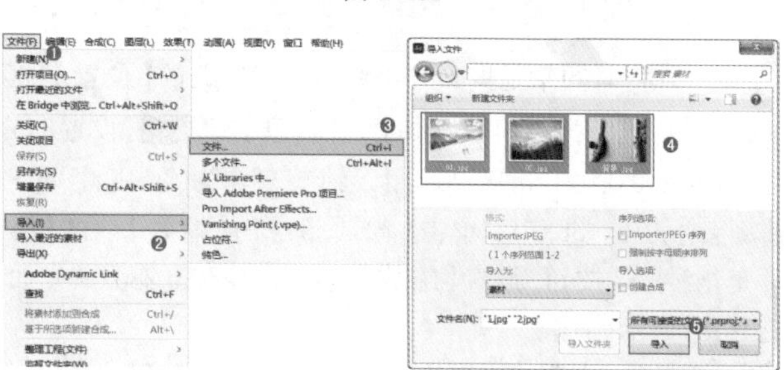

图 3-183

步骤 03 在【项目】面板中将素材01.jpg、02.jpg、背景.jpg拖到【时间轴】面板中，激活三个图层的【3D图层】按钮。最

后设置素材02.jpg的起始时间为第4秒，如图3-184所示。

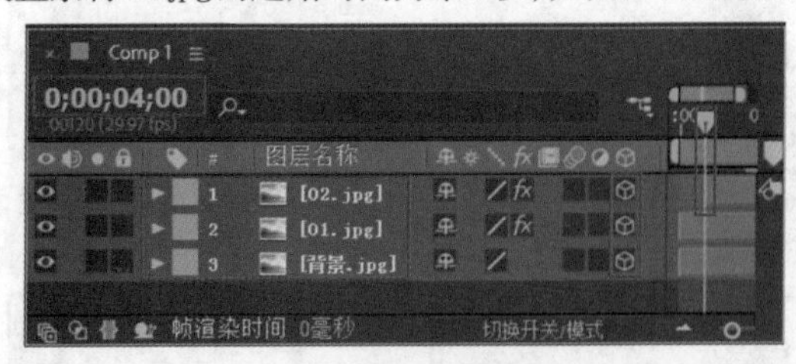

图 3-184

步骤 04 分别为素材01.jpg和02.jpg添加【投影】效果，设置【不透明度】为80%，【柔和度】为60，如图3-185所示。

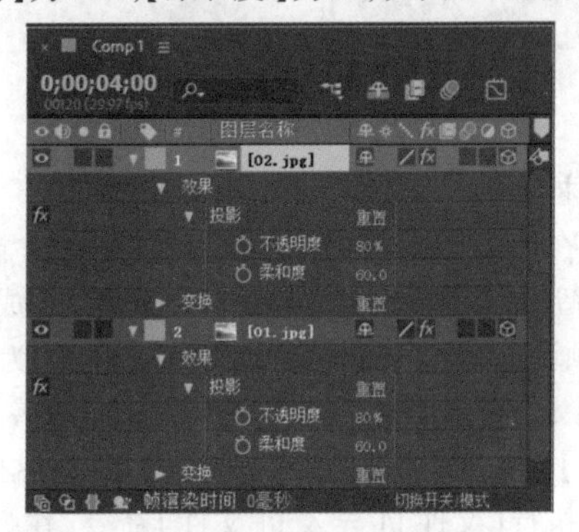

图 3-185

提示：如何改变素材的起始时间？

将光标放在【时间轴】面板中素材的起始位置处，当光标变为↔时，按住鼠标左键将素材向右拖曳，即可改变素材的起始时间，如图3-186所示。

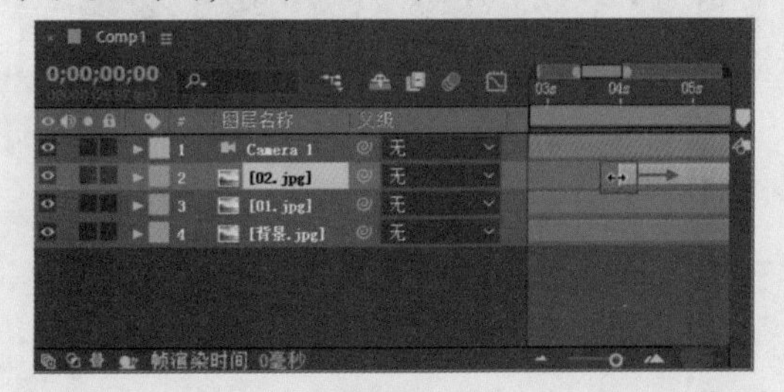

图 3-186

步骤 05 将时间轴拖曳到第0帧，单击01.jpg的【位置】【X轴旋转】【Y轴旋转】前的【时间变化秒表】按钮，设置【位置】为(1200.0,1003.0,-3526.0)、【X轴旋转】为(0x+90.0°)、【Y轴旋转】为(0x+35.0°)。单击【背景.jpg】的【缩放】前的【时间变化秒表】按钮，设置【缩放】为(280.0,280.0,280.0%)，如图3-187所示。

步骤 06 将时间轴拖曳到第28帧，设置01.jpg的【X轴旋转】为(0x+77.0°)，如图3-188所示。

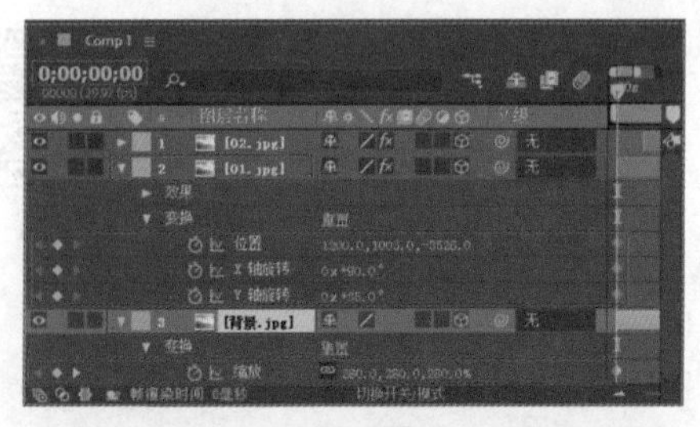

图 3-187

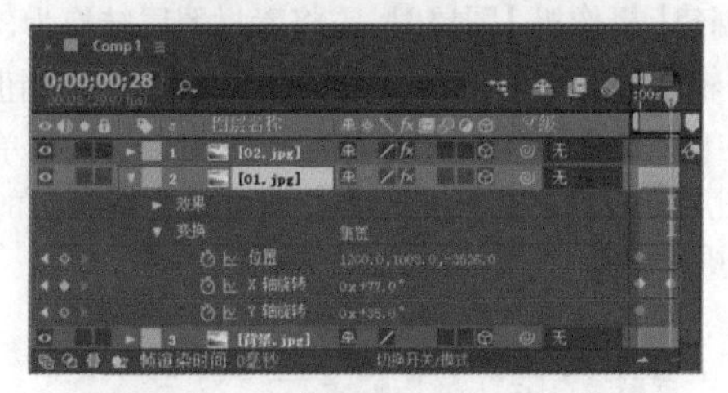

图 3-188

步骤 07 将时间轴拖曳到第1秒27帧，设置01.jpg的【位置】为(1116.0,851.0,-1641.0)、【X轴旋转】为(0x+84°)、【Y轴旋转】为(0x+15.8°)，如图3-189所示。

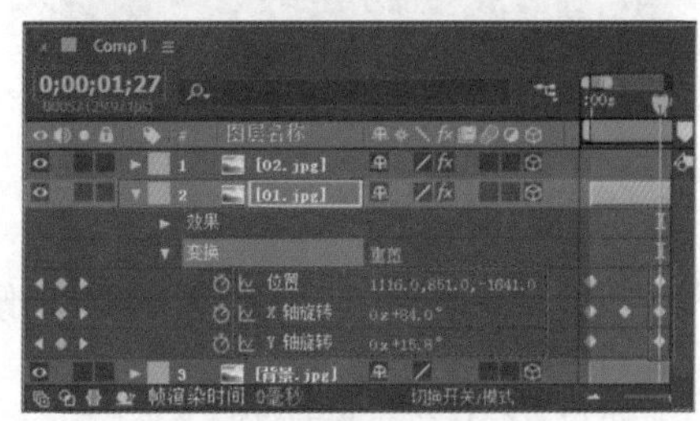

图 3-189

步骤 08 将时间轴拖曳到第3秒12帧，设置01.jpg的【位置】为(1063.0,608.0,-513.0)、【X轴旋转】为(0x+71.8°)、【Y轴旋转】为(0x+3.7°)，如图3-190所示。

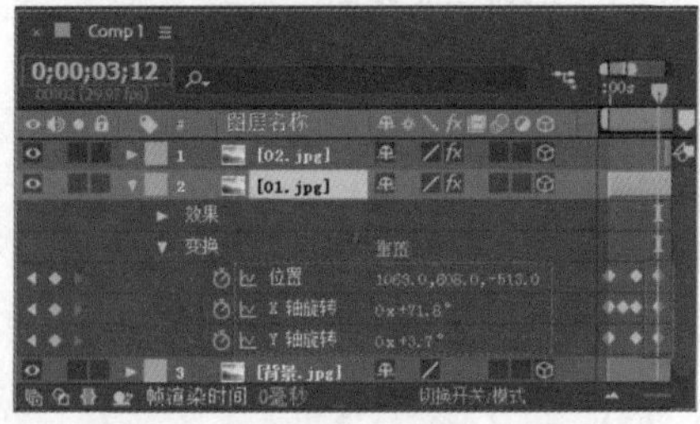

图 3-190

步骤 09 将时间轴拖动到第4秒，设置【01.jpg】的【位置】为(1044.0,608.0,0.0)、【X轴旋转】为(0x+0.0)、【Y轴旋转】为(0x+0.0)。单击【02.jpg】的【位置】前的(时间变化秒表)按钮，设置【位置】为(1386.0,1693.0,-642.0)，并设置【Z轴旋转】为(0x-64.0)，如图3-191所示。

步骤 10 将时间轴拖曳到第5秒25帧，设置02.jpg的【位置】为(1495.9,1014.2,0.0)，如图3-192所示。如果想设置02.jpg更丰富的动画效果，可以参考01.jpg的动画设置，为其设置【Z轴旋转】的动画。

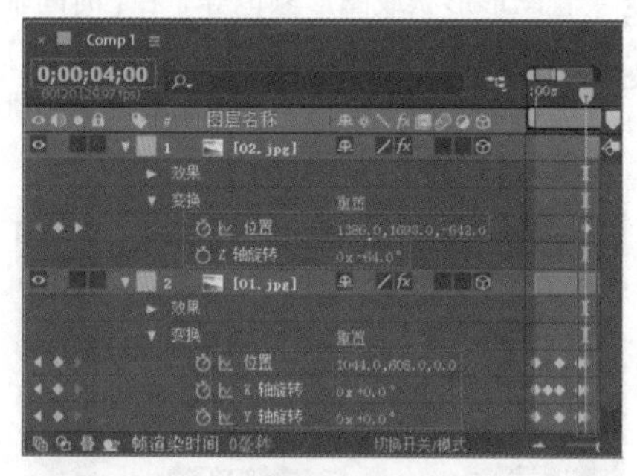

图 3-191

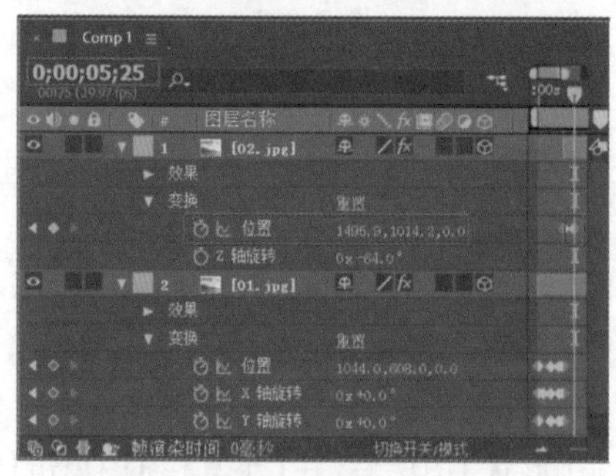

图 3-192

步骤 11 将时间轴拖曳到第10秒，设置【背景.jpg】的【缩放】为(200.0,200.0,200.0)，如图3-193所示。

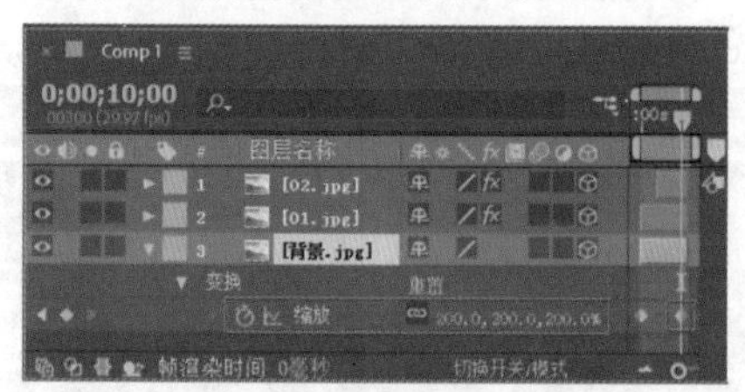

图 3-193

步骤 12 拖曳时间线查看此时动画效果，如图3-194所示。

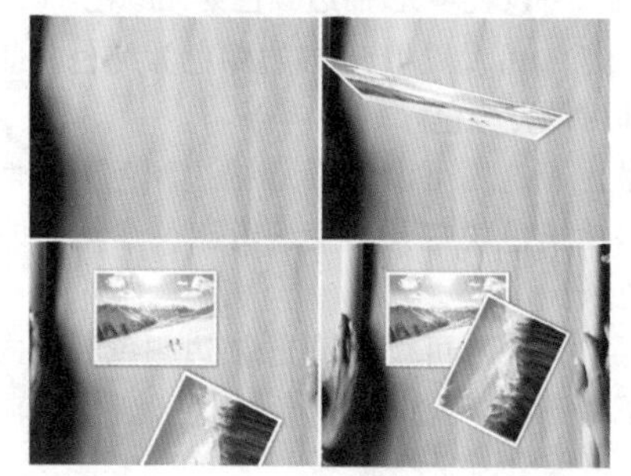

图 3-194

步骤 13 在【时间轴】面板中单击鼠标右键，执行【新建】/【摄像机】命令，如图3-195所示。

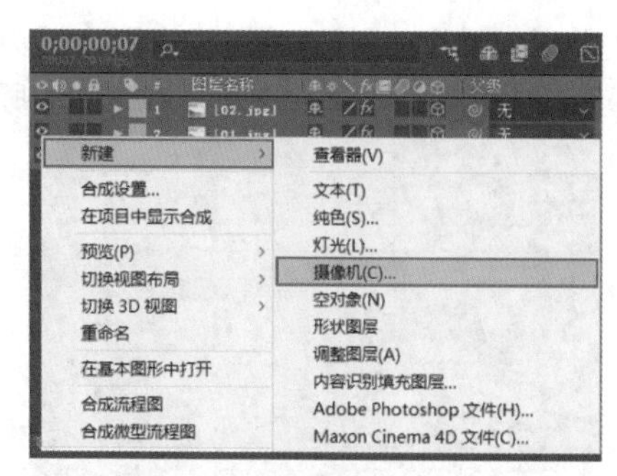

图 3-195

步骤 14 设置创建完成的摄像机图层参数，设置【摄像机】选项的【缩放】为1911.9，【焦距】为2795.1，【光圈】为35.4，将时间轴拖曳到第0帧，单击Camera 1的【位置】【方向】前的【时间变化秒表】按钮，设置【位置】为(1200.0,900.0,−2400.0)，【方向】为(0.0°,0.0°,340.0°)，如图3-196所示。

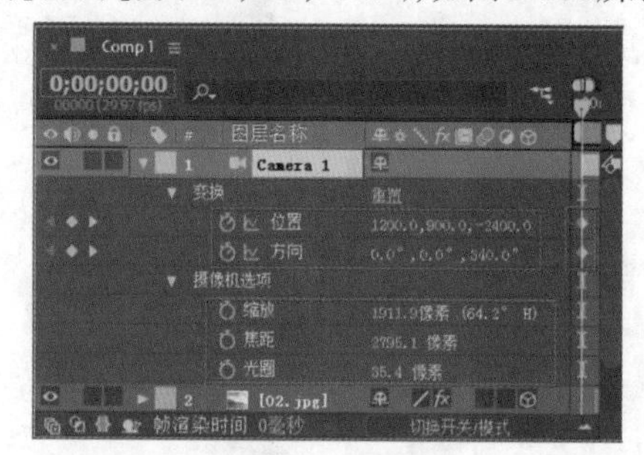

图 3-196

步骤 15 将时间轴拖曳到第2秒，设置【位置】为(1200.0,900.0,−2300.0)，【方向】为(0.0°,0.0°,0.0°)，如图3-197所示。

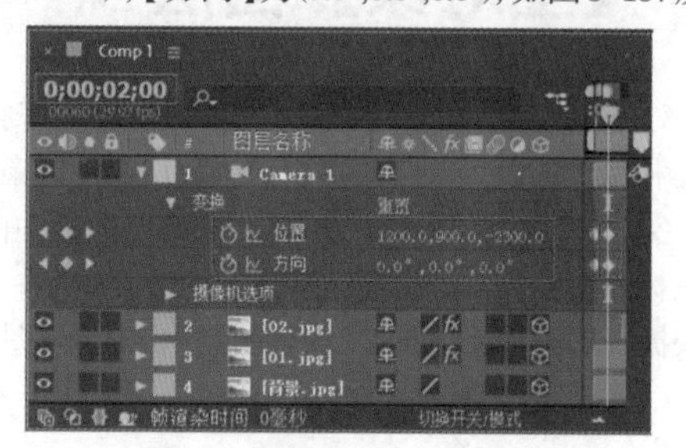

图 3-197

步骤 16 将时间轴拖曳到第6秒，设置【位置】为(1200.0,900.0,−2100.0)，【方向】为(0.0°,0.0°,12.0°)，如图3-198所示。

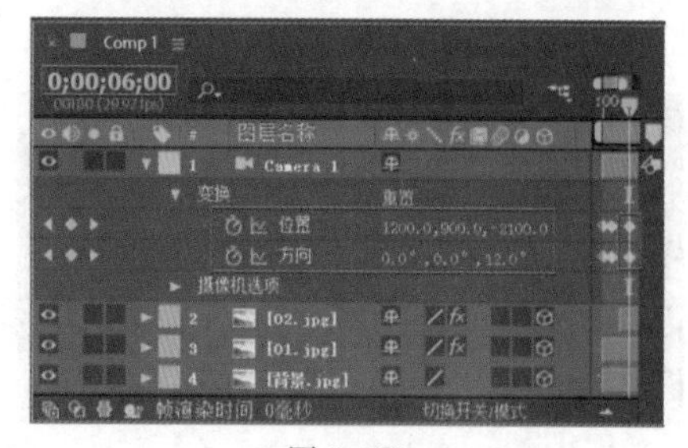

图 3-198

步骤 17 将时间轴拖曳到第10秒，设置【位置】为(1200.0,900.0,-2534.0)，【方向】为(0.0°,0.0°,0.0°)，如图3-199所示。

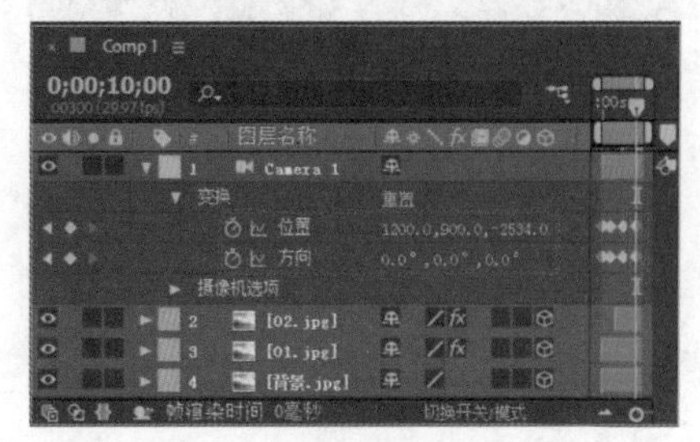

图 3-199

步骤 18 最终动画效果如图3-200所示。

图 3-200

3.9 【空对象】图层

【空对象】图层常用于建立摄像机的父级，用来控制摄像机的移动和位置的设置。在菜单栏中执行【图层】/【新建】/【空对象】命令，如图3-201所示；或在【时间轴】面板中的空白位置单击鼠标右键执行【新建】/【空对象】命令，如图3-202所示；或使用快捷键Ctrl+Alt+Shift+Y，均可创建【空对象】图层。

图 3-201

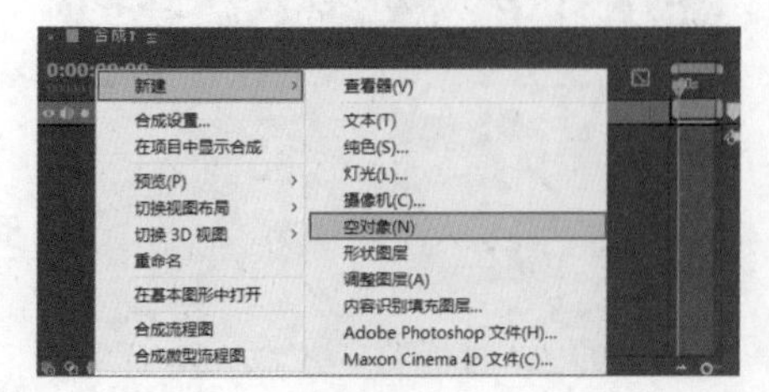

图 3-202

3.10 【形状】图层

扫一扫，看视频

使用【形状】图层可以自由绘制图形并设置图形形状或图形颜色等。在【时间轴】面板的空白位置单击鼠标右键，执行【新建】/【形状图层】命令，如图3-203所示。即可添加形状图层，此时【时间轴】面板如图3-204所示。

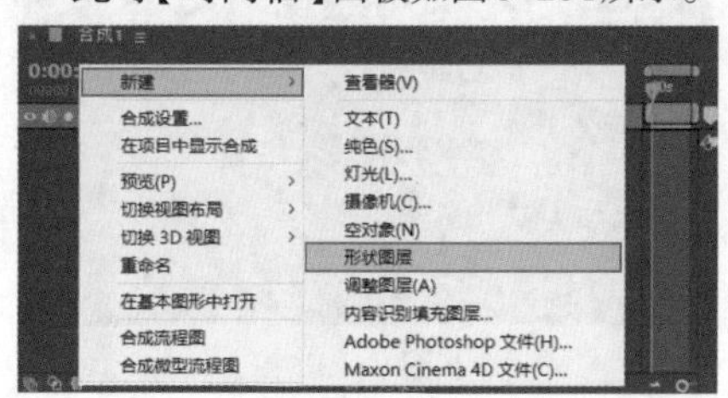

图 3-203

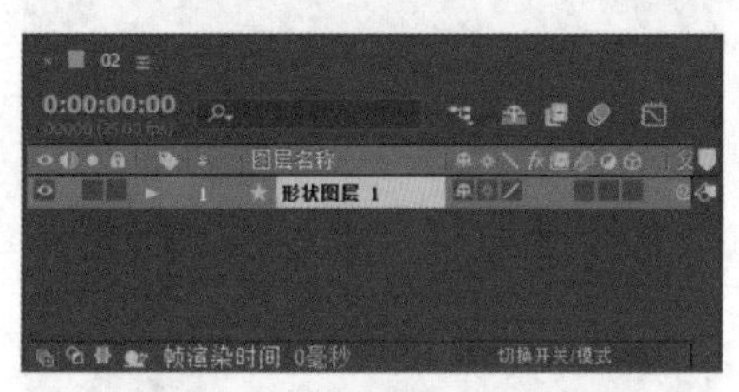

图 3-204

创建完【形状】图层后，在【工具栏】中单击【填充】或【描边】的文字位置，即可打开【填充选项】对话框和【描边选项】对话框，接下来可设置合适的【填充】属性和【描边】属性。单击【填充】和【描边】右侧对应的色块，即可设置填充颜色和描边颜色，如图3-205所示。

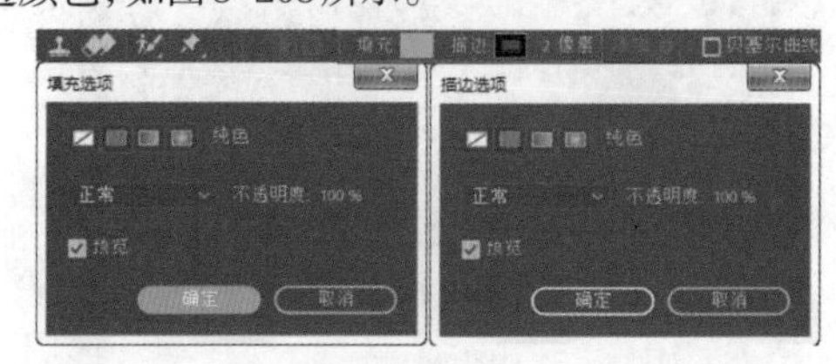

图 3-205

- 无：可设置填充/描边颜色为无颜色。
- 纯色：可设置填充/描边颜色为纯色。此时单击色块即可设置颜色。
- 线性渐变：可设置填充/描边颜色为线性渐变色。此时单击色块打开渐变编辑器，在其中即可编辑渐变色条。
- 径向渐变：可设置填充/描边颜色为由内向外散射的镜像渐变。此时单击色块打开渐变编辑器，在其中即可编辑渐变色条。
- 正常：该选项为混合模式。单击该选项即可在弹出的菜单中选择合适的混合模式，如图3-206和图3-207所示。

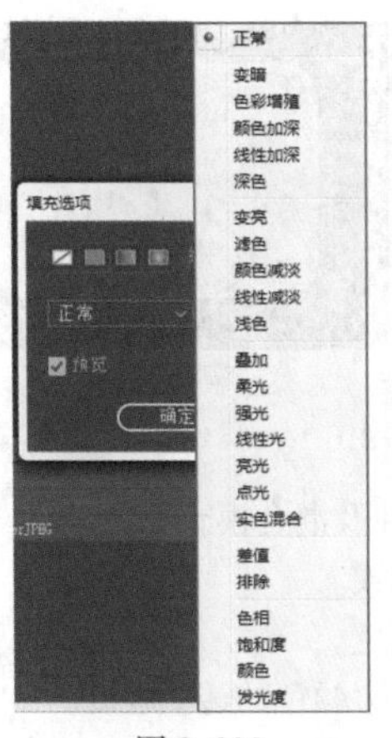

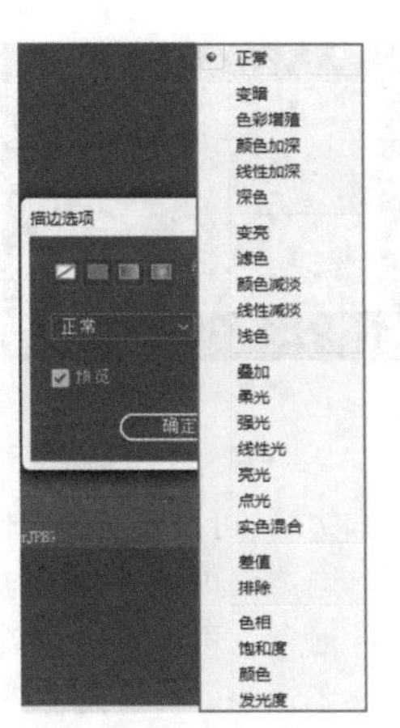

图 3-206　　图 3-207

- 不透明度：可设置填充/描边颜色的透明程度。
- 预览：当在【合成】面板中绘制图形完后，在【填充】/【描边】对话框中更改参数调整效果时，勾选此选项可预览此时的画面效果。

最后在画面中的合适位置处按住鼠标左键拖曳至合适大小，即可创建矢量图形，如图 3-208 所示。

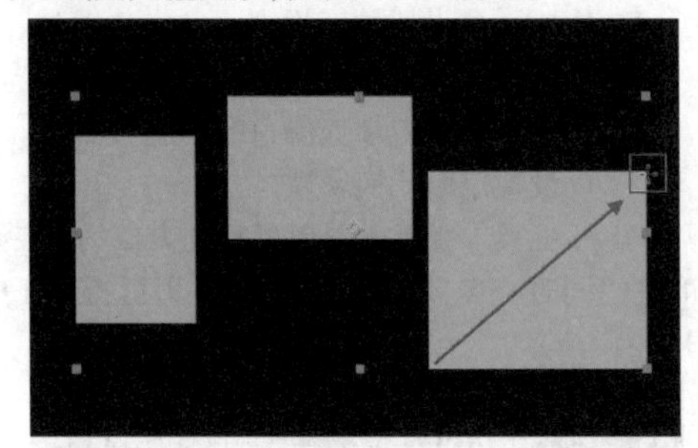

图 3-208

【重点】3.10.1　轻松动手学：创建形状图层的多种方法

文件路径：Chapter 03 创建不同类型的图层→轻松动手学：创建形状图层的多种方法

扫一扫，看视频

创建形状图层有以下 3 种方法。

方法 1：在菜单栏中执行【图层】/【新建】/【形状图层】命令，如图 3-209 所示。

图 3-209

方法 2：在【时间轴】面板中的空白位置处单击鼠标右键，执行【新建】/【形状图层】命令，如图 3-210 所示。

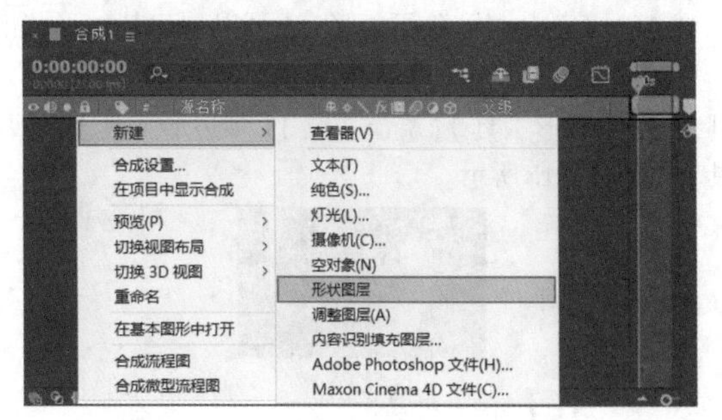

图 3-210

方法 3：在工具栏中单击选择【矩形工具】，或长按【矩形工具】选择【形状工具组】中的其他形状工具，然后在【合成】面板中的合适位置处按住鼠标左键并拖曳至合适大小，绘制完成后可在【时间轴】面板中看到刚绘制的形状图层，如图 3-211 所示。

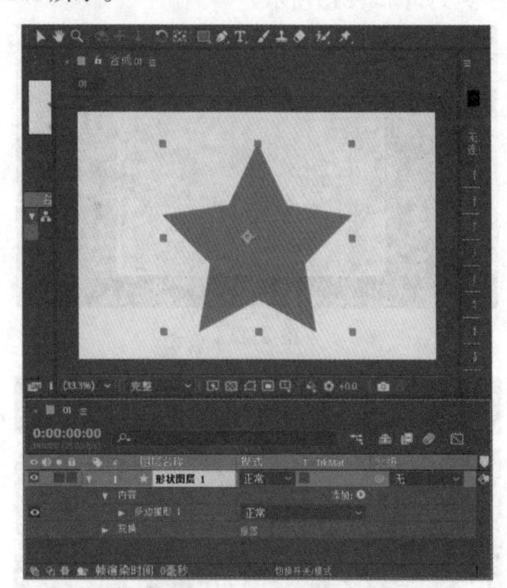

图 3-211

创建【形状】图层时，如果【时间轴】面板中还有其他图层，在进行绘制前则需要在【时间轴】面板中的空白位置处单击鼠标左键，取消选择其他图层，在【合成】面板中进行绘制即可，如图 3-212 所示。

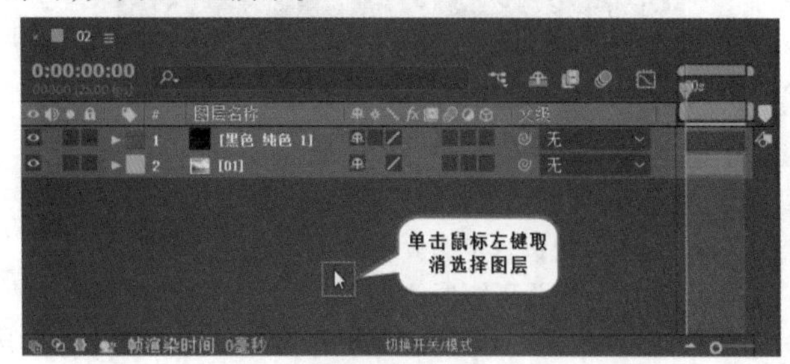

图 3-212

3.10.2 形状工具组

在After Effects中，除了矩形，还可以创建其他形状的图形。只需要在工具栏中长按【矩形工具】■，即可看到【矩形工具】【圆角矩形工具】【椭圆工具】【多边形工具】和【星形工具】，如图3-213所示。

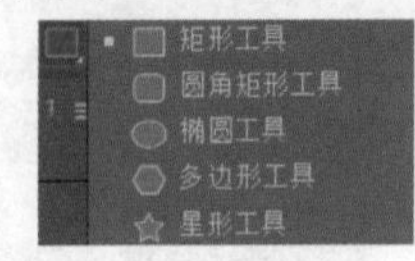

图 3-213

1. 矩形工具

使用【矩形工具】■可以绘制矩形形状。在工具栏中选择【矩形工具】，并设置合适的【填充】属性和【描边】属性。取消选择所有的图层，在【合成】面板中按住鼠标左键并拖曳至合适大小，得到的矩形形状如图3-214所示。此时【时间轴】面板中的参数如图3-215所示。

图 3-214

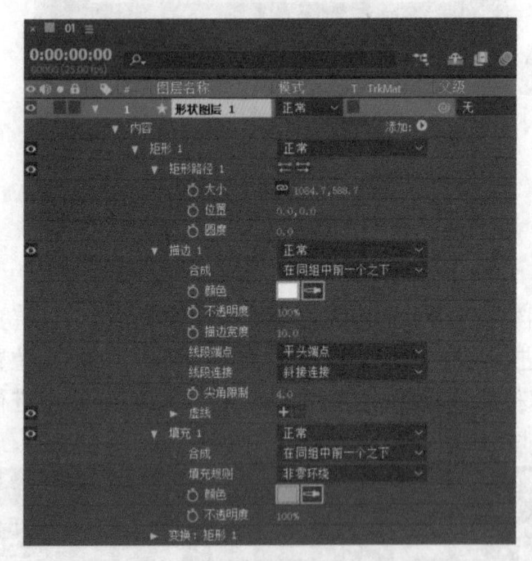

图 3-215

- 矩形路径1：可设置矩形路径形状。
  - 大小：可设置矩形大小。
  - 位置：可设置矩形位置。
  - 圆度：可设置矩形角的圆滑程度。【圆度】为0.0和100.0的对比效果如图3-216所示。

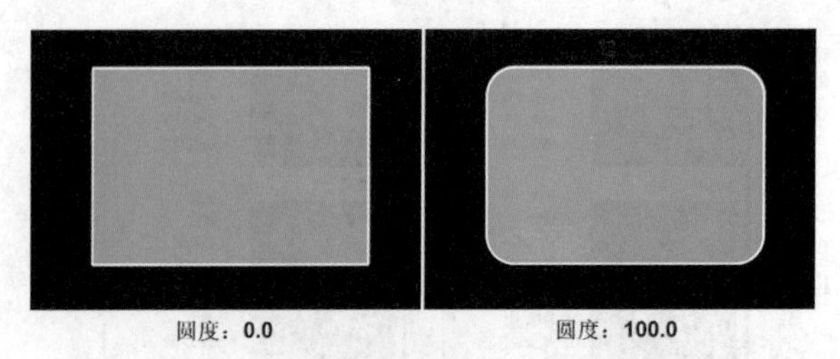

图 3-216

- 描边1：可设置描边属性及混合模式。
  - 合成：可设置合成方式。
  - 颜色：可设置描边颜色。
  - 不透明度：可设置描边颜色的透明程度。
  - 描边宽度：可设置描边宽度。
  - 线段端点：可设置线段端点的样式。
  - 线段连接：可设置线段的连接方式。
  - 尖角限制：可设置尖角限制。
  - 虚线：可将描边转换为虚线。
- 填充1：可设置填充属性及混合模式。
  - 合成：可设置合成方式。
  - 填充规则：可设置填充规则。
  - 颜色：可设置填充颜色。
  - 不透明度：可设置填充颜色的不透明度。
- 变换：可设置矩形变换属性。

使用【矩形工具】绘制正方形形状的方法为：在绘制时按住Shift键的同时拖曳鼠标至合适大小，即可得到正方形形状，如图3-217所示。

图 3-217

提示：编辑矩形形状。

绘制完成后，如想更改矩形形状，可在【时间轴】面板中选中需要更改的矩形图层，然后在工具栏中单击选择【选取工具】▶，再将鼠标定位在画面中矩形形状的一角处，按住鼠标左键并拖曳即可调整矩形形状。

2. 圆角矩形工具

使用【圆角矩形工具】■可以绘制具有圆角的矩形形状，具体的操作方法以及相关属性与【矩形工具】类似。在工具栏中单击选择【圆角矩形工具】,并设置合适的【填充】属性和【描边】属性。取消选择所有的图层,在【合成】面板中按住鼠标左键并拖曳至合适大小,得到的圆角矩形形状如图3-218所示。此时【时间轴】面板中的参数如图3-219所示。

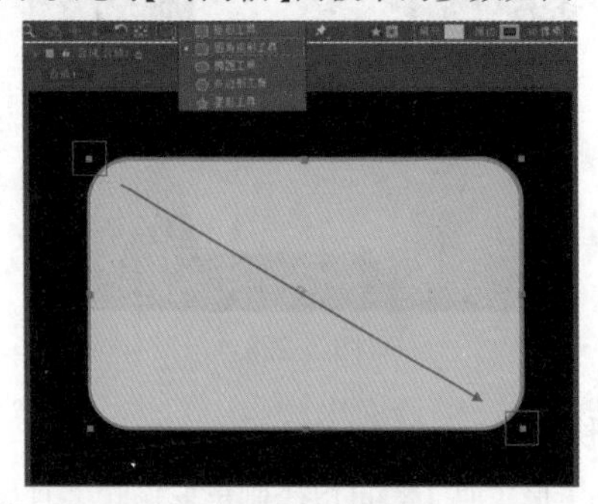

图 3-218

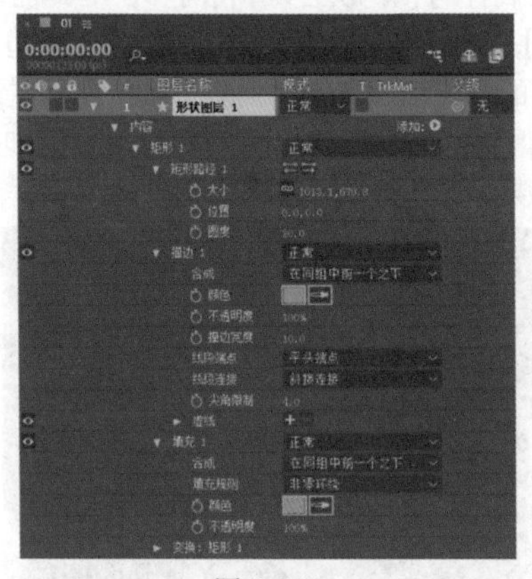

图 3-219

使用【圆角矩形】工具绘制正圆角矩形的方法为:在绘制时按住Shift键的同时拖曳鼠标至合适大小,即可得到正圆角矩形,如图3-220所示。

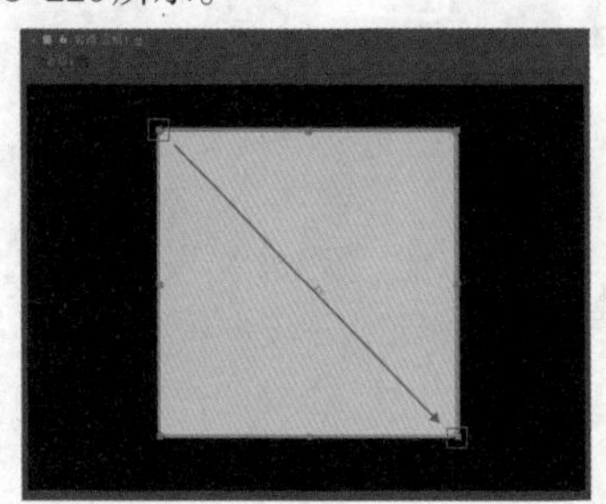

图 3-220

3. 椭圆工具

使用【椭圆工具】可以绘制椭圆、正圆形状。具体的操作方法以及相关属性与【矩形工具】类似。在工具栏中单击选择【圆角矩形工具】,并设置合适的【填充】属性和【描边】属性。取消选择所有的图层,在【合成】面板中按住鼠标左键并拖曳至合适大小,即可得到椭圆形状如图3-221所示。此时【时间轴】面板中的参数如图3-222所示。

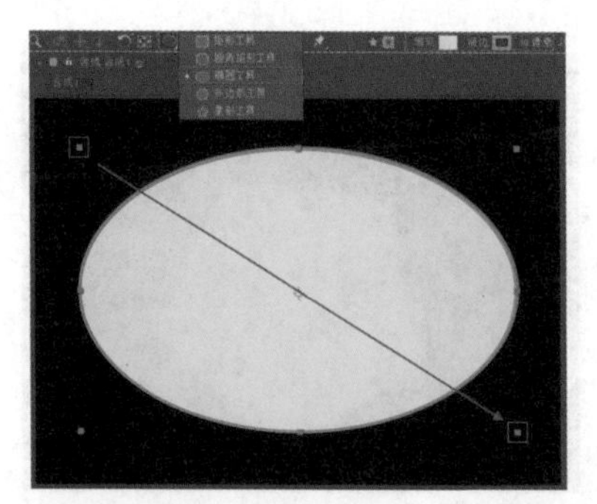

图 3-221

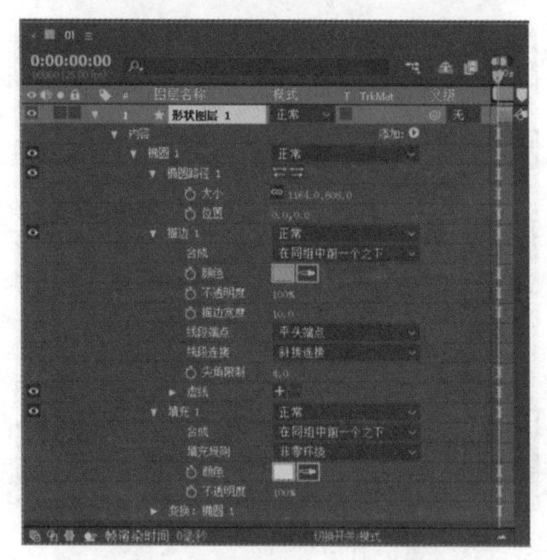

图 3-222

使用【椭圆工具】绘制正圆形状的方法为:在绘制时按住Shift键的同时拖曳鼠标至合适大小,即可得到正圆形状,如图3-223所示。

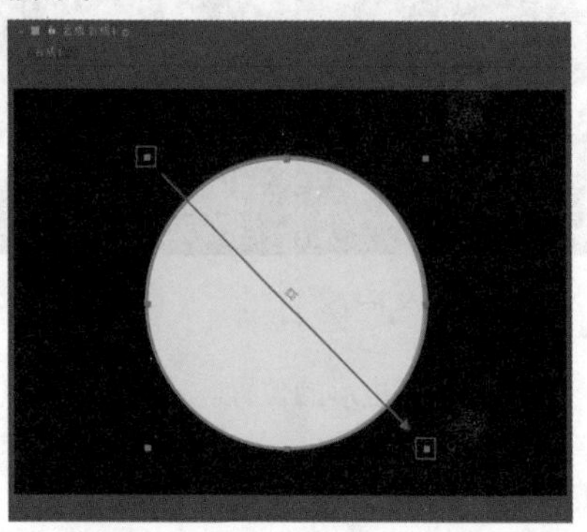

图 3-223

4. 多边形工具

使用【多边形工具】可以绘制多边形形状。具体的操作方法以及相关属性与【矩形工具】相同。在工具栏中单击选择【多边形工具】,设置合适的【填充】属性和【描边】属性。取消选择所有的图层,在【合成】面板中按住鼠标左键并拖曳至合适大小,得到的矩形形状如图3-224所示。此时【时间轴】面板中的参数如图3-225所示。

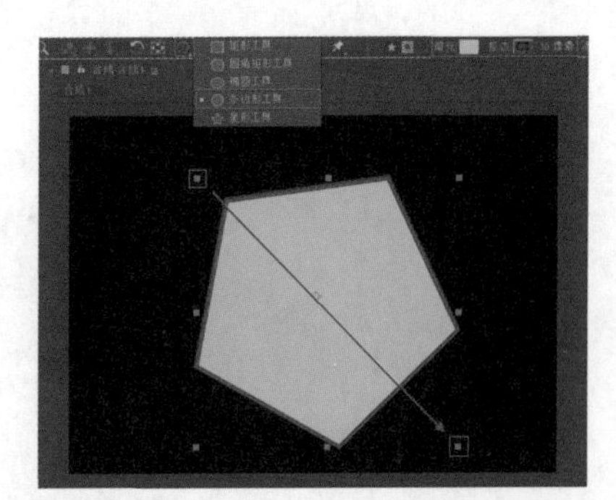

图 3-224

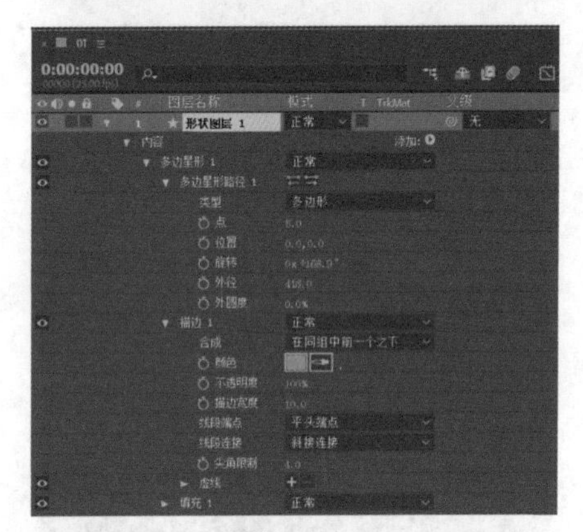

图 3-225

- 类型：可设置形状类型。
- 点：可设置顶点数。设置【点】为5和10的对比效果如图3-226所示。

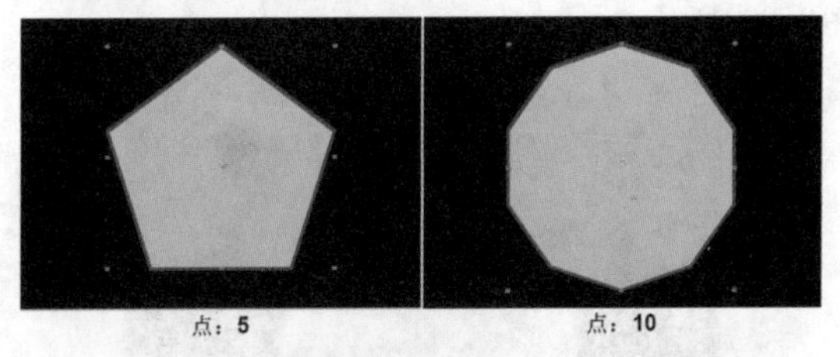

图 3-226

- 位置：可设置多边形的位置。
- 旋转：可设置旋转角度。
- 外径：可设置多边形的半径。
- 外圆度：可设置多边形外圆角度。设置【外圆度】为-50和50的对比效果如图3-227所示。

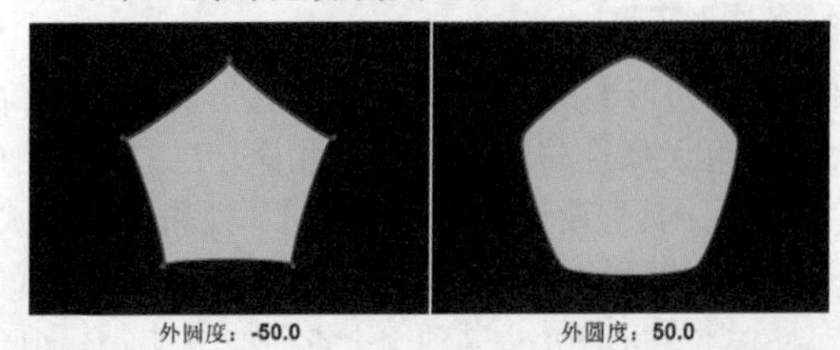

图 3-227

使用【多边形工具】绘制正多边形的方法为：在绘制时按住Shift键的同时拖曳鼠标至合适大小，即可得到正多边形，如图3-228所示。

图 3-228

5. 星形工具

使用【星形工具】可以绘制星形形状。具体的操作方法以及相关属性与【矩形工具】相同。在工具栏中单击选择【星形工具】，并设置合适的【填充】属性和【描边】属性。取消选择所有的图层，在【合成】面板中按住鼠标左键并拖曳至合适大小，得到的星形形状如图3-229所示。此时【时间轴】面板中的参数如图3-230所示。

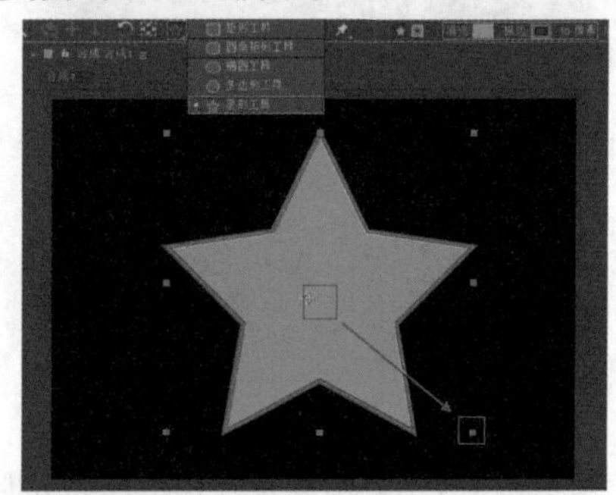

图 3-229

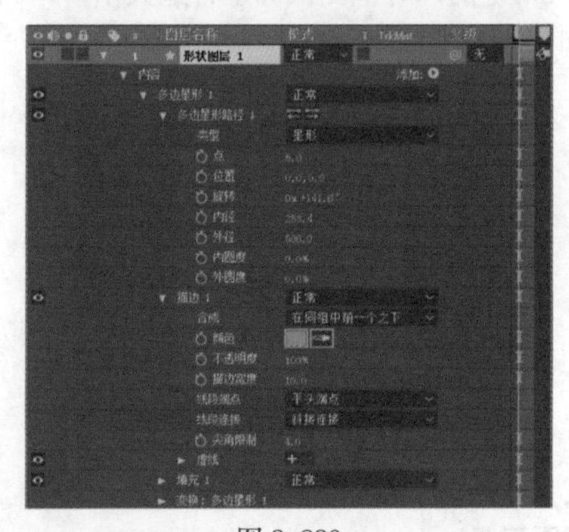

图 3-230

- 类型：可设置形状类型。
- 点：可设置星形点数。
- 位置：可设置形状位置。
- 旋转：可设置旋转角度。
- 内径：可设置内径大小。设置【内径】为50.0和100.0的对比效果如图3-231所示。

内径：50.0　　内径：100.0

图 3-231

- 外径：可设置外径大小。
- 内圆度：可设置内圆度的圆滑程度。设置【外圆度】为200和600的对比效果如图3-232所示。

内圆度：200　　内圆度：600

图 3-232

- 外圆度：可设置外圆度的圆滑程度。

重点 3.10.3 钢笔工具

1. 使用钢笔工具绘制转折的图形

除形状工具组外，还可以使用钢笔工具绘制形状图层。取消选择所有图层，在工具栏中单击选择【钢笔工具】，然后在【合成】面板中进行图形的绘制。此时在【时间轴】面板中可以看到形状图层已创建完成，如图 3-233 所示。此时【时间轴】面板中的参数如图 3-234 所示。

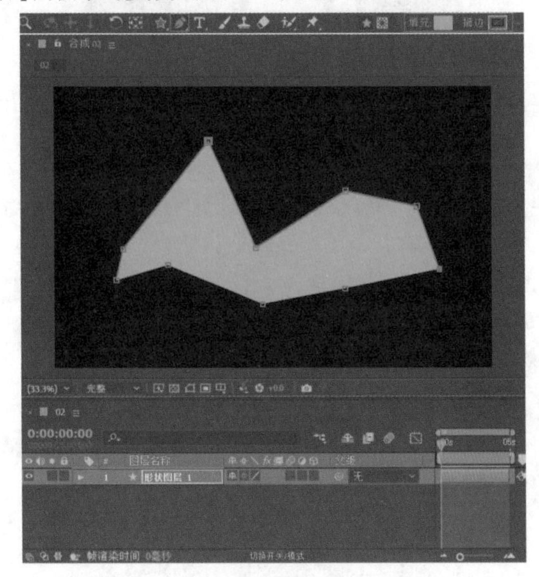

图 3-233

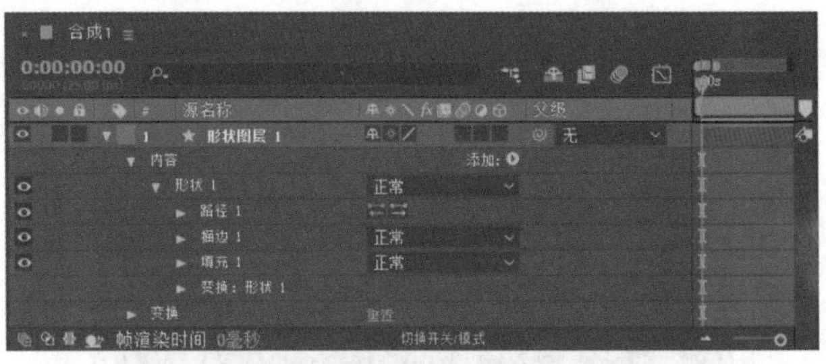

图 3-234

- 路径1：可设置钢笔路径。
- 描边1：可设置描边颜色等属性。
- 填充1：可设置填充颜色等属性。
- 变换：可设置变换属性。

2. 使用钢笔工具绘制圆滑的图形

在工具栏中单击选择【钢笔工具】，设置合适的【填充】和【描边】属性。设置完成后在【合成】面板中单击鼠标左键定位顶点位置，再将光标定位在合适位置处，按住鼠标左键并拖曳，即可调整出圆滑的角度，如图 3-235 所示。用同样的方法继续定位其他顶点，待首尾相连时形状绘制完成，如图 3-236 所示。

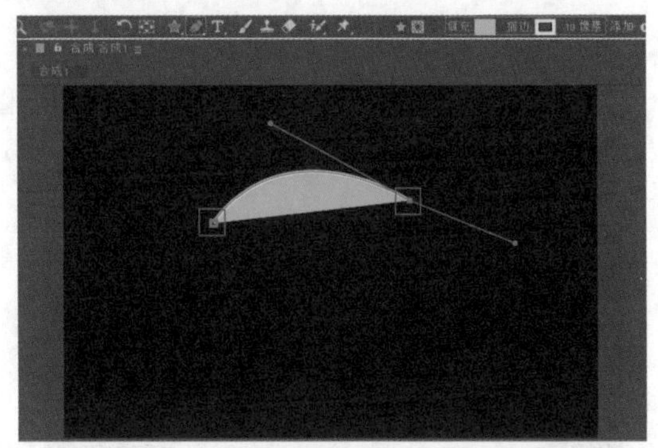

图 3-235

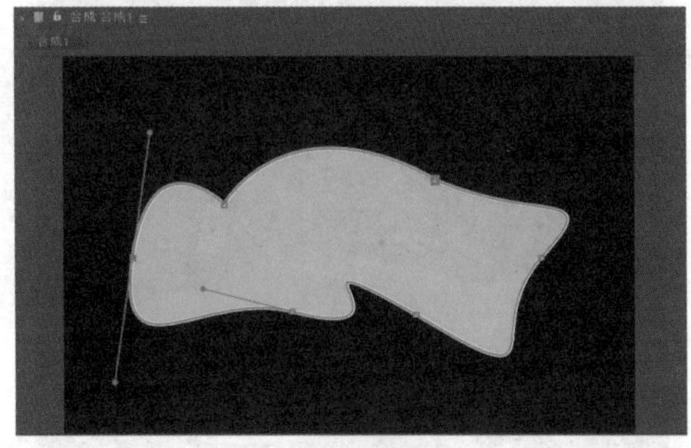

图 3-236

3. 使用【钢笔工具】编辑形状

- 调整形状：如果需要调整形状，可将光标直接定位在控制点处，待光标变为黑色箭头时，按住鼠标左键并拖曳即可调整图形形状，如图3-237和图3-238所示。

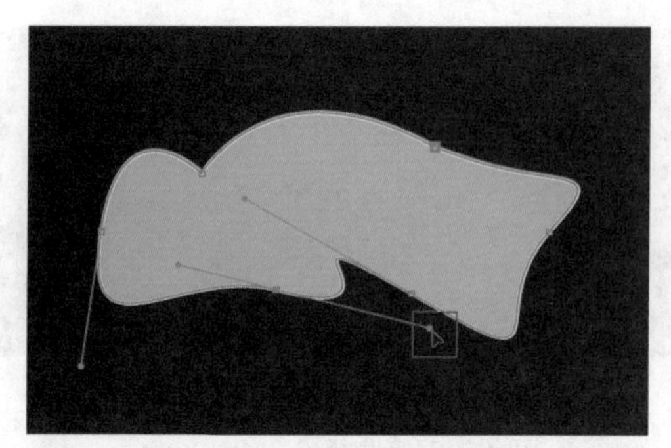

图 3-237

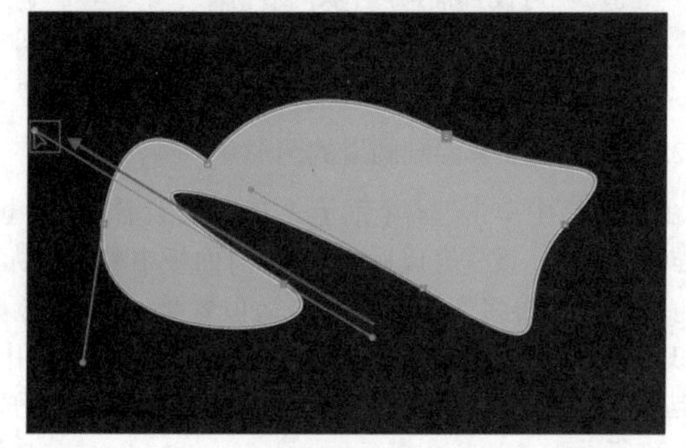

图 3-238

- 添加顶点：绘制完成后，在选中工具栏中的钢笔工具的状态下，将光标移动到图形上，待出现图标时单击鼠标左键即可添加一个顶点，如图3-239和图3-240所示。

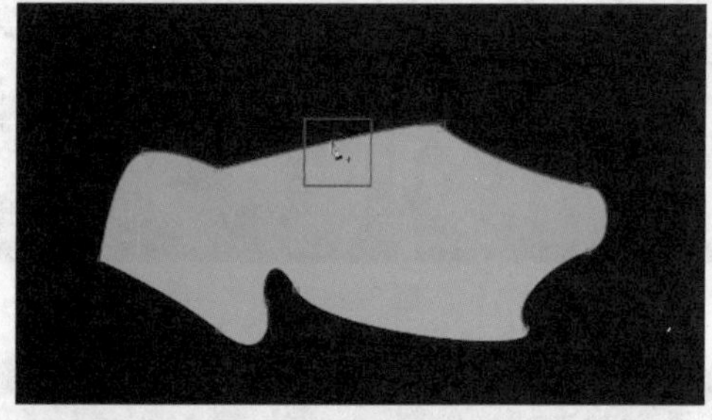

图 3-239

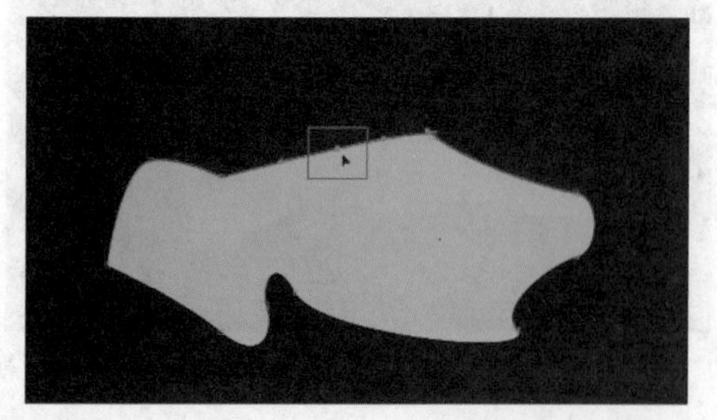

图 3-240

- 删除顶点：将光标移动到顶点的位置，按Ctrl键，待出现图标时单击鼠标左键即可删除该顶点，图3-241和图3-242所示为删除顶点的前后对比效果。

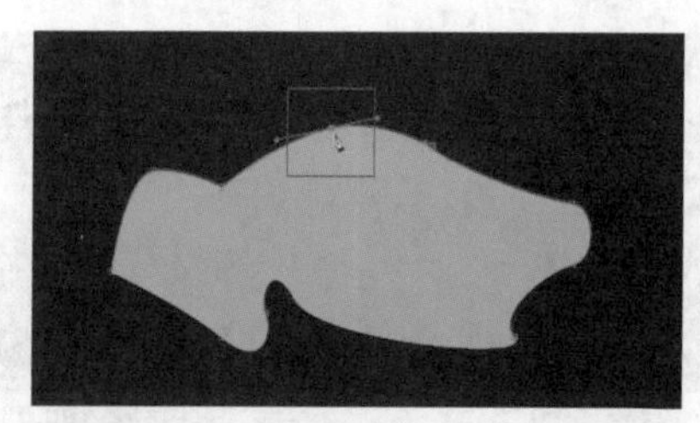

图 3-241

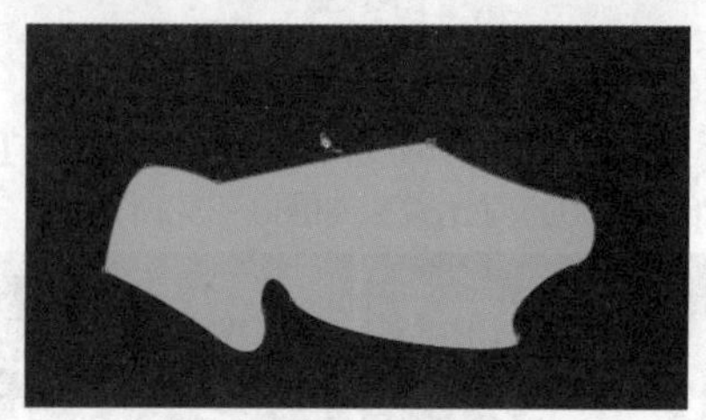

图 3-242

- 顶点变圆滑：将光标移动到转折的点的位置，按Alt键，待出现图标时单击鼠标左键并进行拖曳，即可将转折的点变为圆滑的点，如图3-243和图3-244所示。

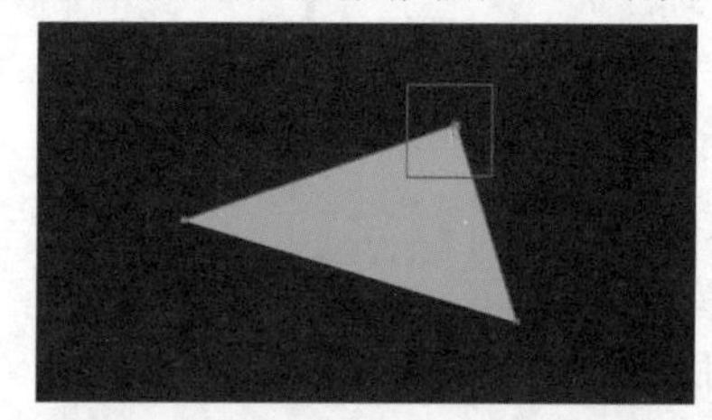

图 3-243

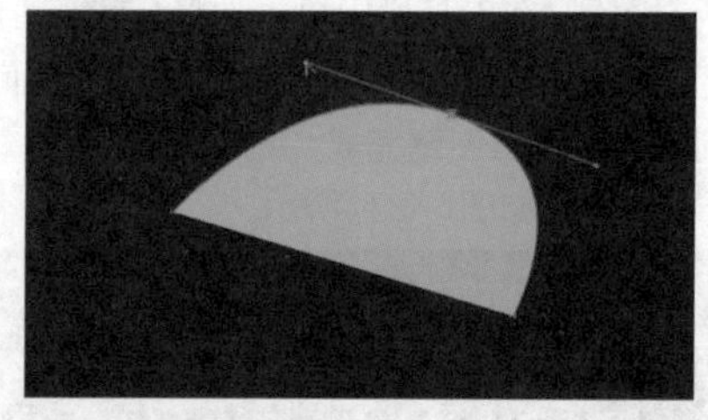

图 3-244

提示：使用钢笔绘制图形的方法还有哪些？

除了上述方法外，还可单击工具栏中的钢笔工具，通过添加"顶点"工具、删除"顶点"工具、转换"顶点"工具、蒙版羽化工具进行绘图操作，如图3-245所示。

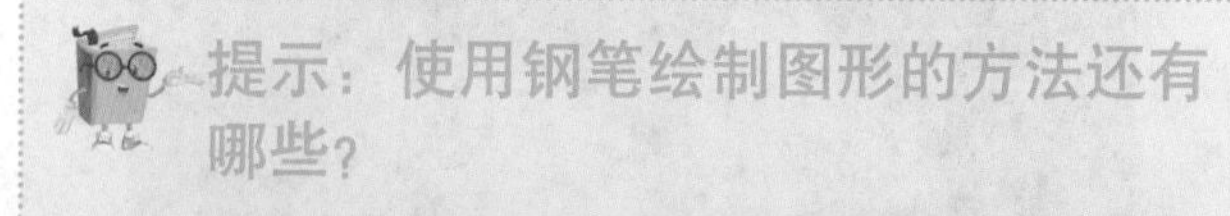

图 3-245

4. 使用选取工具编辑形状

绘制完成后，在选中工具栏中的选取工具▶的状态下，双击【合成】面板中的图形，此时即可放大或缩小形状。再次双击图形，即可完成编辑，如图3-246～图3-248所示。

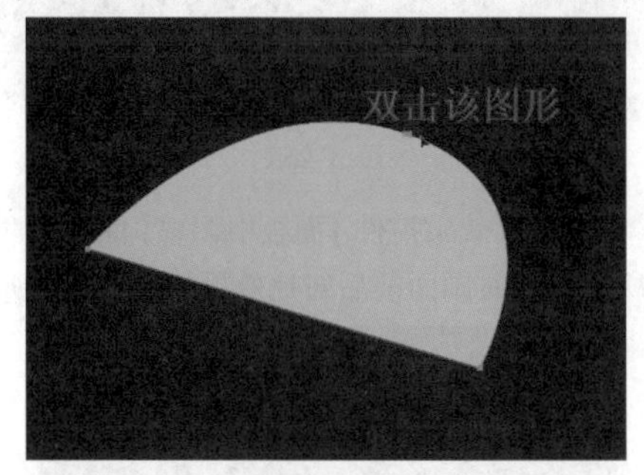

图3-246

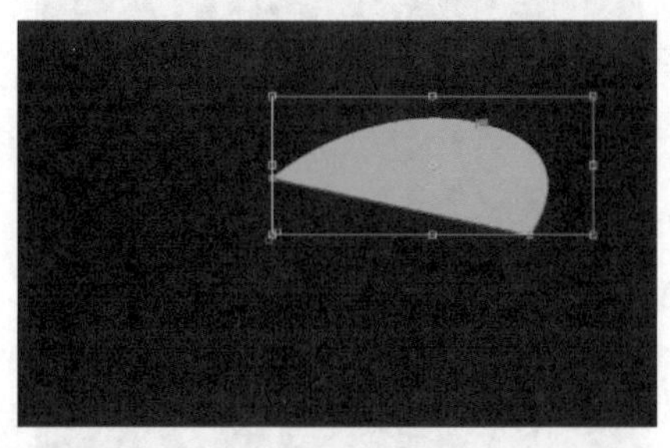

图3-247

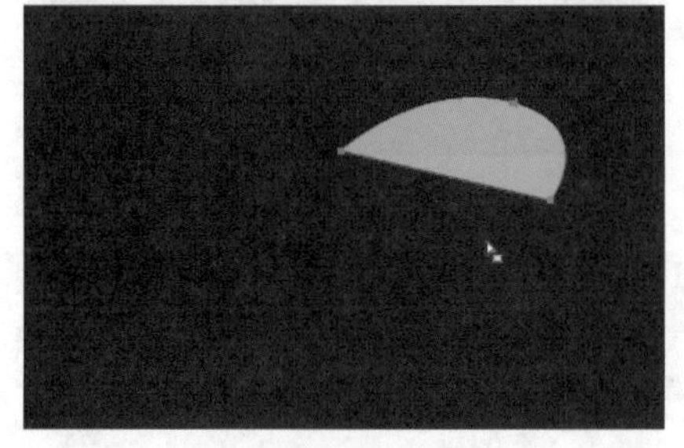

图3-248

3.11 调整图层

创建完调整图层后，在【合成】面板中不会看到任何效果变化。这是因为调整图层的主要目的是通过为调整图层添加效果，使其下方的所有图层共同享有添加的效果。因此我们常使用调整图层来调整整体作品的色彩效果。

扫一扫，看视频

重点 轻松动手学：使用调整图层调节颜色

文件路径：Chapter 03 创建不同类型的图层→轻松动手学：使用调整图层调节颜色

操作步骤：

步骤 01 导入图片素材01.jpg、02.jpg、03.jpg、04.jpg到【时间轴】面板中，如图3-249所示。

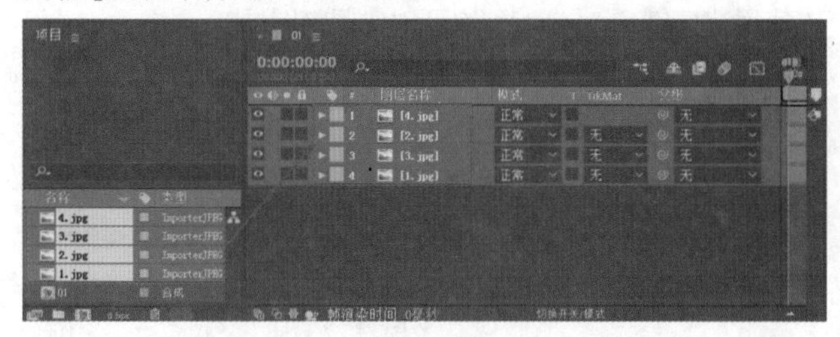

图3-249

步骤 02 设置四个素材的【位置】和【缩放】参数，使其产生四张图拼接的效果，如图3-250所示。

图3-250

步骤 03 此时的合成效果如图3-251所示。

图3-251

步骤 04 在菜单栏中执行【图层】/【新建】/【调整图层】命令，如图3-252所示。或在【时间轴】面板中的空白位置处单击鼠标右键，执行【新建】/【调整图层】命令，如图3-253所示；或使用快捷键Ctrl+Alt+Y，均可创建调整图层。

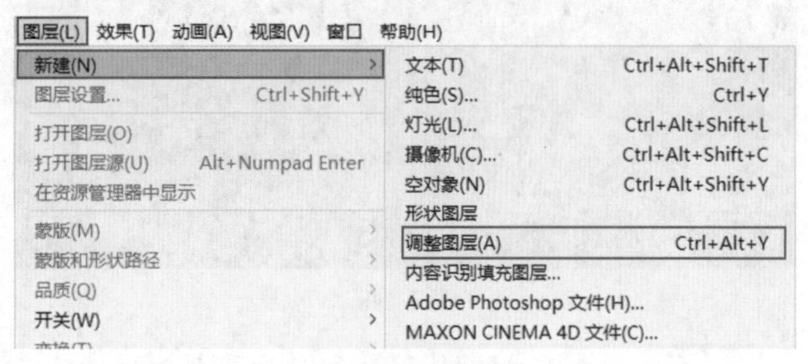

图 3-252

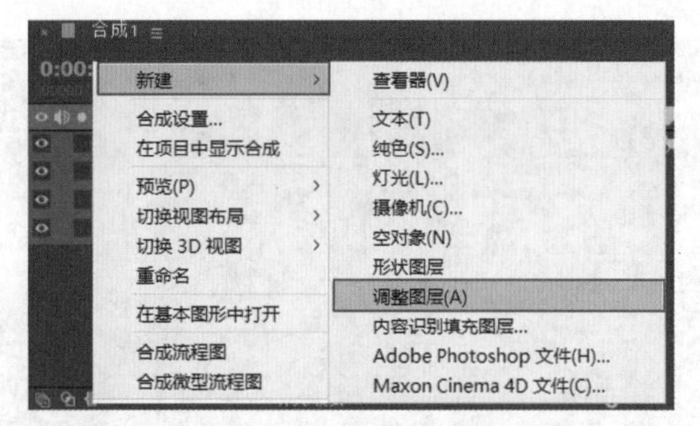

图 3-253

步骤 05 此时在【时间轴】面板中可以看到被创建的调整图层，如图3-254所示。

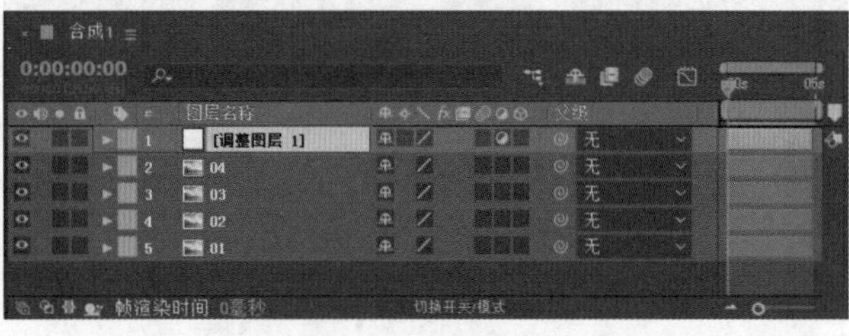

图 3-254

步骤 06 为调整图层添加合适效果，调整画面整体。此处以添加【曲线】效果作为案例。首先在【效果和预设】面板中搜索【曲线】效果，并将其拖曳至调整图层上，如图3-255所示。

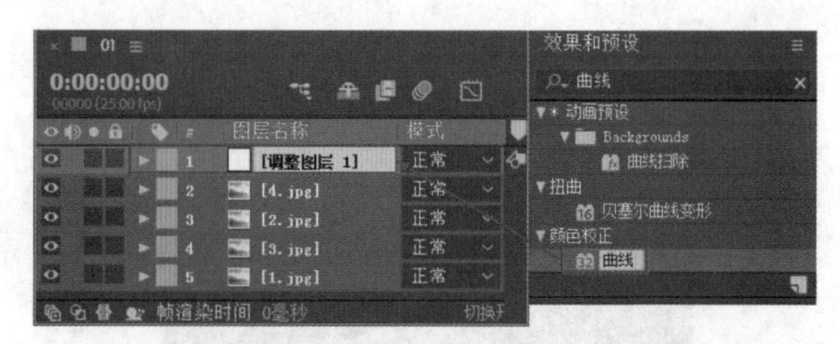

图 3-255

步骤 07 接着在【效果控件】面板中调整【曲线】的形状，如图3-256所示。此时画面前后对比效果如图3-257所示。

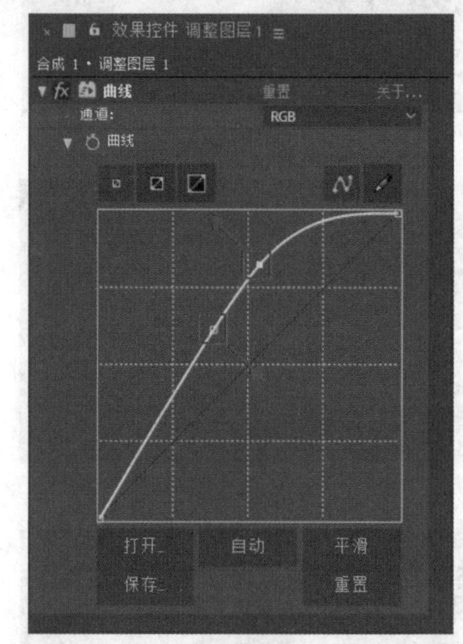

图 3-256

图 3-257

Chapter 4

第4章

扫一扫，看视频

蒙版工具

本章内容简介：

“蒙版”原本是摄影术语，是指用于控制照片的不同区域曝光的传统暗房技术。在After Effects中蒙版的功能主要在于画面的修饰与图像的合成。我们可以使用蒙版实现对部分元素的“隐藏”工作，从而只显示蒙版以内的图形画面，这是在创意合成中非常重要的一个步骤。本章主要讲解蒙版的绘制方式、调整方法，以及蒙版的使用效果等内容。

重点知识掌握：

- 了解蒙版的概念
- 创建不同的蒙版类型
- 蒙版的编辑方法

优秀作品欣赏

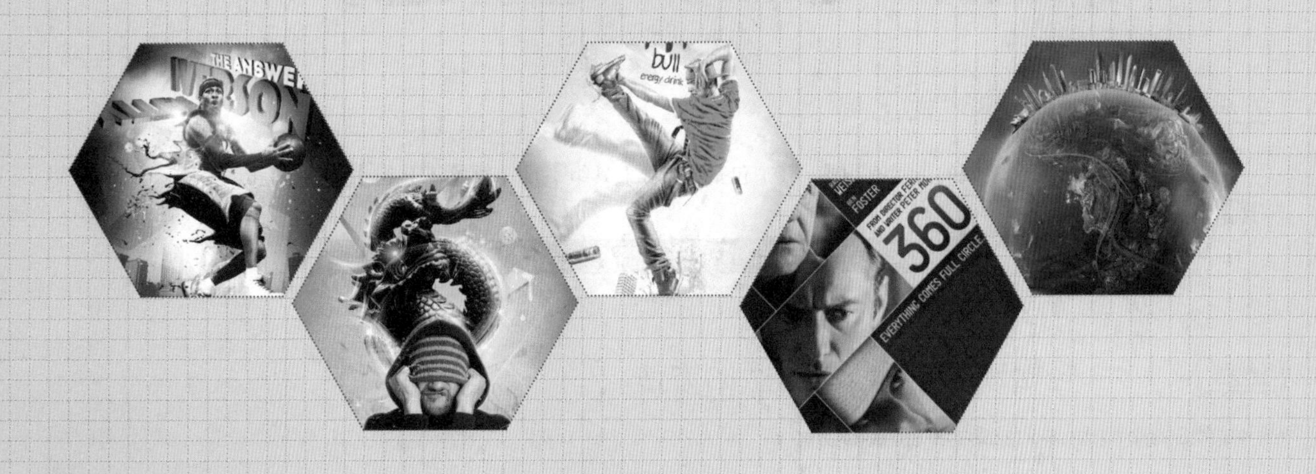

4.1 认识蒙版

为了得到特殊的视觉效果，可以使用绘制蒙版的工具在原始图层上绘制一个形状的“视觉窗口”，进而使画面只显示需要显示的区域，而其他区域将被隐藏。由此可见，蒙版在后期制作中是一个很重要的操作工具，可用于合成图像或制作其他特殊效果等，图4-1所示为使用蒙版合成的图像效果。

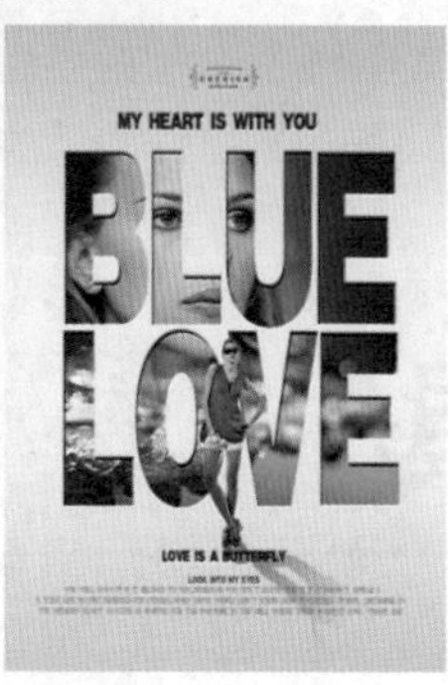

图4-1

重点 4.1.1 蒙版的原理

蒙版即遮罩，可以通过绘制的蒙版使素材只显示区域内的部分，而区域外的素材则被蒙版覆盖而不显示。用户也可以绘制多个蒙版来达到更多元化的视觉效果。为作品设置蒙版的效果如图4-2所示。

图4-2

重点 4.1.2 常用的蒙版工具

在After Effects中，绘制蒙版的工具有很多，其中包括【形状工具组】、【钢笔工具组】、【画笔工具】及【橡皮擦工具】，如图4-3所示。

图4-3

重点 4.1.3 轻松动手学：创建蒙版的方法

文件路径：Chapter 04 蒙版工具→轻松动手学：创建蒙版的方法

扫一扫，看视频

操作步骤：

步骤 01 打开After Effects，在项目面板中单击鼠标右键执行【新建合成】命令，导入素材或创建一个纯色图层。在这里我们导入一个素材，执行【文件】/【导入】/【文件】命令，在弹出的【导入文件】对话框中选择所需要的素材，单击【导入】按钮导入素材1.jpg。此时【时间轴】面板参数如图4-4所示。

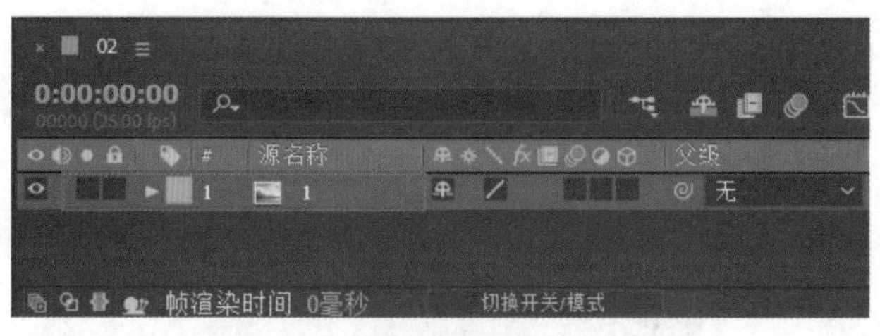

图 4-4

步骤 02 在【时间轴】面板中单击选中素材1.jpg，然后在工具栏中单击选择【矩形工具】，在【合成】面板中图像的合适位置处按住鼠标左键并拖曳至合适大小。此时矩形框内的图像为显示内容，而其他区域则被隐藏，如图4-5所示。

图 4-5

重点 4.1.4 蒙版与形状图层的区别

1. 创建蒙版

要创建蒙版，首先需要选中图层，然后选择蒙版工具进行绘制。

步骤 01 新建一个纯色图层，并单击选中该图层，如图4-6所示。

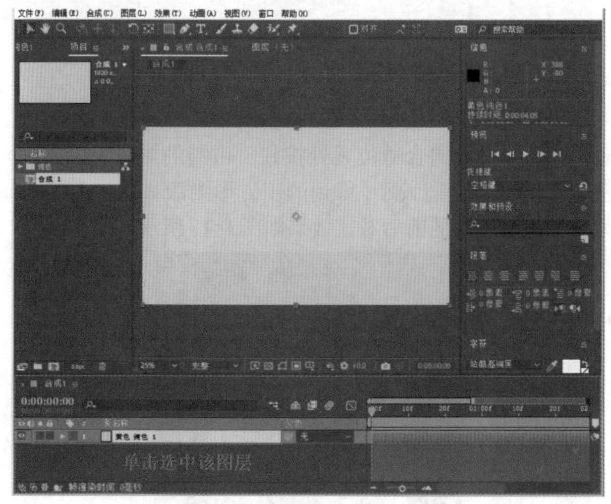

图 4-6

步骤 02 在工具栏中按下【矩形工具】，选择多边形工具，如图4-7所示。

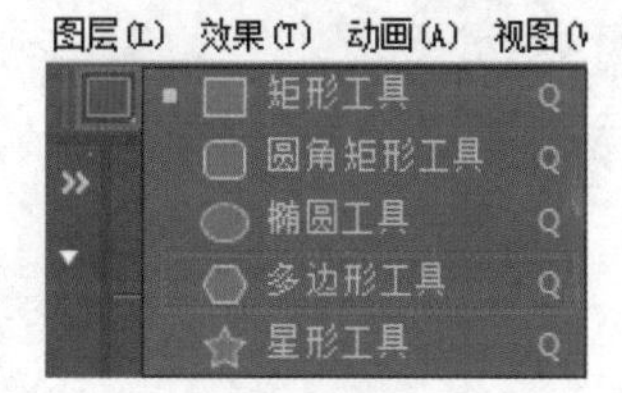

图 4-7

步骤 03 此时出现了蒙版的效果，图形以外的部分不显示，只显示图形以内的部分，如图4-8所示。

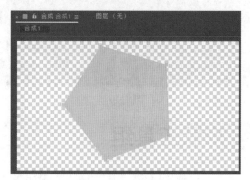

图 4-8

2. 创建形状图层

要创建形状图层，首先要求不选中图层，而是使用工具进行图形绘制，绘制出的就是一个单独的图形。

步骤 01 新建一个纯色图层，不要选中该图层，如图4-9所示。

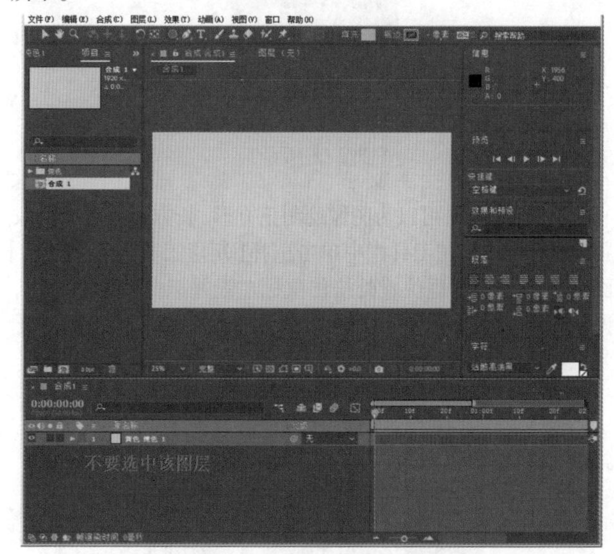

图 4-9

步骤 02 在工具栏中按下【矩形工具】，选择多边形工具，并设置颜色。此时拖曳鼠标进行绘制即可新建一个独立的形状图层，如图4-10所示。

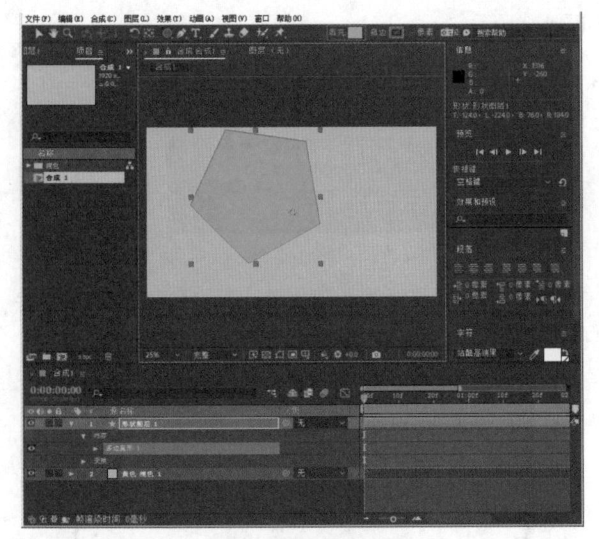

图 4-10

4.2 形状工具组

扫一扫，看视频

使用【形状工具组】可以绘制出多种规则或不规则的几何形状蒙版。其中包括【矩形工具】、【圆角矩形工具】、【椭圆工具】、【多边形工具】和【星形工具】，如图 4-11 所示。

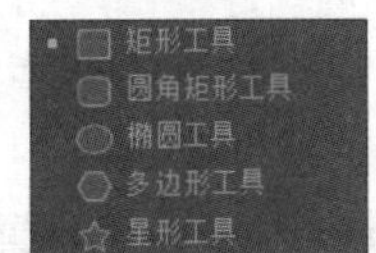

图 4-11

重点 4.2.1 矩形工具

【矩形工具】可以为图像绘制正方形、长方形等形状的蒙版。选中素材，在工具栏中单击选择【矩形工具】，在【合成】面板中图像的合适位置处按住鼠标左键并拖曳至合适大小，得到矩形蒙版如图 4-12 所示。为图像绘制蒙版的前后对比效果如图 4-13 所示。

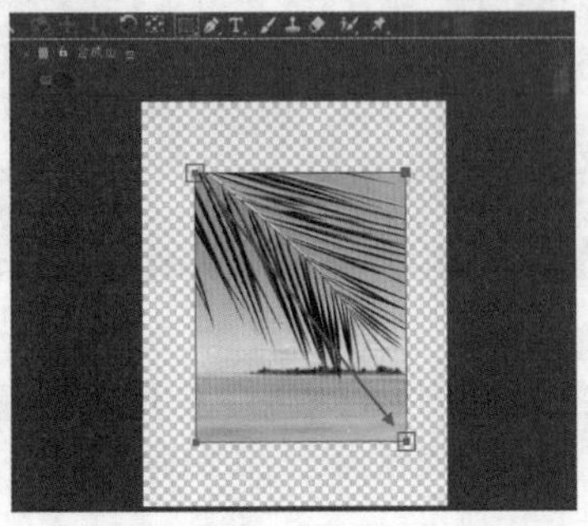

图 4-12

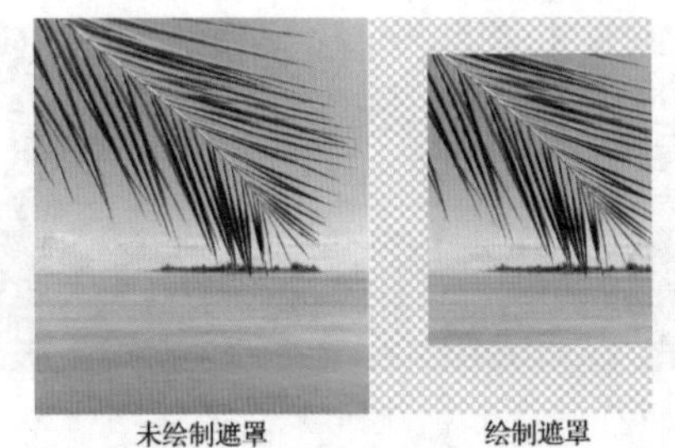

图 4-13

提示：如何移动形状蒙版的位置？

将形状蒙版进行移动的方法有两种：

(1) 形状蒙版绘制完成后，在【时间轴】面板中选择相对应的图层，在工具栏中选择【选取工具】，接着将光标移动到【合成】面板中的形状蒙版上方，当光标变为黑色箭头时，按住鼠标左键即可移动形状蒙版，如图 4-14 所示。

(2) 形状蒙版绘制完成后，选择【时间轴】面板中相对应的素材文件，然后按住 Ctrl 键的同时将光标移动到【合成】面板中的形状蒙版上方，当光标变为黑色箭头时，按住鼠标左键即可移动形状蒙版，如图 4-15 所示。

图 4-14　　图 4-15

1. 绘制正方形形状蒙版

选中素材，在工具栏中单击选择【矩形工具】，然后在【合成】面板中图像的合适位置处按住 Shift 键的同时，按住鼠标左键并拖曳至合适大小，得到的正方形蒙版如图 4-16 所示。为图像绘制蒙版的前后对比效果如图 4-17 所示。

图 4-16

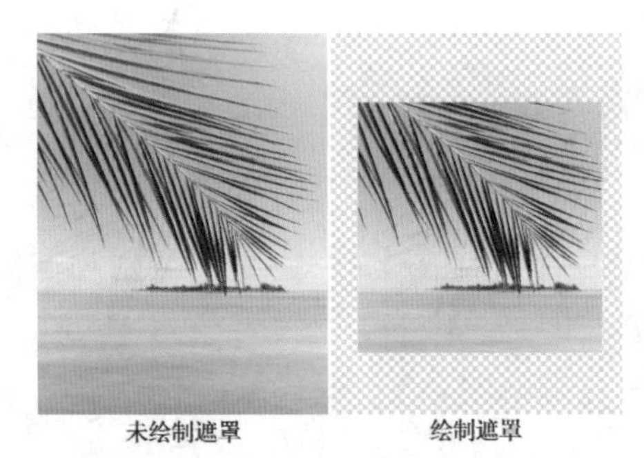

图 4-17

2. 绘制多个蒙版

选中素材，继续使用【矩形工具】，然后在【合成】面板中图像的合适位置处按住鼠标左键并拖曳至合适大小，得到另一个蒙版如图 4-18 所示。使用同样的方法还可绘制多个蒙版，如图 4-19 所示。

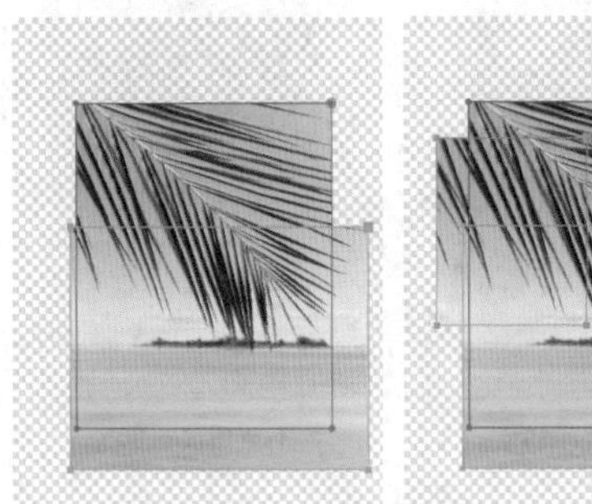

图 4-18　　　　图 4-19

3. 调整蒙版形状

在【时间轴】面板中单击选择【蒙版 1】，然后按住 Ctrl 键的同时，将光标定位在【合成】面板中的透明区域处，并单击鼠标左键，如图 4-20 所示，然后继续按住 Ctrl 键，将光标定位在蒙版一角的顶点处，按住鼠标左键并拖曳至合适位置，如图 4-21 所示。

图 4-20　　　　图 4-21

4. 设置蒙版相关属性

为图像绘制蒙版后，在【时间轴】面板中单击打开素材图层下方的【蒙版】/【蒙版 1】，即可设置相关参数，调整蒙版效果。此时【时间轴】面板参数如图 4-22 所示。

图 4-22

- 蒙版1：在【合成】面板中绘制蒙版，按照蒙版绘制顺序可自动生成蒙版序号，如图4-23所示。

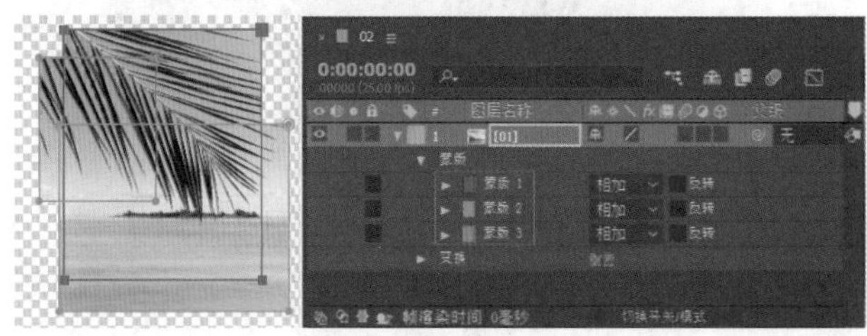

图 4-23

双击【蒙版 1】前的彩色色块可设置蒙版边框的颜色，如图 4-24 所示为设置边框颜色为红色和蓝色的对比效果。

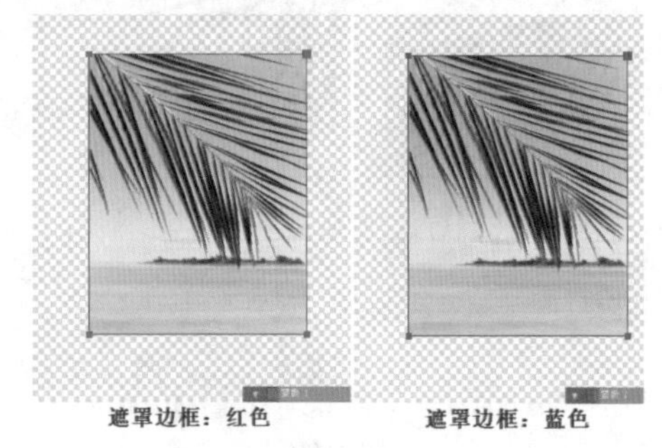

图 4-24

- 模式：单击【模式】选框可在下拉菜单列表中选择合适的混合模式。图4-25所示为图像只有一个蒙版时，设置【模式】为相加和相减的对比效果。

当图像有多个蒙版时，设置不同【模式】的【时间轴】面板如图 4-26 所示，此时画面效果如图 4-27 所示。

图 4-25

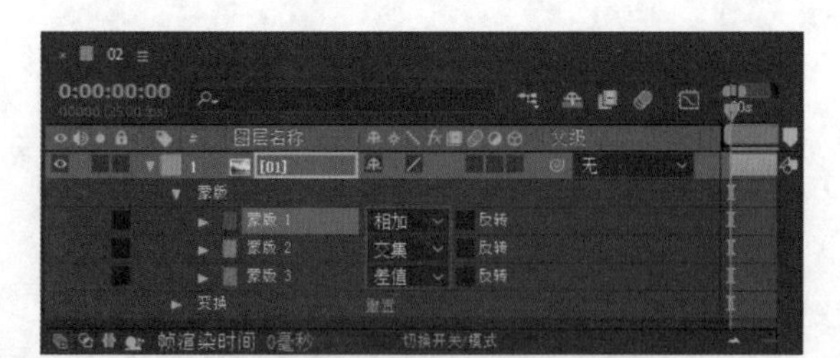

图 4-26

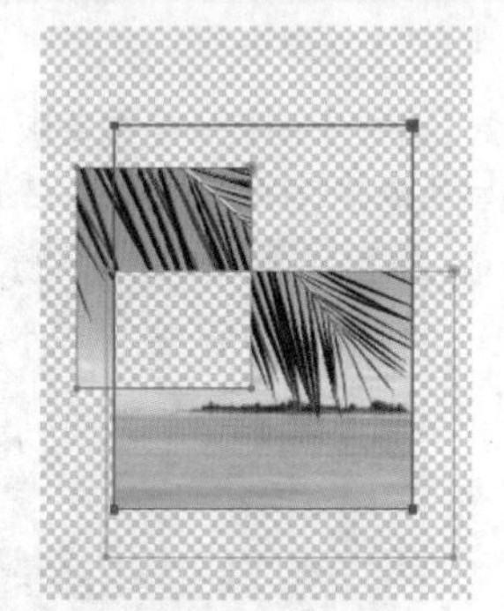

图 4-27

• 反转：勾选此选项可反转蒙版效果。图4-28所示为勾选此选项和未勾选此选项的对比效果。

图 4-28

• 蒙版路径：单击【蒙版路径】的【形状】，在弹出的【蒙版形状】对话框中可设置蒙版定界框形状，如图4-29所示。

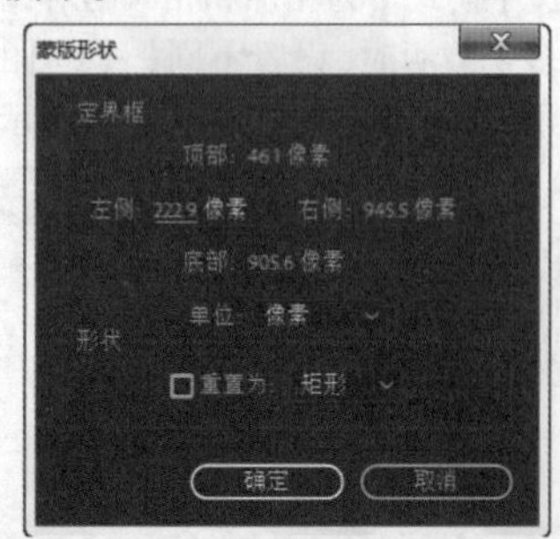

图 4-29

• 蒙版羽化：设置蒙版边缘的柔和程度。图4-30所示为设置【蒙版羽化】为50和100的对比效果。

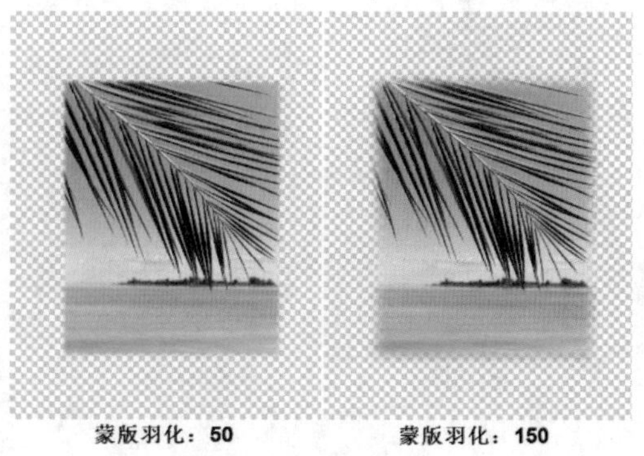

图 4-30

• 蒙版不透明度：设置蒙版图像的透明程度。图4-31所示为设置【不透明度】为30%和80%的对比效果。

图 4-31

• 蒙版扩展：可扩展蒙版面积。图4-32所示为设置【蒙版扩展】为50.0和150.0的对比效果。

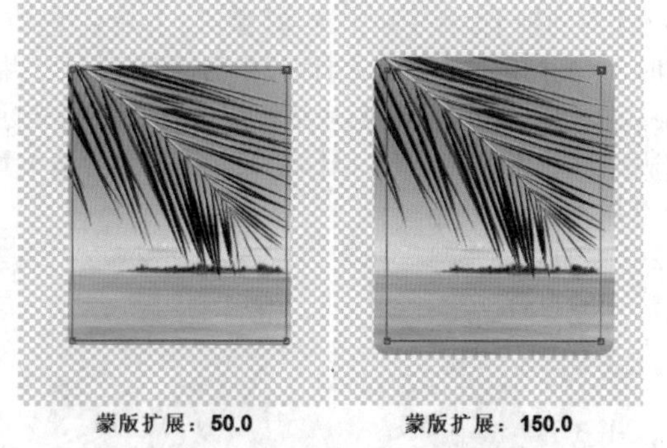

图 4-32

4.2.2 圆角矩形工具

【圆角矩形工具】可以绘制圆角矩形形状蒙版，使用方法及对其相关属性的设置与【矩形工具】相同。选中素材，在工具栏中将光标定位在【矩形工具】上，长按鼠标左键，在【形状工具组】中单击选择【圆角矩形工具】，如图4-33所示。然后在【合成】面板中图像的合适位置处按住鼠标左键并拖曳至合适大小，得到圆角矩形蒙版如图4-34所示。

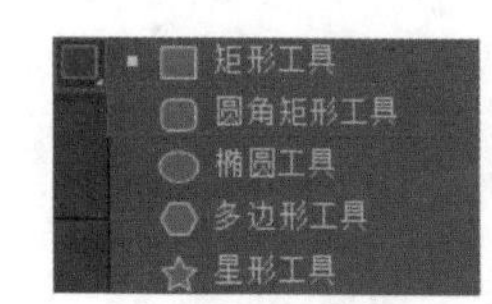

图 4-33

图 4-34

1. 绘制正圆角矩形蒙版

使用【圆角矩形工具】，在【合成】面板中图像的合适位置处按住Shift键的同时，单击鼠标左键并拖曳至合适大小，此时在【合成】面板中即会出现正圆角矩形蒙版，如图4-35所示。为图像绘制蒙版的前后对比效果如图4-36所示。

图 4-35

图 4-36

2. 调整蒙版形状

在【时间轴】面板中单击选择【蒙版1】，然后按住Ctrl键的同时，将光标定位在【合成】面板中的透明区域处，单击鼠标左键，如图4-37所示。然后将光标定位在蒙版一角的顶点处，单击鼠标左键并拖曳至合适位置，如图4-38所示。

图 4-37

图 4-38

4.2.3 椭圆工具

【椭圆工具】主要可以绘制椭圆、正圆形状蒙版，具体使用方法和对其相关属性的设置与【矩形工具】相同。选中素材，在工具栏中将光标定位在【矩形工具】上，并长按鼠标左键，在【形状工具组】中单击选择【椭圆工具】，如图4-39所示。然后在【合成】面板中图像的合适位置处单击鼠标左键并拖曳至合适大小，得到椭圆蒙版，如图4-40所示；或在【合成】面板中图像的合适位置处，按住Shift键的同时，单击鼠标左键并拖曳至合适大小，得到的正圆形状蒙版如图4-41所示。

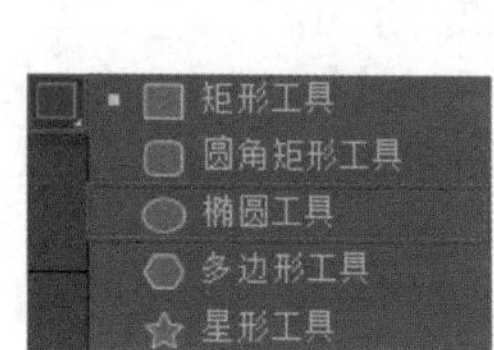

图 4-39

图 4-40

图 4-41

4.2.4 多边形工具

【多边形工具】主要可以创建多个边角的几何形状蒙版，具体使用方法和对其相关属性的设置与【矩形工具】相同。选中素材，在工具栏中将光标定位在【矩形工具】上，并长按鼠标左键，在【形状工具组】中单击选择【多边形工具】，如图4-42所示。然后在【合成】面板中图像的合适位置处单击鼠标左键并拖曳至合适大小，得到五边形蒙版，如图4-43所示；或在【合成】面板中图像的合适位置处，按住Shift键的同时单击鼠标左键并拖曳至合适大小，得到正五边形蒙版，如图4-44所示。

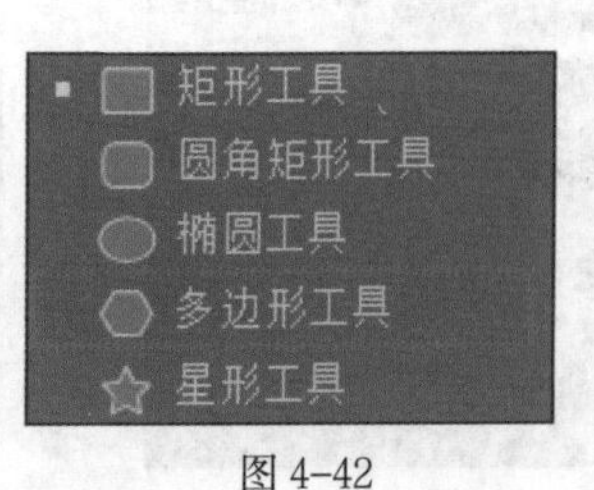

图 4-42

图 4-43

图 4-44

4.2.5 星形工具

【星形工具】主要可以绘制星形蒙版，具体使用方法和对其相关属性的设置与【矩形工具】相同。选中素材，在工具栏中将鼠标定位在【矩形工具】上，长按鼠标左键，在【形状工具组】中单击选择【星形工具】，如图4-45所示。然后在【合成】面板中图像的合适位置处单击鼠标左键并拖曳至合适大小，得到星形蒙版，如图4-46所示；或在【合成】面板中图像的合适位置处，按住Shift键的同时单击鼠标左键并拖曳至合适大小，得到正星形蒙版，如图4-47所示。

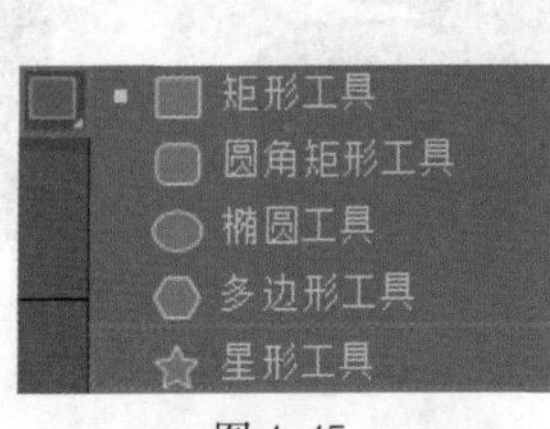

图 4-45

图 4-46

图 4-47

实例：使用蒙版制作古典婚纱电子相册

文件路径：Chapter 04 蒙版工具→实例：使用蒙版制作古典婚纱电子相册

扫一扫，看视频

古典婚纱风格是婚纱设计中非常重要的一个分类，深受年轻情侣的喜欢。古典婚纱的特点是中式韵味浓郁，画面柔和唯美，古香古色。本实例将为素材调色、制作背景、用矩形工具制作蒙版，最后设置出唯美柔和的效果，案例效果如图4-48所示。

图 4-48

操作步骤：

Part 01 制作背景

步骤 01 在【项目】面板中，单击鼠标右键执行【新建合成】命令，在弹出的【合成设置】对话框中设置【合成名称】为01，【预设】为自定义，【宽度】为1649，【高度】为1200，【像素长宽比】为方形像素，【帧速率】为25，【分辨率】为完整，【持续时间】为5秒，单击【确定】按钮。

步骤 02 执行【文件】/【导入】/【文件】命令，在弹出的【导入文件】对话框中选择所需要的素材，单击【导入】按钮导入素材1.jpg、2.jpg、3.jpg、4.png。

步骤 03 在【项目】面板中将素材1.jpg拖曳到【时间轴】面板中，如图4-49所示。

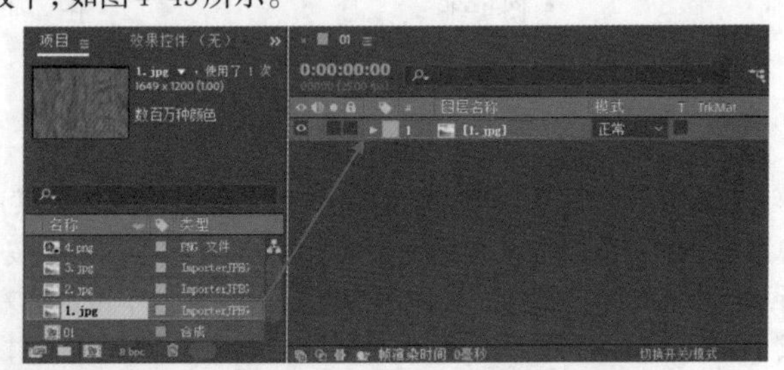

图 4-49

步骤 04 在【效果和预设】面板中搜索【色相/饱和度】效果，并将其拖曳到【时间轴】面板中的1.jpg图层上，如图4-50所示。

图 4-50

步骤 05 在【时间轴】面板中单击选中1.jpg素材图层，然后在【效果控件】面板中设置【主色相】为(0x+145.0°)，【主饱和度】为-73，【主亮度】为-45，如图4-51所示。此时画面效果如图4-52所示。

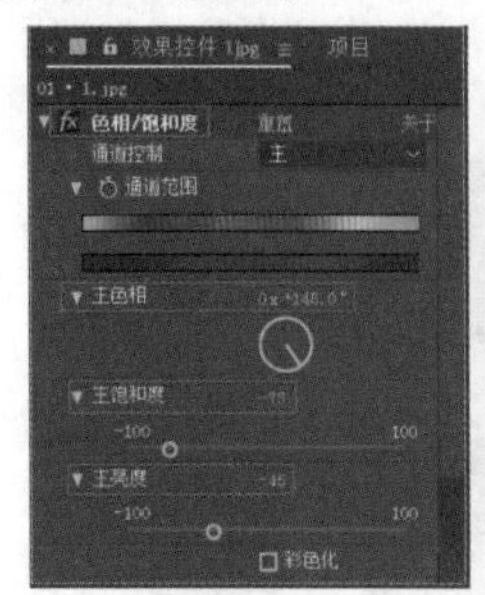

图 4-51

图 4-52

Part 02 制作照片版式

步骤 01 在【项目】面板中将素材2.jpg拖曳到【时间轴】面板中，如图4-53所示。

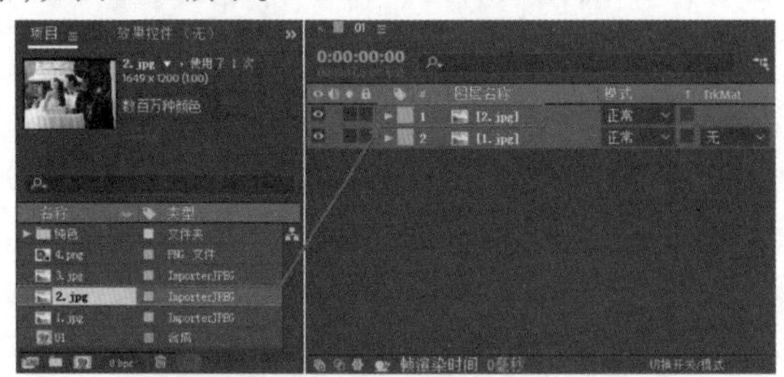

图 4-53

步骤 02 在【时间轴】面板中单击选中2.jpg素材图层，在工具栏中单击选择【矩形工具】，然后在画面中合适位置处按住鼠标左键并拖曳至合适大小，如图4-54所示。

图 4-54

步骤 03 右击【时间轴】面板中的2.jpg素材图层，执行【图层样式】/【渐变叠加】命令，如图4-55所示。

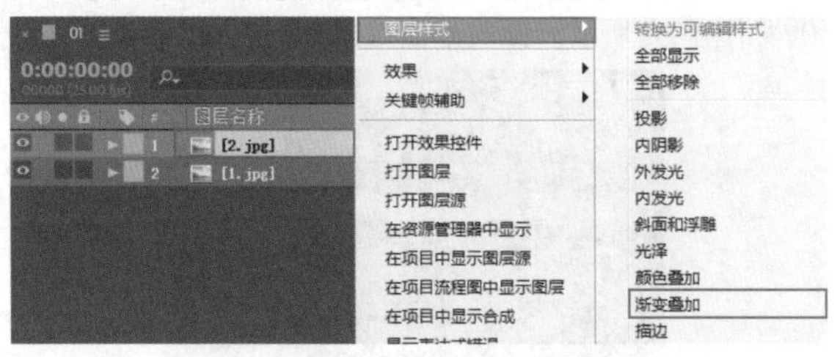

图 4-55

步骤 04 在【时间轴】面板中单击打开2.jpg素材图层下方的【图层样式】，单击【渐变叠加】/【颜色】后的【编辑渐变】，在弹出的【渐变编辑器】中使用上方的【不透明度色标】按钮修改不透明度、下方的【色标】按钮修改颜色，编辑一个由完全透明到完全不透明灰绿色的渐变色条。设置完成后单击【确定】按钮，接着设置角度为(0x+172.0°)，【样式】为径向，【偏移】为(-6.0,0.0)，如图4-56所示。此时画面效果如图4-57所示。

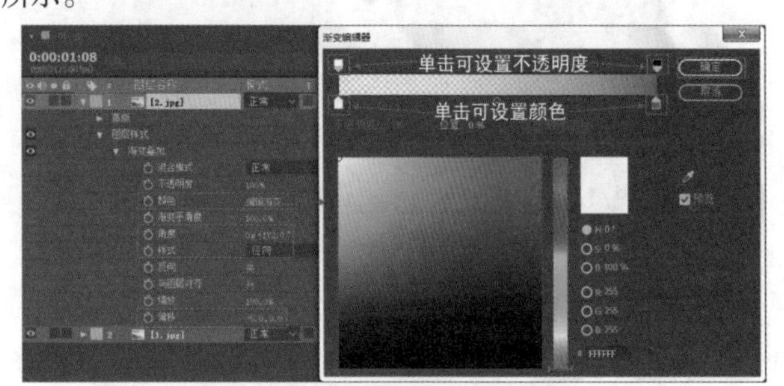

图 4-56

图 4-57

步骤 05 右击【时间轴】面板中的2.jpg素材图层，执行【图层样式】/【描边】命令，如图4-58所示。

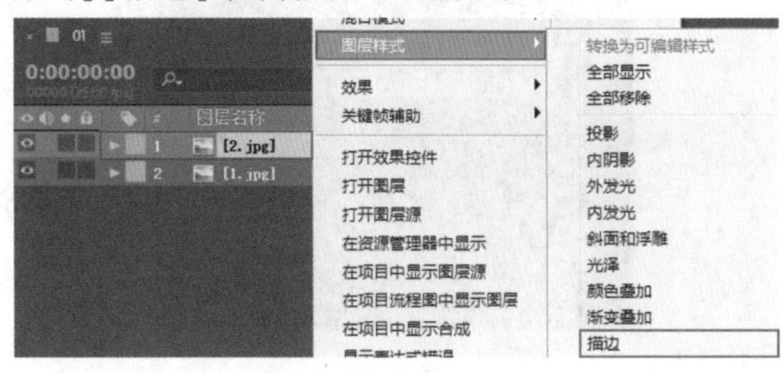

图 4-58

步骤 06 在【时间轴】面板中打开2.jpg素材图层下方的【图层样式】/【描边】，设置【描边】的【颜色】为黑色，【大小】为12.0，如图4-59所示。此时画面效果如图4-60所示。

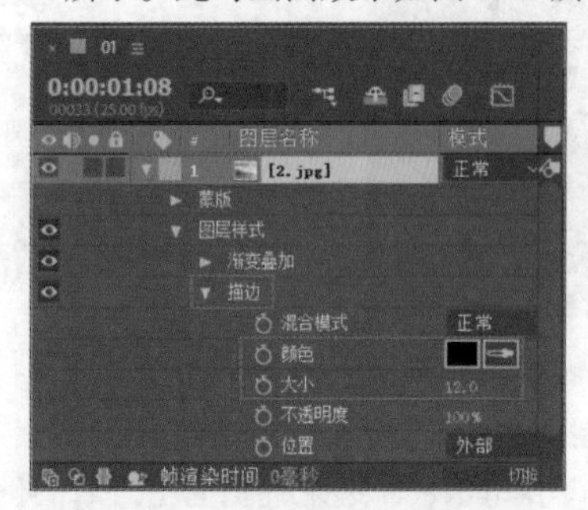

图 4-59

图 4-60

步骤 07 在【项目】面板中将素材3.jpg拖曳到【时间轴】面板中，如图4-61所示。

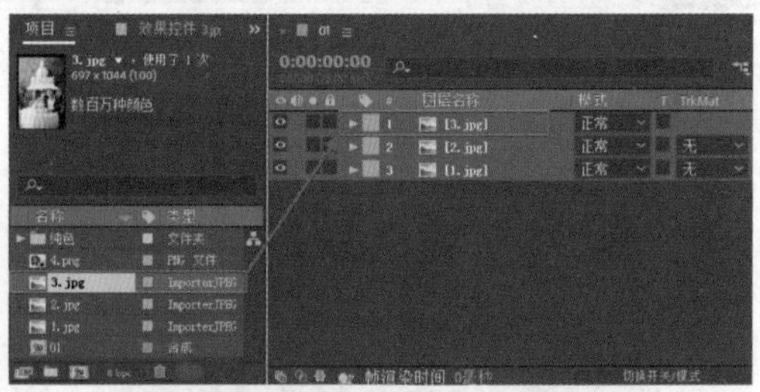

图 4-61

步骤 08 在【时间轴】面板中打开3.jpg素材图层下方的【变换】，设置【位置】为(1386,350)，【缩放】为(52.1, 52.1%)，如图4-62所示。此时画面效果如图4-63所示。

图 4-62

图 4-63

步骤 09 在【时间轴】面板中选中3.jpg素材图层，然后在工具栏中单击选择【圆角矩形工具】，接着在画面右上方合适位置按住鼠标左键并拖曳至合适大小，得到圆角矩形遮罩，如图4-64所示。

图 4-64

步骤 10 在【时间轴】面板中单击打开3.jpg素材图层下方的【蒙版】，设置【蒙版羽化】为(20.0,20.0)，如图4-65所示。此时画面效果如图4-66所示。

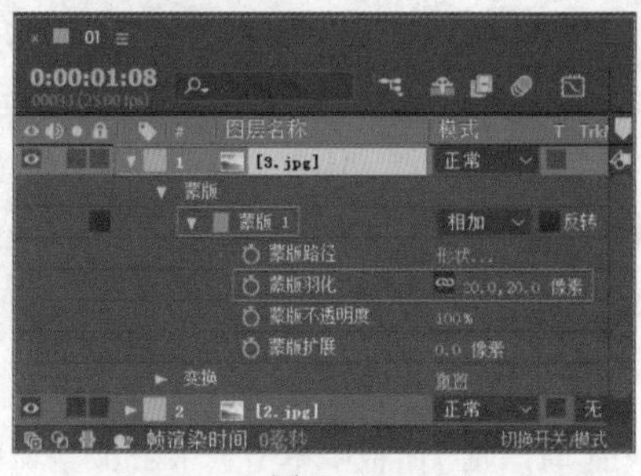

图 4-65

图 4-66

步骤 11 在【项目】面板中将素材4.png拖曳到【时间轴】面板中，如图4-67所示。

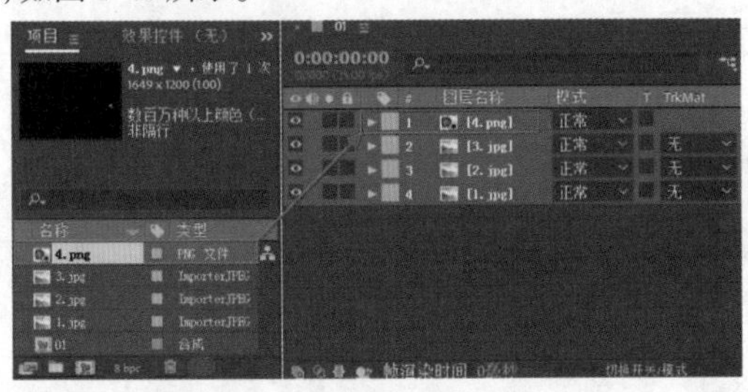

图 4-67

步骤 12 案例最终效果如图4-68所示。

图 4-68

4.3 钢笔工具组

使用【钢笔工具组】可以绘制任意蒙版形状，其中包括的工具有【钢笔工具】、【添加"顶点"工具】、【删除"顶点"工具】、【转换"顶点"工具】和【蒙版羽化工具】，如图4-69所示。

钢笔工具
添加"顶点"工具
删除"顶点"工具
转换"顶点"工具
蒙版羽化工具

图 4-69

重点 4.3.1 钢笔工具

【钢笔工具】可以用来绘制任意蒙版形状，使用【钢笔工具】绘制蒙版形状的方法及对其相关属性的设置与【形状工具组】相同。选中素材，在工具栏中选择【钢笔工具】，在【合成】面板中图像的合适位置处依次单击鼠标左键定位蒙版顶点，当顶点首尾相连时则完成蒙版绘制，得到的蒙版形状如图4-70所示。为图像绘制蒙版的前后对比效果如图4-71所示。

扫一扫，看视频

图 4-70

未绘制遮罩　　绘制遮罩

图 4-71

提示：圆滑边缘蒙版的绘制。

使用【钢笔工具】可以绘制圆滑边缘的蒙版。选中素材，并使用【钢笔工具】在【合成】面板中图像的合适位置处单击鼠标左键定位第一个顶点，再将光标定位在画面中其他任意位置，按住鼠标左键并上下拖曳控制杆，也可按住Alt键调整蒙版路径弧度，如图4-72所示。使用同样的方法，继续绘制蒙版路径，当顶点首尾相连时则完成蒙版绘制，得到圆滑的蒙版形状如图4-73所示。

图 4-72　　图 4-73

重点 4.3.2　添加“顶点”工具

【添加“顶点”工具】可以为蒙版路径添加控制点，以便更加精细地调整蒙版形状。选中素材，在工具栏中将光标定位在【钢笔工具】上，并长按鼠标左键在【钢笔工具组】中选择【添加“顶点”工具】，如图4-74所示。然后将光标定位在画面中蒙版路径合适位置处，当光标变为【添加“顶点”工具】时，单击鼠标左键为此处添加顶点，如图4-75所示。

图 4-74　　图 4-75

此外，如果使用的是【钢笔工具】绘制的蒙版，那么可直接将光标定位在蒙版路径上(见图4-76)，为蒙版路径添加“顶点”的效果如图4-77所示。

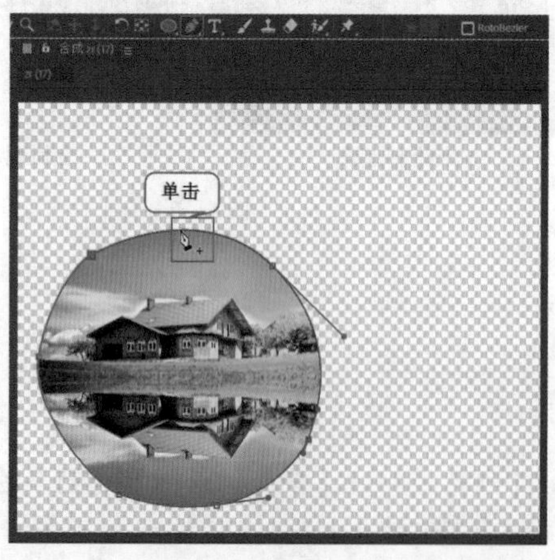

图 4-76　　图 4-77

此时添加的“顶点”与其他控制点相同，将光标定位在该“顶点”处，当光标变为黑色箭头时，按住鼠标左键并拖曳至合适位置，即可调整蒙版形状，如图4-78所示。

图 4-78

重点 4.3.3 删除“顶点”工具

【删除“顶点”工具】可以为蒙版路径减少控制点。选中素材，在工具栏中将光标定位在【钢笔工具】上，并长按鼠标左键在【钢笔工具组】中选择【删除“顶点”工具】，如图4-79所示，然后将光标定位在画面中蒙版路径上需要删除的“顶点”位置，当光标变为【删除“顶点”工具】时，单击鼠标左键即可删除该顶点，如图4-80所示。

图 4-79

图 4-80

此外，当使用【钢笔工具】绘制蒙版完成后，还可以按住Ctrl键的同时单击需要删除的“顶点”，如图4-81所示，即可完成删除“顶点”操作，如图4-82所示。

图 4-81

图 4-82

重点 4.3.4 转换“顶点”工具

【转换“顶点”工具】可以使蒙版路径的控制点变平滑或变硬转角。选中素材，在工具栏中将鼠标定位在【钢笔工具】上，并长按鼠标左键在【钢笔工具组】中选择【转换“顶点”工具】，如图4-83所示。然后将光标定位在画面中蒙版路径需要转换的“顶点”上，当光标变为【转换“顶点”工具】时，单击鼠标左键，即可将该“顶点”对应的边角转换为硬转角或平滑顶点，如图4-84所示。

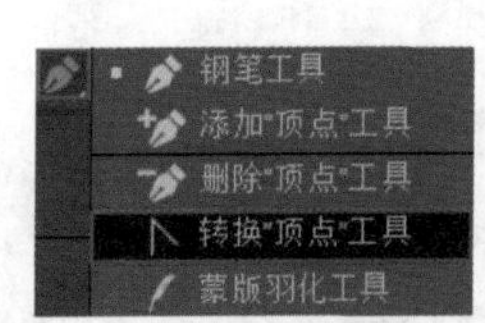

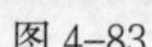

图4-83

图4-84

使用【钢笔工具】绘制蒙版完后，也可直接将光标定位在蒙版路径上需要转换的顶点上，按住Alt键的同时，单击该顶点，将该顶点转换为硬转角，如图4-85和图4-86所示。

图4-85

图4-86

除此之外，还可将硬转角的顶点变为平滑的顶点。只需要按住Alt键的同时，单击并拖曳硬转角的顶点即可将其变平滑，如图4-87和图4-88所示。

图4-87

图4-88

4.3.5 蒙版羽化工具

【蒙版羽化工具】可以调整蒙版边缘的柔和程度。在素材上方绘制完成蒙版后，选中素材下的【蒙版】/【蒙版1】，在工具栏中将光标定位在【钢笔工具】上，并长按鼠标左键在【钢笔工具组】中选择【蒙版羽化工具】，如图4-89所示。然后在【合成】面板中将光标移动到蒙版路径位置，当光标变为【蒙版羽化工具】时，按住鼠标左键并拖曳即可柔化当前蒙版。图4-90所示为使用该工具的前后对比效果。

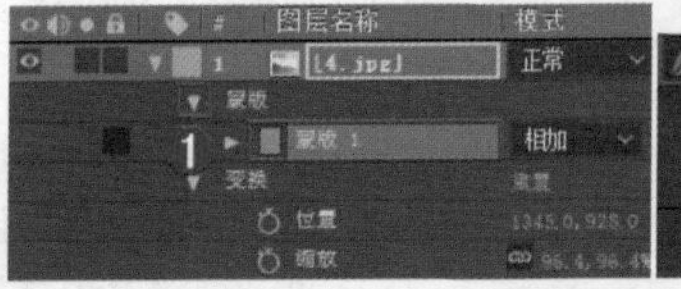

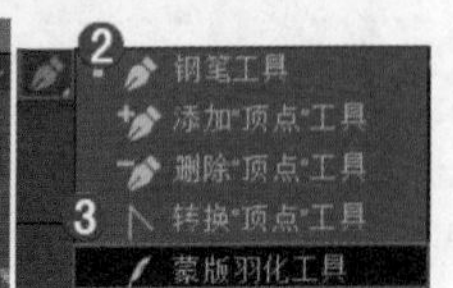

图4-89

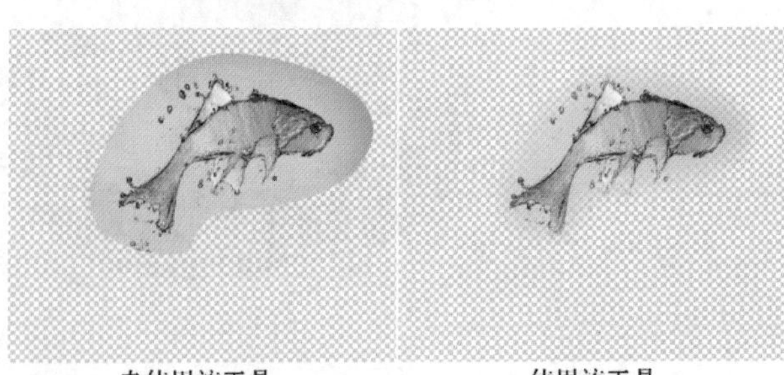

图4-90

将光标定位在【合成】面板中的蒙版路径上，按住鼠标左键向蒙版外侧拖曳可使蒙版羽化效果作用于蒙版区域外，按住鼠标左键向蒙版内侧可使蒙版羽化效果作用于蒙版区域内，对比效果如图4-91所示。

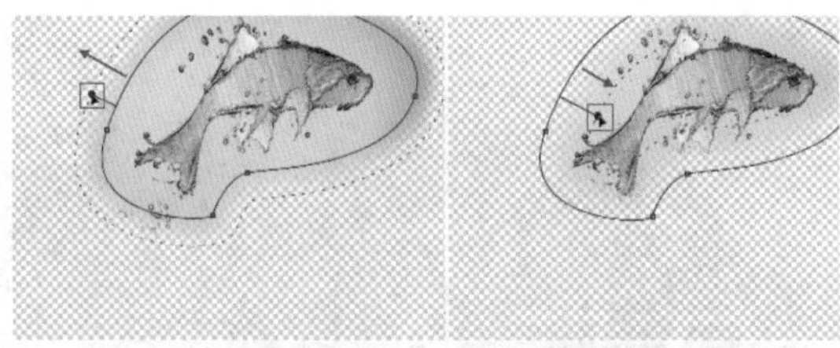

向遮罩外拖动鼠标左键
向遮罩内拖动鼠标左键

图 4-91

实例：使用【钢笔工具】制作电影海报

文件路径：Chapter 04 蒙版工具→实例：使用【钢笔工具】制作电影海报

本案例先使用【钢笔工具】为素材绘制路径产生蒙版效果。再通过新建纯色，并设置渐变叠加样式来制作背景，案例效果如图4-92所示。

图 4-92

扫一扫，看视频

操作步骤：

步骤 01 在【项目】面板中，单击鼠标右键执行【新建合成】命令，在弹出的【合成设置】对话框中设置【合成名称】为01，【预设】为自定义，【宽度】为1200，【高度】为1650，【像素长宽比】为方形像素，【帧速率】为25，【分辨率】为完整，【持续时间】为5秒，单击【确定】按钮。

步骤 02 执行【文件】/【导入】/【文件】命令或使用(导入文件)快捷键Ctrl+I，在弹出的【导入文件】对话框中选择所需要的素材，单击【导入】按钮导入素材1.jpg。

步骤 03 在【项目】面板中将素材1.jpg拖曳到【时间轴】面板中，如图4-93所示。

图 4-93

步骤 04 在【时间轴】面板中的空白位置处单击鼠标右键执行【新建】/【纯色】命令，如图4-94所示。

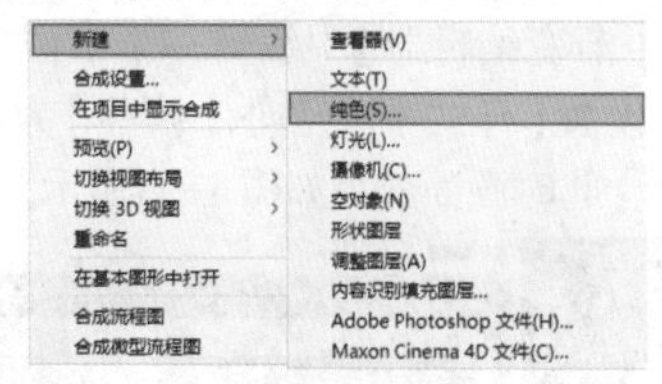

图 4-94

步骤 05 在弹出的【纯色设置】对话框中设置【颜色】为黑色，命名为(黑色 纯色)，如图4-95所示。

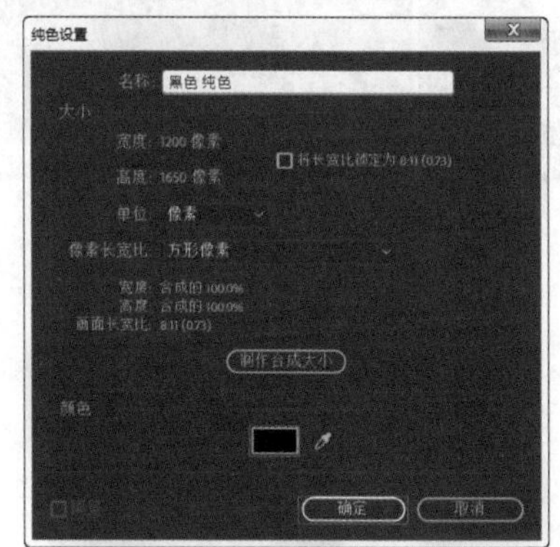

图 4-95

步骤 06 在【时间轴】面板中单击选中【黑色 纯色】图层，在工具栏中单击选择【钢笔工具】，在画面中合适位置处绘制一个完整的闭合遮罩路径，如图4-96所示。

图 4-96

步骤 07 在【时间轴】面板中右击【纯色】图层，执行【图层样式】/【渐变叠加】命令，如图4-97所示。

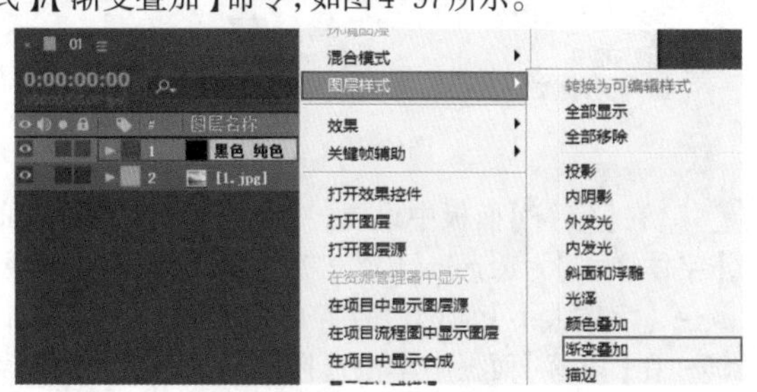

图 4-97

步骤 08 在【时间轴】面板中单击打开【黑色 纯色】图层下方的【图层样式】，单击【渐变叠加】/【颜色】后的【编辑渐变】，在弹出的【渐变编辑器】中编辑一个由白色到灰色的渐变色条。最后设置【样式】为径向，【偏移】为(-22.0,-15.0)，如图4-98所示。此时画面效果如图4-99所示。

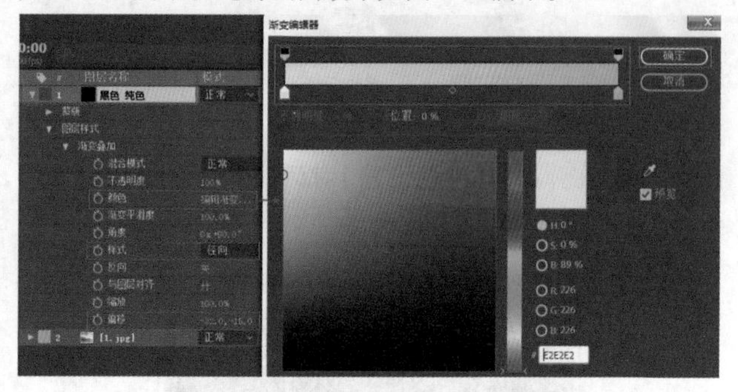

图 4-98

图 4-99

步骤 09 在【时间轴】面板中的空白位置处单击鼠标右键执行【新建】/【文本】命令，如图4-100所示。

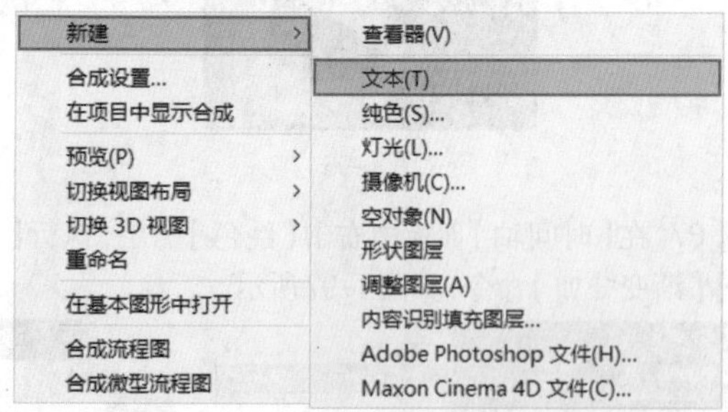

图 4-100

步骤 10 在【字符】面板中设置【字体系列】为Microsoft Yi Baiti，【字体样式】为Regular，【填充颜色】为白色，【描边颜色】为无颜色，【字体大小】为320，【字符间距】为124，【垂直缩放】为120%，在【段落】面板中单击选择【居左对齐文本】，设置完成后输入文本“BEAUT”，如图4-101所示。

图 4-101

步骤 11 按小键盘上的Enter键进行换行操作，在【字符】面板中设置【字体大小】为280，设置完成后输入文本“IFUI OF”，在编辑过程中可使用大键盘上的Enter键进行换行操作，如图4-102所示。

图 4-102

步骤 12 在【时间轴】面板中单击打开BEAUT IFUI OF文本图层下方的【变换】，设置【位置】为(46.5,368.5)，如图4-103所示。此时画面效果如图4-104所示。

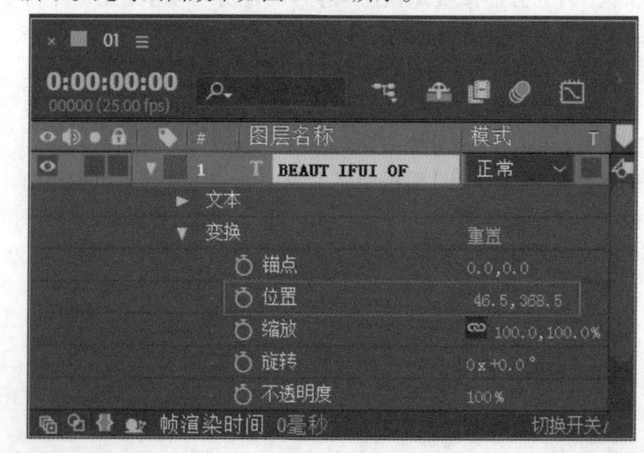

图 4-103

图 4-104

步骤 13 使用同样的方法编辑文本"OR",在【字符】面板中设置【字体大小】为930像素,设置完成后输入文本"OR",如图4-105所示。

图 4-105

步骤 14 在【时间轴】面板中单击打开OR文本图层下方的【变换】,设置【位置】为(4.0,1568.0),如图4-106所示。

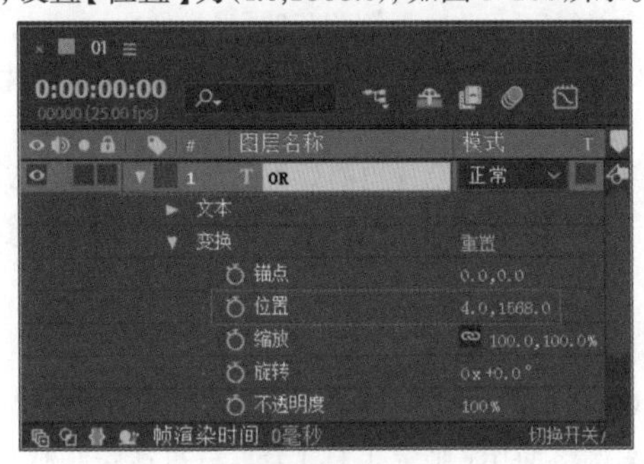

图 4-106

步骤 15 案例的最终效果如图4-107所示。

图 4-107

4.4 画笔工具和橡皮擦工具

【画笔工具】和【橡皮擦工具】可以为图像绘制更自由的蒙版效果。需要注意的是,使用这两种工具绘制完成以后,要再次单击进入【合成】面板才能看到最终效果。

扫一扫,看视频

重点 4.4.1 画笔工具

【画笔工具】可以用多种颜色的画笔对图像进行涂抹。创建蒙版选中素材,双击打开该图层进入【图层】面板,在【工具栏】中单击选择【画笔工具】,在画面上按住鼠标左键并拖曳,即可绘制任意颜色、样式的蒙版,如图4-108所示。绘制蒙版前后的对比效果如图4-109所示。

图 4-108

图 4-109

1. 画笔面板

在绘制蒙版前,可在菜单栏中执行【窗口】/【画笔】命令,在【画笔】面板中设置画笔的相关属性,如图4-110所示。

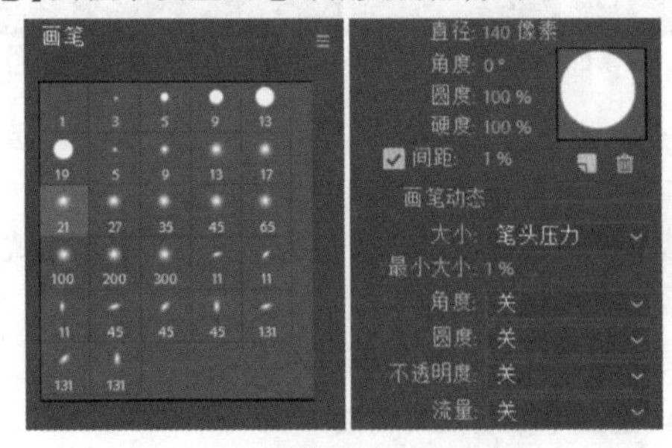

图 4-110

- 画笔选取器：可直接选择画笔大小及样式。
- 直径：可设置画笔大小。
- 角度：可设置画笔绘制角度。
- 圆度：可设置画笔笔尖圆润程度。
- 硬度：可设置画笔边缘柔和程度。
- 间距：可设置画笔笔触间距。图4-111所示为设置【间距】为1%和50%的对比效果。

间距：1%

间距：50%

图 4-111

2. 绘画面板

在【绘画】面板中可设置蒙版颜色等相关属性，如图4-112所示。

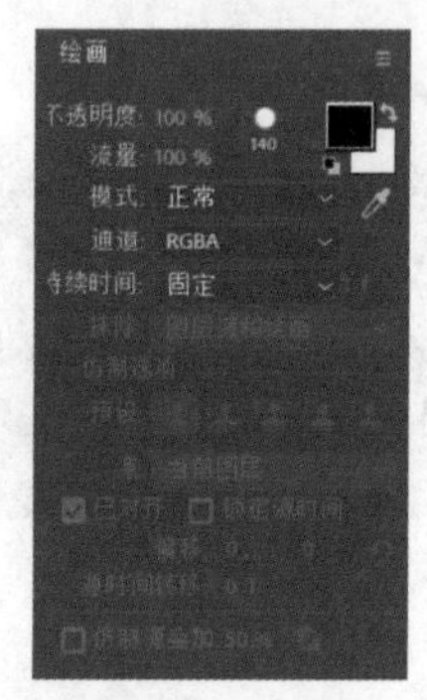

图 4-112

- 不透明度：可设置画笔的透明程度。
- 前/背景颜色：可设置前景色与背景色，控制画笔颜色。图4-113所示为设置画笔颜色为蓝色和黄色的对比效果。

前景色：蓝色

前景色：黄色

图 4-113

- 流量：可设置画笔绘画的强弱程度。
- 模式：可设置绘画效果与当前图层的混合模式。
- 通道：可设置通道属性。
- 持续时间：可设置持续方式。

3. 设置画笔蒙版相关属性

为图像绘制蒙版后，在【时间轴】面板中打开素材图层下方的【效果】/【绘画】即可设置相关参数、调整蒙版效果。此时【时间轴】面板参数如图4-114所示。

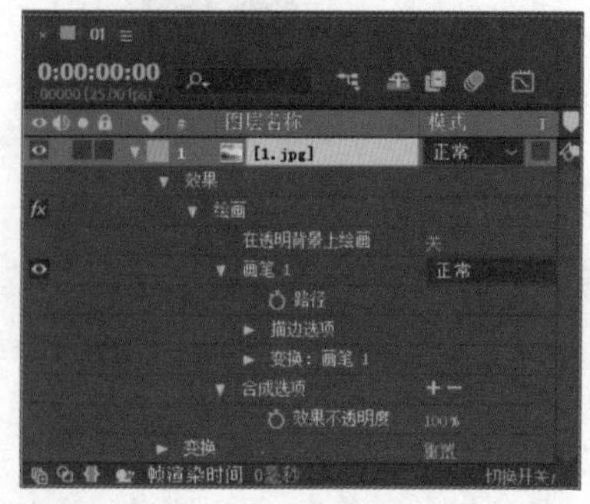

图 4-114

- 在透明背景上绘画：单击可设置是否在透明背景上进行绘画。
- 画笔1：可设置画笔1的相关属性，单击右侧可在下拉菜单中设置【混合模式】。图4-115所示为设置【混合模式】为变暗和颜色的对比效果。

混合模式：变暗　　混合模式：颜色

图 4-115

  - 路径：可设置画笔蒙版路径。
  - 描边选项：可设置绘制蒙版描边的相关属性。
  - 变换：可设置绘制蒙版的位置。
- 合成选项：可设置当前效果与原始图像的合成属性。
  - 效果不透明度：可设置绘画蒙版的透明程度。

实例：使用【画笔工具】为画面增添朦胧感

文件路径：Chapter 04 蒙版工具→实例：使用【画笔工具】为画面增添朦胧感

本案例将使用【画笔工具】为素材打造朦胧感，从而制作出梦幻唯美的画面，案例效果如图4-116所示。

扫一扫，看视频

图 4-116

操作步骤：

步骤 01 在【项目】面板中单击鼠标右键执行【新建合成】

命令，在弹出的【合成设置】对话框中设置【合成名称】为01，【预设】为自定义，【宽度】为960，【高度】为640，【像素长宽比】为方形像素，【帧速率】为25，【分辨率】为完整，【持续时间】为5秒，单击【确定】按钮。

步骤 02 执行【文件】/【导入】/【文件】命令或使用导入文件快捷键Ctrl+I，在弹出的【导入文件】对话框中选择需要的素材，单击【导入】按钮导入素材1.jpg。

步骤 03 在【项目】面板中将素材1.jpg拖曳到【时间轴】面板中，如图4-117所示。

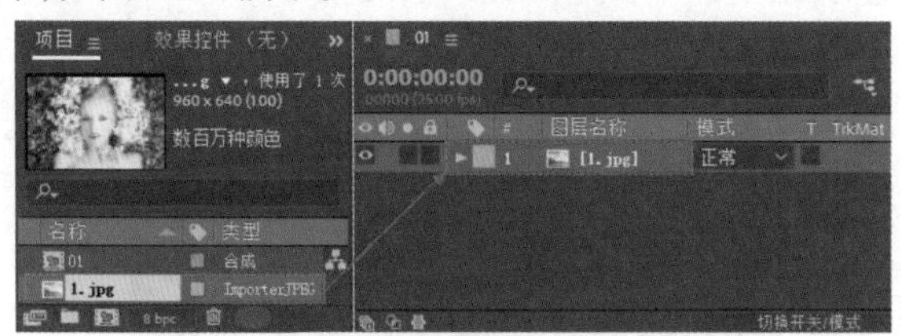

图 4-117

步骤 04 在【时间轴】面板中双击1.jpg素材图层，然后在工具栏中单击选择【画笔工具】，并在【画笔】面板中设置【直径】为180，【间距】为1，在【绘画】面板中设置【不透明度】为70%，然后单击【绘画】面板中的【吸管工具】并在画面边缘合适位置处单击吸取画笔颜色，如图4-118所示。

图 4-118

步骤 05 参数设置完成后在画面边缘合适位置处按住鼠标左键拖曳进行反复涂抹，营造模糊朦胧感效果，如图4-119所示。

图 4-119

步骤 06 绘制完成后，单击进入【合成】面板。在工具栏中单击选择【横排文字工具】，并在【字符】面板中设置【字体系列】为Courier New，【字体样式】为Regular，【填充颜色】为白色，【描边颜色】为无颜色，【字体大小】为26，【行距】为24。设置完成后在画面左下角合适位置处按住鼠标左键并拖曳至合适大小，绘制文本框，如图4-120所示。输入文本“Promises are often like the butterfly, which disappear after beautiful hover.”，如图4-121所示。

图 4-120

图 4-121

步骤 07 在【时间轴】面板中的空白位置处单击鼠标右键执行【新建】/【文本】命令。

步骤 08 在【字符】面板中设置【字体系列】为Nyala，【字体样式】为Regular，【填充颜色】为白色，【描边颜色】为无颜色，【字体大小】为90，设置完成后输入文本“ROMANCE”，如图4-122所示。

图 4-122

步骤 09 在【时间轴】面板中单击打开ROMANCE文本图层下方的【变换】，设置【位置】为(554.0,94.0)，如图4-123所示。

步骤 10 案例最终效果如图4-124所示。

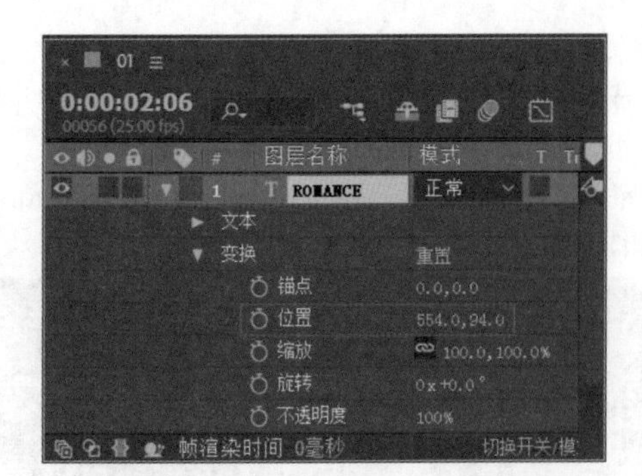

图 4-123

图 4-124

实例：使用【画笔工具】绘制卡通儿童广告

文件路径：Chapter 04 蒙版工具→实例：使用【画笔工具】绘制卡通儿童广告

本案例将使用【画笔工具】绘制可爱的卡通图形，以便制作儿童广告，案例效果如图4-125所示。

扫一扫，看视频

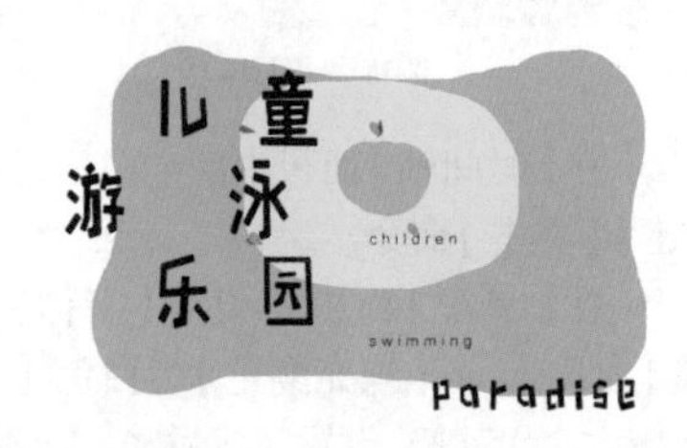

图 4-125

操作步骤：

Part 01 绘制泳池图案

步骤 01 在【项目】面板中，单击鼠标右键执行【新建合成】命令，在弹出的【合成设置】对话框中设置【合成名称】为01，【预设】为自定义，【宽度】为1697，【高度】为1200，【像素长宽比】为方形像素，【帧速率】为25，【分辨率】为完整，【持续时间】为5秒，单击【确定】按钮。

步骤 02 在菜单栏中执行【文件】/【导入】/【文件】命令，在弹出的【导入文件】对话框中选择所需要的素材，单击【导入】按钮导入素材1.png。

步骤 03 在【时间轴】面板中的空白位置处单击鼠标右键执行【新建】/【纯色】命令。

步骤 04 在弹出的【纯色设置】对话框中设置【颜色】为白色，命名为(白色 纯色 1)，单击【确定】按钮，如图4-126所示。

步骤 05 在【时间轴】面板中双击【白色 纯色 1】图层，然后在选项栏中单击选择【画笔工具】，并在【画笔】面板中选择一个硬边圆画笔，设置【直径】为200，【硬度】为100%，【间距】为1。在【绘画】面板中设置【前景颜色】为蓝色，【不透明度】为100，设置完成后在画面中合适位置处按住鼠标左键并拖曳，绘制合适形状，如图4-127所示。

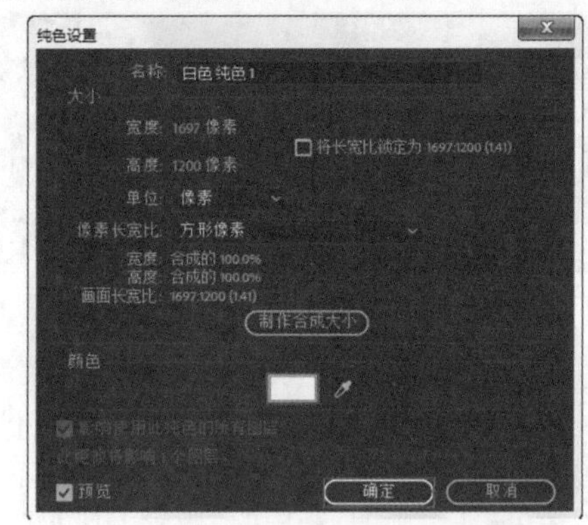

图 4-126

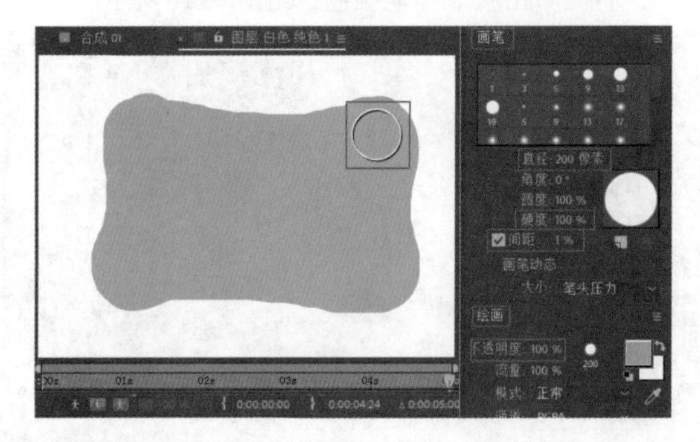

图 4-127

步骤 06 继续使用【画笔工具】，在【画笔】面板中设置【直径】为140，在【绘画】面板中设置【前景颜色】为黄色，设置完成后在画面中合适位置处继续进行绘制，如图4-128所示。

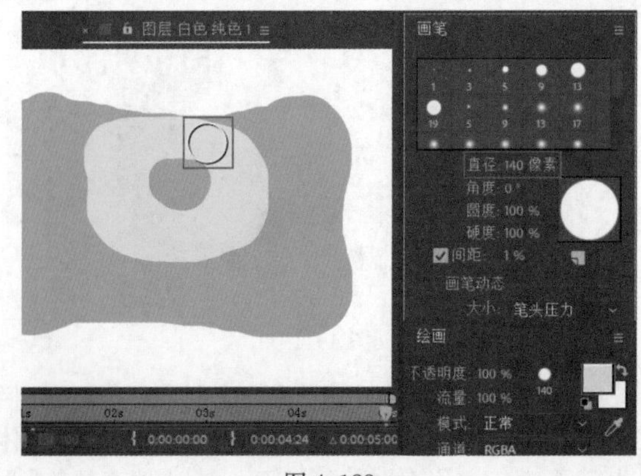

图 4-128

Part 02 编辑文本

步骤 01 绘制完成后单击进入【合成】面板，并在【时间轴】面板中的空白位置处单击鼠标右键执行【新建】/【文本】命令。

步骤 02 在【字符】面板中设置【字体系列】为站酷快乐体，【填充颜色】为黑色，【描边颜色】为无颜色，【字体大小】为181，【行距】为433，【垂直缩放】为130%，设置完成后输入文本“儿童游泳乐园”，在输入过程中可使用大键盘上的Enter键进行换行操作，使用空格键可调整字符间距，如图4-129所示。

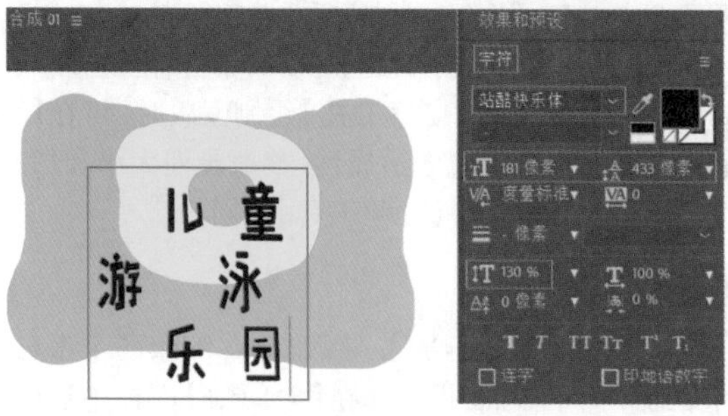

图 4-129

步骤 03 在【时间轴】面板中单击打开【儿童游泳乐园】文本图层下方的【变换】，设置【位置】为(134.6,390.5)，如图4-130所示，此时画面效果如图4-131所示。

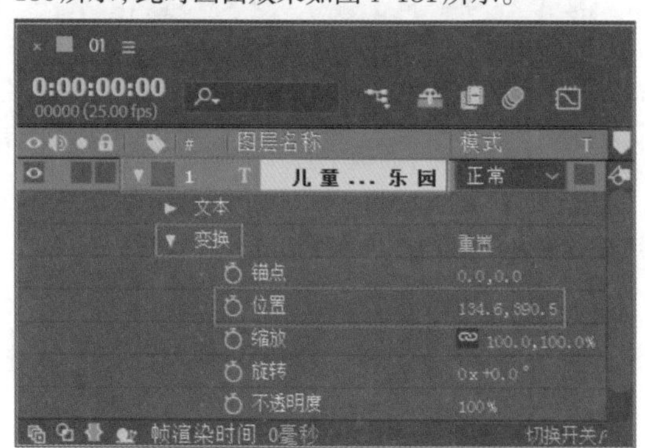

图 4-130

图 4-131

步骤 04 用同样的方法编辑文本“children swimming”，并在【字符】面板中设置【字体系列】为Microsoft Yi Baiti，【字体样式】为Regular，【填充颜色】为黑色，【描边颜色】为无颜色，【字体大小】为50，【行距】为460，【字符间距】为230，设置完成后输入文本“children swimming”，如图4-132所示。

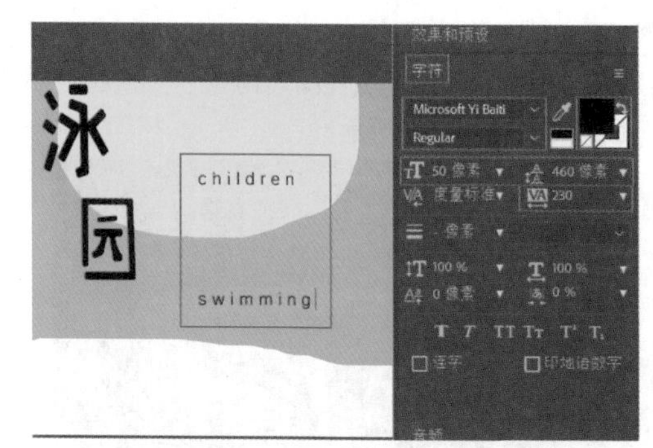

图 4-132

步骤 05 在【时间轴】面板中单击打开children swimming文本图层下方的【变换】，设置【位置】为(888.0,644.0)，如图4-133所示。此时画面效果如图4-134所示。

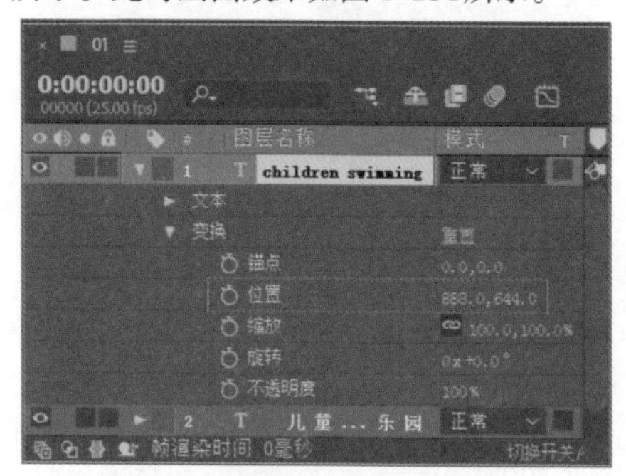

图 4-133

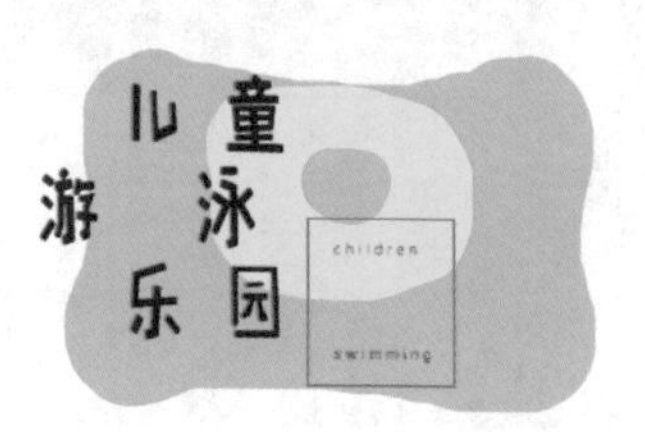

图 4-134

步骤 06 用同样的方法编辑文本“paradise”，并在【字符】面板中设置【字体系列】为站酷快乐体，【填充颜色】为黑色，【描边颜色】为无颜色，【字体大小】为90，【字符间距】为230，【垂直缩放】为150%，设置完成后输入文本“paradise”，如图4-135所示。

图 4-135

步骤 07 在【时间轴】面板中单击打开paradise文本图层下方的【变换】，设置【位置】为(1284.5,1052.0)，如图4-136所示，此时画面效果如图4-137所示。

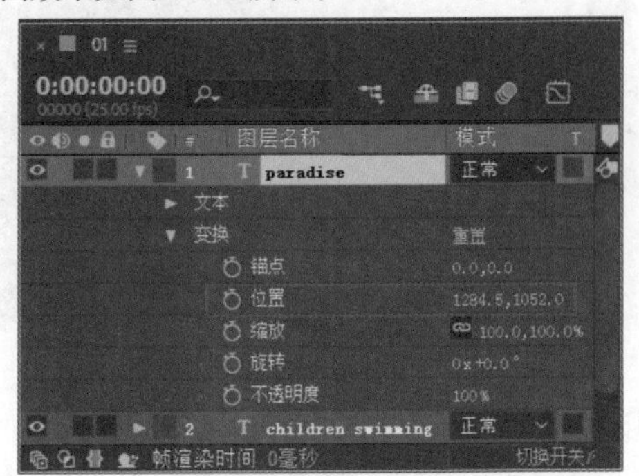

图 4-136

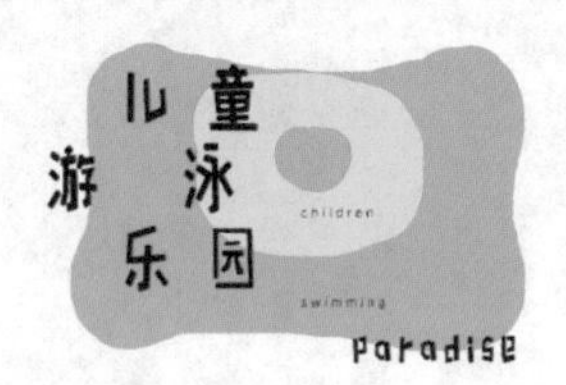

图 4-137

步骤 08 在【项目】面板中将素材1.png拖曳到【时间轴】面板中，如图4-138所示。

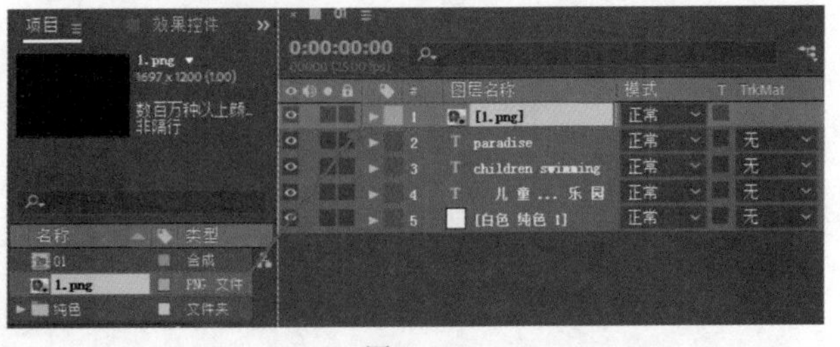

图 4-138

步骤 09 在【时间轴】面板中打开1.png素材图层下方的【变换】，设置【位置】为(848.5,624.0)，【缩放】为(109.0,109.0%)，如图4-139所示。

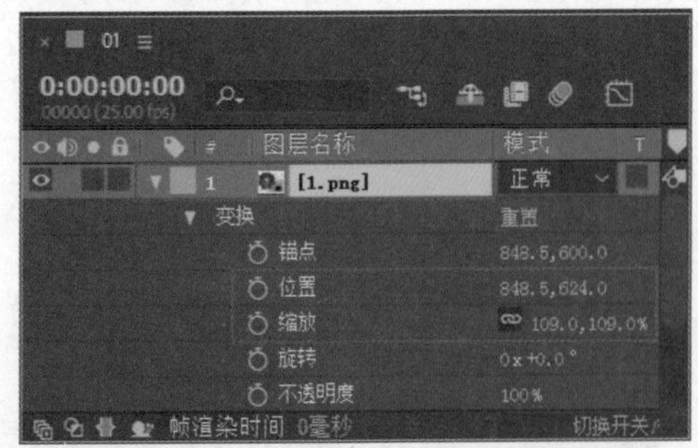

图 4-139

步骤 10 案例最终效果如图4-140所示。

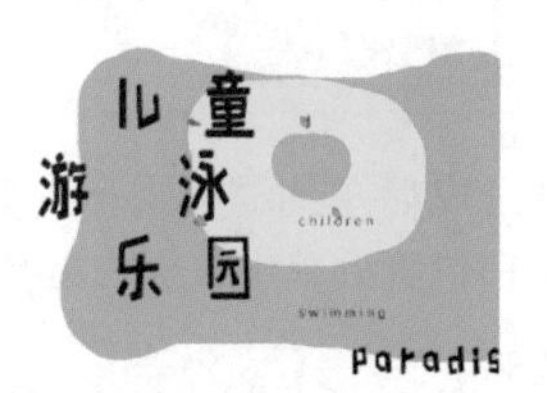

图 4-140

重点 4.4.2 轻松动手学：橡皮擦工具

文件路径：Chapter 04 蒙版工具→轻松动手学：橡皮擦工具

扫一扫，看视频

【橡皮擦工具】可以擦除当前图层的一部分。当使用【橡皮擦工具】绘制蒙版时，可在【画笔】面板中设置合适属性、修改画面大小和形态，其设置方式与【画笔工具】相同。

操作步骤：

步骤 01 选择【新建合成】，导入1.jpg、2.jpg两个素材并将其拖曳到【时间轴】面板中。在【时间轴】面板中选中素材2.jpg，双击打开该图层，如图4-141所示。

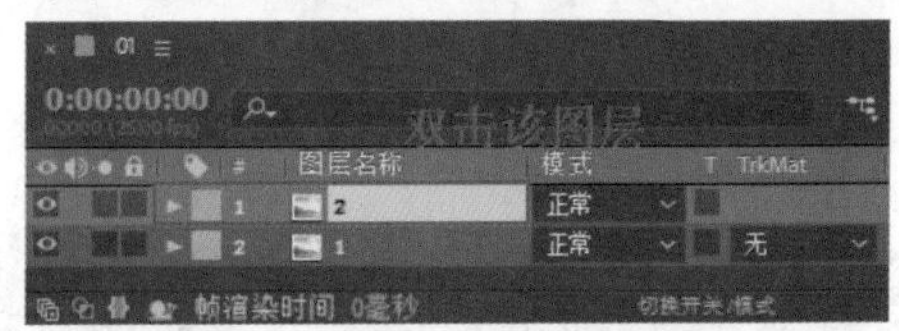

图 4-141

步骤 02 在【时间轴】面板中打开2.jpg素材图层下方的【变换】，设置【位置】为(1262.0,873.0)、【缩放】为(71.0, 71.0%)，如图4-142所示。此时画面效果如图4-143所示。

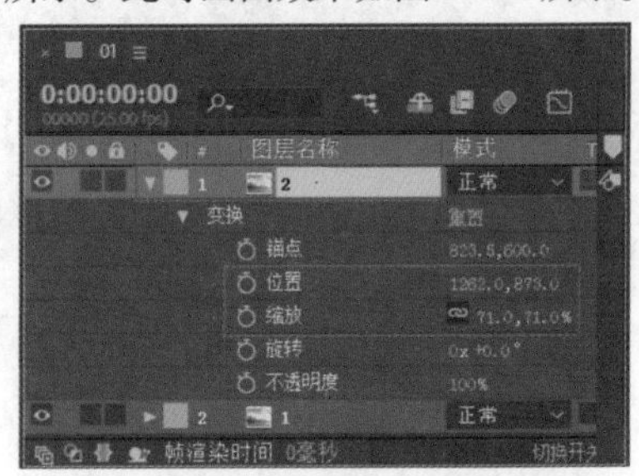

图 4-142

图 4-143

步骤 03 打开【时间轴】面板中1.jpg素材图层下方的【变换】，设置【位置】为(1566, 1307)，【缩放】为(67.0, 67.0%)，如图4-144所示。此时【合成】面板中效果如图4-145所示。

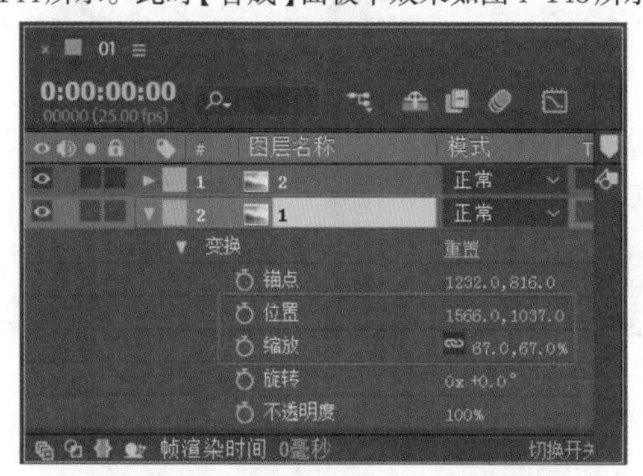

图 4-144

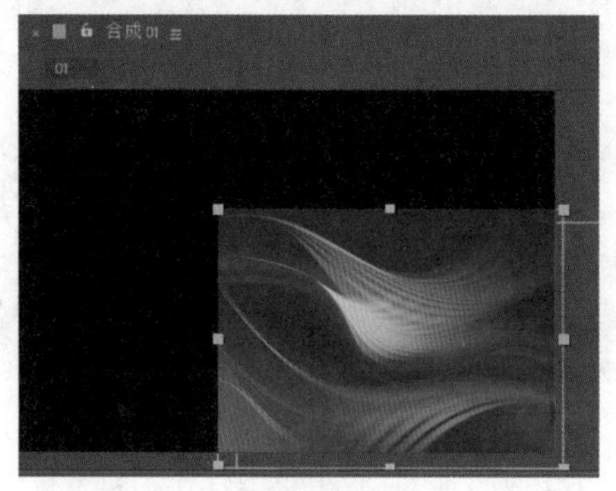

图 4-145

步骤 04 双击【时间轴】面板中的2.jpg素材文件，进入【图层2】面板，然后在工具栏中单击选择【橡皮擦工具】，如图4-146所示。

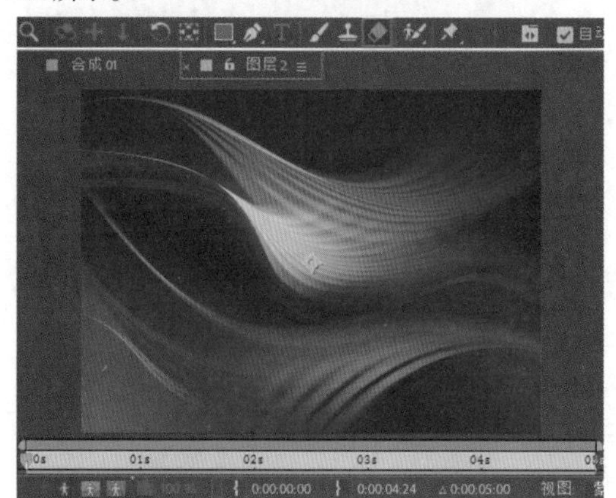

图 4-146

步骤 05 按住鼠标左键在画面中拖曳进行涂抹绘制，如图4-147所示。

步骤 06 绘制完成后单击进入【合成01】面板，如图4-148所示可以看到已经出现了擦除的效果。

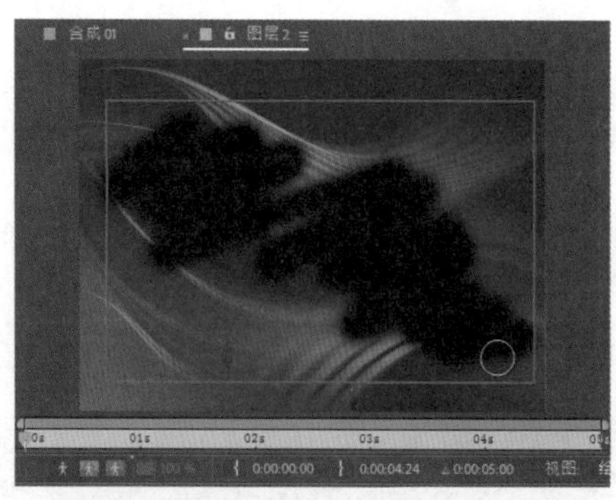

图 4-147

图 4-148

综合实例：使用【形状工具组】制作创意人像合成

文件路径：Chapter 04 蒙版工具→综合实例：使用【形状工具组】制作创意人像合成

本案例将使用【椭圆工具】【钢笔工具】【矩形工具】来制作复杂的蒙版效果，案例效果如图4-149所示。

扫一扫，看视频

图 4-149

操作步骤：

Part 01 制作背景

步骤 01 在【项目】面板中，单击鼠标右键执行【新建合成】命令，在弹出的【合成设置】对话框中设置【合成名称】为01，【预设】为自定义，【宽度】为1200，【高度】为1667，【像素长宽比】为方形像素，【帧速率】为25，【分辨率】为完整，【持续时间】为5秒，单击【确定】按钮。

步骤 02 在菜单栏中执行【文件】/【导入】/【文件】命令，在弹出的【导入文件】对话框中选择所需要的素材，单击【导入】按钮导入素材1.jpg、2.jpg、3.png、4.png。

步骤 03 在【项目】面板中将素材1.jpg拖曳到【时间轴】面板中，如图4-150所示。

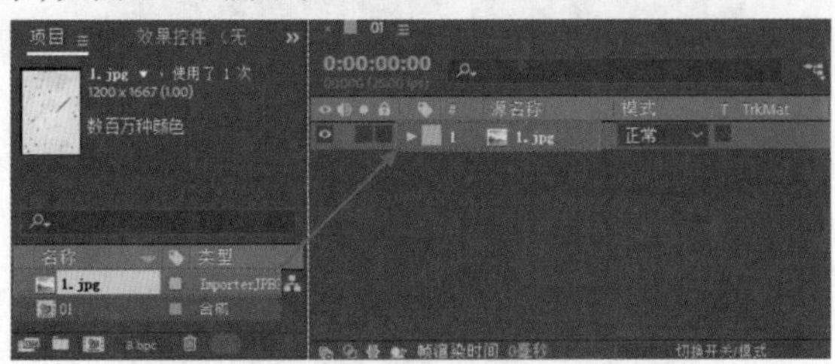

图4-150

步骤 04 在【时间轴】面板中的空白位置处单击鼠标右键执行【新建】/【纯色】命令。

步骤 05 在弹出的【纯色设置】对话框中设置【颜色】为黑色，命名为【黑色 纯色1】，单击【确定】按钮，如图4-151所示。

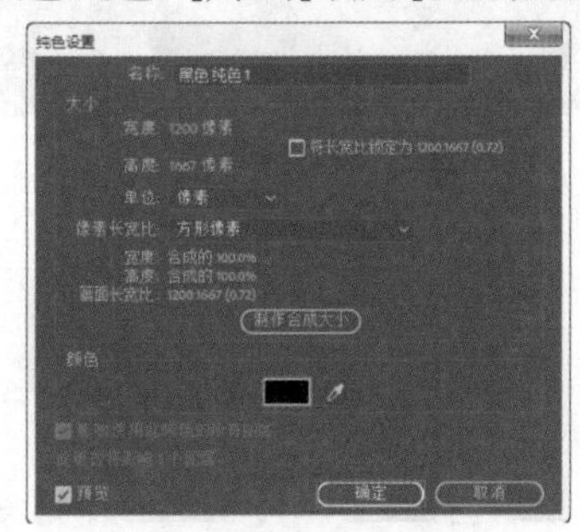

图4-151

步骤 06 在【时间轴】面板中单击选中【黑色 纯色1】图层，在工具栏中长按【形状工具组】，选择【椭圆工具】，在【合成】面板画面中心合适位置处按住Shift键的同时，按住鼠标左键并拖曳至合适大小，得到正圆遮罩。最后使用【工具栏】中的【选取工具】选中并移动其位置，如图4-152所示。

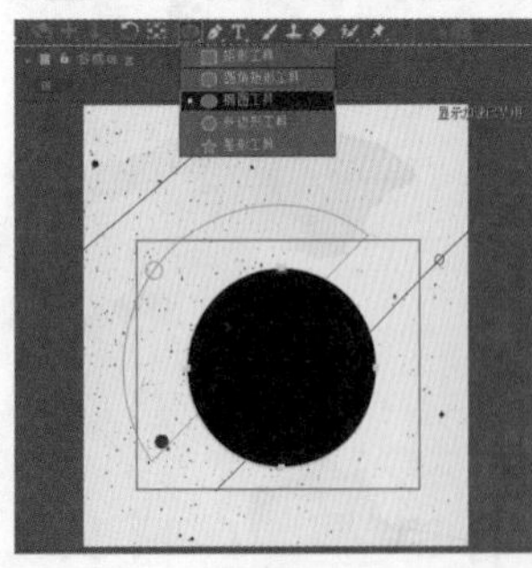

图4-152

步骤 07 保持选中【黑色 纯色1】图层，在工具栏中单击选择【钢笔工具】，在画面中合适位置处绘制合适的遮罩形状，如图4-153所示。使用同样的方法绘制其他遮罩形状，如图4-154所示。

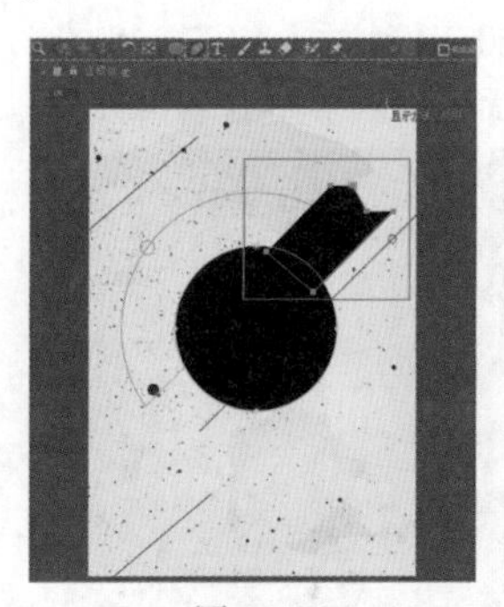

图4-153

图4-154

步骤 08 在【项目】面板中将素材2.jpg拖曳到【时间轴】面板中，如图4-155所示。

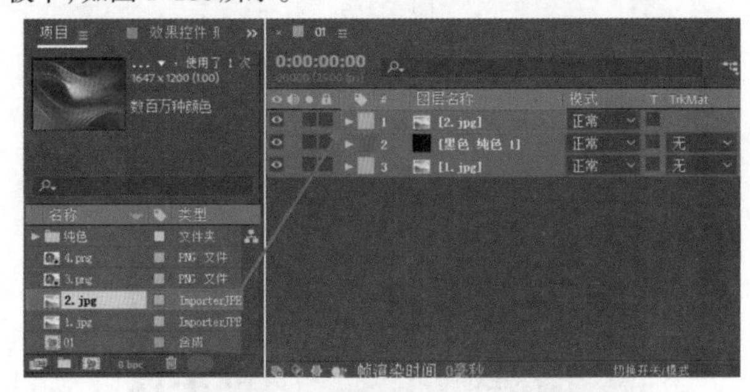

图4-155

步骤 09 在【时间轴】面板中单击打开2.jpg素材图层下方的【变换】，设置【缩放】为(140.8,140.8%)，如图4-156所示。此时画面效果如图4-157所示。

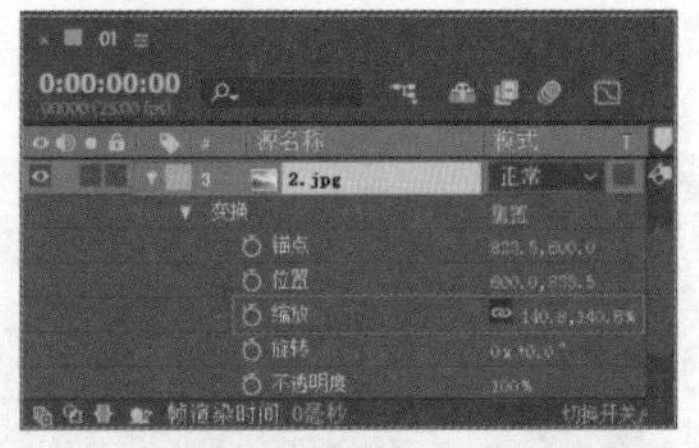

图4-156

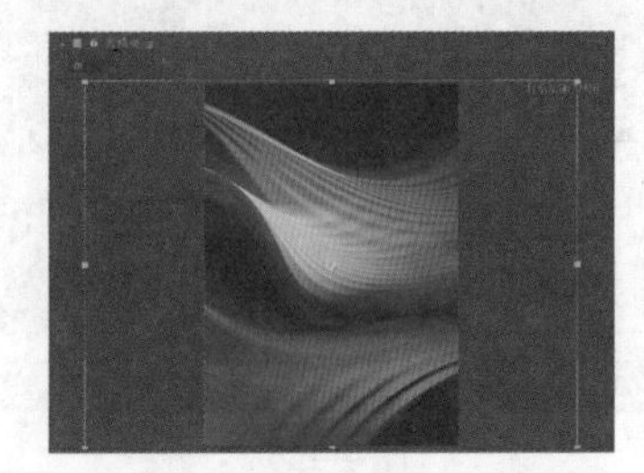

图4-157

步骤 10 在【时间轴】面板中单击选中2.jpg素材图层，然后在工具栏中长按【形状工具组】，选择【椭圆工具】，在画面的中心位置处按住Shift键的同时，按住鼠标左键并拖曳至合适大小，得到的正圆遮罩如图4-158所示。

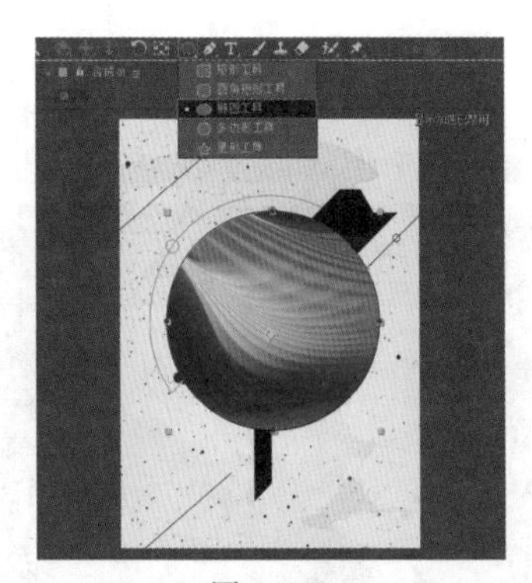

图 4-158

步骤 11 使用同样的方法在画面中心绘制一个较小的正圆，如图4-159所示。

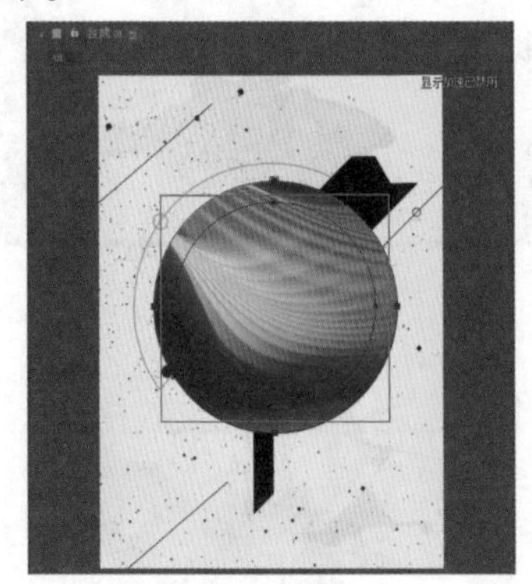

图 4-159

步骤 12 在【时间轴】面板中单击打开2.jpg素材图层下方的【蒙版】/【蒙版2】，设置【模式】为相减，如图4-160所示。此时画面效果如图4-161所示。

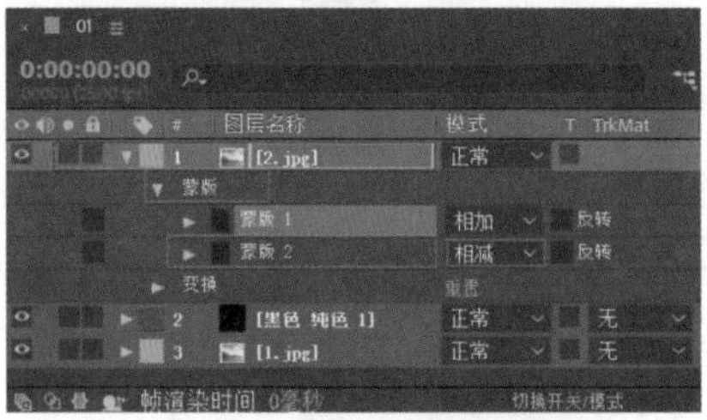

#	图层名称	模式	T	TrkMat
1	[2.jpg]	正常		
	蒙版			
	蒙版 1	相加	反转	
	蒙版 2	相减	反转	
	变换	重置		
2	[黑色 纯色 1]	正常		无
3	[1.jpg]	正常		无

图 4-160

图 4-161

步骤 13 保持选中2.jpg素材图层，在工具栏中单击选择【矩形工具】，然后在画面环形下方合适位置处按住鼠标左键并拖曳至合适大小，如图4-162所示。

步骤 14 在工具栏中单击选择【钢笔工具】，然后在画面中合适位置处进行绘制，如图4-163所示。使用同样的方法继续使用【钢笔工具】，在画面中绘制其他遮罩形状，如图4-164所示。

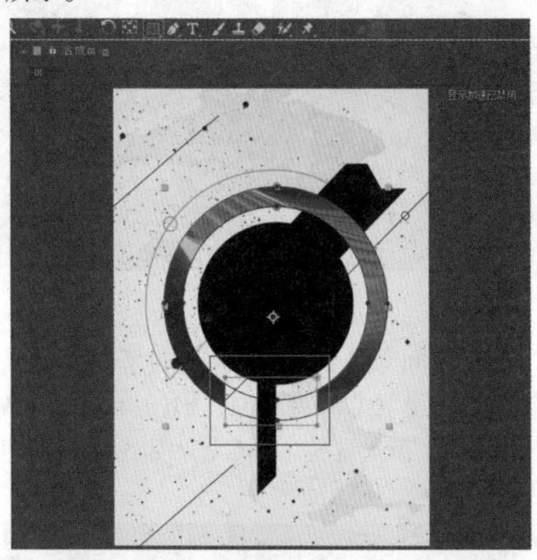

图 4-162

图 4-163

图 4-164

Part 02　制作主体图像

步骤 01 在【项目】面板中将素材3.png拖曳到【时间轴】面板中，如图4-165所示。

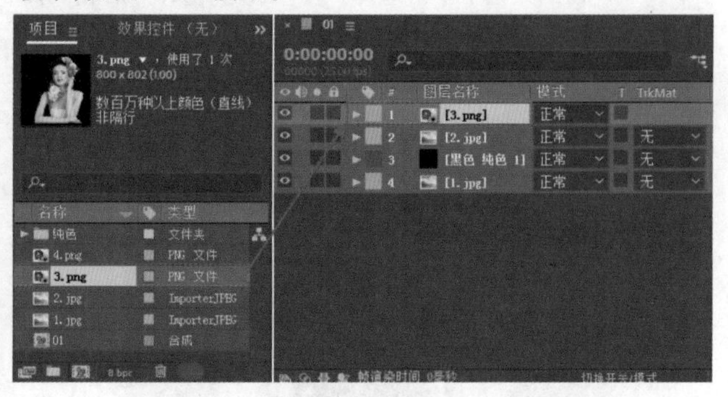

图 4-165

步骤 02 在【时间轴】面板中单击打开3.png素材图层下方的【变换】，设置【位置】为(521.0,826.5)，【缩放】为(135.0,135.0%)，【旋转】为(0x+2°)，如图4-166所示。此时画面效果如图4-167所示。

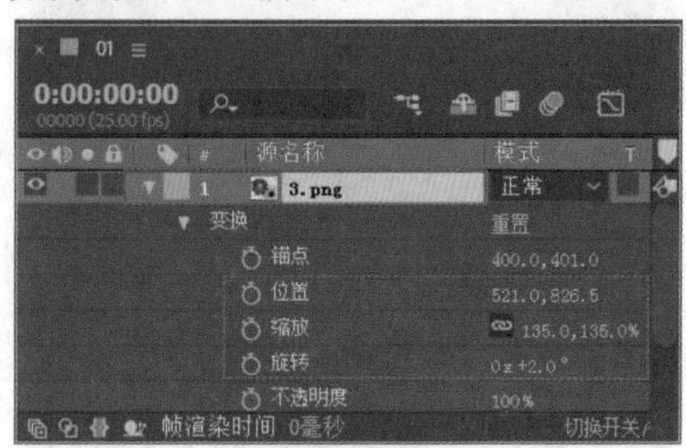

图 4-166

图 4-167

步骤 03 在【时间轴】面板中单击选中3.png素材图层，然后在工具栏中单击长按【形状工具组】，选择【椭圆工具】，接着在画面中的中心位置处按住Shift键的同时，按住鼠标左键并拖曳绘制一个与下方黑色正圆大小相等的正圆遮罩，如图4-168所示。按住Shift键的同时，单击正圆上方的锚点，松开Shift键并调整遮罩形状，如图4-169所示。

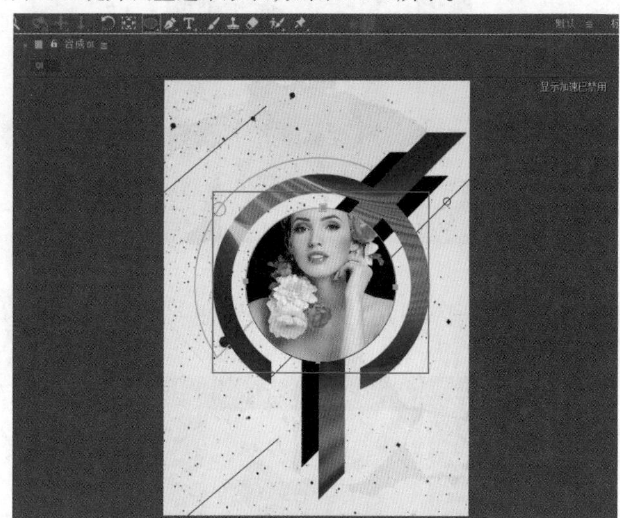

图 4-168

图 4-169

步骤 04 在【项目】面板中将素材4.png拖曳到【时间轴】面板中，如图4-170所示。

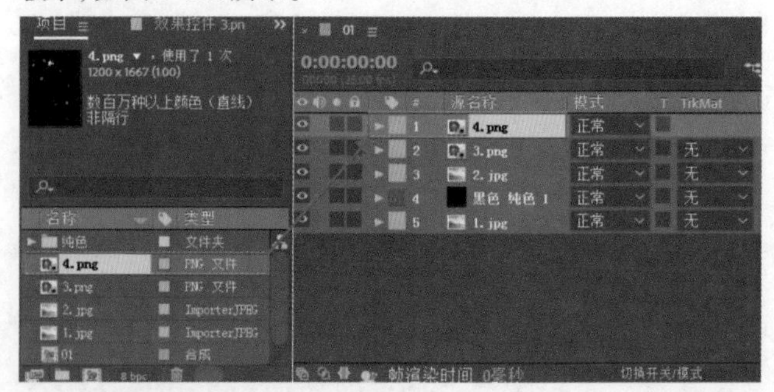

图 4-170

步骤 05 案例最终效果如图4-171所示。

图 4-171

综合实例：使用【椭圆工具】和【钢笔工具】制作儿童电视栏目包装

文件路径：Chapter 04 蒙版工具→综合实例：使用【椭圆工具】和【钢笔工具】制作儿童电视栏目包装

本案例会使用【椭圆工具】和【钢笔工具】制作复杂的蒙版，并设置不透明度使其产生混合叠加效果。案例效果如图4-172所示。

图 4-172

扫一扫，看视频

操作步骤：

Part 01 制作画面主体部分

步骤 01 在【项目】面板中单击鼠标右键执行【新建合成】命令，在弹出的【合成设置】对话框中设置【合成名称】为01，【宽度】为1500，【高度】为1066，【像素长宽比】为方形像素，【帧速率】为25，【分辨率】为完整，【持续时间】为5秒，【背景颜色】为浅色青色，单击【确定】按钮。

步骤 02 在菜单栏中执行【文件】/【导入】/【文件】命令，在弹出的【导入文件】对话框中选择所需要的素材，单击【导入】按钮导入素材1.jpg、2.jpg、3.png、4.png。

步骤 03 在【项目】面板中将素材1.jpg拖曳到【时间轴】面板中，如图4-173所示。

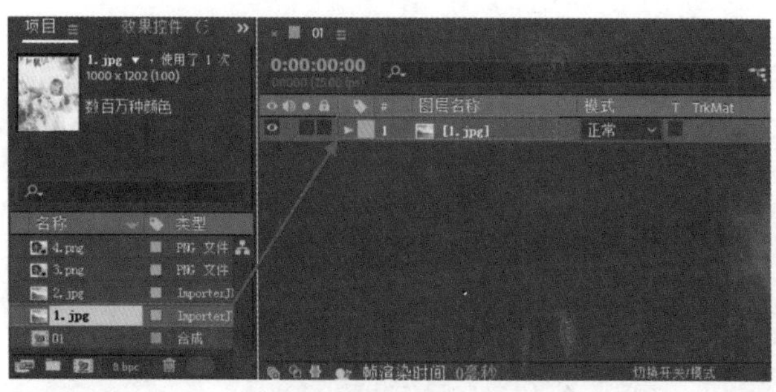

图 4-173

步骤 04 在【时间轴】面板中单击打开1.jpg素材图层下方的【变换】，设置【位置】为(705.0,405.0)，如图4-174所示。此时画面效果如图4-175所示。

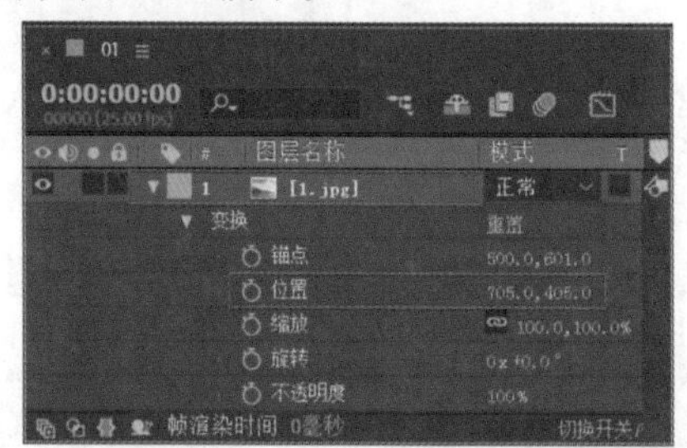

图 4-174

图 4-175

步骤 05 选中1.jpg素材图层，在工具栏中长按【形状工具组】，选择【椭圆工具】，在画面中合适位置处按住Shift键的同时，按住鼠标左键并拖曳至合适大小，得到正圆遮罩，如图4-176所示。

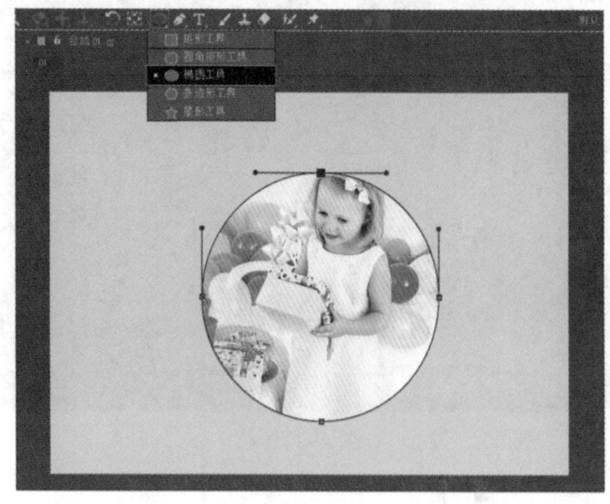

图 4-176

步骤 06 选中1.jpg素材图层，单击工具栏中的【钢笔工具】，在画面中人物头像位置处，沿边缘进行绘制，得到头部遮罩，如图4-177所示。

图 4-177

步骤 07 在【项目】面板中将素材1.jpg拖曳到【时间轴】面板中，如图4-178所示。

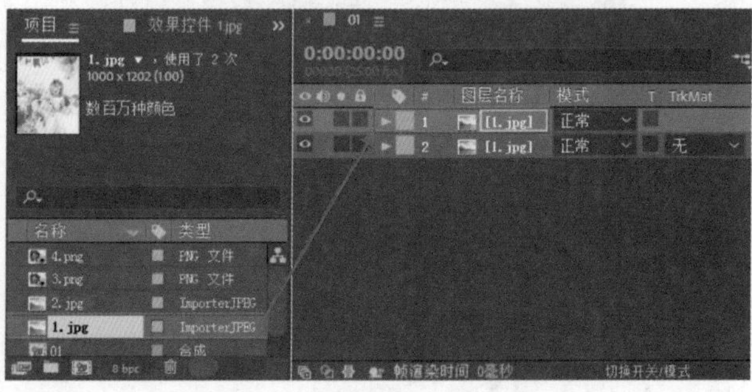

图 4-178

步骤 08 在【时间轴】面板中单击打开1.jpg素材图层下方的【变换】，设置【位置】为(694.0,644.5)，【缩放】为(52.5,52.5%)，如图4-179所示。此时画面效果如图4-180所示。

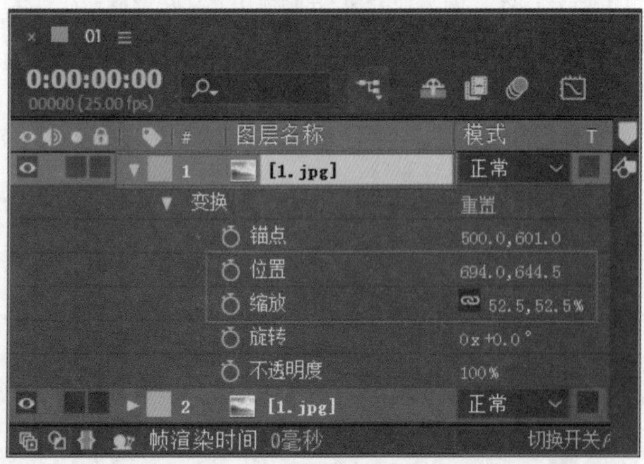

图 4-179

图 4-180

步骤 09 在【时间轴】面板中单击选中1.jpg素材图层，然后在工具栏中长按【形状工具组】，选择【椭圆工具】，在画面的合适位置处按住Shift键的同时，按住鼠标左键并拖曳至合适大小，得到正圆遮罩，如图4-181所示。

步骤 10 在【项目】面板中将素材2.jpg拖曳到【时间轴】面板中，如图4-182所示。

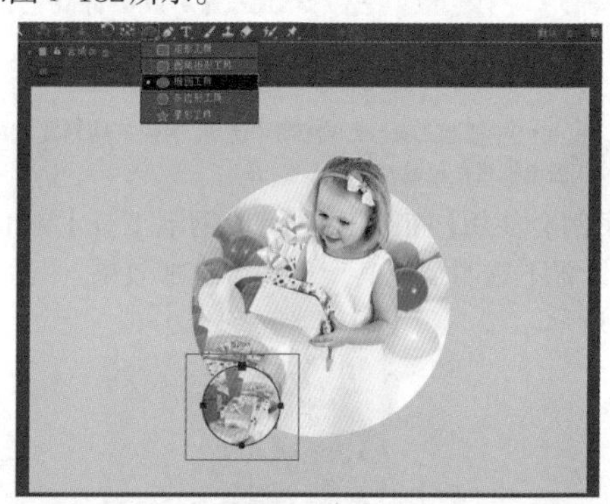

图 4-181

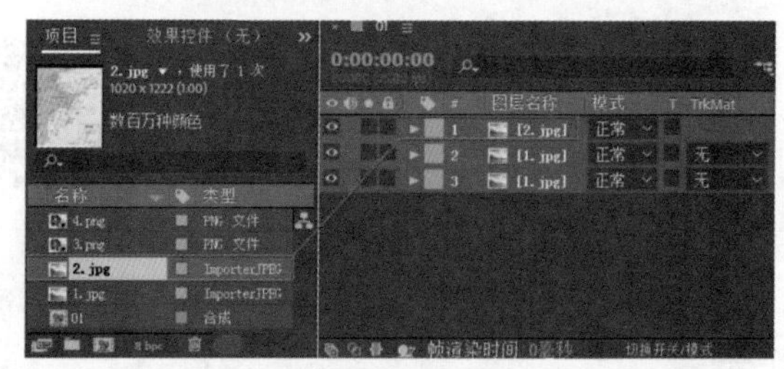

图 4-182

步骤 11 在【时间轴】面板中单击打开2.jpg素材图层下方的【变换】，设置【位置】为(354.0,855.0)，【缩放】为(37.3,37.3%)，如图4-183所示。此时画面效果如图4-184所示。

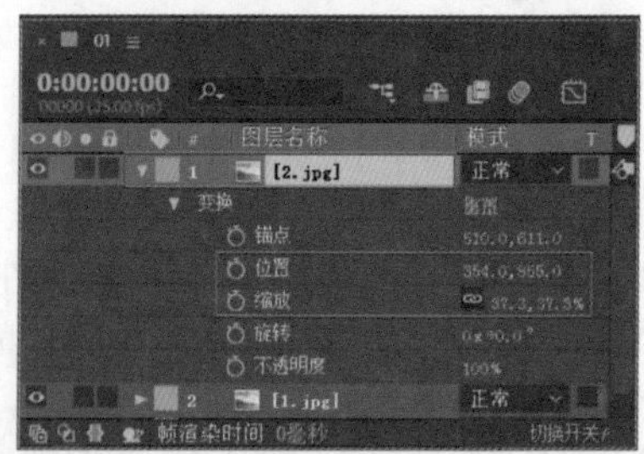

图 4-183

图 4-184

步骤 12 选中2.jpg素材图层，然后在工具栏中长按【形状工具组】，选择【椭圆工具】，接着在画面中2.jpg素材合适位置处按住Shift键的同时，按住鼠标左键并拖曳至合适大小，得到正圆遮罩，如图4-185所示。

图 4-185

Part 02 绘制正圆色块

步骤 01 在【时间轴】面板中的空白位置处单击，不选中任何图层。然后在工具栏中单击长按【形状工具组】，选择【椭圆工具】，并设置【填充】为白色，【描边】为，设置完成后在画面中的合适位置处按住Shift键的同时单击鼠标左键并拖曳至合适大小，得到正圆形状，命名为【形状图层1】，如图4-186所示。

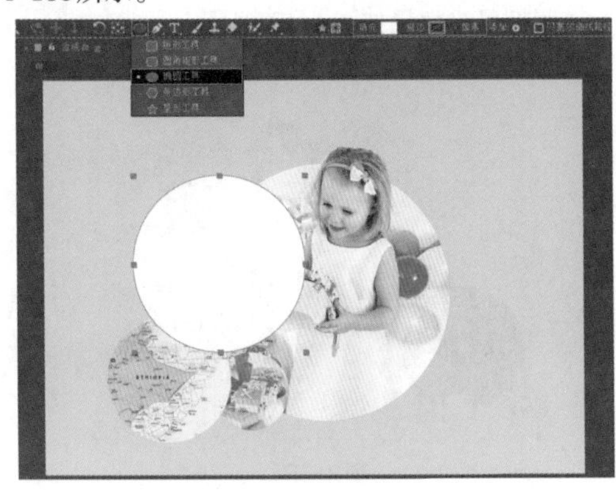

图 4-186

步骤 02 在【时间轴】面板中单击打开【形状图层1】下方的【内容】，设置【椭圆1】/【变换：椭圆1】下方的【不透明度】为30%，如图4-187所示。

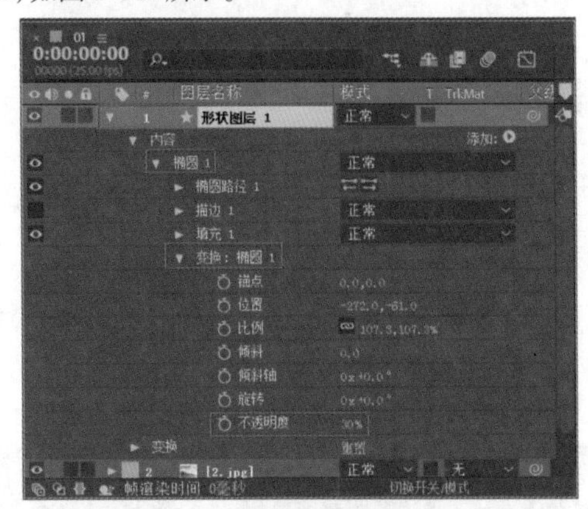

图 4-187

步骤 03 此时画面效果如图4-188所示。

图 4-188

步骤 04 继续在【时间轴】面板中的空白位置处单击，不选中任何图层。使用【椭圆工具】，在工具栏中设置【填充】为红色，【描边】为，设置完成后在画面中人物右上方合适位置处按住Shift键的同时，按住鼠标左键并拖曳至合适大小，得到正圆形状，如图4-189所示。

图 4-189

步骤 05 使用同样的方法继续创建出红色和黑色的形状，如图4-190和图4-191所示。

图 4-190

图 4-191

步骤 06 在【时间轴】面板中单击打开【形状图层1】下方的【内容】，设置【椭圆3】/【变换：椭圆3】下方的【不透明度】为50%，如图4-192所示，此时画面效果如图4-193所示。

图 4-192

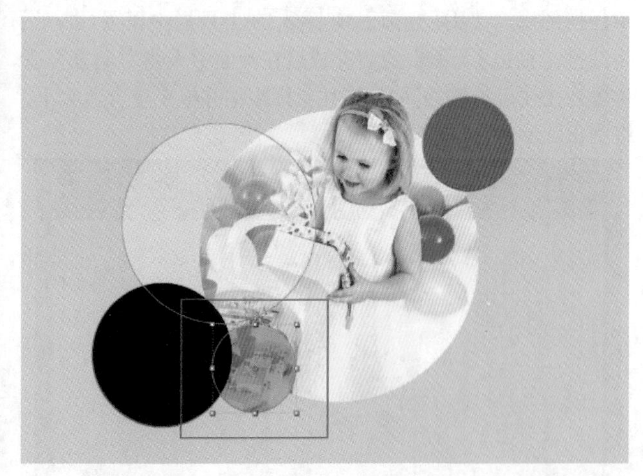
图 4-193

步骤 07 设置【椭圆4】/【变换：椭圆4】的【不透明度】为75%，如图4-194所示。此时画面效果如图4-195所示。

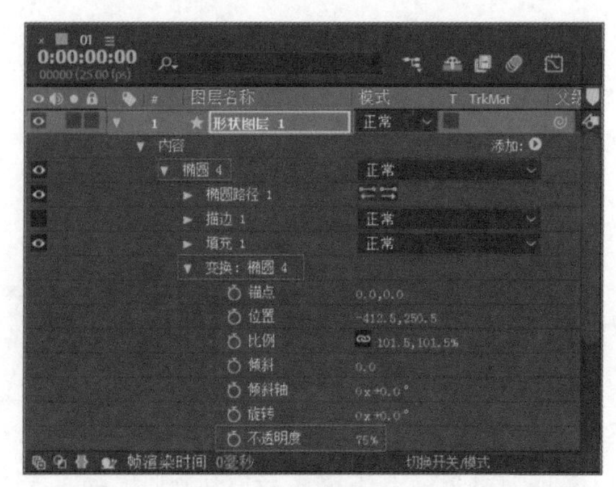

图 4-194

图 4-195

步骤 08 在【项目】面板中将素材3.png和4.png拖曳到【时间轴】面板中，如图4-196所示。

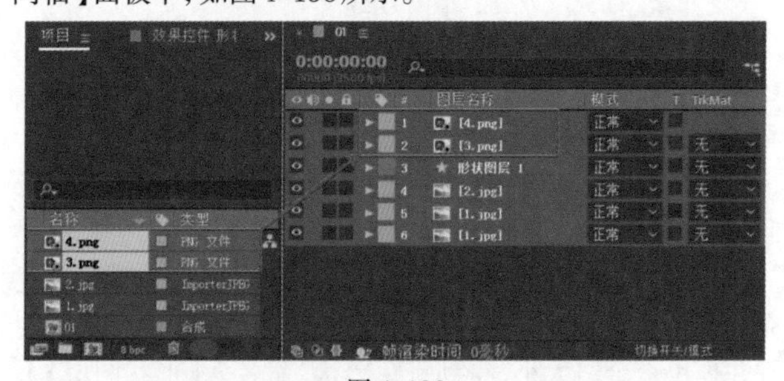

图 4-196

步骤 09 案例最终效果如图4-197所示。

图 4-197

扫一扫，看视频

创建动画

本章内容简介：

动画是一门综合艺术，它融合了绘画、漫画、电影、数字媒体、摄影、音乐、文学等艺术学科，给观者带来更多的视觉体验。在After Effects中，可以为图层添加关键帧动画，使其产生基本的位置、缩放、旋转、不透明度等动画效果，还可以为素材已经添加的效果设置关键帧动画。

重点知识掌握：

- 了解关键帧动画
- 创建关键帧动画
- 编辑关键帧动画
- 使用关键帧动画制作作品

优秀作品欣赏

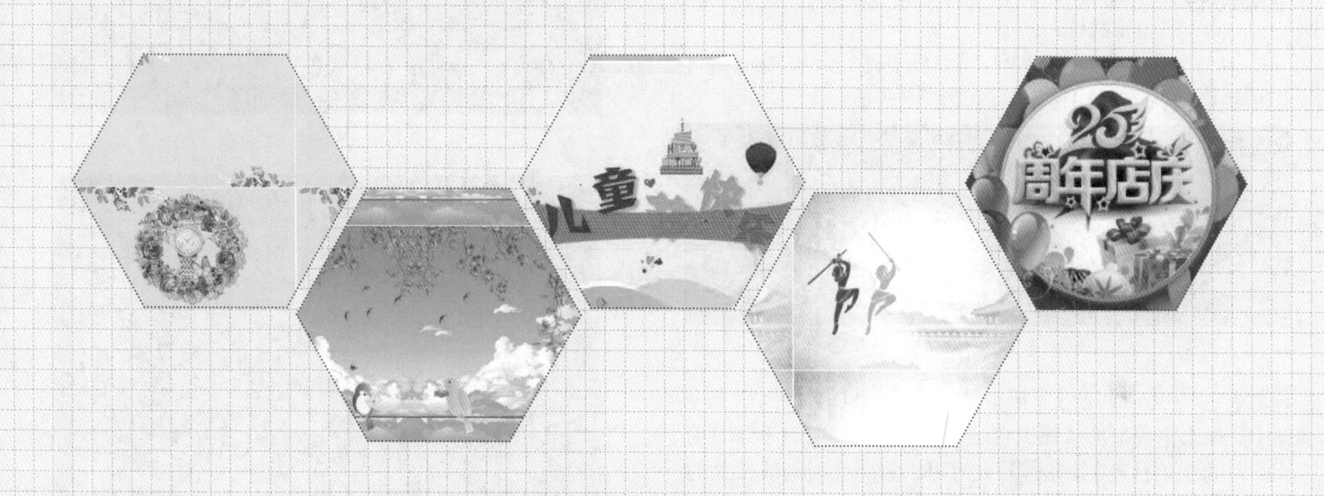

5.1 了解关键帧动画

关键帧动画通过为素材的不同时刻设置不同的属性，使之展示过程中产生了动画的变换效果。

5.1.1 什么是关键帧

“帧”是动画中的单幅影像画面，是最小的计量单位。影片是由一幅幅连续的图片组成的，每幅图片就是一帧，PAL制式每秒25帧，NTSC制式每秒30帧。而“关键帧”是指动画上关键的时刻。至少要有两个关键时刻，才能构成动画。此外，还可以通过设置动作、效果、音频及其他属性参数使画面形成连贯的动画效果。如图5-1和图5-2所示。

图5-1

图5-2

重点 5.1.2 轻松动手学：关键帧动画创建步骤

文件路径：Chapter 05 创建动画→轻松动手学：关键帧动画创建步骤

扫一扫，看视频

步骤01 导入一个素材层，执行【文件】/【导入】/【文件】命令，在弹出的【导入文件】对话框中选择所需素材，单击【导入】按钮导入1.jpg和2.png素材。

步骤02 在【项目】面板中将1.jpg和2.png素材图层拖曳到【时间轴】面板中，如图5-3所示。

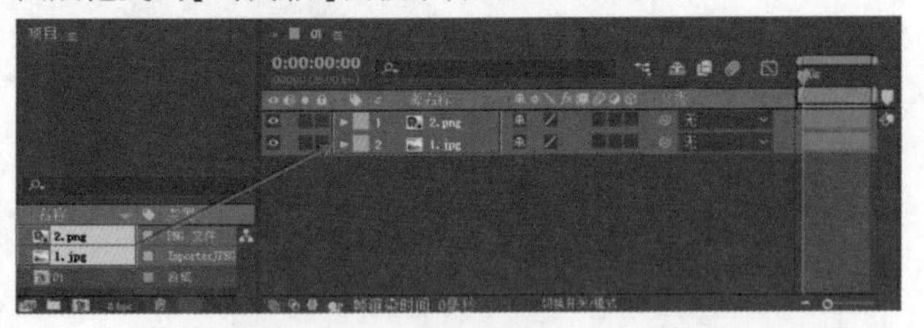

图5-3

步骤03 在【时间轴】面板中单击打开2.png素材图层下方的【变换】，并将时间线拖曳至起始帧位置处，单击【位置】前的【时间变化秒表】按钮，此时可以看到在时间线所处的位置会自动出现一个关键帧，如图5-4所示。设置【位置】为(-487.5,-215.0)。再将时间线拖曳至2秒位置处，设置【位置】为(487.5,485.0)。此时可以看到在相应位置处自动出现了一个关键帧，如图5-5所示。

图5-4

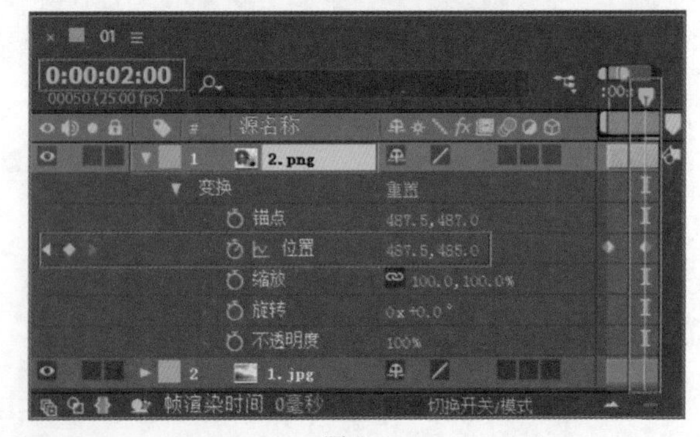

图5-5

步骤04 拖曳时间线查看此时画面效果，如图5-6所示。

图 5-6

重点 5.1.3 认识【时间轴】面板与动画相关的工具

1. 拖曳时间线

在【时间轴】面板中,按住鼠标左键并拖曳时间线即可移动时间线的位置,如图5-7和图5-8所示。

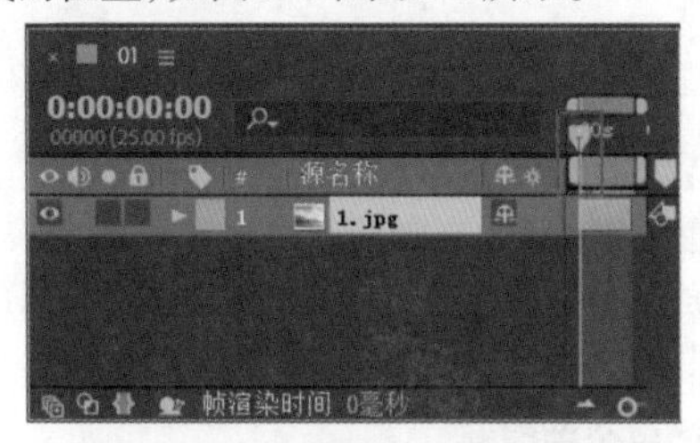

图 5-7

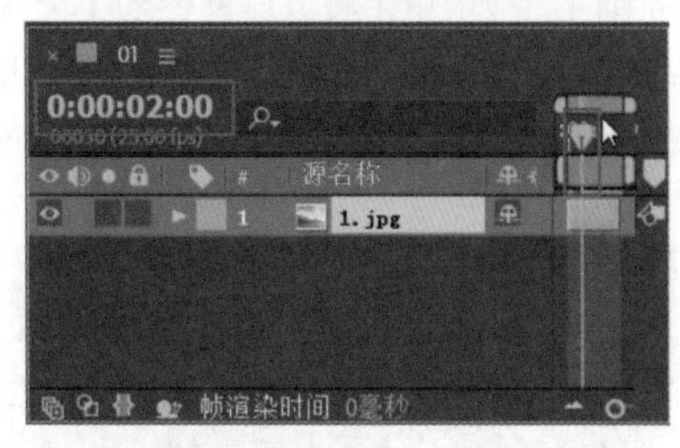

图 5-8

2. 快速跳转到某一帧

在【时间轴】面板左上角单击即可输入时间,输入完成后右侧的时间线会自动跳转到该时刻,如图5-9所示。图5-10所示为小时、分钟、秒、帧的显示。

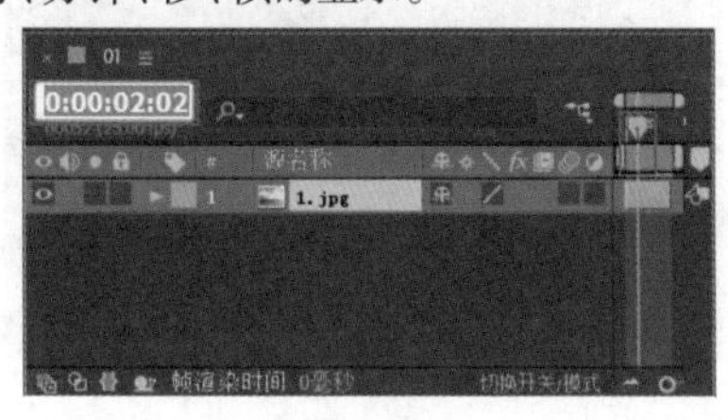

图 5-9

小时 分钟 秒 帧

1:01:02:02

图 5-10

3. 快捷键前一帧、后一帧

在【时间轴】面板中按键盘上的Page Up键会将时间轴向前跳转一帧,按键盘上的Page Down键会将时间轴向后跳转一帧,如图5-11和图5-12所示。

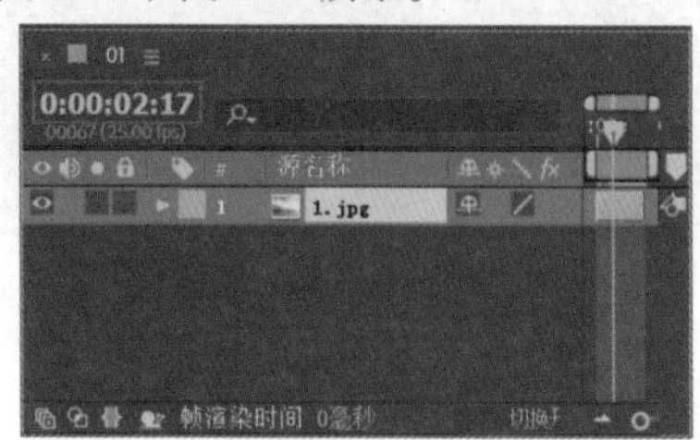

图 5-11

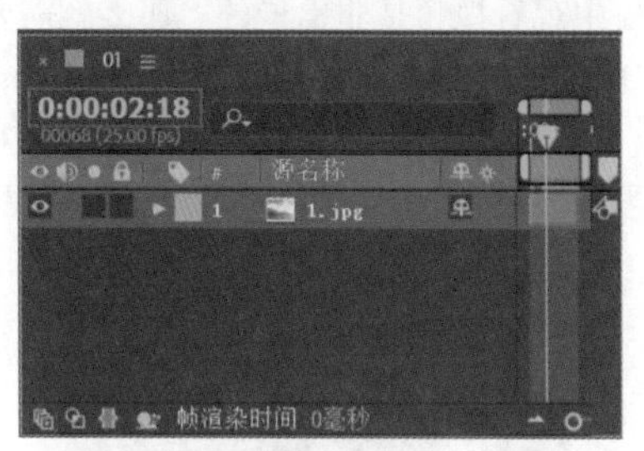

图 5-12

4. 缩小时间,放大时间

多次单击【放大时间】按钮,即可将每帧之间的间隔放大,从而可以看到该时间线附近更细致的时间,如图5-13和图5-14所示。同样,若单击【缩小时间】按钮,即可将时间线缩小。

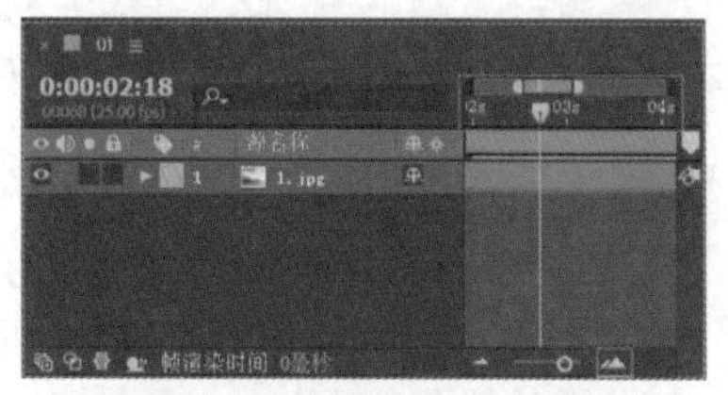

图 5-13

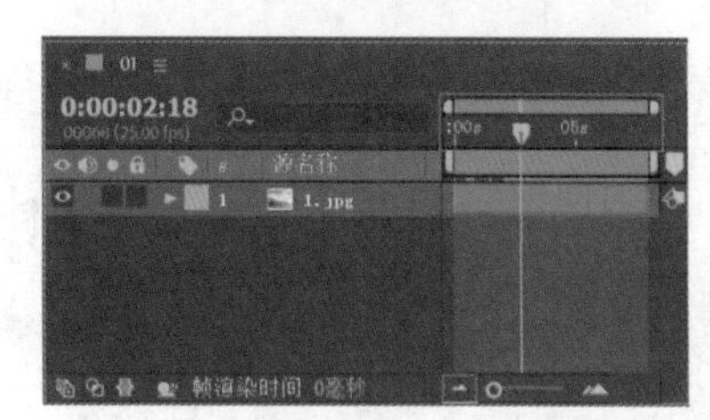

图 5-14

5. 播放和暂停视频

在【时间轴】面板中按空格键即可看到【合成】面板中的视频进行播放和暂停。如果文件制作相对简单，播放效果是很流畅的。但是如果文件制作非常复杂，按空格键无法流畅地观看视频效果时，可以按小键盘上的0键，当时间轴全部变为绿色时，此时的视频播放是非常流畅的，如图5-15所示。

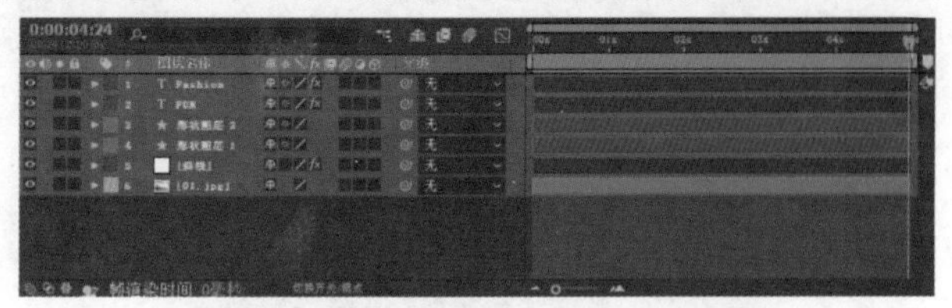

图5-15

6. 视频预览更流畅

当制作的文件特效比较多或文件素材尺寸较大时，在【合成】面板中观看视频是非常卡的。那么就需要在【合成】面板中将【放大率弹出式菜单】和【分辨率/向下采样系数弹出式菜单】设置得更小些，这样播放时较调整之前相比视频会变得更加流畅，如图5-16所示。

图5-16

【重点】5.2 创建关键帧动画

扫一扫，看视频

步骤 01 在【时间帧】面板中将时间线拖曳至合适位置处，然后单击【属性】前的【时间变化秒表】按钮，此时在【时间帧】面板中的相应位置处就会自动出现一个关键帧，如图5-17所示。

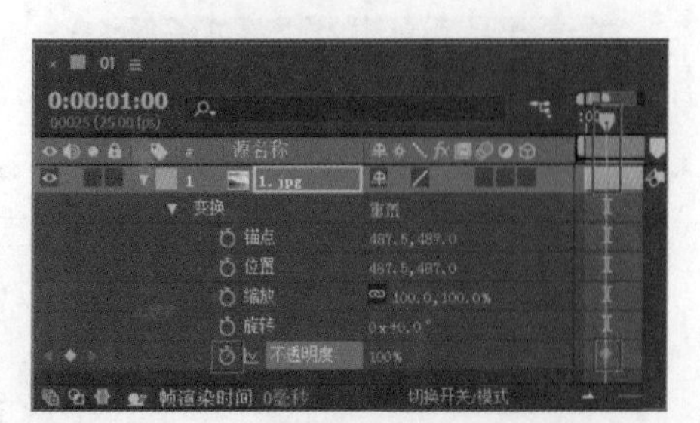

图5-17

步骤 02 再将时间线拖曳至另一合适位置处，设置【属性】参数，此时在【时间帧】面板中的相应位置处就会再次自动出现一个关键帧，进而使画面形成动画效果，如图5-18所示。

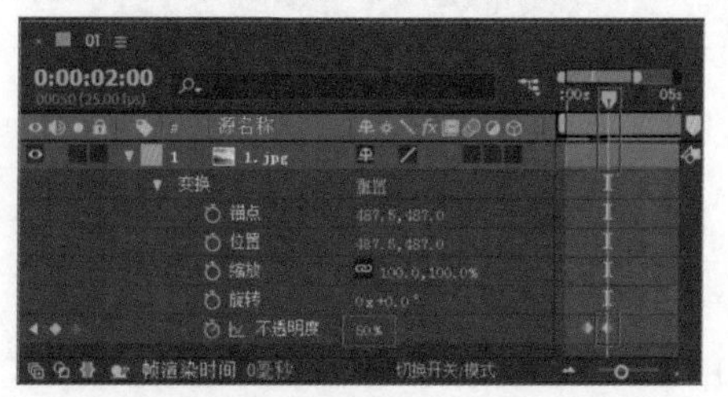

图5-18

【重点】5.3 关键帧的基本操作

在制作动画的过程中，掌握了关键帧的应用，就相当于掌握了动画的基础和关键。而在创建关键帧后，我们还可以通过一些关键帧的基本操作来调整当前的关键帧状态，以使增强画面视感，使画面达到更为流畅、更加赏心悦目的视觉效果。

5.3.1 移动关键帧

在设置关键帧后，当画面效果过于急促或缓慢时，可在【时间轴】面板中对相应关键帧进行适当移动，以此调整画面的视觉效果，使画面更为完美。

1. 移动单个关键帧

在【时间轴】面板中单击打开已经添加了关键帧的属性，将光标定位在需要移动的关键帧上，然后按住鼠标左键并拖曳至合适位置处，释放鼠标即完成移动操作，如图5-19和图5-20所示。

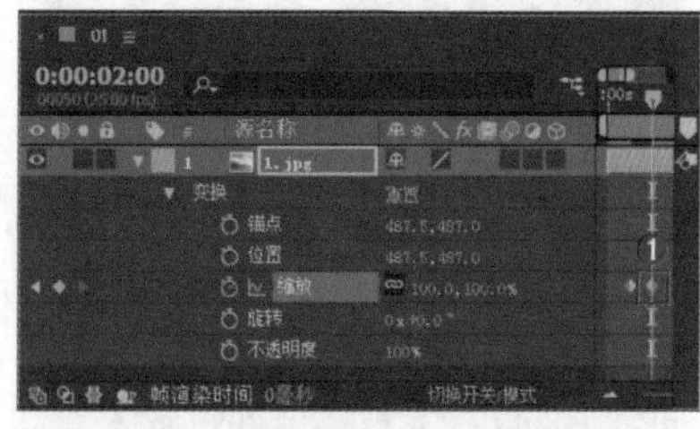

图5-19

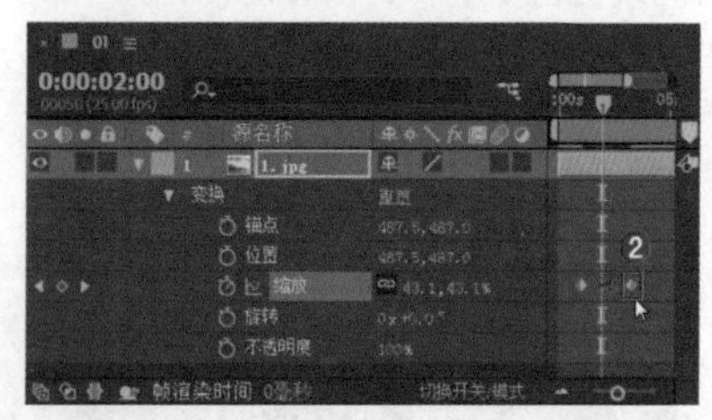

图5-20

2. 移动多个关键帧

在【时间轴】面板中单击打开已经添加关键帧的属性，然后按住鼠标左键并拖曳对关键帧进行框选，如图5-21所示。再将光标定位在任意选中的关键帧上，按住鼠标左键并拖曳至合适位置处，释放鼠标即完成移动操作，如图5-22所示。

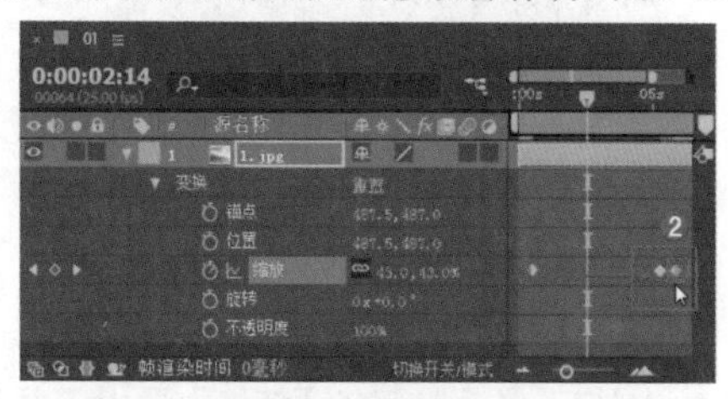

图5-21

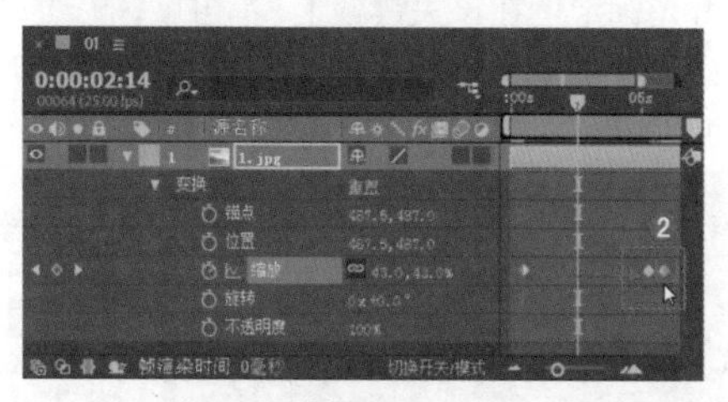

图5-22

当需要移动的关键帧不相连时，在按住Shift键的同时依次单击选中需要移动的关键帧，如图5-23所示。再将光标定位在任意选中的关键帧上，按住鼠标左键并拖曳至合适位置处，释放鼠标即完成移动操作，如图5-24所示。

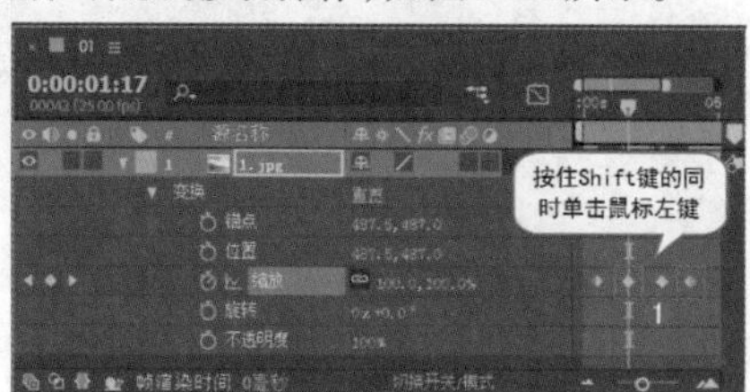

图5-23

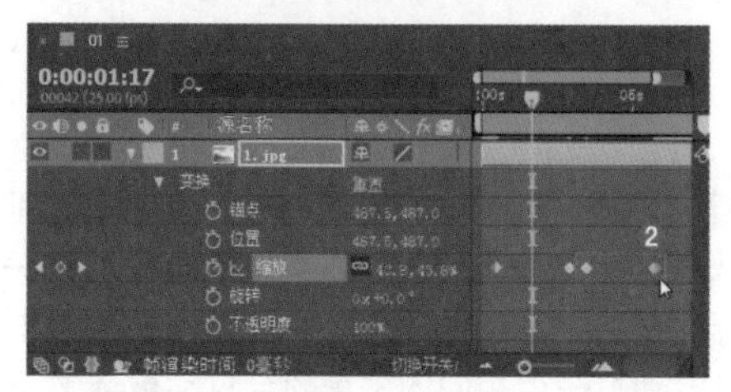

图5-24

5.3.2 复制关键帧

设置完成关键帧后，在【时间轴】面板中单击打开已经添加关键帧的属性，并将时间线拖曳至需要复制关键帧的位置处，然后选中需要复制的关键帧，如图5-25所示。接着使用【复制】【粘贴】快捷键Ctrl+C、Ctrl+V，此时在时间线相应位置处得到相同关键帧，如图5-26所示。

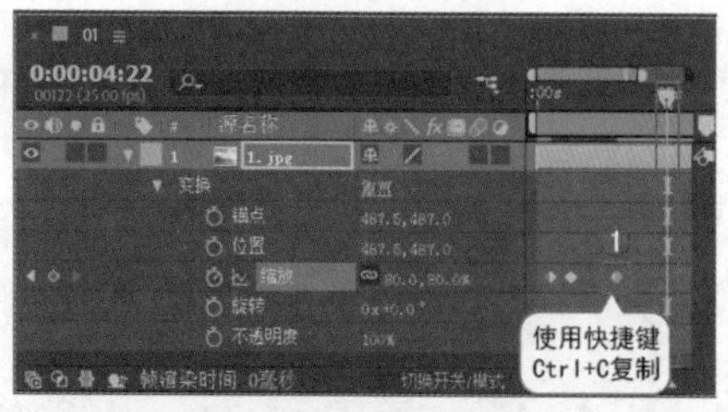

图5-25

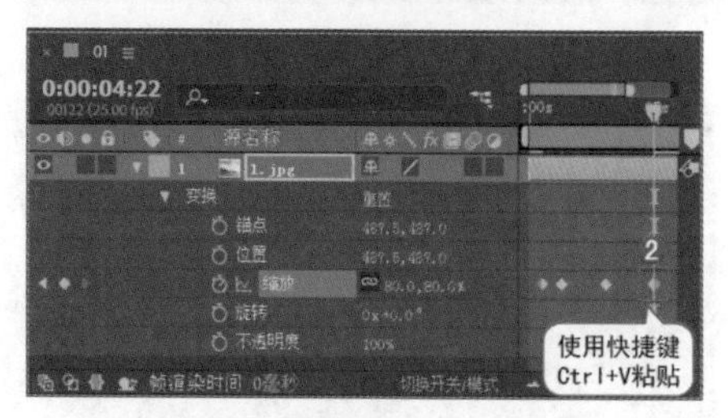

图5-26

5.3.3 删除关键帧

删除关键帧的方法有以下两种。

方法1：使用快捷键直接删除

设置关键帧后，在【时间轴】面板中打开已经添加关键帧的属性，单击选中需要删除的关键帧，如图5-27所示。按Delete键即可删除当前选中的关键帧，如图5-28所示。

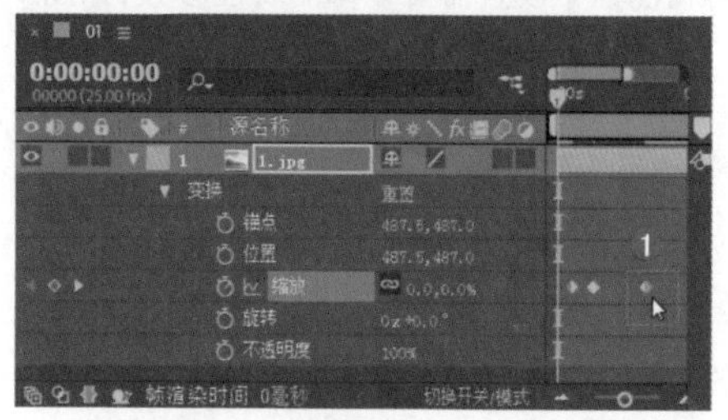

图5-27

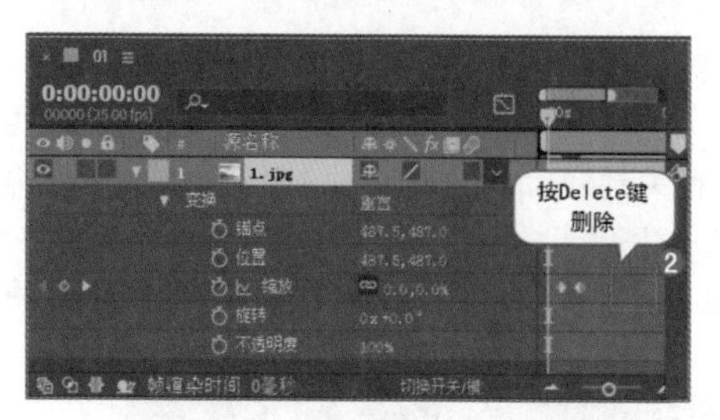

图5-28

方法2：手动删除

在【时间轴】面板中将时间线拖曳至需要删除的关键帧位置处，如图5-29所示，然后单击【属性】前的【在当前时间添加或移除关键帧】按钮 即可删除当前时间线下的关键帧，如图5-30所示。

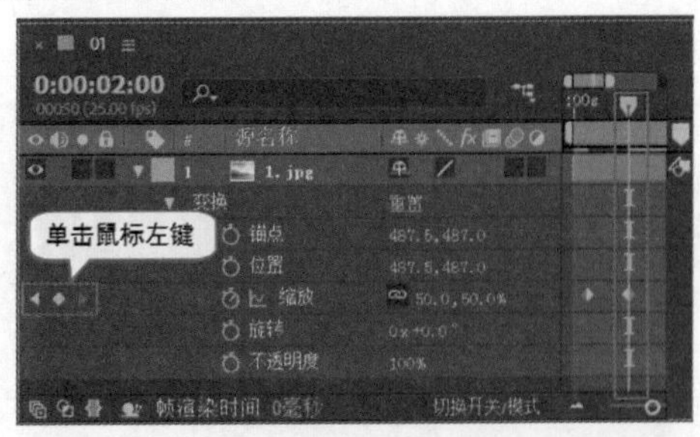

图 5-29

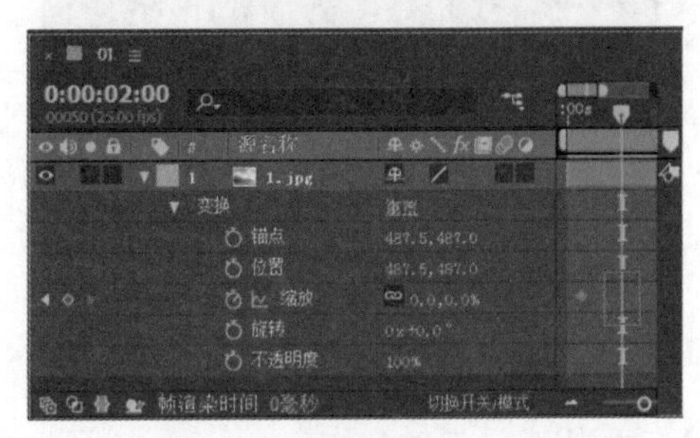

图 5-30

5.4 编辑关键帧

设置关键帧后，在【时间轴】面板中单击选中需要编辑的关键帧，并将光标定位在该关键帧上，单击鼠标右键即可在弹出的属性栏中设置需要编辑的属性参数，如图5-31所示。

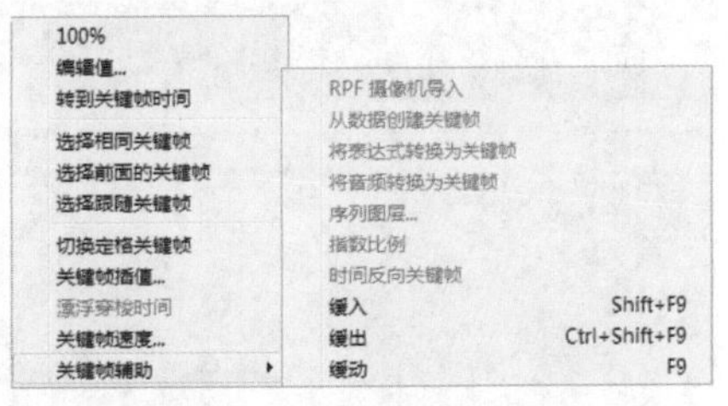

图 5-31

5.4.1 编辑值

设置关键帧后，在【时间轴】面板中单击选中需要编辑的关键帧，并将光标定位在该关键帧上，单击鼠标右键，在弹出的【属性】面板中设置相关属性参数，如图5-32和图5-33所示。

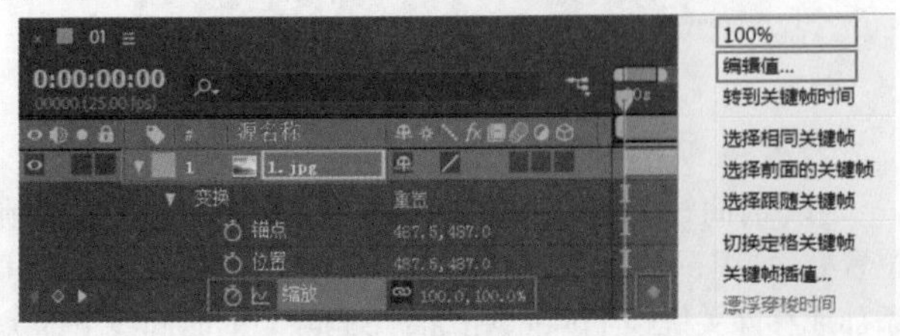

图 5-32

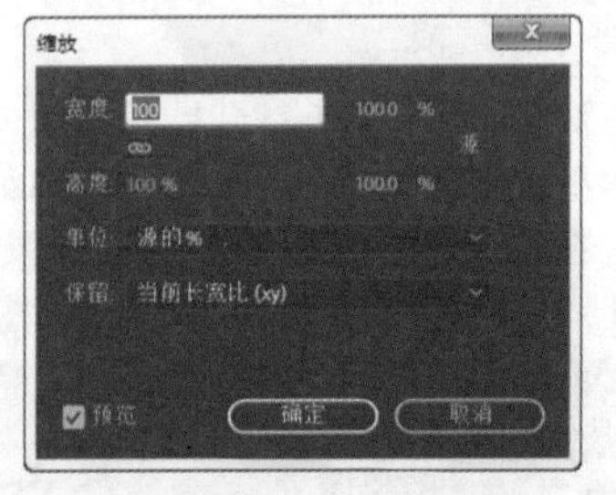

图 5-33

5.4.2 转到关键帧时间

设置关键帧后，在【时间轴】面板中选中需要编辑的关键帧，并将光标定位在该关键帧上，单击鼠标右键，在弹出的属性栏中选择【转到关键帧时间】，可以将时间线自动转到当前关键帧时间处，如图5-34和图5-35所示。

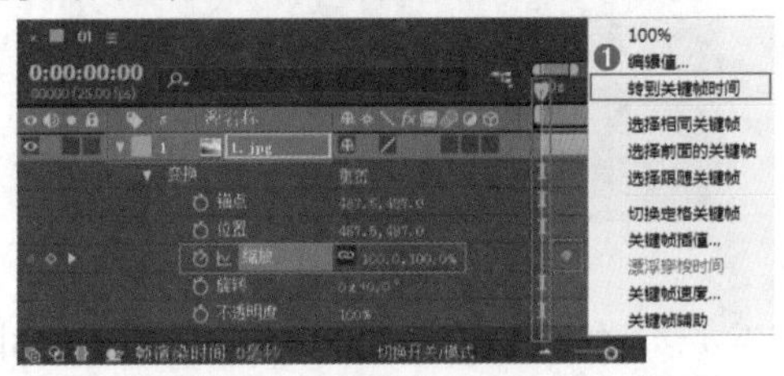

图 5-34

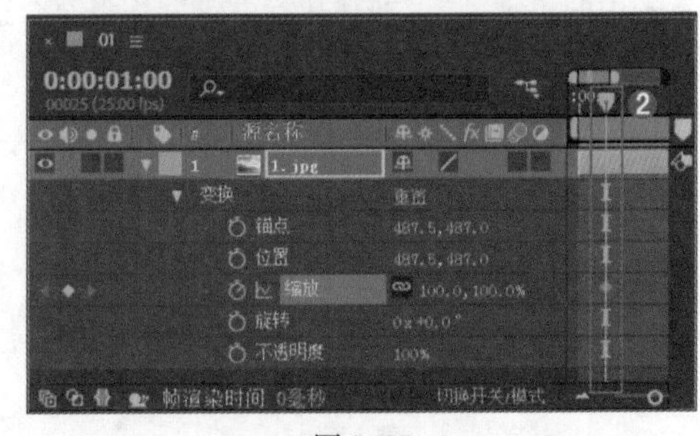

图 5-35

5.4.3 选择相同关键帧

设置关键帧后，如果有相同关键帧，可在【时间轴】面板中单击选中其中一个关键帧，并将光标定位在该关键帧上，单击鼠标右键，在弹出的属性栏中选择【选择相同关键帧】，此时可以看到另一个相同的关键帧会自动被选中，如图5-36和图5-37所示。

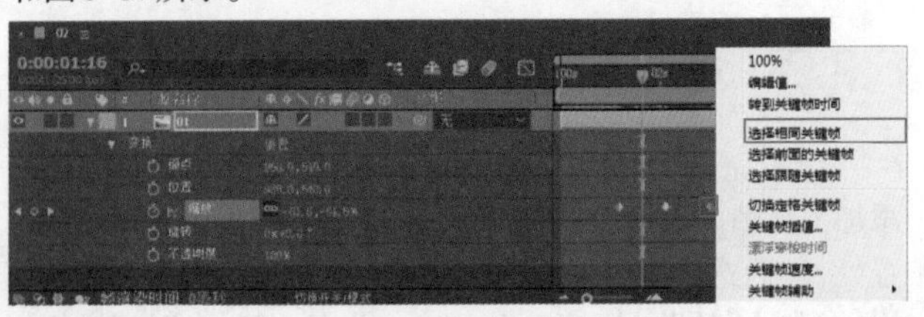

图 5-36

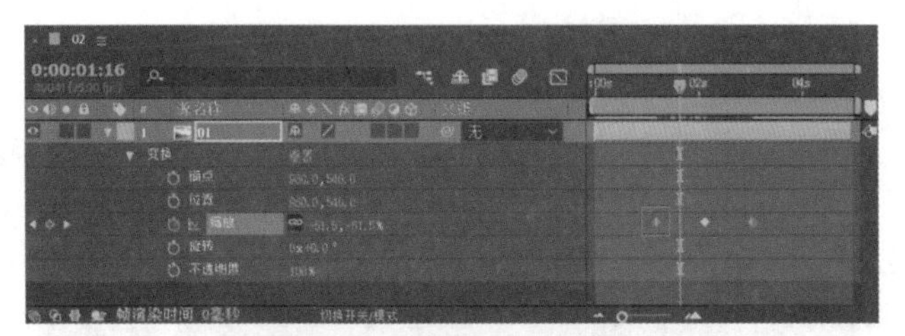

图 5-37

5.4.4 选择前面的关键帧

设置关键帧后，在【时间轴】面板中单击选中需要编辑的关键帧，并将光标定位在该关键帧上，单击鼠标右键，在弹出的属性栏中选择【选择前面的关键帧】，即可选中该关键帧前的所有关键帧，如图5-38和图5-39所示。

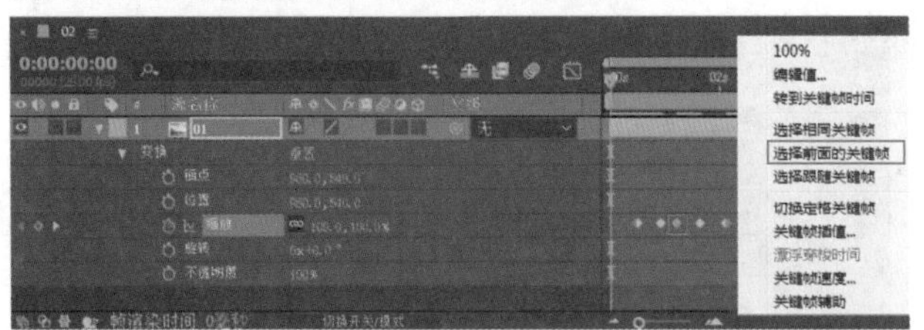

图 5-38

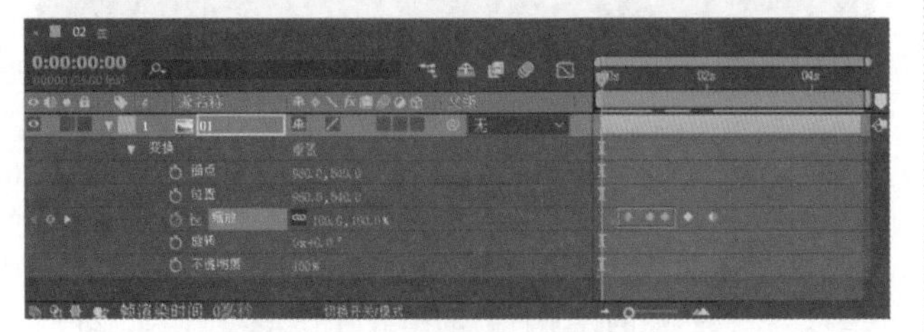

图 5-39

5.4.5 选择跟随关键帧

设置关键帧后，在【时间轴】面板中单击选中需要编辑的关键帧，并将光标定位在该关键帧上，单击鼠标右键，在弹出的属性栏中选择【选择跟随关键帧】，即可选中该关键帧后所有的关键帧，如图5-40和图5-41所示。

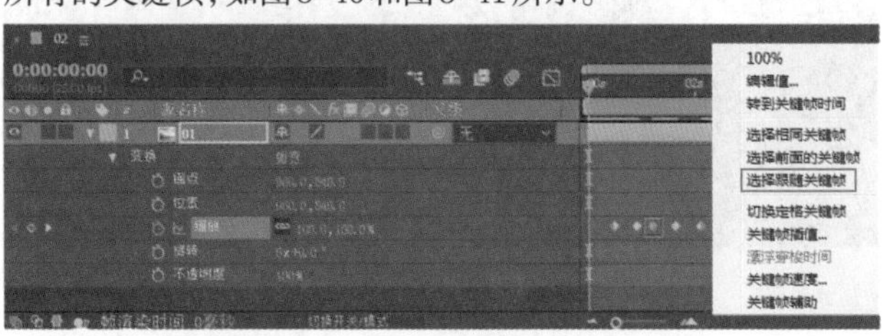

图 5-40

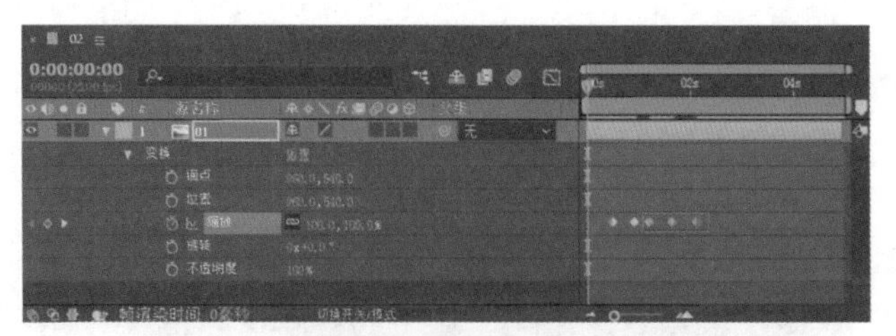

图 5-41

5.4.6 切换定格关键帧

设置关键帧后，在【时间轴】面板中单击选中需要编辑的关键帧，并将光标定位在该关键帧上，单击鼠标右键，在弹出的属性栏中选择【切换定格关键帧】，可将该关键帧切换为定格关键帧◧，如图5-42和图5-43所示。

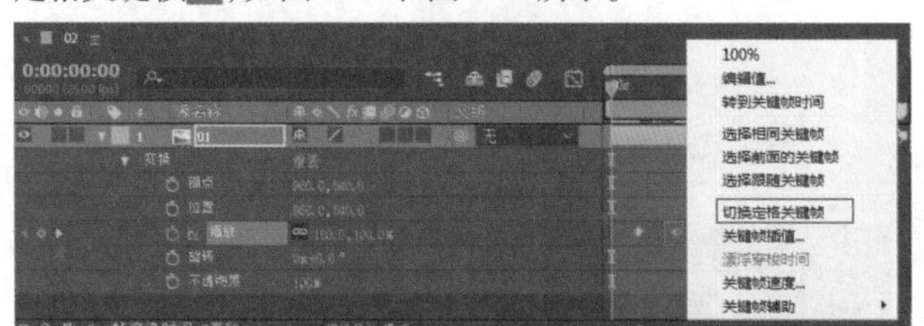

图 5-42

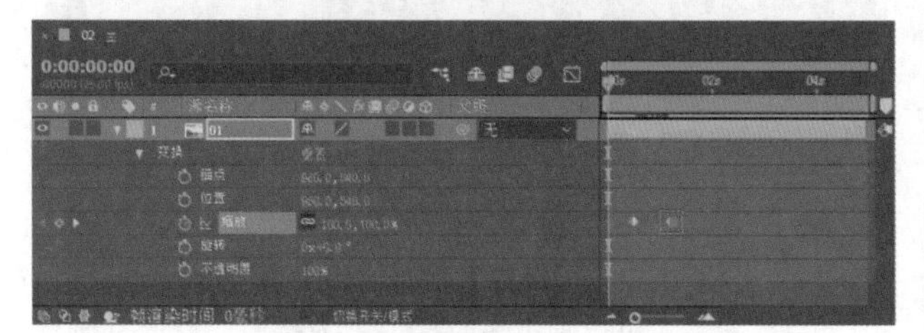

图 5-43

5.4.7 关键帧插值

在【时间轴】面板中单击【图表编辑器按钮】◪，即可查看当前动画图表，如图5-44所示。

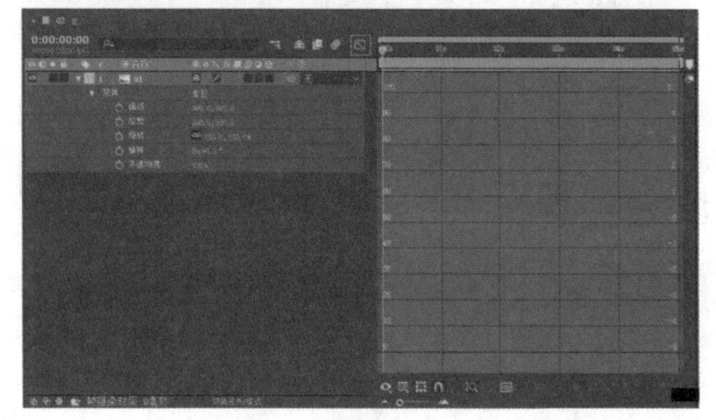

图 5-44

设置完关键帧后，选中需要编辑的关键帧，并将光标定位在该关键帧上，单击鼠标右键，在弹出的属性栏中选择【关键帧插值】，如图5-45所示。在弹出的【关键帧插值】对话框中可设置相关属性，如图5-46所示。

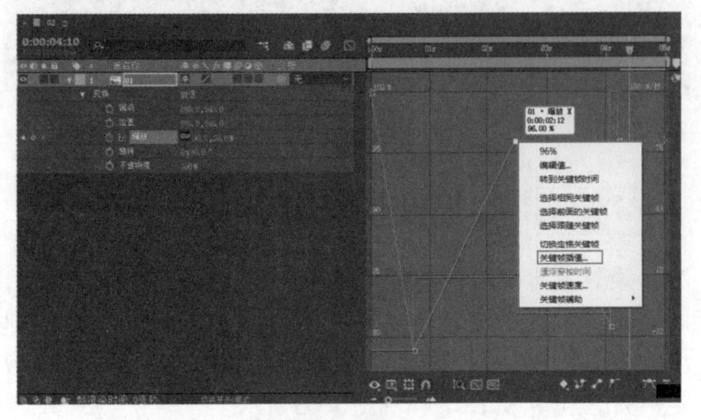

图5-45

- 临时插值：可控制关键帧在时间线上的速度变化状态，其属性菜单如图5-47所示。

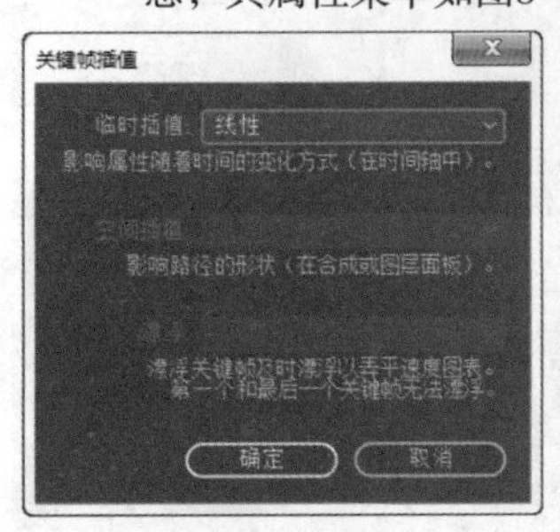

图5-46

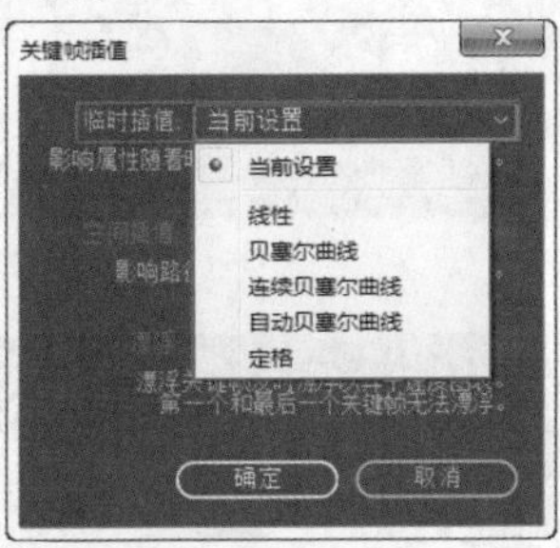

图5-47

- 当前设置：可保持【临时插值】为当前设置。
- 线性：可设置【临时插值】为线性，此时动画效果节奏性较强，相对机械，如图5-48所示。

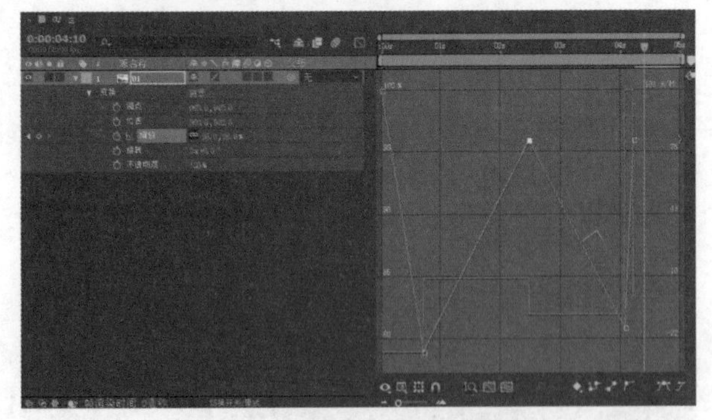

图5-48

- 贝塞尔曲线：设置【临时插值】为贝塞尔曲线，可以通过调整单个控制杆来改变曲线形状和运动路径，具有较强的可塑性和控制性，如图5-49所示。

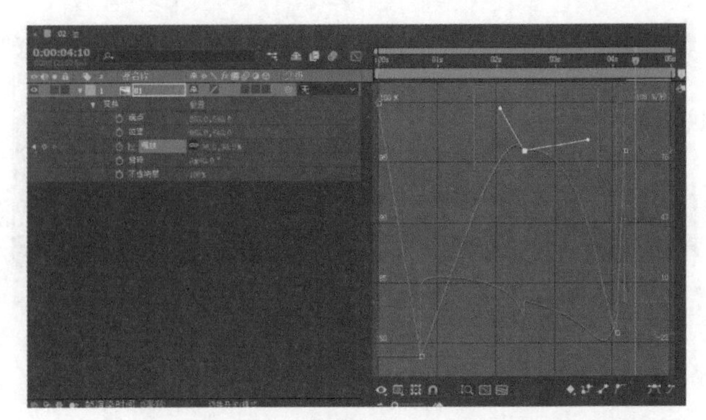

图5-49

- 连续贝塞尔曲线：设置【临时插值】连续为贝塞尔曲线，可以通过调整整个控制杆来改变曲线形状和运动路径，如图5-50所示。

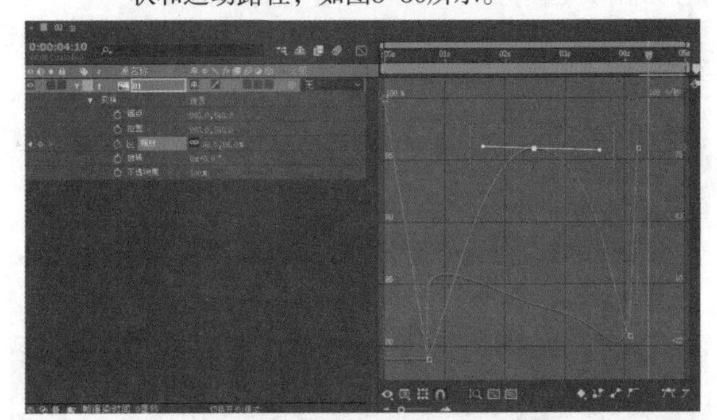

图5-50

- 自动贝塞尔曲线：设置【临时插值】为自动贝塞尔曲线，可以产生平稳的变化率，它可以将关键帧两端的控制杆自动调节为平稳状态，如图5-51所示。如手动操作控制杆，自动贝塞尔曲线会转换为连续贝塞尔曲线。

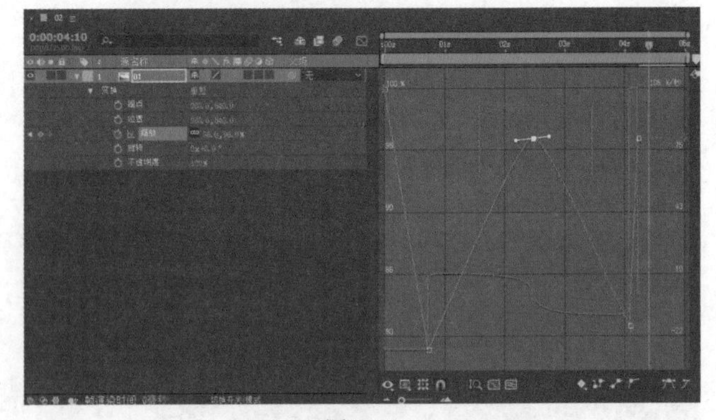

图5-51

- 定格：设置【临时插值】为定格，关键帧之间没有任何过渡，当前关键帧保持不变，直到下一个关键帧的位置处才突然发生转变，如图5-52所示。

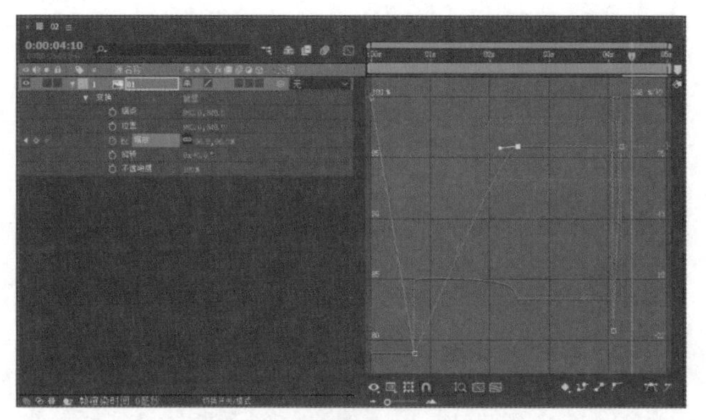

图 5-52

- 空间插值：可将大幅度运动的动画效果表现得更加流畅或将流畅的动画效果以剧烈的方式呈现出来，效果较为明显。
- 漂浮：可及时漂浮关键帧为平滑速度图表，第一帧和最后一个关键帧无法漂浮。

5.4.8 漂浮穿梭时间

设置关键帧后，在【时间轴】面板中单击选中需要编辑的关键帧，并将光标定位在该关键帧上，单击鼠标右键，在弹出的属性栏中选择【漂浮穿梭时间】，即可切换空间属性的漂浮穿梭时间，如图5-53所示。

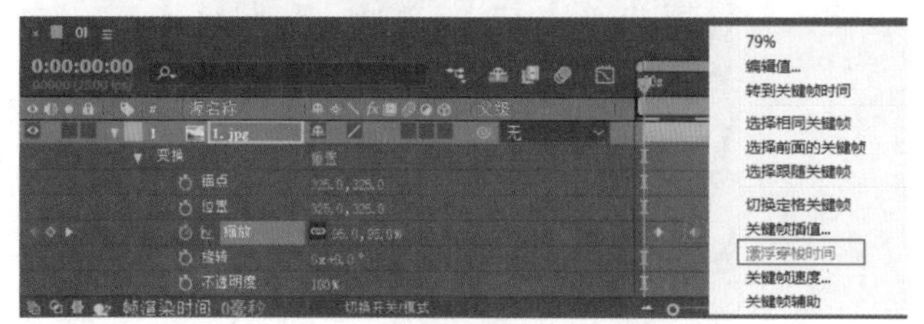

图 5-53

5.4.9 关键帧速度

设置关键帧后，在【时间轴】面板中选中需要编辑的关键帧，并将光标定位在该关键帧上，单击鼠标右键，在弹出的属性栏中选择【关键帧速度】，如图5-54所示。接着在弹出的【关键帧速度】对话框中设置相关参数，如图5-55所示。

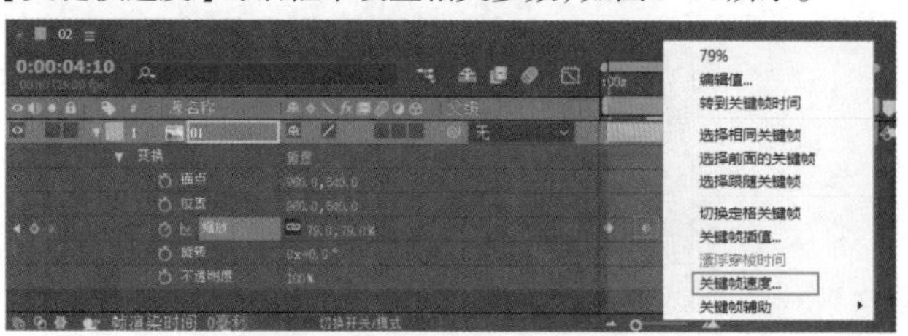

图 5-54

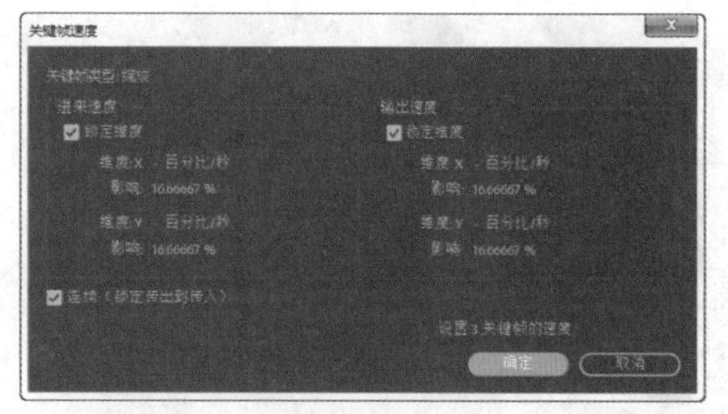

图 5-55

5.4.10 关键帧辅助

设置关键帧后，在【时间轴】面板中选中需要编辑的关键帧，并将光标定位在该关键帧上，单击鼠标右键，在弹出的属性栏中选择【关键帧辅助】，在弹出的快捷菜单中选择其他属性。如图5-56所示。

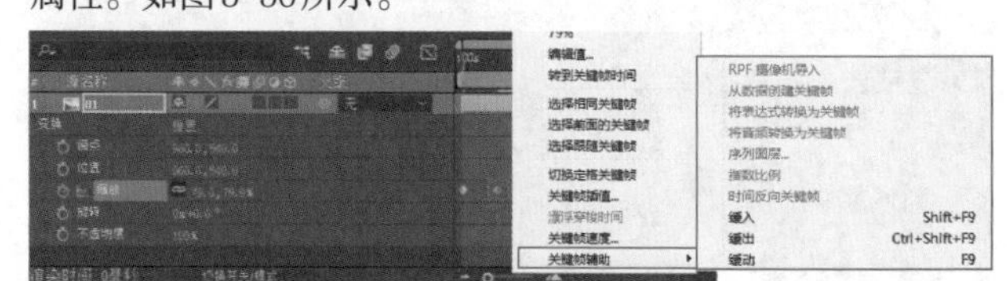

图 5-56

- RPF 摄像机导入：选择【RPF摄像机导入】时，可以导入来自第三方3D建模应用程序的RPF摄像机数据。
- 从数据创建关键帧：选择该选项，可设置从数据进行创建关键帧。
- 将表达式转换为关键帧：选择该选项时，可分析当前表达式，并创建关键帧以表示它所描述的属性值。
- 将音频转换为关键帧：选择【将音频转换为关键帧】时，可以在合成工作区域中分析振幅，并创建表示音频的关键帧。
- 序列图层：选择【序列图层】时，单击打开序列图层助手。
- 指数比例：选择【指数比例】时，可以调节关键帧从线性到指数转换比例的变化速率。
- 时间反向关键帧：选择【时间反向关键帧】时，可以按时间反转当前选定的两个或两个以上的关键帧属性效果。
- 缓入：选择【缓入】时，选中关键帧样式为▶，关键帧节点前将变成缓入的曲线效果，当滑动时间线播放动画时，可使动画在进入该关键帧时速度逐渐减缓，消除因速度波动大而产生的画面不稳定感，如图5-57所示。

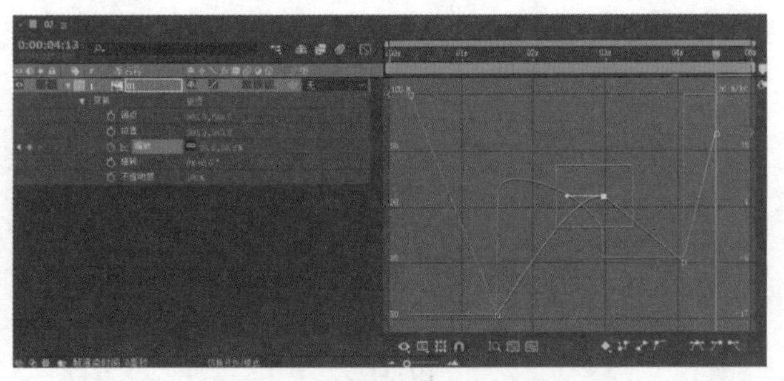

图 5-57

- 缓出：选择【缓出】时，选中关键帧样式为，关键帧节点前将变成缓出的曲线效果。当播放动画时，可以使动画在离开该关键帧时速率减缓，消除因速度波动大而产生的画面不稳定感，与缓入是相同的道理，如图5-58所示。

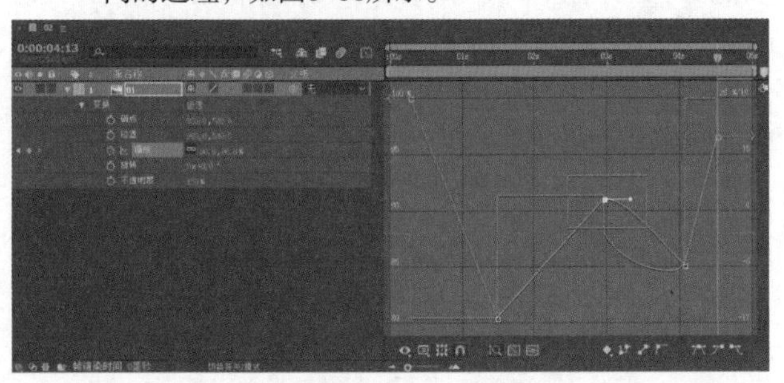

图 5-58

- 缓动：选择【缓动】时，选中关键帧样式为，关键帧节点两端将变成平缓的曲线效果，如图5-59所示。

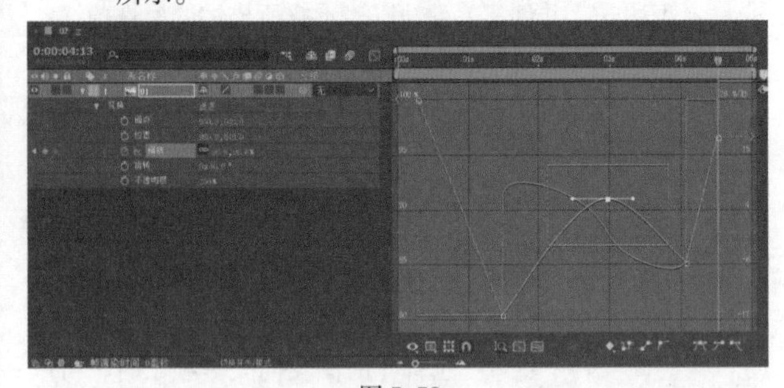

图 5-59

提示：还可以在【合成】面板中调整动画效果。

(1) 选中文字，如图5-60所示。

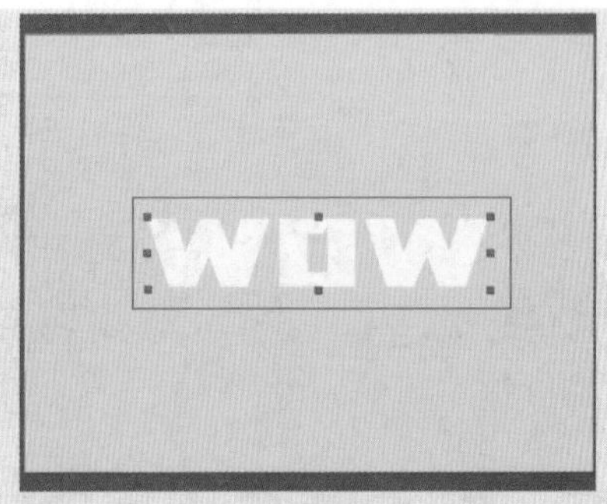

图 5-60

(2) 为文字的【位置】设置关键帧动画，如图5-61～图5-64所示。

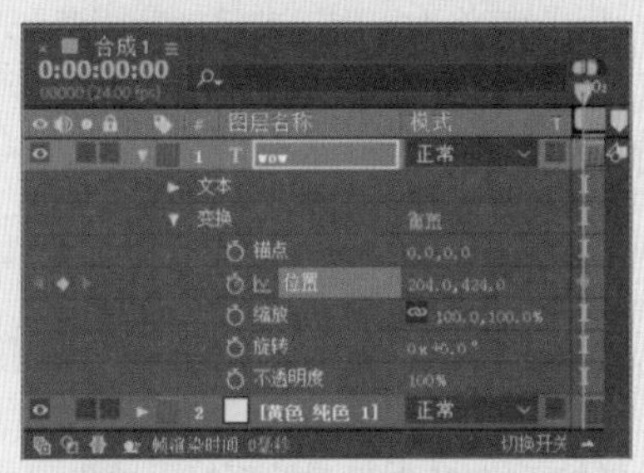

图 5-61

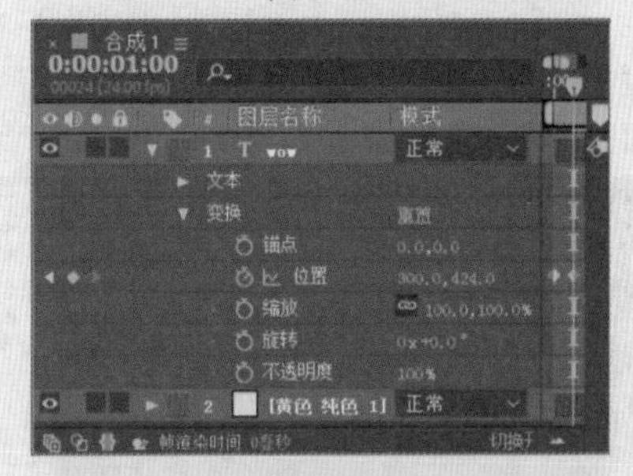

图 5-62

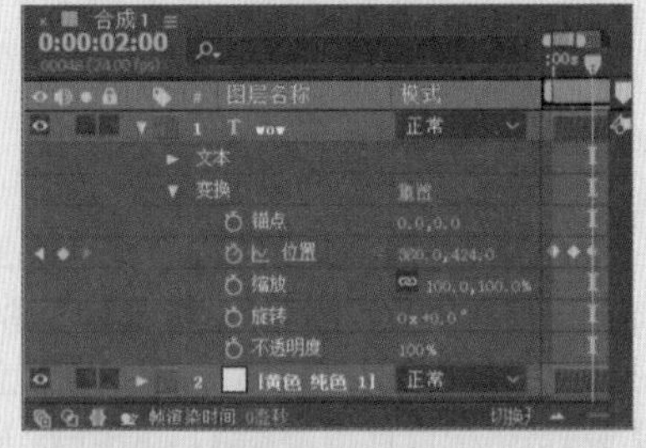

图 5-63

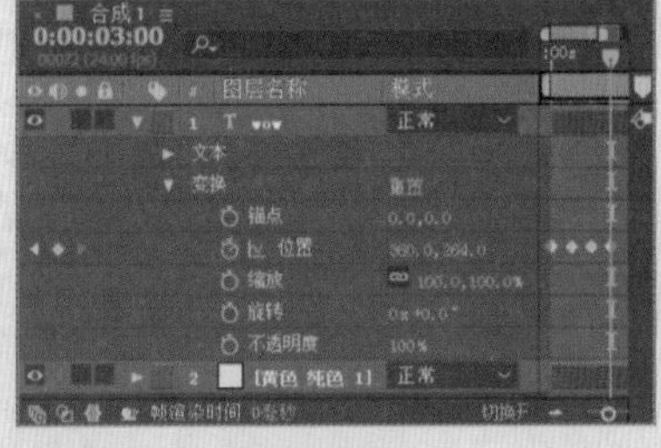

图 5-64

(3) 此时选中文字，并拖曳时间轴可以看到在【合成】面板中已经显示出了动画的运动路径并且路径非常完整，同时在播放动画时，动画并不流畅，如图5-65所示。

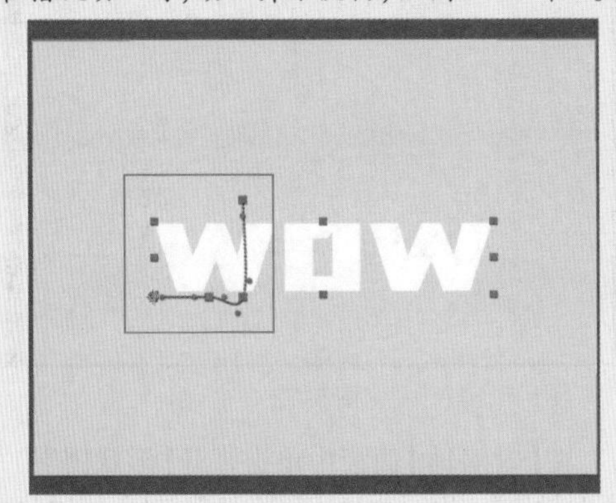

图 5-65

(4) 为了使动画更流畅，可以在【合成】面板中单击并拖曳点，使曲线变得更光滑，再次播放视频就流畅很多了，如图5-66所示。

图 5-66

重点 5.5 轻松动手学：动画预设

文件路径：Chapter 05 创建动画→轻松动手学：动画预设

动画预设可以为素材添加很多种类的预设效果，After Effects中自带的动画预设效果非常强大，可以模拟很精彩的动画。

操作步骤：

步骤 01 在After Effects中，有数百种动画预设效果以供用户使用。我们在制作动画时，可以将它们直接应用到图层中，并根据需要做出修改。同时，借助动画预设还可以保存和重复使用图层属性和动画的特定配置，其中包括关键帧、效果和表达式。在【效果和预设】面板中单击打开【动画预设】效果组，如图5-67所示。

扫一扫，看视频

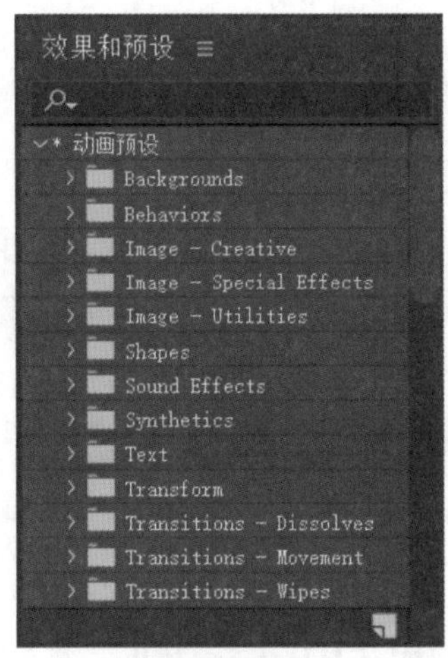

图 5-67

步骤 02 在【效果和预设】面板中单击打开【动画预设】效果组(或在【效果和控件】面板中直接搜索所需效果)，然后将所需效果直接拖曳到需要该效果的图层上，此处以添加文本动画预设效果为例，如图5-68所示。

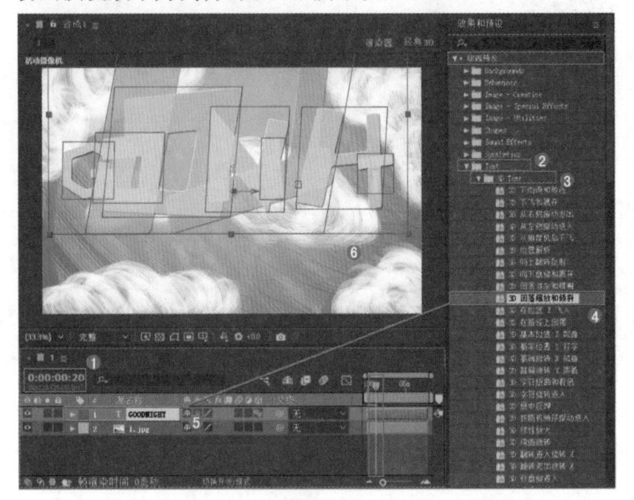

图 5-68

步骤 03 在【时间轴】面板中，单击打开添加动画预设效果图层下方的【文本】，可以看到动画预设起始的关键帧位置即为时间线所在位置，如图5-69所示。拖曳时间线查看动画效果，如图5-70所示。

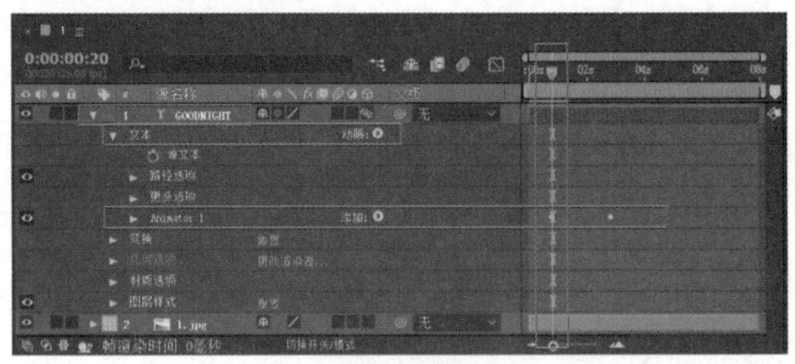

图 5-69

图 5-70

5.6 经典动画实例

实例：趣味游戏动画

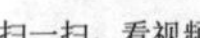

扫一扫，看视频

文件路径：Chapter 05 创建动画→实例：趣味游戏动画

本案例主要学习如何应用关键帧动画制作趣味游戏动画，案例效果如图5-71所示。

图 5-71

操作步骤：

Part 01　制作背景动画

步骤 01 在【项目】面板中，单击鼠标右键执行【新建合成】命令，在弹出的【合成设置】对话框中设置【合成名称】为01，【预设】为自定义，【宽度】为2312，【高度】为1587，【像素长宽比】为方形像素，【帧速率】为25，【分辨率】为完整，【持续时间】为6秒，【背景颜色】为白色，单击【确定】按钮。

步骤 02 在选项栏中选择【钢笔工具】，并设置【填充】为灰色，【描边】为无颜色，设置完成后在画面中合适位置处进行绘制，如图5-72所示。

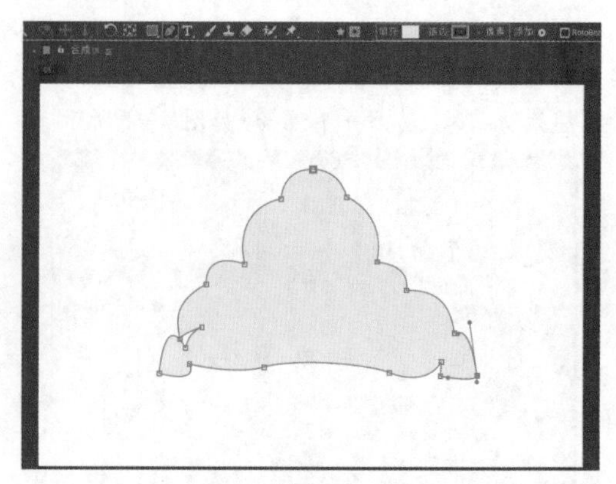

图 5-72

步骤 03 在【时间轴】面板中单击打开【形状图层1】下方的【变换】，设置【位置】为(1156.0,793.5)，接着将时间线拖曳至起始帧位置处，单击【不透明度】前的【时间变化秒表】按钮，然后设置【不透明度】为0%，再将时间线拖曳至05帧位置处，设置【不透明度】为100%，如图5-73所示。

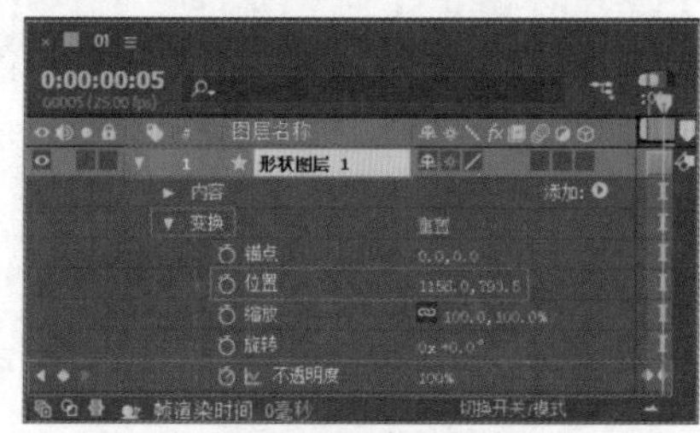

图 5-73

步骤 04 拖曳时间线查看此时的画面效果，如图5-74所示。

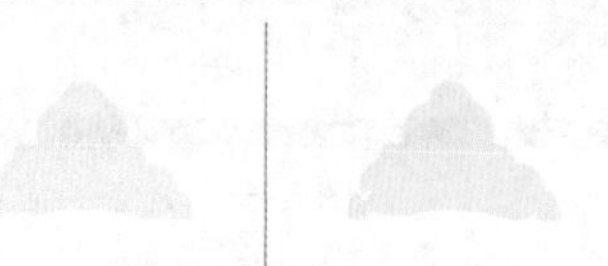

图 5-74

步骤 05 继续使用【钢笔工具】，并在选项栏中设置【填充】为深蓝色，【描边】为无颜色，设置完成后在画面中合适位置处进行绘制，如图5-75所示。

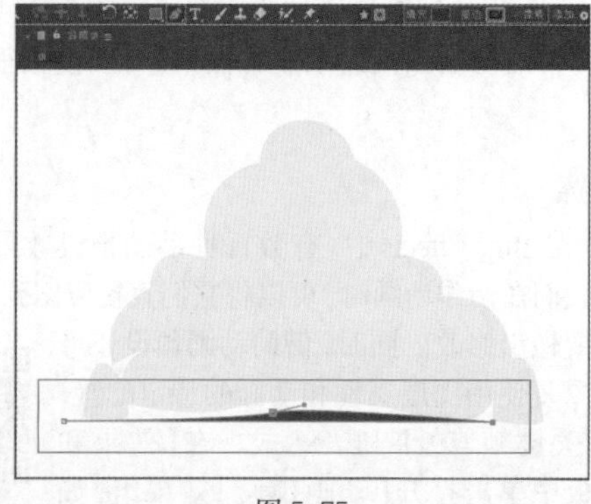

图 5-75

步骤 06 在【时间轴】面板中单击打开【形状图层2】下方的【变换】,设置【位置】为(1156.0,793.5),接着将时间线拖曳至起始帧位置处,单击【不透明度】前的【时间变化秒表】按钮,然后设置【不透明度】为0%,再将时间线拖曳至05帧位置处,设置【不透明度】为100%,如图5-76所示。

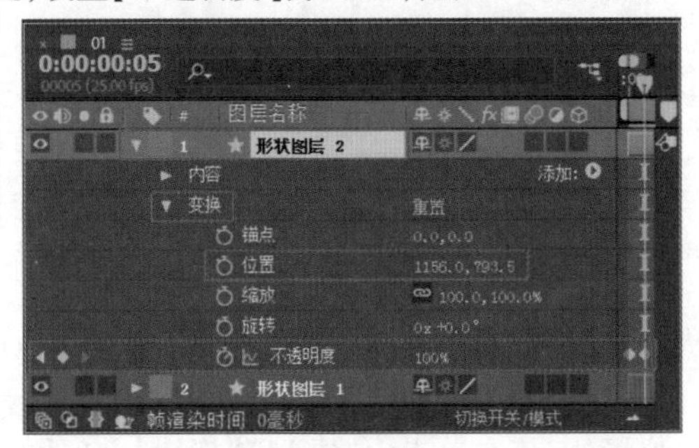

图 5-76

步骤 07 使用同样的方法,在画面中合适位置处绘制皇冠形状并在【时间轴】面板中设置合适的参数,如图5-77所示。此时画面效果如图5-78所示。

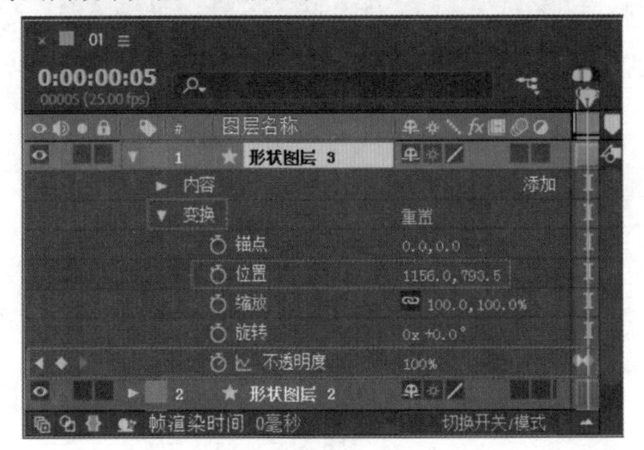

图 5-77

图 5-78

Part 02 制作圆角矩形色块动画

步骤 01 在【时间轴】面板中的其他位置处单击鼠标左键,取消当前选中图层。在选项栏中长按【矩形工具】,在弹出的【形状工具组】中单击选择【圆角矩形工具】,并设置【填充】为深蓝色,【描边】为无颜色,设置完成后在画面左下方合适位置处按住Shift键的同时,按住鼠标左键并拖曳至合适大小,如图5-79所示。

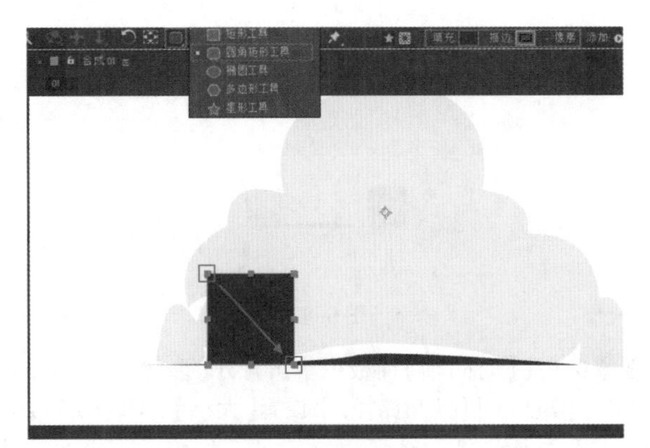

图 5-79

步骤 02 在【时间轴】面板中打开【形状图层4】下方的【内容】/【矩形1】/【矩形路径1】,设置【大小】为(358.0,358.0),【圆度】为50。单击打开【变换:矩形1】,设置【比例】为(68.8,68.8%),然后将时间线拖曳至05帧位置处,依次单击【位置】和【旋转】前的【时间变化秒表】按钮,设置【位置】为(-1299.0,291.5),【旋转】为(-1x+0.0°),再将时间线拖曳至20帧位置处,设置【位置】为(-383.0,291.5),【旋转】为(0x+0.0°),设置【内容】/【变换】下的【位置】为(1160.0,793.5),如图5-80所示。

图 5-80

步骤 03 拖曳时间线查看此时画面效果,如图5-81所示。

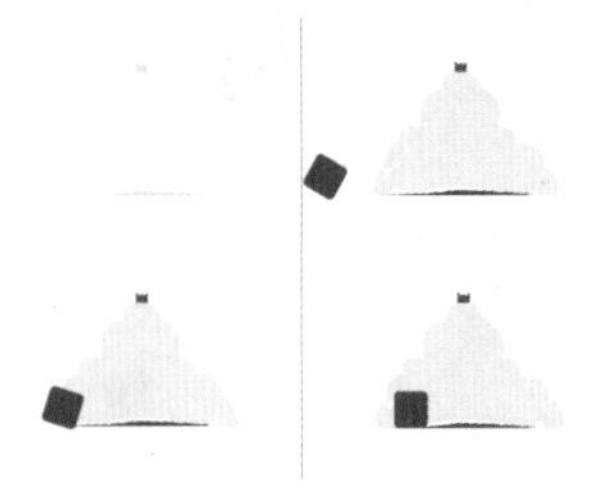

图 5-81

步骤 04 在【时间轴】面板中的其他位置处单击鼠标左键,取消当前选中图层。接着继续使用【圆角矩形工具】,并在选项栏中设置【填充】为橙色,【描边】为无颜色。设置完成后在画面中合适位置处按住Shift键的同时,按住鼠标左键并拖曳至合适大小,如图5-82所示。

图 5-82

步骤 05 在【时间轴】面板中单击打开【形状图层5】下的【内容】/【矩形1】/【矩形路径1】，设置【大小】为(358.0,358.0)，【圆度】为50。打开【变换：矩形1】，设置【比例】为(68.8,68.8%)，然后将时间线拖曳至20帧位置处，依次单击【位置】和【旋转】前的【时间变化秒表】按钮，设置【位置】为(1358.0,279.5)，【旋转】为(0x+245.0°)，再将时间线拖曳至1秒05帧位置处，设置【位置】为(401.0,279.5)，【旋转】为(0x+9.0°)。最后单击打开该图层下方的【变换】，设置【位置】为(1160.0,793.5)，如图5-83所示。

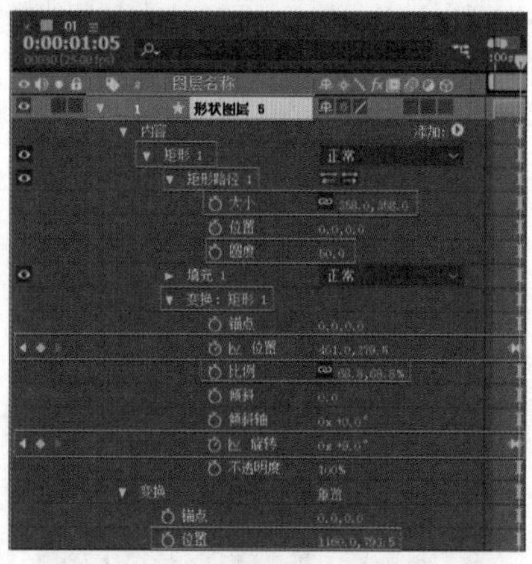

图 5-83

步骤 06 拖曳时间线查看此时画面效果，如图5-84所示。

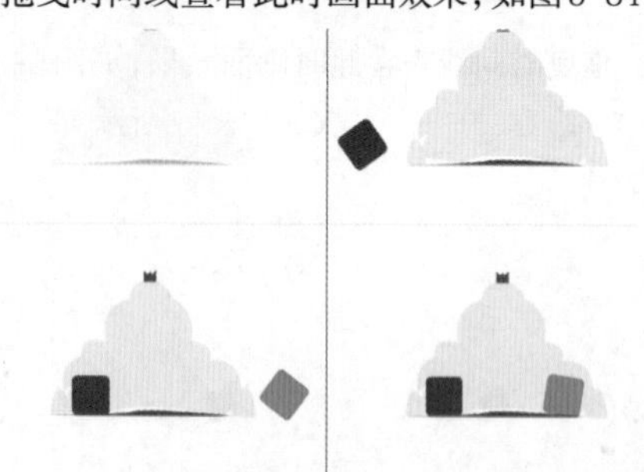

图 5-84

步骤 07 在【时间轴】面板中的空白位置处单击鼠标左键，取消当前选中的图层。继续使用【圆角矩形工具】，并在选项栏中设置【填充】为橙色，【描边】为无颜色，设置完成后在画面中合适位置处按住鼠标左键并拖曳至合适大小，如图5-85所示。

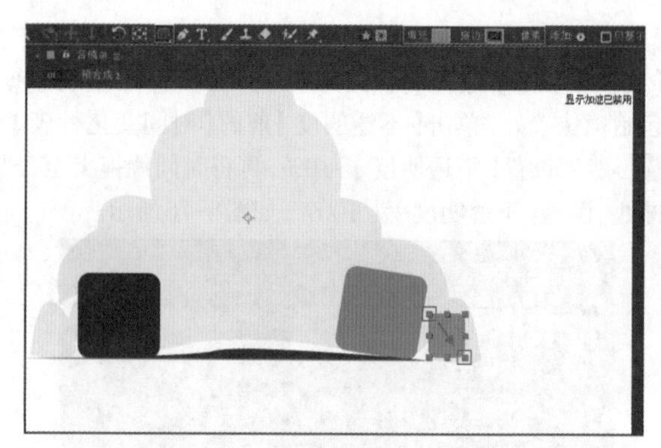

图 5-85

步骤 08 在【时间轴】面板中单击打开【形状图层6】下方的【内容】/【矩形1】/【变换：矩形1】，接着将时间线拖曳至20帧位置处，依次单击【位置】和【旋转】前的【时间变化秒表】按钮，设置【位置】为(1253.0,343.5)，【旋转】为(0x+245.0°)，再将时间线拖曳至1秒05帧位置处，设置【位置】为(595.0,343.5)，【旋转】为(0x+0.0°)，如图5-86所示。

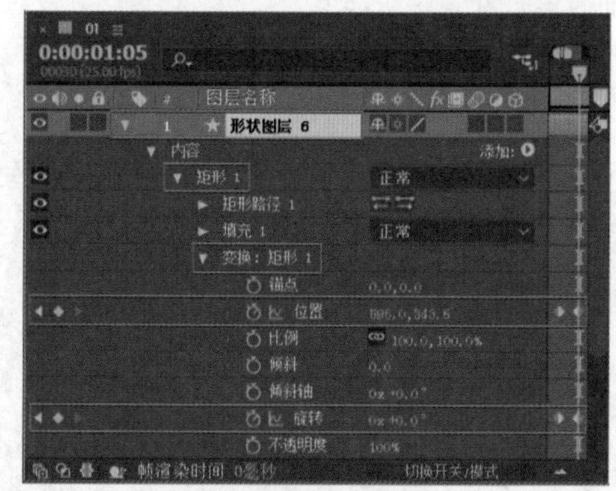

图 5-86

步骤 09 继续使用【圆角矩形工具】，并在选项栏中设置【填充】为无颜色，【描边】为橙色，【描边宽度】为25。设置完成后在画面中合适位置处按住鼠标左键并拖曳至合适大小，如图5-87所示。

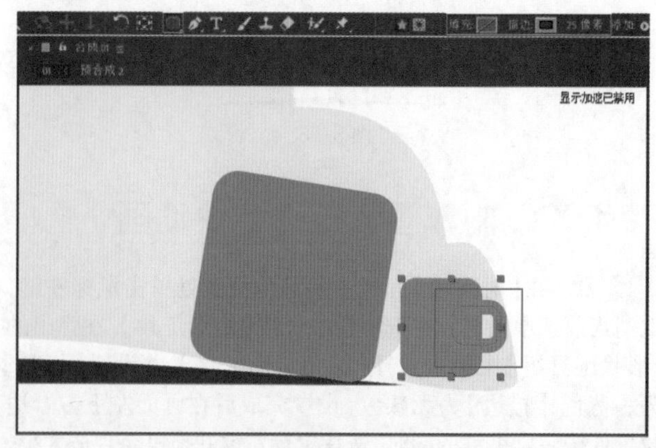

图 5-87

步骤 10 在【时间轴】面板中单击打开【形状图层6】下方的【内容】/【矩形2】/【变换：矩形2】，接着将时间线拖曳至20帧位置处，依次单击【位置】和【旋转】前的【时间变化秒表】按钮，设置【位置】为(1299.0,342.3)，【旋转】为(0x+245.0°)，再将时间线拖曳至1秒05帧位置处，设置【位置】为(641.3,342.3)，【旋转】为(0x+0.0°)。然后单击打开该图层下方的【变换】，设置【位置】为(1160.0,793.5)，如图5-88所示。

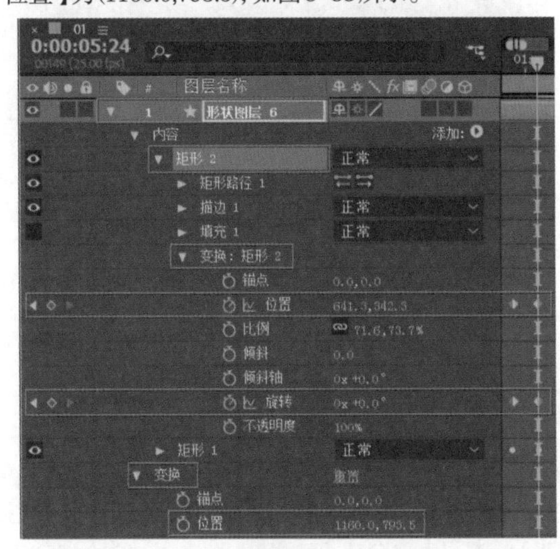

图 5-88

步骤 11 在【时间轴】面板中的空白位置处单击鼠标左键，取消当前选中图层。在选项栏中单击选择【钢笔工具】，设置【填充】为无颜色，【描边】为橙色，【描边宽度】为8，设置完成后在画面中合适位置处进行绘制，如图5-89所示。

图 5-89

步骤 12 在【时间轴】面板中单击打开【形状图层7】下方的【内容】/【形状1】/【变换：形状1】。将时间线拖曳至1秒05帧位置处，并单击【位置】前的【时间变化秒表】按钮，设置【位置】为(0.0,-1100.0)，再将时间线拖曳至1秒15帧位置处，设置【位置】为(0.0,0.0)。最后单击打开该图层下方的【变换】，设置【位置】为(1160.0,793.5)，如图5-90所示。

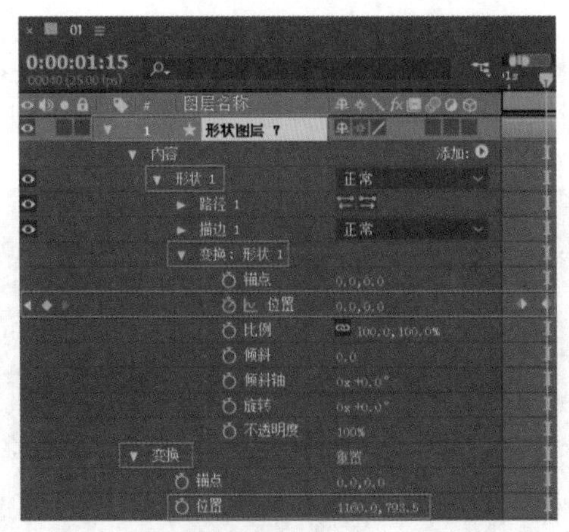

图 5-90

步骤 13 拖曳时间线查看此时画面效果，如图5-91所示。

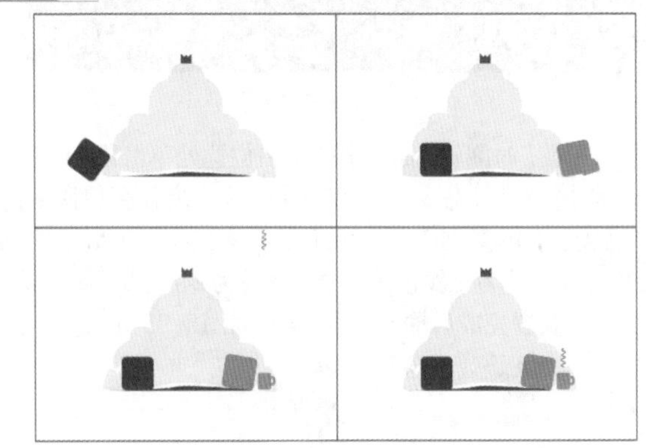

图 5-91

Part 03 制作文字块动画

步骤 01 在【时间轴】面板中的空白位置处单击鼠标左键，取消当前选中图层。在选项栏中长按【矩形工具】，在弹出的【形状工具组】中选择【圆角矩形工具】，设置【填充】为橘黄色，【描边】为无颜色。设置完成后在画面中合适位置处按住鼠标左键并拖曳至合适大小，如图5-92所示。

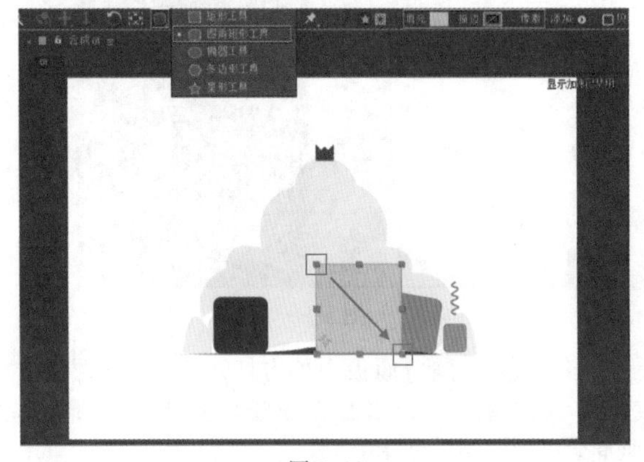

图 5-92

步骤 02 在【时间轴】面板中打开【形状图层8】下方的【内容】/【矩形1】/【矩形路径1】，设置【大小】为(373.0,378.0)，【圆度】为50。打开【变换：矩形1】，设置【位置】为(153.8,-131.5)，【比例】为(101.0,101.0%)，如图5-93所示。

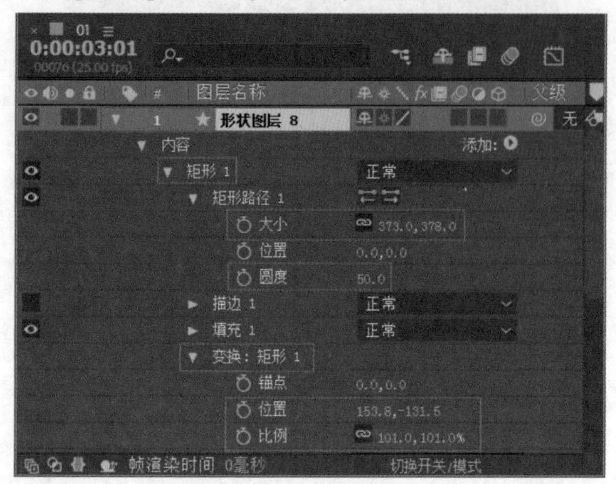

图5-93

步骤 03 在【时间轴】面板中的空白位置处单击鼠标右键执行【新建】/【文本】命令，如图5-94所示。接着在【字符】面板中设置【字体系列】为Arial，【字体样式】为Bold，【填充】为白色，【描边】为无颜色，【字体大小】为240，然后单击选择【仿粗体】，设置完成后输入文本“Y”，如图5-95所示。

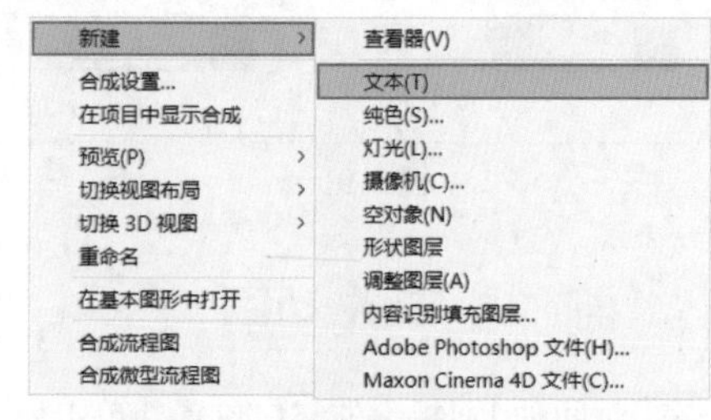

图5-94

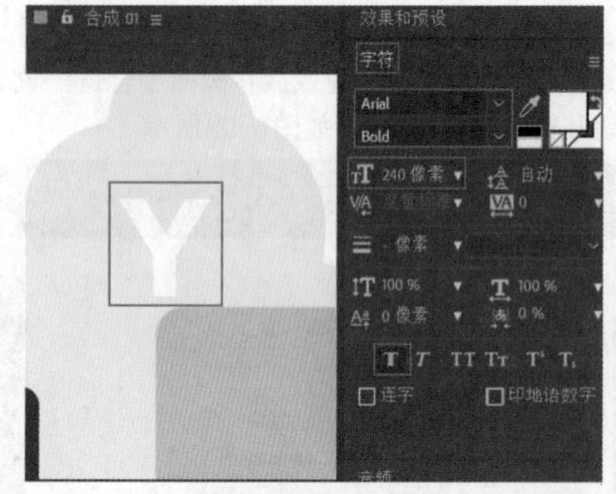

图5-95

步骤 04 在【时间轴】面板中单击打开Y文本图层下方的【变换】，设置【位置】为(1312.0,1100.0)，如图5-96所示。此时画面效果如图5-97所示。

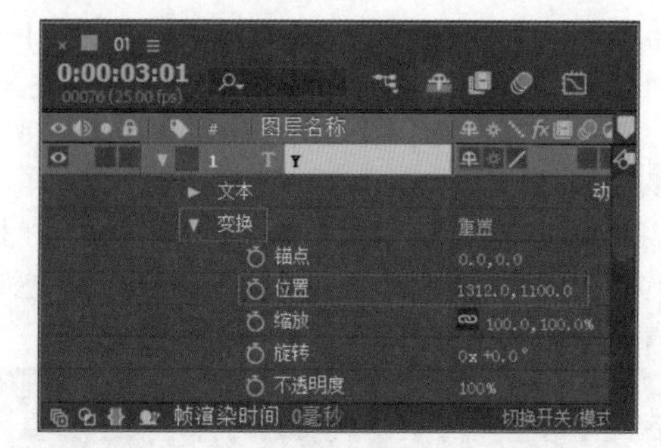

图5-96

图5-97

步骤 05 在【时间轴】面板中按住Ctrl键的同时，依次单击选中Y文本图层和【形状图层8】，然后使用【预合成】快捷键Ctrl+Shift+C打开【预合成】对话框，设置名称为【预合成1】，单击【确定】按钮，如图5-98所示。此时【时间轴】面板参数如图5-99所示。

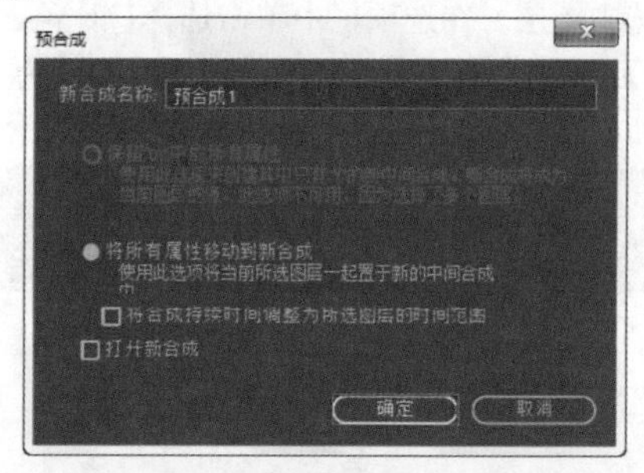

图5-98

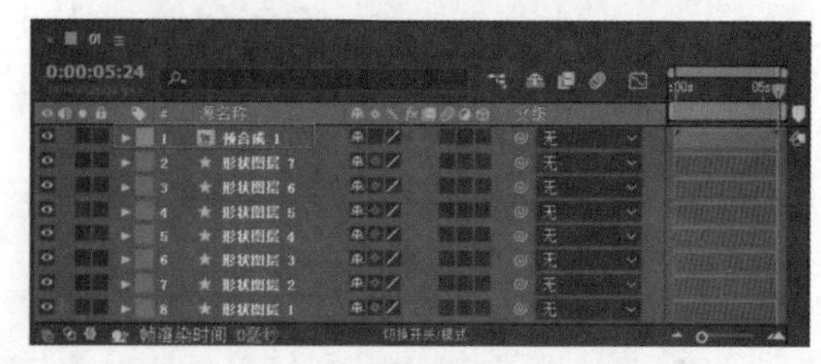

图5-99

步骤 06 在【时间轴】面板中单击打开【预合成1】下方的【变换】，并将时间线拖曳至1秒15帧位置处，依次单击【位置】和【旋转】前的【时间变化秒表】按钮，设置【位置】为(1240.0,-533.0)，【旋转】为(0x-180.0°)，再将时间线拖曳至2秒10帧位置处，设置【位置】为(1240.0,835.0)，【旋转】为

(0x+14.0°),最后将时间线拖曳至2秒15帧位置处,设置【位置】为(1156.0,793.5),【旋转】为(0x+0.0°),如图5-100所示。

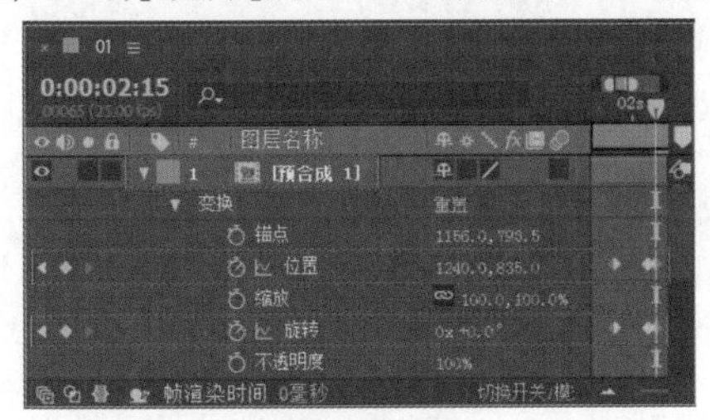

图 5-100

步骤 07 拖曳时间线查看此时画面效果,如图5-101所示。

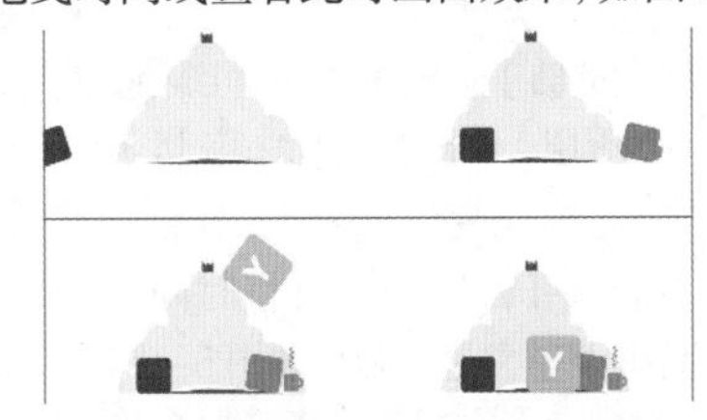

图 5-101

步骤 08 使用同样的方法依次制作A、P和L文字块,并分别设置合适的圆角矩形颜色,再进行【预合成1】操作,以及关键帧等属性的设置,如图5-102所示。

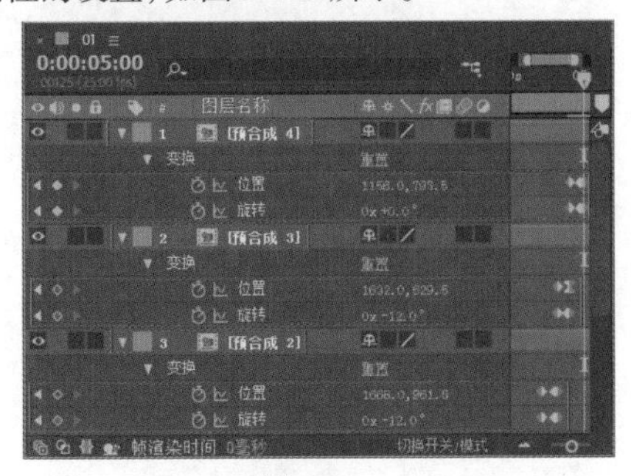

图 5-102

步骤 09 拖曳时间线查看案例最终效果,如图5-103所示。

图 5-103

实例:数据图MG动画

文件路径:Chapter 05 创建动画→实例:数据图MG动画

MG动画(Motion Graphics,动态图形或者图形动画)。动态图形可以解释为会动的图形设计,是影像艺术的一种。如今MG已经发展成为一种潮流的动画风格,扁平化、点线面、抽象简洁的设计是它最大的特点。

扫一扫,看视频

本案例主要学习如何应用关键帧动画制作数据图MG动画。案例效果如图5-104所示。

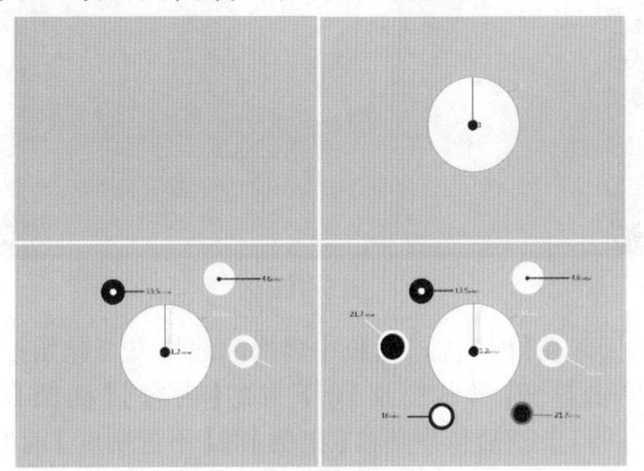

图 5-104

操作步骤:

Part 01 制作主示意图动画

步骤 01 在【项目】面板中,单击鼠标右键执行【新建合成】命令,在弹出的【合成设置】对话框中设置【合成名称】为01,【预设】为自定义,【宽度】为1415,【高度】为1000,【像素长宽比】为方形像素,【帧速率】为25,【分辨率】为完整,【持续时间】为10秒,【背景颜色】为黄色,单击【确定】按钮,如图5-105所示。

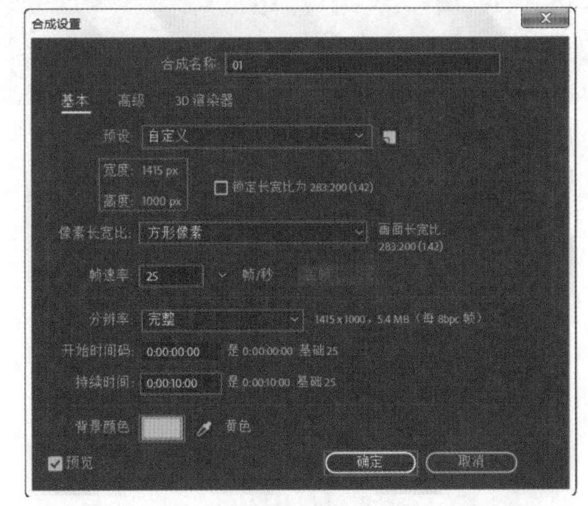

图 5-105

步骤 02 在选项栏中长按【矩形工具】,在弹出的【形状工具组】中单击选择【椭圆工具】,并设置【填充】为白色,【描边】为橙色,【描边宽度】为4。在【合成】面板中中间位置处按住Shift键的同时,按住鼠标左键并拖曳至合适大小,得到正圆形状,如图5-106所示。

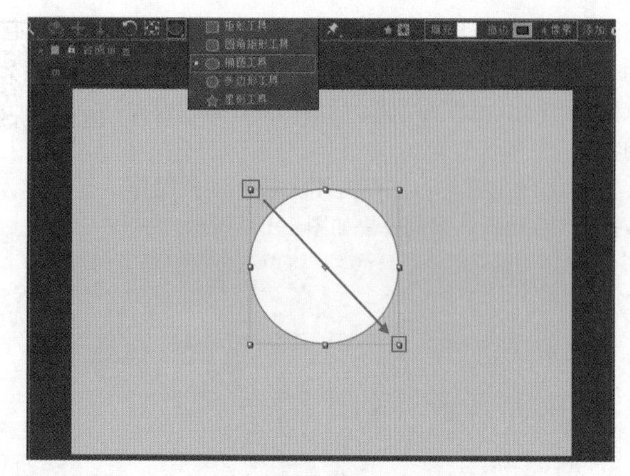

图 5-106

步骤 03 在【时间轴】面板中将时间线拖曳至起始帧位置处，单击打开【形状图层1】下方的【内容】/【椭圆1】/【变换：椭圆1】，然后依次单击【比例】和【不透明度】前的【时间变化秒表】按钮，设置【比例】为(0.0,0.0%)，【不透明度】为0%，再将时间线拖曳至1秒位置处，设置【比例】为(112.6,112.6%)，【不透明度】为100%，如图5-107所示。

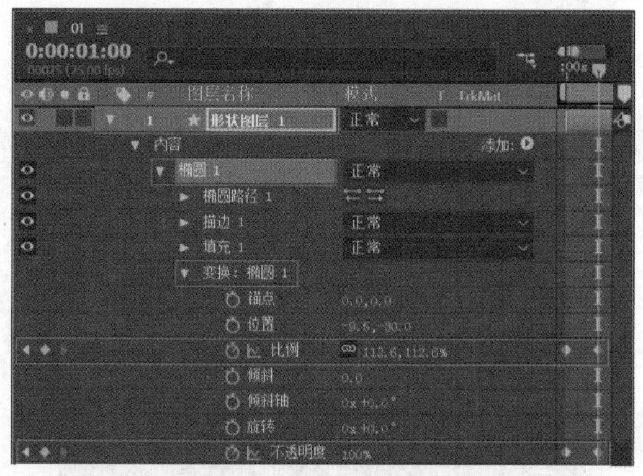

图 5-107

步骤 04 拖曳时间线查看画面效果，如图5-108所示。

图 5-108

步骤 05 在工具栏中单击选择【钢笔工具】，并在选项栏中设置【填充】为无颜色，【描边】为橘黄色，【描边宽度】为4，设置完成后在画面中合适位置绘制路径，如图5-109所示。

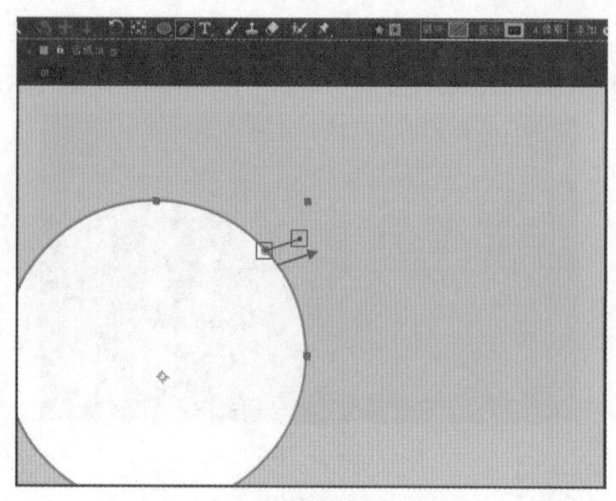

图 5-109

步骤 06 在【时间轴】面板中将时间线拖曳至1秒位置处，单击打开【形状图层1】下方的【内容】/【形状1】/【路径1】，单击【路径】前的【时间变化秒表】按钮，然后在画面中调整路径形状，如图5-110所示。再将时间线拖曳至1秒15帧位置处，在画面中调整路径形状，如图5-111所示。

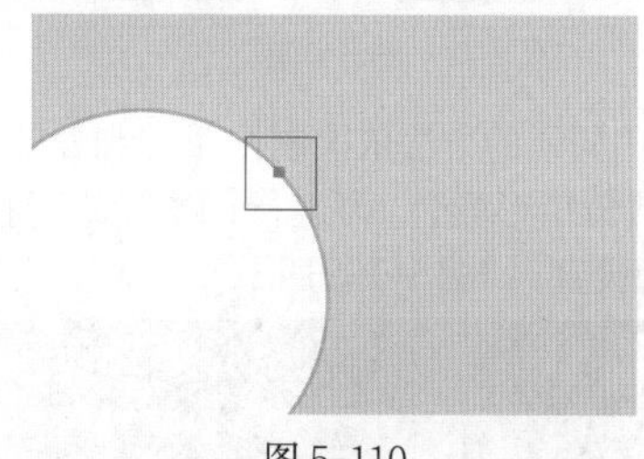

图 5-110

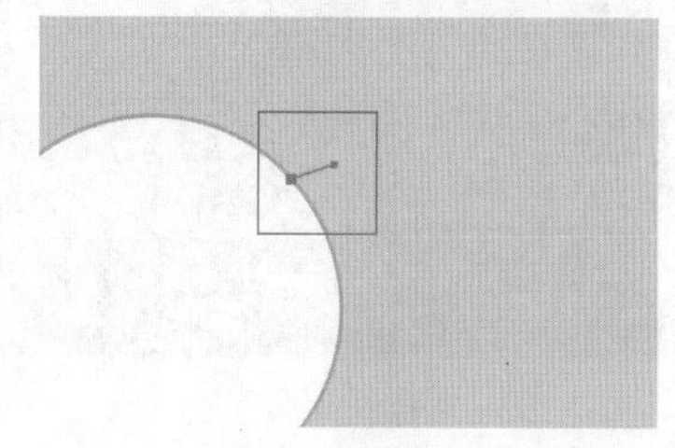

图 5-111

步骤 07 拖曳时间线查看此时画面效果，如图5-112所示。

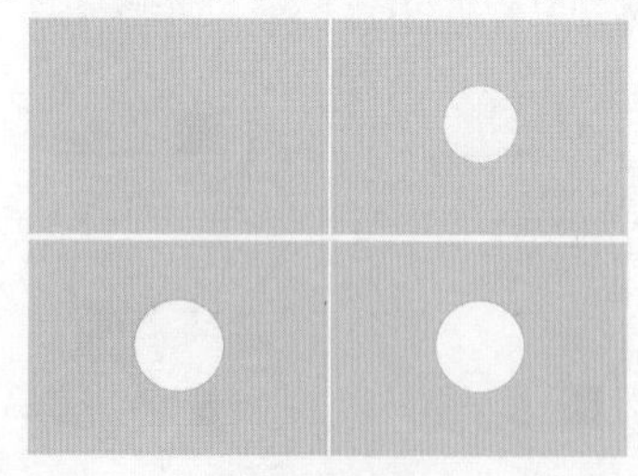

图 5-112

步骤 08 在【时间轴】面板中的空白位置处单击鼠标左键，取消当前选择图层，然后在工具栏中选择【椭圆工具】，并设置【填充】为黑色，【描边】为无颜色，如图5-113所示。设置完成后在画面中间位置按住Shift键的同时，按住鼠标左键并拖曳至合适大小，得到的黑色正圆如图5-114所示。

图 5-113

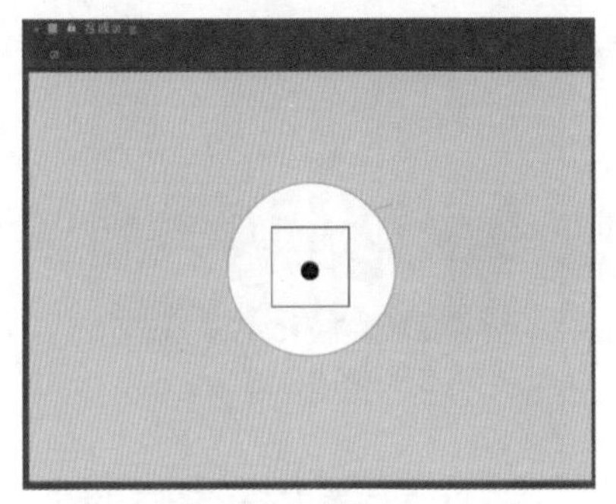

图 5-114

步骤 09 在【时间轴】面板中打开【形状图层2】下方的【变换】,并将时间线拖曳至起始帧位置处,依次单击【缩放】和【不透明度】前的【时间变化秒表】按钮，设置【缩放】为(0.0,0.0%),【不透明度】为0%。再将时间线拖曳至1秒位置处,设置【缩放】为(100.0,100.0%),【不透明度】为100%,如图5-115所示。

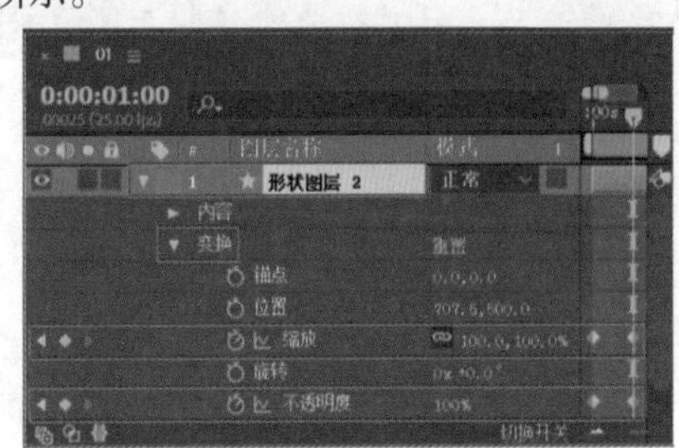

图 5-115

步骤 10 在【时间轴】面板中的空白位置处单击鼠标左键,取消当前选择图层。在选项栏中选择【钢笔工具】,设置【填充】为无颜色,【描边】为红色,【描边宽度】为3,设置完成后在【合成】面板中的合适位置处绘制垂直路径,如图5-116所示。

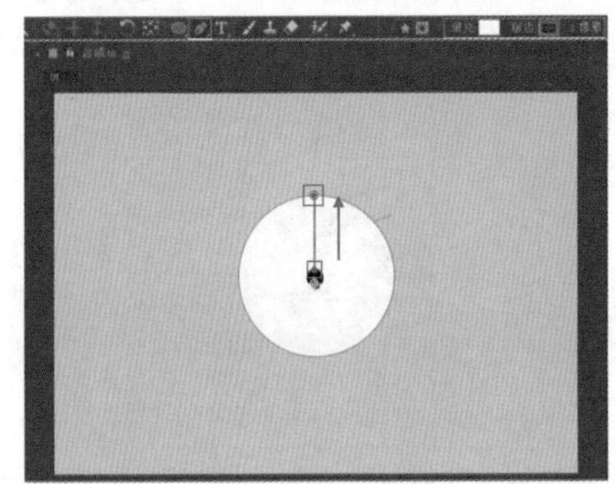

图 5-116

步骤 11 在【时间轴】面板中将时间线拖曳至1秒位置处,单击打开【形状图层3】下方的【内容】/【形状1】/【路径1】,并单击【路径】前的【时间变化秒表】按钮，然后在画面中调整路径形状,如图5-117所示。再将时间线拖曳至1秒15帧位置处,在画面中调整路径形状,如图5-118所示。

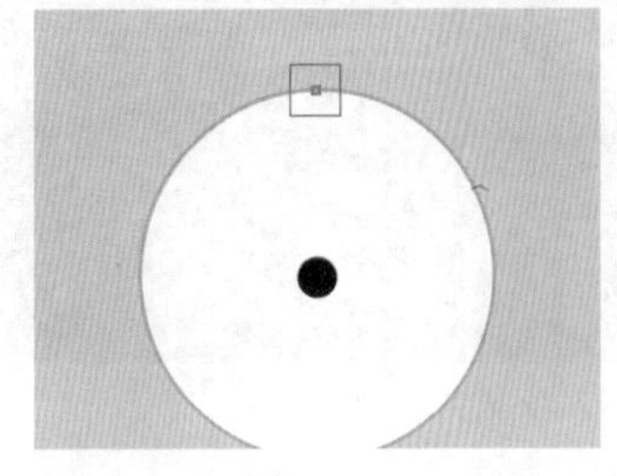

图 5-117

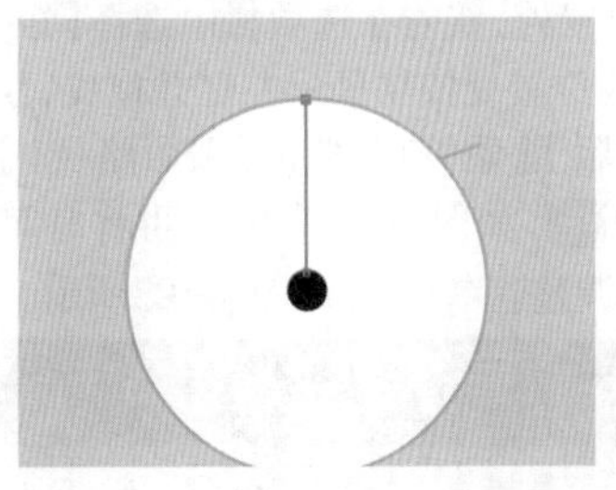

图 5-118

步骤 12 拖曳时间线查看此时画面效果如图5-119所示。

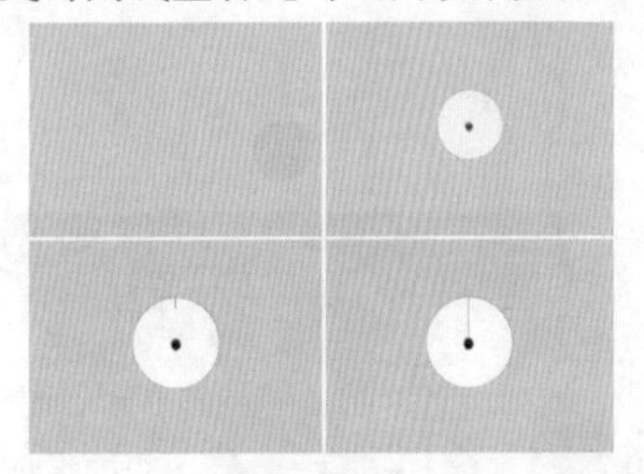

图 5-119

步骤 13 在工具栏中长按【横排文字工具】,在弹出的【文字工具组】中单击选择【直排文字工具】,并在【字符】面板中设置【字体系列】为Palatino Linotype,【体系样式】为Regular,【填充】为黄色,【描边】为无颜色,【字体大小】为30,【水平缩放】为115%。设置完成后在画面中合适位置处单击,输入文本“Membership”,如图5-120所示。

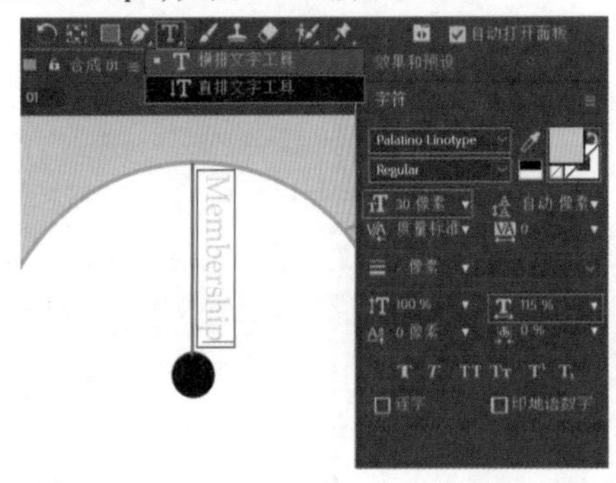

图 5-120

步骤 14 在【时间轴】面板中打开文本图层下方的【变换】,

设置【位置】为(736.0, 369.0),如图5-121所示。

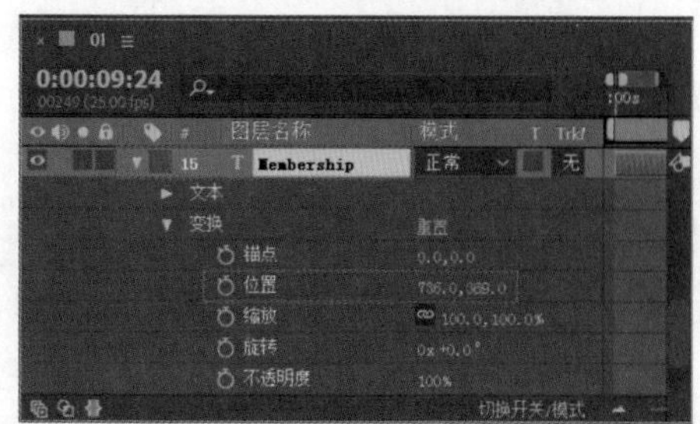

图5-121

步骤 15 单击选中Membership文本图层,并将时间线拖曳至1秒15帧位置处,接着在选项栏中选择【矩形工具】,在画面中文本合适位置处按住鼠标左键并拖曳,绘制遮罩形状。单击打开【蒙版】/【蒙版1】,单击【蒙版路径1】前的【时间变化秒表】按钮,如图5-122所示。再将时间线拖曳至2秒05帧位置处,调整遮罩形状,如图5-123所示。

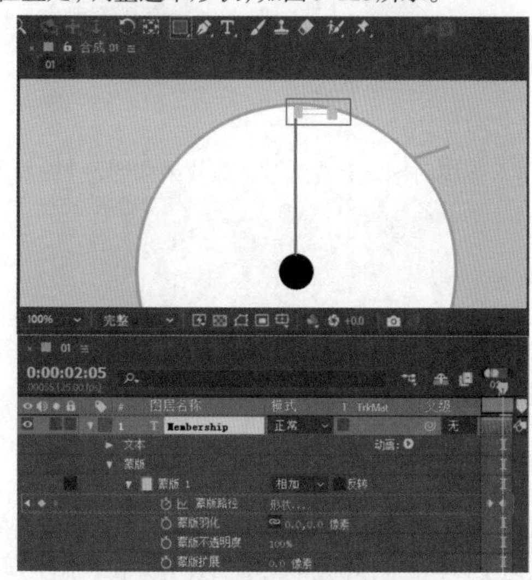

图5-122

图5-123

步骤 16 拖曳时间线查看文本动画效果,如图5-124所示。

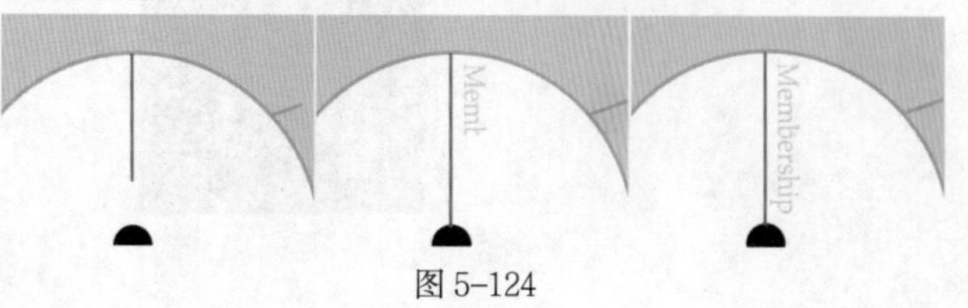

图5-124

步骤 17 使用同样的方法用【横排文字工具】创建文本“1.2million”和“31million”,并为其设置合适的【字符】属性及遮罩关键帧。拖曳时间线查看此时画面效果,如图5-125所示。

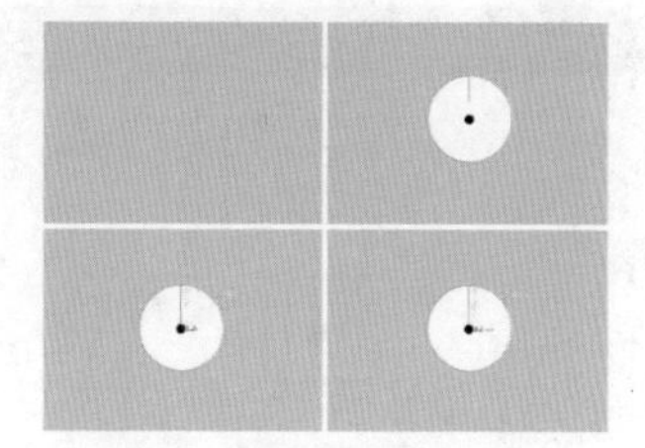

图5-125

Part 02 制作延展示意图动画

步骤 01 在【时间轴】面板中的空白位置处单击鼠标左键,取消当前选择图层。在工具栏的【形状工具组】中单击选择【椭圆工具】,并设置【填充】为白色,【描边】为无颜色,设置完成后在画面右上方合适位置处按住Shift键的同时拖曳鼠标至合适大小,如图5-126所示。

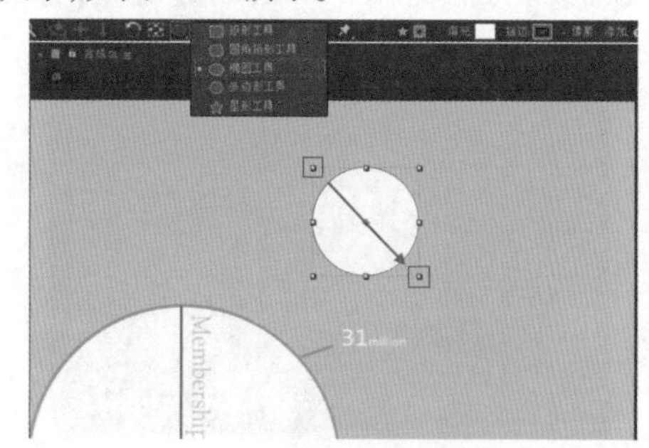

图5-126

步骤 02 在【时间轴】面板中打开【形状图层4】下方的【内容】/【椭圆1】/【变换:椭圆1】,并将时间线拖曳至2秒05帧位置处,然后依次单击【比例】和【不透明度】前的【时间变化秒表】按钮,设置【比例】为(0.0,0.0%),【不透明度】为0%。再将时间线拖曳至2秒20帧位置处,设置【比例】为(100.0,100.0%),【不透明度】为100%,如图5-127所示。

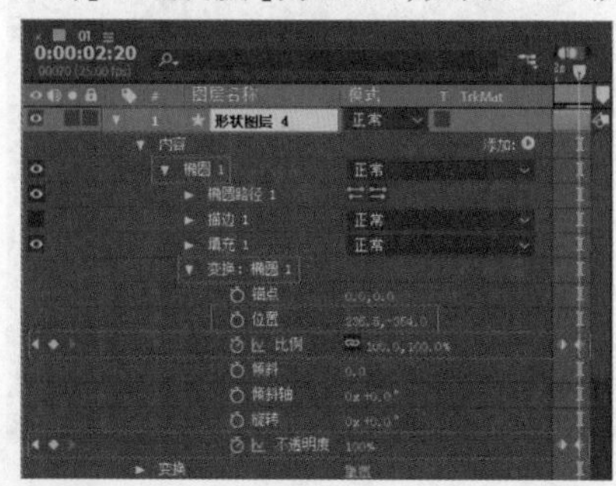

图5-127

步骤 03 选择【形状图层4】,继续使用【椭圆工具】,并在选项栏中设置【填充】为黑色,【描边】为无颜色。设置完成后在刚刚绘制的正圆中按住Shift键的同时,按住鼠标左键并拖曳至合适大小,绘制一个黑色正圆作为中心点,如图5-128所示。

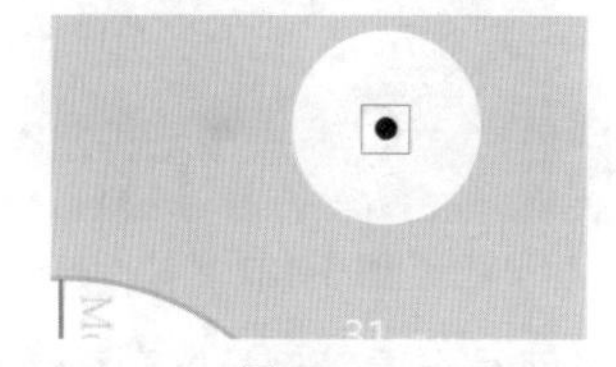

图 5-128

步骤 04 在【时间轴】面板中单击打开【形状图层4】下方的【内容】/【椭圆2】,并将时间线拖曳至2秒05帧位置处,然后依次单击【比例】和【不透明度】前的【时间变化秒表】按钮,设置【比例】为(0.0,0.0%),【不透明度】为0%。再将时间线拖曳至2秒20帧位置处,设置【比例】为(100.0,100.0%),【不透明度】为100%,如图5-129所示。

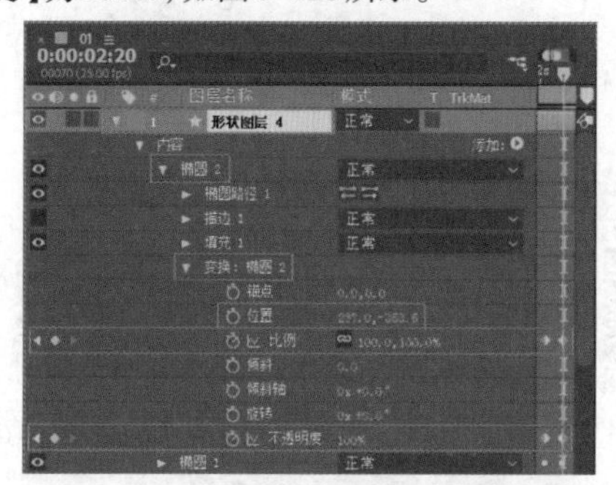

图 5-129

步骤 05 选择形状图层4,在选项栏中单击选择【钢笔工具】,并设置【填充】为无颜色,【描边】为黑色,【描边宽度】为5,设置完成后在【合成】面板中的合适位置绘制指示路径,如图5-130所示。

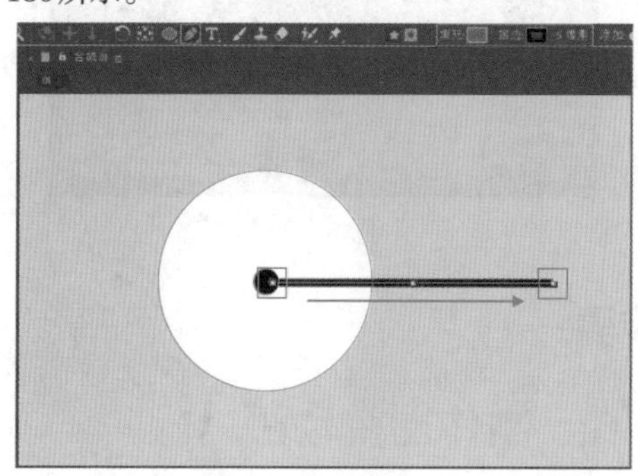

图 5-130

步骤 06 在【时间轴】面板中单击打开【形状图层4】下方的【内容】/【形状1】/【路径】,并将时间线拖曳至2秒20帧位置处,然后依次单击【路径】和【不透明度】前的【时间变化秒表】按钮,在画面中调整路径形状,然后设置【不透明度】为0%,如图5-131所示。将时间线拖曳至3秒位置处,在画面中再次调整路径形状,然后设置【不透明度】为100%,如图5-132所示。

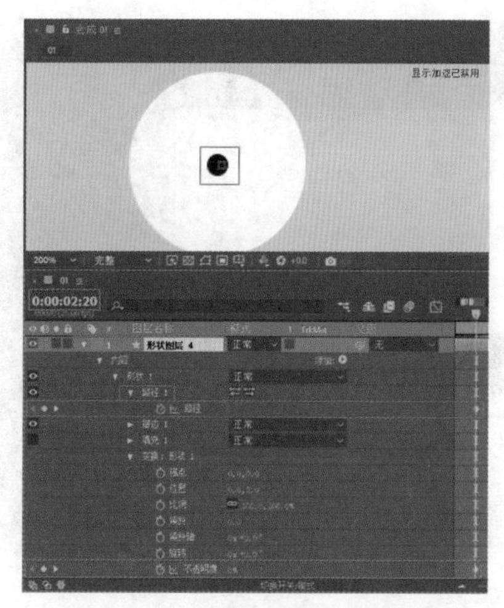

图 5-131

图 5-132

步骤 07 在【时间轴】面板中的空白位置处单击鼠标右键,执行【新建】/【文本】命令。

步骤 08 在【字符】面板中设置【字体系列】为Microsoft Tai Le,【字体样式】为Regular,【填充】为黑色,【描边】为无颜色,【字体大小】为30,【水平缩放】为115%,设置完成后输入文本"4.6million",如图5-133所示。接着选择文本million,在【字符】面板中设置【字体大小】为15,如图5-134所示。

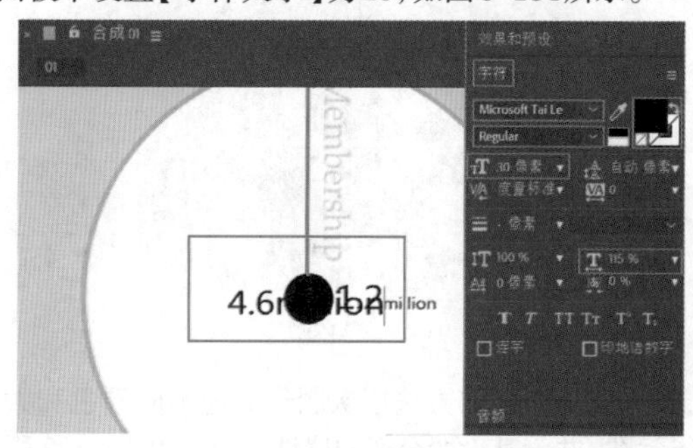

图 5-133

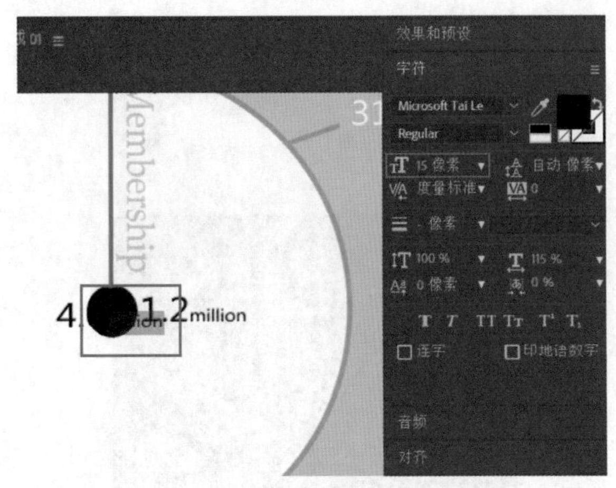

图 5-134

步骤 09 在【时间轴】面板中单击打开4.6million文本图层下方的【变换】，设置【位置】为(1207.0, 168.5)。时间线拖曳至3秒位置处，并依次单击【缩放】和【不透明度】前的【时间变化秒表】按钮，设置【缩放】为(0.0,0.0%)，【不透明度】为0%。再将时间线拖曳至3秒05帧位置处，设置【缩放】为(100.0,100.0%)，【不透明度】为100%，如图5-135所示。拖曳时间线查看此时画面效果，如图5-136所示。

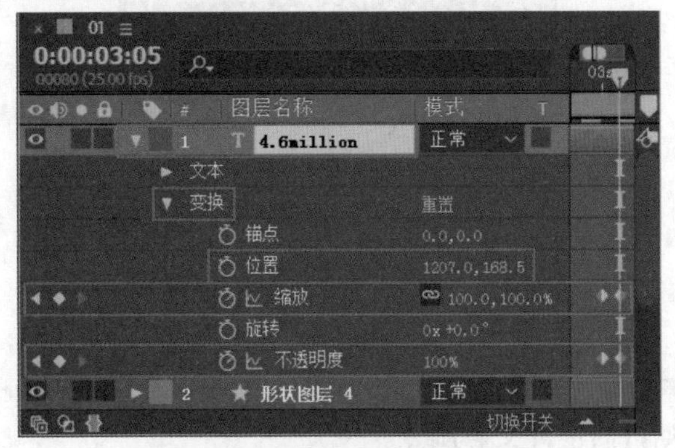

图 5-135

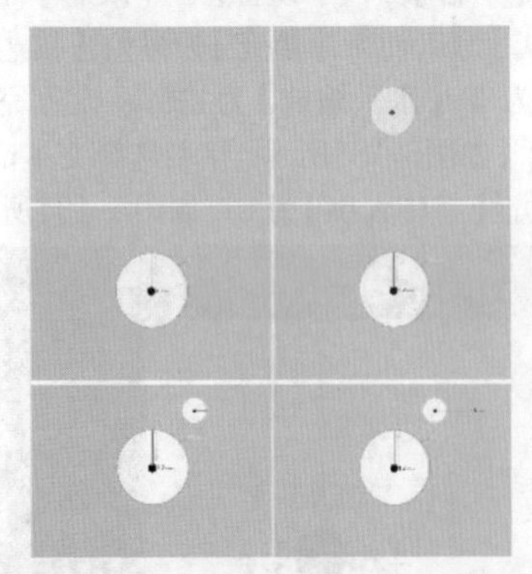

图 5-136

步骤 10 使用同样的方法依次制作其他不同颜色和大小的圆形指示图，并为其设置合适的属性参数，如图5-137所示。

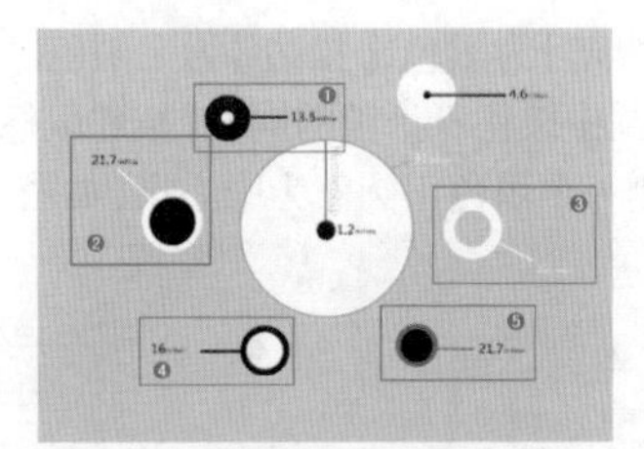

图 5-137

步骤 11 拖曳时间线查看案例最终画面效果，如图5-138所示。

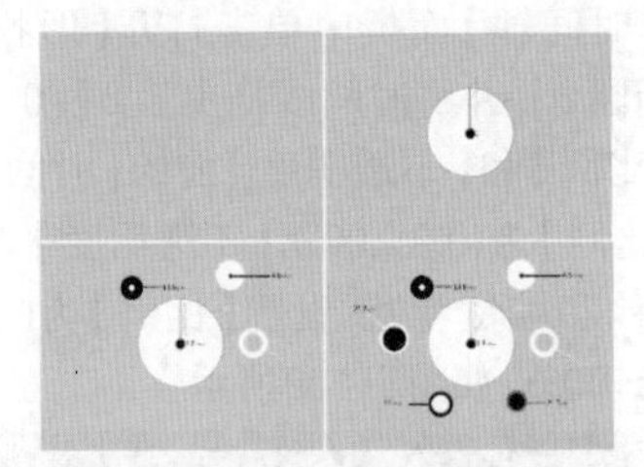

图 5-138

实例：界面播放视频动画效果

扫一扫，看视频

文件路径：Chapter 05 创建动画→实例：界面播放视频动画效果

本案例主要学习如何应用关键帧动画制作界面播放视频动画效果，如图5-139所示。

图 5-139

操作步骤：

Part 01 制作图片动画

步骤 01 在【项目】面板中，单击鼠标右键执行【新建合成】命令，在弹出的【合成设置】面板中设置【合成名称】为01，【宽度】为1130，【高度】为630，【像素长宽比】为方形像素，【帧速率】为25，【分辨率】为完整，【持续时间】为8秒，单击【确定】按钮。

步骤 02 执行【文件】/【导入】/【文件】命令或使用【导入文件】快捷键Ctrl+I，在弹出的【导入文件】对话框中选择所需要的素材，单击【导入】按钮导入素材。

步骤 03 在【项目】面板中将素材1.jpg和2.jpg拖曳到【时间轴】面板中，如图5-140所示。

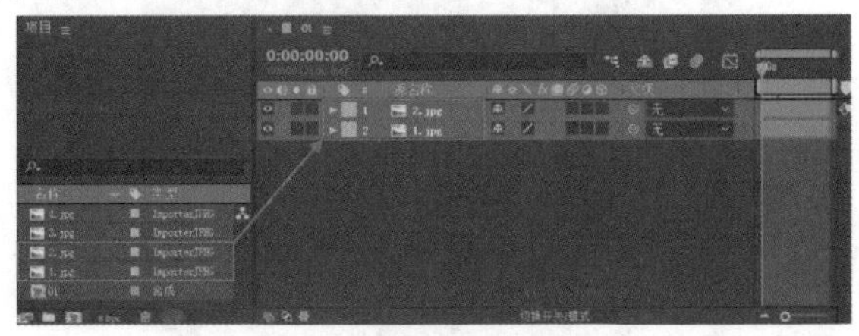

图 5-140

步骤 04 在【时间轴】面板中单击打开2.jpg素材图层下方的【变换】，并将时间线拖曳至10帧位置处，单击【位置】和【缩放】前的【时间变化秒表】按钮，然后设置【位置】为(769.0,229.0)，【缩放】为(22.7,19.0%)。再将时间线拖曳至2秒位置处，设置【位置】为(565.0,394.0)，【缩放】为(55.0,46.0%)，如图5-141所示。

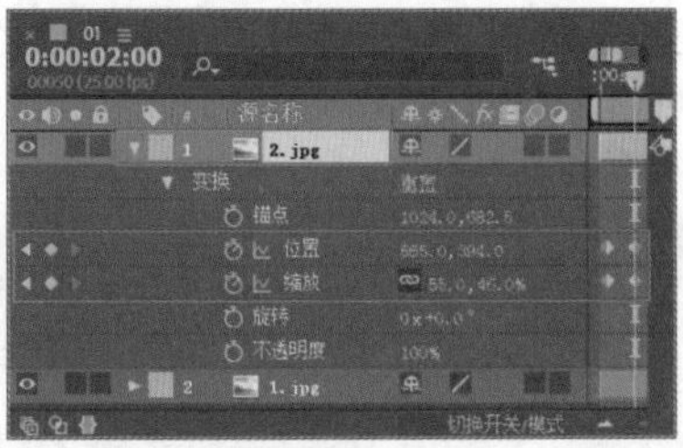

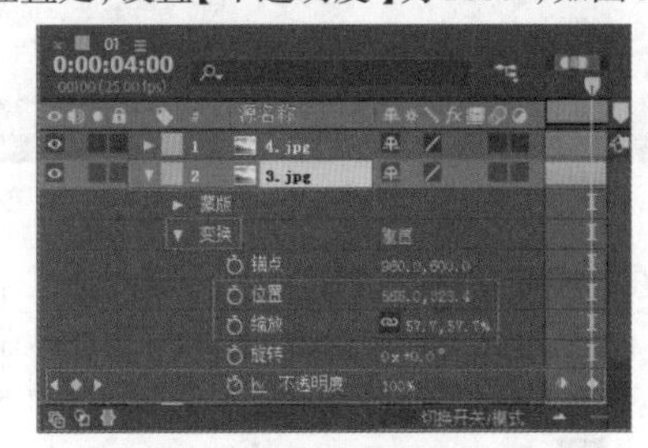

图 5-141

步骤 05 在【时间轴】面板中将时间线拖曳至起始帧位置处，然后单击选中2.jpg素材图层。在选项栏中单击选择【矩形工具】，在【合成】面板中的2.jpg素材图层上按住鼠标左键并拖曳，绘制矩形遮罩，如图5-142所示。

图 5-142

步骤 06 拖曳时间线查看此时画面效果，如图5-143所示。

图 5-143

步骤 07 在【项目】面板中将素材3.jpg和4.jpg拖曳到【时间轴】面板中，如图5-144所示。

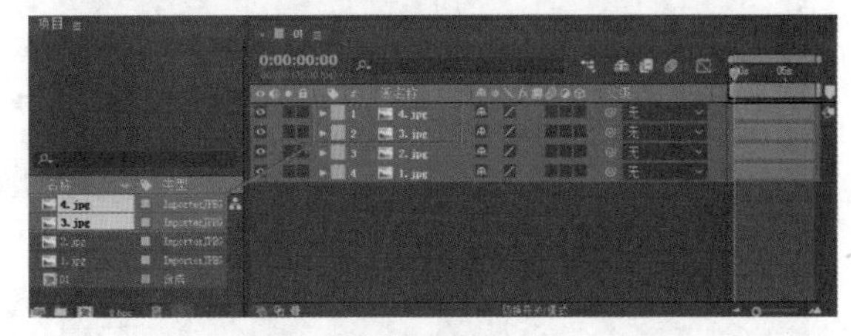

图 5-144

步骤 08 在【时间轴】面板中单击打开3.jpg素材图层下方的【变换】，设置【位置】为(565.0,323.4)，【缩放】为(57.7,57.7%)。将时间线拖曳至3秒位置处，并单击【不透明度】前的【时间变化秒表】按钮，设置【不透明度】为0%。再将时间线拖曳至4秒位置处，设置【不透明度】为100%，如图5-145所示。

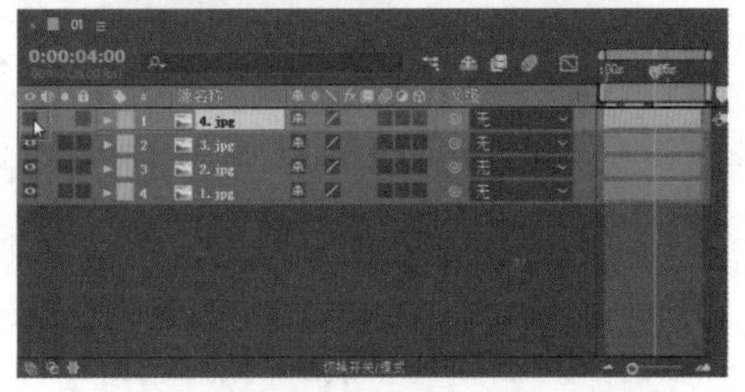

图 5-145

步骤 09 在【时间轴】面板中隐藏4.jpg素材图层，如图5-146所示。选中3.jpg素材图层，在选项栏中选择【矩形工具】，接着在【合成】面板中3.jpg素材图层上按住鼠标左键并拖曳，绘制矩形遮罩，如图5-147所示。

图 5-146

图 5-147

步骤 10 拖曳时间线查看此时画面效果，如图5-148所示。

图 5-148

步骤 11 在【时间轴】面板中设置显示4.jpg素材图层，如图5-149所示。

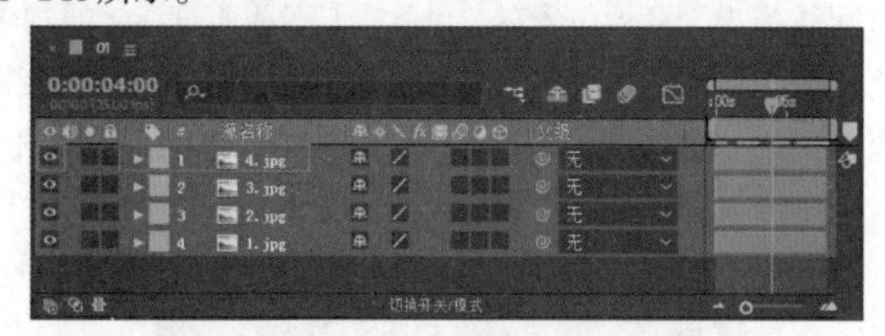

图 5-149

步骤 12 在【时间轴】面板中打开4.jpg素材图层下方的【变换】，设置【位置】为(563.0,361.0)，【缩放】为(115.6,115.6%)。将时间线拖曳至5秒位置处，单击【不透明度】前的【时间变化秒表】按钮，设置【不透明度】为0%。再将时间线拖曳至6秒位置处，设置【不透明度】为100%，如图5-150所示。

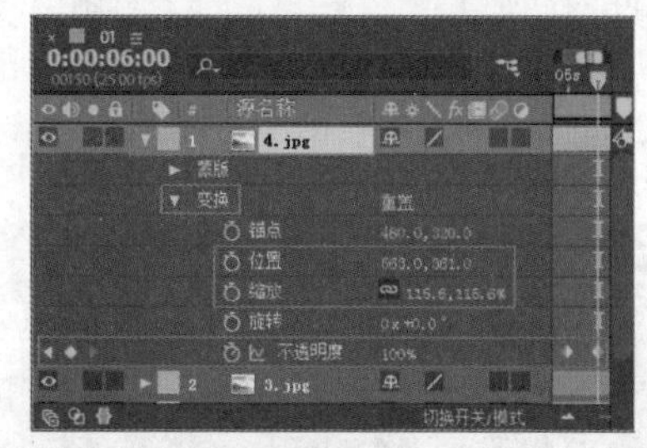

图 5-150

步骤 13 在【时间轴】面板中单击选中4.jpg素材图层，在选项栏中单击选择【矩形工具】，然后在【合成】面板中的4.jpg素材图层合适位置处按住鼠标左键并拖曳至与3.jpg素材图层遮罩相同的大小，如图5-151所示。

图 5-151

步骤 14 拖曳时间线查看此时画面效果，如图5-152所示。

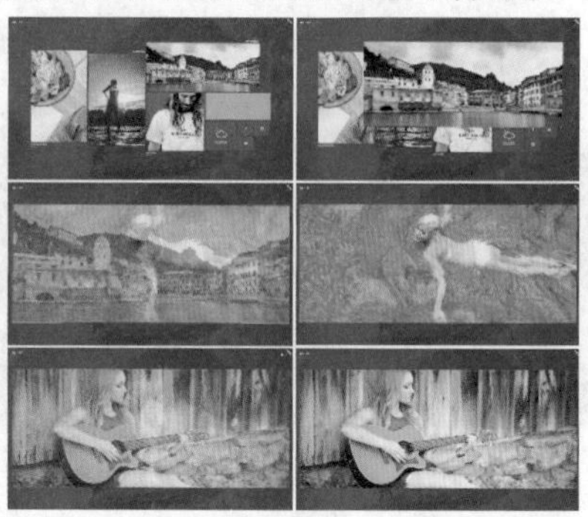

图 5-152

Part 02 制作播放按钮动画

步骤 01 在【时间轴】面板中将时间线拖曳至起始帧位置处，然后在空白位置处单击鼠标左键，取消选择当前图层。在选项栏中单击选择【矩形工具】，设置【填充】为紫色，【描边】为无颜色，设置完成后在画面右上方合适位置处按住鼠标左键并拖曳至合适大小，如图5-153所示。

图 5-153

步骤 02 在【时间轴】面板中单击打开【形状图层1】下方的【变换】，并将时间线拖曳至10帧位置处，依次单击【位置】【缩放】和【不透明度】前的【时间变化秒表】按钮，设置【位置】为(565.0,320.0)，【缩放】为(101.0,99.0)，【不透明度】为80%。再将时间线拖曳至2秒位置处，设置【位置】为(71.0,598.0)，【缩放】为(245.6,233.2%)，【不透明度】为0%，如图5-154所示。

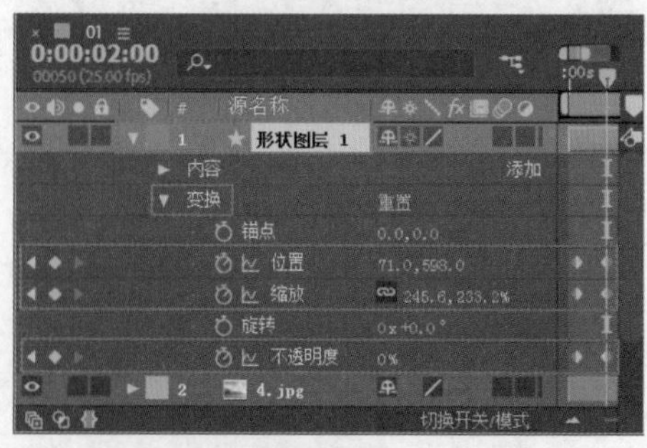

图 5-154

步骤 03 拖曳时间线查看此时画面效果，如图5-155所示。

图5-155

步骤 04 在【时间轴】面板中的空白位置处单击鼠标左键，取消选择当前图层。在选项栏中长按【矩形工具】，在弹出的【形状工具组】中单击选择【椭圆工具】，设置【填充】为无颜色，【描边】为白色，【描边宽度】为5，设置完成后在【合成】面板中右上角的合适位置处按住Shift键的同时拖曳鼠标至合适大小，得到正环形，如图5-156所示。

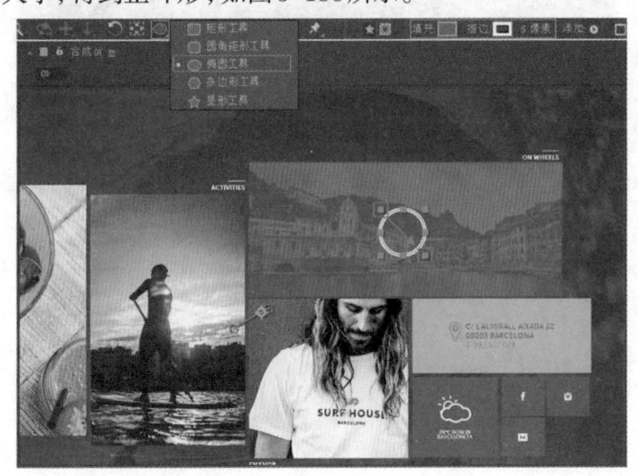

图5-156

步骤 05 在选项栏中的【形状工具组】中选择【多边形工具】，然后在刚刚绘制的正环形中按住Shift键的同时拖曳鼠标至合适大小，如图5-157所示。

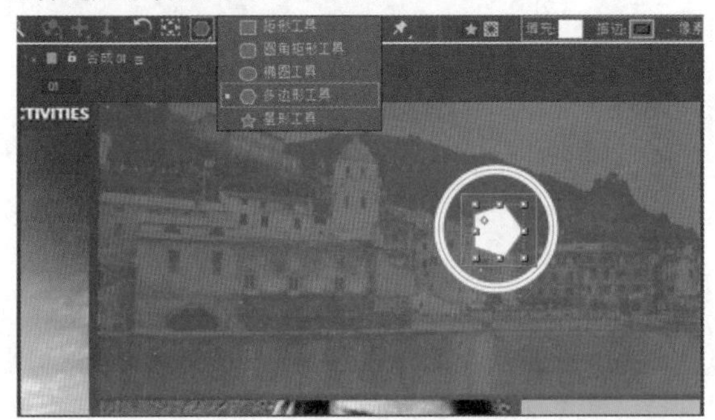

图5-157

步骤 06 在【时间轴】面板中打开【形状图层2】下方的【多边星形1】，设置【点】为3，【旋转】为(0x+90.0°)，如图5-158所示，此时画面效果如图5-159所示。

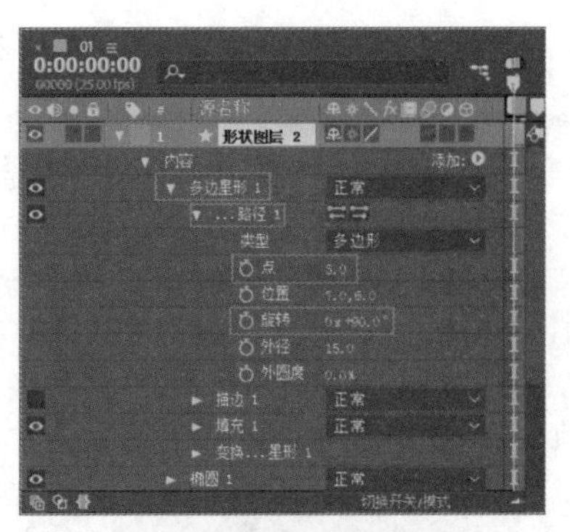

图5-158

图5-159

步骤 07 在【时间轴】面板中打开【形状图层2】下方的【变换】，将时间线拖曳至起始帧位置处，依次单击【位置】【缩放】和【不透明度】前的【时间变化秒表】按钮，设置【位置】为(563.0,311.0)，【缩放】为(100.0, 100.0%)，【不透明度】为100%，如图5-160所示。再将时间线拖曳至08帧位置处，设置【位置】为(573.0,305.0)，【缩放】为(95.0,95.0%)。最后将时间线拖曳至1秒位置处，设置【位置】为(522.0,333.0)，【缩放】为(120.0,120.0%)，【不透明度】为0%。

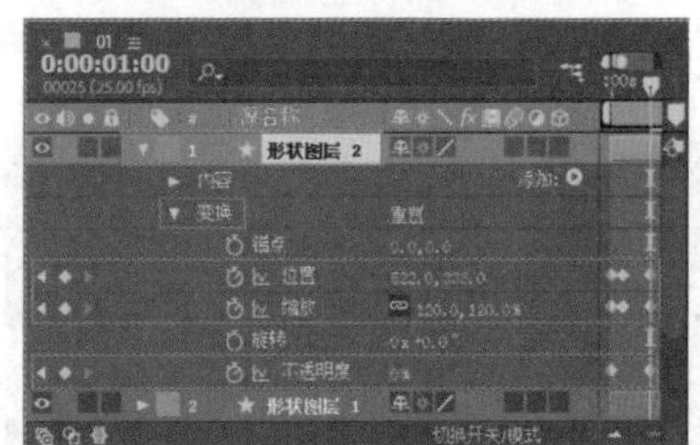

图5-160

步骤 08 拖曳时间线查看案例最终效果，如图5-161所示。

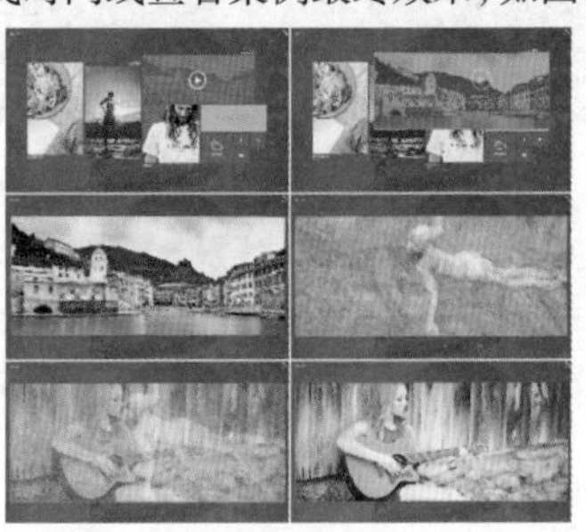

图5-161

实例：制作淘宝“双11”图书大促广告

文件路径：Chapter 05 创建动画→实例：制作淘宝“双11”图书大促广告

“双11”“618”是各大电商平台举办的网络促销活动，越来越多的商家参与进来，针对自己网店的商品进行促销宣传。现在视频广告已经逐步取代了平面广告，一段好看的、刺激的、炫酷的视频广告越来越受到买家的关注。本案例首先使用【椭圆工具】制作圆形动画背景，再使用【文字工具】制作促销关键帧动画。案例效果如图5-162所示。

图5-162

操作步骤：

步骤 01 在【项目】面板中，单击鼠标右键选择【新建合成】命令，在弹出的【合成设置】面板中设置【合成名称】为合成1，【预设】为自定义，【宽度】为3840，【高度】为2160，【像素长宽比】为方形像素，【帧速率】为30，【分辨率】为完整，【持续时间】为10秒。下面制作背景，在【时间轴】面板下方的空白处单击鼠标右键执行【新建】/【纯色】命令，在弹出的【纯色设置】对话框中设置【颜色】为浅蓝色，如图5-163所示。

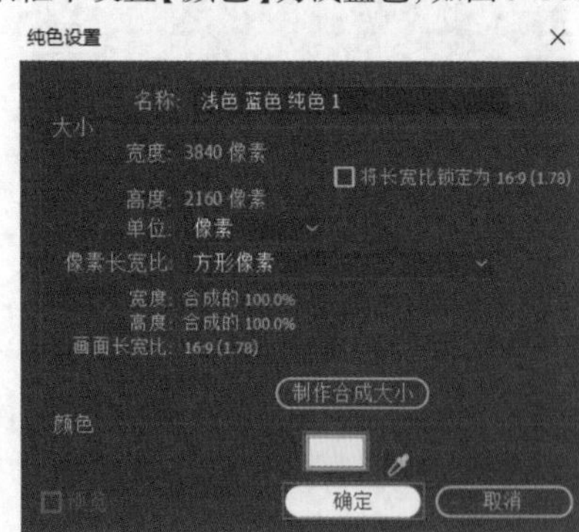

图5-163

步骤 02 在工具栏中单击选择（椭圆工具），设置【填充】为红色，【描边】为无，接着在画面中合适位置按住Shift键绘制一个正圆，如图5-164所示。

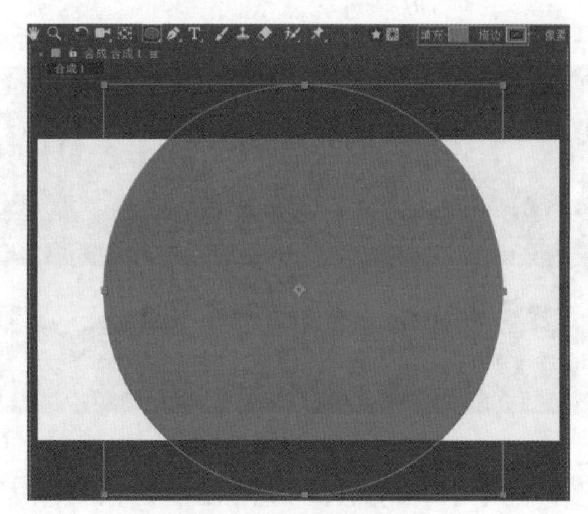

图5-164

步骤 03 在【时间轴】面板中单击打开形状图层1下方的【变换】，设置【不透明度】为8%，如图5-165所示。

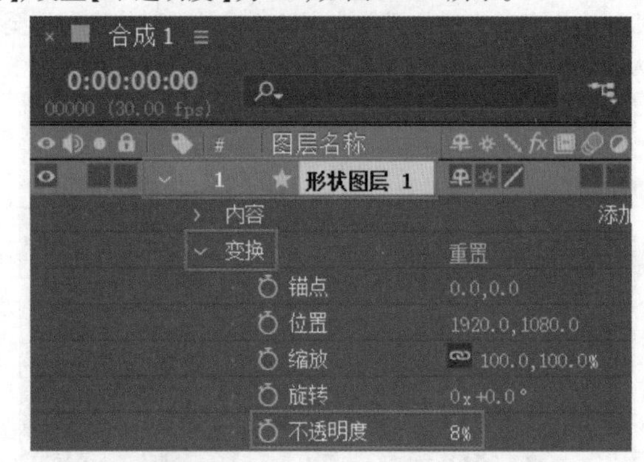

图5-165

步骤 04 此时形状效果如图5-166所示。

图5-166

步骤 05 继续绘制正圆，在工具栏中单击选择（椭圆工具），设置【填充】为红色，【描边】为无，接着在画面中按住Shift键绘制一个比刚刚绘制的正圆更小一点的正圆，在【时间轴】面板中单击打开形状图层2下方的【变换】，调整【位置】为(1588,908)，【不透明度】为23%，如图5-167所示。

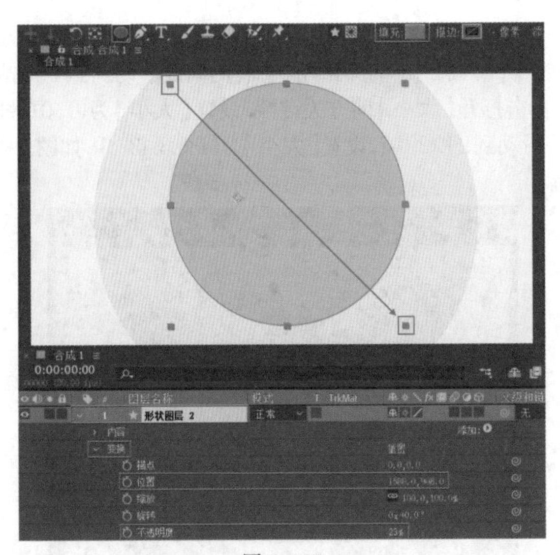

图 5-167

步骤 06 使用同样的方式再次绘制一个较小正圆，【填充】同样为红色，设置图层的【不透明度】为18%，如图5-168所示。

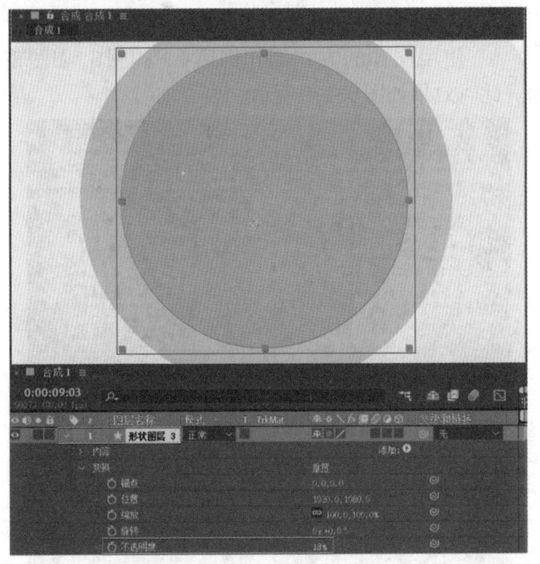

图 5-168

步骤 07 在【时间轴】面板中选择形状图层1~形状图层3，单击鼠标右键执行【预合成】命令，在弹出的【预合成】对话框中设置【新合成名称】为预合成1，最后单击【确定】按钮，如图5-169所示。

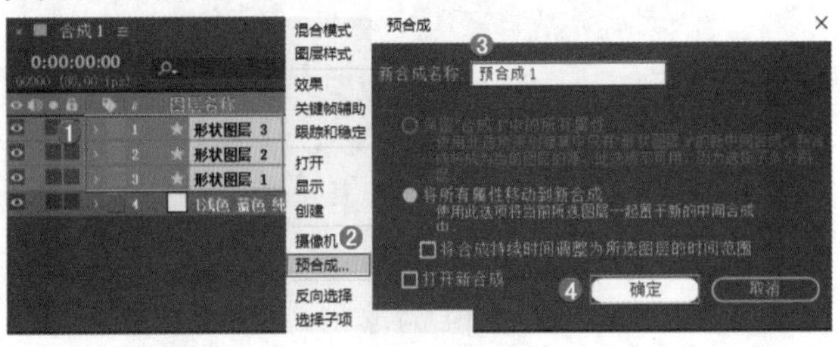

图 5-169

步骤 08 将时间线滑动到起始帧位置，单击打开预合成1图层下方的【变换】，开启【缩放】关键帧，设置【缩放】为(500,500%)，继续将时间线滑动到5秒位置，设置【缩放】为(100,100%)，如图5-170所示。此时动画效果如图5-171所示。

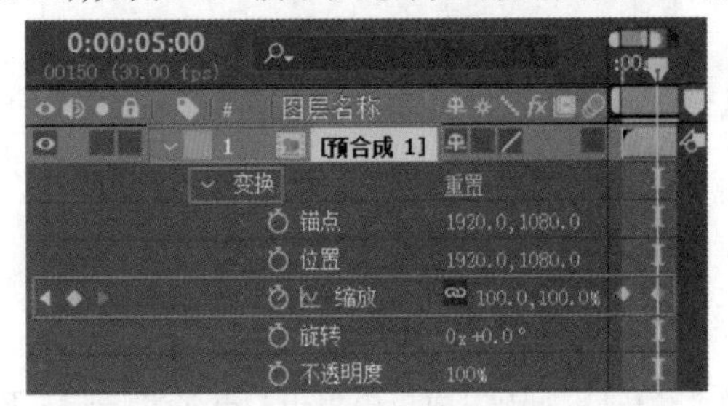

图 5-170

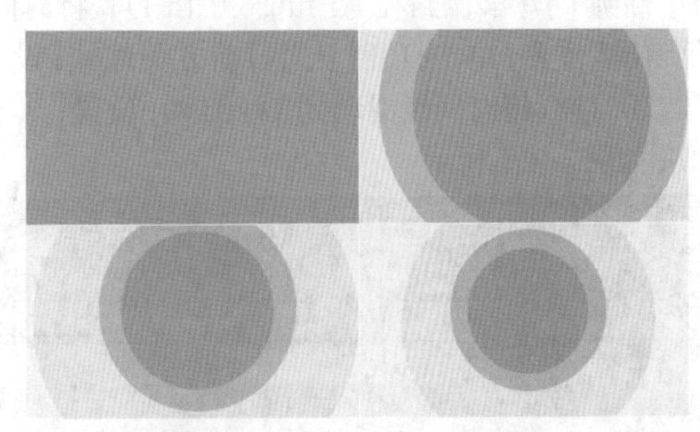

图 5-171

步骤 09 下面制作圆形花纹。首先在【时间轴】面板下方空白处单击新建一个形状图层，如图5-172所示。

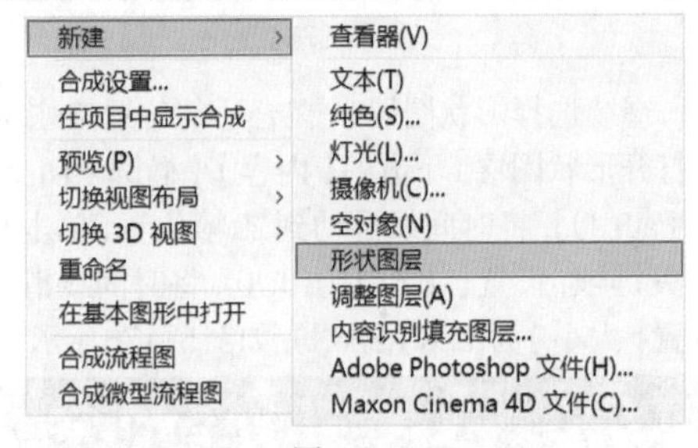

图 5-172

步骤 10 接着在【时间轴】面板中设置形状图层1的起始时间为29帧位置，如图5-173所示。

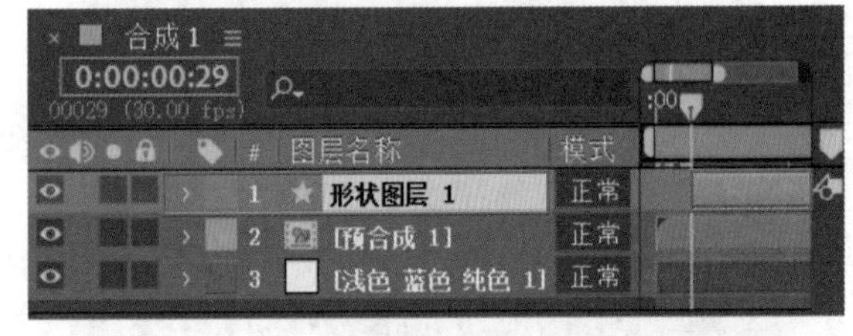

图 5-173

步骤 11 下面绘制圆形遮罩。选择形状图层1，在工具栏中选择【椭圆工具】，设置【填充】为洋红色，在画面中的合适位置按住Shift键绘制一个正圆，如图5-174所示。

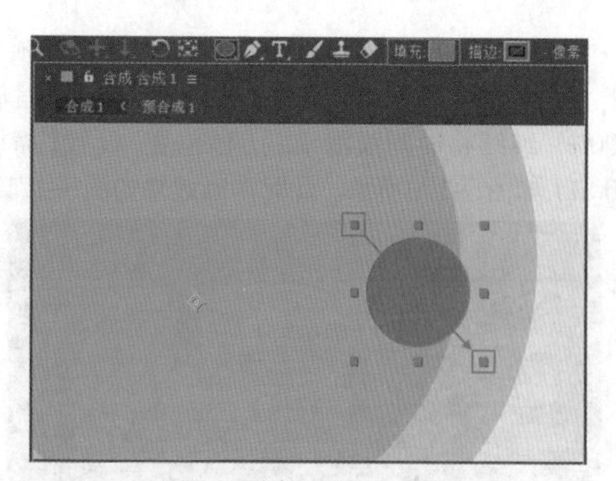

图 5-174

步骤 12 在【时间轴】面板中单击打开形状图层1下方的【内容】/【椭圆1】/【椭圆路径1(Ellipse Path 1)】，将时间线滑动到1秒07帧位置，单击打开【大小】前方关键帧，设置【大小】为(0, 0)，继续将时间线滑动到3秒04帧，设置【大小】为(485,485)，如图5-175所示。

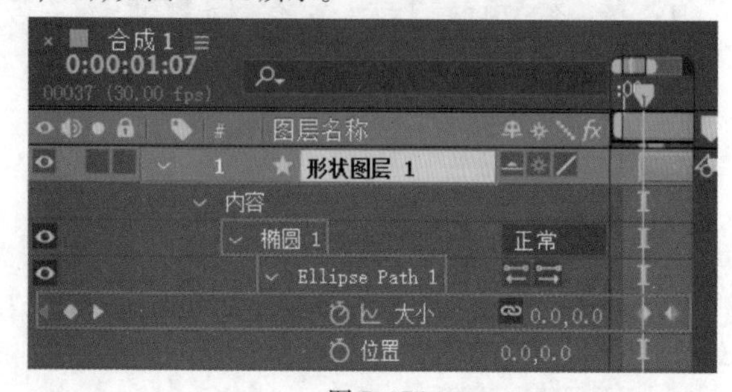

图 5-175

步骤 13 继续选择形状图层1，在合适的位置按住Shift键绘制正圆，打开形状图层1下方的【内容】/【椭圆2】/【椭圆路径1(Ellipse Path 1)】，将时间线滑动到29帧位置，单击打开【大小】前方关键帧，设置【大小】为(0, 0)，将时间线滑动到2秒19帧，设置【大小】为(228.1,228.1)，如图5-176所示。

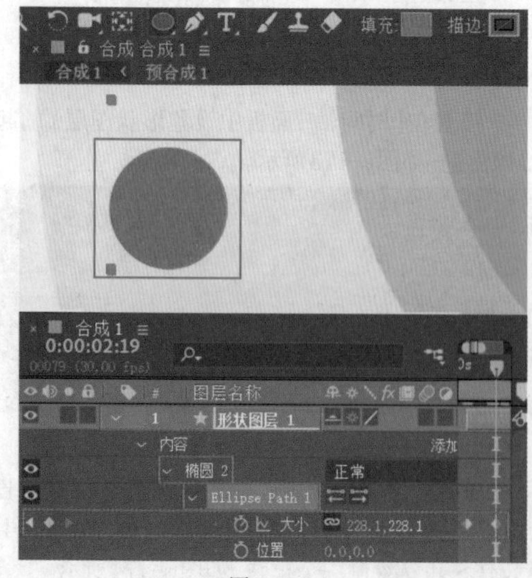

图 5-176

步骤 14 再次绘制一个正圆形状，打开形状图层1下方的【内容】/【椭圆2】/【椭圆路径1】，将时间线滑动到1秒08帧位置，单击打开【大小】前方关键帧，设置【大小】为(0, 0)，将时间线滑动到2秒29帧，设置【大小】为(436.3,436.3)，如图5-177所示。

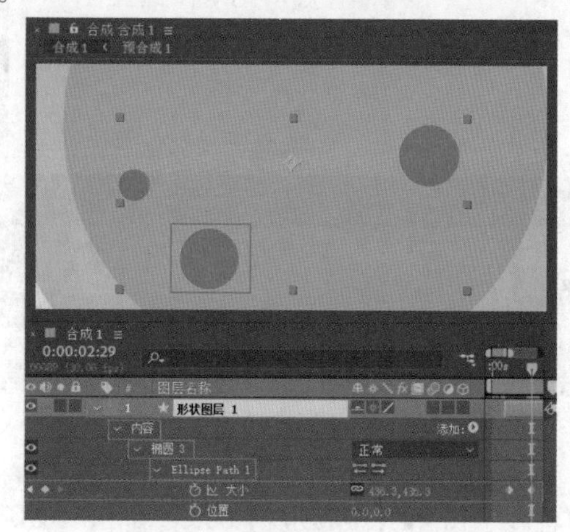

图 5-177

步骤 15 使用同样的方式制作椭圆4～椭圆6，如图5-178所示。此时效果如图5-179所示。

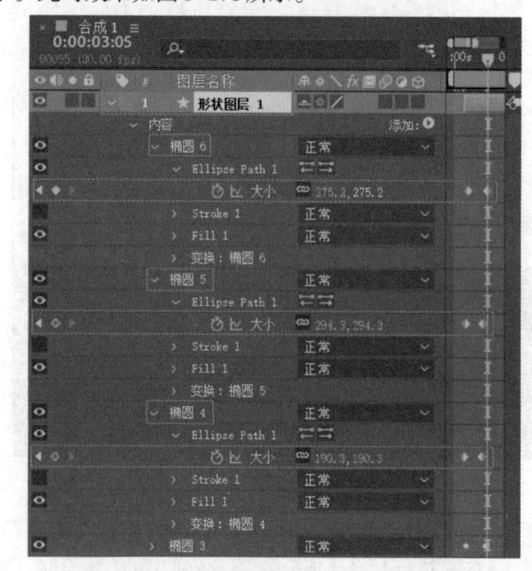

图 5-178

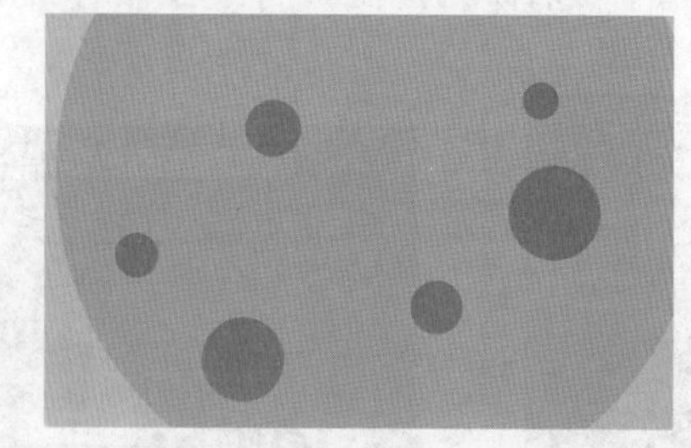

图 5-179

步骤 16 在【效果和预设】面板中搜索【百叶窗】，将效果拖曳到【时间轴】面板中的形状图层1上，如图5-180所示。

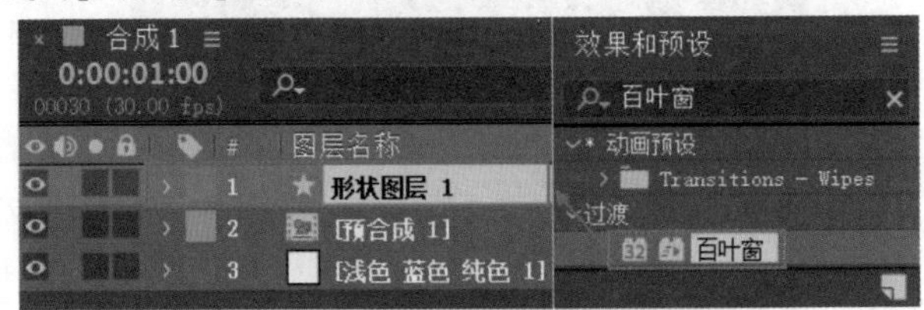

图 5-180

步骤 17 单击打开形状图层1下方的【效果】/【百叶窗】，设置【过渡完成】为50%，【方向】为(0x+45°)，如图5-181所示。此时动画，如图5-182所示。

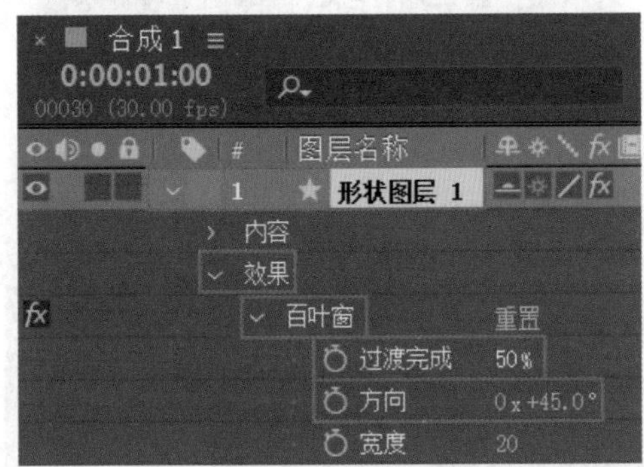

图 5-181

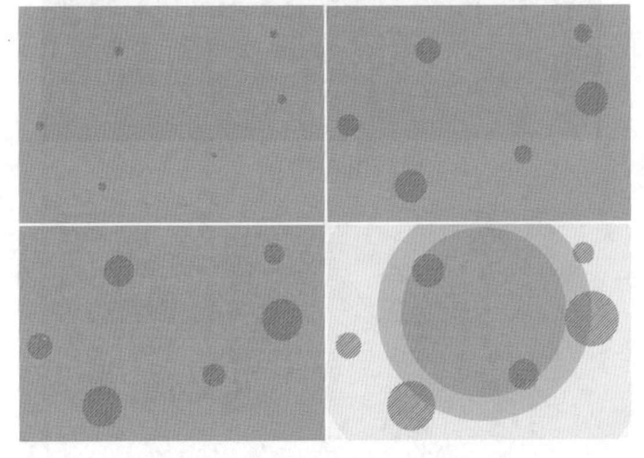

图 5-182

步骤 18 使用同样的方式再次新建两个形状图层，在【时间轴】面板中设置形状图层2的起始时间为第1秒07帧，形状图层3的起始时间为第17帧，在工具栏中选择椭圆形状，【填充】为红色，接着在这两个图层上绘制圆形遮罩，如图5-183和图5-184所示。

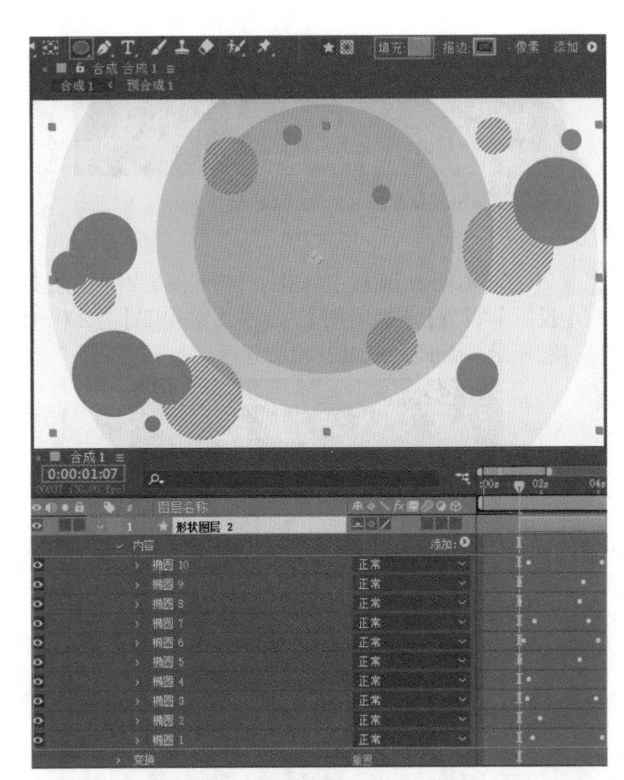

图 5-183

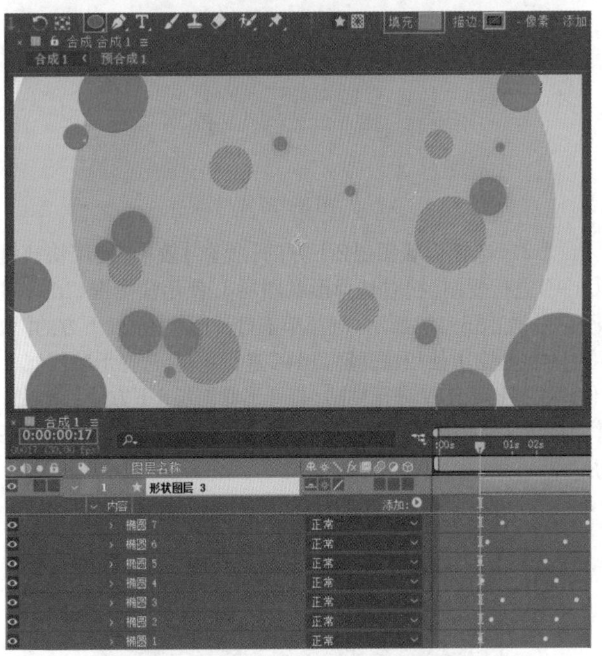

图 5-184

步骤 19 在【效果和预设】面板中搜索【投影】，将效果拖曳到【时间轴】面板中的形状图层2上，如图5-185所示。

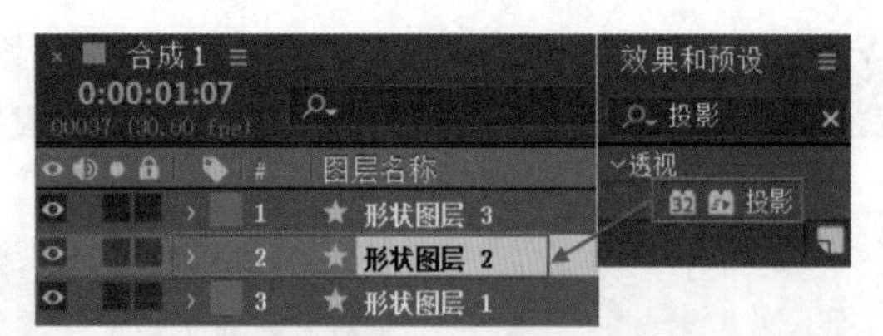

图 5-185

步骤 20 在【时间轴】面板中单击打开形状图层2下方的【效果】/【投影】，设置【不透明度】为30%，【柔和度】为200，如图5-186所示。画面效果如图5-187所示。

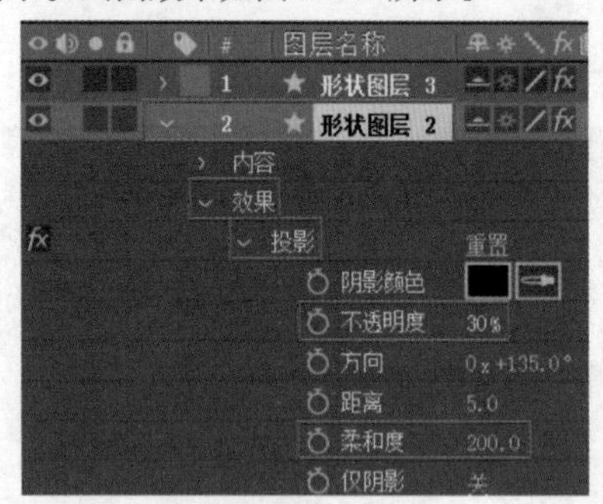

图 5-186

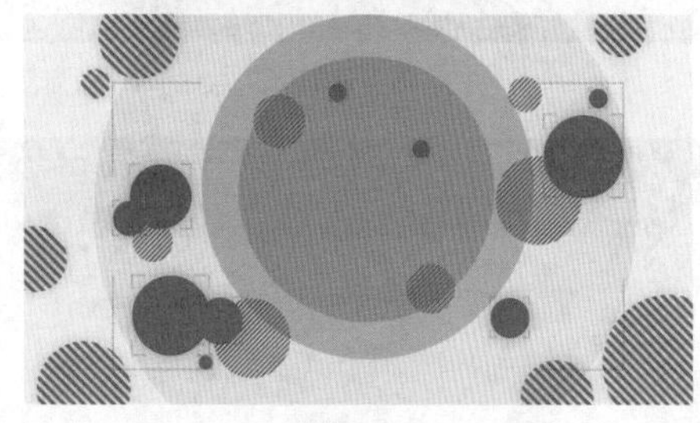
图 5-187

步骤 21 选择形状图层2下方的【投影】效果，使用快捷键Ctrl+C进行复制，接着选择形状图层3，使用快捷键Ctrl+V进行粘贴，如图5-188所示。继续单击打开形状图层1下方的【效果】/【百叶窗】，使用快捷键Ctrl+C进行复制，选择形状图层3，使用快捷键Ctrl+V进行粘贴，打开形状图层3下方的【效果】/【百叶窗】，更改【方向】为(0x+135°)，【宽度】为40，如图5-189所示。

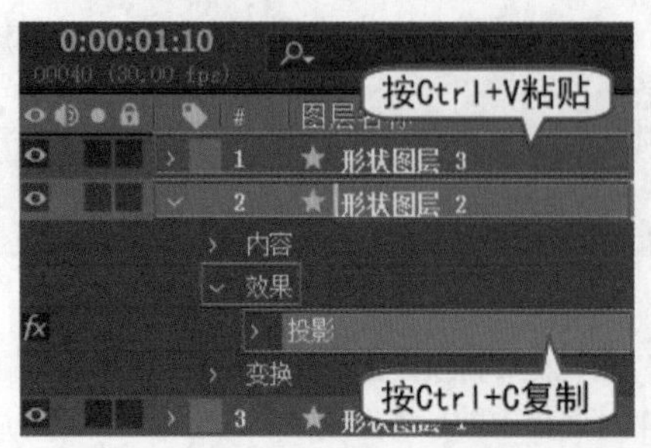

图 5-188

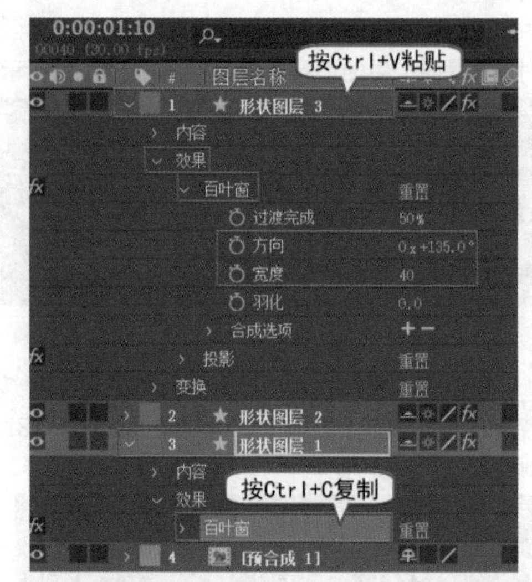

图 5-189

步骤 22 接着在形状图层3下方打开【变换】，设置【缩放】为(157,157%)，如图5-190所示。此时效果如图5-191所示。

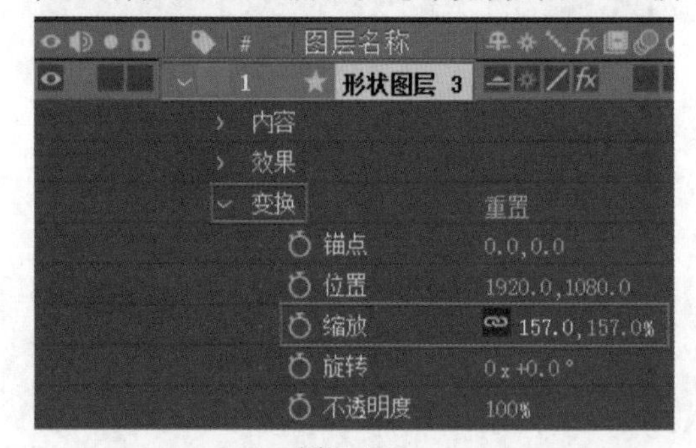

图 5-190

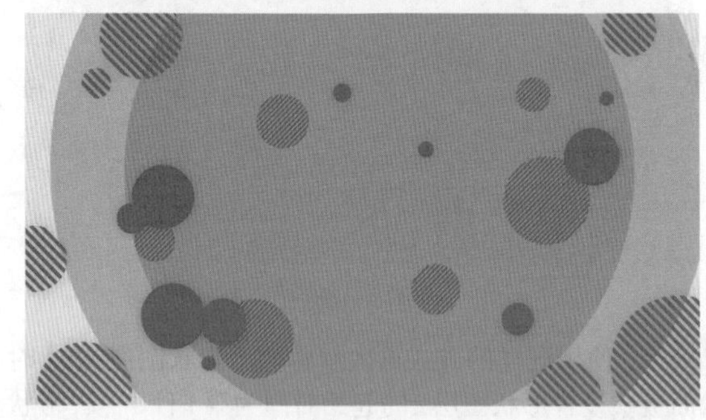
图 5-191

步骤 23 下面制作形状。在工具栏中选择【钢笔工具】，设置【填充】为白色，【描边】为无，然后在画面中心位置绘制一个合适的形状，如图5-192所示。

图 5-192

步骤 24 在【效果和预设】面板中搜索【投影】，将效果拖曳到【时间轴】面板中的形状图层4上。如图5-193所示。

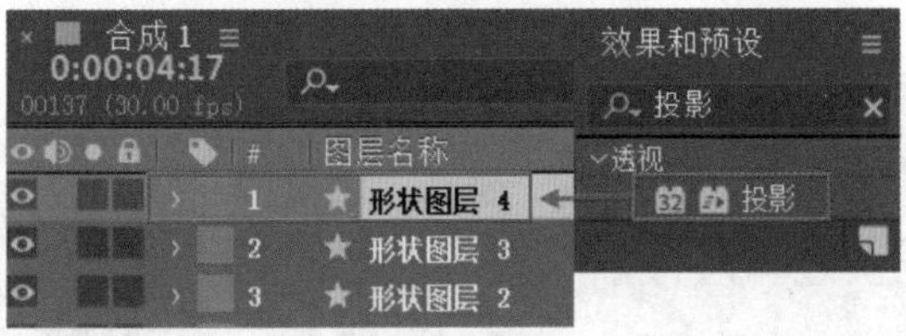

图 5-193

步骤 25 单击打开形状图层4下方的【效果】/【投影】，设置【距离】为50，【柔和度】为100，接着展开【变换】，设置【缩放】为(80,80%)，将时间线滑动到4秒位置，开启【位置】关键帧，设置【位置】为(1896,2605)，继续将时间线滑动到4秒17帧，设置【位置】为(1896,984)，如图5-194所示。此时动画效果如图5-195所示。

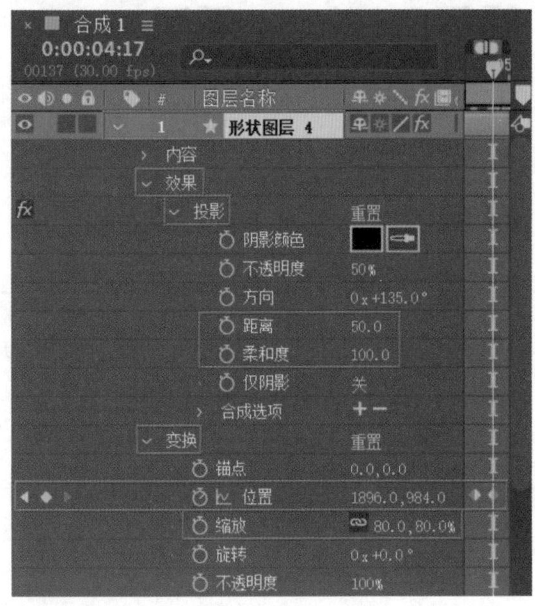

图 5-194

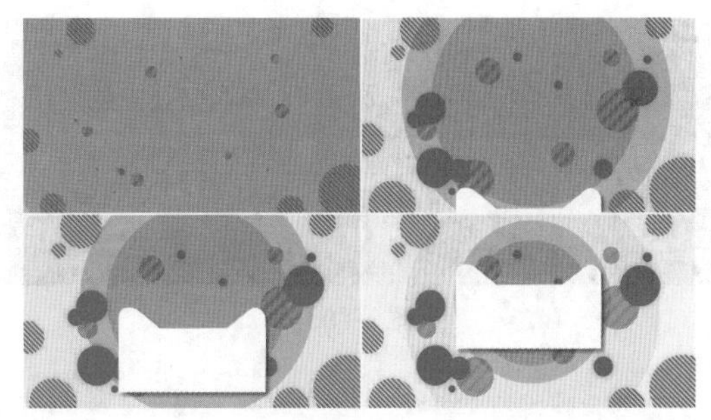

图 5-195

步骤 26 下面制作文字部分。在工具栏中选择T(横排文字工具)，在【字符】面板中设置合适的【字体系列】，设置【填充颜色】为黑色，【描边颜色】为无，【字体大小】为110，【字符间距】为541，单击开启T(仿粗体)，在【段落】面板中选择≡(居中对齐文本)，接着在白色形状上方输入文字"100款新书"，如图5-196所示。

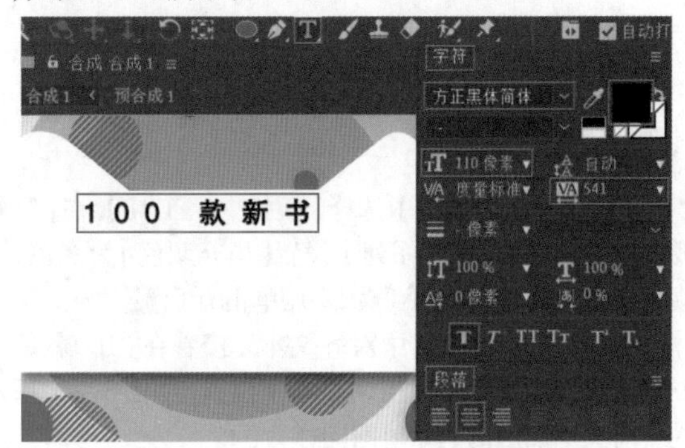

图 5-196

步骤 27 接着在【时间轴】面板中设置当前文本图层的起始时间为5秒，然后打开该图层下方的【变换】，设置【位置】为(1834.6,903.9)，如图5-197所示。

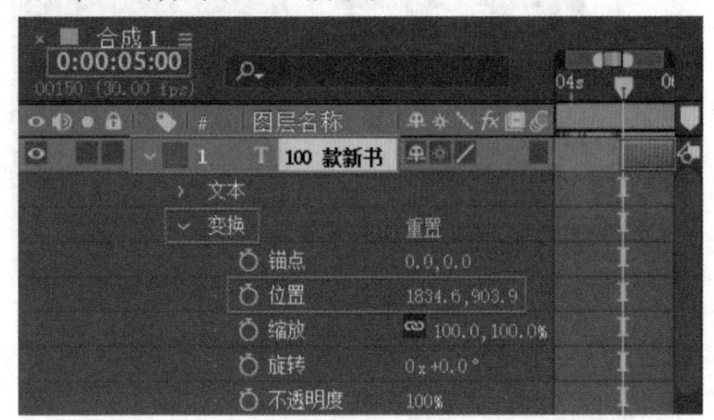

图 5-197

步骤 28 将时间线滑动到6秒10帧位置，在【效果和预设】面板中搜索【子弹头列车】，将效果拖曳到【时间轴】面板中"100款新书"上，如图5-198所示。文字效果如图5-199所示。

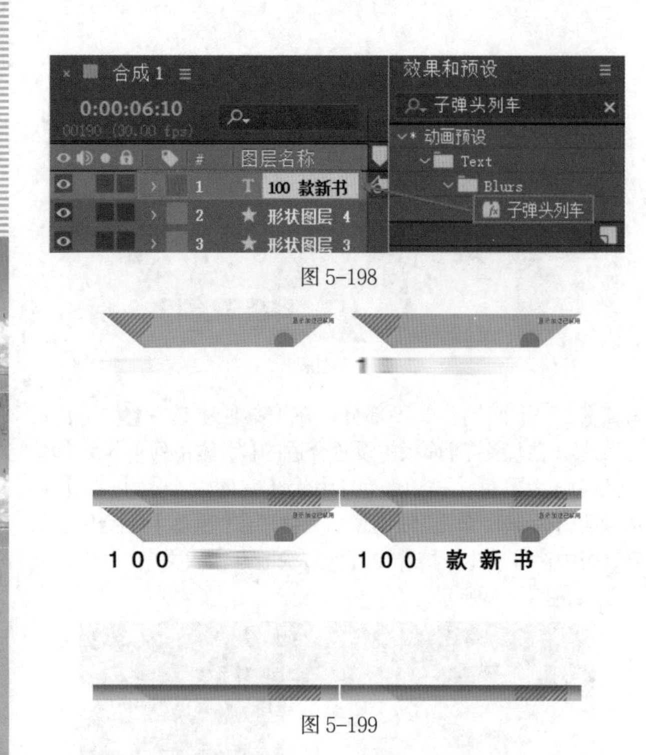

图 5-198

图 5-199

步骤 29 继续在工具栏中选择【横排文字工具】，在【字符】面板中设置合适的【字体系列】，设置【填充颜色】为黑色，【描边颜色】为无，【字体大小】为279，单击开启T(仿粗体)，在【段落】面板中选择≡(居中对齐文本)，接着在"100款新书"下方输入文字"低至"，适当调整文字位置，如图5-200所示。设置当前文本图层的起始时间同样为5秒。

图 5-200

步骤 30 使用同样的方式在"低至"后方输入文字"59"，在【字符】面板中设置合适的【字体系列】，设置【填充颜色】为洋红色，【描边颜色】为无，【字体大小】同样为279，【垂直缩放】为140%，单击开启T(仿粗体)，如图5-201所示。最后设置"59"文本图层的起始时间为5秒。

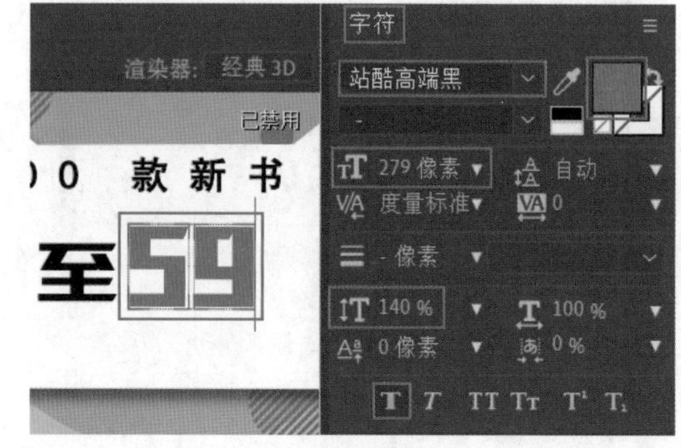

图 5-201

步骤 31 将时间线滑动到5秒01帧，在【效果和预设】面板中搜索【3D 基本位置z层叠】，将效果拖曳到【时间轴】面板中"59"文本图层上，如图5-202所示。文字效果如图5-203所示。

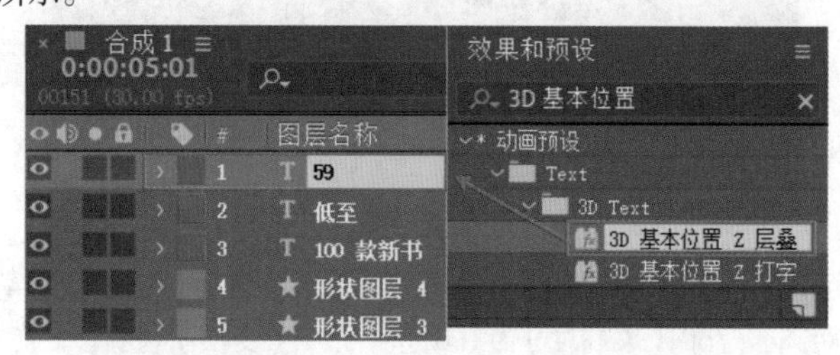

图 5-202

图 5-203

步骤 32 继续使用【横排文字工具】输入文字"元"，如图5-204所示。接着在工具栏中选择【钢笔工具】，设置【描边】为黑色，【描边宽度】为5像素，然后在"100款新书"下方绘制一条直线，如图5-205所示。

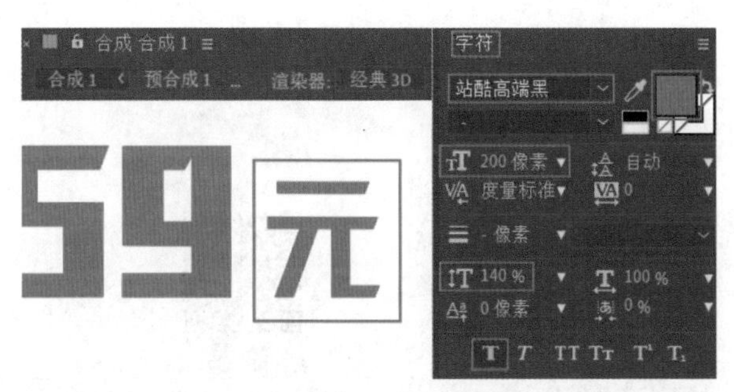

图 5-204

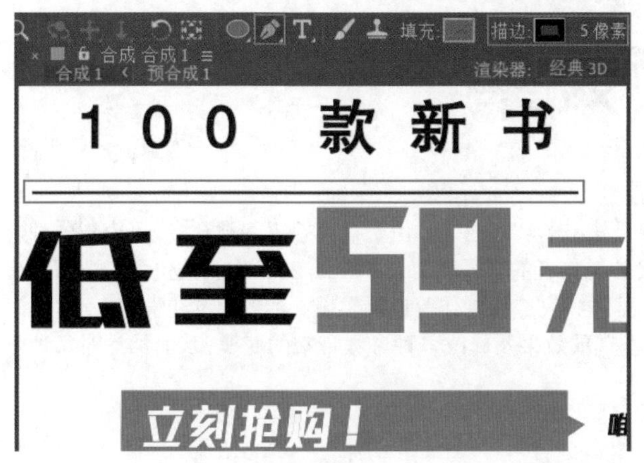

图 5-205

步骤 33 继续选择【钢笔工具】，设置【填充】为洋红色，【描边】为无，然后在文字下方绘制一个对话框形状，如图5-206所示。继续在形状上方及右侧输入文字并调整文字参数，如图5-207所示。

图 5-206

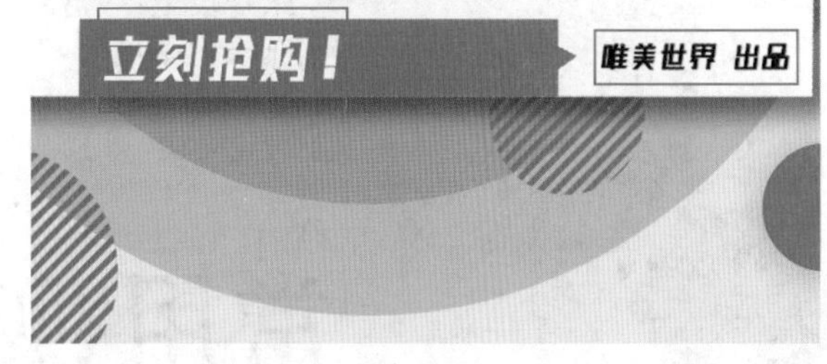

图 5-207

步骤 34 最后设置图层1~图层5的起始时间为5秒，如图5-208所示。

图 5-208

步骤 35 滑动时间线查看画面效果，如图5-209所示。

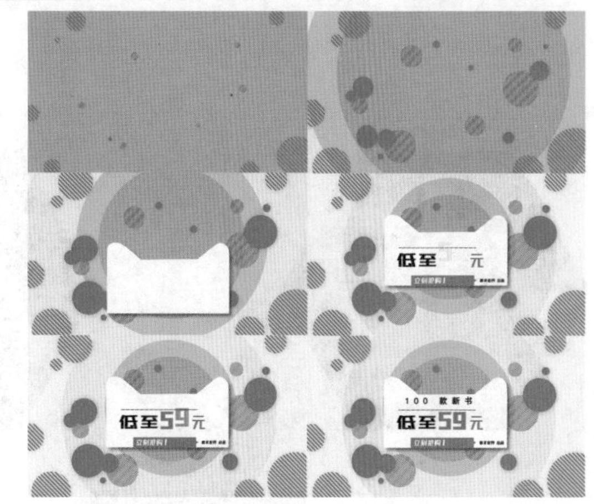

图 5-209

扫一扫，看视频

常用视频效果

本章内容简介：

视频效果是After Effects中最核心的功能之一。由于视频效果种类众多，可模拟各种质感、风格、调色、特效等，深受设计工作者的喜爱。After Effects 2022中大致包含了数百种视频效果，被广泛应用于视频、电视、电影、广告制作等设计领域。读者朋友在学习本章时，建议亲自尝试每一种视频特效所呈现的效果及修改各种参数带来的变换，从而加深对每种效果的印象和理解。

重点知识掌握：

- 认识视频效果
- 视频效果的添加方法
- 各种视频效果类型的使用方法

优秀作品欣赏

6.1 视频效果简介

视频效果的类型非常多，每个效果还包含众多参数，建议读者在学习时不要背参数，可以依次调整每个参数，并观察该参数对画面的影响，以便加深记忆和理解。在生活中，我们经常会看到一些梦幻、惊奇的影视作品或广告片段，这些大多可以通过After Effects中的效果来实现，如图6-1~图6-5所示。

图 6-1

图 6-2

图 6-3

图 6-4

图 6-5

6.1.1 什么是视频效果

After Effects中的视频效果是可以应用于视频素材或其他素材图层的效果，通过添加效果并设置参数可以制作出很多绚丽的特效。After Effects中包含很多效果组分类，而每个效果组又包括很多效果。例如，【杂色和颗粒】效果组中包含12种效果，如图6-6所示。

分形杂色
中间值
中间值（旧版）
匹配颗粒
杂色
杂色 Alpha
杂色 HLS
杂色 HLS 自动
湍流杂色
添加颗粒
移除颗粒
蒙尘与划痕

图 6-6

6.1.2 为什么要使用视频效果

我们在创作作品时，不仅需要对素材进行基本的编辑，如修改位置、设置缩放等，而且还要为素材的部分元素添加合适的视频特效，使作品产生更具灵性的视觉效果。例如，为人物后方的白色文字添加了【发光】视频效果，则产生了更好的视觉冲击力，如图6-7所示。

未设置效果

添加“发光”效果

图 6-7

重点 6.1.3 轻松动手学：为素材添加效果

文件路径：Chapter 06 常用视频效果→轻松动手学：为素材添加效果

操作步骤

扫一扫，看视频

步骤 01 在【项目】面板中，单击鼠标右键执行【新建合成】命令，在弹出的【合成设置】对话框中设置【合成名称】为01，【预设】为自定义，【宽度】为1500，【高度】为997，【像素长宽比】为方形像素，【帧速率】为25，【分辨率】为完整，【持续时间】为8秒，单击【确定】按钮。

步骤 02 在菜单栏中执行【文件】/【导入】/【文件】命令，在弹出的【导入文件】对话框中选择需要的素材，单击【导入】按钮导入素材1.jpg。

步骤 03 在【项目】面板中将素材1.jpg拖曳到【时间轴】面板中，如图6-8所示。

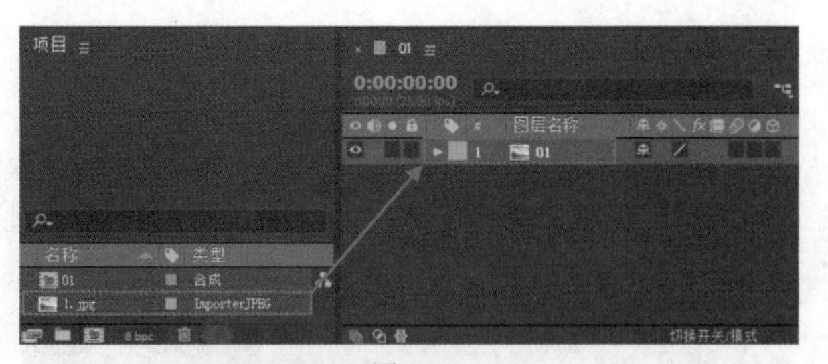

图 6-8

步骤 04 在【效果和预设】面板中搜索【卡通】效果，并将其拖曳到【时间轴】面板中的1.jpg图层上，如图6-9所示。

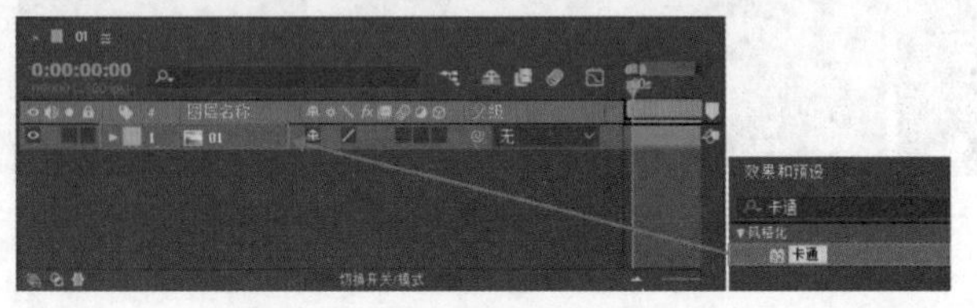

图 6-9

步骤 05 在【时间轴】面板中打开1.jpg素材图层下方的【效果】/【卡通】，设置【细节半径】为40.0，【细节阈值】为80.0。接着打开【边缘】，设置【阈值】为1.00，【宽度】为0.1，如图6-10所示。使用该效果的前后对比效果如图6-11所示。

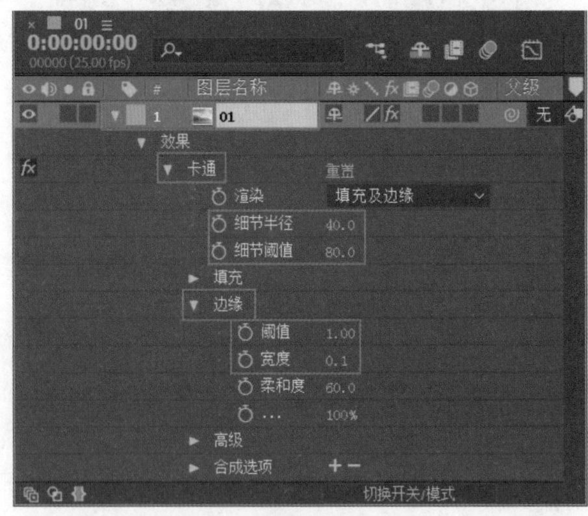

图 6-10

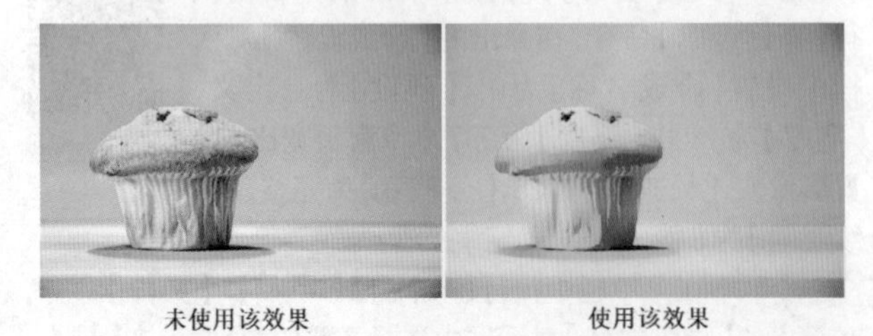

未使用该效果　　　　使用该效果

图 6-11

在After Effects中，为素材添加效果的常用方法有以下3种。

方法 1：在【时间轴】面板中选择需要使用效果的图层，然后在【效果】菜单中选择所需要的效果，如图6-12所示。

图 6-12

方法 2：在【时间轴】面板中先选中需要使用效果的图层，并将光标定位在该图层上，再单击鼠标右键执行【效果】命令，并在弹出的【效果】菜单中选择所需要的效果，如图6-13所示。

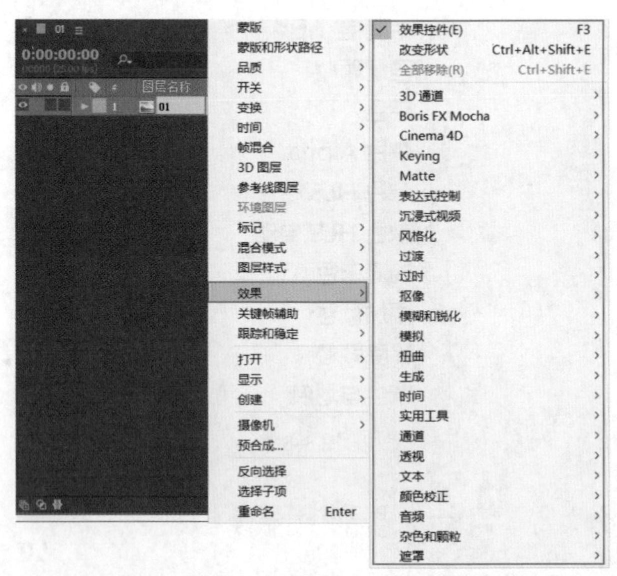

图 6-13

方法 3：在【效果和预设】面板中的[搜索栏]位置处搜索所需要的效果。或单击[▶]找到所需要的效果，并将其拖曳到【时间轴】面板中需要使用效果的图层上，如图6-14所示。

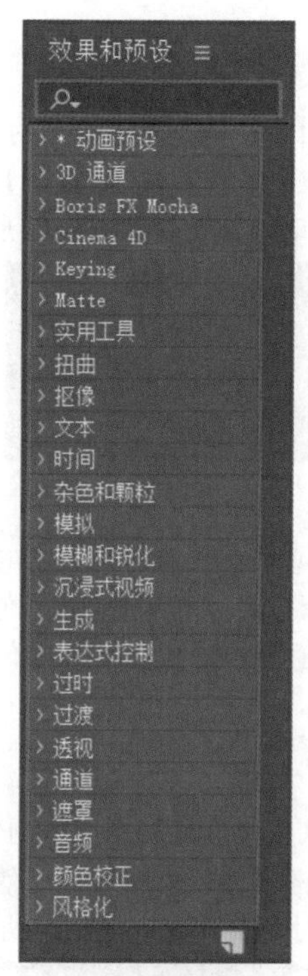

图 6-14

重点 6.1.4 与视频效果相关的工具

在为素材添加视频效果时，有些工具是比较常用的，下面列举几个常用操作。

1. 更改界面布局方案

在制作效果时，为了更高效地将界面的布局方式设置成更适合制作效果的界面。单击界面右上方的 » 按钮，并选择【效果】界面，很明显调整之后的界面更适合用来制作效果。图 6-15 所示为软件的默认界面，图 6-16 所示为调整后的界面。

图 6-15

图 6-16

2. 【效果和预设】面板

【效果和预设】面板用于为素材添加效果，是制作效果时非常重要的面板之一，如图 6-17 所示。

3. 【效果控制】面板

在为素材添加了效果后，选择该素材，并进入【效果控制】面板，即可进行效果参数的修改，如图 6-18 所示。

图 6-17

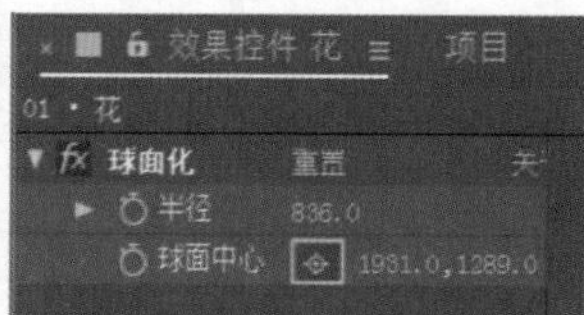

图 6-18

4. 【时间轴】面板

在【时间轴】面板中也可以对已添加效果的素材设置参数。选择素材并展开【效果】，接着展开需要修改的效果，例如展开【球面化】，即可修改其半径或球面中心等参数，如图 6-19 所示。

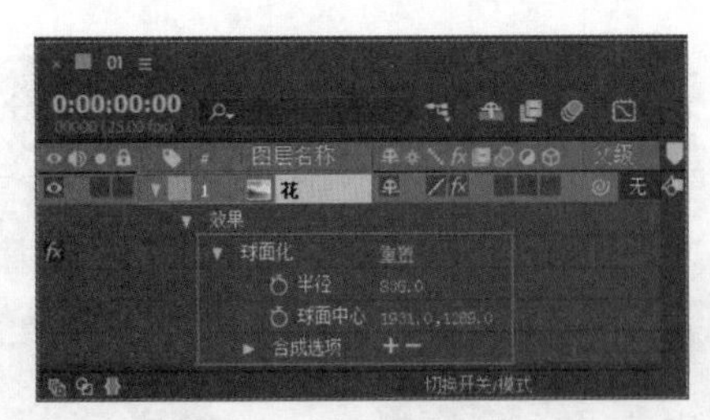

图 6-19

5. 用快捷键快速查看修改的参数

为素材添加了效果、设置了关键帧动画或进行了属性的设置后，都可以使用快捷键进行快速查看。在【时间轴】面板中选择图层，按快捷键U，即可只显示当前图层中【变换】下方的关键帧动画，如图6-20所示。

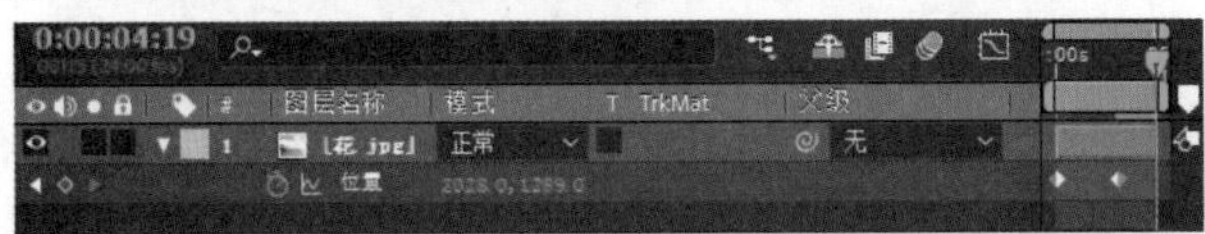

图 6-20

在【时间轴】面板中选择图层，并快速按两次快捷键U，即可显示对该图层修改过、添加过的任何参数和关键帧等，如图6-21所示。

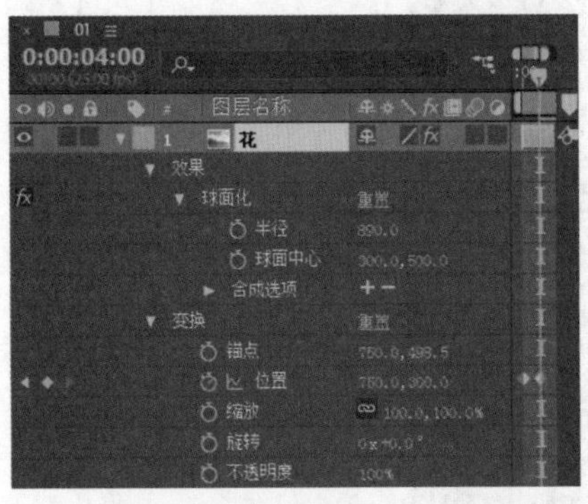

图 6-21

6.2 3D 通道

扫一扫，看视频

【3D通道】效果组主要用于修改三维图像以及与图像相关的三维信息。其中包含【3D通道提取】【场深度】【Cryptomatte】【EXtractoR】【ID遮罩】【IDentifier】【深度遮罩】【雾3D】等效果，如图6-22所示。

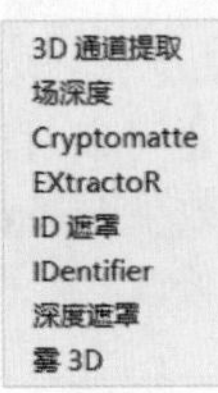

图 6-22

6.2.1 3D通道提取

【3D通道提取】可使辅助通道显示为灰度或多通道颜色图像。选中素材，在菜单栏中执行【效果】/【3D 声道】/【3D 通道提取】命令，此时参数设置如图6-23所示。

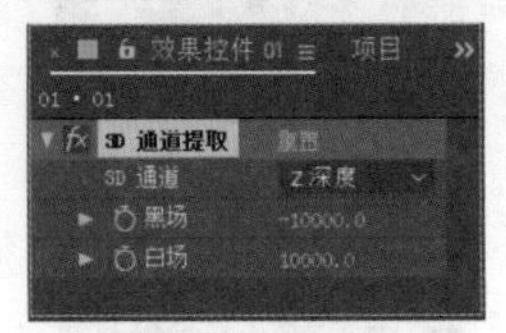

图 6-23

- 3D 通道：设置当前图像的3D通道的信息。
- 黑场：设置黑点对应的通道信息数值。
- 白场：设置白点对应的通道信息数值。

6.2.2 场深度

【场深度】可以在所选择的图层中制作模拟相机拍摄的景深效果。选中素材，在菜单栏中执行【效果】/【3D 通道】/【场深度】命令，此时参数设置如图6-24所示。

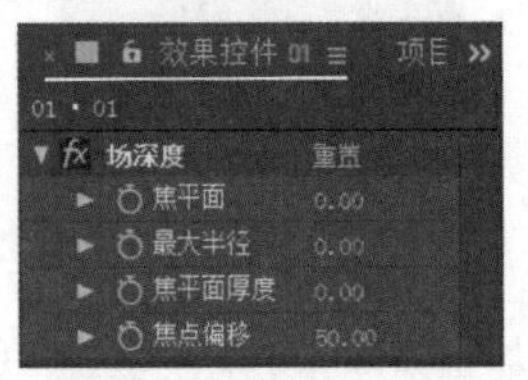

图 6-24

- 焦平面：设置Z轴到聚焦的3D场景的平面距离。
- 最大半径：设置聚焦平面外的模糊程度。
- 焦平面厚度：设置聚焦区域的厚度。
- 焦点偏移：设置焦点偏移的距离。

6.2.3 Cryptomatte

【Cryptomatte】效果是自动物体材质id提取工具。选中素材，在菜单栏中执行【效果】/【3D声道】/【Cryptomatte】命令，此时参数设置如图6-25所示。

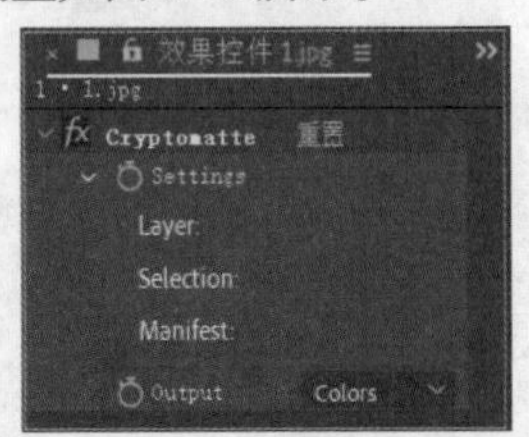

图 6-25

6.2.4 EXtractoR

【EXtractoR(提取器)】效果可以将素材通道中的3D信

息以彩色通道图像或灰度图像等更为直观的方式显示出来。选中素材，在菜单栏中执行【效果】/【3D声道】/【EXtractoR】命令，此时参数设置如图6-26所示。

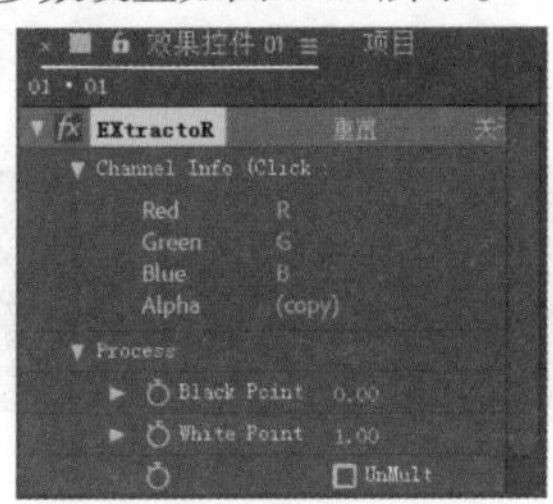

图6-26

6.2.5 ID遮罩

【ID遮罩】效果可以按照材质或对象ID为元素进行标记。选中素材，在菜单栏中执行【效果】/【3D声道】/【ID遮罩】命令，此时参数设置如图6-27所示。

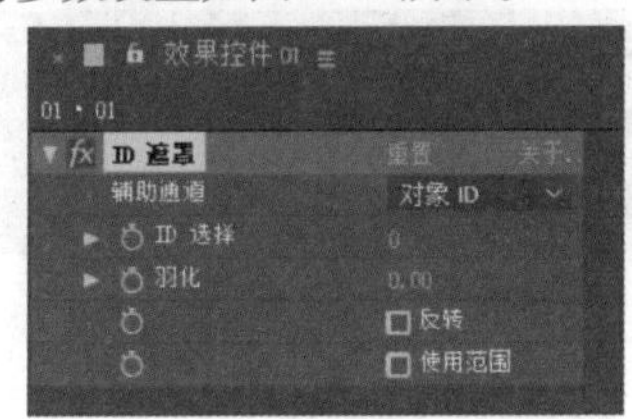

图6-27

- 辅助通道：设置材质ID号来分离元素。
- ID选择：设置在3D图像中元素的ID值。
- 羽化：设置边缘羽化值。
- 反转：勾选此选项，可以反转ID遮罩。

6.2.6 IDentifier

【IDentifier(标识符)】效果可以对图像中的ID信息进行标识。选中素材，在菜单栏中执行【效果】/【3D声道】/【IDentifier】命令，此时参数设置如图6-28所示。

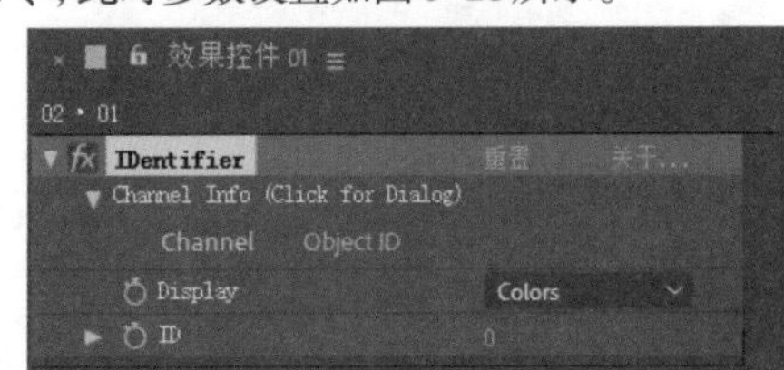

图6-28

- Channel Info (Click for Dialog)（通道信息）：设置通道信息。
  - Channel Object ID（通道物体ID数字）：设置通道ID数字。
- Display（分为）：可设置为Colors（颜色）、Luma Matte（亮度蒙版）、Alpha Matte（Alpha蒙版）或Raw（不加蒙版）。
- ID：设置ID数字。

6.2.7 深度遮罩

【深度遮罩】效果可读取3D图像中的深度信息，并可沿Z轴在任意位置对图像切片。选中素材，在菜单栏中执行【效果】/【3D声道】/【深度遮罩】命令，此时参数设置如图6-29所示。

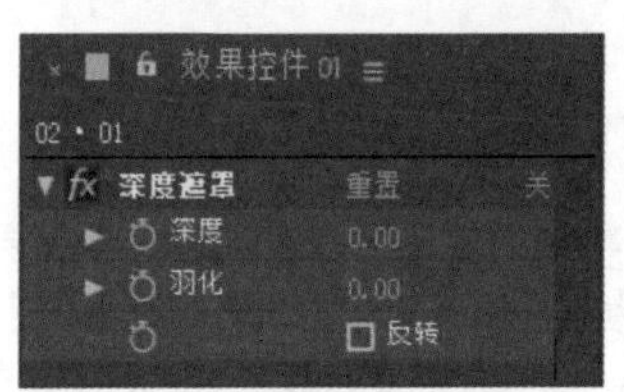

图6-29

- 深度：设置建立蒙版的深度数值。
- 羽化：设置蒙版的羽化值。
- 反转：勾选此选项，可反转蒙版的内外显示。

6.2.8 雾3D

【雾3D】效果可以根据深度雾化图层。选中素材，在菜单栏中执行【效果】/【3D声道】/【雾3D】命令，此时参数设置如图6-30所示。

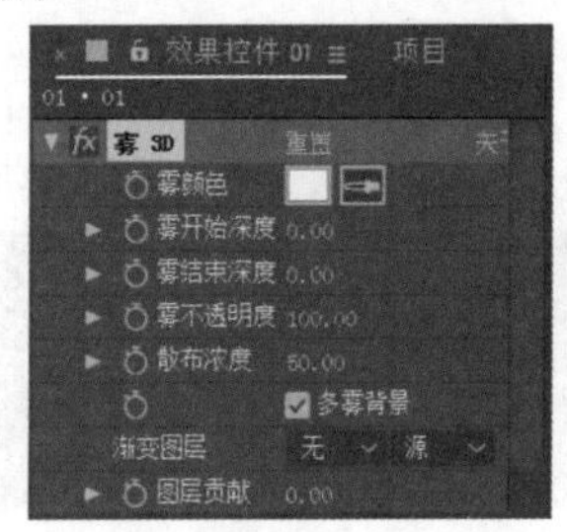

图6-30

- 雾颜色：设置雾的颜色。
- 雾开始深度：设置雾效果开始时Z轴的深度数值。
- 雾结束深度：设置雾效果结束时Z轴的深度数值。
- 雾不透明度：设置雾的透明程度。
- 散布浓度：设置雾散射的密度。
- 多雾背景：勾选此选项，可雾化背景。
- 渐变图层：在时间线上选择一个图层作为参考，用于增加或减少雾的密度。
- 图层贡献：能够控制渐变图层对雾浓度的影响度。

6.3 表达式控制

【表达式控制】效果组可以通过表达式控制制作出各种二维和三维的画面效果。其中包含【下拉菜单控件】【复选框控制】【3D点控制】【图层控制】【滑块控制】【点控制】【角度控制】【颜色控制】等效果，如图6-31所示。

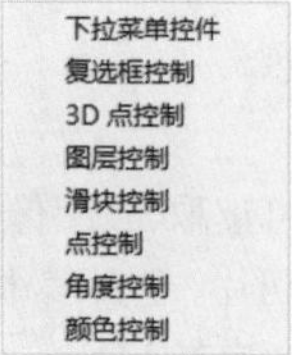

下拉菜单控件
复选框控制
3D 点控制
图层控制
滑块控制
点控制
角度控制
颜色控制

图6-31

6.3.1 下拉菜单控件

【下拉菜单控件】效果可以将项目中的图层属性与下拉列表挂钩。选中素材，在菜单栏中执行【效果】/【表达式控制】/【下拉菜单控件】命令，此时参数设置如图6-32所示。

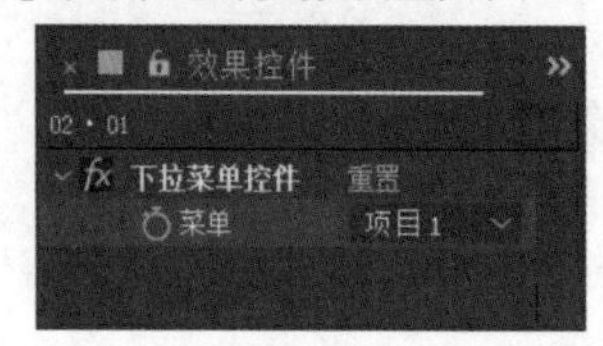

图6-32

菜单：设置项目中的图层属性与下拉列表挂钩。

6.3.2 复选框控制

【复选框控制】效果是可以与表达式一起使用的复合式选框。选中素材，在菜单栏中执行【效果】/【表达式控制】/【复选框控制】命令，此时参数设置如图6-33所示。

图6-33

复选框：勾选此选项可开启复选框。需与表达式同时使用。

6.3.3 3D点控制

【3D点控制】效果是可以与表达式一起使用的3D点控制。选中素材，在菜单栏中执行【效果】/【表达式控制】/【3D点控制】命令，此时参数设置如图6-34所示。

图6-34

3D点：设置三维点的位置。

6.3.4 图层控制

【图层控制】效果可以控制图层。选中素材，在菜单栏中执行【效果】/【表达式控制】/【图层控制】命令，此时参数设置如图6-35所示。

图6-35

图层：设置表达式所控制的图层。

6.3.5 滑块控制

【滑块控制】效果是可以与表达式一起使用的滑块控制。选中素材，在菜单栏中执行【效果】/【表达式控制】/【滑块控制】命令，此时参数设置如图6-36所示。

图6-36

滑块：设置滑块控制的数值。

6.3.6 点控制

【点控制】效果可以与表达式一起使用。选中素材，在菜单栏中执行【效果】/【表达式控制】/【点控制】命令，此时参数设置如图6-37所示。

图6-37

点：设置锚点控制的位置。

6.3.7 角度控制

【角度控制】效果可以与表达式一起使用，为图层添加角度控制。选中素材，在菜单栏中执行【效果】/【表达式控制】/【角度控制】命令，此时参数设置如图6-38所示。

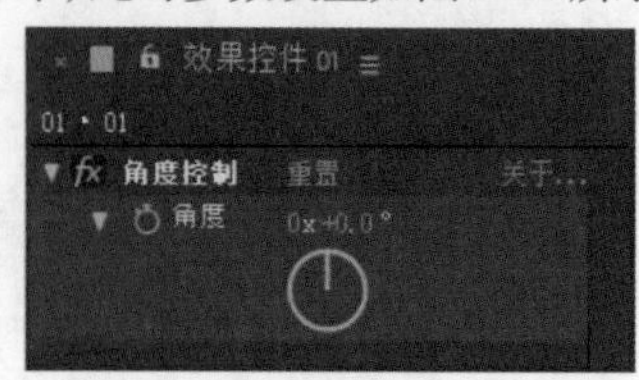

图6-38

角度：设置角度控制的角度。

6.3.8 颜色控制

【颜色控制】效果可以调整表达式的颜色。选中素材，在菜单栏中执行【效果】/【表达式控制】/【颜色控制】命令，此时参数设置如图6-39所示。

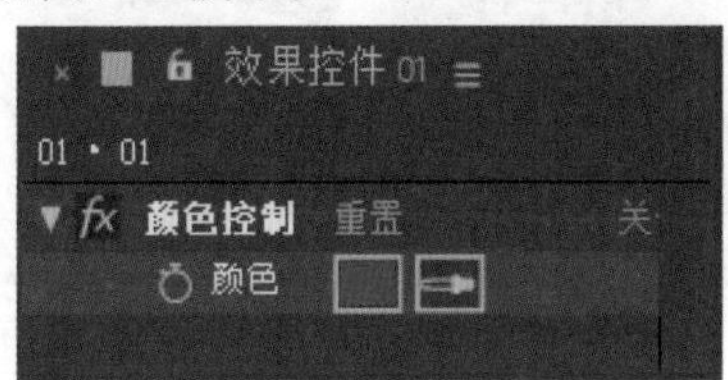

图6-39

颜色：设置表达式的颜色。

6.4 风格化

【风格化】效果组可以为作品添加特殊效果，从而使作品的视觉效果更丰富、更具风格。其中包含【阈值】【画笔描边】【卡通】【散布】【CC Block Load】【CC Burn Film】【CC Glass】【CC HexTile】【CC Kaleida】【CC Mr.Smoothie】【CC Plastic】【CC RepeTile】【CC Threshold】【CC Threshold RGB】【CC Vignette】【彩色浮雕】【马赛克】【浮雕】【色调分离】【动态拼贴】【发光】【查找边缘】【毛边】【纹理化】【闪光灯】等效果，如图6-40所示。

图6-40

6.4.1 阈值

【阈值】效果可以将画面变为高对比度的黑白图像效果。选中素材，在菜单栏中执行【效果】/【风格化】/【阈值】命令，此时参数设置如图6-41所示。为素材添加该效果的前后对比如图6-42所示。

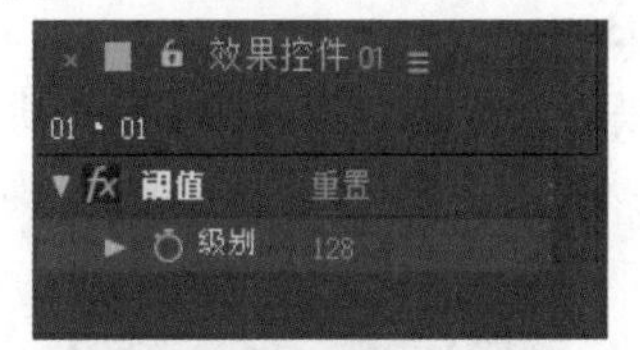

图6-41

未使用该效果

使用该效果

图6-42

级别：设置阈值级别。低于该阈值的像素将转换为黑色，高于该阈值的像素将转换为白色。

6.4.2 画笔描边

【画笔描边】效果可以使画面变为画笔绘制的效果，常用于制作油画效果。选中素材，在菜单栏中执行【效果】/【风格化】/【画笔描边】命令，此时参数设置如图6-43所示。为素材添加该效果的前后对比如图6-44所示。

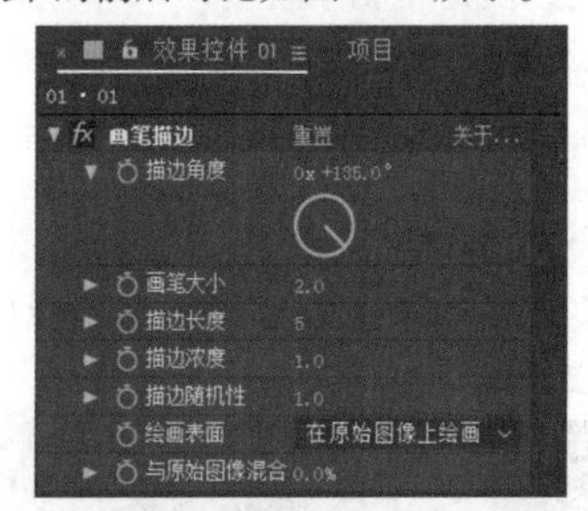

图6-43

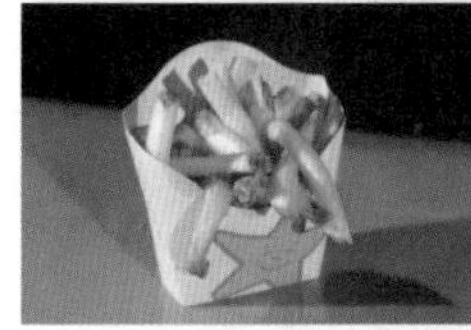

未使用该效果

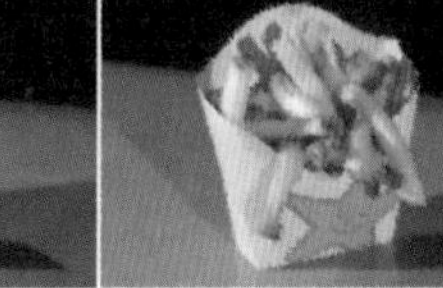

使用该效果

图6-44

- 描边角度：设置描边的宽度。
- 画笔大小：设置描边画笔尺寸的大小。
- 描边长度：设置描边的长度。
- 描边浓度：设置描边笔触的密度。
- 描边随机性：设置笔触的随机性。
- 绘画表面：设置绘画笔触与图像之间的模式。
- 与原始图像混合：设置效果与图像的混合程度。

6.4.3 卡通

【卡通】效果可以模拟卡通绘画效果。选中素材，在菜单栏中执行【效果】/【风格化】/【卡通】命令，此时参数设置如图6-45所示。为素材添加该效果的前后对比如图6-46所示。

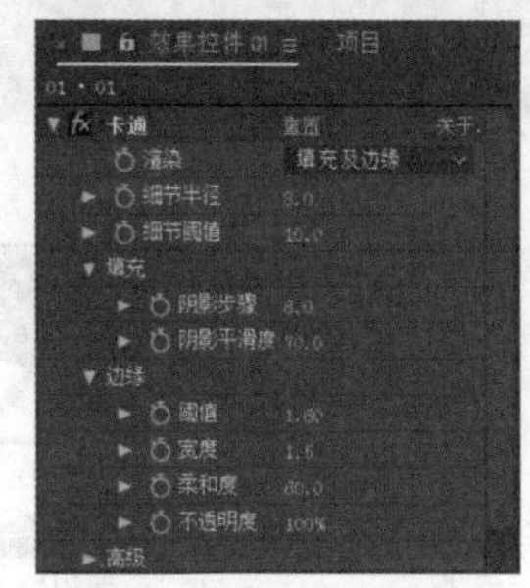

图 6-45

未使用该效果　　使用该效果

图 6-46

- 渲染：可设置渲染效果为填充、边缘或填充及描边。
- 细节半径：设置半径的数值。
- 细节阈值：设置效果的范围。
- 填充：设置阴影的层次以及平滑程度。
  - 阴影步骤：设置阴影的层次数值。
  - 阴影平滑度：设置阴影的柔和程度。
- 边缘：设置边缘阈值、宽度、柔和度和不透明度。
  - 阈值：设置边缘范围。图6-47所示为【阈值】为1和5的对比效果。

图 6-47

  - 宽度：设置边缘的宽度。
  - 柔和度：设置边缘的柔和程度。
  - 不透明度：设置边缘的透明程度。
- 高级：可设置边缘增强程度、边缘黑色阶和边缘明暗对比程度。

扫一扫，看视频

实例：使用【卡通】效果制作涂鸦感绘画

文件路径：Chapter 06 常用视频效果→实例：使用【卡通】效果制作涂鸦感绘画

本案例主要使用【卡通】效果制作涂鸦感绘画效果。案例制作前后对比效果如图6-48和图6-49所示。

图 6-48

图 6-49

操作步骤：

步骤 01 在【项目】面板中单击鼠标右键执行【新建合成】命令，在弹出的【合成设置】对话框中设置【合成名称】为01，【预设】为自定义，【宽度】为1200，【高度】为1200，【像素长宽比】为方形像素，【帧速率】为25，【分辨率】为完整，【持续时间】为5秒，单击【确定】按钮。

步骤 02 在菜单栏中执行【文件】/【导入】/【文件】命令，在弹出的【导入文件】对话框中选择所需要的素材，单击【导入】按钮导入素材1.jpg、2.png。

步骤 03 在【项目】面板中将素材1.jpg拖曳到【时间轴】面板中，如图6-50所示。

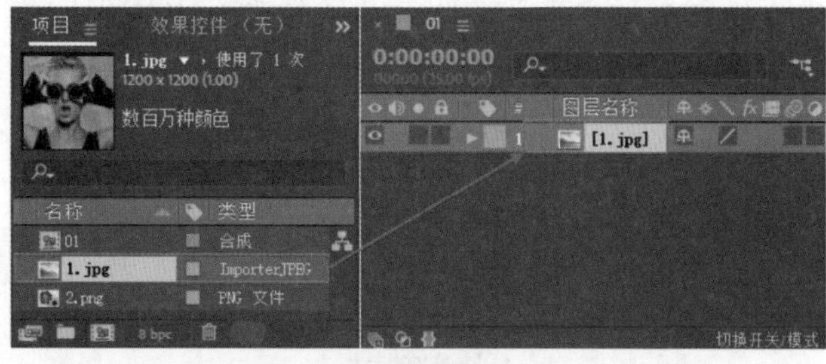

图 6-50

步骤 04 在【效果和预设】面板中搜索【卡通】效果，并将其拖曳到【时间轴】面板中的1.jpg图层上，如图6-51所示。

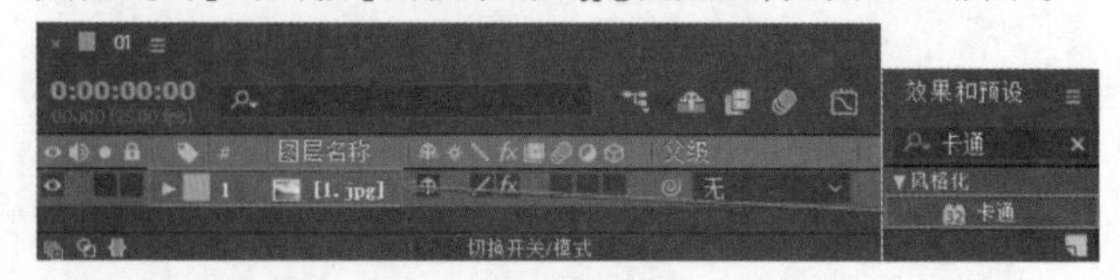

图 6-51

步骤 05 在【时间轴】面板中单击打开1.jpg素材图层下方的【效果】，设置【卡通】/【填充】的【阴影步骤】为2.0，【阴影平滑度】为50.0；设置【边缘】的【阈值】为2.0，【柔和度】为0.0，如图6-52所示。此时画面效果如图6-53所示。

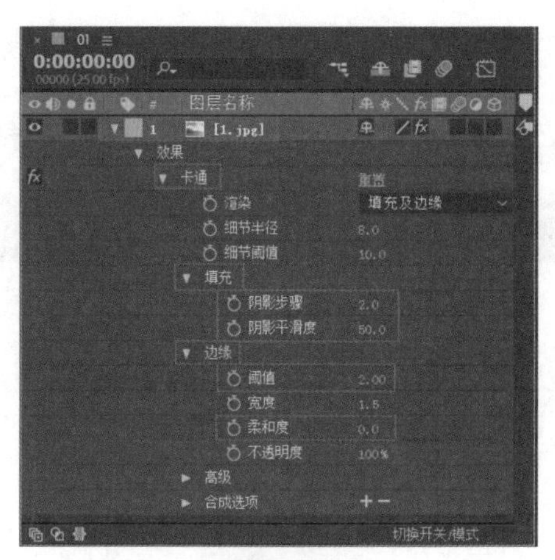

图 6-52

图 6-53

步骤 06 在【项目】面板中将素材2.png拖曳到【时间轴】面板中，如图6-54所示。

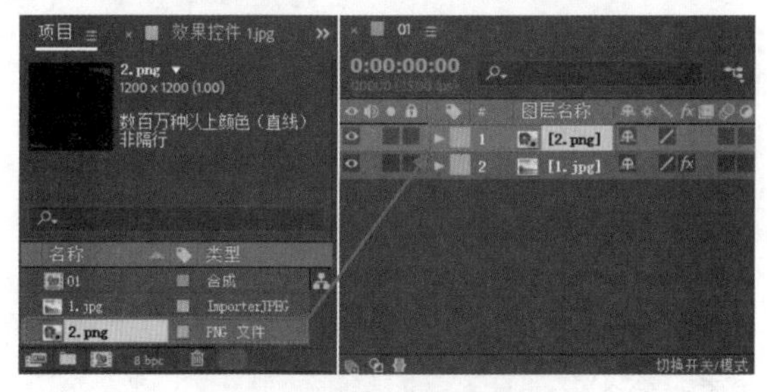

图 6-54

步骤 07 案例最终效果如图6-55所示。

图 6-55

6.4.4 散布

【散布】效果可在图层中散布像素，从而创建模糊的外观。选中素材，在菜单栏中执行【效果】/【风格化】/【散布】命令，此时参数设置如图6-56所示。为素材添加该效果的前后对比如图6-57所示。

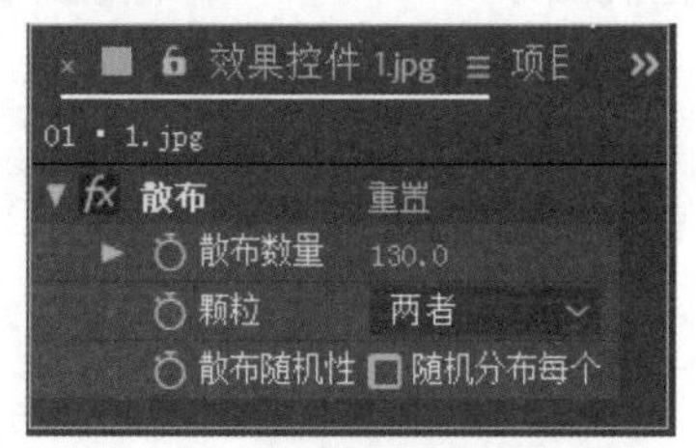

图 6-56

图 6-57

- 散布数量：设置散布分散数量。图6-58所示为设置【散布数量】为30和100的对比效果。

设置散布数量为30
设置散布数量为100

图 6-58

- 颗粒：可设置颗粒分散方向为两者、水平或垂直。
- 散布随机性：设置散布随机性。

6.4.5 CC Block Load

【CC Block Load(块状载入)】效果可以模拟渐进图像的加载。选中素材，在菜单栏中执行【效果】/【风格化】/【CC Block Load】命令，此时参数设置如图6-59所示。为素材添加该效果的前后对比如图6-60所示。

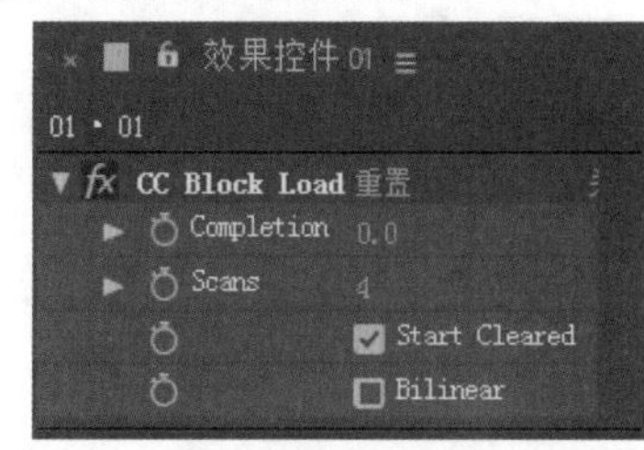

图 6-59

未使用该效果　　使用该效果

图 6-60

- Completion（完成）：设置效果完成程度。
- Scans（扫描）：设置扫描程度。

6.4.6 CC Burn Film

【CC Burn Film(CC胶片灼烧)】效果可以模拟出灼烧效果。选中素材，在菜单栏中执行【效果】/【风格化】/【CC Burn Film】命令，此时参数设置如图6-61所示。为素材添加该效果的前后对比如图6-62所示。

图 6-61

未使用该效果　　使用该效果

图 6-62

- Burn（灼烧）：设置灼烧程度。
- Center（中心）：设置灼烧中心点。

6.4.7 CC Glass

【CC Glass(CC玻璃)】效果可以扭曲阴影层模拟出玻璃效果。选中素材，在菜单栏中执行【效果】/【风格化】/【CC Glass】命令，此时参数设置如图6-63所示。为素材添加该效果的前后对比如图6-64所示。

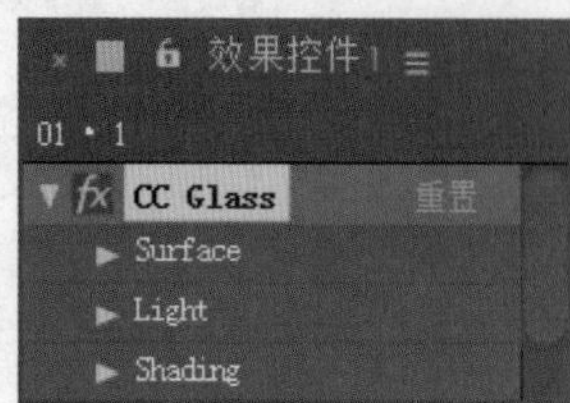

图 6-63

未使用该效果　　使用该效果

图 6-64

- Surface（表面）：设置图像表面的参数。
- Light（发光）：设置发光的数值。
- Shading（阴影）：设置阴影的数值。

6.4.8 CC HexTile

【CC HexTile(CC十六进制砖)】效果可以模拟的砖块拼贴效果。选中素材，在菜单栏中执行【效果】/【风格化】/【CC HexTile】命令，此时参数设置如图6-65所示。为素材添加该效果的前后对比如图6-66所示。

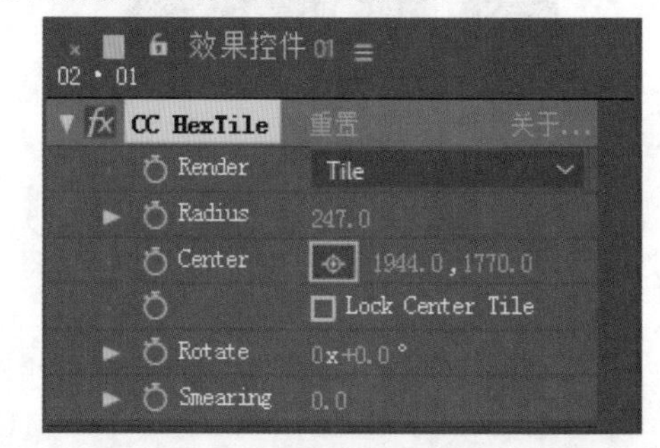

图 6-65

未使用该效果　　使用该效果

图 6-66

- Render（渲染）：设置渲染的方式。
- Radius（半径）：设置效果半径的数值。
- Center（中心）：设置中心的位置。
- Lock Center Tile（锁定中心瓷砖）：勾选此选项，可锁定效果中心。
- Rotate（旋转）：设置旋转角度。

6.4.9 CC Kaleida

【CC Kaleida(CC万花筒)】可以模拟万花筒效果。选中素材，在菜单栏中执行【效果】/【风格化】/【CC Kaleida】命令，此时参数设置如图6-67所示。为素材添加该效果的前后对比如图6-68所示。

图6-67

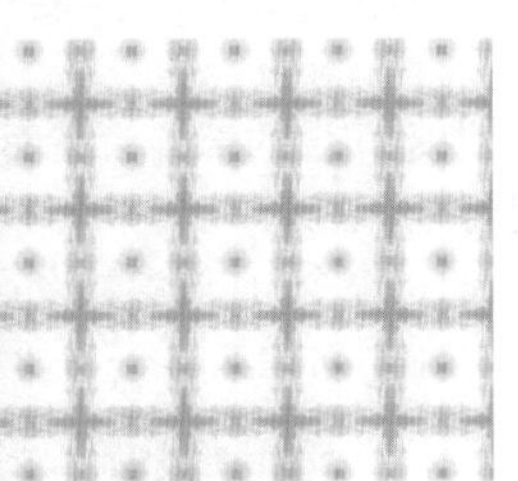

未使用该效果　　使用该效果

图6-68

- Center（中心）：设置中心的位置。
- Size（型号）：设置万花筒效果型号。如图6-69所示为设置Size为30和50的对比效果。

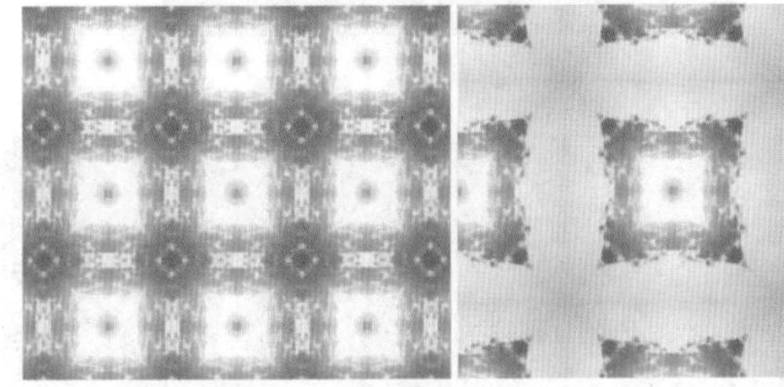

Size（型号）：30.0　　Size（型号）：50.0

图6-69

- Mirroring（镜像）：设置镜像的效果。
- Rotation（旋转）：设置效果旋转的角度。
- Floating Center（浮动中心）：勾选此选项，可设置浮动中心点。

6.4.10 CC Mr.Smoothie

【CC Mr.Smoothie(CC像素溶解)】效果可以将颜色映射到一个形状上，并由另一层进行定义。选中素材，在菜单栏中执行【效果】/【风格化】/【CC Mr.Smoothie】命令，此时参数设置如图6-70所示。为素材添加该效果的前后对比如图6-71所示。

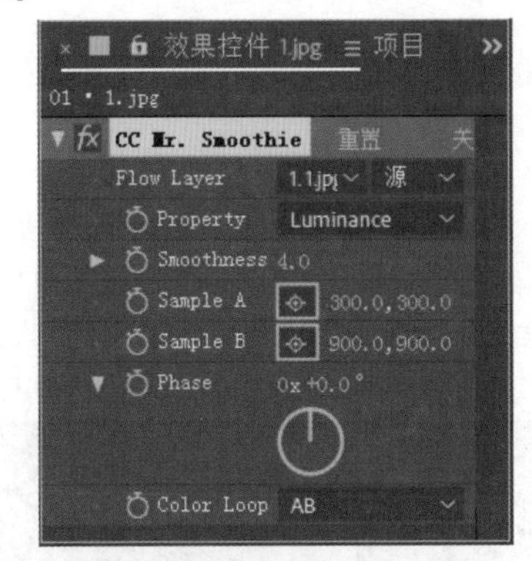

图6-70

未使用该效果　　使用该效果

图6-71

6.4.11 CC Plastic

【CC Plastic(CC塑料)】效果可以照亮层与选定层，使图像产生凹凸的塑料效果。选中素材，在菜单栏中执行【效果】/【风格化】/【CC Plastic】命令，此时参数设置如图6-72所示。为素材添加该效果的前后对比如图6-73所示。

图6-72

未使用该效果　　使用该效果

图6-73

- Surface Bump（表面凹凸）：设置图像表面凹凸的程度。

- Light（发光）：设置发光程度。
- Shading（阴影）：设置阴影程度。

6.4.12 CC RepeTile

【CC RepeTile(多种叠印效果)】效果可以扩展层大小与瓷砖边缘，制作多种叠印效果。选中素材，在菜单栏中执行【效果】/【风格化】/【CC RepeTile】命令，此时参数设置如图6-74所示。为素材添加该效果的前后对比如图6-75所示。

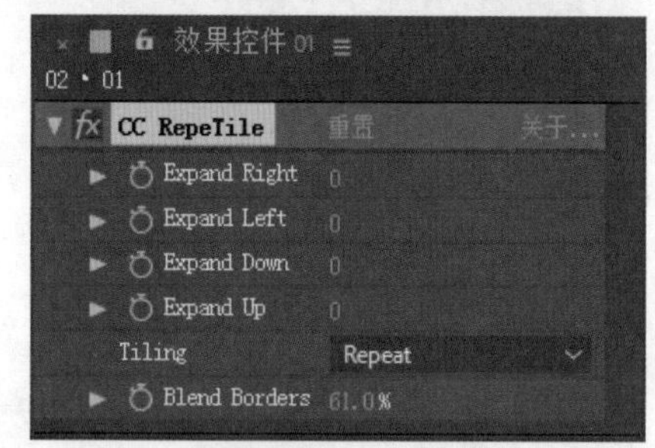

图 6-74

未使用该效果　　使用该效果

图 6-75

- Expand Right（向右扩大）：设置向右扩大的数值。
- Expand Left（向左扩大）：设置向左扩大的数值。
- Expand Down（向下扩大）：设置向下扩大的数值。
- Expand Up（向上扩大）：设置向上扩大的数值。
- Blend Borders（混合边缘）：设置边缘混合的程度。

6.4.13 CC Threshold

【CC Threshold(CC阈值)】效果可以使画面中高于指定阈值的部分呈白色，低于指定阈值的部分呈黑色。选中素材，在菜单栏中执行【效果】/【风格化】/【CC Threshold】命令，此时参数设置如图6-76所示。为素材添加该效果的前后对比如图6-77所示。

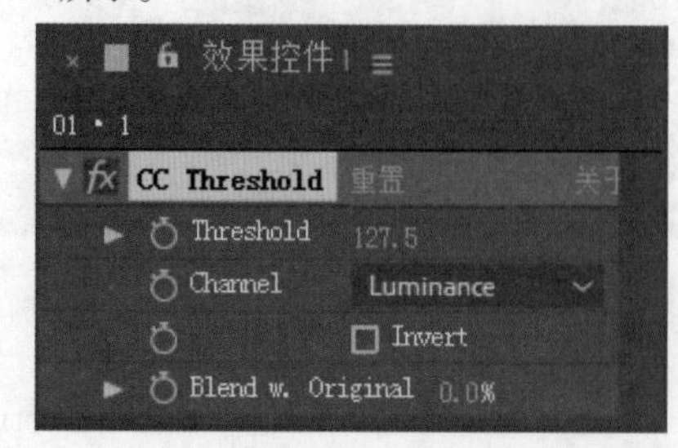

图 6-76

未使用该效果　　使用该效果

图 6-77

- Threshold（阈值）：设置阈值数值。
- Channel（通道）：设置通道。
- Invert（反向）：勾选此选项，则可反转阈值效果。
- Blend w. Original（与原始图像混合）：设置和原图像的混合程度。

6.4.14 CC Threshold RGB

【CC Threshold RGB(CC RGB 阈值)】效果可以使画面中高于指定阈值的部分为亮面，低于指定阈值的部分为暗面。选中素材，在菜单栏中执行【效果】/【风格化】/【CC Threshold RGB】命令，此时参数设置如图6-78所示。为素材添加该效果的前后对比如图6-79所示。

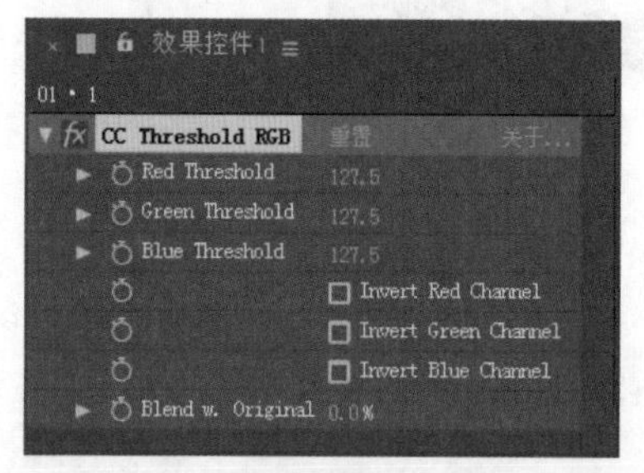

图 6-78

未使用该效果　　使用该效果

图 6-79

- Red Threshold（红色阈值）：设置红色阈值。
- Green Threshold（绿色阈值）：设置绿色阈值。
- Blue Threshold（蓝色阈值）：设置蓝色阈值。
- Invert Red Channel（反向红色通道）：勾选此选项，可反转红色通道效果。
- Invert Green Channel（反向绿色通道）：勾选此选项，可反转绿色通道效果。
- Invert Blue Channel（反向蓝色通道）：勾选此选项，可反转蓝色通道效果。
- Blend w. Original（与原始图像混合）：设置和原图像

的混合程度。

6.4.15 CC Vignette

【CC Vignette(CC 装饰图案)】效果可以添加或删除边缘光晕。选中素材，在菜单栏中执行【效果】/【风格化】/【CC Vignette】命令，此时参数设置如图6-80所示。为素材添加该效果的前后对比如图6-81所示。

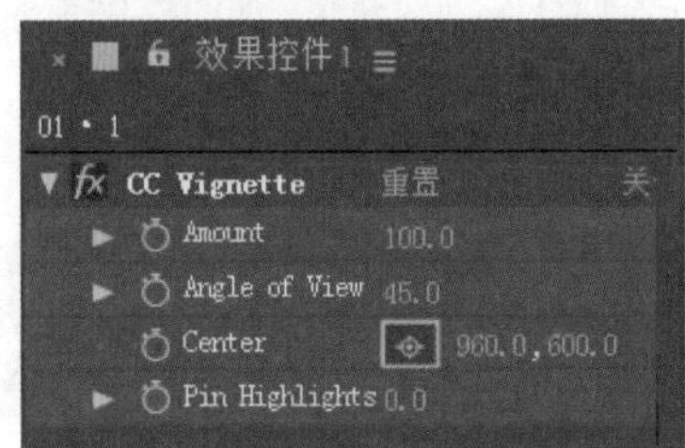

图6-80

图6-81

6.4.16 彩色浮雕

【彩色浮雕】效果可以以指定的角度强化图像边缘，从而模拟出纹理来。选中素材，在菜单栏中执行【效果】/【风格化】/【彩色浮雕】命令，此时参数设置如图6-82所示。为素材添加该效果的前后对比如图6-83所示。

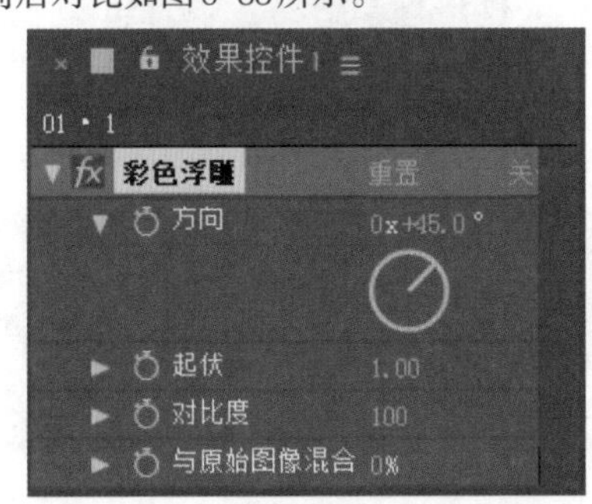

图6-82

图6-83

- 方向：设置浮雕方向。
- 起伏：设置起伏程度。
- 对比度：设置彩色浮雕效果的明暗对比程度。
- 与原始图像混合：设置和原图像的混合程度。

6.4.17 马赛克

【马赛克】效果可以将图像变为由一个个单色矩形组成的马赛克拼接图像。选中素材，在菜单栏中执行【效果】/【风格化】/【马赛克】命令，此时参数设置如图6-84所示。为素材添加该效果的前后对比如图6-85所示。

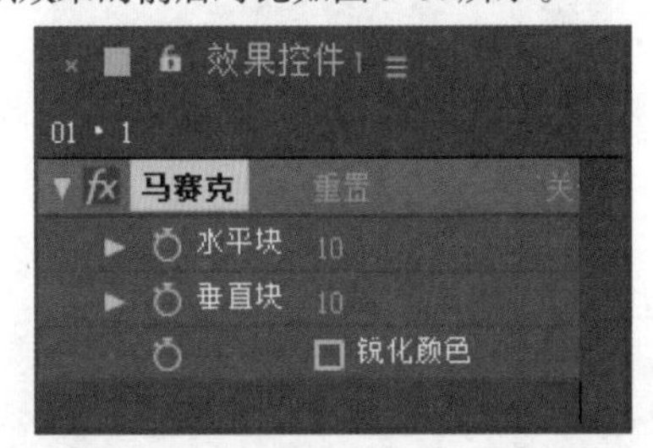

图6-84

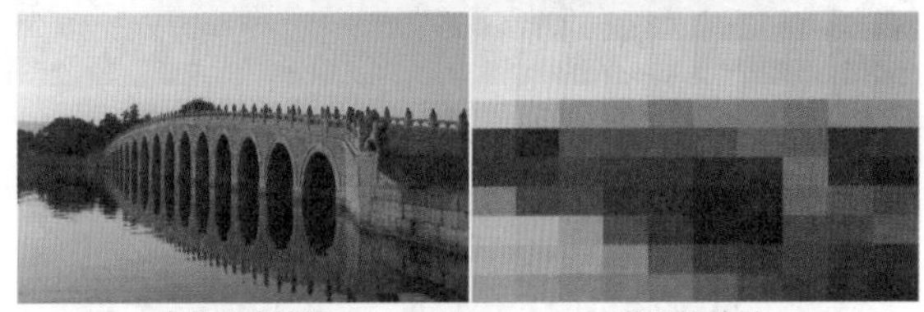

图6-85

- 水平块：设置水平块的数值。图6-86所示为设置【水平块】为20和40的对比效果。

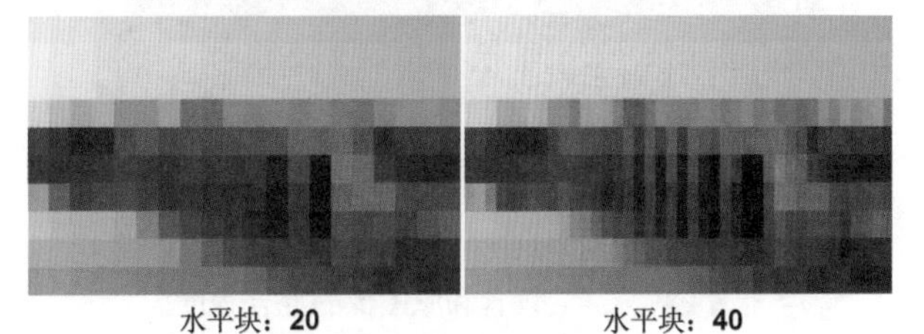

图6-86

- 垂直块：设置垂直块的数值。
- 锐化颜色：勾选此选项，可锐化颜色。图6-87所示为未勾选此选项和勾选此选项的对比效果。

图6-87

6.4.18 浮雕

【浮雕】效果可以模拟类似浮雕的凹凸起伏效果。选中素材，在菜单栏中执行【效果】/【风格化】/【浮雕】命令，此时参数设置如图6-88所示。为素材添加该效果的前后对比如图6-89所示。

图 6-88

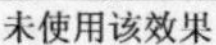

图 6-89

- 方向：设置浮雕效果的角度。
- 起伏：设置效果的起伏程度。图6-90所示为设置【起伏】为2和6的对比效果。

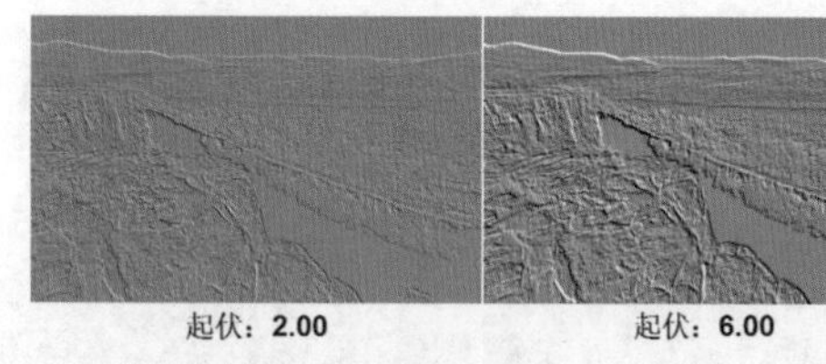

图 6-90

- 对比度：设置明暗对比的程度。
- 与原始图像混合：设置和原图像的混合程度。

6.4.19 色调分离

【色调分离】效果可以使色调分类，减少图像中的颜色信息。选中素材，在菜单栏中执行【效果】/【风格化】/【色调分离】命令，此时参数设置如图6-91所示。为素材添加该效果的前后对比如图6-92所示。

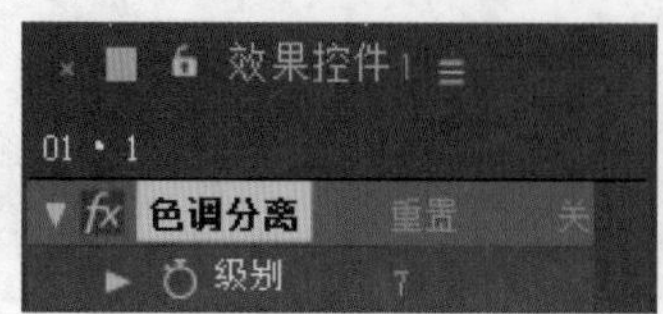

图 6-91

图 6-92

级别：设置划分级别数量值。如图6-93所示为设置【级别】为2和5的对比效果。

图 6-93

6.4.20 动态拼贴

【动态拼贴】效果可以通过运动模糊进行拼贴图像。选中素材，在菜单栏中执行【效果】/【风格化】/【动态拼贴】命令，此时参数设置如图6-94所示。为素材添加该效果的前后对比如图6-95所示。

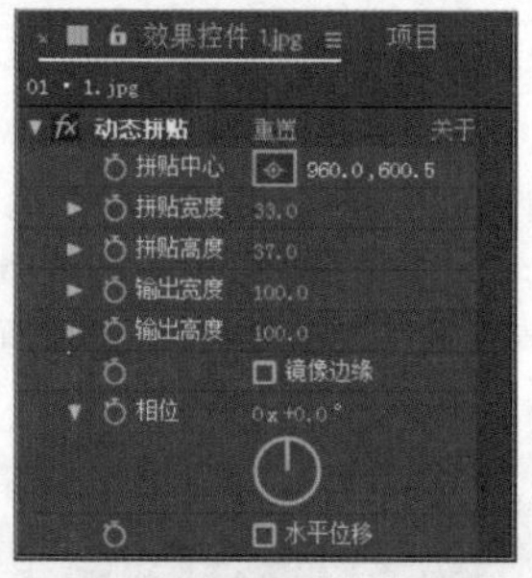

图 6-94

图 6-95

- 拼贴中心：设置拼贴效果的中心位置。
- 拼贴宽度：设置分布图像的宽度。
- 拼贴高度：设置分布图像的高度。
- 输出宽度：设置输出的宽度数值。
- 输出高度：设置输出的高度数值。
- 镜像边缘：勾选此选项可使边缘呈镜像。
- 相位：设置拼贴相位角度。

- 水平位移：勾选此选项，可水平位移此时的拼贴效果。

6.4.21 发光

【发光】效果可以找到图像中较亮的部分，并使这些像素的周围变亮，从而产生发光的效果。选中素材，在菜单栏中执行【效果】/【风格化】/【发光】命令，此时参数设置如图6-96所示。为素材添加该效果的前后对比如图6-97所示。

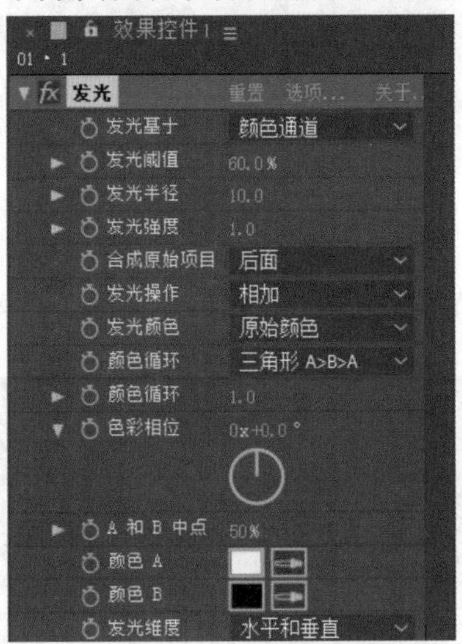

图6-96

图6-97

- 发光基于：设置发光作用通道为Alpha通道或颜色通道。
- 发光阈值：设置发光的覆盖面。
- 发光半径：设置发光半径。图6-98所示为设置【发光半径】为10和50的对比效果。
- 发光强度：设置发光的强烈程度。
- 合成原始项目：可设置项目为顶端、后面或无。
- 发光操作：设置发光的混合模式。
- 发光颜色：设置发光的颜色。
- 颜色循环：设置发光的循环方式。
- 色彩相位：设置光色相位。
- A和B中点：设置发光颜色A到B的中点百分比。
- 颜色A：设置颜色A的颜色。
- 颜色B：设置颜色B的颜色。
- 发光维度：设置发光的作用方向。

发光半径：**10.0**　　发光半径：**50.0**

图6-98

综合实例：使用【发光】效果制作发光文字

文件路径：Chapter 06 常用视频效果→综合实例：使用【发光】效果制作发光文字

本案例先是使用文本创建复杂的文字，并使用【钢笔工具】绘制文字之间的描边路径；再为文字和描边添加【发光】效果以制作出浪漫的背景；最后添加人像素材，并为其添加【颜色范围】效果进行抠像合成。案例制作前后的对比效果如图6-99所示。

扫一扫，看视频

图6-99

操作步骤：

Part 01 制作文字背景

步骤 01 在【项目】面板中，单击鼠标右键执行【新建合成】命令，在弹出的【合成设置】对话框中设置【合成名称】为01，【预设】为自定义，【宽度】为627，【高度】为925，【像素长宽比】为方形像素，【帧速率】为25，【分辨率】为完整，【持续时间】为5秒，单击【确定】按钮。

步骤 02 执行【文件】/【导入】/【文件】命令，在弹出的【导入文件】对话框中选择所需要的素材，单击【导入】按钮导入素材1.jpg、2.jpg。

步骤 03 在【项目】面板中将素材1.jpg拖曳到【时间轴】面板中，如图6-100所示。

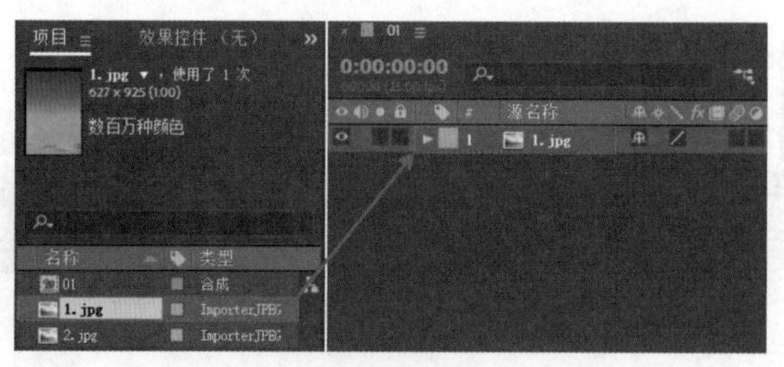

图 6-100

步骤 04 编辑文本，在【时间轴】面板的空白位置处单击鼠标右键，并执行【新建】/【文本】命令。

步骤 05 在【字符】面板中设置【字体系列】为MV Boli，【字体样式】为Regular，【填充颜色】为白色，【描边颜色】为无颜色，【字体大小】为80，【垂直缩放】为278%，设置完成后输入文本“ELAB”，如图6-101所示。

图 6-101

步骤 06 在画面中选中文本ELAB中的字母L，然后在【字符】面板中设置【字体大小】为100，如图6-102所示。选中字母A，并在【字符】面板中设置【字体大小】为50。选中字母B，并在【字符】面板中设置【字体大小】为70。此时画面效果如图6-103所示。

图 6t-102　　图 6-103

步骤 07 在【时间轴】面板中单击【ELAB】文本图层下方的【变换】，设置【位置】为(181.0,494.0)，如图6-104所示。此时画面效果如图6-105所示。

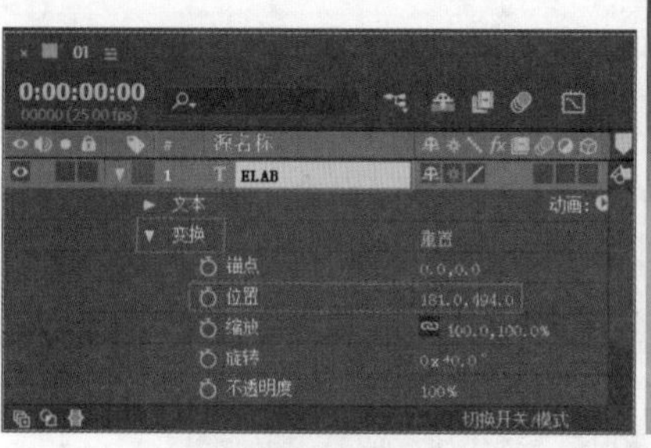

图 6-104　　图 6-105

步骤 08 使用同样的方法编辑文本PUXRE。在【时间轴】面板中单击打开PUXRE文本图层下方的【变换】，设置【位置】为(382.0, 357.0)，如图6-106所示。此时画面效果如图6-107所示。

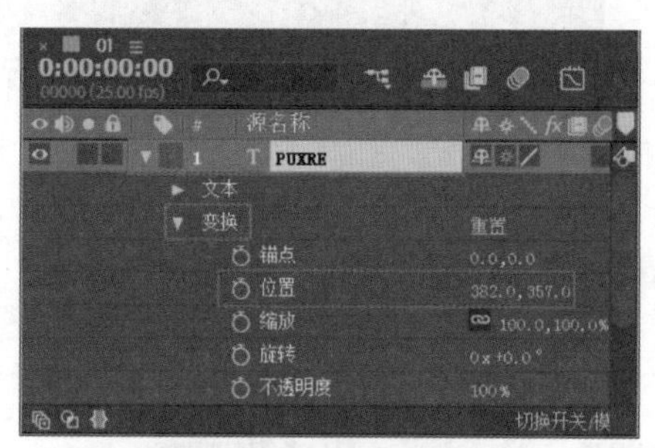

图 6-106

图 6-107

步骤 09 在画面中选中文本PUXRE中的字母P，并在【字符】面板中设置【字体大小】为50，如图6-108所示。

图 6-108

步骤 10 选中字母UX，并在【字符】面板中设置【字体大小】为70。选中字母R，在【字符】面板中设置【字体大小】为50。选中字母E，在【字符】面板中设置【字体大小】为30。此时画面效果如图6-109所示。

图 6-109

步骤 11 在【时间轴】面板中的空白位置处单击鼠标右键执行【新建】/【文本】命令，并在【字符】面板中设置【字体系列】为MV Boli，【字体样式】为Regular，【填充颜色】为白色，【描边颜色】为无颜色，【字体大小】为60，【垂直缩放】为159%，设置完成后输入文本“ORATE”，如图6-110所示。

图 6-110

步骤 12 在【时间轴】面板中单击打开ORATE文本图层下方的【变换】，设置【位置】为(452.0,508.0)，【旋转】为(0x-11.0°)，如图6-111所示。此时画面效果如图6-112所示。

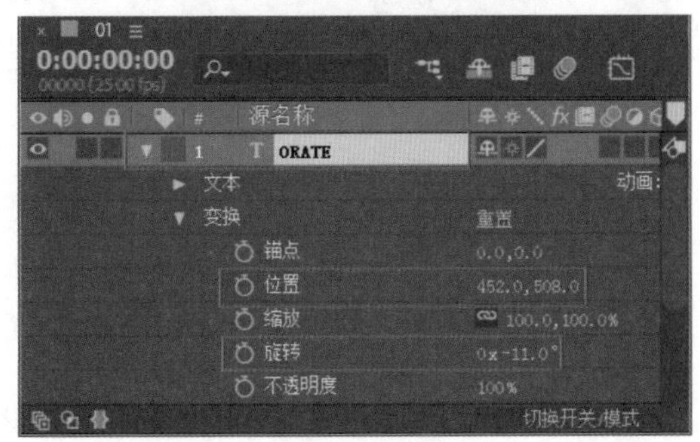

图 6-111

图 6-112

步骤 13 使用同样的方法编辑文本AND，并在【字符】面板中设置【字体大小】为70，然后单击选择【仿斜体】。接着在【时间轴】面板中单击打开AND文本图层下方的【变换】，设置【位置】为(377.0,603.0)，【旋转】为(0x-10.0°)，如图6-113所示。此时画面效果如图6-114所示。

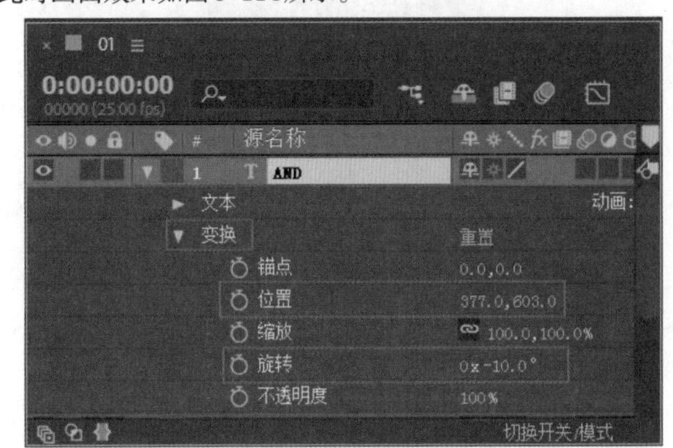

图 6-113

步骤 14 在画面中选中文本AND中的字母N，并在【字符】面板中设置【字体大小】为60。选中字母D，并在【字符】面板中设置【字体大小】为50。此时画面效果如图6-115所示。

图 6-114

图 6-115

步骤 15 编辑文本X，并在【字符】面板中设置【字体大小】为35。在【时间轴】面板中单击打开X文本图层下方的【变换】，设置【位置】为(439.0,425.0)，【旋转】为(0x-9.0°)，如图6-116所示。此时画面效果如图6-117所示。

图 6-116

图 6-117

Part 02　绘制连接线条并制作发光效果

步骤 01　在【时间轴】面板中的空白位置处单击，取消选择图层。在工具栏中单击【钢笔工具】，并设置【填充】为无颜色，【描边】为白色，【描边宽度】为8。设置完成后在画面中合适位置处进行绘制，在【合成】面板以外的空白位置处单击，完成形状绘制，如图6-118所示。使用同样的方法在画面中合适位置处绘制其他线条，此时画面效果如图6-119所示。

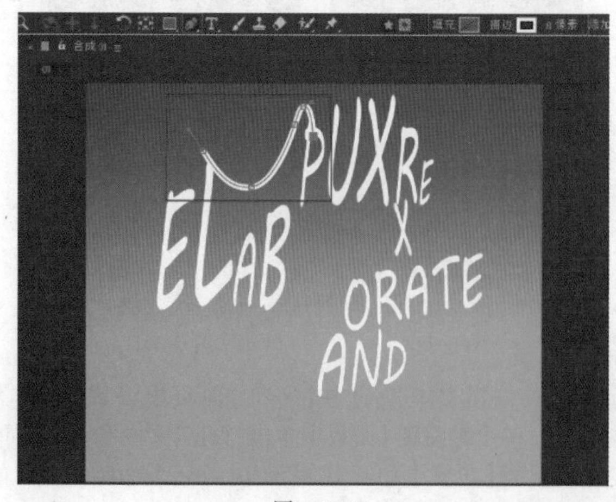

图 6-118

图 6-119

步骤 02　在工具栏中选择【星形工具】，并设置【填充】为无颜色，【描边】为白色，【描边宽度】为8像素。设置完成后在画面中合适位置处按住Shift键的同时，单击鼠标左键并拖曳至合适大小，如图6-120所示。

图 6-120

步骤 03　使用同样的方法在画面中合适位置处绘制星形，此时画面效果如图6-121所示。

图 6-121

步骤 04　在【时间轴】面板中选中所有文本图层及形状图层，如图6-122所示。

图 6-122

步骤 05 使用【预合成】的快捷键Ctrl+Shift+C，在弹出的【预合成】对话框中设置参数，如图6-123所示。得到预合成1，如图6-124所示。

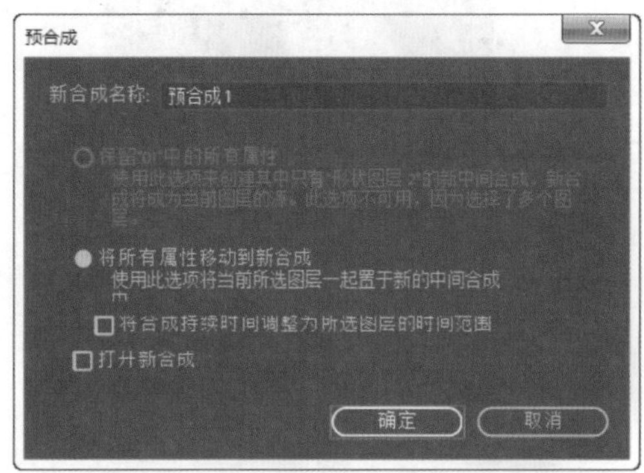

图 6-123

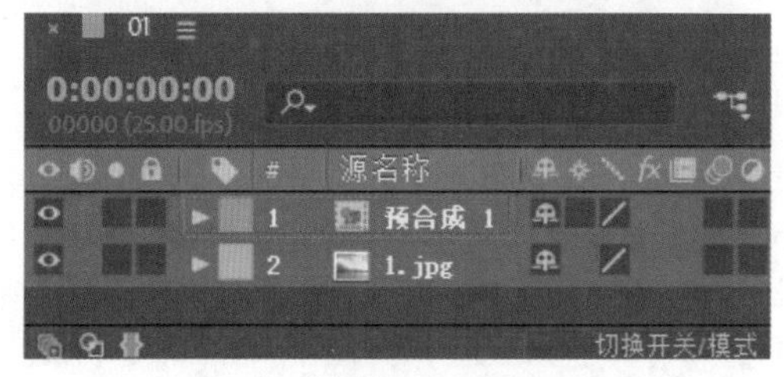

图 6-124

步骤 06 在【效果和预设】面板中搜索【发光】效果，并将其拖曳到【时间轴】面板中的【预合成1】上，如图6-125所示。

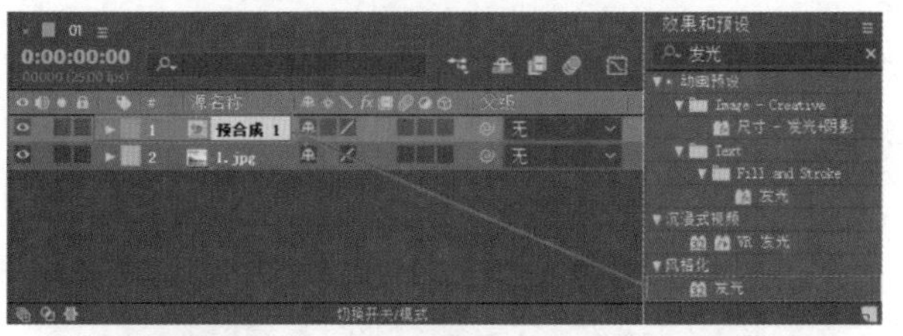

图 6-125

步骤 07 在【时间轴】面板中单击打开【预合成1】下方的【效果】，设置【发光】的【发光基于】为Alpha通道，【发光半径】为28.0，【发光强度】为2.0，【合成原始项目】为无，【发光操作】为正常，【发光颜色】为A和B颜色，【颜色A】为青色，【颜色B】为青色，如图6-126所示。此时画面效果如图6-127所示。

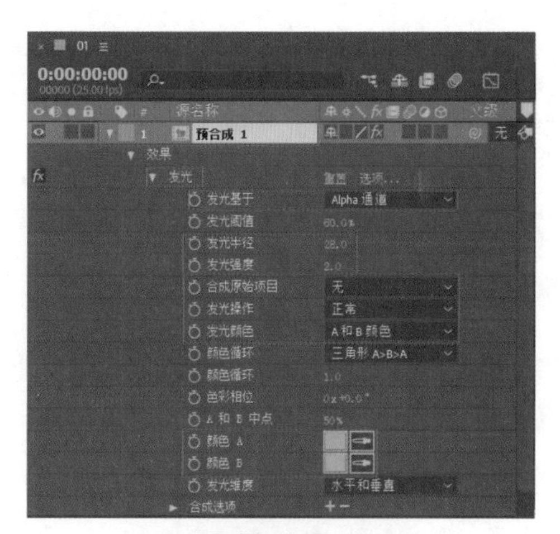

图 6-126

图 6-127

Part 03 人像素材的融入

步骤 01 在【项目】面板中将素材2.jpg拖曳到【时间轴】面板中，如图6-128所示。

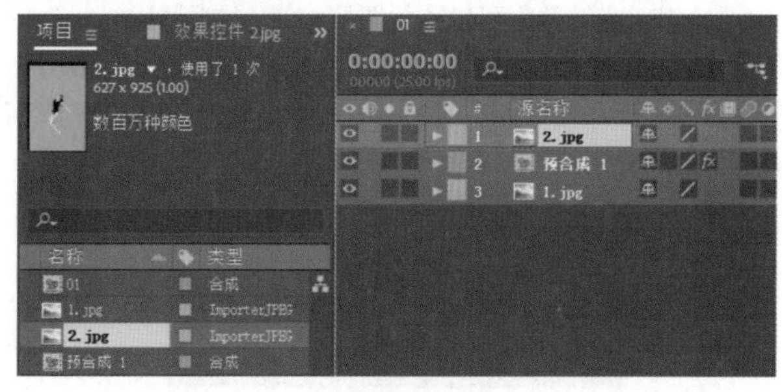

图 6-128

步骤 02 在【效果和预设】面板中搜索【颜色范围】效果，并将其拖曳到【时间轴】面板中的2.jpg图层上，如图6-129所示。

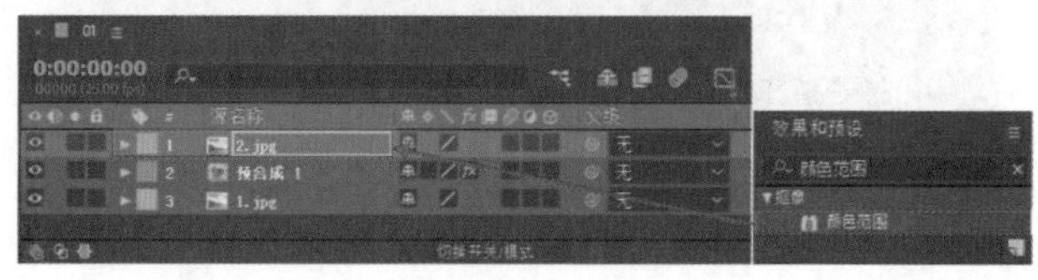

图 6-129

步骤 03 在【时间轴】面板中单击选中2.jpg素材图层，然后在【效果控件】面板中单击选择【预览】的【吸光工具】，然后在画面中绿色背景位置处单击，如图6-130所示。

图 6-130

步骤 04 案例最终效果如图6-131所示。

图 6-131

6.4.22 查找边缘

【查找边缘】效果可以查找图层边缘，并强调边缘。选中素材，在菜单栏中执行【效果】/【风格化】/【查找边缘】命令，此时参数设置如图6-132所示。为素材添加该效果的前后对比如图6-133所示。

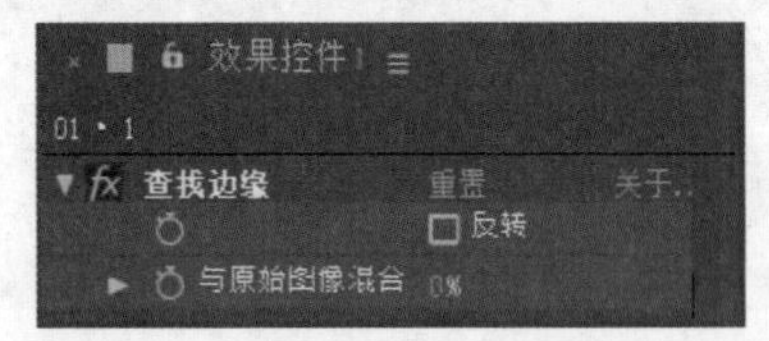

图 6-132

图 6-133

- 反转：勾选此选项，可反转查找边缘效果。
- 与原始图像混合：设置和原图像的混合程度。

实例：使用【查找边缘】效果制作素描画

文件路径：Chapter 06 常用视频效果→实例：使用【查找边缘】效果制作素描画

扫一扫，看视频

本案例主要使用【黑色和白色】【查找边缘】【曲线】制作出素描画效果。案例制作前后的对比效果如图6-134和图6-135所示。

图 6-134

图 6-135

操作步骤：

步骤 01 在【项目】面板中，单击鼠标右键执行【新建合成】命令，在弹出的【合成设置】对话框中设置【合成名称】为01，【预设】为自定义，【宽度】为1458，【高度】为957，【像素长宽比】为方形像素，【帧速率】为25，【分辨率】为完整，【持续时间】为5秒，【背景颜色】为白色，单击【确定】按钮。

步骤 02 在菜单栏中执行【文件】/【导入】/【文件】命令，在弹出的【导入文件】对话框中选择所需要的素材，单击【导入】按钮导入素材1.jpg、2.jpg。

步骤 03 在【项目】面板中将素材1.jpg和2.jpg拖曳到【时间轴】面板中，设置2.jpg的【模式】为【相乘】，如图6-136所示。

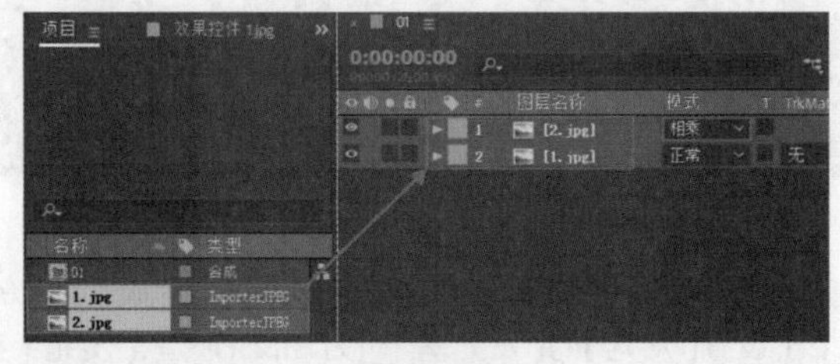

图 6-136

步骤 04 可以看出此时2.jpg素材文件在【合成】面板中尺寸较小，继续选择2.jpg素材文件，打开【变换】，设置【缩放】

为(114.2, 114.2%)，如图6-137所示。此时在【合成】面板中素材大小适中，如图6-138所示。

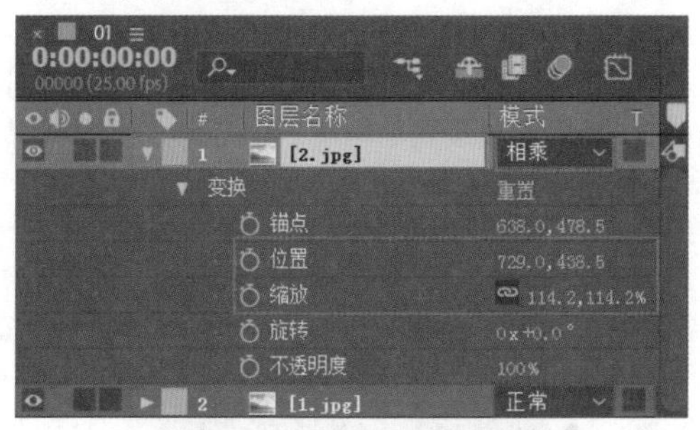

图 6-137

图 6-138

步骤 05 在【效果和预设】面板中搜索【黑色和白色】效果，并将其拖曳到【时间轴】面板中的2.jpg图层上，如图6-139所示。

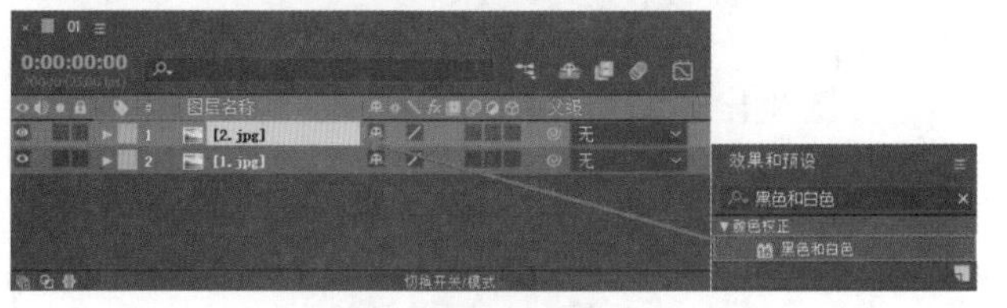
图 6-139

步骤 06 此时画面效果如图6-140所示。

图 6-140

步骤 07 在【效果和预设】面板中搜索【查找边缘】效果，并将其拖曳到【时间轴】面板中的2.jpg图层上，如图6-141所示。

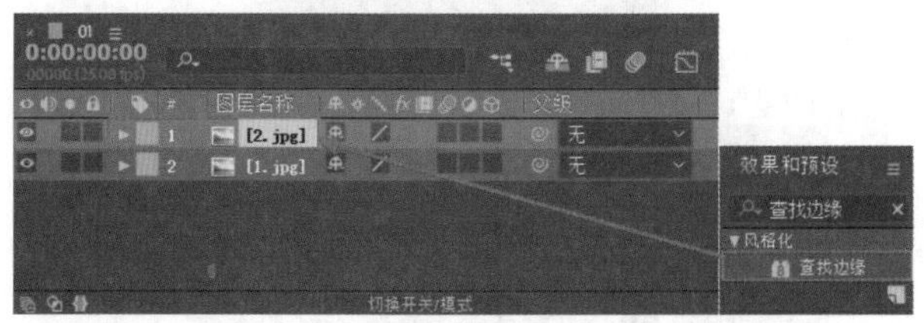
图 6-141

步骤 08 此时画面效果如图6-142所示。

图 6-142

步骤 09 在【效果和预设】面板中搜索【曲线】效果，并将其拖曳到【时间轴】面板中的2.jpg图层上，如图6-143所示。

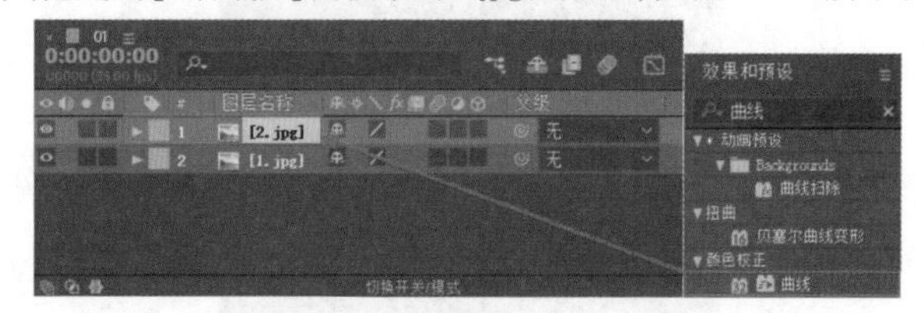
图 6-143

步骤 10 在【时间轴】面板中单击选中2.jpg素材图层，然后在【效果控件】面板中调整【曲线】的曲线形状，如图6-144所示。此时画面效果如图6-145所示。

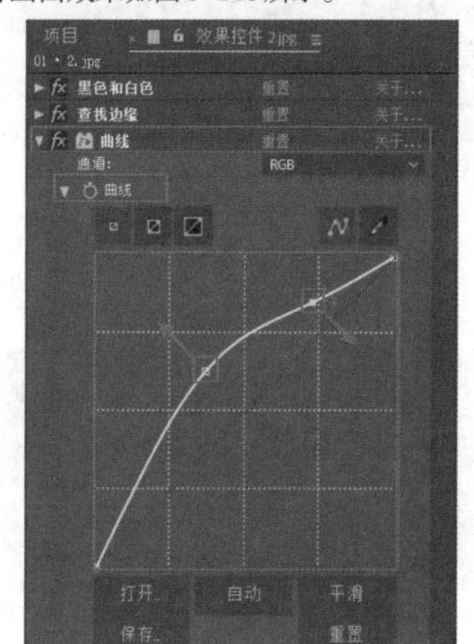

图 6-144

图 6-145

6.4.23 毛边

【毛边】效果可以使图层Alpha通道变粗糙，产生类似腐蚀的效果。选中素材，在菜单栏中执行【效果】/【风格化】/【毛边】命令，此时参数设置如图6-146所示。为素材添加该效果的前后对比如图6-147所示。

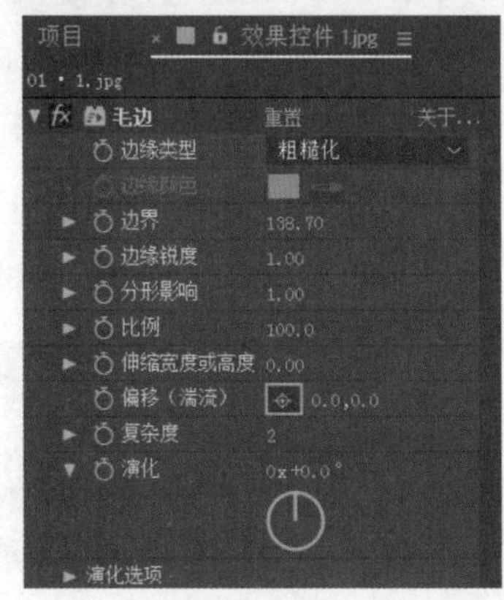

图6-146

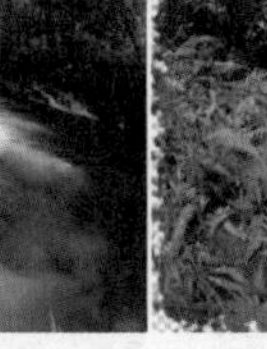

未使用该效果　　使用该效果

图6-147

- 边缘类型：设置毛边边缘类型。图6-148所示为设置【边缘类型】为粗糙化和生锈颜色的对比效果。

边缘类型：粗糙化　　边缘类型：生锈颜色

图6-148

- 边缘颜色：设置毛边边缘颜色。
- 边界：设置边沿参数。
- 边缘锐度：设置边缘锐化程度。
- 分形影响：设置不规则影响程度。
- 比例：设置缩放比例。
- 伸缩宽度或高度：设置控制宽度或高度。
- 偏移（湍流）：设置效果的偏移程度。
- 复杂度：设置复杂程度。
- 演化：设置演化角度。
- 演化选项：设置演化选项。

6.4.24 纹理化

【纹理化】效果可以将另一个图层的纹理添加到当前图层上。选中素材，在菜单栏中执行【效果】/【风格化】/【纹理化】命令，此时参数设置如图6-149所示。为素材添加该效果的前后对比如图6-150所示。

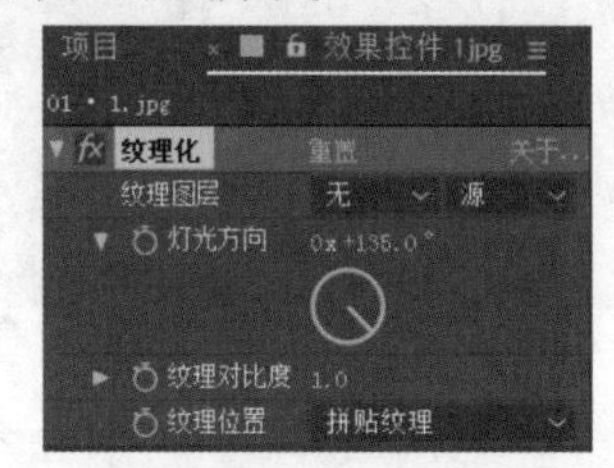

图6-149

未使用该效果　　使用该效果

图6-150

- 纹理图层：设置纹理合成图层。
- 灯光方向：设置灯光方向。
- 纹理对比度：设置纹理的黑白明暗比例。
- 纹理位置：可设置纹理位置为拼贴纹理、居中纹理或拉伸纹理。

6.4.25 闪光灯

【闪光灯】可以以定期和不定期的方式使图层变透明，从而看上去产生了闪光效果。选中素材，在菜单栏中执行【效果】/【风格化】/【闪光灯】命令，此时参数设置如图6-151所示。为素材添加该效果的前后对比如图6-152所示。

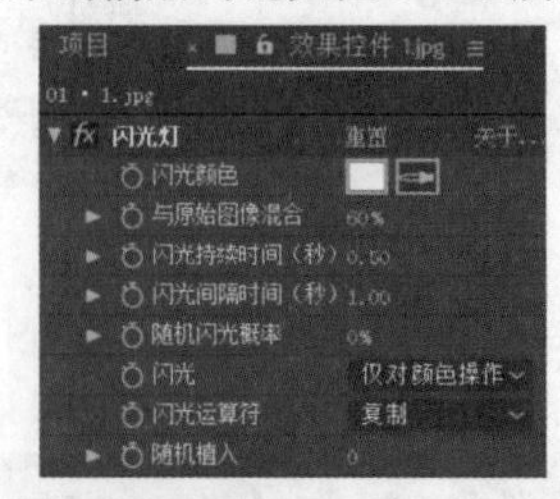

图6-151

未使用该效果　　使用该效果

图6-152

- 闪光颜色：设置闪光灯的颜色。
- 与原始图像混合：设置和原图像的混合程度。
- 闪光持续时间（秒）：设置闪烁周期，单位为秒。
- 闪光间隔时间（秒）：设置间隔时间，单位为秒。
- 随机闪光概率：设置闪光频率的随机性。
- 闪光：可设置闪光方式为仅对颜色操作或使图层透明。
- 闪光运算符：设置闪光叠加模式。图6-153所示为设置【闪光运算符】为最小值和异或的对比效果。

闪光运算符：最小值　　闪光运算符：异或

图 6-153

- 随机植入：设置频闪的随机性。

6.5 过时

在【过时】效果组中包含了【亮度键】【减少交错闪烁】【基本3D】【基本文字】【溢出抑制】【路径文本】【闪光】【颜色键】【高斯模糊(旧版)】9种效果，如图6-154所示。

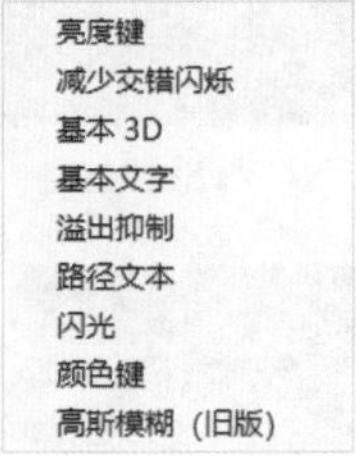

亮度键
减少交错闪烁
基本 3D
基本文字
溢出抑制
路径文本
闪光
颜色键
高斯模糊（旧版）

图 6-154

6.5.1 亮度键

【亮度键】效果可以使相对于指定明亮度的图像区域变为透明。选中素材，在菜单栏中执行【效果】/【过时】/【亮度键】命令，此时参数设置如图6-155所示。为素材添加该效果的前后对比如图6-156所示。

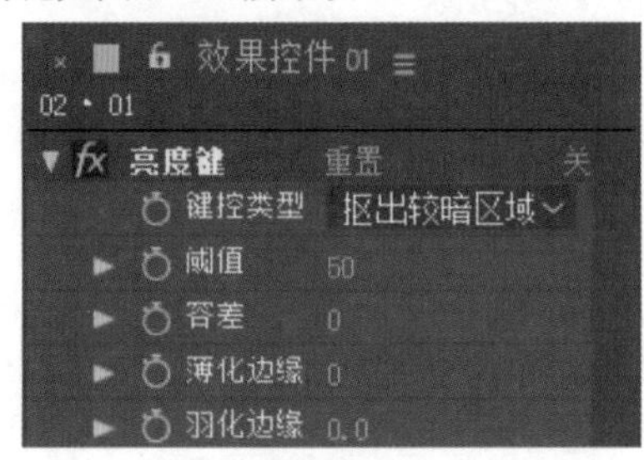

图 6-155

未使用该效果　　使用该效果

图 6-156

- 阈值：设置覆盖范围。
- 容差：设置容差数值。
- 薄化边缘：设置边缘薄化程度。
- 羽化边缘：设置边缘柔和程度。

6.5.2 减少交错闪烁

【减少交错闪烁】效果可以抑制高垂直频率。选中素材，在菜单栏中执行【效果】/【过时】/【减少交错闪烁】命令，此时参数设置如图6-157所示。

图 6-157

柔和度：设置柔和程度。

6.5.3 基本3D

【基本3D】效果可以使图像在三维空间内进行旋转、倾斜、水平或垂直等操作。选中素材，在菜单栏中执行【效果】/【过时】/【基本3D】命令，此时参数设置如图6-158所示。为素材添加该效果的前后对比如图6-159所示。

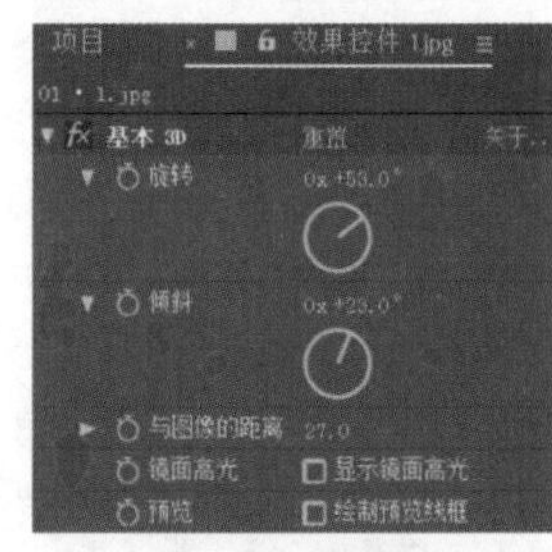

图 6-158

未使用该效果　　使用该效果

图 6-159

- 旋转：设置旋转程度。
- 倾斜：设置倾斜程度。
- 与图像的距离：设置与图像之间的间距。
- 镜面高光：勾选可显示出镜面高光。
- 预览：勾选可绘制出预览线框。

6.5.4 基本文字

【基本文字】效果可以进行基本字符的生成。选中素材，在菜单栏中执行【效果】/【过时】/【基本文字】命令，此时参数设置如图6-160所示。为素材添加该效果的前后对比如图6-161所示。

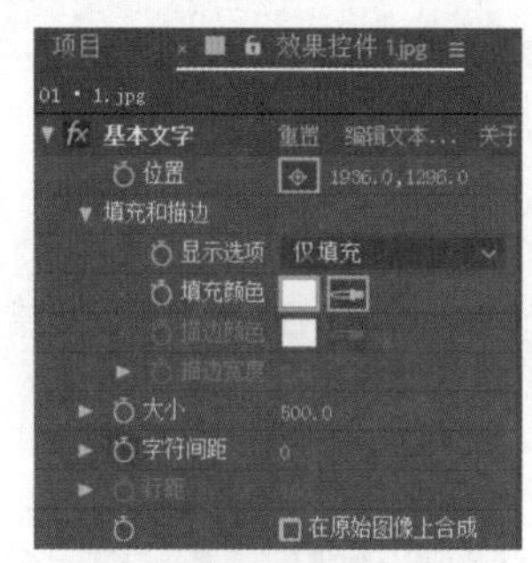

图6-160

未使用该效果　　使用该效果

图6-161

- 位置：设置文字的位置。
- 填充和描边：设置填充和描边的相关参数。
  - 显示选项：可设置文本形式为仅填充、仅描边、在描边上填充或在填充上描边。图6-162所示为设置【显示选项】为仅描边和在填充上描边的对比效果。

显示选项：仅描边　　显示选项：在填充上描边

图6-162

  - 填充颜色：设置文字填充的颜色。
  - 描边颜色：设置文字描边的颜色。
  - 描边宽度：设置文字描边的宽度。
- 大小：设置文字大小。
- 字符间距：设置字符与字符间的距离。
- 行距：设置行与行之间的距离。
- 在原始图像上合成：勾选此选项，文本可在原始图像上显示。图6-163所示为未勾选此选项和勾选此选项的对比效果。

ERAYBOOK

未勾选此选项　　勾选此选项

图6-163

6.5.5 溢出抑制

【溢出抑制】效果可以从键控图层中移除杂色。选中素材，在菜单栏中执行【效果】/【过时】/【溢出抑制】命令，此时参数设置如图6-164所示。为素材添加该效果的前后对比如图6-165所示。

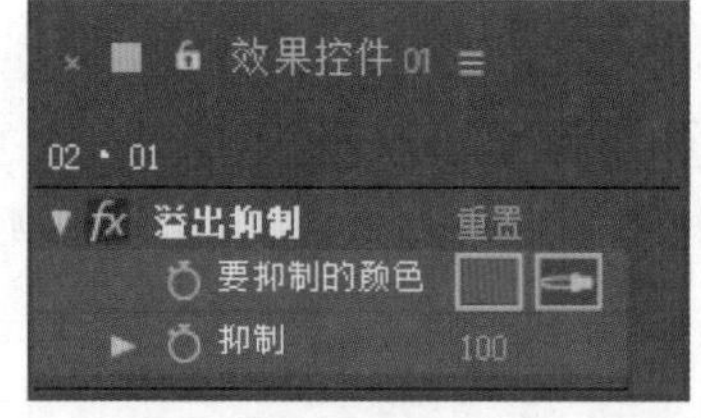

图6-164

未使用该效果　　使用该效果

图6-165

- 要抑制的颜色：设置要移除的颜色。
- 抑制：设置移除程度。

6.5.6 路径文本

【路径文本】效果可以沿路径绘制文字，其相关参数与【基本文字】效果相似。选中素材，在菜单栏中执行【效果】/【过时】/【路径文本】命令，此时参数设置如图6-166所示。为素材添加该效果的前后对比如图6-167所示。

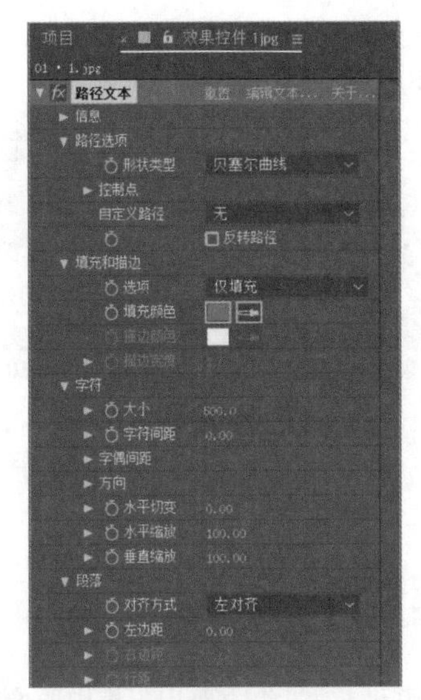

图 6-166

图 6-167

6.5.7 闪光

【闪光】效果可以模拟出闪电效果。选中素材，在菜单栏中执行【效果】/【过时】/【闪光】命令，此时参数设置如图6-168所示。为素材添加该效果的前后对比如图6-169所示。

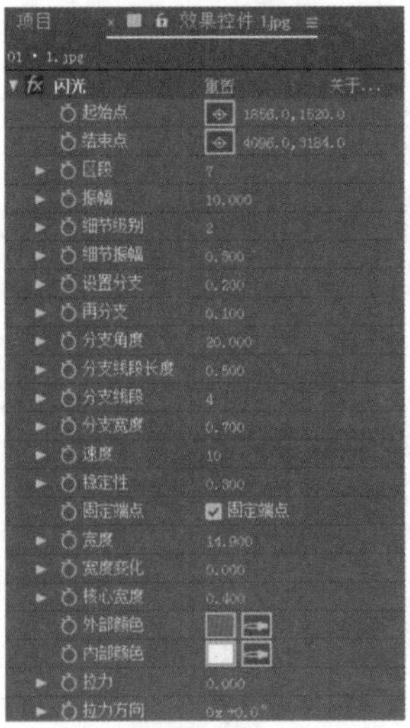

项目 效果控件 1.jpg
01・1.jpg
闪光 重置 关于...
起始点 1856.0,1520.0
结束点 4096.0,3184.0
区段 7
振幅 10.000
细节级别 2
细节振幅 0.300
设置分支 0.200
再分支 0.100
分支角度 20.000
分支线段长度 0.500
分支线段 4
分支宽度 0.700
速度 10
稳定性 0.300
固定端点 固定端点
宽度 14.900
宽度变化 0.000
核心宽度 0.400
外部颜色
内部颜色
拉力 0.000
拉力方向 0x+0.0°

图 6-168

图 6-169

- 起始点：设置闪电效果的开始位置。
- 结束点：设置闪电效果的结束位置。
- 区段：设置闪电的段数。
- 振幅：设置闪电的振幅。
- 细节级别：设置闪电分支的精细程度。
- 细节振幅：设置闪电分支的振幅。
- 设置分支：设置闪电分支的数量。
- 再分支：设置闪电二次分支的数量。
- 分支角度：设置分支与主干的角度。
- 分支线段长度：设置分支线段的长短。
- 分支线段：设置闪电分支的段数。图6-170所示为设置【分支线段】为20和50的对比效果。

图 6-170

- 分支宽度：设置闪电分支的宽度。
- 速度：设置闪电变化速度。
- 稳定性：设置闪电稳定程度。
- 固定端点：勾选此选项固定闪电端点。
- 宽度：设置闪电宽度。
- 宽度变化：设置闪电的宽度变化值。
- 核心宽度：设置闪电的核心宽度值。
- 外部颜色：设置闪电的外部颜色。
- 内部颜色：设置闪电的内部颜色。
- 拉力：设置闪电弯曲方向的拉力。
- 拉力方向：设置拉力方向。

6.5.8 颜色键

【颜色键】效果可以使接近主要颜色的范围变得透明。选中素材，在菜单栏中执行【效果】/【过时】/【颜色键】命令，此时参数设置如图6-171所示。为素材添加该效果的前后对比如图6-172所示。

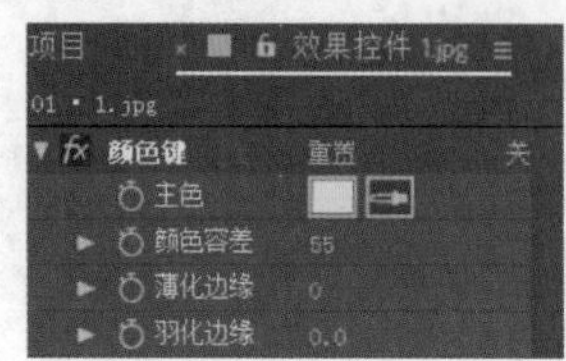

图 6-171

未使用该效果　　使用该效果

图 6-172

- 主色：设置需要移除的颜色。
- 颜色容差：设置颜色相似程度。
- 薄化边缘：设置边缘薄化程度。
- 羽化边缘：设置边缘柔和程度。

6.5.9 高斯模糊（旧版）

【高斯模糊(旧版)】效果可以对图像进行模糊化处理。选中素材，在菜单栏中执行【效果】/【过时】/【高斯模糊(旧版)】命令，此时参数设置如图6-173所示。为素材添加该效果的前后对比如图6-174所示。

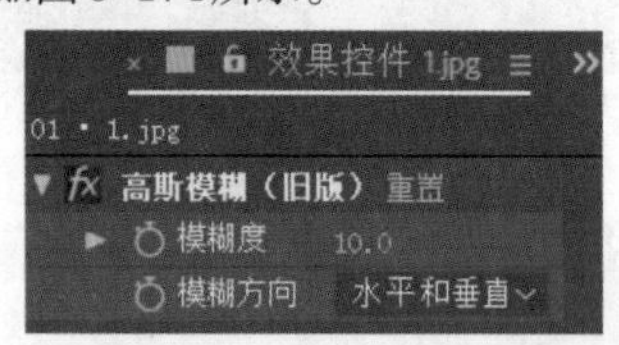

图 6-173

未使用该效果　　使用该效果

图 6-174

- 模糊度：设置模糊程度。图6-175所示为设置【模糊度】为10和50的对比效果。

模糊度：10.0　　模糊度：50.0

图 6-175

- 模糊方向：可设置模糊方向为水平和垂直、水平或垂直。

6.6 模糊和锐化

【模糊和锐化】效果组主要用于模糊图像和锐化图像。其中包含【复合模糊】【锐化】【通道模糊】【CC Cross Blur】【CC Radial Blur】【CC Radial Fast Blur】【CC Vector Blur】【摄像机镜头模糊】【摄像机抖动去模糊】【智能模糊】【双向模糊】【定向模糊】【径向模糊】【快速方框模糊】【钝化蒙版】【高斯模糊】等效果，如图6-176所示。

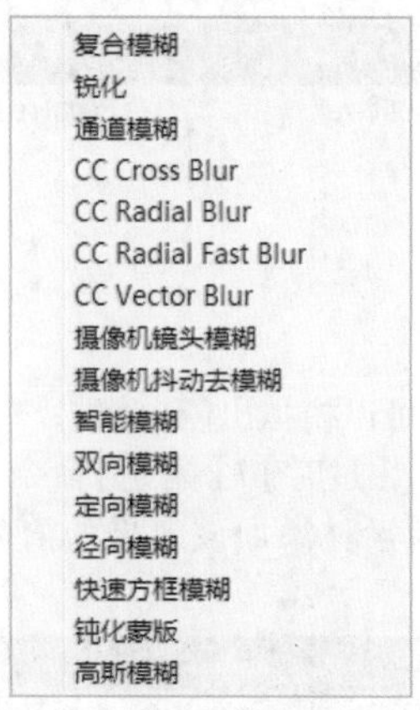

图 6-176

6.6.1 复合模糊

【复合模糊】效果可以根据模糊图层的明亮度值使效果图层中的像素变模糊。选中素材，在菜单栏中执行【效果】/【模糊和锐化】/【复合模糊】命令，此时参数设置如图6-177所示。为素材添加该效果的前后对比如图6-178所示。

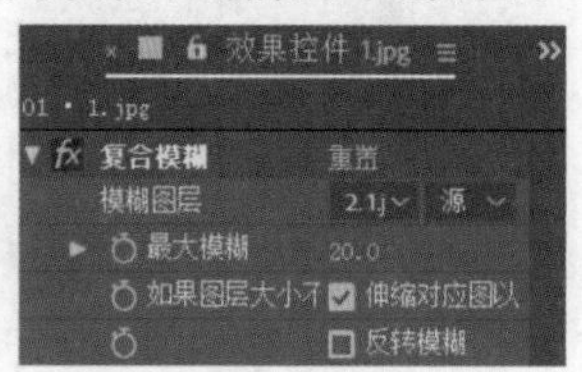

图 6-177

未使用该效果　　使用该效果

图 6-178

- 模糊图层：设置需要模糊的图层。
- 最大模糊：设置模糊程度。
- 如果图层大小不同：勾选选项后方的【伸缩对应图以适合】，可将两个不同尺寸层进行伸缩自适应。
- 反转模糊：勾选该选项可反转模糊效果。

6.6.2 锐化

【锐化】效果可以通过强化像素之间的差异来锐化图像。选中素材，在菜单栏中执行【效果】/【模糊和锐化】/【锐化】命令，此时参数设置如图6-179所示。为素材添加该效果的前后对比如图6-180所示。

图 6-179

未使用该效果　　使用该效果

图 6-180

锐化量：设置锐化程度。

6.6.3 通道模糊

【通道模糊】效果可以分别对红色、绿色、蓝色和Alpha通道应用不同程度的模糊。选中素材，在菜单栏中执行【效果】/【模糊和锐化】/【通道模糊】命令，此时参数设置如图6-181所示。为素材添加该效果的前后对比如图6-182所示。

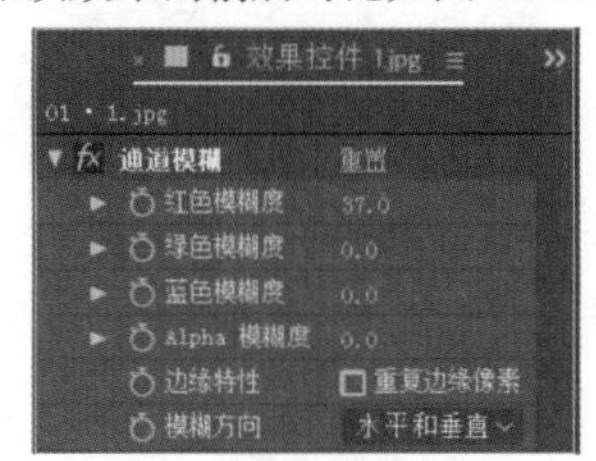

图 6-181

未使用该效果　　使用该效果

图 6-182

- 红色模糊度：设置画面中红色的模糊程度。
- 绿色模糊度：设置画面中绿色的模糊程度。
- 蓝色模糊度：设置画面中蓝色的模糊程度。
- Alpha模糊度：设置Alpha通道的模糊程度。
- 边缘特性：勾选此选项可重复边缘像素。
- 模糊方向：可设置模糊方向为水平和垂直、水平或垂直。图6-183所示为设置【模糊方向】为水平和垂直的对比效果。

模糊方向：水平　　模糊方向：垂直

图 6-183

6.6.4 CC Cross Blur

【CC Cross Blur(交叉模糊)】效果可以对画面进行水平和垂直的模糊处理。选中素材，在菜单栏中执行【效果】/【模糊和锐化】/【CC Cross Blur】命令，此时参数设置如图6-184所示。为素材添加该效果的前后对比如图6-185所示。

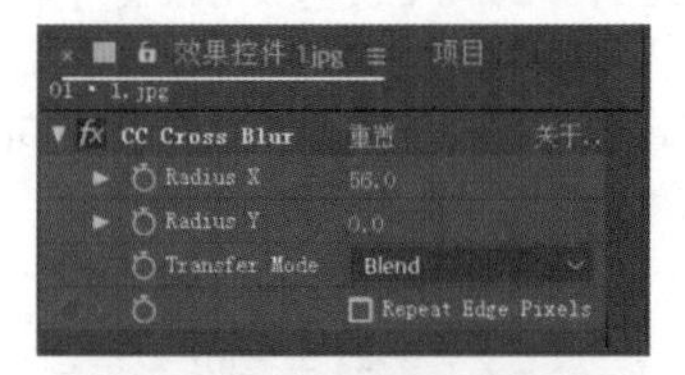

图 6-184

未使用该效果　　使用该效果

图 6-185

- Radius X（X轴半径）：设置X轴的模糊程度。
- Radius Y（Y轴半径）：设置Y轴的模糊程度。
- Transfer Mode（传输模式）：设置传输模式。
- Repeat Edge Pixel（重复边缘像素）：勾选此选项可重复边缘像素。

6.6.5 CC Radial Blur

【CC Radial Blur(CC放射模糊)】效果可以缩放或旋转模糊当前图层。选中素材，在菜单栏中执行【效果】/【模糊和锐化】/【CC Radial Blur】命令，此时参数设置如图6-186所示。为素材添加该效果的前后对比如图6-187所示。

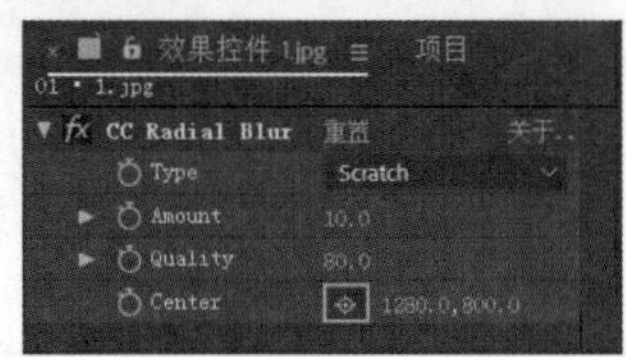

图6-186

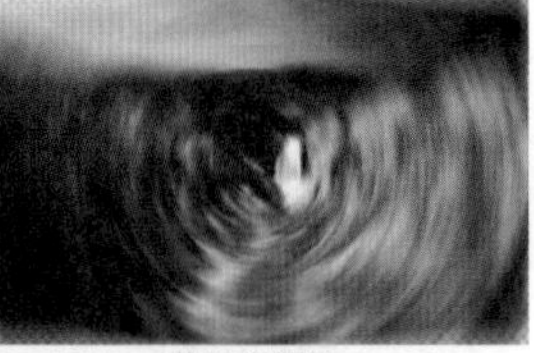

未使用该效果 使用该效果

图6-187

- Type（类型）：设置模糊类型。
- Amount（量）：设置图像的旋转层数。
- Quality（质量）：设置模糊的程度。数值越大，模糊程度越强；反之则越弱。
- Center（中心）：设置旋转中心点。

6.6.6 CC Radial Fast Blur

【CC Radial Fast Blur(CC快速放射模糊)】效果可以进行快速径向模糊。选中素材，在菜单栏中执行【效果】/【模糊和锐化】/【CC Radial Fast Blur】命令，此时参数设置如图6-188所示。为素材添加该效果的前后对比如图6-189所示。

图6-188

未使用该效果 使用该效果

图6-189

- Center（中心）：设置模糊的中心点位置。
- Amount（量）：设置模糊程度。
- Zoom（变焦）：设置模糊方式为Standard（标准）、Brightest（变亮）或Darkest（变暗）。

6.6.7 CC Vector Blur

【CC Vector Blur(通道矢量模糊)】效果可以将选定的层定义为向量场模糊。选中素材，在菜单栏中执行【效果】/【模糊和锐化】/【CC Vector Blur】命令，此时参数设置如图6-190所示。为素材添加该效果的前后对比如图6-191所示。

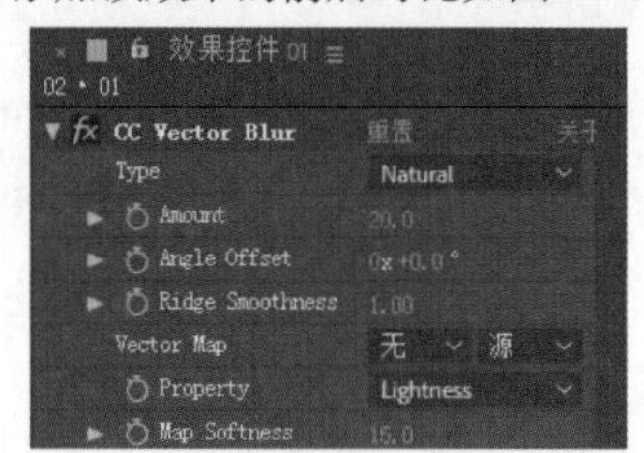

图6-190

未使用该效果 使用该效果

图6-191

- Type（类型）：可设置模糊方式为Natural（自然）、Constant Length（固定长度）、Perpendicular（垂直）、Direction Center（方向中心）或Direction Fading（方向衰减）。
- Amount（量）：设置模糊程度。
- Angle Offset（角偏移量）：设置模糊偏移角度。
- Ridge Smoothness（脊平滑）：设置图像边缘的模糊转数。
- Vector Map（矢量图）：在该选项的下拉菜单中可选择进行模糊的图层。
- Property（参数）：设置通道的方式为Red（红）、Green（绿）、Blue（蓝）、Alpha（透明）、Luminance（亮度）、Lightness（灯）、Hue（色调）或Saturation（饱和度）。
- Map Softness（柔和度图像）：设置图像的柔和程度。

6.6.8 摄像机镜头模糊

【摄像机镜头模糊】效果可以使用常用摄像机光圈形状模糊图像以模拟摄像机镜头的模糊。选中素材，在菜单栏中执行【效果】/【模糊和锐化】/【摄像机镜头模糊】命令，此时参数设置如图6-192所示。为素材添加该效果的前后对比如图6-193所示。

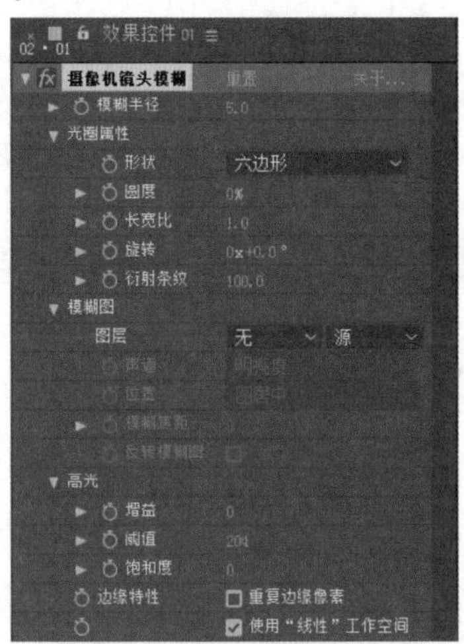

图6-192

未使用该效果　　使用该效果

图6-193

- 模糊半径：设置模糊半径的大小。
- 光圈属性：设置镜头光圈的属性。
  - 形状：设置模糊的形状为三角形、方形等。
  - 圆度：设置模糊的圆形程度。
  - 长宽比：设置模糊的长宽比程度。
  - 旋转：设置控制模糊的旋转程度。
  - 衍射条纹：设置控制产生模糊的衍射条纹程度。
- 模糊层：设置贴图效果。
  - 图层：设置模糊贴图效果的图层。
- 高光：控制模糊的亮度部分。
  - 增益：为亮部增加亮度。
  - 阈值：设置高光范围。
  - 饱和度：设置高光饱和度。
  - 边缘特性：勾选此选项可重复边缘像素。
  - 使用"线性"工作空间：勾选此选项可使用线性工作空间。

6.6.9　摄像机抖动去模糊

【摄像机抖动去模糊】效果可以减少因摄像机抖动而导致的动态模糊伪影。为获得最佳效果，可在稳定素材后应用该效果。选中素材，在菜单栏中执行【效果】/【模糊和锐化】/【摄像机抖动去模糊】命令，此时参数设置如图6-194所示。

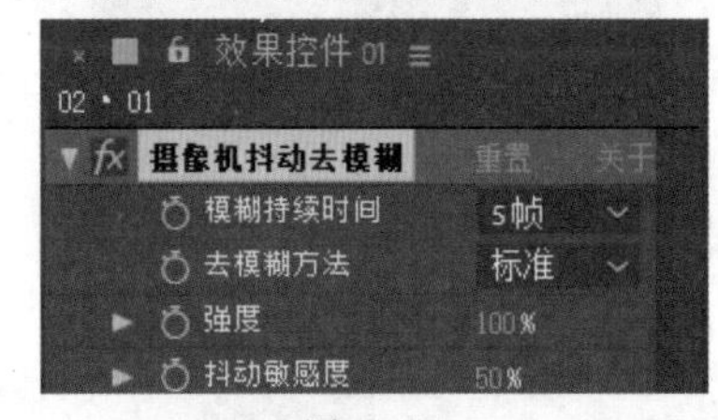

图6-194

- 模糊持续时间：设置模糊的持续时间为5帧、7帧或9帧。
- 去模糊方法：设置模糊方法为标准或高品质（更慢）。
- 强度：设置去模糊的程度。
- 抖动敏感度：设置抖动的明暗程度。

6.6.10　智能模糊

【智能模糊】效果可以对保留边缘的图像进行模糊。选中素材，在菜单栏中执行【效果】/【模糊和锐化】/【智能模糊】命令，此时参数设置如图6-195所示。为素材添加该效果的前后对比如图6-196所示。

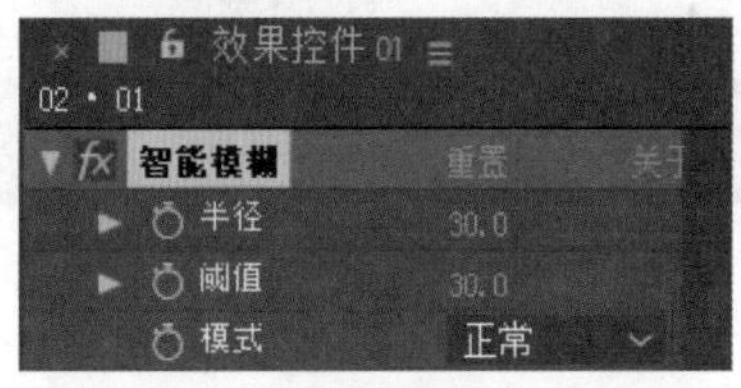

图6-195

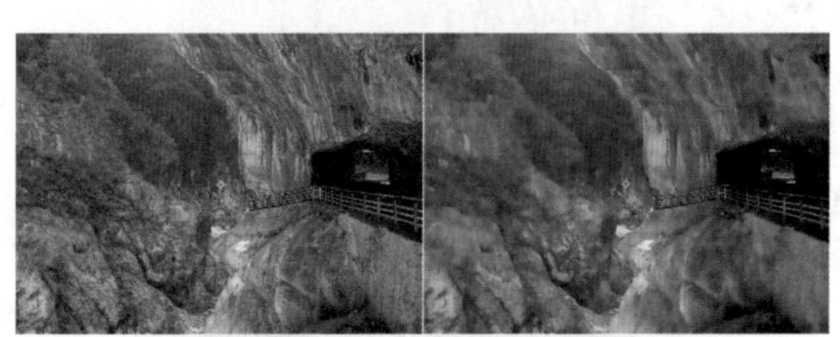

图6-196

- 半径：设置模糊的半径值。
- 阈值：设置模糊容差。
- 模式：设置智能模糊的模式为正常、仅限边缘、叠加边缘。

6.6.11　双向模糊

【双向模糊】效果可以将平滑模糊应用于图像。选中素材，在菜单栏中执行【效果】/【模糊和锐化】/【双向模糊】命令，此时参数设置如图6-197所示。为素材添加该效果的前后对比如图6-198所示。

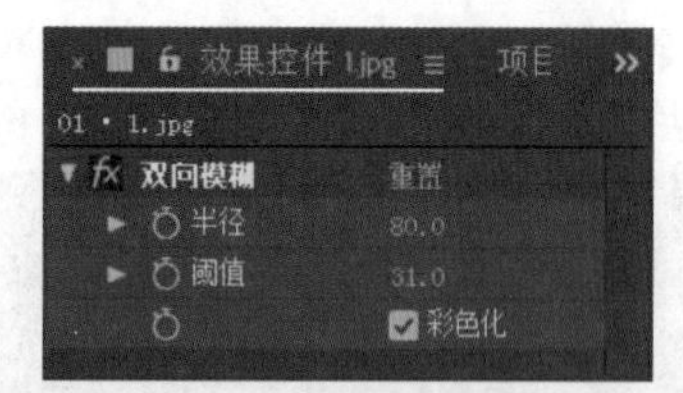

图 6-197

未使用该效果　　使用该效果

图 6-198

- 半径：设置模糊的半径值。
- 阈值：设置模糊容差。
- 彩色化：未勾选此选项，画面默认为灰度模式；勾选该选项，画面会转换为彩色模式。图6-199所示为勾选此选项和未勾选此选项的对比效果。

勾选此选项　　未勾选此选项

图 6-199

6.6.12 定向模糊

【定向模糊】效果可以按照一定的方向模糊图像。选中素材，在菜单栏中执行【效果】/【模糊和锐化】/【定向模糊】命令，此时参数设置如图6-200所示。为素材添加该效果的前后对比如图6-201所示。

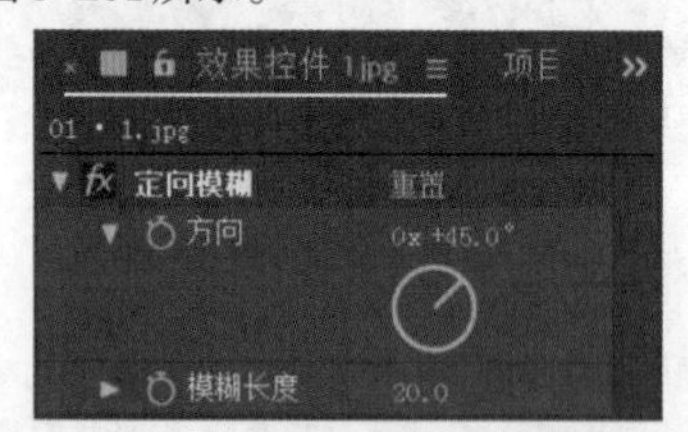

图 6-200

未使用该效果　　使用该效果

图 6-201

- 方向：设置模糊方向。
- 模糊长度：设置模糊长度。

6.6.13 径向模糊

【径向模糊】效果可以以任意点为中心，对周围像素进行模糊处理，以产生旋转动态。选中素材，在菜单栏中执行【效果】/【模糊和锐化】/【径向模糊】命令，此时参数设置如图6-202所示。为素材添加该效果的前后对比如图6-203所示。

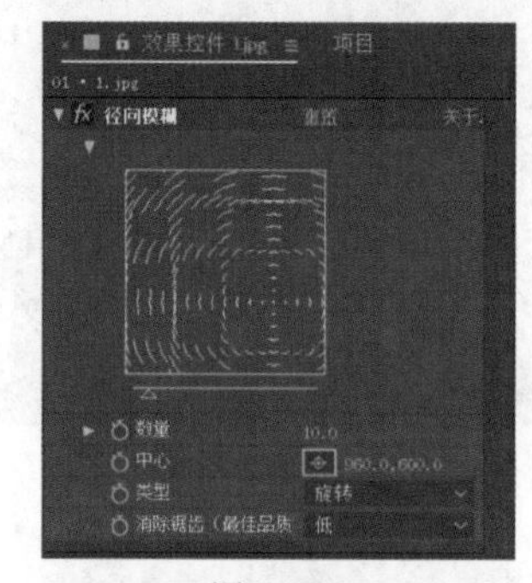

图 6-202

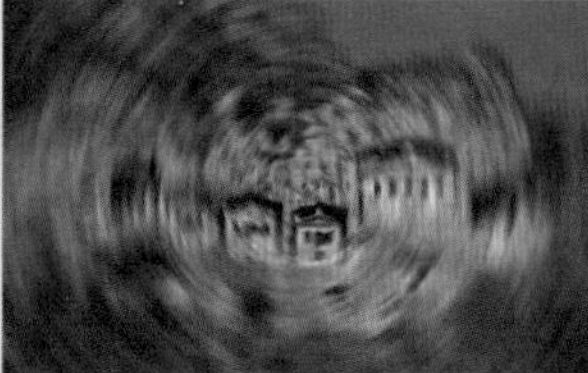

未使用该效果　　使用该效果

图 6-203

- 数量：设置模糊程度。
- 中心：设置模糊中心点的位置。
- 类型：设置模糊的类型为旋转或缩放。
- 消除锯齿（最佳品质）：设置消除锯齿为低或高。

6.6.14 快速方框模糊

【快速方框模糊】效果可以将重复的方框模糊应用于图像。选中素材，在菜单栏中执行【效果】/【模糊和锐化】/【快速方框模糊】命令，此时参数设置如图6-204所示。为素材添加该效果的前后对比如图6-205所示。

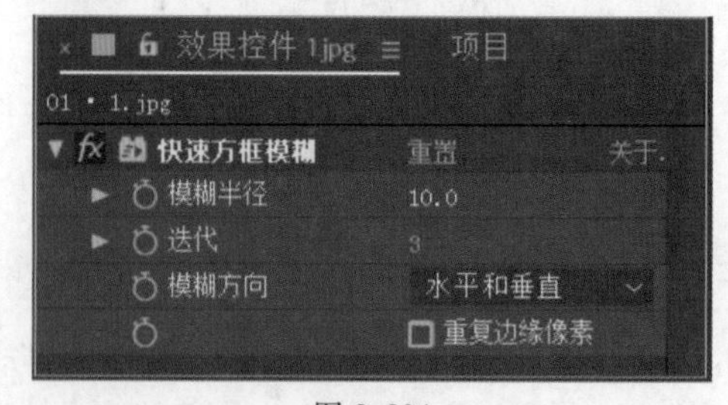

图 6-204

未使用该效果　　使用该效果

图 6-205

- 模糊半径：设置模糊的半径大小。
- 迭代：设置反复模糊的次数。
- 模糊方向：设置模糊的方向。
- 重复边缘像素：勾选此选项可重复边缘像素。

6.6.15　钝化蒙版

【钝化蒙版】效果可以通过调整边缘细节的对比度来增强图层的锐度。选中素材，在菜单栏中执行【效果】/【模糊和锐化】/【钝化蒙版】命令，此时参数设置如图6-206所示。为素材添加该效果的前后对比如图6-207所示。

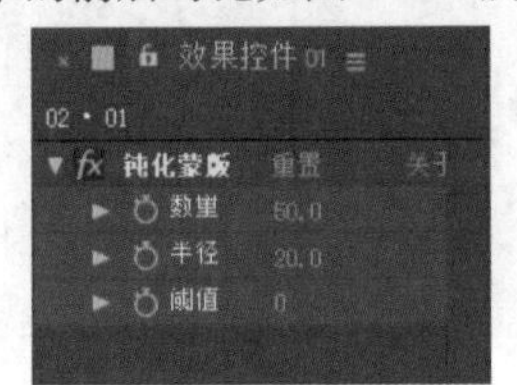

图 6-206

未使用该效果　　使用该效果

图 6-207

- 数量：设置模糊效果的程度。
- 半径：设置钝化蒙版的半径大小。
- 阈值：设置效果容差范围。

6.6.16　高斯模糊

【高斯模糊】效果可以均匀模糊图像。选中素材，在菜单栏中执行【效果】/【模糊和锐化】/【高斯模糊】命令，此时参数设置如图6-208所示。为素材添加该效果的前后对比如图6-209所示。

图 6-208

未使用该效果　　使用该效果

图 6-209

- 模糊度：设置模糊程度。
- 模糊方向：设置模糊方向为水平和垂直、水平或垂直。

6.7　模拟

【模拟】效果组可以模拟出各种特殊效果，如下雪、下雨、泡沫等。其中包含【焦散】【卡片动画】【CC Ball Action】【CC Bubbles】【CC Drizzle】【CC Hair】【CC Mr.Mercury】【CC Particle Systems Ⅱ】【CC Particle World】【CC Pixel Polly】【CC Rainfall】【CC Scatterize】【CC Snowfall】【CC Star Burst】【泡沫】【波形环境】【碎片】【粒子运动场】等效果，如图6-210所示。

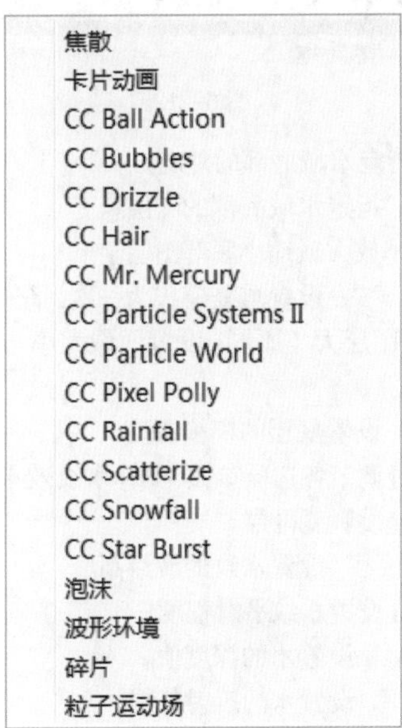

图 6-210

6.7.1　焦散

【焦散】可以模拟水面折射或反射的自然效果。选中素材，在菜单栏中执行【效果】/【模拟】/【焦散】命令，此时参数设置如图6-211所示。为素材添加该效果的前后对比如图6-212所示。

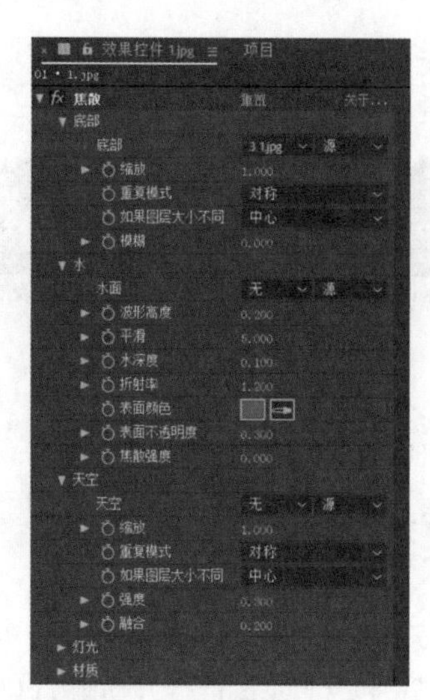

图 6-211

图 6-212

- 底部：指定水域底部的外观。
  - 底部：指定水域底部的图层。
  - 缩放：放大或缩小底部图层。
  - 重复模式：设置重复模式为一次、平铺或对称。
  - 如果图层大小不同：设置图像大小与当前层的匹配方式。
  - 模糊：设置底层的模糊程度。
- 水：通过调节各选项参数，制作水纹效果。
  - 水面：设置基准层。
  - 波形高度：设置水纹的波纹高度。
  - 平滑：设置水纹平滑程度。
  - 水深度：设置水的深度值。
  - 折射率：设置水的折射范围。
  - 表面颜色：设置水面颜色。
  - 表面不透明度：设置水纹效果表面的透明程度。
  - 焦散强度：设置焦散数值。
- 天空：设置水波对水面以外场景的数值。
  - 天空：设置天空反射层。
  - 缩放：设置天空层大小。
  - 重复模式：设置天空层的排列方式。
  - 如果图层大小不同：设置图像大小与当前层的匹配方式。
  - 强度：设置天空层的明暗程度。
  - 融合：设置放射边缘。
- 灯光：设置灯光效果。
- 材质：设置材质属性。

6.7.2 卡片动画

【卡片动画】可以通过渐变图层使卡片产生动画效果。选中素材，在菜单栏中执行【效果】/【模拟】/【卡片动画】命令，此时参数设置如图6-213所示。

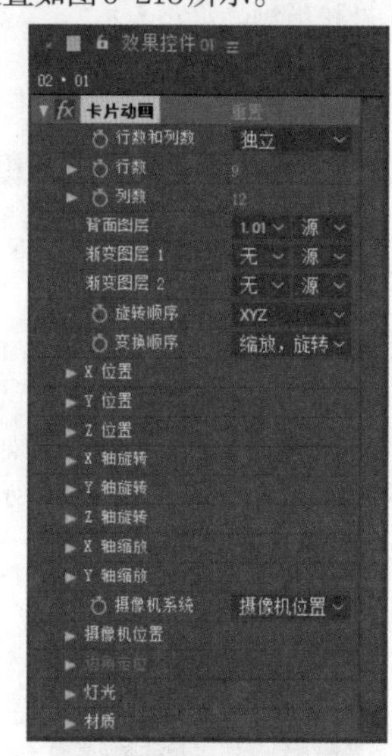

图 6-213

- 行数和列数：设置在单位面积卡片产生的方式。
- 行数：设置行数数值。
- 列数：设置列数数值。
- 背景图层：设置应该改效果的图层。
- 渐变图层1：设置卡片的渐变层1。
- 渐变图层2：设置卡片的渐变层2。
- 旋转顺序：设置卡片的旋转顺序。
- 变换顺序：设置卡片的变换顺序。
- X / Y / Z位置：设置X / Y / Z的位置。
- X / Y / Z轴旋转：设置X / Y / Z轴的旋转角度。
- X / Y轴缩放：设置X / Y轴的缩放数值。
- 摄像机系统：设置摄影机系统为摄影机位置、边角定位或合成摄像机。
- 摄像机位置：设置摄像机位置。
- 边角定位：当设置【摄像机系统】为边角定位时可设置该选项的参数。
- 灯光：设置灯光属性。
- 材质：设置材质属性。

6.7.3 CC Ball Action

【CC Ball Action(CC球形粒子化)】效果可以使图像形成球形网格。选中素材，在菜单栏中执行【效果】/【模拟】/

【CC Ball Action】命令，此时参数设置如图6-214所示。为素材添加该效果的前后对比如图6-215所示。

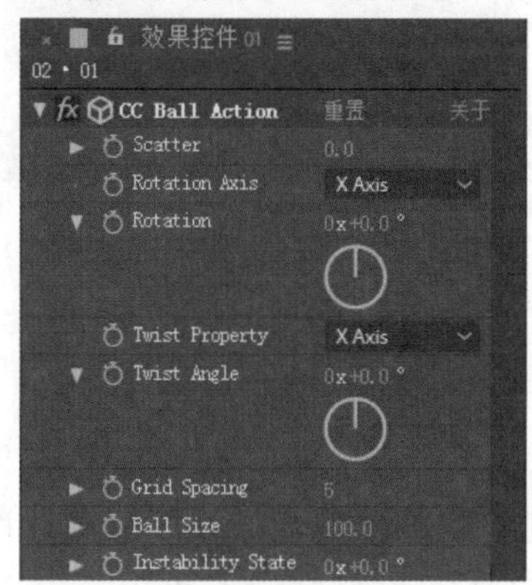

图6-214

图6-215

6.7.4 CC Bubbles

【CC Bubbles(CC气泡)】效果可以根据画面内容模拟气泡效果。选中素材，在菜单栏中执行【效果】/【模拟】/【CC Bubbles】命令，此时参数设置如图6-216所示。为素材添加该效果的前后对比如图6-217所示。

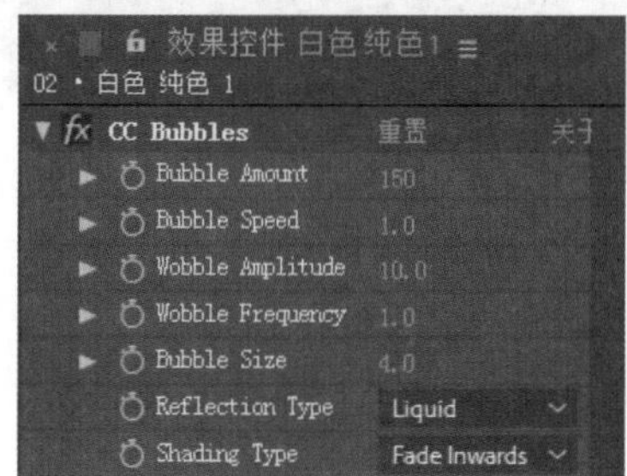

图6-216

图6-217

6.7.5 CC Drizzle

【CC Drizzle(细雨)】效果可以模拟雨滴落入水面的涟漪感。选中素材，在菜单栏中执行【效果】/【模拟】/【CC Drizzle】命令，此时参数设置如图6-218所示。为素材添加该效果的前后对比如图6-219所示。

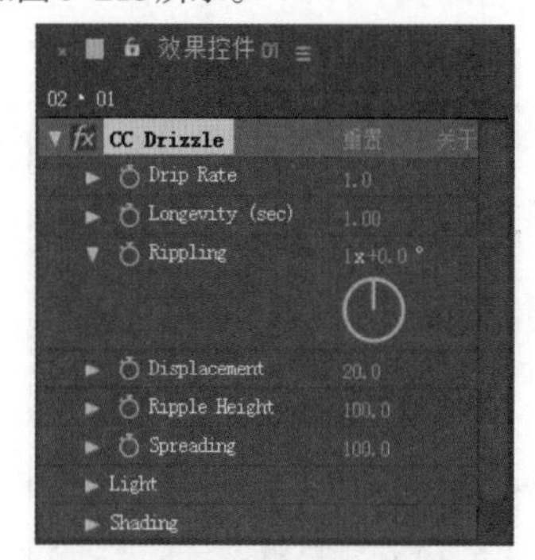

图6-218

图6-219

6.7.6 CC Hair

【CC Hair(CC毛发)】效果可以将当前图像转换为毛发显示。选中素材，在菜单栏中执行【效果】/【模拟】/【CC Hair】命令，此时参数设置如图6-220所示。为素材添加该效果的前后对比如图6-221所示。

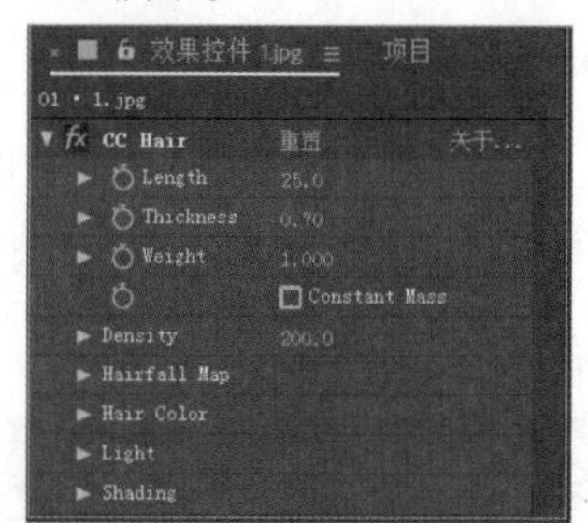

图6-220

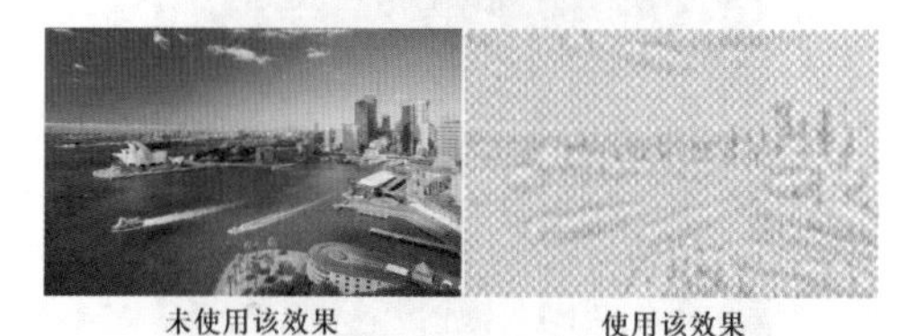

图6-221

6.7.7 CC Mr.Mercury

【CC Mr.Mercury(CC仿水银流动)】可以模拟图像类似水

银流动的效果。选中素材，在菜单栏中执行【效果】/【模拟】/【CC Mr.Mercury】命令，此时参数设置如图6-222所示。为素材添加该效果的前后对比如图6-223所示。

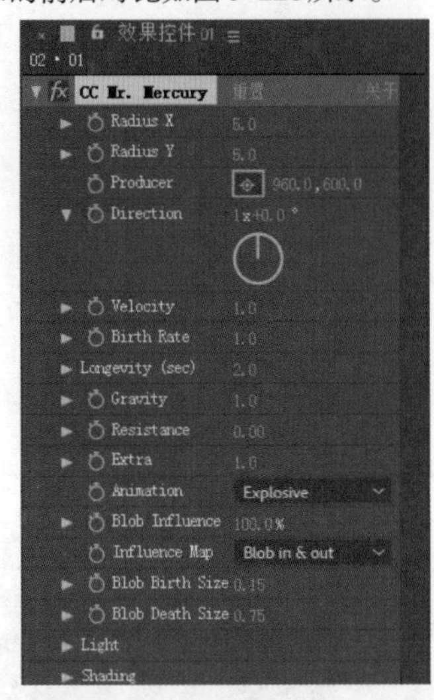

图 6-222

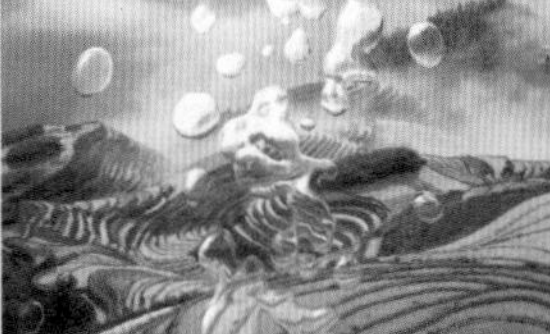

未使用该效果　　使用该效果

图 6-223

6.7.8　CC Particle Systems Ⅱ

【CC Particle Systems Ⅱ(CC粒子仿真系统Ⅱ)】可以模拟烟花效果。选中素材，在菜单栏中执行【效果】/【模拟】/【CC Particle Systems Ⅱ】命令，此时参数设置如图6-224所示。为素材添加该效果的前后对比如图6-225所示。

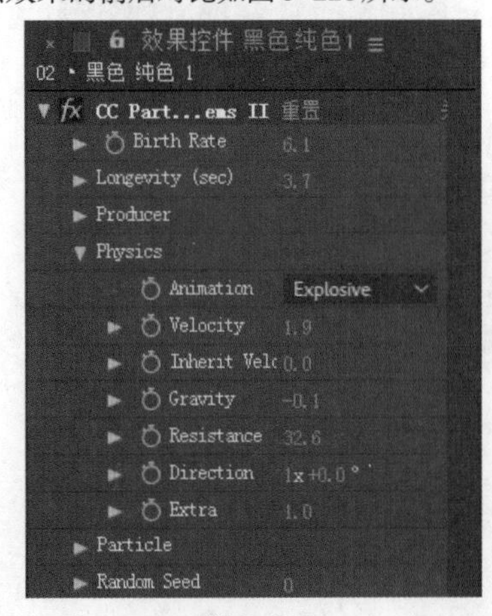

图 6-224

未使用该效果　　使用该效果

图 6-225

6.7.9　CC Particle World

【CC Particle World(CC 粒子仿真世界)】可以模拟烟花、飞灰等效果。选中素材，在菜单栏中执行【效果】/【模拟】/【CC Particle World】命令，此时参数设置如图6-226所示。为素材添加该效果的前后对比如图6-227所示。

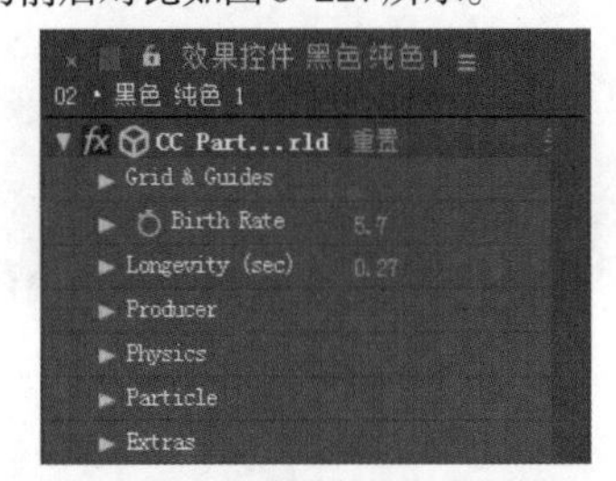

图 6-226

未使用该效果　　使用该效果

图 6-227

实例：使用【CC Particle World】效果制作旋转的彩球粒子

文件路径：Chapter 06　常用视频效果→实例：使用【CC Particle World】效果制作旋转的彩球粒子

本案例主要使用【CC Particle World】和【梯度渐变】制作出彩色粒子效果。案例效果如图6-228所示。

扫一扫，看视频

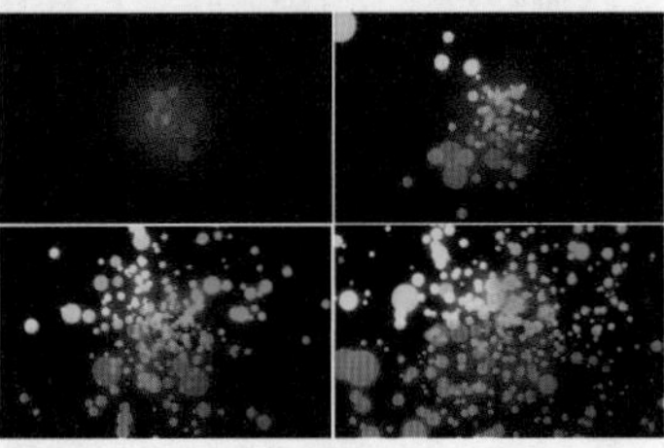

图 6-228

操作步骤：

步骤 01 在【项目】面板中，单击鼠标右键执行【新建合成】命令，在弹出的【合成设置】对话框中设置【合成名称】为01，【预设】为自定义，【宽度】为1300，【高度】为866，【像素长宽比】为方形像素，【帧速率】为25，【分辨率】为完整，【持续时间】为5秒，单击【确定】按钮。

步骤 02 在【时间轴】面板中的空白位置处单击鼠标右键执行【新建】/【纯色】命令。

步骤 03 在弹出的【纯色设置】对话框中设置【名称】为黑色纯色1，【宽度】为1300，【高度】为866，【颜色】为黑色，单击【确定】按钮，如图6-229所示。

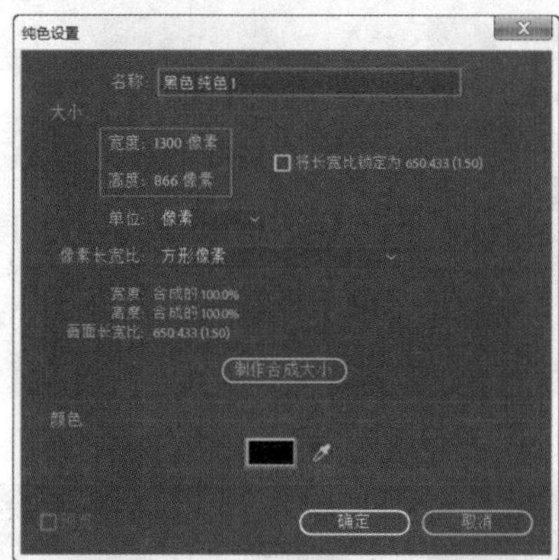

图 6-229

步骤 04 在【效果和预设】面板中搜索【梯度渐变】效果，并将其拖曳到【时间轴】面板中的【黑色 纯色 1】图层上，如图6-230所示。

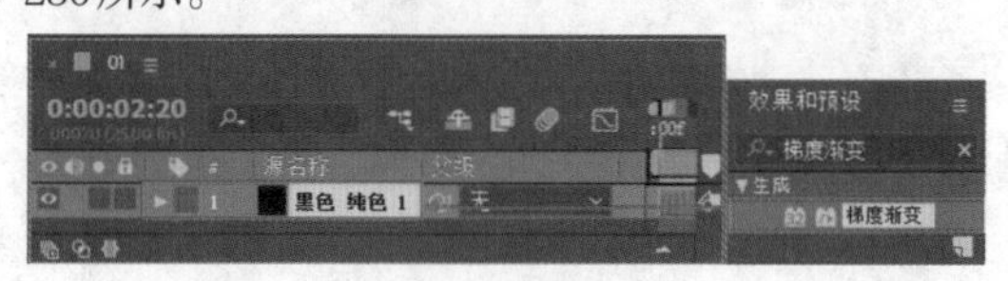

图 6-230

步骤 05 在【时间轴】面板中打开【黑色 纯色 1】图层下的【效果】/【梯度渐变】效果，设置【渐变起点】为(651.7，428.6)，【起始颜色】为灰色，【渐变终点】为(699.2，758.9)，【结束颜色】为黑色，【渐变形状】为径向渐变，如图6-231所示。此时画面效果如图6-232所示。

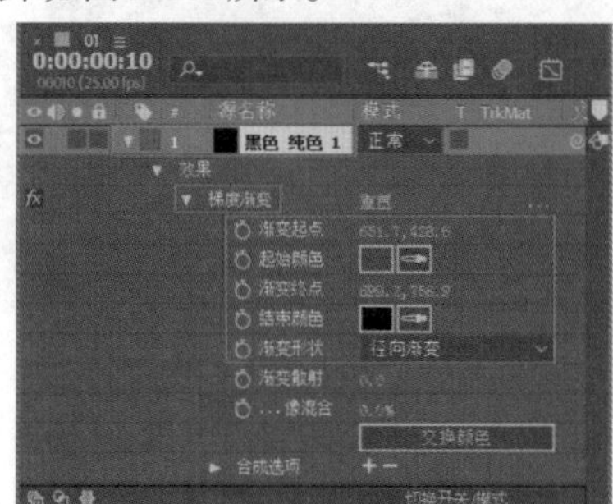

图 6-231

图 6-232

步骤 06 再次在【时间轴】面板中的空白位置处单击鼠标右键执行【新建】/【纯色】命令。

步骤 07 在弹出的【纯色设置】对话框中设置【名称】为【黑色 纯色 2】，【宽度】为1300，【高度】为866，【颜色】为黑色，单击【确定】按钮，如图6-233所示。

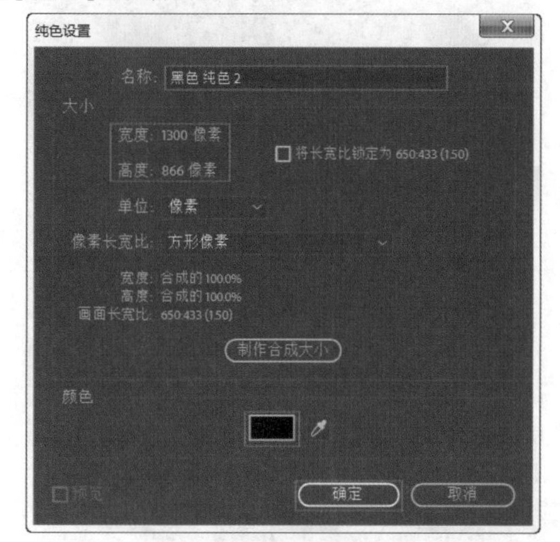

图 6-233

步骤 08 在【效果和预设】面板中搜索【CC Particle World】效果，并将其拖曳到【时间轴】面板中的【黑色 纯色 2】图层上，如图6-234所示。

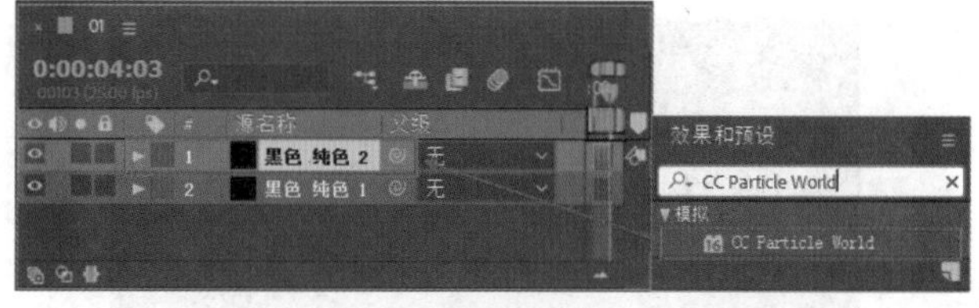

图 6-234

步骤 09 在【时间轴】面板中，单击打开【黑色 纯色 2】图层下的【效果】/【CC Particle World】效果，设置【Birth Rate】为3，【Longevity(sec)】为2。接着展开【Producer】，设置【Radius Z】为1。接着打开【Physics】，设置【Animation】为Twirl，将时间线滑动到起始帧位置，单击【Extra】前的【时间变化秒表】按钮，设置【Extra】为0.5，再将时间线拖动至2秒15帧位置，设置【Extra】为1.34，接着打开【Particle】，设置【Particle

Type】为【Lens Convex】，如图6-235所示。此时画面效果如图6-236所示。

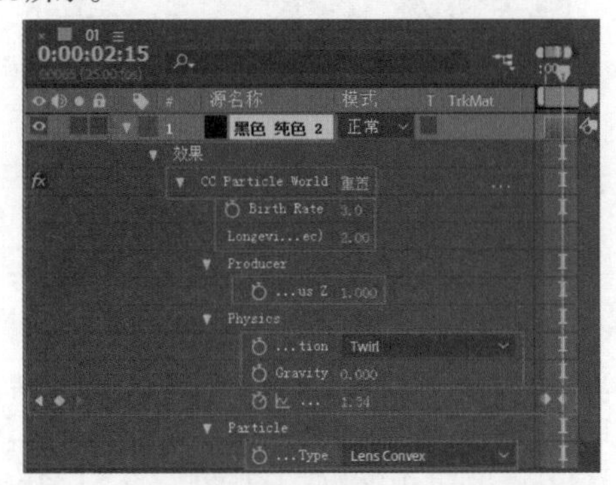

图6-235

图6-236

步骤 10　在【效果和预设】面板中搜索【四色渐变】效果，并将其拖曳到【时间轴】面板中的【黑色 纯色 2】图层上，如图6-237所示。此时画面效果如图6-238所示。

图6-237

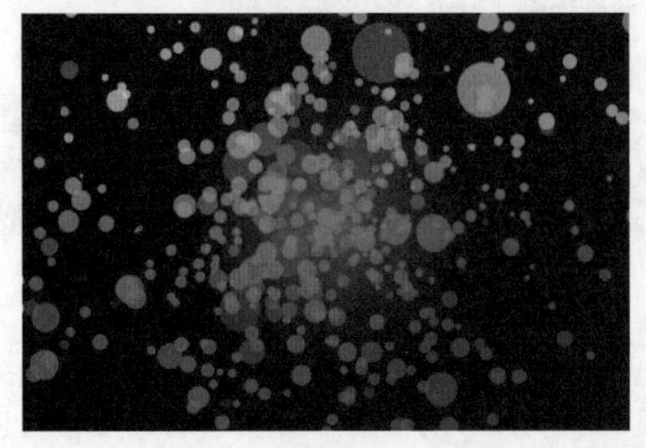
图6-238

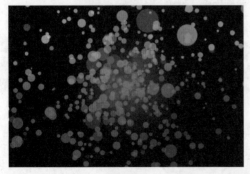

步骤 11　在【效果和预设】面板中搜索【发光】效果，并将其拖曳到【时间轴】面板中的【黑色 纯色 2】图层上，如图6-239所示。

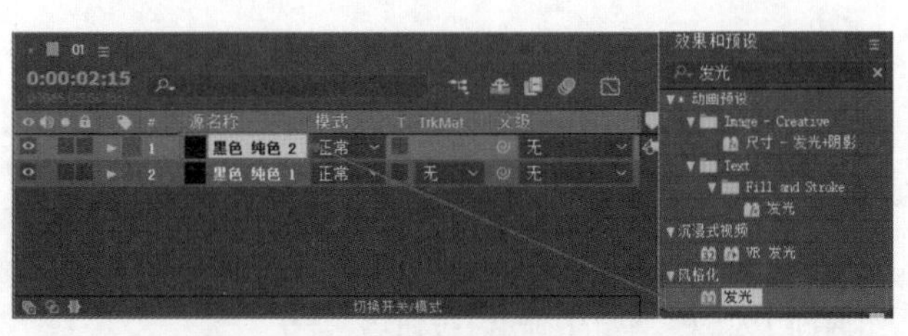

图6-239

步骤 12　在【时间轴】面板中单击打开【黑色 纯色 2】图层下的【效果】/【发光】，设置【发光半径】为55，【发光强度】为2，如图6-240所示。此时画面效果如图6-241所示。

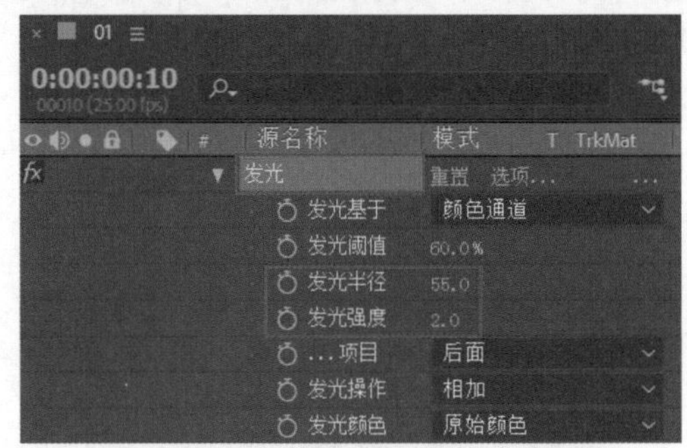

图6-240

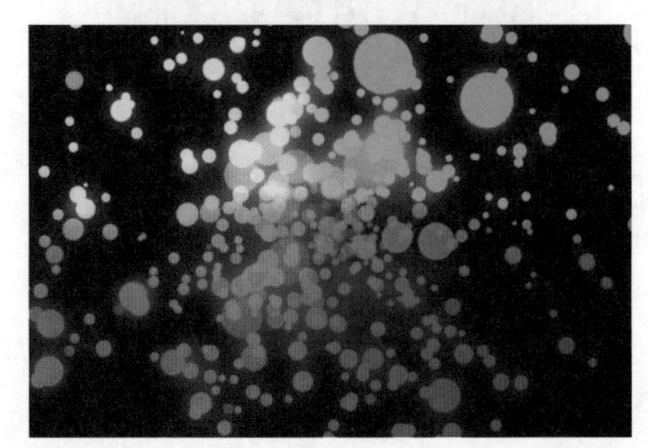
图6-241

步骤 13　在【效果和预设】面板中搜索【曲线】效果，并将其拖曳到【时间轴】面板中的【黑色 纯色 2】图层上，如图6-242所示。

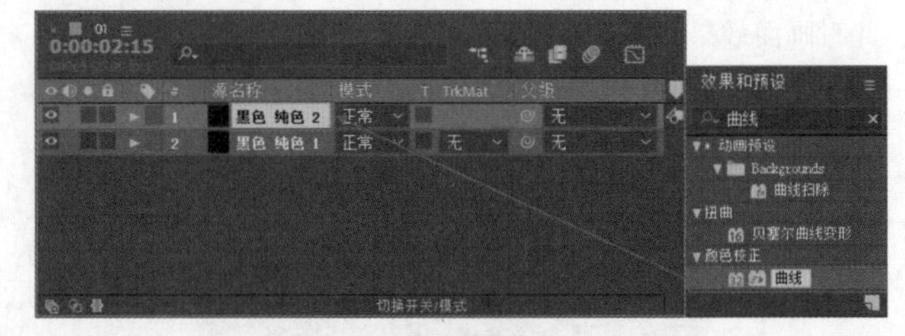

图6-242

步骤 14　在【时间轴】面板中选中【黑色 纯色 2】图层，在【效果控件】面板中调整【曲线】的曲线形状，如图6-243所示。此时画面效果如图6-244所示。

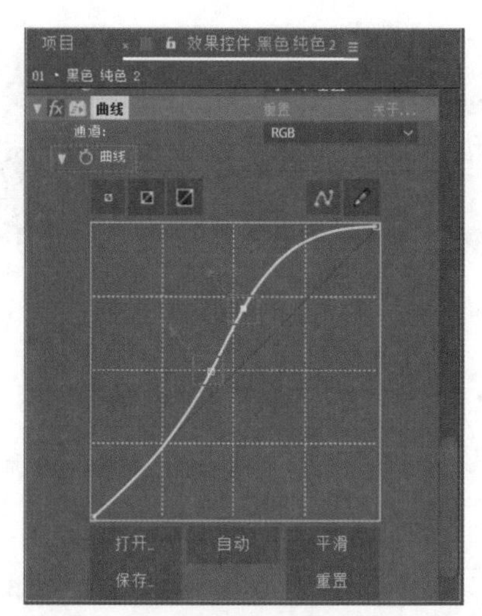

图 6-243

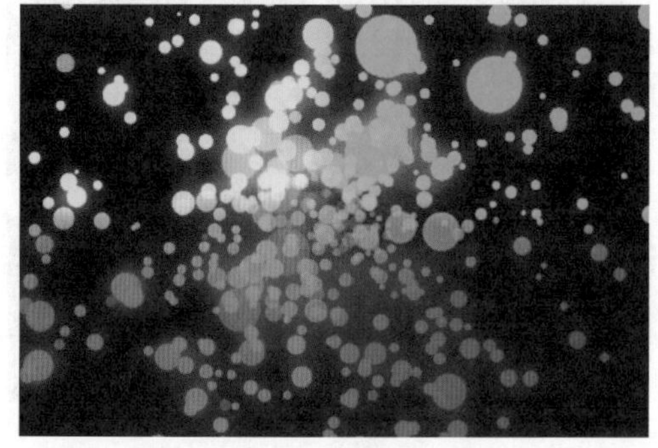

图 6-244

步骤 15 滑动时间线查看案例效果，如图6-245所示。

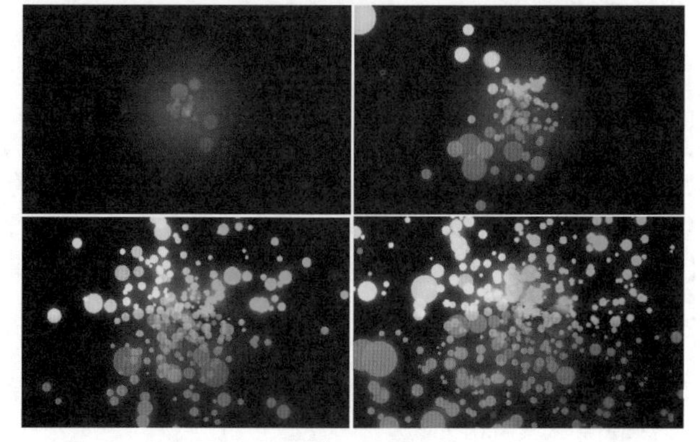

图 6-245

6.7.10 CC Pixel Polly

【CC Pixel Polly(CC像素多边形)】效果可以制作画面破碎效果。选中素材，在菜单栏中执行【效果】/【模拟】/【CC Pixel Polly】命令，此时参数设置如图6-246所示。制作完成后，拖曳时间轴即可查看动画效果，为素材添加该效果的前后对比如图6-247所示。

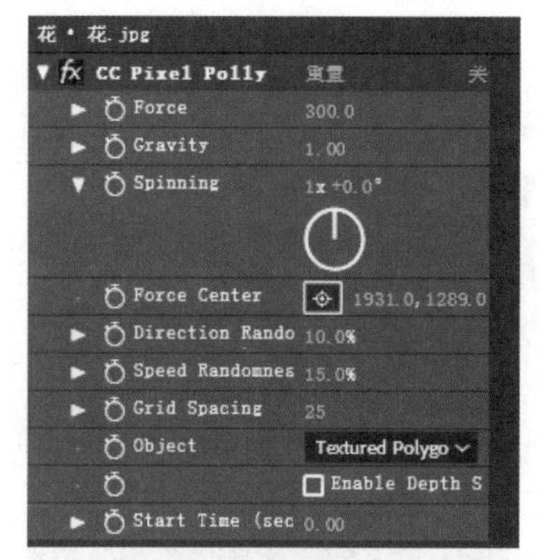

图 6-246

图 6-247

6.7.11 CC Rainfall

【CC Rainfall(CC降雨)】可以模拟降雨效果。选中素材，在菜单栏中执行【效果】/【模拟】/【CC Rainfall】命令，此时参数设置如图6-248所示。为素材添加该效果的前后对比如图6-249所示。

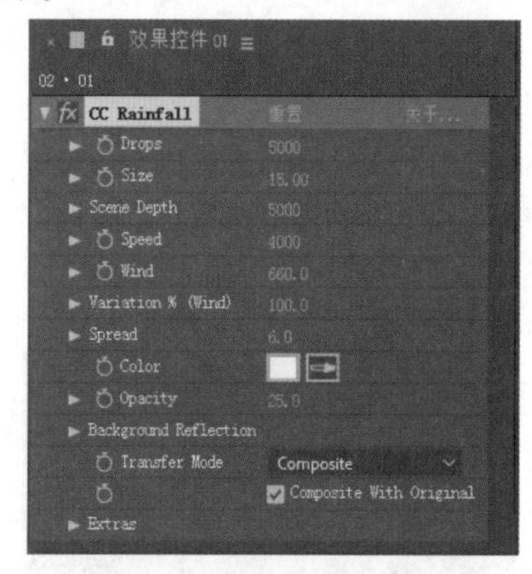

图 6-248

图 6-249

6.7.12 CC Scatterize

【CC Scatterize(发散粒子)】可以将当前画面分散为粒子状，模拟吹散效果。选中素材，在菜单栏中执行【效果】/【模拟】/【CC Scatterize】命令，此时参数设置如图6-250所示。为素材添加该效果的前后对比如图6-251所示。

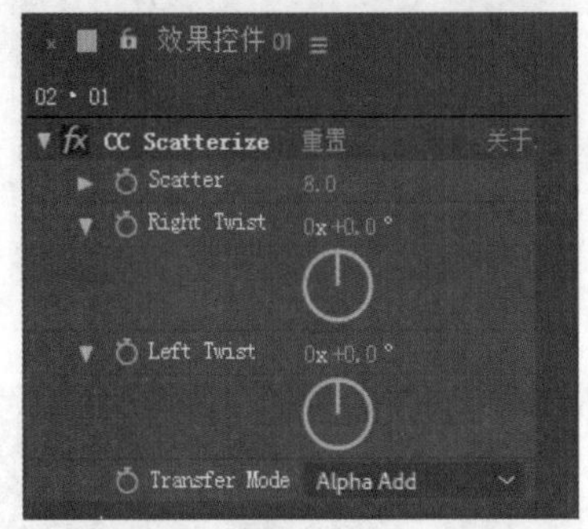

图 6-250

图 6-251

6.7.13 CC Snowfall

【CC Snowfall(CC下雪)】可以模拟雪花漫天飞舞的画面效果。选中素材，在菜单栏中执行【效果】/【模拟】/【CC Snowfall】命令，此时参数设置如图6-252所示。为素材添加该效果的前后对比如图6-253所示。

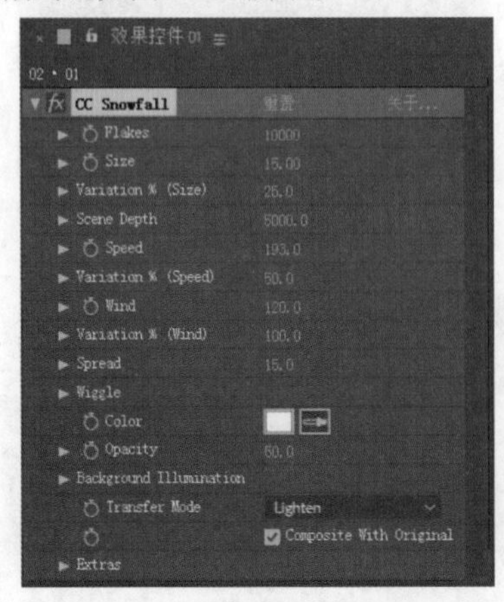

图 6-252

图 6-253

实例：使用【CC Snowfall】效果制作下雪效果

文件路径：Chapter 06 常用视频效果→实例：使用【CC Snowfall】效果制作下雪效果

扫一扫，看视频

本案例主要使用【CC Snowfall】和【曲线】制作下雪效果，为文字设置动画后的案例效果如图6-254所示。

图 6-254

操作步骤：

Part 01 制作雪花效果

步骤 01 在【项目】面板中，单击鼠标右键执行【新建合成】命令，在弹出的【合成设置】对话框中设置【合成名称】为01，【宽度】为1203，【高度】为800，【像素长宽比】为方形像素，【帧速率】为25，【分辨率】为完整，【持续时间】为6秒，单击【确定】按钮。

步骤 02 在菜单栏中执行【文件】/【导入】/【文件】命令，在弹出的【导入文件】对话框中选择所需要的素材，单击【导入】按钮导入素材01.jpg。

步骤 03 在【项目】面板中将素材01.jpg拖曳到【时间轴】面板中，如图6-255所示。

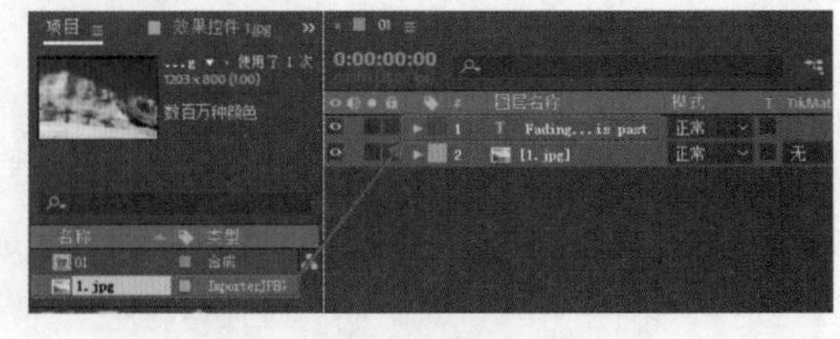

图 6-255

步骤 04 在【效果和预设】面板中搜索【CC Snowfall】效果，并将其拖曳到【时间轴】面板中的01.jpg图层上，如图6-256所示。

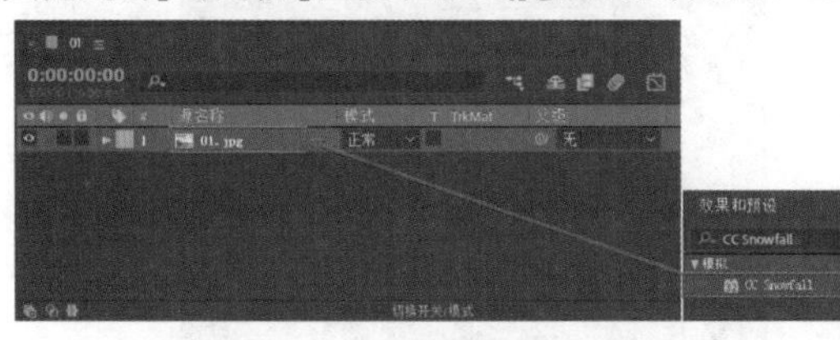

图6-256

步骤 05 在【时间轴】面板中，单击打开01.jpg素材图层下的【效果】，设置【CC Snowfall】的【Size】为12，【Variation%(Size)】为100，【Variation%(Speed)】为60，【Wind】为50，【Opacity】为100，如图6-257所示。此时画面效果如图6-258所示。

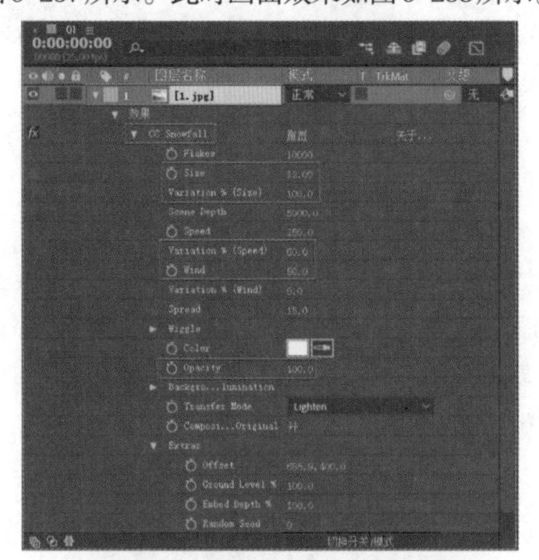

图6-257

图6-258

步骤 06 在【效果和预设】面板中搜索【曲线】效果，并将其拖曳到【时间轴】面板中的01.jpg图层上，如图6-259所示。

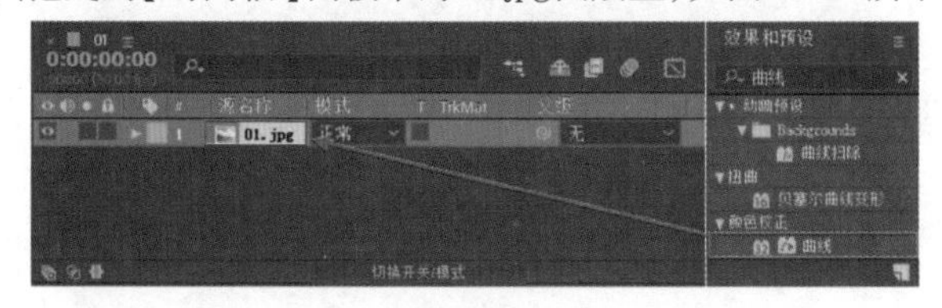

图6-259

步骤 07 在【时间轴】面板中选中素材01.jpg图层，在【效果控件】面板中调整【曲线】的曲线形状，如图6-260所示。此时画面效果如图6-261所示。

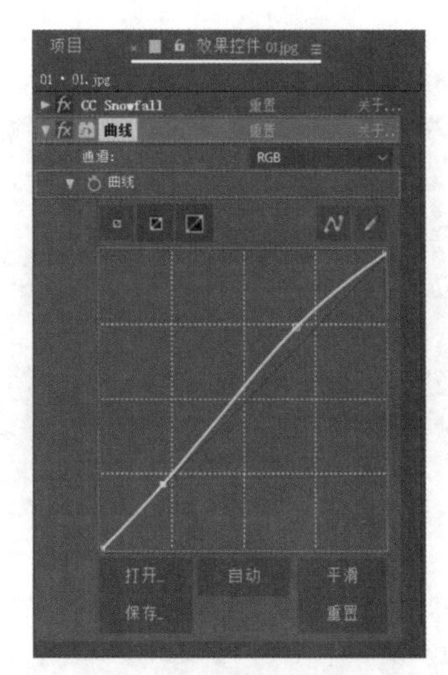

图6-260

图6-261

Part 02 制作文字动画

步骤 01 在工具栏中单击选择【横排文字工具】，并在【字符】面板中设置【字体系列】为Swiss721BT，【字体样式】为Bold Italic，【填充颜色】为白色，【描边颜色】为无颜色，【字体大小】为41。在画面中右上角合适位置处按住鼠标左键并拖曳至合适大小，绘制文本框。然后输入文本“Fading is true while flowering is past”，如图6-262所示。

图6-262

步骤 02 将光标定位在画面中文本F上方，选中字母F，并在【字符】面板中设置【字体大小】为60，如图6-263所示。

图 6-263

步骤 03 将时间线滑动到起始位置，在【效果和预设】面板中展开【动画预设】/【Text】/【Blurs】，选中【运输车】并将其拖曳到【时间轴】面板的文字上，如图6-264所示。

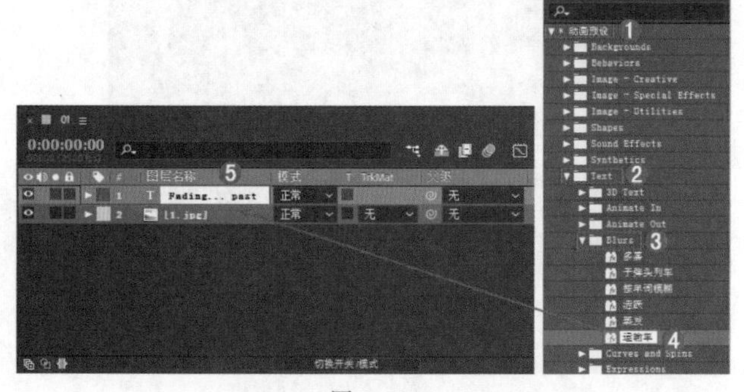

图 6-264

步骤 04 拖曳时间轴即可查看动画效果，如图6-265所示。

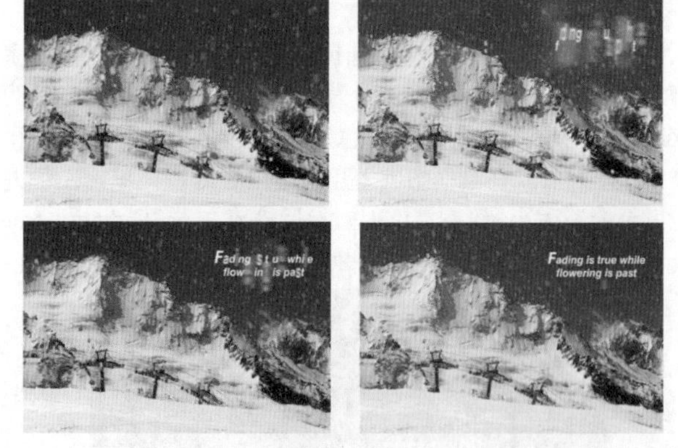

图 6-265

6.7.14 CC Star Burst

【CC Star Burst(CC星团)】可以模拟星团效果。选中素材，在菜单栏中执行【效果】/【模拟】/【CC Star Burst】命令，此时参数设置如图6-266所示。为素材添加该效果的前后对比如图6-267所示。

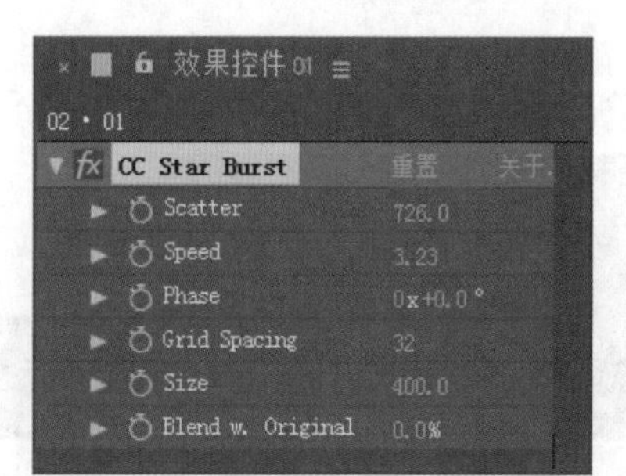

图 6-266

图 6-267

6.7.15 泡沫

【泡沫】可以模拟流动、黏附和弹出的气泡、水珠效果。选中素材，在菜单栏中执行【效果】/【模拟】/【泡沫】命令，此时参数设置如图6-268所示。为素材添加该效果的前后对比如图6-269所示。

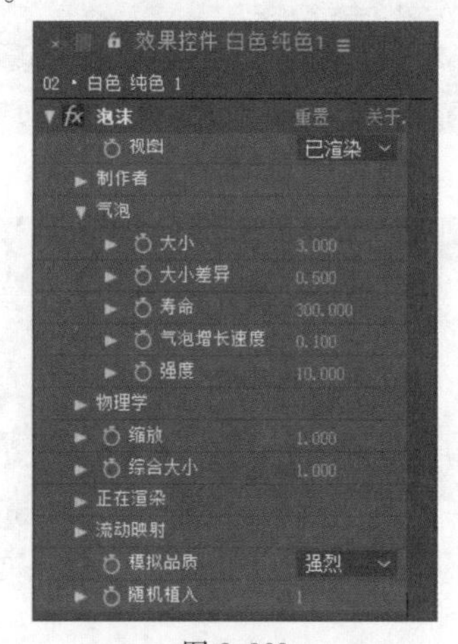

图 6-268

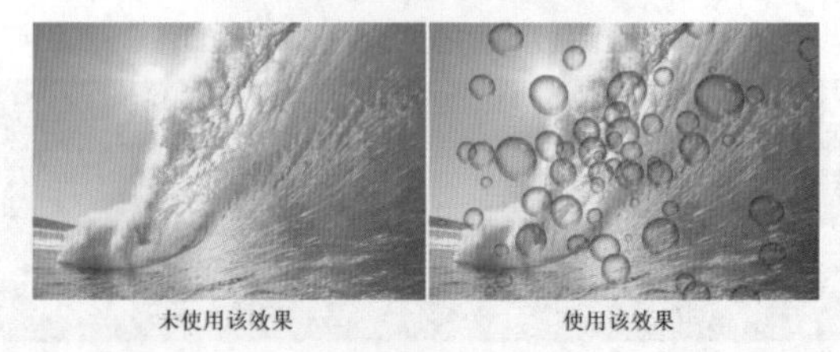

图 6-269

- 视图：设置效果显示方式。
- 制作者：设置对气泡粒子的发生器。
- 气泡：设置气泡粒子的大小、生命以及强度。

- 物理学：设置影响粒子运动因素数值。
- 缩放：设置缩放数值。
- 综合大小：设置区域大小。
- 正在渲染：设置渲染属性。
- 流动映射：设置一个层来影响粒子效果。
- 模拟品质：设置气泡的模拟质量为正常、高或强烈。
- 随机植入：设置气泡的随机植入数。

实例：使用【泡沫】效果制作漫天飞舞的泡泡画面

文件路径：Chapter 06 常用视频效果→实例：使用【泡沫】效果制作漫天飞舞的泡泡画面

本案例主要使用【泡沫】效果制作漫天飞舞的泡泡画面，案例效果如图6-270所示。

扫一扫，看视频

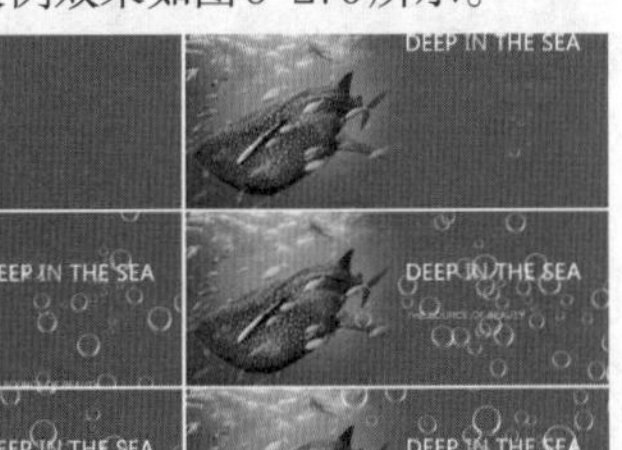

图 6-270

操作步骤：

Part 01 制作背景

步骤 01 在【项目】面板中单击鼠标右键执行【新建合成】命令，在弹出的【合成设置】对话框中设置【合成名称】为01，【预设】为自定义，【宽度】为2000，【高度】为806，【像素长宽比】为方形像素，【帧速率】为25，【分辨率】为完整，【持续时间】为5秒，【背景颜色】为蓝色，单击【确定】按钮。

步骤 02 在菜单栏中执行【文件】/【导入】/【文件】命令，在弹出的【导入文件】对话框中选择所需要的素材，单击【导入】按钮导入素材1.jpg。

步骤 03 在【项目】面板中将素材1.jpg拖曳到【时间轴】面板中，如图6-271所示。

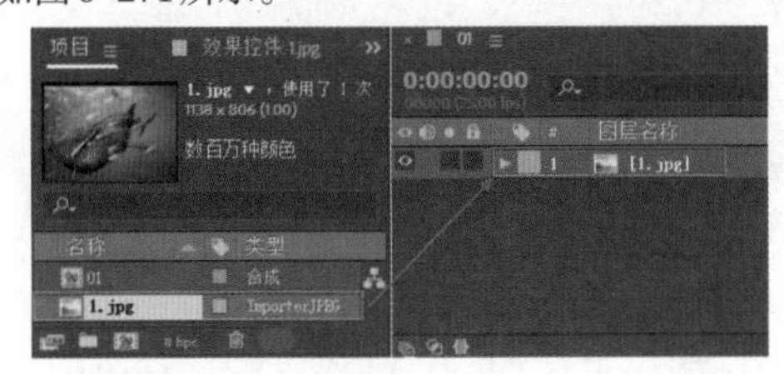

图 6-271

步骤 04 在【时间轴】面板中单击打开1.jpg素材图层下方的【变换】，设置【位置】为(564.0,403.0)，如图6-272所示。此时画面效果如图6-273所示。

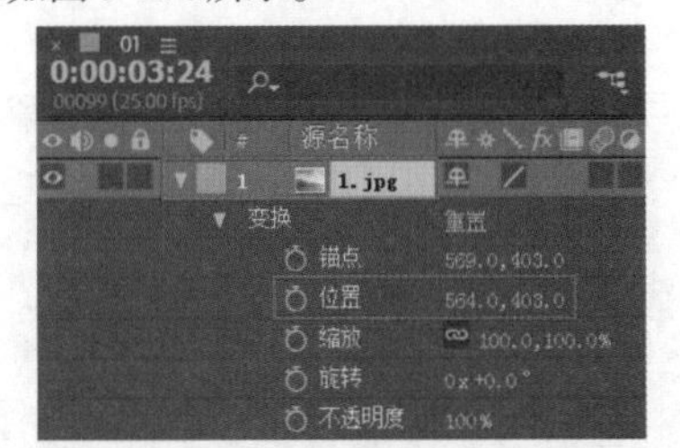

图 6-272

图 6-273

步骤 05 在【时间轴】面板中双击选中1.jpg素材图层，然后在工具栏中单击选择【橡皮擦工具】，并在【绘画】面板中设置合适的【画笔大小】及【不透明度】。设置完成后在画面中右侧边缘按住鼠标左键并拖曳，进行涂抹擦除，如图6-274所示。擦除完成后在【项目】面板中双击【合成01】，此时画面效果如图6-275所示。

图 6-274

图 6-275

Part 02 制作文本动画

步骤 01 在【时间轴】面板中的空白位置处单击鼠标右键执行【新建】/【文本】命令。

步骤 02 在【字符】面板中设置【字体系列】为Segoe UI Symbol，【字体样式】为Regular，【填充颜色】为白色，【描边

颜色】为无颜色,【字体大小】为104,并单击选择【字符】面板左下方的【仿粗体】,设置完成后输入文本“DEEP IN THE SEA”,如图6-276所示。

图 6-276

步骤 03 在画面中选中文本IN,然后在【字符】面板中更改【填充颜色】为黄色,如图6-277所示。

图 6-277

步骤 04 在【时间轴】面板中将时间线拖曳至起始位置,然后单击打开DEEP IN THE SEA文本图层下方的【变换】,设置【位置】为(1456.0,-16.0)。再将时间线拖曳至1秒位置处,设置【位置】为(1456.0,311.0),如图6-278所示。

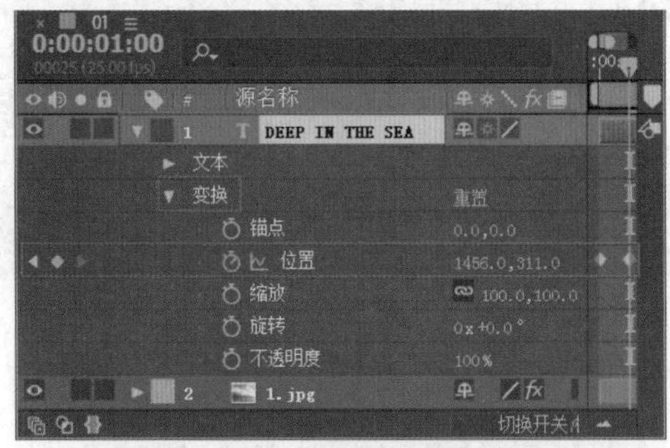

图 6-278

步骤 05 拖曳时间线查看此时画面效果,如图6-279所示。

图 6-279

步骤 06 在【时间轴】面板中的空白位置处单击鼠标右键执行【新建】/【文本】命令,并在【字符】面板中设置【字体系列】为Microsoft Yi Baiti,【字体样式】为Regular,【填充颜色】为白色,【描边颜色】为无颜色,【字体大小】为90,【水平缩放】为50%,然后单击选择【字符】面板左下方的【仿粗体】,设置完成后输入文本“ELEGNAT AND PRETTY”,如图6-280所示。

图 6-280

步骤 07 在【时间轴】面板中单击打开ELEGNAT AND PRETTY文本图层,单击该图层【文本】的【动画:▶】,选择【启用逐字3D化】,如图6-281所示。再次单击【文本】的【动画:▶】,选择【锚点】,如图6-282所示。

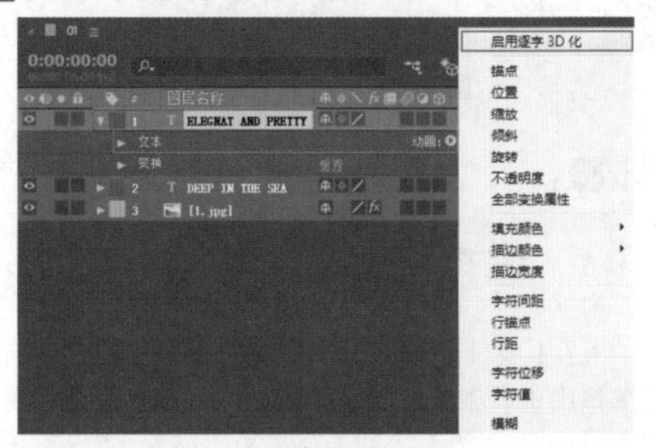

图 6-281

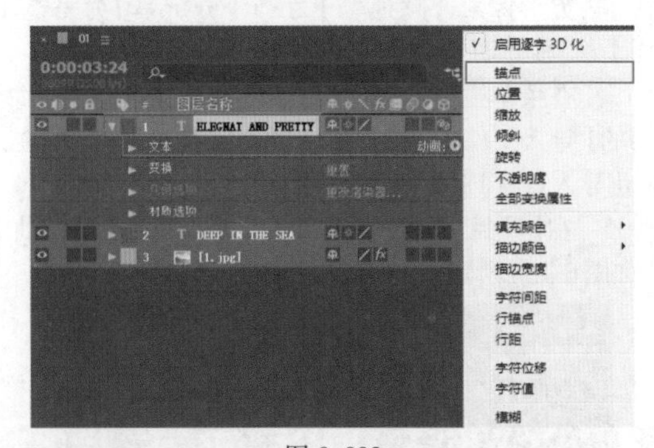

图 6-282

步骤 08 打开ELEGNAT AND PRETTY文本图层下方的【文本】/【动画制作工具1】,设置【锚点】为(-80.0,0.0,0.0),如图6-283所示。

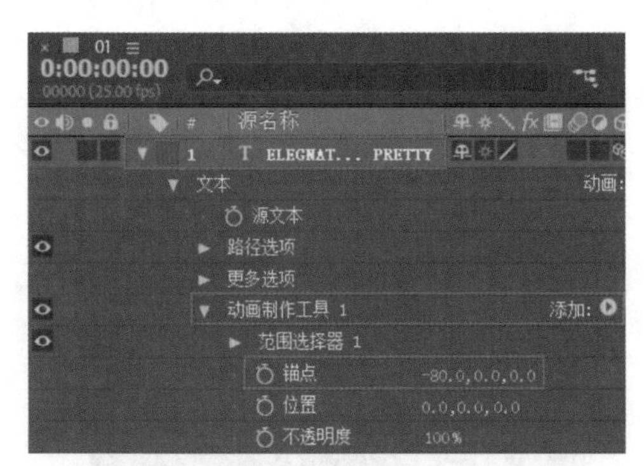

图 6-283

步骤 09 单击该图层【文本】的【动画：】，依次选择【位置】和【不透明度】，并设置其【位置】为(0.0,0.0,-300.0)，【不透明度】为0%，如图6-284所示。

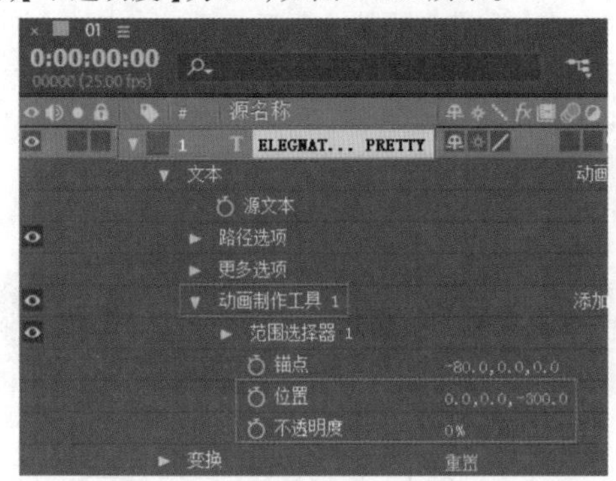

图 6-284

步骤 10 单击打开ELEGNAT AND PRETTY文本图层下方的【文本】/【动画制作工具1】/【范围选择器1】，设置【结束】为33%。将时间线拖曳至2秒03帧位置处，并单击【偏移】前的【时间变化秒表】按钮，设置【偏移】为-25%。将时间线拖曳至3秒15帧位置处，设置【偏移】为100%，如图6-285所示。

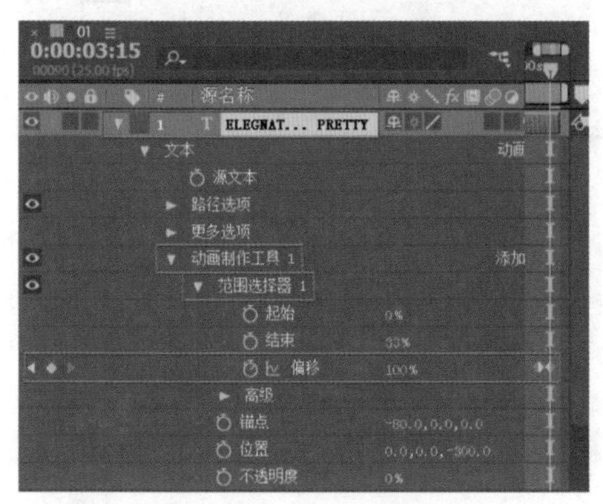

图 6-285

步骤 11 单击打开【高级】，设置【依据】为行，【形状】为上斜坡。单击打开【变换】，设置【位置】为(1263.0,411.0，0.0)，如图6-286所示。拖曳时间线查看此时画面效果如图6-287所示。

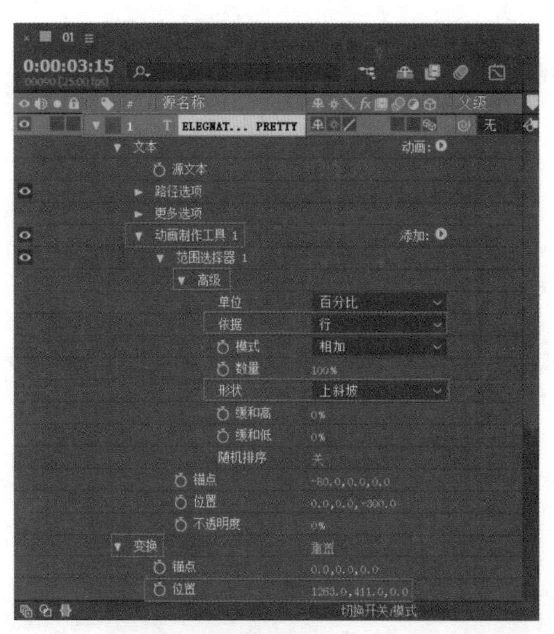

图 6-286

图 6-287

步骤 12 编辑文本“THE.SOURCE.OF.BEAUTY”，并在【字符】面板中设置【字体系列】为Microsoft Yi Baiti，【字体样式】为Regular，【填充颜色】为白色，【描边颜色】为无颜色，【字体大小】为55，然后单击选择【字符】面板左下方的【仿粗体】，如图6-288所示。

图 6-288

步骤 13 在【时间轴】面板中将时间线拖曳至1秒位置处，然后单击打开THE.SOURCE.OF.BEAUTY文本图层下方的【变换】，并单击【位置】前的【时间变化秒表】按钮，设置【位置】为(1326.0,864.0)。再将时间线拖曳至2秒位置处，设置【位置】为(1326.0,489.0)，如图6-289所示。

图 6-289

步骤 14 拖曳时间线查看此时画面效果，如图6-290所示。

图 6-290

步骤 15 使用同样的方法编辑文本"JUNE 2026"，并在【字符】面板中设置合适的参数，然后在【时间轴】面板中设置【位置】为(1728.0,678.0)。将时间线拖曳至3秒15帧位置处，并单击【不透明度】前的【时间变化秒表】按钮，设置【不透明度】为0%。将时间线拖曳至4秒10帧位置处，设置【不透明度】为100%，如图6-291所示。

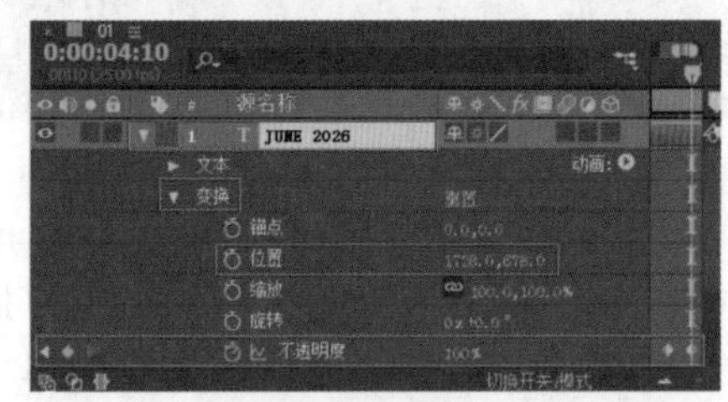

图 6-291

步骤 16 拖曳时间线查看此时画面效果，如图6-292所示。

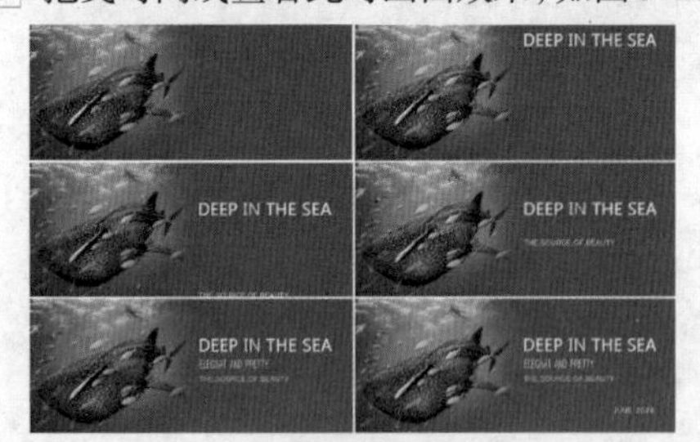

图 6-292

Part 03 制作泡泡动画

步骤 01 在【时间轴】面板中的空白位置处单击鼠标右键执行【新建】/【纯色】命令。

步骤 02 在弹出的【纯色设置】对话框中设置【宽度】为2000,【高度】为806,【颜色】为黑色，单击【确定】按钮，如图6-293所示。

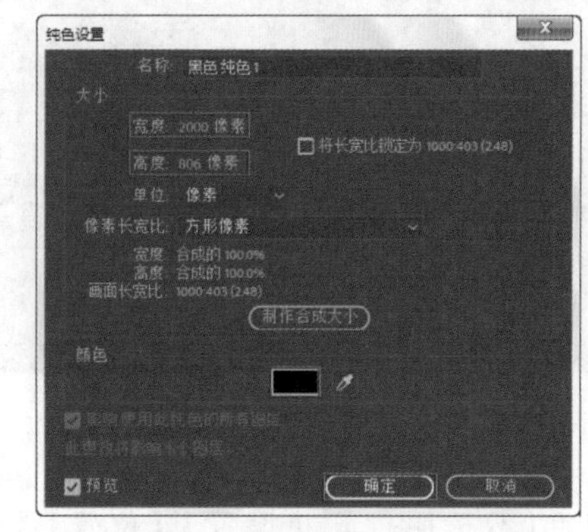

图 6-293

步骤 03 在【效果和预设】面板中搜索【泡沫】效果，并将其拖曳到【时间轴】面板中的【黑色 纯色 1】图层上，如图6-294所示。

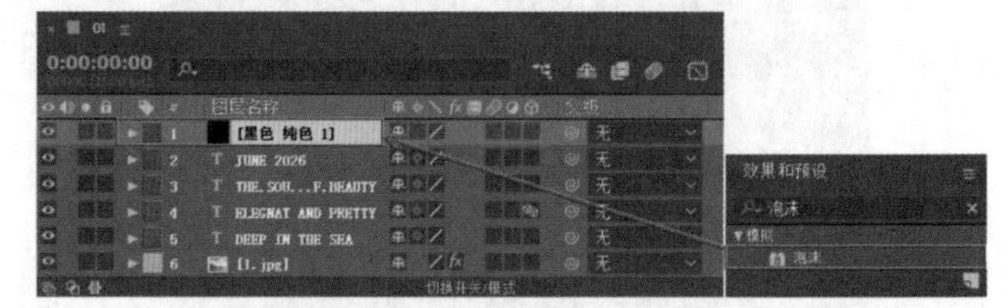

图 6-294

步骤 04 在【时间轴】面板中打开【黑色 纯色 1】图层下方的【效果】，设置【泡沫】的【视图】为已渲染，设置【气泡】的【大小】为0.300,【寿命】为170.000,【气泡增长速度】为0.050，然后设置【缩放】为1.200。单击打开【正在渲染】的【气泡纹理】为小雨，如图6-295所示。

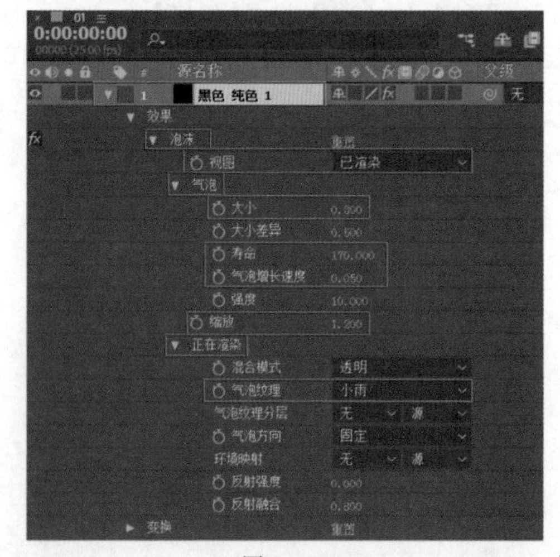

图 6-295

步骤 05 打开该图层下方的【变换】，设置【位置】为(1604.0,391.0),【缩放】为(160.8,160.8%)，如图6-296所示。

步骤 06 拖曳时间线查看案例最终效果，如图6-297所示。

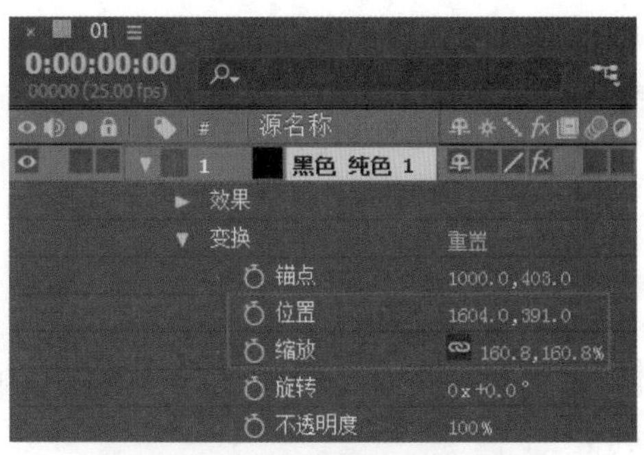

图 6-296

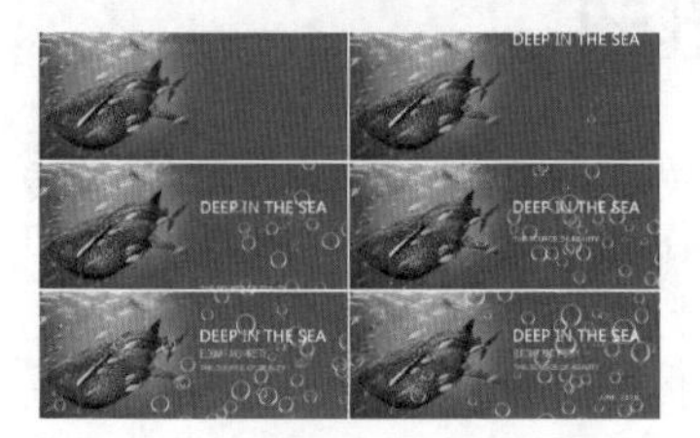

图 6-297

6.7.16 波形环境

【波形环境】可创建灰度置换图，以便用于其他效果，如焦散或色光。此效果可根据液体的物理学模拟创建波形。选中素材，在菜单栏中执行【效果】/【模拟】/【波形环境】命令，此时参数设置如图6-298所示。为素材添加该效果的前后对比如图6-299所示。

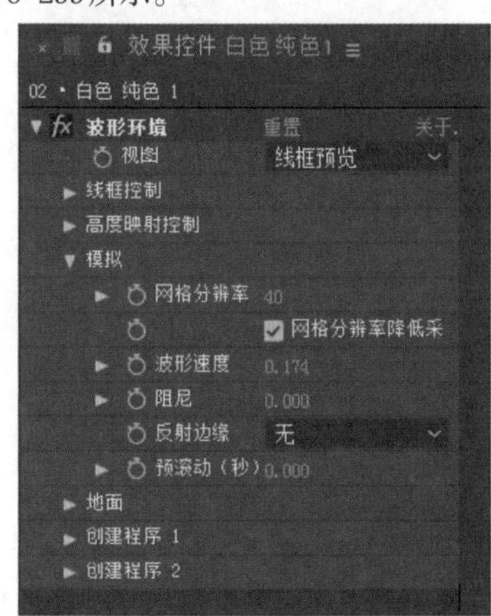

图 6-298

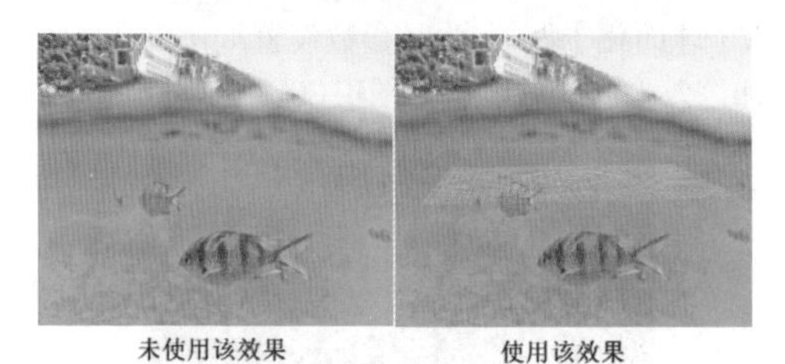

图 6-299

- 视图：设置效果显示方式。
- 线框控制：设置线框视图。
- 高度映射控制：设置灰度位移。
- 模拟：设置波形环境效果的模拟属性。
- 地面：设置波形环境效果的地面属性，控制地面外观。
- 创建程序1：设置波形发生器1。
- 创建程序2：设置波形发生器2。

6.7.17 碎片

【碎片】可以模拟出爆炸粉碎飞散的效果。选中素材，在菜单栏中执行【效果】/【模拟】/【碎片】命令，此时参数设置如图6-300所示。为素材添加该效果的前后对比如图6-301所示。

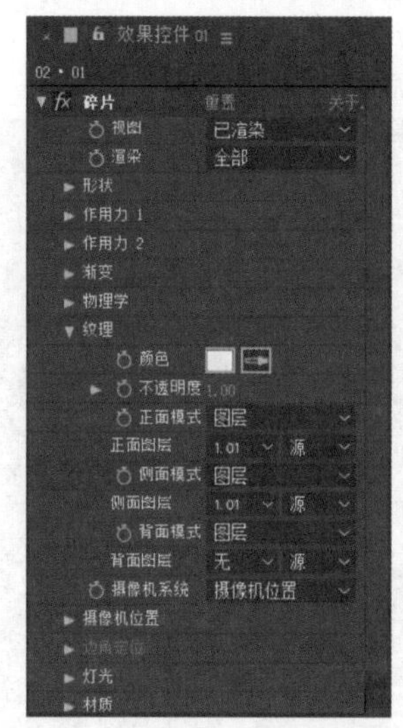

图 6-300

图 6-301

- 视图：设置效果显示方式。
- 渲染：设置渲染的类型为全部、图层或块。
- 形状：设置碎片形状。图6-302所示为设置【形状】为六边形和js的对比效果。

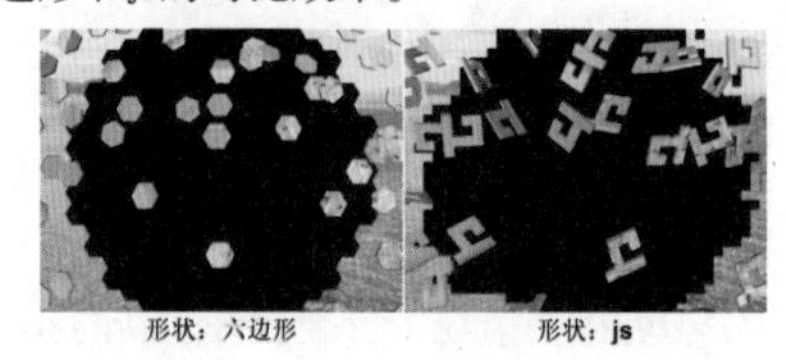

图 6-302

- 作用力1：设置力量爆炸区1。
- 作用力2：设置力量爆炸区2。
- 渐变：设置碎片呈现破碎效果的持续时间。
- 物理学：设置爆炸属性。
- 纹理：设置碎片颜色、纹理等外观特点。
- 摄像机系统：设置的摄像机的系统属性。
- 摄像机位置：设置摄像机位置。
- 边角定位：定位边角位置，设置倾斜状态。
- 灯光：设置效果灯光。
- 材质：设置材质属性。

6.7.18 粒子运动场

【粒子运动场】效果可以为大量相似的对象设置动画，例如一团萤火虫。选中素材，在菜单栏中执行【效果】/【模拟】/【粒子运动场】命令，此时参数设置如图6-303所示。为素材添加该效果的前后对比如图6-304所示。

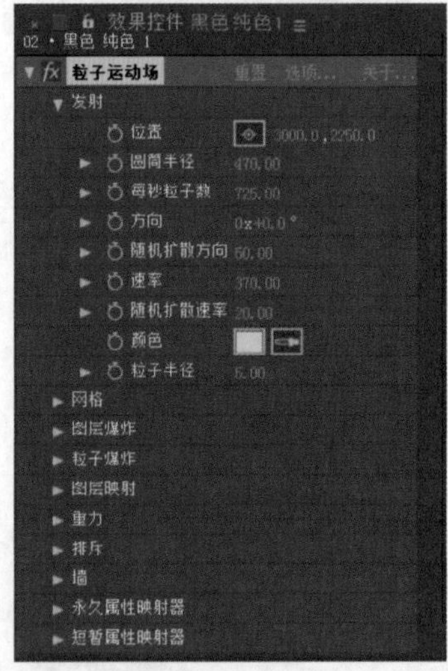

图 6-303

图 6-304

- 发射：设置发射属性。
- 网格：设置网格粒子发生器。
- 图层爆炸：可将需要使用该效果的图层分裂为粒子，模拟爆炸效果。
- 粒子爆炸：可将一个粒子分裂成许多新的粒子。
- 图层映射：可通过图层映射选择任意层来作为粒子的贴图替换圆点。此外，该素材图层可以是图像，也可以是视频。
- 重力：设置粒子运动状态。
- 排斥：控制粒子相互排斥或吸引。
- 墙：设置区域内的颗粒是否可以移动。
- 永久属性映射器：设置粒子的属性。
- 短暂属性映射器：在每一帧后恢复粒子属性为原始值。其参数设置方式与永久属性映射器设置方式相同。

6.8 扭曲

【扭曲】效果组可以对图像进行扭曲、旋转等变形操作，以达到特殊的视觉效果。其中包含【球面化】【贝塞尔曲线变形】【漩涡条纹】【改变形状】【放大】【镜像】【CC Bend It】【CC Bender】【CC Blobbylize】【CC Flo Motion】【CC Griddler】【CC Lens】【CC Page Turn】【CC Power Pin】【CC Ripple Pulse】【CC Slant】【CC Smear】【CC Split】【CC Split 2】【CC Tiler】【光学补偿】【湍流置换】【置换图】【偏移】【网格变形】【保留细节放大】【凸出】【变形】【变换】【变形稳定器】【旋转扭曲】【极坐标】【果冻效应修复】【波形变形】【波纹】【液化】【边角定位】等效果，如图6-305所示。

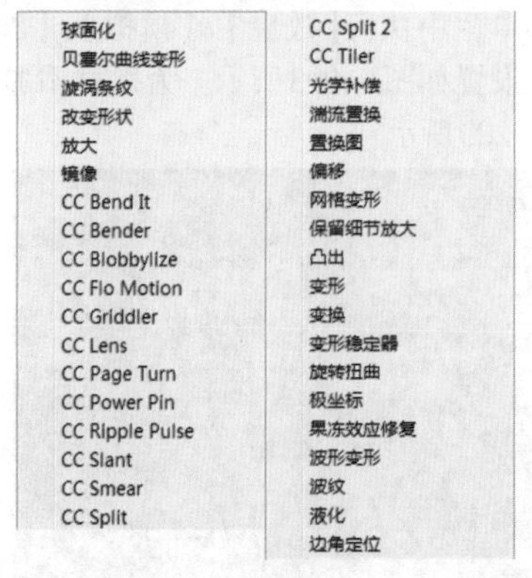

图 6-305

6.8.1 球面化

【球面化】效果可以通过伸展到指定半径的半球面来围绕一点来扭曲图像。选中素材，在菜单栏中执行【效果】/【扭曲】/【球面化】命令，此时参数设置如图6-306所示。为素材添加该效果的前后对比如图6-307所示。

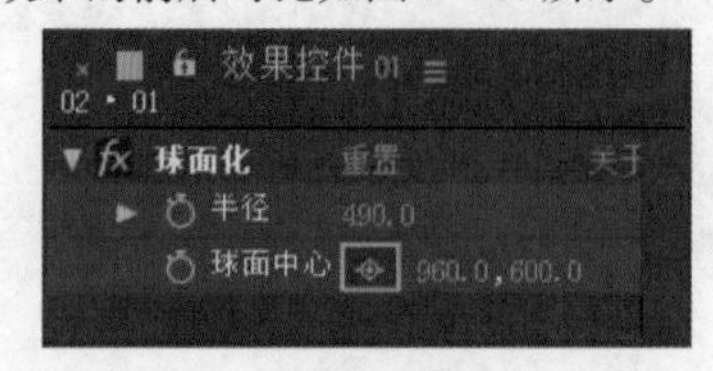

图 6-306

图 6-307

- 半径：设置球面半径。
- 球面中心：设置球面中心点。

6.8.2 贝塞尔曲线变形

【贝塞尔曲线变形】效果可以通过调整曲线控制点调整图像形状。选中素材，在菜单栏中执行【效果】/【扭曲】/【贝塞尔曲线变形】命令，此时参数设置如图6-308所示。为素材添加该效果的前后对比如图6-309所示。

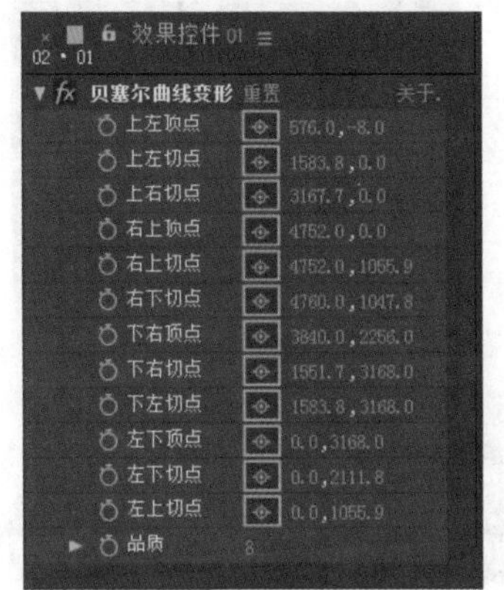

图 6-308

图 6-309

- 上左顶点：设置图像上方左侧顶点位置。
- 上左切点：设置图像上方左侧切点位置。
- 上右切点：设置图像上方右侧切点位置，以直线的形式呈现。
- 右上顶点：设置图像上方右侧顶点位置。
- 右上切点：设置图像上方右侧切点位置，以弧线的形式呈现。
- 右下切点：设置图像下方右侧切点位置，以弧线的形式呈现。
- 下右顶点：设置图像下方右侧顶点位置。
- 下右切点：设置图像下方右侧切点位置，以直线的形式呈现。
- 下左切点：设置图像下方左侧切点位置，以直线的形式呈现。
- 左下顶点：设置图像下方左侧顶点位置。
- 左下切点：设置图像下方左侧切点位置，以弧线的形式呈现。
- 左上切点：设置图像上方左侧切点位置。
- 品质：设置曲线精细程度。

6.8.3 漩涡条纹

【漩涡条纹】效果可以使用曲线扭曲图像。选中素材，在菜单栏中执行【效果】/【扭曲】/【漩涡条纹】命令，此时参数设置如图6-310所示。

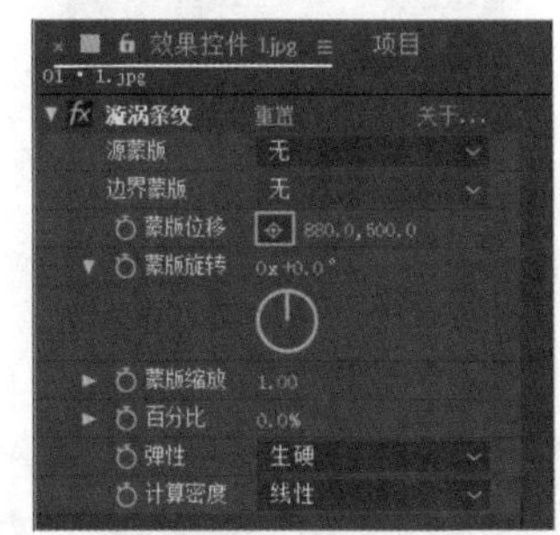

图 6-310

- 源蒙版：设置来源遮罩。
- 边界蒙版：设置边界遮罩。
- 蒙版位移：设置遮罩偏移位置。
- 蒙版旋转：设置遮罩旋转角度。
- 蒙版缩放：设置遮罩缩放大小。
- 百分比：设置变化程度百分比。
- 弹性：设置漩涡弹性。
- 计算密度：设置差值方向为分离、线性或平滑。

6.8.4 改变形状

【改变形状】效果可以改变图像中某一部分的形状。选中素材，在菜单栏中执行【效果】/【扭曲】/【改变形状】命令，此时参数设置如图6-311所示。

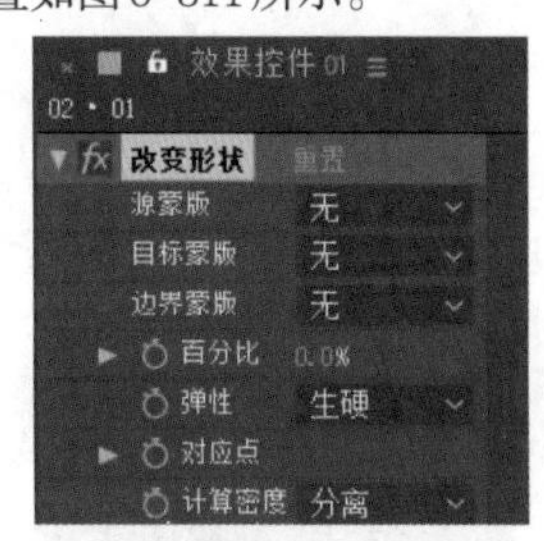

图 6-311

- 源蒙版：设置来源遮罩。
- 目标蒙版：设置目标遮罩。

- 边界蒙版：设置边界遮罩。
- 百分比：设置变化程度百分比。
- 弹性：设置效果弹性。
- 计算密度：设置差值方向为分离、线性或平滑。

6.8.5 放大

【放大】效果可以放大素材的全部或部分。选中素材，在菜单栏中执行【效果】/【扭曲】/【放大】命令，此时参数设置如图6-312所示。为素材添加该效果的前后对比如图6-313所示。

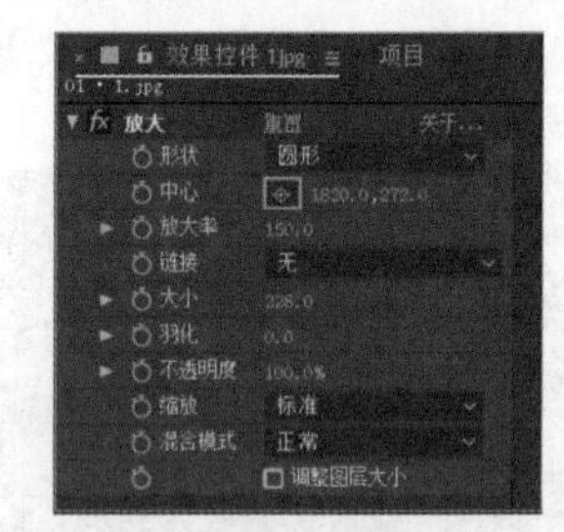

图 6-312

未使用该效果　　使用该效果

图 6-313

- 形状：设置放大形状。
- 中心：设置放大位置的中心点。
- 放大率：设置放大比例。
- 链接：设置链接方式。
- 大小：设置放大部分的面积。
- 羽化：设置放大区域边缘的柔和程度。
- 不透明度：设置放大区域边缘的透明程度。
- 缩放：设置缩放方式。
- 混合模式：设置效果的混合模式。
- 调整图层大小：勾选此选项可调整图层大小。

6.8.6 镜像

【镜像】可以沿线反射图像效果。选中素材，在菜单栏中执行【效果】/【扭曲】/【镜像】命令，此时参数设置如图6-314所示。为素材添加该效果的前后对比如图6-315所示。

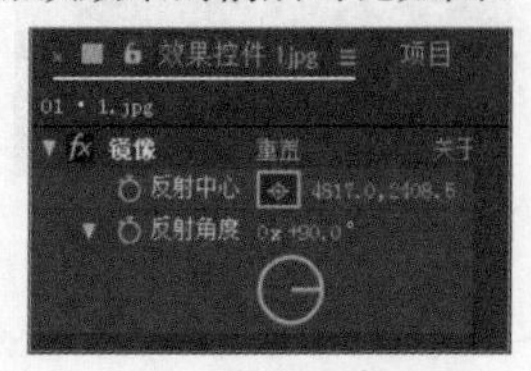

图 6-314

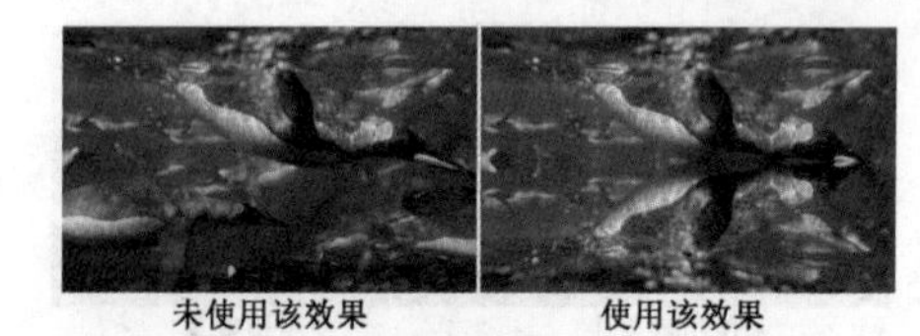

未使用该效果　　使用该效果

图 6-315

- 反射中心：设置反射图像的中心点位置。
- 反射角度：设置镜像反射的角度。

6.8.7 CC Bend It

【CC Bend It(CC弯曲)】效果可以弯曲、扭曲图像的一个区域。选中素材，在菜单栏中执行【效果】/【扭曲】/【CC Bend It】命令，此时参数设置如图6-316所示。为素材添加该效果的前后对比如图6-317所示。

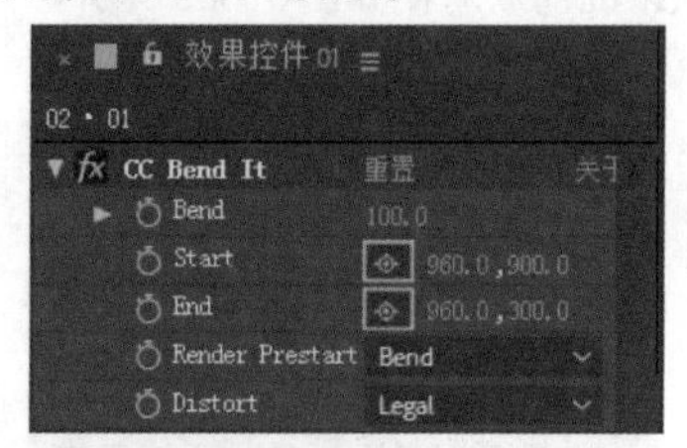

图 6-316

未使用该效果　　使用该效果

图 6-317

- Bend（弯曲）：设置图像弯曲程度。
- Start（开始）：设置坐标开始的位置。
- End（结束）：设置坐标结束的位置。
- Render Prestart（渲染前）：设置图像起始点的状态。
- Distort（扭曲）：设置图像结束点的状态。

6.8.8 CC Bender

【CC Bender(CC卷曲)】效果可以使图像产生卷曲的视觉效果。选中素材，在菜单栏中执行【效果】/【扭曲】/【CC Bender】命令，此时参数设置如图6-318所示。为素材添加该效果的前后对比如图6-319所示。

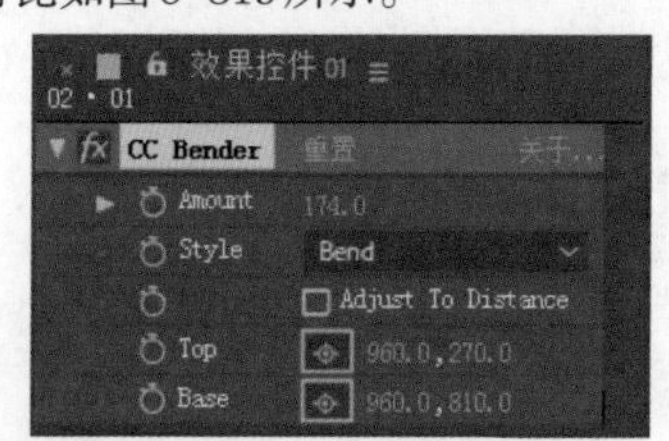

图 6-318

未使用该效果　　使用该效果

图 6-319

- Amount（数量）：设置图像扭曲程度。
- Style（样式）：设置图像弯曲方式及弯曲的圆滑程度。
- Adjust To Distance（调整方向）：勾选该选项，可控制弯曲方向。
- Top（顶部）：设置顶部坐标的位置。
- Base（底部）：设置底部坐标的位置。

6.8.9 CC Blobbylize

【CC Blobbylize(CC融化溅落点)】效果可以使调节图像模拟融化溅落点效果。选中素材，在菜单栏中执行【效果】/【扭曲】/【CC Blobbylize】命令，此时参数设置如图6-320所示。为素材添加该效果的前后对比如图6-321所示。

图 6-320

未使用该效果　　使用该效果

图 6-321

- Blobbiness（滴状斑点）：设置图像的扭曲程度与样式。
- Light（光）：设置光的强度及整个图像的色调。
- Shading（遮光）：设置图像的明暗程度。

6.8.10 CC Flo Motion

【CC Flo Motion(CC两点收缩变形)】效果可以以图像任意两点为中心收缩周围像素。选中素材，在菜单栏中执行【效果】/【扭曲】/【CC Flo Motion】命令，此时参数设置如图6-322所示。为素材添加该效果的前后对比如图6-323所示。

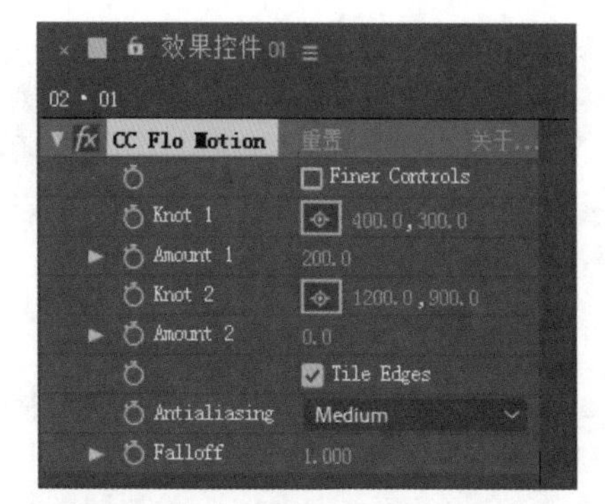

图 6-322

未使用该效果　　使用该效果

图 6-323

- Knot 1（控制点1）：设置控制点1的位置。
- Amount 1（数量1）：设置控制点1位置图像拉伸的重复度。
- Knot 2（控制点2）：设置控制点2的位置。
- Amount 2（数量2）：设置控制点2位置图像拉伸的重复度。
- Tile Edges（边缘拼贴）：不勾选此选项，可将图像按照一定的边缘进行剪切。
- Antialiasing（抗锯齿）：设置拉伸的抗锯齿程度。
- Falloff（衰减）：设置图像拉伸的重复度。

6.8.11 CC Griddler

【CC Griddler(CC网格变形)】效果可以使画面模拟出错位的网格效果。选中素材，在菜单栏中执行【效果】/【扭曲】/【CC Griddler】命令，此时参数设置如图6-324所示。为素材添加该效果的前后对比如图6-325所示。

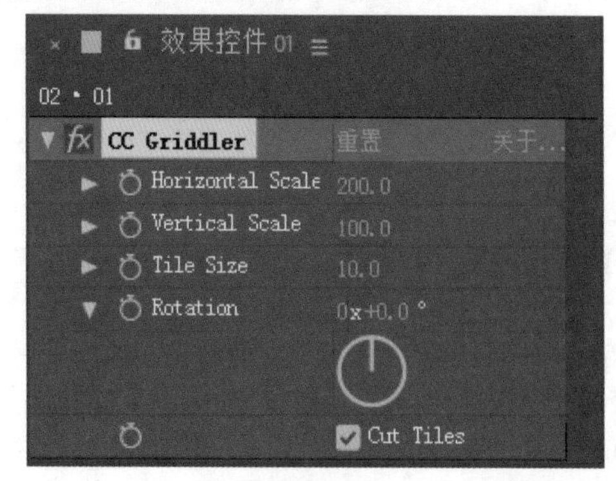

图 6-324

未使用该效果　　使用该效果

图 6-325

- Horizontal Scale（横向缩放）：设置网格横向的缩放程度。
- Vertical Scale（纵向缩放）：设置网格纵向的缩放程度。
- Tile Size（拼贴大小）：设置拼贴方格的大小。
- Rotation（旋转）：设置网格的旋转程度。
- Cut Tiles（拼贴剪切）：勾选此选项，网格边缘即可模拟出凸起的效果。

6.8.12 CC Lens

【CC Lens(CC镜头)】效果可以变形图像来模拟镜头扭曲的效果。选中素材，在菜单栏中执行【效果】/【扭曲】/【CC Lens】命令，此时参数设置如图6-326所示。为素材添加该效果的前后对比如图6-327所示。

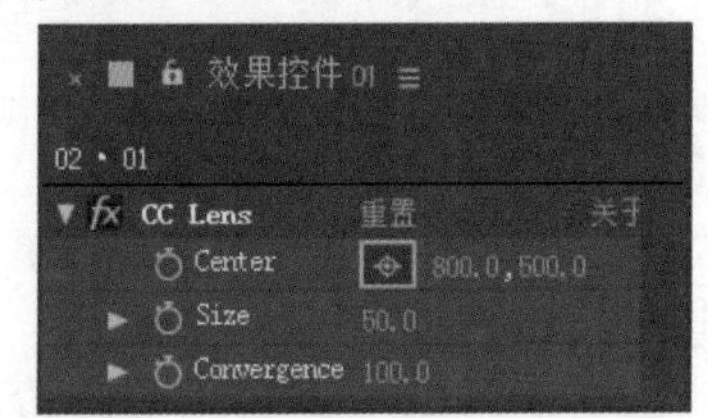

图 6-326

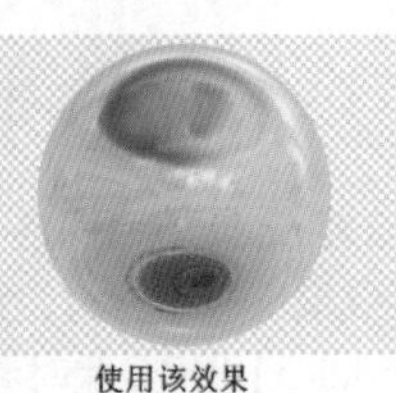

未使用该效果　　使用该效果

图 6-327

- Center（中心）：设置效果中心点位置。
- Size（大小）：设置变形图像的大小。
- Convergence（会聚）：可使图像产生向中心会聚的效果。

6.8.13 CC Page Turn

【CC Page Turn(CC卷页)】效果可以使图像产生书页卷起的效果。选中素材，在菜单栏中执行【效果】/【扭曲】/【CC Page Turn】命令，此时参数设置如图6-328所示。为素材添加该效果的前后对比如图6-329所示。

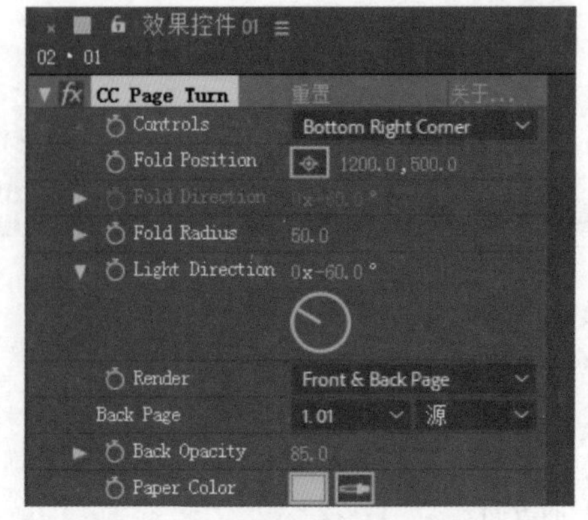

图 6-328

未使用该效果　　使用该效果

图 6-329

- Controls（控制）：设置卷页的边角方向。
- Fold Position（折叠位置）：设置卷页位置。
- Fold Direction（折叠方向）：设置卷页方向。
- Fold Radius（折叠半径）：设置卷页时的半径大小。
- Light Direction（光方向）：设置折叠时产生的光的方向。
- Render（渲染）：设置渲染位置为Front & Back Page（前&背页）、Back Page（背页）或Front Page（前页）。
- Back Page（背页）：设置背页图层。
- Back Opacity（背页不透明度）：设置背页的不透明度。
- Paper Color（纸张颜色）：设置纸张的颜色。

6.8.14 CC Power Pin

【CC Power Pin(CC四角缩放)】可以通过对边角位置的调整对图像进行拉伸、倾斜等变形操作，多用来模拟透视效果。选中素材，在菜单栏中执行【效果】/【扭曲】/【CC Power Pin】命令，此时参数设置如图6-330所示。为素材添加该效果的前后对比如图6-331所示。

图 6-330

未使用该效果　　　　　　　　使用该效果

图 6-331

- Top Left（左上角）：设置左上角控制点的位置。
- Top Right(右上角)：设置右上角控制点的位置。
- Bottom Left（左下角）：设置左下角控制点的位置。
- Bottom Right（右下角）：设置右下角控制点的位置。
- Perspective（透视）：设置图像的透视程度。
- Expansion（扩充）：设置变形后图像边缘的扩充程度。

6.8.15　CC Ripple Pulse

【CC Ripple Pulse(CC波纹脉冲)】可以模拟波纹扩散的变形效果。选中素材，在菜单栏中执行【效果】/【扭曲】/【CC Ripple Pulse】命令，此时参数设置如图6-332所示。

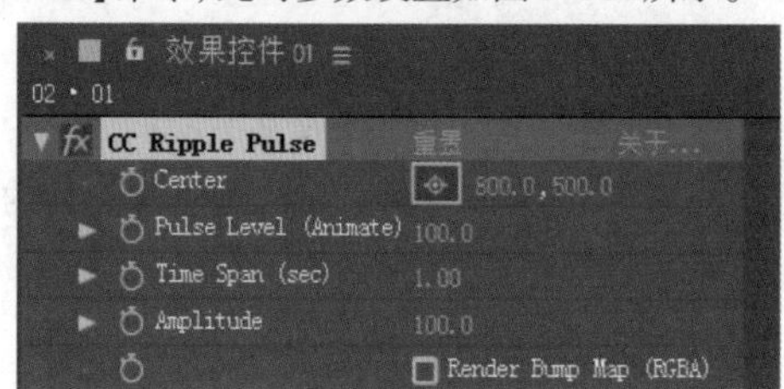

图 6-332

- Center（波纹脉冲中心）：设置变形的中心点位置。
- Pulse Level（脉冲等级）：设置波纹脉冲的扩展程度。
- Time Span（时间长度）：设置波纹脉冲的时间长度。
- Amplitude（振幅）：设置波纹脉冲的振动幅度。

6.8.16　CC Slant

【CC Slant(CC倾斜)】效果可以使图像产生平行倾斜的视觉效果。选中素材，在菜单栏中执行【效果】/【扭曲】/【CC Slant】命令，此时参数设置如图6-333所示。为素材添加该效果的前后对比如图6-334所示。

图 6-333

未使用该效果　　　　　　　　使用该效果

图 6-334

- Slant（倾斜）：设置图像倾斜程度。
- Stretching（拉伸）：勾选该选项，可将倾斜后的图像进行横向拉伸。
- Height（高度）：设置倾斜后图像的高度。
- Floor（地面）：设置倾斜后图像与视图底部的距离。
- Set Color（设置颜色）：勾选该选项，可为图像设置填充颜色。
- Color（颜色）：勾选Set Color选项后，即可设置颜色。

6.8.17　CC Smear

【CC Smear(CC涂抹)】效果可以通过调整控制点对画面某一部分进行变形处理。选中素材，在菜单栏中执行【效果】/【扭曲】/【CC Smear】命令，此时参数设置如图6-335所示。为素材添加该效果的前后对比如图6-336所示。

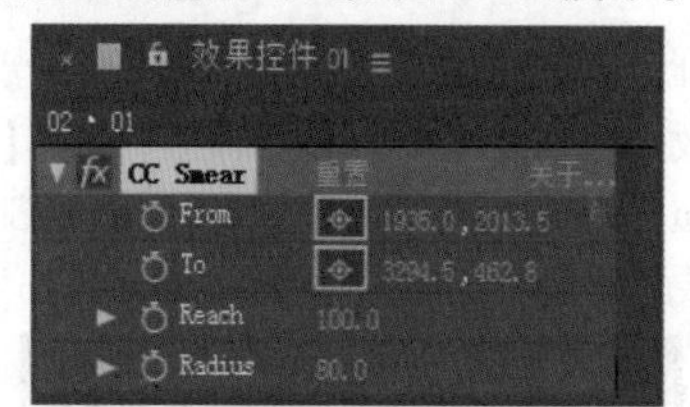

图 6-355

未使用该效果　　　　　　使用该效果

图 6-336

- From（自）：设置涂抹开始点的位置。
- To（从）：设置涂抹结束点的位置。
- Reach（范围）：设置涂抹范围。
- Radius（半径）：设置涂抹半径的大小。

6.8.18　CC Split

【CC Split(CC分裂)】可以使图像产生分裂的效果。选中素材，在菜单栏中执行【效果】/【扭曲】/【CC Split】命令，此时参数设置如图6-337所示。为素材添加该效果的前后对比如图6-338所示。

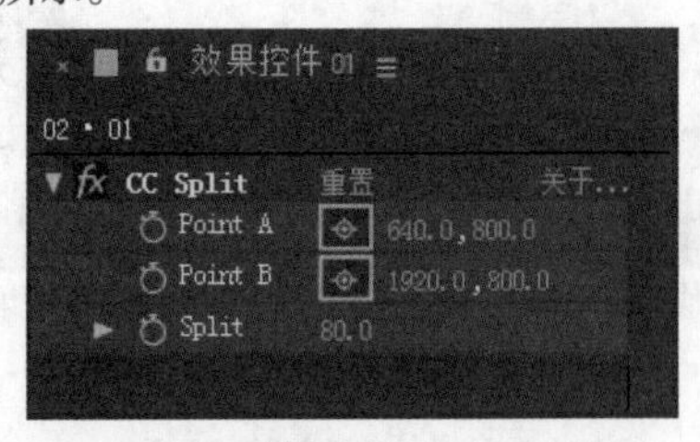

图6-337

未使用该效果　　使用该效果

图6-338

- Point A(点A)：设置分裂点A的位置。
- Point B (点B)：设置分裂点B的位置。
- Split (分裂)：设置分裂程度。

6.8.19 CC Split 2

【CC Split 2(CC分裂2)】可以使图像在两个点之间产生不对称的分裂效果。选中素材，在菜单栏中执行【效果】/【扭曲】/【CC Split 2】命令，此时参数设置如图6-339所示。为素材添加该效果的前后对比如图6-340所示。

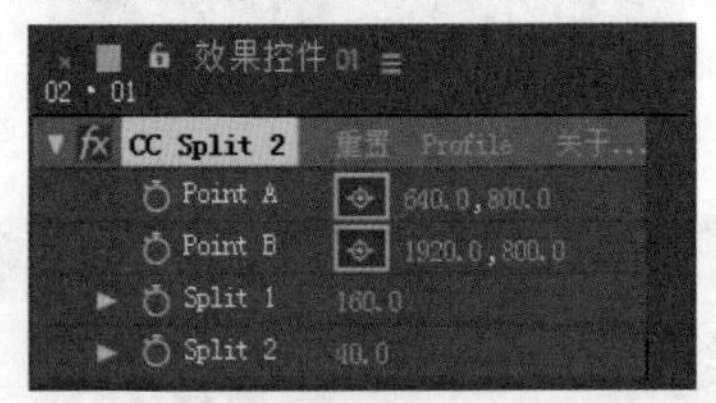

图6-339

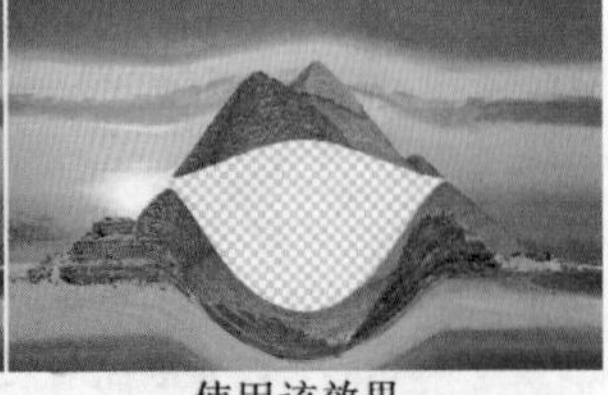

未使用该效果　　使用该效果

图6-340

- Point A (点A)：设置分裂点A的位置。
- Point B (点B)：设置分裂点B的位置。
- Split 1 (分裂1)：设置分裂1的程度。
- Split 2 (分裂2)：设置分裂2的程度。

6.8.20 CC Tiler

【CC Tiler(CC平铺)】可以使图像产生重复画面的效果。选中素材，在菜单栏中执行【效果】/【扭曲】/【CC Tiler】命令，此时参数设置如图6-341所示。为素材添加该效果的前后对比如图6-342所示。

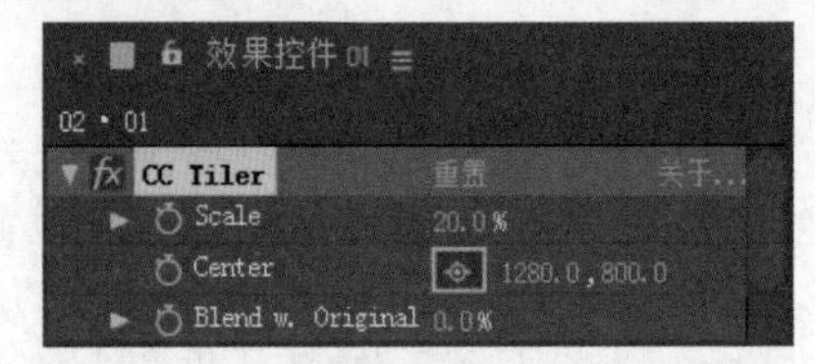

图6-341

未使用该效果　　使用该效果

图6-342

- Scale (缩放)：设置拼贴图像量。
- Center (平铺中心)：设置平铺的中心点位置。
- Blend w. Original (混合程度)：设置平铺后的图像与源图像之间的混合程度。

6.8.21 光学补偿

【光学补偿】效果可以引入或移除镜头扭曲。选中素材，在菜单栏中执行【效果】/【扭曲】/【光学补偿】命令，此时参数设置如图6-343所示。为素材添加该效果的前后对比如图6-344所示。

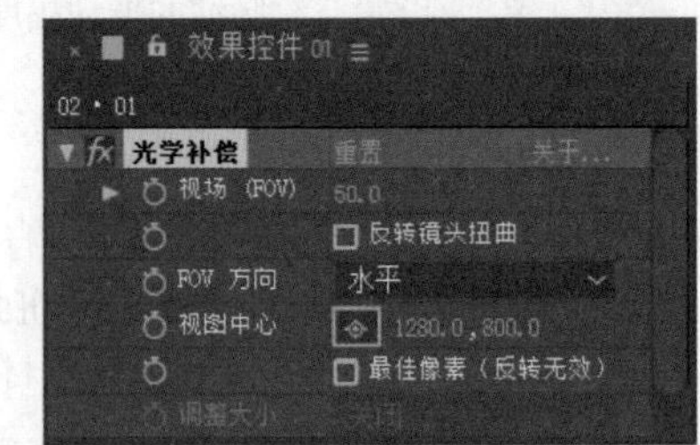

图6-343

未使用该效果　　使用该效果

图6-344

- 视场（FOV）：设置镜头视野范围。
- 反转镜头扭曲：勾选此选项可反转镜头的变形效果。
- FOV 方向：设置视野方向。
- 视图中心：设置镜头的观察中心点位置。
- 最佳像素（反转无效）：勾选此选项可对变形的像素进行优化设置。
- 调整大小：设置反转效果的大小。

6.8.22 湍流置换

【湍流置换】效果可以使用不规则杂色置换图层。选中素材，在菜单栏中执行【效果】/【扭曲】/【湍流置换】命令，此时参数设置如图6-345所示。为素材添加该效果的前后对比如图6-346所示。

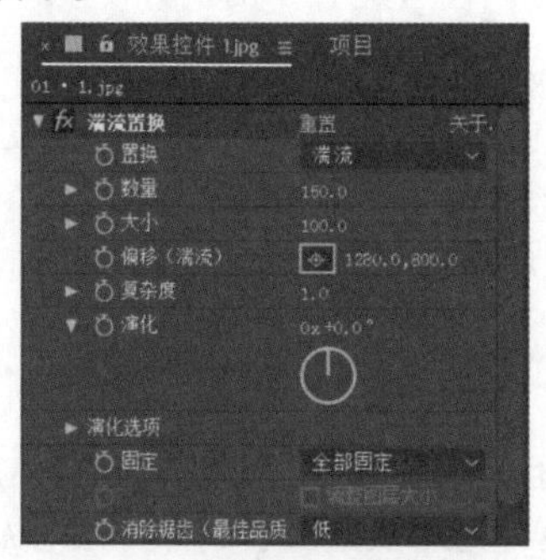

图6-345

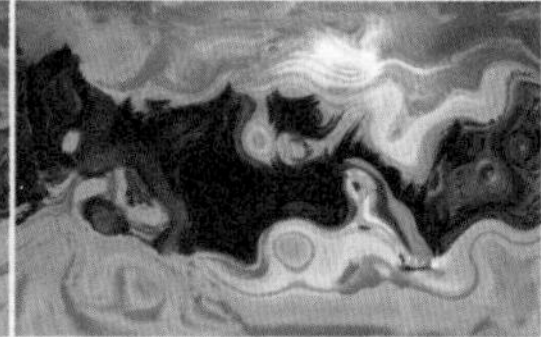

未使用该效果　　使用该效果

图6-346

- 置换：设置置换方式。
- 数量：设置位移程度。
- 大小：设置位移周期。
- 偏移（湍流）：设置偏移位置。
- 复杂度：设置位移的复杂程度。
- 演化：设置演变的角度。
- 演化选项：进一步设置演变属性。
- 固定：设置边界的固定，被固定的边界就不会发生偏移。
- 调整图层大小：勾选此选项可调整图层大小。
- 消除锯齿（最佳品质）：设置置换处理的质量。

6.8.23 置换图

【置换图】效果可以基于其他图层的像素值位移像素。选中素材，在菜单栏中执行【效果】/【扭曲】/【置换图】命令，此时参数设置如图6-347所示。为素材添加该效果的前后对比如图6-348所示。

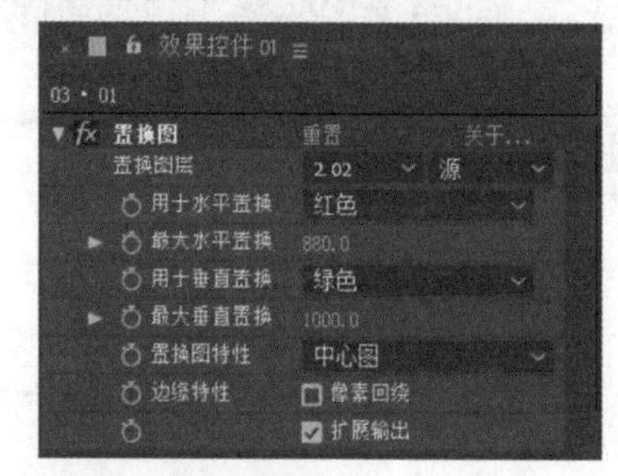

图6-347

未使用该效果　　使用该效果

图6-348

- 置换图层：设置合成中的图像层。
- 用于水平置换：设置映射层对本层水平方向起作用的通道。
- 最大水平置换：设置最大水平的变形程度。
- 用于垂直置换：设置映射层对本层垂直方向起作用的通道。
- 最大垂直置换：设置最大垂直的变形程度。
- 置换图特性：可设置置换方式为映射居中、伸缩自适应或置换平铺。
- 边缘特性：勾选此选项，可以选择包裹像素来变形像素。

6.8.24 偏移

【偏移】效果可以在图层内平移图像。选中素材，在菜单栏中执行【效果】/【扭曲】/【偏移】命令，此时参数设置如图6-349所示。为素材添加该效果的前后对比如图6-350所示。

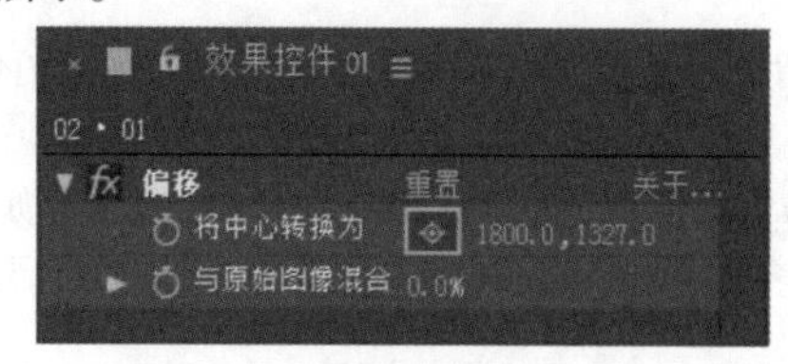

图6-349

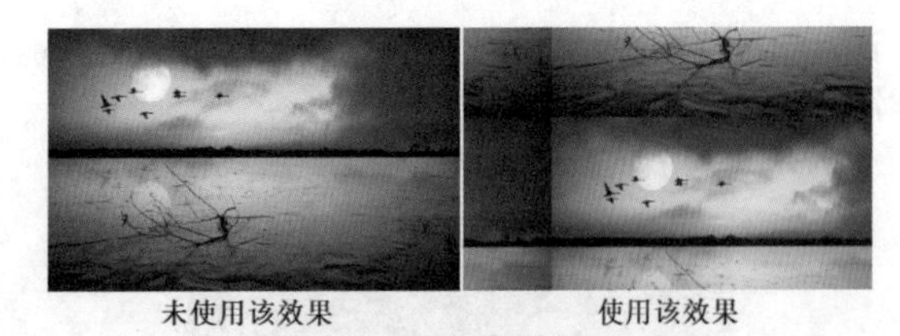

图 6-350

- 将中心转换为：设置原图像的偏移中心点位置。
- 与原始图像混合：设置当前效果与原始图像的混合程度。

6.8.25 网格变形

【网格变形】效果可以在图像中添加网格，通过控制网格交叉点来对图像进行变形处理。选中素材，在菜单栏中执行【效果】/【扭曲】/【网格变形】命令，此时参数设置如图6-351所示。为素材添加该效果的前后对比如图6-352所示。

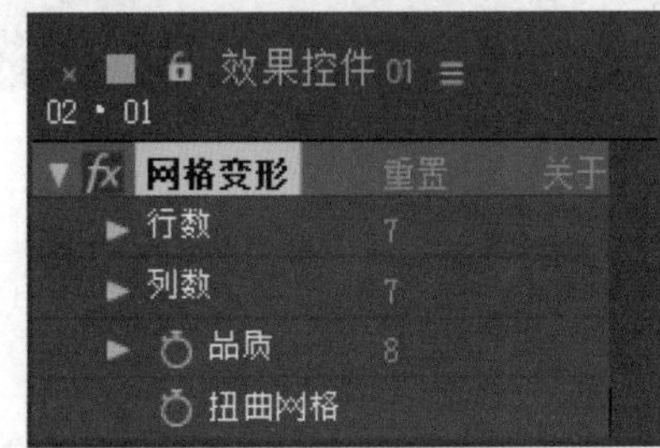

图 6-351

图 6-352

- 行数：设置网格行数。
- 列数：设置网格列数。
- 品质：设置效果品质。
- 扭曲网格：设置网格分辨率，在行列数发生变化时显示。

6.8.26 保留细节放大

【保留细节放大】效果可以放大图层并保留图像边缘锐度，同时还可以进行降噪。选中素材，在菜单栏中执行【效果】/【扭曲】/【保留细节放大】命令，此时参数设置如图6-353所示。为素材添加该效果的前后对比如图6-354所示。

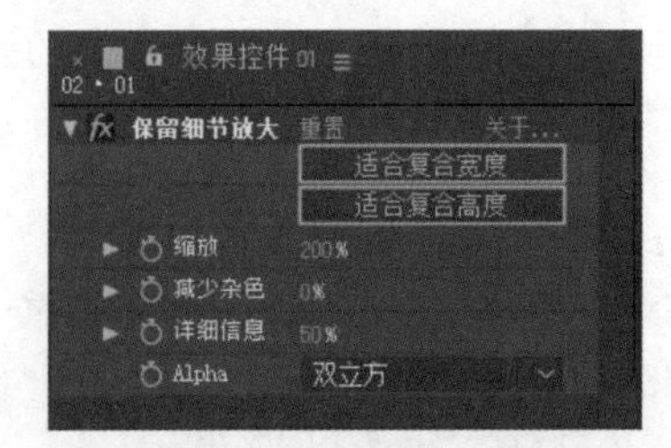

图 6-353

图 6-354

- 缩放：设置画面显示大小。
- 减少杂色：减少画面杂色，并进行降噪处理。
- 详细信息：设置效果的精细程度。
- Alpha：设置Alpha为保留细节或双立方。

6.8.27 凸出

【凸出】可以围绕一个点进行扭曲图像，模拟凸出效果。选中素材，在菜单栏中执行【效果】/【扭曲】/【凸出】命令，此时参数设置如图6-355所示。为素材添加该效果的前后对比如图6-356所示。

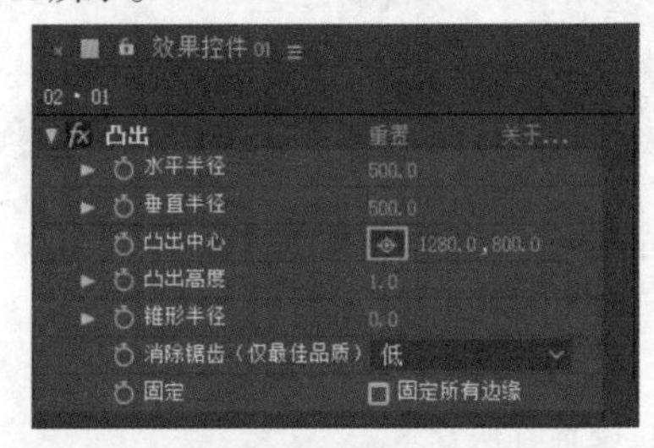

图 6-355

图 6-356

- 水平半径：设置效果的水平半径大小。
- 垂直半径：设置效果的垂直半径大小。
- 凸出中心：设置效果的中心定位点位置。
- 凸出高度：设置凸凹效果的程度。正值为凸，负值为凹。
- 锥形半径：设置凸凹边界的锐利程度。
- 消除锯齿（仅最佳品质）：设置锯齿质量。
- 固定：勾选此效果可固定所有边缘。

6.8.28 变形

【变形】效果可以对图像进行扭曲变形处理。选中素材，在菜单栏中执行【效果】/【扭曲】/【变形】命令，此时参数设置如图6-357所示。为素材添加该效果的前后对比如图6-358所示。

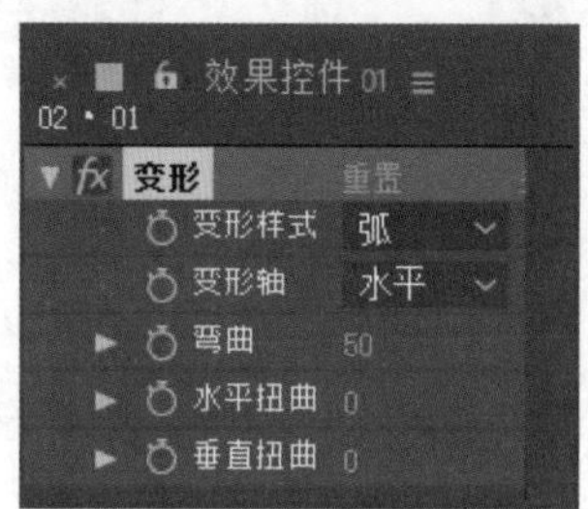

图6-357

图6-358

- 变形样式：设置变形风格。
- 变形轴：设置变形轴为水平或垂直。
- 弯曲：设置图像的弯曲程度。
- 水平扭曲：设置水平扭曲程度。
- 垂直扭曲：设置垂直扭曲程度。

6.8.29 变换

【变换】效果可将二维几何变换应用到图层。选中素材，在菜单栏中执行【效果】/【扭曲】/【变换】命令，此时参数设置如图6-359所示。为素材添加该效果的前后对比如图6-360所示。

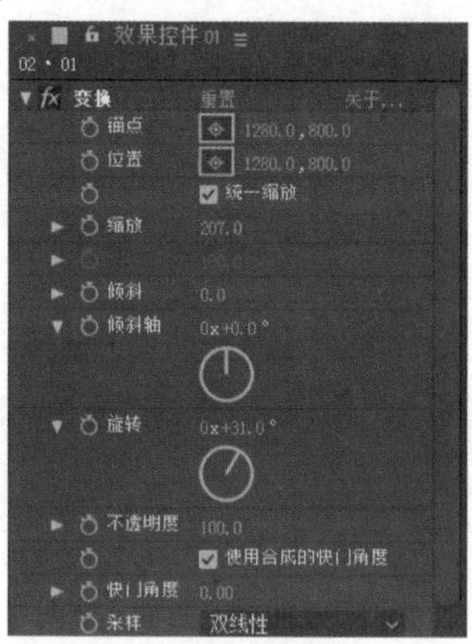

图6-359

图6-360

- 锚点：设置定位点位置。
- 位置：设置位置。
- 统一缩放：勾选此选项可统一缩放。
- 缩放高度：设置高度缩放值。
- 缩放宽度：设置宽度缩放值。
- 倾斜：设置倾斜程度。
- 倾斜轴：设置倾斜轴的角度。
- 旋转：设置旋转角度。
- 不透明度：设置透明程度。
- 使用合成的快门角度：勾选此选项可使用合成的快门角度。
- 快门角度：设置角度来调节运动模糊的程度。
- 采样：设置采样为双线性或双立方。

6.8.30 变形稳定器

【变形稳定器】效果可以对素材进行稳定，不需要手动跟踪。选中素材，在菜单栏中执行【效果】/【扭曲】/【变形稳定器】命令，此时参数设置如图6-361所示。

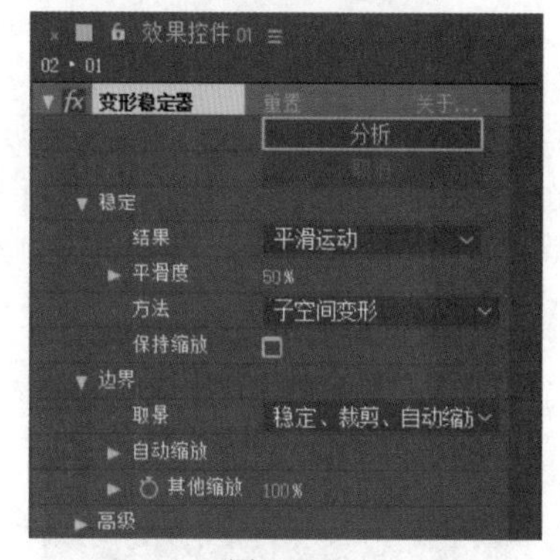

图6-361

- 稳定：设置弯曲稳定的属性。
  - 结果：可设置为平滑运动或无运动。
  - 平滑度：设置平滑程度。
  - 方法：设置弯曲模式。
  - 保持缩放：勾选此选项可保持缩放。
- 边界：设置边界属性。
  - 取景：设置取景方式。
  - 自动缩放：设置弯曲稳定的自由缩放。
  - 其他缩放：设置其他缩放属性。
- 高级：设置高级属性。

6.8.31 旋转扭曲

【旋转扭曲】效果可以通过围绕指定点旋转涂抹图像。选中素材，在菜单栏中执行【效果】/【扭曲】/【旋转扭曲】命令，此时参数设置如图6-362所示。为素材添加该效果的前后对比如图6-363所示。

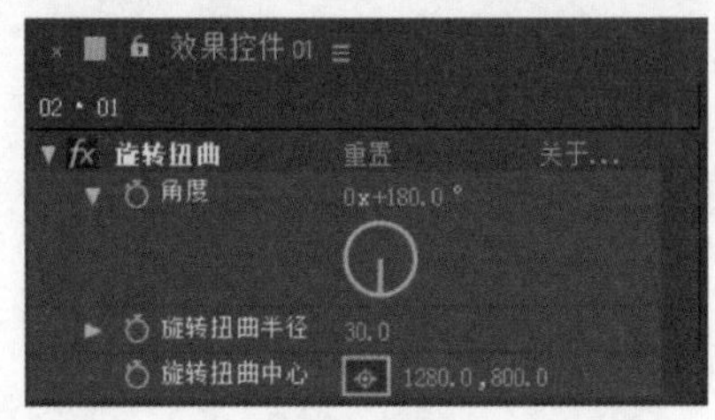

图6-362

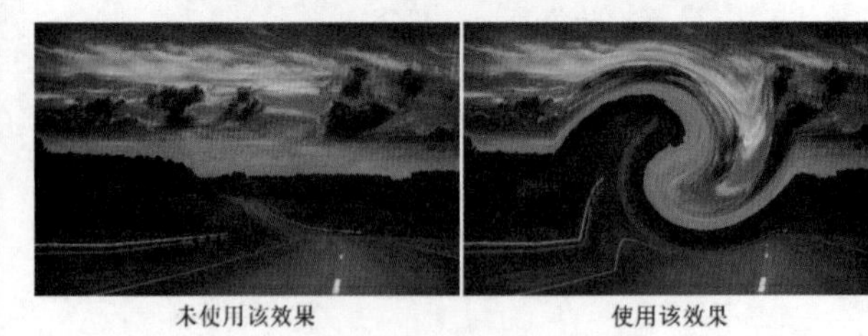

图6-363

- 角度：设置旋转的角度。
- 旋转扭曲半径：设置旋转区域的半径。
- 旋转扭曲中心：设置旋转中心的位置。

6.8.32 极坐标

【极坐标】效果可以在矩形和极坐标之间转换及插值。选中素材，在菜单栏中执行【效果】/【扭曲】/【极坐标】命令，此时参数设置如图6-364所示。为素材添加该效果的前后对比如图6-365所示。

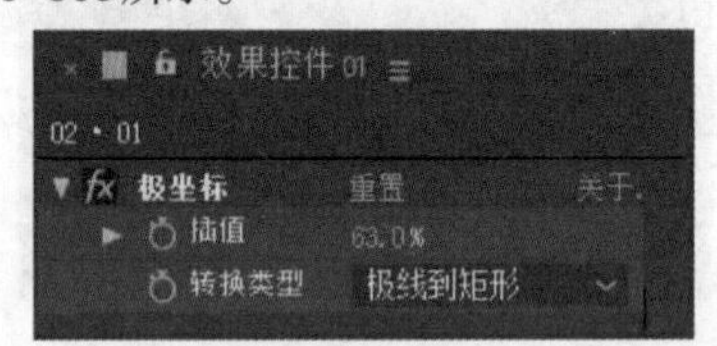

图6-364

图6-365

- 插值：设置效果的扭曲程度。
- 转换类型：设置效果的转换方式。图6-366所示为设置【转换类型】为极线到矩形和矩形到极线的对比效果。

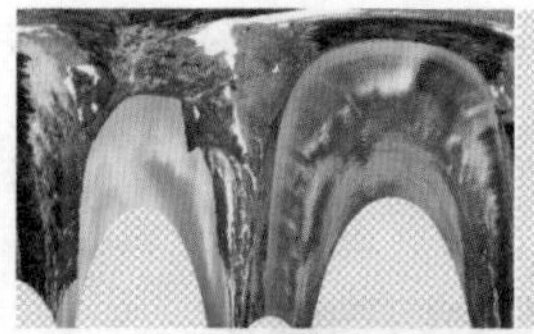

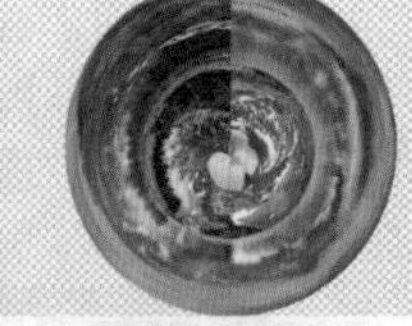

图6-366

6.8.33 果冻效应修复

【果冻效应修复】效果可去除因前期摄像机拍摄而造成的扭曲伪像。选中素材，在菜单栏中执行【效果】/【扭曲】/【果冻效应修复】命令，此时参数设置如图6-367所示。

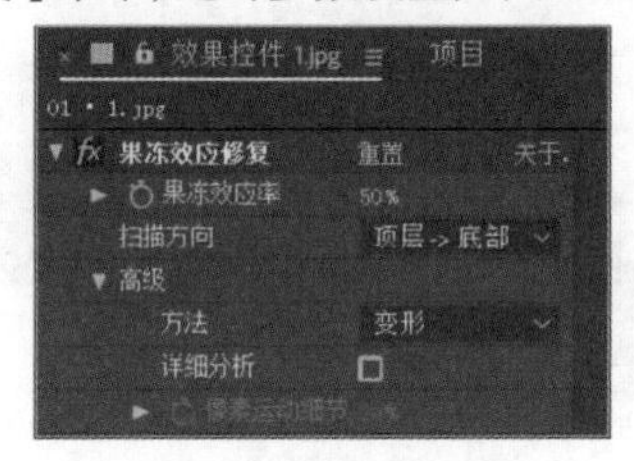

图6-367

- 果冻效应率：设置使用该效果的程度。
- 扫描方向：设置效果的扫描方向。
- 高级：设置该效果的高级属性。
  - 方法：可设置方法为变形或像素运动。
  - 详细分析：勾选此选项可进行详细分析。
  - 像素运用细节：在勾选【详细分析】的情况下，可设置像素运动的精细程度。

6.8.34 波形变形

【波形变形】效果可以使素材产生类似水波纹的变形特效。选中素材，在菜单栏中执行【效果】/【扭曲】/【波形变形】命令，此时参数设置如图6-368所示。为素材添加该效果的前后对比如图6-369所示。

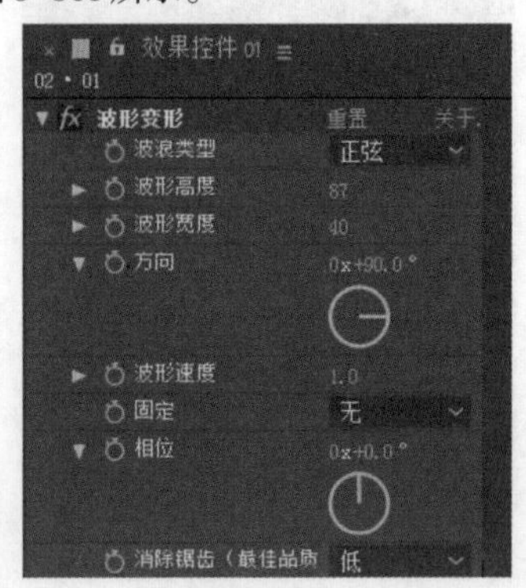

图6-368

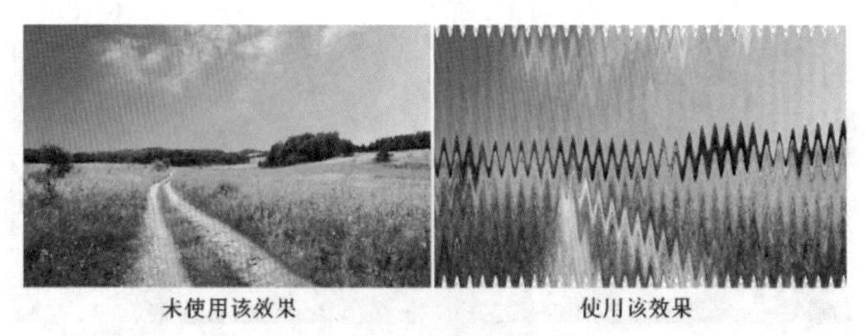

图 6-369

- 波形类型：可设置波形类型为正弦、三角波、方波和杂色等。
- 波形高度：设置波形的高度。
- 波形宽度：设置波形的宽度。
- 方向：设置波动方向。图6-370所示为设置【方向】为（0x+90.0°）和（0x+145.0°）的对比效果。

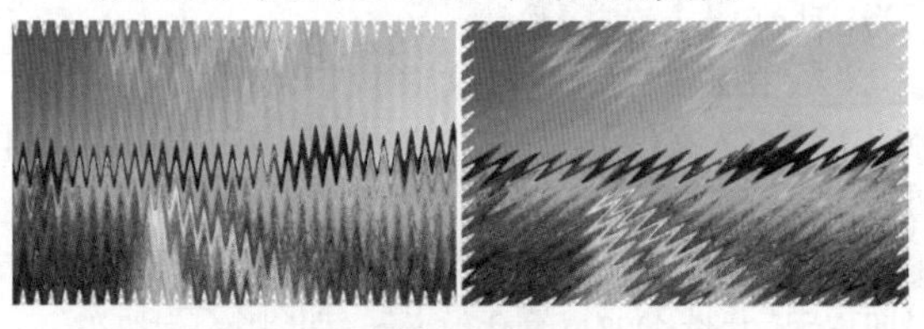

图 6-370

- 波形速度：设置波形的速度。
- 固定：设置边角定位，可分别控制某个边缘。
- 相位：设置相位角度。
- 消除锯齿（最佳品质）：设置抗锯齿的程度。

6.8.35 波纹

【波纹】效果可在指定图层中创建波纹外观，这些波纹可朝远离同心圆中心点的方向移动。选中素材，在菜单栏中执行【效果】/【扭曲】/【波纹】命令，此时参数设置如图6-371所示。为素材添加该效果的前后对比如图6-372所示。

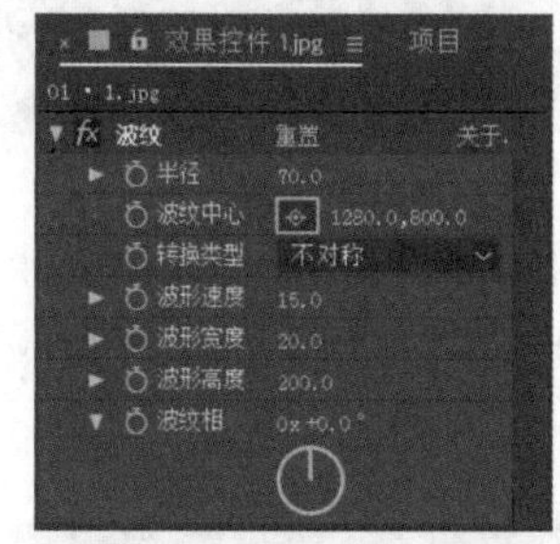

图 6-371

图 6-372

- 半径：设置波纹半径。
- 波纹中心：设置波纹中心的位置。
- 转换类型：可设置转换类型为不对称或对称。
- 波形速度：设置波纹扩散的速度。
- 波形宽度：设置波纹之间的宽度。
- 波形高度：设置波纹之间的高度。
- 波纹相：设置波纹的相位。

6.8.36 液化

【液化】效果可以通过液化刷来推动、拖拉、旋转、扩大和收缩图像。选中素材，在菜单栏中执行【效果】/【扭曲】/【液化】命令，此时参数设置如图6-373所示。为素材添加该效果的前后对比如图6-374所示。

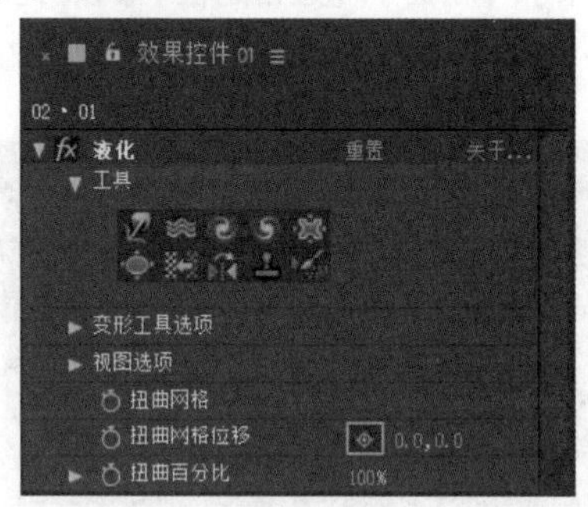

图 6-373

图 6-374

- （弯曲工具）：使用该工具在图像上按住鼠标并拖曳，可对图像进行液化变形。
- （躁动工具）：可对图像进行无序的躁动变形。
- （逆时针旋转工具）：可逆时针旋转像素。
- （顺时针旋转工具）：可顺时针旋转像素。
- （收缩工具）：在画面中按住鼠标左键，可对该图像中相应区域像素进行收缩变形。
- （膨胀工具）：在画面中按住鼠标左键，可对该图像中相应区域像素进行膨胀变形。
- （移动像素工具）：沿着绘制方向按住鼠标左键并拖曳，可在垂直方向移动像素。
- （映像工具）：可模拟图像在水中反射的映像效果。

- (仿制图章工具)：可对图像中画笔相应区域进行复制变形。
- (恢复工具)：可将变形的图像恢复到原始的样子。
- 变形工具选项：可设置弯曲工具的笔刷大小等。
- 视图选项：可显示网格线。
- 扭曲网格：可制作变形动画。
- 扭曲网格位移：使用变形网格的位置偏移位置。
- 扭曲百分比：设置扭曲变形的百分比。

6.8.37　边角定位

【边角定位】效果可以通过调整图像边角的位置，对图像进行拉伸、收缩、扭曲等变形操作。选中素材，在菜单栏中执行【效果】/【扭曲】/【边角定位】命令，此时参数设置如图6-375所示。为素材添加该效果的前后对比如图6-376所示。

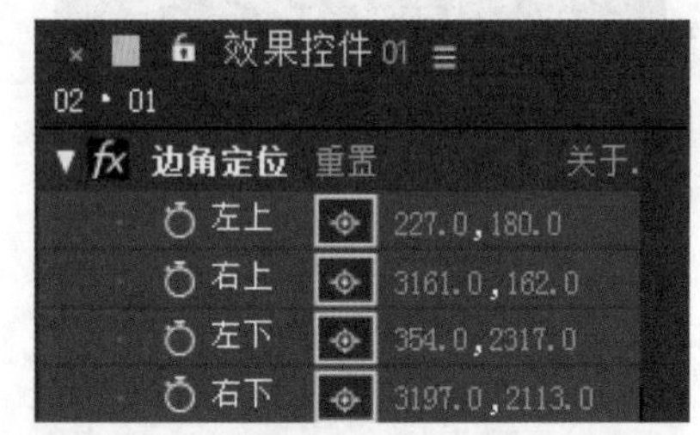

图 6-375

图 6-376

- 左上：设置左上角的定位点。
- 右上：设置右上角的定位点。
- 左下：设置左下角的定位点。
- 右下：设置右下角的定位点。

实例：使用【边角定位】效果准确替换手机壁纸

文件路径：Chapter 06　常用视频效果→实例：使用【边角定位】效果准确替换手机壁纸

扫一扫，看视频

本案例主要通过为素材添加【边角定位】命令制作手机合成效果。案例制作前后对比效果如图6-377和图6-378所示。

图 6-377

图 6-378

操作步骤：

步骤 01　在【项目】面板中，单击鼠标右键执行【新建合成】，在弹出的【合成设置】对话框中设置【合成名称】为01，【预设】为自定义，【宽度】为1287，【高度】为916，【像素长宽比】为方形像素，【帧速率】为25，【分辨率】为完整，【持续时间】为5秒，单击【确定】按钮。

步骤 02　在菜单栏中执行【文件】/【导入】/【文件】命令，在弹出的【导入文件】对话框中选择所需要的素材，单击【导入】按钮导入素材1.jpg、2.jpg。

步骤 03　在【项目】面板中将素材1.jpg、2.jpg拖曳到【时间轴】面板中，并将2.jpg放置在最上层，如图6-379所示。

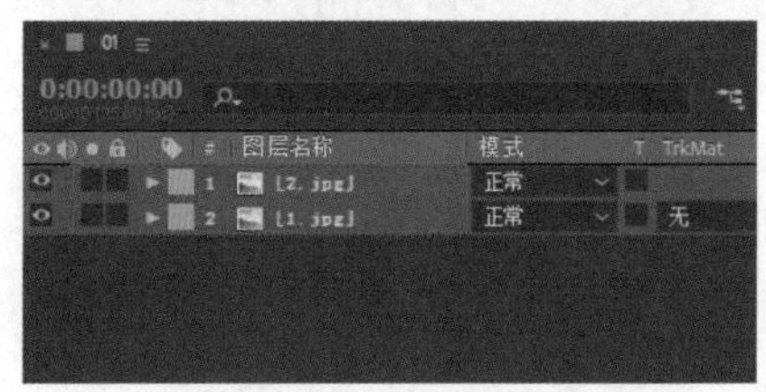

图 6-379

步骤 04　在【效果和预设】面板中搜索【边角定位】效果，并将其拖曳到【时间轴】面板中的2.jpg，如图6-380所示。

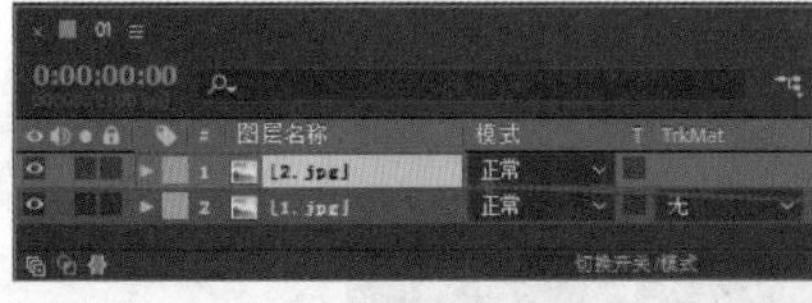

图 6-380

步骤 05　在【时间轴】面板中单击打开2.jpg下方的【效果】，设置【边角定位】的【左上】为(336.7,51.5)，【右上】为(670.4,125.6)，【左下】为(0.8,640.3)，【右下】为(334.0,747.0)，如图6-381所示。

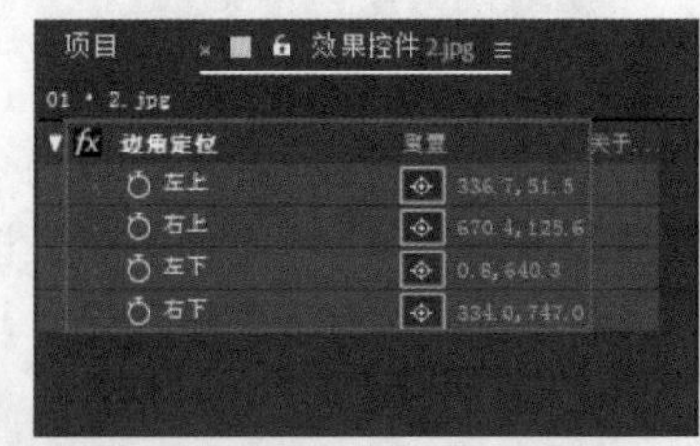

图 6-381

步骤 06　案例最终效果如图6-382所示。

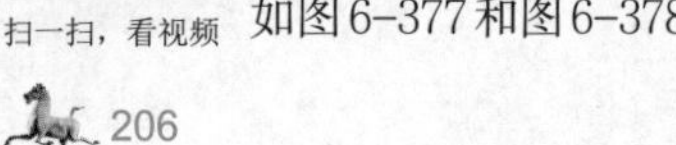

图 6-382

6.9 生成

【生成】效果组可以使图像生成闪电、镜头光晕等常见的效果，还可以对图像进行颜色填充、渐变填充、滴管填充等。其中包含【圆形】【分形】【椭圆】【吸管填充】【镜头光晕】【CC Glue Gun】【CC Light Burst 2.5】【CC Light Rays】【CC Light Sweep】【CC Threads】【光束】【填充】【网格】【单元格图案】【写入】【勾画】【四色渐变】【描边】【无线电波】【梯度渐变】【棋盘】【油漆桶】【涂写】【音频波形】【音频频谱】【高级闪电】等效果，如图6-383所示。

圆形	单元格图案
分形	写入
椭圆	勾画
吸管填充	四色渐变
镜头光晕	描边
CC Glue Gun	无线电波
CC Light Burst 2.5	梯度渐变
CC Light Rays	棋盘
CC Light Sweep	油漆桶
CC Threads	涂写
光束	音频波形
填充	音频频谱
网格	高级闪电

图 6-383

6.9.1 圆形

【圆形】效果可以创建一个环形圆或实心圆。选中素材，在菜单栏中执行【效果】/【生成】/【圆形】命令，此时参数设置如图6-384所示。为素材添加该效果的前后对比如图6-385所示。

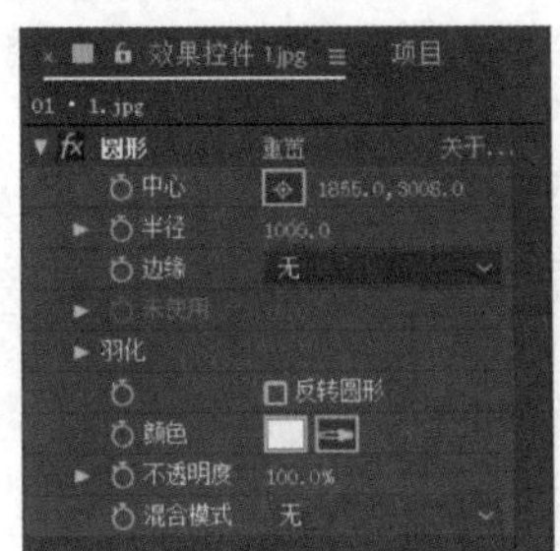

图 6-384

未使用该效果　使用该效果

图 6-385

- 中心：设置圆形中心点的位置。
- 半径：设置圆形半径的数值。
- 边缘：设置边缘表现形式。
- 未使用：当设置【边缘】为除【无】以外的选项时，即可设置对应参数。
- 羽化：设置边缘柔和的程度。
- 反转圆形：勾选此选项，可反转圆形效果。
- 颜色：设置圆形的填充颜色。
- 不透明度：设置圆形的透明程度。
- 混合模式：设置效果的混合模式。图6-386所示为设置【混合模式】为不同选项的对比效果。

混合模式：相加　混合模式：叠加

图 6-386

6.9.2 分形

【分形】效果可以生成以数学方式计算的分形图像。选中素材，在菜单栏中执行【效果】/【生成】/【分形】命令，此时参数设置如图6-387所示。为素材添加该效果的前后对比如图6-388所示。

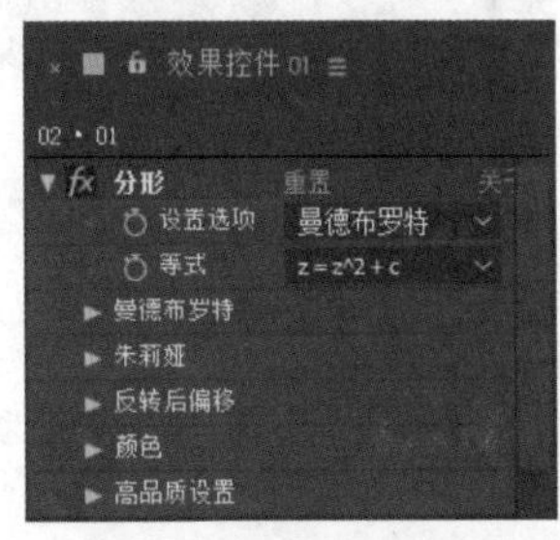

图 6-387

未使用该效果

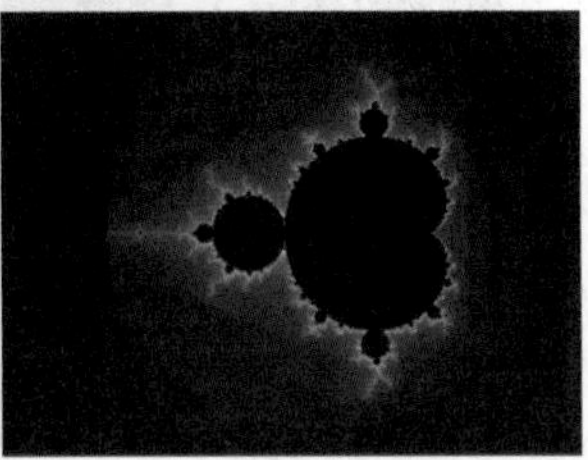

使用该效果

图 6-388

- 设置选项：选择分形的类型。
- 等式：设置方程式类型。
- 曼德布罗特：设置【曼德布罗特】的【X（真实）】【Y（虚构）】【放大率】【扩展限制】。
- 朱莉娅：设置【朱莉娅】的【X（真实）】【Y（虚构）】【放大率】【扩展限制】。
- 反转后的偏移：设置分形反转后的偏移程度。
- 颜色：设置分形纹理的颜色。
- 高品质设置：设置分形的高质量。

6.9.3 椭圆

【椭圆】效果可以制作具有内部和外部颜色的椭圆效果。选中素材，在菜单栏中执行【效果】/【生成】/【椭圆】命令，此时参数设置如图6-389所示。为素材添加该效果的前后对比如图6-390所示。

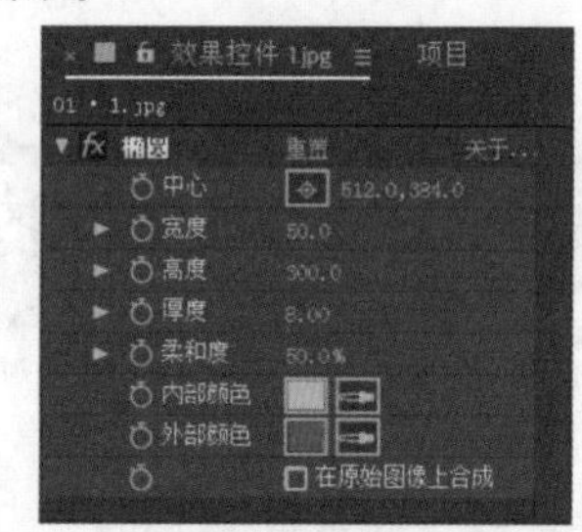

图 6-389

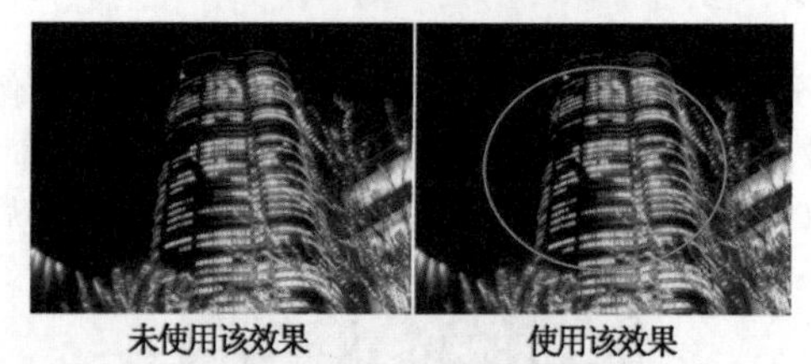

图 6-390

- 中心：设置椭圆形的中心位置。
- 宽度：设置椭圆的宽度。
- 高度：设置椭圆的高度。
- 厚度：设置椭圆边缘的厚度。图6-391所示为设置椭圆边缘【厚度】为5和30的对比效果。

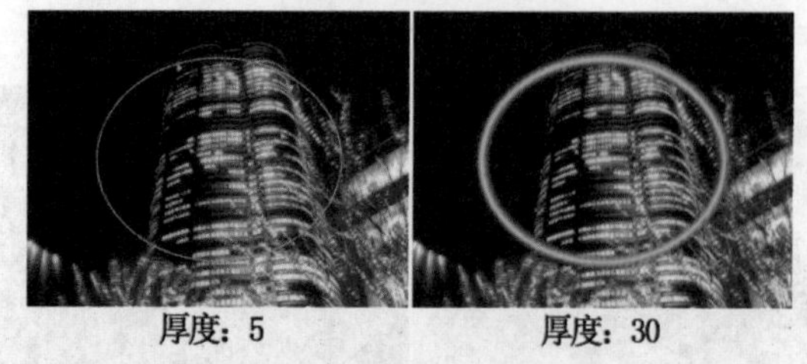

图 6-391

- 柔和度：设置椭圆边缘的柔和程度。
- 内部颜色：设置椭圆的中间色。
- 外部颜色：设置椭圆的外部颜色。
- 在原始图像上合成：设置当前效果与原始图层的混合程度。

6.9.4 吸管填充

【吸管填充】效果可以使用图层样本颜色对图层着色。选中素材，在菜单栏中执行【效果】/【生成】/【吸管填充】命令，此时参数设置如图6-392所示。为素材添加该效果的前后对比如图6-393所示。

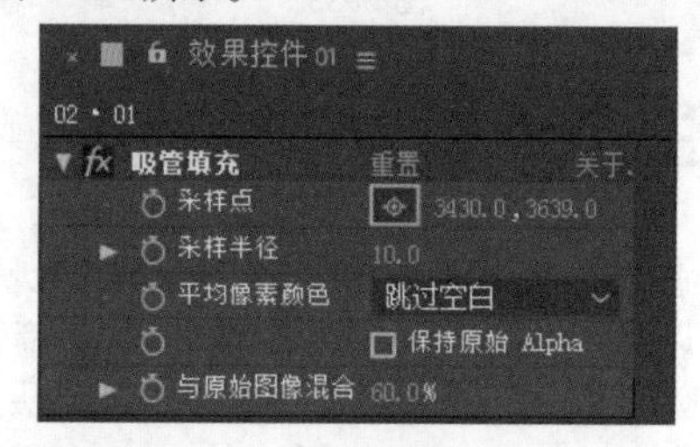

图 6-392

图 6-393

- 采样点：设置吸管填充效果的颜色采样点。
- 样品半径：设置采样区域的半径。
- 平均像素颜色：设置在图像上的填充方式。
- 保持原始Alpha：勾选此选项可保持Alpha通道。
- 与原始图像混合：设置当前效果与原始图层的混合程度。

6.9.5 镜头光晕

【镜头光晕】效果可以生成合成镜头的光晕效果，常用于制作日光光晕。选中素材，在菜单栏中执行【效果】/【生成】/【镜头光晕】命令，此时参数设置如图6-394所示。为素材添加该效果的前后对比如图6-395所示。

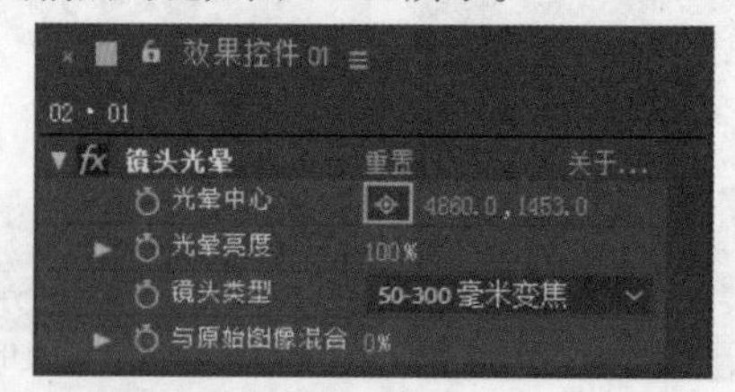

图 6-394

图 6-395

- 光晕中心：设置光晕中心点的位置。
- 光晕亮度：设置光源亮度的百分比。
- 镜头类型：设置镜头的光源类型。
- 与原始图像混合：设置当前效果与原始图层的混合程度。

6.9.6　CC Glue Gun

【CC Glue Gun(CC喷胶枪)】效果可以使图像产生胶水喷射弧度效果。选中素材，在菜单栏中执行【效果】/【生成】/【CC Glue Gun】命令，此时参数设置如图6-396所示。为素材添加该效果的前后对比如图6-397所示。

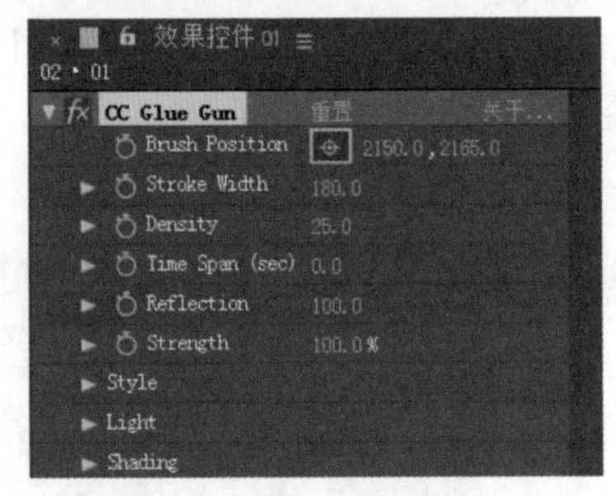

图 6-396

图 6-397

- Brush Position（画笔位置）：设置画笔中心点的位置。
- Stroke Width（笔触角度）：设置画笔笔触的宽度。
- Density（密度）：设置画笔效果的密度。
- Time Span：设置每秒的时间范围。
- Reflection（反射）：设置图像汇聚程度。
- Strength（强度）：设置效果的强度。
- Style（风格）：设置效果的类型。
- Light（光）：设置效果的灯光属性。
- Shading（阴影）：设置效果的阴影程度。

6.9.7　CC Light Burst 2.5

【CC Light Burst 2.5(CC突发光2.5)】效果可以使图像产生光线爆裂的透视效果。选中素材，在菜单栏中执行【效果】/【生成】/【CC Light Burst 2.5】命令，此时参数设置如图6-398所示。为素材添加该效果的前后对比如图6-399所示。

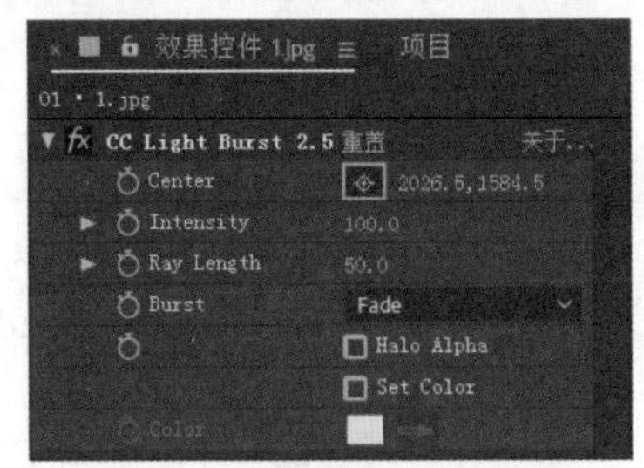

图 6-398

图 6-399

- Center（中心）：设置爆裂中心点的位置。
- Intensity（亮度）：设置光线的亮度值。
- Ray Length（光线强度）：设置光线的强度。
- Burst（爆炸）：可设置爆炸方式为Straight、Fade或Center。
- Set Color（设置颜色）：勾选此选项，可设置爆炸颜色。
- Color（颜色）：设置爆炸效果的颜色。

6.9.8　CC Light Rays

【CC Light Rays(光线)】效果可以通过图像上的不同颜色映射出不同颜色的光芒。选中素材，在菜单栏中执行【效果】/【生成】/【CC Light Rays】命令，此时参数设置如图6-400所示。为素材添加该效果的前后对比如图6-401所示。

图 6-400

图 6-401

- Intensity（亮度）：设置放射光线的亮度。
- Center（中心）：设置放射中心点的位置。
- Radius（半径）：设置放射光线的半径。
- Warp Softness（光线柔和度）：设置光线的柔和程度。
- Shape（形状）：设置光线形状为Round（圆形）或Square（方形）。
- Direction（方向）：设置光线方向。
- Color from Source（颜色来源）：勾选此选项，可使光线呈放射状。
- Allow Brightening（中心变亮）：勾选此选项，可使光线中心变亮。
- Color（颜色）：设置光线的填充颜色。
- Transfer Mode（转换模式）：设置光线与源图像的叠加模式。

6.9.9 CC Light Sweep

【CC Light Sweep(CC扫光)】效果可以使图像以某点为中心，像素向一边以擦除的方式运动，使其产生扫光的效果。选中素材，在菜单栏中执行【效果】/【生成】/【CC Light Sweep】命令，此时参数设置如图6-402所示。为素材添加该效果的前后对比如图6-403所示。

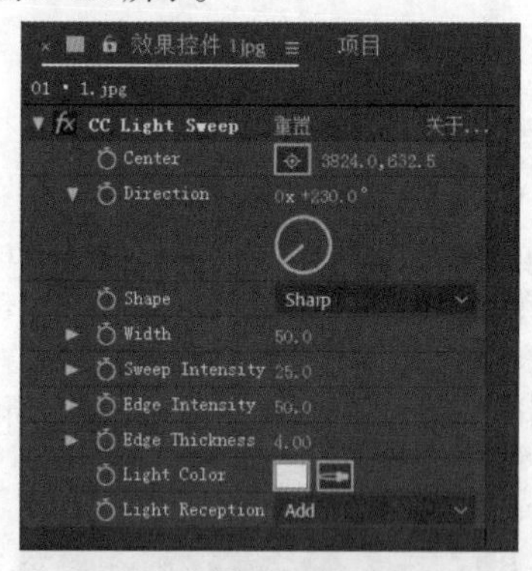

图 6-402

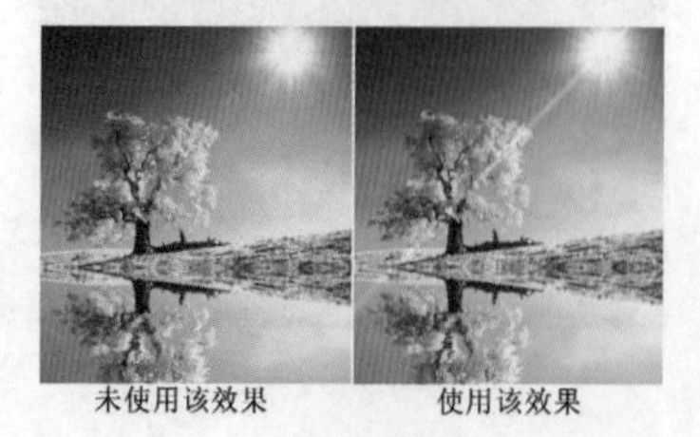

图 6-403

- Center（中心）：设置扫光的中心点位置。
- Direction（方向）：设置扫光的旋转角度。
- Shape（形状）：可设置光线形状为Linear（线性）、Smooth（平滑）或Sharp（锐利）。
- Width（宽度）：设置扫光的宽度。
- Sweep Intensity（扫光亮度）：设置调节扫光的明亮程度。
- Edge Intensity（边缘亮度）：设置光线与图像边缘相接触时的明暗程度。
- Edge Thickness（边缘厚度）：设置调节光线与图像边缘相接触时的光线厚度。
- Light Color（光线颜色）：设置光线颜色。
- Light Reception（光线接收）：设置光线与源图像的叠加方式。

实例：使用【CC Light Sweep】效果制作扫光动画

文件路径：Chapter 06　常用视频效果→实例：使用【CC Light Sweep】效果制作扫光动画

本案例主要学习如何使用【CC Light Sweep】制作出扫光动画效果，案例效果如图6-404所示。

扫一扫，看视频

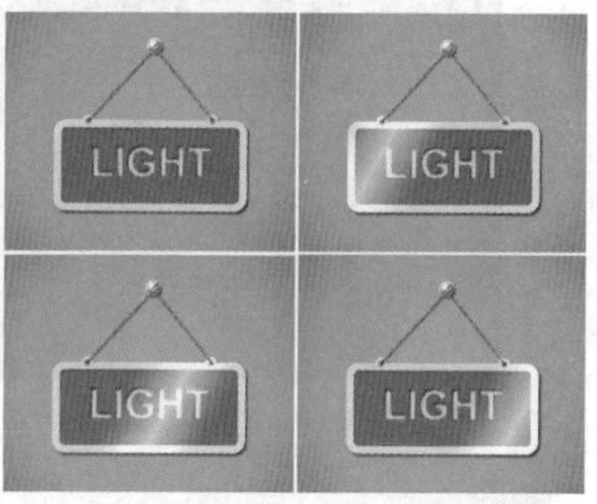

图 6-404

操作步骤：

步骤 01　在【项目】面板中单击鼠标右键执行【新建合成】命令，在弹出的【合成设置】对话框中设置【合成名称】为合成1，【预设】为自定义，【宽度】为720，【高度】为576，【像素长宽比】为方形像素，【帧速率】为25，【分辨率】为完整，【持续时间】为5秒，单击【确定】按钮。

步骤 02　执行【文件】/【导入】/【文件】命令或使用【导入文件】的快捷键Ctrl+I，在弹出的【导入文件】对话框中选择所需要的素材，单击【导入】按钮导入素材。

步骤 03　在【时间轴】面板中的空白位置处单击鼠标右键执行【新建】/【纯色】命令。

步骤 04　在弹出的【纯色设置】对话框中设置【名称】为【黑色纯色1】，【宽度】为720，【高度】为576，【颜色】为黑色，单击【确定】按钮，如图6-405所示。

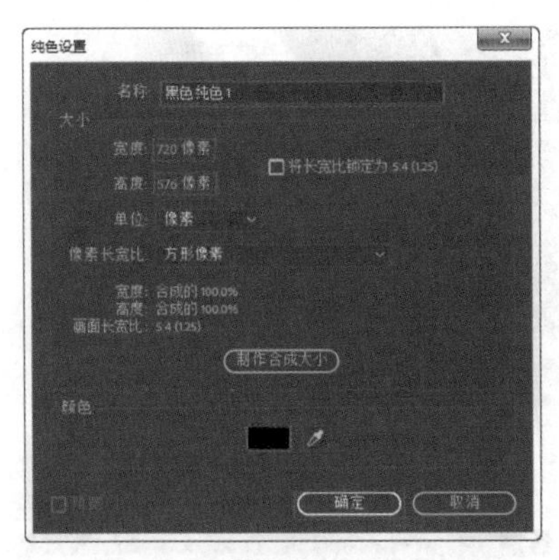

图 6-405

步骤 05 在【效果和预设】面板中搜索【梯度渐变】效果，并将其拖曳到【时间轴】面板中的【黑色 纯色1】图层上，如图6-406所示。

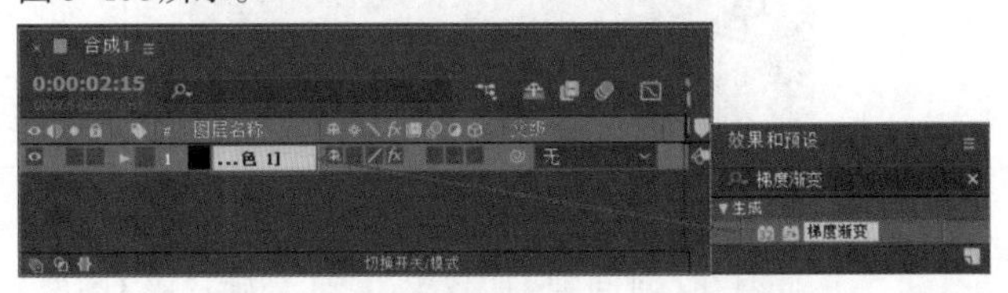

图 6-406

步骤 06 在【时间轴】面板中单击打开【黑色 纯色1】图层下方的【效果】/【梯度渐变】，设置【渐变起点】为(360, 288)，【起始颜色】为青色，【渐变终点】为(360, 797)，【结束颜色】为蓝色，【渐变形状】为径向渐变，如图6-407所示。此时画面效果如图6-408所示。

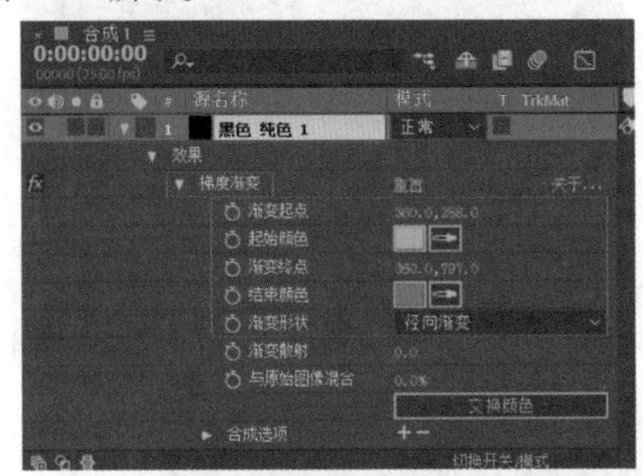

图 6-407

图 6-408

步骤 07 在【项目】面板中将素材01.png拖曳到【时间轴】面板中，如图6-409所示。

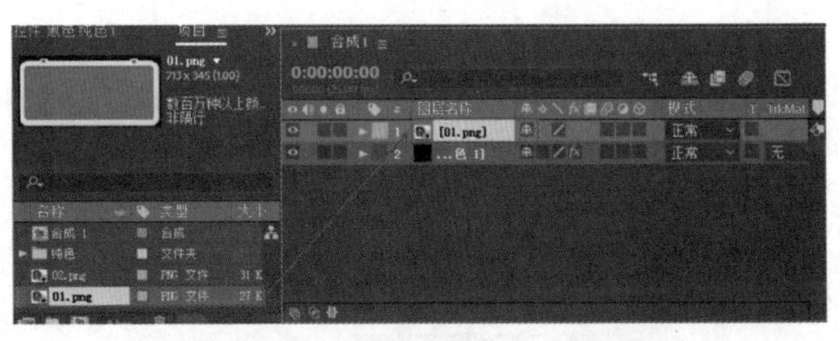

图 6-409

步骤 08 在时间轴面板中打开01.png素材文件，接着打开【变换】，设置【位置】为(360, 362)，【缩放】为(67.0, 67.0%)，如图6-410所示。此时画面效果如图6-411所示。

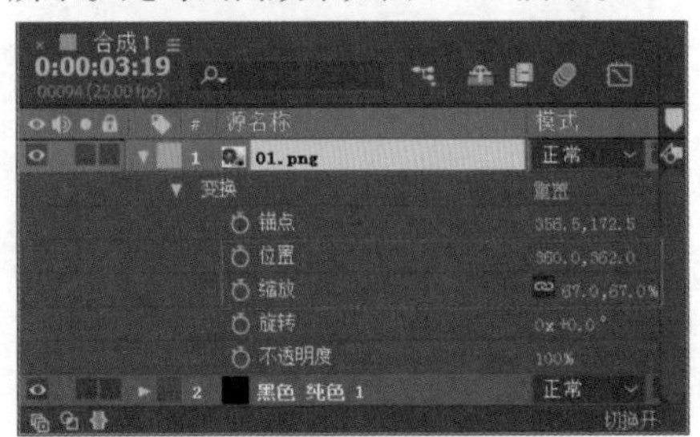

图 6-410

图 6-411

步骤 09 在标牌中输入文字。在工具栏中单击选择【横排文字工具】，并在【字符】面板中设置【字体系列】为Arial，【字体样式】为Bold，【填充颜色】为淡黄色，【描边颜色】为无颜色，【字体大小】为100，接着在画面中标牌的中心位置输入文本“LIGHT”。然后单击打开【时间轴】面板中的文本图层，设置【位置】为(360.1, 393.3)，如图6-412所示。

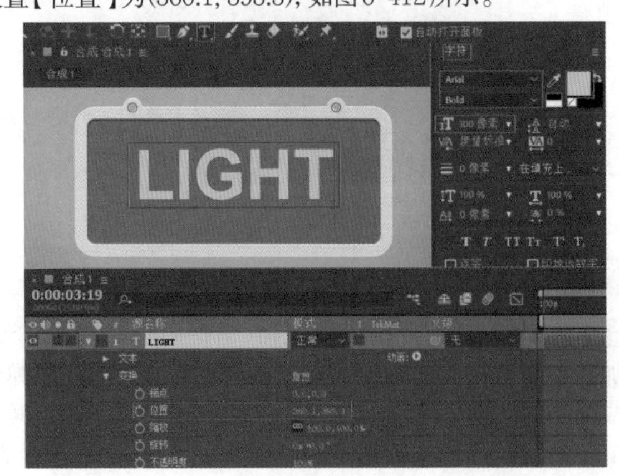

图 6-412

步骤 10 制作文字的立体感效果。选择文本图层，然后在菜单栏中执行【图层】/【图层样式】/【内阴影】命令，如图6-413所示。单击打开文本图层，然后打开【图层样式】下方的【内阴影】，设置的【混合模式】为相乘，【颜色】为黑色，【不透明度】为75%，【角度】为(0x+120.0°)，【距离】为5，【大小】为5，如图6-414所示。此时文字效果如图6-415所示。

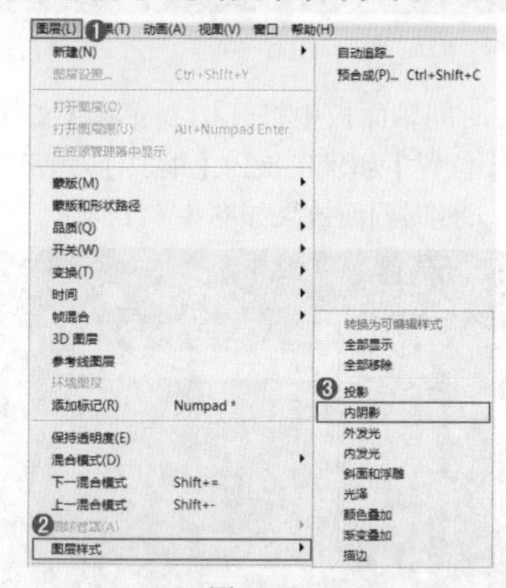

图6-413

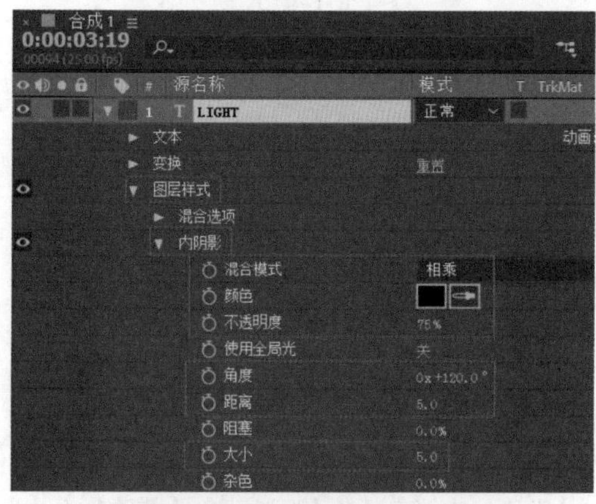

图6-414

图6-415

步骤 11 在【时间轴】面板中按住Ctrl键的同时按住鼠标左键加选文本图层和01.png图层，然后单击鼠标右键，在弹出的快捷菜单中执行【预合成】命令，如图6-416所示。此时会弹出一个【预合成】对话框，设置【新合成名称】为标牌合成，单击【确定】按钮，如图6-417所示。

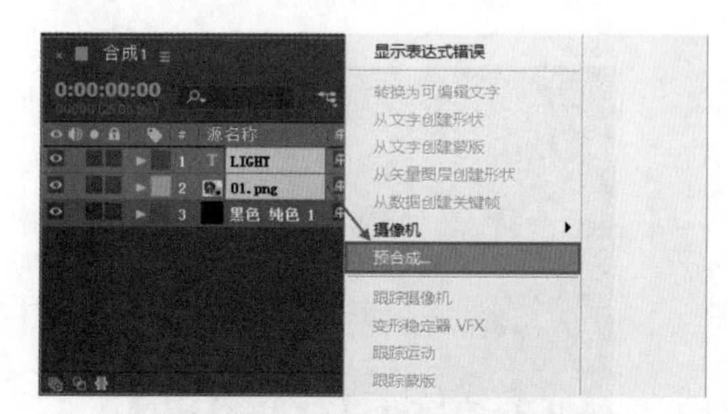

图6-416

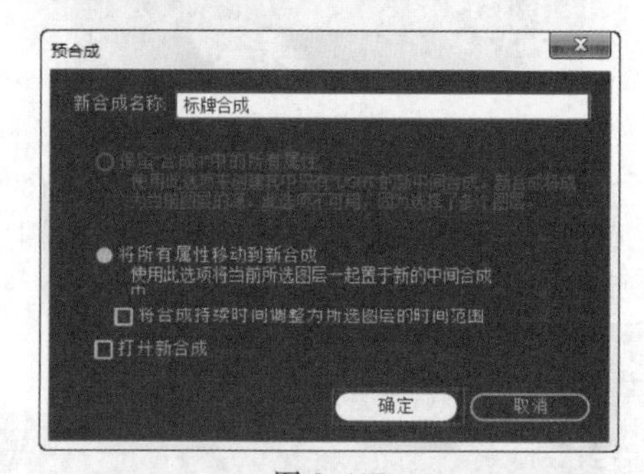

图6-417

步骤 12 此时在【时间轴】面板中出现【标牌合成】图层，如图6-418所示。

图6-418

步骤 13 在时间轴面板中选择【标牌合成】图层，然后在【效果和预设】面板中搜索CC Light Sweep效果，并将其拖曳到【时间轴】面板中的【标牌合成】图层上，如图6-419所示。

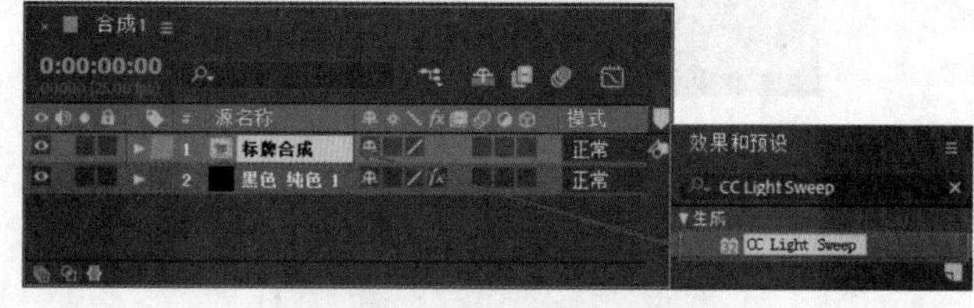

图6-419

步骤 14 在【时间轴】面板中单击打开【标牌合成】图层下方的【效果】/【CC Light Sweep】，将时间线拖曳到起始帧位置，单击Center前的【时间变化秒表】按钮，设置Center为(95，144)，继续将时间线拖曳到2秒位置，设置Center为(873，144)，继续进行参数设置，设置【Direction】为(0x+29.0°)，【Width】为65，【Sweep Intensity】为72，【Edge Thickness】为0，如图6-420所示。滑动时间线查看画面效果，如图6-421所示。

图 6-420

图 6-421

步骤 15 为标牌添加投影效果。在【效果和预设】面板中搜索【投影】效果，并将其拖曳到【时间轴】面板中的【标牌合成】图层上，如图6-422所示。

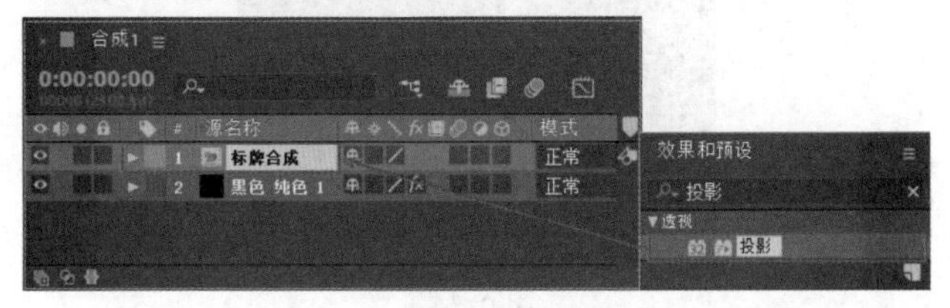

图 6-422

步骤 16 在【时间轴】面板中单击打开【标牌合成】图层下方的【效果】/【投影】，设置【不透明度】为70%，【距离】为7，【柔和度】为10，如图6-423所示。此时画面效果如图6-424所示。

图 6-423

图 6-424

步骤 17 将【项目】面板中的02.png素材文件拖曳到时间轴面板中，如图6-425所示。

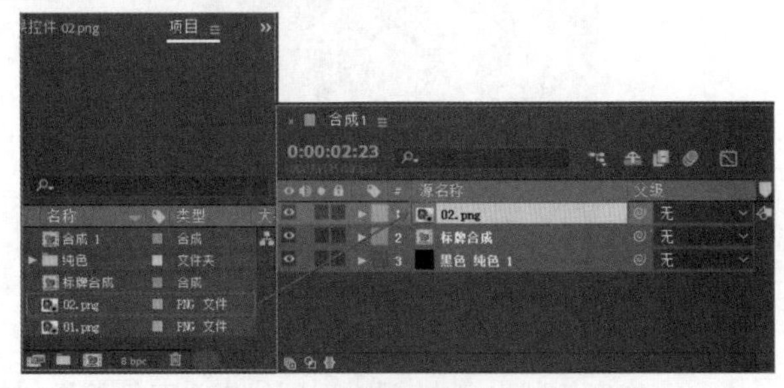

图 6-425

步骤 18 在【时间轴】面板中选择02.png图层，单击打开【变换】，设置【锚点】为(242, 147)，【位置】为(362, 162)，【缩放】为(67.0, 67.0%)，如图6-426所示。此时画面效果如图6-427所示。

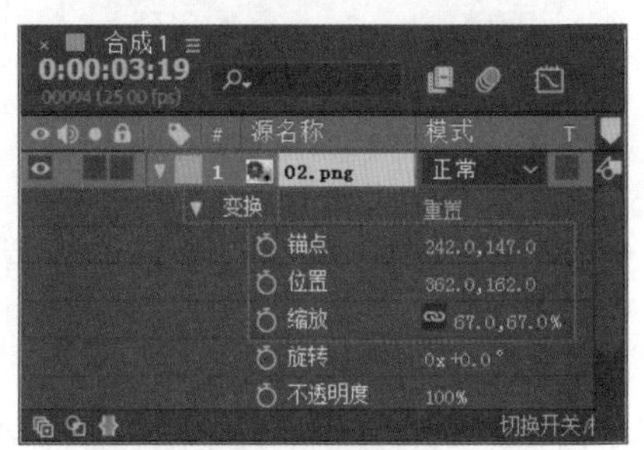

图 6-426

图 6-427

步骤 19 使用同样的方法为02.png图层添加【投影】效果。在【时间轴】面板中选择02.png图层，单击打开02.png图层下方的【效果】/【投影】，设置【不透明度】为70%，【距离】为7，【柔和度】为10，如图6-428所示。此时效果如图6-429所示。

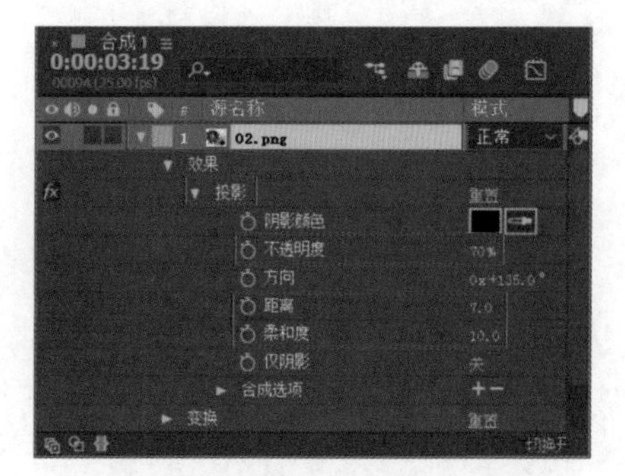

图 6-428

图 6-429

步骤 20 本案例制作完成，滑动时间线查看案例效果，如图6-430所示。

图 6-430

6.9.10 CC Threads

【CC Threads(CC 线)】效果可以使图像产生带有纹理的编织交叉效果。选中素材，在菜单栏中执行【效果】/【生成】/【CC Threads】命令，此时参数设置如图6-431所示。为素材添加该效果的前后对比如图6-432所示。

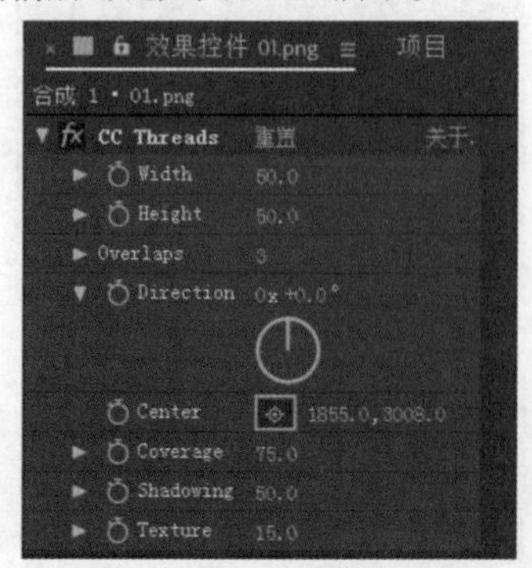

图 6-431

图 6-432

- Width（宽）：设置线的宽度。
- Height（高）：设置线的高度。
- Overlaps（重叠）：设置线的编织重叠次数。
- Direction（方向）：设置线的编织方向。
- Center（中心）：设置编织线的中心点位置。
- Coverage（覆盖）：设置线与图像的覆盖程度。
- Shadowing（阴影）：设置线的阴影。
- Texture（纹理）：设置线条上的纹理数量。

6.9.11 光束

【光束】效果可以模拟激光光束效果。选中素材，在菜单栏中执行【效果】/【生成】/【光束】命令，此时参数设置如图6-433所示。为素材添加该效果的前后对比如图6-434所示。

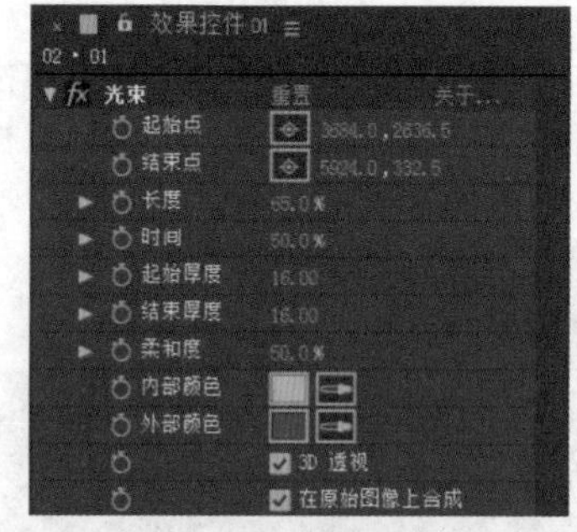

图 6-433

图 6-434

- 起始点：设置激光光束的起始点位置。
- 结束点：设置激光光束的结束点位置。
- 长度：设置光束的长度。
- 时间：设置激光光束从开始到结束的时间。
- 起始厚度：设置光束开始的宽度。
- 结束厚度：设置光束结束的宽度。
- 柔和度：设置激光光束边缘的柔和程度。
- 内部颜色：设置激光光束的中间颜色。
- 外部颜色：设置激光光束的外部颜色。

6.9.12 填充

【填充】效果可以为图像填充指定颜色。选中素材，在菜单栏中执行【效果】/【生成】/【填充】命令，此时参数设置如图6-435所示。为素材添加该效果的前后对比如图6-436所示。

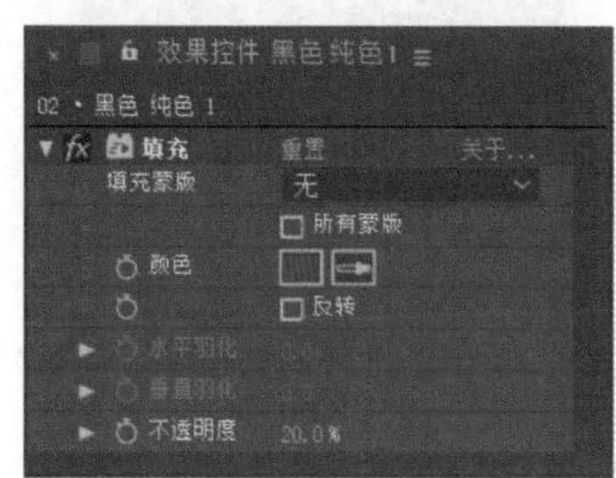

图 6-435

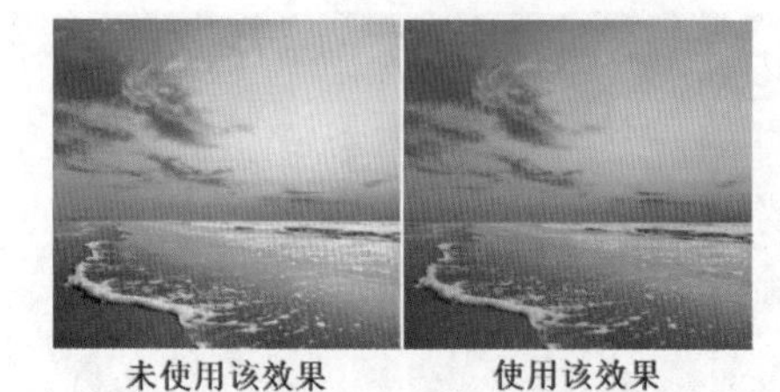

图 6-436

- 填充蒙版：设置所填充的遮罩。
- 所有蒙版：勾选此选项，可选中当前图层中的所有蒙版。
- 颜色：设置填充颜色。
- 反转：勾选该选项，可反转填充效果。
- 水平羽化：设置水平边缘的柔和程度。
- 垂直羽化：设置垂直边缘的柔和程度。
- 不透明度：设置填充颜色的透明程度。

6.9.13 网格

【网格】效果可以在图像上创建网格。选中素材，在菜单栏中执行【效果】/【生成】/【网格】命令，此时参数设置如图6-437所示。为素材添加该效果的前后对比如图6-438所示。

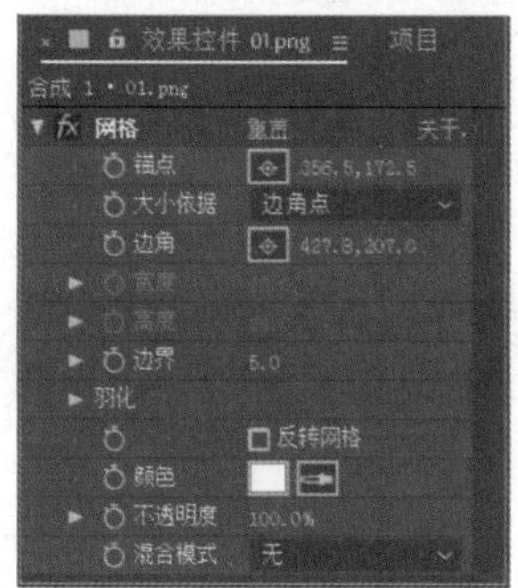

图 6-437

图 6-438

- 锚点：设置网格点的位置。
- 大小依据：设置网格大小的方式为Corner Point（角点）、Width Slider（宽度滑块）或者Width & Height Slider（宽度和高度滑块）。
- 边角：设置相交点的位置。
- 宽度：设置每个网格的宽度。
- 高度：设置每个网格的高度。
- 边界：设置网格线的精细程度。
- 羽化：设置网格显示的柔和程度。
- 反转网格：勾选此选项，可反转网格效果。
- 颜色：设置网格线颜色。
- 不透明度：设置网格的透明程度。
- 混合模式：设置网格与原素材的混合模式。

6.9.14 单元格图案

【单元格图案】效果可根据单元格杂色生成单元格图案。选中素材，在菜单栏中执行【效果】/【生成】/【单元格图案】命令，此时参数设置如图6-439所示。为素材添加该效果的前后对比如图6-440所示。

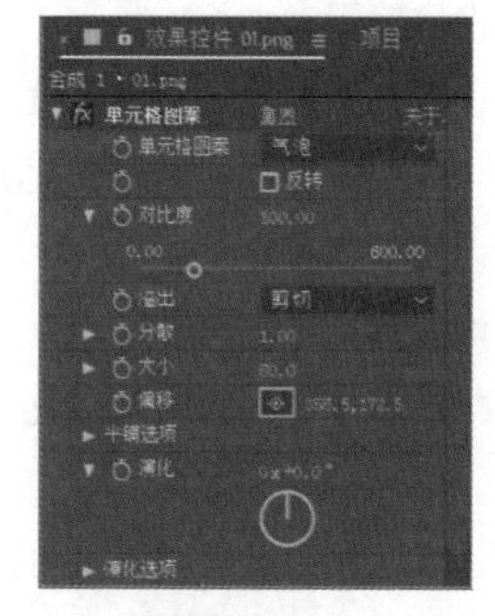

图 6-439

图 6-440

- 单元格图案：设置图案类型。
- 反转：勾选此选项可反转图案模式。
- 对比度：设置图案的明暗对比度。
- 溢出：设置溢出数值。
- 分散：设置图案的分散。
- 大小：设置图案的大小。
- 偏移：设置图案的偏移数值。
- 平铺选项：设置水平单元格、垂直单元格的数值。
- 演化：设置演化角度。
- 演化选项：设置演变的其他属性。

6.9.15 写入

【写入】效果可以将描边描绘到图像上。选中素材，在菜单栏中执行【效果】/【生成】/【写入】命令，此时参数设置如图6-441所示。

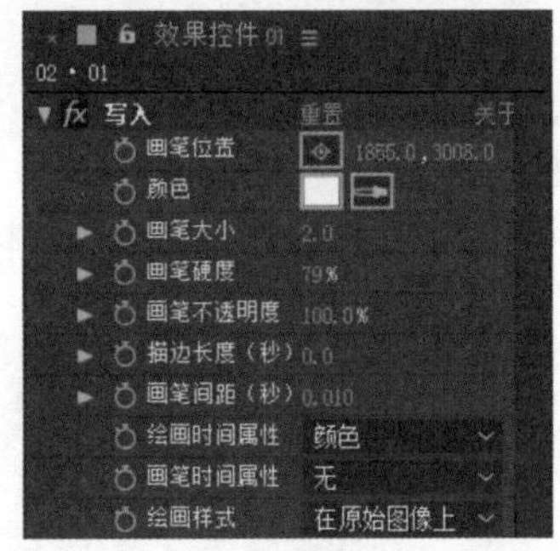

图 6-441

- 画笔位置：设置笔刷位置。
- 颜色：设置笔刷颜色。
- 画笔大小：设置笔刷大小。
- 画笔硬度：设置画笔边缘的坚硬程度。
- 笔刷不透明度：设置笔刷的透明程度。
- 描边长度：设置描边时长。
- 画笔间距：设置笔刷时间间隔。
- 绘画时间属性：设置【绘画时间属性】为无、不透明度或颜色。
- 画笔时间属性：设置画笔的时间属性。
- 绘画样式：设置绘画效果与原始图层的显示模式。

6.9.16 勾画

【勾画】效果可以在对象周围产生航行灯和其他基于路径的脉冲动画。选中素材，在菜单栏中执行【效果】/【生成】/【勾画】命令，此时参数设置如图6-442所示。为素材添加该效果的前后对比如图6-443所示。

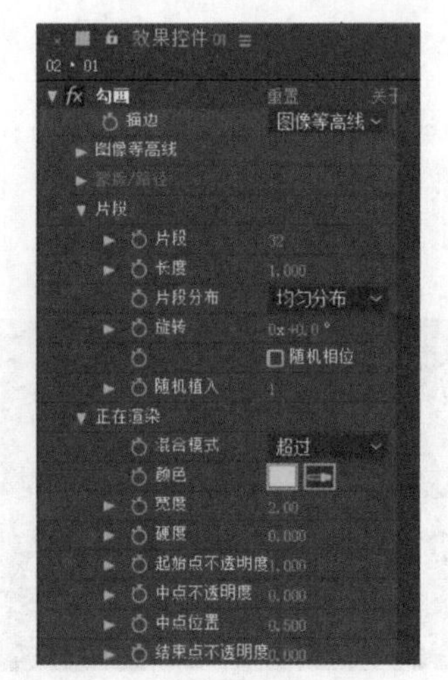

图 6-442

未使用该效果　　使用该效果

图 6-443

- 描边：设置描边类型为图像等高线或蒙版路径。
- 图像等高线：设置图像的等高线属性。
- 蒙版 / 路径：设置蒙版 / 路径属性。
- 片段：设置勾画的程度。
- 长度：设置勾画长度。
- 片段分布：设置勾画片段的分布方式为成簇分布或均匀分布。
- 旋转：设置勾画分布的旋转程度。
- 随机相位：勾选此选项，可产生随机相位效果。
- 随机植入：设置勾画的随机植入效果。
- 混合模式：设置勾画效果与原图的混合模式。
- 颜色：设置勾画的颜色显示。
- 宽度：设置勾画的宽度。
- 硬度：设置勾画边缘的坚硬程度。
- 起始点不透明度：设置起始点的透明程度。
- 中点不透明度：设置勾画效果中点的透明程度。
- 中点位置：设置勾画效果的中点位置。
- 结束点不透明度：设置勾画效果结束点的透明程度。

6.9.17 四色渐变

【四色渐变】效果可以为图像添加四种混合色点的渐变颜色。选中素材，在菜单栏中执行【效果】/【生成】/【四色渐变】命令，此时参数设置如图6-444所示。为素材添加该效果的前后对比如图6-445所示。

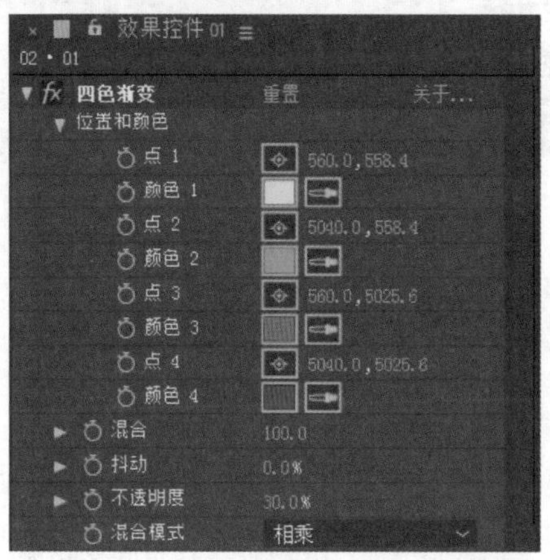

图6-444

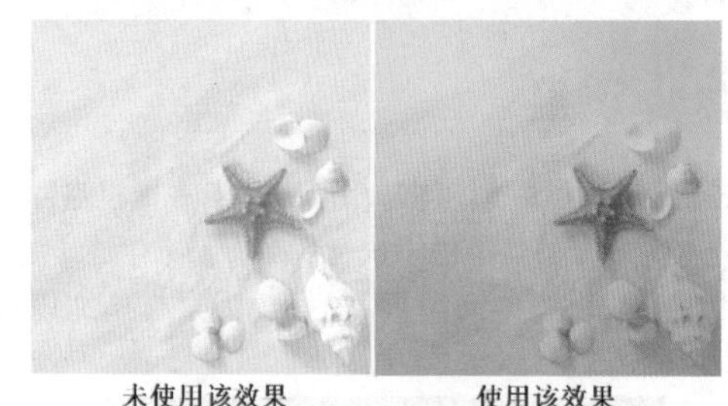

未使用该效果　　使用该效果

图6-445

- 位置和颜色：设置效果位置和颜色属性。
- 点1：设置颜色1的位置。
- 颜色1：设置颜色1的颜色。
- 点2：设置颜色2的位置。
- 颜色2：设置颜色2的位置。
- 点3：设置颜色3的位置。
- 颜色3：设置颜色3的位置。
- 点4：设置颜色4的位置。
- 颜色4：设置颜色4的位置。
- 混合：设置四种颜色的混合程度。
- 抖动：设置抖动程度。
- 不透明度：设置效果的透明程度。
- 混合模式：设置效果的混合模式。

6.9.18 描边

【描边】效果可以对蒙版轮廓进行描边。选中素材，在菜单栏中执行【效果】/【生成】/【描边】命令，此时参数设置如图6-446所示。为素材添加该效果的前后对比如图6-447所示。

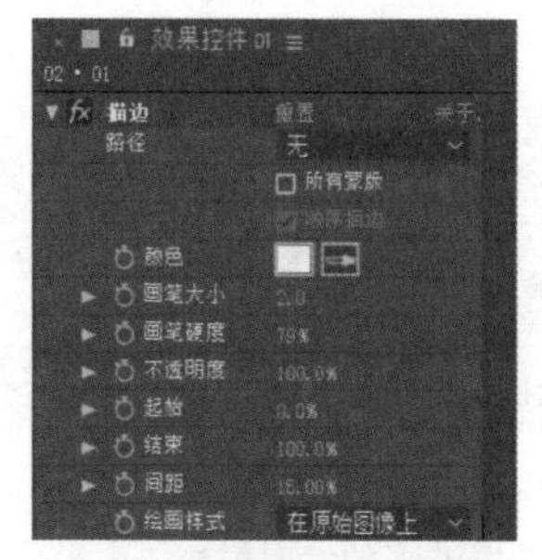

图6-446

未使用该效果　　使用该效果

图6-447

- 路径：设置描边的路径。
- 颜色：设置描边颜色。
- 画笔大小：设置笔刷的大小。
- 画笔硬度：设置画笔边缘的坚硬程度。
- 不透明度：设置描边效果的透明程度。
- 起始：设置开始数值。
- 结束：设置结束数值。
- 间距：设置描边段之间的间距数值。
- 绘画样式：设置描边的表现形式。

6.9.19 无线电波

【无线电波】效果可以使图像生成辐射波效果。选中素材，在菜单栏中执行【效果】/【生成】/【无线电波】命令，此时参数设置如图6-448所示。为素材添加该效果的前后对比如图6-449所示。

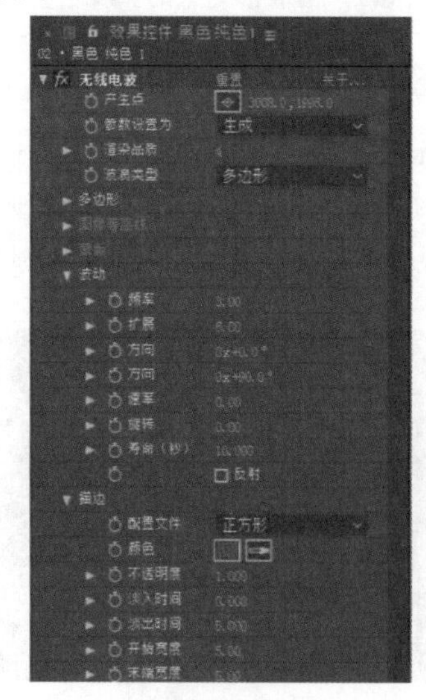

图6-448

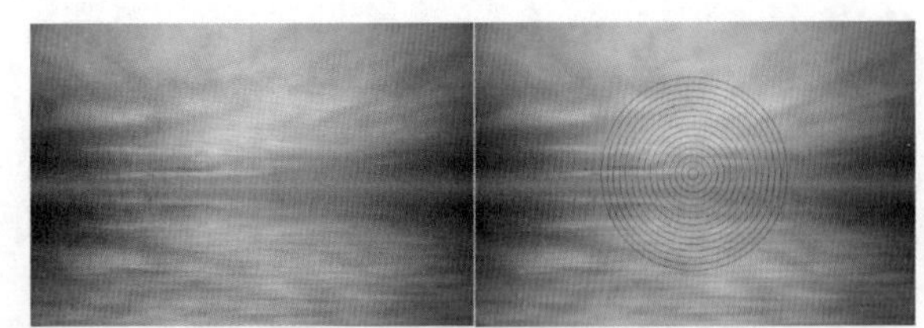

未使用该效果　　　　使用该效果

图 6-449

- 产生点：设置波形的发射位置。
- 参数设置为：选择参数设置的位置。
- 渲染品质：设置渲染的质量。
- 波浪类型：设置波形类型为多边形、图像轮廓或遮罩。
- 多边形：设置多边形属性。
- 图像等高线：设置图像等高线属性。
- 蒙版：当波形类型为遮罩时使用此项。
- 波动：设置波形的运动状态。
    - 频率：设置波形运动频率。
    - 扩展：设置波形扩展幅度。
    - 方向：设置波形方向。
    - 速率：设置波形转速。
    - 旋转：设置波形扭曲程度。
    - 寿命（秒）：设置波浪效果持续时间。
    - 反射：勾选此选项可反射。
- 描边：设置波形轮廓线。
    - 配置文件：设置配置文件方式。
    - 颜色：设置波浪颜色。
    - 不透明度：设置波浪的透明程度。
    - 淡入时间：设置波浪的淡入时间。
    - 淡出时间：设置波浪的淡出时间。
    - 开始宽度：设置波形开始的宽度。
    - 末端宽度：设置波形结束的宽度。

6.9.20 梯度渐变

【梯度渐变】效果可以创建两种颜色的渐变。选中素材，在菜单栏中执行【效果】/【生成】/【梯度渐变】命令，此时参数设置如图6-450所示。为素材添加该效果的前后对比如图6-451所示。

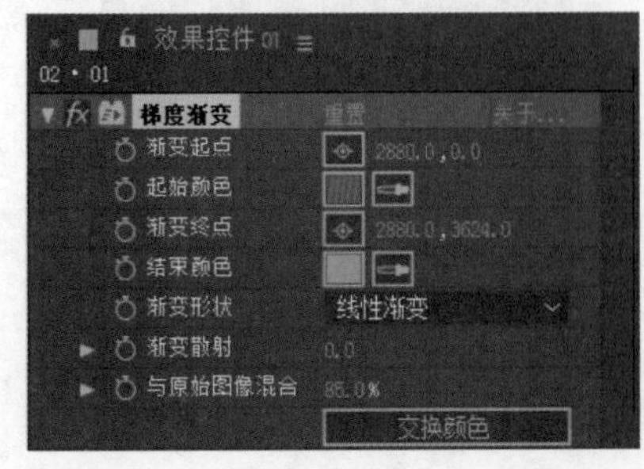

图 6-450

未使用该效果　　　　使用该效果

图 6-451

- 渐变起点：设置渐变开始的位置。
- 起始颜色：设置渐变开始的颜色。
- 渐变终点：设置渐变结束的位置。
- 结束颜色：设置渐变结束的颜色。
- 渐变形状：设置渐变形状为线性渐变或径向渐变。
- 渐变散射：设置渐变分散点的分散程度。
- 与原始图像混合：设置当前效果与原始图层的混合程度。

6.9.21 棋盘

【棋盘】效果可以创建棋盘图案，其中一半棋盘图案是透明的。选中素材，在菜单栏中执行【效果】/【生成】/【棋盘】命令，此时参数设置如图6-452所示。为素材添加该效果的前后对比如图6-453所示。

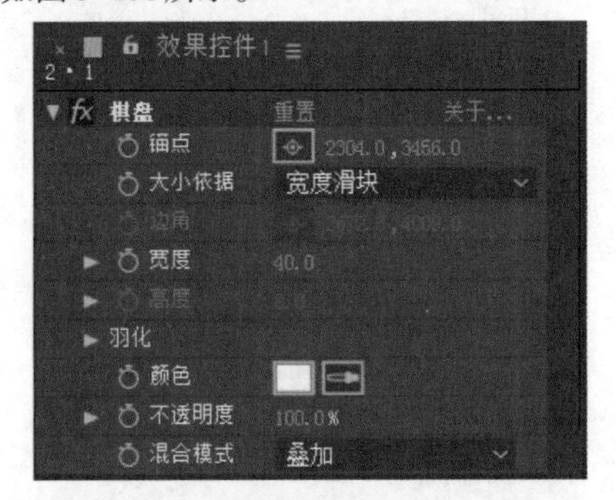

图 6-452

未使用该效果　　　　使用该效果

图 6-453

- 锚点：设置棋盘位置。
- 大小依据：设置棋盘大小类型为边角点、宽度滑块、宽度或高度滑块。
- 边角：当设置【大小依据】为边角点时可设置边角

位置。

- 宽度：设置【大小依据】为宽度滑块时，还可设置宽度数值。
- 高度：设置【大小依据】为高度滑块时，还可设置高度数值。
- 羽化：设置棋盘水平或垂直方向边缘的柔和程度。
- 颜色：设置棋盘的颜色。
- 不透明度：设置棋盘的透明程度。
- 混合模式：设置棋盘效果与原图像混合类型。

6.9.22 油漆桶

【油漆桶】效果常用于为素材的轮廓进行填充和描边。选中素材，在菜单栏中执行【效果】/【生成】/【油漆桶】命令，此时参数设置如图6-454所示。为素材添加该效果的前后对比如图6-455所示。

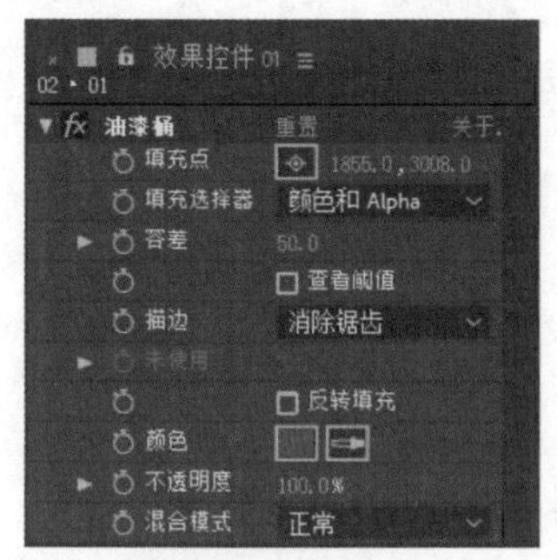

图 6-454

未使用该效果　　使用该效果

图 6-455

- 填充点：设置填充的位置。
- 填充选择器：设置填充类型为颜色和Alpha、直接颜色、透明度、不透明度或Alpha通道。
- 容差：设置颜色容差数值。
- 查看阈值：勾选显示阈值。
- 描边：设置填充边缘的类型。
- 反转填充：勾选此选项可反转当前的填充区域效果。
- 颜色：设置填充颜色。
- 不透明度：设置透明程度。
- 混合模式：设置油漆桶效果与原图像混合类型。

6.9.23 涂写

【涂写】效果可以涂写蒙版。选中素材，在菜单栏中执行【效果】/【生成】/【涂写】命令，此时参数设置如图6-456所示。

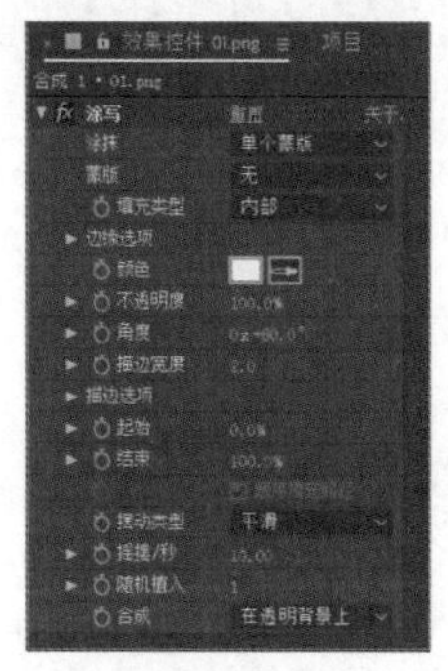

图 6-456

- 涂抹：设置需要涂抹蒙版。
- 蒙版：填充类型控制是否填充内绘制的路径，或沿路径创建一个图层。
- 填充类型：设置遮罩的填充方式为内部、中心边缘、在边缘内、外面边缘、左边或右边。
- 颜色：设置笔刷涂抹的颜色。
- 不透明度：设置涂抹的透明程度。
- 角度：设置涂抹角度。
- 描边宽度：设置笔触的宽度。
- 描边选项：设置笔触的弯曲、间距和杂乱等属性。
- 起始：设置笔触绘制的开始数值。
- 结束：设置笔触绘制的结束数值。
- 顺序填充路径：勾选此选项可按顺序填充路径。
- 摆动类型：设置笔触的扭动形式。
- 摇摆 / 秒：设置二次抖动的数量。
- 随机植入：设置笔触抖动的随机数值。
- 合成：设置合成方式。

6.9.24 音频波形

【音频波形】效果可以显示音频层波形。选中素材，在菜单栏中执行【效果】/【生成】/【音频波形】命令，此时参数设置如图6-457所示。为素材添加该效果的前后对比如图6-458所示。

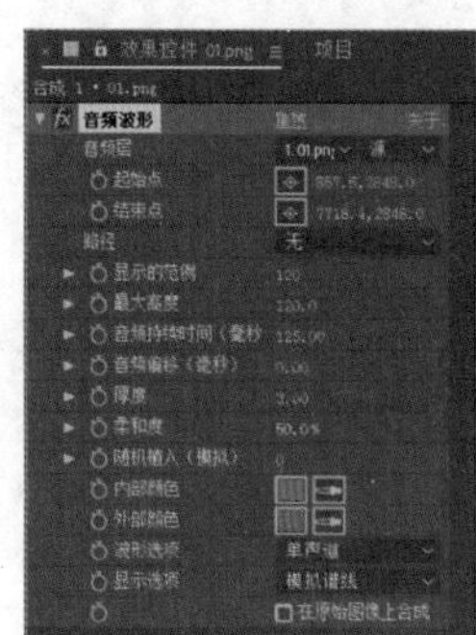

图 6-457

未使用该效果　　使用该效果

图 6-458

- 音频层：设置合成的音频参考层。
- 起始点：设置频谱开始的位置。
- 结束点：设置频谱终点的位置。
- 路径：设置路径使频谱沿路径变化。
- 显示的范例：设置图像显示的范例。
- 最大高度：显示频谱的最大振幅。
- 音频持续时间（毫秒）：设置音频持续时间。
- 音频偏移（毫秒）：设置音频的波形位移。
- 厚度：设置音频的波形厚度。
- 柔和度：设置频谱边缘的柔和程度。
- 随机植入（模拟）：设置波形显示的数量。
- 内部颜色：设置波形的中间颜色。
- 外部颜色：设置波形的外部颜色。
- 波形选项：设置波形的显示方式。
- 显示选项：设置显示方式为数字、模拟谱线或模拟频点。
- 在原始图像上合成：勾选此选项可在原始图像上合成。

6.9.25 音频频谱

【音频频谱】效果可以显示音频层的频谱。选中素材，在菜单栏中执行【效果】/【生成】/【音频频谱】命令，此时参数设置如图6-459所示。为素材添加该效果的前后对比如图6-460所示。

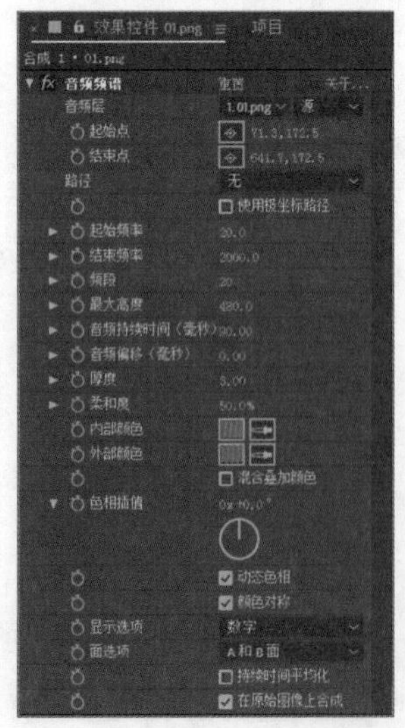

图 6-459

未使用该效果　　使用该效果

图 6-460

- 音频频谱：设置音频参考层。
- 起始点：设置频谱开始位置。
- 结束点：设置频谱终点位置。
- 路径：设置路径使频谱沿路径变化。
- 使用极坐标路径：勾选此选项可使用极地路径。
- 起始频率：设置起始音频频率。
- 结束频率：设置结束音频频率。
- 频段：设置频率波段的显示数量。
- 最大高度：设置显示频谱的振幅。
- 音频持续时间（毫秒）：设置音频持续时间。
- 音频偏移（毫秒）：设置音频的波形位移。
- 厚度：设置音频图像厚度。
- 柔和度：设置频谱边缘柔和程度。
- 内部颜色：设置频谱中间颜色。
- 外部颜色：设置频谱外部颜色。
- 混合叠加颜色：设置指定重叠频谱混合。
- 色相插值：设置频谱的颜色插值。
- 动态色相：设置颜色相位变化。
- 颜色对称：勾选此选项可使用颜色对称。
- 显示选项：设置是否显示数字、模拟谱线、模拟频点。
- 面选项：设置是否显示上述路径（A面）的频谱、在下面的路径（B面）或两者（A面和B面）。
- 持续时间平均化：勾选此选项可持续时间平均化。
- 在原始图像上合成：勾选此选项可在原始图像上合成。

6.9.26 高级闪电

【高级闪电】效果可以为图像创建丰富的闪电效果。选中素材，在菜单栏中执行【效果】/【生成】/【高级闪电】命令，此时参数设置如图6-461所示。为素材添加该效果的前后对比如图6-462所示。

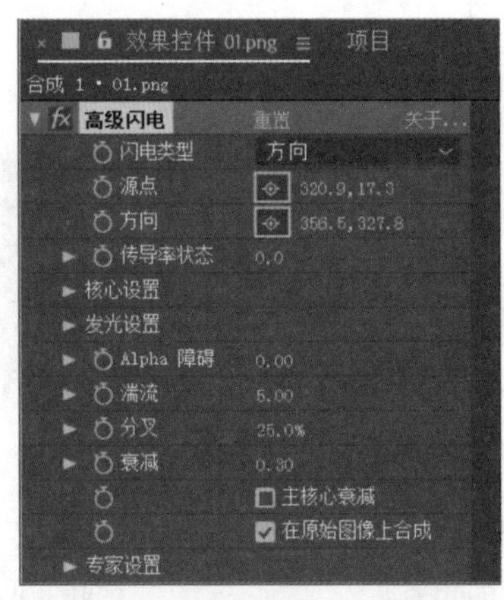

图 6-461

图 6-462

- 闪电类型：设置闪电类型。其中包括方向、击打、阻断、回弹、全方位、随机、垂直、双向击打。
- 源点：设置闪电开始位置。
- 方向：设置闪电结束位置。
- 传导率状态：设置闪电随机度。
- 核心设置：设置闪电核心属性。
- 发光设置：设置闪电发光属性。
- Alpha障碍：设置闪电受Alpha通道的影响程度。
- 湍流：设置闪电混乱数值。
- 分叉：设置闪电分支数量。
- 衰减：设置闪电分支的衰减数值。
- 主核心衰减：勾选此选项可设置主核心衰减数值。
- 在原始图像上合成：勾选此选项可在原始图像上合成。
- 专家设置：设置闪电效果的高级属性及精细程度。

6.10 时间

【时间】效果组可以控制素材时间特性，并以当前素材的时间为基准做进一步的编辑和更改。该效果组中包含【CC Force Motion Blur】【CC Wide Time】【色调分离时间】【像素运动模糊】【时差】【时间扭曲】【时间置换】【残影】等效果，如图6-463所示。

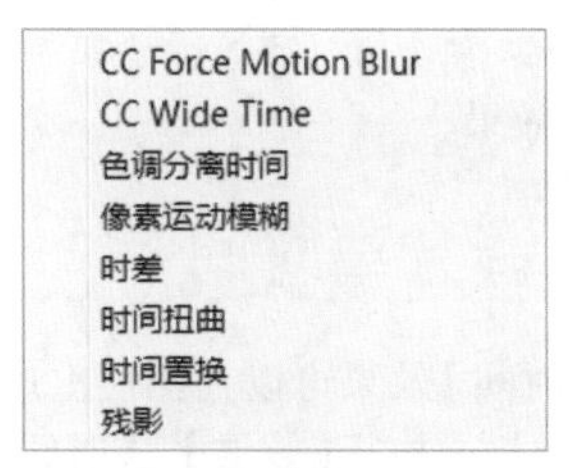

图 6-463

6.10.1 CC Force Motion Blur

【CC Force Motion Blur(CC强制动态模糊)】效果可以使图像产生运动模糊混合层的中间帧。选中素材，在菜单栏中执行【效果】/【时间】/【CC Force Motion Blur】命令，此时参数设置如图6-464所示。

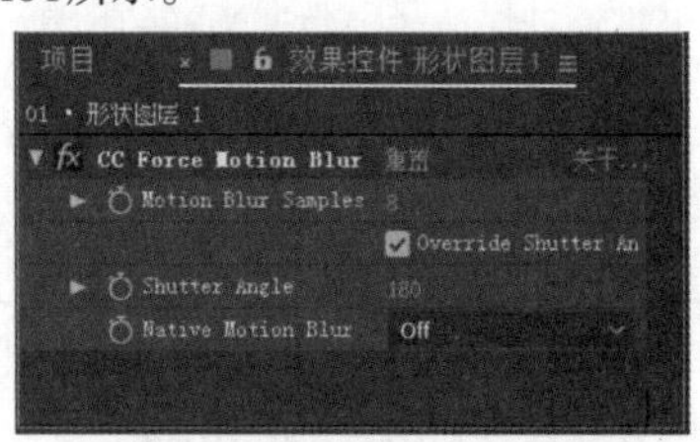

图 6-464

- Motion Blur Samples（运动模糊采样）：设置运动模糊的模糊程度。
- Override Shutter Angle（覆盖百叶窗角度）：勾选此选项可覆盖模糊效果。
- Shutter Angle（百叶窗角度）：设置运动模糊效果的强烈程度。
- Native Motion Blur（自然运动模糊）：设置是否开启运动模糊效果。

6.10.2 CC Wide Time

【CC Wide Time(CC时间工具)】效果可以设置图像前、后方的重复数量，进而使图像产生连续的重复效果。选中素材，在菜单栏中执行【效果】/【时间】/【CC Wide Time】命令，此时参数设置如图6-465所示。

图 6-465

- Forward Steps（前方步数）：设置图像前方的重复数量。
- Backward Steps（后方步数）：设置图像后方的重复数量。

- Native Motion Blur（自然运动模糊）：设置是否开启运动模糊效果。

6.10.3 色调分离时间

【色调分离时间】效果可以在图层上应用特定帧速率。选中素材，在菜单栏中执行【效果】/【时间】/【色调分离时间】命令，此时参数设置如图6-466所示。

图 6-466

帧速率：可将每秒播放的帧数调为新的帧数。

6.10.4 像素运动模糊

【像素运动模糊】效果可以基于像素运动引入运动模糊。选中素材，在菜单栏中执行【效果】/【时间】/【像素运动模糊】命令，此时参数设置如图6-467所示。

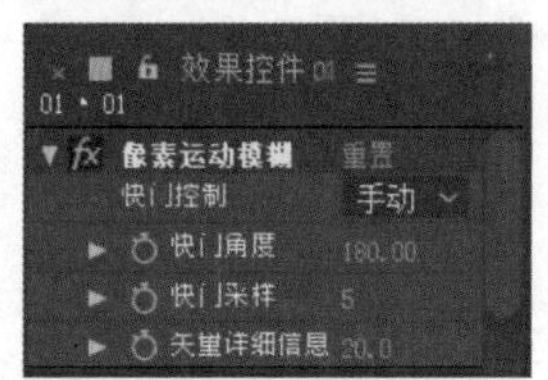

图 6-467

- 快门控制：设置快门控制方式。
- 快门角度：设置快门角度。
- 快门采样：设置快门采样数值。
- 矢量详细信息：设置矢量像素的精细程度。

6.10.5 时差

【时差】效果可以计算两个图层之间的像素差值。选中素材，在菜单栏中执行【效果】/【时间】/【时差】命令，此时参数设置如图6-468所示。为素材添加该效果的前后对比如图6-469所示。

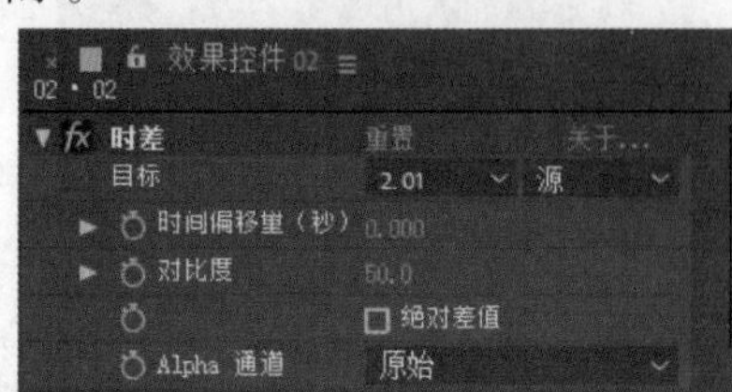

图 6-468

未使用该效果　　使用该效果

图 6-469

- 目标：设置目标图层。
- 时间偏移量：设置时间偏移数值，以秒为单位。
- 对比度：设置明暗对比数值。
- 绝对差值：勾选此选项可选择绝对差值。
- Alpha 通道：设置Alpha通道为原始、目标、混合、最大值、完全打开、结果亮度、结果最大值、Alpha差值或仅Alpha差值。

6.10.6 时间扭曲

【时间扭曲】效果可以运动估计重新定时为慢运动、快运动及添加运动模糊。选中素材，在菜单栏中执行【效果】/【时间】/【时间扭曲】命令，此时参数设置如图6-470所示。

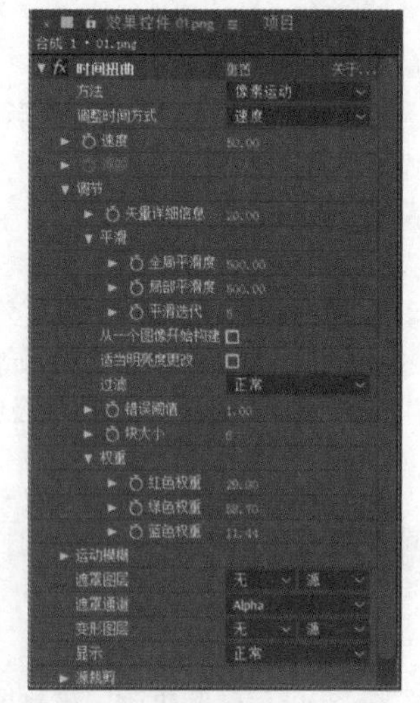

图 6-470

- 方法：设置需要进行扭曲的方式。
- 调整时间方式：设置速度和源帧。
- 速度：设置速度大小。
- 源帧：设置来源帧。

- 调节：设置调节参数值。
  - 矢量详细信息：设置详细矢量数值。
  - 平滑：设置平滑参数。
  - 全局平滑度：设置全面平滑数值。
  - 局部平滑度：设置局部平滑数值。
  - 平滑迭代：设置反复平滑数值。
  - 从一个图像开始构建：设置构建图片。
  - 适当明亮度更改：设置亮度变化。
  - 过滤：设置过滤器模式为正常或极端。
  - 错误阈值：设置错误阈值数值。
  - 块大小：设置块大小数值。
  - 权重：设置红、黄、蓝颜色加重程度。
  - 红色权重：设置红色加重程度。
  - 黄色权重：设置黄色加重程度。
  - 蓝色权重：设置蓝色加重程度。
- 运动模糊：设置模糊效果属性。
- 遮罩图层：设置蒙版图层类型。
- 遮罩通道：设置蒙版通道类型为明亮度、反转明亮度、Alpha或反转Alpha。

6.10.7 时间置换

【时间置换】效果可以使用其他图层置换当前图层像素的时间。选中素材，在菜单栏中执行【效果】/【时间】/【时间置换】命令，此时参数设置如图6-471所示。

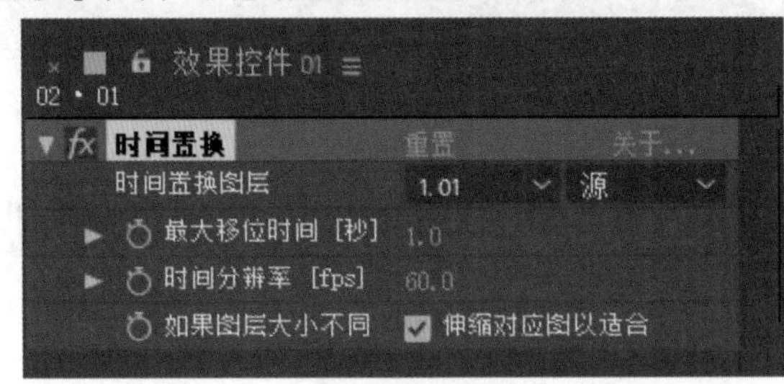

图 6-471

- 时间置换图层：设置时间替换层。
- 最大位移时间：设置最大位移时间，单位为秒。
- 时间分辨率：设置时间分辨率。
- 如果图层大小不同：勾选此选项，可将不同大小的两个图层进行拉伸以适合。

6.10.8 残影

【残影】效果可以混合不同时间帧。选中素材，在菜单栏中执行【效果】/【时间】/【残影】命令，此时参数设置如图6-472所示。为素材添加该效果的前后对比如图6-473所示。

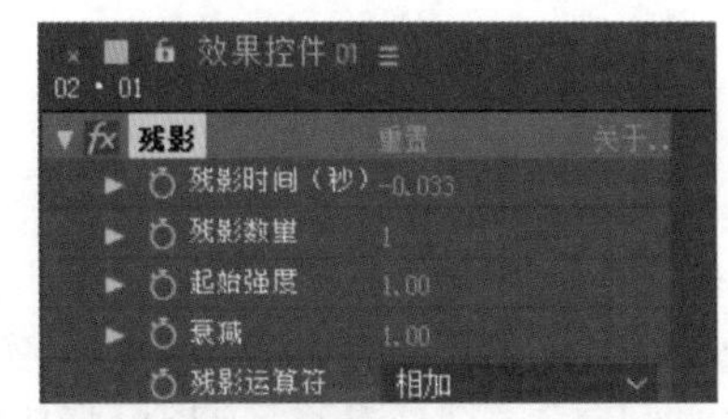

图 6-472

图 6-473

- 残影时间：设置延时图像的产生时间。以秒为单位，正值为之后出现，负值为之前出现。
- 残影数量：设置延续画面的数量。
- 起始强度：设置延续画面开始的强度。
- 衰减：设置延续画面的衰减程度。
- 残影运算符：设置重影后续效果的叠加模式。

6.11 实用工具

【实用工具】效果组可以调整图像颜色的输出和输入设置。其中包含【范围扩散】【CC Overbrights】【Cineon转换器】【HDR压缩扩展器】【HDR高光压缩】【应用颜色LUT】【颜色配置文件转换器】等效果，如图6-474所示。

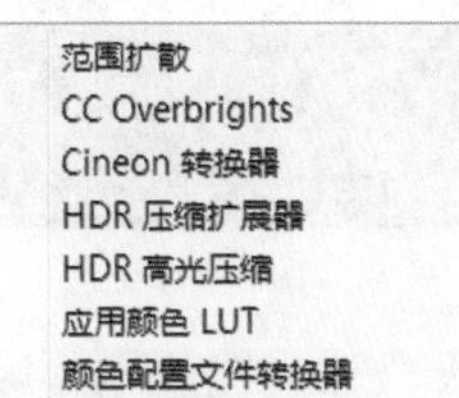

图 6-474

6.11.1 范围扩散

【范围扩散】效果可增大紧跟它的效果的图层大小。选中素材，在菜单栏中执行【效果】/【实用工具】/【范围扩散】命令，此时参数设置如图6-475所示。

图 6-475

像素：设置像素数值，使其效果应用于指定半径。

6.11.2 CC Overbrights

【CC Overbrights(CC亮色)】效果可以确定在明亮的像素范围内工作。选中素材，在菜单栏中执行【效果】/【实用工具】/【CC Overbrights】命令，此时参数设置如图6-476所示。

图 6-476

- Channel（渠道）：设置控制渠道。
- Clip Color（克莱奥的颜色）：设置效果颜色。

6.11.3 Cineon 转换器

【Cineon 转换器】效果可以将标准线性应用到对数转换曲线。选中素材，在菜单栏中执行【效果】/【实用工具】/【Cineon 转换器】命令，此时参数设置如图6-477所示。为素材添加该效果的前后对比如图6-478所示。

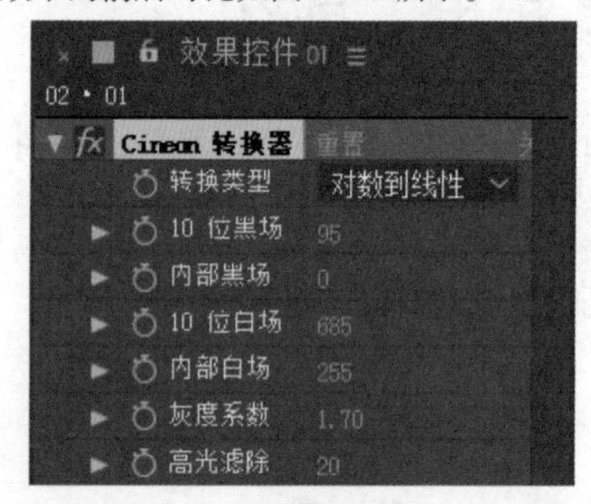

图 6-477

未使用该效果　　使用该效果

图 6-478

- 转换类型：设置图像使用的转换类型为线性到对数、对数到线性或对数到对数。
- 10位黑场：设置10位黑点数值。
- 内部黑场：设置内部黑点数值。
- 10位白场：设置10位白点数值。
- 内部白场：设置内部白点数值。
- 灰度系数：设置灰度数值。
- 高光滤除：设置高光距离。

6.11.4 HDR 压缩扩展器

选中素材，在菜单栏中执行【效果】/【实用工具】/【HDR压缩扩展器】命令，此时参数设置如图6-479所示。为素材添加该效果的前后对比如图6-480所示。

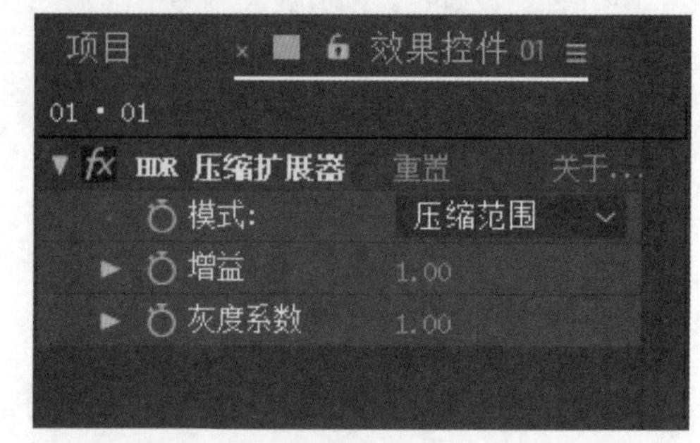

图 6-479

未使用该效果

使用该效果

图 6-480

- 模式：设置效果使用的类型为压缩范围或扩展范围。
- 增益：设置增加所选类型的色彩值。
- 灰度系数：设置灰度数值。

6.11.5 HDR 高光压缩

【HDR 高光压缩】效果可以在高动态范围图像中压缩高光值。选中素材，在菜单栏中执行【效果】/【实用工具】/【HDR 高光压缩】命令，此时参数设置如图6-481所示。为素材添加该效果的前后对比如图6-482所示。

图 6-481

未使用该效果　　　　使用该效果

图 6-482

6.11.6　应用颜色LUT

【应用颜色LUT】效果可以在弹出的文件夹中选择LUT文件进行编辑。选中素材，在菜单栏中执行【效果】/【实用工具】/【应用颜色LUT】命令，此时参数设置如图6-483所示。

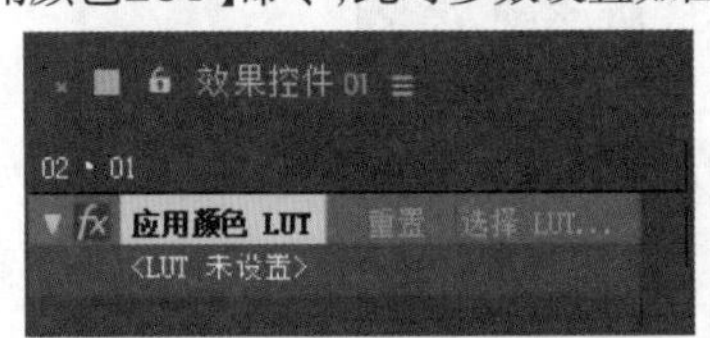

图 6-483

6.11.7　颜色配置文件转换器

【颜色配置文件转换器】效果可以指定输入和输出的配置文件，将图层从一个颜色空间转换到另一个颜色空间。选中素材，在菜单栏中执行【效果】/【实用工具】/【颜色配置文件转换器】命令，此时参数设置如图6-484所示。为素材添加该效果的前后对比如图6-485所示。

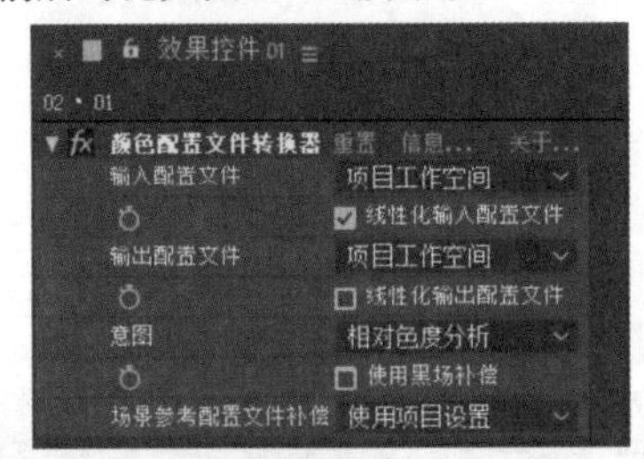

图 6-484

未使用该效果　　　　使用该效果

图 6-485

- 输入配置文件：设置输入的色彩空间类型为Project Working Space或Adobe RGB。
- 线性化输入配置文件：设置色彩轮廓转换。
- 输出配置文件：设置输出的色彩空间。图6-486所示为设置【输出配置文件】为Apple RGB和ProPhoto RGB的对比效果。

未使用该效果　　　　使用该效果

图 6-486

- 线性化输出配置文件：单击选择进行色彩轮廓转换。
- 意图：设置色彩空间基于何种色系调节。
- 使用黑场补偿：勾选此选项可使用黑场补偿。
- 场景参考配置文件补偿：设置场景参考配置文件的补偿方式。

6.12　透视

【透视】效果组可以为图像制作透视效果，也可以为二维素材添加三维效果。其中包含【3D眼镜】【3D摄像机跟踪器】【CC Cylinder】【CC Environment】【CC Sphere】【CC Spotlight】【径向阴影】【投影】【斜面Alpha】【边缘斜面】等效果，如图6-487所示。

图 6-487

6.12.1　3D眼镜

【3D眼镜】可用于制作3D电影效果，将左右两个图层合成为3D立体视图。选中素材，在菜单栏中执行【效果】/【透视】/【3D眼镜】命令，此时参数设置如图6-488所示。为素材添加该效果的前后对比如图6-489所示。

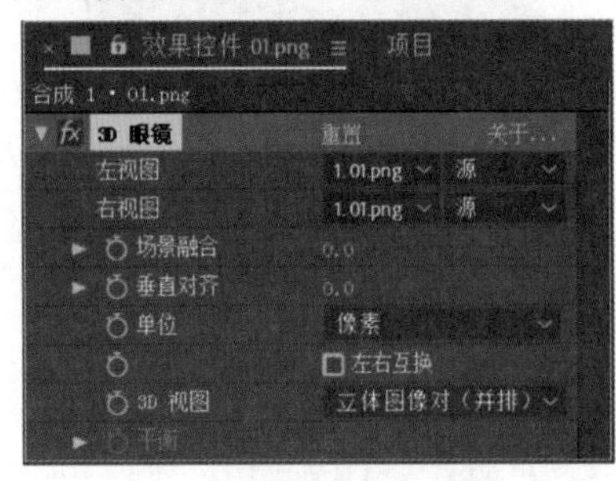

图 6-488

图 6-489

- 左视图：设置左侧显示的图层。
- 右视图：设置右侧显示的图层。
- 场景融合：设置画面的偏移程度。
- 垂直对齐：设置左右视图相对的垂直偏移程度。
- 单位：设置像素的显示。
- 左右互换：勾选此选项可切换左右视图。
- 3D视图：设置视图的模式。图6-490所示为设置【3D视图】为平衡左红右蓝和平衡红蓝染色的对比效果。

3D视图：平衡左红右蓝
3D视图：平衡红蓝染色

图 6-490

- 平衡：设置画面平衡值。

6.12.2　3D摄像机跟踪器

【3D摄像机跟踪器】效果可以从视频中提取3D场景数据。选中素材，在菜单栏中执行【效果】/【透视】/【3D摄像机跟踪器】命令，此时参数设置如图6-491所示。

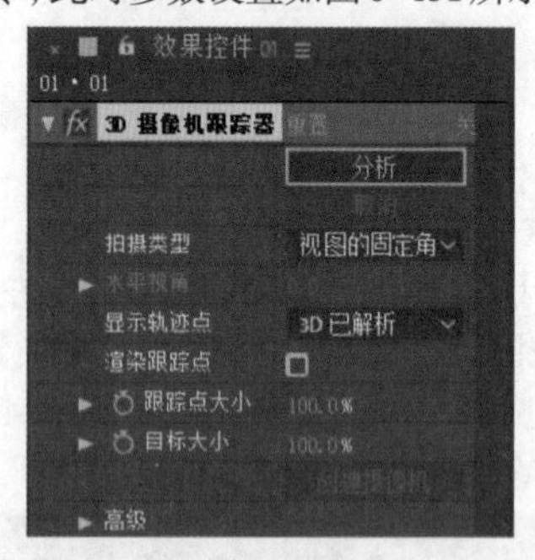

图 6-491

6.12.3　CC Cylinder

【CC Cylinder(CC 圆柱体)】效果可以使图像呈圆柱体卷起，形成3D立体效果。选中素材，在菜单栏中执行【效果】/【透视】/【CC Cylinder】命令，此时参数设置如图6-492所示。为素材添加该效果的前后对比如图6-493所示。

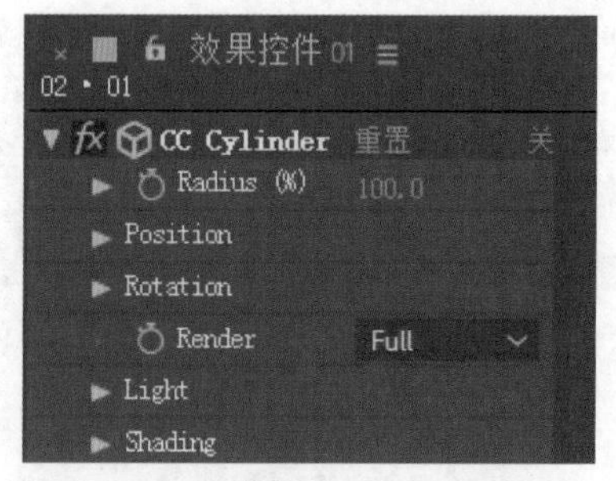

图 6-492

图 6-493

- Radius（半径）：设置圆柱体的半径大小。
- Position（位置）：设置圆柱体在画面中的位置变化。
- Rotation（旋转）：设置圆柱体的旋转角度。
- Render（渲染）：设置圆柱体的显示。
- Light（灯光）：设置效果灯光属性。
- Shading（阴影）：设置效果明暗程度。

6.12.4　CC Environment

【CC Environment(CC 环境)】效果可以将环境映射到相机视图上。选中素材，在菜单栏中执行【效果】/【透视】/【CC Environment】命令，此时参数设置如图6-494所示。

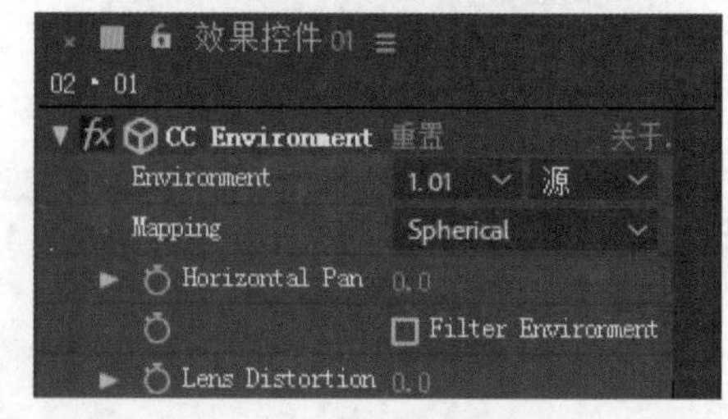

图 6-494

- Environment（环境）：设置环境效果应用图层。
- Mapping（映射）：设置映射属性。
- Filter Environment（过滤环境）：勾选此选项可过滤环境效果。
- Lens Distortion（光学变形）：设置光学变形程度。

6.12.5 CC Sphere

【CC Sphere(CC 球体)】效果可以使图像以球体的形式呈现。选中素材，在菜单栏中执行【效果】/【透视】/【CC Sphere】命令，此时参数设置如图6-495所示。为素材添加该效果的前后对比如图6-496所示。

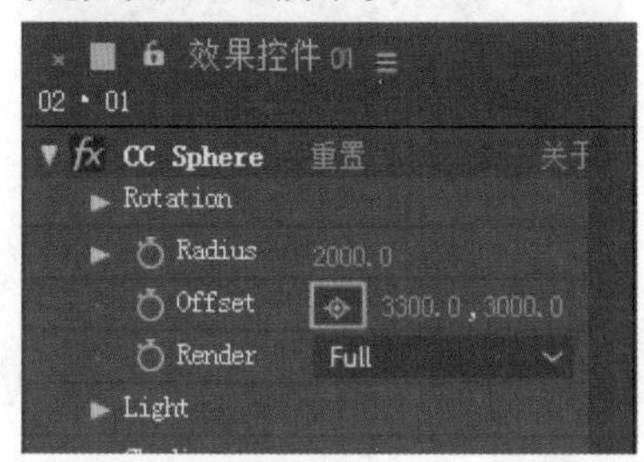

图6-495

未使用该效果　　使用该效果

图6-496

- Rotation（旋转）：设置球体效果旋转角度。
- Radius（半径）：设置球体效果的半径大小。
- Offset（偏移）：设置球体的位置变化程度。
- Render（渲染）：设置球体的显示方式。
- Light（灯光）：设置效果灯光属性。
- Shading（阴影）：设置效果明暗程度。

6.12.6 CC Spotlight

【CC Spotlight(CC 聚光灯)】可以模拟聚光灯效果。选中素材，在菜单栏中执行【效果】/【透视】/【CC Spotlight】命令，此时参数设置如图6-497所示。为素材添加该效果的前后对比如图6-498所示。

图6-497

未使用该效果　　使用该效果

图6-498

- From（开始）：设置聚光灯开始点的位置。
- To（结束）：设置聚光灯结束点的位置。
- Height（高度）：设置灯光的倾斜程度。
- Cone Angle（锥角）：设置灯光的半径大小。
- Edge Softness（边缘柔和度）：设置灯光的边缘柔和程度。
- Color（颜色）：设置灯光颜色。
- Intensity（强度）：设置灯光强度。
- Render（渲染）：设置灯光的显示方式。

6.12.7 径向阴影

【径向阴影】可以使图像产生投影效果。选中素材，在菜单栏中执行【效果】/【透视】/【径向阴影】命令，此时参数设置如图6-499所示。为素材添加该效果的前后对比如图6-500所示。

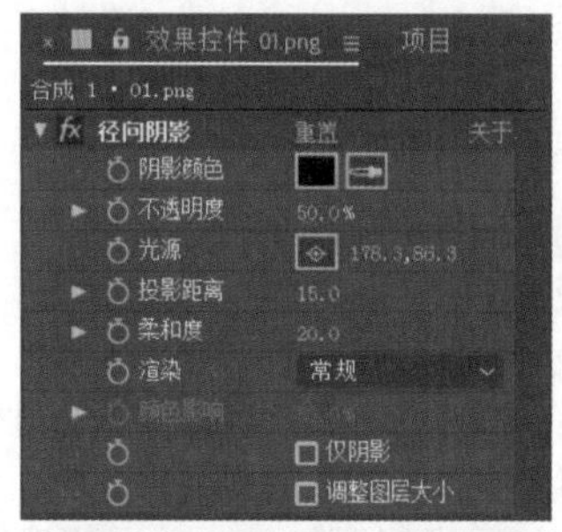

图6-499

未使用该效果　　使用该效果

图6-500

- 阴影颜色：设置阴影颜色。
- 不透明度：设置阴影的透明程度。
- 光源：设置光源位置。
- 投影距离：设置投影与图像之间的距离。
- 柔和度：设置投影的柔和程度。
- 渲染：设置阴影的渲染方式为正常或玻璃边缘。

- 颜色影响：设置颜色对投影效果的影响程度。
- 仅阴影：勾选此选项可只显示阴影模式。
- 调整图层大小：勾选此选项可调整图层大小。

6.12.8 投影

【投影】可以根据图像的Alpha通道为图像绘制阴影效果。选中素材，在菜单栏中执行【效果】/【透视】/【投影】命令，此时参数设置如图6-501所示。为素材添加该效果的前后对比如图6-502所示。

图6-501

未使用该效果　　使用该效果

图6-502

- 阴影颜色：设置阴影颜色。
- 不透明度：设置阴影透明程度。
- 方向：设置阴影产生的方向。
- 距离：设置投影效果与图像的距离。
- 柔和度：设置阴影的柔和程度。图6-503所示为【柔和度】值为1和200时的对比效果。

柔和度：1　　柔和度：200

图6-503

- 仅阴影：勾选此选项可使画面中仅显示阴影。

6.12.9 斜面 Alpha

【斜面 Alpha】可以为图层Alpha的边界产生三维厚度的效果。选中素材，在菜单栏中执行【效果】/【透视】/【斜面Alpha】命令，此时参数设置如图6-504所示。为素材添加该效果的前后对比如图6-505所示。

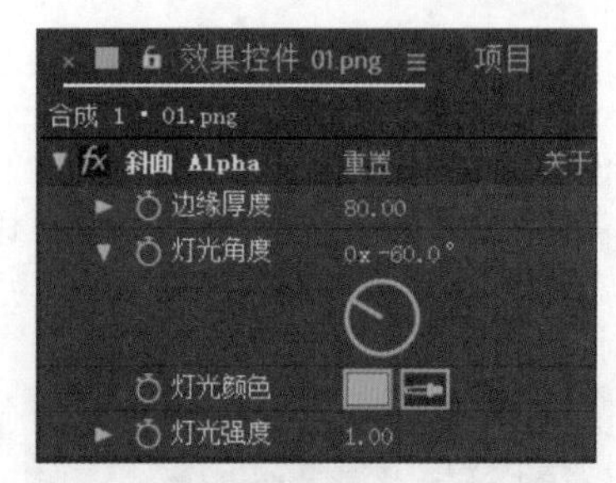

图6-504

未使用该效果　　未使用该效果

图6-505

- 边缘厚度：设置边缘的薄厚程度。
- 灯光角度：设置灯光角度，决定斜面效果的产生方向。
- 灯光颜色：设置灯光颜色，决定斜面颜色。
- 灯光强度：设置灯光的强弱程度。

6.12.10 边缘斜面

【边缘斜面】可以为图层边缘增添斜面外观效果。选中素材，在菜单栏中执行【效果】/【透视】/【边缘斜面】命令，此时参数设置如图6-506所示。为素材添加该效果的前后对比如图6-507所示。

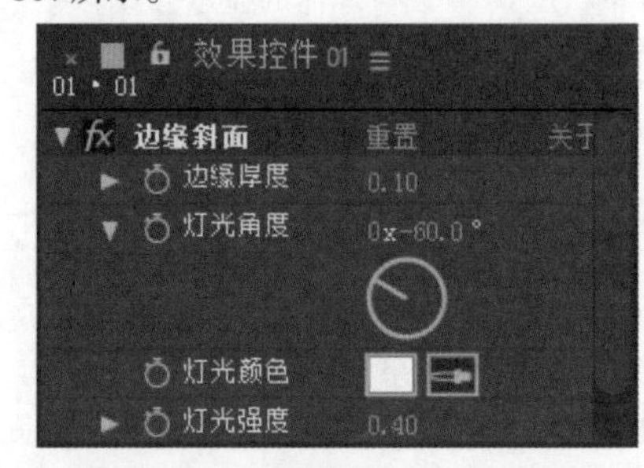

图6-506

未使用该效果　　使用该效果

图6-507

- 边缘厚度：设置边缘宽度。
- 灯光角度：设置灯光角度，决定斜面明暗面。
- 灯光颜色：设置灯光颜色，决定斜面的反射颜色。图6-508所示为【灯光颜色】设置为蓝色和红色时的对比效果。

灯光颜色：蓝色　　灯光颜色：红色

图 6-508

- 灯光强度：设置灯光的强弱程度。

6.13 文本

【文本】效果组主要用于辅助文本工具为画面添加一些计算数值时间的文字效果，其中包含【编号】和【时间码】两种效果，如图6-509所示。

图 6-509

6.13.1 编号

【编号】效果可以为图像生成有序和随机数字序列。选中素材，在菜单栏中执行【效果】/【文本】/【编号】命令，此时参数设置如图6-510所示。为素材添加该效果的前后对比如图6-511所示。

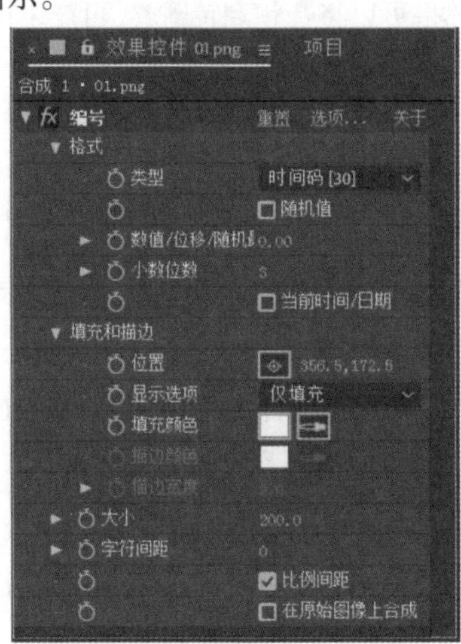

图 6-510

未使用该效果　　使用该效果

图 6-511

- 格式：设置编码文本的字体类型、格式等属性。
  - 类型：设置数字类型为数目、数目（不足补零）、时间码（30）、时间码（25）、时间码（24）、时间、数字日期、短日期、长日期或十六进制。图6-512所示为设置【类型】为时间码（30）和数字日期时的对比效果。

类型：时间码（30）　　类型：数字日期

图 6-512

  - 随机值：设置文本数字的随机化。
  - 数值 / 位移 / 随机最大：设置数字随机的离散范围。
  - 小数位数：设置编码数字文本小数点的位置。
  - 当前时间 / 日期：勾选此选项可设置编码内容为当前时间 / 日期。
- 填充和描边：设置编码文本的填充和描边属性。
  - 位置：设置编码位置。
  - 显示选项：设置编码的表现形式为仅填充、仅描边、在描边上填充或在填充上描边。图6-513所示为在描边上填充和在填充上描边的对比效果。

显示选项：在描边上填充　　显示选项：在填充上描边

图 6-513

  - 填充颜色：设置编码填充颜色。
  - 描边颜色：设置编码边缘颜色。
  - 描边宽度：设置编码边缘的宽度。
- 大小：设置编码文本的大小。
- 字符间距：设置编码字符之间的距离。
- 比例间距：设置编码文本的比例距离。
- 在原始图像上合成：勾选此选项可使编码在原始图层上显示。

6.13.2 时间码

【时间码】效果可以阅读并刻录时间码信息。选中素材，在菜单栏中执行【效果】/【文本】/【时间码】命令，此时参数设置如图6-514所示。为素材添加该效果的前后对比如图6-515所示。

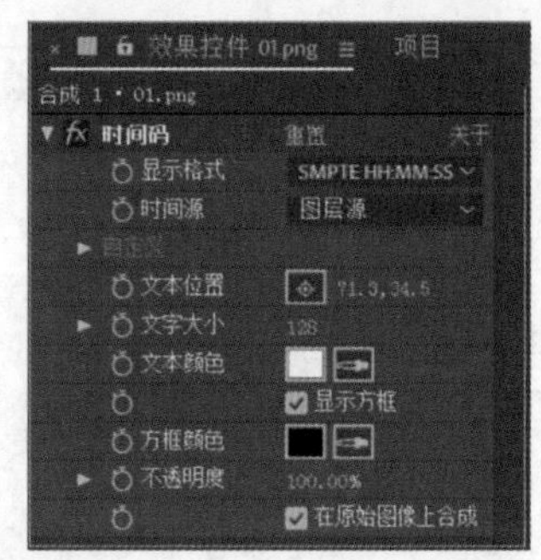

图6-514

图6-515

- 显示格式：设置时间码的显示格式。
- 时间源：设置【时间源】为图层源、合成或自定义。
- 自定义：可自行设置合适的数值。
- 文本位置：设置时间编码显示的位置。
- 文本大小：设置时间编码大小。
- 文本颜色：设置时间编码颜色。
- 显示方框：勾选此选项可显示方框。图6-516所示为是否勾选此选项的对比效果。

图6-516

- 方框颜色：设置时间编码方框颜色。
- 不透明度：设置时间编码的透明程度。
- 在原始图像上合成：勾选此选项可使时间编码在原图像中显示。

6.14 音频

【音频】效果组可以对声音素材进行相应的效果处理，制作出不同的声音效果。其中包含【调制器】【倒放】【低音和高音】【参数均衡】【变调与合声】【延迟】【混响】【立体声混合器】【音调】【高通/低通】等效果，如图6-517所示。

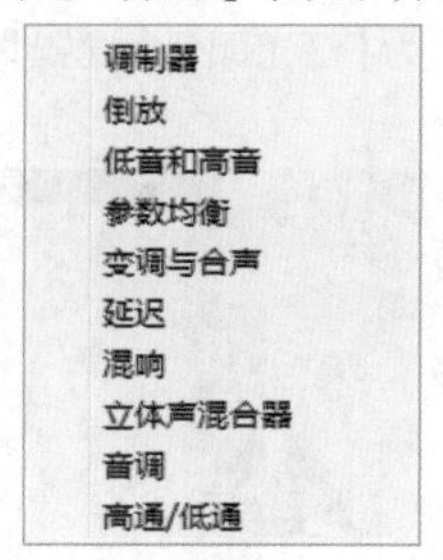

图6-517

6.14.1 调制器

【调制器】效果可以改变频率和振幅，从而产生颤音效果。选中素材，在菜单栏中执行【效果】/【音频】/【调制器】命令，此时参数设置如图6-518所示。

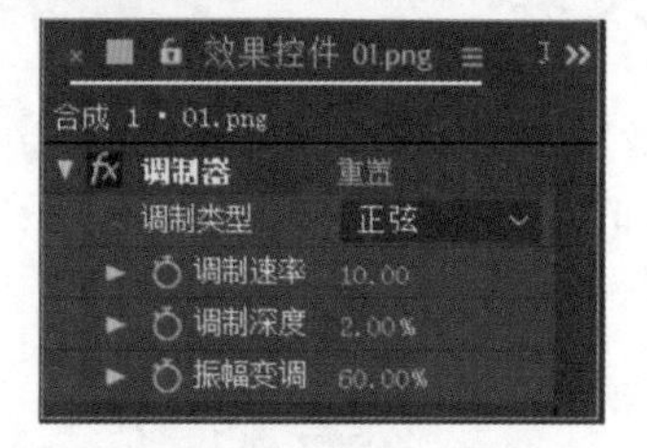

图6-518

- 调制类型：设置颤音类型为正弦或三角形。
- 调制速率：设置音频速度。
- 调制深度：设置调制深度。
- 振幅变调：设置振幅变调程度。

6.14.2 倒放

【倒放】效果可以将音频翻转倒放，可产生神奇的音频效果。选中素材，在菜单栏中执行【效果】/【音频】/【倒放】命令，此时参数设置如图6-519所示。

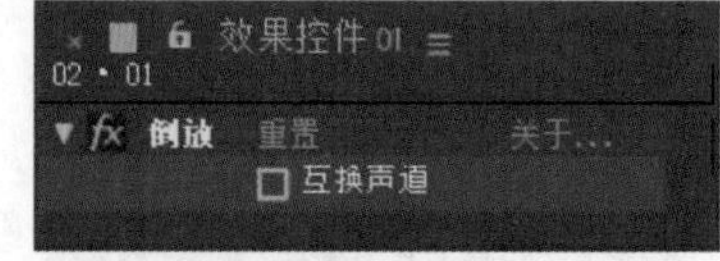

图6-519

互换声道：勾选此选项可将两个音轨进行反向播放。

6.14.3 低音和高音

【低音和高音】效果可以增加或减少音频的低音和高音。选中素材，在菜单栏中执行【效果】/【音频】/【低音和高音】命令，此时参数设置如图6-520所示。

图 6-520

- 低音：设置低音部分的声调。
- 高音：设置高音部分的声调。

6.14.4 参数均衡

【参数均衡】效果可以增强或减弱特定的频率范围。选中素材，在菜单栏中执行【效果】/【音频】/【参数均衡】命令，此时参数设置如图6-521所示。

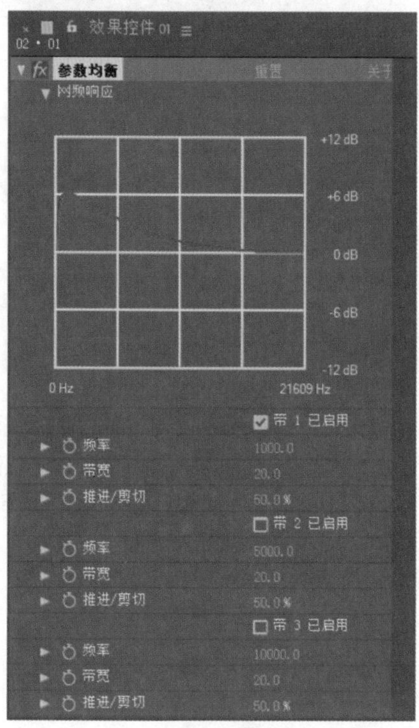

图 6-521

- 网频响应：设置频率的相应曲线。
- 启用带1 / 2 / 3条参数曲线：可设置3条曲线的曲线状态。
- 频率：设置的频率点。
- 带宽：设置带宽属性。
- 推进 / 剪切：设置提升或切除，可调整增益数值。

6.14.5 变调与合声

【变调与合声】效果可以将变调与合声应用于图层的音频。选中素材，在菜单栏中执行【效果】/【音频】/【变调与合声】命令，此时参数设置如图6-522所示。

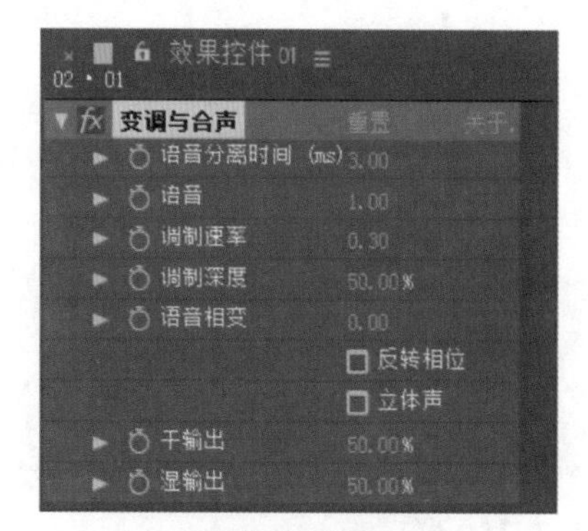

图 6-522

- 语音分离时间：设置声音分离时间，单位为毫秒。
- 语音：设置和声的数量。
- 调制速率：设置调制速率数值，单位为赫兹。
- 调制深度：设置调制的深度百分比。
- 语音相变：设置声音相位变化。
- 反转相位：勾选此选项可反转相位。
- 立体声：设置为立体声效果。
- 干输出：设置原音输出比例值。
- 湿输出：设置效果音输出比例值。

6.14.6 延迟

【延迟】可以在某个时间之后重复音频效果。选中素材，在菜单栏中执行【效果】/【音频】/【延迟】命令，此时参数设置如图6-523所示。

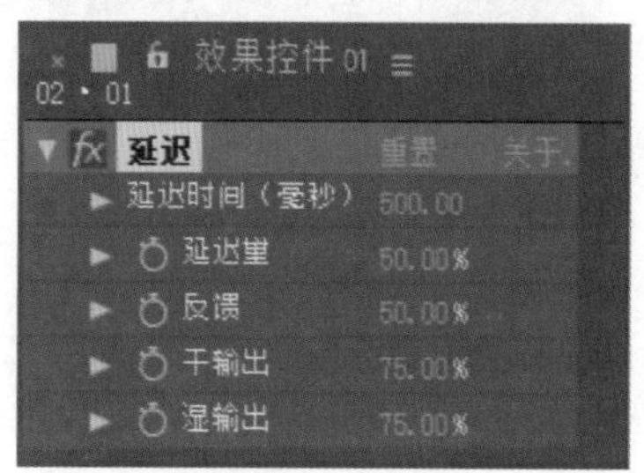

图 6-523

- 延迟时间：设置延时时间，单位为毫秒。
- 延迟量：设置音频延迟程度。
- 反馈：设置反馈数值。
- 干输出：设置原音输出比例值。
- 湿输出：设置效果音输出比例值。

6.14.7 混响

【混响】可以模拟真实或开阔的室内效果。选中素材，在菜单栏中执行【效果】/【音频】/【混响】命令，此时参数设置如图6-524所示。

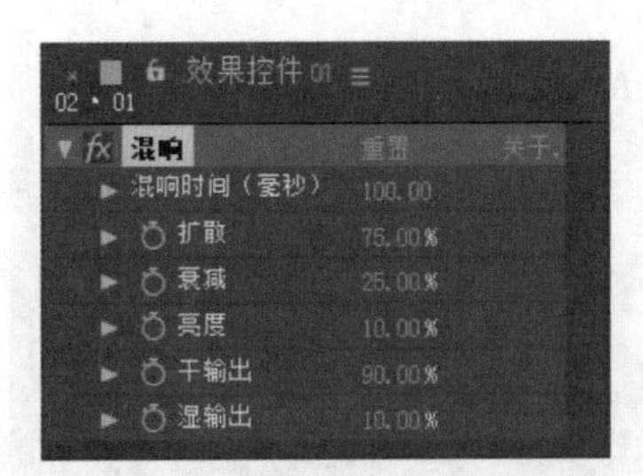

图 6-524

- 混响时间:设置回音时间长短,单位为毫秒。
- 扩散:设置扩散程度。
- 衰减:设置指定效果的衰减程度。
- 亮度:设置声音的明亮程度。
- 干输出:设置原音输出比例值。
- 湿输出:设置效果音输出比例值。

6.14.8 立体声混合器

【立体声混合器】效果可以将音频的左右通道进行混合。选中素材,在菜单栏中执行【效果】/【音频】/【立体声混合器】命令,此时参数设置如图6-525所示。

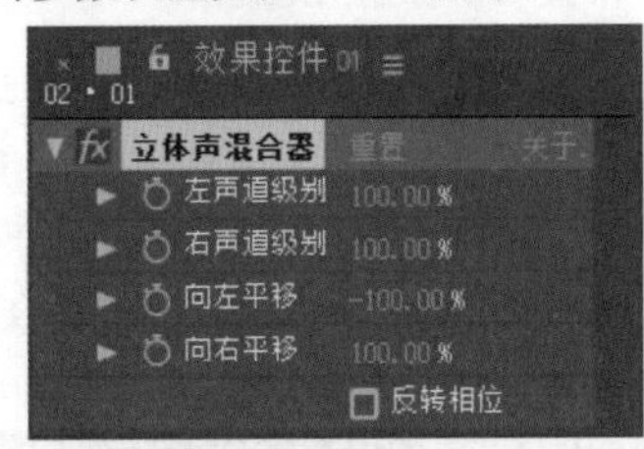

图 6-525

- 左声道级别:设置音量大小。
- 右声道级别:设置右声道增益数值。
- 向左平移:设置左声道相位。
- 向右平移:设置右声道相位。
- 反转相位:勾选此选项可反转相位。

6.14.9 音调

【音调】效果可以渲染音调。选中素材,在菜单栏中执行【效果】/【音频】/【音调】命令,此时参数设置如图6-526所示。

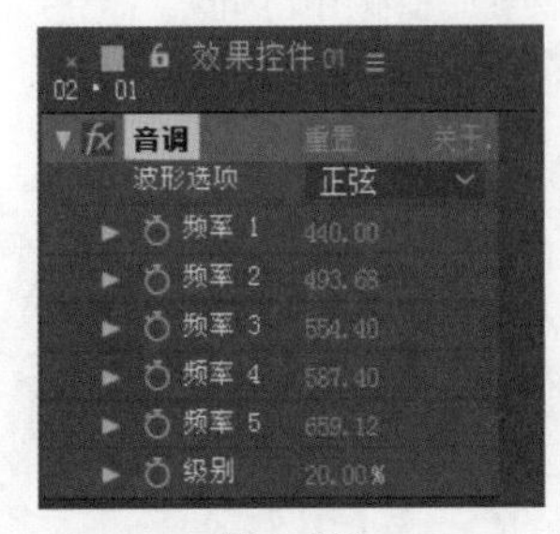

图 6-526

- 滤形选项:设置音频波形形状为正弦、三角形、锯子或正方形。
- 频率1/2/3/4/5:分别设置5个音调的频率点。
- 级别:设置音调振幅。

6.14.10 高通/低通

【高通/低通】效果可以设置频率通过使用的高低限制。选中素材,在菜单栏中执行【效果】/【音频】/【高通/低通】命令,此时参数设置如图6-527所示。

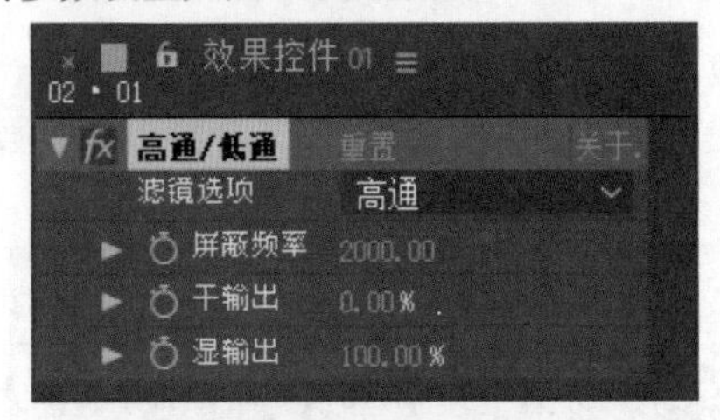

图 6-527

- 滤镜选项:设置应用高通滤波器或低通滤波器。
- 屏蔽频率:设置音频的切除频率。
- 干输出:设置原音输出比例值。
- 湿输出:设置效果音输出比例值。

6.15 杂色和颗粒

【杂色和颗粒】效果组主要用于为图像素材添加或移除作品中的噪波、颗粒等效果。其中包含【分形杂色】【中间值】【中间值(旧版)】【匹配颗粒】【杂色】【杂色Alpha】【杂色HLS】【杂色HLS自动】【湍流杂色】【添加颗粒】【移除颗粒】【蒙尘与划痕】等效果,如图6-528所示。

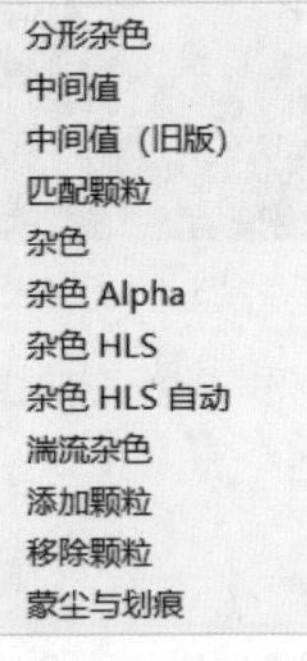

图 6-528

6.15.1 分形杂色

【分形杂色】效果可以模拟一些自然效果,如云、雾、火等。选中素材,在菜单栏中执行【效果】/【杂色和颗粒】/【分形杂色】命令,此时参数设置如图6-529所示。为素材添加该效果的前后对比如图6-530所示。

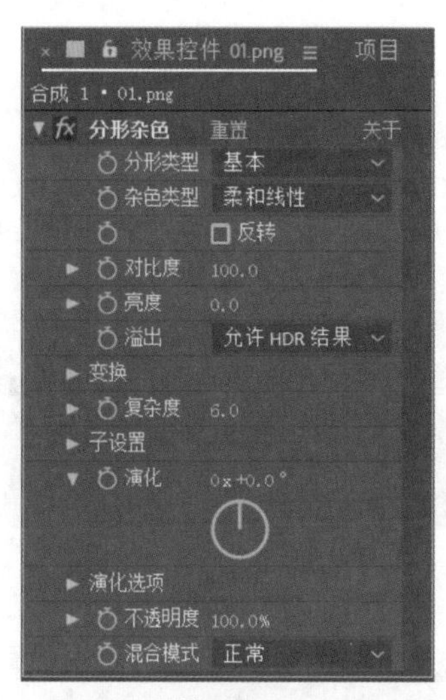

图 6-529

图 6-530

- 分形类型：设置分形的类型。
- 杂色类型：设置杂色类型为块、线性、软线或曲线性。
- 反转：勾选此选项可反转效果。
- 对比度：设置生成杂色的对比度。
- 亮度：设置生成杂色图像的明亮程度。
- 溢出：设置溢出方式为剪切、柔和固定、反绕或允许HDR结果。
- 变换：设置杂色的比例。
- 复杂度：设置杂色图案的复杂程度。
- 子设置：设置子影响的百分比。
- 演化：设置杂色相位。
- 演化选项：设置演变属性。
- 不透明度：设置透明程度。
- 混合模式：设置混合模式为无、正常、添加、混合、屏幕或覆盖等模式。图6-531所示为设置【混合模式】为滤色和强光的对比效果。

图 6-531

6.15.2 中间值

【中间值】效果可以在指定半径内使用中间值替换像素。选中素材，在菜单栏中执行【效果】/【杂色和颗粒】/【中间值】命令，此时参数设置如图6-532所示。为素材添加该效果的前后对比如图6-533所示。

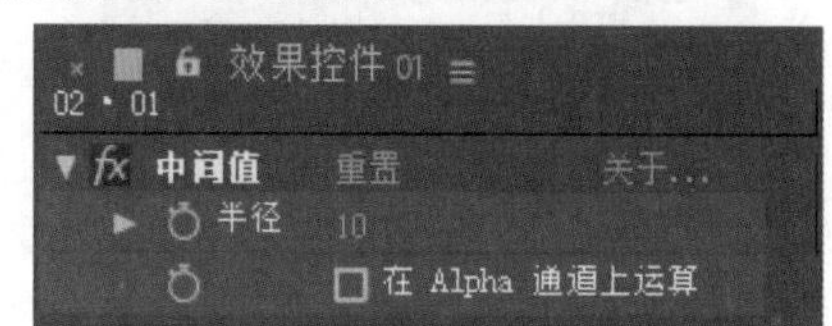

图 6-532

图 6-533

- 半径：设置像素半径数值。图6-534所示为设置【半径】为5和25的对比效果。

图 6-534

- 在Alpha通道上运算：勾选此选项可应用Alpha通道。

6.15.3 中间值（旧版）

【中间值(旧版)】效果可以在指定半径内使用中间值替换像素。选中素材，在菜单栏中执行【效果】/【杂色和颗粒】/【中间值(旧版)】命令。此时参数设置如图6-535所示。

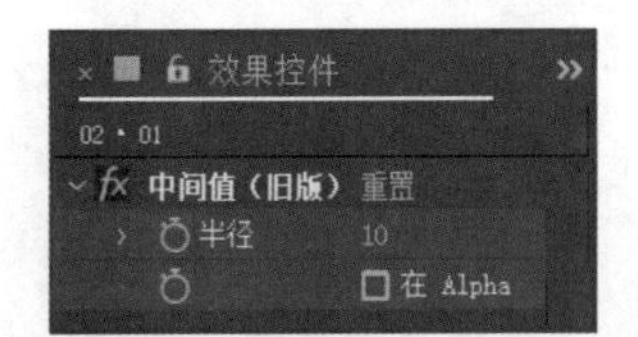

图 6-535

- 半径：设置像素半径的数值。
- 在Alpha通道上运算：勾选此选项，可应用Alpha通道。

6.15.4 匹配颗粒

【匹配颗粒】效果可以匹配两个图像中的杂色颗粒。选中素材，在菜单栏中执行【效果】/【杂色和颗粒】/【匹配颗粒】命令，此时参数设置如图6-536所示。为素材添加该效果的前后对比如图6-537所示。

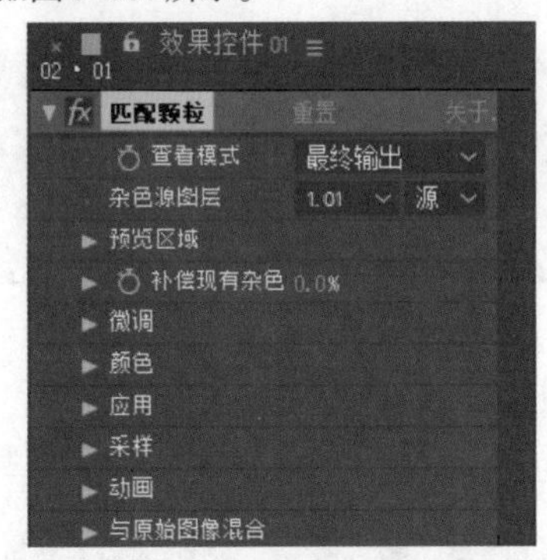

图 6-536

未使用该效果

使用该效果

图 6-537

- 查看模式：设置颗粒效果的显示模式。
- 杂色源图层：设置采样图层。
- 预览区域：设置视图模式中预览的属性。
- 补偿现有杂色：设置弥补现有杂色的百分比。
- 微调：设置杂点属性。
- 颜色：设置杂点颜色属性。
- 应用：设置杂点与原始图像的混合模式。
- 采样：设置对原始图层进行采样的数值。
- 动画：设置杂点的动画数值。
- 与原始图像混合：设置颗粒效果与源图像的混合程度。

6.15.5 杂色

【杂色】效果可以为图像添加杂色效果。选中素材，在菜单栏中执行【效果】/【杂色和颗粒】/【杂色】命令，此时参数设置如图6-538所示。为素材添加该效果的前后对比如图6-539所示。

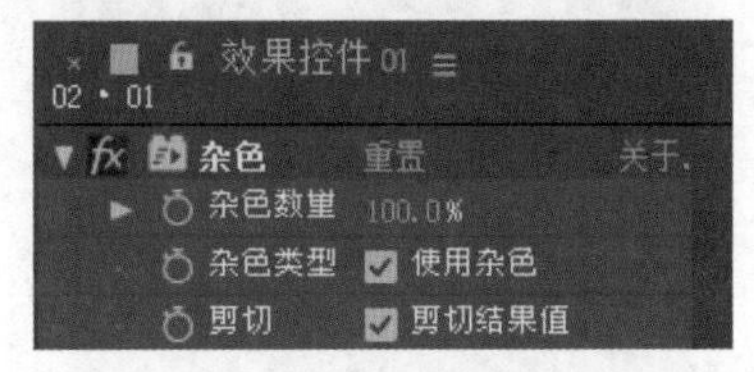

图 6-538

图 6-539

- 杂色数量：设置杂色数量。图6-540所示为设置【杂色数量】为10%和50%的对比效果。

图 6-540

- 杂色类型：勾选此选项可使用杂色效果。
- 剪切：勾选此选项可剪切结果值。

6.15.6 杂色 Alpha

【杂色 Alpha】效果可以将杂色添加到Alpha通道。选中素材，在菜单栏中执行【效果】/【杂色和颗粒】/【杂色Alpha】命令，此时参数设置如图6-541所示。为素材添加该效果的前后对比如图6-542所示。

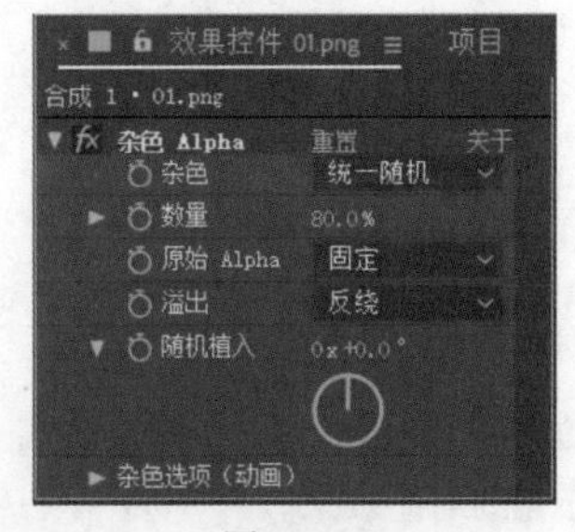

图 6-541

未使用该效果　　使用该效果

图 6-542

- 杂色：设置形成杂色的类型为统一随机、方形随机、统一动画或方形动画。图6-543所示为设置【杂色】为统一动画和方形动画的对比效果。

杂色：统一动画　　杂色：方形动画

图 6-543

- 数量：设置杂色数量，控制杂色密度。
- 原始Alpha：设置杂色和原始Alpha通道。
- 溢出：设置杂色溢出的方式为剪切、反绕或回绕。
- 随机植入：设置杂色的随机度。
- 杂色选项（动画）：在杂色中选择统一动画或方形动画可显示使用效果。

实例：色彩变化流动的光

文件路径：Chapter 06　常用视频效果→实例：色彩变化流动的光

扫一扫，看视频

本案例先使用【分形杂色】效果、【贝塞尔曲线变形】效果、【色相 / 饱和度】效果以及【发光】效果制作多彩的流动光线，再使用【镜头光晕】效果制作光斑效果，最后使用摄像机制作出三维感画面，案例效果如图6-544所示。

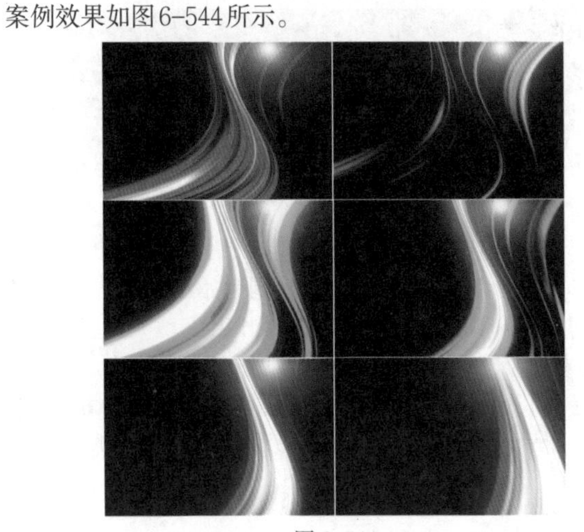

图 6-544

操作步骤：

步骤 01　在【项目】面板中，单击鼠标右键选择【新建合成】命令，在弹出的【合成设置】面板中设置【合成名称】为光，【预设】为【NTSC DV】，【宽度】为720，【高度】为480，【像素长宽比】为【D1 / DV NTSC(0.91)】，【帧速率】为29.97，【分辨率】为完整，【持续时间】为1分3秒13帧。接着在【时间轴】面板的空白位置单击鼠标右键，执行【新建】/【纯色】命令。此时在弹出的【纯色设置】窗口中设置【名称】为流动的光，【颜色】为黑色，如图6-545所示。

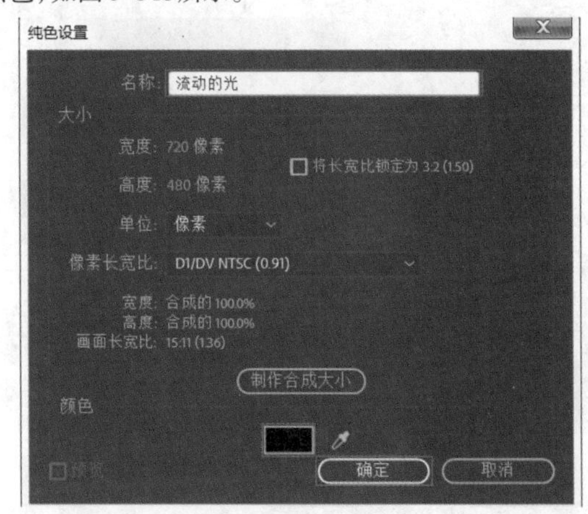

图 6-545

步骤 02　在【效果和预设】面板搜索框中搜索【分形杂色】，将该效果拖曳到【时间轴】面板中的纯色层上，如图6-546所示。

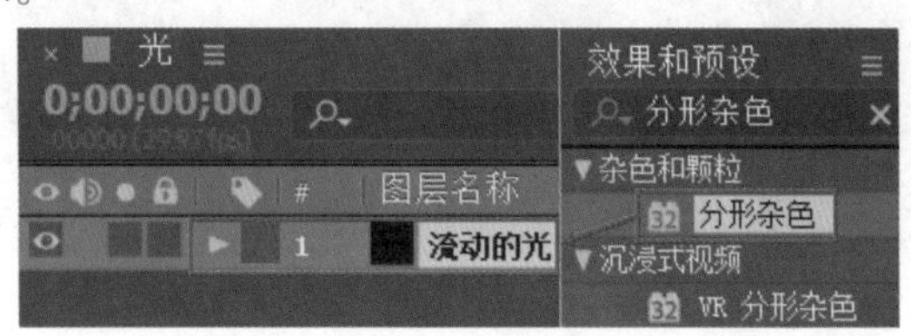

图 6-546

步骤 03　在【时间轴】面板中选择流动的光图层，打开该图层下方的【效果】/【分形杂色】，设置【分形类型】为动态，【杂色类型】为线性，【对比度】为560，【亮度】为-85，【溢出】为【剪切】，接下来展开【变换】，设置【统一缩放】为关，【缩放宽度】为50，【缩放高度】为2000，将时间线滑动到起始帧位置，单击【演化】前的(时间变化秒表)按钮，开启自动关键帧，设置【演化】为0°，继续将时间线滑动到28秒24帧位置，设置【演化】为(6x+0.0°)，如图6-547所示。接着开启该图层的3D图层，并设置【混合模式】为屏幕，下面单击打开【变换】属性，设置【位置】为(399,250,50)，单击取消【缩放】后方(约束比例)，设置【缩放】为(105,120.5,105%)，如图6-548所示。

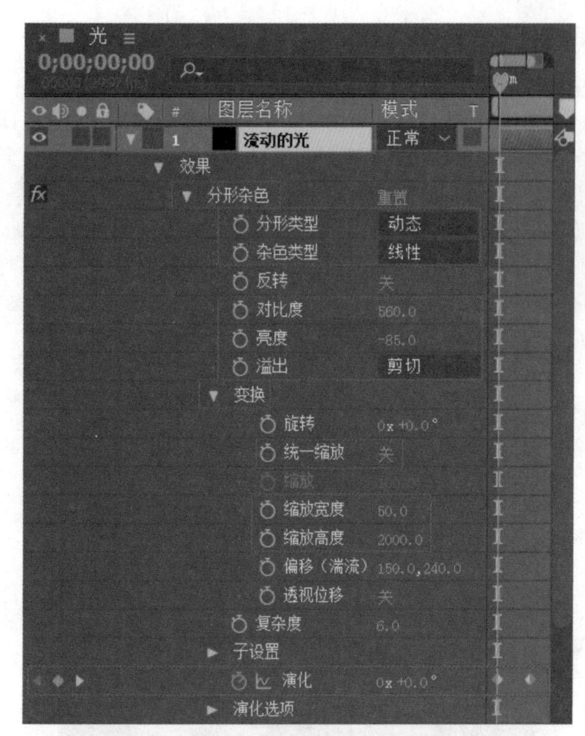

图 6-547

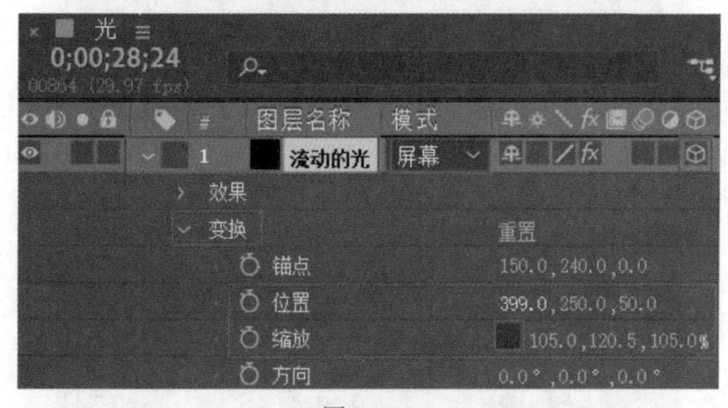

图 6-548

步骤 04 在【效果和预设】面板搜索框中搜索【贝塞尔曲线变形】，将该效果拖曳到【时间轴】面板中的纯色层上，如图6-549所示。

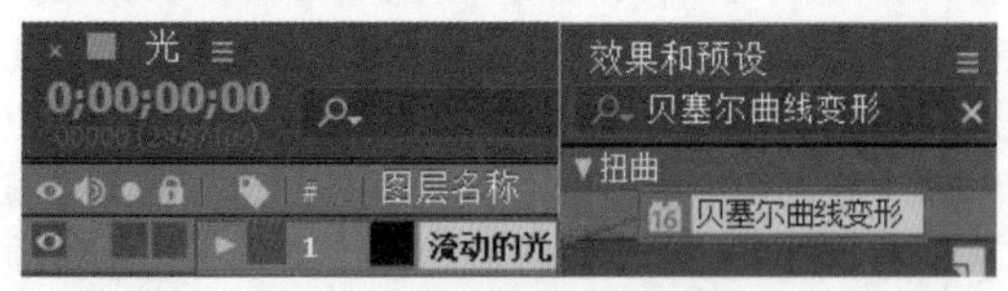

图 6-549

步骤 05 单击打开该图层下方的【效果】/【贝塞尔曲线变形】，设置【上左顶点】为(40，0)，【右上顶点】为(500,4)，【右上切点】为(129,191)，【右下切点】为(514,323)，【左下顶点】为(-674,406)，【左上切点】为(99.4,149.8)，【品质】为10，如图6-550所示。画面效果如图6-551所示。

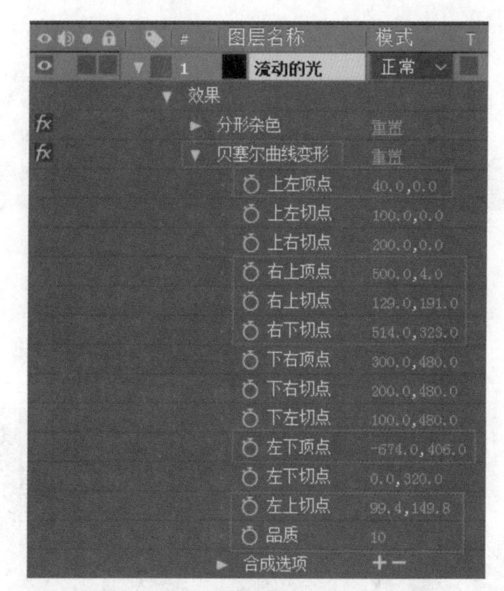

图 6-550

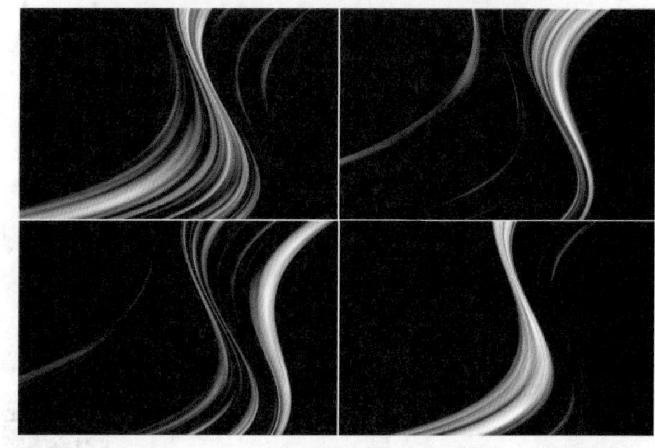

图 6-551

步骤 06 继续在【效果和预设】面板搜索框中搜索【色相/饱和度】，将该效果同样拖曳到【时间轴】面板中的纯色层上，如图6-552所示。

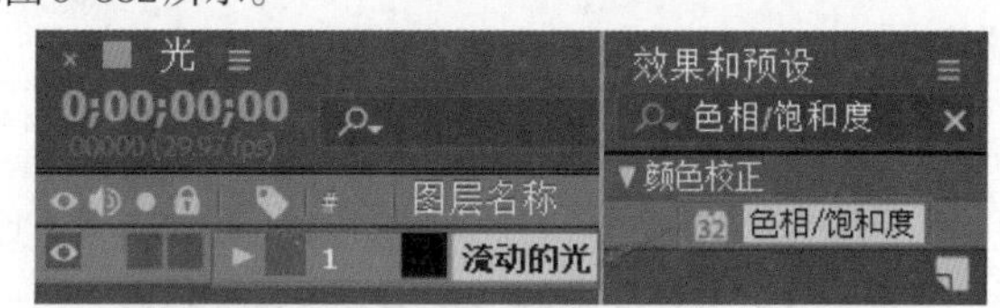

图 6-552

步骤 07 单击打开该图层下方的【效果】/【色相/饱和度】，设置【彩色化】为开，将时间线滑动到起始帧位置，单击【着色色相】前的(时间变化秒表)按钮，开启自动关键帧，设置【着色色相】为0°，继续将时间线滑动到41秒21帧位置，设置【着色色相】为(0x+233°)，接着设置【着色饱和度】为80，如图6-553所示。此时光束出来颜色变化，如图6-554所示。

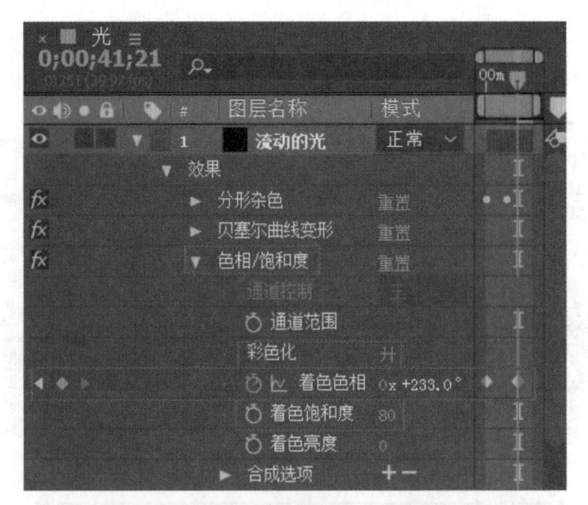

图 6-553

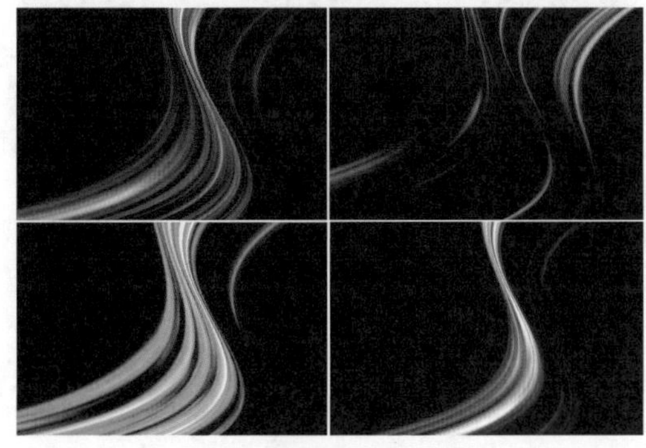
图 6-554

步骤 08 在【效果和预设】面板搜索框中搜索【发光】，将该效果同样拖曳到【时间轴】面板中的纯色层上，如图6-555所示。

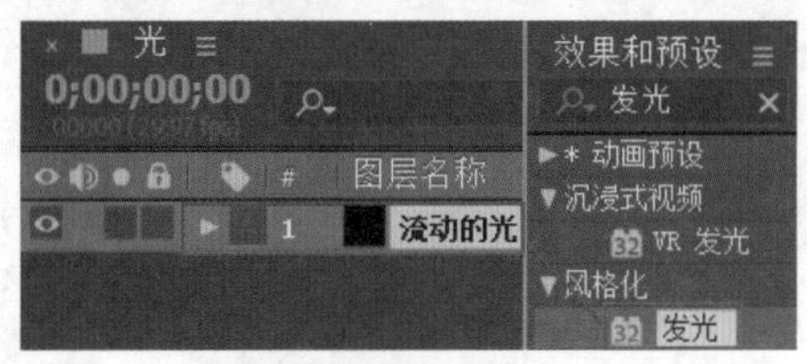

图 6-555

步骤 09 单击打开该图层下方的【效果】/【发光】，设置【发光半径】为50，【颜色B】为红色，如图6-556所示。此时滑动时间线查看画面效果，如图6-557所示。

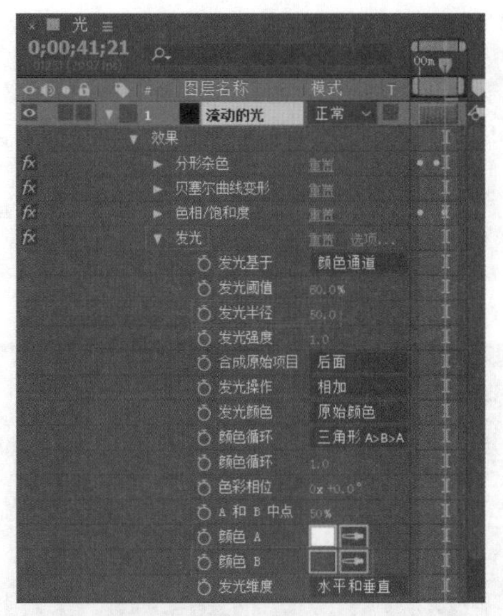

图 6-556

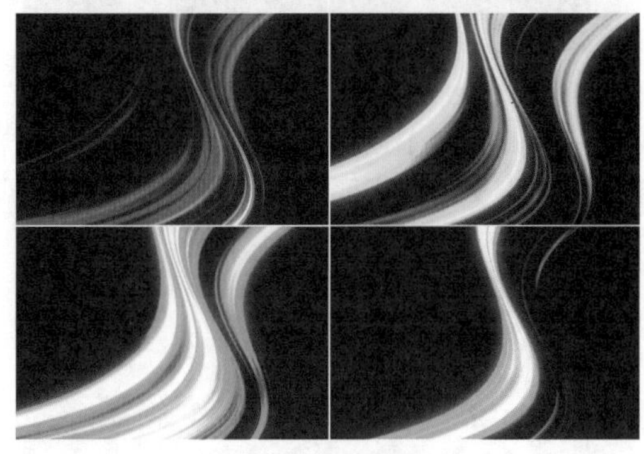
图 6-557

步骤 10 使用快捷键Ctrl+Y再次新建一个黑色的纯色层，然后在【效果和预设】面板的搜索框中搜索【镜头光晕】，并将该效果拖曳到【时间轴】面板中的【黑色 纯色 1】图层上，如图6-558所示。

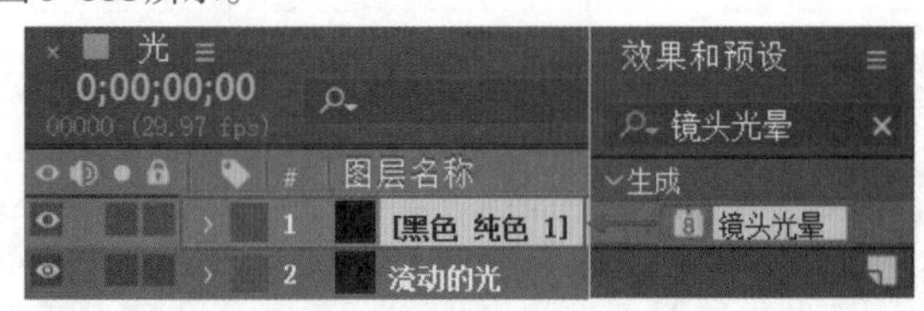

图 6-558

步骤 11 单击打开【黑色 纯色 1】图层下方的【效果】/【镜头光晕】，设置【镜头类型】为105毫米定焦，【光晕中心】为(521,20)，设置该图层的【混合模式】为屏幕，如图6-559所示。滑动时间线查看画面效果，如图6-560所示。

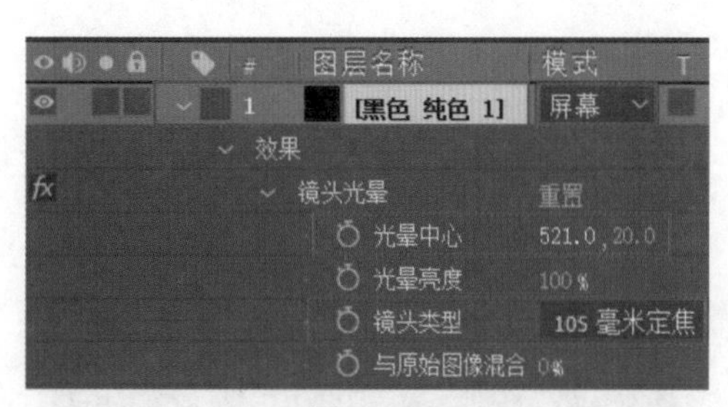

图 6-559

图 6-560

步骤 12 在【时间轴】面板的空白处单击鼠标右键执行【新建】/【摄像机】命令，如图6-561所示。在弹出的【摄像机设置】窗口中单击【确定】按钮，如图6-562所示。

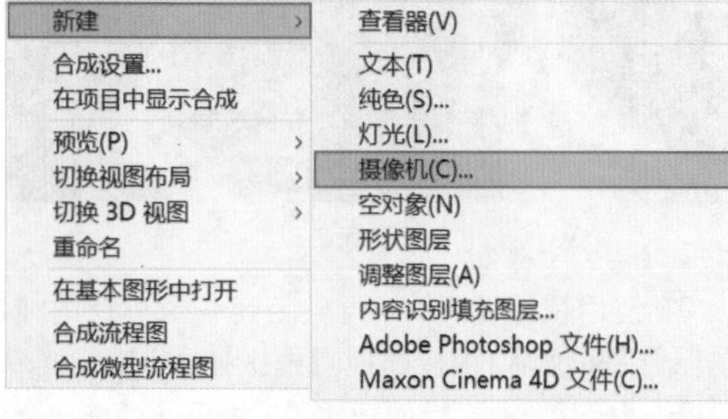

图 6-561

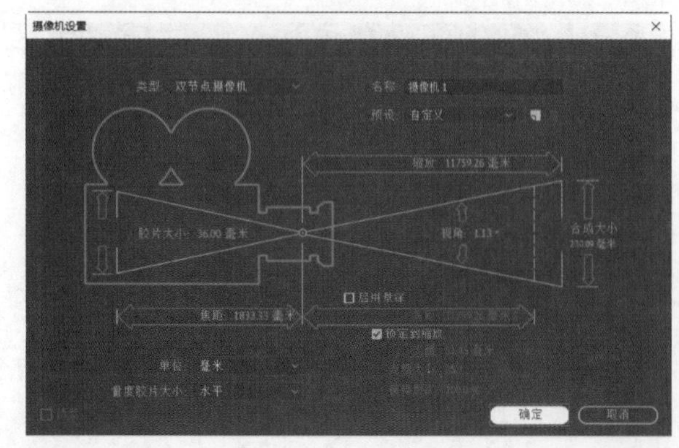

图 6-562

步骤 13 单击打开摄像机1下方的【变换】属性，将时间线滑动到起始帧处，单击【位置】前的(时间变化秒表)按钮，设置【位置】为(360,240，-1905.8)，继续将时间线滑动到结束帧处，设置【位置】为(360,240，-547)，如图6-563所示。接着单击打开【摄像机选项】，设置【缩放】和【焦距】均为1905.8像素，【光圈】为33.9像素，如图6-564所示。

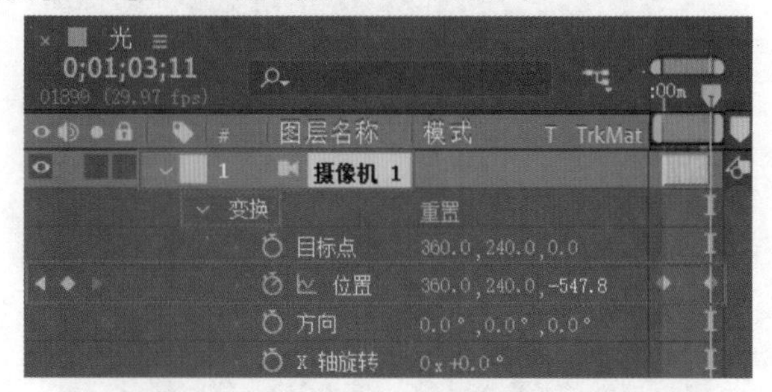

图 6-563

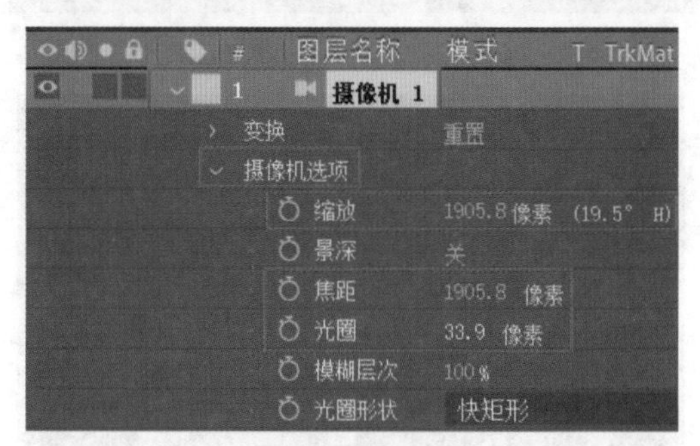

图 6-564

步骤 14 此时滑动时间线查看制作的流光效果，如图6-565所示。

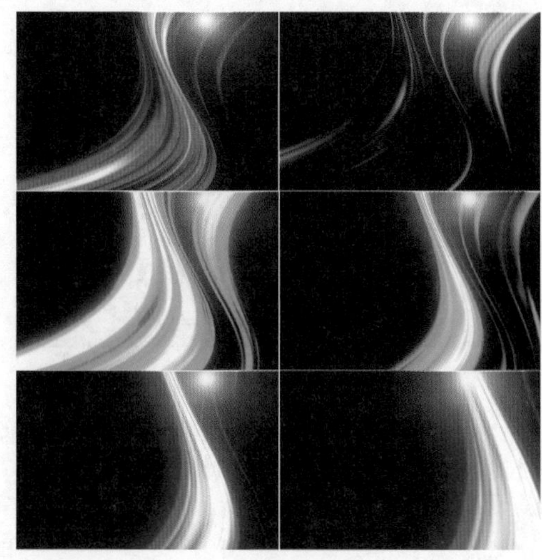

图 6-565

6.15.7 杂色 HLS

【杂色 HLS】效果可以将杂色添加到图层的HLS通道。选中素材，在菜单栏中执行【效果】/【杂色和颗粒】/【杂色HLS】命令，此时参数设置如图6-566所示。为素材添加该效果的前后对比如图6-567所示。

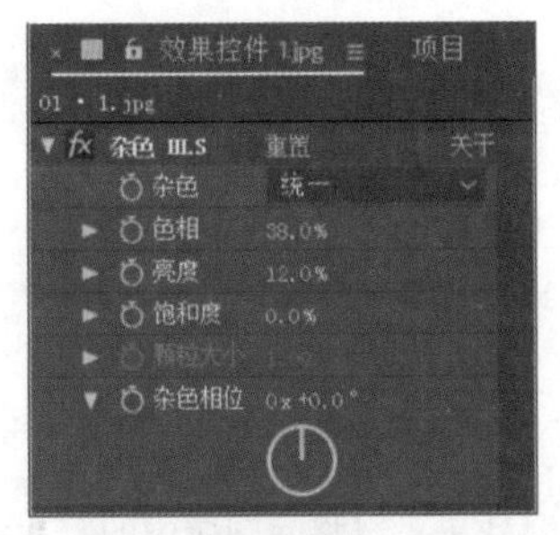

图 6-566

图 6-567

- 杂色：设置杂色产生方式为统一、方形或颗粒。
- 色相：设置杂色在色调中生成的数量。
- 亮度：设置杂色亮度中生成的数量。
- 饱和度：设置杂色在饱和度中生成的数量。
- 颗粒大小：设置杂点大小。
- 杂色相位：设置杂色相位。

6.15.8 杂色HLS自动

【杂色HLS自动】效果可以将杂色添加到图层的HLS通道。选中素材，在菜单栏中执行【效果】/【杂色和颗粒】/【杂色HLS自动】命令，此时参数设置如图6-568所示。为素材添加该效果的前后对比如图6-569所示。

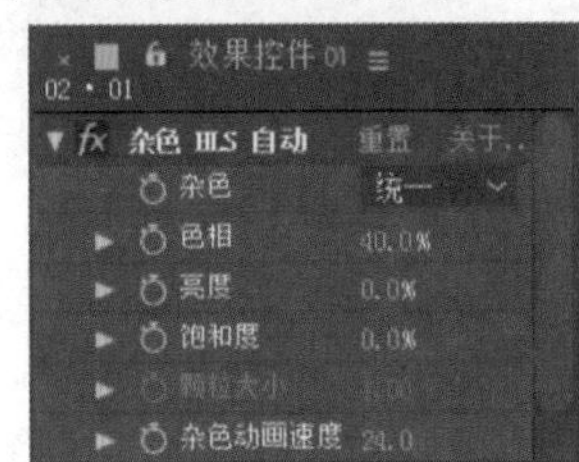

图 6-568

图 6-569

- 杂色：设置杂色产生的方式为统一、方形或颗粒。
- 色相：设置杂色在色调中生成的数量。
- 亮度：设置杂色的亮度中生成的数量。
- 饱和度：设置杂色在饱和度中生成的数量。
- 颗粒大小：设置杂点大小。
- 杂色动画速度：设置杂色动画的速度。

6.15.9 湍流杂色

【湍流杂色】效果可以创建基于湍流的图案，与分形杂色类似。选中素材，在菜单栏中执行【效果】/【杂色和颗粒】/【湍流杂色】命令，此时参数设置如图6-570所示。为素材添加该效果的前后对比如图6-571所示。

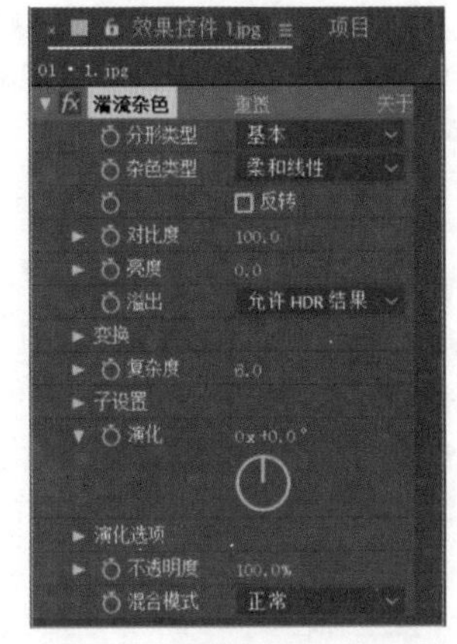

图 6-570

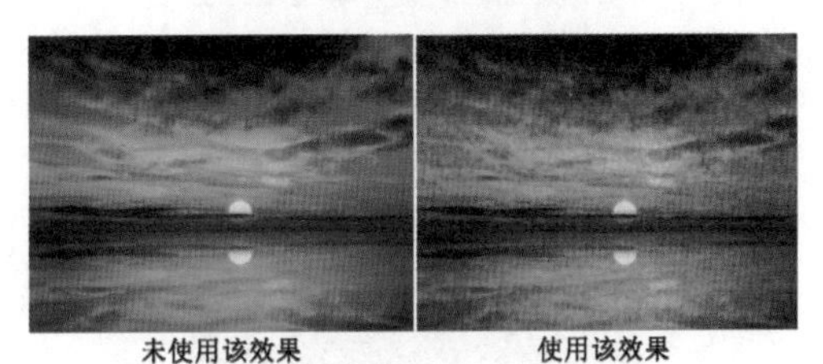

图 6-571

- 分形类型：设置分形类型。
- 杂色类型：设置杂色的类型为块、线性、柔和线性或样条。图6-572所示为设置【杂色类型】为块和线性的对比效果。

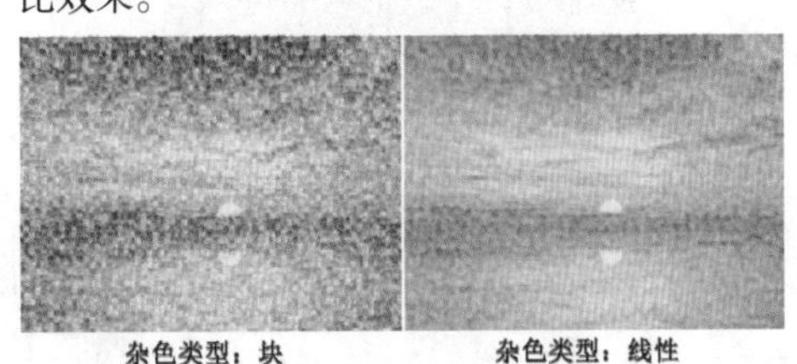

图 6-572

- 反转：勾选此选项可反转杂色效果。
- 对比度：设置紊乱的对比值。

- 亮度：设置杂色亮度值。
- 溢出：设置溢出方式为剪切、柔和固定、反绕或允许HDR结果。
- 变换：设置图像的旋转角度、缩放值及位置变化。
- 复杂度：设置紊乱的复杂度。
- 子设置：设置辅助值参数。
- 演化：设置演化的角度。
- 演化选项：设置演化其他属性。
- 不透明度：设置紊乱的透明程度。
- 混合模式：设置当前效果与原始图像的混合模式。

6.15.10 添加颗粒

【添加颗粒】效果可以为图像添加胶片颗粒。选中素材，在菜单栏中执行【效果】/【杂色和颗粒】/【添加颗粒】命令，此时参数设置如图6-573所示。为素材添加该效果的前后对比如图6-574所示。

- 查看模式：设置视图为模式。
- 预设：设置杂点类型。
- 预览区域：设置视图模式中的预览属性。
- 微调：设置杂点数值。
  - 强度：设置杂点强烈程度。
  - 大小：设置杂点的大小。
  - 柔和度：设置杂点的柔和程度。
  - 长宽比：设置颗粒长宽比。
  - 通道强度：设置红/蓝/绿通道的强度。
  - 通道大小：设置通道的大小。

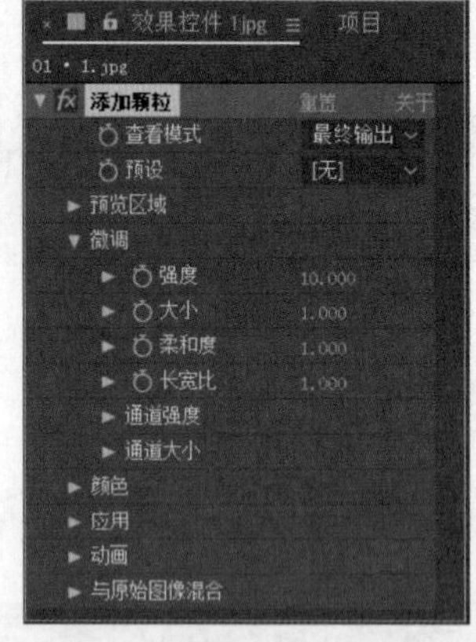

图6-573

未使用该效果　使用该效果

图6-574

- 颜色：设置杂点颜色等其他属性。
- 应用：设置杂点效果与原始图像的混合模式。
- 动画：设置杂点的动画数值。
- 与原始图像混合：设置当前效果与原始图像的混合程度。

6.15.11 移除颗粒

【移除颗粒】效果可以移除图像中的胶片颗粒，使作品更干净。选中素材，在菜单栏中执行【效果】/【杂色和颗粒】/【移除颗粒】命令，此时参数设置如图6-575所示。为素材添加该效果的前后对比如图6-576所示。

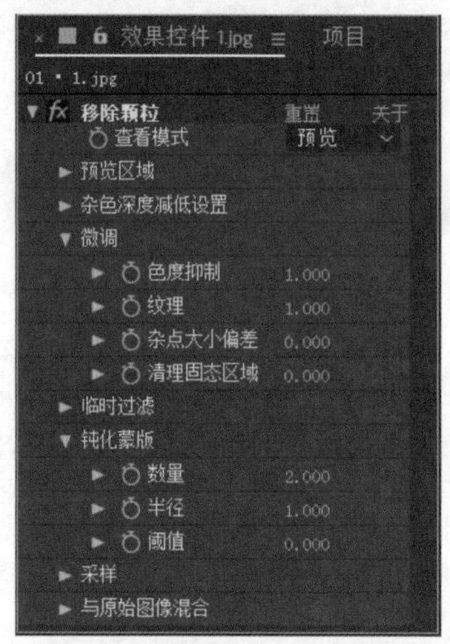

图6-575

未使用该效果　使用该效果

图6-576

- 查看模式：设置效果显示方式为预览、杂色样本、混合遮罩或最终输出。
- 预览区域：设置预览区域的面积、位置等属性。
- 杂色深度减低设置：设置杂色减少的各项属性。
- 微调：设置杂色的其他细节属性，如色度抑制、纹理、杂色大小偏差、清理固态区域等。
- 临时过滤：设置是否开启实时过滤功能。
- 钝化蒙版：设置图像遮罩的钝化程度。
- 采样：设置采样情况。
- 与原始图像混合：设置当前效果与原始图像的混合程度。

6.15.12 蒙尘与划痕

【蒙尘与划痕】效果可以将半径之内的不同像素更改为更类似邻近的像素，从而减少杂色和瑕疵，使画面更干净。选中素材，在菜单栏中执行【效果】/【杂色和颗粒】/【蒙尘与划痕】命令，此时参数设置如图6-577所示。

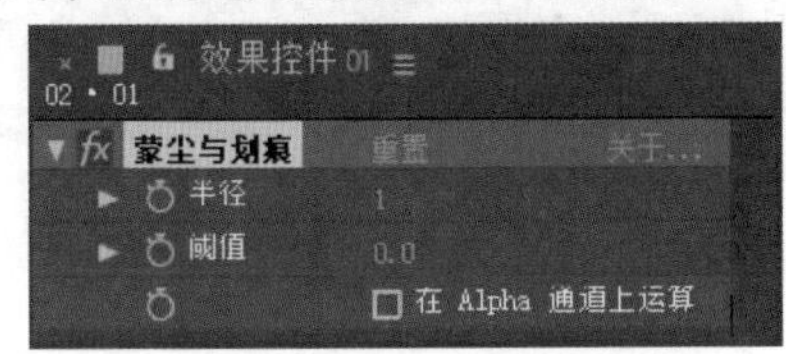

图 6-577

- 半径：设置蒙尘与划痕半径的大小。
- 阈值：设置阈值。
- 在Alpha通道上运算：勾选该选项，可在Alpha通道上进行运算。

6.16 遮罩

【遮罩】效果组可以为图像创建蒙板进行抠像操作，还可以有效改善抠像的遗留问题。该效果组中包含【调整实边遮罩】【调整柔和遮罩】【遮罩阻塞工具】【简单阻塞工具】等效果，如图6-578所示。

调整实边遮罩
调整柔和遮罩
遮罩阻塞工具
简单阻塞工具

图 6-578

6.16.1 调整实边遮罩

【调整实边遮罩】效果可以改善遮罩边缘。选中素材，在菜单栏中执行【效果】/【遮罩】/【调整实边遮罩】命令，此时参数设置如图6-579所示。为素材添加该效果的前后对比如图6-580所示。

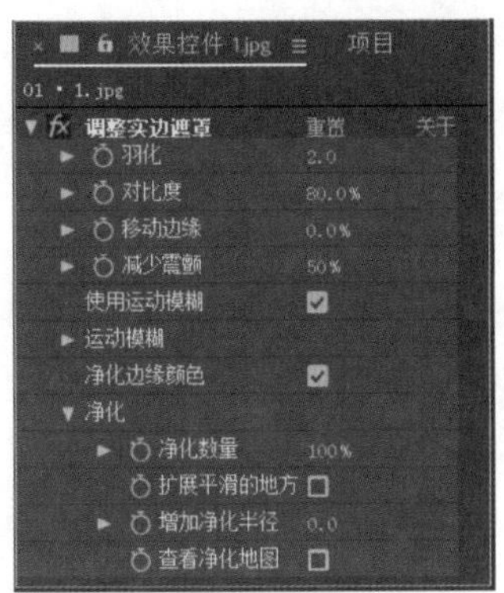

图 6-579

未使用该效果　　使用该效果

图 6-580

- 羽化：设置边缘柔和程度。
- 对比度：设置明暗比例。
- 移动边缘：设置移动边缘百分比。
- 减少震颤：设置震颤大小。
- 使用运动模糊：勾选此选项，可使用运动模糊。
- 运动模糊：可制作运动模糊效果。
- 净化边缘颜色：勾选此选项，可净化边缘颜色。
- 净化：设置净化边缘属性。
  - 净化数量：设置净化程度。
  - 扩展平滑的地方：勾选此选项，可扩展平滑的地方。
  - 增加净化半径：设置净化半径大小。
  - 查看净化地图：勾选此选项，可查看净化地图。

6.16.2 调整柔和遮罩

【调整柔和遮罩】效果可以沿遮罩的Alpha边缘改善毛发等精细细节。选中素材，在菜单栏中执行【效果】/【遮罩】/【调整柔和遮罩】命令，此时参数设置如图6-581所示。为素材添加该效果的前后对比如图6-582所示。

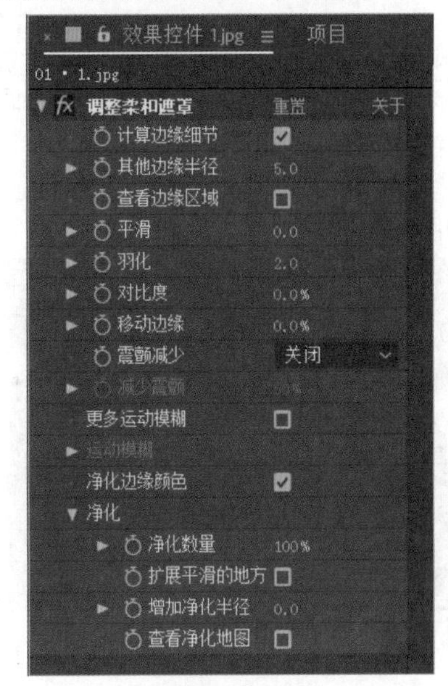

图 6-581

图 6-582

- 计算边缘细节：勾选此选项，可计算边缘细节。
- 其他边缘半径：设置其他边缘半径大小。
- 查看边缘区域：勾选此选项，可设置边缘区域。
- 平滑：设置平滑程度。
- 羽化：设置柔和程度。
- 对比度：设置明暗比例。
- 移动边缘：设置移动边缘百分比。
- 震颤减少：可设置【震颤减少】为关闭、更详细或更平滑（更慢）。
- 减少震颤：设置减少震颤百分比。
- 更多运动模糊：勾选此选项，可调节更多的运动模糊属性。
- 运动模糊：设置运动模糊效果的相关属性。
- 净化边缘颜色：勾选此选项，可净化边缘颜色。
- 净化：设置净化属性。
  - 净化数量：设置净化程度。
  - 扩展平滑的地方：勾选此选项，可扩展平滑的地方。
  - 增加净化半径：设置净化半径大小。
  - 查看净化地图：勾选此选项，可查看净化地图。

6.16.3 遮罩阻塞工具

【遮罩阻塞工具】效果可以重复一连串阻塞和扩展遮罩操作，以便在不透明区域填充不需要的缺口(透明区域)。选中素材，在菜单栏中执行【效果】/【遮罩】/【遮罩阻塞工具】命令，此时参数设置如图6-583所示。为素材添加该效果的前后对比如图6-584所示。

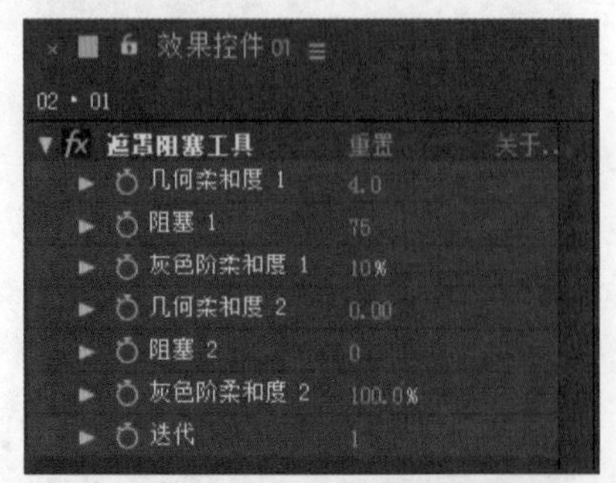

图 6-583

图 6-584

6.16.4 简单阻塞工具

【简单阻塞工具】效果可以小增量缩小或扩展遮罩边缘，以便创建更整洁的遮罩。选中素材，在菜单栏中执行【效果】/【遮罩】/【简单阻塞工具】命令，此时参数设置如图6-585所示。为素材添加该效果的前后对比如图6-586所示。

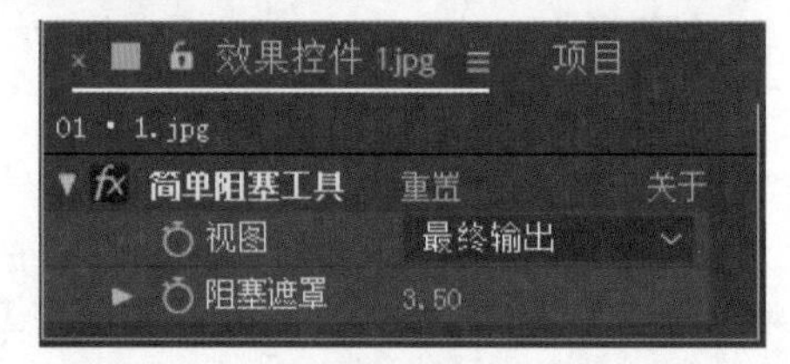

图 6-585

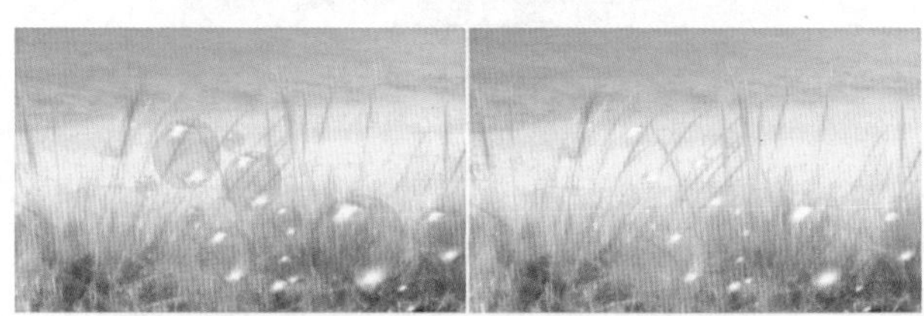

图 6-586

- 视图：设置在【合成】面板中的效果查看方式。
- 阻塞遮罩：设置遮罩的阻塞程度。

过渡效果

本章内容简介：

After Effects中的过渡效果与Premiere Pro中的过渡效果略有不同，Premiere Pro主要是作用在两个素材之间，而After Effects是作用在图层上。本章将讲解After Effects的17种常用的过渡效果类型，通过对素材添加过渡效果，可以使作品的转场变得更丰富。例如，可以制作柔和唯美的过渡转场、卡通可爱的图案转场等。

重点知识掌握：

- 过渡的概念
- 过渡效果的使用方法
- 各种过渡效果类型的应用

优秀作品欣赏

7.1 了解过渡

After Effects中的过渡是指素材与素材之间的转场动画效果。在制作作品时使用合适的过渡效果，可以提升作品播放的连贯性，呈现出炫酷的动态效果和震撼的视觉体验。例如，影视作品中常用强烈的过渡表达坚定的立场或冲突的镜头；以柔和的过渡表达暧昧的情感或唯美的画面等。

7.1.1 什么是过渡

过渡效果是指作品中相邻两个素材承上启下的衔接效果。当一个场景淡出，另一个场景淡入时，在视觉上通常会辅以画面传达一系列情感，达到吸引观者兴趣的作用；抑或是用于将一个场景连接到另一个场景中，以戏剧性的方式丰富画面，突出画面的亮点，如图7-1所示。

图7-1

重点 7.1.2 轻松动手学：过渡效果的操作步骤

文件路径：Chapter 07 过渡效果→轻松动手学：过渡效果的操作步骤

步骤 01 在【项目】面板中单击鼠标右键执行【新建合成】命令，在弹出的【合成设置】对话框中设置【合成名称】为01，【预设】为自定义，【宽度】为1920，【高度】为1200，【像素长宽比】为方形像素，【帧速率】为25，【分辨率】为完整，【持续时间】为5秒，单击【确定】按钮。

扫一扫，看视频

步骤 02 在菜单栏中执行【文件】/【导入】/【文件】命令，在弹出的【导入文件】对话框中选择所需要的素材，然后单击【导入】按钮导入素材1.jpg和2.jpg。

步骤 03 在【项目】面板中将素材1.jpg和2.jpg拖曳到【时间轴】面板中，如图7-2所示。

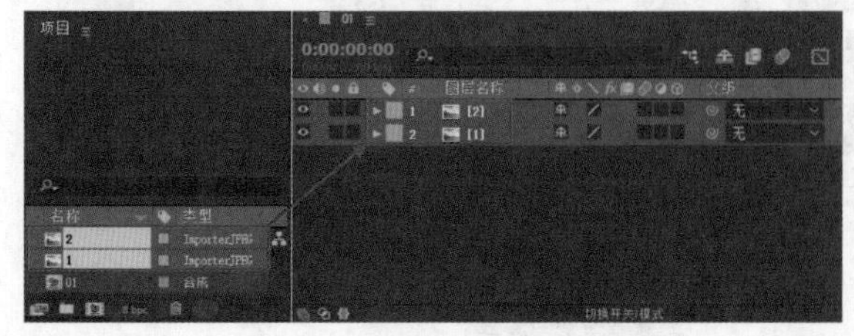

图7-2

步骤 04 在【效果和预设】面板中搜索【CC Light Wipe】效果，并将其拖曳到【时间轴】面板中的2.jpg素材文件上，如图7-3所示。

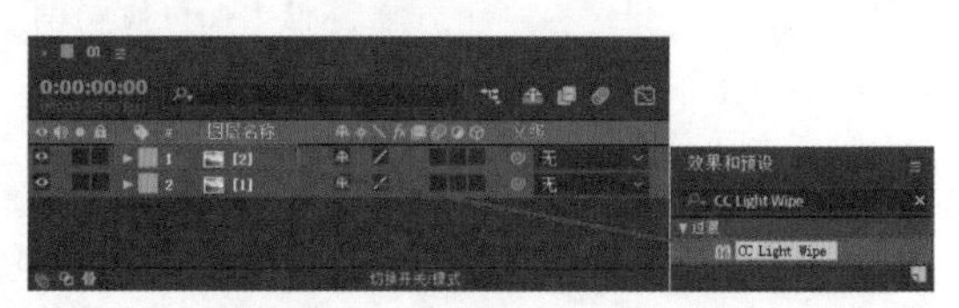

图7-3

步骤 05 在【时间轴】面板中将时间线拖曳至起始位置处，然后单击打开2.jpg素材图层下方的【效果】，单击【CC Light Wipe】前的【时间变化秒表】按钮，设置Completion为0.0%，如图7-4所示。再将时间线拖曳至3秒位置处，设置Completion为100.0%。

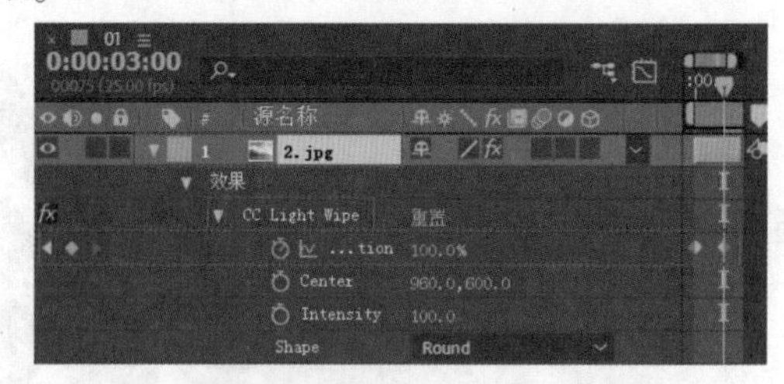

图7-4

步骤 06 拖曳时间轴，查看过渡效果，如图7-5所示。

图7-5

7.2 过渡类效果

【过渡】效果可以制作出多种切换画面的效果。选择时间轴的素材，单击右键执行【效果】/【过渡】命令，即可看到该命令下包含【渐变擦除】【卡片擦除】【CC Glass Wipe】【CC Grid Wipe】【CC Image Wipe】【CC Jaws】【CC Light Wipe】【CC Line Sweep】【CC Radial ScaleWipe】【CC Scale Wipe】【CC Twister】【CC WarpoMatic】【光圈擦除】【块溶解】【百叶窗】【径向擦除】【线性擦除】等效果，如图7-6所示。

图 7-6

扫一扫，看视频

7.2.1 渐变擦除

【渐变擦除】效果可以利用图片的明亮度来创建擦除效果，使其逐渐过渡到另一个素材。选中素材，在菜单栏中执行【效果】/【过渡】/【渐变擦除】命令，此时参数设置如图7-7所示。为素材添加该效果的画面如图7-8所示。

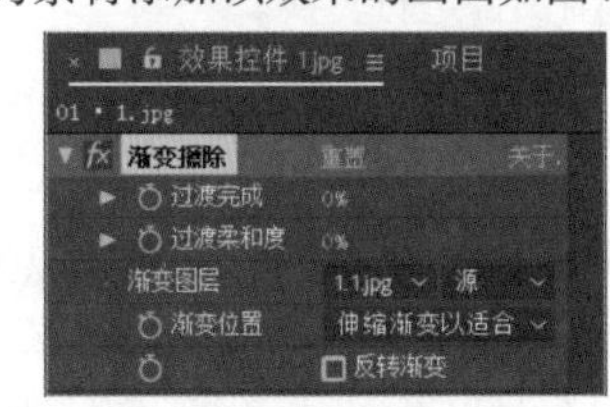

图 7-7

图 7-8

- 过渡完成：设置过渡完成百分比。
- 过渡柔和度：设置边缘柔和程度。
- 渐变图层：设置渐变的图层。
- 渐变位置：设置渐变放置方式。
- 反转渐变：勾选此选项，可反转当前的渐变过渡效果。

7.2.2 卡片擦除

【卡片擦除】效果可以模拟体育场卡片效果进行过渡。选中素材，在菜单栏中执行【效果】/【过渡】/【卡片擦除】命令，此时参数设置如图7-9所示。为素材添加该效果的画面如图7-10所示。

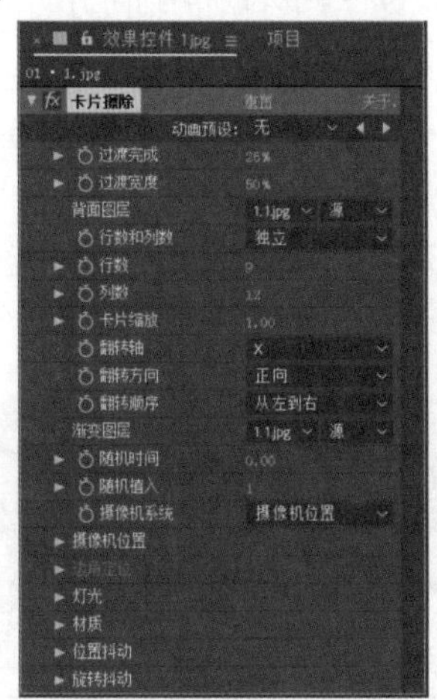

图 7-9

图 7-10

- 过渡完成：设置过渡完成百分比。
- 过渡宽度：设置过渡宽度的大小。
- 背面图层：设置擦除效果的背景图层。
- 行数和列数：设置卡片的行数和列数。
- 行数：设置行数数值。
- 列数：设置列数数值。
- 卡片缩放：设置卡片的缩放大小。
- 翻转轴：设置卡片反转轴向角度。
- 翻转方向：设置反转的方向。
- 翻转顺序：设置反转的顺序。
- 渐变图层：设置应用渐变效果的图层。

- 随机时间：设置卡片翻转的随机时间。
- 随机植入：设置随机时间后，卡片翻转的随机位置。
- 摄像机系统：设置显示模式为摄像机位置、边角定位或合成摄像机。
- 摄像机位置：设置【摄像机系统】为【摄像机位置】时，可设置摄像机位置、旋转和焦距。
- 边角定位：设置【摄像机系统】为【边角定位】时，可设置边角定位和焦距。
- 灯光：设置灯光照射强度、颜色或位置。
- 材质：设置漫反射、镜面反射和高光锐度。
- 位置抖动：设置位置抖动的轴向力量和速度。
- 旋转抖动：设置旋转抖动的轴向力量和速度。

7.2.3 CC Glass Wipe

【CC Glass Wipe(CC 玻璃擦除)】效果可以融化当前层到第2层。选中素材，在菜单栏中执行【效果】/【过渡】/【CC Glass Wipe】命令，此时参数设置如图7-11所示。为素材添加该效果的画面如图7-12所示。

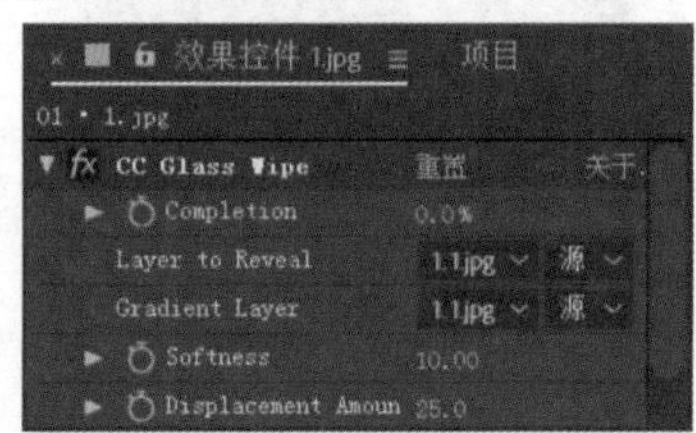

图 7-11

图 7-12

- Completion（过渡完成）：设置过渡完成百分比。
- Layer to Reveal（揭示层）：设置揭示显示的图层。
- Gradient Layer（渐变图层）：设置渐变显示的图层。
- Softness（柔化度）：设置边缘柔化程度。

7.2.4 CC Grid Wipe

【CC Grid Wipe(CC网格擦除)】效果可以模拟网格图形进行擦除。选中素材，在菜单栏中执行【效果】/【过渡】/【CC Grid Wipe】命令，此时参数设置如图7-13所示。为素材添加该效果的画面如图7-14所示。

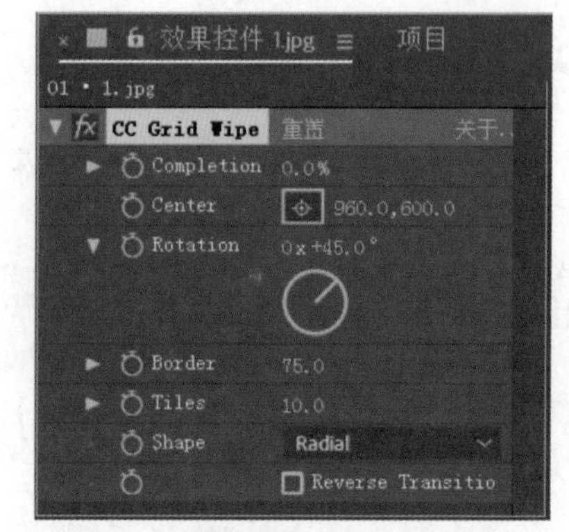

图 7-13

图 7-14

- Completion（过渡完成）：设置过渡完成百分比。
- Center（中心）：设置网格擦除中心点。
- Rotation（旋转）：设置网格的旋转角度。
- Border（边界）：设置网格的边界位置。
- Tiles（拼贴）：设置网格大小。
- Shape（形状）：设置网格形状。
- Reverse Transition（反转变换）：勾选此选项，可将网格与当前图像进行转换。

7.2.5 CC Image Wipe

【CC Image Wipe(CC 图像擦除)】效果可以擦除当前图层。选中素材，在菜单栏中执行【效果】/【过渡】/【CC Image Wipe】命令，此时参数设置如图7-15所示。为素材添加该效果的画面如图7-16所示。

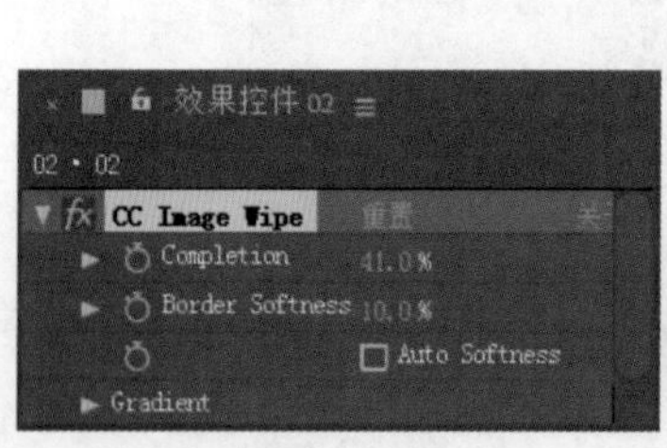

图 7-15

图 7-16

- Completion（过渡完成）：设置过渡完成百分比。
- Border Softness（柔化边缘）：设置边缘柔化程度。
- Gradient（渐变）：设置渐变图层。

7.2.6 CC Jaws

【CC Jaws(CC 锯齿)】效果可以模拟锯齿形状进行擦除。选中素材，在菜单栏中执行【效果】/【过渡】/【CC Jaws】命令，此时参数设置如图7-17所示。为素材添加该效果的画面如图7-18所示。

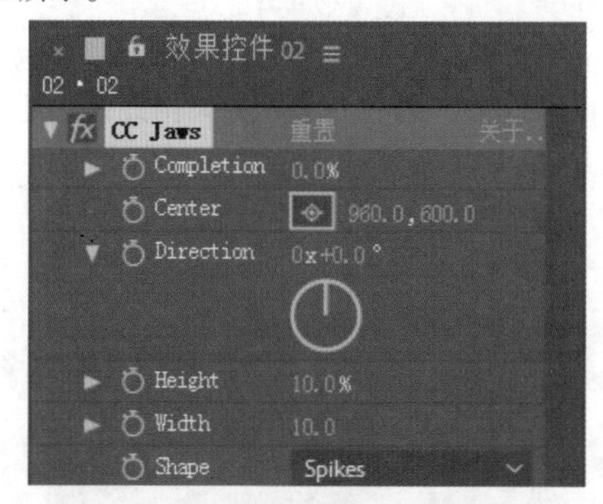

图7-17

图7-18

- Completion（过渡完成）：设置过渡完成百分比。
- Center（中心）：设置擦除效果的中心点。
- Direction（方向）：设置擦除方向。
- Height（高）：设置锯齿高度。
- Width（宽）：设置锯齿宽度。
- Shape（形状）：设置锯齿形状。

7.2.7 CC Light Wipe

【CC Light Wipe(CC 光线擦除)】效果可以模拟光线擦拭的效果，以正圆形状逐渐变形到下一素材中。选中素材，在菜单栏中执行【效果】/【过渡】/【CC Light Wipe】命令，此时参数设置如图7-19所示。为素材添加该效果的画面如图7-20所示。

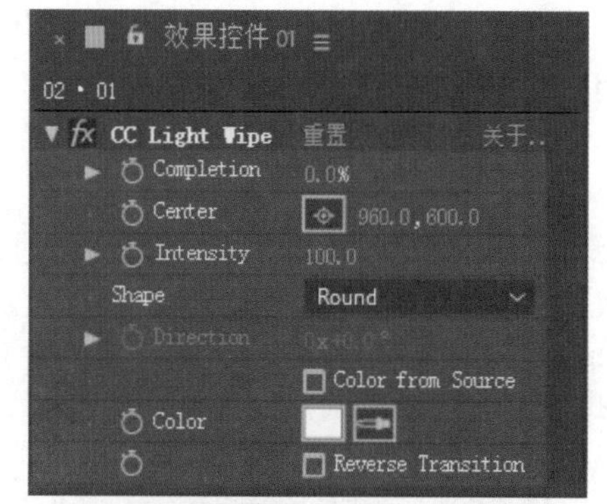

图7-19

图7-20

- Completion（过渡完成）：设置过渡完成百分比。
- Center（中心）：设置光线擦除效果的中心点。
- Intensity（强度）：设置光线擦除效果的强度。
- Shape（形状）：设置擦除形状。
- Direction（方向）：设置擦除方向。
- Color（颜色）：设置发光颜色。图7-21所示为设置Color为蓝色和粉色的对比效果。

Color：蓝色

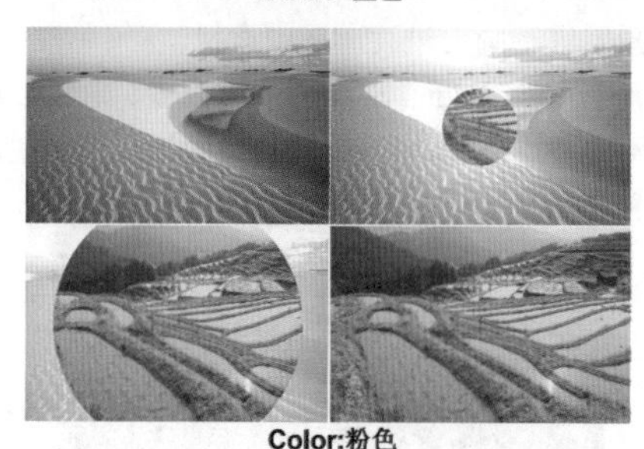

Color:粉色

图7-21

- Reverse Transition（反向转换）：勾选该选项，可将当前效果进行反转。

7.2.8 CC Line Sweep

【CC Line Sweep(CC 行扫描)】效果可以对图像进行逐行扫描擦除。选中素材，在菜单栏中执行【效果】/【过渡】/【CC Line Sweep】命令，此时参数设置如图7-22所示。为素材添加该效果的画面如图7-23所示。

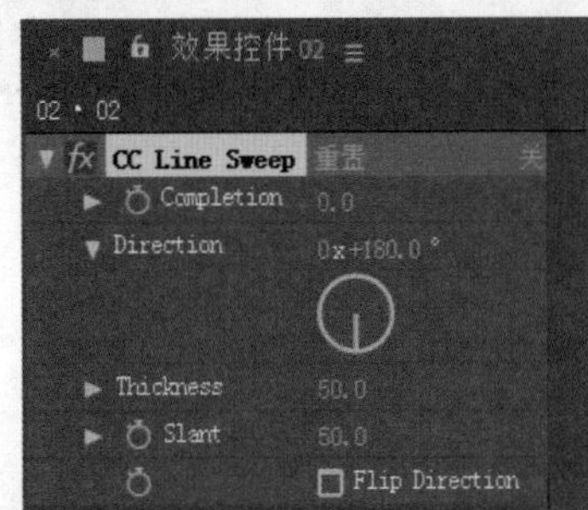

图 7-22

图 7-23

- Completion（过渡完成）：设置过渡完成百分比。
- Direction（方向）：设置扫描方向。
- Thickness（密度）：设置扫描密度。
- Slant（倾斜）：设置扫描的倾斜大小。
- Flip Direction（反转方向）：勾选此选项，可以反转扫描方向。

7.2.9 CC Radial ScaleWipe

【CC Radial ScaleWipe(CC 径向缩放擦除)】效果可以通过径向弯曲图层进行画面过渡。选中素材，在菜单栏中执行【效果】/【过渡】/【CC Radial ScaleWipe】命令，此时参数设置如图7-24所示。为素材添加该效果的画面如图7-25所示。

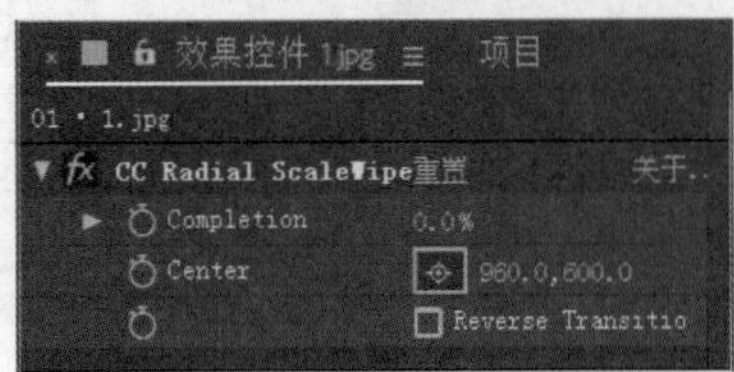

图 7-24

图 7-25

- Completion（过渡完成）：设置过渡完成百分比。
- Center（中心）：设置效果中心点。
- Reverse Transition（反向转换）：勾选此选项，可反转擦除效果。图7-26所示为勾选此选项后的画面效果。

图 7-26

7.2.10 CC Scale Wipe

【CC Scale Wipe(CC 缩放擦除)】效果可以通过指定中心点进行拉伸擦除。选中素材，在菜单栏中执行【效果】/【过渡】/【CC Scale Wipe】命令，此时参数设置如图7-27所示。为素材添加该效果的画面如图7-28所示。

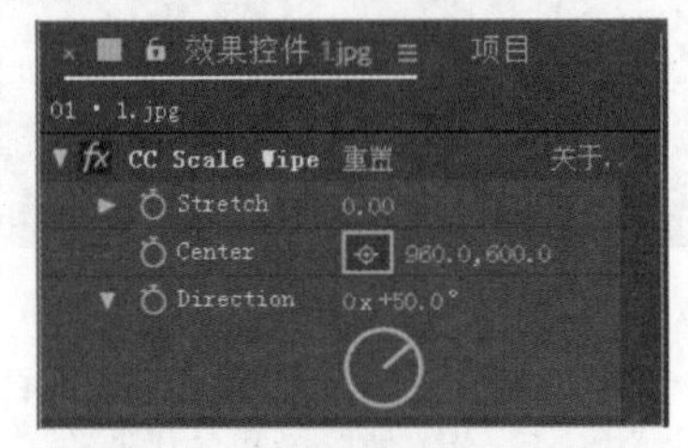

图 7-27

图 7-28

- Stretch（拉伸）：设置图像拉伸程度。
- Center（中心）：设置擦除效果中心点。
- Direction（方向）：设置擦除效果方向。

7.2.11 CC Twister

【CC Twister(CC 扭曲)】效果可以对选定图层进行扭曲，从而产生画面的切换过渡。选中素材，在菜单栏中执行【效果】/【过渡】/【CC Twister】命令，此时参数设置如图7-29所示。为素材添加该效果的画面如图7-30所示。

图7-29

图7-30

- Completion（过渡完成）：设置过渡完成百分比。
- Backside（背面）：设置背景图像图层。
- Shading（阴影）：勾选此选项，可增加阴影效果。
- Center（中心）：设置扭曲的中心点。
- Axis（坐标轴）：设置扭曲的旋转角度。

7.2.12 CC WarpoMatic

【CC WarpoMatic(CC 变形过渡)】效果可以使图像产生弯曲变形，并逐渐变为透明的过渡效果。选中素材，在菜单栏中执行【效果】/【过渡】/【CC WarpoMatic】命令，此时参数设置如图7-31所示。为素材添加该效果的画面如图7-32所示。

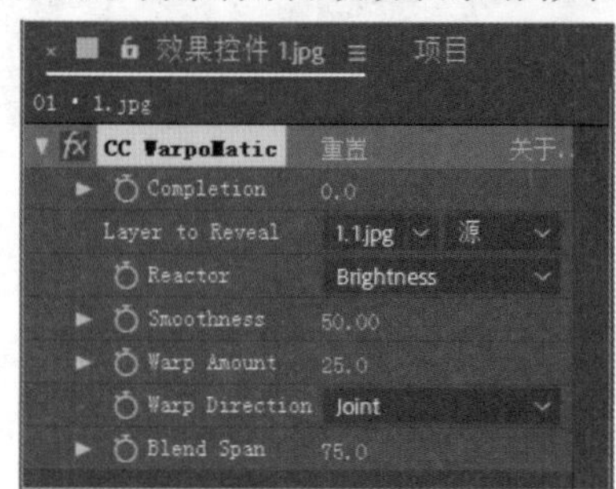

图7-31

图7-32

- Completion（过渡完成）：设置过渡完成百分比。
- Layer to Reveal（揭示层）：设置揭示显示的图层。
- Reactor（反应器）：设置过渡模式。
- Smoothness（平滑）：设置边缘平滑程度。
- Warp Amount（变形量）：设置变形程度。
- Warp Direction（变形方向）：设置变形方向。
- Blend Span（混合跨度）：设置混合的跨度。

实例：使用【CC WarpoMatic】效果制作奇幻的冰冻过程

文件路径：Chapter 07 过渡效果→实例：使用【CC WarpoMatic】效果制作奇幻的冰冻过程

本案例主要使用【CC WarpoMatic】效果制作作品的冰冻质感，并设置关键帧动画模拟冰冻过程，实例非常生动有趣。案例效果如图7-33所示。

扫一扫，看视频

图7-33

操作步骤：

步骤 01 在【项目】面板中单击鼠标右键执行【新建合成】命令，在弹出的【合成设置】对话框中设置【合成名称】为

01,【预设】为自定义,【宽度】为1200,【高度】为800,【像素长宽比】为方形像素,【帧速率】为25,【分辨率】为完整,【持续时间】为6秒,单击【确定】按钮。

步骤 02 在菜单栏中执行【文件】/【导入】/【文件】命令,在弹出的【导入文件】对话框中选择所需要的素材,单击【导入】按钮导入素材01.jpg。

步骤 03 在【项目】面板中将素材01.jpg拖曳到【时间轴】面板中,如图7-34所示。

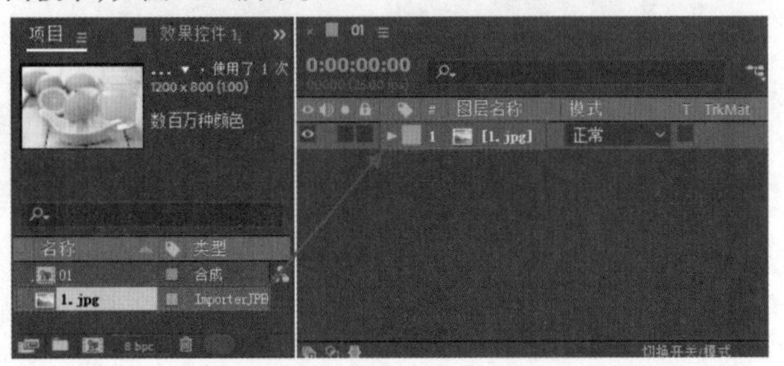

图 7-34

步骤 04 在【效果和预设】面板中搜索【CC WarpoMatic】效果,并将其拖曳到【时间轴】面板中的01.jpg图层上,如图7-35所示。

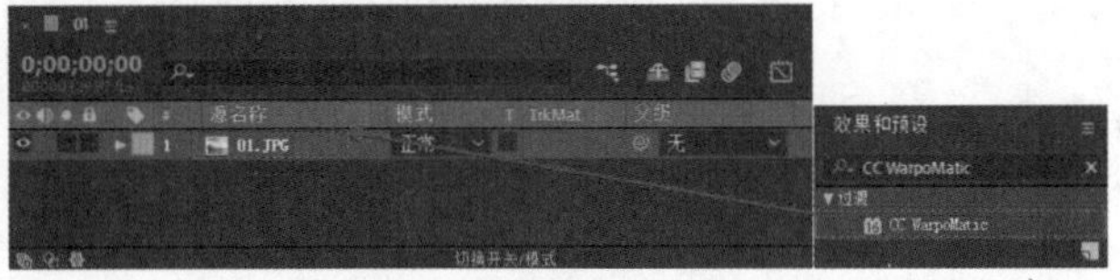

图 7-35

步骤 05 在【时间轴】面板中单击打开01.jpg素材图层下方的【效果】,并将时间线拖曳至起始位置处,设置【CC WarpoMatic】的【Completion】为50,【Smoothness】为5,【Warp Amount】为0,然后单击【Smoothness】和【Warp Amount】前的【时间变化秒表】按钮。继续将时间线拖曳至5秒位置处,设置【Smoothness】为20,【Warp Amount】为400。接着设置【Warp Direction】为Twisting,如图7-36所示。

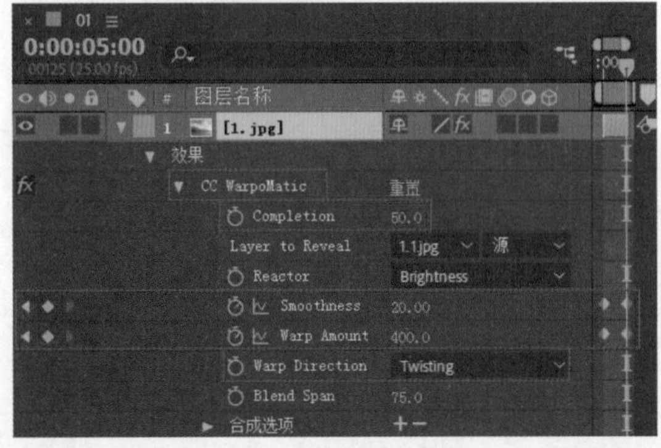

图 7-36

步骤 06 拖曳时间线查看案例最终效果,如图7-37所示。

图 7-37

7.2.13 光圈擦除

【光圈擦除】效果可以通过修改Alpha通道执行星形擦除。选中素材,在菜单栏中执行【效果】/【过渡】/【光圈擦除】命令,此时参数设置如图7-38所示。为素材添加该效果的画面如图7-39所示。

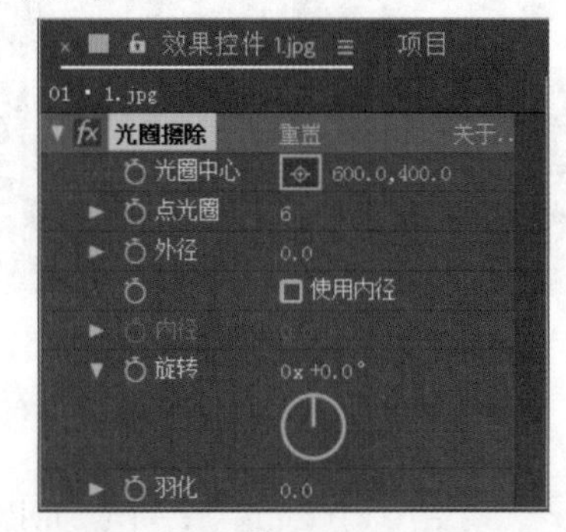

图 7-38

图 7-39

- 光圈中心:设置光圈擦除中心点。
- 点光圈:设置光圈多边形程度。
- 外径:设置外半径。
- 内径:设置内半径。
- 旋转:设置旋转角度。
- 羽化:设置边缘的羽化程度。

实例：使用过渡效果制作度假景点宣传广告

文件路径：Chapter 07 过渡效果→实例：使用过渡效果制作度假景点宣传广告

扫一扫，看视频

本案例主要学习如何使用【光圈擦除】【CC Line Sweep】【CC Jaws】3种过渡效果制作出度假景点宣传广告，案例效果如图7-40所示。

图 7-40

操作步骤：

步骤 01 在【项目】面板中单击鼠标右键执行【新建合成】命令，在弹出的【合成设置】对话框中设置【合成名称】为01，【预设】为自定义，【宽度】为1376，【高度】为941，【像素长宽比】为方形像素，【帧速率】为25，【分辨率】为完整，【持续时间】为6秒，单击【确定】按钮。

步骤 02 执行【文件】/【导入】/【文件】命令或使用【导入文件】的快捷键Ctrl+I，在弹出的【导入文件】对话框中选择所需要的素材，单击【导入】按钮导入素材。

步骤 03 在【项目】面板中将所有素材拖曳到【时间轴】面板中，如图7-41所示。

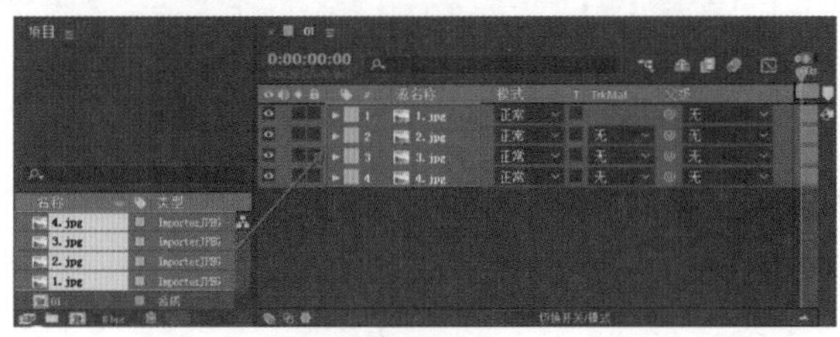

图 7-41

步骤 04 在【效果和预设】面板中搜索【光圈擦除】效果，并将其拖曳到【时间轴】面板中的1.jpg图层上，如图7-42所示。

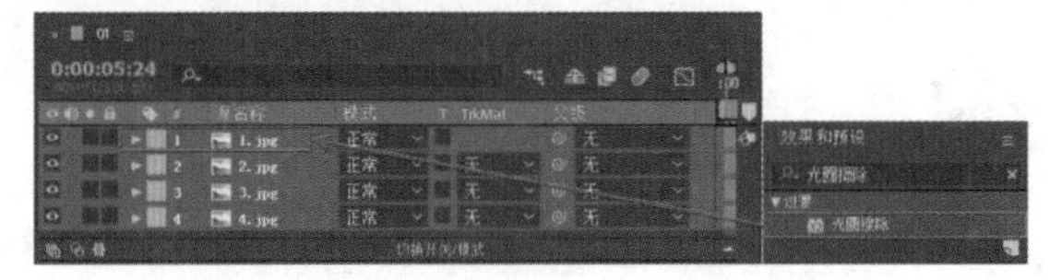

图 7-42

步骤 05 在【时间轴】面板中单击打开1.jpg素材图层下方的【效果】/【光圈擦除】，并将时间线拖曳至起始位置处，依次单击【点光圈】【外径】和【旋转】前的【时间变化秒表】按钮，设置【点光圈】为6，【外径】为0.0，【旋转】为(0x+0.0°)。再将时间线拖曳至1秒位置处，设置【点光圈】为25，【外径】为865.0，旋转为(0x+180.0°)，如图7-43所示。拖曳时间线查看此时画面效果，如图7-44所示。

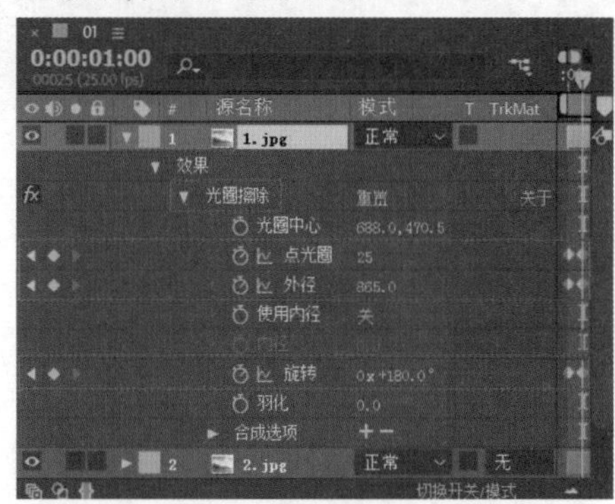

图 7-43

图 7-44

步骤 06 在【效果和预设】面板中搜索【CC Line Sweep】效果，并将其拖曳到【时间轴】面板中的2.jpg图层上，如图7-45所示。

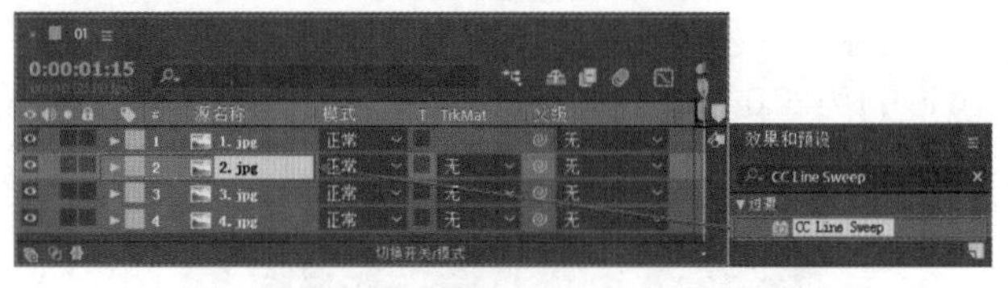

图 7-45

步骤 07 在【时间轴】面板中单击打开2.jpg素材图层下方的【效果】/【CC Line Sweep】，并将时间线拖曳至1秒15帧位置处，单击【Completion】前的【时间变化秒表】按钮，设置【Completion】为0.0，再将时间线拖曳至2秒15帧位置处，设置【Completion】为100.0。接着设置【Direction】为(0x+145.0°)，【Thickness】为200.0，如图7-46所示。拖曳时间线查看此时画面效果，如图7-47所示。

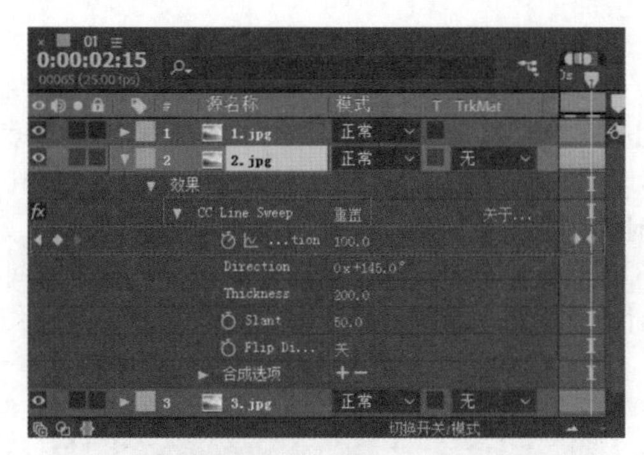

图 7-46

图 7-47

步骤 08 在【效果和预设】面板中搜索【CC Jaws】效果，并将其拖曳到【时间轴】面板中的3.jpg图层上，如图7-48所示。

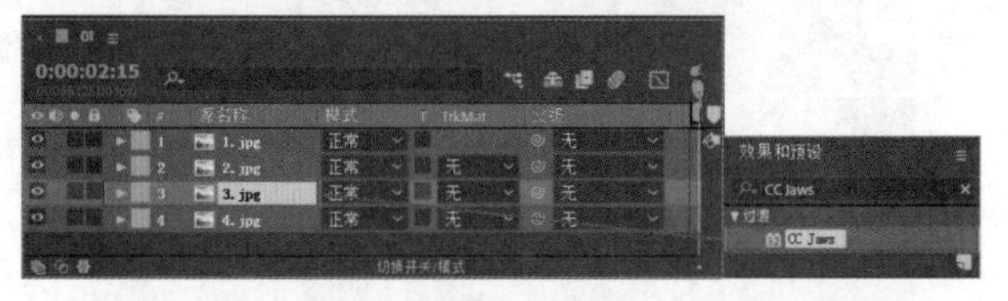

图 7-48

步骤 09 在【时间轴】面板中单击打开3.jpg素材图层下方的【效果】/【CC Jaws】，并将时间线拖曳至3秒05帧位置处，单击【Completion】和【Direction】前的【时间变化秒表】按钮 。设置【Completion】为0.0，【Direction】为(0x+0.0°)，再将时间线拖曳至3秒15帧位置处，设置【Completion】为100.0，【Direction】为(0x+90.0°)。接着设置【Height】为100.0%，【Width】为25.0，如图7-49所示。

图 7-49

步骤 10 拖曳时间线查看案例的最终效果，如图7-50所示。

图 7-50

7.2.14 块溶解

【块溶解】效果可以使图层在随机块中消失。选中素材，在菜单栏中执行【效果】/【过渡】/【块溶解】命令，此时参数设置如图7-51所示。为素材添加该效果的画面如图7-52所示。

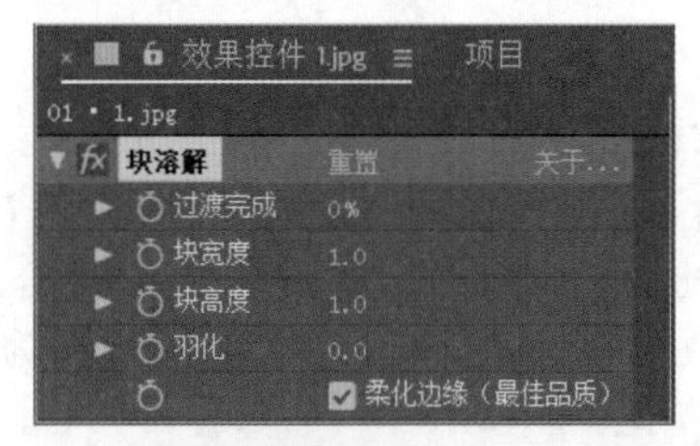

图 7-51

图 7-52

- 过渡完成：设置过渡完成百分比。
- 块宽度：设置溶解块的宽度。
- 块高度：设置溶解块的高度。
- 羽化：设置边缘的羽化程度。
- 柔化边缘（最佳品质）：勾选此选项，可使边缘更加柔和。

7.2.15 百叶窗

【百叶窗】效果可以通过修改Alpha通道执行定向条纹擦除。选中素材，在菜单栏中执行【效果】/【过渡】/【百叶窗】

命令，此时参数设置如图7-53所示。为素材添加该效果的画面如图7-54所示。

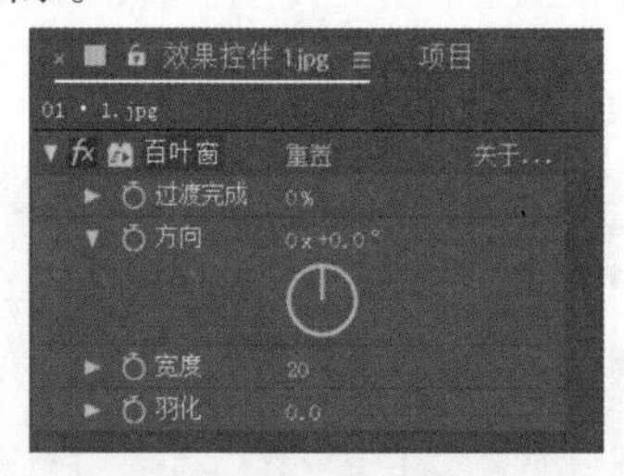

图 7-53

图 7-54

- 过渡完成：设置过渡完成百分比。
- 方向：设置百叶窗擦除效果的方向。
- 宽度：设置百叶窗的宽度。图7-55和图7-56所示为【宽度】为50和100的对比效果。

宽度：50

图 7-55

宽度：100

图 7-56

- 羽化：设置边缘羽化程度。

7.2.16 径向擦除

【径向擦除】效果可以通过修改Alpha通道进行径向擦除。选中素材，在菜单栏中执行【效果】/【过渡】/【径向擦除】命令，此时参数设置如图7-57所示。为素材添加该效果的画面如图7-58所示。

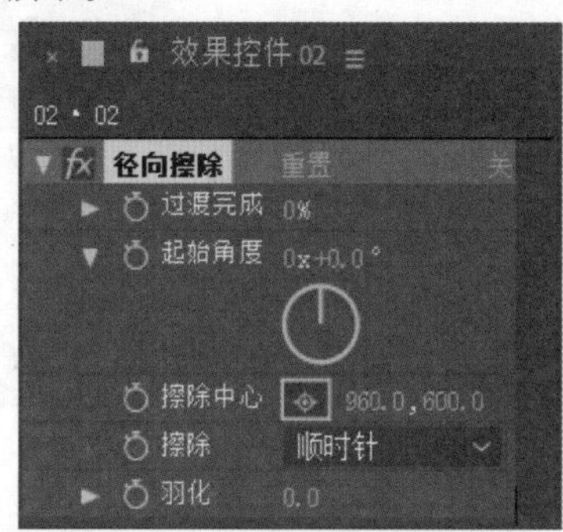

图 7-57

图 7-58

- 过渡完成：设置过渡完成百分比。
- 起始角度：设置径向擦除开始的角度。
- 擦除中心：设置径向擦除中心点。
- 擦除：设置擦除方式为顺时针、逆时针，或两者兼有。
- 羽化：设置边缘羽化程度。

实例：使用过渡效果制作旅游风景广告

文件路径：Chapter 07 过渡效果→实例：使用过渡效果制作旅游风景广告

本案例主要学习如何使用【径向擦除】【CC Radial ScaleWipe】及【CC Grid Wipe】三种过渡效果制作旅游风景广告。案例效果如图7-59所示。

扫一扫，看视频

图 7-59

操作步骤：

步骤 01 在【项目】面板中单击鼠标右键执行【新建合成】命令，在弹出的【合成设置】对话框中设置【合成名称】为01，【预设】为自定义，【宽度】为1500，【高度】为974，【像素长宽比】为方形像素，【帧速率】为25，【分辨率】为完整，【持续时间】为6秒，单击【确定】按钮。

步骤 02 执行【文件】/【导入】/【文件】命令或使用【导入文件】的快捷键Ctrl+I，在弹出的【导入文件】对话框中选择所需要的素材，单击【导入】按钮导入素材。

步骤 03 在【项目】面板中将所有素材拖曳到【时间轴】面板中，如图7-60所示。

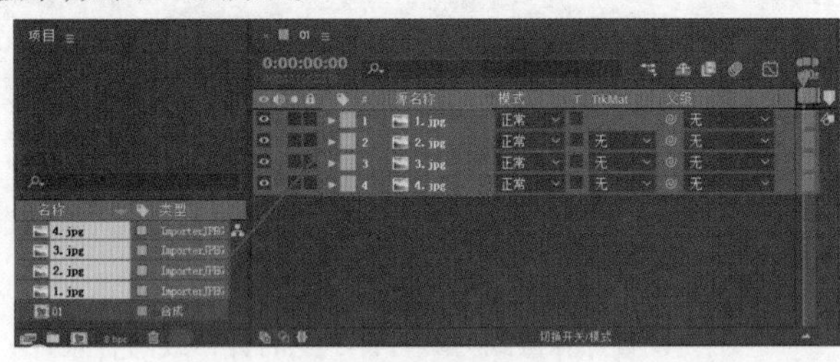

图 7-60

步骤 04 在【效果和预设】面板中搜索【径向擦除】效果，并将其拖曳到【时间轴】面板中的1.jpg图层上，如图7-61所示。

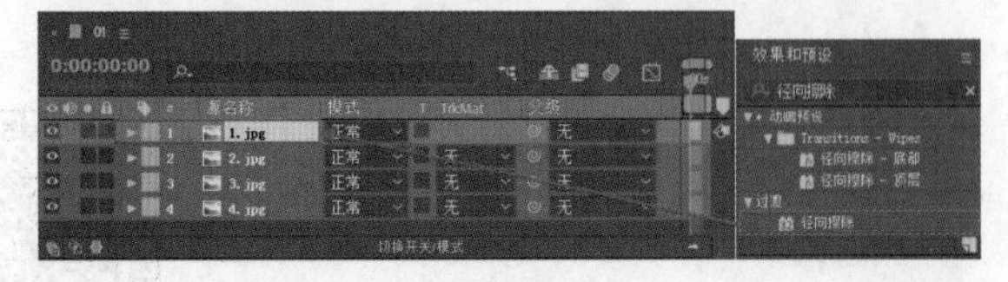

图 7-61

步骤 05 在【时间轴】面板中单击打开1.jpg素材图层下方的【效果】/【径向擦除】，并将时间线拖曳至起始帧位置处，依次单击【过渡完成】和【起始角度】前的【时间变化秒表】按钮。设置【过渡完成】为0%，【起始角度】为(0x+0.0°)。再将时间线拖曳至1秒位置处，设置【过渡完成】为100%，【起始角度】为(0x-45.0°)，如图7-62所示。拖曳时间线查看此时画面效果，如图7-63所示。

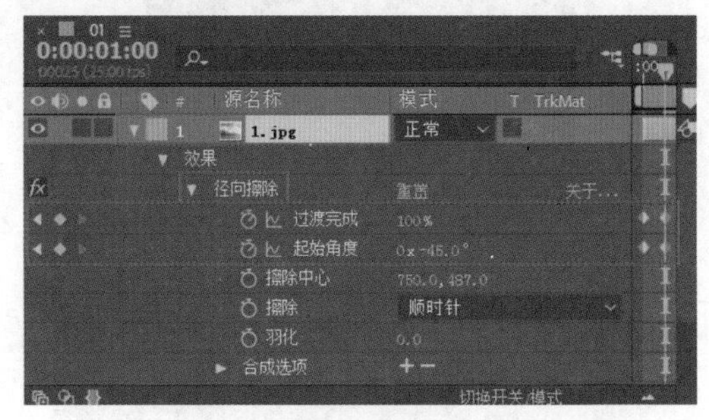

图 7-62

图 7-63

步骤 06 在【效果和预设】面板中搜索【CC Radial ScaleWipe】效果，并将其拖曳到【时间轴】面板中的2.jpg图层上，如图7-64所示。

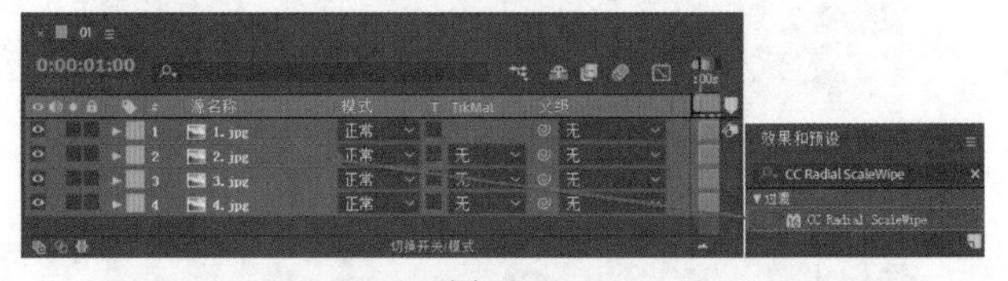

图 7-64

步骤 07 在【时间轴】面板中打开2.jpg素材图层下方的【效果】/【CC Radial ScaleWipe】，并将时间线拖曳至1秒10帧位置处，单击【Completion】前的【时间变化秒表】按钮，设置【Completion】为0.0%。再将时间线拖曳至2秒10帧位置处，设置【Completion】为100.0%，如图7-65所示。拖曳时间线查看此时画面效果，如图7-66所示。

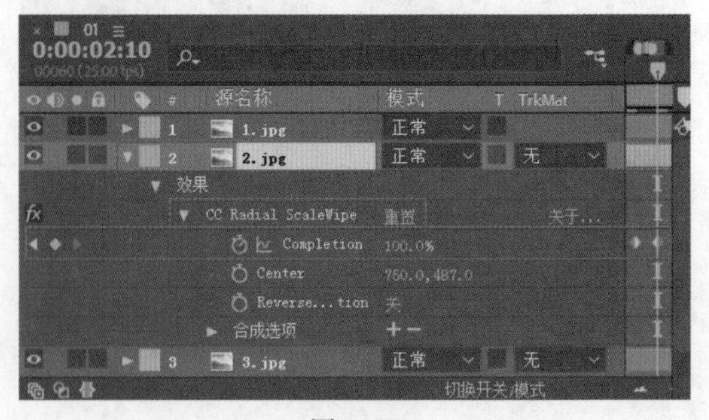

图 7-65

图 7-66

步骤 08 在【效果和预设】面板中搜索【CC Grid Wipe】效果，并将其拖曳到【时间轴】面板中的3.jpg图层上，如图7-67所示。

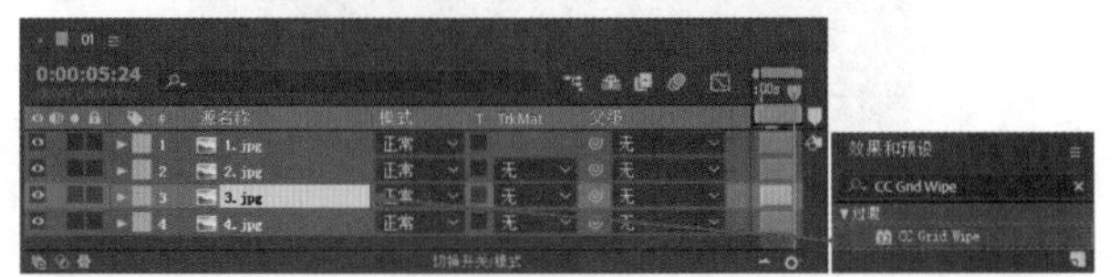

图 7-67

步骤 09 在【时间轴】面板中单击打开3.jpg素材图层下方的【效果】/【CC Grid Wipe】，并将时间线拖曳至2秒20帧位置处，依次单击【Completion】和【Rotation】前的【时间变化秒表】按钮。设置【Completion】为0.0%，【Rotation】为(0x+45.0°)。再将时间线拖曳至3秒20帧位置处，设置【Completion】为100.0%，【Rotation】为(0x+180.0°)，如图7-68所示。

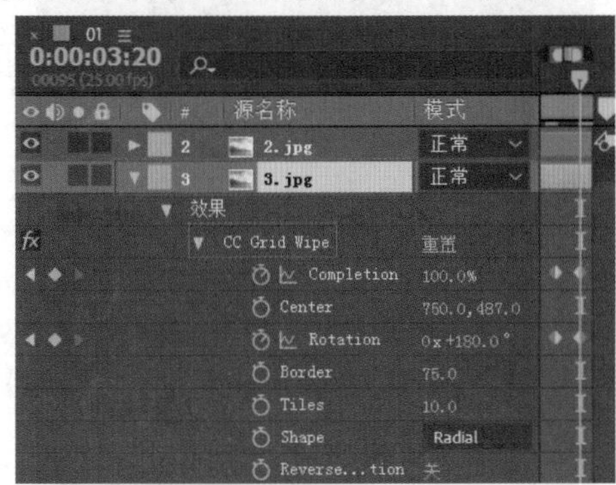

图 7-68

步骤 10 拖曳时间线查看案例最终的效果，如图7-69所示。

图 7-69

7.2.17 线性擦除

【线性擦除】可以通过修改Alpha通道进行线性擦除。选中素材，在菜单栏中执行【效果】/【过渡】/【线性擦除】命令，此时参数设置如图7-70所示。为素材添加该效果的画面如图7-71所示。

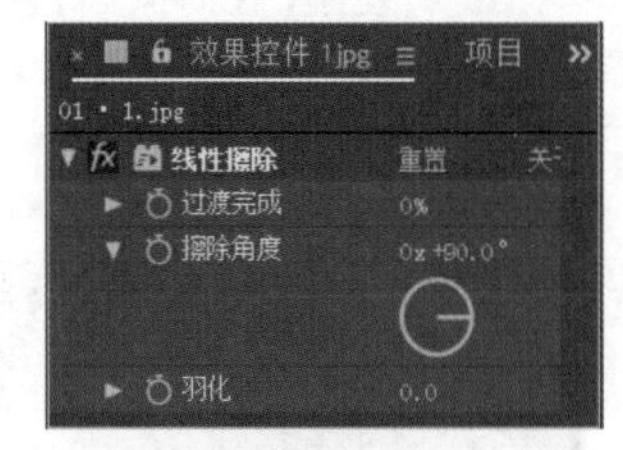

图 7-70

图 7-71

- 过渡完成：设置过渡完成百分比。
- 擦除角度：设置线性擦除角度。图7-72和图7-73所示为设置【擦除角度】为(0x+145.0°)和(0x+180.0°)的对比效果。

擦除角度：0x+145.0°

图 7-72

擦除角度：0x+180.0°

图 7-73

- 羽化：设置边缘羽化程度。

综合实例：使用过渡效果制作文艺清新风格的广告

文件路径：Chapter 07 过渡效果→综合实例：使用过渡效果制作文艺清新风格的广告

扫一扫，看视频

本案例将使用【径向擦除】【CC Grid Wipe】【CC Glass Wipe】3种过渡效果制作文艺清新风格的广告。案例效果如图7-74所示。

图 7-74

操作步骤：

Part 01 导入素材并制作文本动画

步骤 01 在【项目】面板中单击鼠标右键执行【新建合成】命令，在弹出的【合成设置】对话框中设置【合成名称】为01，【预设】为自定义，【宽度】为1478，【高度】为1000，【像素长宽比】为方形像素，【帧速率】为25，【分辨率】为完整，【持续时间】为10秒，单击【确定】按钮。

步骤 02 执行【文件】/【导入】/【文件】命令或使用【导入文件】的快捷键Ctrl+I，在弹出的【导入文件】对话框中选择所需要的素材，单击【导入】按钮导入素材。

步骤 03 在【项目】面板中将所有素材拖曳到【时间轴】面板中，如图7-75所示。

图 7-75

步骤 04 在【时间轴】面板中的空白位置处单击鼠标右键执行【新建】/【纯色】命令。

步骤 05 在弹出的【纯色设置】对话框中设置【颜色】为青绿色，如图7-76所示。此时画面效果如图7-77所示。

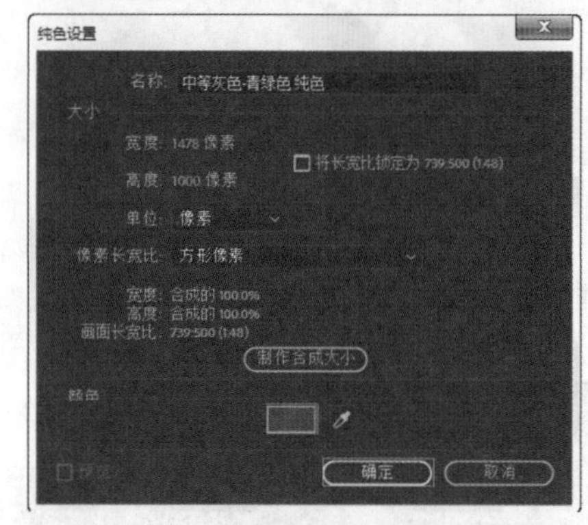

图 7-76

图 7-77

步骤 06 在【时间轴】面板中打开纯色图层下方的【变换】，并将时间线拖曳至1秒10帧位置处，然后依次单击【缩放】和【不透明度】前的【时间变化秒表】按钮，设置【缩放】为(100.0,100.0%)，【不透明度】为100%。再将时间线拖曳至2秒10帧位置处，设置【缩放】为(0.0,0.0%)，【不透明度】为0%，如图7-78所示。

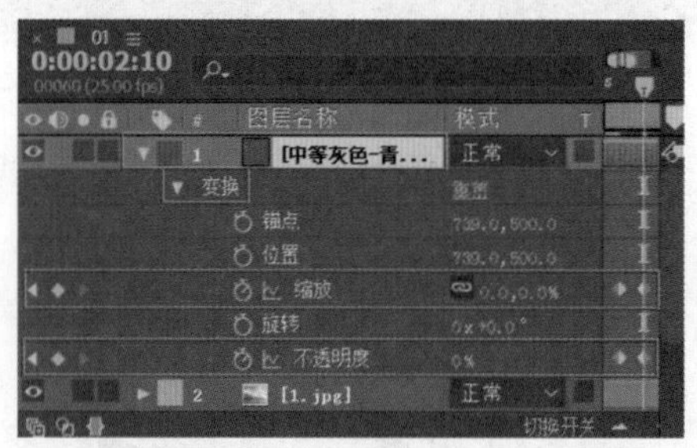

图 7-78

步骤 07 在【时间轴】面板中的空白位置处单击鼠标右键执行【新建】/【文本】命令。

步骤 08 在【字符】面板中设置合适的【字体系列】，【字体样式】为Regular，【填充颜色】为白色，【描边颜色】为无颜色，字体大小为100，然后单击选择【全部大写字母】，在【段落】面板中单击选择【居中对齐文本】，设置完成输入文本"LITERATURE AND ART PURE AND FRESH"，在输入过程中可使用大键盘上的Enter键进行换行操作，如图7-79所示。

图7-79

步骤 09 在【时间轴】面板中选中文本图层，并将光标定位在该图层上，单击鼠标右键执行【图层样式】/【投影】命令，如图7-80所示。接着单击打开文本图层下方的【图层样式】，设置【投影】的【不透明度】为50%，如图7-81所示。此时画面效果如图7-82所示。

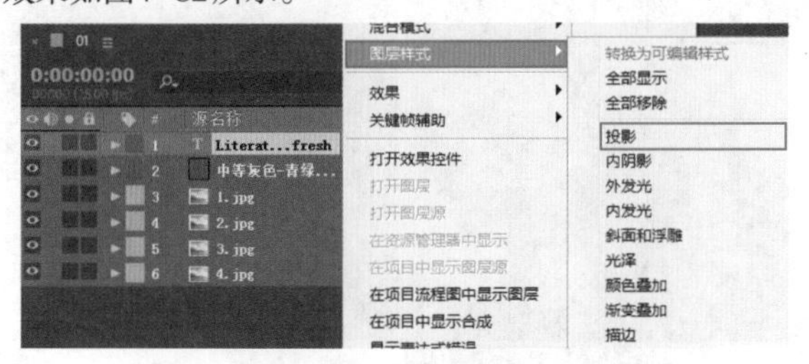

图7-80

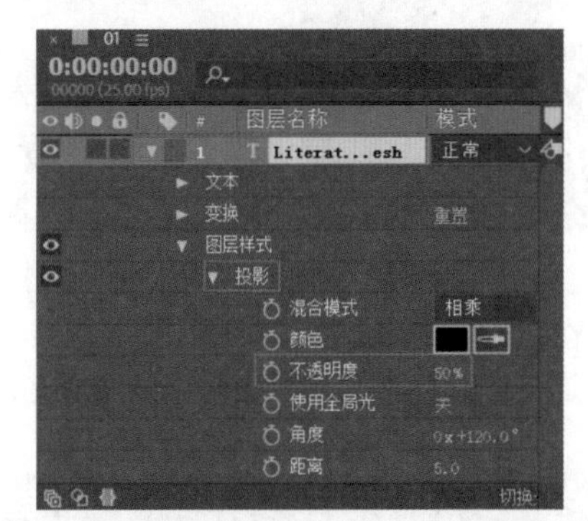

图7-81

图7-82

步骤 10 在【时间轴】面板中打开文本图层下方的【变换】，设置【位置】为(739.0,446.0)。接着将时间线拖曳至起始帧位置处，依次单击【缩放】和【不透明度】前的【时间变化秒表】按钮，设置【缩放】为(100.0,100.0%)，【不透明度】为100%。再将时间线拖曳至1秒10帧位置处，设置【缩放】为(0.0,0.0%)，【不透明度】为0%，如图7-83所示。拖曳时间线查看此时画面效果，如图7-84所示。

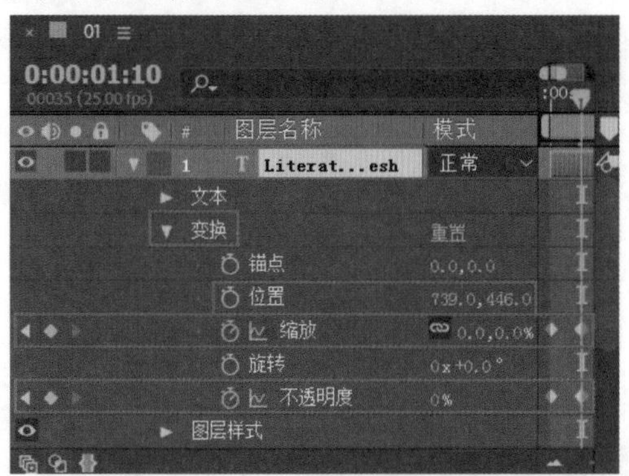

图7-83

图7-84

Part 02 制作图像动画

步骤 01 在【效果和预设】面板中搜索【径向擦除】效果，并将其拖曳到【时间轴】面板中的1.jpg图层上，如图7-85所示。

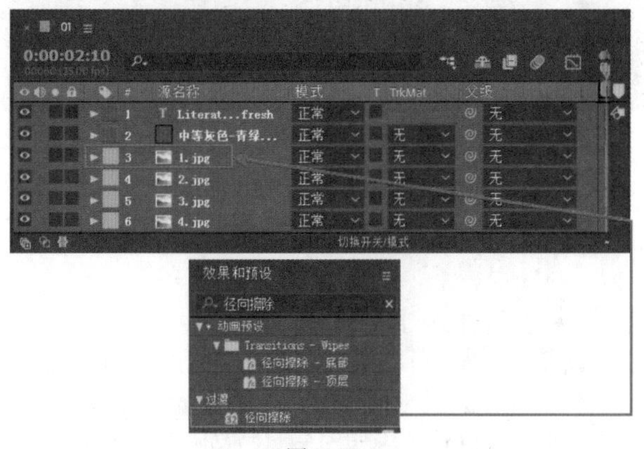

图7-85

步骤 02 在【时间轴】面板中打开1.jpg素材图层下方的【效果】/【径向擦除】,并将时间线拖曳至2秒10帧位置处,单击【过渡完成】前方的【时间变化秒表】按钮⏱,设置【过渡完成】为0%。再将时间线拖曳至3秒10帧位置处,设置【过渡完成】为100%。接着设置【擦除】为【两者兼有】,【羽化】为450.0,如图7-86所示。拖曳时间线查看此时画面效果,如图7-87所示。

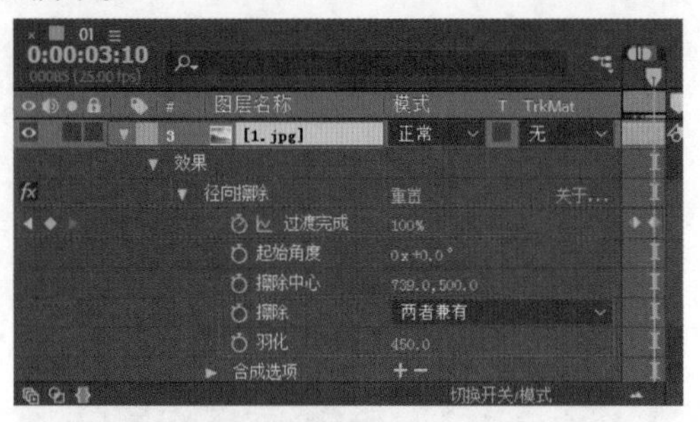

图7-86

图7-87

步骤 03 在【效果和预设】面板中搜索【CC Grid Wipe】效果,并将其拖曳到【时间轴】面板中的2.jpg图层上,如图7-88所示。

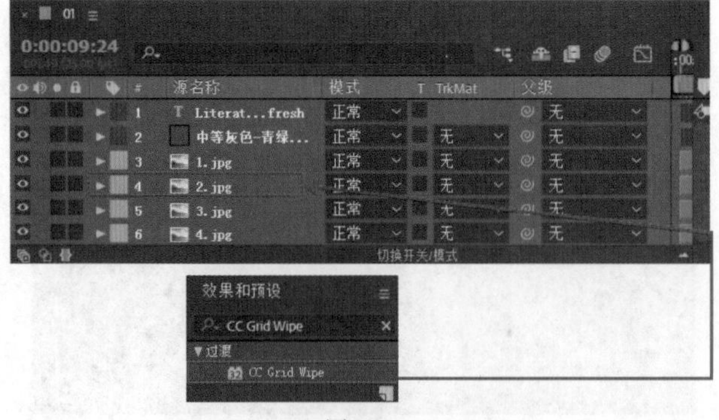

图7-88

步骤 04 在【时间轴】面板中打开2.jpg素材图层下方的【效果】/【CC Grid Wipe】,并将时间线拖曳至4秒位置处,单击【Completion】前方的【时间变化秒表】按钮⏱,设置【Completion】为0%。再将时间线拖曳至5秒位置处,设置【Completion】为100%,设置【Tiles】为1.0,【Shape】为Doors,如图7-89所示。拖曳时间线查看此时画面效果,如图7-90所示。

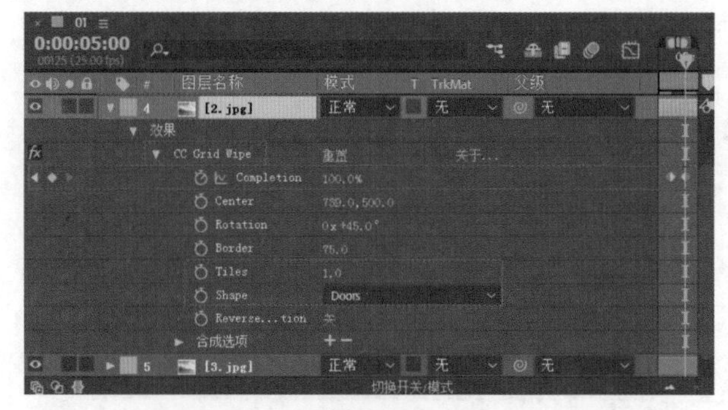

图7-89

图7-90

步骤 05 在【效果和预设】面板中搜索【CC Glass Wipe】效果,并将其拖曳到【时间轴】面板中的3.jpg图层上,如图7-91所示。

图7-91

步骤 06 在【时间轴】面板中打开3.jpg素材图层下方的【效果】/【CC Glass Wipe】，并将时间线拖曳至5秒15帧位置处，单击【Completion】前方的【时间变化秒表】按钮，设置【Completion】为0%。再将时间线拖曳至6秒15帧位置处，设置【Completion】为100%，【Layer to Reveal】为6.4.jpg，【Gradient Layer】为6.4.jpg，【Softness】为100.0，如图7-92所示。

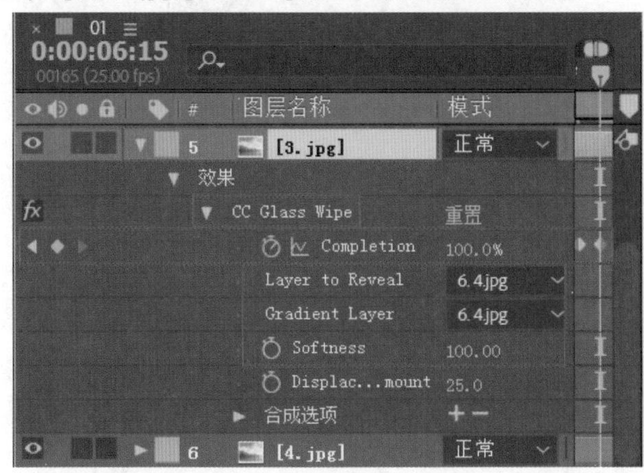

图 7-92

步骤 07 拖曳时间线查看案例的最终效果，如图7-93所示。

图 7-93

扫一扫，看视频

调色效果

本章内容简介：

调色是After Effects中非常重要的一个功能，它在很大程度上能够决定作品的"好坏"。通常情况下，不同的颜色往往带有不同的情感倾向。在设计作品中也是一样的，只有与作品主题相匹配的色彩才能正确地传达作品的主旨，因此正确地使用调色效果对设计作品而言是一道重要关卡。本章主要讲解在After Effects中为作品调色的流程，调色效果的功能介绍，以及使用调色技术调整作品颜色的案例。

重点知识掌握：

- 调色的概念
- 通道类效果的应用
- 颜色校正类效果的应用
- 综合使用多种调色效果调整作品颜色

优秀作品欣赏

8.1 调色前的准备工作

对于设计师来说，调色是后期处理的“重头戏”。一幅作品的颜色能够在很大程度上影响观者的心理感受。如图8-1所示，同样一张食物的照片，哪张看起来更美味一些？通常饱和度高一些的食物照片看起来会更美味。的确，色彩能够“美化”照片，同时色彩也具有强大的“欺骗性”。如图8-2所示，同一张行囊的照片，以不同的颜色进行展示，迎接它的将是一场轻松愉快的郊游，还是充满悬疑与未知的探险？

图 8-1

图 8-2

调色技术不仅在摄影后期中占有重要地位，在设计中也是不可忽视的一个重要组成部分。设计作品中经常需要用到各种各样的图片元素，而图片元素的色调与画面是否匹配也会影响到设计作品的成败。调色不仅要使元素变“漂亮”，更重要的是通过色彩的调整使元素“融合”到画面中，如图8-3和图8-4所示可以看到部分元素与画面整体“格格不入”，而经过了颜色的调整后，则会使元素不再显得突兀，画面整体气氛更统一。

图 8-3

图 8-4

色彩的力量无比强大，想要“掌控”这个神奇的力量，After Effects必不可少。After Effects的调色功能非常强大，不仅可以对错误的颜色(即色彩方面不正确的问题，例如曝光过度、亮度不足、画面偏灰、色调偏色等)进行校正，如图8-5所示。还能够通过调色功能来增强画面视觉效果，丰富画面情感，打造出风格化的色彩，如图8-6所示。

图 8-5

图 8-6

8.1.1 调色关键词

在进行调色的过程中，我们经常会听到一些关键词：“色调”“色阶”“曝光度”“对比度”“明度”“纯度”“饱和度”“色相”“颜色模式”“直方图”……这些词大部分都与“色彩”

扫一扫，看视频

的基本属性有关。下面就来简单了解一下色彩。

在视觉的世界里，色彩被分为两类：无彩色和有彩色。如图8-7所示，无彩色为黑、白、灰；有彩色则是除黑、白、灰以外的其他颜色。如图8-8所示，每种有彩色都有三大属性：色相、明度、纯度(又称作饱和度)，无彩色只具有明度这一个属性。

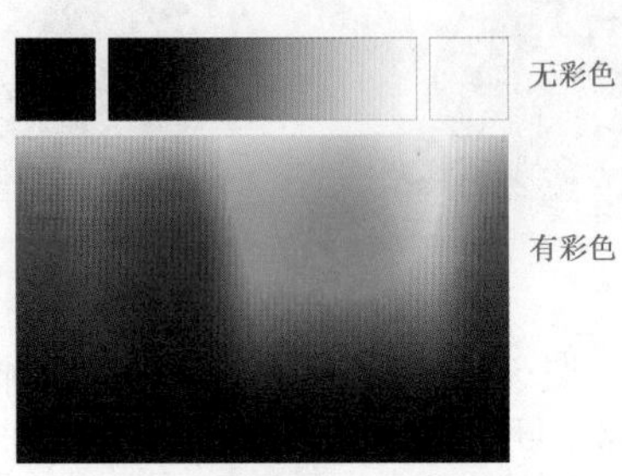

图8-7

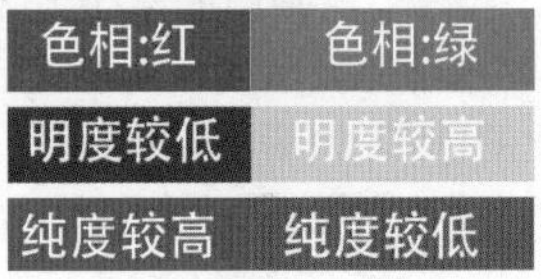

色相:红 色相:绿

明度较低 明度较高

纯度较高 纯度较低

图8-8

1. 色相

“色相”是我们经常提到的一个词语，指的是画面整体的颜色倾向，又称作色调。例如，图8-9所示为青绿色调图像，图8-10所示为紫色调图像。

图8-9

图8-10

2. 明度

“明度”是指色彩的明亮程度。色彩的明暗程度有两种情况，同一颜色的明暗变化和不同颜色的明暗变化。同一颜色的明度深浅变化效果如图8-11所示，从这图上可以看出，从左至右明度是由高到低的。不同颜色也会存在明暗变化，其中黄色明度最高，紫色明度最低，红、绿、蓝、橙色的明度相近，为中间明度，如图8-12所示。

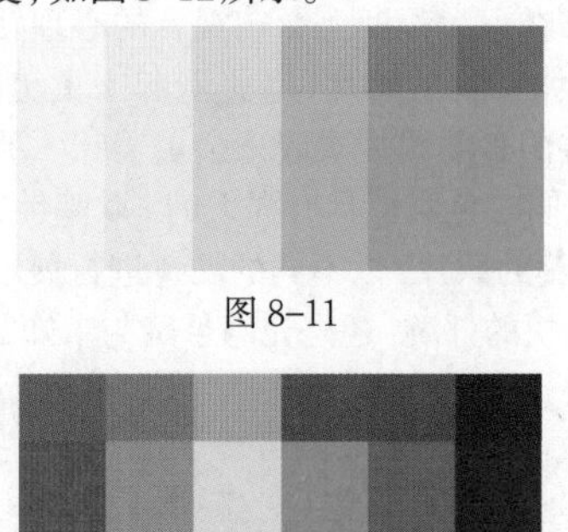

图8-11

图8-12

3. 纯度

“纯度”是指色彩中所含有色成分的比例，比例越大，纯度越高，纯度也可称为色彩的彩度。图8-13和图8-14所示为高纯度和低纯度的对比效果。

图8-13

图8-14

从上面这些调色命令的名称来看，我们大致能猜到这些命令所起到的作用。所谓的“调色”，是通过调整图像的明暗(亮度)、对比度、曝光度、饱和度、色相、色调等来实现图像整体颜色的改变的。但如此多的调色命令，在真正调色时要从何处入手呢？很简单，只要把握住以下几点即可。

(1) 校正画面整体的颜色错误。处理一幅作品时，通过对图像整体的观察，最先考虑到的就是整体的颜色有没有“错误”。例如偏色(画面过于偏向暖色调 / 冷色调等)、画面太亮(曝光过度)、画面太暗(曝光不足)、偏灰(对比度低，整体看起来灰蒙蒙的)、明暗反差过大等。如果出现这些情况，就要先对这些问题进行处理，使作品变为曝光正确、色彩正常的图像，如图8-15和图8-16所示。

图 8-15

图 8-16

注意，在对新闻图片进行处理时，无须对画面进行美化，而是要最大限度地保留画面的真实度。

(2) 细节美化。通过第一步整体的处理，我们已经得到了一张“正常”的图像。虽然这些图像是基本“正确”的，但是仍可能存在一些不尽如人意的地方。例如，想要重点突出的部分比较暗，如图8-17所示；照片背景颜色不美观，如图8-18所示。

图 8-17

图 8-18

图8-19所示为同款产品不同颜色的效果图。图8-20所示为改变人物头发、嘴唇、瞳孔的颜色的效果图。上述例子是对画面“细节”进行了处理，因为画面的重点常常就集中在一些“细节”上。使用“调整图层”非常适合处理画面的细节。

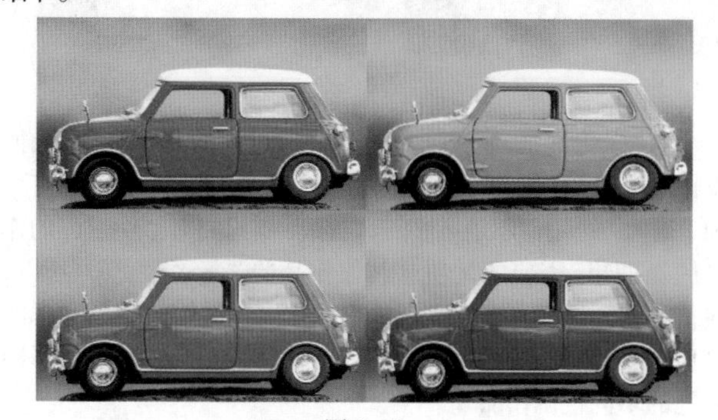

图 8-19

图 8-20

(3) 帮助元素融入画面。在制作一些设计作品或者创意合成作品时，经常需要在原有画面中添加一些其他元素。例如，在版面中添加主体人像；为人物添加装饰物；在海报中的产品周围添加一些陪衬元素；为整个画面更换一个新背景等。当后添加的元素出现在画面中时，可能会感觉合成得很“假”，或颜色看起来很“奇怪”。除去元素内容、虚实程度、大小比例、透视角度等问题，最大的可能性就是新元素与原始图像的“颜色”不统一。例如，环境中的元素均为偏冷的色调，而人物则偏暖，如图8-21所示，这时就需要对色调倾向不同的内容进行调色操作了。

图 8-21

此外，新换的背景颜色过于浓艳，与主体人像风格不一致时，也需要进行饱和度及色调倾向的调整，如图8-22所示。

图 8-22

(4) 强化气氛，辅助主题表现。通过前面几个步骤，画面整体、细节及新增的元素颜色都被处理"正确"了。但只有单纯"正确"的颜色还是不够的，很多时候我们想要使自己的作品脱颖而出，需要的是超越其他作品的"视觉感受"。所以，我们需要对图像的颜色进行进一步调整，这里的调整考虑的是应与图像主题相契合，图8-23和图8-24所示为表现不同主题的不同色调作品。

图 8-23

图 8-24

重点 8.1.2 轻松动手学：After Effects 的调色步骤

文件路径：Chapter 08 调色效果→轻松动手学：After Effects的调色步骤

步骤 01 在【项目】面板中单击鼠标右键执行【新建合成】命令，在弹出的【合成设置】对话框中设置【合成名称】为01，【预设】为自定义，【宽度】为1510，【高度】为1000，【像素长宽比】为方形像素，【帧速率】为25，【分辨率】为完整，【持续时间】为8秒，【背景颜色】为浅蓝色，单击【确定】按钮，如图8-25所示。

扫一扫，看视频

步骤 02 执行【文件】/【导入】/【文件】命令，在弹出的【导入文件】对话框中选择所需要的素材，单击【导入】按钮导入素材1.jpg。

步骤 03 在【项目】面板中将素材01.jpg拖曳到【时间轴】面板中，如图8-25所示。

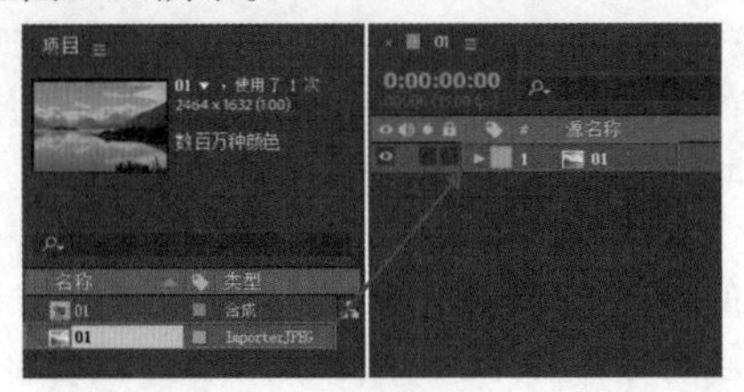

图 8-25

步骤 04 在【效果和预设】面板中搜索【曲线】效果，并将其拖曳到【时间轴】面板中的1.jpg图层上，如图8-26所示。

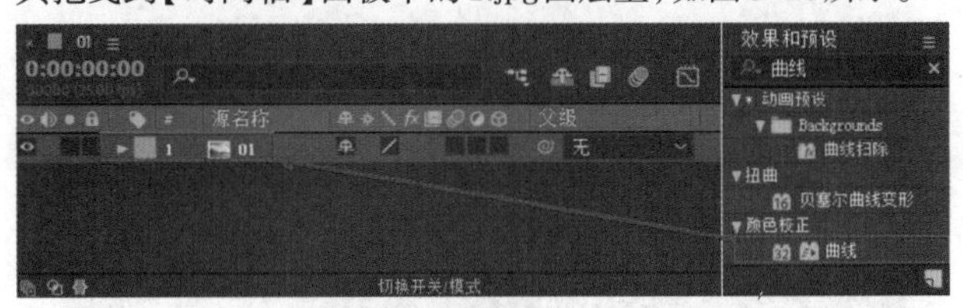

图 8-26

步骤 05 在【时间轴】面板中选择01.jpg素材图层，然后在【效果控件】面板中调整【曲线】的曲线形状，如图8-27所示。此时画面效果如图8-28所示。

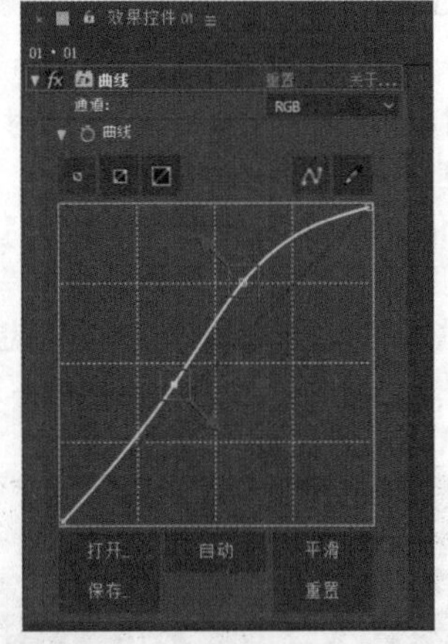

图 8-27

图 8-28

步骤 06 图8-29所示为使用调色的前后对比效果。

未使用调色效果

使用调色效果

图 8-29

> **提示：学习调色时要注意的问题。**
>
> 调色命令虽然有很多，但并不是每一种命令都很常用，或者说，并不是每一种命令都适合自己使用。在实际调色过程中，想要实现某种颜色效果，通常是既可以使用这种命令，又可以使用那种命令。这时千万不要纠结于书中或者教程中使用了某个特定命令而一定去使用那个命令，选择自己习惯使用的命令就可以。

8.2 通道类效果

扫一扫，看视频

【通道】可以控制、混合、移除和转换图像的通道。其中包括【最小/最大】【复合运算】【通道合成器】【CC Composite】【转换通道】【反转】【固态层合成】【混合】【移除颜色遮罩】【算术】【计算】【设置通道】【设置遮罩】等效果，如图8-30所示。

最小/最大
复合运算
通道合成器
CC Composite
转换通道
反转
固态层合成
混合
移除颜色遮罩
算术
计算
设置通道
设置遮罩

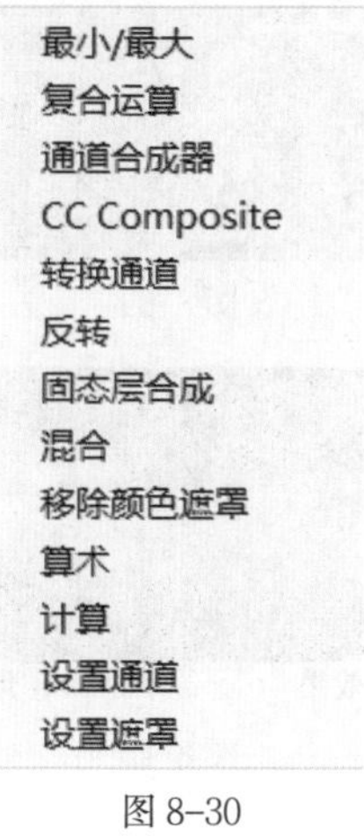

图 8-30

8.2.1 最小/最大

【最小/最大】效果可为像素的每个通道指定半径内该通道的最小或最大像素。选中素材，在菜单栏中执行【效果】/【声道】/【最小/最大】命令，此时参数设置如图8-31所示。为素材添加该效果的前后对比如图8-32所示。

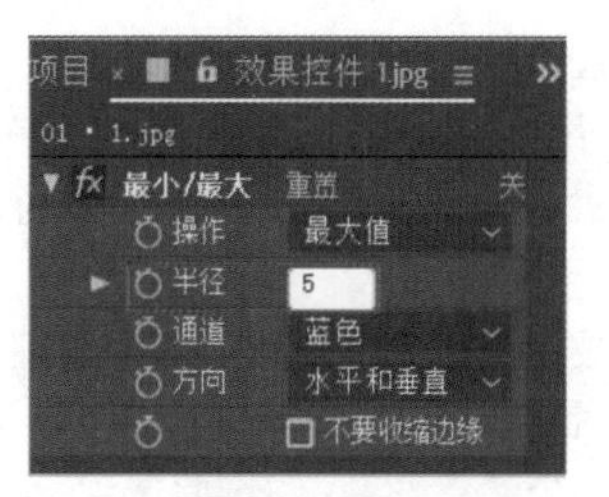

图 8-31

未使用该效果

使用该效果

图 8-32

- 操作：设置作用方式。其中包括最小值、最大值、先最小值再最大值和先最大值再最小值4种方式。
- 半径：设置作用范围与作用程度。
- 通道：设置作用通道。其中包括颜色、Alpha和颜色、红色、绿色、蓝色、Alpha 6种通道。
- 方向：可设置作用方向为水平和垂直、仅水平或仅垂直。
- 不要收缩边缘：勾选该选项，可选择是否收缩边缘。

8.2.2 复合运算

【复合运算】效果可以在图层之间执行数学运算。选中素材，在菜单栏中执行【效果】/【声道】/【复合运算】命令，此时参数设置如图8-33所示。为素材添加该效果的前后对比如图8-34所示。

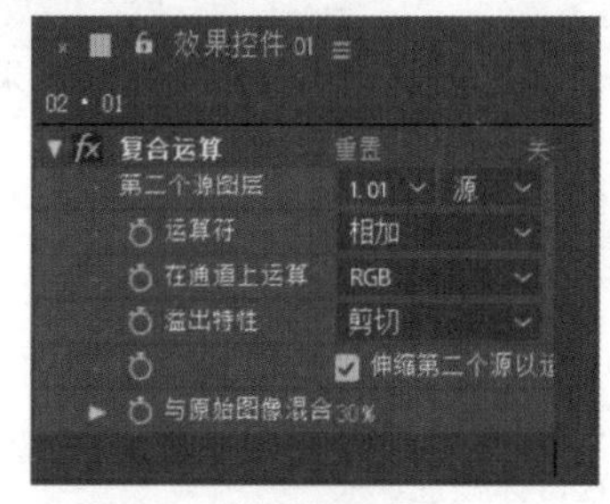

图 8-33

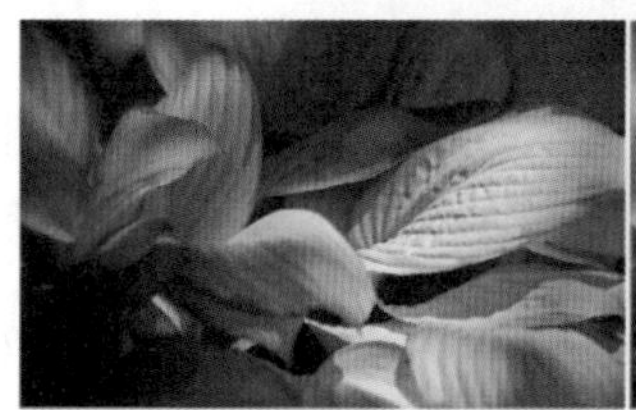

未使用该效果

使用该效果

图 8-34

- 第二个源图层：设置混合图像层。
- 运算符：设置混合模式。
- 在通道上运算：可以设置运算通道为RGB、ARGB或Alpha。
- 溢出特性：设置超出允许范围的像素值的处理方法为修剪、回绕或缩放。
- 伸缩第二个源以适合：勾选此选项，可将两个不同尺寸图层进行伸缩自适应。
- 与原始图像混合：设置源图像与混合图像之间的混合程度。

8.2.3 通道合成器

【通道混合器】效果可提取、显示和调整图层的通道值。选中素材，在菜单栏中执行【效果】/【声道】/【通道合成器】命令，此时参数设置如图8-35所示。为素材添加该效果的前后对比如图8-36所示。

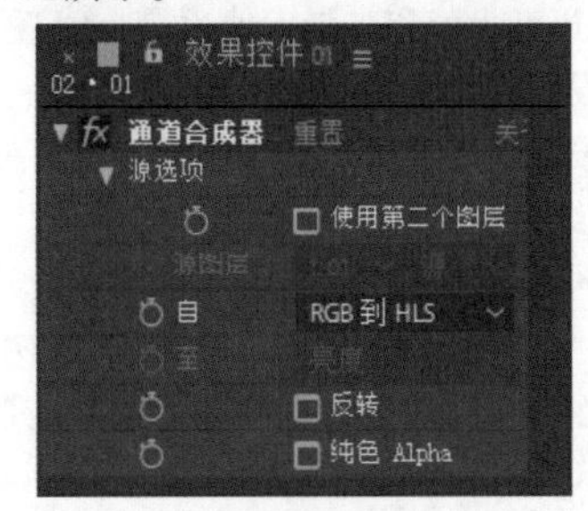

图 8-35

未使用该效果　　使用该效果

图 8-36

- 源选项：设置选项源。
- 使用第二个图层：勾选此选项可设置源图层。
- 源图层：设置混合图像。
- 自：设置需要转换的颜色。
- 至：设置目标颜色。
- 反转：反转所设颜色。
- 纯色 Alpha：使用纯色通道信息。

8.2.4 CC Composite

CC Composite(CC 合成)需与原层混合才能形成复合层效果。选中素材，在菜单栏中执行【效果】/【声道】/【CC Composite】命令，此时参数设置如图8-37所示。为素材添加该效果的前后对比如图8-38所示。

图 8-37

未使用该效果　　使用该效果

图 8-38

- Opacity（不透明度）：设置效果透明程度。
- Composite Original（原始合成）：设置合成混合模式。
- RGB Only（仅RGB）：勾选此选项设置为仅RGB色彩。

8.2.5 转换通道

【转换通道】效果可将Alpha、红色、绿色、蓝色通道进行替换。选中素材，在菜单栏中执行【效果】/【声道】/【转换通道】命令，此时参数设置如图8-39所示。为素材添加该效果的前后对比如图8-40所示。

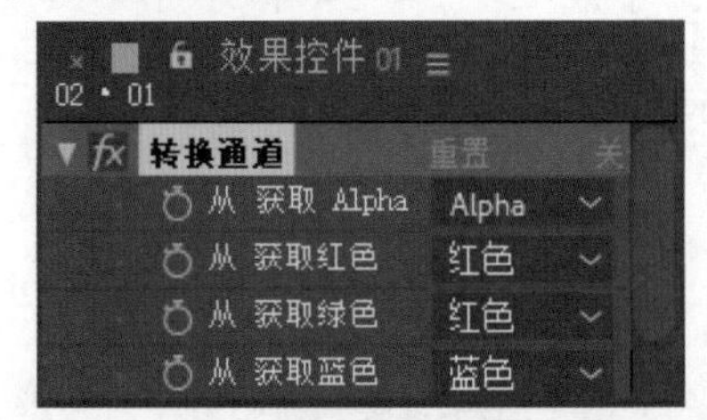

图 8-39

未使用该效果　　使用该效果

图 8-40

获取Alpha / 红色 / 绿色 / 蓝色：设置本层其他通道应用到Alpha / 红色 / 绿色 / 蓝色通道上。

8.2.6 反转

【反转】效果可以将画面颜色进行反转。选中素材，在菜单栏中执行【效果】/【声道】/【反转】命令，此时参数设置如图8-41所示。为素材添加该效果的前后对比如图8-42所示。

图 8-41

图 8-42

- 通道：设置应用效果的通道。
- 与原始图像混合：设置源图像与混合图像之间的混合程度。

8.2.7 固态层合成

【固态层合成】效果能够用一种颜色与当前图层进行模式和透明度的合成，也可以用一种颜色填充当前图层。选中素材，在菜单栏中执行【效果】/【通道】/【固态层合成】命令，此时参数设置如图 8-43 所示。为素材添加该效果的前后对比如图 8-44 所示。

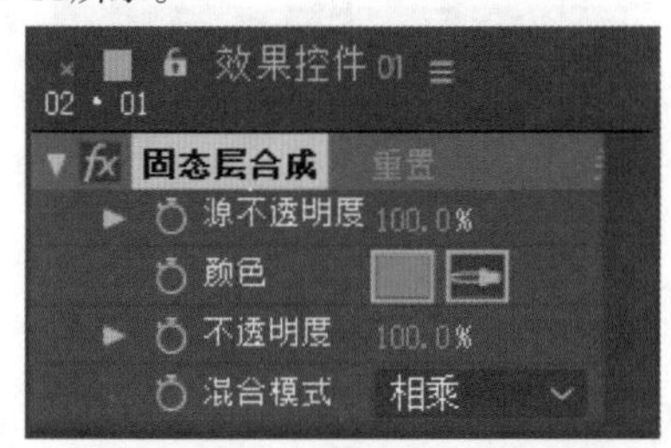

图 8-43

图 8-44

- 源不透明度：设置源图层的透明程度。
- 颜色：设置混合颜色。
- 不透明度：设置混合颜色透明程度。
- 混合模式：设置源图层与混合颜色的混合模式。图8-45所示为设置不同混合模式的对比效果。

图 8-45

8.2.8 混合

【混合】效果可以使用不同的模式将两个图层颜色混合叠加在一起，使画面信息更丰富。选中素材，在菜单栏中执行【效果】/【通道】/【混合】命令，此时参数设置如图 8-46 所示。为素材添加该效果的前后对比如图 8-47 所示。

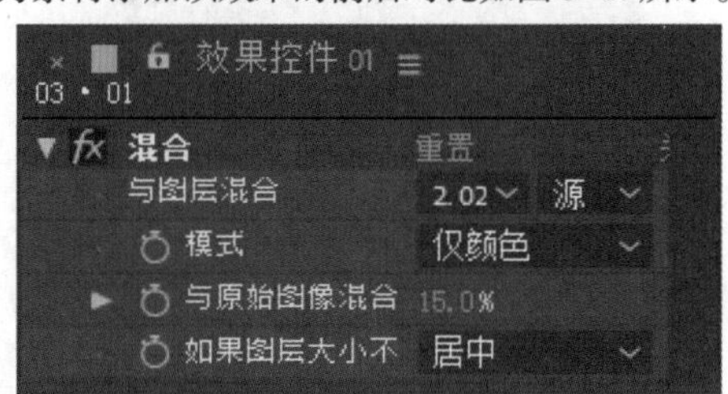

图 8-46

图 8-47

- 与图层混合：设置混合图层。
- 模式：设置混合的模式。
- 与原始图层混合：设置与原始图层的混合程度。
- 如果图层大小不同：勾选此选项，可将两个不同尺寸图层进行伸缩自适应。

8.2.9 移除颜色遮罩

【移除颜色遮罩】效果可以从带有预乘颜色通道的图层移除色晕。选中素材，在菜单栏中执行【效果】/【通道】/【移除颜色遮罩】命令，此时参数设置如图 8-48 所示。

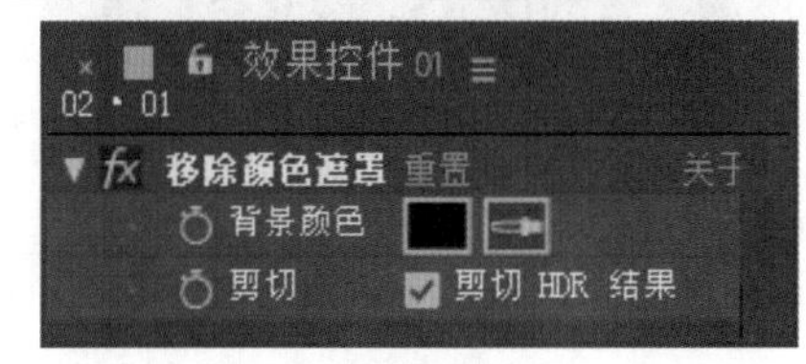

图 8-48

- 背景颜色：设置需要消除的颜色。
- 剪切：设置是否勾选剪切HDR结果。

8.2.10 算术

【算术】效果可以对红色、绿色和蓝色的通道执行多种算术函数。选中素材，在菜单栏中执行【效果】/【通道】/【算术】命令，此时参数设置如图8-49所示。为素材添加该效果的前后对比如图8-50所示。

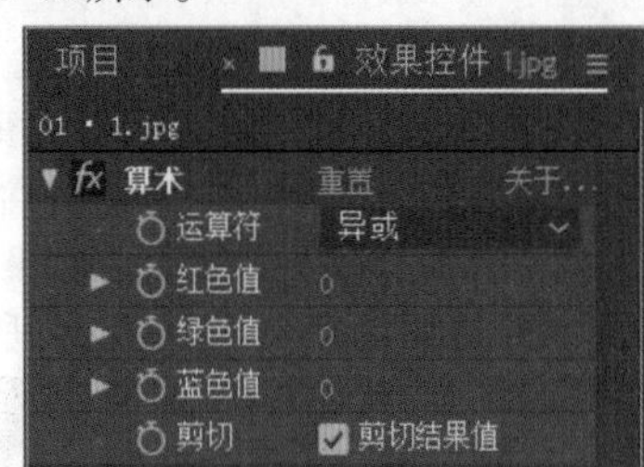

图 8-49

未使用该效果　　使用该效果

图 8-50

- 运算符：设置不同的运算模式。
- 红色值：设置红色通道数值。
- 绿色值：设置绿色通道数值。
- 蓝色值：设置蓝色通道数值。
- 剪切：设置是否剪切结果值。

8.2.11 计算

【计算】效果可以将两个图层的通道进行合并处理。选中素材，在菜单栏中执行【效果】/【通道】/【计算】命令，此时参数设置如图8-51所示。为素材添加该效果的前后对比如图8-52所示。

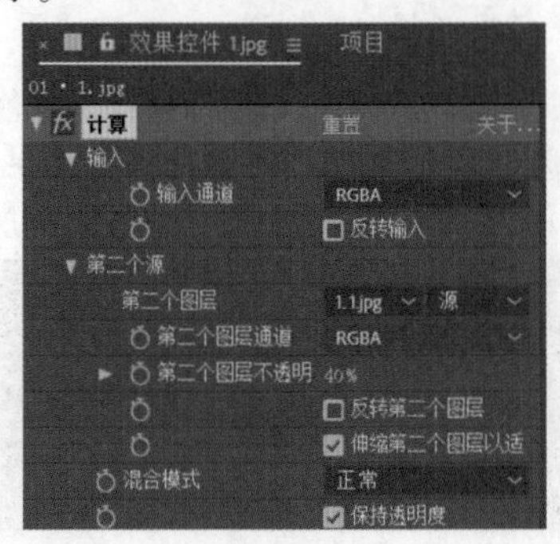

图 8-51

未使用该效果　　使用该效果

图 8-52

- 输入：设置输入通道。
  - 输入通道：设置输入颜色的通道。
  - 反转输入：勾选此选项反转输入效果。
- 第二个源：设置混合层。
  - 第二个图层：设置第二个混合层。
  - 第二个图层通道：设置混合层的颜色通道。
  - 第二个图层不透明度：设置混合层的透明程度。
- 反转第二个图层：勾选此选项，可以反转混合层。
- 伸缩第二个图层以适合：勾选此选项，可将两个不同尺寸图层进行伸缩自适应。
- 混合模式：设置两层之间的混合模式。
- 保持透明度：勾选此选项选择是否保持透明信息。

8.2.12 设置通道

【设置通道】效果可以将此图层的通道设置为其他图层的通道。选中素材，在菜单栏中执行【效果】/【通道】/【设置通道】命令，此时参数设置如图8-53所示。为素材添加该效果的前后对比如图8-54所示。

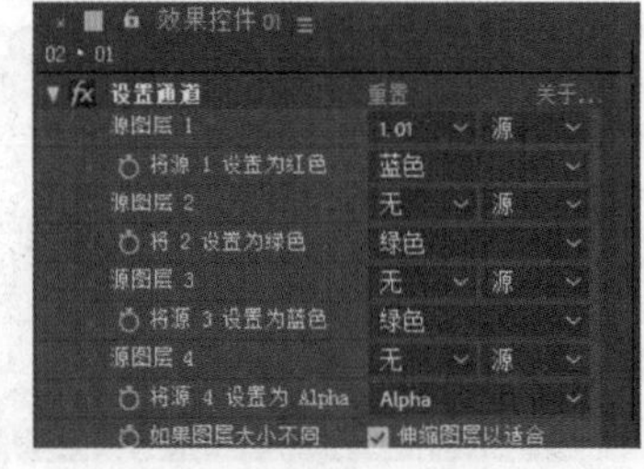

图 8-53

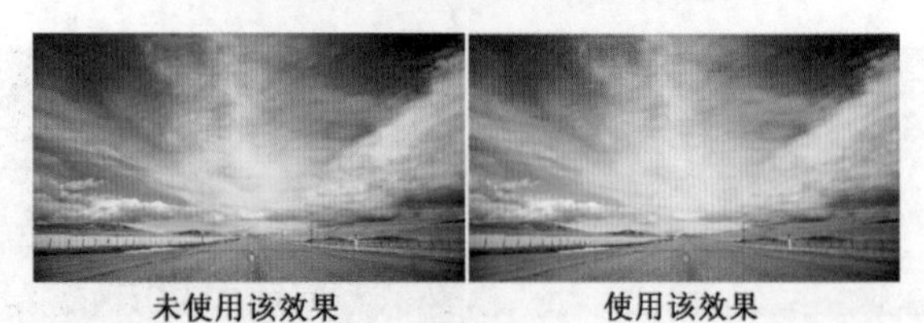

未使用该效果　　使用该效果

图 8-54

- 源图层1：设置图层1的源为其他图层。
- 将源1设置为红色：设置源1需要替换的通道。
- 源图层2：设置图层2的源为其他图层。
- 将源2设置为绿色：设置源2需要替换的通道。
- 源图层3：设置图层3的源为其他图层。
- 将源3设置为蓝色：设置源3需要替换的通道。

- 源图层4：设置图层4的源为其他图层。
- 将源4设置为Alpha：设置源4需要替换的通道。
- 如果图层大小不同：勾选此选项，可将两个不同尺寸的图层进行伸缩自适应。

8.2.13 设置遮罩

【设置遮罩】可以创建移动遮罩效果，并将图层的Alpha通道替换为上面图层的通道。选中素材，在菜单栏中执行【效果】/【声道】/【设置遮罩】命令，此时参数设置如图8-55所示。为素材添加该效果的前后对比如图8-56所示。

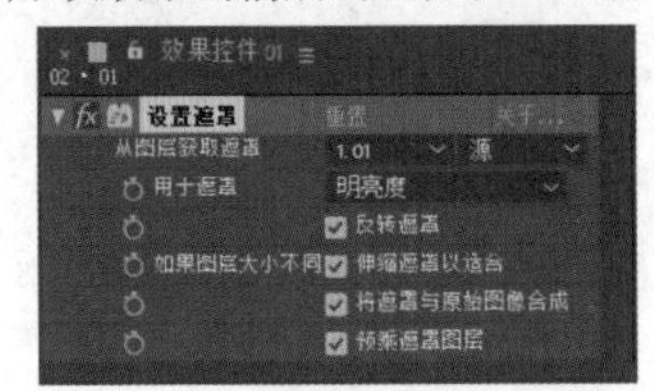

图 8-55

图 8-56

- 从图层获取遮罩：设置遮罩图层。
- 用于遮罩：设置遮罩通道。
- 反转遮罩：勾选此选项，可反转遮罩效果。
- 如果图层大小不同：勾选此选项，可将两个不同尺寸的图层进行伸缩自适应。
- 将遮罩与原始图像合成：勾选此选项设置遮罩与原始图像合成。
- 预乘遮罩图层：勾选此选项设置预乘遮罩图层。

8.3 颜色校正类效果

【颜色校正】可以更改画面色调，营造不同的视觉效果。其中包括【三色调】【通道混合器】【阴影/高光】【CC Color Neutralizer】【CC Color Offset】【CC Kernel】【CC Toner】【照片滤镜】【Lumetri 颜色】【PS 任意映射】【灰度系数/基值/增益】【色调】【色调均化】【色阶】【色阶(单独控件)】【色光】【色相/饱和度】【广播颜色】【亮度和对比度】【保留颜色】【可选颜色】【曝光度】【曲线】【更改为颜色】【更改颜色】【自然饱和度】【自动色阶】【自动对比度】【自动颜色】【视频限幅器】【颜色稳定器】【颜色平衡】【颜色平衡(HLS)】【颜色链接】【黑色和白色】等效果，如图8-57所示。

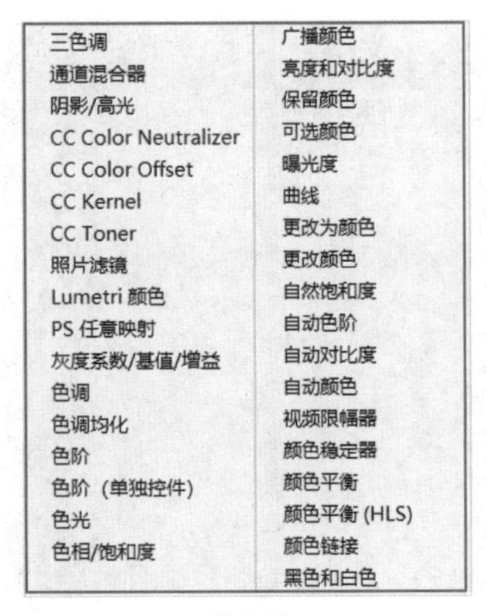

图 8-57

8.3.1 三色调

【三色调】可以设置高光、中间调和阴影的颜色，使画面更改为三种颜色的效果。选中素材，在菜单栏中执行【效果】/【颜色校正】/【三色调】命令，此时参数设置如图8-58所示。为素材添加该效果的前后对比如图8-59所示。

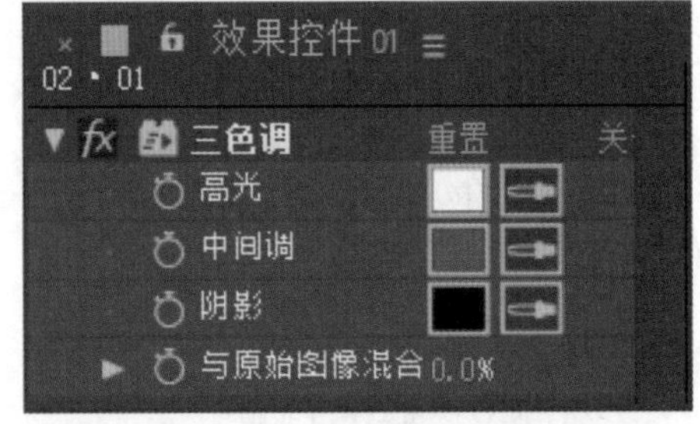

图 8-58

图 8-59

- 高光：设置高光颜色。
- 中间调：设置中间调颜色。
- 阴影：设置阴影颜色。
- 与原始图像混合：设置与原始图像的混合程度。

8.3.2 通道混合器

【通道混合器】效果使用当前彩色通道的值来修改颜色。选中素材，在菜单栏中执行【效果】/【颜色校正】/【通道混合器】命令，此时参数设置如图8-60所示。为素材添加该效果的前后对比如图8-61所示。

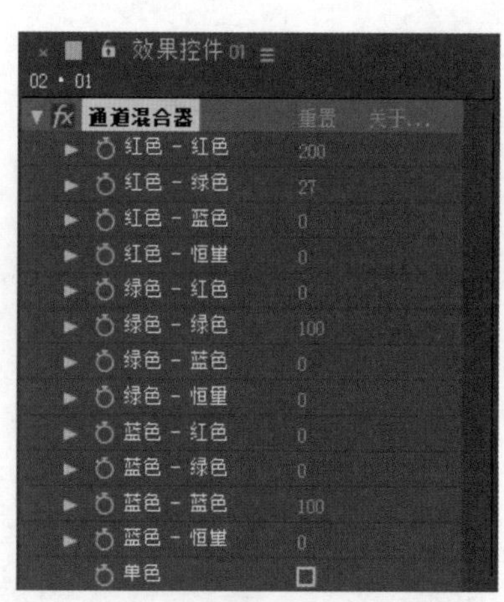

图 8-60

未使用该效果　　使用该效果

图 8-61

- 红色-红色 / 红色-绿色 / 红色-蓝色 / 红色-恒量 / 绿色-红色 / 绿色-绿色 / 绿色-蓝色：调整红色-红色 / 红色-绿色 / 红色-蓝色 / 红色-恒量 / 绿色-红色 / 绿色-绿色 / 绿色-蓝色的通道。
- 绿色-恒量：调整绿色-恒量通道。
- 蓝色-红色：调整蓝色-红色通道。
- 蓝色-绿色：调整蓝色-绿色通道。
- 蓝色-蓝色：调整蓝色-蓝色通道。
- 蓝色-恒量：调整蓝色-恒量通道。
- 单色：勾选此选项可将彩色图像转换为黑白图像，如图8-62所示。

未勾选此选项　　**勾选此选项**

图 8-62

8.3.3 阴影 / 高光

【阴影 / 高光】效果可以使较暗区域变亮，使高光变暗。选中素材，在菜单栏中执行【效果】/【颜色校正】/【阴影 / 高光】命令，此时参数设置如图 8-63 所示。为素材添加该效果的前后对比如图 8-64 所示。

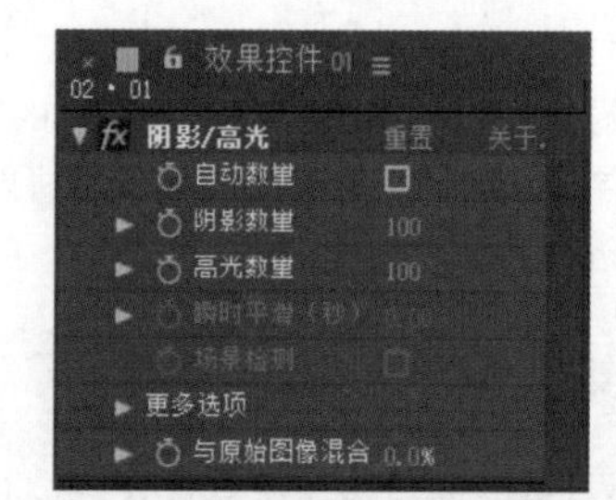

图 8-63

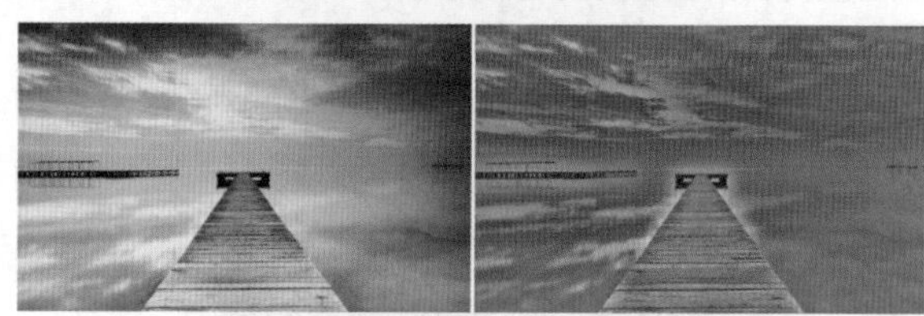

未使用该效果　　**使用该效果**

图 8-64

- 自动数量：勾选此选项，可自动设置参数，均衡画面明暗关系。
- 阴影数量：取消勾选【自动数量】，可调整图像暗部，使图像阴影变亮。
- 高光数量：取消勾选【自动数量】，可调整图像亮部，使图像高光变暗。
- 瞬时平滑：设置瞬时平滑程度。
- 场景检测：当设置瞬时平滑为0.00以外的数值时，可进行场景检测。
- 更多选项：设置其他选项。
- 与原始图像混合：设置与原始图像的混合程度。

8.3.4 CC Color Neutralizer

【CC Color Neutralizer(CC 色彩中和)】效果可以对颜色进行中和校正。选中素材，在菜单栏中执行【效果】/【颜色校正】/【CC Color Neutralizer】命令，此时参数设置如图 8-65 所示。为素材添加该效果的前后对比如图 8-66 所示。

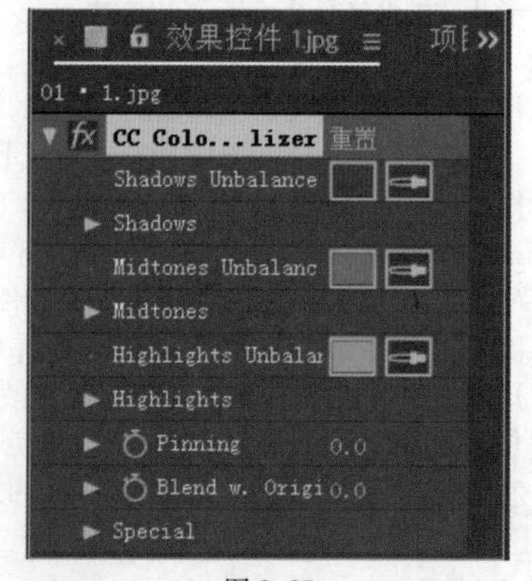

图 8-65

图 8-66

8.3.5 CC Color Offset

【CC Color Offset(CC 色彩偏移)】效果可以调节红、绿、蓝三个通道。选中素材，在菜单栏中执行【效果】/【颜色校正】/【CC Color Offset】命令，此时参数设置如图8-67所示。为素材添加该效果的前后对比如图8-68所示。

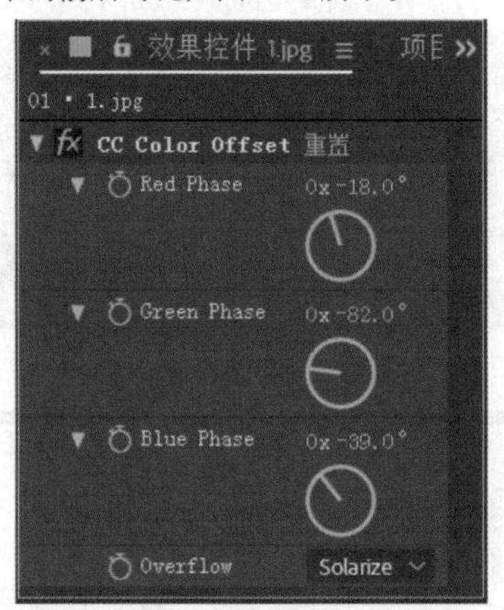

图 8-67

图 8-68

- Red Phase (红色通道)：调整图像中的红色。
- Green Phase (绿色通道)：调整图像中的绿色。
- Blue Phase (蓝色通道)：调整图像中的蓝色。
- Overflow (溢出)：设置超出允许范围的像素值的处理方法。

8.3.6 CC Kernel

【CC Kernel(CC 内核)】效果可以制作一个3×3卷积内核。选中素材，在菜单栏中执行【效果】/【颜色校正】/【CC Kernel】命令，此时参数设置如图8-69所示。为素材添加该效果的前后对比如图8-70所示。

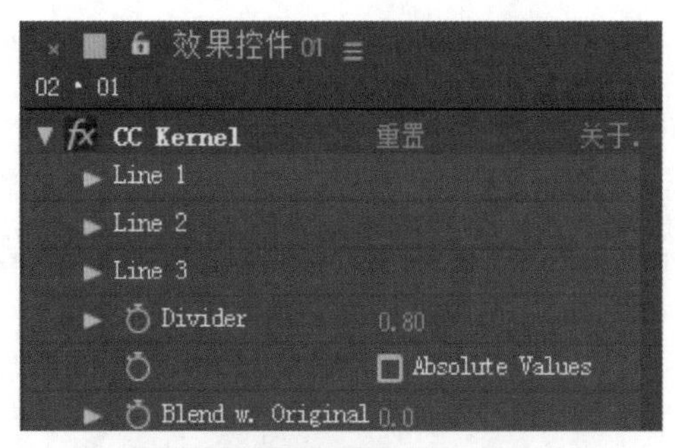

图 8-69

图 8-70

8.3.7 CC Toner

【CC Toner(CC 碳粉)】效果可以调节色彩的高光、中间调和阴影的色调并进行替换。选中素材，在菜单栏中执行【效果】/【颜色校正】/【CC Toner】命令，此时参数设置如图8-71所示。为素材添加该效果的前后对比如图8-72所示。

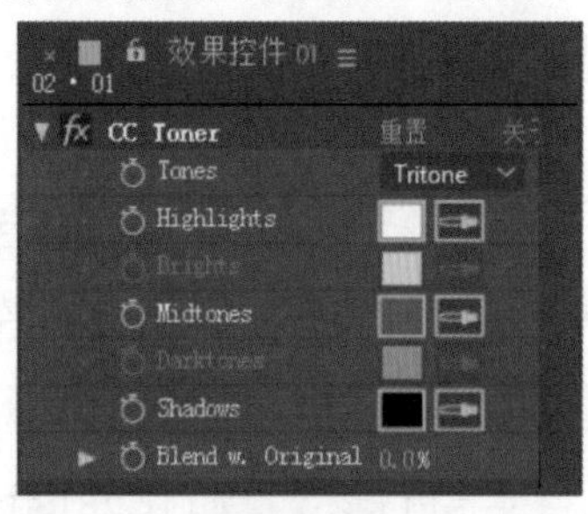

图 8-71

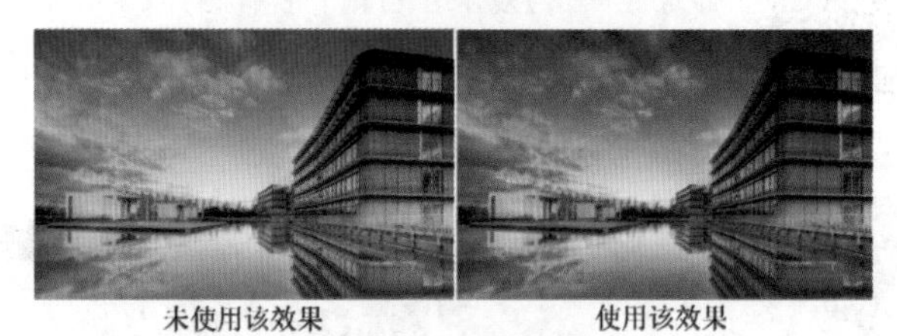

图 8-72

- Highlights (高光)：设置亮部颜色。
- Midtones (中间调)：设置中间调颜色。
- Darktones (阴影)：设置暗部颜色。

- Blend w. Original（与原始图像混合）：设置与源图像的混合程度。

8.3.8 照片滤镜

【照片滤镜】效果可以对Photoshop照片进行滤镜调整，使其产生某种颜色的偏色效果。选中素材，在菜单栏中执行【效果】/【颜色校正】/【照片滤镜】命令，此时参数设置如图8-73所示。为素材添加该效果的前后对比如图8-74所示。

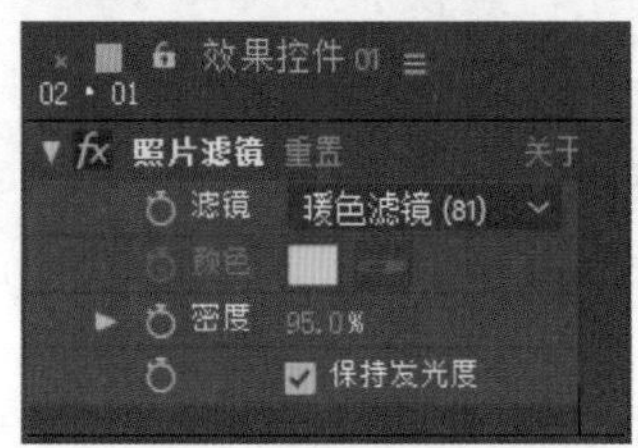

图 8-73

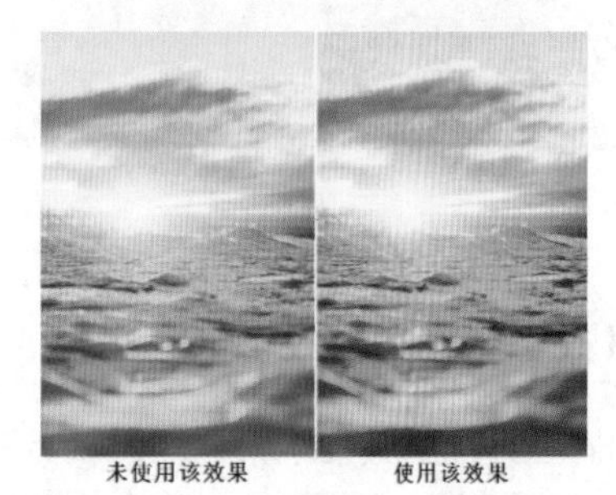

图 8-74

- 滤镜：设置滤镜色调，其中包括暖色调、冷色调等其他颜色色彩。
- 颜色：设置色调颜色。
- 密度：设置滤镜浓度。
- 保持发光度：勾选此选项设置是否保持发光。

实例：打造复古风格的电影色调

文件路径：Chapter 08 调色效果→实例：打造复古风格的电影色调

扫一扫，看视频

本案例主要学习如何使用【渐变叠加】图层样式、【曲线】效果、【色相/饱和度】效果、【照片滤镜】效果等将正常画面色彩修改为极具复古风格的电影色调。案例制作前后的对比效果如图8-75和图8-76所示。

图 8-75　　图 8-76

操作步骤：

Part 01 调节色调

步骤 01 在【项目】面板中单击鼠标右键执行【新建合成】命令，在弹出的【合成设置】对话框中设置【合成名称】为1，【预设】为自定义，【宽度】为1800，【高度】为1200，【像素长宽比】为方形像素，【帧速率】为25，【分辨率】为完整，【持续时间】为10秒，【背景颜色】为黑色，单击【确定】按钮。

步骤 02 在菜单栏中执行【文件】/【导入】/【文件】命令，在弹出的【导入文件】对话框中选择所需要的素材，单击【导入】按钮导入素材1.jpg。

步骤 03 在【项目】面板中将素材1.jpg拖曳到【时间轴】面板中，如图8-77所示。此时画面效果如图8-78所示。

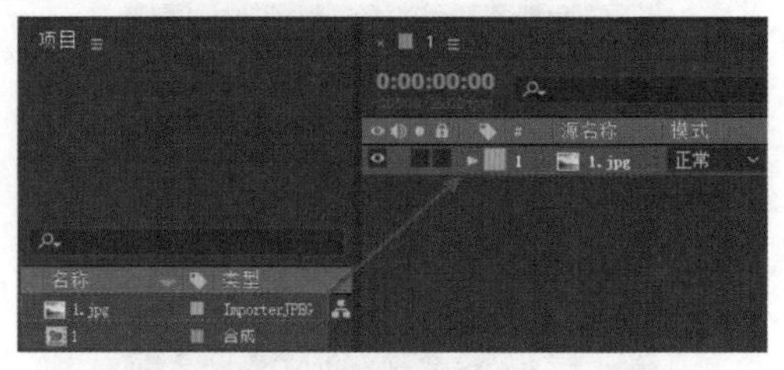

图 8-77

图 8-78

步骤 04 在【时间轴】面板中右击1.jpg素材图层，执行【图层样式】/【渐变叠加】命令，如图8-79所示。

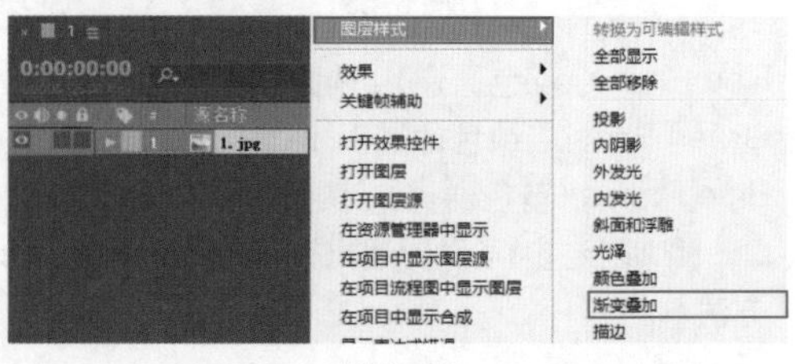

图 8-79

步骤 05 在【时间轴】面板中打开1.jpg素材图层下方的【图层样式】/【渐变叠加】，设置【混合模式】为【叠加】，【不透明度】为70%。单击【编辑渐变】，在弹出的【渐变编辑器】中编辑一个由蓝色到红色再到黄色的渐变色条，如图8-80所示。此时画面效果如图8-81所示。

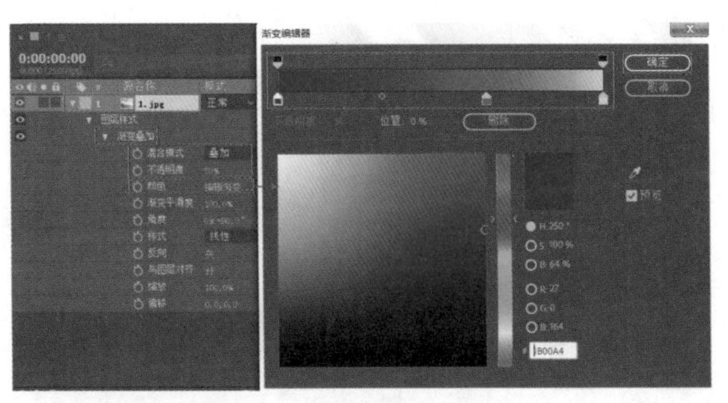

图 8-80

图 8-81

步骤 06 在【效果和预设】面板中搜索【曲线】效果，并将其拖曳到【时间轴】面板中的1.jpg图层上，如图8-82所示。

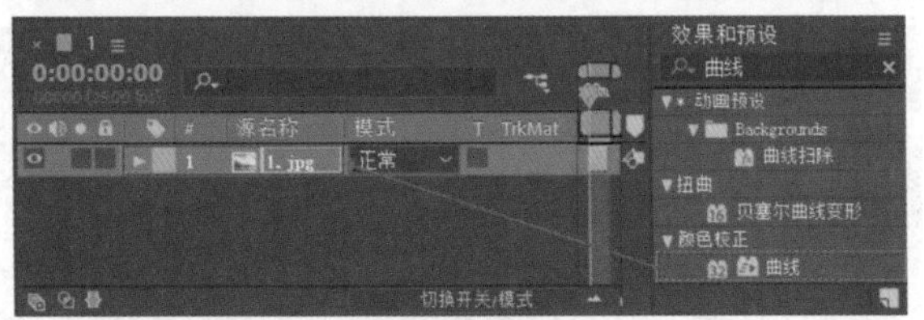

图 8-82

步骤 07 在【效果控件】面板中设置【曲线】的【通道】为RGB，然后调整曲线形状，如图8-83所示。再设置【通道】为红色，然后调整曲线形状，如图8-84所示。设置【通道】为绿色，并调整曲线形状，如图8-85所示。设置【通道】为蓝色，并调整曲线形状，如图8-86所示。

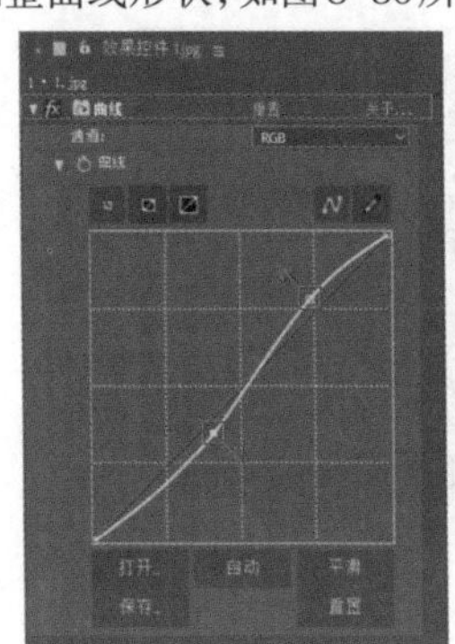

图 8-83

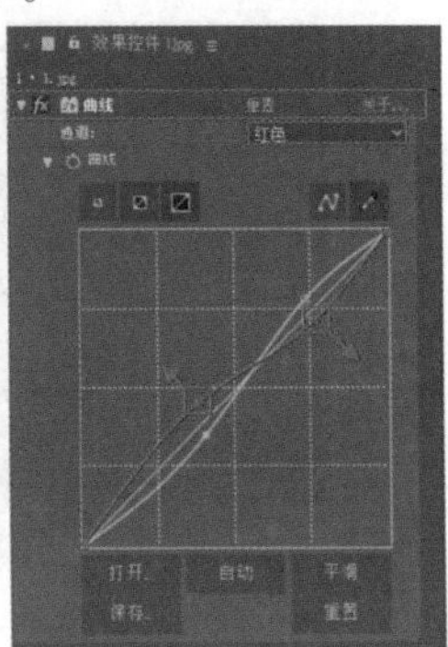

图 8-84

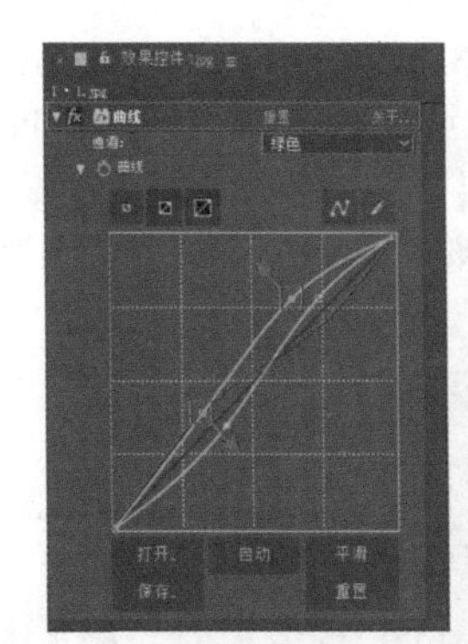

图 8-85

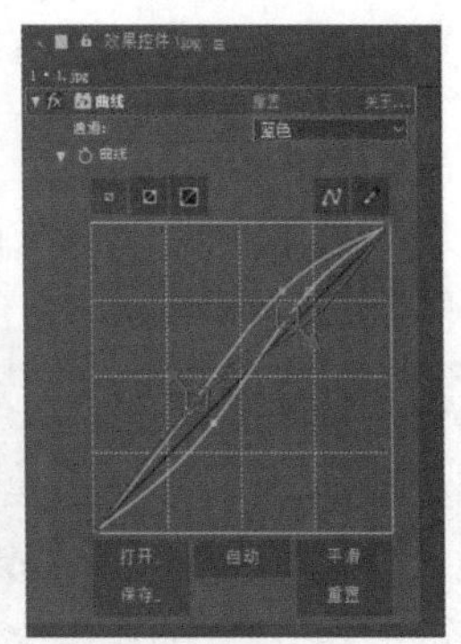

图 8-86

步骤 08 此时画面效果如图8-87所示。

图 8-87

步骤 09 在【效果和预设】面板中搜索【色相 / 饱和度】效果，并将其拖曳到【时间轴】面板中的1.jpg图层上。接着在【效果】面板中设置【色相 / 饱和度】的【主饱和度】为-100，如图8-88所示。此时画面效果如图8-89所示。

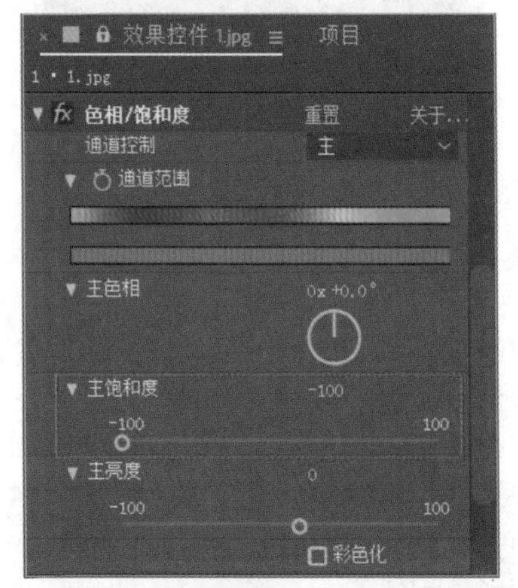

图 8-88

图 8-89

步骤 10 在【效果和预设】面板中搜索【照片滤镜】效果，并将其拖曳到【时间轴】面板中的1.jpg图层上。在【时间轴】面板中单击打开1.jpg素材图层下方的【照片滤镜】，设置【滤镜】为【深黄】，【密度】为40.0%，如图8-90所示。此时画面效果如图8-91所示。

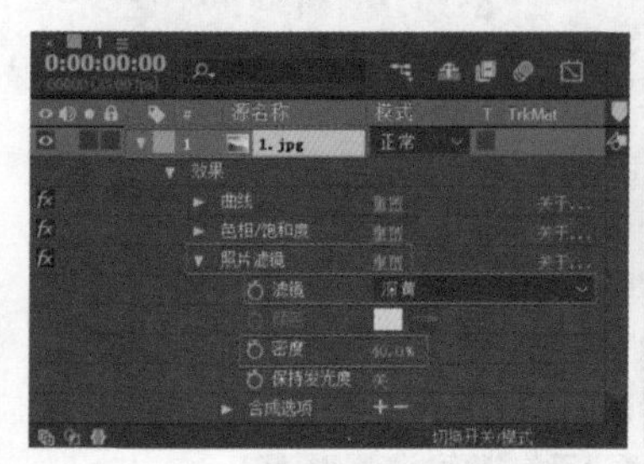

图 8-90

图 8-91

Part 02 创建文本

步骤 01 在【时间轴】面板中的空白位置处单击鼠标右键执行【新建】/【纯色】命令。在弹出的【纯色设置】对话框中设置【颜色】为黑色，单击【确定】按钮，如图8-92所示。

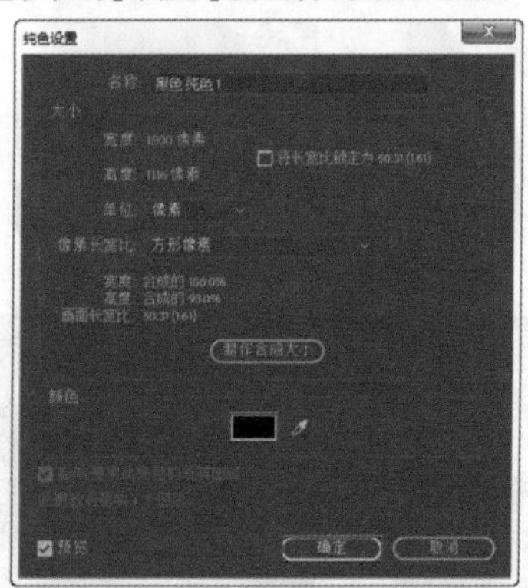

图 8-92

步骤 02 在【时间轴】面板中选中纯色图层，然后在选项栏中选择【矩形工具】。在画面中的合适位置处按住鼠标左键并拖曳至合适大小，得到矩形遮罩，如图8-93所示。

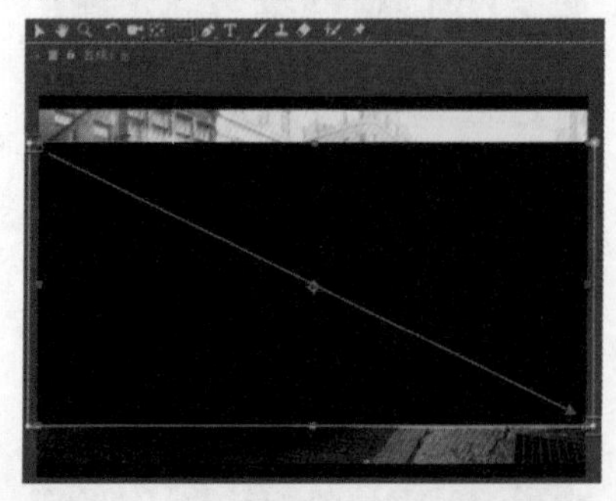

图 8-93

步骤 03 在【时间轴】面板中打开纯色图层下方的【蒙版】，然后勾选【蒙版1】的【反转】，如图8-94所示。此时画面效果如图8-95所示。

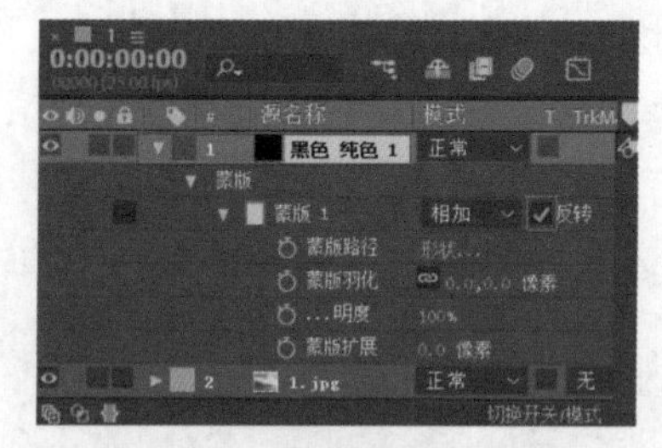

图 8-94

图 8-95

步骤 04 在【时间轴】面板中的空白位置处单击鼠标右键执行【新建】/【文本】命令。接着在【字符】面板中设置【字体系列】为Arial，【字体样式】为Regular，【填充颜色】为白色，【描边颜色】为无颜色，【字体大小】为35，设置完成后输入文本“When keeping the ambiguity with you ,I fear I will fall in love with you.”，如图8-96所示。

图 8-96

步骤 05 在【时间轴】面板中打开文本图层下方的【变换】，设置【位置】为(900.0,1025.0)，如图8-97所示。

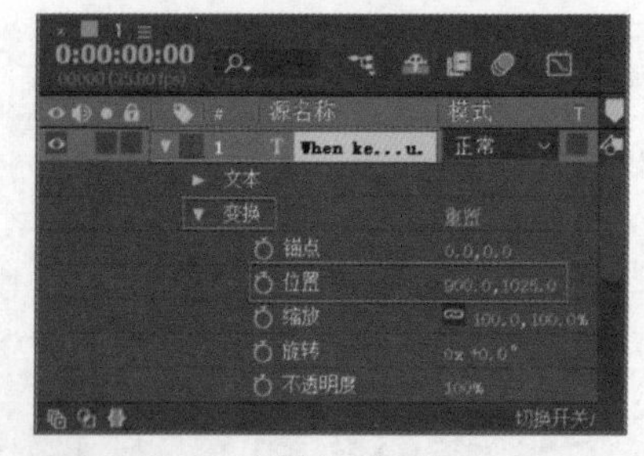

图 8-97

步骤 06 在【时间轴】面板中单击选中该文本图层，并将光标定位在该图层上，单击鼠标右键，在弹出的菜单中执行【图层样式】/【投影】命令，如图8-98所示。

步骤 07 案例最终效果如图8-99所示。

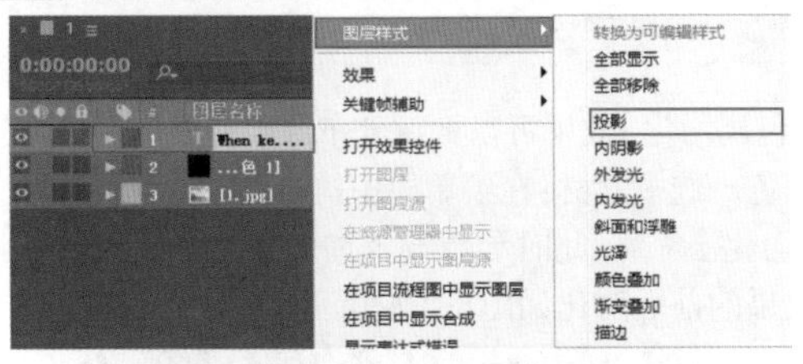

图 8-98

图 8-99

8.3.9 Lumetri 颜色

【Lumetri 颜色】效果是一种强大的、专业的调色效果，其中包含多种参数，可以用具有创意的方式按序列调整颜色、对比度和光照。选中素材，在菜单栏中执行【效果】/【颜色校正】/【Lumetri 颜色】命令，此时参数设置如图8-100所示。为素材添加该效果的前后对比如图8-101所示。

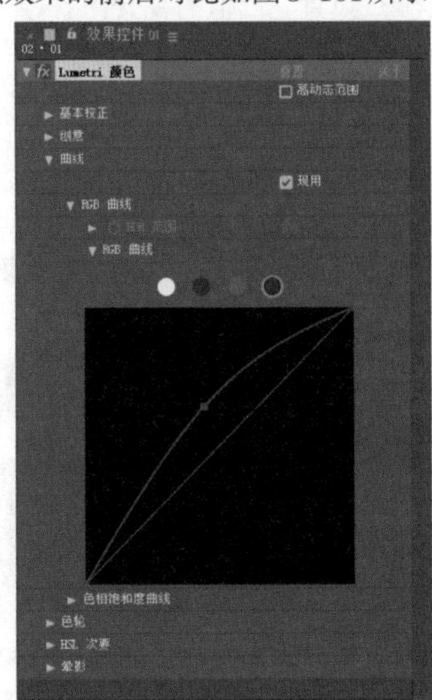

图 8-100

图 8-101

- 基本校正：设置输入LUT、白平衡、音调及饱和度。
- 创意：通过设置参数制作创意图像。
- 曲线：调整图像明暗程度及色相饱和程度。
- 色轮：分别设置中间调、阴影和高光的色相。
- HSL 次要：优化画质，校正色调。
- 晕影：制作晕影效果。

8.3.10 PS 任意映射

选中素材，在菜单栏中执行【效果】/【颜色校正】/【PS 任意映射】命令，此时参数设置如图8-102所示。为素材添加该效果的前后对比如图8-103所示。

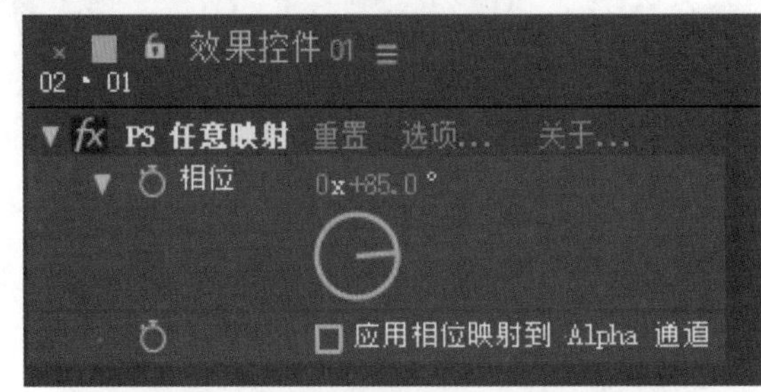

图 8-102

图 8-103

- 相位：循环显示任意映射。
- 应用相位映射到Alpha通道：将指定映像映射到Alpha通道上。

8.3.11 灰度系数 / 基值 / 增益

【灰度系数 / 基值 / 增益】效果可以单独调整每个通道的伸缩、系数、基值、增益参数。选中素材，在菜单栏中执行【效果】/【颜色校正】/【灰度系数 / 基值 / 增益】命令，此时参数设置如图8-104所示。为素材添加该效果的前后对比如图8-105所示。

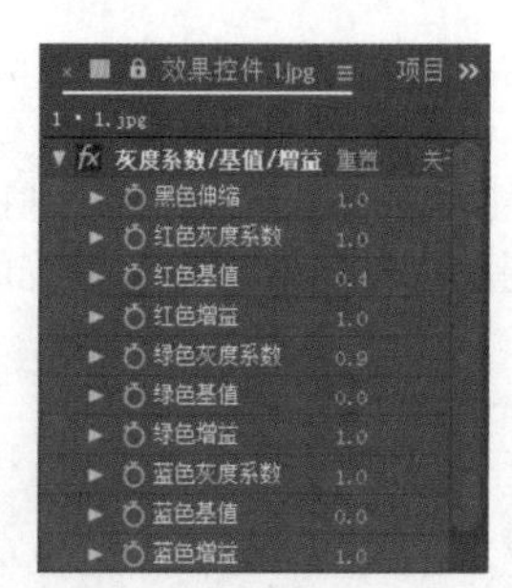

图 8-104

未使用该效果　　使用该效果

图 8-105

- 黑色伸缩：设置重新映射所有通道的低像素值。
- 红 / 绿 / 蓝色灰度系数：设置红 / 绿 / 蓝通道中间调的明暗程度。
- 红 / 绿 / 蓝色基值：设置红 / 绿 / 蓝通道的最小输出值。
- 红 / 绿 / 蓝色增益：设置红 / 绿 / 蓝通道的最大输出值。

8.3.12　色调

【色调】可以使画面产生两种颜色的变化效果。选中素材，在菜单栏中执行【效果】/【颜色校正】/【色调】命令，此时参数设置如图8-106所示。为素材添加该效果的前后对比如图8-107所示。

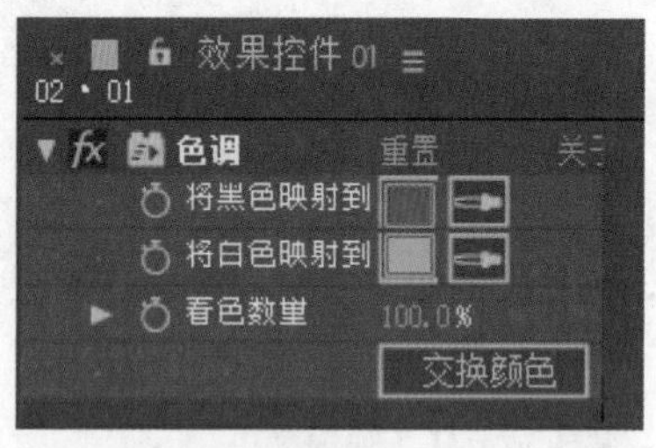

图 8-106

未使用该效果　　使用该效果

图 8-107

- 将黑色映射到：设置黑色到其他颜色。
- 将白色映射到：设置白色到其他颜色。
- 着色数量：设置更改颜色的浓度。

8.3.13　色调均化

【色调均化】效果可以重新分布像素值以达到更均匀的亮度和颜色。选中素材，在菜单栏中执行【效果】/【颜色校正】/【色调均化】命令，此时参数设置如图8-108所示。为素材添加该效果的前后对比如图8-109所示。

图 8-108

未使用该效果　　使用该效果

图 8-109

- 色调均化：RGB 会根据红色、绿色和蓝色的分量使图像色调均化。
- 色调均化量：设置亮度值的百分比。

8.3.14　色阶

【色阶】效果可以通过调整画面中的黑色、白色、灰色的明度色阶数值，改变颜色。选中素材，在菜单栏中执行【效果】/【颜色校正】/【色阶】命令，此时参数设置如图8-110所示。图8-111所示为使用该效果的前后对比图。

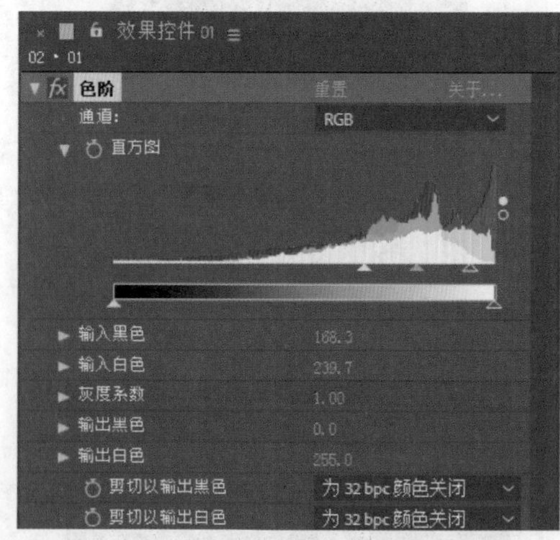

图 8-110

未使用该效果　　　　使用该效果

图 8-111

- 通道：需要修改的通道进行单独设置调整。
- 直方图：通过直方图可以了解图像各个影调的分布情况。
- 输入黑色：设置输入图像中的黑色阈值。
- 输入白色：设置输入图像中的白色阈值。
- 灰度系数：设置图像阴影和高光的相对值。
- 输出黑色：设置输出图像中的黑色阈值。
- 输出白色：设置输出图像中的白色阈值。

8.3.15　色阶(单独控件)

【色阶(单独控件)】效果与【色阶】效果类似，而且可以为每个通道调整单独的颜色值。选中素材，在菜单栏中执行【效果】/【颜色校正】/【色阶(单独控件)】命令，此时参数设置如图8-112所示。为素材添加该效果的前后对比如图8-113所示。

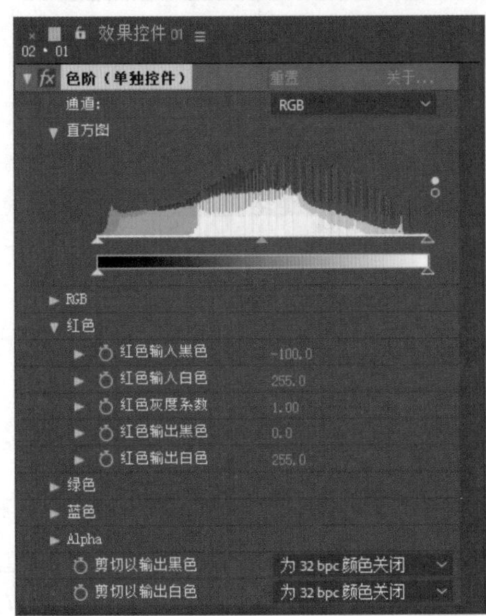

图 8-112

未使用该效果　　　　使用该效果

图 8-113

- 红色：设置红色通道阈值。
- 绿色：设置绿色通道阈值。
- 蓝色：设置蓝色通道阈值。
- Alpha：设置Alpha通道阈值。

8.3.16　色光

【色光】效果可以使画面产生强烈的高饱和度色彩光亮效果。选中素材，在菜单栏中执行【效果】/【颜色校正】/【色光】命令，此时参数设置如图8-114所示。为素材添加该效果的前后对比如图8-115所示。

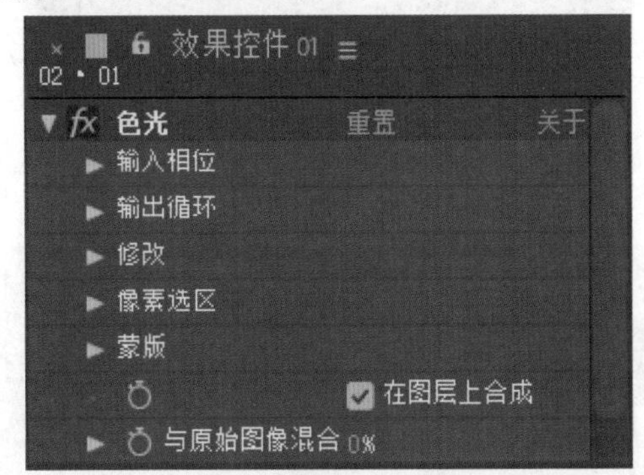

图 8-114

未使用该效果　　　　使用该效果

图 8-115

- 输入相位：设置图像渐变映射方式。
- 输出循环：设置渐变映射的样式。
- 修改：设置指定渐变映射影响当前图层的方式。
- 像素选区：设置渐变映射在当前图层影响的像素范围。
- 蒙版：设置遮罩层。
- 在图层上合成：将效果合成到图层上。
- 与原始图像混合：设置与原始图像的混合程度。

8.3.17　色相 / 饱和度

【色相 / 饱和度】效果可以调节各个通道的色相、饱和度和亮度效果。选中素材，在菜单栏中执行【效果】/【颜色校正】/【色相 / 饱和度】命令，此时参数设置如图8-116所示。为素材添加该效果的前后对比如图8-117所示。

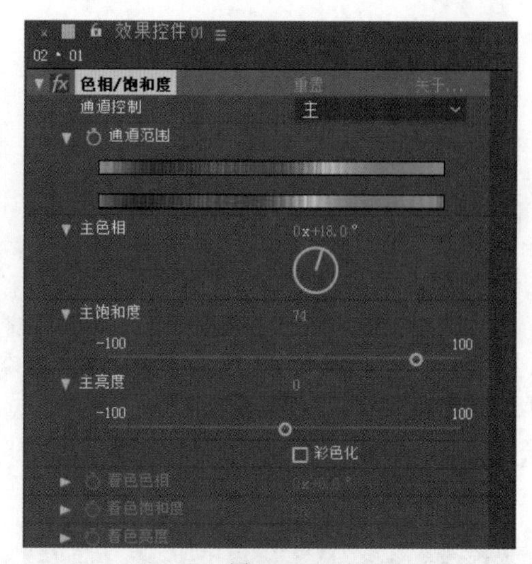

图 8-116

图 8-117

- 通道控制：设置要调整的颜色通道。
- 通道范围：设置通道效果范围。
- 主色相：设置通道指定通道色调。
- 主饱和度：设置指定色调饱和度。
- 主亮度：设置指定色调明暗程度。
- 彩色化：勾选此选项，默认彩色图像为红色。
- 着色色相：勾选此选项，可将图像转换为彩色图。
- 着色饱和度：控制色彩化图像的饱和度。
- 着色亮度：控制色彩化图像的明暗程度。

8.3.18 广播颜色

【广播颜色】效果应用于设置广播电视播出的信号振幅数值。选中素材，在菜单栏中执行【效果】/【颜色校正】/【广播颜色】命令，此时参数设置如图8-118所示。为素材添加该效果的前后对比如图8-119所示。

图 8-118

图 8-119

- 广播区域设置：设置广播区域模式。
- 确保颜色安全的方式：设置实现安全色的方法。
- 最大信号振幅（IRE）：限制最大信号振幅。

8.3.19 亮度和对比度

【亮度和对比度】效果可以调整亮度和对比度。选中素材，在菜单栏中执行【效果】/【颜色校正】/【亮度和对比度】命令，此时参数设置如图8-120所示。为素材添加该效果的前后对比如图8-121所示。

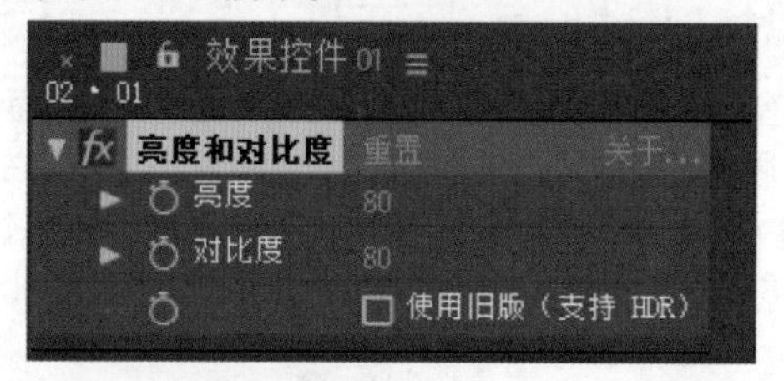

图 8-120

图 8-121

- 亮度：设置图像明暗程度。
- 对比度：设置图像高光与阴影的对比值。
- 使用旧版（支持HDR）：勾选此选项，可使用旧版【亮度/对比度】参数设置面板。

8.3.20 保留颜色

【保留颜色】效果可以单独保留作品中的一个颜色，其他颜色变为灰色。选中素材，在菜单栏中执行【效果】/【颜色校正】/【保留颜色】命令，此时参数设置如图8-122所示。为素材添加该效果的前后对比如图8-123所示。

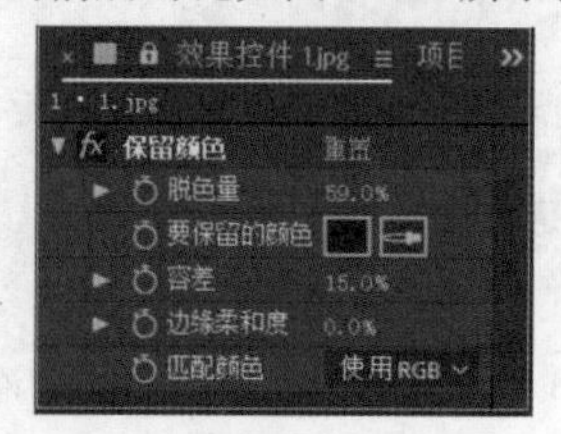

图 8-122

图 8-123

- 脱色量：设置脱色程度，数值越大其他颜色饱和度越低。
- 要保留的颜色：设置需保留的色彩。
- 容差：设置色彩相似程度。
- 边缘柔和度：设置边缘柔和程度。
- 匹配颜色：设置色彩的匹配形式。

8.3.21 可选颜色

【可选颜色】效果可以对画面中不平衡的颜色进行校正，还可以选择画面中的某些特定颜色，并对其进行颜色调整。选中素材，在菜单栏中执行【效果】/【颜色校正】/【可选颜色】命令，此时参数设置如图8-124所示。为素材添加该效果的前后对比如图8-125所示。

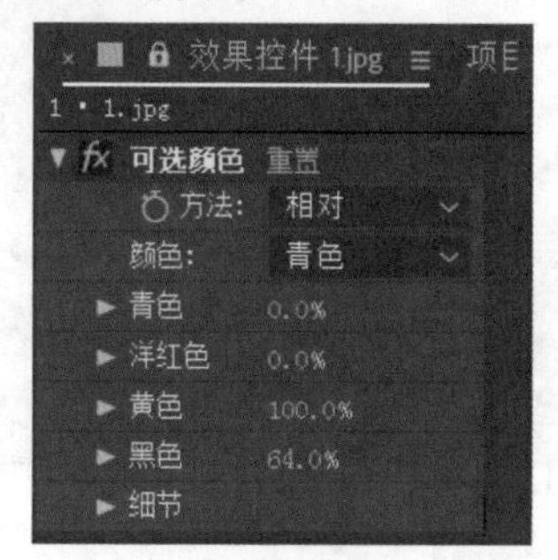

图 8-124

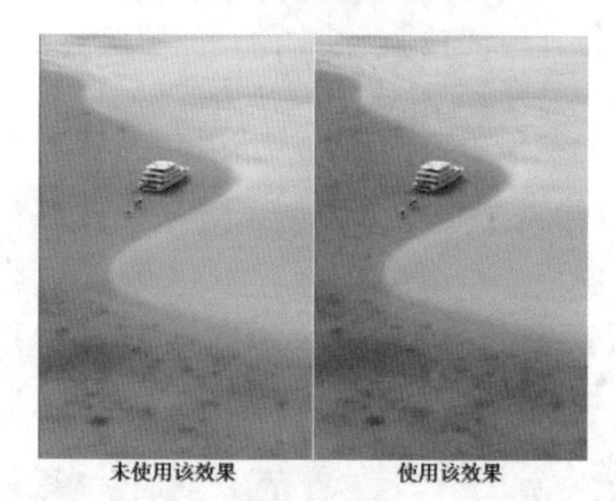

图 8-125

- 方法：设置相对值或绝对值。
- 颜色：设置需要调整的针对色系。
- 青色：设置图像中青色的含量值。
- 洋红色：设置图像中洋红色的含量值。
- 黄色：设置图像中黄色的含量值。
- 黑色：设置图像中黑色的含量值。
- 细节：设置各个色彩的细节含量。

实例：夏季“变”秋季

文件路径：Chapter 08 调色效果→实例：夏季“变”秋季

本案例主要学习如何使用【曲线】【可选颜色】【自然饱和度】等将春季具有生机的绿色调变为秋季具有浓郁色彩的橙色调。案例制作前后的对比效果如图8-126和图8-127所示。

扫一扫，看视频

图 8-126

图 8-127

操作步骤：

步骤 01 在【项目】面板中单击鼠标右键执行【新建合成】命令，在弹出的【合成设置】对话框中设置【合成名称】为01，【预设】为自定义，【宽度】为2560，【高度】为1440，【像素长宽比】为方形像素，【帧速率】为25，【分辨率】为完整，【持续时间】为10秒，单击【确定】按钮。

步骤 02 执行【文件】/【导入】/【文件】命令，在弹出的【导入文件】对话框中选择所需要的素材，单击【导入】按钮导入素材1.jpg。

步骤 03 在【项目】面板中将素材1.jpg拖曳到【时间轴】面板中，如图8-128所示。此时画面效果如图8-129所示。

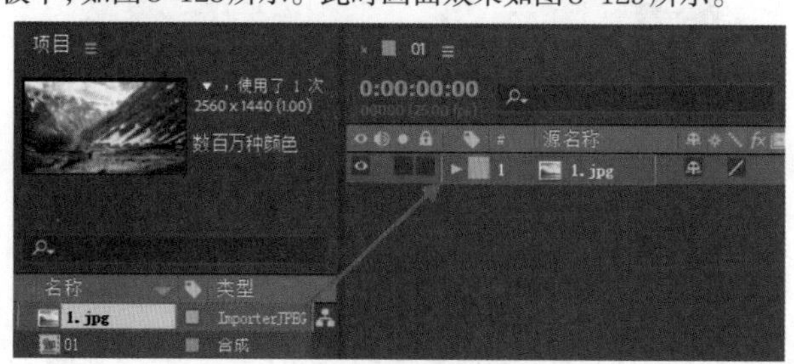

图 8-128

图 8-129

步骤 04 在【效果和预设】面板中搜索【曲线】效果，并将其拖曳到【时间轴】面板中的1.jpg图层上，如图8-130所示。

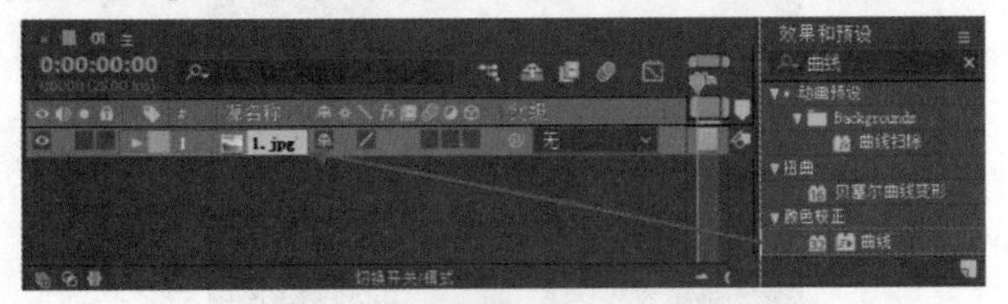

图 8-130

步骤 05 在【效果控件】面板中调整【曲线】的曲线形状，如图8-131所示。此时画面效果如图8-132所示。

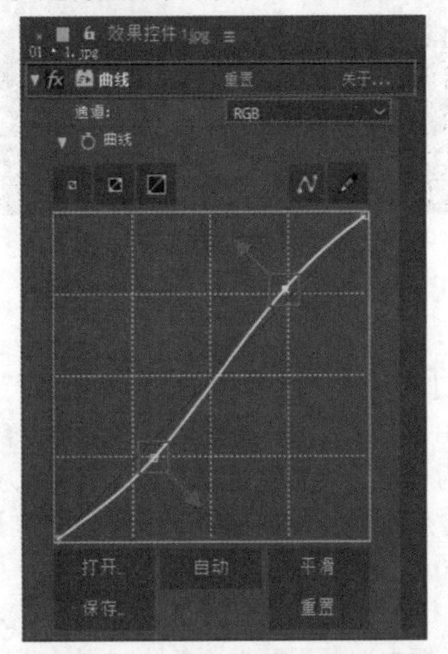

图 8-131

图 8-132

步骤 06 在【效果和预设】面板中搜索【可选颜色】效果，并将其拖曳到【时间轴】面板中的1.jpg图层上，如图8-133所示。

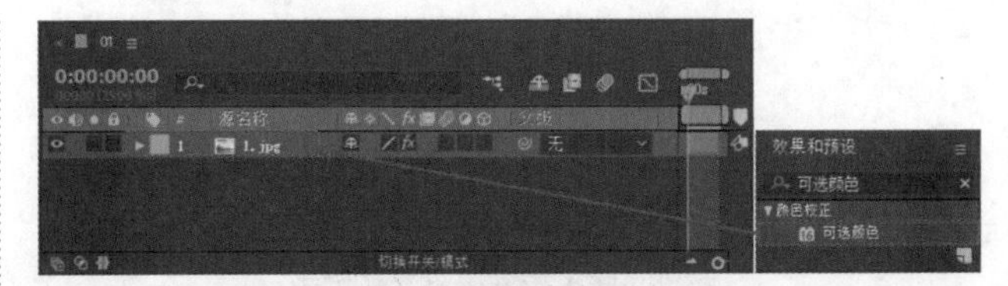

图 8-133

步骤 07 在【效果控件】面板中打开【可选颜色】，设置【颜色】为黄色，【青色】为-70.0%，【洋红色】为30.0%，【黄色】为-20.0%，【黑色】为10.0%。接着再设置【颜色】为绿色，【青色】为-70.0%，【洋红色】为50.0%，【黄色】为-66.0%，【黑色】为20.0%，如图8-134所示。此时画面效果如图8-135所示。

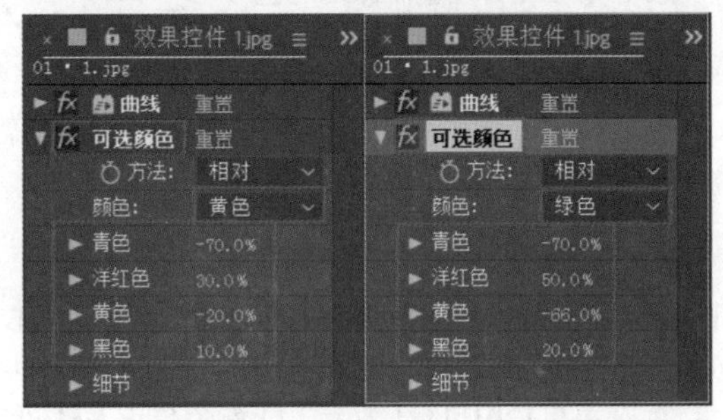

图 8-134

图 8-135

步骤 08 在【效果和预设】面板中搜索【自然饱和度】效果，并将其拖曳到【时间轴】面板中的1.jpg图层上。接着在【时间轴】面板中打开1.jpg素材图层下方的【效果】/【自然饱和度】，设置【自然饱和度】为60.0，如图8-136所示。

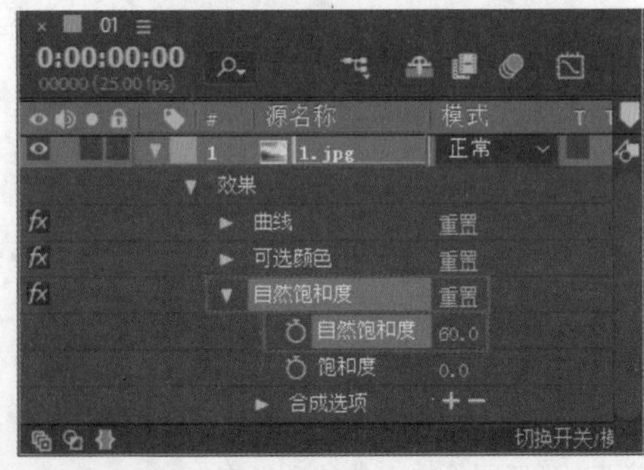

图 8-136

步骤 09 案例最终效果如图8-137所示。

图 8-137

8.3.22 曝光度

【曝光度】可以设置画面的曝光效果。选中素材，在菜单栏中执行【效果】/【颜色校正】/【曝光度】命令，此时参数设置如图8-138所示。为素材添加该效果的前后对比如图8-139所示。

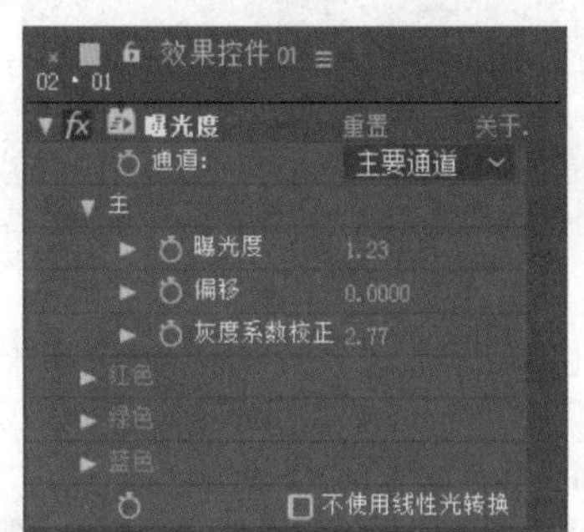

图 8-138

未使用该效果　　使用该效果

图 8-139

- 通道：设置需要曝光的通道。
- 主：设置应用于整个画面。
  - 曝光度：设置曝光程度。
  - 偏移：设置曝光偏移程度。
  - 灰度系数校正：设置图像灰度系数精准度。
- 红色：设置红色应用于整个画面。
- 绿色：设置绿色应用于整个画面。
- 蓝色：设置蓝色应用于整个画面。
- 不使用线性光转换：勾选此选项，设置是否启用线性光变换。

8.3.23 曲线

【曲线】效果可以调整图像的曲线亮度。选中素材，在菜单栏中执行【效果】/【颜色校正】/【曲线】命令，此时参数设置如图8-140所示。为素材添加该效果的前后对比如图8-141所示。

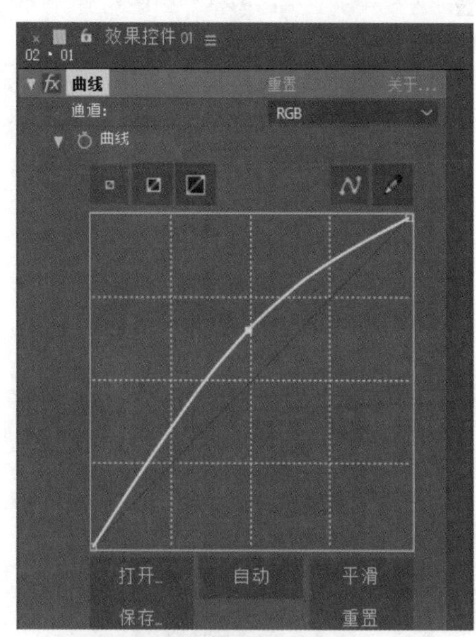

图 8-140

未使用该效果

使用该效果

图 8-141

- 通道：设置需要调整的颜色通道。
- 曲线：通过曲线来调节图像的色调及明暗程度。
- （曲线工具）：可在曲线上添加控制点，拖曳控制点可调整图像明暗程度。
- （铅笔工具）：可在曲线坐标图上绘制任意曲线形状。
- （保存曲线）：可保存当前曲线状态，以便以后重复使用。
- （打开工具）：单击可打开存储的曲线调节文件夹。
- （平滑曲线）：设置曲线平滑程度。
- （重置）：单击重置曲线面板参数。
- （自动）：单击可自动调节面板色调及明暗程度。

实例：打造唯美朦胧浪漫的暖调画面

文件路径：Chapter 08 调色效果→实例：打造唯美朦胧浪漫的暖调画面

扫一扫，看视频

本案例主要学习如何使用【高斯模糊(旧版)】【橡皮擦工具】【曲线】【镜头光晕】等制作唯美、朦胧、浪漫的暖调画面。案例制作前后的对比效果如图8-142和图8-143所示。

图8-142

图8-143

操作步骤：

Part 01 打造朦胧效果

步骤 01 在【项目】面板中，单击鼠标右键执行【新建合成】命令，在弹出的【合成设置】对话框中设置【合成名称】为01，【预设】为自定义，【宽度】为1800，【高度】为1200，【像素长宽比】为方形像素，【帧速率】为25，【分辨率】为完整，【持续时间】为10秒，单击【确定】按钮。

步骤 02 执行【文件】/【导入】/【文件】命令，在弹出的【导入文件】对话框中选择所需要的素材，单击【导入】按钮导入素材1.jpg、2.png。

步骤 03 在【项目】面板中将素材1.jpg拖曳到【时间轴】面板中，如图8-144所示。

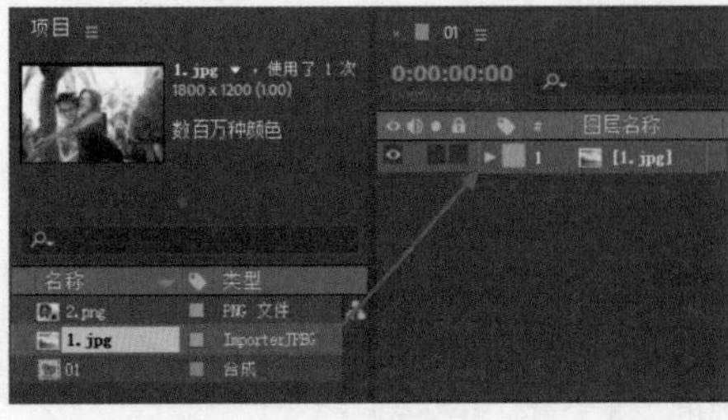

图8-144

步骤 04 在【时间轴】面板中选中1.jpg素材图层，然后使用【创建副本】快捷键Ctrl+D复制出一个相同的图层，如图8-145所示。

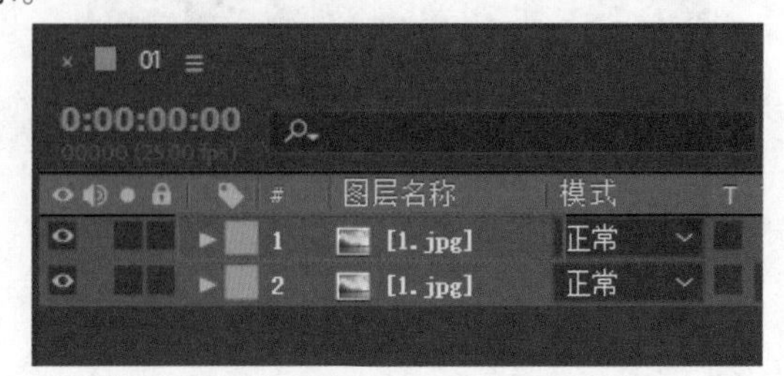

图8-145

步骤 05 在【效果和预设】面板中搜索【高斯模糊(旧版)】效果，并将其拖曳到【时间轴】面板中的1.jpg图层上，如图8-146所示。

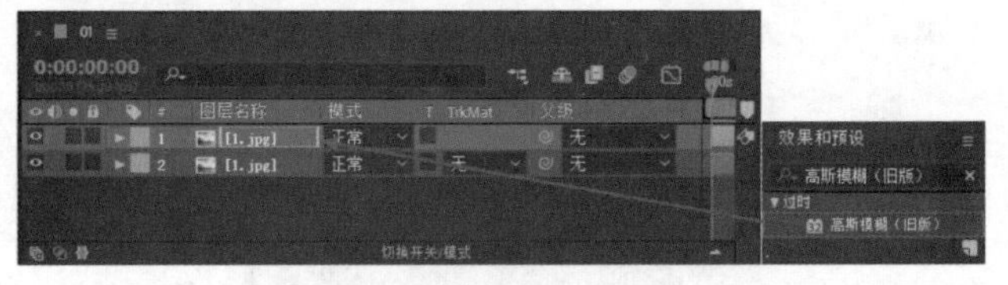

图8-146

步骤 06 在【时间轴】面板中打开1.jpg素材图层下方的【效果】/【高斯模糊(旧版)】，设置【模糊度】为40.0，如图8-147所示。此时画面效果如图8-148所示。

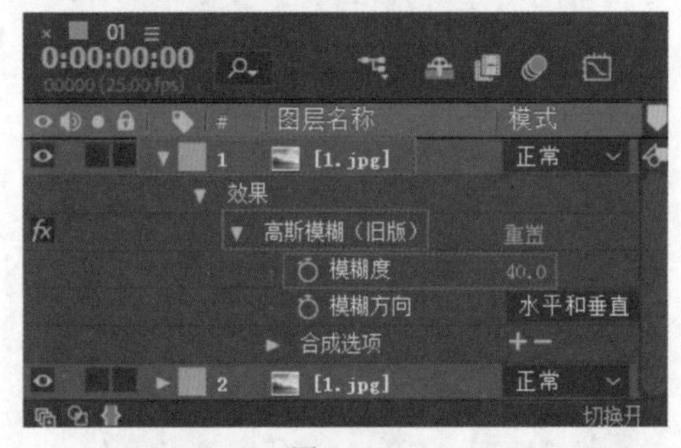

图8-147

图8-148

步骤 07 在【时间轴】面板中双击1.jpg(图层1)素材图层，然后在选项栏中选择【橡皮擦工具】。在【画笔】面板中设置【直径】为446，在【绘画】面板中设置【不透明度】为50%，在【合成】面板中的【图层1】上进行涂抹，如图8-149所示。涂抹完成后单击【合成01】面板，查看此时效果，如图8-150所示。

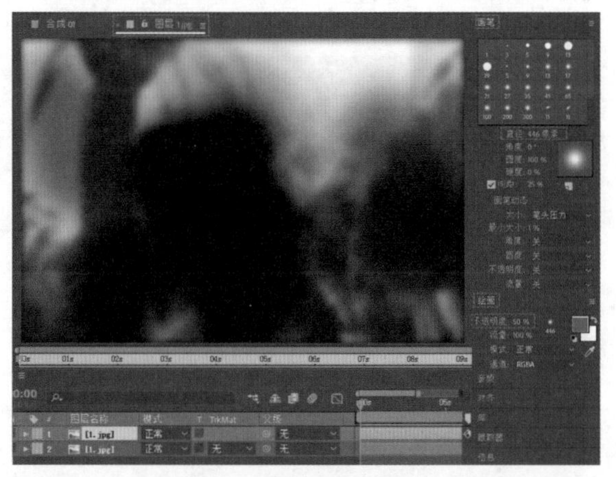

图 8-149

图 8-150

Part 02　调节图像色调

步骤 01 在【时间轴】面板中单击鼠标右键执行【新建】/【调整图层】命令，如图8-151所示。

步骤 02 在【效果和预设】面板中搜索【曲线】效果，并将其拖曳到【时间轴】面板中的调整图层上，如图8-152所示。

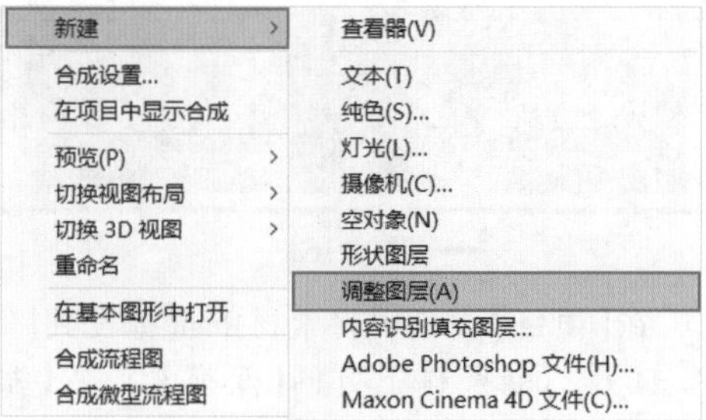

新建 >	查看器(V)
合成设置...	文本(T)
在项目中显示合成	纯色(S)...
预览(P) >	灯光(L)...
切换视图布局 >	摄像机(C)...
切换 3D 视图 >	空对象(N)
重命名	形状图层
在基本图形中打开	调整图层(A)
合成流程图	内容识别填充图层...
合成微型流程图	Adobe Photoshop 文件(H)...
	Maxon Cinema 4D 文件(C)...

图 8-151

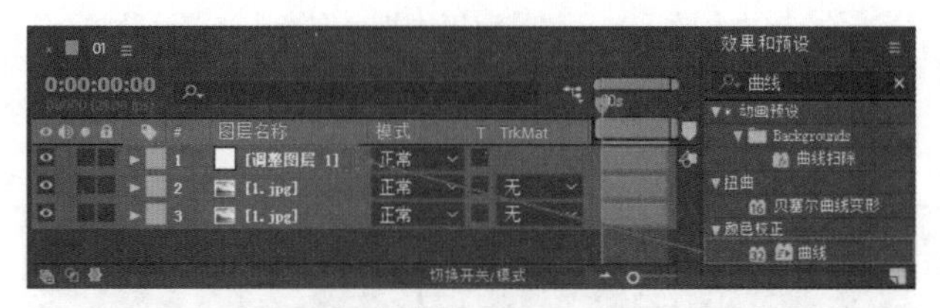

图 8-152

步骤 03 在【效果控件】面板中设置【曲线】的【通道】为RGB，然后调整曲线形状，如图8-153所示。设置【通道】为红色，并调整曲线形状，如图8-154所示。设置【通道】为蓝色，并调整曲线形状，如图8-155所示。

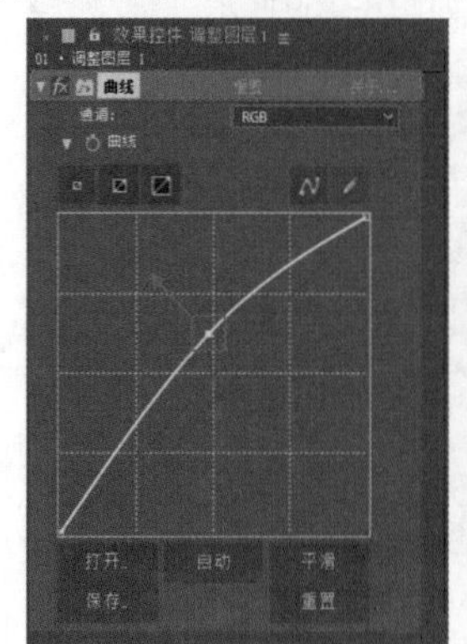

图 8-153

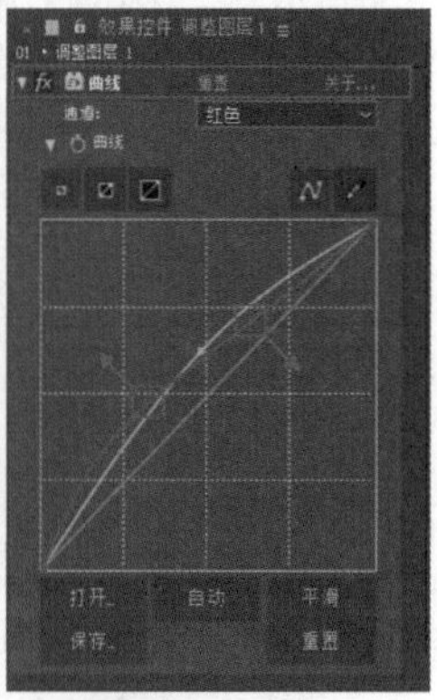

图 8-154

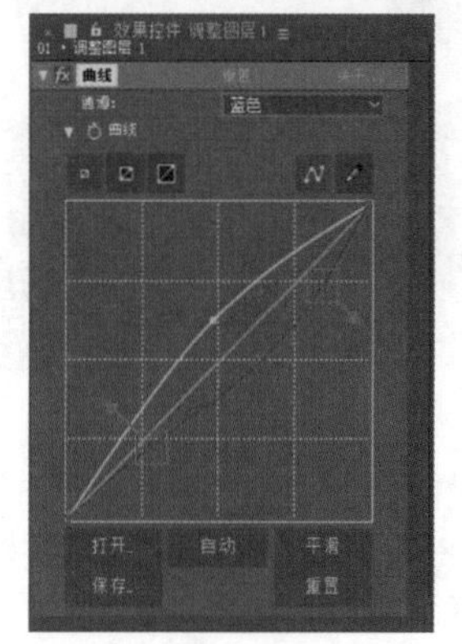

图 8-155

步骤 04 此时画面效果如图8-156所示。

图 8-156

步骤 05 在【效果和预设】面板中搜索【镜头光晕】效果，并将其拖曳到【时间轴】面板中的调整图层上，如图8-157所示。

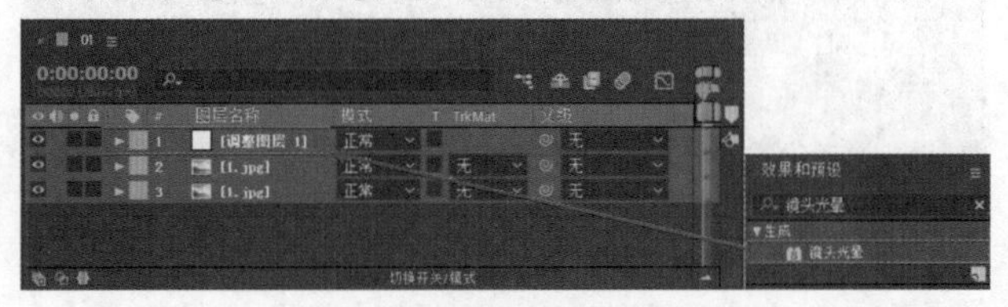

图 8-157

步骤 06 在【时间轴】面板中打开【调整图层】下方的【效果】/【镜头光晕】，设置【光晕中心】为(1527.5,64.9)，如图8-158所示。此时画面效果如图8-159所示。

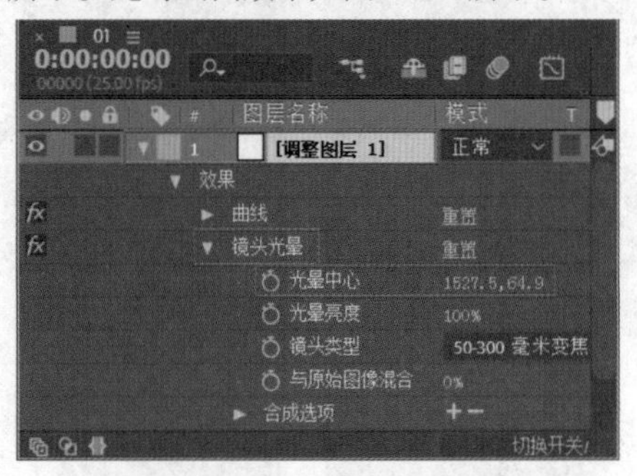

图 8-158

图 8-159

步骤 07 在【时间轴】面板中单击鼠标右键执行【新建】/【纯色】命令。在弹出的【纯色设置】对话框中设置【颜色】为白色，单击【确定】按钮，如图8-160所示。

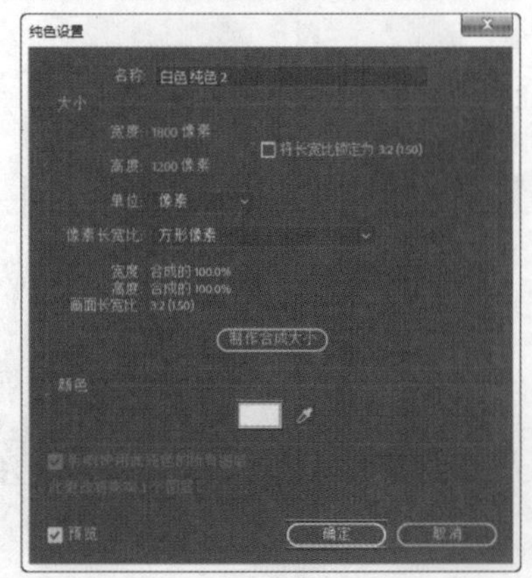

图 8-160

步骤 08 在【时间轴】面板中选中刚才新建的纯色图层，然后在选项栏中长按【矩形工具】，在弹出的【形状工具组】中选择【圆角矩形工具】。在画面中合适位置处按住鼠标左键并拖曳至合适大小，得到圆角矩形遮罩，如图8-161所示。

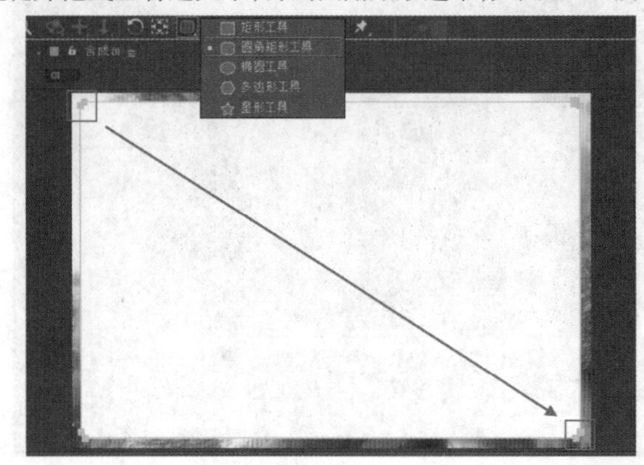

图 8-161

步骤 09 在【时间轴】面板中打开纯色图层下方的【蒙版】，勾选【蒙版1】的【反转】，如图8-162所示。此时画面效果如图8-163所示。

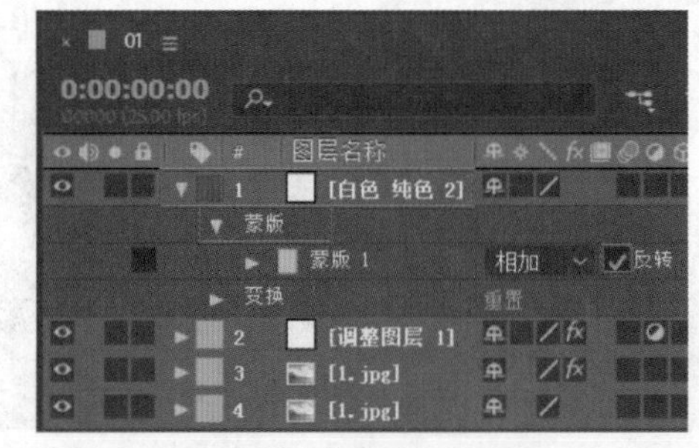

图 8-162

图 8-163

步骤 10 在【项目】面板中将素材2.png拖曳到【时间轴】面板中，打开2.png素材下方的【变换】，设置【缩放】为(200.0,200.0)，如图8-164所示。案例最终效果如图8-165所示。

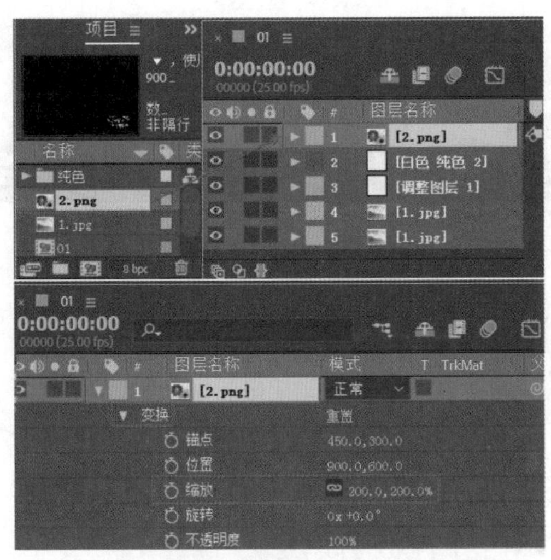

图 8-164

图 8-165

8.3.24 更改为颜色

【更改为颜色】效果可以通过吸取作品中的某种颜色，将其替换为另外一种颜色。选中素材，在菜单栏中执行【效果】/【颜色校正】/【更改为颜色】命令，此时参数设置如图8-166所示。为素材添加该效果的前后对比如图8-167所示。

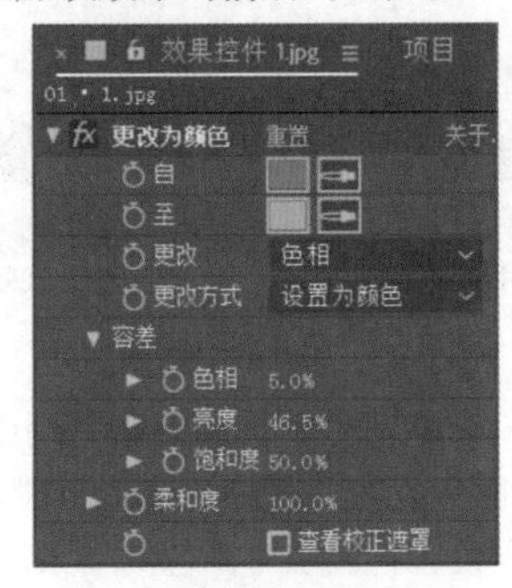

图 8-166

图 8-167

- 自：设置需要转换的颜色。
- 至：设置目标颜色。
- 更改：颜色改变的基础类型有4种，分别为色调、色调&亮度、色调&饱和度、色调亮度&饱和度。
- 更改方式：设置颜色替换方式。
- 容差：设置颜色容差值，其中包括色相、亮度和饱和度。
    - 色相：设置色相容差值。
    - 亮度：设置亮度容差值。
    - 饱和度：设置饱和度容差值。
- 柔和度：设置替换后的颜色的柔和程度。
- 查看校正遮罩：可查看校正后的遮罩图。

8.3.25 更改颜色

【更改颜色】效果可以吸取画面中的某种颜色，设置颜色的色相、饱和度和亮度从而改变颜色。选中素材，在菜单栏中执行【效果】/【颜色校正】/【更改颜色】命令，此时参数设置如图8-168所示。为素材添加该效果的前后对比如图8-169所示。

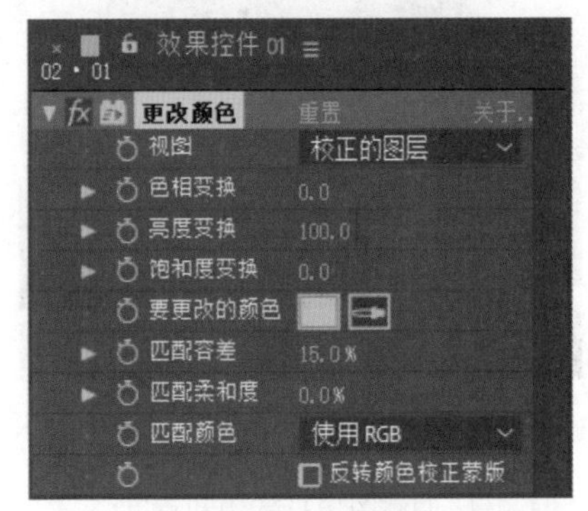

图 8-168

- 视图：设置【合成】面板中的观察效果。
- 色相变换：设置所选颜色的改变区域。
- 亮度变换：调制亮度值。
- 饱和度变换：调制饱和度值。
- 要更改的颜色：设置图像中需改变颜色的颜色区域。图8-170所示为设置【要更改的颜色】为淡蓝色和土黄色调整后的对比效果。

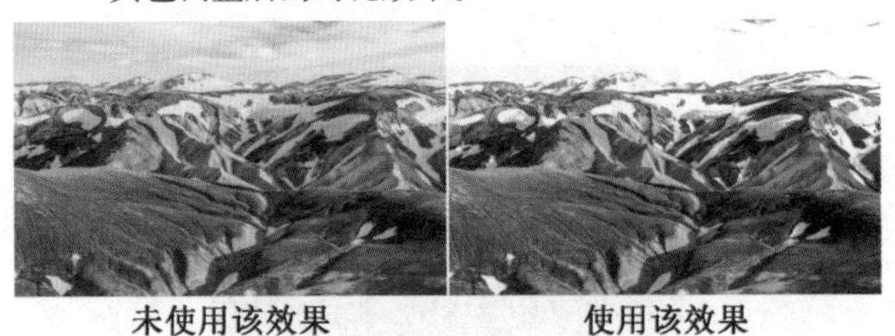

图 8-169

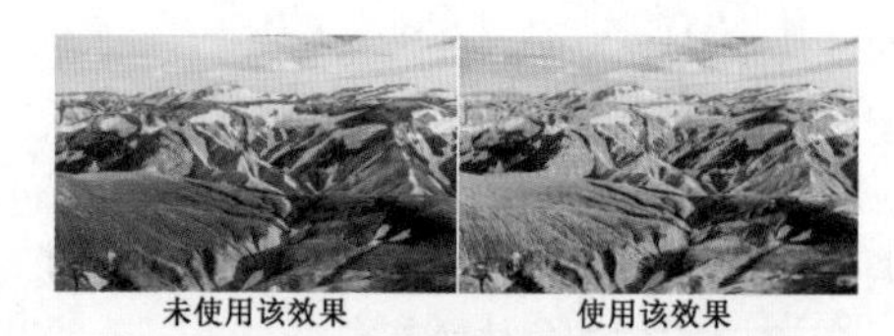

未使用该效果　　使用该效果

图 8-170

- 匹配容差：设置颜色相似程度。
- 匹配柔和度：设置柔和程度。
- 匹配颜色：设置匹配颜色空间。
- 反转颜色校正蒙版：设置颜色校正遮罩。

8.3.26　自然饱和度

【自然饱和度】效果可以对图像进行自然饱和度、饱和度的调整。选中素材，在菜单栏中执行【效果】/【颜色校正】/【自然饱和度】命令，此时参数设置如图8-171所示。为素材添加该效果的前后对比如图8-172所示。

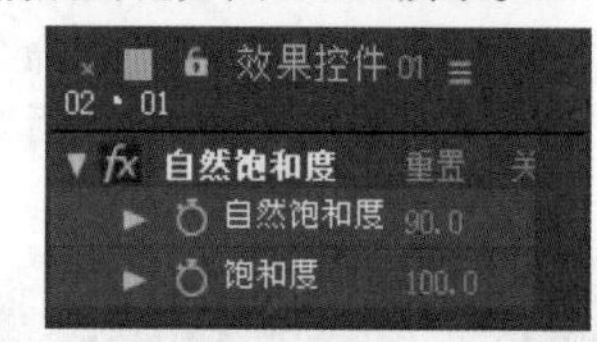

图 8-171

未使用该效果　　使用该效果

图 8-172

- 自然饱和度：调整图像自然饱和程度。
- 饱和度：调整图像饱和程度。

8.3.27　自动色阶

【自动色阶】效果可将图像各颜色通道中最亮和最暗的值映射为白色和黑色，然后重新分配中间的值。选中素材，在菜单栏中执行【效果】/【颜色校正】/【自动色阶】命令，此时参数设置如图8-173所示。为素材添加该效果的前后对比如图8-174所示。

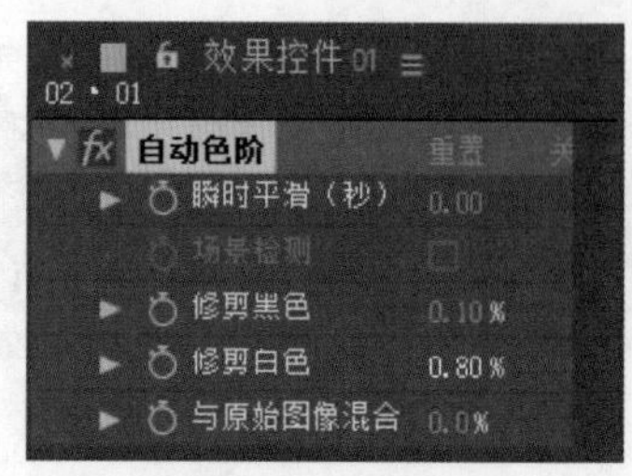

图 8-173

未使用该效果　　使用该效果

图 8-174

- 瞬时平滑：设置指定一个时间的滤波范围，单位为秒。
- 场景检测：设置检测层中图像的场景。
- 修剪黑色：可加深修剪阴影部分的图像的阴影部分。
- 修剪白色：可提高修剪高光部分的图像的高光部分。
- 与原始图像混合：设置与原始图像的混合程度。

8.3.28　自动对比度

【自动对比度】效果可以自动调整画面的对比度。选中素材，在菜单栏中执行【效果】/【颜色校正】/【自动对比度】命令，此时参数设置如图8-175所示。为素材添加该效果的前后对比如图8-176所示。

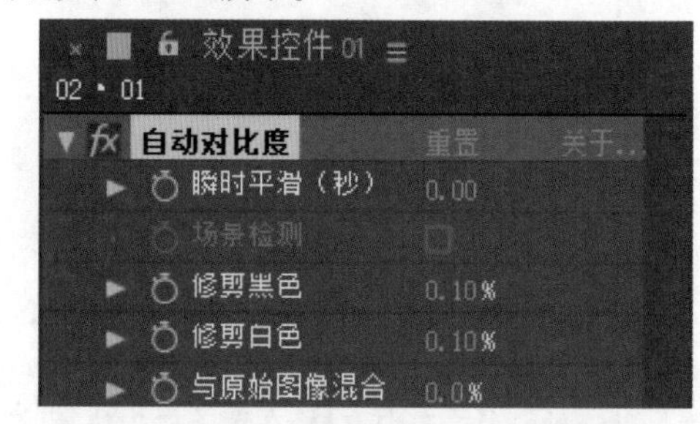

图 8-175

未使用该效果　　使用该效果

图 8-176

- 瞬时平滑：为确定每个帧相对于其周围帧所需的校正量而分析的邻近帧的范围，单位为秒。
- 场景检测：设置检测层中图像的场景。
- 修剪黑色：可加深修剪阴影部分的图像的阴影部分。
- 修剪白色：可提高修剪高光部分的图像的高光部分。
- 与原始图像混合：设置与原始图像的混合程度。

8.3.29　自动颜色

【自动颜色】效果可以自动调整画面颜色。选中素材，在菜单栏中执行【效果】/【颜色校正】/【自动颜色】命令，此时参数设置如图8-177所示。为素材添加该效果的前后对比如图8-178所示。

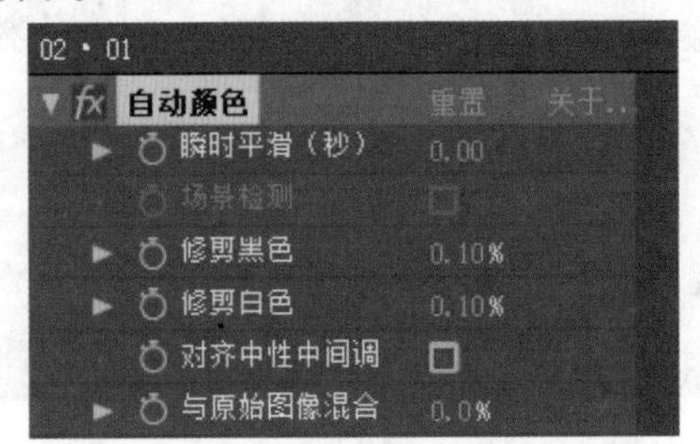

图 8-177

未使用该效果　　使用该效果

图 8-178

- 瞬时平滑：为确定每个帧相对于其周围帧所需的校正量而分析的邻近帧的范围，单位为秒。
- 场景检测：设置检测层中图像的场景。
- 修剪黑色：可加深修剪阴影部分的图像的阴影部分。
- 修剪白色：可提高修剪高光部分的图像的高光部分。
- 对齐中性中间调：可自动调整中间颜色影调。
- 与原始图像混合：设置与原始图像的混合程度。

8.3.30 视频限幅器

【视频限幅器】效果可以自动调整画面颜色。选中素材，在菜单栏中执行【效果】/【颜色校正】/【视频限幅器】命令，如图8-179所示。

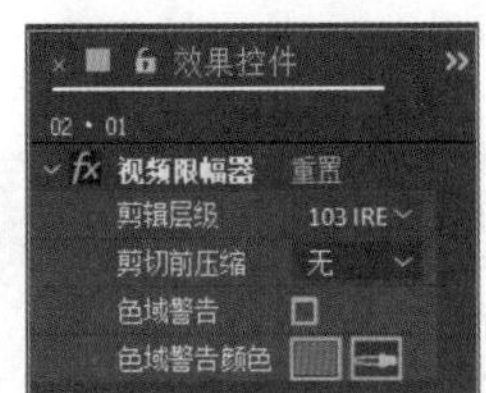

图 8-179

- 剪辑层级：可以设置剪辑层级的范围。
- 剪切前压缩：可以选择要剪切压缩的比例。
- 色域警告：勾选该项后，可显示色域警告范围。
- 色域警告颜色：可以选择想要色域警告的颜色。

8.3.31 颜色稳定器

【颜色稳定器】效果可以稳定图像的亮度、色阶、曲线，常用于移除素材中的闪烁，以及均衡素材的曝光和因改变照明情况引起的色移。选中素材，在菜单栏中执行【效果】/【颜色校正】/【颜色稳定器】命令，此时参数设置如图8-180所示。

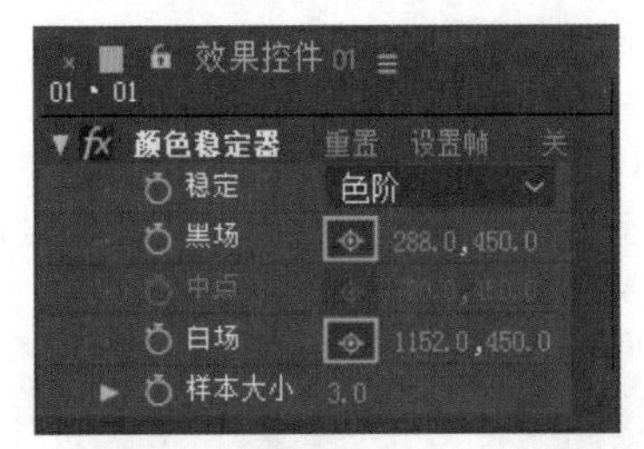

图 8-180

- 稳定：设置颜色稳定形式。
- 黑场：设置需要稳定的阴影。
- 中点：设置需要稳定的中间调。
- 白场：设置需要稳定的高光。
- 样本大小：设置样本大小。

8.3.32 颜色平衡

【颜色平衡】效果可以调整颜色的红、绿、蓝通道的平衡，以及阴影、中间调、高光的平衡。选中素材，在菜单栏中执行【效果】/【颜色校正】/【颜色平衡】命令，此时参数设置如图8-181所示。为素材添加该效果的前后对比如图8-182所示。

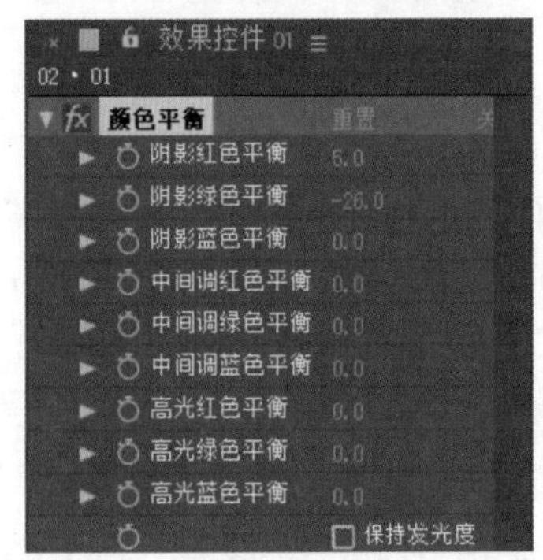

图 8-181

未使用该效果　　使用该效果

图 8-182

- 阴影红色 / 绿色 / 蓝色平衡：可调整红 / 黄 / 蓝色的阴影范围平衡程度。
- 中间调红色 / 绿色 / 蓝色平衡：可调整红 / 黄 / 蓝色的中间调范围平衡程度。
- 高光红色 / 绿色 / 蓝色平衡：可调整红 / 黄 / 蓝色的高光范围平衡程度。

实例：打造童话感多彩色调

文件路径：Chapter 08　调色效果→实例：打造童话感多彩色调

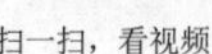
扫一扫，看视频

本案例主要学习如何使用【色相/饱和度】【颜色平衡】【四色渐变】【曲线】等来打造具有童话感多彩色调画面。案例制作前后的对比效果如图8-183和图8-184所示。

图 8-183

图 8-184

操作步骤：

步骤 01 在【项目】面板中单击鼠标右键执行【新建合成】命令，在弹出的【合成设置】对话框中设置【合成名称】为01，【预设】为自定义，【宽度】为1500，【高度】为1019，【像素长宽比】为方形像素，【帧速率】为25，【分辨率】为完整，【持续时间】为5秒1帧，单击【确定】按钮。

步骤 02 执行【文件】/【导入】/【文件】命令，在弹出的【导入文件】对话框中选择所需要的素材，单击【导入】按钮导入素材01.jpg。

步骤 03 在【项目】面板中将素材01.jpg拖曳到【时间轴】面板中，如图8-185所示。

图 8-185

步骤 04 在【时间轴】面板中打开01.jpg素材图层下方的【变换】，设置【缩放】为(159.3,159.3%)，如图8-186所示。此时画面效果如图8-187所示。

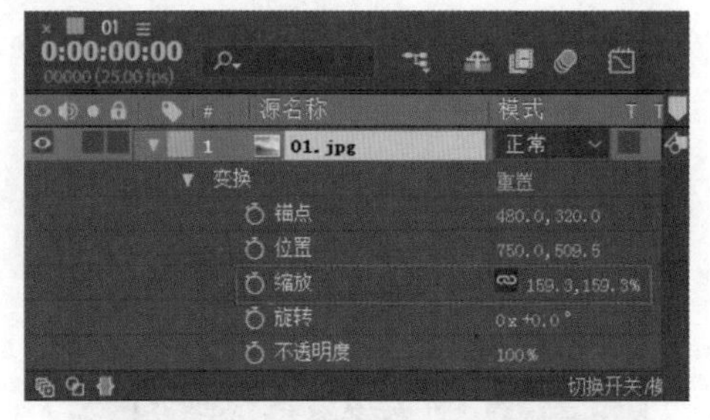

图 8-186

图 8-187

步骤 05 在【效果和预设】面板中搜索【色相/饱和度】效果，并将其拖曳到【时间轴】面板中的01.jpg图层上，如图8-188所示。

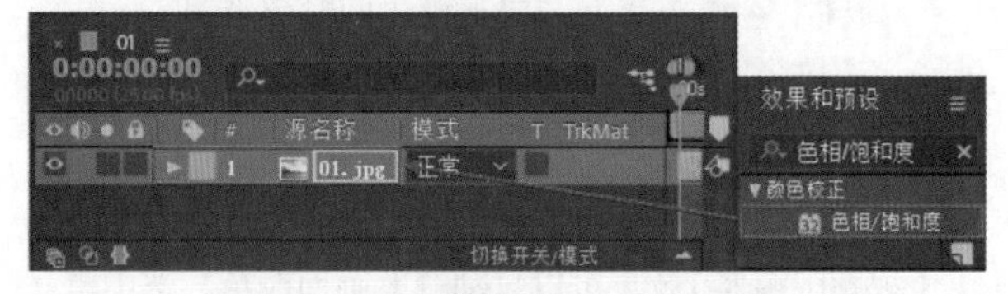

图 8-188

步骤 06 在【效果控件】面板中设置【色相/饱和度】的【主饱和度】为-23，如图8-189所示。此时画面效果如图8-190所示。

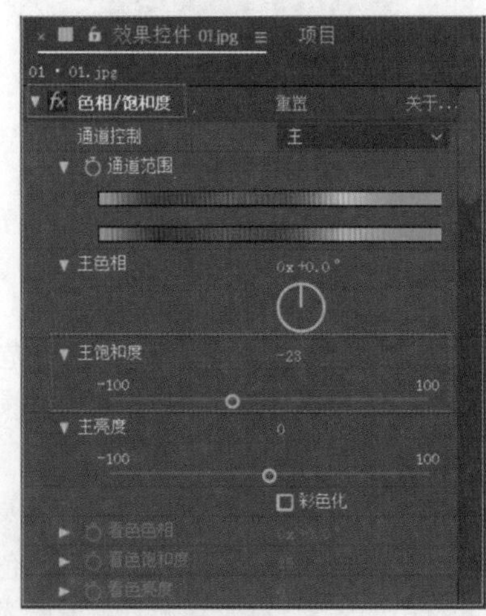

图 8-189

图 8-190

步骤 07 在【效果和预设】面板中搜索【颜色平衡】效果，并将其拖曳到【时间轴】面板中的01.jpg图层上。接着在【时间轴】面板中打开01.jpg素材图层下方的【效果】/【颜色平衡】，设置【阴影红色平衡】为72.0，【阴影蓝色平衡】为11.0，【中间调红色平衡】为25.0，【高光红色平衡】为14.0，【高光绿色平衡】为6.0，【高光蓝色平衡】为-49.0，如图8-191所示。此时画面效果如图8-192所示。

图 8-191

图 8-192

步骤 08 在【效果和预设】面板中搜索【四色渐变】效果，并将其拖曳到【时间轴】面板中的01.jpg图层上。接着在【时间轴】面板中打开01.jpg素材图层下方的【效果】/【四色渐变】，设置【位置和颜色】的【颜色1】为橄榄绿色，【颜色2】为深灰色，【颜色3】为深紫色，【颜色4】为蓝色，【混合模式】为滤色，如图8-193所示。此时画面效果如图8-194所示。

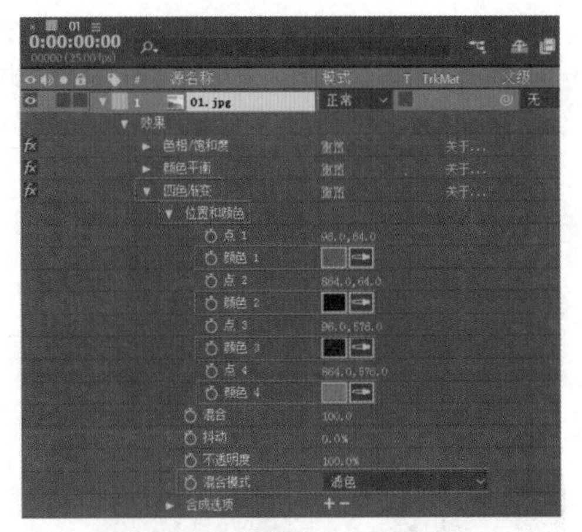

图 8-193

图 8-194

步骤 09 在【效果和预设】面板中搜索【曲线】效果，并将其拖曳到【时间轴】面板中的01.jpg图层上。接着在【效果控件】面板中调整【曲线】的曲线形状，如图8-195所示。案例最终效果如图8-196所示。

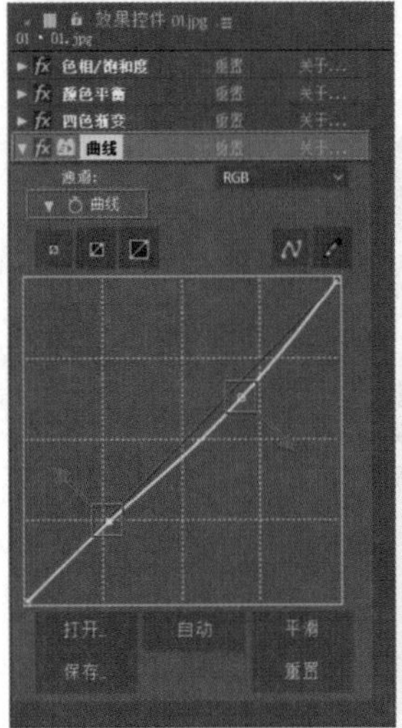

图 8-195　　图 8-196

8.3.33　颜色平衡（HLS）

【颜色平衡(HLS)】效果可以调整色相、亮度和饱和度通道的数值，从而改变颜色。选中素材，在菜单栏中执行【效

果】/【颜色校正】/【颜色平衡(HLS)】命令，此时参数设置如图8-197所示。为素材添加该效果的前后对比如图8-198所示。

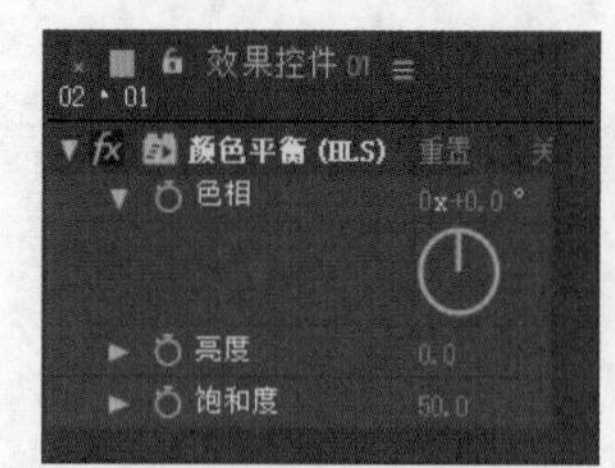

图8-197

图8-198

- 色相：调整图像色调。
- 亮度：调整图像明暗程度。
- 饱和度：调整图像饱和程度。

8.3.34 颜色链接

【颜色链接】效果可使用一个图层的平均像素值为另一个图层着色。该效果常用于快速找到与背景图层的颜色匹配的颜色。选中素材，在菜单栏中执行【效果】/【颜色校正】/【颜色链接】命令，此时参数设置如图8-199所示。为素材添加该效果的前后对比如图8-200所示。

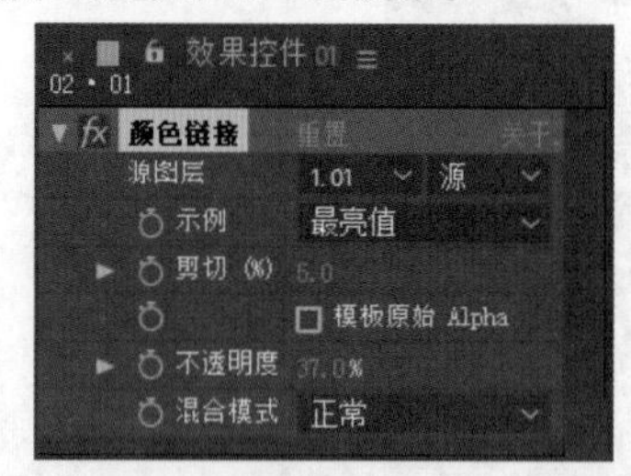

图8-199

图8-200

- 源图层：设置需要颜色匹配的图层。
- 示例：设置选取颜色取样点的调整方式。
- 剪切：设置修剪百分比数值。
- 模板原始 Alpha：设置原稿的透明模板或类似透明区域。
- 不透明度：设置调整效果的透明程度。图8-201所示为设置【不透明度】为100%和50%的对比效果。

图8-201

- 混合模式：设置调整效果的混合模式。

8.3.35 黑色和白色

【黑色和白色】效果可以将彩色的图像转换为黑白色或单色。选中素材，在菜单栏中执行【效果】/【颜色校正】/【黑色和白色】命令，此时参数设置如图8-202所示。为素材添加该效果的前后对比如图8-203所示。

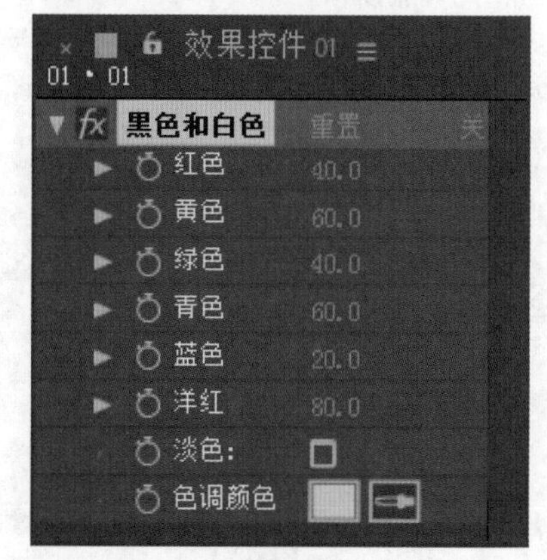

图8-202

图8-203

- 红色：设置在黑白图像中所含红色的明暗程度。
- 黄色：设置在黑白图像中所含黄色的明暗程度。
- 绿色：设置在黑白图像中所含绿色的明暗程度。
- 青色：设置在黑白图像中所含青色的明暗程度。
- 蓝色：设置在黑白图像中所含蓝色的明暗程度。
- 洋红：设置在黑白图像中所含洋红色的明暗程度。
- 淡色：勾选此选项，可调节该黑白图像的整体色调。
- 色调颜色：在勾选【淡色】的情况下，可设置需要转换的色调颜色，如图8-204所示。

图 8-204

实例：使用【黑色和白色】制作水墨画效果

文件路径：Chapter 08 调色效果→实例：使用【黑色和白色】制作水墨画效果

本案例主要学习如何使用【黑色和白色】【亮度和对比度】【曲线】对画面进行黑白水墨画的调色，从而制作出对比度更高、画面更亮的水墨画。案例制作前后的对比效果如图8-205和图8-206所示。

扫一扫，看视频

图 8-205

图 8-206

操作步骤：

步骤 01 在【项目】面板中单击鼠标右键执行【新建合成】命令，在弹出的【合成设置】对话框中设置【合成名称】为合成1，【预设】为自定义，【宽度】为2530，【高度】为1247，【像素长宽比】为方形像素，【帧速率】为25，【分辨率】为完整，【持续时间】为30秒，单击【确定】按钮。

步骤 02 执行【文件】/【导入】/【文件】命令，在弹出的【导入文件】对话框中选择所需要的素材，单击【导入】按钮导入素材1.jpg、2.png。

步骤 03 在【项目】面板中将素材【1.jpg】【2.png】拖曳到【时间轴】面板中，如图8-207所示。此时画面效果如图8-208所示。

图 8-207

图 8-208

步骤 04 在【效果和预设】面板中搜索【黑色和白色】效果，并将其拖曳到【时间轴】面板中的1.jpg图层上，如图8-209所示。此时画面效果如图8-210所示。

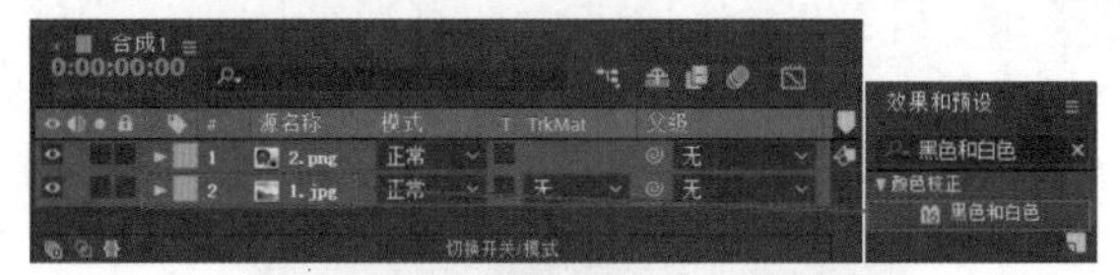

图 8-209

图 8-210

步骤 05 在【效果和预设】面板中搜索【亮度和对比度】效果，并将其拖曳到【时间轴】面板中的1.jpg图层上，如图8-211所示。

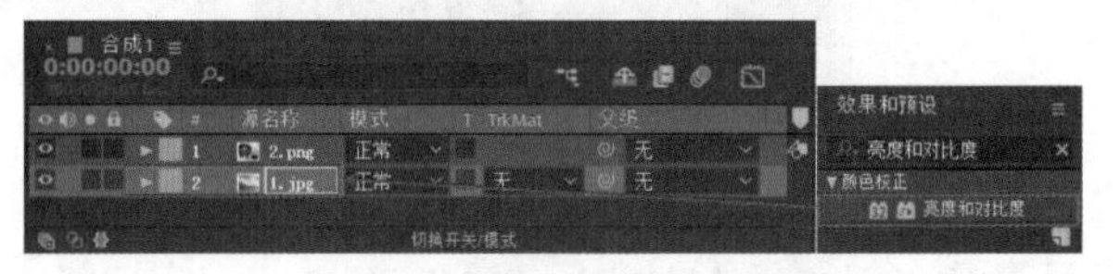

图 8-211

步骤 06 在【时间轴】面板中打开1.jpg素材图层下方的【效果】/【亮度和对比度】，设置【亮度】为20，【对比度】为50，【使用旧版(支持HDR)】为开，如图8-212所示。此时画面效果如图8-213所示。

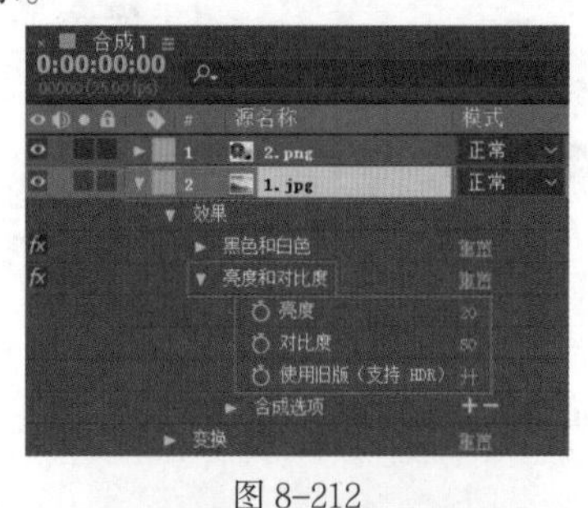

图 8-212

图 8-213

步骤 07 在【效果和预设】面板中搜索【曲线】效果，并将其拖曳到【时间轴】面板中的1.jpg图层上，如图8-214所示。

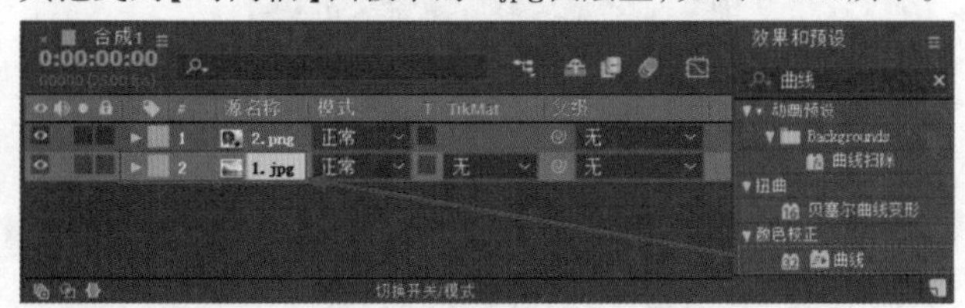

图 8-214

步骤 08 在【效果控件】面板中调整【曲线】的曲线形状，如图8-215所示。

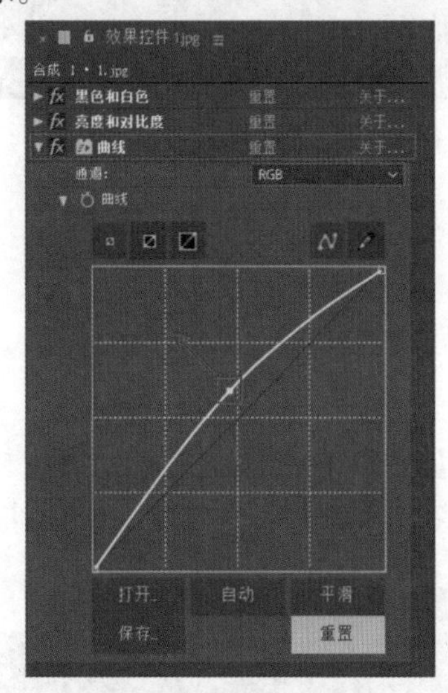

图 8-215

步骤 09 案例最终效果如图8-216所示。

图 8-216

综合实例：怀旧风格的风景调色

文件路径：Chapter 08 调色效果→综合实例：怀旧风格的风景调色

扫一扫，看视频

本案例主要学习如何使用【黑色和白色】【曝光度】【曲线】【颜色平衡】【高斯模糊】【锐化】效果对画面进行调色，从而制作出具有怀旧、复古风格的色调效果。案例制作前后的对比效果如图8-217和图8-218所示。

图 8-217

图 8-218

操作步骤：

步骤 01 在【项目】面板中单击鼠标右键执行【新建合成】命令，在弹出的【合成设置】对话框中设置【合成名称】为01，【预设】为自定义，【宽度】为1500，【高度】为994，【像素长宽比】为方形像素，【帧速率】为25，【分辨率】为完整，【持续时间】为5秒01帧，单击【确定】按钮。

步骤 02 执行【文件】/【导入】/【文件】命令，在弹出的【导入文件】对话框中选择所需要的素材，单击【导入】按钮导入素材01.jpg和02.mov。

步骤 03 在【项目】面板中将素材01.jpg和02.mov拖曳到【时间轴】面板中，如图8-219所示。

图 8-219

步骤 04 设置02.mov的【模式】为变暗，如图8-220所示。此时画面效果如图8-221所示。

图 8-220

图 8-221

步骤 05 在【效果和预设】面板中搜索【黑色和白色】效果，并将其拖曳到【时间轴】面板中的01.jpg图层上，如图8-222所示。

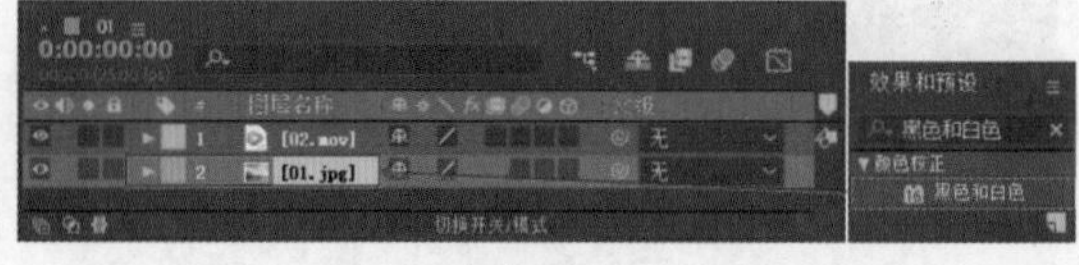

图 8-222

步骤 06 在【时间轴】面板中打开01.jpg素材图层下方的【效果】/【黑色和白色】,设置【红色】为42.0,【黄色】为25.0,【绿色】为35.0,【青色】为9.0,【蓝色】为38.0,【洋红】为40.0,如图8-223所示。此时画面效果如图8-224所示。

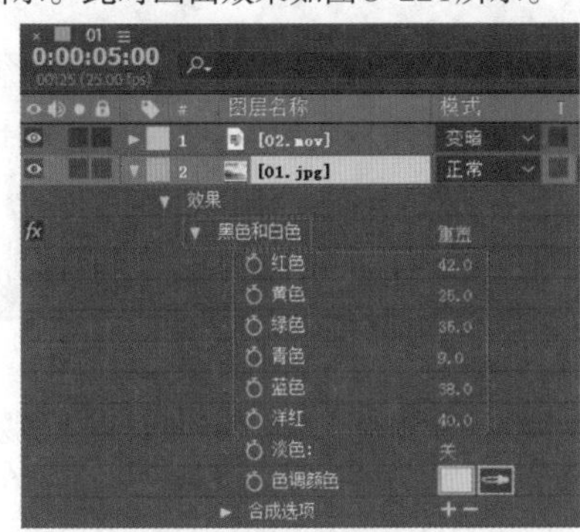

图 8-223

图 8-224

步骤 07 在【效果和预设】面板中搜索【曝光度】效果,并将其拖曳到【时间轴】面板中的01.jpg图层上,如图8-225所示。

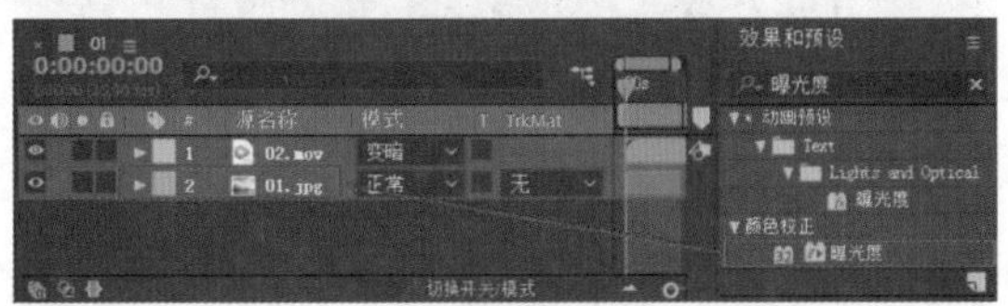

图 8-225

步骤 08 在【时间轴】面板中打开01.jpg下方的【效果】/【曝光度】/【主】,设置【曝光度】为0.27,【灰度系数校正】为1.12,如图8-226所示。此时画面效果如图8-227所示。

图 8-226

图 8-227

步骤 09 在【效果和预设】面板中搜索【曲线】效果,并将其拖曳到【时间轴】面板中的01.jpg图层上。在【效果控件】面板中设置【通道】为RGB,然后调整曲线形状,如图8-228所示。设置【通道】为红色,并调整曲线形状,如图8-229所示。设置【通道】为绿色,并调整曲线形状,如图8-230所示。设置【通道】为蓝色,并调整曲线形状,如图8-231所示。

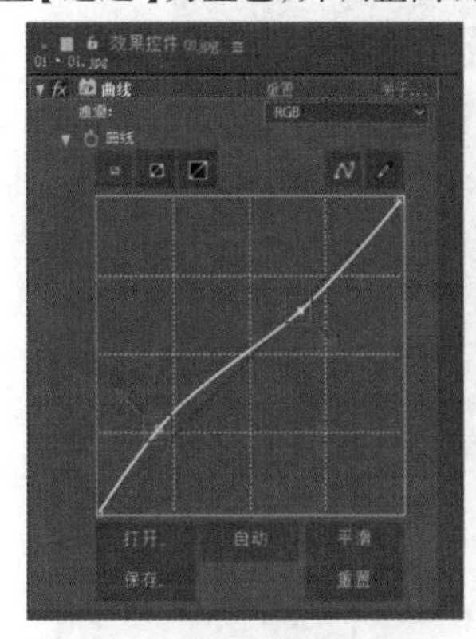

图 8-228

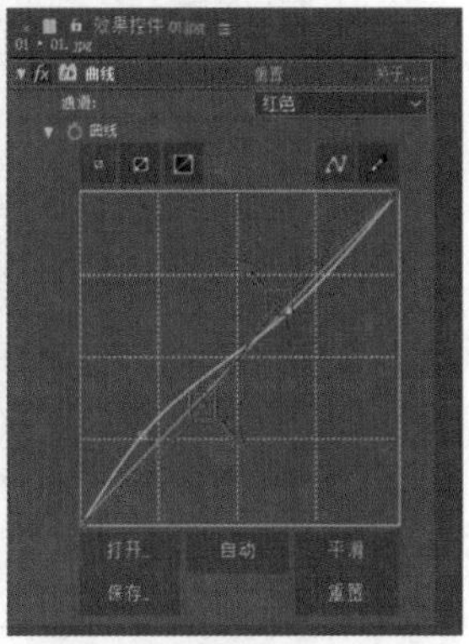

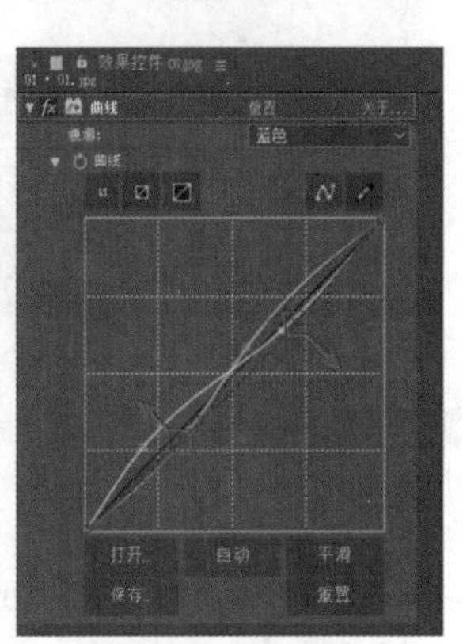

图 8-229

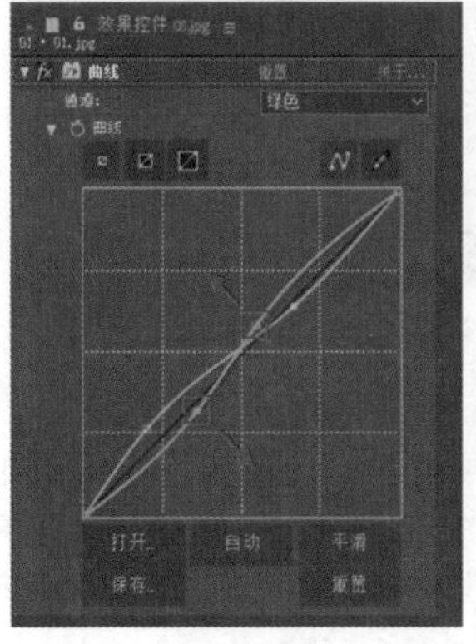

图 8-230

图 8-231

步骤 10 此时画面效果如图8-232所示。

图 8-232

步骤 11 在【效果和预设】面板中搜索【颜色平衡】效果，并将其拖曳到【时间轴】面板中的01.jpg图层上。在【时间轴】面板中打开01.jpg素材图层下方的【效果】/【颜色平衡】，设置【阴影红色平衡】为49.0，【阴影绿色平衡】为7.0，【阴影蓝色平衡】为62.0，【中间调红色平衡】为63.0，【中间调绿色平衡】为40.0，【中间调蓝色平衡】为-28.0，【高光红色平衡】为8.0，【高光绿色平衡】为-14.0，【高光蓝色平衡】为16.0，如图8-233所示。此时画面效果如图8-234所示。

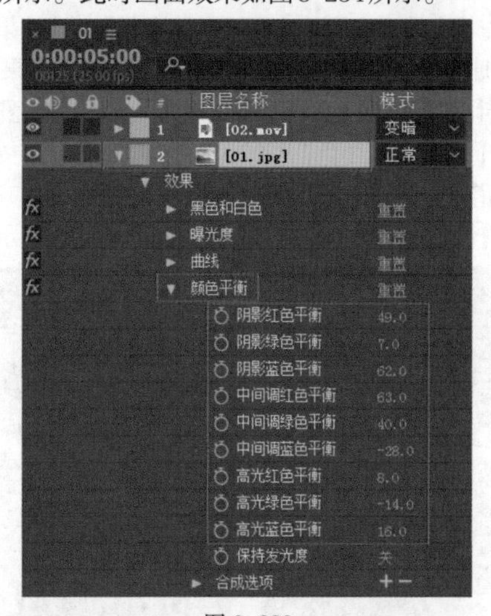

图8-233

图8-234

步骤 12 在【效果和预设】面板中搜索【高斯模糊】效果，并将其拖曳到【时间轴】面板中的01.jpg图层上。接着在【时间轴】面板中打开01.jpg素材图层下方的【效果】/【高斯模糊】，设置【模糊度】为1.0，如图8-235所示。此时画面效果如图8-236所示。

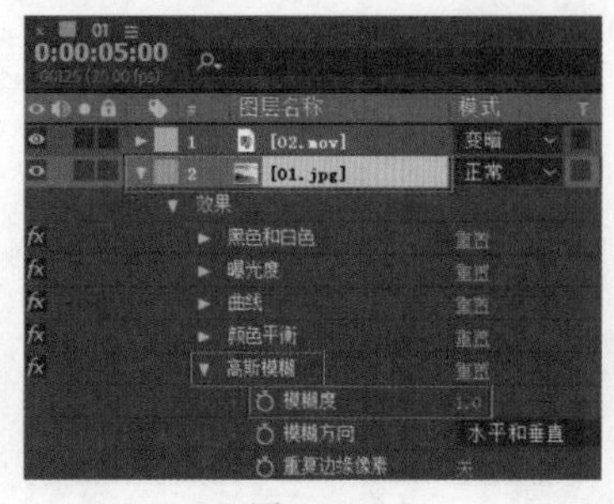

图8-235

图8-236

步骤 13 在【效果和预设】面板中搜索【锐化】效果，并将其拖曳到【时间轴】面板中的01.jpg图层上。接着在【时间轴】面板中打开01.jpg素材图层下方的【效果】/【锐化】，设置【锐化量】为50，如图8-237所示。

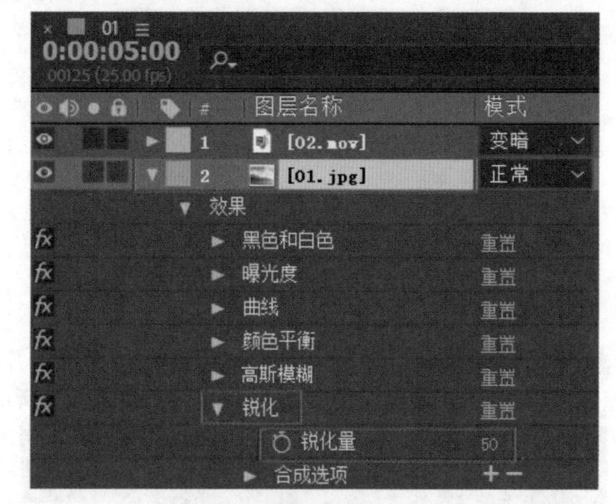

图8-237

步骤 14 拖曳时间线查看案例最终效果，如图8-238所示。

图8-238

综合实例：使用【Lumetri颜色】效果打造冷艳时尚大片

文件路径：Chapter 08　调色效果→综合实例：使用【Lumetri 颜色】效果打造冷艳时尚大片

本案例先使用【Lumetri 颜色】效果为画面添加晕影，再使用【自然饱和度】效果、【曲线】效果调整画面色调，从而制作出冷艳的、唯美的作品。案例效果如图8-239所示。

扫一扫，看视频

图 8-239

操作步骤：

步骤 01 在【项目】面板中，单击鼠标右键选择【新建合成】命令，在弹出的【合成设置】面板中设置【合成名称】为1，【预设】为【自定义】，【宽度】为2500，【高度】为1665，【像素长宽比】为【方形像素】，【帧速率】为25，【分辨率】为完整，【持续时间】为5秒。接着执行【文件】/【导入】/【文件】，导入全部素材文件。将【项目】面板中的1.jpg素材文件拖曳到【时间轴】面板中，如图8-240所示。在【效果和预设】面板中搜索【Lumetri 颜色】效果，将它拖曳到【时间轴】面板中的1.jpg图层上，如图8-241所示。

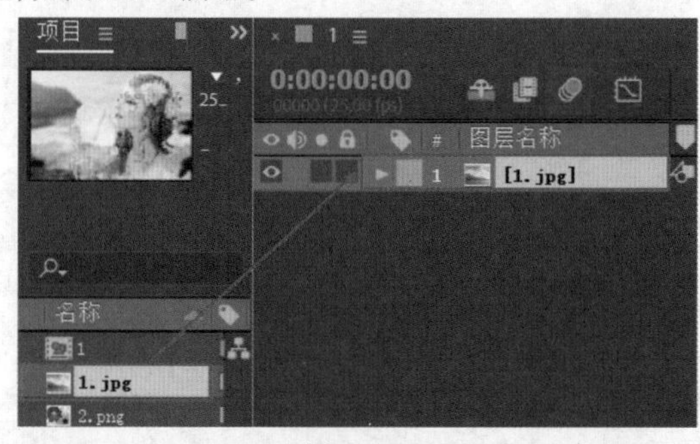

图 8-240

图 8-241

步骤 02 在【效果控件】面板中展开【Lumetri 颜色】/【晕影】，设置【数量】为5，【中点】为40，【羽化】为50，如图8-242所示。此时画面效果如图8-243所示。

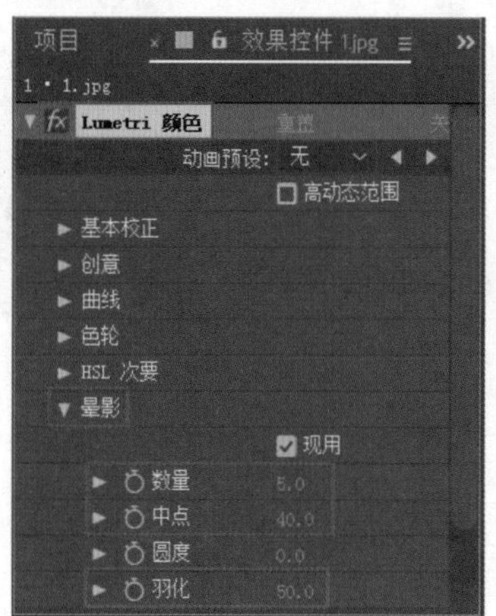

图 8-242

图 8-243

步骤 03 在【效果和预设】面板中搜索【自然饱和度】效果，将它拖曳到【时间轴】面板中的1.jpg图层上，如图8-244所示。

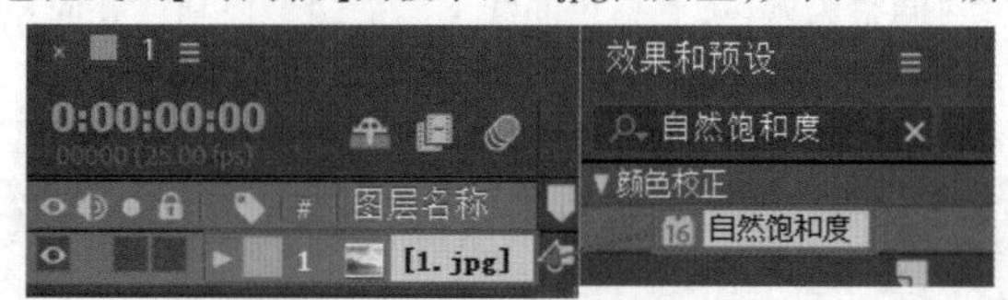

图 8-244

步骤 04 在【时间轴】面板中单击打开1.jpg图层下方的【效果】/【自然饱和度】，设置【自然饱和度】为-35，如图8-245所示。此时画面效果如图8-246所示。

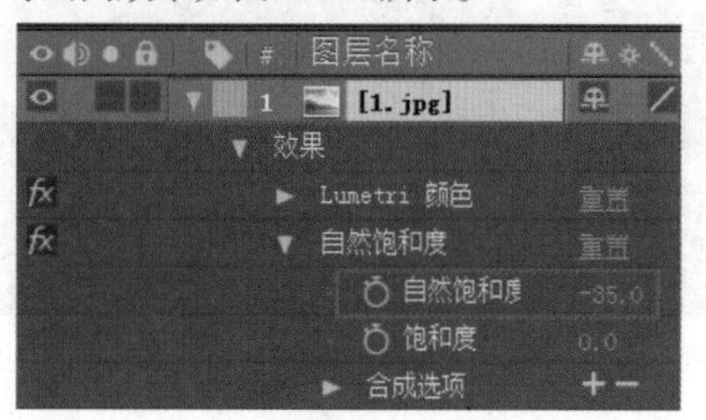

图 8-245

图 8-246

步骤 05 下面为画面制作暗角。在【效果和预设】面板中搜索【曲线】效果，将它拖曳到【时间轴】面板中的1.jpg图层上，如图8-247所示。

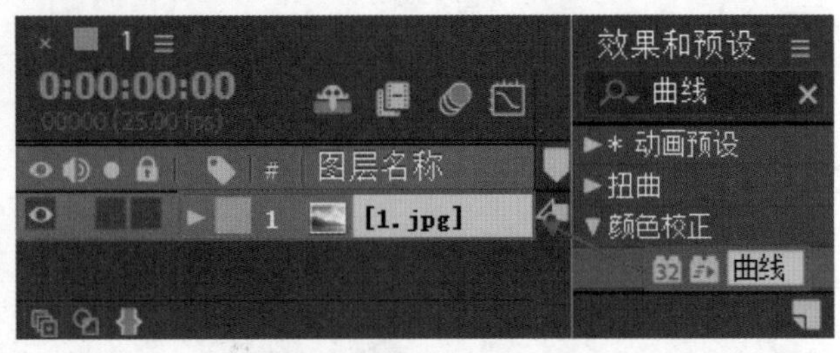

图 8-247

步骤 06 在【效果控件】面板中展开【曲线】效果，将【通道】设置为RGB，接着在曲线上添加两个控制点，将曲线调整为偏向"S"形状，下面将【通道】设置为红色，在红色曲线上添加两个控制点并向右下角移动，继续将【通道】调整为绿色，在绿色曲线上单击添加控制点，同样向右下角拖动，最后将【通道】调整为蓝色，在蓝色曲线上添加两个控制点并向左上角方向拖动，如图8-248所示。

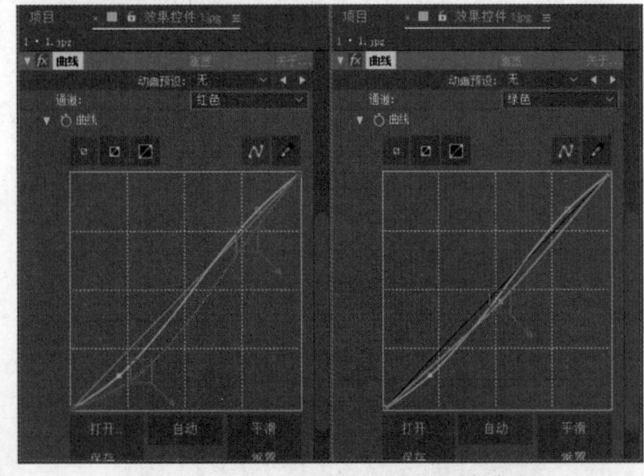

图 8-248

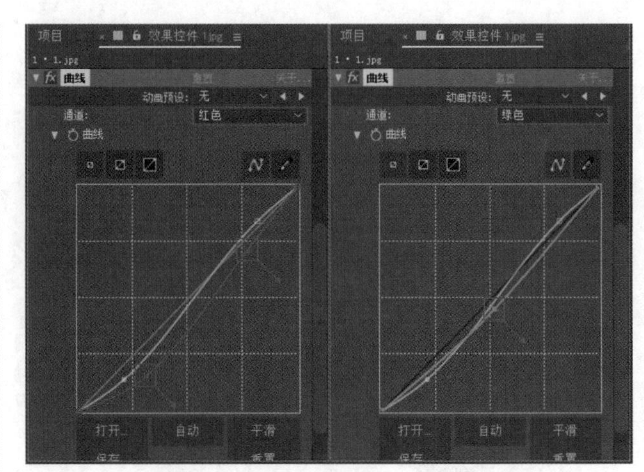

图 8-248（续）

步骤 07 此时画面效果如图8-249所示。

图 8-249

步骤 08 最后将2.png拖曳到【时间轴】面板中，如图8-250所示。

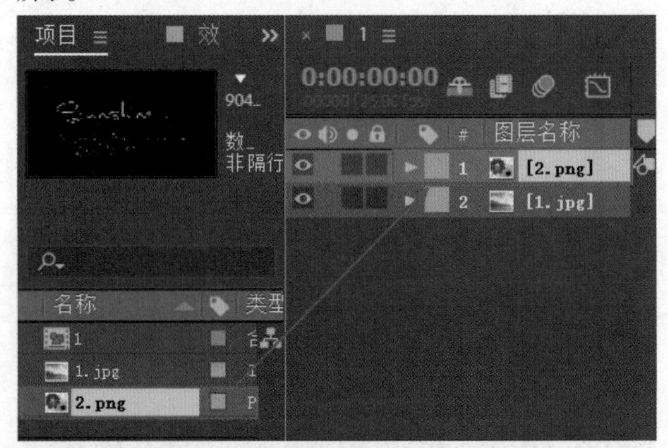

图 8-250

步骤 09 在【时间轴】面板中单击打开2.jpg图层下方的【变换】，设置【位置】为(562，1282.5)，【缩放】为(110，110%)，如图8-251所示。案例最终效果如图8-252所示。

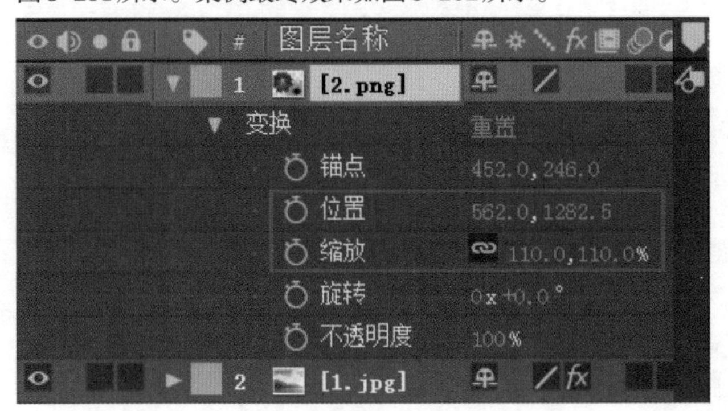

图 8-251

图 8-252

扫一扫，看视频

抠像与合成

本章内容简介：

抠像与合成是影视制作中较为常用的技术手段，可让整个实景画面更有层次感和设计感，是实现制作虚拟场景的重要途径之一。本章主要学习各种抠像类效果的制作方法。通过本章的学习，读者将掌握多种抠像方式，使读者能够实现绝大部分的视频抠像操作。

重点知识掌握：

- 抠像的概念
- 抠像类效果的制作
- 使用抠像类效果抠像并合成

优秀作品欣赏

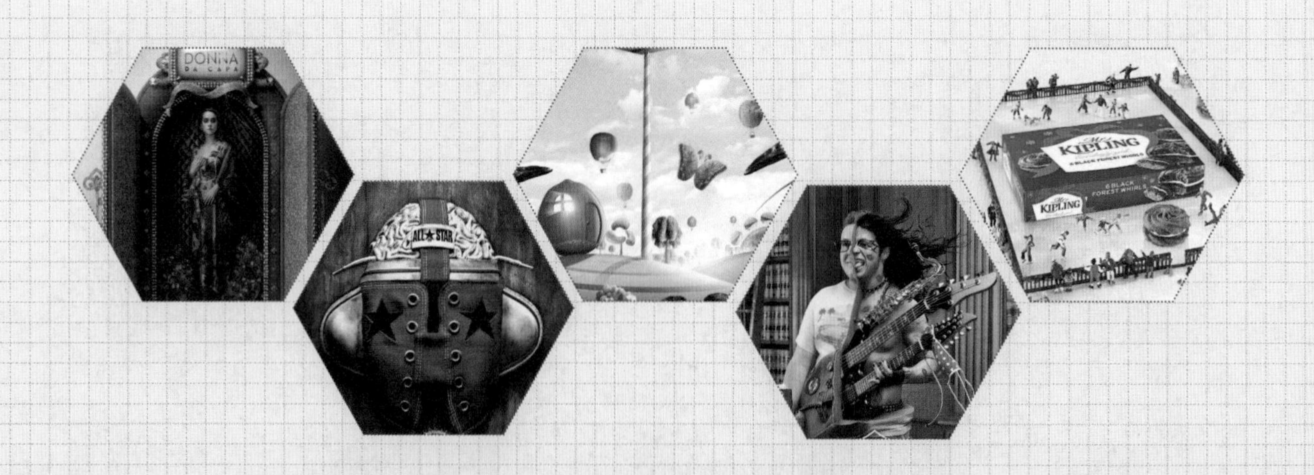

9.1 了解抠像与合成

在影视作品中，我们常常可以看到很多夸张的、震撼的、虚拟的镜头画面，尤其是好莱坞的特效电影。例如，有些特效电影中的人物在高楼间来回穿梭、跳跃，这些演员无法完成的动作，都可以借助技术手段处理画面，从而达到想要的效果。这里要介绍的一个概念就是抠像，抠像是指人或物在绿棚或蓝棚中表演，然后在After Effects等后期软件中抠除绿色或蓝色背景，更换为合适的背景画面，人或物即可与背景很好地结合在一起，从而制作出更具视觉冲击力的画面效果。图9-1和图9-2所示即为一些优秀作品。

图 9-1

图 9-2

9.1.1 什么是抠像

抠像即将画面中的某一种颜色抠除，并将之转换为透明色，它是影视制作领域较为常见的技术手段，如果看见演员在绿色或蓝色的背景前表演，但是在影片中看不到这些背景，这就是运用了抠像的技术手段。在影视制作过程中，背景的颜色不仅仅局限于绿色和蓝色，而是任何与演员服饰、妆容等区分开来的纯色都可以用来实现该技术，以此实现虚拟演播室的效果，如图9-3所示。

抠像前　　抠像后

图 9-3

9.1.2 为什么要抠像

抠像的最终目的是将人物与背景进行融合。使用其他背景素材替换原绿色或蓝色背景，也可以再添加一些相应的前景元素，使其与原始图像相互融合，形成二层或多层画面的叠加合成，以实现具有丰富的层次感及神奇的合成视觉艺术效果，如图9-4所示。

合成前　　合成后

图 9-4

9.1.3 抠像前拍摄的注意事项

除了使用After Effects进行人像抠除背景以外，更应该注意在拍摄抠像素材时，尽量做到规范，这样会给后期工作节省很多时间，并且会取得更好的画面质量。拍摄时需注意以下几点。

(1)在拍摄素材之前，尽量选择颜色均匀、平整的绿色或蓝色背景进行拍摄。

(2)要注意拍摄时的灯光照射方向应与最终合成的背景光线一致，避免合成较假。

(3)需注意拍摄的角度，以便合成真实。

(4)尽量避免人物穿着与背景同色的绿色或蓝色衣饰，从而避免这些颜色在后期抠像时被一并抠除。

重点 9.1.4 轻松动手学：对素材抠像

文件路径：Chapter 09 抠像与合成→轻松动手学：对素材抠像

步骤 01 在【项目】面板中单击鼠标右键执行【新建合成】命令，在弹出的【合成设置】对话框中设置【合成名称】为01，【预设】为自定义，【宽度】为1500，【高度】为2007，【像素长宽比】为方形像素，【帧速率】为25，【分辨率】为完整，【持续时间】为5秒，单击【确定】按钮。

扫一扫，看视频

步骤 02 执行【文件】/【导入】/【文件】命令或使用【导入文件】的快捷键Ctrl+I，在弹出的【导入文件】对话框中选择所需要的素材，单击【导入】按钮导入素材。

步骤 03 在【项目】面板中将素材1.jpg和2.jpg拖曳到【时间轴】面板中，如图9-5所示。

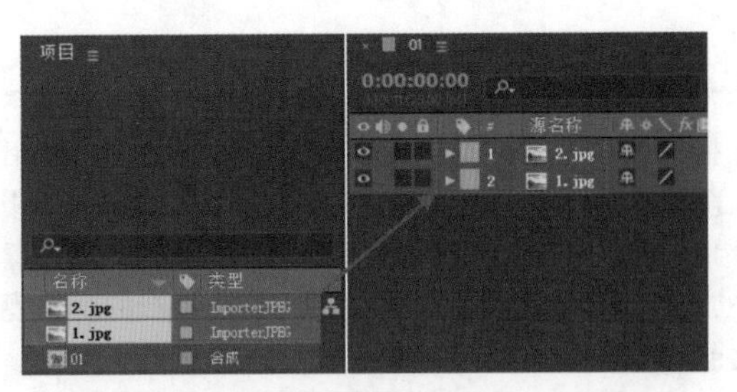

图 9-5

步骤 04 在【效果和预设】面板中搜索Keylight (1.2)效果，并将其拖曳到【时间轴】面板中的2.jpg图层上，如图9-6所示。

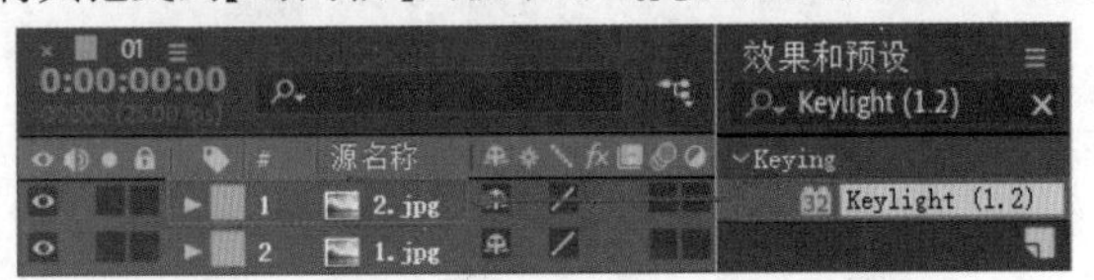

图 9-6

步骤 05 在【时间轴】面板中选择2.jpg素材图层，然后在【效果控件】面板中单击【Screen Colour】的【吸管工具】，接着在画面中的绿色背景位置处单击，吸取需要抠除的颜色，如图9-7所示。

步骤 06 抠像合成前后对比效果如图9-8和图9-9所示。

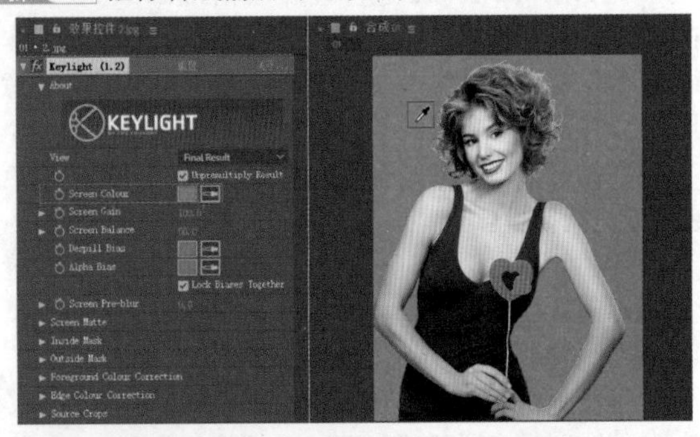

图 9-7

图 9-8　　图 9-9

9.2 抠像类效果

【抠像】效果可以将蓝色或绿色等纯色图像的背景进行抠除，以便替换成其他背景。其中下拉菜单包含【Keylight(1.2)】【CC Simple Wire Removal】【内部 / 外部键】【差值遮罩】【Key Cleaner】【提取】【线性颜色键】【颜色范围】【颜色差值键】【Advanced Spill Suppressor】等，如图9-10所示。

扫一扫，看视频

图 9-10

9.2.1 CC Simple Wire Removal

【CC Simple Wire Removal (CC简单金属丝移除)】效果可以简单地将线性形状进行模糊或替换。选中素材，在菜单栏中执行【效果】/【抠像】/【CC Simple Wire Removal】命令，此时参数设置如图9-11所示。为素材添加该效果的前后对比如图9-12所示。

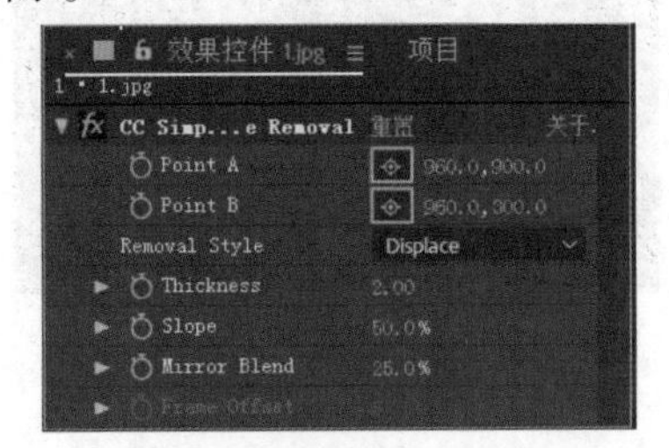

图 9-11

图 9-12

- Point A (点A)：设置简单金属丝移除的点A。
- Point B (点B)：设置简单金属丝移除的点B。
- Removal Style (移除风格)：设置简单金属丝移除的风格。
- Thickness (密度)：设置简单金属丝移除的密度。
- Slope (倾斜)：设置水平偏移程度。
- Mirror Blend (镜像混合)：对图像进行镜像或混合处理。
- Frame Offset (帧偏移量)：设置帧偏移程度。

9.2.2 Keylight (1.2)

【Keylight (1.2)】效果擅于进行蓝、绿屏的抠像操作。选中素材，在菜单栏中执行【效果】/【Keylight】/【Keylight (1.2)】命令，此时参数设置如图9-13所示。为素材添加该效果的前后对比如图9-14所示。

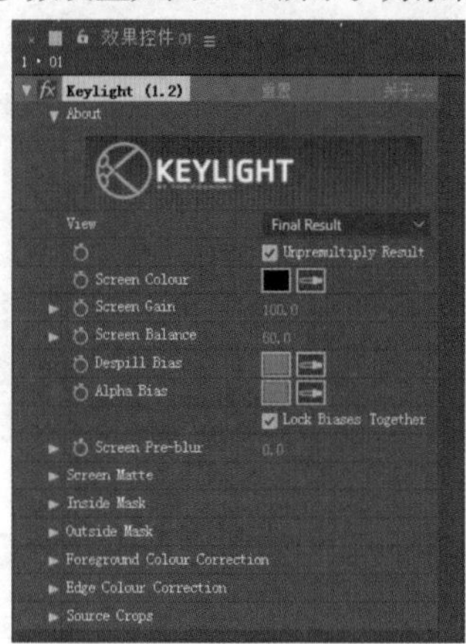

图 9-13

未使用该效果

使用该效果

合成效果

图 9-14

- View（预览）：设置预览方式。
- Screen Colour（屏幕颜色）：设置需要抠除的背景颜色。
- Screen Balance（屏幕平衡）：在抠像后设置合适的数值可提升抠像效果。
    - Despill Bias（色彩偏移）：可去除溢色的偏移程度。
    - Alpha Bias（Alpha偏移）：设置透明度偏移程度。
    - Lock Biases Together（锁定偏移）：锁定偏移参数。
- Screen Pre-blur（屏幕模糊）：设置模糊程度。
- Screen Matte（屏幕遮罩）：设置屏幕遮罩的具体参数。
- Inside Mask（内测遮罩）：设置参数，使其与图像更好地融合。
- Outside Mask（外侧遮罩）：设置参数，使其与图像更好地融合。

实例：使用【Keylight (1.2)】效果制作清新风格的女装广告

文件路径：Chapter 09 抠像与合成→实例：使用【Keylight (1.2)】效果制作清新风格的女装广告

扫一扫，看视频

本案例主要学习如何使用【Keylight (1.2)】效果制作清新风格女装广告。案例效果如图9-15所示。

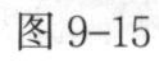

图 9-15

操作步骤：

Part 01 制作背景及人物效果

步骤 01 在【项目】面板中单击鼠标右键执行【新建合成】命令，在弹出的【合成设置】对话框中设置【合成名称】为01，【预设】为自定义，【宽度】为1920，【高度】为720，【像素长宽比】为方形像素，【帧速率】为25，【分辨率】为完整，【持续时间】为5秒，【背景颜色】为淡青色，单击【确定】按钮。

步骤 02 执行【文件】/【导入】/【文件】命令或使用【导入文件】快捷键Ctrl+I，在弹出的【导入文件】对话框中选择所需要的素材，单击【导入】按钮导入素材。

步骤 03 在选项栏中长按【矩形工具】，在弹出的【形状工具组】中选择【椭圆工具】，并设置【填充】为蓝色，【描边】为无颜色。设置完成后在【合成】面板中的合适位置处按住Ctrl键的同时按住鼠标左键并拖曳至合适大小，得到正圆形状，如图9-16所示。

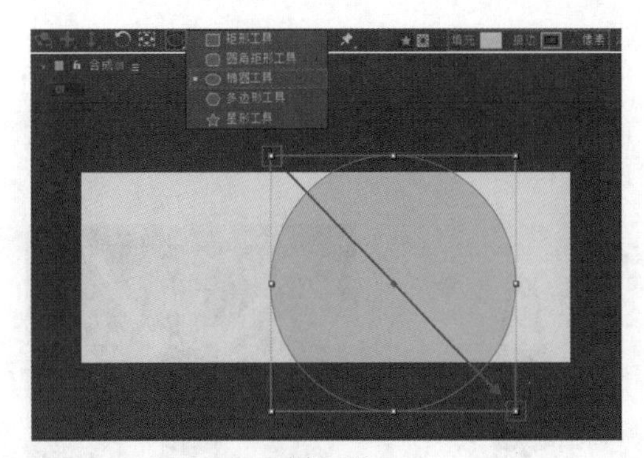

图 9-16

步骤 04 继续使用【椭圆工具】，并在选项栏中设置【填充】为一个较深的蓝色。设置完成后在【合成】面板中的合适位置处按住Ctrl键的同时按住鼠标左键并拖曳至合适大小，得到正圆形状，如图9-17所示。

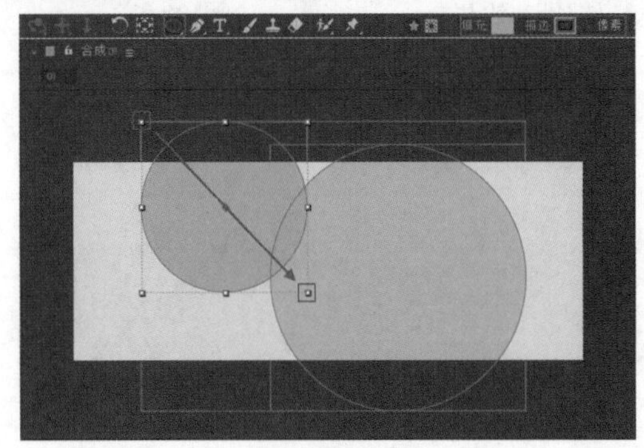

图 9-17

步骤 05 在【项目】面板中将素材1.jpg拖曳到【时间轴】面板中，如图9-18所示。

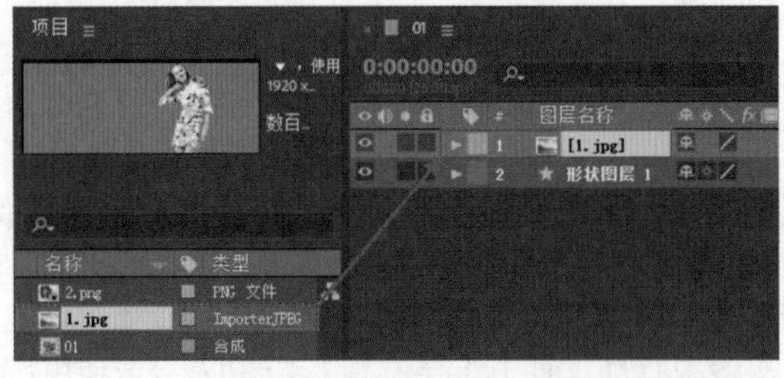

图 9-18

步骤 06 在【效果和预设】面板中搜索【Keylight (1.2)】效果，并将其拖曳到【时间轴】面板中的1.jpg图层上，如图9-19所示。

图 9-19

步骤 07 在【效果控件】面板中单击【Keylight (1.2)】/【Screen Colour】右侧的【吸管工具】，然后在【合成】面板中的蓝色背景位置处单击鼠标左键，吸取抠除颜色，如图9-20所示。此时画面效果如图9-21所示。

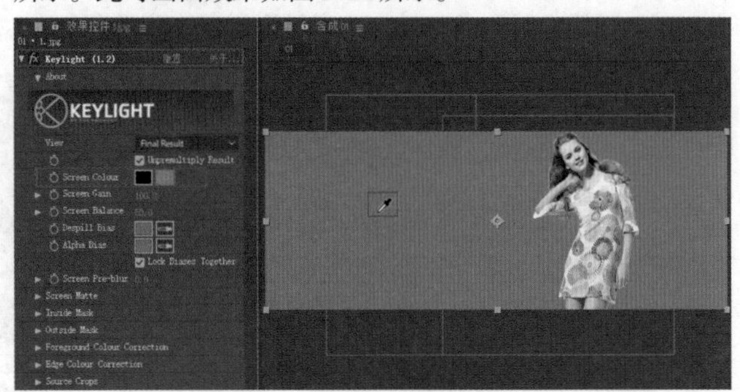

图 9-20

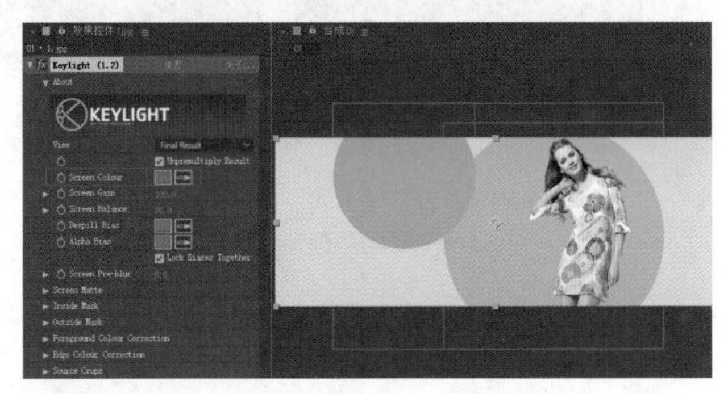

图 9-21

步骤 08 在【时间轴】面板中选中1.jpg素材图层，将该层放置在【形状图层1】的上方，并将光标定位在该图层上，然后使用【创建副本】的快捷键Ctrl+D复制出一个相同的素材图层，如图9-22所示。

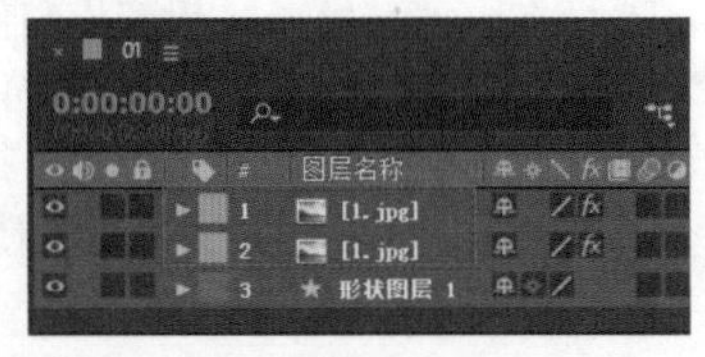

图 9-22

步骤 09 在【时间轴】面板中选中图层2中的1.jpg素材图层，并将光标定位在该图层上，单击鼠标右键执行【图层样式】/【颜色叠加】命令，如图9-23所示。

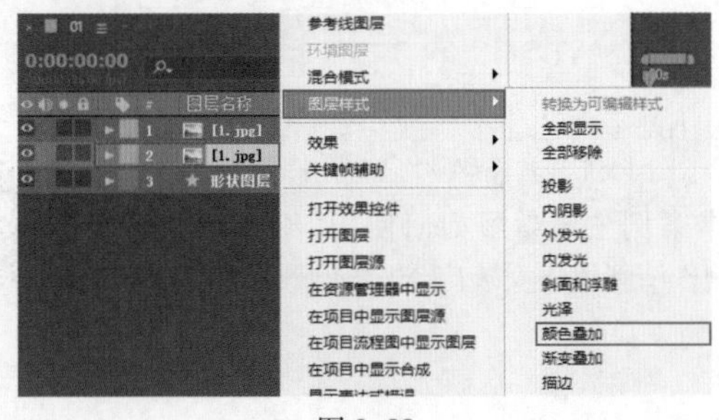

图 9-23

步骤 10 在【时间轴】面板中打开图层2中的1.jpg素材图层下方的【变换】，设置【位置】为(901.4,429.2)。打开【图层样式】/【颜色叠加】，设置【颜色】为青色，如图9-24所示。此时画面效果如图9-25所示。

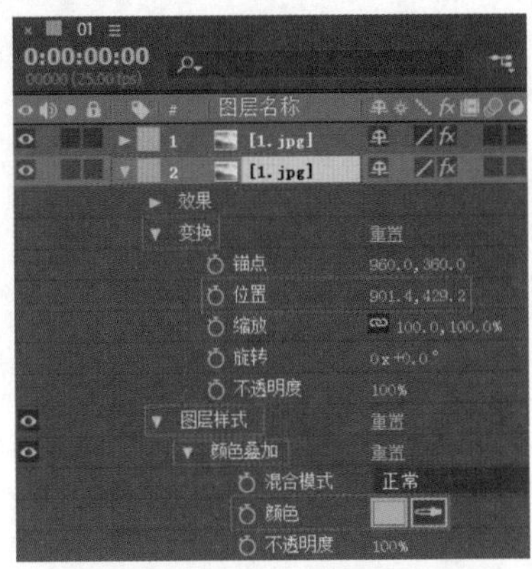

图 9-24

图 9-25

步骤 11 在【时间轴】面板中选中图层2中的1.jpg 素材图层，使用【创建副本】的快捷键Ctrl+D复制出一个相同的素材图层，接着打开复制得到的1.jpg素材图层下方的【变换】，设置【位置】为(995.4,337.2)，如图9-26所示。此时画面效果如图9-27所示。

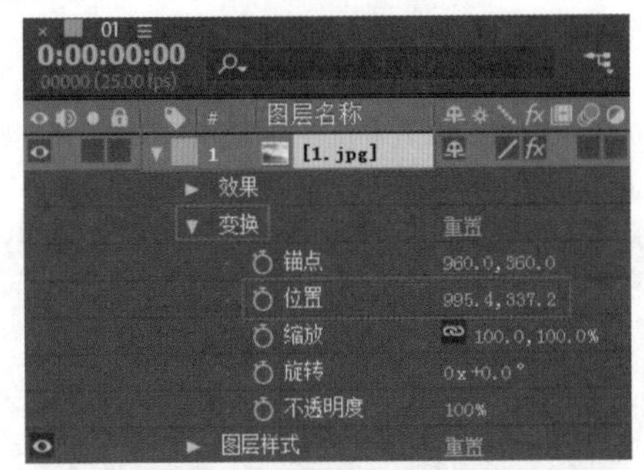

图 9-26

图 9-27

步骤 12 在【项目】面板中将素材2.png拖曳到【时间轴】面板中，如图9-28所示。

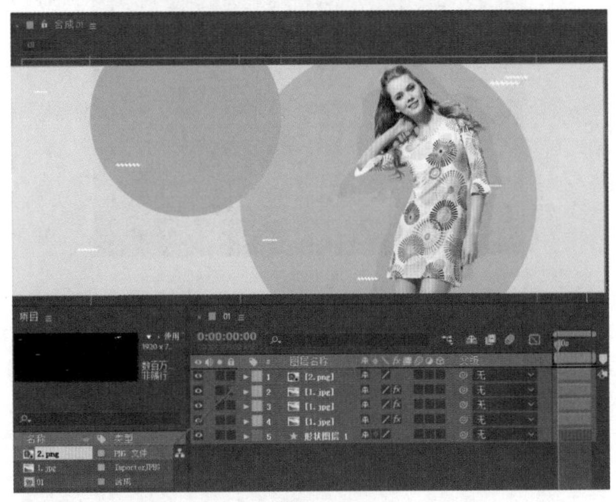

图 9-28

Part 02 制作文本部分

步骤 01 在【时间轴】面板中的空白位置处单击鼠标右键执行【新建】/【文本】命令。在【字符】面板中设置适合的【字体系列】，【填充颜色】为白色，【描边颜色】为无颜色，【字体大小】为165，【垂直缩放】为111%，【水平缩放】为72%，在【段落】面板中选择【居左对齐文本】，设置完成后输入文本“NEW SERVICES”，如图9-29所示。

图 9-29

步骤 02 在【时间轴】面板中打开NEW SERVICES文本图层下方的【变换】，设置【位置】为(400.0,228.0)，如图9-30所示。此时画面效果如图9-31所示。

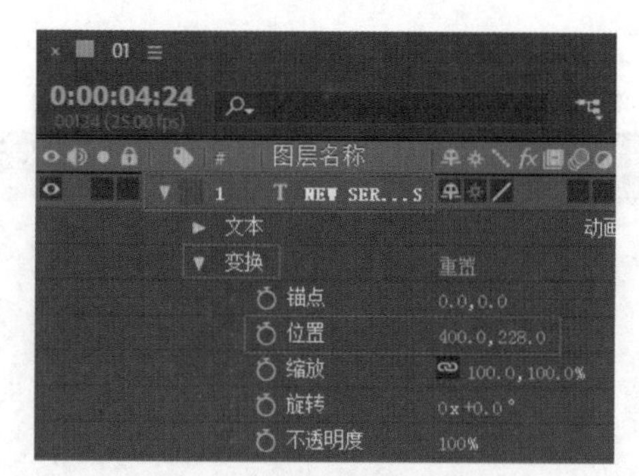

图 9-30

图 9-31

步骤 03 在【时间轴】面板中单击选中NEW SERVICES文本图层，并将光标定位在该图层上，单击鼠标右键执行【图层样式】/【渐变叠加】命令，如图9-32所示。

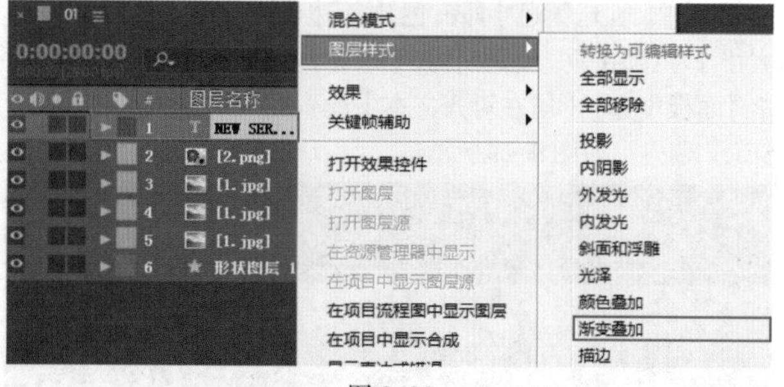

图 9-32

步骤 04 在【时间轴】面板中打开NEW SERVICES文本图层下方的【图层样式】/【渐变叠加】，单击【颜色】的【编辑渐变】，在弹出的【渐变编辑器】中编辑一个合适的渐变色条，单击【确定】按钮。接着设置【角度】为(0x+45.0°)，如图9-33所示。此时文字效果如图9-34所示。

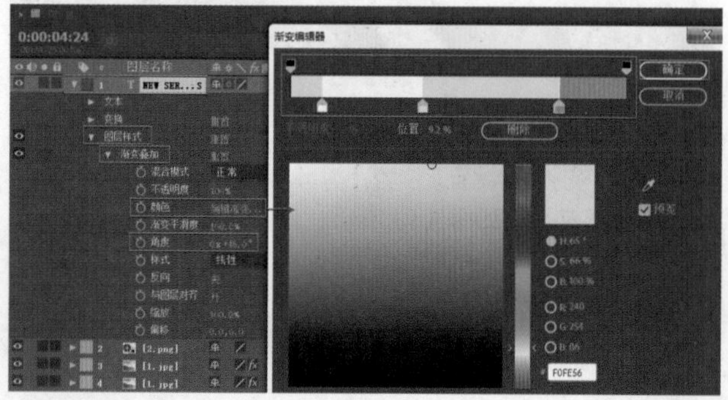

图 9-33

图 9-34

步骤 05 在【时间轴】面板中的空白位置处单击鼠标右键执行【新建】/【文本】命令，然后在【字符】面板中设置合适的【字体系列】，【填充颜色】为白色，【描边颜色】为无颜色，【字体大小】为30，【水平缩放】为112%，设置完成后输入文本"Comforable and relax"，如图9-35所示。

图 9-35

步骤 06 在【时间轴】面板中打开Comforable and relax文本图层下方的【变换】，设置【位置】为(400.0,419.0)，如图9-36所示。此时画面效果如图9-37所示。

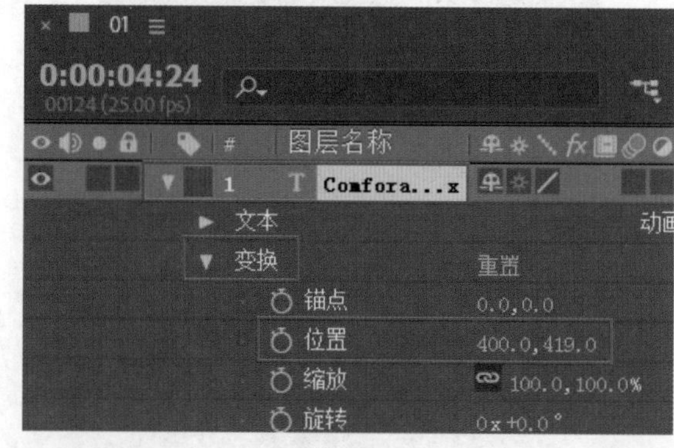

图 9-36

图 9-37

步骤 07 使用同样的方法创建文本FASHION和CONTEMPORARY STYLE，并在【字符】面板中设置合适的参数，在【时间轴】面板中设置合适的【位置】，此时画面效果如图9-38所示。

图 9-38

步骤 08 在【时间轴】面板中的空白位置处单击鼠标左键，取消选择任意图层，然后在选项栏中选择【矩形工具】，设置【填充】为深青色，【描边】为无颜色，设置完成后在【合成】面板中的合适位置处按住鼠标并拖曳至合适大小，得到矩形形状，如图9-39所示。

图 9-39

步骤 09 在【时间轴】面板中选中【形状图层2】，并将光标定位在该图层上，按住鼠标左键并拖曳至CONTEMPORARY STYLE文本图层下方，如图9-40所示。

#	图层名称
1	T CONTEMP...E
2	★ 形状图层 2
3	T FASHION
4	T Comfora...x
5	T NEW SER...S
6	[2.png]

图 9-40

步骤 10 案例最终效果如图9-41所示。

图 9-41

9.2.3 内部/外部键

【内部/外部键】效果可以基于内部和外部路径从图像中提取对象，除了可在背景中对柔化边缘的对象使用蒙版以外，还可修改边界周围的颜色，以便移除沾染背景的颜色。选中素材，在菜单栏中执行【效果】/【抠像】/【内部/外部键】命令，此时参数设置如图9-42所示。

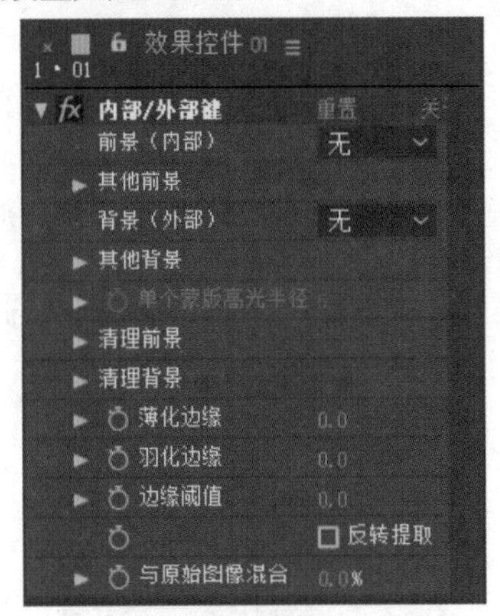

图 9-42

- 前景（内部）：设置前景遮罩。
- 其他前景：添加其他前景。
- 背景（外部）：设置背景遮罩。
- 其他背景：添加其他背景。
- 单个蒙版高光半径：设置单独通道的高光半径。
- 清理前景：根据遮罩路径清除前景色。
- 清理背景：根据遮罩路径清除背景色。
- 薄化边缘：设置边缘薄化程度。
- 羽化边缘：设置边缘羽化值。
- 边缘阈值：设置边缘阈值，使其更加锐利。
- 反转提取：勾选此选项，可以反转提取效果。
- 与原始图像混合：设置源图像与混合图像之间的混合程度。

9.2.4 差值遮罩

【差值遮罩】效果适用于抠除移动对象后面的静态背景，

然后将此对象放在其他背景上。选中素材，在菜单栏中执行【效果】/【抠像】/【差值遮罩】命令，此时参数设置如图9-43所示。

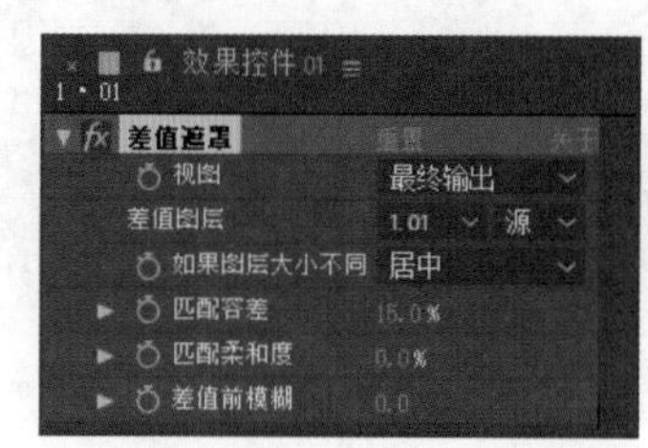

图9-43

- 视图：设置视图方式，其中包括【最终输出】【仅限源】【仅限遮罩】。
- 差值图层：设置用于比较的差值图层。
- 如果图层大小不同：调整图层一致性。
- 匹配容差：设置匹配范围。
- 匹配柔和度：设置匹配柔和程度。
- 差值前模糊：可清除图像杂点。

9.2.5 Key Cleaner

【Key Cleaner(抠像清除器)】可以改善杂色素材的抠像效果，同时保留细节，只影响Alpha通道。选中素材，在菜单栏中执行【效果】/【抠像】/【Key Cleaner】命令，此时参数设置如图9-44所示。

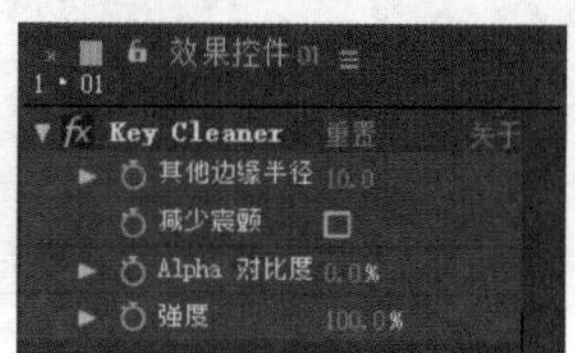

图9-44

9.2.6 提取

【提取】效果可以创建透明度，是基于一个通道的范围进行抠像。选中素材，在菜单栏中执行【效果】/【抠像】/【提取】命令，此时参数设置如图9-45所示。为素材添加该效果的前后对比如图9-46所示。

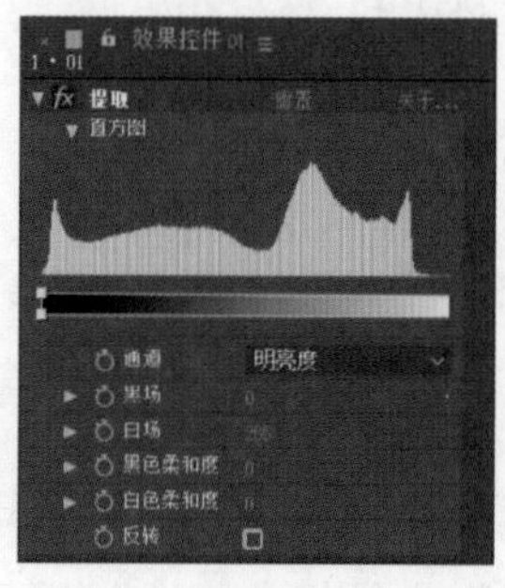

图9-45

未使用该效果　　使用该效果

图9-46

- 直方图：通过直方图可以了解图像各个影调的分布情况。
- 通道：设置抽取键控通道。其中包括【明亮的】【红色】【绿色】【蓝色】【Alpha】。
- 黑场：设置黑点数值。
- 白场：设置白点数值。
- 黑色柔和度：设置暗部区域的柔和程度。
- 白色柔和度：设置亮部区域的柔和程度。
- 反转：勾选此选项，可反转键控区域。

9.2.7 线性颜色键

【线性颜色键】效果可以使用RGB、色相或色度信息来创建指定主色的透明度，抠除指定颜色的像素。选中素材，在菜单栏中执行【效果】/【抠像】/【线性颜色键】命令，此时参数设置如图9-47所示。为素材添加该效果的前后对比如图9-48所示。

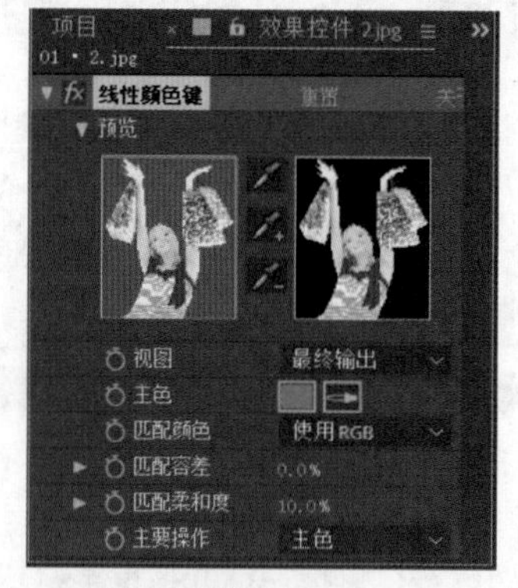

图9-47

未使用该效果　　使用该效果

图9-48

- 预览：可以直接观察键控选取效果。
- 视图：设置【合成】面板中的观察效果。
- 主色：设置键控基本色。
- 匹配颜色：设置匹配颜色空间。
- 匹配容差：设置匹配范围。
- 匹配柔和度：设置匹配柔和程度。
- 主要操作：设置主要操作方式为主色或保持颜色。

实例：使用【线性颜色键】效果制作清爽的户外广告

文件路径：Chapter 09 抠像与合成→实例：使用【线性颜色键】效果制作清爽的户外广告

本案例主要学习如何使用线性颜色键效果制作清爽的户外广告。案例效果如图9-49所示。

扫一扫，看视频

图 9-49

操作步骤：

Part 01 制作主图动画

步骤 01 在【项目】面板中单击鼠标右键执行【新建合成】命令，在弹出的【合成设置】对话框中设置【合成名称】为01，【预设】为自定义，【宽度】为1536，【高度】为711，【像素长宽比】为方形像素，【帧速率】为25，【分辨率】为完整，【持续时间】为8秒，【背景颜色】为淡蓝色，单击【确定】按钮。

步骤 02 执行【文件】/【导入】/【文件】命令或使用【导入文件】快捷键Ctrl+I，在弹出的【导入文件】对话框中选择所需要的素材，单击【导入】按钮导入素材。

步骤 03 在选项栏中选择【矩形工具】■，设置【填充】为蓝色，【描边】为无颜色。设置完成后在【合成】面板中左侧合适位置处按住鼠标左键并拖曳至合适大小，如图9-50所示。

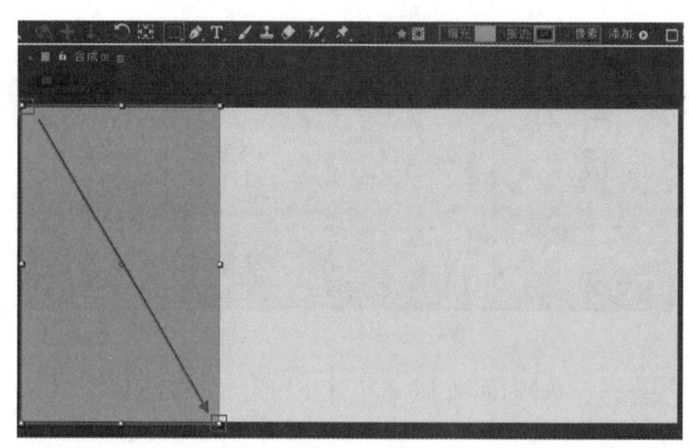

图 9-50

步骤 04 在【效果和预设】面板中搜索【百叶窗】效果，并将其拖曳到【时间轴】面板中的形状图层上，如图9-51所示。

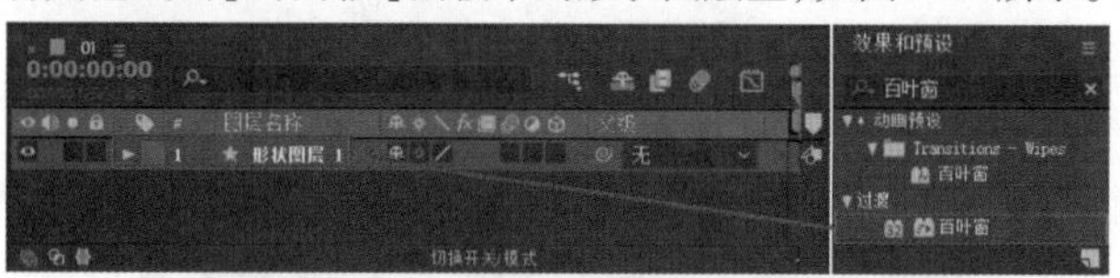

图 9-51

步骤 05 在【时间轴】面板中打开形状图层下方的【效果】/【百叶窗】，并将时间线拖曳至起始帧位置处，单击【过渡完成】和【方向】前的【时间变化秒表】按钮，设置【过渡完成】为100%，【方向】为(0x+0.0°)。再将时间线拖曳至1秒位置处，设置【过渡完成】为0%，接着设置【方向】为(0x+90.0°)，如图9-52所示。拖曳时间线查看此时画面效果，如图9-53所示。

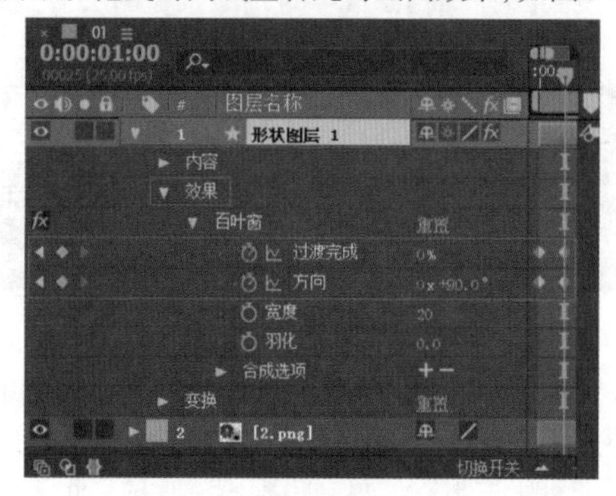

图 9-52

图 9-53

步骤 06 在【项目】面板中将素材1.jpg拖曳到【时间轴】面板中，如图9-54所示。

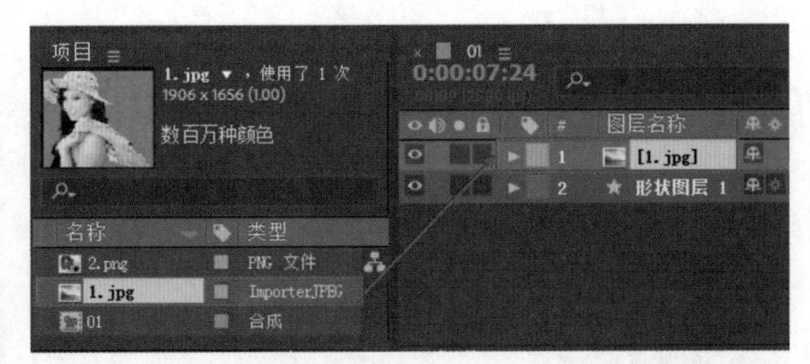

图 9-54

步骤 07 在【时间轴】面板中打开1.jpg素材图层下方的【变换】，设置【缩放】为(42.0,42.0%)，接着将时间线拖曳至1秒位置处，并单击【位置】前的【时间变化秒表】按钮，设置【位置】为(1934.0,363.5)。再将时间线拖曳至1秒20帧位置处，设置【位置】为(856.6,363.5)。最后将时间线拖曳至2秒位置处，设置【位置】为(886.0,363.5)，如图9-55所示。

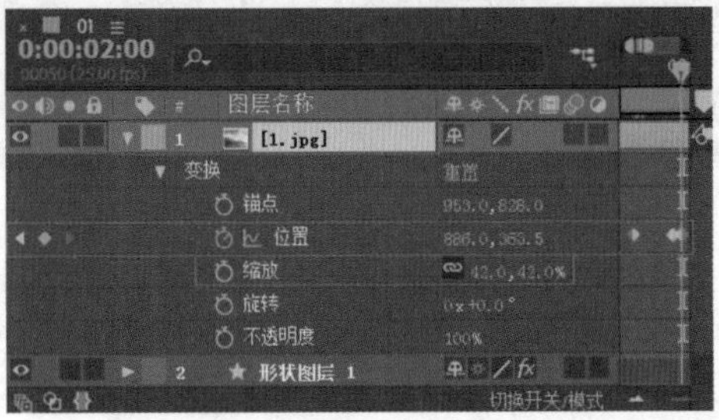

图 9-55

步骤 08 在【效果和预设】面板中搜索【线性颜色键】效果，并将其拖曳到【时间轴】面板中的1.jpg素材图层上，如图9-56所示。

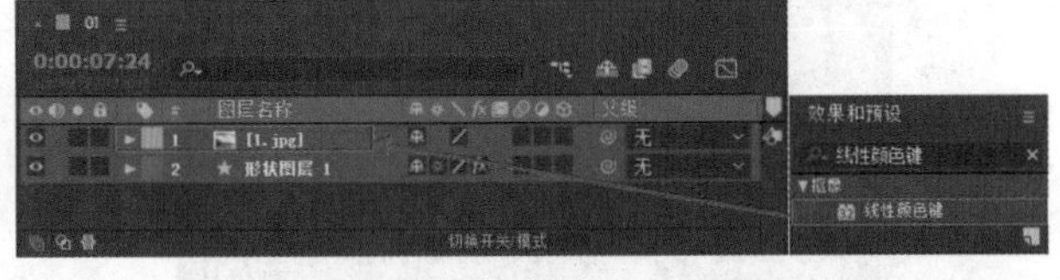

图 9-56

步骤 09 在【效果控件】面板中单击【主色】右侧的【吸管工具】，然后在【合成】面板中1.jpg素材图层绿色背景位置处单击鼠标左键吸取抠除颜色，如图9-57所示。此时画面效果如图9-58所示。

图 9-57

图 9-58

步骤 10 拖曳时间线查看此时画面效果，如图9-59所示。

图 9-59

步骤 11 在【项目】面板中将素材2.png拖曳到【时间轴】面板中，并将其拖曳至【形状图层1】下方，如图9-60所示。

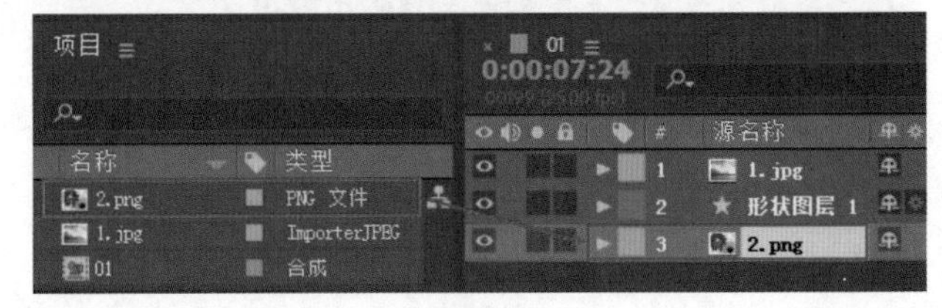

图 9-60

步骤 12 在【时间轴】面板中打开2.png素材图层下方的【变换】，并将时间线拖曳至2秒位置处，单击【位置】前的【时间变化秒表】按钮，设置【位置】为(2017.4,-360.4)，再将时间线拖曳至3秒位置处，设置【位置】为(966.0,355.5)，如图9-61所示。

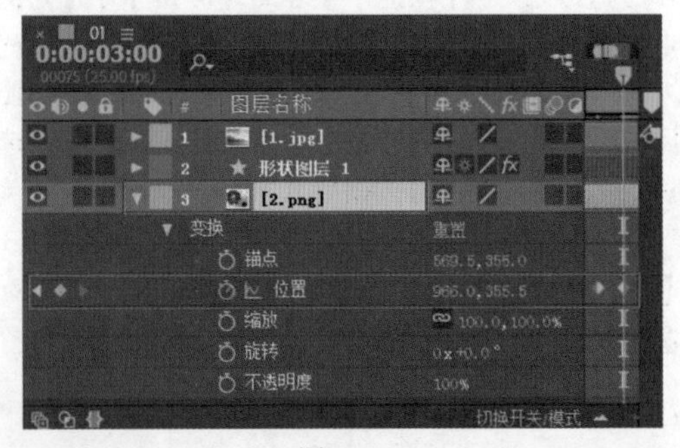

图 9-61

步骤 13 拖曳时间线查看此时画面效果，如图9-62所示。

图 9-62

Part 02 制作文本动画

步骤 01 在【时间轴】面板中的空白位置处单击鼠标右键执行【新建】/【文本】命令。接着在【字符】面板中设置合适的【字体系列】,【字体样式】为Regular,【填充颜色】为白色,【描边颜色】为无颜色,【字体大小】为50,【行距】为252,【水平缩放】为125%,然后单击选择【仿粗体】,在【段落】面板中选择【居左对齐文本】,设置完成后输入文本"PROMISEDB TRUST THE",在输入过程中可使用大键盘上的Enter键进行换行操作,如图9-63所示。

图 9-63

步骤 02 在【合成】面板中选中文本TRUST,然后在【字符】面板中设置【字体大小】为40,如图9-64所示。接着选中文本THE,然后在【字符】面板中设置【字体大小】为65,【行距】为264,【水平缩放】为125%,如图9-65所示。

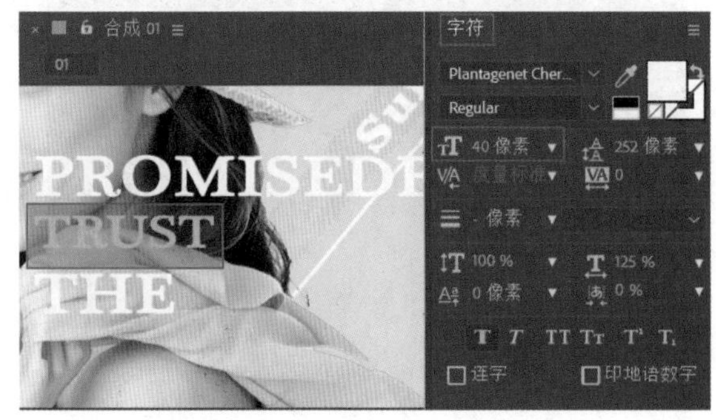

图 9-64

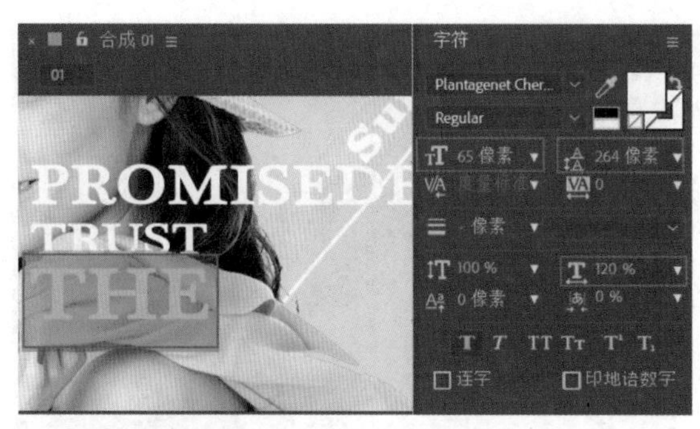

图 9-65

步骤 03 在【时间轴】面板中打开PROMISEDB TRUST THE文本图层下方的【变换】,设置【位置】为(51.0,321.0),如图9-66所示。此时画面效果如图9-67所示。

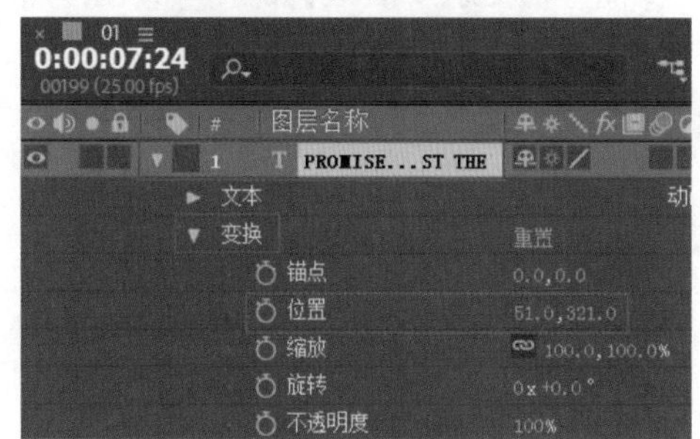

图 9-66

图 9-67

步骤 04 使用同样的方法,创建文本"break"和"whole audience",并在【字符】面板中设置合适的字体大小,然后将其摆放在【合成】面板中的合适位置处,如图9-68所示。

图 9-68

步骤 05 创建文本"1",并在【字符】面板中设置合适的【字体系列】,【填充颜色】为黄色,【描边】为无颜色,【字体大小】为135,【垂直缩放】为132%,然后选择【仿粗体】,如图9-69所示。

图 9-69

步骤 06 在【时间轴】面板中单击打开1文本图层下方的【变换】,设置【位置】为(231.0,425.0),如图9-70所示,此时画面效果如图9-71所示。

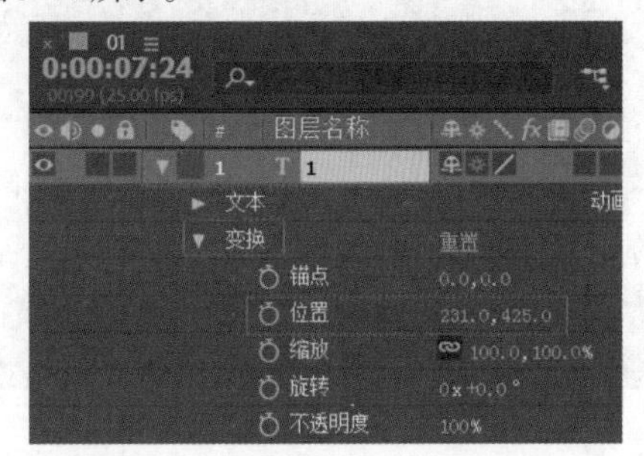

图 9-70

图 9-71

步骤 07 在【时间轴】面板中在按住Ctrl键的同时依次选中所有文本图层,然后使用【预合成】的快捷键Ctrl+Shift+C,在弹出的【预合成】文本框中单击【确定】按钮,如图9-72所示。得到【预合成1】,如图9-73所示。

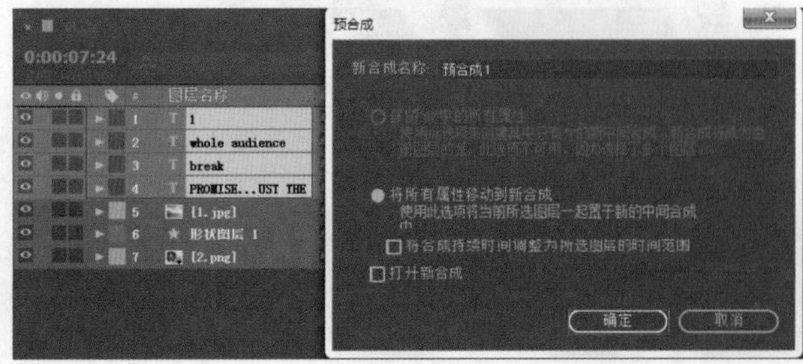

图 9-72

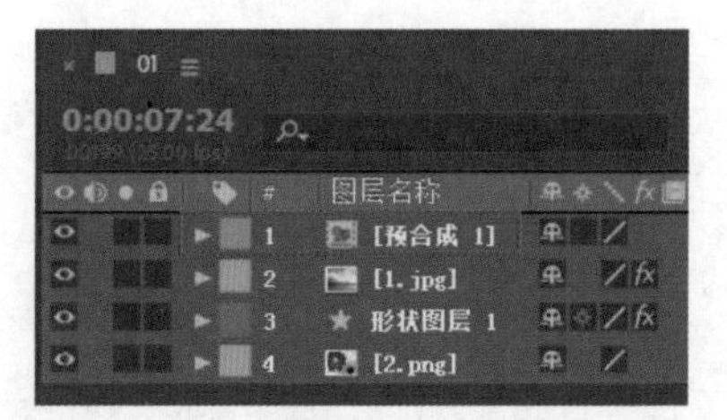

图 9-73

步骤 08 在【时间轴】面板中将时间线拖曳至3秒位置处,然后在【效果和预设】面板中搜索【缩放-2D旋转】效果,并将其拖曳到【时间轴】面板中的【预合成1】上,如图9-74所示。

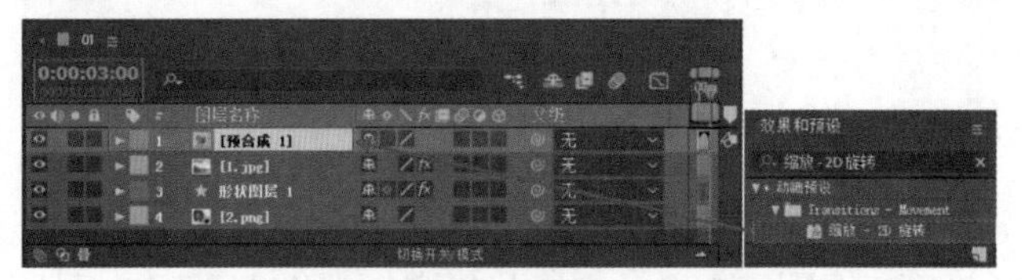

图 9-74

步骤 09 拖曳时间线查看此时【预合成1】效果,如图9-75所示。

图 9-75

步骤 10 在【时间轴】面板中的空白位置处单击鼠标左键取消当前选中图层,然后在选项栏中长按【矩形工具】,在弹出的【形状工具组】中选中【椭圆工具】,设置【填充】为黄色,【描边】为无颜色,设置完成后在【合成】面板中合适位置处按住Ctrl键的同时按住鼠标左键并拖曳至合适大小,得到正圆形状,如图9-76所示。

图 9-76

步骤 11 在【时间轴】面板中打开【形状图层2】下方的【变换】，设置【位置】为(768.0,355.5)，如图9-77所示。此时画面效果如图9-78所示。

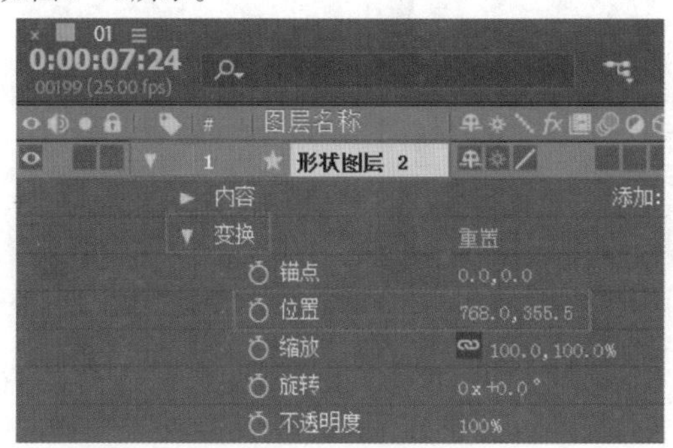

图 9-77

图 9-78

步骤 12 在【时间轴】面板中的空白位置处单击鼠标右键执行【新建】/【文本】命令，并在【字符】面板中设置合适的【字体系列】，【字体样式】为Regular，【填充颜色】为雪白色，【描边颜色】为无颜色，【字体大小】为20像素，【字符间距】为-49，【垂直缩放】为110%，设置完成后输入文本“Butterfly”，如图9-79所示。

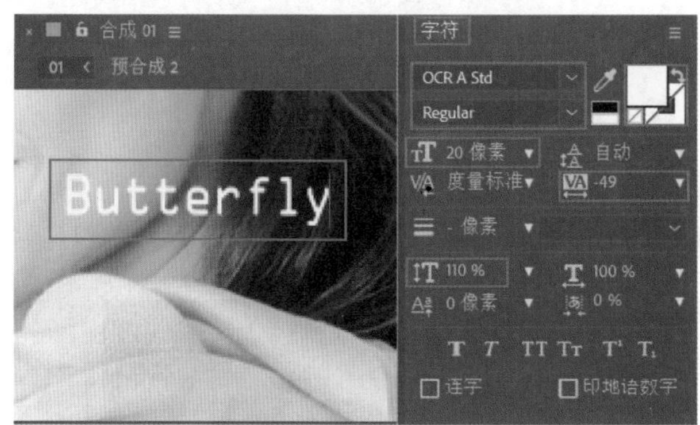

图 9-79

步骤 13 在【时间轴】面板中单击打开Butterfly文本图层下方的【变换】，设置【位置】为(92.5,522.5)，如图9-80所示。此时画面效果如图9-81所示。

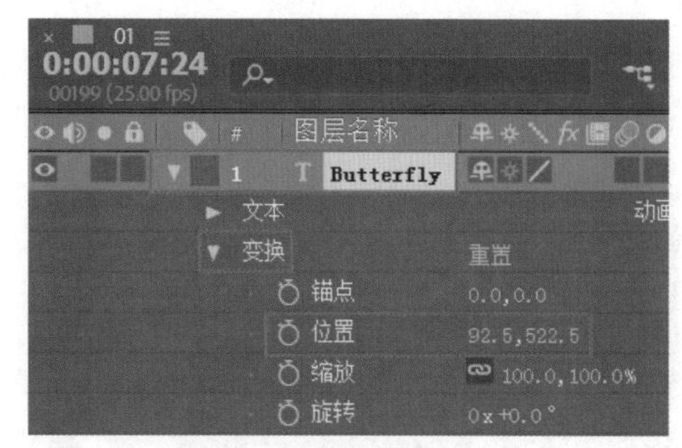

图 9-80

图 9-81

步骤 14 在【时间轴】面板中按住Ctrl键的同时依次选中【形状图层2】和Butterfly文本图层，然后使用【预合成】快捷键Ctrl+Shift+C，得到【预合成2】，如图9-82和图9-83所示。

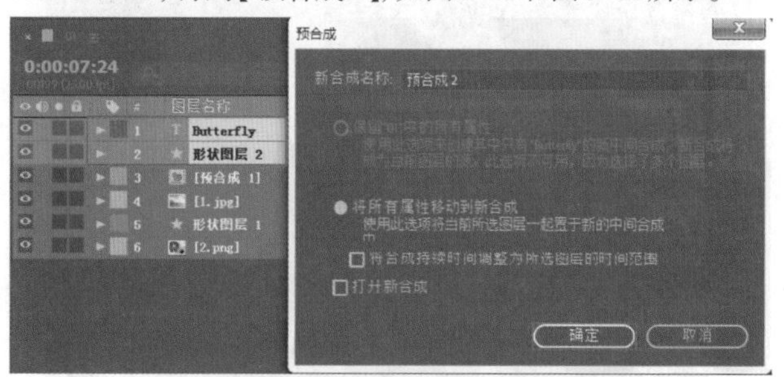

图 9-82

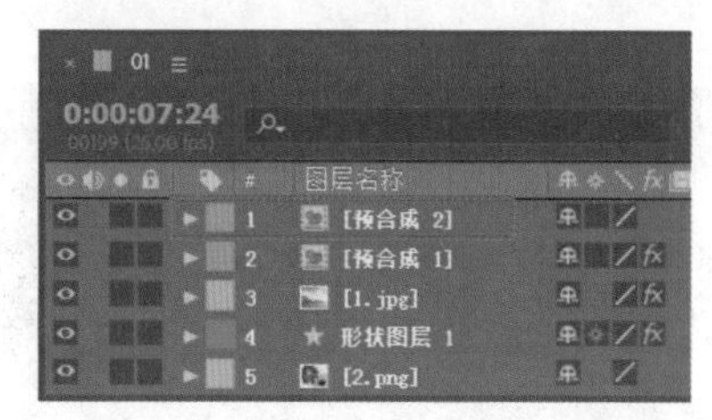

图 9-83

步骤 15 在【时间轴】面板中选中【预合成2】，然后在选项栏中选择【矩形工具】。在【合成】面板中的【预合成2】位置处按住鼠标左键并拖曳至合适大小，得到矩形遮罩，如图9-84所示。

图 9-84

步骤 16 在【时间轴】面板中打开该【预合成2】下方的【蒙版】/【蒙版1】,并将时间线拖曳至4秒位置处,单击【蒙版路径】前的【时间变化秒表】按钮 ,此时在【时间轴】面板中会自动出现一个关键帧。再将时间线拖曳至4秒10帧位置处,然后在【合成】面板中调整遮罩形状,如图9-85和图9-86所示。

图 9-85

图 9-86

步骤 17 拖曳时间线查看【预合成2】画面效果,如图9-87所示。

图 9-87

步骤 18 使用同样的方法制作【预合成3】,【时间轴】面板参数如图9-88所示。此时画面文本效果如图9-89所示。

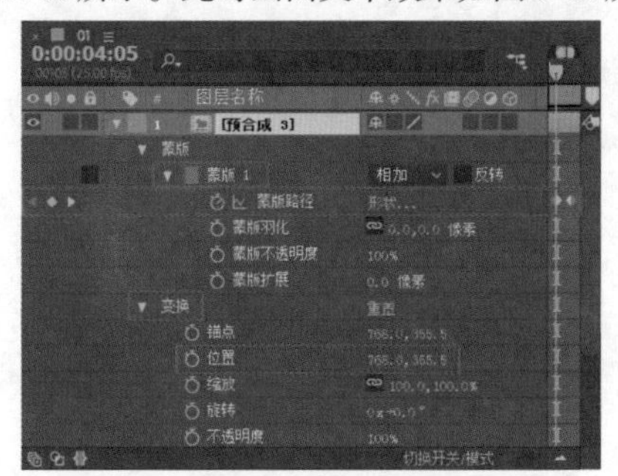

图 9-88

图 9-89

步骤 19 使用同样的方法制作【预合成4】,【时间轴】面板参数如图9-90所示。此时画面效果如图9-91所示。

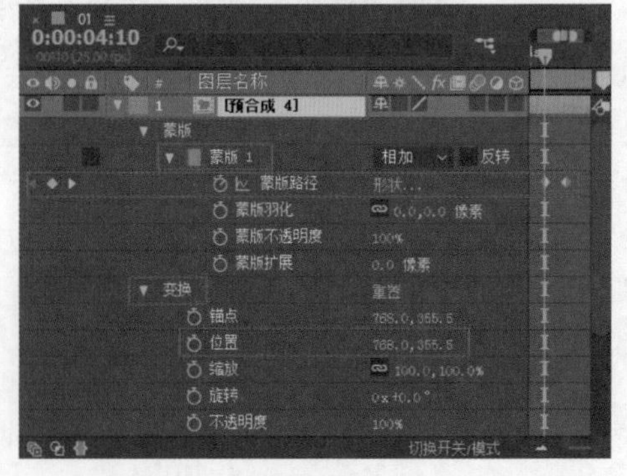

图 9-90

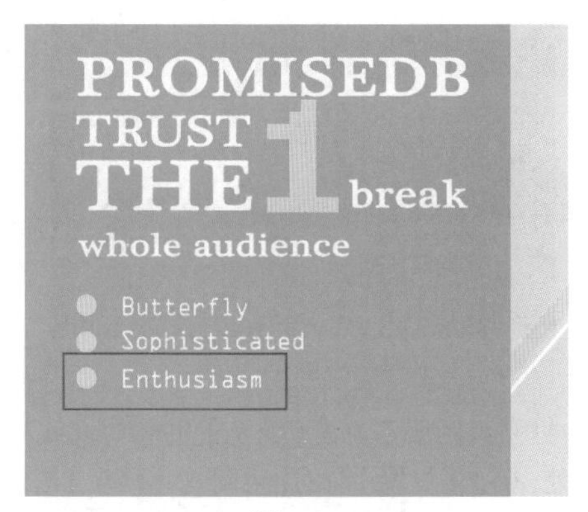

图 9-91

步骤 20 拖曳时间线查看案例最终效果，如图9-92所示。

图 9-92

9.2.8 颜色范围

【颜色范围】效果可以基于颜色范围进行抠像操作。选中素材，在菜单栏中执行【效果】/【抠像】/【颜色范围】命令，此时参数设置如图9-93所示。为素材添加该效果的前后对比如图9-94所示。

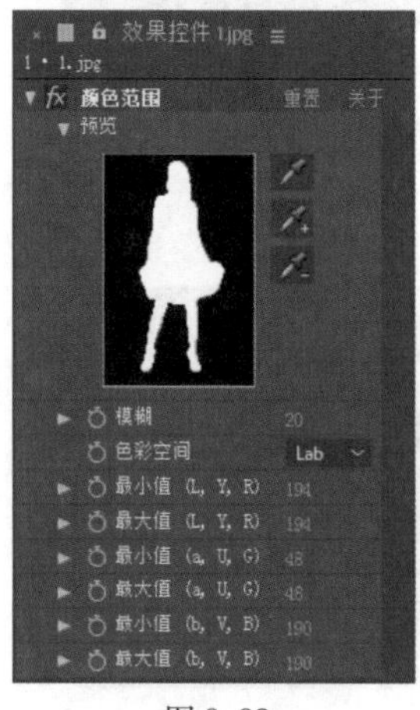

图 9-93

未使用该效果　使用该效果

图 9-94

- 预览：可以直接观察键控选取效果。
- 模糊：设置模糊程度。
- 色彩空间：设置色彩空间为Lab、YUV或RGB。
- 最小/大值 (L, Y, R) / (a, U, G) / (b, V, B)：准确设置色彩空间参数。

实例：使用【颜色范围】效果打造炫酷人像

文件路径：Chapter 09 抠像与合成→实例：使用【颜色范围】效果打造炫酷人像

本案例主要使用【颜色范围】效果打造炫酷人像。案例效果如图9-95所示。

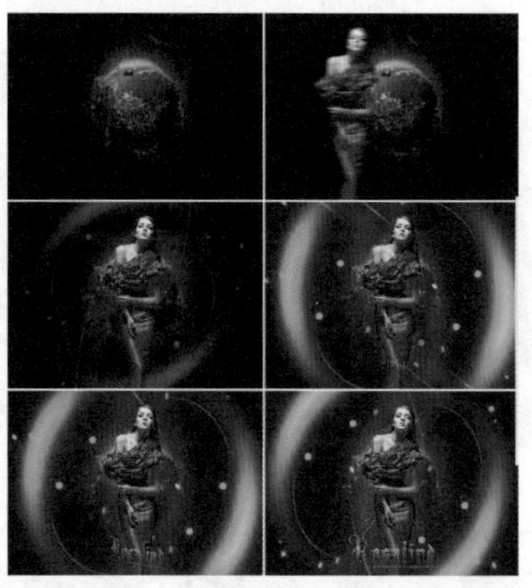

图 9-95

扫一扫，看视频

操作步骤：

步骤 01 在【项目】面板中单击鼠标右键执行【新建合成】命令，在弹出的【合成设置】对话框中设置【合成名称】为01，【预设】为自定义，【宽度】为1423，【高度】为1000，【像素长宽比】为方形像素，【帧速率】为25，【分辨率】为完整，【持续时间】为5秒，单击【确定】按钮。

步骤 02 执行【文件】/【导入】/【文件】命令或使用【导入文件】快捷键Ctrl+I，在弹出的【导入文件】对话框中选择所需要的素材，单击【导入】按钮导入素材。

步骤 03 在【项目】面板中将素材1.jpg和2.jpg拖曳到【时间轴】面板中，如图9-96所示。

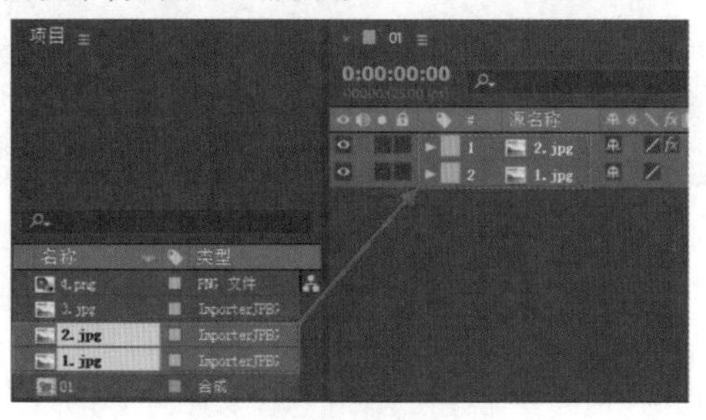

图 9-96

步骤 04 在【效果和预设】面板中搜索【颜色范围】效果，并将其拖曳到【时间轴】面板中的2.jpg图层上，如图9-97所示。

图 9-97

步骤 05 在【效果控件】面板中选择【颜色范围】/【预览】右侧的【吸管工具】,然后在【合成】面板中2.jpg素材图层的蓝色背景处单击鼠标左键,吸取抠除颜色,如图9-98所示。设置【最小值(L, Y, R)】为47,【最大值(L, Y, R)】为166,【最小值(a, U, G)】为118,【最大值(a,U,G)】为142,【最小值(b,V,B)】为75,【最大值(b, V, B)】为111。此时画面效果如图9-99所示。

图 9-98

图 9-99

步骤 06 在【效果和预设】面板中搜索【高斯模糊】效果,并将其拖曳到【时间轴】面板中的2.jpg图层上,如图9-100所示。

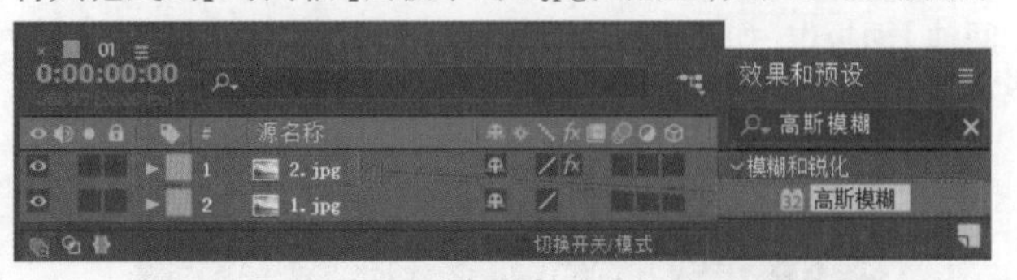
图 9-100

步骤 07 在【时间轴】面板中打开2.jpg素材图层下方的【效果】/【高斯模糊】,并将时间线拖曳至起始帧位置处,单击【模糊度】前的【时间变化秒表】按钮,设置【模糊度】为50.0,再将时间线拖曳至20帧位置处,设置【模糊度】为20.0。最后将时间线拖曳至1秒位置处,设置【模糊度】为0.0。设置【模糊方向】为水平,如图9-101所示。

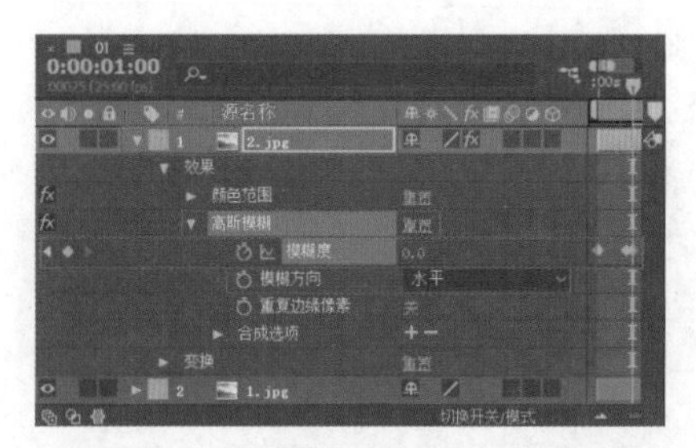
图 9-101

步骤 08 打开该图层下方的【变换】,并将时间线拖曳至起始帧位置处,单击【位置】前的【时间变化秒表】按钮,设置【位置】为(-169.0,500.0)。再将时间线拖曳至20帧位置处,设置【位置】为(730.0,500.0)。最后将时间线拖曳至1秒位置处,设置【位置】为(711.5,500.0),如图9-102所示。拖曳时间线查看此时画面效果,如图9-103所示。

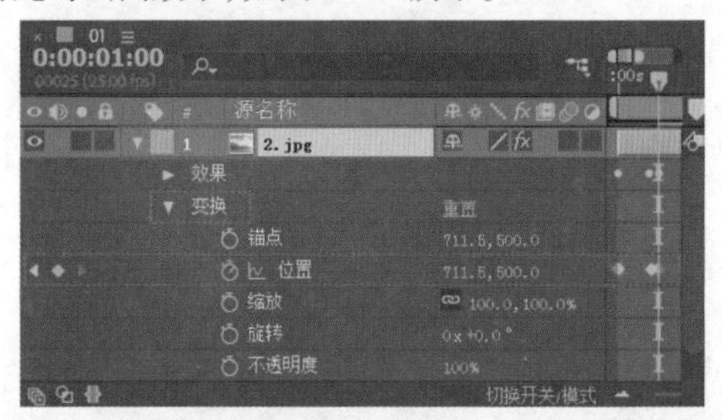
图 9-102

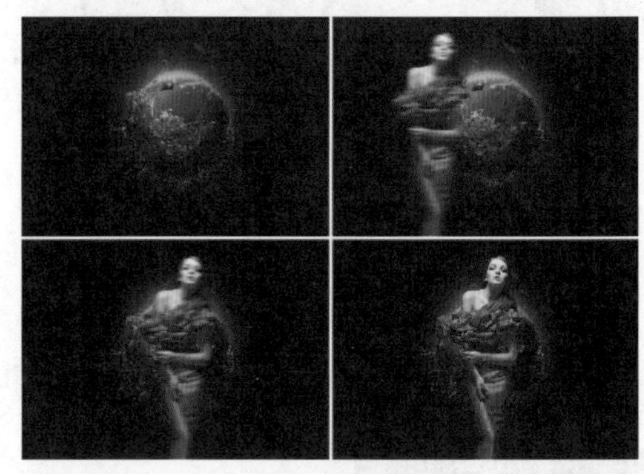
图 9-103

步骤 09 在【项目】面板中将素材3.jpg拖曳到【时间轴】面板中,并将其拖曳至2.jpg素材图层下方,然后设置其【模式】为【屏幕】,如图9-104所示。此时画面效果如图9-105所示。

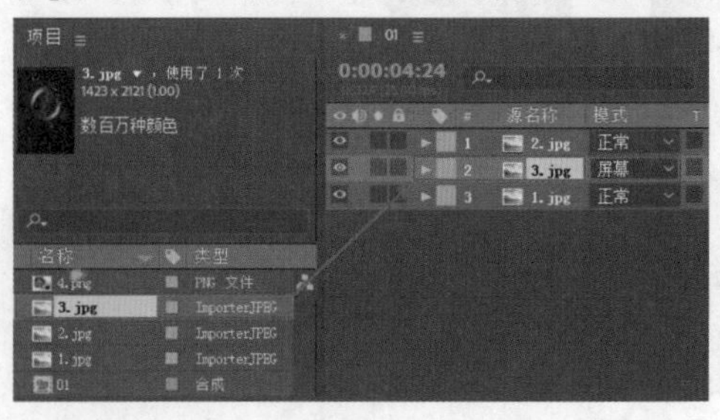
图 9-104

图 9-105

步骤 10 在【时间轴】面板中打开3.jpg素材图层下方的【变换】，设置【锚点】为(739.5,908.5)。接着将时间线拖曳至1秒位置处，依次单击【缩放】【旋转】和【不透明度】前的【时间变化秒表】按钮，设置【缩放】为(130.0,130.0%)，【旋转】为(-1x+0.0°)，【不透明度】为0%。再将时间线拖曳至2秒位置处，设置【缩放】为(175.9,175.9%)，【不透明度】为100%。最后将时间线拖曳至结束帧位置处，设置【旋转】为(0x+0.0°)，如图9-106所示。

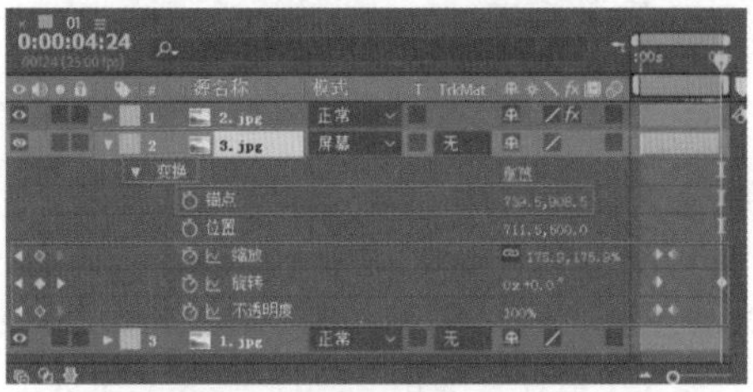

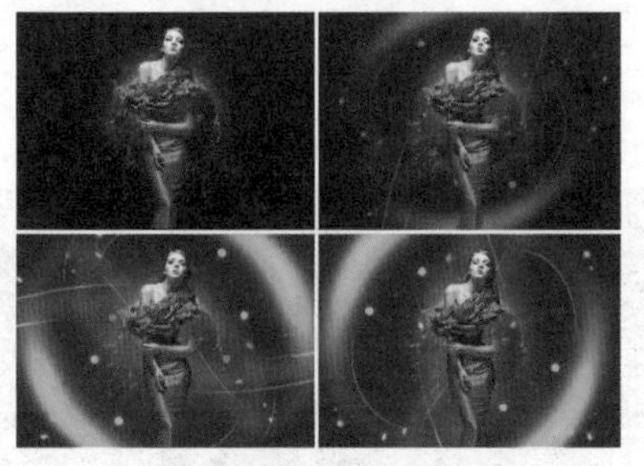

图 9-106

步骤 11 拖曳时间线查看此时画面效果，如图9-107所示。

图 9-107

步骤 12 在【项目】面板中将素材4.png拖曳到【时间轴】面板中，并单击该图层的【3D图层】按钮，将该图层转换为3D图层，如图9-108所示。

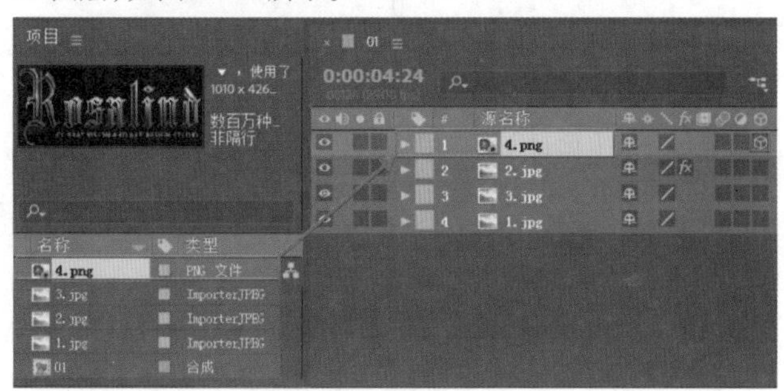

图 9-108

步骤 13 在【时间轴】面板中打开4.png素材图层下方的【变换】，设置【位置】为(711.5,866.0,0.0)。接着将时间线拖曳至2秒位置处，并依次单击【缩放】【Y轴旋转】和【不透明度】前的【时间变化秒表】按钮，设置【缩放】为(0.0,0.0,0.0%)，【Y轴旋转】为(0x+180.0°)，【不透明度】为0%。再将时间线拖曳至3秒位置处，设置【缩放】为(48.0,48.0,48.0%)，【Y轴旋转】为(0x+0.0°)，【不透明度】为100%，如图9-109所示。

步骤 14 拖曳时间线查看案例最终效果，如图9-110所示。

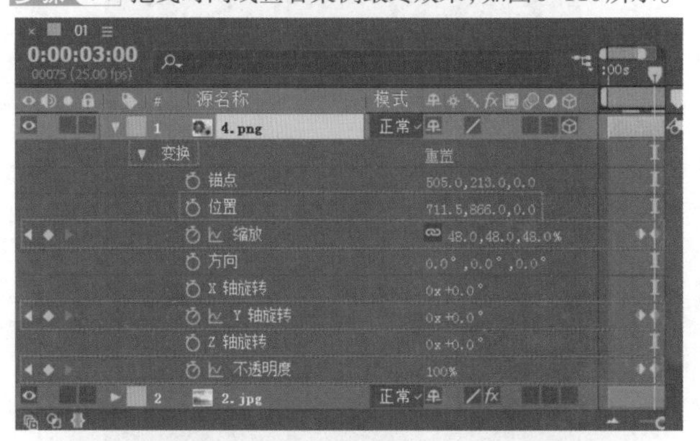

图 9-109

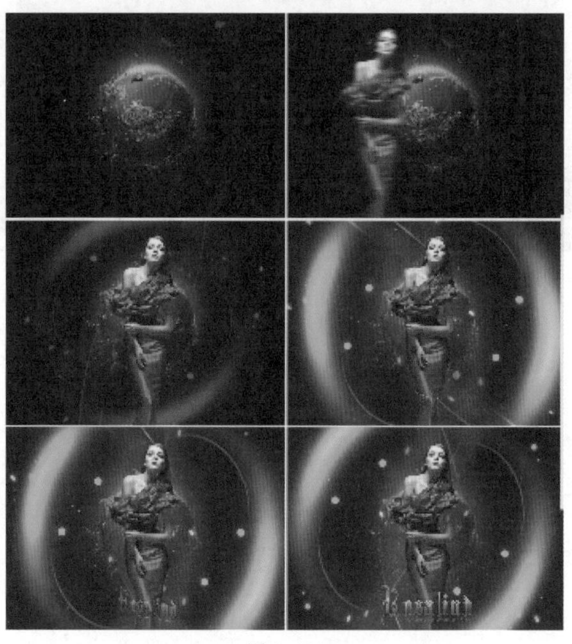

图 9-110

9.2.9 颜色差值键

【颜色差值键】可以将图像分成A、B两个遮罩并将其结合，使画面形成将背景变透明的第3种蒙版效果。选中素材，在菜单栏中执行【效果】/【抠像】/【颜色差值键】命令，此时参数设置如图9-111所示。为素材添加该效果的前后对比如图9-112所示。

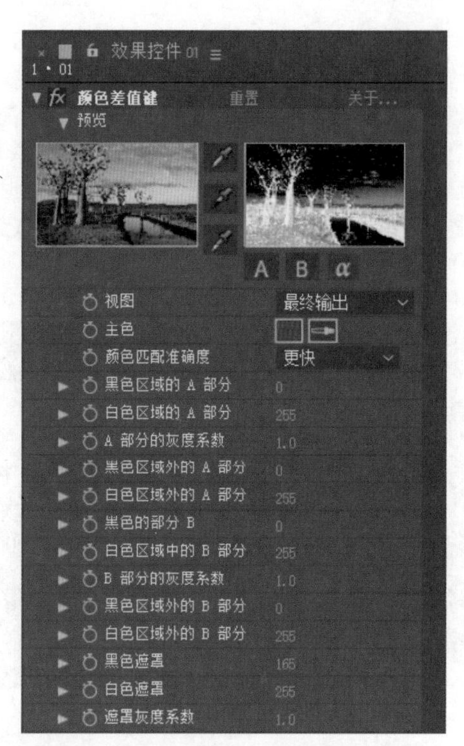

图 9-111

图 9-112

- 吸管工具：可在图像中单击吸取需要抠除的颜色。
- 加吸管：可增加吸取范围。
- 减吸管：可减少吸取范围。
- 预览：可以直接观察键控选取效果。
  - 视图：设置【合成】面板中的观察效果。
  - 主色：设置键控基本色。
  - 颜色匹配准确度：设置颜色匹配的精准程度。

9.2.10 Advanced Spill Suppressor

【Advanced Spill Suppressor(高级溢出抑制器)】效果可去除用于颜色抠像的彩色背景中前景主题的颜色溢出。选中素材，在菜单栏中执行【效果】/【抠像】/【Advanced Spill Suppressor】命令，此时参数设置如图9-113所示。为素材添加该效果的前后对比如图9-114所示。

图 9-113

图 9-114

- 方法：设置溢出方法为标准或极致。
- 抑制：设置抑制程度。
- 极致设置：设置算法，以增强精准度。

综合案例：AI智能屏幕

文件路径：Chapter 09 抠像与合成→综合实例：AI智能屏幕

"AI""人工智能""VR"都是近年来非常火爆的词语，也广泛出现在影视作品中，用于模拟超未来感的、科幻的画面效果。本案例先是使用【发光】效果及【高斯模糊】效果制作画面中心的圆形元素，再使用【Keylight(1.2)】效果扣除视频素材背景，最后使用【曲线】效果以及【三色调】效果调整颜色，案例效果如图9-115所示。

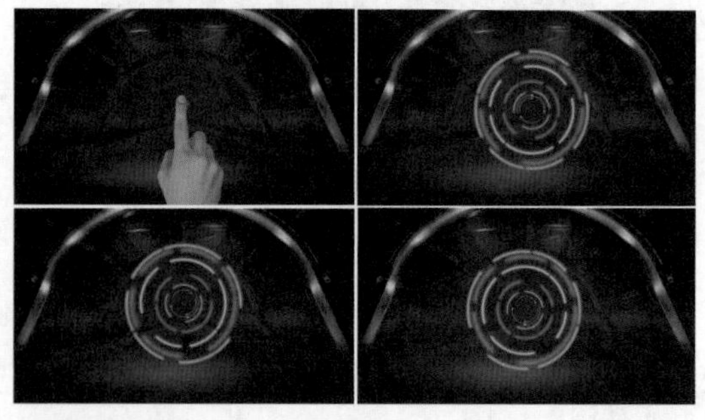

图 9-115

操作步骤：

步骤 01 在【项目】面板中，单击鼠标右键选择【新建合成】命令，在弹出的【合成设置】面板中设置【合成名称】为合成1，【预设】为【自定义】，【宽度】为1280，【高度】为720，【像素长宽比】为【方形像素】，【帧速率】为23.976，【分辨率】为完整，【持续时间】为16秒，接着执行【文件】/【导入】/【文件】，导入全部素材文件。在【项目】面板中分别将01.png～06.png素材文件拖曳到【时间轴】面板中，如图9-116所示。在【时间轴】

面板中单击02.png～06.png图层前的(隐藏 / 显现)按钮，将图层进行隐藏，如图9-117所示。

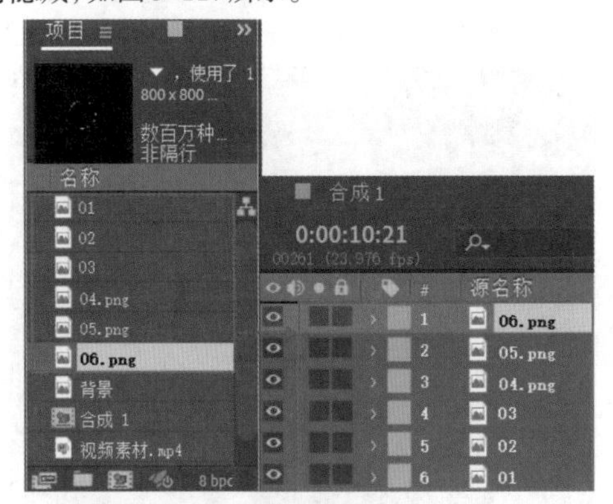

图 9-116

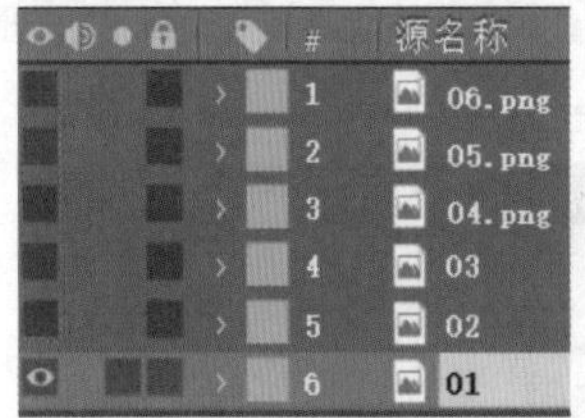

图 9-117

扫一扫，看视频

步骤 02 单击打开01.png图层下方的【变换】属性，设置【缩放】为(10,10%)，将时间线滑动到起始帧位置，单击【旋转】前的【时间变化秒表】按钮，开启自动关键帧，设置【旋转】为(0x+45°)，继续将时间线滑动到结束帧位置，设置【旋转】为(3x+45°)，如图9-118所示。接着在【效果和预设】面板搜索框中搜索【发光】，将该效果拖曳到【时间轴】面板中的01.png图层上，如图9-119所示。

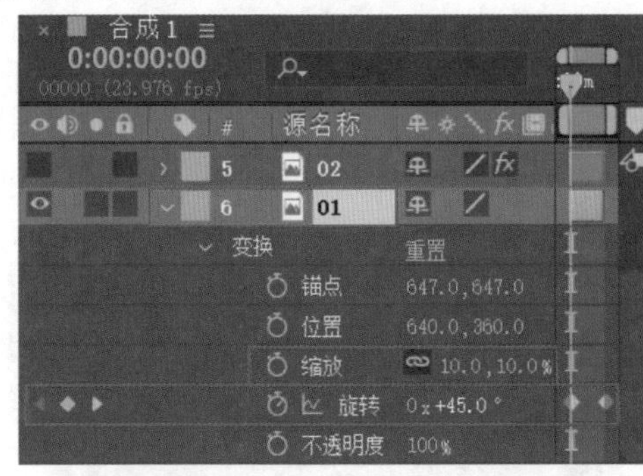

图 9-118

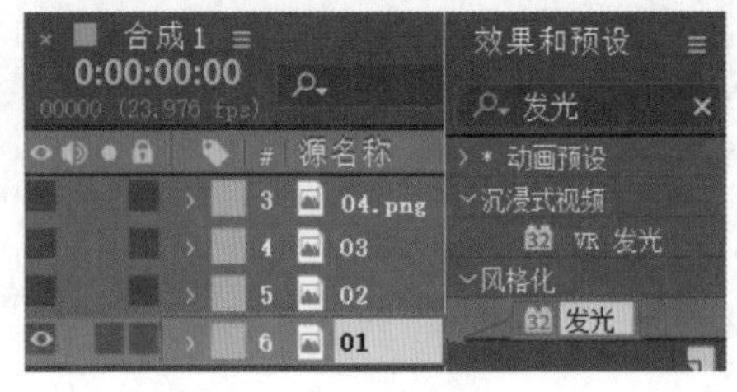

图 9-119

步骤 03 在【时间轴】面板中单击打开01.png图层下方的【效果】/【发光】，设置【发光阈值】为100%，【发光半径】为20，【颜色A】为天蓝色，【颜色B】为深蓝色，如图9-120所示。此时动画效果如图9-121所示。

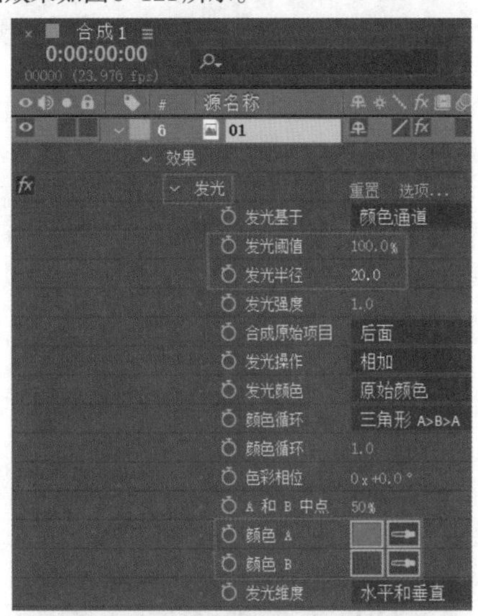

图 9-120

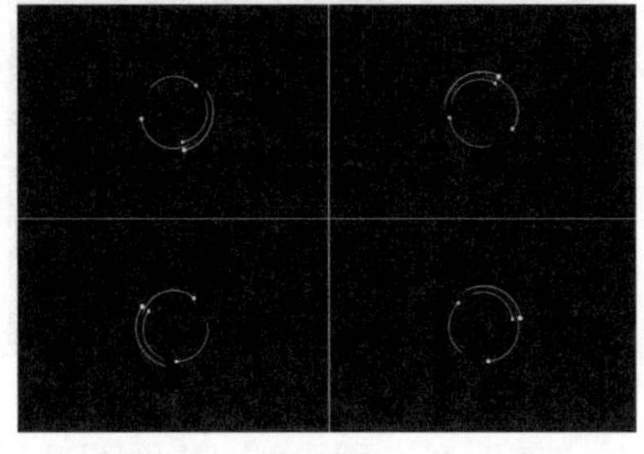

图 9-121

步骤 04 显现并选择02.png图层，单击打开该图层下方的【变换】，设置【缩放】为(60,60%)，将时间线滑动到起始帧位置，单击【旋转】前的【时间变化秒表】按钮，开启自动关键帧，设置【旋转】为(0x+20°)，继续将时间线滑动到结束帧位置，设置【旋转】为(1x+20°)，如图9-122所示。在【效果和预设】面板搜索框中搜索【高斯模糊】，将该效果拖曳到【时间轴】面板中的02.png图层上，如图9-123所示。

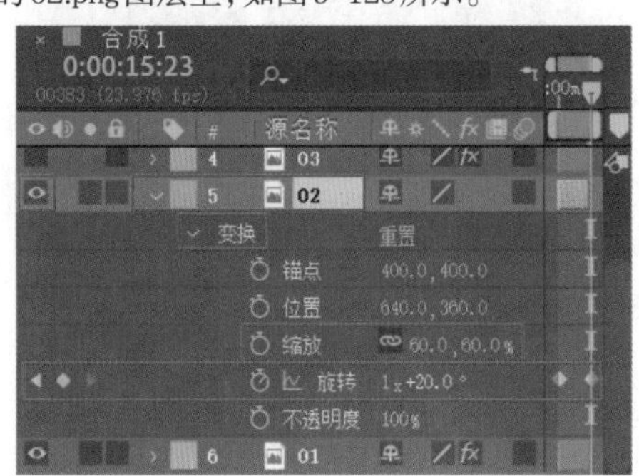

图 9-122

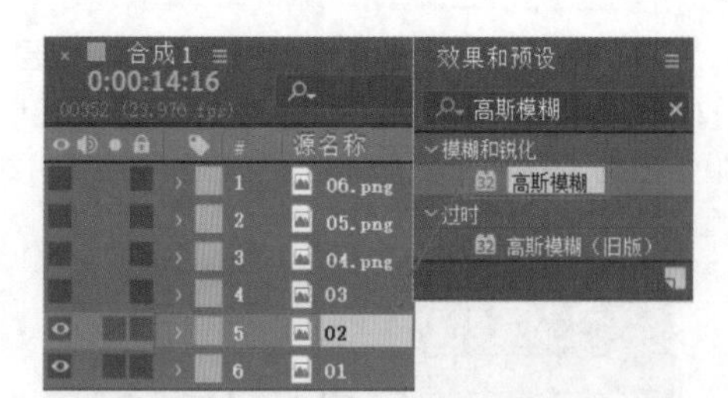
图 9-123

步骤 05 单击打开02.png图层下方的【效果】/【高斯模糊】，设置【模糊度】为20，如图9-124所示。滑动时间线查看当前画面效果，如图9-125所示。

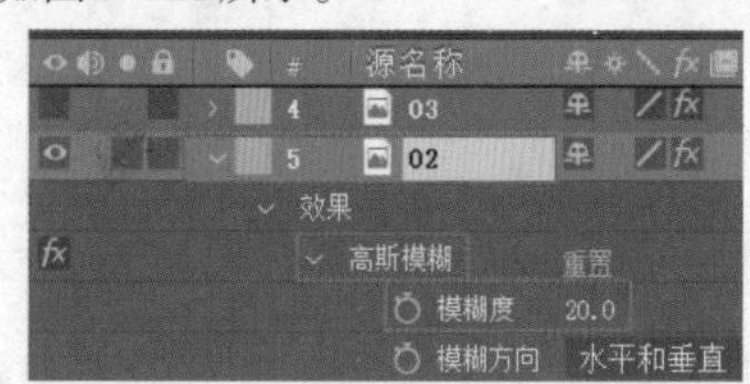
图 9-124

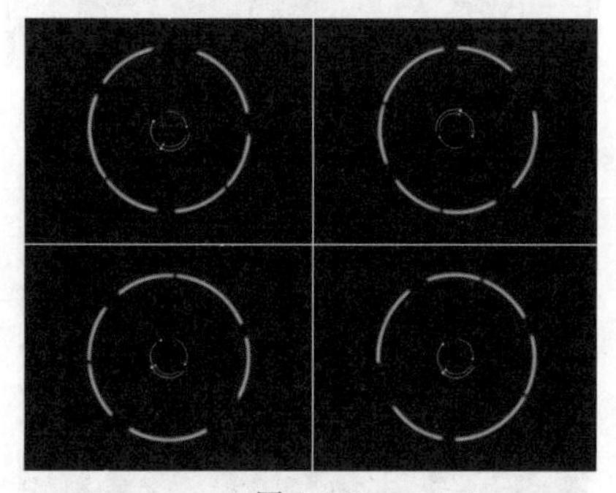
图 9-125

步骤 06 单击打开02.png图层，将时间线滑动到起始帧位置，选择【变换】属性，使用快捷键Ctrl+C进行复制，接着显现并选择03.png图层，使用快捷键Ctrl+V进行粘贴，继续选择02.png图层下方的【效果】/【高斯模糊】，复制该效果，选择03.png图层，再次进行粘贴，如图9-126所示。

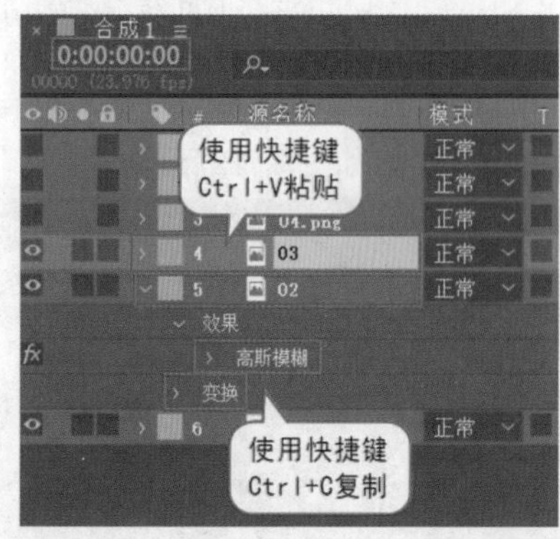

图 9-126

步骤 07 下面更改参数。单击打开03.png图层下方【变换】，将时间线滑动到起始帧位置，更改【旋转】为(0x+60°)，继续将时间线滑动到结束帧位置，更改【旋转】为(6x+60°)，然后展开【效果】/【高斯模糊】，更改【模糊度】为40，如图9-127所示。此时动画效果如图9-128所示。

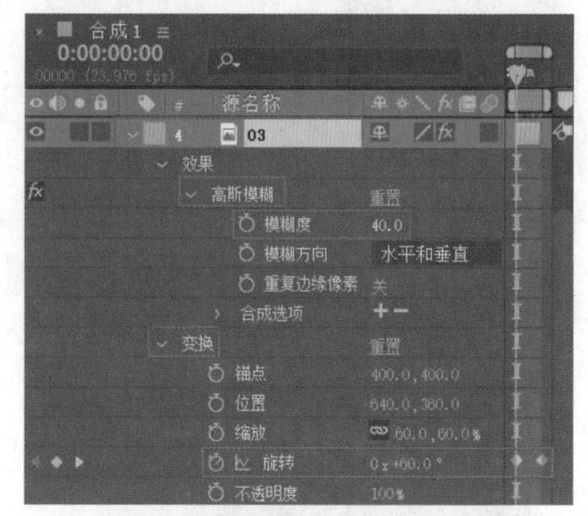
图 9-127

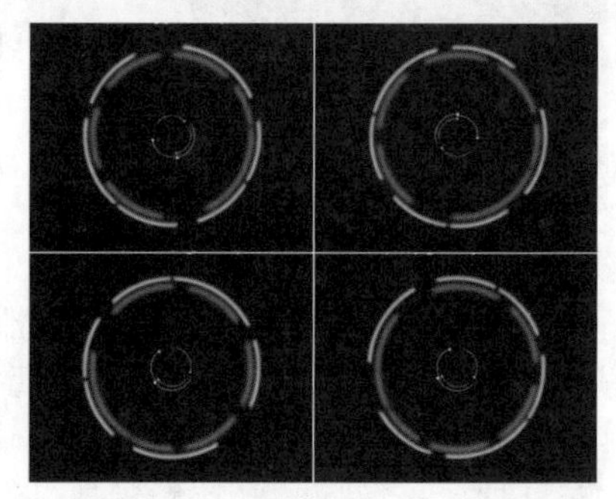
图 9-128

步骤 08 显现并选择04.png图层，将时间线滑动到起始帧位置，使用同样的方式将03.png图层下方的【变换】以及【高斯模糊】效果复制到04.png图层上，然后将时间线滑动到结束帧位置，更改【旋转】为(5x+60°)，更改【高斯模糊】下方的【模糊度】为5，如图9-129所示。在【效果和预设】面板搜索框中搜索【发光】，将该效果拖曳到【时间轴】面板中的04.png图层上，如图9-130所示。

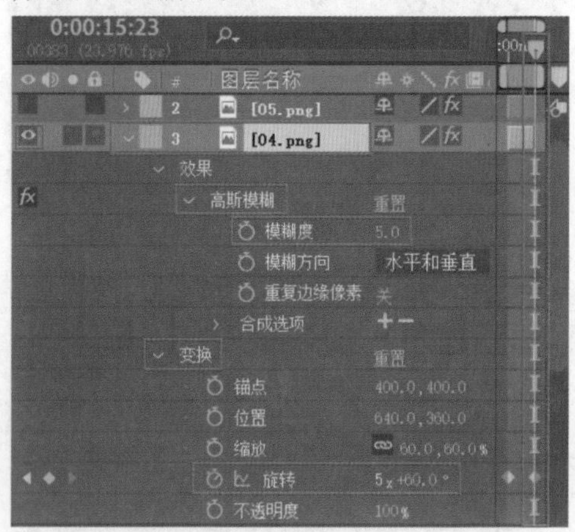
图 9-129

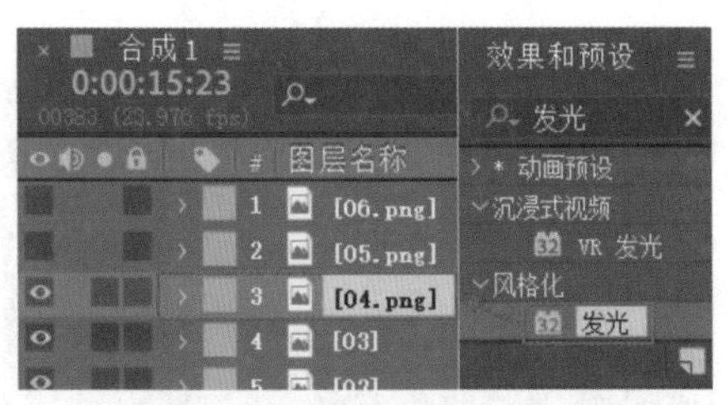

图 9-130

步骤 09 在【时间轴】面板中单击04.png图层下方的【效果】/【发光】,设置【发光阈值】为100%,【发光半径】为20,如图9-131所示。滑动时间线查看当前画面效果,如图9-132所示。

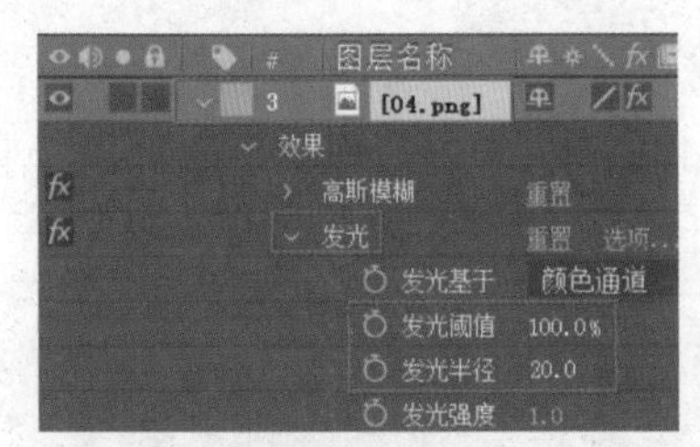

图 9-131

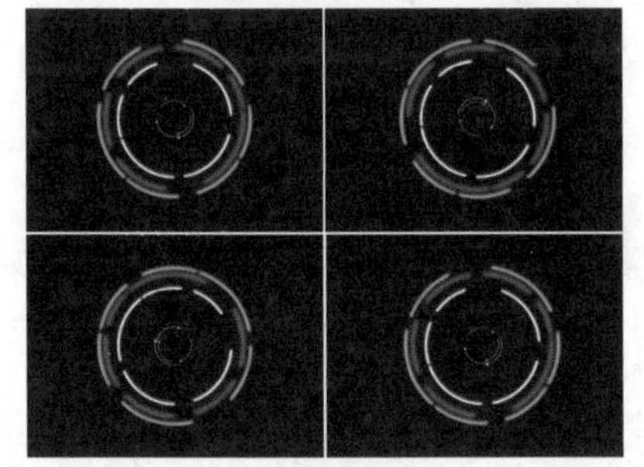

图 9-132

步骤 10 用同样的方式显现05.png图层,将时间线滑动到起始帧位置,将04.png图层下方的【变换】以及【高斯模糊】效果复制到05.png图层上,然后在当前位置更改05.png图层的【旋转】为(0x-50°),继续将时间线滑动到结束帧位置,更改【旋转】为(2x+310°),然后更改【高斯模糊】下方的【模糊度】为21.2,如图9-133所示。画面效果如图9-134所示。

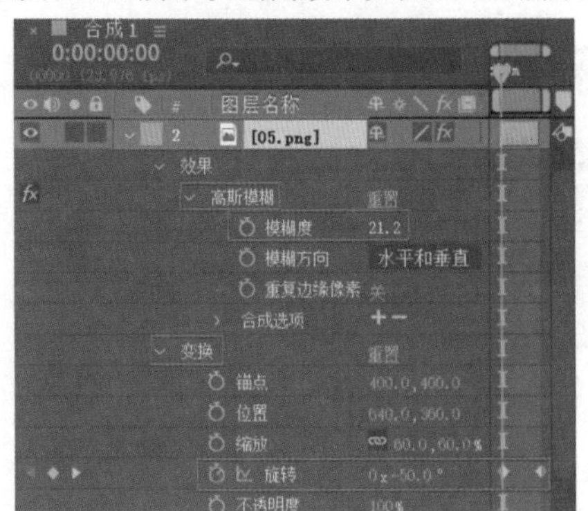

图 9-133

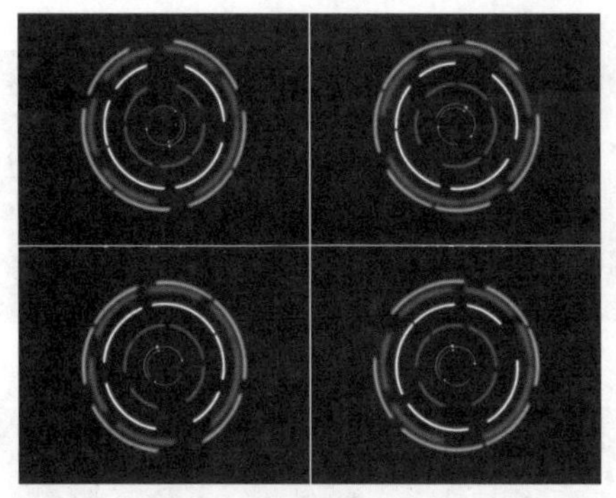

图 9-134

步骤 11 最后显现06.png图层,将时间线滑动到起始帧位置,将04.png图层下方的【变换】以及【发光】效果复制到06.png图层上,在当前位置更改06.png图层下方的【旋转】为(0x-45°),继续将时间线滑动到结束帧位置,更改【旋转】为(5x+315°),如图9-135所示。画面效果如图9-136所示。

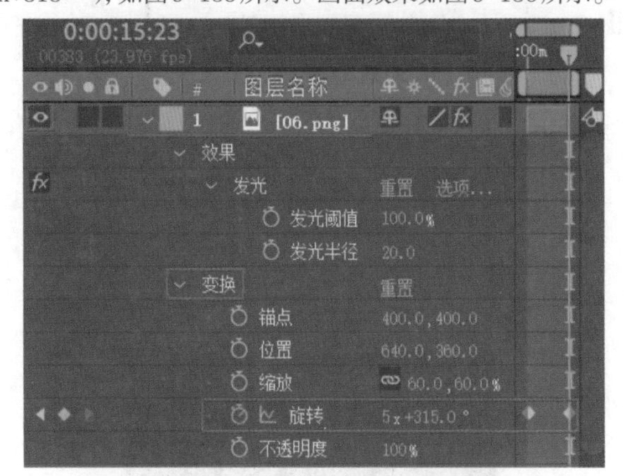

图 9-135

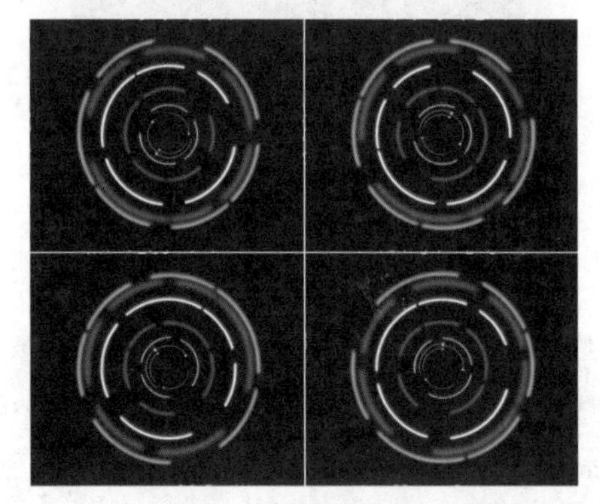

图 9-136

步骤 12 在【时间轴】面板中选择全部素材文件,使用快捷键Ctrl+Shift+C调出【预合成】窗口,如图9-137所示。

步骤 13 在【效果和预设】面板搜索框中搜索【三色调】,将该效果拖曳到【时间轴】面板中预合成1图层上,如图9-138所示。

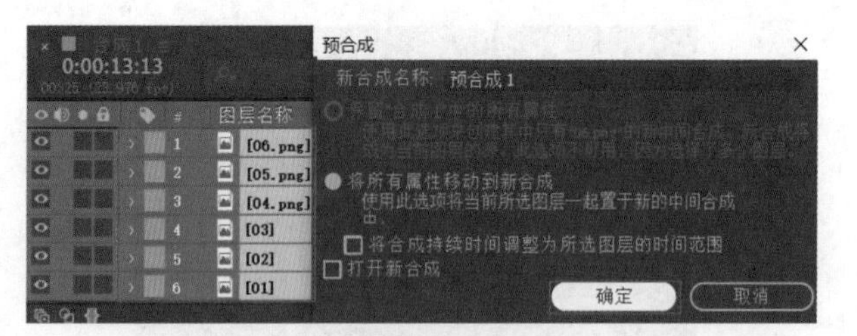

图 9-137

图 9-138

步骤 14 单击打开预合成1图层下方的【效果】/【三色调】，设置【高光】为浅蓝色，【中间调】为湖蓝色，【阴影】为深蓝色，如图9-139所示。此时画面效果如图9-140所示。

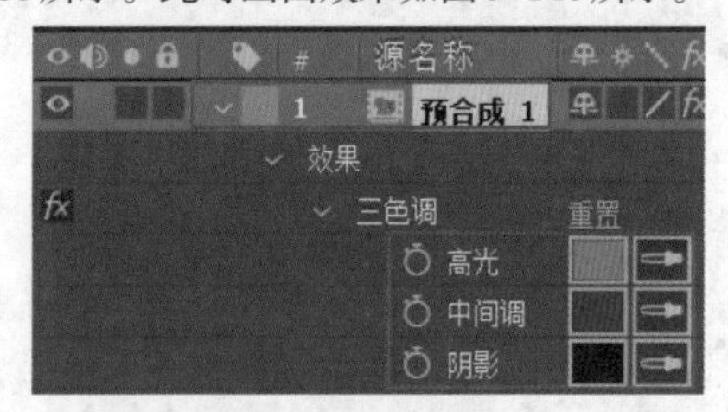

图 9-139

图 9-140

步骤 15 在【效果和预设】面板搜索框中搜索【发光】，将该效果拖曳到【时间轴】面板中预合成1图层上，如图9-141所示。

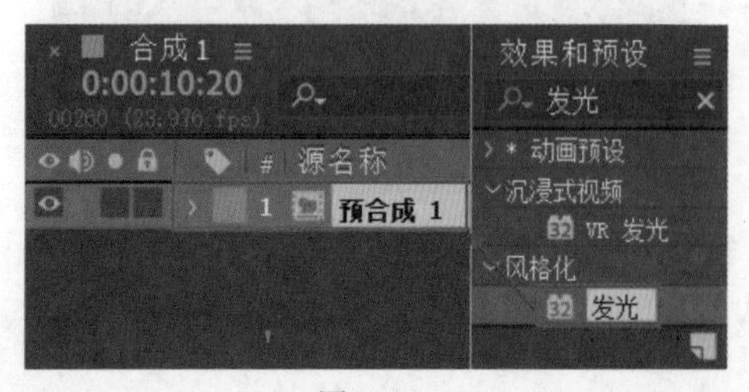

图 9-141

步骤 16 单击打开预合成1图层下方的【效果】/【发光】，设置【发光半径】为5，【发光强度】为0.5，如图9-142所示。此时画面效果如图9-143所示。

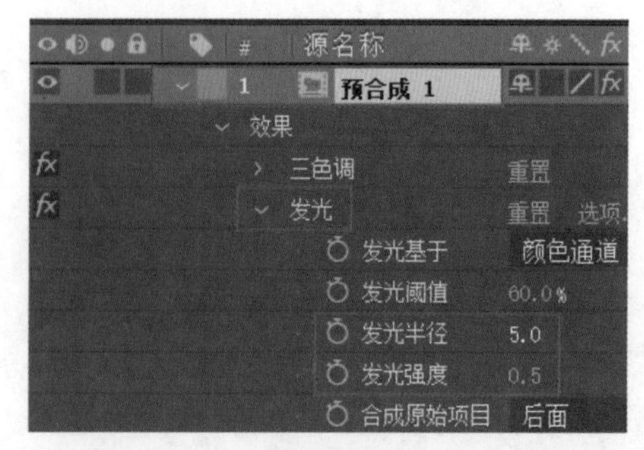

图 9-142

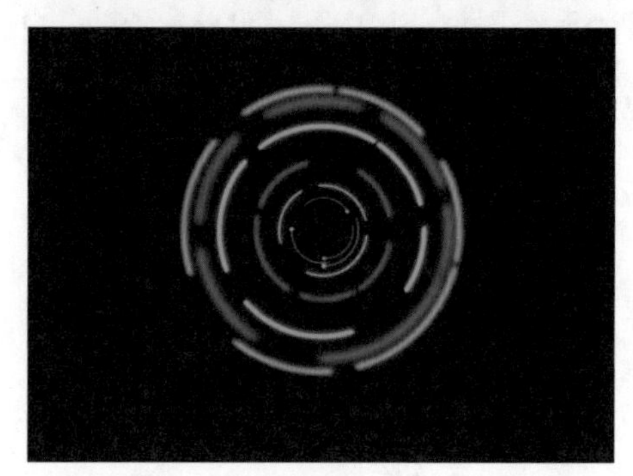

图 9-143

步骤 17 下面来制作位置表达式。首先展开预合成1图层下方的【变换】，按住Alt键的同时单击【位置】前的【时间变化秒表】按钮，此时出现表达式，如图9-144所示。单击【表达式：位置】后方的【表达式语言菜单】按钮，在菜单中选择【Property】/【wiggle(freq,amp,octaves=1,amp_mult=.5,t=time)】，如图9-145所示。

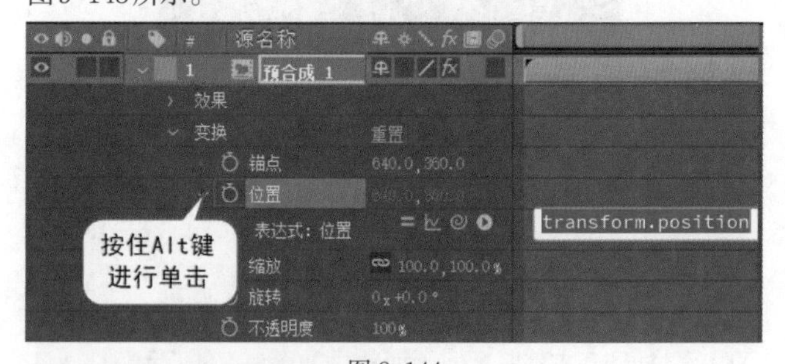

图 9-144

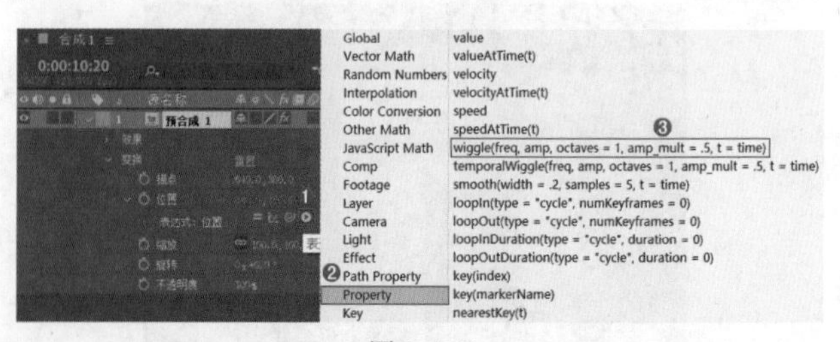

图 9-145

步骤 18 接着在【时间轴】面板中wiggle后方括号内编辑参数为(1.5,50)，如图9-146所示。将时间线滑动到起始帧位置，单击【缩放】前的【时间变化秒表】按钮，设置【缩放】为(10,

10%)，将时间线滑动到1秒16帧位置，设置【缩放】同样为(10，10%)，最后将时间线滑动到2秒06帧位置，设置【缩放】为(100，100%)，如图9-147所示。

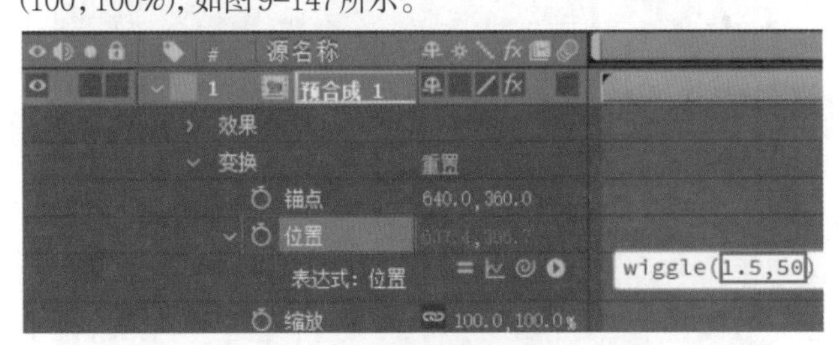

图 9-146

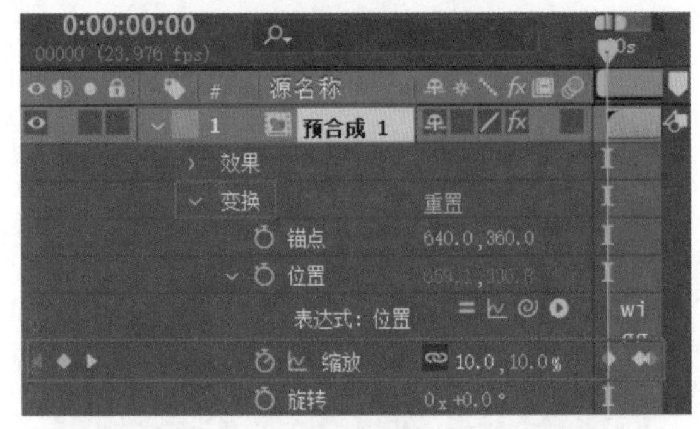

图 9-147

步骤 19 滑动时间线查看当前画面效果，如图9-148所示。

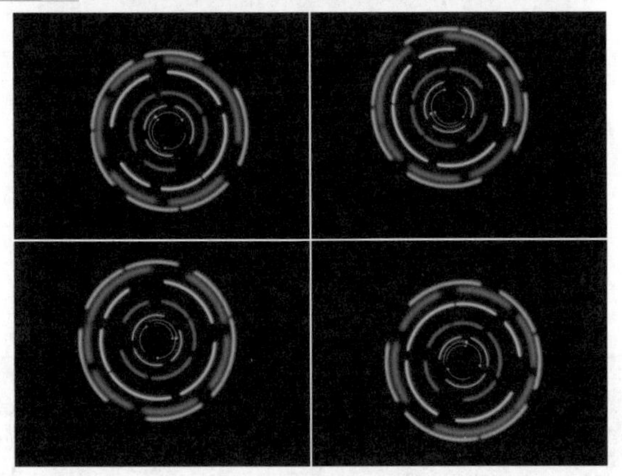

图 9-148

步骤 20 在【项目】面板中将背景.jpg素材文件拖曳到【时间轴】面板中预合成1图层下方，如图9-149所示。

图 9-149

步骤 21 在【效果和预设】面板搜索框中搜索【曲线】，将该效果拖曳到【时间轴】面板中的背景.jpg图层上，如图9-150所示。

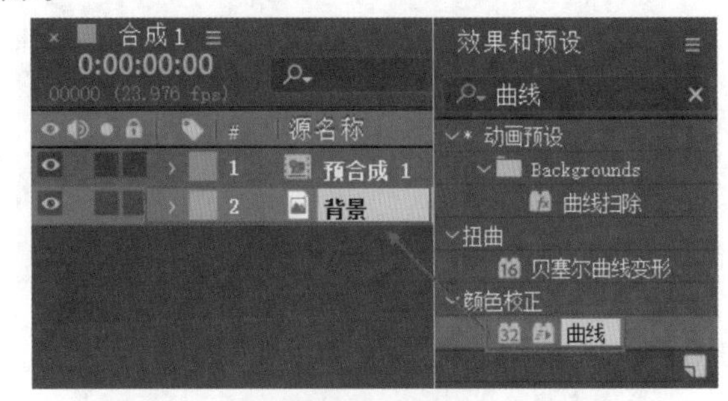

图 9-150

步骤 22 在【时间轴】面板中选择背景.jpg图层，在【效果控件】面板中展开【曲线】效果，设置【通道】为RGB，在下方曲线上添加两个控制点并适当向右下角拖动，如图9-151所示。此时画面效果如图9-152所示。

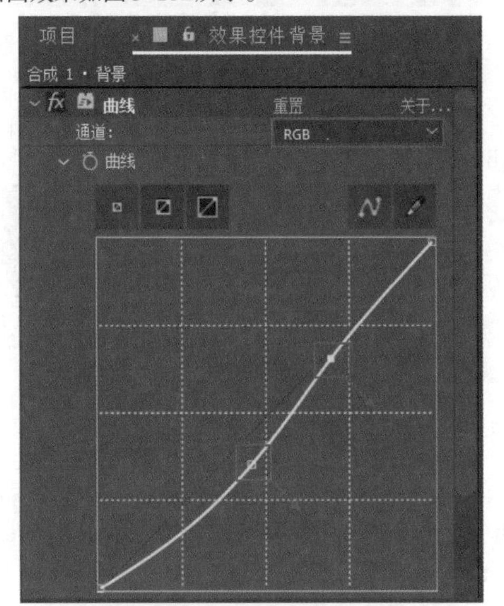

图 9-151

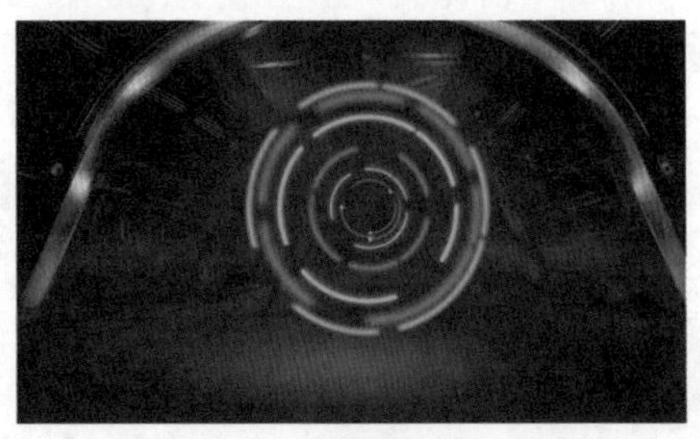

图 9-152

步骤 23 在【项目】面板中将视频素材.mp4拖曳到【时间轴】面板最上层，如图9-153所示。在【时间轴】面板中单击打开视频素材.mp4下方的【变换】，设置【位置】为(668.7,564.5)，【缩放】为(57,57%)，如图9-154所示。

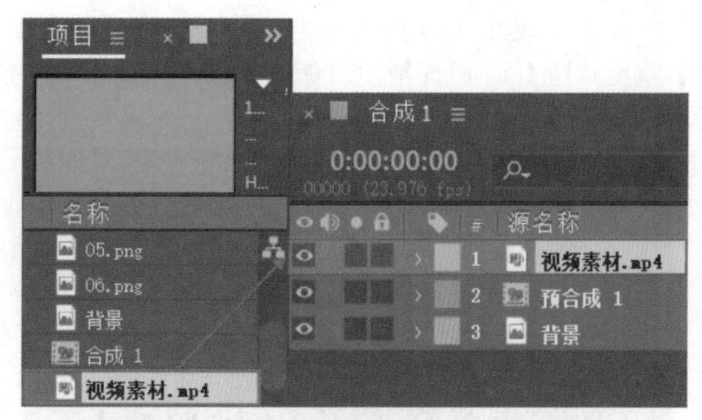

图 9-153

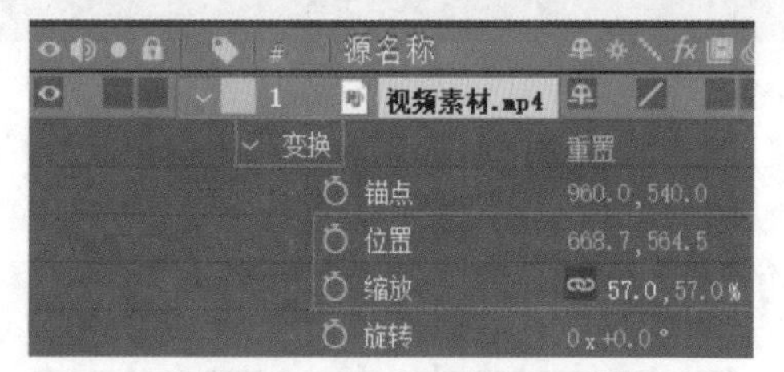

图 9-154

步骤 24 在【效果和预设】面板的搜索框中搜索【Keylight (1.2)】，将效果拖曳到【时间轴】面板中的视频图层上，如图9-155所示。

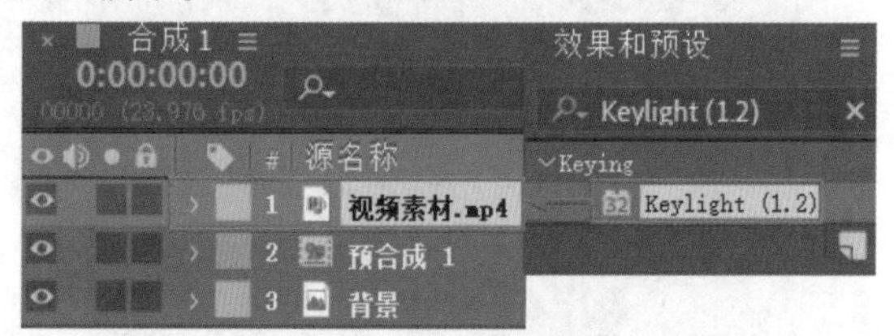

图 9-155

步骤 25 在【时间轴】面板中选择视频素材，在【效果控件】面板中单击打开【Keylight (1.2)】效果，单击【Screen Colour】后方吸管按钮，然后在【合成】面板中的绿色背景上单击鼠标左键，如图9-156所示。

步骤 26 在【效果和预设】面板搜索框中搜索【曲线】，将效果拖曳到【时间轴】面板中的视频图层上，如图9-157所示。

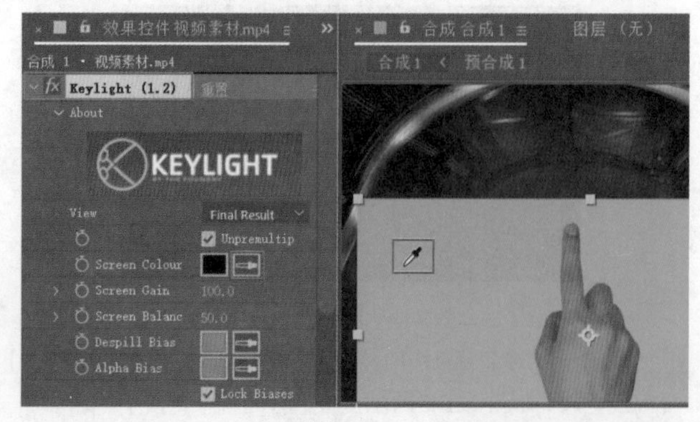

图 9-156

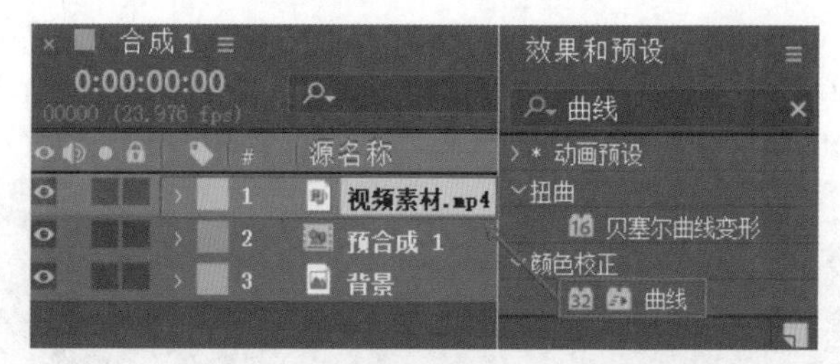

图 9-157

步骤 27 在【时间轴】面板中选择视频素材图层，在【效果控件】面板中展开【曲线】效果，设置【通道】为RGB，在下方曲线上合适位置单击添加一个控制点并向左上角拖动，如图9-158所示。此时画面效果如图9-159所示。

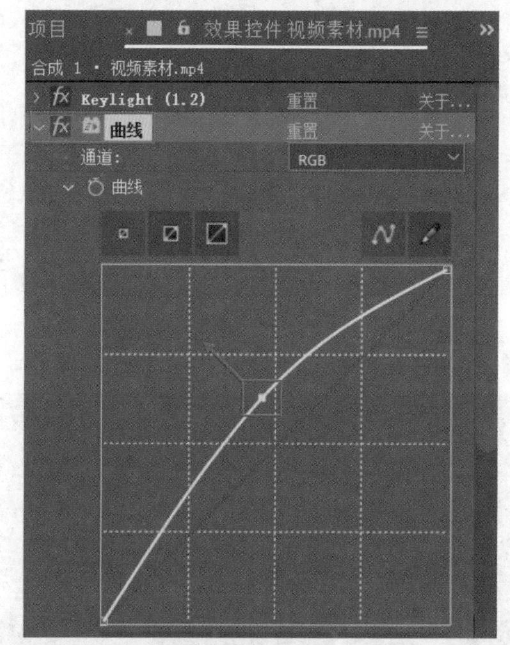

图 9-158

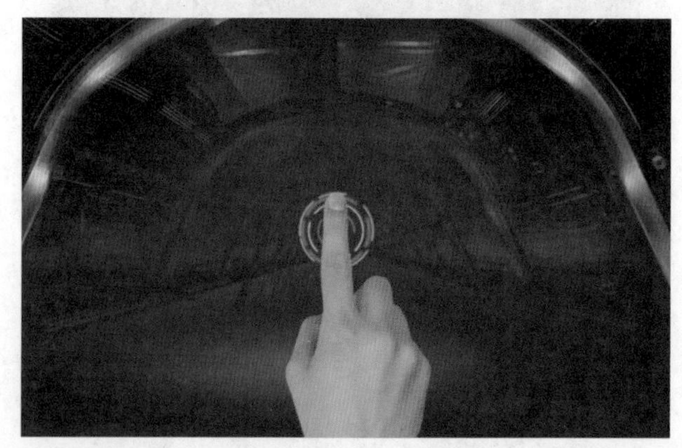

图 9-159

步骤 28 单击打开预合成1图层下方的【效果】，选择【三色调】，使用快捷键Ctrl+C复制，接着选择视频素材.mp4图层，使用快捷键Ctrl+V进行粘贴，然后打开该图层下方的【三色调】，设置【与原始图像混合】为80%，如图9-160所示。调色后的画面效果如图9-161所示。

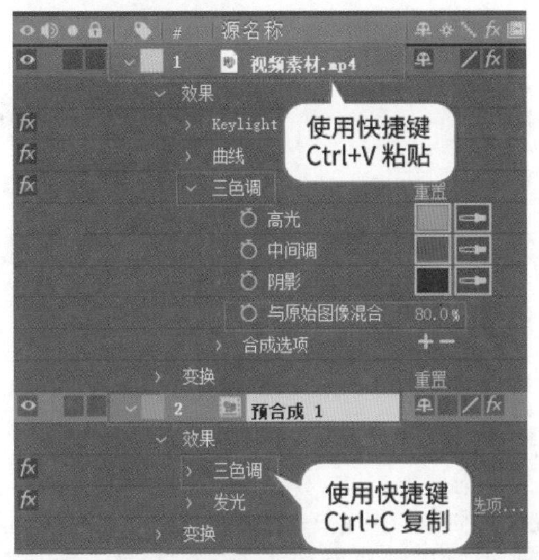

图9-160

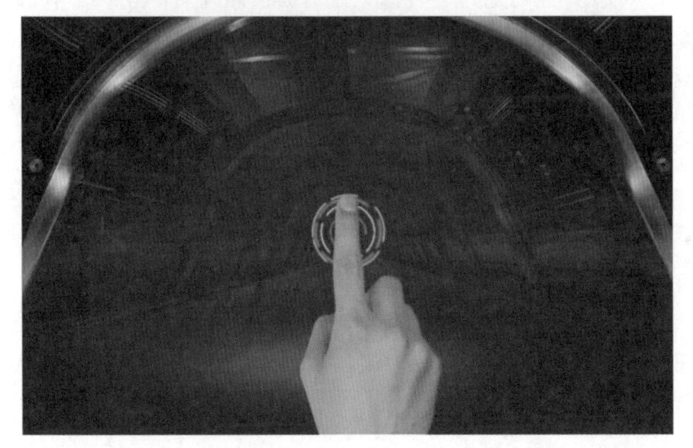

图9-161

步骤 29 在【时间轴】面板下方空白处单击鼠标右键，执行【新建】/【摄像机】命令，如图9-162所示。在弹出的【摄像机设置】窗口中单击【确定】按钮，如图9-163所示。

新建 >	查看器(V)
合成设置...	文本(T)
在项目中显示合成	纯色(S)...
预览(P) >	灯光(L)...
切换视图布局 >	摄像机(C)...
切换 3D 视图 >	空对象(N)
重命名	形状图层
在基本图形中打开	调整图层(A)
合成流程图	内容识别填充图层...
合成微型流程图	Adobe Photoshop 文件(H)...
	Maxon Cinema 4D 文件(C)...

图9-162

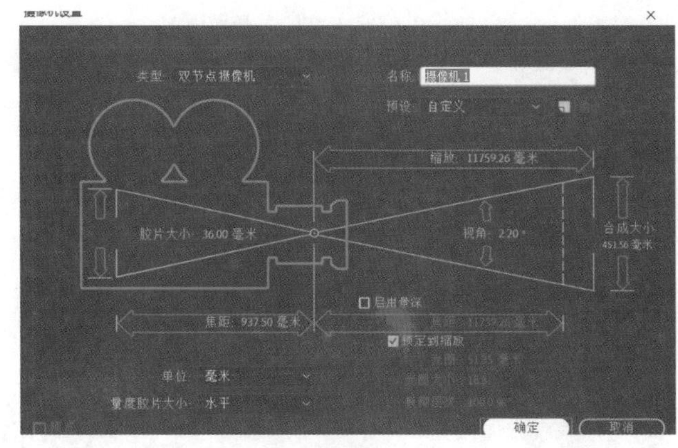

图9-163

步骤 30 单击打开摄像机1图层下方的【变换】，设置【目标点】为(659.1,330.8,0)，【位置】为(659.1,330.8，-840)，如图9-164所示。接着展开【摄像机选项】，设置【缩放】为853.3像素，【景深】为开，【焦距】为853.3像素，【光圈】为103.1像素，如图9-165所示。

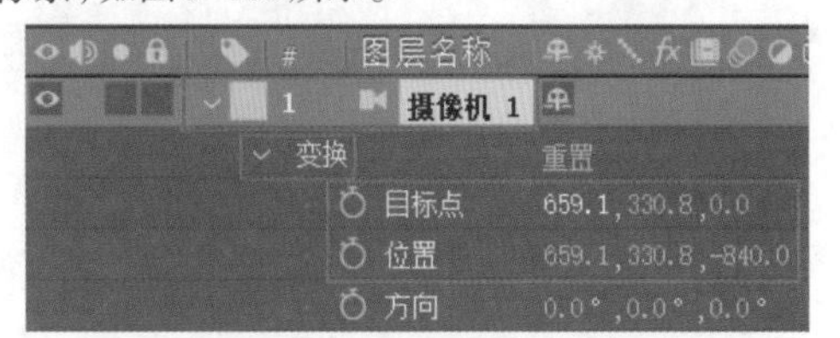

图9-164

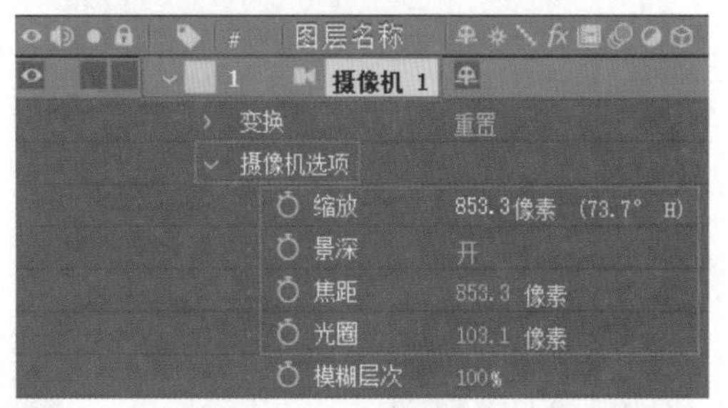

图9-165

步骤 31 本案例制作完成，滑动时间线查看画面效果，如图9-166所示。

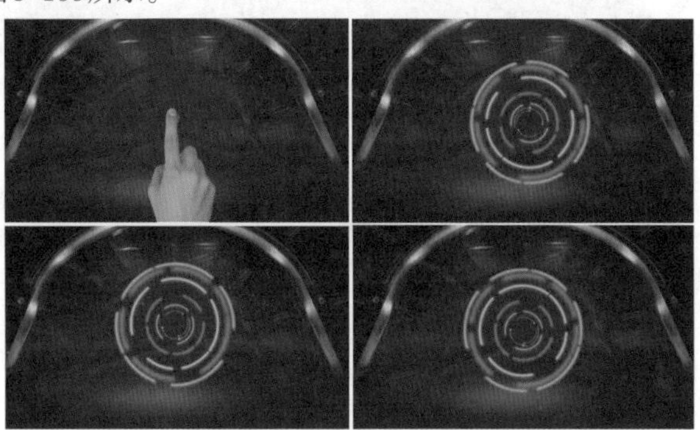

图9-166

扫一扫，看视频

文字效果

本章内容简介：

文字是设计作品中非常常见的元素，它不仅可以用来表述作品信息，很多时候也起到美化版面的作用，使传达的内容更加直观深刻。After Effects中有着非常强大的文字创建与编辑功能，不仅有多种文字工具供用户使用，还可通过多种参数设置面板修改文字效果。本章主要讲解多种类型文字的创建及文字属性的编辑方法，让文字形成一种视觉符号，展现文字独特的魅力。

重点知识掌握：

- 创建文字的方法
- 编辑文字参数
- 综合制作文字实例

优秀作品欣赏

10.1 初识文字效果

在After Effects中可以创建横排文字和竖排文字，如图10-1和图10-2所示。

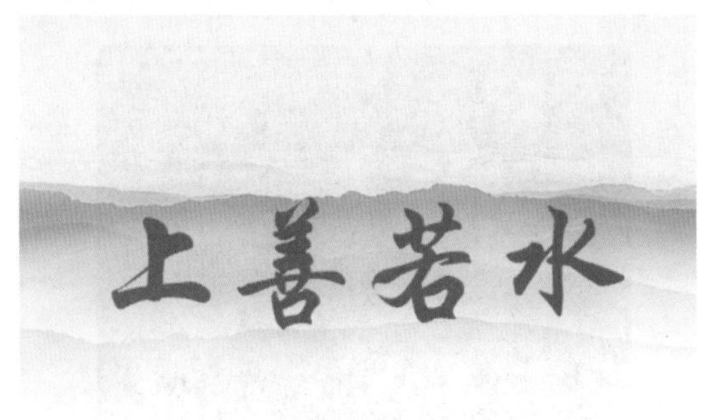

上善若水

图 10-1

相见欢
微云一抹遥峰，
冷落落，
恰与个人清晓画眉同。
红蜡泪，青绫被，
水沉浓，
却与黄茅野店听西风。

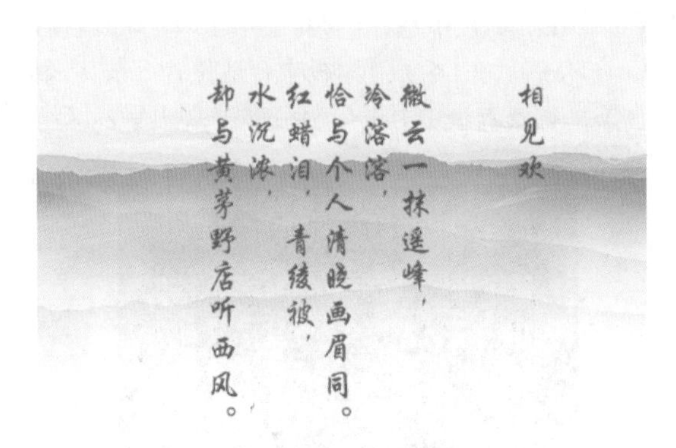

图 10-2

除了简单的输入文字以外，还可以通过设置文字的版式、质感等制作出更精彩的文字效果，如图10-3～图10-6所示。

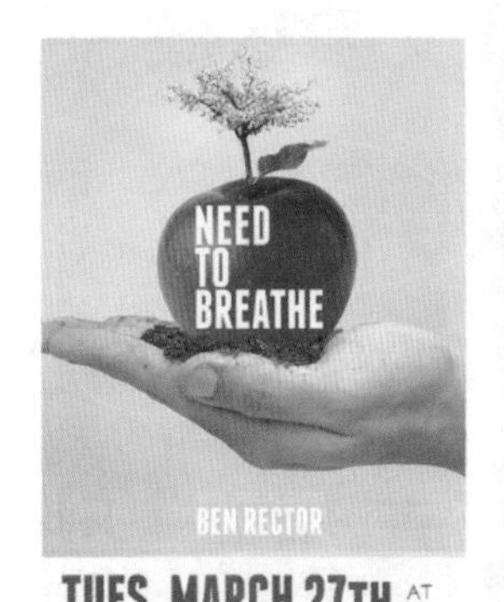

NEED
TO
BREATHE
BEN RECTOR
TUES, MARCH 27TH AT THE
ROYAL OAK MUSIC THEATRE

图 10-3

Keep
Calm
and
Design
On

图 10-4

CAIRDE
ARTS
Festival
JULY
SLIGO

图 10-5

You are
what
you eat!

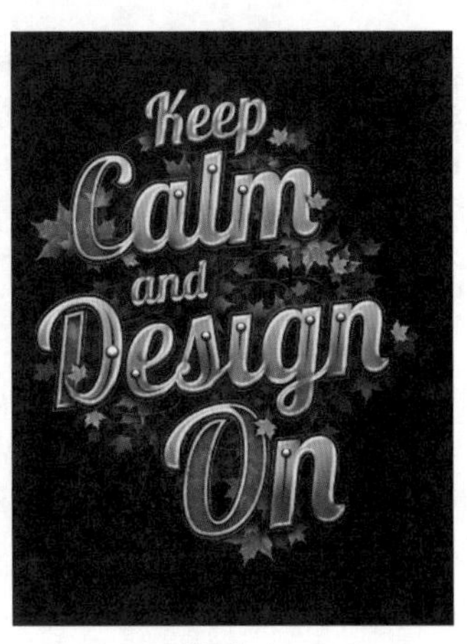

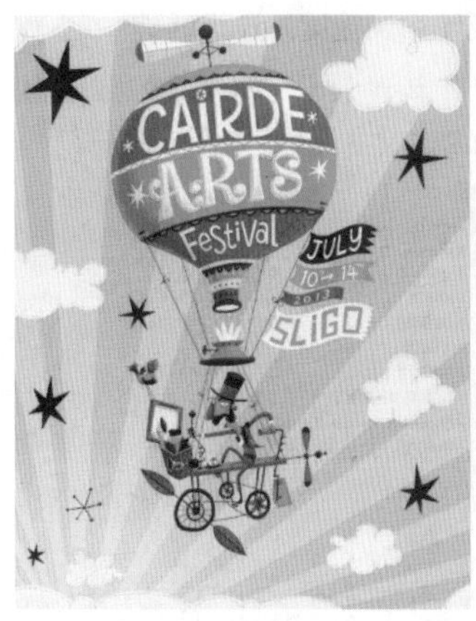

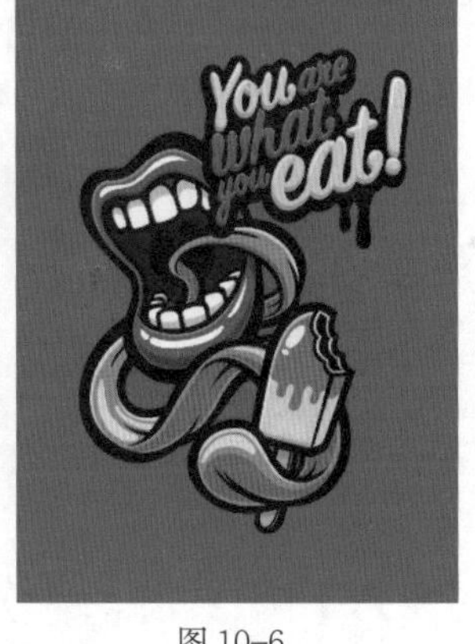

图 10-6

10.2 创建文字

无论在何种视觉媒体中，文字都是必不可缺的设计元素之一，它能准确地表达作品所阐述的信息，同时也是丰富画面的重要途径。在After Effects中，创建文本的方式有两种，分别是利用文本图层进行创建和利用文本工具进行创建。

10.2.1 创建文本图层

方法1：在【时间轴】面板中进行创建

步骤 01 在【时间轴】面板中的空白位置处单击鼠标右键，执行【新建】/【文本】命令，如图10-7所示。

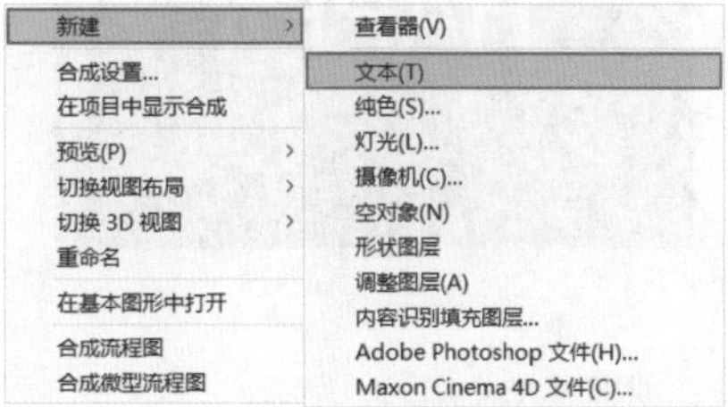

新建
合成设置...
在项目中显示合成
预览(P)
切换视图布局
切换 3D 视图
重命名
在基本图形中打开
合成流程图
合成微型流程图
查看器(V)
文本(T)
纯色(S)...
灯光(L)...
摄像机(C)...
空对象(N)
形状图层
调整图层(A)
内容识别填充图层...
Adobe Photoshop 文件(H)...
Maxon Cinema 4D 文件(C)...

图 10-7

步骤 02 新建完成后，可以看到在【合成】面板中出现了一个光标符号，此时处于输入文字状态，如图10-8所示。

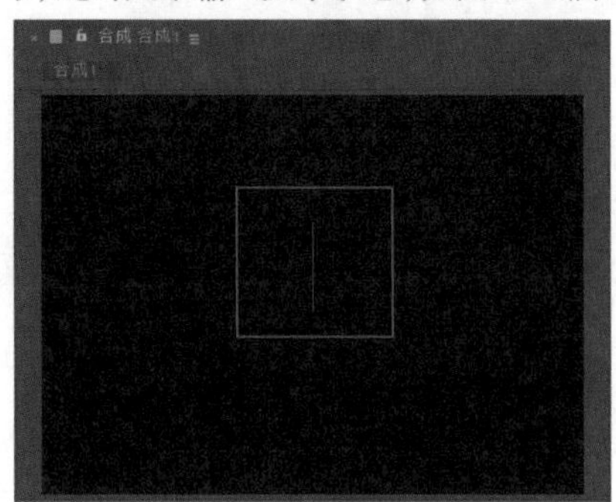

图 10-8

方法 2：在菜单栏中（或使用快捷键）进行创建

在菜单栏中执行【图层】/【新建】/【文本】命令(或使用快捷键Ctrl+Shift+Alt+T)，即可创建文本图层，如图10-9所示。

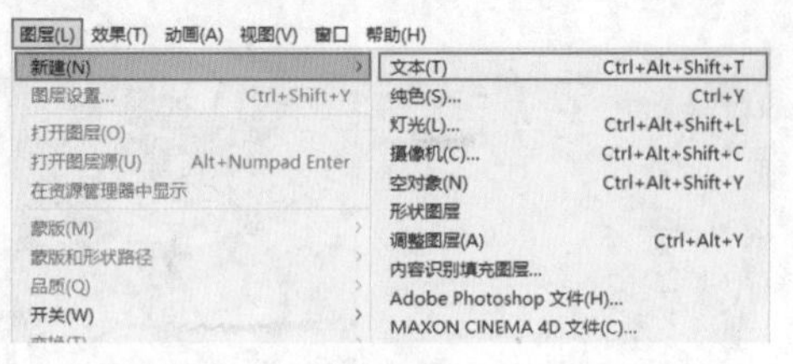

图 10-9

重点 10.2.2 轻松动手学：利用文本工具创建文字

文件路径：Chapter 10 文字效果→轻松动手学：利用文本工具创建文字

方法 1：创建横排文字

扫一扫，看视频

在工具栏中选择【横排文字工具】T(或使用快捷键Ctrl+T)，然后在【合成】面板中单击鼠标左键，此时可以看到在【合成】面板中出现了一个输入文字的光标符号，接着即可输入文本，如图10-10所示。

图 10-10

方法 2：创建竖排文字

在工具栏中长按【文字工具组】T(或使用快捷键Ctrl+T)，选择【竖排文字工具】IT，然后在【合成】面板中单击鼠标左键，此时可以看到在【合成】面板中出现了一个输入文字的光标符号，接着即可输入文本，如图10-11所示。

图 10-11

方法 3：创建段落文字

步骤 01 在工具栏中选择【横排文字工具】T(或使用快捷键Ctrl+T)，然后在【合成】面板中合适位置处按住鼠标左键并拖曳至合适大小，绘制文本框，接着即可输入文本，如图10-12所示。

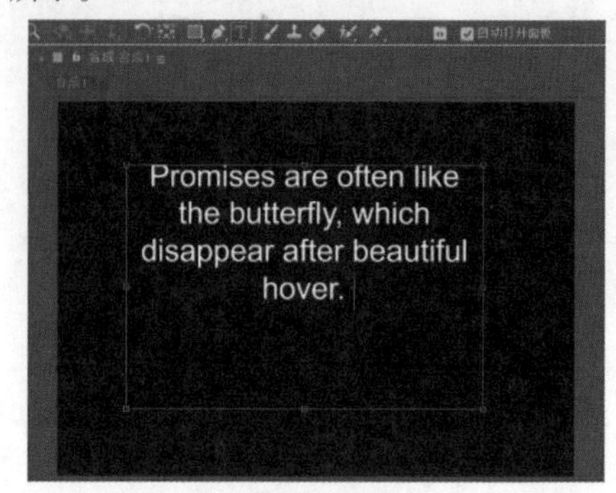

图 10-12

步骤 02 在工具栏中选择【竖排文字工具】IT(或使用快捷键Ctrl+T)，然后在【合成】面板中合适位置处按住鼠标左键并拖曳至合适大小，绘制文本框，接着即可输入文本，如图10-13所示。

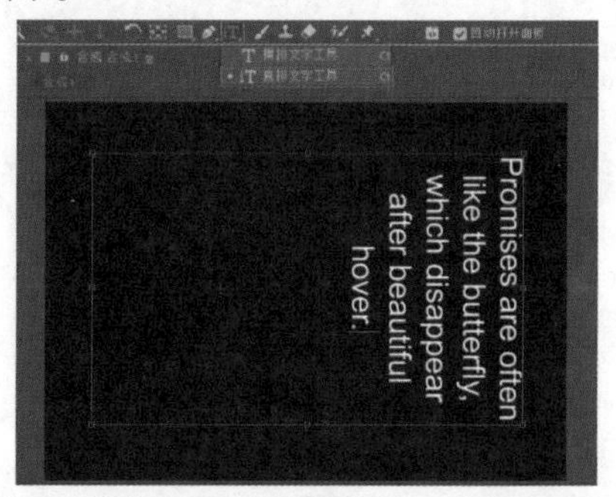

图 10-13

10.3 设置文字参数

扫一扫，看视频

在After Effects中创建文字后，可以进入【字符】面板和【段落】面板修改文字效果。

重点 10.3.1 【字符】面板

在创建文字后，可以在【字符】面板中对文字的【字体系列】【字体样式】【填充颜色】【描边颜色】【字体大小】【行距】【两个字符间的字偶间距】【所选字符间距】【描边宽度】【描边类型】【垂直缩放】【水平缩放】【基线偏移】【所选字符比例间距】和【字体类型】进行设置。【字符】面板如图10-14所示。

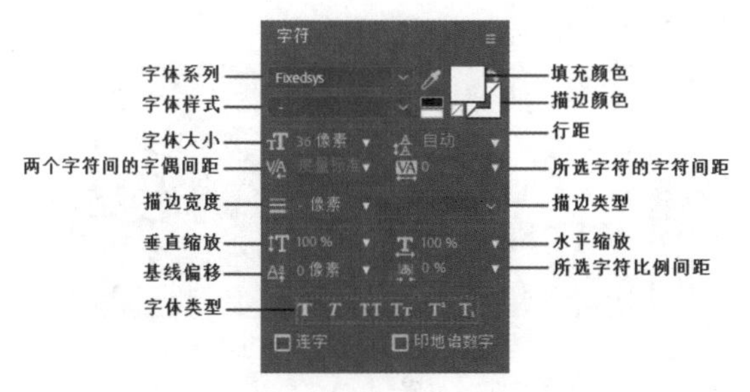

图 10-14

- Fixedsys 字体系列：在【字体系列】下拉菜单中可以选择所需应用的字体类型，如图10-15所示。在选择某一字体后，当前所选文字即会应用该字体，如图10-16所示。

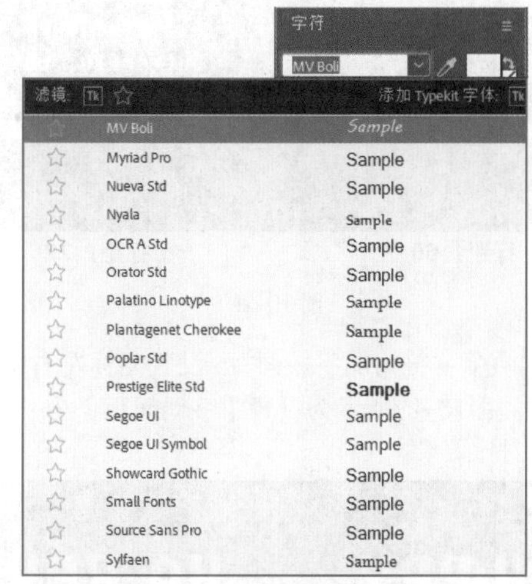

图 10-15

图 10-16

- 字体样式：在设置【字体系列】后，有些字体还可以对其样式进行选择。在【字体样式】下拉菜单中可以选择所需应用的字体样式，如图10-17所示。在选择某一字体后，当前所选文字即会应用该样式。

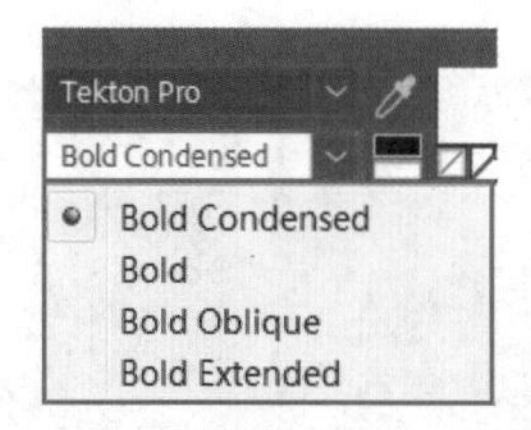

图 10-17

图10-18所示为同一字体系列不同字体样式的对比效果。

图 10-18

- 填充颜色：在【字符】面板中单击【填充颜色】色块，在弹出的【文本颜色】面板中设置合适的文字颜色，也可以使用（吸管工具）直接吸取所需颜色，如图10-19所示。

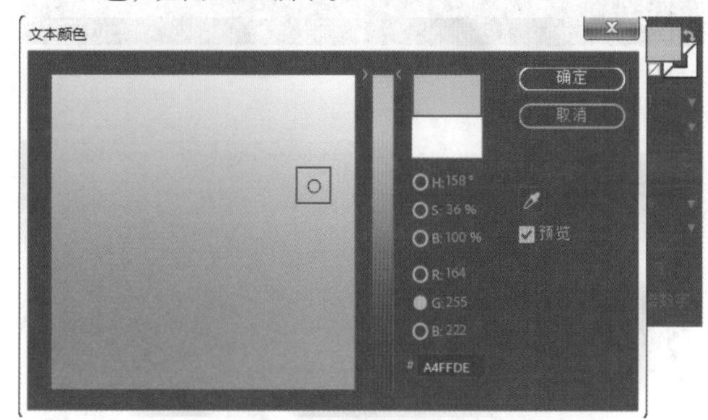

图 10-19

图10-20所示为设置不同【填充颜色】的文字对比效果。

图 10-20

- 描边颜色：在【字符】面板中双击【描边颜色】色块，在弹出的【文本颜色】面板中设置合适的文字描边颜色，也可以使用（吸管工具）直接吸取所需颜色，如图10-21所示。

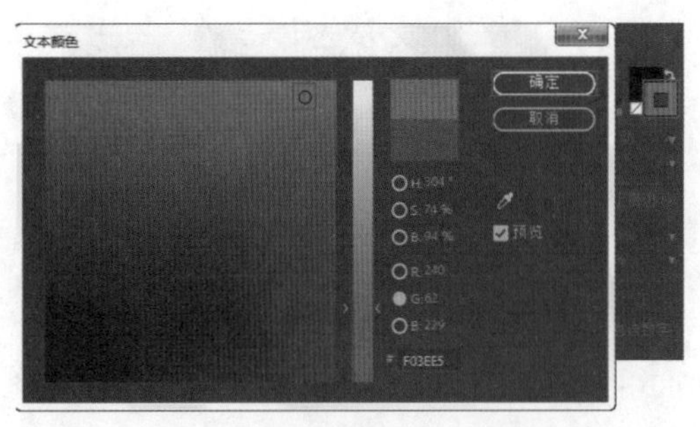

图 10-21

- 字体大小：可以在【字体大小】下拉菜单中选择预设的字体大小，也可在数值处按住鼠标左键并左右拖曳或在数值处单击直接输入数值。如图10-22所示即为【字体大小】为50和100的对比效果。

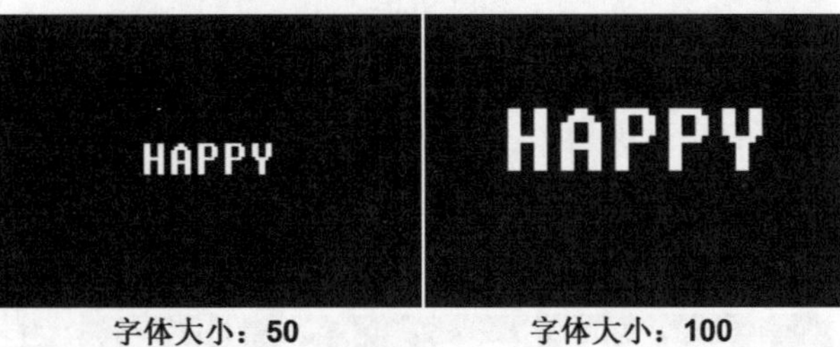

图 10-22

提示：有时候怎么改不了字体大小?

例如，使用【横排文字工具】在画面中输入文字。此时在【字符】面板中会显示【字体大小】为400像素，如图10-23所示。

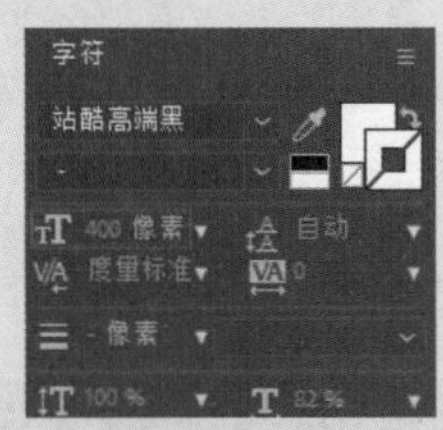

图 10-23

如果在输入状态下，修改【字符】面板中的【字体大小】为500像素时，可以看到字体大小是没有发生任何改变的，如图10-24所示。

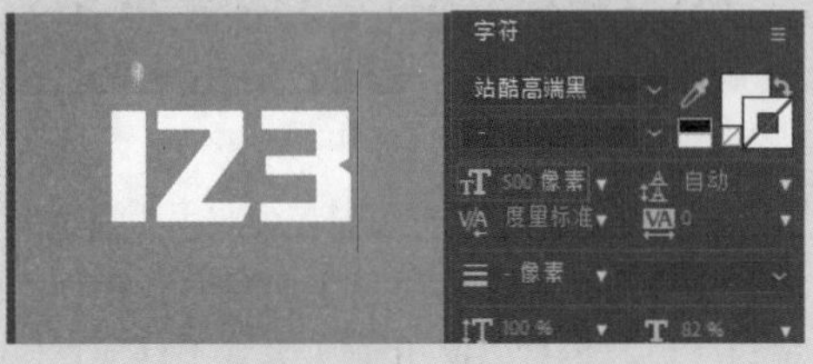

图 10-24

此时需要单击 (选取工具)，并选中文字图层，然后再设置【字符】面板中的【字体大小】为500像素，此时可以看到字体变大了，如图10-25所示。

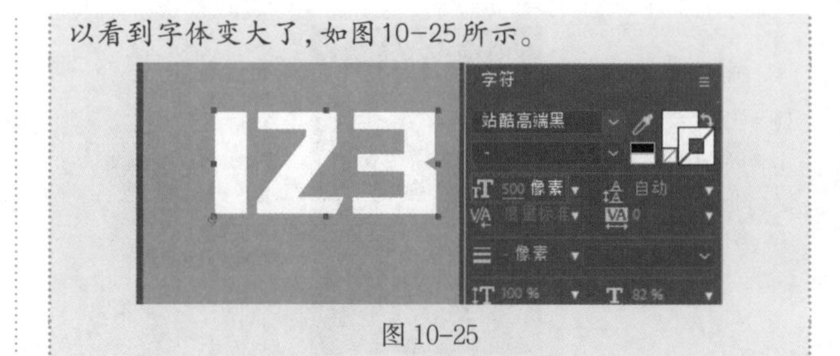

图 10-25

- 行距：用于段落文字，设置行距数值可调节行与行之间的距离。图10-26所示为设置【行距】为60和72的对比效果。

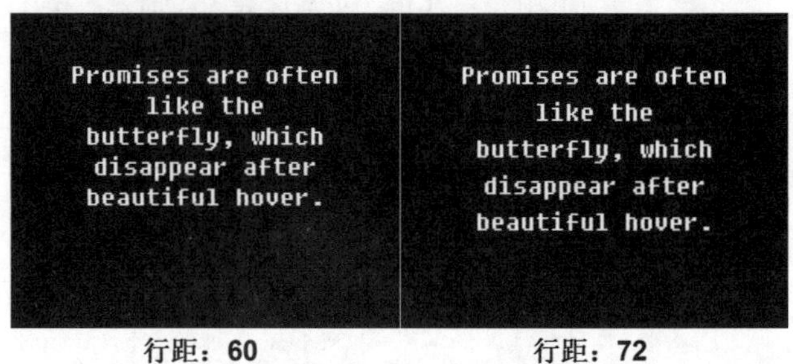

Promises are often like the butterfly, which disappear after beautiful hover.
Promises are often like the butterfly, which disappear after beautiful hover.
行距：60
行距：72

图 10-26

- 两个字符间的字偶间距：设置光标左右字符的间距。图10-27所示为设置【字偶间距】为-300和300的对比效果。

图 10-27

- 所选字符的字符间距：设置所选字符的字符间距，图10-28所示为设置【字符间距】为-100和100的对比效果。

图 10-28

- (描边宽度)：设置描边的宽度。图10-29所示为设置【描边宽度】为5和20的对比效果。

描边宽度：5　　描边宽度：20

图 10-29

- 描边类型：单击【描边类型】下拉菜单可设置描边类型。图10-30所示为选择不同描边类型的对比效果。

描边类型：在描边上填充　　描边类型：在填充上描边

图 10-30

- 垂直缩放：可以垂直拉伸文本。
- 水平缩放：可以水平拉伸文本。
- 基线偏移：可上下平移所选字符。
- 所选字符比例间距：可设置所选字符之间的比例间距。
- 字体类型：可设置字体类型，包括【仿粗体】、【仿斜体】、【全部大写字母】、【小型大写字母】、【上标】和【下标】。图10-31所示为设置不同字体类型的对比效果。

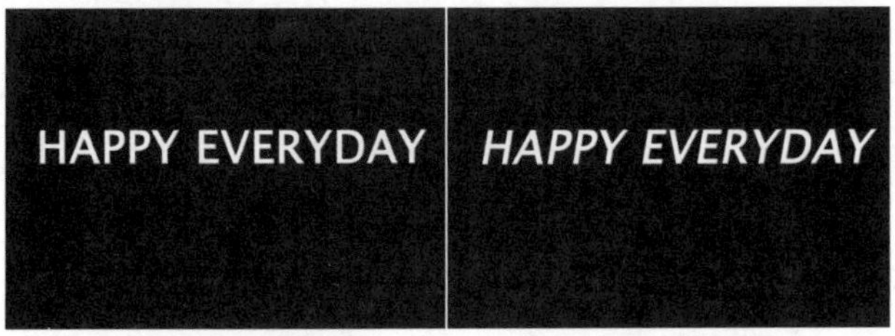

字体类型：仿粗体　　字体类型：仿斜体

图 10-31

提示：打开 After Effects 文件后，发现缺少字体怎么办？

当读者在打开本书 After Effects 文件或从网络中下载 After Effects 文件时，开启文件后，可能会发现缺少了字体，系统会弹出类似的提示窗口，如图10-32所示。这时用户需要安装该字体，才可以打开与原来文件完全一致的文字效果。

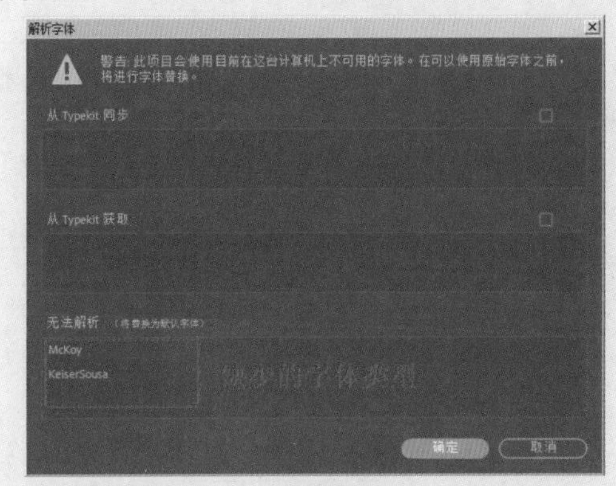

图 10-32

图 10-33 所示为本书案例原来文件的字体效果。图 10-34 所示为缺少两种字体类型的文字效果，也就是说当缺少该字体类型时，文件会自动替换成另一种字体效果。

图 10-33

图 10-34

其实我们不需要必须使用某一种字体，只要是字体在作品中感觉合理、合适、舒服即可。需要注意的是，不同的字体类型字体大小是不同的，因此若读者使用的字体与本书不完全相符，那么字体的大小等参数会有一定的区别，这个时候可以自行根据画面的布局修改字体大小。本书只是给读者提供一个学习方法，而并非死记硬背式地将参数展示给读者。

如果您一定要和本书的字体一致，那么需要按以下步骤操作安装字体。

(1) 搜索并下载该字体，例如搜索KeiserSousa找到下载地址并下载，如图10-35所示。

(2) 以Win7系统为例，在计算机中执行【开始】/【控制面板】命令，如图10-36所示。

图 10-35　　　　图 10-36

(3) 在此时的窗口中单击【字体】，如图10-37所示。

(4) 打开的【字体】文件夹如图10-38所示。

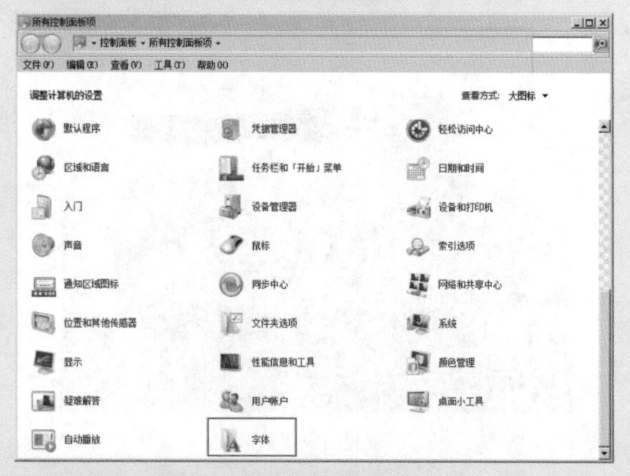

图 10-37

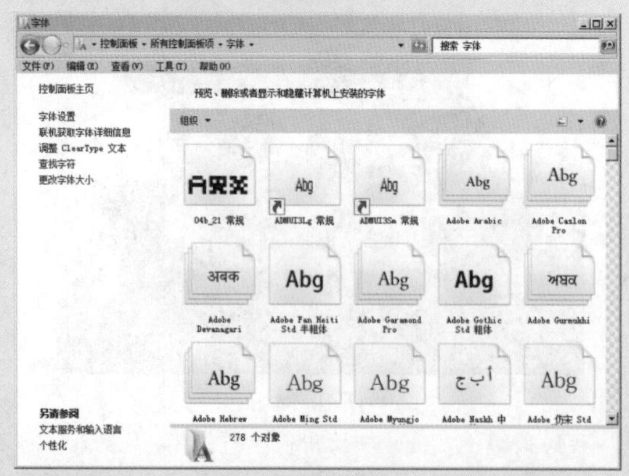

图 10-38

(5) 将刚才的KeiserSousa.ttf文件复制并粘贴到该文件夹中，如图10-39所示。

(6) 关闭After Effects软件，然后重新打开刚才保存的After Effects工程文件，此时即可看到字体已经改变了，如图10-40所示。

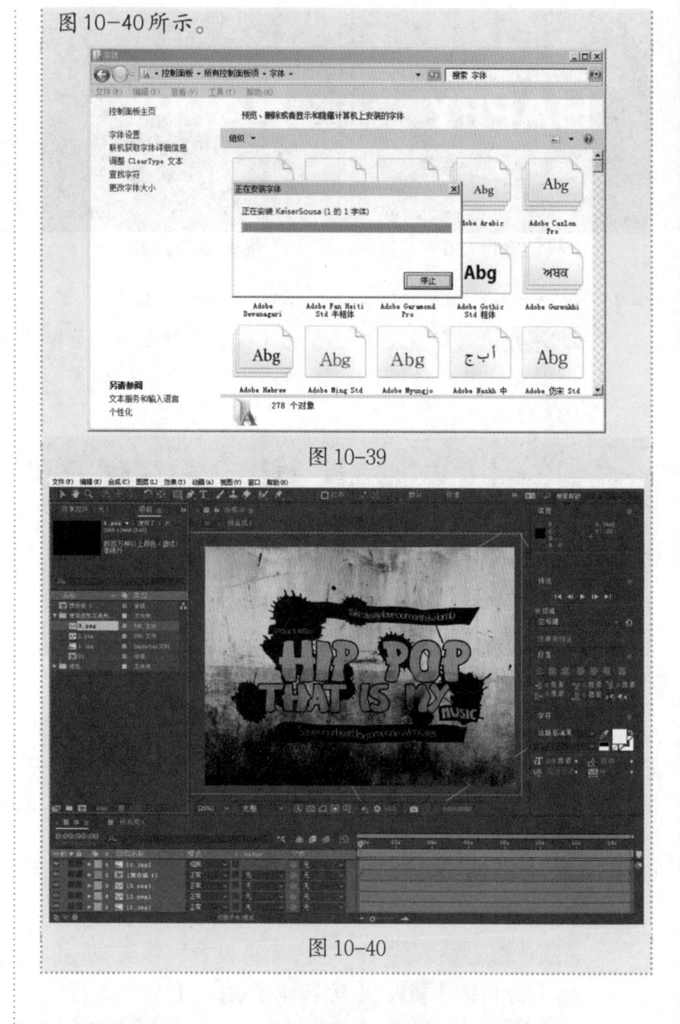

图 10-39

图 10-40

重点 10.3.2 【段落】面板

在【段落】面板中可以设置文本的对齐方式和缩进大小。【段落】面板如图10-41所示。

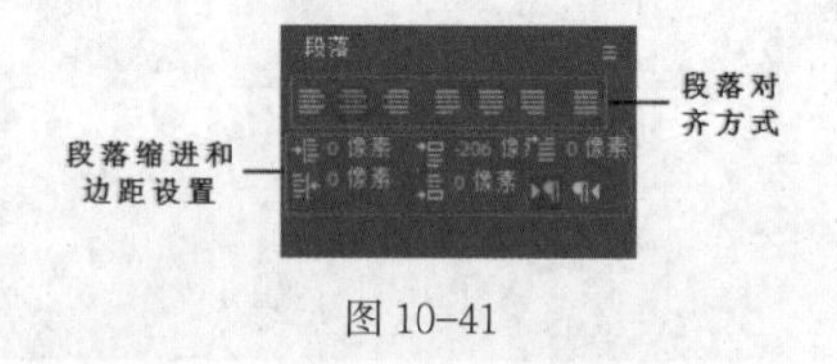

图 10-41

1. 段落对齐方式

在【段落】面板中一共包含7种文本对齐方式，分别为【居左对齐文本】【居中对齐文本】【居右对齐文本】【最后一行左对齐】【最后一行居中对齐】【最后一行右对齐】和【两端对齐】，如图10-42所示。

图 10-42

图10-43所示为设置段落对齐方式为【居左对齐文本】和【居右对齐文本】的对比效果。

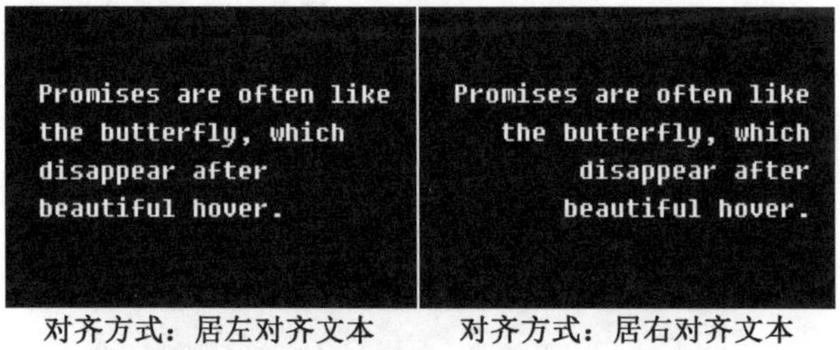

Promises are often like the butterfly, which disappear after beautiful hover.

Promises are often like the butterfly, which disappear after beautiful hover.

对齐方式：居左对齐文本　　对齐方式：居右对齐文本

图10-43

2. 段落缩进和边距设置

在【段落】面板中包括【缩进左边距】【缩进右边距】和【首行缩进】3种段落缩进方式，包括【段前添加空格】和【段后添加空格】2种设置边距方式，如图10-44所示。

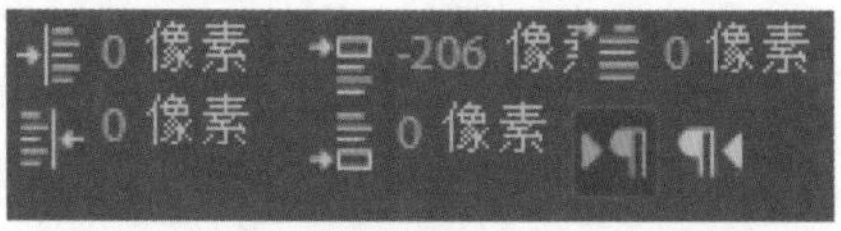

0 像素　-206 像素　0 像素

0 像素　0 像素

图10-44

图10-45所示为设置参数的前后对比效果。

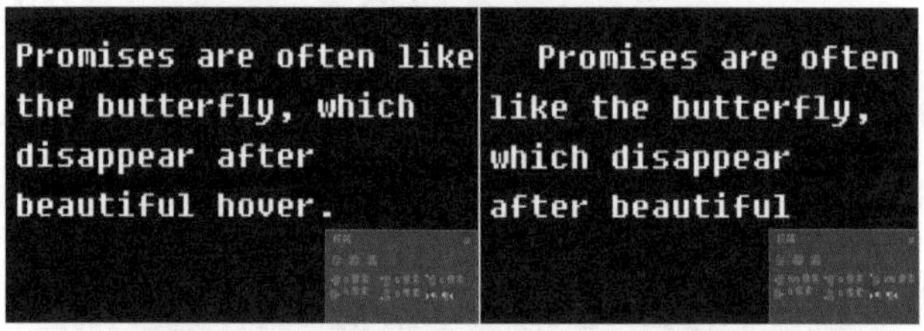

Promises are often like the butterfly, which disappear after beautiful hover.

Promises are often like the butterfly, which disappear after beautiful

图10-45

重点 10.4 轻松动手学：路径文字效果

文件路径：Chapter 10 文字效果→轻松动手学：路径文字效果

扫一扫，看视频

在创建文本图层后，可以为文本图层添加遮罩路径，使该图层内的文字沿绘制的路径排列，从而产生路径文字效果。

步骤 01 创建一个文本图层，并编辑合适的文字，在【时间轴】面板中选择该文本图层，并在工具栏中选择【钢笔工具】，接着在【合成】面板中绘制一个遮罩路径，如图10-46所示。

步骤 02 在【时间轴】面板中打开该文本图层下方的【文本】/【路径选项】，设置【路径】为【蒙版1】，接着设置【垂直于路径】为【关】，如图10-47所示。

步骤 03 此时在【合成】面板中可以看到文字内容已沿遮罩路径排列，如图10-48所示。

步骤 04 为文本图层添加路径后，可以在【时间轴】面板中设置路径下的相关参数来调整文本状态。其中包括【路径选项】和【更多选项】，如图10-49所示。

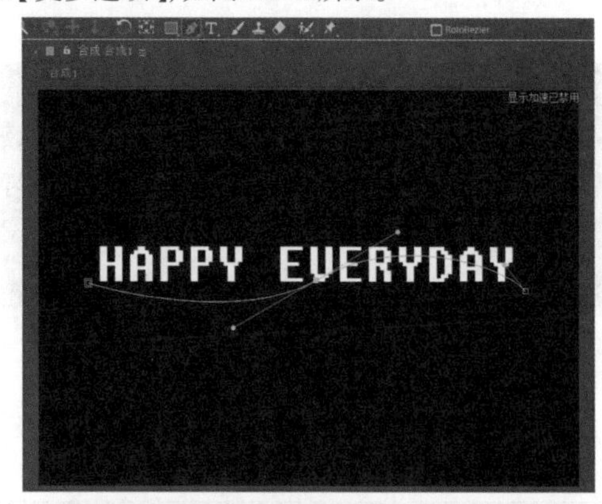

图10-46

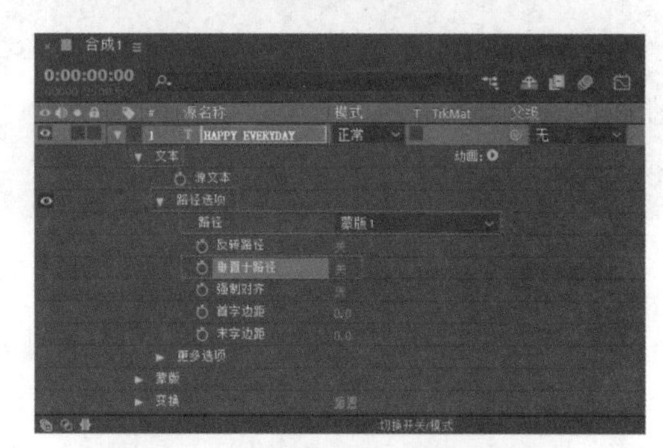

图10-47

图10-48

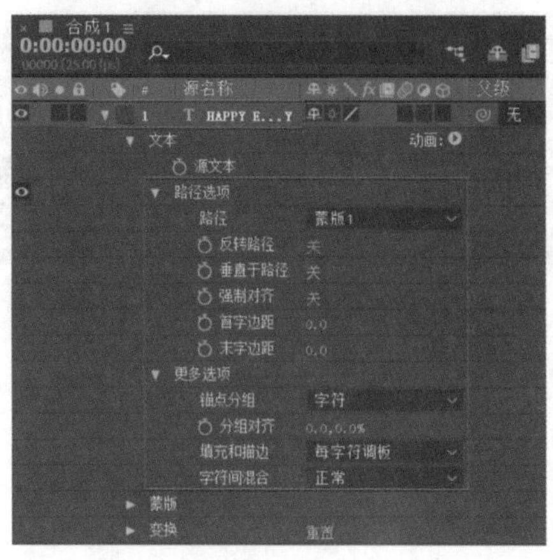

图10-49

- 路径：设置文本跟随的路径。
- 反转路径：设置是否反转路径。图10-50所示为设置【反转路径】为关和开的对比效果。

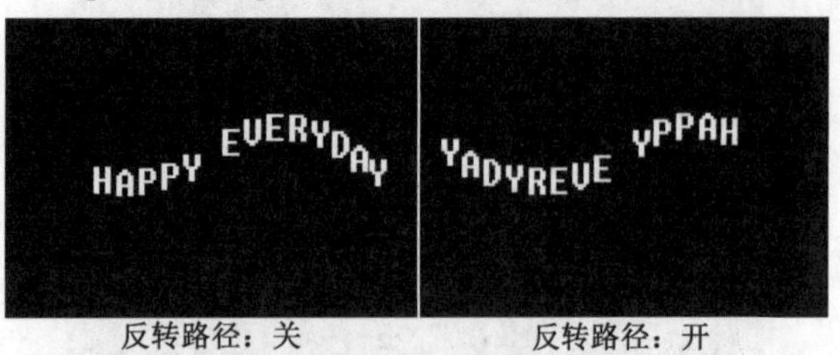

反转路径：关　　反转路径：开

图 10-50

- 垂直于路径：设置文字是否垂直路径。图10-51所示为设置【垂直于路径】为关和开的对比效果。

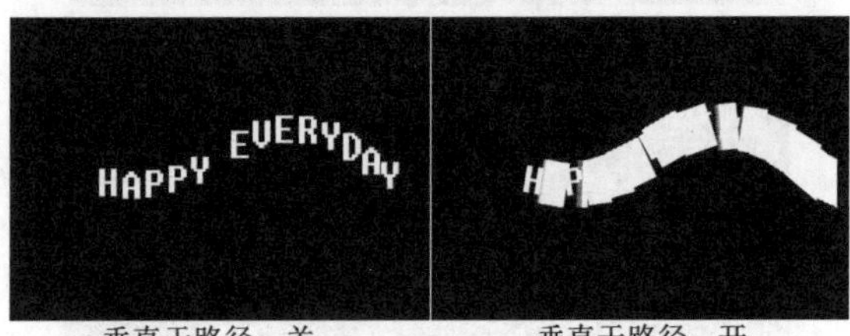

垂直于路径：关　　垂直于路径：开

图 10-51

- 强制对齐：设置文字与路径首尾是否对齐。图10-52所示为设置【强制对齐】为关和开的对比效果。

强制对齐：关　　强制对齐：开

图 10-52

- 首字边距：设置首字的边距大小。图10-53所示为设置【首字边距】为-150和100的对比效果。

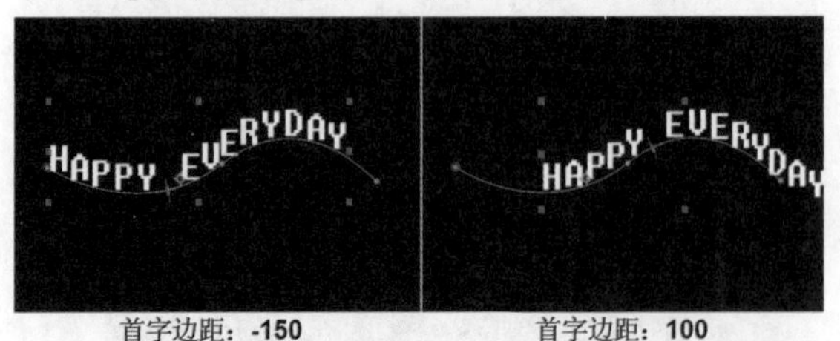

首字边距：-150　　首字边距：100

图 10-53

- 末字边距：设置末字的边距大小。
- 锚点分组：对文字锚点进行分组。
- 分组对齐：设置锚点分组对齐的程度。
- 填充和描边：设置文本填充和描边的次序。
- 字符间混合：设置字符之间的混合模式。

10.5 添加文字属性

创建文本图层后，在【时间轴】面板中打开文本图层下的属性，对文字动画进行设置，也可以为文字添加不同的属性，并设置合适的参数来制作相关动画效果。图10-54所示为【文字属性】面板。

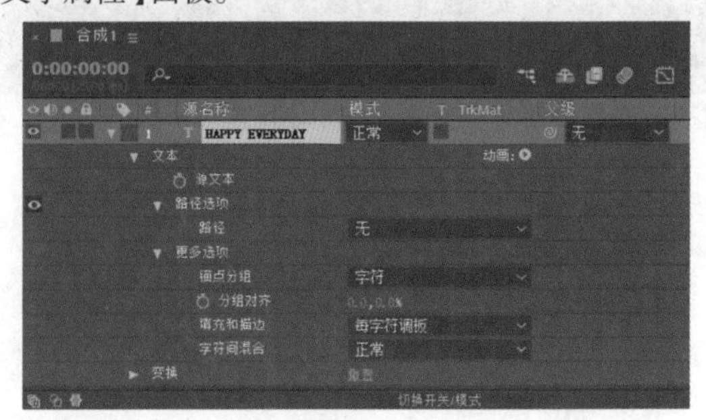

图 10-54

重点 10.5.1 轻松动手学：制作文字动画效果

扫一扫，看视频

文件路径：Chapter 10　文字效果→轻松动手学：制作文字动画效果

步骤 01 创建文本图层后，在【时间轴】面板中单击文本图层【文本】右侧的【动画：】，在弹出的属性栏中选择【旋转】，如图10-55所示。

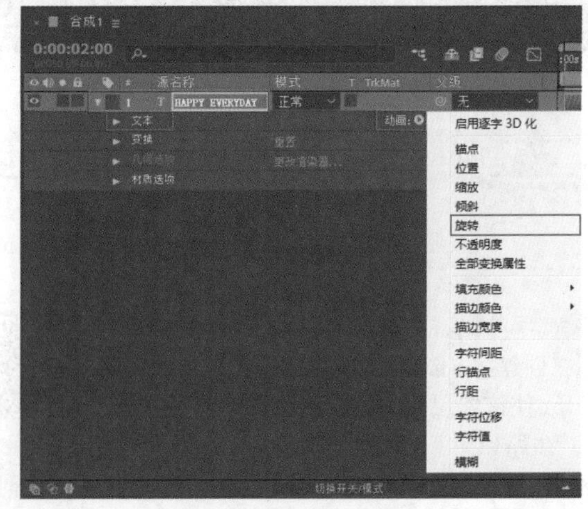

图 10-55

步骤 02 在【时间轴】面板中打开文本图层下方的【文本】/【动画制作工具1】，设置【旋转】为(0x+180.0°)，接着打开【范围选择器1】，并将时间线拖曳至起始帧位置处，单击【偏移】前的【时间变化秒表】按钮，设置【偏移】为0%。再将时间线拖曳至2秒位置处，设置【偏移】为100%，如图10-56所示。

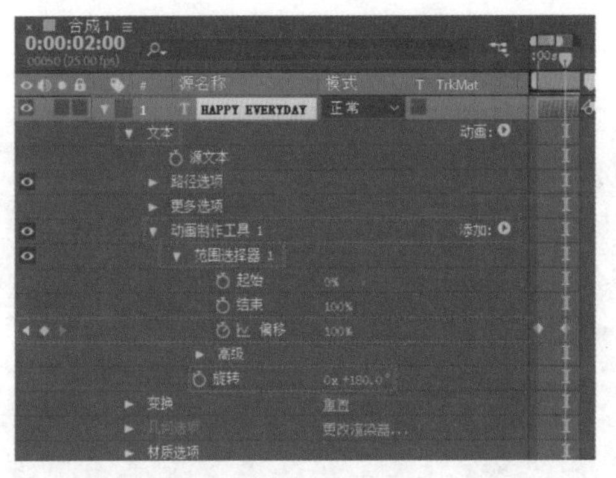

图 10-56

步骤 03 拖曳时间线查看文本效果，如图10-57所示。

图 10-57

- 启用逐字3D化：将文字逐字开启三维图层模式。
- 锚点：制作文字中心定位点变换的动画。设置该属性参数的前后对比效果如图10-58所示。

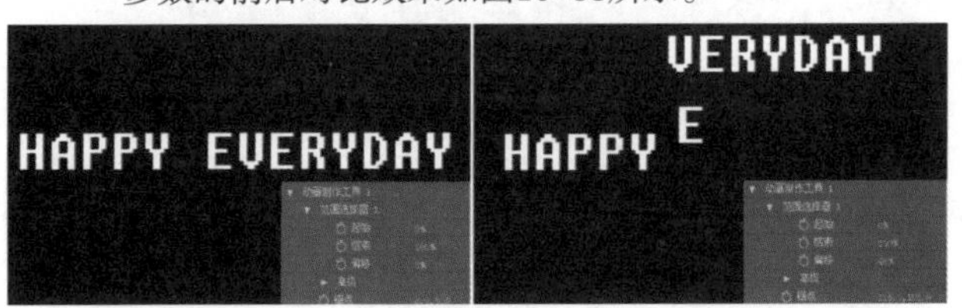

图 10-58

- 位置：调整文本位置。
- 缩放：对文字进行放大或缩小等缩放设置。设置该属性参数的前后对比效果如图10-59所示。

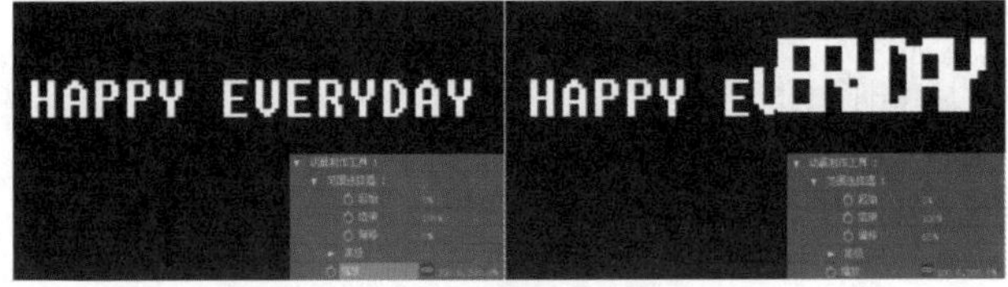

图 10-59

- 倾斜：设置文本倾斜程度。设置该属性参数的前后对比效果如图10-60所示。

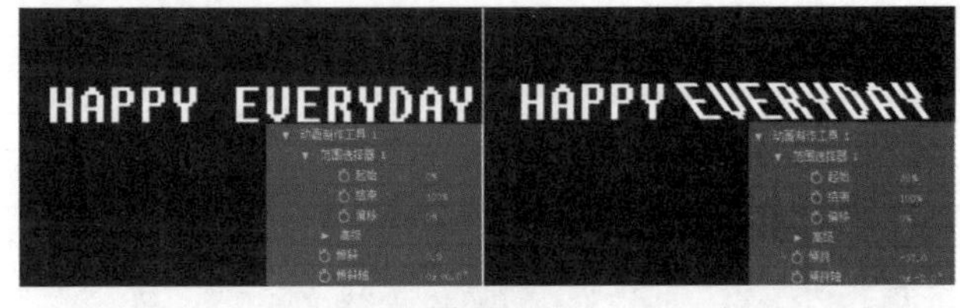

图 10-60

- 旋转：设置文本旋转角度。设置该属性参数的前后对比效果如图10-61所示。

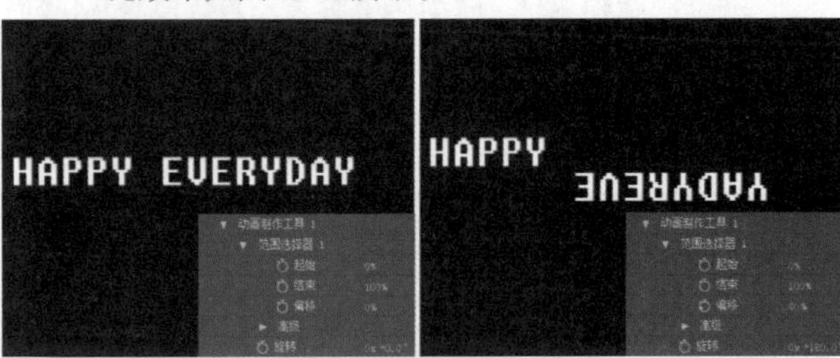

图 10-61

- 不透明度：设置文本透明程度。设置该属性参数的前后对比效果如图10-62所示。

图 10-62

- 全部变换属性：将所有属性都添加到范围选择器中。
- 填充颜色：设置文字的填充颜色。
  - RGB：文字填充颜色的RGB数值。
  - 色相：文字填充的色相。
  - 饱和度：文字填充的饱和度。
  - 亮度：文字填充的亮度。
  - 不透明度：文字填充的不透明度。
- 描边颜色：设置文字的描边颜色。
  - RGB：文字描边颜色的RGB数值。
  - 色相：文字描边颜色的色相数值。
  - 饱和度：文字描边颜色的饱和度数值。
  - 亮度：文字描边颜色的亮度数值。
  - 不透明度：文字描边颜色的不透明度数值。
- 描边宽度：设置文字的描边粗细。
- 字符间距：设置文字之间的距离。设置该属性参数的前后对比效果如图10-63所示。

图 10-63

- 行锚点：设置文本的对齐方式。当数值为0%时为左对齐，当数值为50%时为居中对齐，当数值为100%时为居右对齐。
- 行距：设置段落文字行与行之间的距离。设置该属性参数的前后对比效果如图10-64所示。

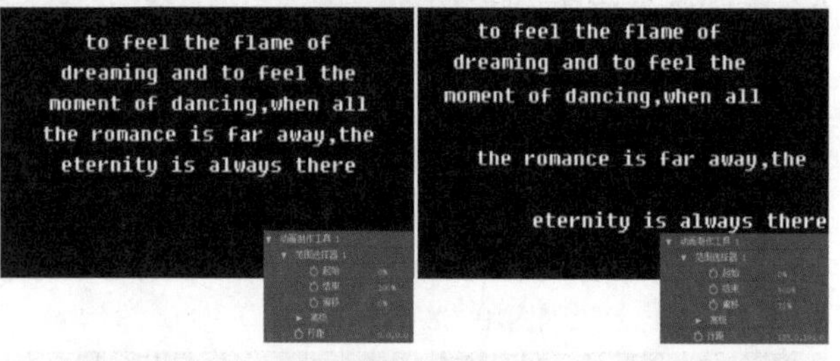

图 10-64

- 字符位移：按照统一的字符编码标准对文字进行位移。
- 字符值：按照统一的字符编码标准，统一替换设置字符值所代表的字符。
- 模糊：对文字进行模糊效果的处理，其中包括垂直和水平两种模式。设置该属性参数的前后对比效果如图10-65所示。

图 10-65

- 范围：单击可添加【范围选择器】。此时【时间轴】面板参数如图10-66所示。

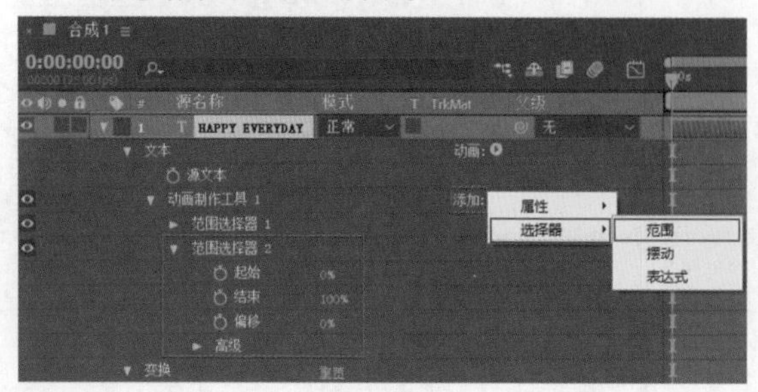

图 10-66

- 摆动：单击可添加【摆动选择器】。此时【时间轴】面板参数如图10-67所示。

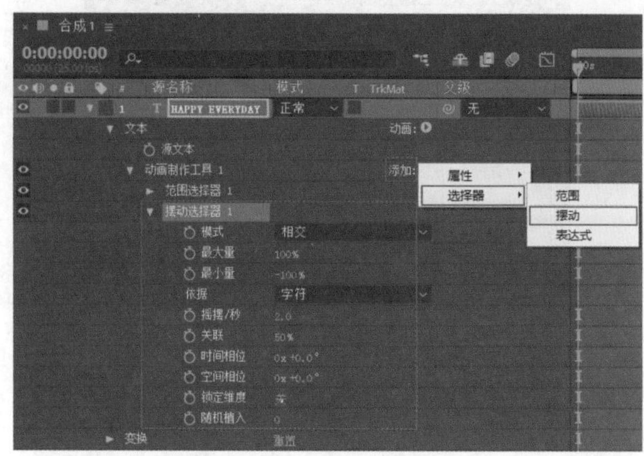

图 10-67

- 表达式：单击可添加【表达式选择器】。此时【时间轴】面板参数如图10-68所示。

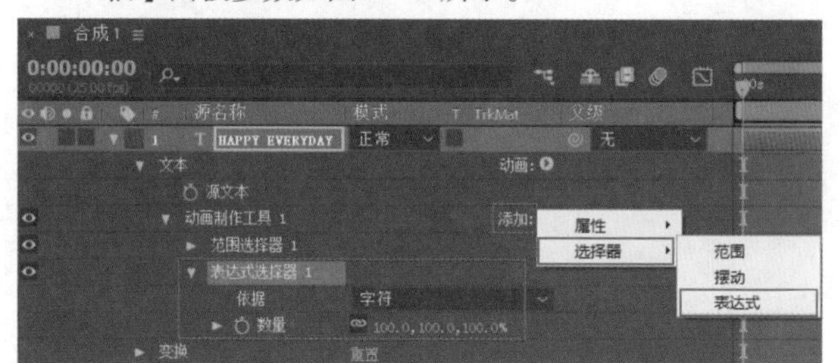

图 10-68

重点 10.5.2 使用3D文字属性

步骤 01 创建文本后，在【时间轴】面板中单击该图层的【3D图层】按钮下方相对应的位置，即可将该图层转换为3D图层，如图10-69所示。

步骤 02 打开该文本图层下方的【变换】，即可设置参数数值，调整文本状态，如图10-70所示。

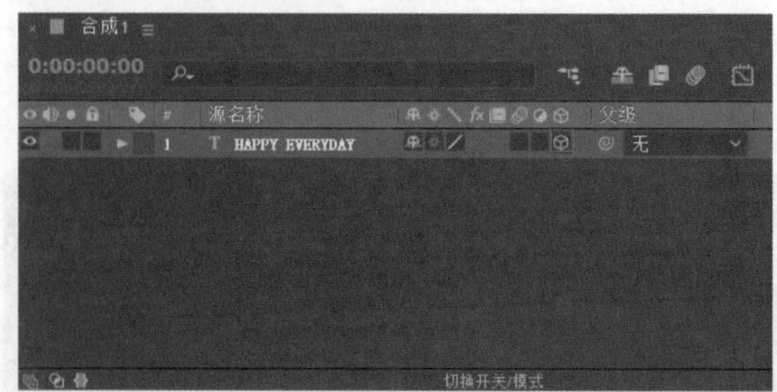

图 10-69

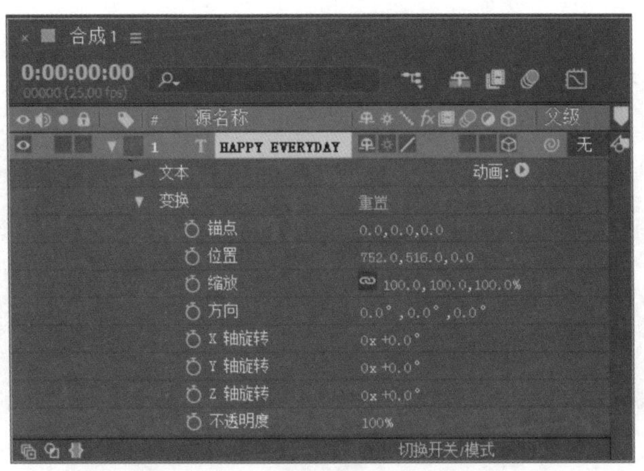

图 10-70

- 锚点：设置文本在三维空间内的中心点位置。
- 位置：设置文本在三维空间内的位置。图10-71所示为设置【位置】为不同数值的对比效果。

图 10-71

- 缩放：将文本在三维空间内进行放大、缩小等拉伸操作。
- 方向：设置文本在三维空间内的方向。图10-72所示为设置【方向】为不同数值的对比效果。

图 10-72

- X轴旋转：设置文本以X轴为中心的旋转程度。图10-73所示为设置【X轴旋转】为不同数值的对比效果。

图 10-73

- Y轴旋转：设置文本以Y轴为中心的旋转程度。图10-74所示为设置【Y轴旋转】为不同数值的对比效果。

图 10-74

- Z轴旋转：设置文本以Z轴为中心的旋转程度。图10-75所示为设置【Z轴旋转】为不同数值的对比效果。

图 10-75

- 不透明度：设置文本的透明程度。图10-76所示为设置【不透明度】为50%和100%的对比效果。

图 10-76

步骤 03 图10-77所示为调整后的文本效果。

图 10-77

重点 10.5.3 轻松动手学：巧用文字预设效果

文件路径：Chapter 10 文字效果→轻松动手学：巧用文字预设效果

扫一扫，看视频

在After Effects中有很多预设的文字效果，这些预设可以模拟非常绚丽、复杂的文字动

画。创建文字后，在【效果和预设】面板中展开【动画预设】下的Text，即可看到包含了十几种文字效果的分组类型，如图10-78所示。

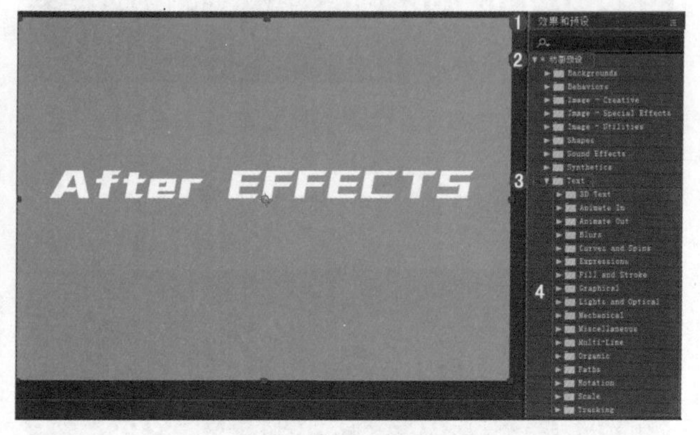

图 10-78

步骤 01 例如展开3D Text文字效果分组，选中【3D下雨词和颜色】，并将其拖曳到【合成】面板的文字上，如图10-79所示。

图 10-79

步骤 02 此时拖曳时间线，即可看到出现了一组有趣的动画效果，如图10-80所示。

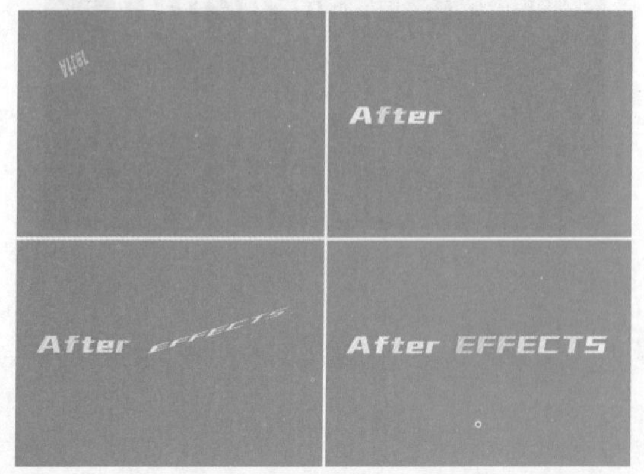

图 10-80

步骤 03 也可以拖曳另外一种预设类型到文字上，如图10-81所示。此时效果如图10-82所示。

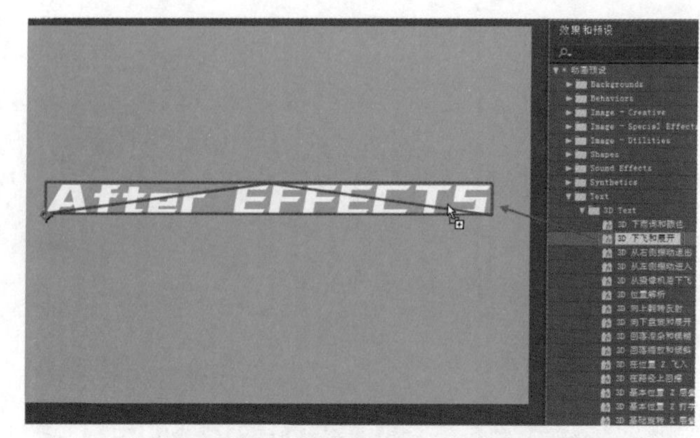

图 10-81

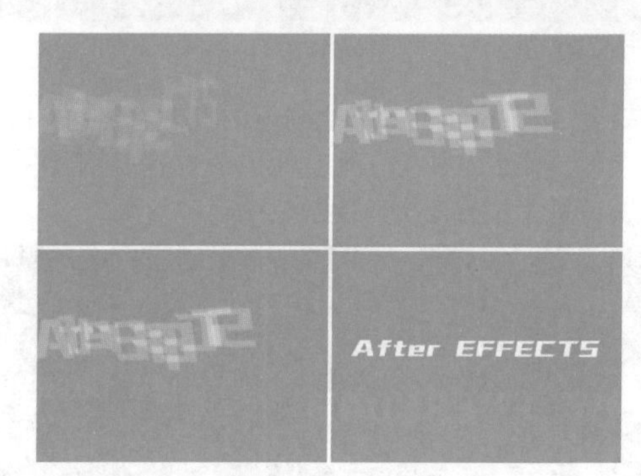

图 10-82

步骤 04 还可以拖曳另外一种预设类型到文字上，如图10-83所示。此时效果如图10-84所示。

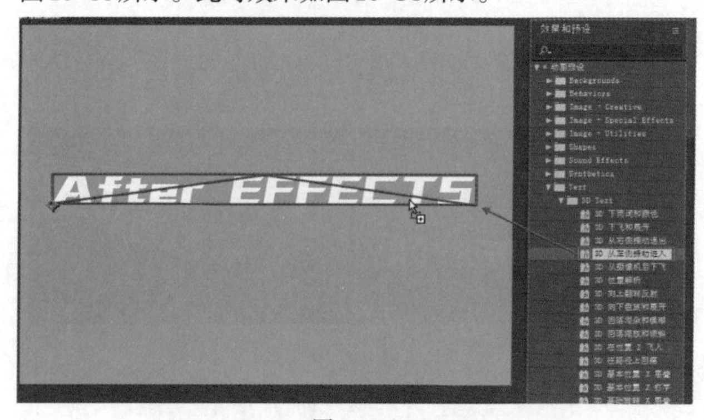

图 10-83

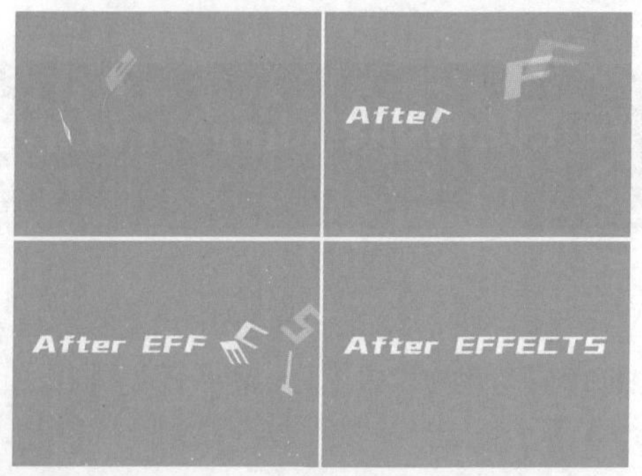

图 10-84

重点 10.6 轻松动手学：常用的文字质感

文件路径：Chapter 10 文字效果→轻松动手学：常用的文字质感

扫一扫，看视频

步骤 01 在软件中新建一个合成，导入1.jpg素材文件，然后将【项目】面板中的1.jpg素材拖曳到【时间轴】面板中，如图10-85所示。此时界面如图10-86所示。

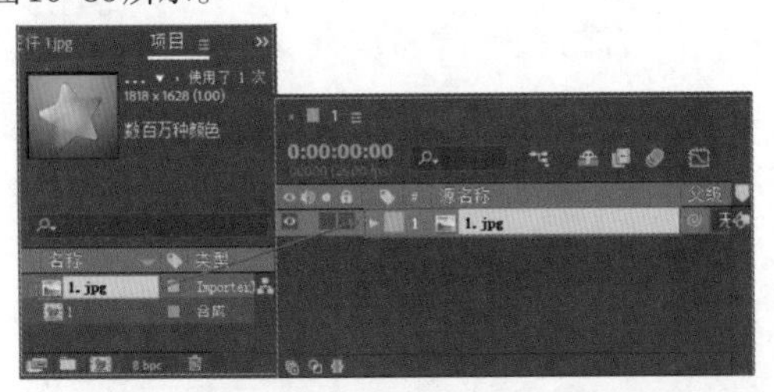

图 10-85

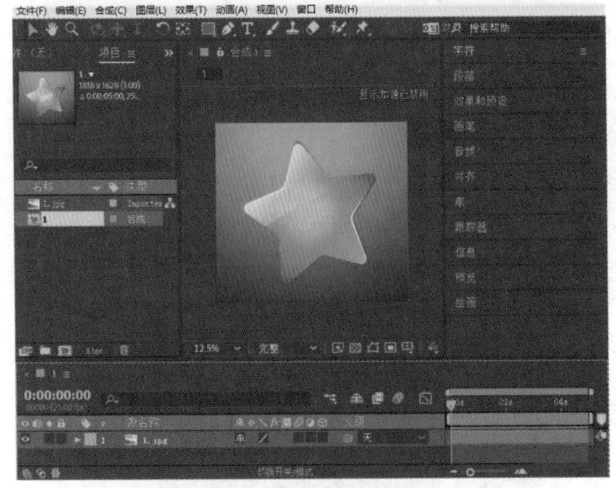

图 10-86

步骤 02 在【时间轴】面板中新建一个文本，并输入合适的文字，如图10-87所示。

图 10-87

步骤 03 使用图层样式制作文字效果，使文字呈现出一定的质感。

1. 投影

步骤 01 投影效果可增大文字空间感，使画面层次分明。在【时间轴】面板中选择文本图层，然后在菜单栏中执行【图层】/【图层样式】/【投影】命令，如图10-88所示。

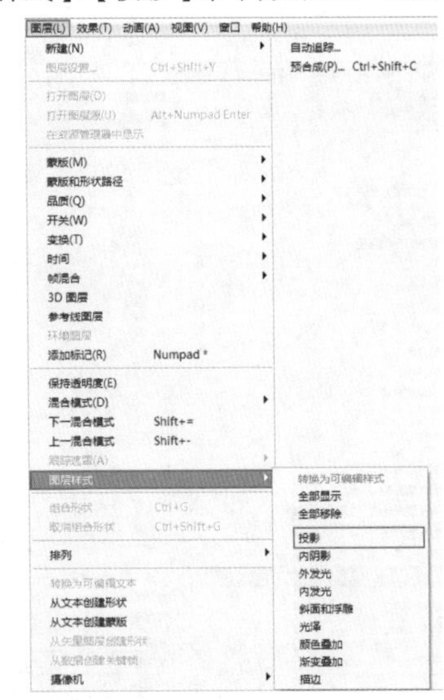

图 10-88

步骤 02 在【时间轴】面板中打开文本图层下的【图层样式】，然后打开【投影】效果，设置【颜色】为红褐色，【距离】为20，【大小】为10，如图10-89所示。此时文字效果如图10-90所示。

图 10-89

图 10-90

2. 内阴影

步骤 01 使用内阴影效果可将文字内侧制作出阴影，呈现

出一种向上凸起的视觉感。在时间轴中选择文本图层，然后在菜单栏中执行【图层】/【图层样式】/【内阴影】命令，如图10-91所示。

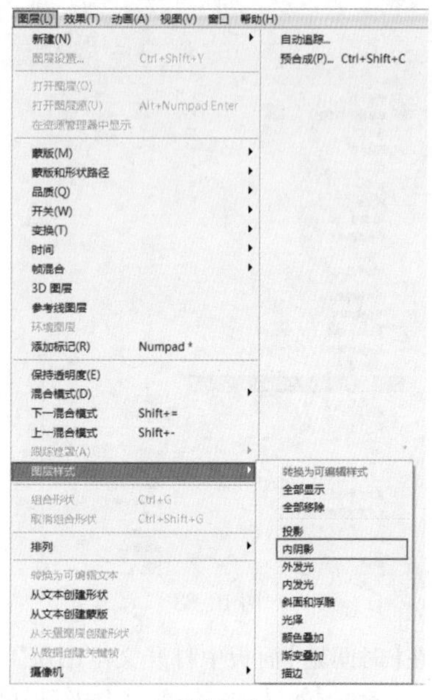

图 10-91

步骤 02 在【时间轴】面板中打开文本图层下的【图层样式】，然后打开【内阴影】效果，设置【颜色】为深红色，【角度】为(0x+237.0°)，【距离】为18，【大小】为18，如图10-92所示。此时文字效果如图10-93所示。

图 10-92

图 10-93

3. 外发光

步骤 01 可在文字外边缘处制作出类似发光的效果，使文字更加突出。在【时间轴】面板中选择文本图层，然后在菜单栏中执行【图层】/【图层样式】/【外发光】命令，如图10-94所示。

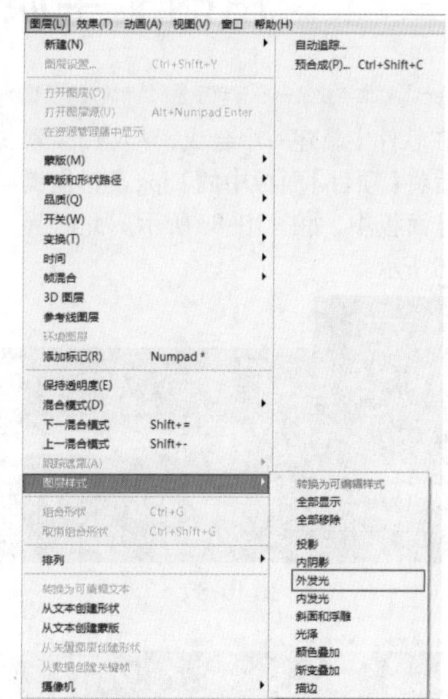

图 10-94

步骤 02 在【时间轴】面板中打开文本图层下的【效果】，然后打开【外发光】效果，设置【颜色】为黄色，【扩展】为100%，【大小】为10，如图10-95所示。此时文字效果如图10-96所示。

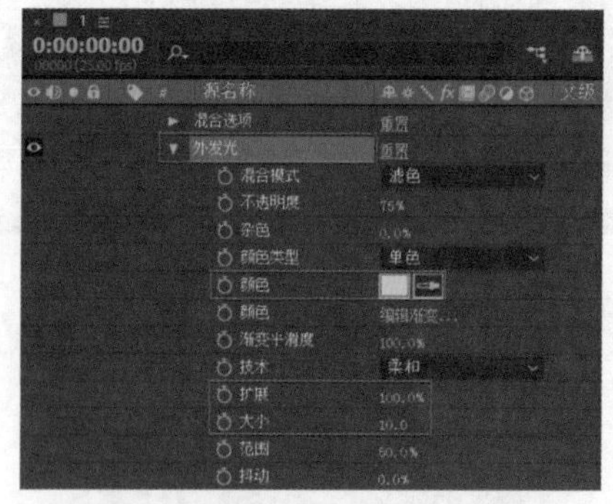

图 10-95

图 10-96

4. 内发光

步骤 01 内发光效果与外发光效果使用方法相同，内发光作用于文字内侧，向内侧填充效果。在【时间轴】面板中选择文本图层，然后在菜单栏中执行【图层】/【图层样式】/【内发光】命令，如图10-97所示。

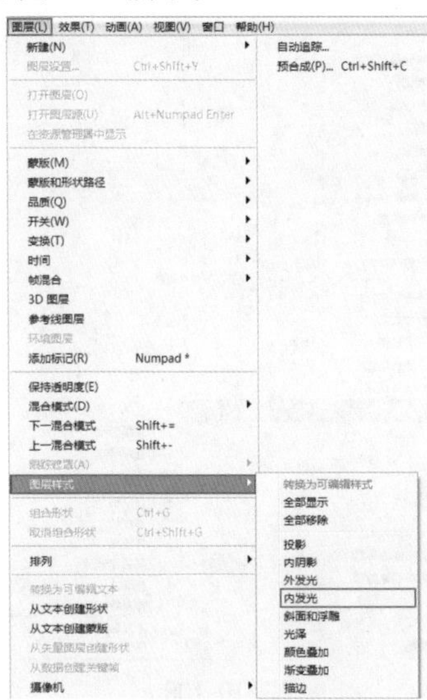

图 10-97

步骤 02 在【时间轴】面板中打开文本图层下的【效果】，然后打开【内发光】效果，设置【混合模式】为正常，【颜色】为蓝色，【阻塞】为60%，【大小】为15，如图10-98所示。此时文字效果如图10-99所示。

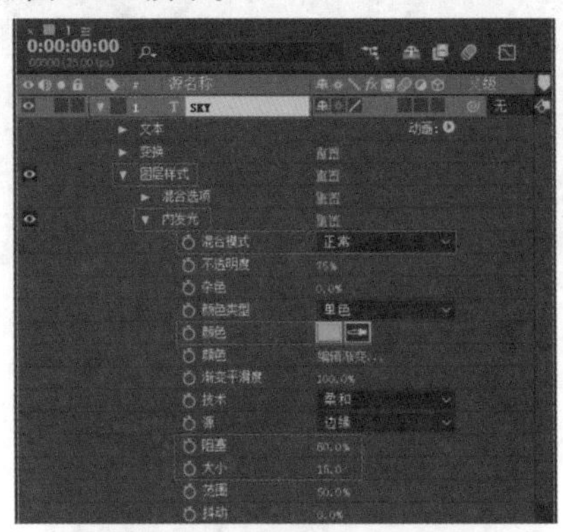

图 10-98

图 10-99

5. 斜面和浮雕

步骤 01 在文字中使用斜面和浮雕，可刻画文字内部细节，制作出隆起的文字效果。在【时间轴】面板中选择文本图层，然后在菜单栏中执行【图层】/【图层样式】/【斜面和浮雕】命令，如图10-100所示。

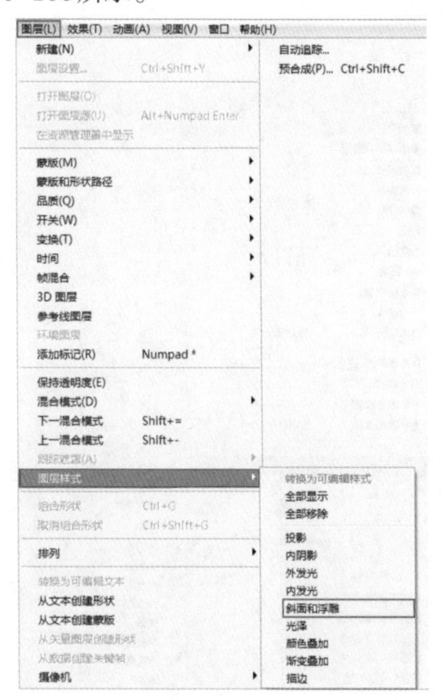

图 10-100

步骤 02 在【时间轴】面板中打开文本图层下的【效果】，然后打开【斜面和浮雕】效果，设置【技术】为雕刻清晰，【大小】为30，如图10-101所示。此时文字效果如图10-102所示。

图 10-101

图 10-102

6. 光泽

步骤 01 为文字创建光滑的磨光或金属效果。在【时间轴】面板中选择文本图层，然后在菜单栏中执行【图层】/【图层样式】/【光泽】命令，如图10-103所示。

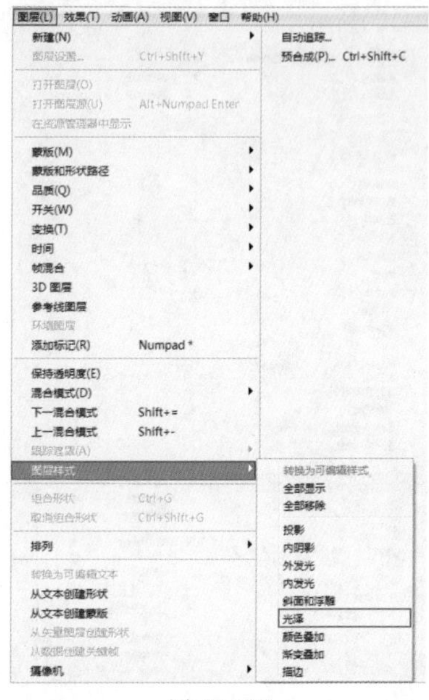

图 10-103

步骤 02 在【时间轴】面板中打开文本图层下的【效果】，然后打开【光泽】效果，设置【颜色】为灰色，【不透明度】为80%，【距离】为20，【大小】为10，如图10-104所示。此时文字效果如图10-105所示。

图 10-104

图 10-105

7. 颜色叠加

步骤 01 在文字上方叠加一种颜色，以改变文字本身颜色。在【时间轴】面板中选择文本图层，然后在菜单栏中执行【图层】/【图层样式】/【颜色叠加】命令，如图10-106所示。

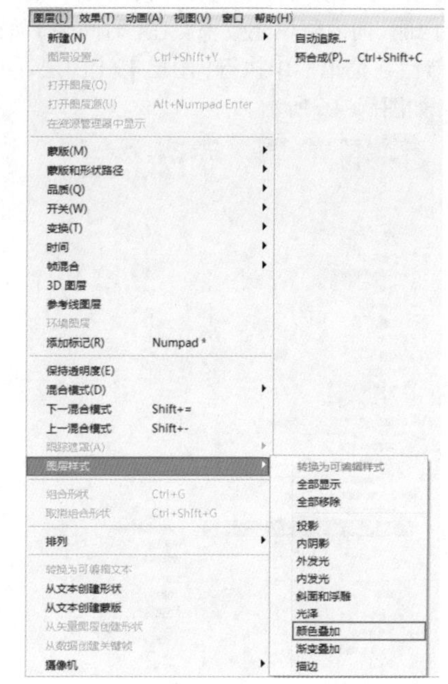

图 10-106

步骤 02 在【时间轴】面板中打开文本图层下的【效果】，然后打开【颜色叠加】效果，设置【颜色】为黄色，如图10-107所示。此时文字效果如图10-108所示。

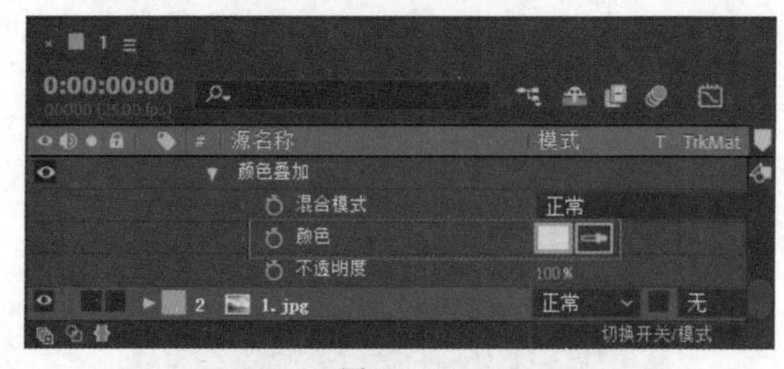

图 10-107

图 10-108

8. 渐变叠加

步骤 01 可在文字上方叠加渐变颜色。在【时间轴】面板中选择文本图层，然后在菜单栏中执行【图层】/【图层样式】/【渐变叠加】命令，如图10-109所示。

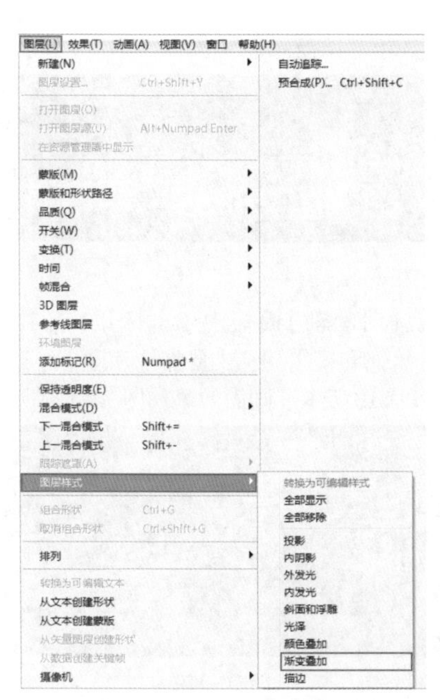

图 10-109

步骤 02 在【时间轴】面板中打开文本图层下的【效果】，然后打开【渐变叠加】效果，单击【颜色】后方的编辑渐变器，在弹出的对话框中设置渐变颜色，单击【确定】按钮完成颜色设置，如图10-110所示。此时文字效果如图10-111所示。

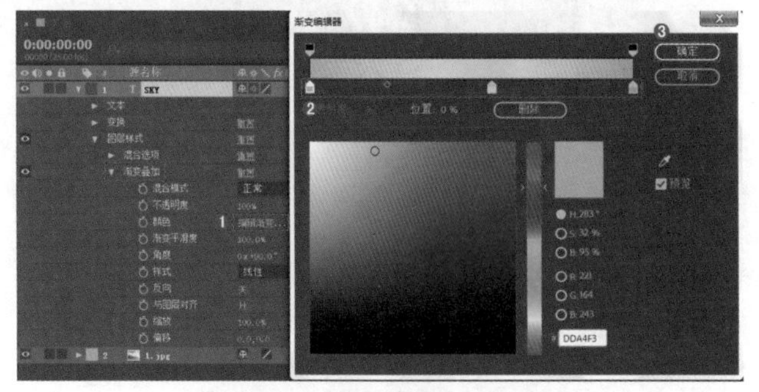

图 10-110

图 10-111

9. 描边

步骤 01 在文字边缘位置制作出描边效果，使文字变得更加厚重。在【时间轴】面板中选择文本图层，然后在菜单栏中执行【图层】/【图层样式】/【描边】命令，如图10-112所示。

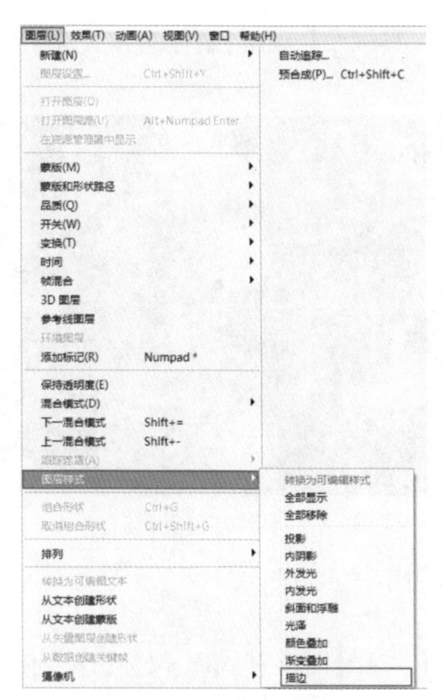

图 10-112

步骤 02 在【时间轴】面板中打开文本图层下的【效果】，然后打开【描边】效果，设置【颜色】为青色，【大小】为12，如图10-113所示。此时文字效果如图10-114所示。

图 10-113

图 10-114

10.7 经典文字效果案例

实例：网红冲泡饮品宣传文字动画

文件路径：Chapter 10 文字效果→实例：网红冲泡饮品宣传文字动画

本案例主要使用【自然饱和度】调整背景颜色，使用文字工具、钢笔工具以及【变换】属性制作关键帧动画。案例效果如图10-115所示。

图 10-115

操作步骤：

步骤 01 在【项目】面板中，单击鼠标右键选择【新建合成】命令，在弹出的【合成设置】面板中设置【合成名称】为1，【预设】为HDTV 1080 24，【宽度】为1920，【高度】为1080，【像素长宽比】为方形像素，【帧速率】为24，【分辨率】为完整，【持续时间】为10秒。执行【文件】/【导入】/【文件】命令，在弹出的【导入文件】窗口中选择1.mp4视频素材，选择完毕单击【导入】按钮，如图10-116所示。

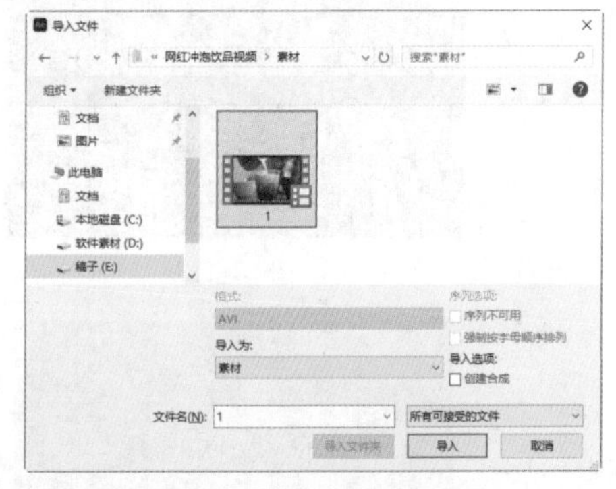

扫一扫，看视频

图 10-116

步骤 02 将【项目】面板中1.mp4素材拖曳到【时间轴】面板中，如图10-117所示。

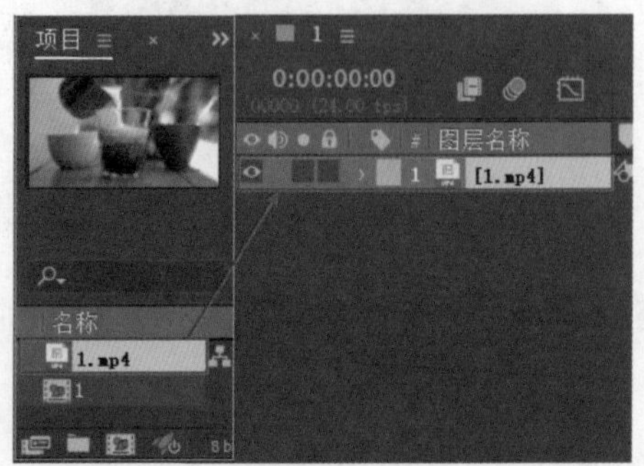

图 10-117

步骤 03 下面进行色调调整。在【效果和预设】面板中搜索【自然饱和度】效果，并将它拖曳到【时间轴】面板中1.mp4图层上。如图10-118所示。

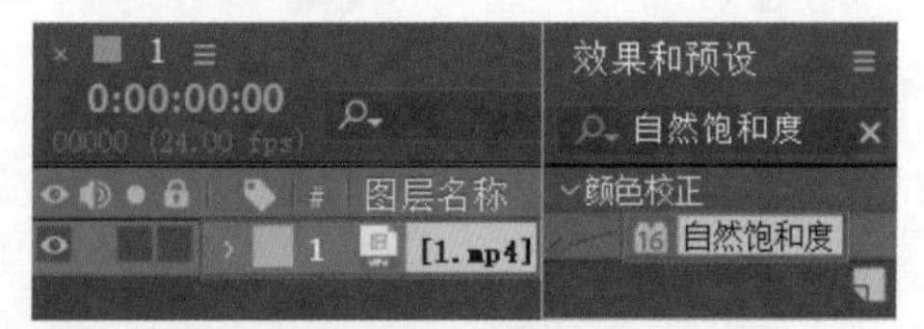

图 10-118

步骤 04 在【时间轴】面板中单击打开1.mp4图层下方的【效果】/【自然饱和度】，设置【自然饱和度】为35，【饱和度】为20，如图10-119所示。画面效果如图10-120所示。

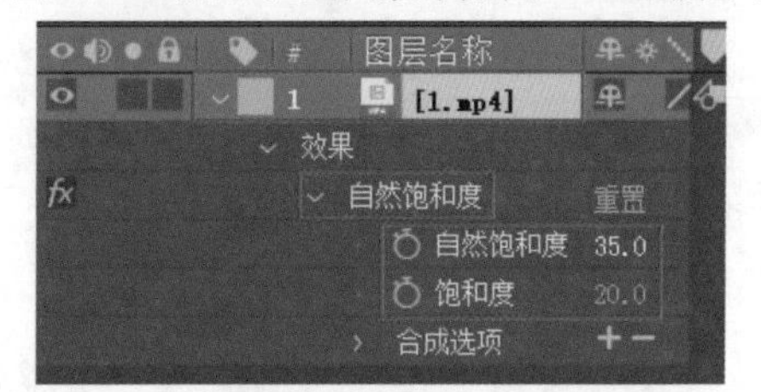

图 10-119

图 10-120

步骤 05 在【工具栏】中选择T(横排文字工具)，在【字符】面板中设置合适的【字体系列】，设置【填充颜色】为白色，【描边颜色】为无，【字体大小】为120像素，单击开启TT(全部大写字母)，在【段落】面板中选择≡(左对齐文本)，接着在画面中输入文字“HAND GROUND”，如图10-121所示。用同样的方式，使用横排文字工具在【字符】面板中设置相同的【字体系列】【填充颜色】和【字体大小】，单击开启TT(全部大写字母)，在【段落】面板中选择≡(左对齐文本)，接着在画面中输入文字“COFFEE WITH MILK”，如图10-122所示。

图 10-121

图 10-122

步骤 06 下面更改文字颜色，选择“COFFEE W”字母，在【字符】面板中更改【填充颜色】为嫩绿色，如图10-123所示。

图 10-123

步骤 07 下面在工具栏中单击选择[钢笔工具]，设置【填充】为无，【描边】为嫩绿色，【描边宽度】为25像素，接着在画面中心位置按住Shift键绘制两条直线，如图10-124所示。

图 10-124

步骤 08 接下来制作文字及形状的动画效果。将时间线滑动到起始帧位置，单击打开“Hand ground”文字图层下方【变换】，开启【位置】【不透明度】关键帧，设置【位置】为(195,752)，【不透明度】为0%，将时间线滑动到15帧位置，设置【位置】为(195,560)，继续将时间线滑动到1秒位置，设置【不透明度】为100%，如图10-125所示。

图 10-125

步骤 09 单击打开“coffee with milk”文字图层下方的【变换】，将时间线滑动到15帧位置，开启【位置】【不透明度】关键帧，设置【位置】为(195,850)，【不透明度】为0%，将时间线滑动到1秒05帧位置，设置【位置】为(195,697)，【不透明度】为100%，如图10-126所示。

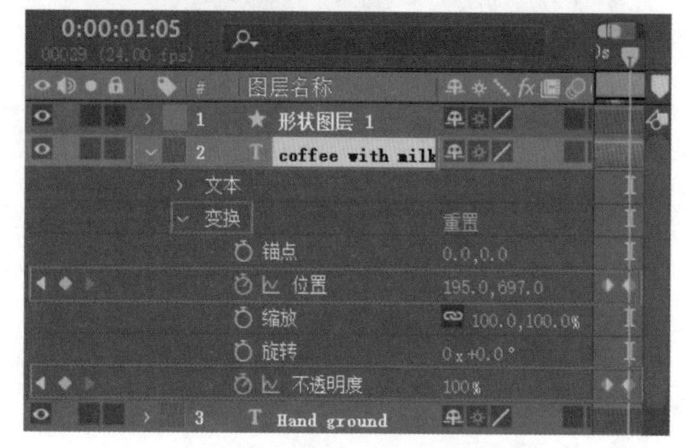

图 10-126

步骤 10 单击打开形状图层1下方的【变换】，将时间线滑动到1秒05帧位置，开启【位置】【旋转】关键帧，设置【位置】为(284,1189)，【旋转】为0°，继续将时间线滑动到2秒10帧位置，设置【位置】为(284,824)，【旋转】为(1x+0.0°)，如图10-127所示。本案例制作完成，滑动时间线查看案例效果，如图10-128所示。

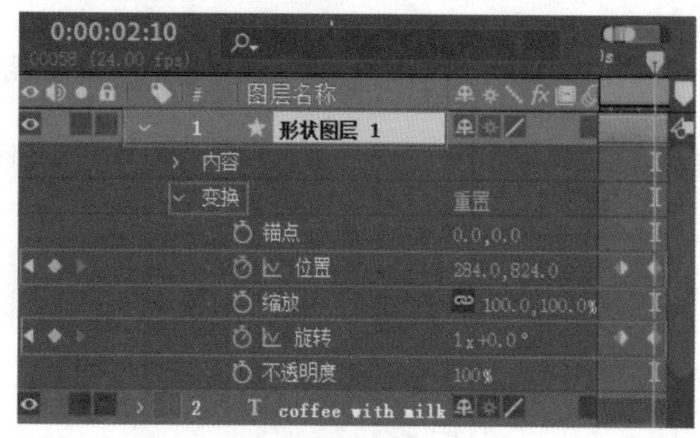

图 10-127

图 10-128

实例：促销广告文字

扫一扫，看视频

文件路径：Chapter 10 文字效果→实例：促销广告文字

本案例主要学习创建文字、使用【边角定位】、绘制蒙版装帧促销广告文字效果。案例效果如图10-129所示。

图 10-129

操作步骤：

Part 01 制作背景

步骤 01 在【项目】面板中单击鼠标右键执行【新建合成】命令，在弹出的【合成设置】对话框中设置【合成名称】为01，【宽度】为778，【高度】为510，【像素长宽比】为方形像素，【帧速率】为25，【分辨率】为完整，【持续时间】为15秒，【背景颜色】为白色，单击【确定】按钮。

步骤 02 在菜单栏中执行【文件】/【导入】/【文件】命令，在弹出的【导入文件】对话框中选择所需要的素材，单击【导入】按钮导入素材1.jpg。

步骤 03 在【项目】面板中将素材1.jpg拖曳到【时间轴】面板中，如图10-130所示。

图 10-130

步骤 04 在【时间轴】面板中打开1.jpg素材图层下方的【变换】，设置【缩放】为(155.8,100.0%)，取消约束比例，如图10-131所示。此时画面效果如图10-132所示。

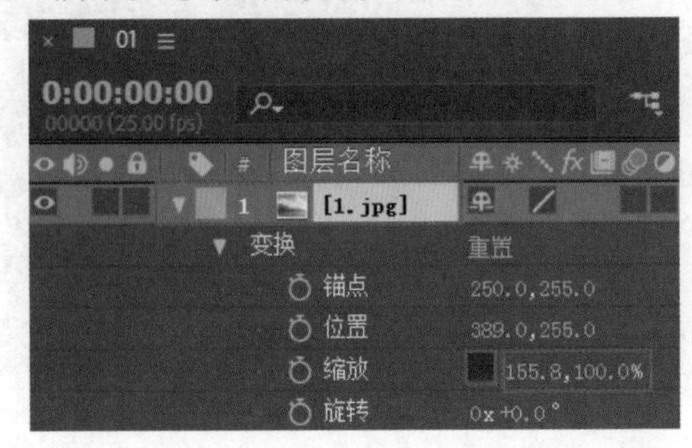

图 10-131

图 10-132

步骤 05 在【时间轴】面板中的空白位置处单击鼠标右键执行【新建】/【纯色】命令。

步骤 06 在弹出的【纯色设置】对话框中设置【颜色】为洋红色，单击【确定】按钮，如图10-133所示。

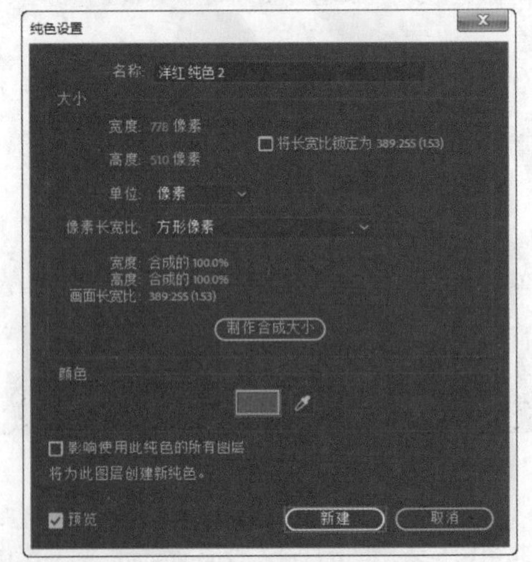

图 10-133

步骤 07 在【时间轴】面板中单击纯色图层下方的【变换】，设置【不透明度】为90%，如图10-134所示。此时画面效果如图10-135所示。

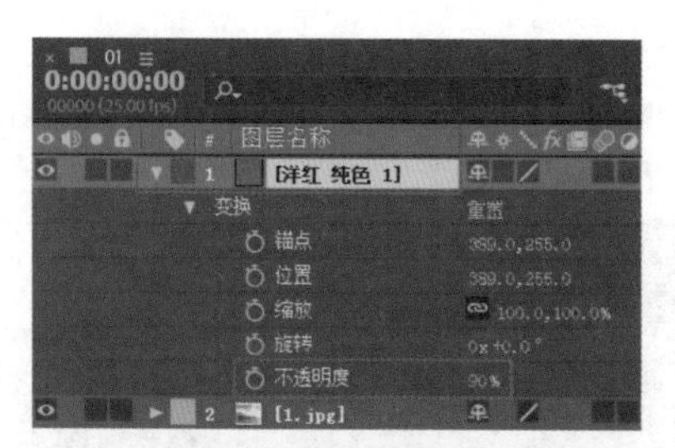

图 10-134

图 10-135

Part 02　编辑文本

步骤 01　在【时间轴】面板中的空白位置处单击鼠标右键执行【新建】/【文本】命令。

步骤 02　在【字符】面板中设置适合的【字体系列】,【字体样式】为Bold Italic,【填充颜色】为黄色,【描边颜色】为无颜色,【字体大小】为450像素,【垂直缩放】为103%,然后输入文本"6",如图10-136所示。

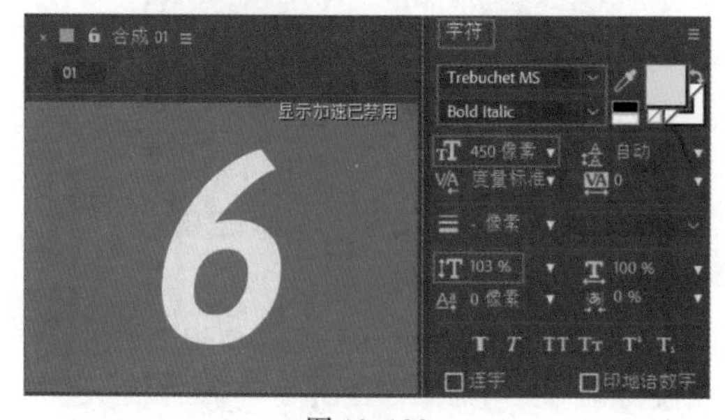

图 10-136

步骤 03　在【时间轴】面板中打开6文本图层下方的【变换】,设置【位置】为(390.4,420.5),【缩放】为(91.8,117.0%),取消约束比例,如图10-137所示。此时画面效果如图10-138所示。

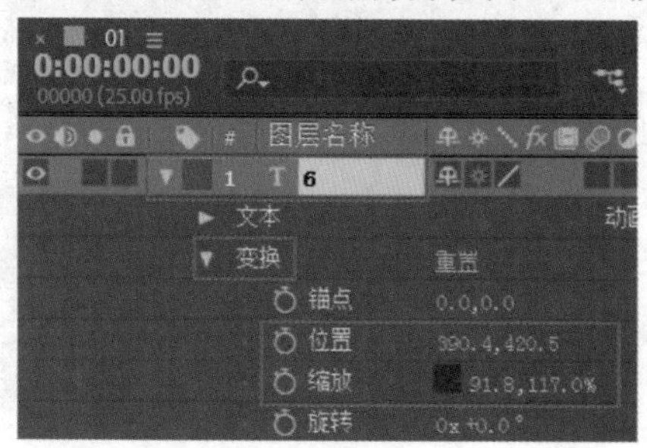

图 10-137

图 10-138

步骤 04　在工具栏中选择【直排文字工具】,然后在画面中左侧合适位置处单击,输入文本"电器"。选中该文本,并在【字符】面板中设置适合的【字体系列】,【填充颜色】为白色,【描边颜色】为无颜色,【字体大小】为90像素,【字符间距】为-110,如图10-139所示。

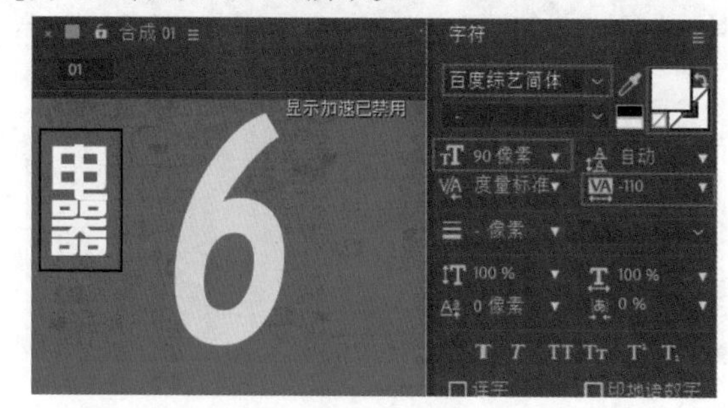

图 10-139

步骤 05　在【效果和预设】面板中搜索【边角定位】效果,并将其拖曳到【时间轴】面板中的【电器】文本图层上,如图10-140所示。

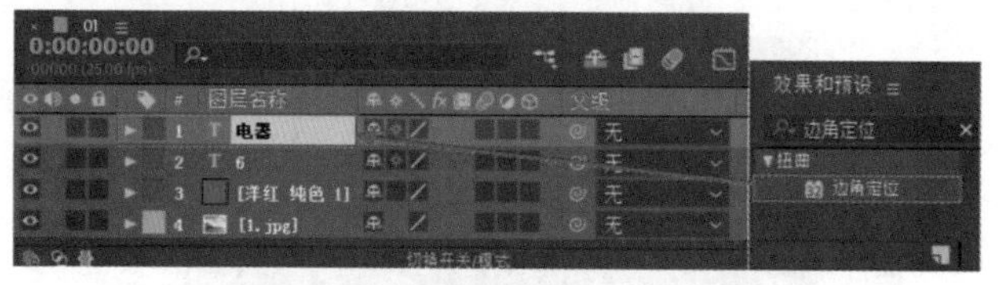

图 10-140

步骤 06　在【时间轴】面板中打开【电器】文本图层下方的【效果】,设置【边角定位】的【左上】为(231.0,0.0),【右上】为(832.0,0.0),如图10-141所示。此时画面效果如图10-142所示。

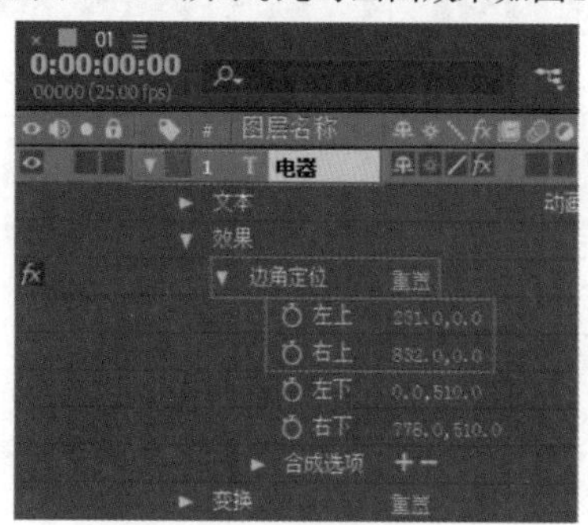

图 10-141

图 10-142

步骤 07 在工具栏中选择【横排文字工具】T，然后在画面中合适位置处单击，输入文本“折”。选中该文本，在【字符】面板中设置适合的【字体系列】，【填充颜色】为黄色，【描边颜色】为无颜色，【字体大小】为90像素，【垂直缩放】为103%，如图10-143所示。

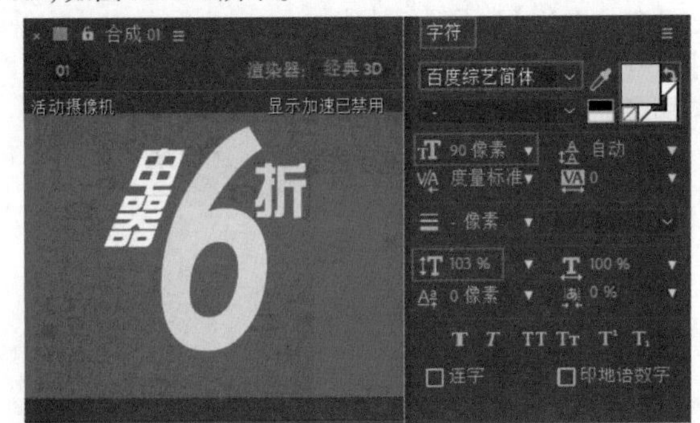

图 10-143

步骤 08 在【时间轴】面板中激活【折】文本图层的【3D图层】按钮，并打开【折】文本图层下方的【变换】，设置【位置】为(385.3,193.7,0.0)，【缩放】为(120.0,120.0,120.0%)，如图10-144所示。此时画面效果如图10-145所示。

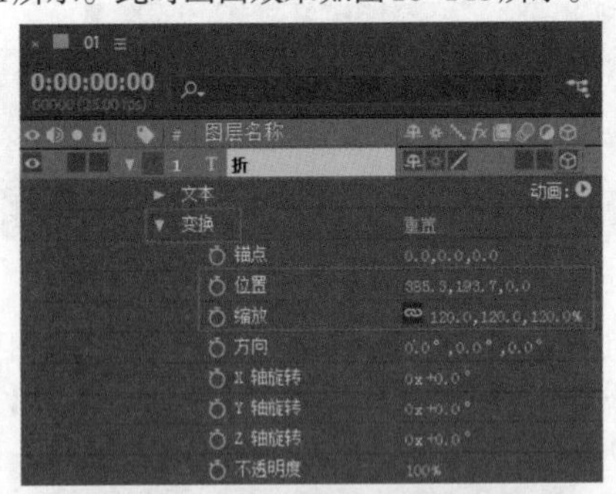

图 10-144

图 10-145

步骤 09 在【效果和预设】面板中搜索【边角定位】效果，并将其拖曳到【时间轴】面板中的【折】文本图层上，如图10-146所示。

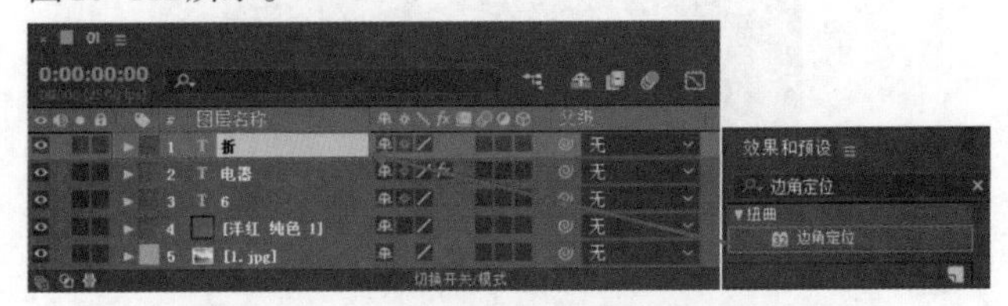

图 10-146

步骤 10 在【时间轴】面板中打开【折】文本图层下方的【效果】，设置【边角定位】的【左上】为(231.0,0.0)，【右上】为(832.0,0.0)，如图10-147所示。此时画面效果如图10-148所示。

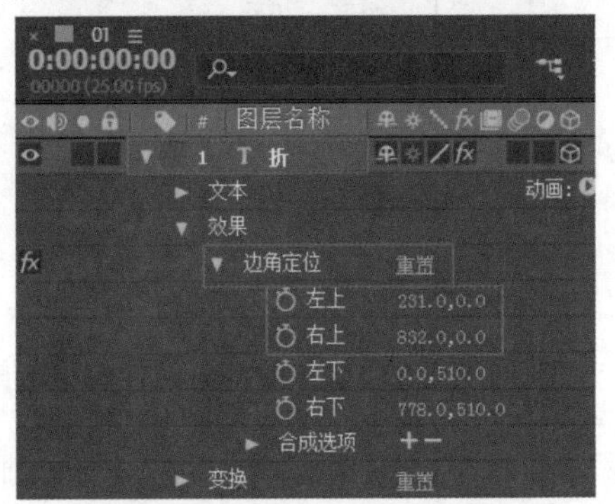

图 10-147

图 10-148

步骤 11 在【时间轴】面板中的空白位置处单击鼠标右键执行【新建】/【文本】命令，并在【字符】面板中设置合适的【字体系列】，【填充颜色】为白色，【描边颜色】为无颜色，【字体大小】为100像素，【垂直缩放】为103%，设置完成后在画面中输入文本“大促销”，如图10-149所示。

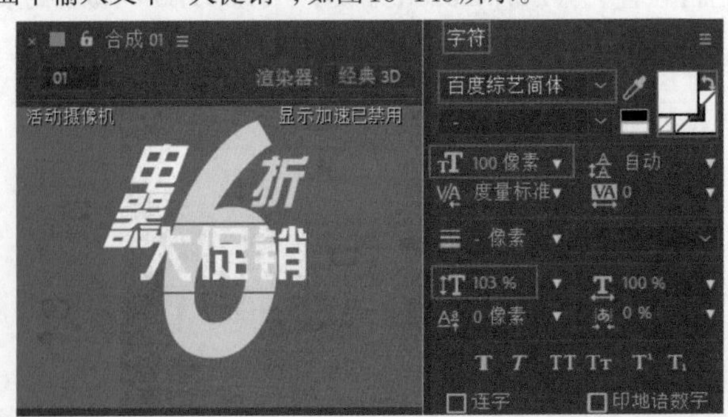

图 10-149

步骤 12 在【时间轴】面板中打开【大促销】文本图层下方的【变换】，设置【位置】为(389.0,360.3)，如图10-150所示。此时画面效果如图10-151所示。

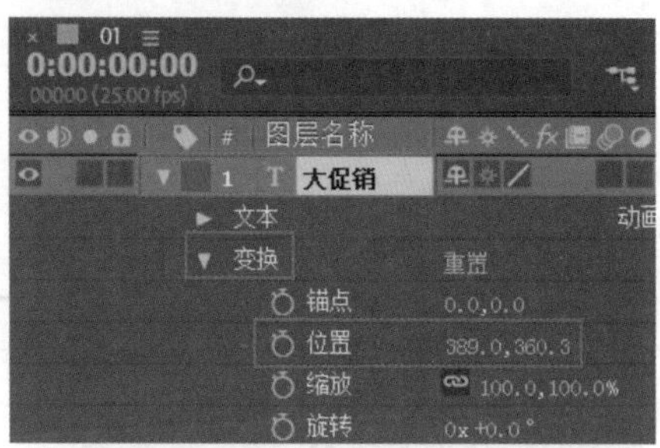

图10-150

图10-151

步骤 13 在【时间轴】面板中的空白位置处单击鼠标右键执行【新建】/【文本】命令，在【字符】面板中设置适合的【字体系列】，【填充颜色】为洋红色，【描边颜色】为无颜色，【字体大小】为35像素，接着在画面中输入文本“物美价廉等你来购”，如图10-152所示。

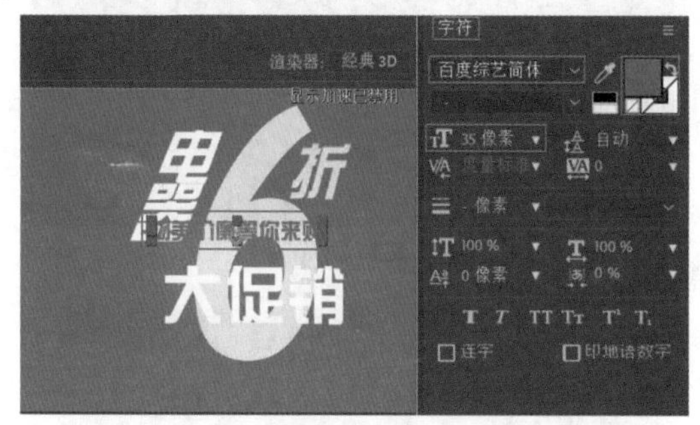

图10-152

步骤 14 在【时间轴】面板中打开【物美价廉等你来购】文本图层下方的【变换】，设置【位置】为(375.0,479.0)，如图10-153所示。此时画面效果如图10-154所示。

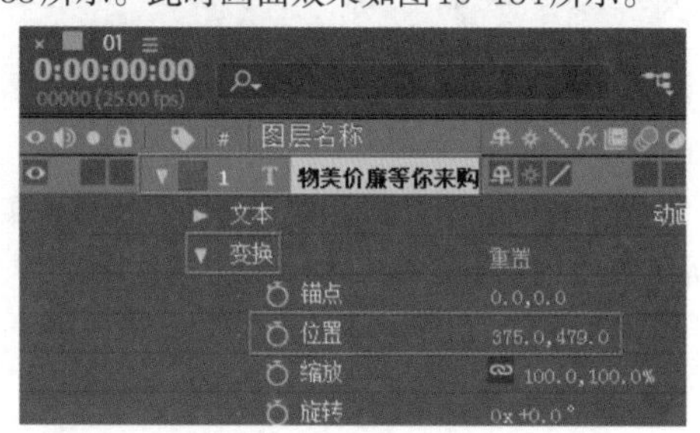

图10-153

图10-154

Part 03 绘制蒙版

步骤 01 在【时间轴】面板中的空白位置处单击鼠标右键执行【新建】/【纯色】命令，在弹出的【纯色设置】对话框中设置【颜色】为洋红色，单击【确定】按钮，如图10-155所示。

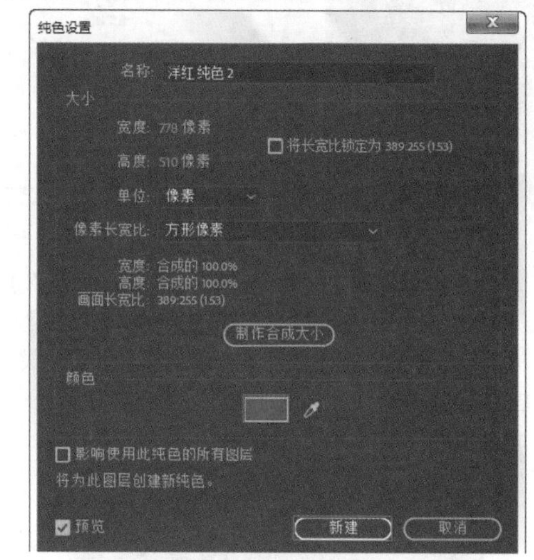

图10-155

步骤 02 在【时间轴】面板中将光标定位在【洋红 纯色 2】纯色图层上，然后按住鼠标右键并拖曳，将该纯色图层拖曳至【大促销】文本图层下方，如图10-156所示。

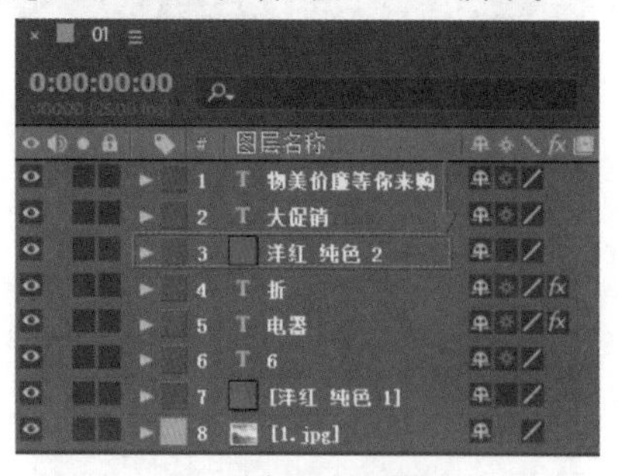

图10-156

步骤 03 在【时间轴】面板中选中【洋红 纯色 2】纯色图层，然后在工具栏中选择【钢笔工具】，接着在画面中【大促销】文本图层合适位置进行绘制蒙版路径，如图10-157所示。

图 10-157

步骤 04　在【时间轴】面板中选中【洋红 纯色 2】纯色图层，并将光标定位在该图层上，单击鼠标右键执行【图层样式】/【描边】命令，如图 10-158 所示。

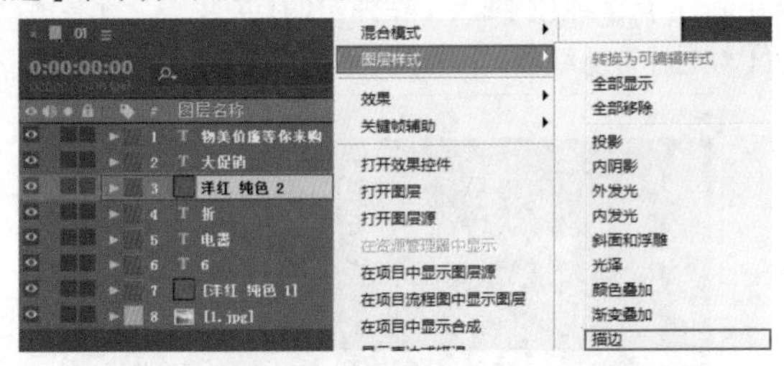

图 10-158

步骤 05　在【时间轴】面板中打开【洋红 纯色 2】纯色图层下的【变换】，设置【位置】为(381.0,264.0)，【缩放】为(101.6,78.4%)，【不透明度】为90%。接着在【图层样式】下方设置【描边】的【颜色】为白色，【大小】为2.0，如图 10-159 所示。此时画面效果如图 10-160 所示。

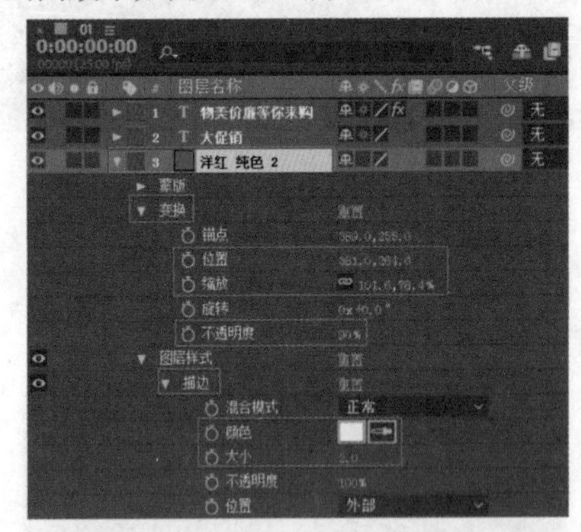

图 10-159

图 10-160

步骤 06　在【时间轴】面板中选中【洋红 纯色 2】纯色图层，然后使用【复制图层】的快捷键 Ctrl+D 复制出一个相同的纯色图层，并将其拖曳至【折】文本图层上方，如图 10-161 所示。

图 10-161

步骤 07　打开图层 4【洋红 纯色 2】纯色图层下方【变换】，设置【位置】为(381.5,263.0)，【缩放】为(103.6,80.3%)，【不透明度】为100%，如图 10-162 所示。此时画面效果如图 10-163 所示。

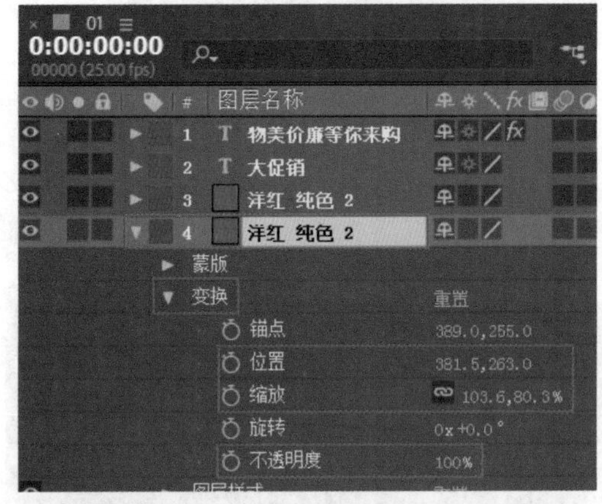

图 10-162

图 10-163

步骤 08　在【时间轴】面板中的空白位置处单击鼠标右键执行【新建】/【纯色】命令，在弹出的【纯色设置】对话框中设置【颜色】为白色，如图 10-164 所示。

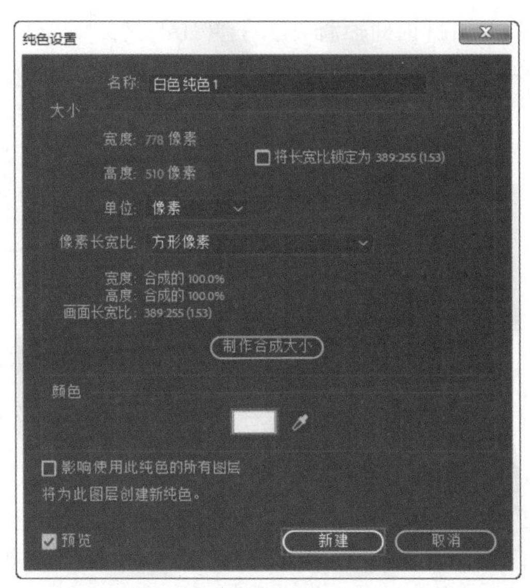

图 10-164

步骤 09　选中【白色 纯色 1】纯色图层，并将光标定位在该图层上，按住鼠标左键并拖曳，将该图层拖曳至【物美价廉等你来购】图层下方，如图10-165所示。

图 10-165

步骤 10　选中【白色 纯色 1】纯色图层，然后在工具栏中选择【矩形工具】按钮，在画面中【物美价廉等你来购】文本的合适位置按住鼠标左键并拖曳至合适大小，得到矩形遮罩。打开图层2【白色 纯色 1】纯色图层下方的【变换】，设置【位置】为(387.0,469.0)，如图10-166所示。此时画面效果如图10-167所示。

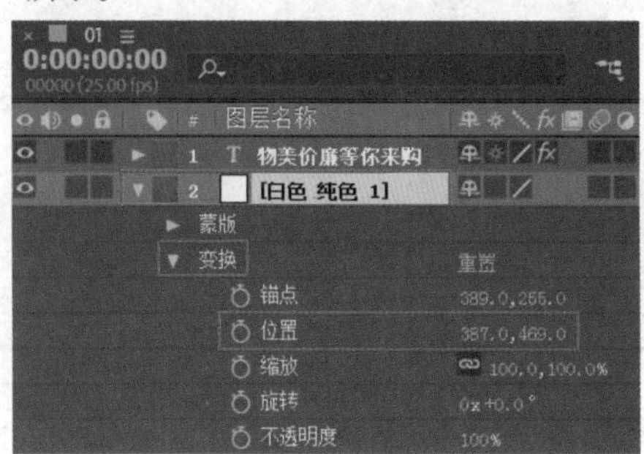

图 10-166

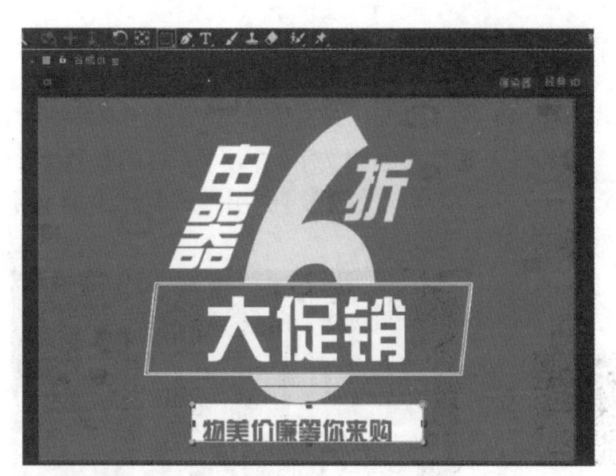

图 10-167

步骤 11　在【效果和预设】面板中搜索【边角定位】效果，并将其拖曳到【时间轴】面板中的【物美价廉等你来购】文本图层上，如图10-168所示。

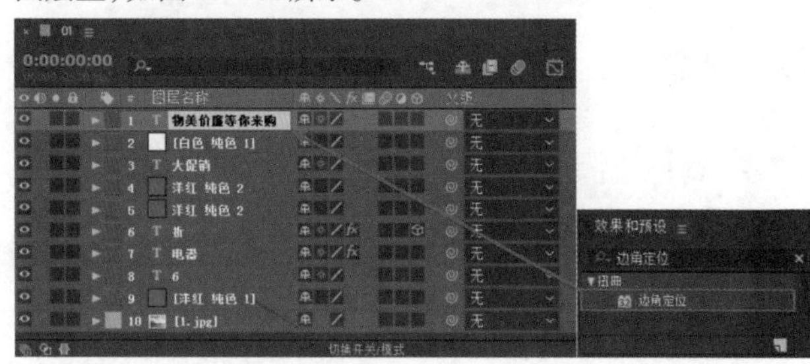

图 10-168

步骤 12　在【时间轴】面板中打开【物美价廉等你来购】文本图层下方的【效果】，设置【边角定位】的【左上】为(231.0,0.0)，【右上】为(832.0,0.0)，如图10-169所示。案例最终效果如图10-170所示。

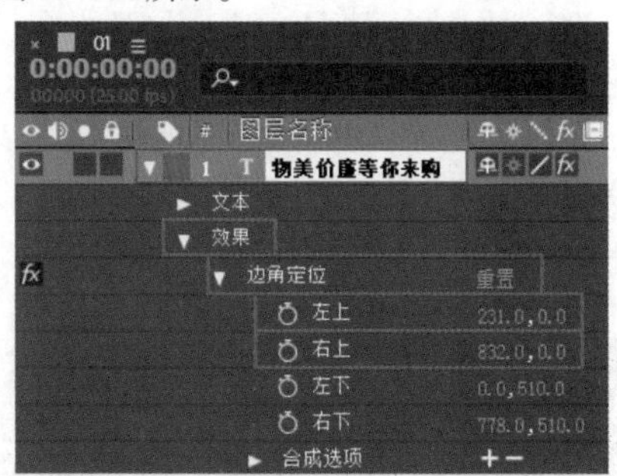

图 10-169

图 10-170

实例：使用图层样式制作卡通文字

文件路径：Chapter 10　文字效果→实例：使用图层样式制作卡通文字

本案例主要学习创建文字，并使用【斜面和浮雕】图层样式、【描边】图层样式、【投影】图层样式制作卡通文字，案例效果如图10-171所示。

扫一扫，看视频

图10-171

操作步骤：

Part 01　制作黄色卡通文字

步骤 01　在【项目】面板中单击鼠标右键执行【新建合成】命令，在弹出的【合成设置】对话框中设置【合成名称】为01，【宽度】为2122，【高度】为1500，【像素长宽比】为方形像素，【帧速率】为25，【分辨率】为完整，【持续时间】为15秒，【颜色】为深灰色，单击【确定】按钮。

步骤 02　在菜单栏中执行【文件】/【导入】/【文件】命令，在弹出的【导入文件】对话框中选择所需要的素材，单击【导入】按钮导入素材1.png。

步骤 03　在【时间轴】面板中的空白位置处单击鼠标右键执行【新建】/【文本】命令。

步骤 04　在【字符】面板中设置合适的【字体系列】，【字体样式】为Regular，【填充颜色】为黄色，【描边颜色】为无颜色，【字体大小】为567像素，然后选择【字符】面板左下方的【仿粗体】，接着输入文本“HAPPY”，如图10-172所示。

图10-172

步骤 05　在【时间轴】面板中打开HAPPY文本图层下方的【变换】，设置【位置】为(966.0,734.0)，【旋转】为(0x+3.0°)，如图10-173所示。

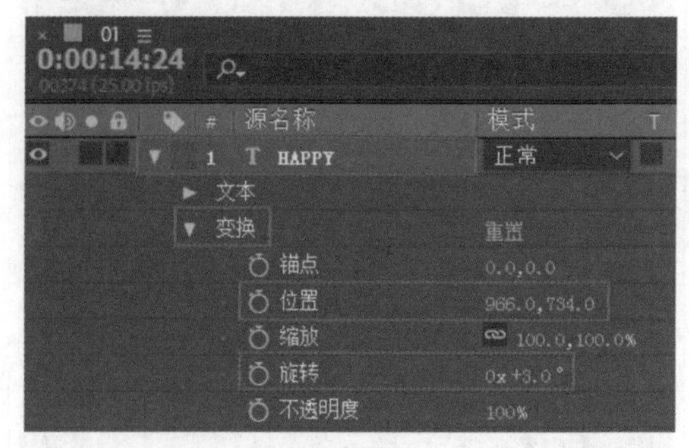

图10-173

步骤 06　选中该文本图层，并将光标定位在该图层上，单击鼠标右键执行【图层样式】/【斜面和浮雕】命令，如图10-174所示。

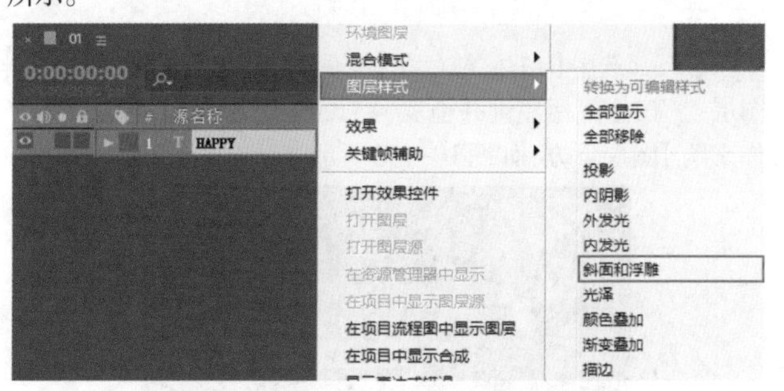

图10-174

步骤 07　在【时间轴】面板中打开HAPPY文本图层下方的【图层样式】，设置【斜面和浮雕】的【大小】为30，【角度】为(0x+60.0°)，【高度】为(0x+35.0°)，【高光不透明度】为80%，【阴影颜色】为稍暗一些的橙色，【阴影不透明度】为100%，如图10-175所示。此时画面效果如图10-176所示。

图10-175

图 10-176

步骤 08　将光标再次定位在该图层上，单击鼠标右键执行【图层样式】/【描边】命令，如图10-177所示。

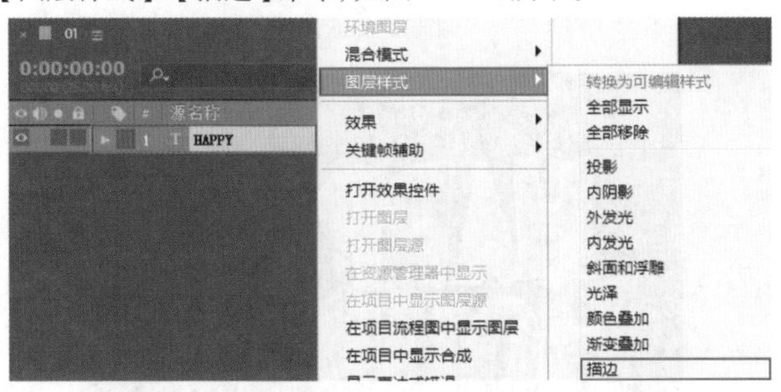

图 10-177

步骤 09　在【时间轴】面板中打开HAPPY文本图层下方的【图层样式】，设置【描边】的【颜色】为白色，【大小】为12.0，如图10-178所示。此时画面效果如图10-179所示。

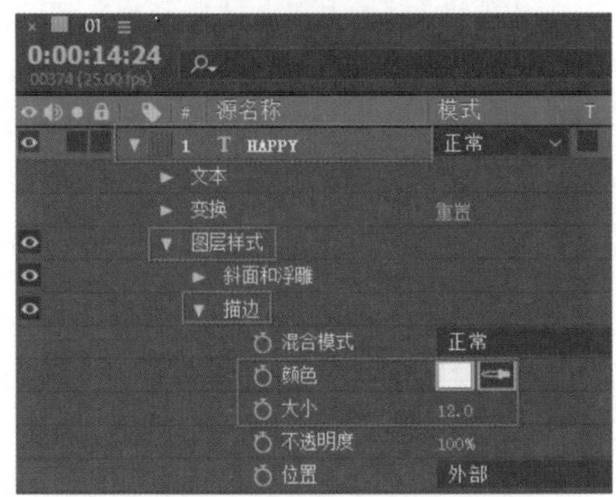

图 10-178

图 10-179

步骤 10　将光标再次定位在该图层上，单击鼠标右键执行【图层样式】/【投影】命令，如图10-180所示。

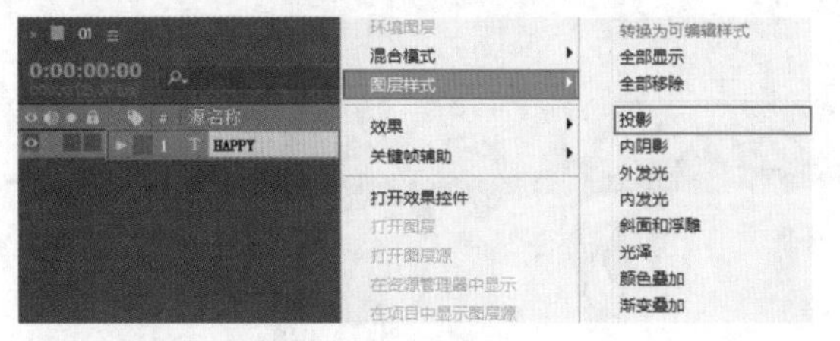

图 10-180

步骤 11　在【时间轴】面板中打开HAPPY文本图层下方的【图层样式】，设置【投影】的【不透明度】为100%，【角度】为(0x+60.0°)，【距离】为45.0，【扩展】为25.0%，【大小】为30.0，如图10-181所示。此时画面效果如图10-182所示。

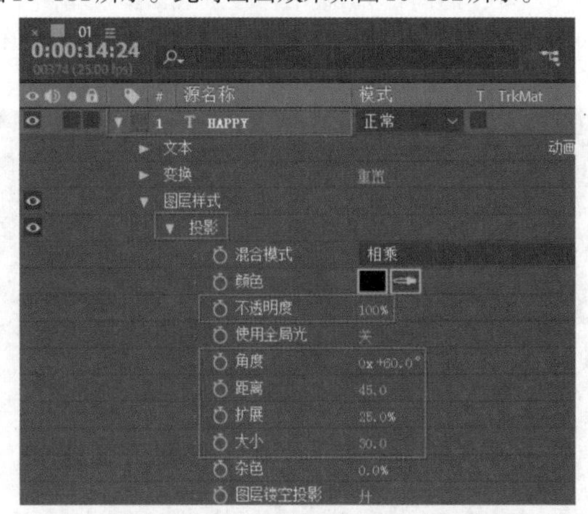

图 10-181

图 10-182

Part 02　制作蓝色卡通文字

步骤 01　在【时间轴】面板中的空白位置处单击鼠标右键执行【新建】/【文本】命令，并在【字符】面板中设置适合的【字体系列】，【字体样式】为Regular，【填充颜色】为蓝色，【描边颜色】为无颜色，【字体大小】为687像素，然后选择【字符】面板左下方的【仿粗体】，设置完成后输入文本“HOLIDAY”，如图10-183所示。

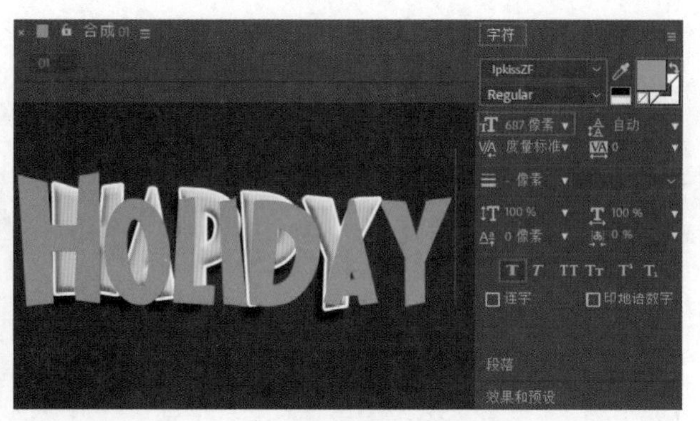

图 10-183

步骤 02 在【时间轴】面板中打开HOLIDAY文本图层下方的【变换】，设置【位置】为(1055.0,1168.0)，【旋转】为(0x-2.0°)，如图10-184所示。此时画面效果如图10-185所示。

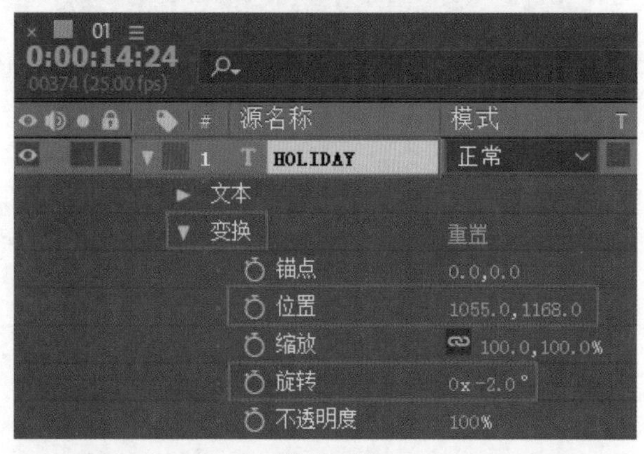

图 10-184

图 10-185

步骤 03 在【时间轴】面板中打开HAPPY文本图层，并选中该图层的【图层样式】，使用【复制】快捷键Ctrl+C选中HOLIDAY文本图层，使用【粘贴】快捷键Ctrl+V为HOLIDAY文本图层增加一个相同的【图层样式】，如图10-186所示。此时画面效果如图10-187所示。

图 10-186

图 10-187

步骤 04 在【项目】面板中将素材1.png拖曳到【时间轴】面板中，如图10-188所示。

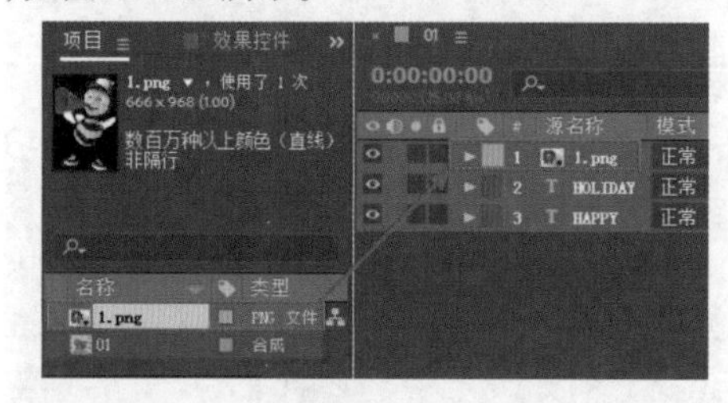

图 10-188

步骤 05 在【时间轴】面板中打开1.png素材图层下方的【变换】，设置【位置】为(1689.0,526.0)，【缩放】为(49.6.49.6%)，【旋转】为(0x-10.0°)，如图10-189所示。

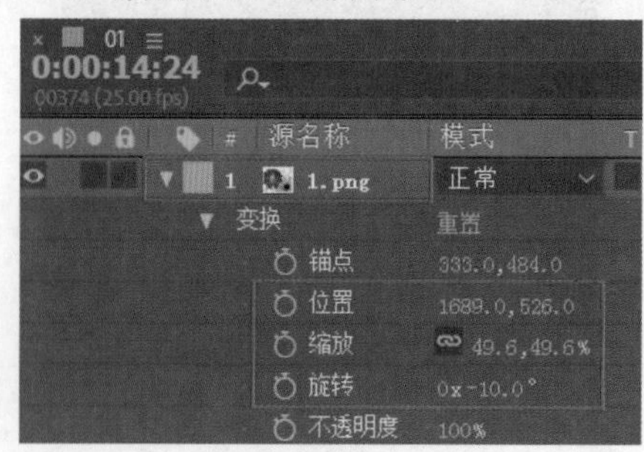

图 10-189

步骤 06 案例最终效果如图10-190所示。

图 10-190

实例：网店粉笔字公告

文件路径：Chapter 10 文字效果→实例：网店粉笔字公告

扫一扫，看视频

本案例主要学习创建不同颜色的文字，并添加【分形杂色】和【匹配颗粒】效果制作网店粉笔字公告。案例效果如图10-191所示。

图 10-191

操作步骤：

步骤 01 在【项目】面板中单击鼠标右键执行【新建合成】命令，在弹出的【合成设置】对话框中设置【合成名称】为01，【预设】为自定义，【宽度】为1023，【高度】为743，【像素长宽比】为方形像素，【帧速率】为25，【分辨率】为完整，【持续时间】为15秒，【背景颜色】为深灰色，单击【确定】按钮。

步骤 02 在菜单栏中执行【文件】/【导入】/【文件】命令，在弹出的【导入文件】对话框中选择所需要的素材，单击【导入】按钮导入素材1.jpg。

步骤 03 在【项目】面板中将素材1.jpg拖曳到【时间轴】面板中，如图10-192所示。

图 10-192

步骤 04 在【时间轴】面板中的空白位置处单击鼠标右键执行【新建】/【文本】命令。

步骤 05 在【字符】面板中设置合适的【字体系列】，【字体样式】为Regular，【填充颜色】为白色，【描边颜色】为无颜色，【字体大小】为75像素，并选择【字符】面板左下方的【仿粗体】，然后输入文本"Love is a carefully designed lie."，如图10-193所示。

图 10-193

步骤 06 在画面中将光标定位在Love is a文本后方，然后按键盘上的Enter键将文本转换为两行；再将光标定位在carefully文本后方，按键盘上的Enter键将文本转换为三行，如图10-194所示。

图 10-194

步骤 07 在【合成】面板中选中文本Love，在【字符】面板中设置【填充颜色】为粉色，如图10-195所示。

图 10-195

步骤 08 使用同样的方法将文本is和文本carefully的字母u的【填充颜色】设置为灰色，如图10-196所示。

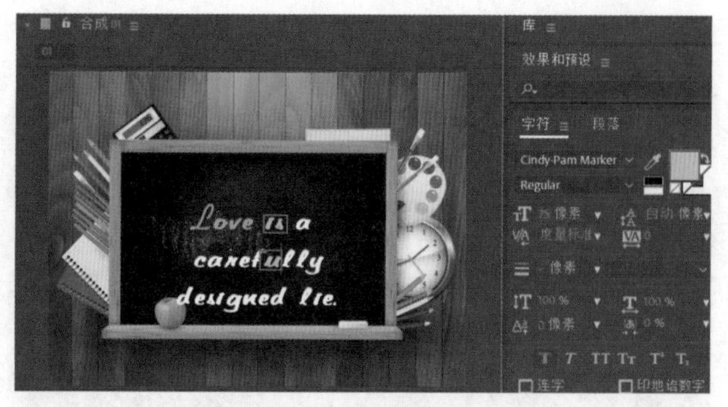

图 10-196

步骤 09 使用同样的方法将文本carefully的字母lly的【填充颜色】设置为蓝色，如图10-197所示。

图 10-197

步骤 10 使用同样的方法将文本designed的字母desig的【填充颜色】设置为黄色，如图10-198所示。

图 10-198

步骤 11 在【时间轴】面板中打开该文本图层下方的【变换】，设置【位置】为(515.5,305.5)，如图10-199所示。

图 10-199

步骤 12 此时画面效果如图10-200所示。

图 10-200

步骤 13 在【时间轴】面板中选中Love is a carefully designed lie. 文本图层，然后使用【复制图层】快捷键Ctrl+D复制出一个相同的文本图层，并将其拖曳至1.jpg素材图层上方，如图10-201所示。

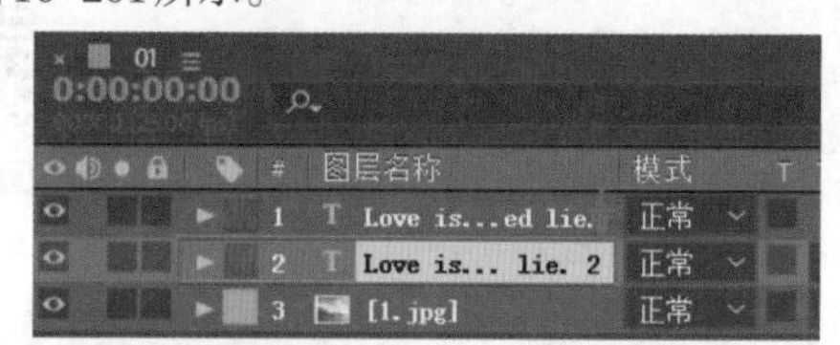

图 10-201

步骤 14 在【效果和预设】面板中搜索【分形杂色】效果，并将其拖曳到【时间轴】面板中复制得到的Love is a carefully designed lie. 2图层上，如图10-202所示。

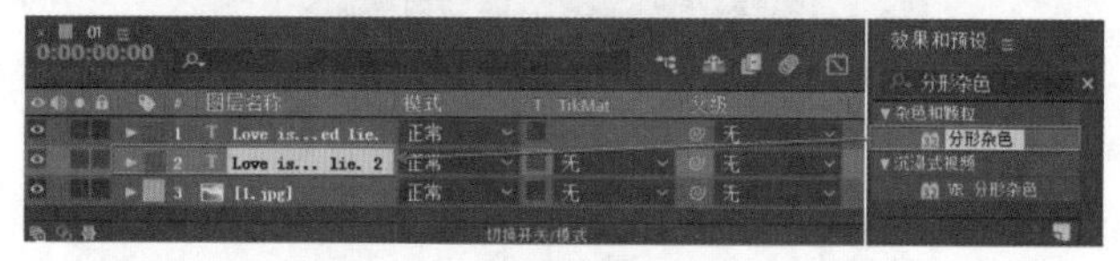

图 10-202

步骤 15 在【时间轴】面板中设置Love is a carefully designed lie.文本图层的【模式】为相乘，如图10-203所示。此时画面效果如图10-204所示。

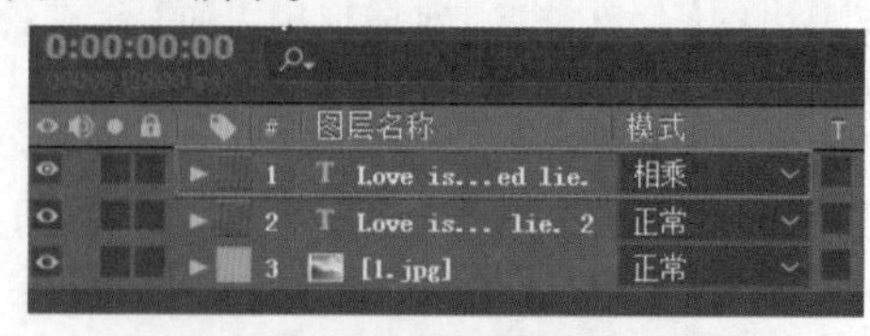

图 10-203

图 10-204

步骤 16 在【效果和预设】面板中搜索【匹配颗粒】效果，并将其拖曳到【时间轴】面板中的Love is a carefully designed lie.2文本图层上，如图10-205所示。

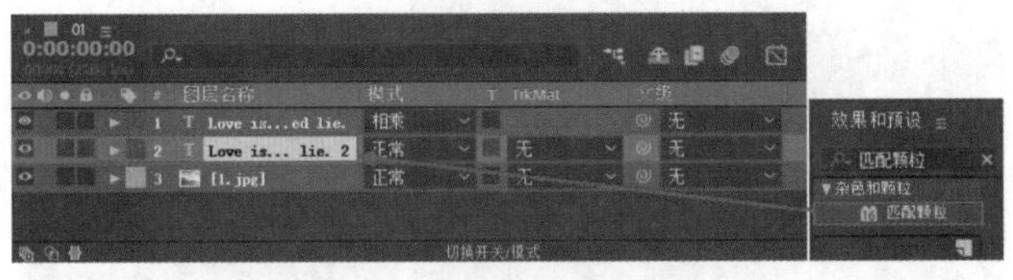

图 10-205

步骤 17 在【时间轴】面板中打开Love is a carefully designed lie.2文本图层的【效果】，设置【匹配颗粒】的【查看模式】为最终输出，设置【颜色】的【单色】为开，设置【与原始图像混合】的【数量】为56%，如图10-206所示。

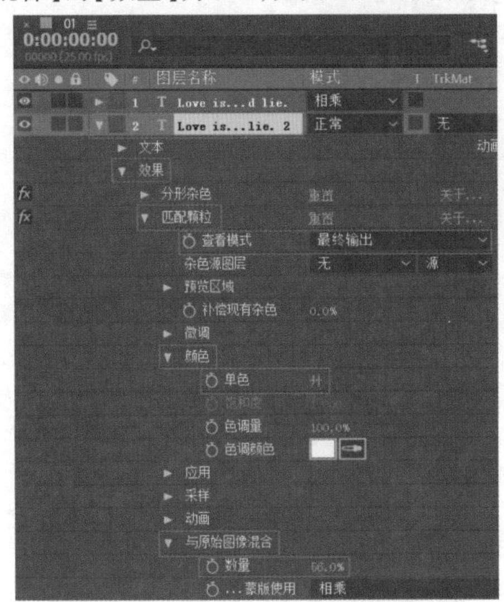

图 10-206

步骤 18 案例最终效果如图10-207所示。

图 10-207

实例：3D卡通文字

文件路径：Chapter 10 文字效果→实例：3D卡通文字

本案例主要学习创建文字，先单击【3D图层】按钮，为文字添加【投影】图层样式模拟三维文字质感，再应用【渐变叠加】图层样式模拟渐变的文字效果。案例效果如图10-208所示。

扫一扫，看视频

图 10-208

操作步骤：

Part 01 导入素材

步骤 01 在【项目】面板中单击鼠标右键执行【新建合成】命令，在弹出的【合成设置】对话框中设置【合成名称】为01，【宽度】为1800，【高度】为1200，【像素长宽比】为方形像素，【帧速率】为25，【分辨率】为完整，【持续时间】为15秒，单击【确定】按钮。

步骤 02 在菜单栏中执行【文件】/【导入】/【文件】命令，在弹出的【导入文件】对话框中选择所需要的素材，选择完毕单击【导入】按钮导入素材1.jpg。

步骤 03 在【项目】面板中将素材1.jpg拖曳到【时间轴】面板中，如图10-209所示。

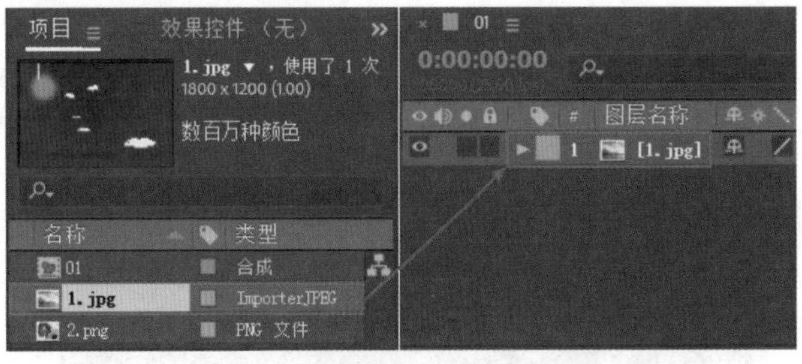

图 10-209

Part 02 创建3D文本

步骤 01 在【时间轴】面板中的空白位置处单击鼠标右键执行【新建】/【文本】命令。

步骤 02 在【字符】面板中设置适合的【字体系列】，【字体样式】为Roman，【填充颜色】为雪白色，【描边颜色】为无颜色，【字体大小】为260像素，【垂直缩放】为80%，并选择【字符】面板左下方的【仿粗体】，然后输入文本“HECTS”，如图10-210所示。

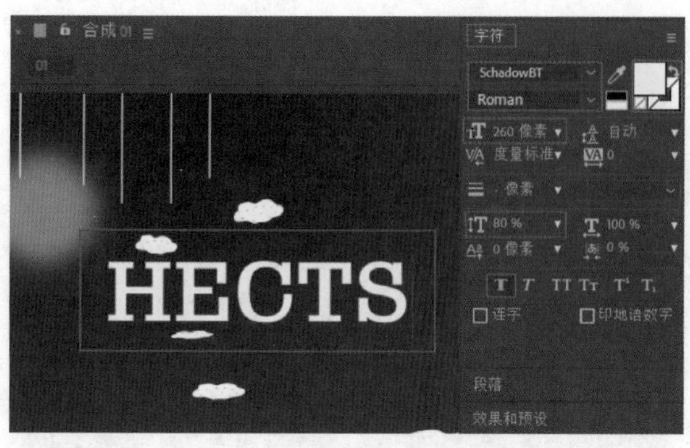

图 10-210

步骤 03　在【合成】面板中选中字母H，并在【字符】面板中设置【字体大小】为350像素，如图10-211所示。

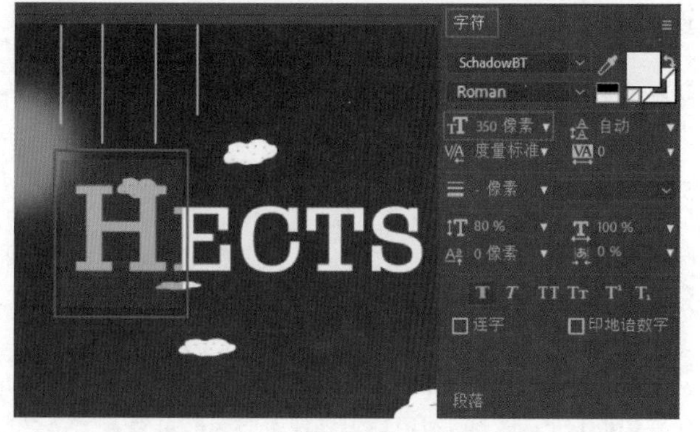

图 10-211

步骤 04　选中字母E，并在【字符】面板中设置【字体大小】为200像素。选中字母T，并在【字符】面板中设置【字体大小】为300像素。选中字母S，并在【字符】面板中设置【字体大小】为220像素。此时画面效果如图10-212所示。

图 10-212

步骤 05　在【时间轴】面板中单击HECTS文本图层的【3D图层】按钮，将该图层转换为3D图层，然后打开该图层下方的【变换】，设置【位置】为(538.4,407.9,0.0)，【方向】为(0.0°,22.0°,0.0°)，如图10-213所示。此时画面效果如图10-214所示。

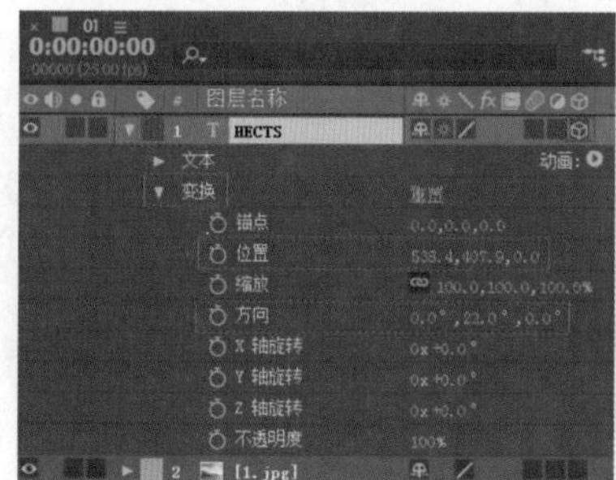

图 10-213

图 10-214

步骤 06　将光标定位在HECTS文本图层上，单击鼠标右键执行【图层样式】/【投影】命令，如图10-215所示。

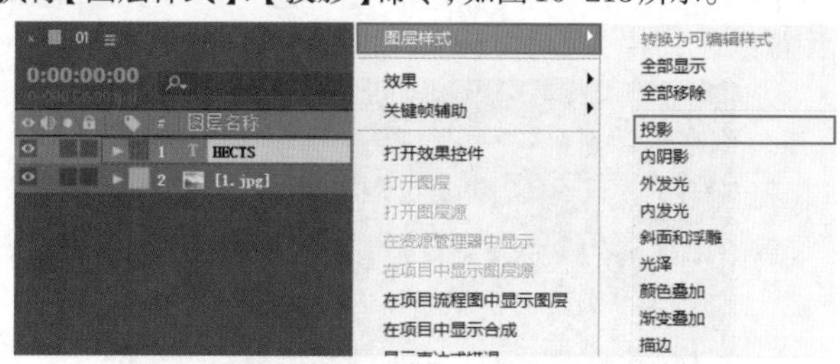

图 10-215

步骤 07　打开该文本图层下方的【图层样式】，设置【混合模式】为正常，【颜色】为青灰色，【不透明度】为100%，【角度】为(0x+150.0°)，【距离】为27.0，【扩展】为100.0%，【大小】为8.0，【图层镂空投影】为关，如图10-216所示。此时画面效果如图10-217所示。

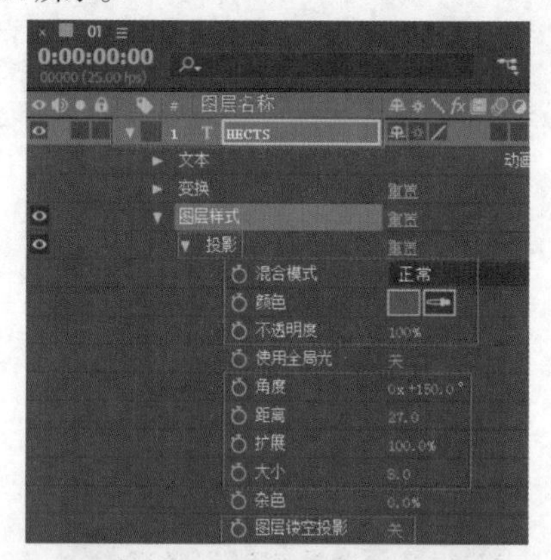

图 10-216

图 10-217

步骤 08 在【时间轴】面板中的空白位置处单击鼠标右键执行【新建】/【文本】命令，并在【字符】面板中设置合适的【字体系列】，【字体样式】为Roman，【填充颜色】为蓝色，【描边颜色】为无颜色，【字体大小】为300像素，【垂直缩放】为80%，然后选择【字符】面板左下角的【仿粗体】，输入文本"RECLITY"，如图10-218所示。

图10-218

步骤 09 在画面中选中字母R，并在【字符】面板中设置【字体大小】为180像素，如图10-219所示。

图10-219

步骤 10 选中字母C，并在【字符】面板中设置【字体大小】为160像素；选中字母L，并在【字符】面板中设置【字体大小】为220像素；选中字母I，并在【字符】面板中设置【字体大小】为300像素，【垂直缩放】为100%；选中字母T，并在【字符】面板中设置【字体大小】为180像素；选中字母Y，并在【字符】面板中设置【字体大小】为220像素，画面效果如图10-220所示。

图10-220

步骤 11 在【时间轴】面板中单击RECLITY文本图层的【3D图层】按钮，将该图层转换为3D图层。接着打开该图层下方的【变换】，设置【位置】为(808.0,602.0,0.0)，【方向】为(0.0°,343.0°,0.0°)，如图10-221所示。此时画面效果如图10-222所示。

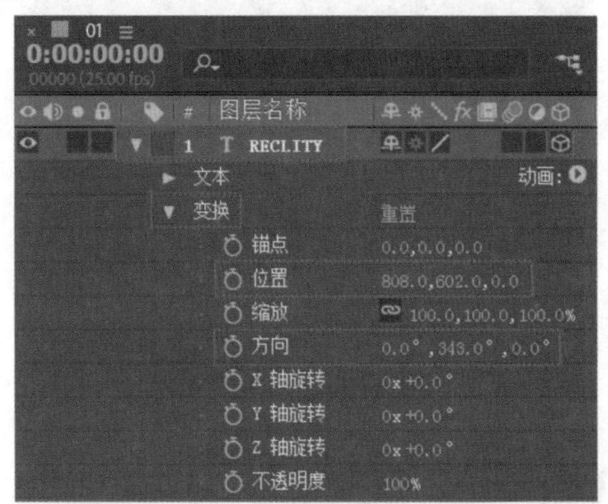

图10-221

图10-222

步骤 12 在【时间轴】面板中打开HECTS文本图层，并将光标定位在该图层的【图层样式】上。使用【复制】快捷键Ctrl+C复制图层样式，再将光标定位在RECLITY文本图层上。使用【粘贴】快捷键Ctrl+V粘贴图层样式，如图10-223所示。

图10-223

步骤 13 在【时间轴】面板中打开RECLITY文本图层下方的【图层样式】，更改【投影】的【颜色】为深青色，【角度】为(0x+14.0°)，如图10-224所示。此时画面效果如图10-225所示。

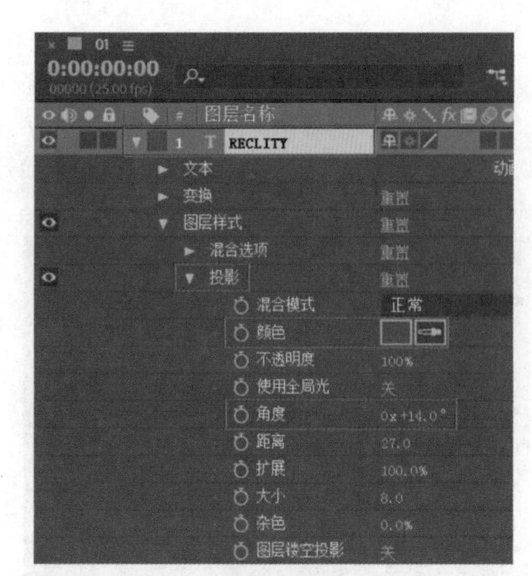

图 10-224

图 10-225

步骤 14 使用同样的方法创建文本UN，并在【时间轴】面板中设置合适的参数，如图10-226所示。此时画面效果如图10-227所示。

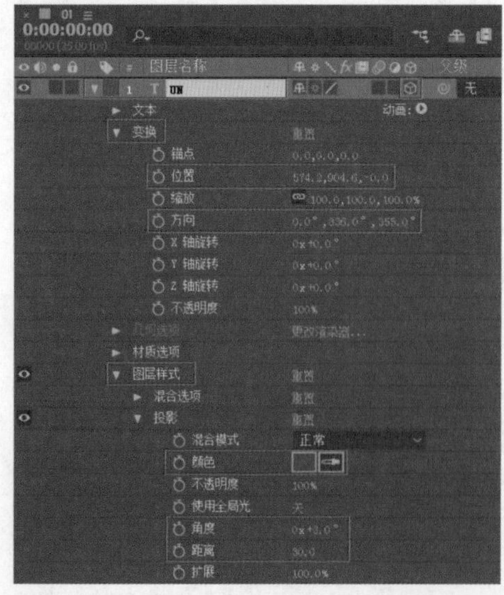

图 10-226

图 10-227

Part 03 制作渐变文本效果

步骤 01 使用同样的方法创建文本FESTNC，并在【字符】面板中设置合适的参数，如图10-228所示。

图 10-228

步骤 02 在【时间轴】面板中打开FESTNC文本图层下方的【变换】，设置【位置】为(1146.0,934.0)，如图10-229所示。此时画面效果如图10-230所示。

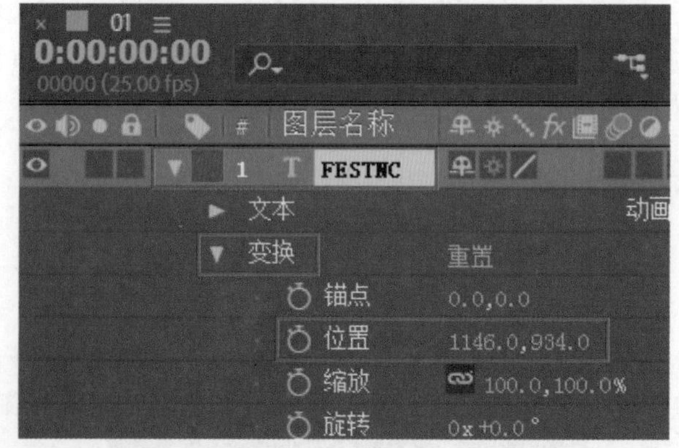

图 10-229

图 10-230

步骤 03 将光标定位在FESTNC文本图层上，单击鼠标右键执行【图层样式】/【投影】命令。打开该图层下方的【图层样式】，设置【投影】的【混合模式】为正常，【颜色】为深蓝灰色，【不透明度】为100%，【角度】为(0x+12.0°)，【距离】为20.0，【扩展】为100%，【大小】为6.0，【图层镂空投影】为关，如图10-231所示。此时画面效果如图10-232所示。

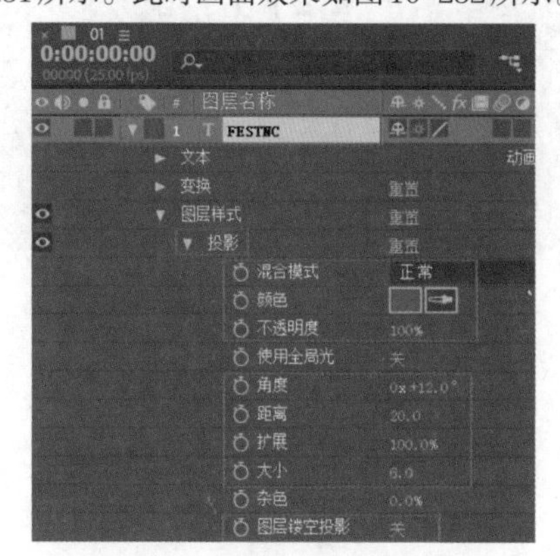

图 10-231

图 10-232

步骤 04 再将光标定位在该图层上，单击鼠标右键执行【图层样式】/【渐变叠加】命令，如图10-233所示。

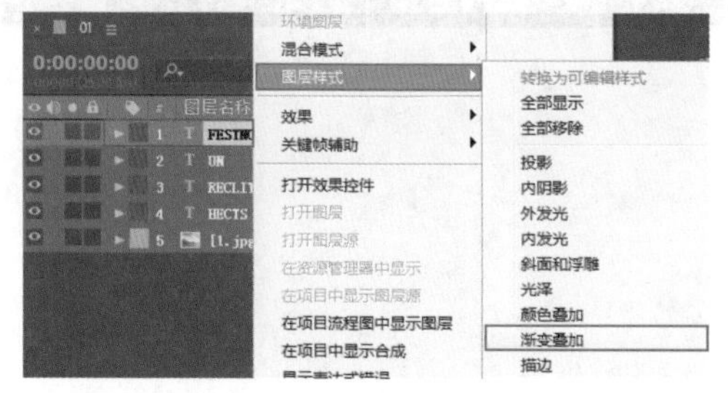

图 10-233

步骤 05 在【时间轴】面板中打开FESTNC文本图层下方的【图层样式】/【渐变叠加】，然后单击【颜色】的【编辑渐变】，在弹出的【渐变编辑器】对话框中编辑一个由白色到蓝色的渐变色条，单击【确定】按钮，设置【不透明度】为60.0%，【角度】为(0x+36.0°)，如图10-234所示。此时画面效果如图10-235所示。

图 10-234

图 10-235

步骤 06 使用同样的方法创建文本ANT，并在【字符】面板中设置合适的【字体大小】，在【时间轴】面板中打开FESTNC文本图层，并将光标定位在该图层下方的【图层样式】，然后使用【复制】快捷键Ctrl+C复制图层样式，再将光标定位在ANT文本图层上，使用【粘贴】快捷键Ctrl+V粘贴图层样式，如图10-236所示。

图 10-236

步骤 07 在【时间轴】面板中打开ANT文本图层下方的【图层样式】，更改【投影】的【颜色】为深蓝色，【角度】为(0x+180.0°)，【大小】为4.0，如图10-237所示。

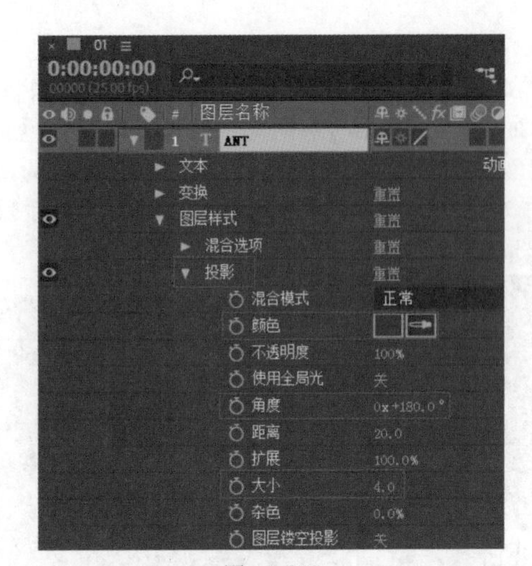

图 10-237

步骤 08　打开【渐变叠加】，更改【不透明度】为30%，如图10-238所示。此时画面效果如图10-239所示。

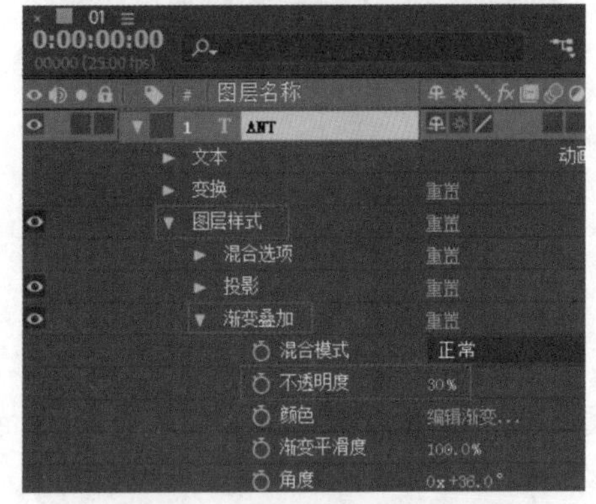

图 10-238

图 10-239

步骤 09　在【项目】面板中将素材2.png拖曳到【时间轴】面板中，如图10-240所示。

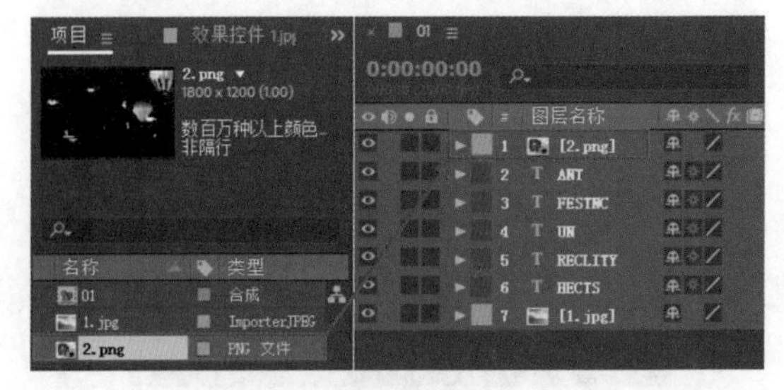

图 10-240

步骤 10　在【时间轴】面板中打开2.png素材图层下方的【变换】，设置【位置】为(902.0,574.0)，【缩放】为(113.6,113.6%)，如图10-241所示。

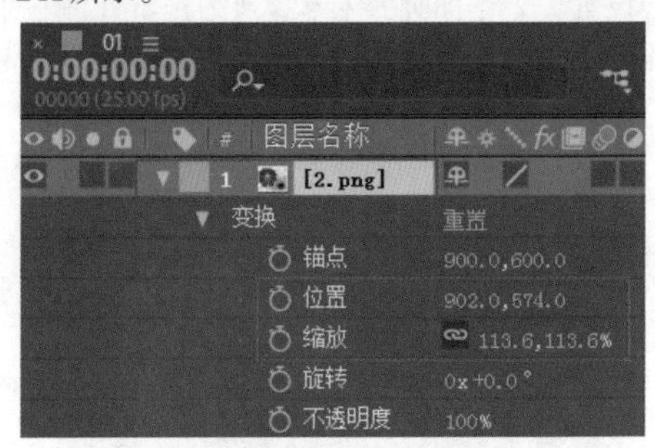

图 10-241

步骤 11　案例最终效果，如图10-208所示。

课后练习：电影片尾字幕

扫一扫，看视频

文件路径：Chapter 10　文字效果→课后练习：电影片尾字幕

本案例主要使用文字工具及为位置属性设置关键帧动画制作片尾滚动字幕。案例效果如图10-242所示。

图 10-242

扫一扫，看视频

渲染不同格式的作品

本章内容简介：

在After Effects中制作作品，可能有读者认为作品制作完成就是操作的最后一个步骤，其实并非如此。作品在制作完成后还要进行渲染操作，将【合成】面板中的画面渲染出来，以便影像的保留和传输。本章主要讲解如何渲染不同格式的文件，包括常用的视频格式、图片格式、音频格式等。

重点知识掌握：

- 在After Effects中渲染多种格式的方法
- 使用【渲染队列】进行渲染
- 在Adobe Media Encoder中进行渲染

优秀作品欣赏

11.1 初识渲染

很多三维软件、后期制作软件在完成作品的制作后，都需要进行渲染，将最终作品以可以打开或播放的格式呈现出来，以便在更多的设备上播放。影片的渲染是指将构成影片的每个帧进行逐帧渲染。

11.1.1 什么是渲染

渲染通常是指最终的输出过程。其实在【素材】【图层】【合成】面板中显示预览的过程也属于渲染，但这些并不是最终渲染。真正的渲染是最终输出一个用户需要的文件格式。在After Effects中主要有两种渲染方式，分别是在【渲染队列】中渲染和在Adobe Media Encoder中渲染。

11.1.2 为什么要渲染

在After Effects中制作完成复制的动画效果后，可以直接按空格键进行播放以查看动画效果。但这不是真正的渲染，真正的渲染是将After Effects中的动画效果输出为一个视频、图片、音频、序列等我们需要的格式。例如，输出为常用的视频格式.mov、.avi，这样就可以将渲染的文件在计算机、手机中播放，甚至上传到网络也可以播放。图11-1所示为使用After Effects创作作品的步骤：After Effects文件制作完成→进行渲染→渲染出的文件。

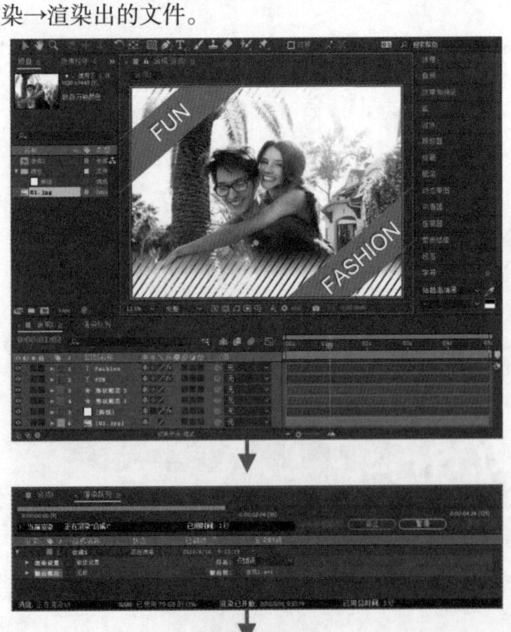

图 11-1

11.1.3 After Effects中可以渲染的格式

在After Effects中可以渲染很多格式的文件，如视频和动画格式、静止图像格式、仅音频格式、视频项目格式。

(1) 视频和动画格式有QuickTime (MOV)、Video for Windows(AVI，仅限 Windows)。

(2) 静止图像格式有Adobe Photoshop (PSD)、Cineon(CIN、DPX)、Maya IFF (IFF)、JPEG(JPG、JPE)、OpenEXR (EXR)、PNG (PNG)、Radiance(HDR、RGBE、XYZE)、SGI(SGI、BW、RGB)、Targa(TGA、VBA、ICB、VST)和TIFF (TIF)。

(3) 音频格式有音频交换文件格式 (AIFF)、MP3和WAV。

(4) 视频项目格式有Adobe Premiere Pro 项目 (PRPROJ)。

11.2 渲染队列

在【渲染队列】中可以设置要渲染的格式、品质、名称等多种参数。

重点 11.2.1 轻松动手学：最常用的渲染步骤

扫一扫，看视频

文件路径：Chapter 11 渲染不同格式的作品→轻松动手学：最常用的渲染步骤

步骤 01 打开本书配套文件【01.aep】，如图11-2所示。

图 11-2

步骤 02 激活【时间轴】面板，然后按快捷键Ctrl+M，弹出的【渲染队列】如图11-3所示。

图 11-3

步骤 03 修改【输出到】的名称为【渲染.avi】，并更改其保存的位置，最后单击【渲染】按钮，如图11-4所示。

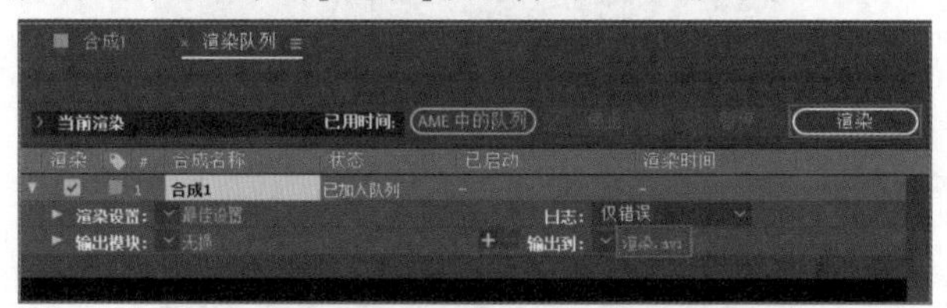

图 11-4

步骤 04 等待一段时间后，在刚才修改的路径下就能看到已经渲染完成的视频【渲染.avi】，如图11-5所示。

图 11-5

【重点】11.2.2 添加到渲染队列

要想对当前的文件进行渲染，首先要激活【时间轴】面板，然后在菜单栏中执行【文件】/【导出】/【添加到渲染队列】命令，或执行【合成】/【添加到渲染队列】命令，如图11-6和图11-7所示。

此时在【时间轴】面板中弹出的【渲染队列】如图11-8所示。

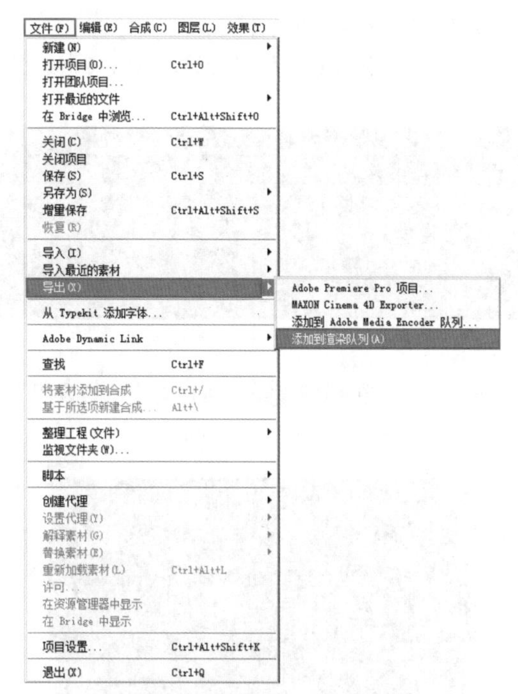

图 11-6

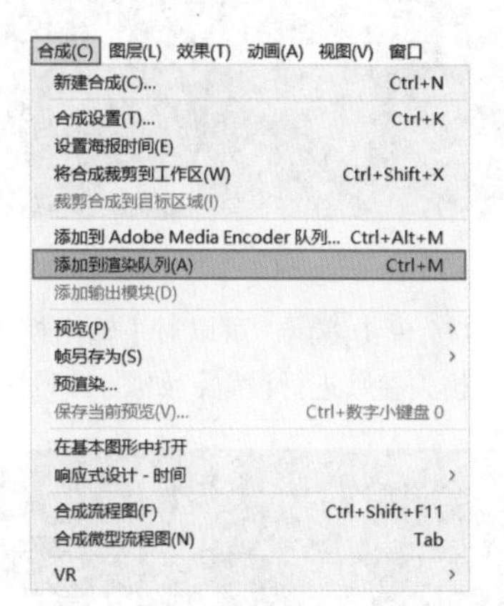

图 11-7

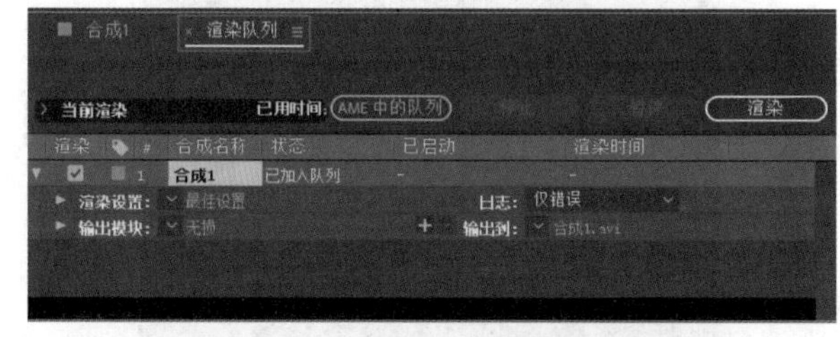

图 11-8

- **当前渲染**：显示当前渲染的相关信息。
- **已用时间**：显示当前渲染已经花费的时间。
- **AME中的队列**：将加入队列的渲染项目添加到Adobe Media Encoder队列中。
- **停止**：单击该按钮会停止渲染。

- 暂停：单击该按钮会暂停渲染。
- 渲染：单击该按钮，即可开始进行渲染，如图11-9所示。

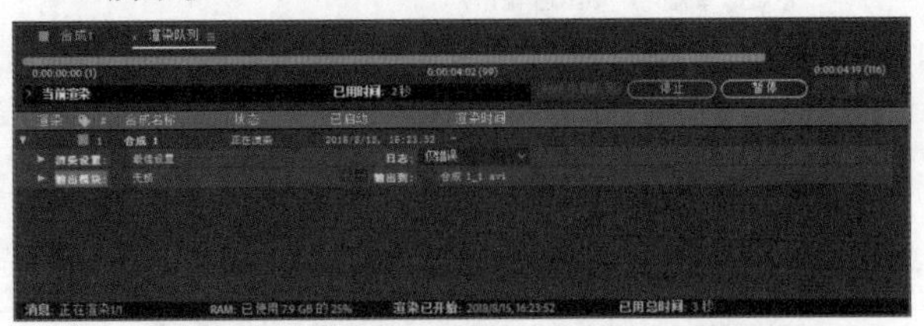

图 11-9

- 渲染设置：单击最佳设置，可以对【渲染设置】对话框中的相关参数进行设置，如图11-10所示。

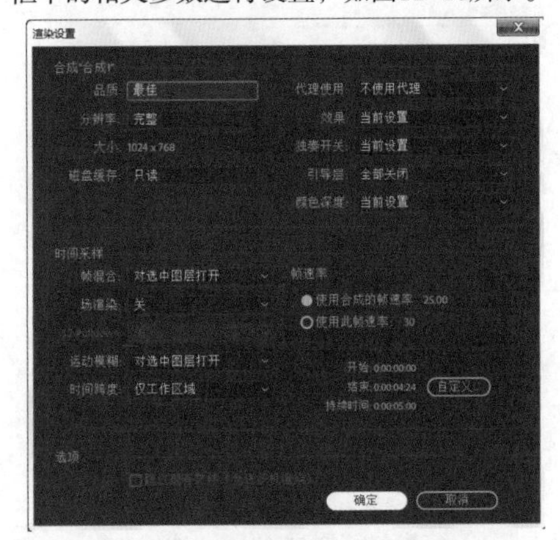

图 11-10

- 输出模块：单击无损，可以对【输出模块设置】对话框中的相关参数进行设置，如图11-11所示。

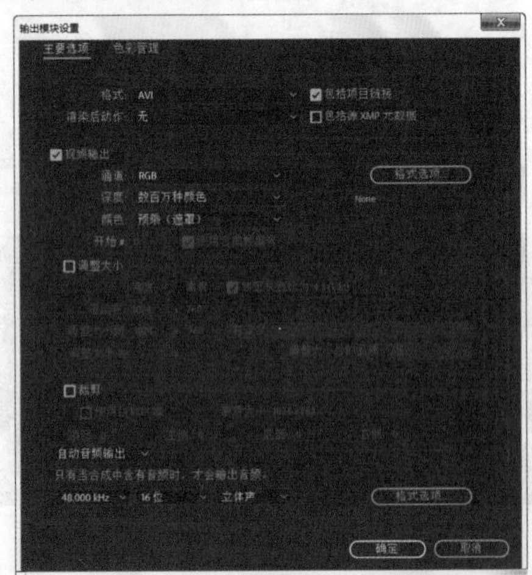

图 11-11

- 日志：可设置【仅错误】【增加设置】【增加每帧信息】选项。
- 输出到：单击后面的蓝色文字合成 1_2.avi，即可设置作品要输出的位置和文件名，如图11-12所示。

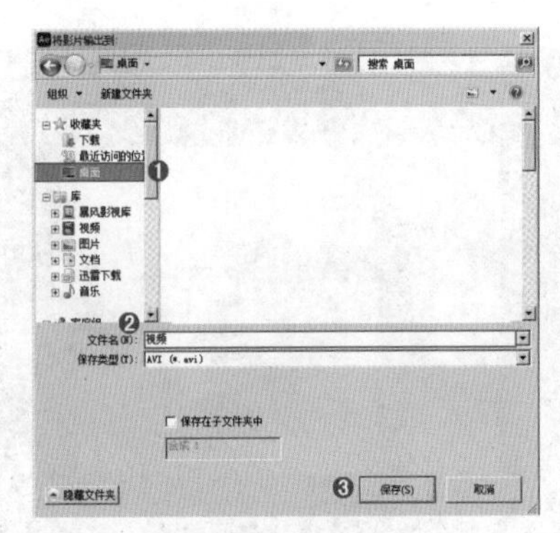

图 11-12

重点 11.2.3 渲染设置

【渲染设置】主要用于设置渲染的【品质】【分辨率】【自定义时间范围】等，如图11-13所示。

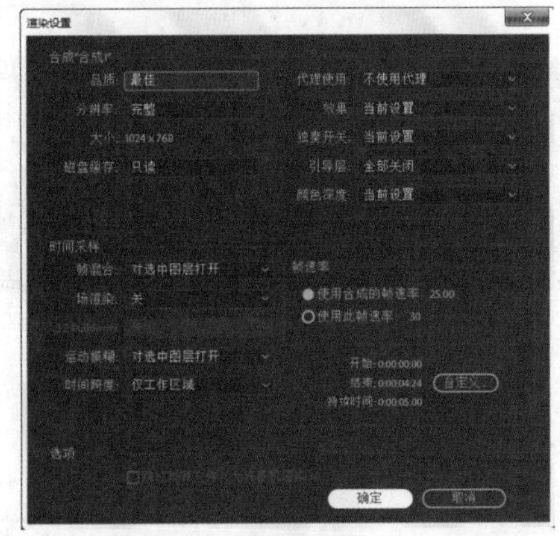

图 11-13

1. 合成

- 品质：选择渲染的品质，包括【当前设置】【最佳】【草图】【线框】。
- 分辨率：设置渲染合成的分辨率，相对于原始合成大小。
- 磁盘缓存：确定渲染期间是否使用磁盘缓存。
- 代理使用：确定渲染时是否使用代理。
- 效果：【当前设置】（默认）使用【效果】开关的当前设置；【全部开启】渲染所有应用的效果；【全部关闭】不渲染任何效果。
- 独奏开关：【当前设置】（默认）将使用每个图层的独奏开关的当前设置。
- 引导层：【当前设置】渲染顶层合成中的引导层。
- 颜色深度：【当前设置】（默认）使用项目位深度。

2. 时间采样

- 帧混合：其中包含【当前设置】【对选中图层打开】【对所有图层关闭】3个选项。

- 场渲染：确定用于渲染合成的场渲染技术。
- 运动模糊：【当前设置】将使用【运动模糊】图层开关和【启用运动模糊】合成开关的当前设置。
- 时间跨度：设置要渲染合成中的多少内容。
- 帧速率：设置渲染影片时使用的采样帧速率。
- 自定义：设置自定义的时间范围，如设置起始、结束、持续时间。

3. 选项

跳过现有文件（允许多机渲染）：允许渲染一系列文件的一部分，而不在先前已渲染的帧上浪费时间。

重点 11.2.4 输出模块

【输出模块设置】对话框主要用于确定如何针对最终输出处理渲染的影片，其中包括【主要选项】和【色彩管理】选项卡。图11-14所示为【主要选项】选项卡，主要用于设置格式、调整大小、裁剪等参数。

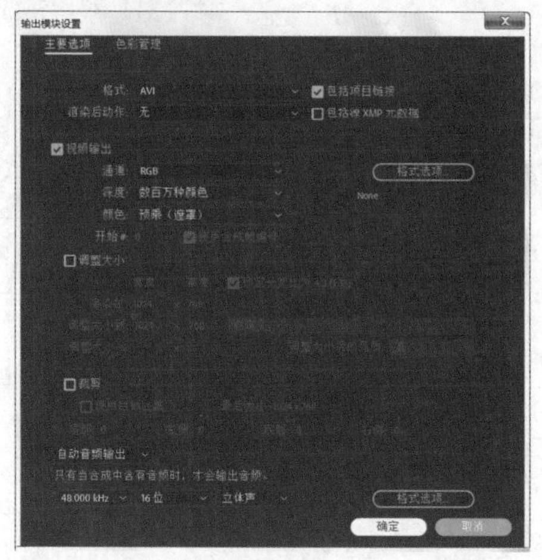

图 11-14

- 格式：为输出文件或文件序列指定格式，如图11-15所示。

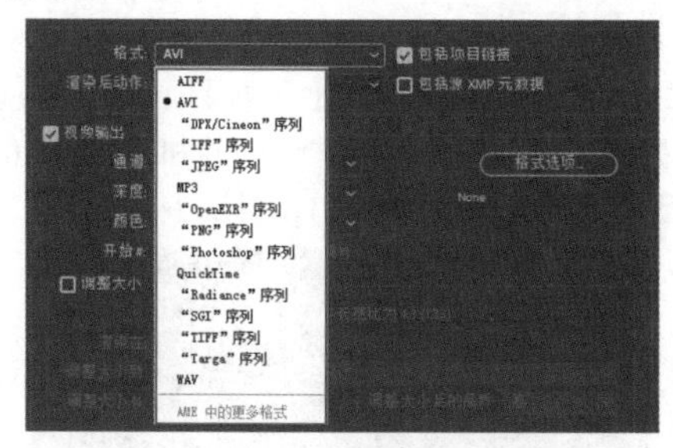

图 11-15

- 包括项目链接：指定是否在输出文件中包括链接到源After Effects项目的信息。
- 包括源 XMP 元数据：指定是否在输出文件中包括用作渲染合成的源文件中的XMP元数据。
- 渲染后动作：指定After Effects在渲染合成之后要执行的动作。
- 格式选项：单击该按钮，打开一个对话框，可在其中指定格式特定的选项。
- 通道：输出影片中包含的输出通道。
- 深度：指定输出影片的颜色深度。
- 颜色：指定使用Alpha通道创建颜色的方式。
- 开始 #：指定序列起始帧的编号。
- 调整大小：勾选该选项，即可重新设置输出影片的大小。
- 裁剪：用于在输出影片的边缘减去或增加像素行或列。
- 音频输出：指定采样率、采样深度（8位或16位）和播放格式（单声道或立体声）。其中，8位采样深度用于计算机播放，16位采样深度用于CD和数字音频播放或用于支持16位播放的硬件。

提示：有时候发现缺少一些视频的格式，怎么办？

如果发现在【渲染队列】中的输出格式很少，不是很全，如图11-16所示。

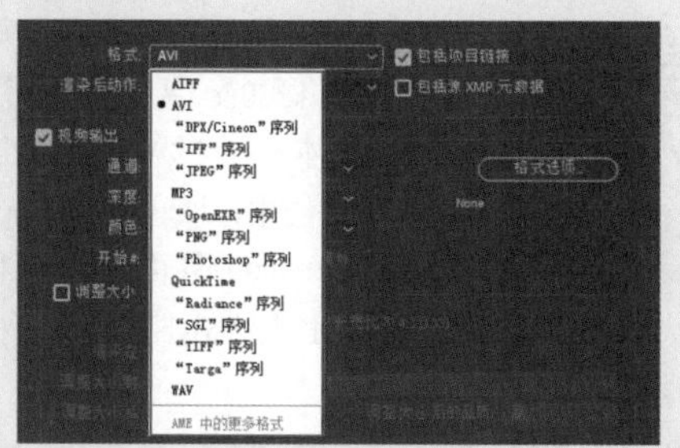

图 11-16

那么建议可以安装Adobe Media Encoder 2022软件，并使用Adobe Media Encoder设置格式，会发现格式非常多，如图11-17所示。

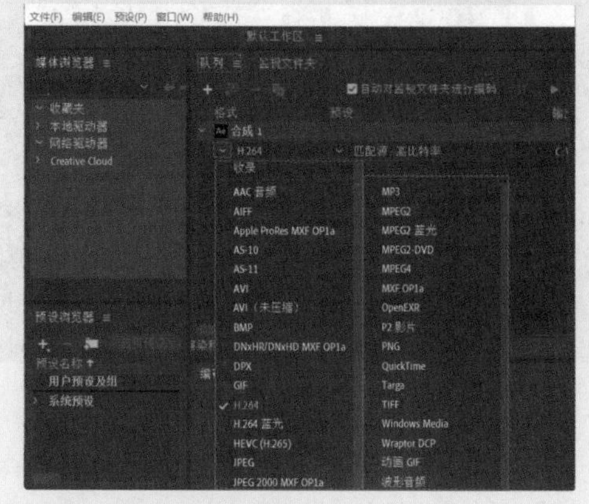

图 11-17

【色彩管理】选项卡主要用于设置配置文件参数，如图11-18所示。

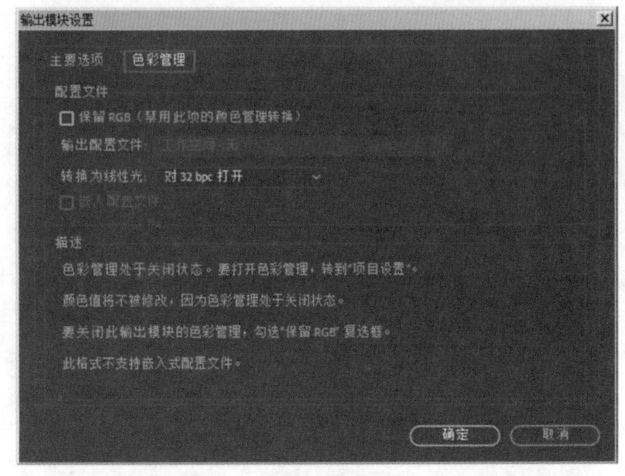

图 11-18

11.3 使用 Adobe Media Encoder 渲染和导出

11.3.1 什么是Adobe Media Encoder

扫一扫，看视频

Adobe Media Encoder是视频音频编码程序，可用于渲染输出不同格式的作品。用户需要安装与After Effects 2022版本一致的Adobe Media Encoder 2022，才可以打开并使用Adobe Media Encoder。

Adobe Media Encoder界面包含5部分，分别是【媒体浏览器】【预设浏览器】【队列】【监视文件夹】【编码】面板，如图11-19所示。

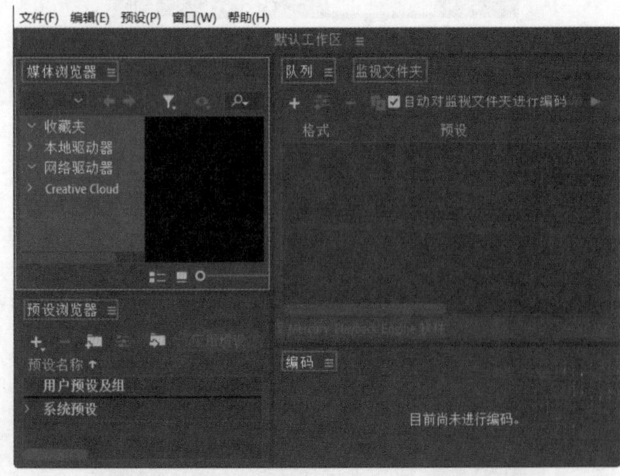

图 11-19

1.【媒体浏览器】面板

使用【媒体浏览器】面板，可以在将媒体文件添加到队列之前预览这些文件，如图11-20所示。

图 11-20

2.【预设浏览器】面板

【预设浏览器】提供各种选项，这些选项可帮助简化Adobe Media Encoder中的工作流程，如图11-21所示。

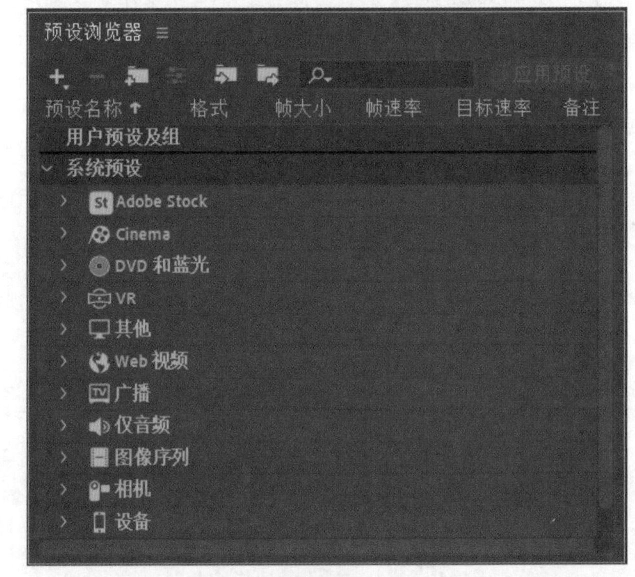

图 11-21

3.【队列】面板

将想要编码的文件添加到【队列】面板中。可以将源视频或音频文件、Adobe Premiere Pro序列和Adobe After Effects合成添加到要编码的项目队列中，如图11-22所示。

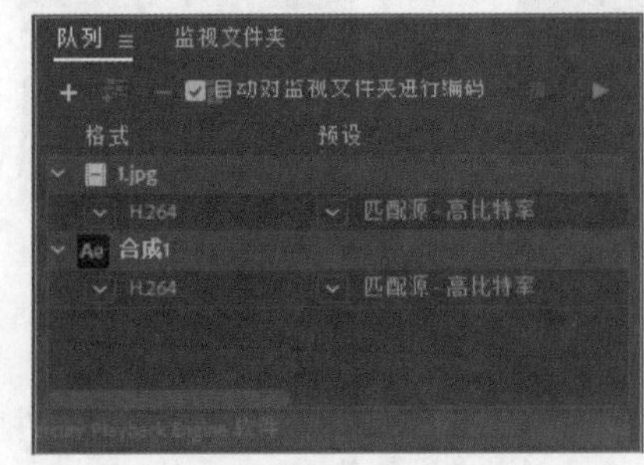

图 11-22

4.【监视文件夹】面板

硬盘驱动器中的任何文件夹都可以被指定为【监视文件夹】。当选择【监视文件夹】后，任何添加到该文件夹的文件都将使用所选预设进行编码，如图11-23所示。

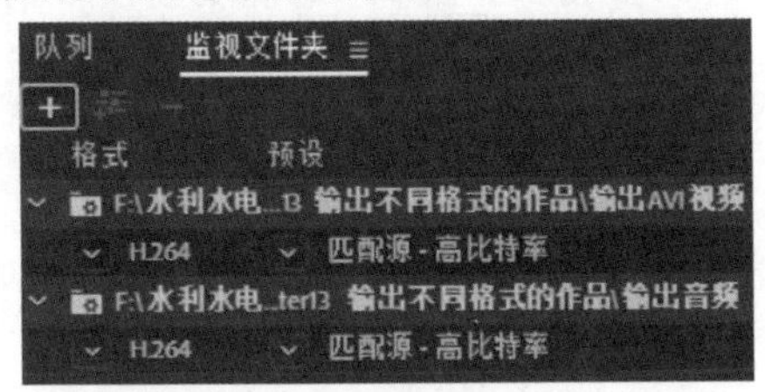

图 11-23

5.【编码】面板

【编码】面板提供有关每个编码项目状态的信息，如图11-24所示。

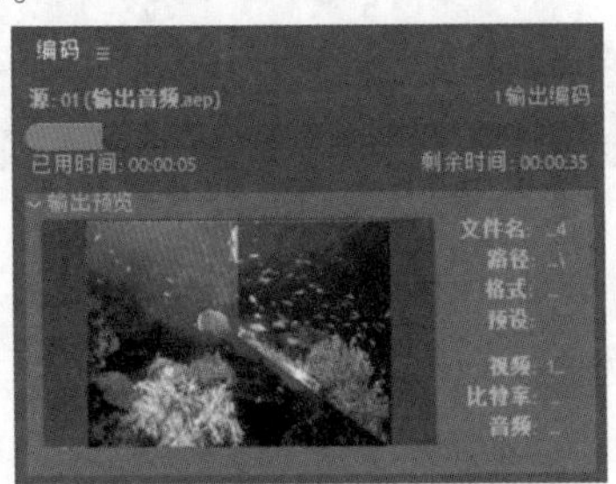

图 11-24

11.3.2 直接将合成添加到Adobe Media Encoder

步骤 01 在After Effects中制作完成作品后，激活【时间轴】面板，然后在菜单栏中执行【合成】/【添加到 Adobe Media Encoder 队列】命令，或在菜单栏中执行【文件】/【导出】/【添加到 Adobe Media Encoder 队列】命令，如图11-25和图11-26所示。

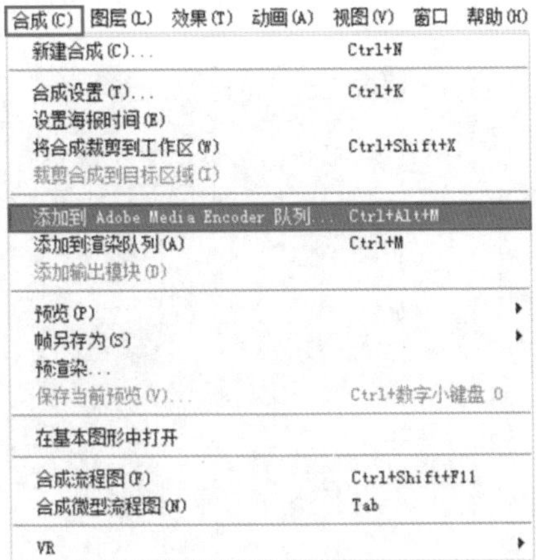

合成(C) 图层(L) 效果(T) 动画(A) 视图(V) 窗口 帮助(H)
新建合成(C)... Ctrl+N
合成设置(T)... Ctrl+K
设置海报时间(E)
将合成裁剪到工作区(W) Ctrl+Shift+X
裁剪合成到目标区域(I)
添加到 Adobe Media Encoder 队列... Ctrl+Alt+M
添加到渲染队列(A) Ctrl+M
添加输出模块(D)
预览(P)
帧另存为(S)
预渲染...
保存当前预览(V)... Ctrl+数字小键盘 0
在基本图形中打开
合成流程图(F) Ctrl+Shift+F11
合成微型流程图(N) Tab
VR

图 11-25

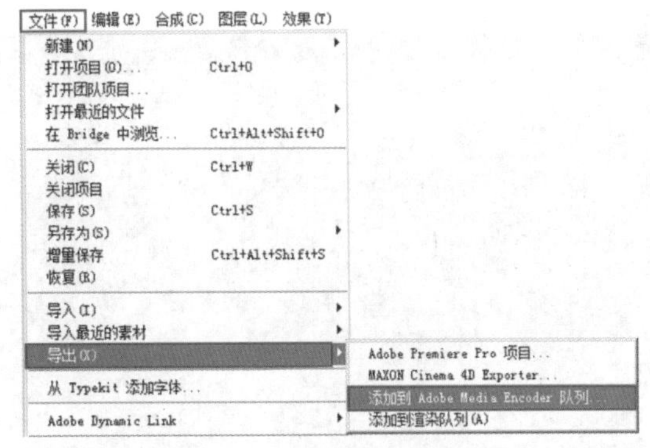

图 11-26

步骤 02 此时正在开启Adobe Media Encoder，如图11-27所示。

Adobe Media Encoder

Adobe Creative Cloud

图 11-27

步骤 03 打开了Adobe Media Encoder后，界面如图11-28所示。

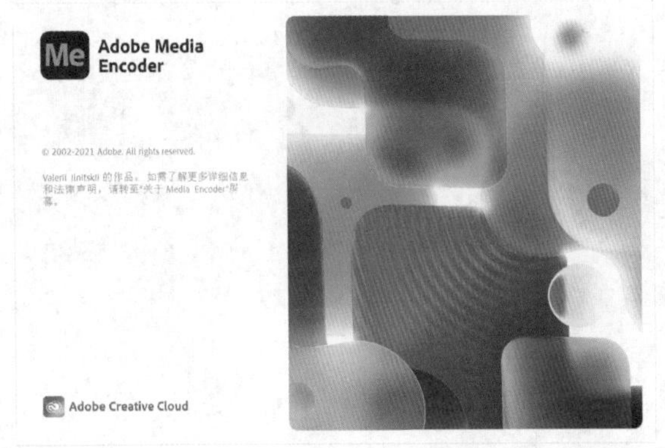

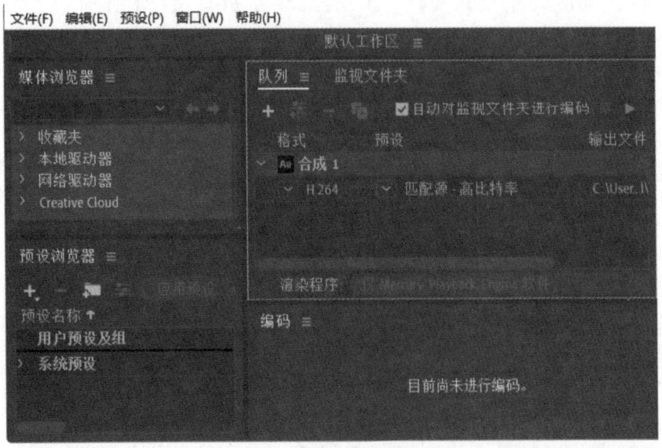

图 11-28

步骤 04 进入【队列】面板，单击按钮，设置合适的格式，然后设置保存文件的位置和名称，并单击右上角的【启动队列】按钮，如图11-29所示。

步骤 05 此时正在渲染，如图11-30所示。

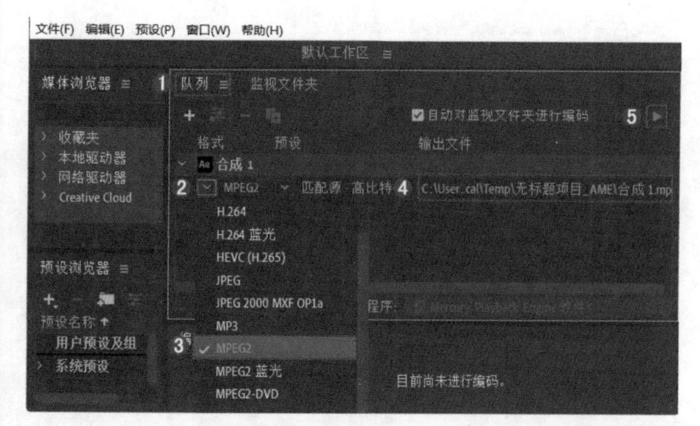

图 11-29

图 11-30

步骤 06 等待一段时间渲染完成，就可以在刚才设置的位置找到渲染完成的视频【合成1.mpg】，如图11-31所示。

图 11-31

11.3.3 从渲染队列将合成添加到 Adobe Media Encoder

步骤 01 在After Effects中制作完成作品后，激活【时间轴】面板，然后在菜单栏中执行【合成】/【添加到渲染队列】命令，或者按快捷键Ctrl+ M，如图11-32所示。

步骤 02 在【渲染队列】面板中单击【AME中的队列】按钮，如图11-33所示。

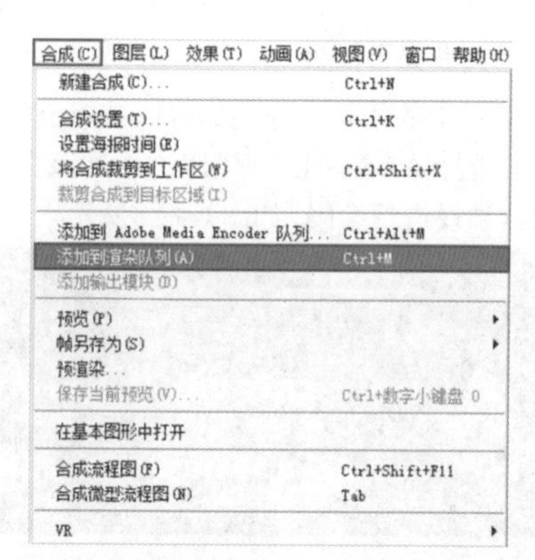

图 11-32

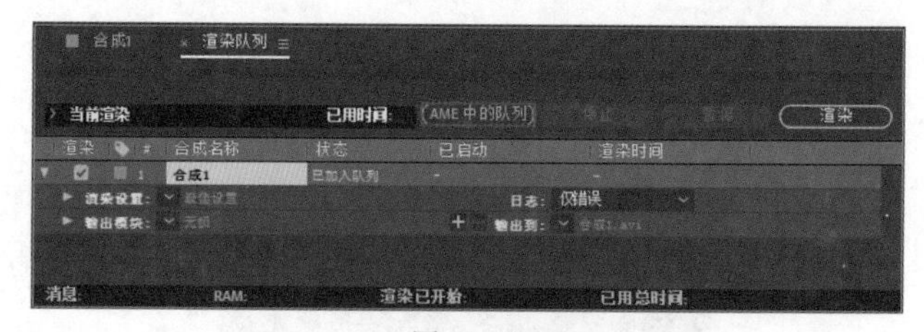

图 11-33

步骤 03 此时正在开启Adobe Media Encoder，如图11-34所示。

图 11-34

步骤 04 打开了Adobe Media Encoder后，界面如图11-35所示。

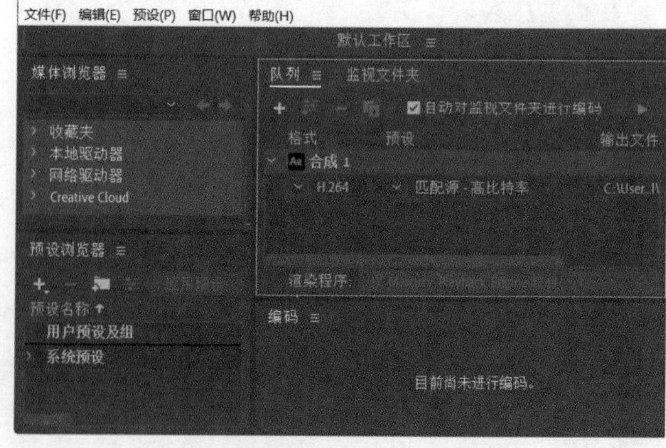

图 11-35

步骤 05 进入【队列】面板，单击按钮，设置合适的格式，然后设置保存文件的位置和名称，并单击右上角的【启动队列】按钮，如图11-36所示。

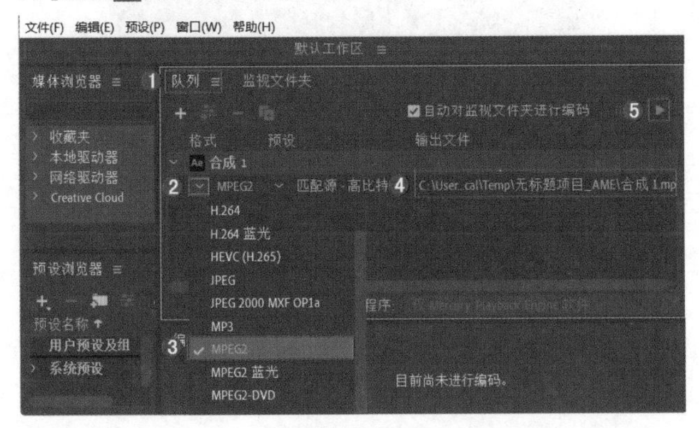

图 11-36

步骤 06 此时正在渲染，如图11-37所示。

图 11-37

步骤 07 等待一段时间渲染完成，就可以在刚才设置的位置找到渲染完成的视频【合成1.mpg】，如图11-38所示。

图 11-38

11.4 渲染常用的作品格式

实例：渲染JPG格式的静帧图片

文件路径：Chapter 11 渲染不同格式的作品→实例：渲染JPG格式的静帧图片

扫一扫，看视频

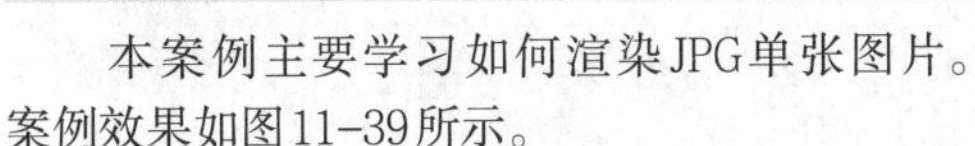

本案例主要学习如何渲染JPG单张图片。案例效果如图11-39所示。

图 11-39

操作步骤：

步骤 01 打开本书配套文件【02.aep】，如图11-40所示。将时间线拖到第5秒位置，如图11-41所示。

图 11-40

图 11-41

步骤 02 在菜单栏中执行【合成】/【帧另存为】/【文件】命令，如图11-42所示。此时在界面下方自动跳转到【渲染队列】面板，如图11-43所示。

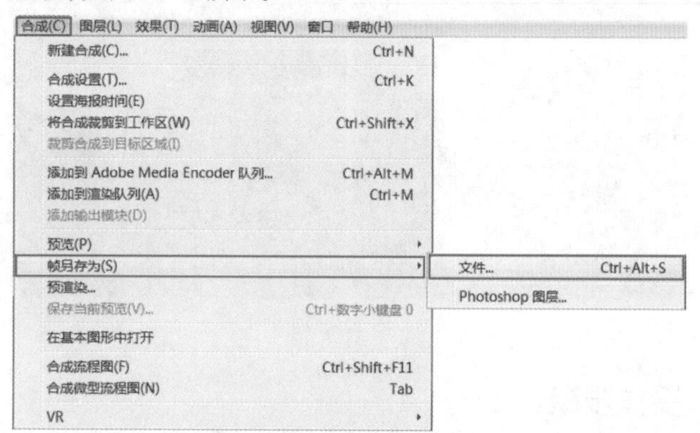

图 11-42

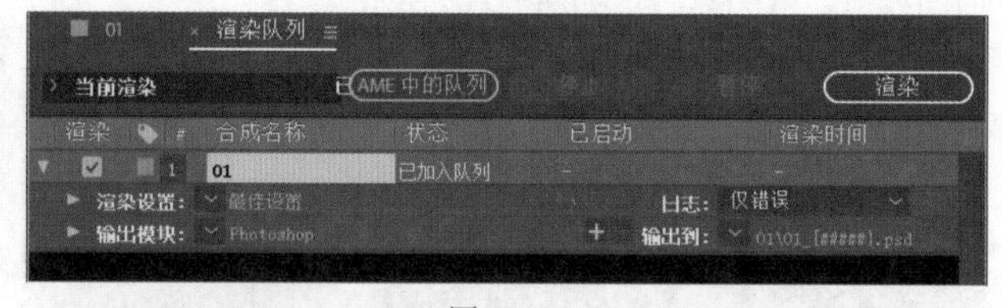

图 11-43

步骤 03 单击【输出模块】后的【Photoshop】，如图11-44所示。

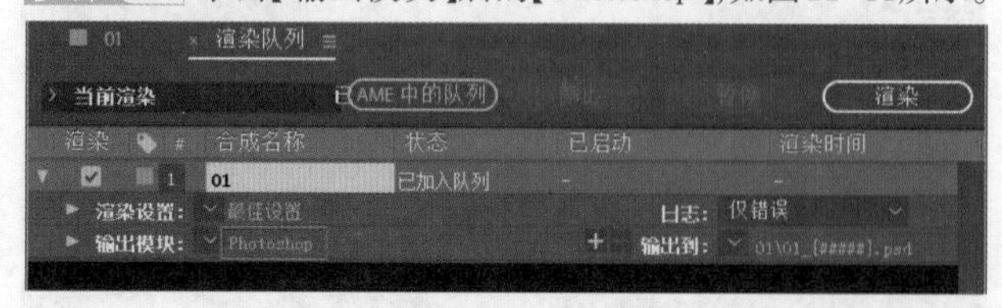

图 11-44

步骤 04 在弹出的【输出模块设置】对话框中设置【格式】为JPEG序列，在弹出的【JPEG选项】对话框中设置【品质】为10，单击【确定】按钮。取消勾选【使用合成帧编号】复选框，接着单击【确定】按钮，如图11-45和图11-46所示。

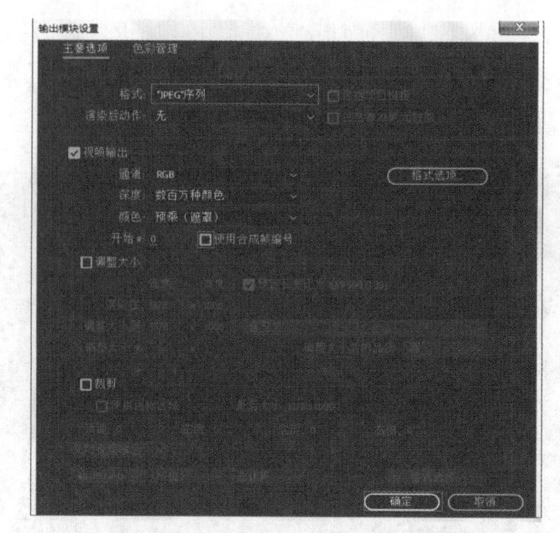

图 11-45

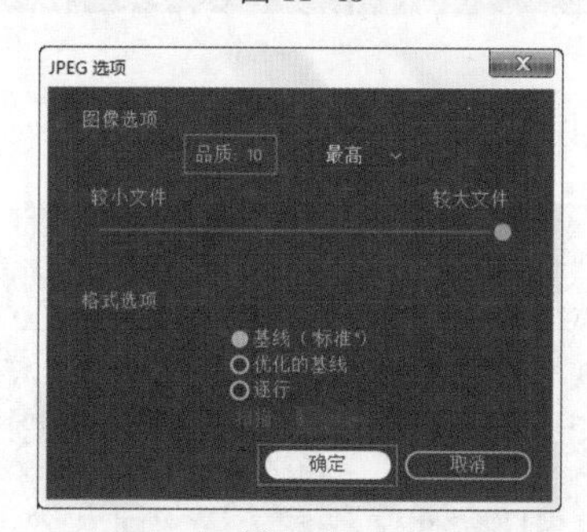

图 11-46

步骤 05 单击【输出到】后面的01(0-00-05-00).jpg，如图11-47所示。在弹出的【将帧输出到】对话框中修改保存位置和文件名称，单击【保存】按钮完成修改，如图11-48所示。

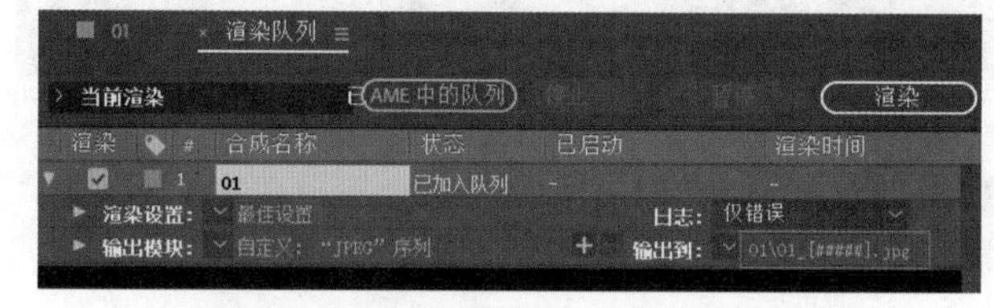

图 11-47

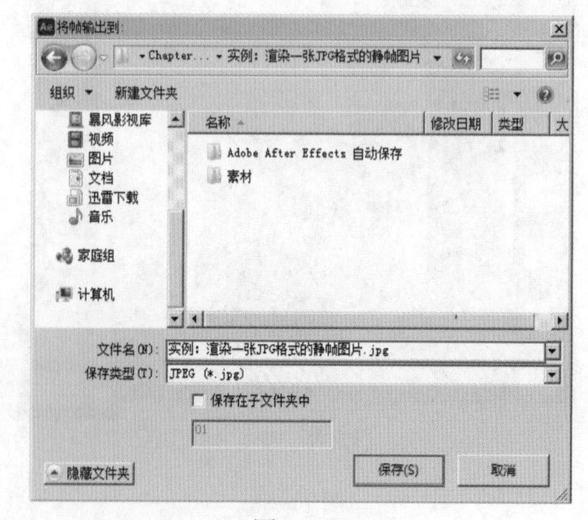

图 11-48

步骤 06 在【渲染队列】中单击【渲染】按钮，如图11-49所示。渲染完成后，在刚才设置的路径中可以看到渲染出的图片，如图11-50所示。

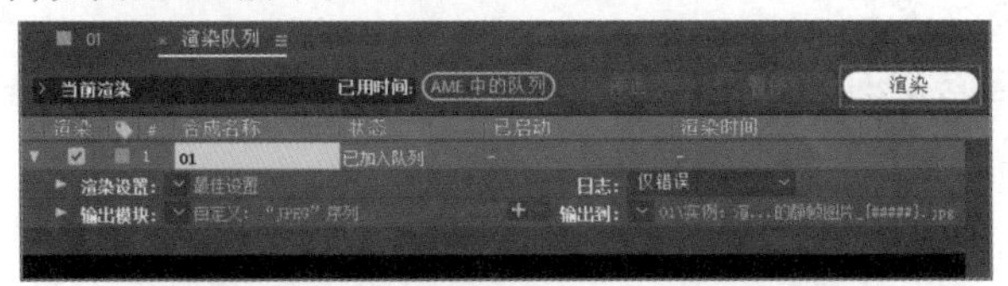

图 11-49

图 11-50

实例：渲染AVI格式的视频

文件路径：Chapter 11 渲染不同格式的作品→实例：渲染AVI格式的视频

扫一扫，看视频

本案例主要学习如何渲染AVI视频。案例效果如图11-51所示。

图 11-51

操作步骤：

步骤 01 打开本书配套文件【03.aep】，如图11-52所示。

步骤 02 在【时间轴】面板中使用快捷键Ctrl+M打开【渲染队列】，如图11-53所示。

图 11-52

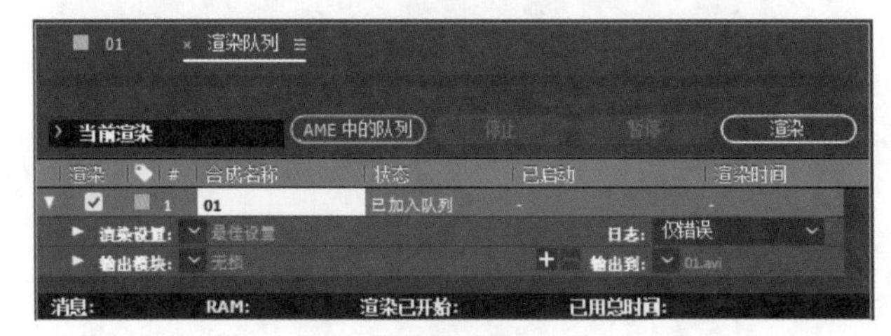

图 11-53

步骤 03 单击【输出模块】后的【无损】，如图11-54所示。在弹出的【输出模块设置】对话框中设置【格式】为AVI，单击【确定】按钮完成操作，如图11-55所示。

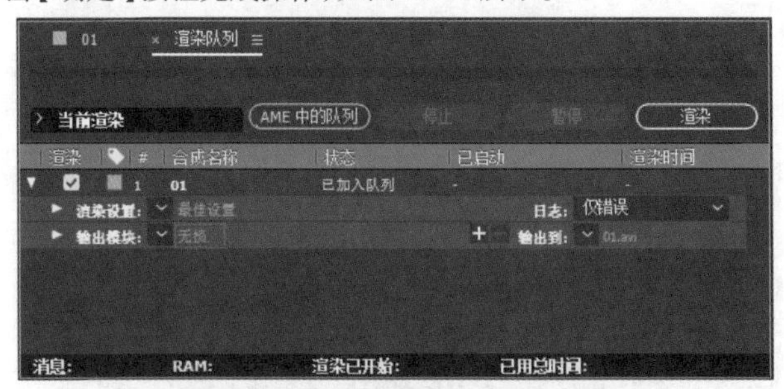

图 11-54

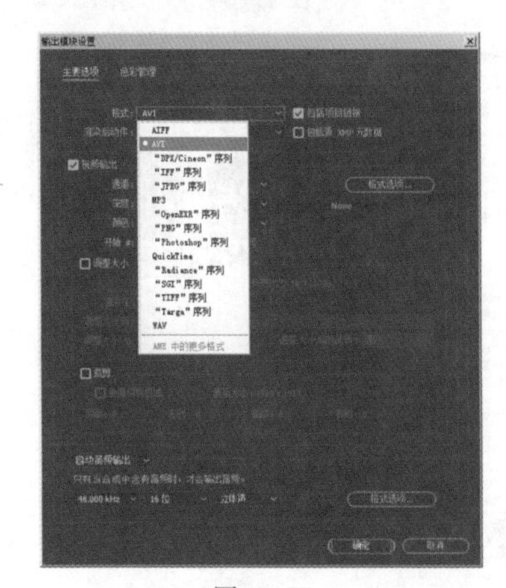

图 11-55

步骤 04 单击【输出到】后面的01.avi，如图11-56所示。在弹出的【将影片输出到】对话框中设置保存位置和文件名称，单击【保存】按钮，如图11-57所示。

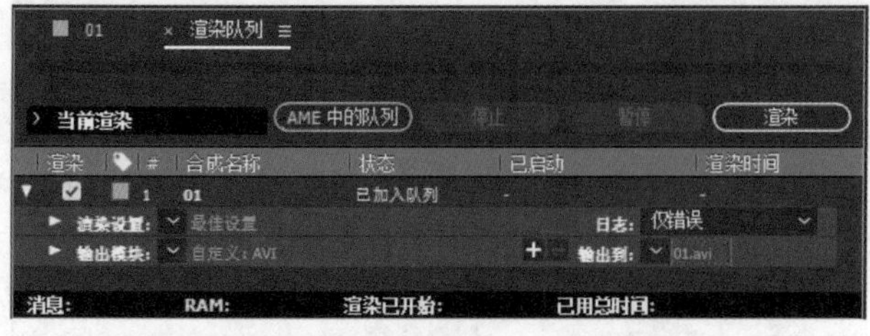

图 11-56

图 11-57

步骤 05 在【渲染队列】中单击【渲染】按钮，如图11-58所示。渲染完成后，在刚才设置的路径下就能看到渲染出的视频【实例：渲染AVI格式的视频.avi】，如图11-59所示。

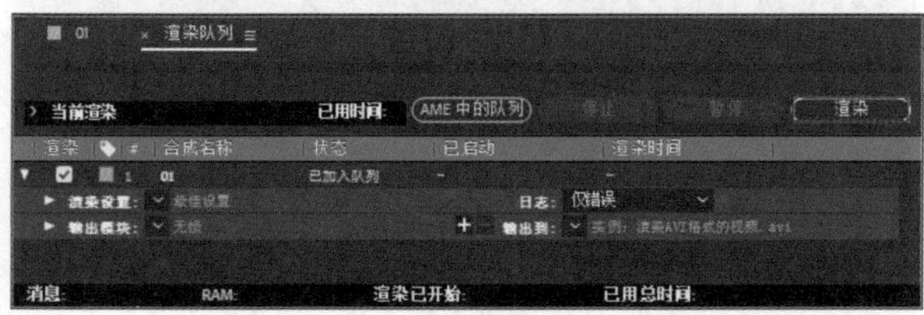

图 11-58

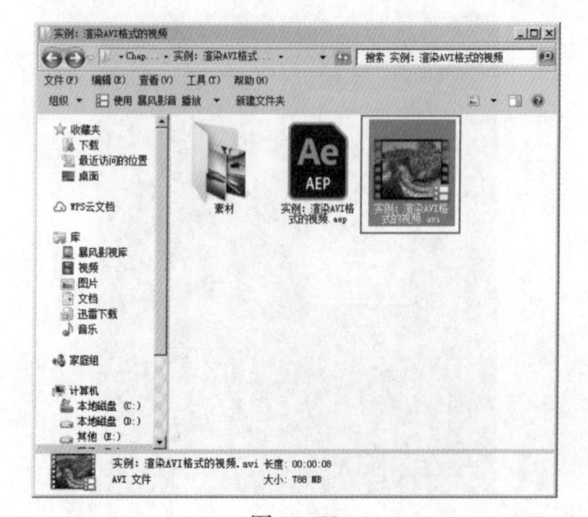

图 11-59

实例：渲染MOV格式的视频

扫一扫，看视频

文件路径：Chapter 11 渲染不同格式的作品→实例：渲染MOV格式的视频

本案例主要学习渲染MOV格式的视频。案例效果如图11-60所示。

图 11-60

操作步骤：

步骤 01 打开本书配套文件【04.aep】，如图11-61所示。

图 11-61

步骤 02 在【时间轴】面板中使用快捷键Ctrl+M打开【渲染队列】，如图11-62所示。

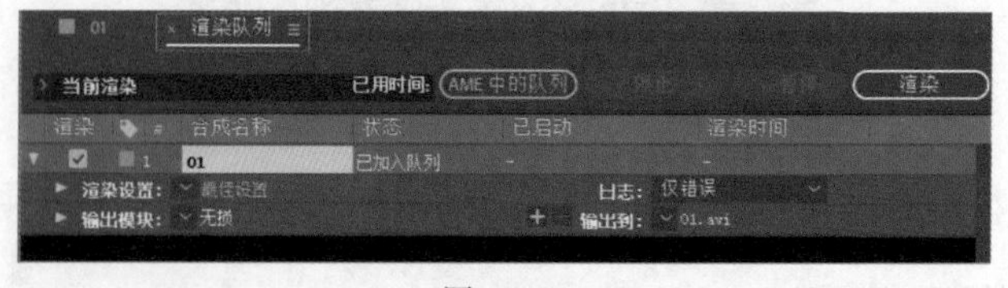

图 11-62

步骤 03 单击【输出模块】后方的【无损】，如图11-63所示。在弹出的【输出模块设置】对话框中设置【格式】为Quick-time，单击【确定】按钮，如图11-64所示。

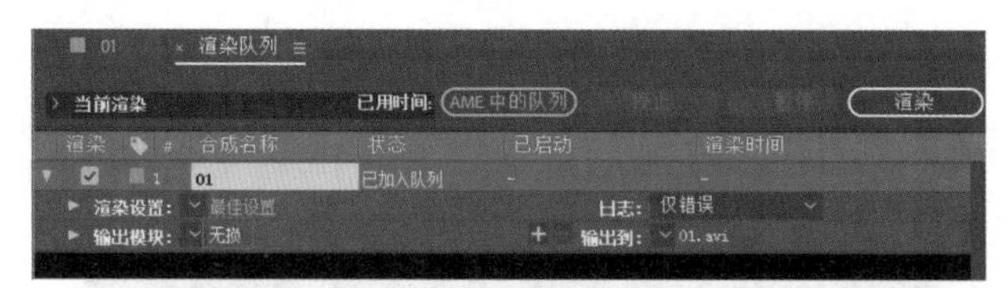

图 11-63

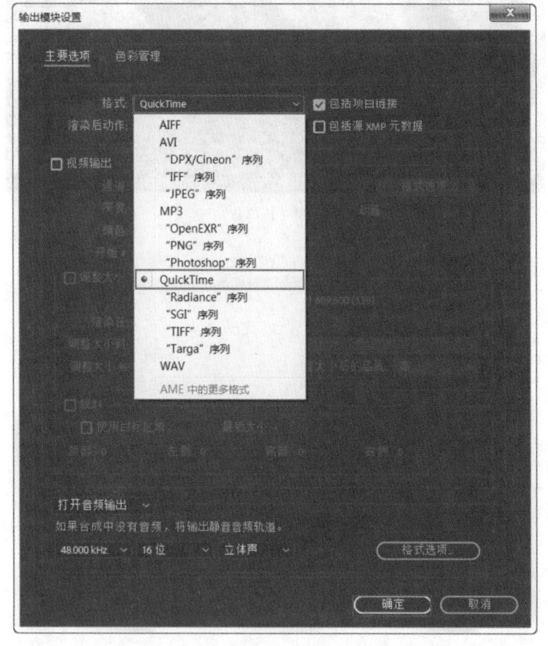

图 11-64

步骤 04 修改视频的名称，单击【输出到】后面的【01.mov】，如图11-65所示，然后在弹出的【将影片输出到】对话框中修改保存路径和文件名称，单击【保存】按钮完成修改，如图11-66所示。

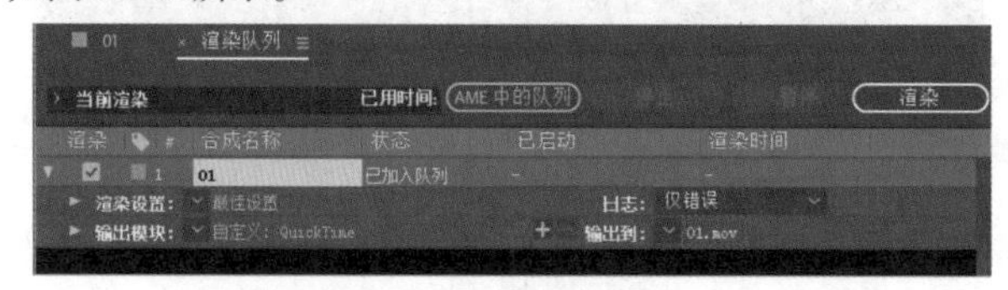

图 11-65

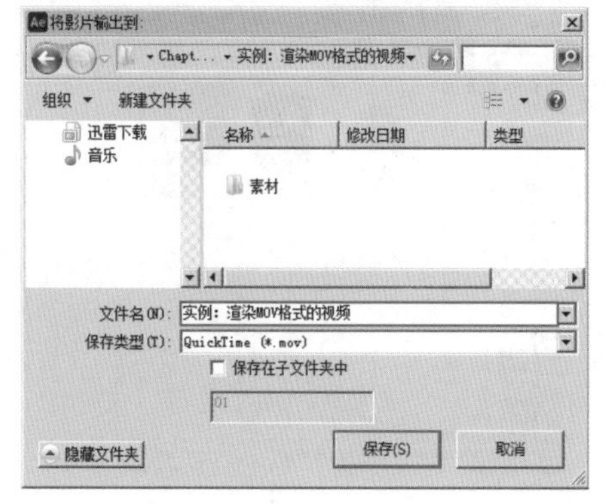

图 11-66

步骤 05 在【渲染队列】中单击【渲染】按钮，如图11-67所示。渲染完成后，在刚才设置的路径下就能看到渲染出的视频【实例：渲染MOV格式的视频.mov】，如图11-68所示。

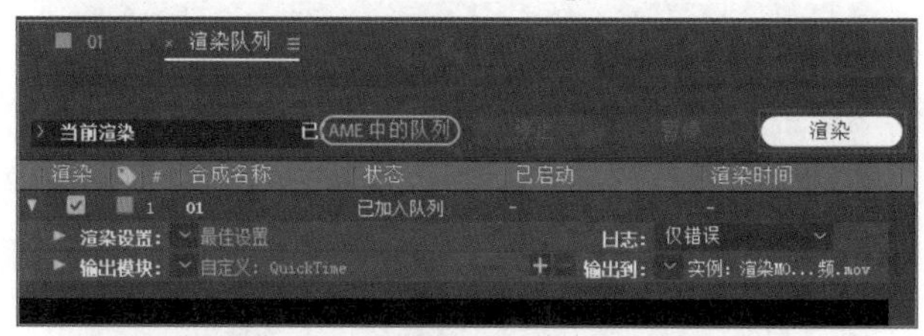

图 11-67

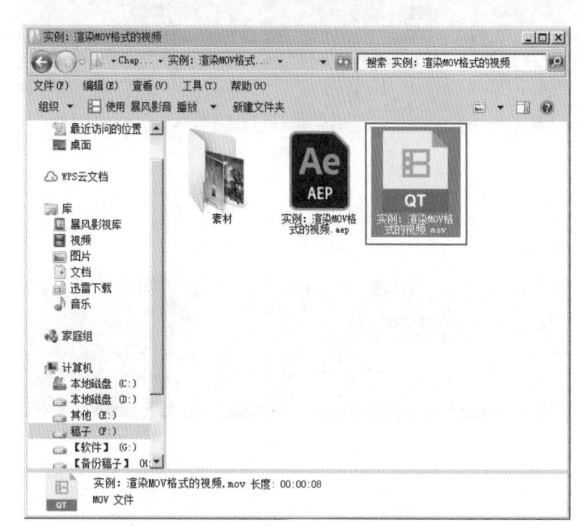

图 11-68

实例：渲染WAV格式的音频

文件路径：Chapter 11 渲染不同格式的作品→实例：渲染WAV格式的音频

扫一扫，看视频

本案例主要学习如何渲染WAV格式的音频。案例效果如图11-69所示。

图 11-69

操作步骤：

步骤 01 打开本书配套文件【05.aep】，如图11-70所示。

图 11-70

步骤 02 在【时间轴】面板中使用快捷键Ctrl+M打开【渲染队列】，如图11-71所示。

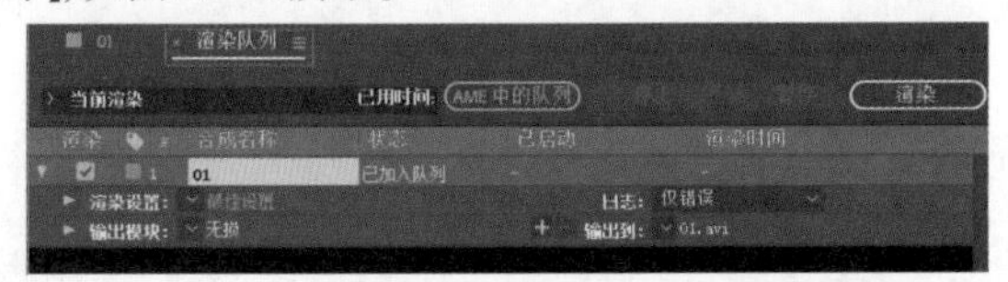

图 11-71

步骤 03 单击【输出模块】后方的【无损】，如图11-72所示。在弹出的【输出模块设置】对话框中设置【格式】为WAV，单击【确定】按钮，如图11-73所示。

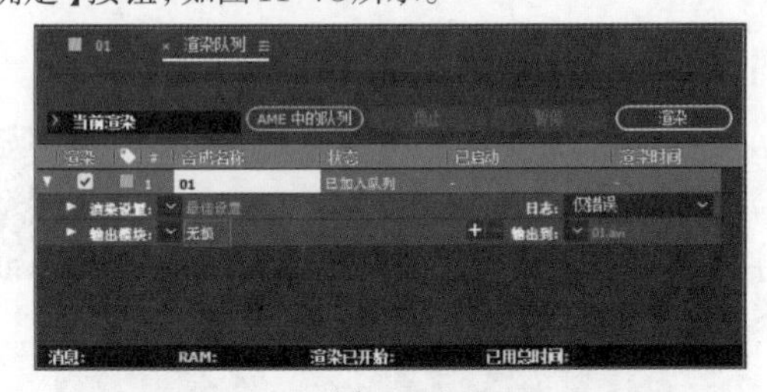

图 11-72

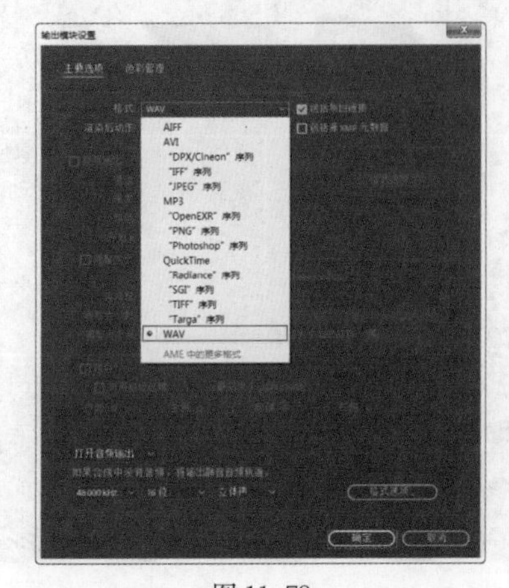

图 11-73

步骤 04 修改音频的名称，单击【输出到】后面的【01.wav】，如图11-74所示，然后在弹出的【将影片输出到】对话框中修改保存路径和文件名称，单击【保存】按钮完成修改，如图11-75所示。

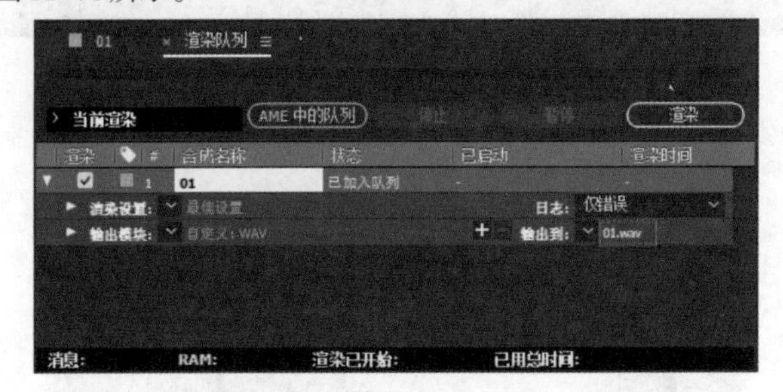

图 11-74

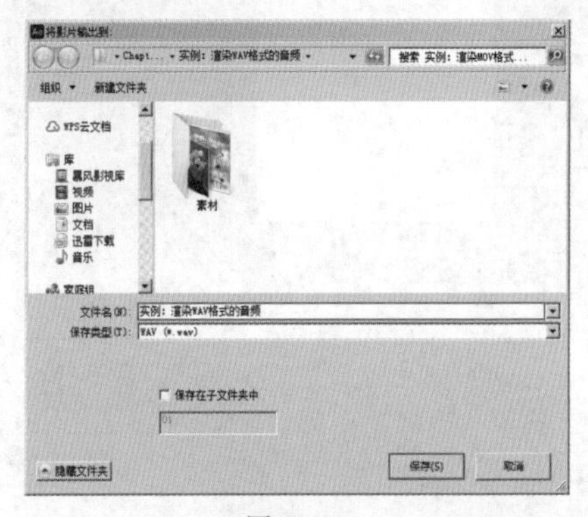

图 11-75

步骤 05 在【渲染队列】中单击【渲染】按钮，如图11-76所示。渲染完成后，在刚才设置的路径下就能看到渲染出的音频【实例：渲染WAV格式的音频.wav】，如图11-77所示。

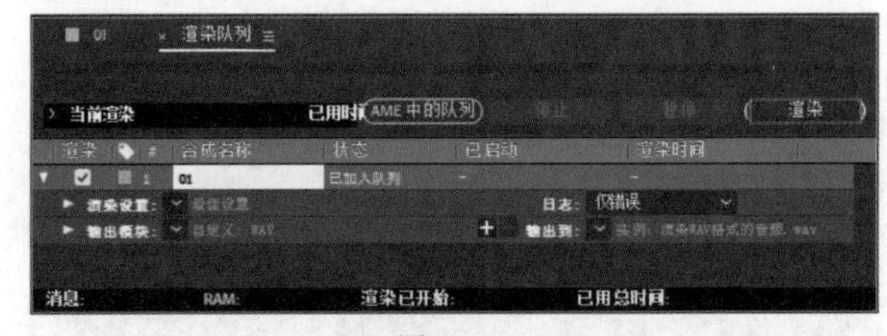

图 11-76

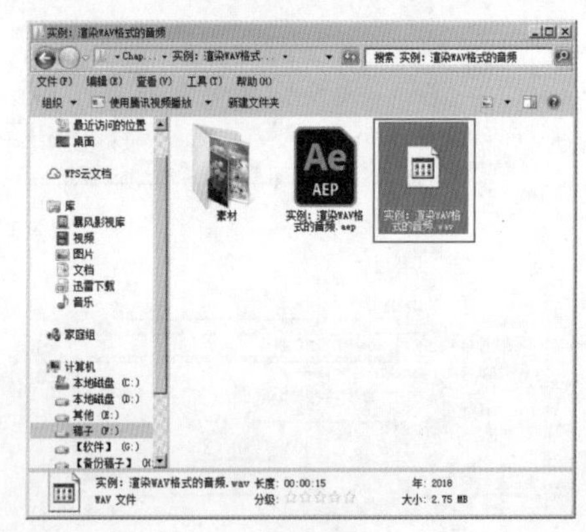

图 11-77

实例：渲染序列图片

文件路径：Chapter 11 渲染不同格式的作品→实例：渲染序列图片

本案例主要学习如何渲染序列图片。案例效果如图11-78所示。

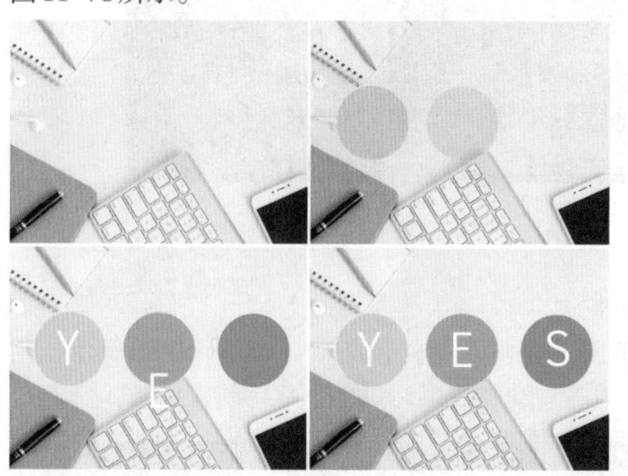

扫一扫，看视频

图 11-78

操作步骤：

步骤 01 打开本书配套文件【06.aep】，如图11-79所示。拖曳时间线，可以查看文件的动画效果，如图11-80所示。

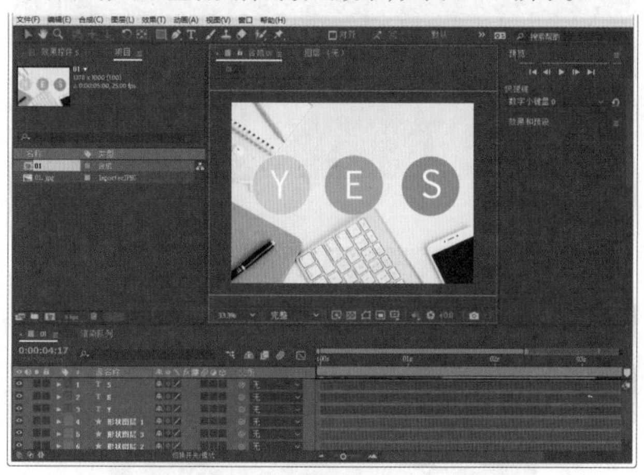

图 11-79

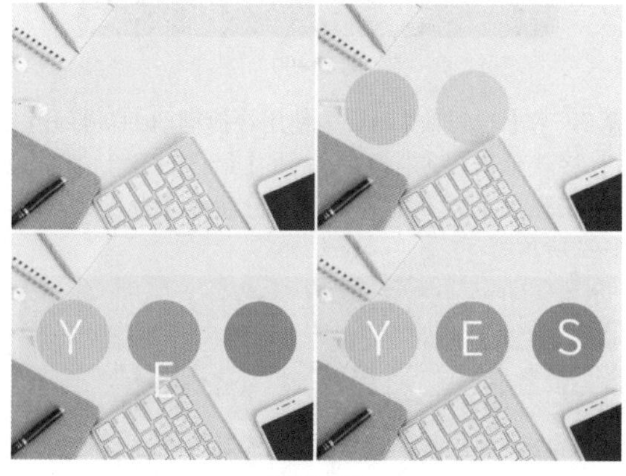

图 11-80

步骤 02 在【时间轴】面板中使用快捷键Ctrl+M打开【渲染队列】，如图11-81所示。

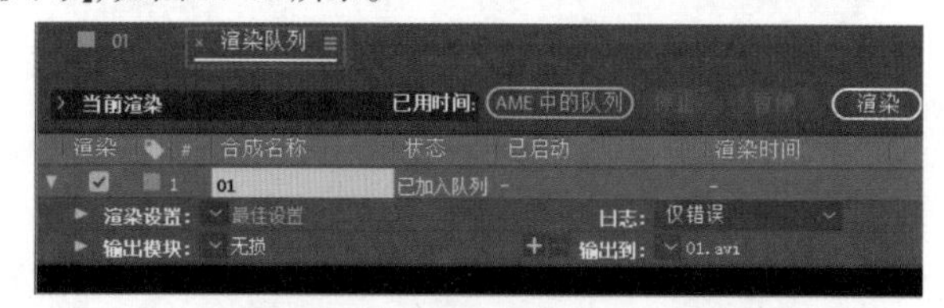

图 11-81

步骤 03 单击【输出模块】后方的【无损】，如图11-82所示。在弹出的【输出模块设置】对话框中设置【格式】为Targa序列，单击【确定】按钮。在弹出的【Targa选项】对话框中单击【确定】按钮，如图11-83所示。

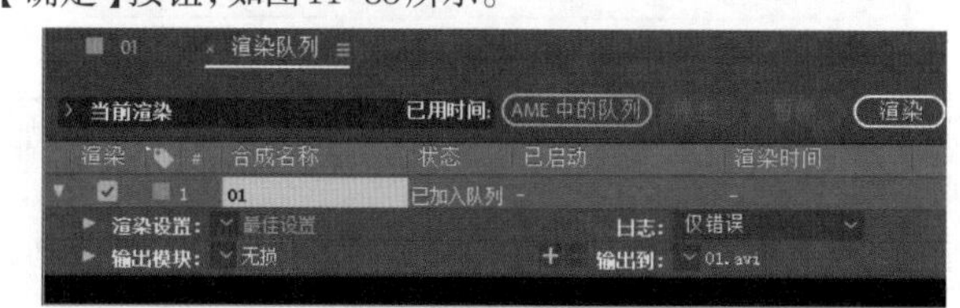

图 11-82

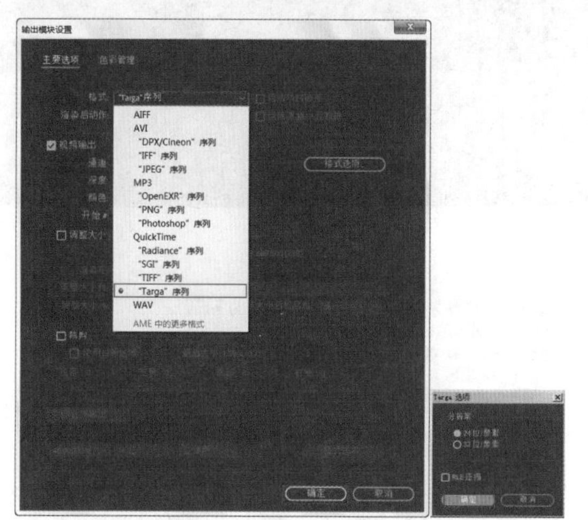

图 11-83

步骤 04 修改图片的名称，单击【输出到】后面的01_[#####].psd，如图11-84所示。在弹出的【将影片输出到】对话框中修改保存位置到文件夹01中，并修改文件名称，单击【保存】按钮完成修改，如图11-85所示(注意：建议将保存路径指定在一个文件夹中，因为序列图片数量很多，所以渲染到文件夹中可方便管理)。

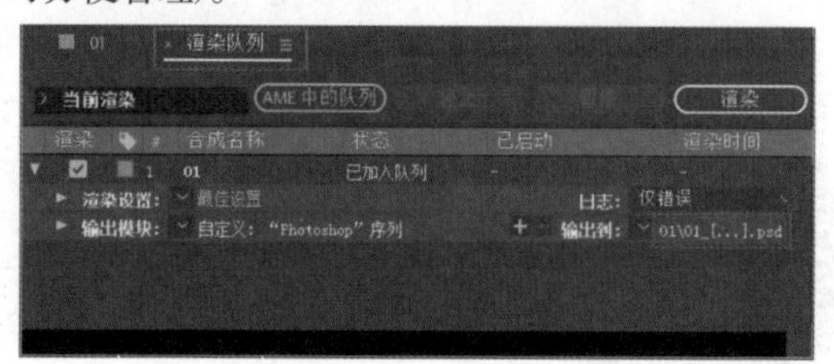

图 11-84

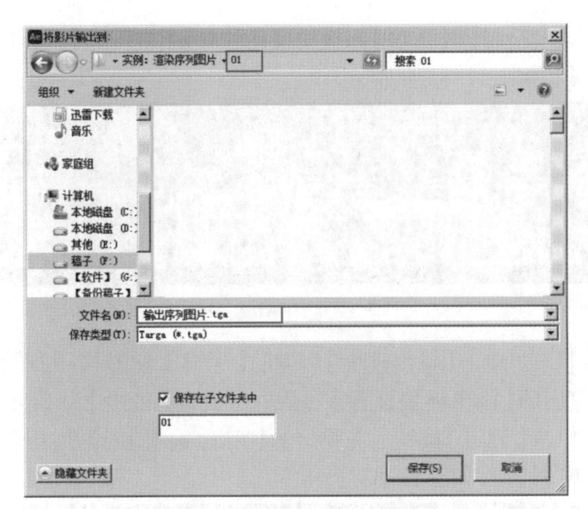

图 11-85

步骤 05 单击【渲染队列】面板右上方的【渲染】按钮，如图11-86所示。

步骤 06 此时在路径文件夹01中即可查看已输出的序列，如图11-87所示。

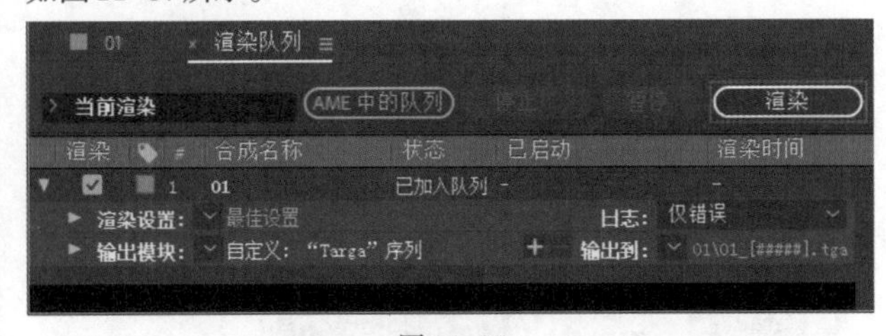

图 11-86

图 11-87

实例：渲染小尺寸的视频

文件路径：Chapter 11 渲染不同格式的作品→实例：渲染小尺寸的视频

扫一扫，看视频

本案例主要学习如何渲染小尺寸视频。案例效果如图11-88所示。

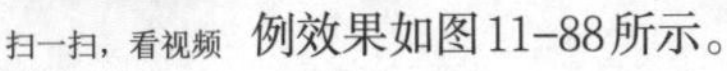

图 11-88

操作步骤：

步骤 01 打开本书配套文件【07.aep】，如图11-89所示。此时拖曳时间线查看动画效果，如图11-90所示。

图 11-89

图 11-90

步骤 02 在【时间轴】面板中使用快捷键Ctrl+M打开【渲染队列】，接着单击【渲染设置】后的【最佳设置】，如图11-91所示。在弹出的对话框中设置【分辨率】为三分之一，如图11-92所示。

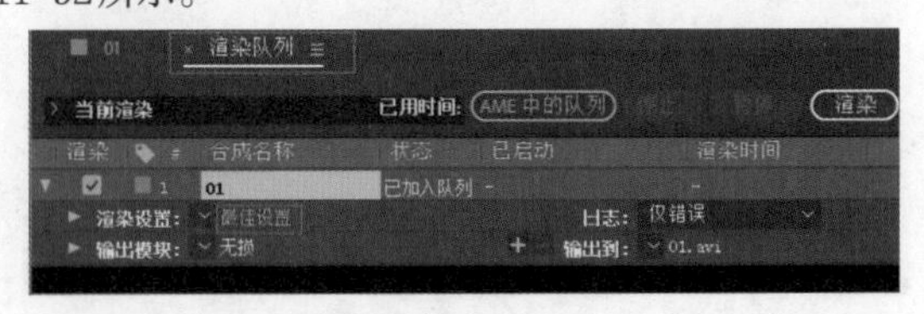

图 11-91

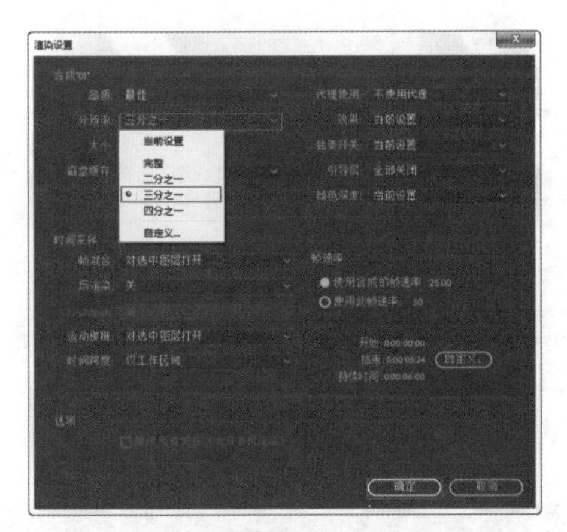

图 11-92

步骤 03 单击【输出模块】后方的【无损】，如图11-93所示。在弹出的【输出模块设置】对话框中设置【格式】为AVI，单击【确定】按钮，如图11-94所示。

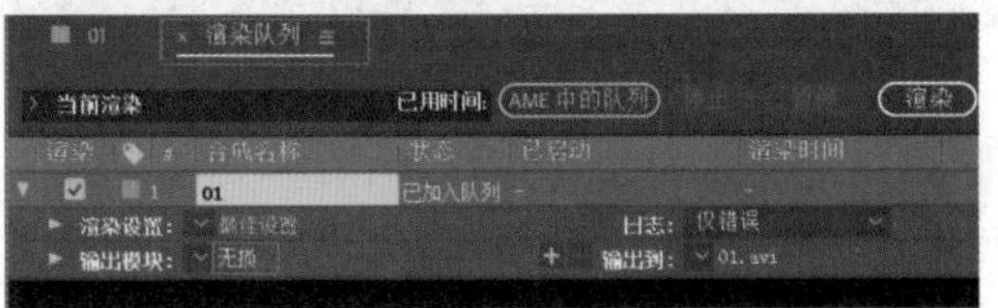

图 11-93

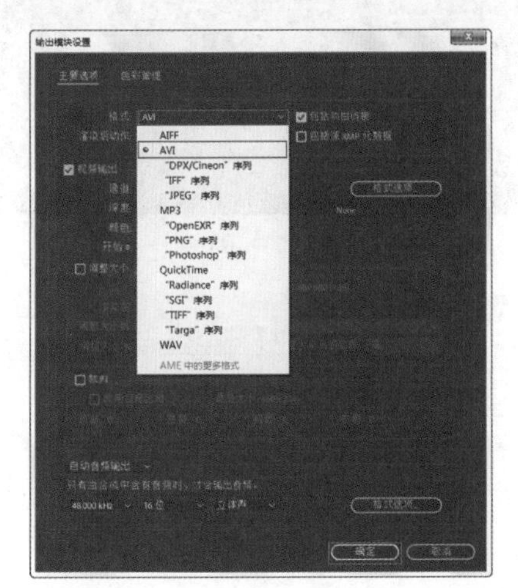

图 11-94

步骤 04 修改视频的名称和存放路径，单击【输出到】后面的01.avi，如图11-95所示。在弹出的【将影片输出到】对话框中修改保存路径和文件名称，单击【保存】按钮完成修改，如图11-96所示。

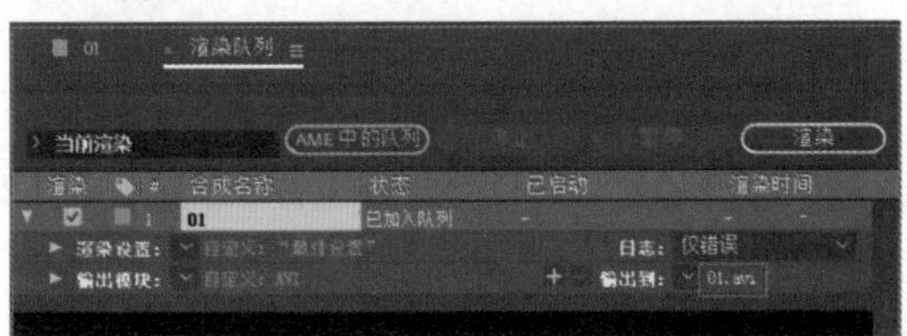

图 11-95

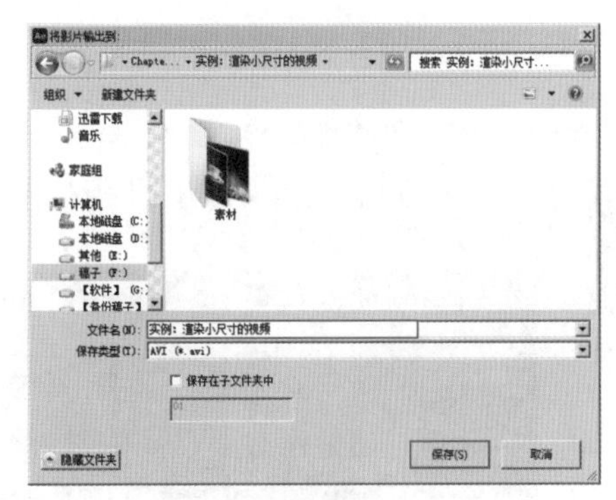

图 11-96

步骤 05 单击【渲染队列】面板右上方的【渲染】按钮，如图11-97所示。渲染完成后，在刚才设置的路径下就能看到渲染出的视频【实例：渲染小尺寸的视频.avi】，如图11-98所示。

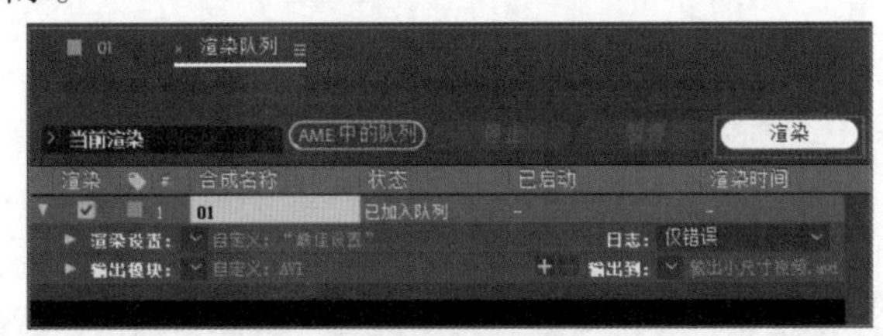

图 11-97

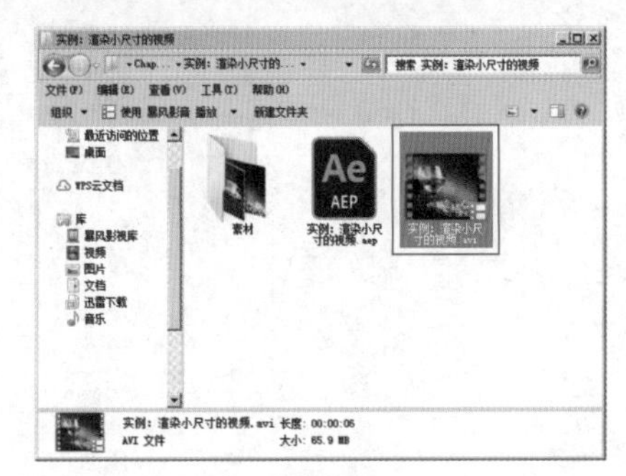

图 11-98

步骤 06 双击该视频，会看到视频的尺寸变得非常小，如图11-99所示。

图 11-99

实例：渲染PSD格式文件

文件路径：Chapter 11 渲染不同格式的作品→实例：渲染PSD格式文件

扫一扫，看视频

本案例主要学习如何渲染PSD格式的文件。案例效果如图11-100所示。

图 11-100

操作步骤：

步骤 01 打开本书配套文件【08.aep】，如图11-101所示。此时拖曳时间线查看动画效果，如图11-102所示。

图 11-101

图 11-102

步骤 02 在菜单栏中执行【合成】/【帧另存为】/【文件】命令，如图11-103所示。此时调出【渲染队列】面板，如图11-104所示。

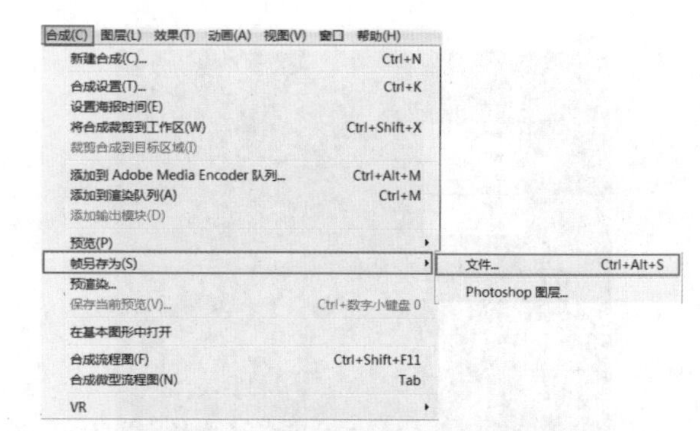

图 11-103

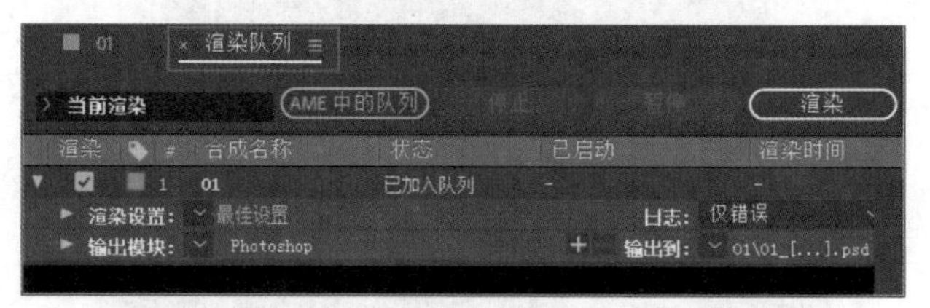

图 11-104

步骤 03 单击【输出到】后面的01(0-00-04-09).psd，如图11-105所示。在弹出的【将帧输出到】对话框中设置保存位置和文件名称，单击【保存】按钮，如图11-106所示。

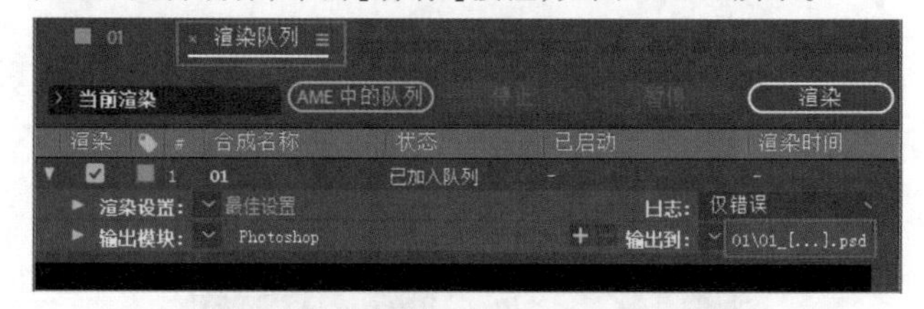

图 11-105

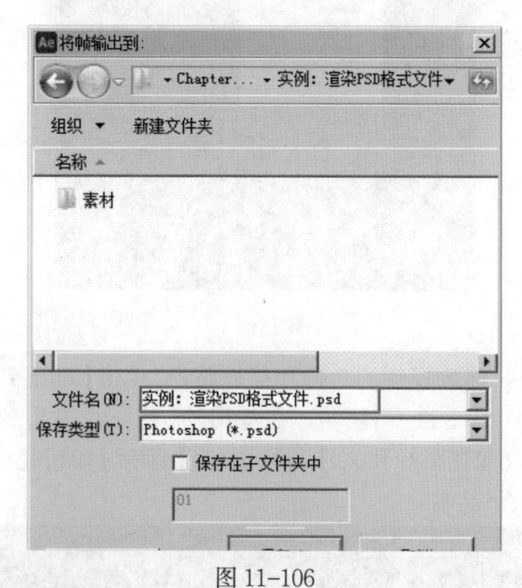

图 11-106

步骤 04 单击【渲染队列】面板右上方的【渲染】按钮，如图11-107所示。

步骤 05 渲染完成后，在刚才设置的路径下就能看到渲染出的文件【实例：渲染PSD格式文件.psd】，如图11-108所示。

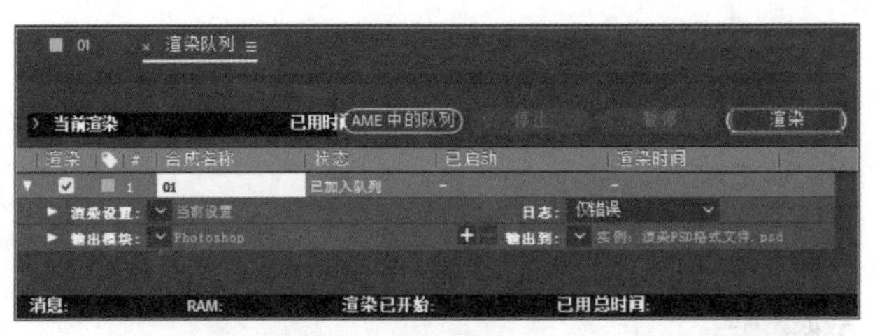

图 11-107

图 11-108

实例：设置渲染自定义时间范围

文件路径：Chapter 11 渲染不同格式的作品→实例：设置渲染自定义时间范围

扫一扫，看视频

本案例主要学习如何设置渲染自定义时间范围。案例效果如图11-109所示。

图 11-109

操作步骤：

步骤 01 打开本书配套文件【09.aep】，如图11-110所示。在【时间轴】面板中使用快捷键Ctrl+M打开【渲染队列】面板，在【渲染队列】面板中单击【渲染设置】后的【最佳设置】，如图11-111所示。

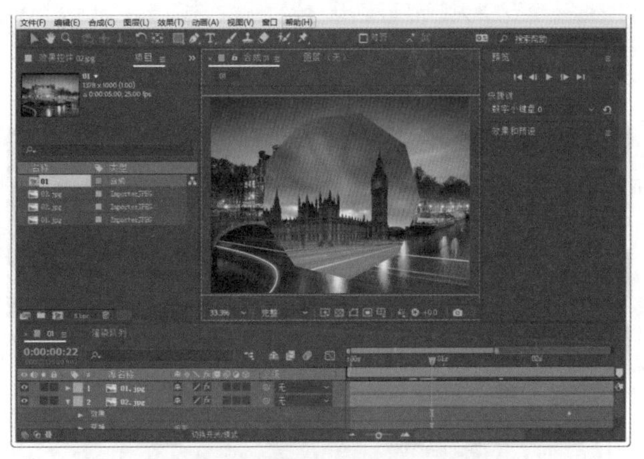

图 11-110

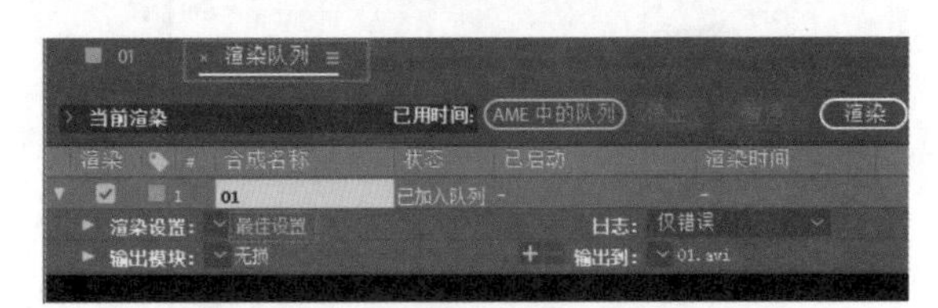

图 11-111

步骤 02 在弹出的对话框中单击【自定义】按钮，如图11-112所示。设置【起始】时间为3秒，【结束】时间为4秒，单击【确定】按钮，如图11-113所示。

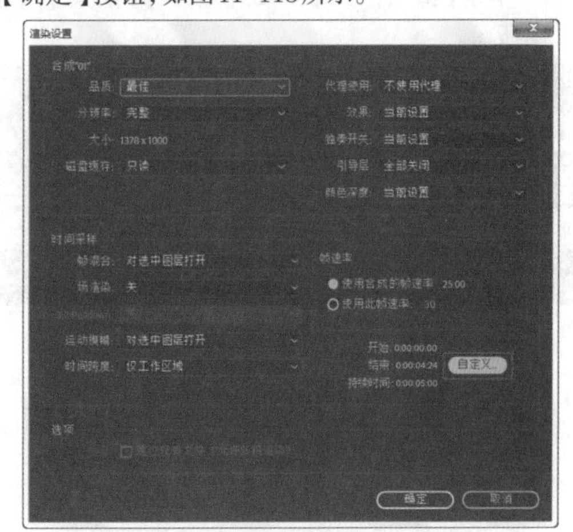

图 11-112

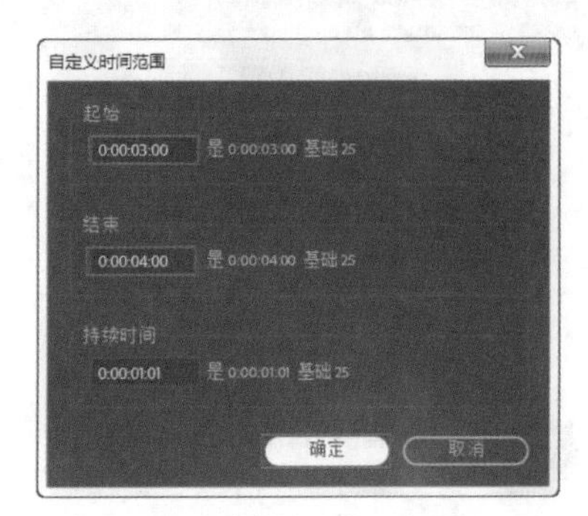

图 11-113

步骤 03 单击【输出到】后面的01.avi，如图11-114所示。在弹出的【将影片输出到】对话框中设置合适的文件名称及保存路径，设置完成后单击【保存】按钮，如图11-115所示。

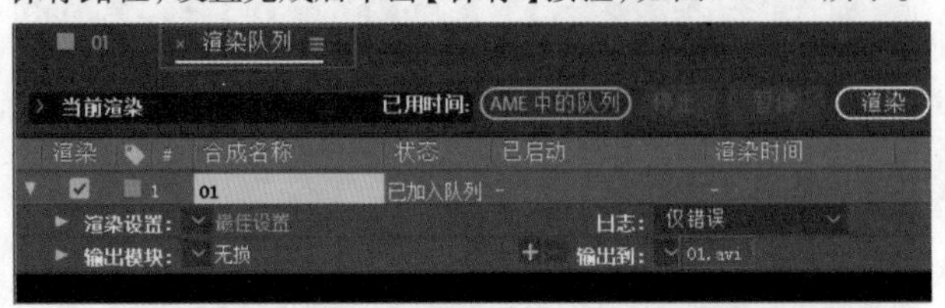

图11-114

图11-115

步骤 04 单击【渲染队列】面板右上方的【渲染】按钮，如图11-116所示。

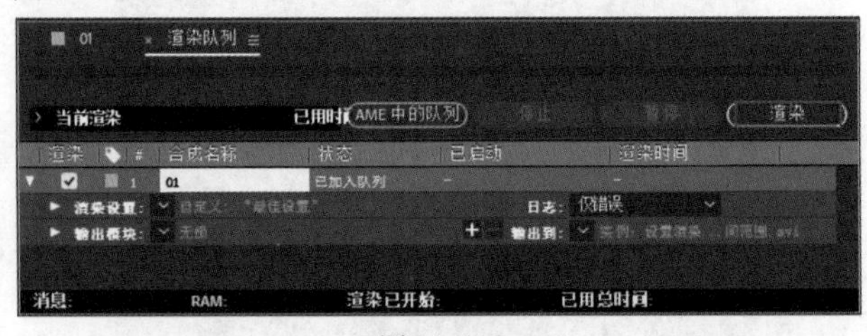

图11-116

步骤 05 渲染完成后，在刚才设置的路径下就能看到渲染出的视频【实例：设置渲染自定义时间范围.avi】，如图11-117所示。

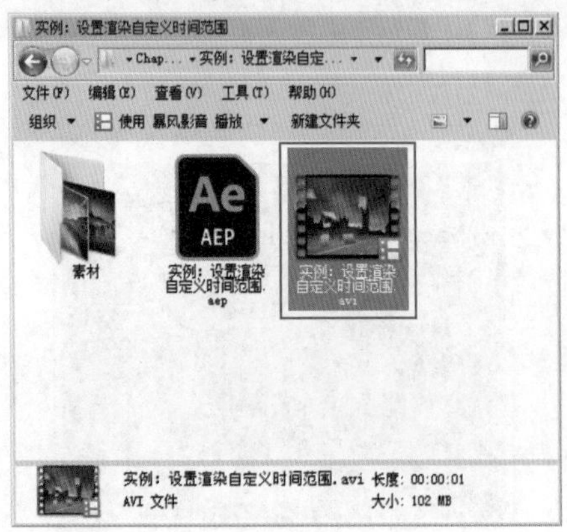

图11-117

实例：在Adobe Media Encoder中渲染质量好、体积小的视频

文件路径：Chapter 11 渲染不同格式的作品→实例：在Adobe Media Encoder中渲染质量好、体积小的视频

扫一扫，看视频

渲染得到一个质量好、体积小的视频是很多读者朋友都需要的，因为通常使用After Effects渲染出的视频都比较大。本例就讲解一种既能保证渲染的视频质量比较好，又能保证文件体积比较小的方法。案例效果如图11-118所示。

图11-118

操作步骤：

步骤 01 打开本书配套文件【10.aep】，如图11-119所示。此时拖曳时间线查看文件的动画效果，如图11-120所示。

图11-119

图11-120

步骤 02 激活【时间轴】面板，在菜单栏中执行【合成】/【添加到Adobe Media Encoder队列】命令，如图11-121所示。由于计算机中安装了软件Adobe Media Encoder 2022，所以此时正在开启该软件，如图11-122所示。

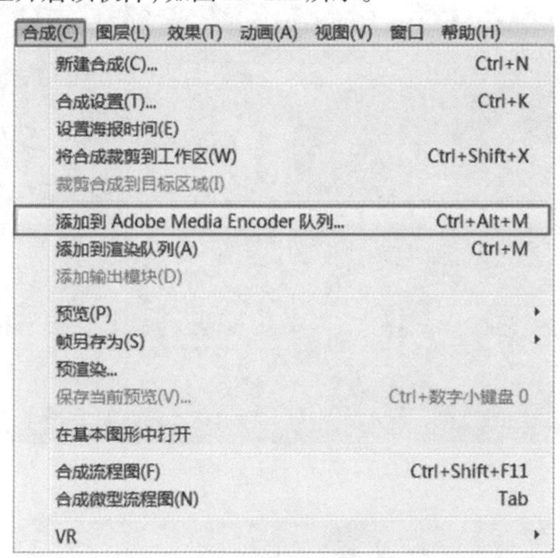

图 11-121

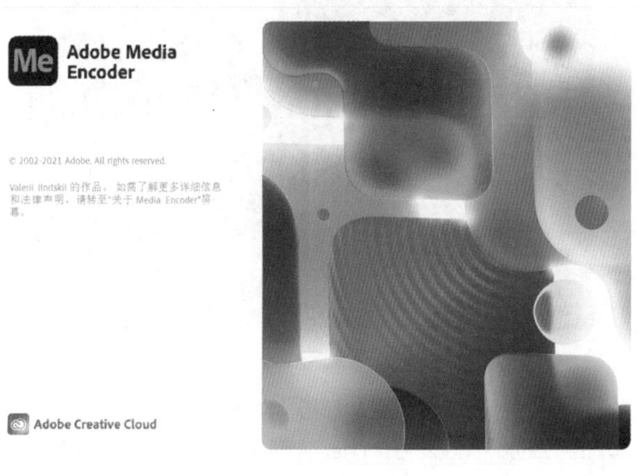

图 11-122

步骤 03 进入【队列】面板，单击按钮，选择【H.264】，然后设置保存文件的位置和名称，如图11-123所示。

步骤 04 单击【H.264】，如图11-124所示。

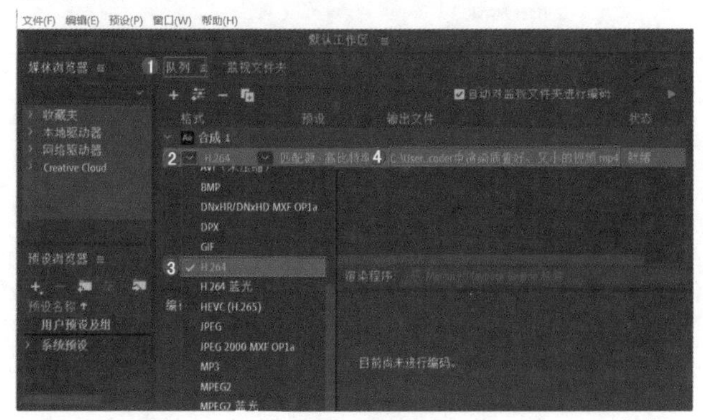

图 11-123

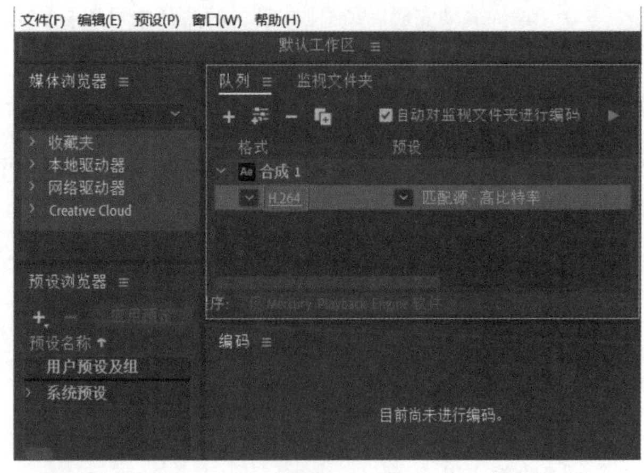

图 11-124

步骤 05 在弹出的【导出设置】面板中单击【视频】，设置【目标比特率】为5、【最大比特率】为5，单击【确定】按钮，如图11-125所示。

步骤 06 单击右上角的【启动队列】按钮，如图11-126所示。

图 11-125

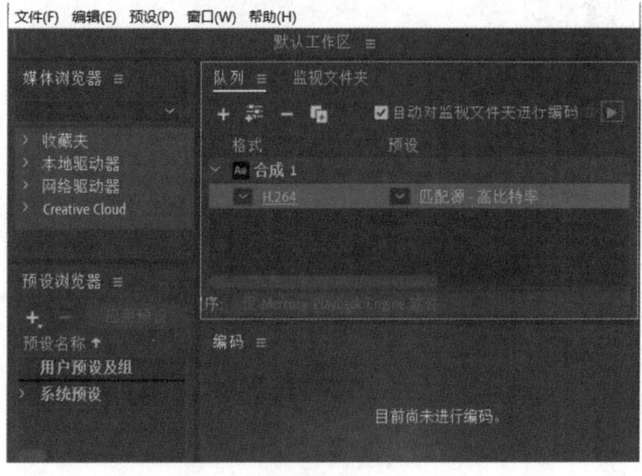

图 11-126

步骤 07 等待渲染完成后，在刚才设置的路径中可以找到渲染出的视频【实例：在Adobe Media Encoder中渲染质量好、体积小的视频.mp4】，如图11-127所示。可以看到这个文件大小为3555KB，是非常小的，但是画面清晰度还是不错的。若需要更小的视频文件，可以将【目标比特率】和【最大比特率】数值再调小一些。

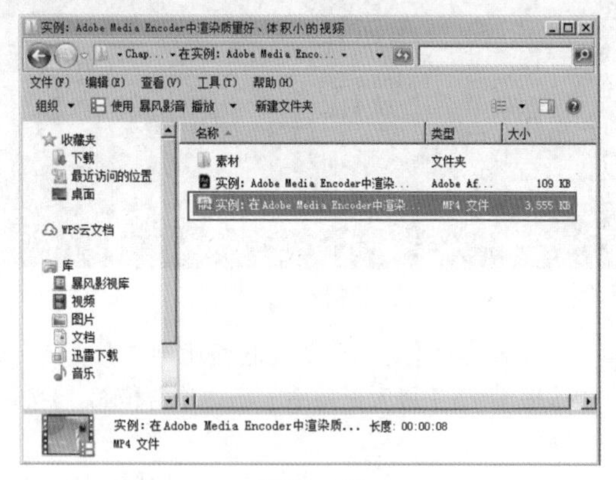

图11-127

> 提示：除了修改比特率的方法外，还有什么方法可以让视频变小？
>
> 有时需要渲染特定格式的视频，但是这些格式在After Effects渲染完成后，依然文件很大。那么怎么办？建议下载并安装一些视频转换软件(可百度"视频转换软件"选择一两款下载安装)，这些软件可以快速将较大的文件转为较小的文件，而且还可以将格式进行更改，更改为我们需要的其他格式。

实例：在Adobe Media Encoder中渲染GIF格式的小动画

扫一扫，看视频

文件路径：Chapter 11 渲染不同格式的作品→实例：在Adobe Media Encoder中渲染GIF格式的小动画

本案例主要学习如何在Adobe Media Encoder中渲染GIF格式的小动画。案例效果如图11-128所示。

图11-128

操作步骤：

步骤 01 打开本书配套文件【11.aep】，如图11-129所示。此时拖曳时间线查看文件的动画效果，如图11-130所示。

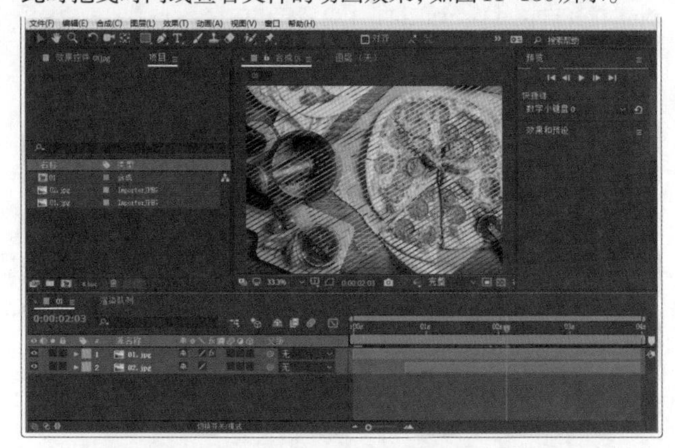

图11-129

图11-130

步骤 02 激活【时间轴】面板，在菜单栏中执行【合成】/【添加到Adobe Media Encoder队列】命令，如图11-131所示。由于计算机中安装了软件Adobe Media Encoder 2022，所以可以成功开启，此时正在开启该软件，如图11-132所示。

合成(C) 图层(L) 效果(T) 动画(A) 视图(V) 窗口 帮助(H)

新建合成(C)...	Ctrl+N
合成设置(T)...	Ctrl+K
设置海报时间(E)	
将合成裁剪到工作区(W)	Ctrl+Shift+X
裁剪合成到目标区域(I)	
添加到 Adobe Media Encoder 队列...	Ctrl+Alt+M
添加到渲染队列(A)	Ctrl+M
添加输出模块(D)	
预览(P)	▸
帧另存为(S)	▸
预渲染...	
保存当前预览(V)...	Ctrl+数字小键盘 0
在基本图形中打开	
合成流程图(F)	Ctrl+Shift+F11
合成微型流程图(N)	Tab
VR	▸

图11-131

图 11-132

步骤 03 进入【队列】面板，单击按钮，选择【动画GIF】，然后设置保存文件的位置和名称。最后单击右上角的【启动队列】按钮，如图11-133所示。

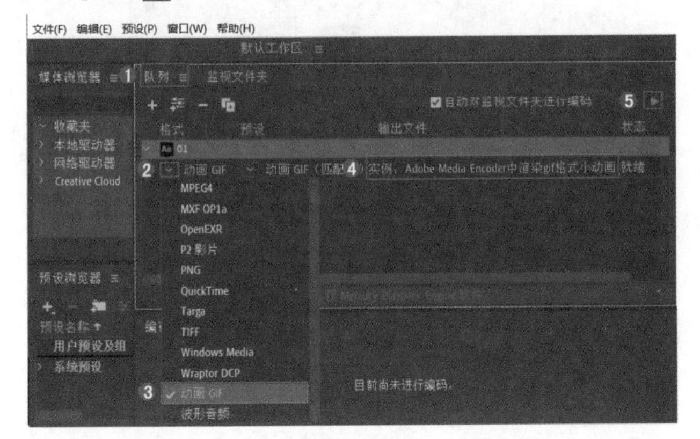

图 11-133

步骤 04 此时正在渲染，如图11-134所示。

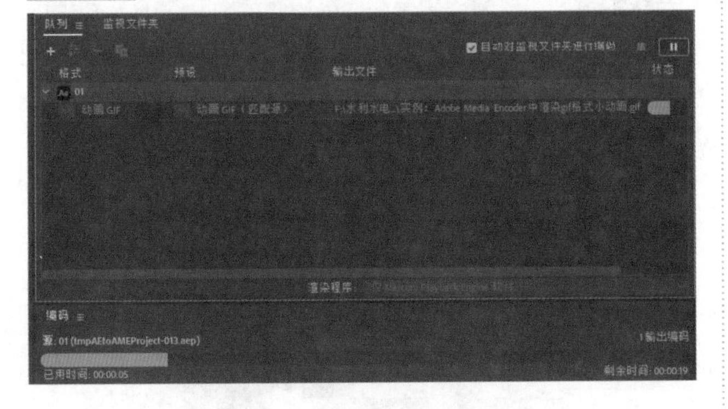

图 11-134

步骤 05 等待一段时间，在刚才设置的路径中可以看到渲染的.GIF格式的动画文件，如图11-135所示。

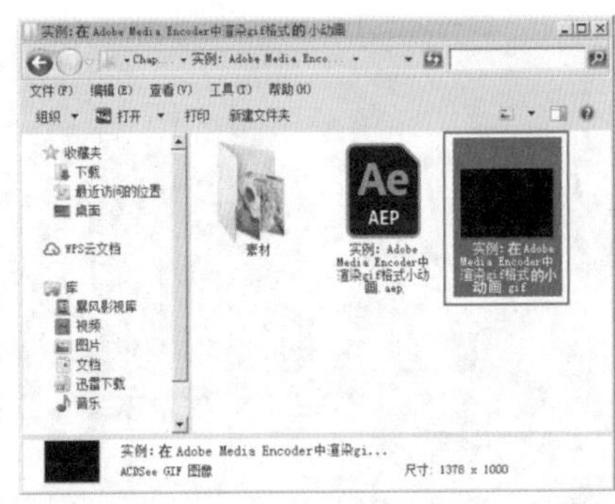

图 11-135

步骤 06 双击该文件，即可看到动画效果，如图11-136所示。

图 11-136

实例：在Adobe Media Encoder中渲染MPG格式的视频

文件路径：Chapter 11 渲染不同格式的作品→实例：在Adobe Media Encoder中渲染MPG格式的视频

扫一扫，看视频

本案例主要学习在Adobe Media Encoder中如何渲染MPG格式视频。案例效果如图11-137所示。

图 11-137

操作步骤：

步骤 01 打开本书配套文件【12.aep】，如图11-138所示。

步骤 02 拖曳时间线查看案例的制作效果，如图11-139所示。

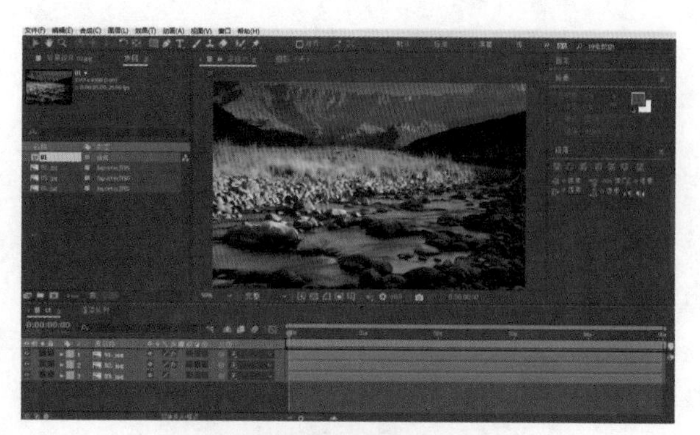

图 11-138

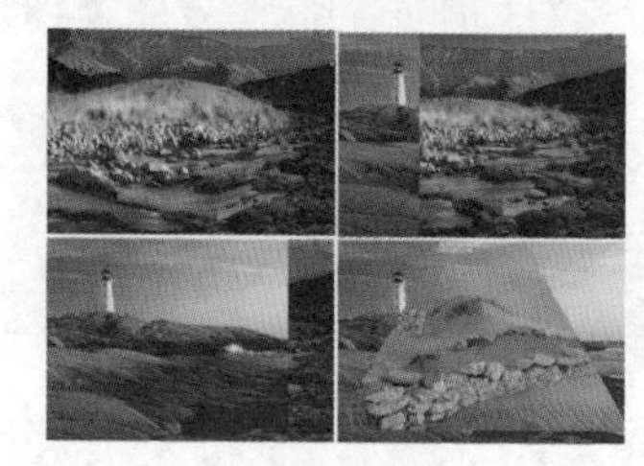

图 11-139

步骤 03 为视频输出预设，在菜单栏中执行【合成】/【添加到Adobe Media Encoder队列】命令，如图11-140所示。

步骤 04 此时正在开启Adobe Media Encoder软件，如图11-141所示。

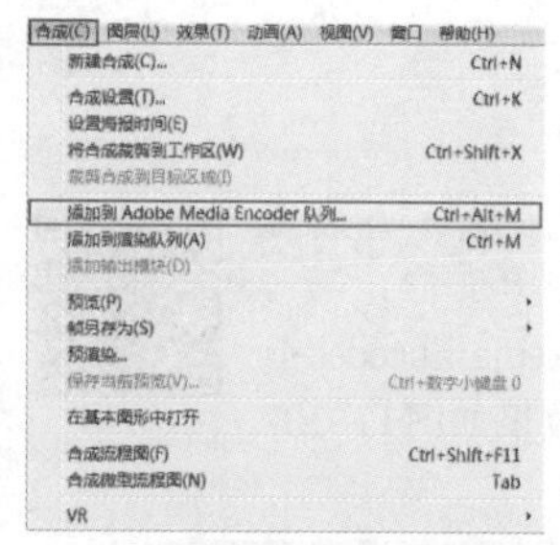

图 11-140

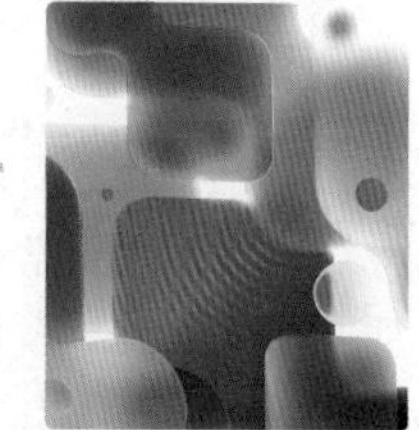

图 11-141

步骤 05 进入【队列】面板，单击按钮，选择【MPEG 2】，然后设置保存文件的位置和名称。最后单击右上角的【启动队列】按钮，如图11-142所示。

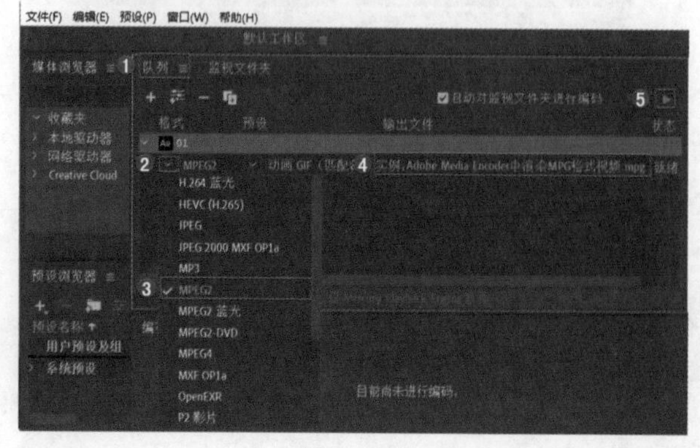

图 11-142

步骤 06 此时正在渲染，如图11-143所示。

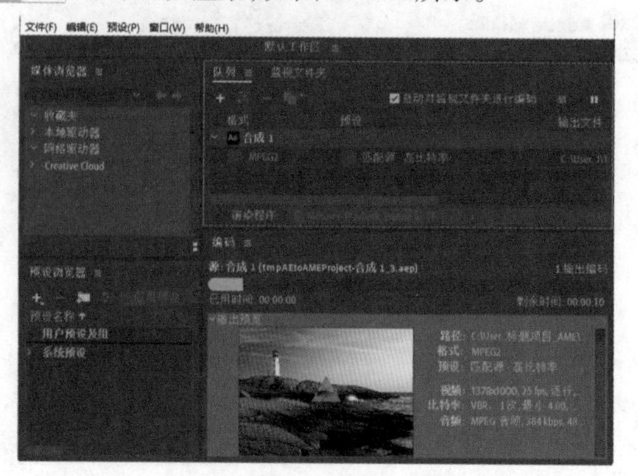

图 11-143

步骤 07 等待一段时间，在刚才设置的路径中可以看到渲染的MPG格式的动画文件，如图11-144所示。

图 11-144

课后练习：输出抖音短视频

扫一扫，看视频

文件路径：Chapter 11 渲染不同格式的作品→课后练习：输出抖音短视频

抖音短视频通常为竖屏的16∶9，这种满屏的画面通常给人更直观、更饱满的视觉感。案例效果如图11-145所示。

图 11-145

扫一扫，看视频

影视包装综合案例

重点知识掌握：

本章将通过以下几个案例，介绍After Effects在影视包装中的具体应用。

- 影视栏目动态预告
- 动感时尚栏目包装动画
- 传统文化栏目包装设计

综合实例：影视栏目动态预告

文件路径：Chapter 12 影视包装综合案例→综合实例：影视栏目动态预告

本案例主要学习使用【分形杂色】效果制作流动的背景，使用【CC Toner】效果、【曲线】效果模拟颜色，并最终合成影视栏目动态预告。案例效果如图12-1所示。

扫一扫，看视频

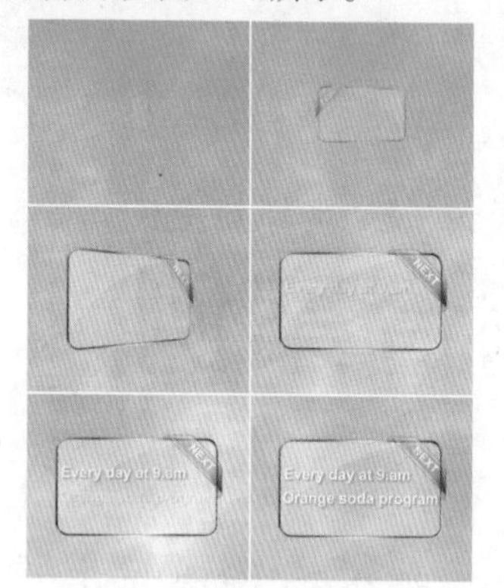

图 12-1

操作步骤：

Part 01 制作背景

步骤 01 在【项目】面板中单击鼠标右键执行【新建合成】命令，在弹出的【合成设置】对话框中设置【合成名称】为合成1，【预设】为自定义，【宽度】为720，【高度】为576，【像素长宽比】为方形像素，【帧速率】为25，【分辨率】为完整，【持续时间】为5秒，单击【确定】按钮。

步骤 02 执行【文件】/【导入】/【文件】命令或使用【导入文件】的快捷键Ctrl+I，在弹出的【导入文件】对话框中选择所需要的素材，单击【导入】按钮导入素材。

步骤 03 在【时间轴】面板中的空白位置处单击鼠标右键执行【新建】/【纯色】命令。在弹出的【纯色设置】对话框中设置【名称】为背景，【颜色】为黑色，单击【确定】按钮，如图12-2所示。

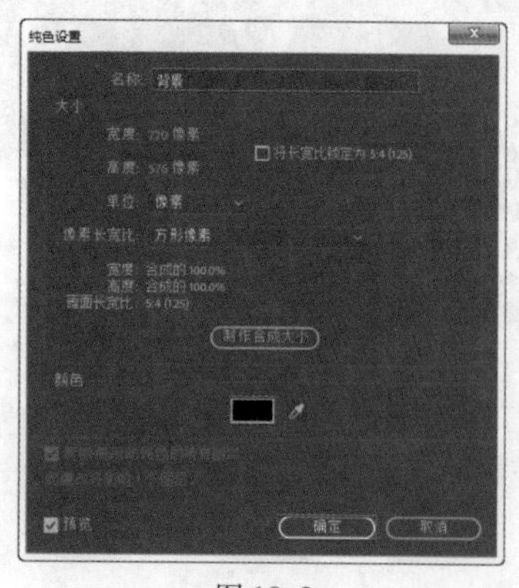

图 12-2

步骤 04 在【效果和预设】面板中搜索【分形杂色】效果，并将其拖曳到【时间轴】面板中的背景图层上，如图12-3所示。

图 12-3

步骤 05 在【时间轴】面板中打开背景图层下方的【效果】/【分形杂色】，设置【分形类型】为湍流锐化，【反转】为开，【对比度】为160.0，【亮度】为15.0，【溢出】为柔和固定。单击【分形杂色】下方的【变换】，设置【缩放】为1500.0，【透视位移】为开，如图12-4所示。此时画面效果如图12-5所示。

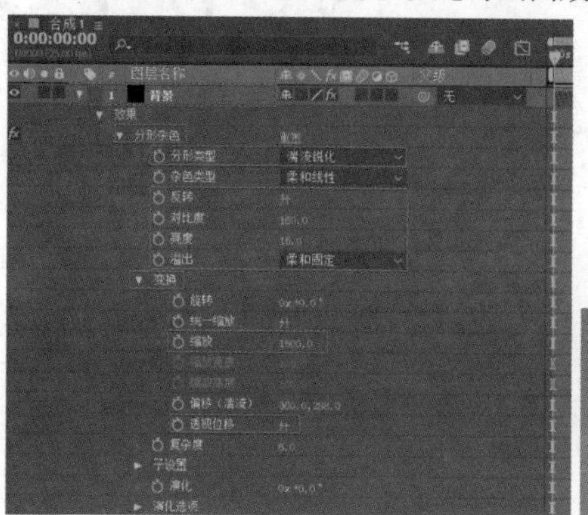

图 12-4　　图 12-5

步骤 06 将时间线拖曳至起始位置处，单击【演化】前的【时间变化秒表】按钮，设置【演化】为(0x+0.0°)。再将时间线拖曳至结束帧的位置处，设置【演化】为(0x+270.0°)。最后打开【演化选项】，设置【循环演化】为开，如图12-6所示。拖曳时间线查看此时画面效果，如图12-7所示。

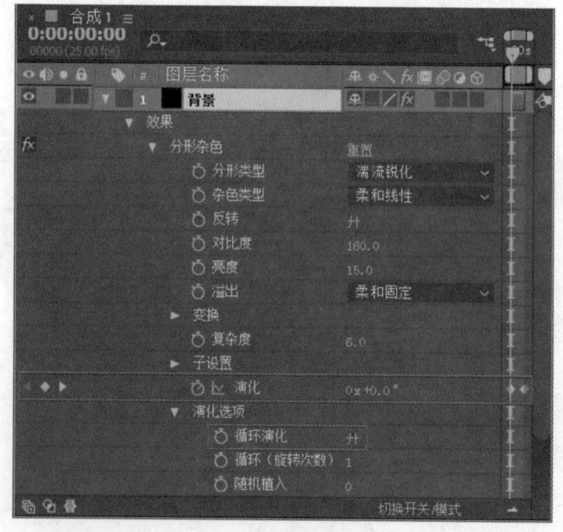

图 12-6

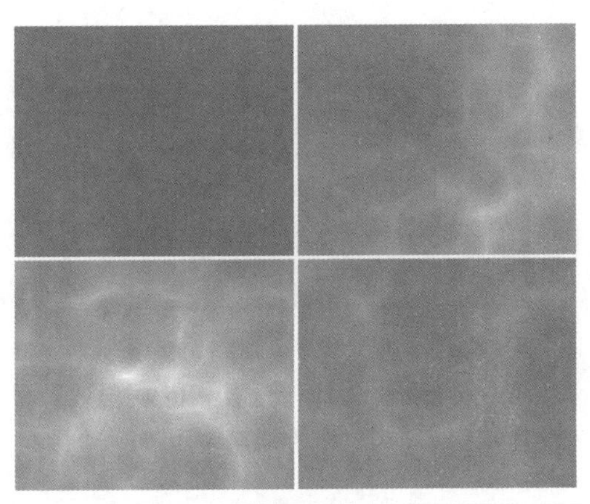

图 12-7

步骤 07 在【效果和预设】面板中搜索【CC Toner】效果，并将其拖曳到【时间轴】面板中的背景图层上，如图12-8所示。

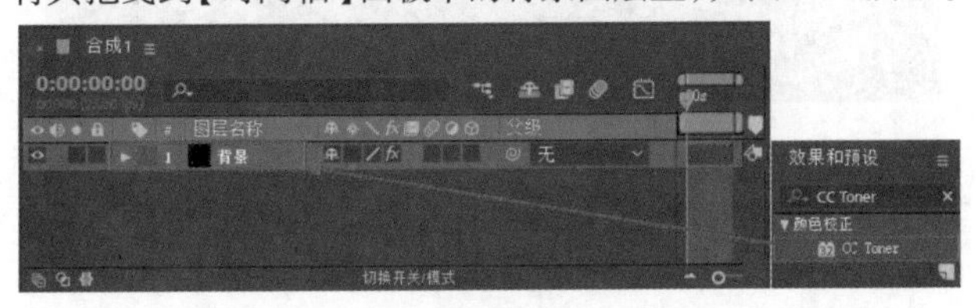

图 12-8

步骤 08 在【时间轴】面板中打开背景图层下方的【效果】/【CC Toner】，设置【Midtones(中间调)】为橙色，如图12-9所示。此时画面效果如图12-10所示。

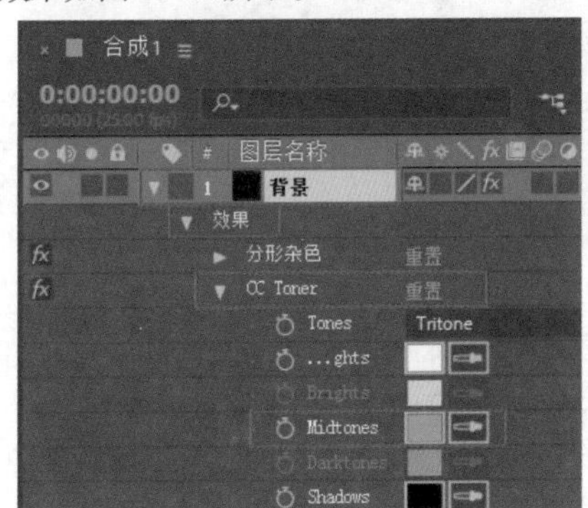

图 12-9

图 12-10

步骤 09 在【效果和预设】面板中搜索【曲线】效果，并将其拖曳到【时间轴】面板中的背景图层上，如图12-11所示。

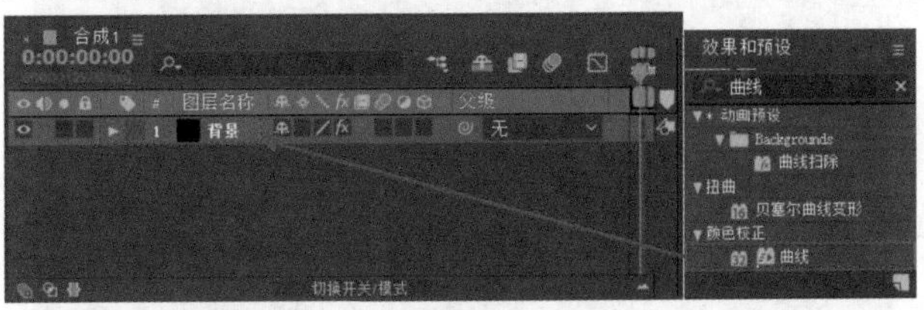

图 12-11

步骤 10 在【效果控件】面板中设置【曲线】的曲线形状，如图12-12所示。此时画面效果如图12-13所示。

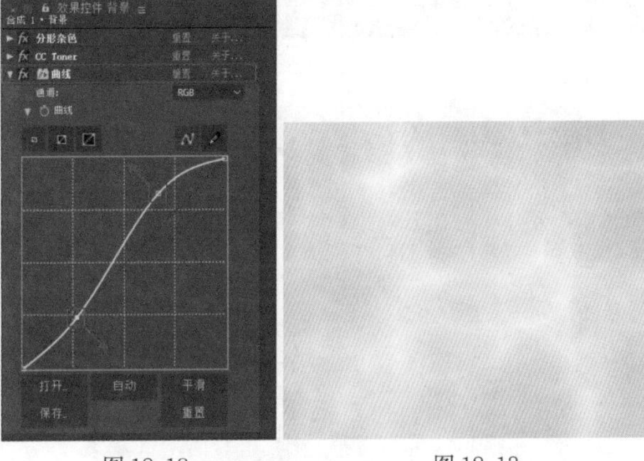

图 12-12　　图 12-13

Part 02　制作节目栏

步骤 01 在【项目】面板中将素材01.png拖曳到【时间轴】面板中，并单击该图层的【3D图层】按钮，将该图层转换为3D图层，如图12-14所示。

图 12-14

步骤 02 在【时间轴】面板中打开01.png素材图层下方的【变换】，并将时间线拖曳至起始帧位置处，依次单击【缩放】【Y轴旋转】和【不透明度】前的【时间变化秒表】按钮，设置【缩放】为(0.0,0.0,0.0%)，【Y轴旋转】为(0x-90.0°)，【不透明度】为0%。再将时间线拖曳至1秒位置处，设置【缩放】为(100.0,100.0,100.0%)，【Y轴旋转】为(1x+0.0°)，【不透明度】为100%，如图12-15所示。拖曳时间线查看此时画面效果，如图12-16所示。

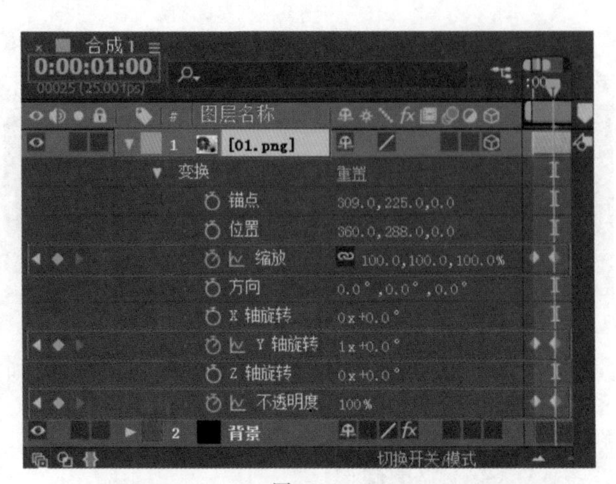

图 12-15

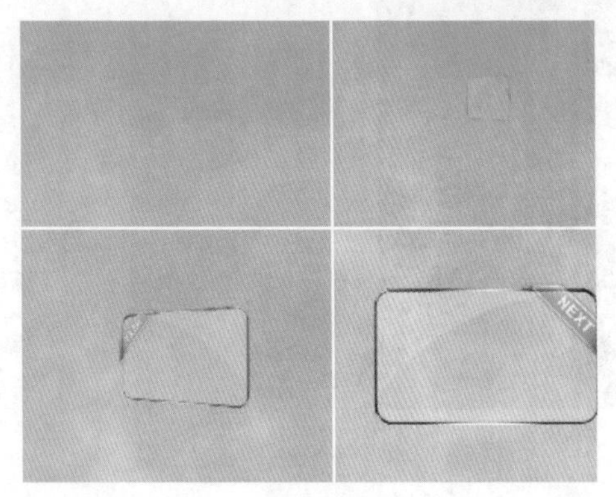

图 12-16

步骤 03 在【时间轴】面板中的空白位置处单击鼠标右键执行【新建】/【文本】命令。接着在【字符】面板中设置【字体系列】为Arial，【字体样式】为Bold，【填充颜色】为白色，【描边颜色】为无颜色，【字体大小】为48，设置完成后输入文本"Every day at 9.am"，如图12-17所示。

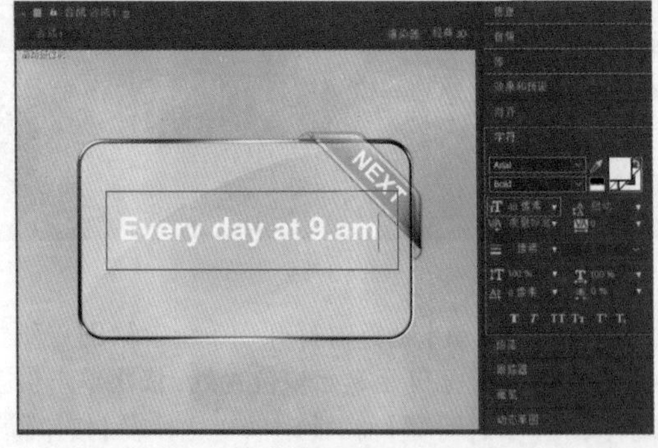

图 12-17

步骤 04 在【时间轴】面板中打开文本图层下方的【变换】，设置【位置】为(110.4,258.8)。将时间线拖曳至1秒位置处，并单击【不透明度】前的【时间变化秒表】按钮。设置【不透明度】为0%。再将时间线拖曳至2秒位置处，设置【不透明度】为100%，如图12-18所示。

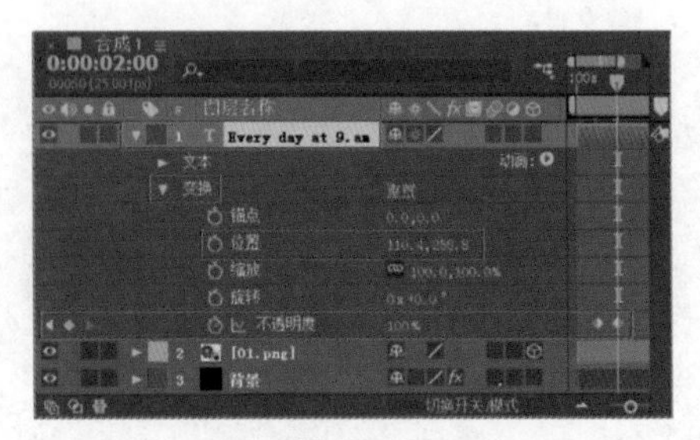

图 12-18

步骤 05 在【效果和预设】面板中搜索【投影】效果，并将其拖曳到【时间轴】面板中的Every day at 9.am文本图层上，如图12-19所示。

图 12-19

步骤 06 在【时间轴】面板中打开文本图层下方的【效果】，设置【投影】的【不透明度】为40%，【柔和度】为10.0，如图12-20所示。拖曳时间线查看此时画面效果，如图12-21所示。

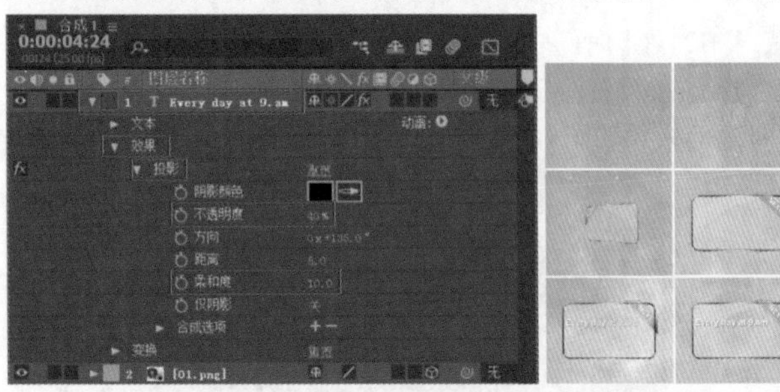

图 12-20　　图 12-21

步骤 07 使用同样的方法创建文本Orange soda program，并在合适的位置进行【不透明度】关键帧设置，然后为其添加相同的【投影】效果，此时【时间轴】面板参数如图12-22所示。案例最终效果如图12-23所示。

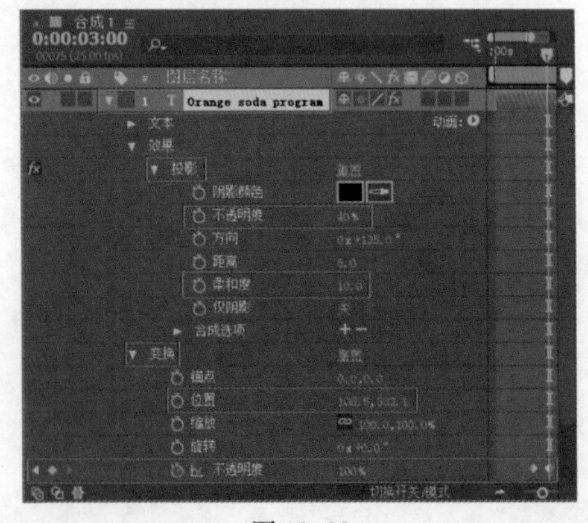

图 12-22

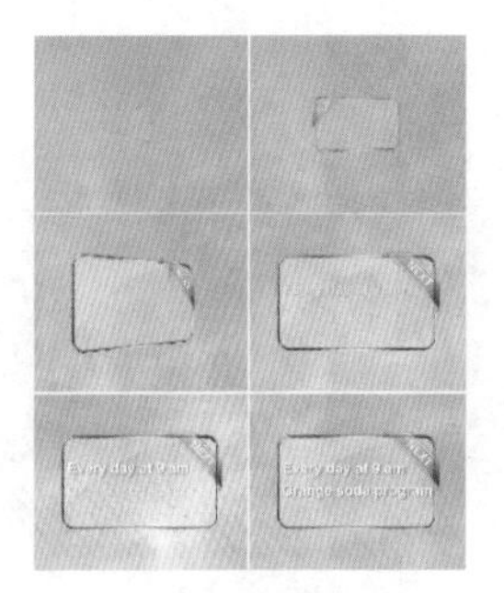

图 12-23

综合实例：动感时尚栏目包装动画

文件路径：Chapter 12 影视包装综合案例→综合实例：动感时尚栏目包装动画

时尚栏目通常会使用潮流的设计元素，例如鲜艳的大色块、素雅的文字、有趣的动画等。本例先使用【百叶窗】效果制作百叶窗动画，再创建形状图层并设置动画模拟时尚栏目的移动动画。案例效果如图12-24所示。

扫一扫，看视频

图 12-24

操作步骤：

Part 01 制作背景图像

步骤 01 在【项目】面板中单击鼠标右键执行【新建合成】命令，在弹出的【合成设置】对话框中设置【合成名称】为合成1，【预设】为自定义，【宽度】为1024，【高度】为768，【像素长宽比】为方形像素，【帧速率】为25，【分辨率】为完整，【持续时间】为5秒，单击【确定】按钮。

步骤 02 执行【文件】/【导入】/【文件】命令或使用【导入文件】快捷键Ctrl+I，在弹出的【导入文件】对话框中选择所需要的素材，单击【导入】按钮导入素材。

步骤 03 在【项目】面板中将素材01.jpg拖曳到【时间轴】面板中，如图12-25所示。

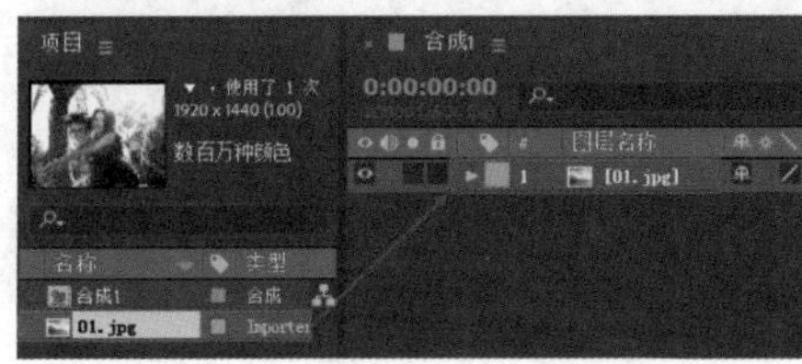

图 12-25

步骤 04 在【时间轴】面板中打开01.jpg素材图层下方的【变换】，设置【缩放】为(54.0,54.0%)，如图12-26所示。

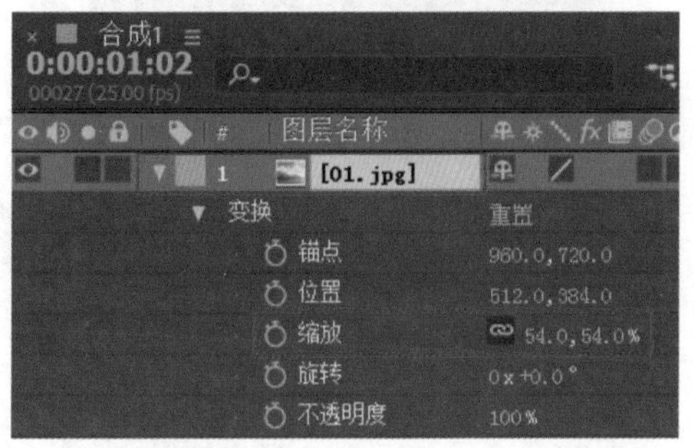

图 12-26

步骤 05 在【时间轴】面板中的空白位置处单击鼠标右键执行【新建】/【纯色】命令。在弹出的【纯色设置】对话框中设置【名称】为斜线，【颜色】为白色，单击【确定】按钮，如图12-27所示。

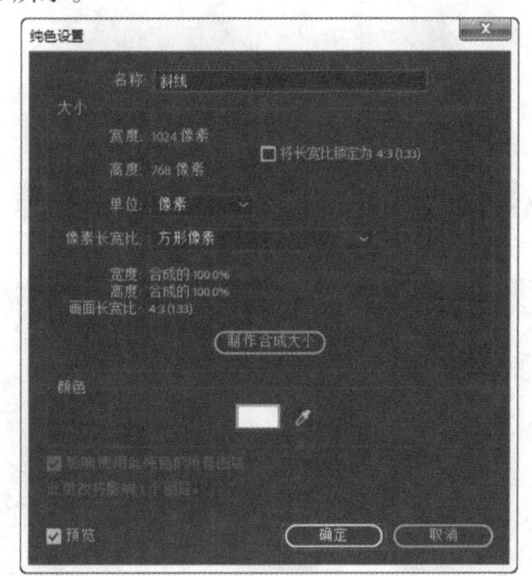

图 12-27

步骤 06 在【效果和预设】面板中搜索【百叶窗】效果，并将其拖曳到【时间轴】面板中的【斜线】图层上，如图12-28所示。

步骤 07 在【时间轴】面板中打开斜线图层下方的【效果】/【百叶窗】。并将时间线拖曳至起始帧位置处，依次单击【过渡完成】和【宽度】前的【时间变化秒表】按钮，设置【过渡完成】为0%，【宽度】为30。再将时间线拖曳至3秒位置处，设置【过渡完成】为50%，【宽度】为15，【方向】为(0x+35.0°)，如图12-29所示。拖曳时间线查看此时画面效果，如图12-30所示。

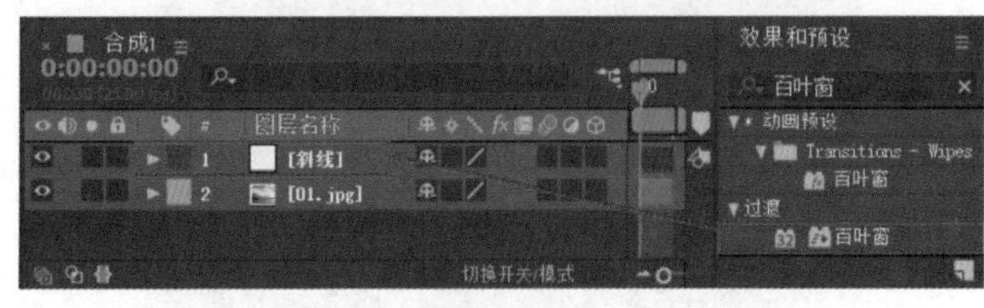

图 12-28

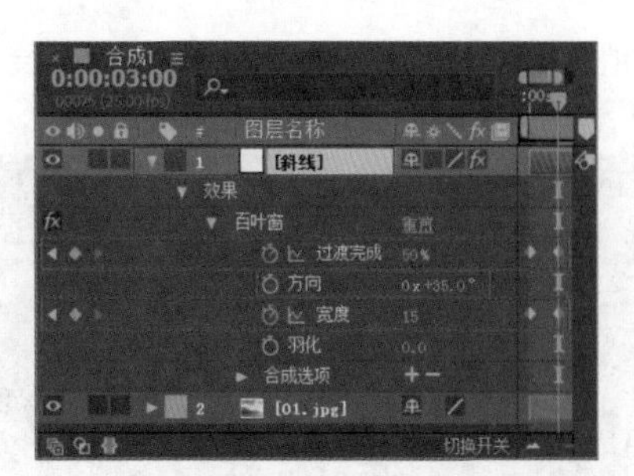

图 12-29

图 12-30

步骤 08 在【时间轴】面板中选中【斜线】图层，接着在选项栏中选择【矩形工具】，然后在画面中的合适位置处按住鼠标左键并拖曳至合适大小，如图12-31所示。

图 12-31

步骤 09 在【时间轴】面板中打开斜线图层下方的【蒙版】，勾选【蒙版1】的【反转】，然后打开【蒙版1】，设置【蒙版羽化】为(75.0,75.0)，如图12-32所示。此时画面效果如图12-33所示。

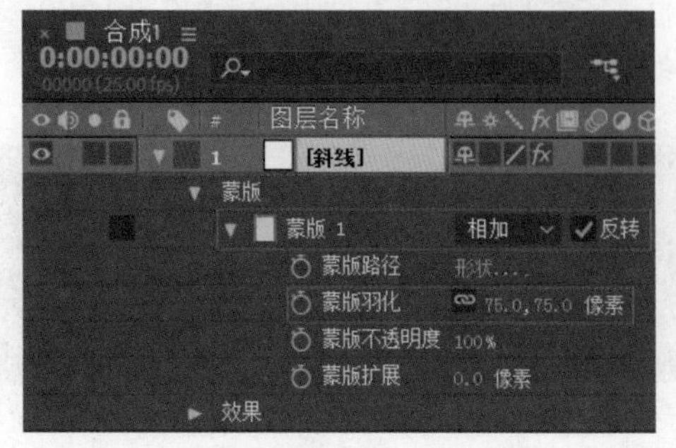

图 12-32

图 12-33

Part 02　制作矩形色块动画

步骤 01 在【时间轴】面板中的空白位置处单击鼠标左键，取消当前选中图层，然后在选项栏中选择【矩形工具】，设置【填充】为洋红色。设置完成后在画面中的合适位置处按住鼠标左键并拖曳至合适大小，如图12-34所示。

图 12-34

步骤 02 在【时间轴】面板中打开形状图层1下方的【内容】，设置【大小】为(737.0, 176.5)，然后打开【变换：矩形1】，设置【位置】为(-252.8,-127.9)。将时间线拖曳至起始帧位置处，单击【比例】前的【时间变化秒表】按钮，设置【比例】为(257.4,600.0%)。再将时间线拖曳至1秒位置处，设置【比例】为(257.4,100.0%)，如图12-35所示。

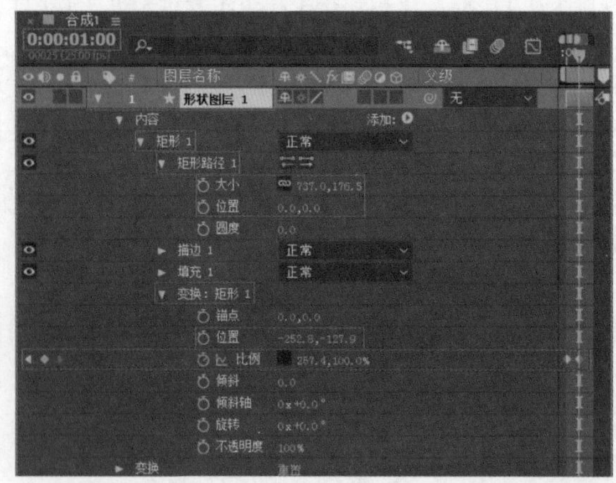

图 12-35

步骤 03 打开该图层下方的【变换】,设置【位置】为(376.0,74.0),【缩放】为(81.0,84.2%),【旋转】为(0x-40.0°),如图12-36所示,拖曳时间线查看此时画面效果,如图12-37所示。

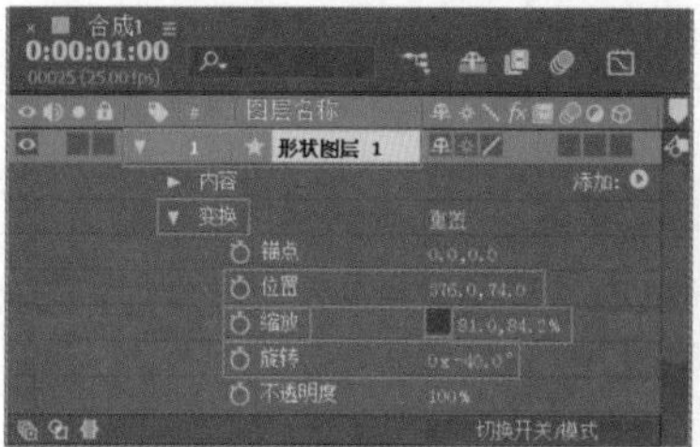

图 12-36

图 12-37

步骤 04 使用同样的方法绘制一个洋红色矩形,并为其设置合适的属性参数,此时【时间轴】面板参数如图12-38所示。拖曳时间线查看此时的画面效果,如图12-39所示。

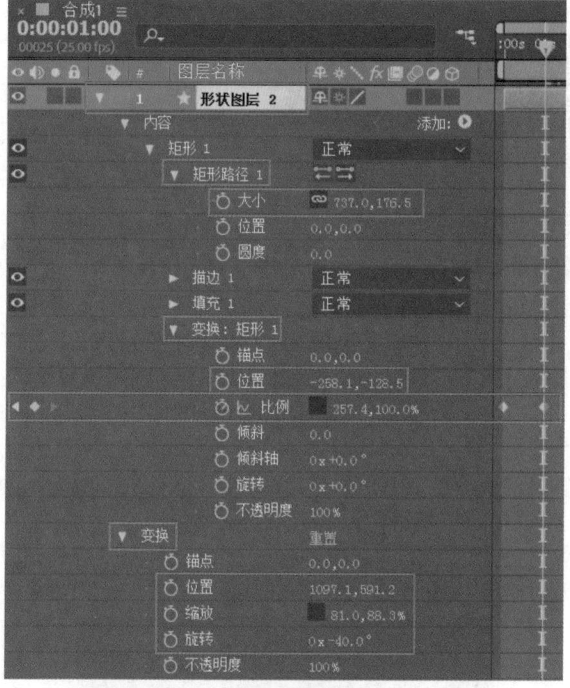

图 12-38

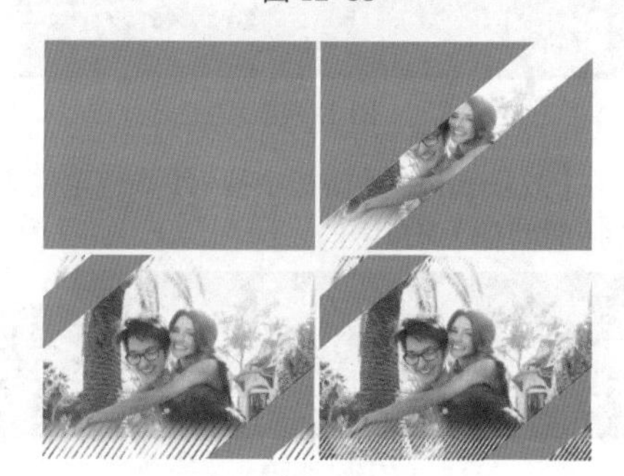

图 12-39

步骤 05 在【时间轴】面板中的空白位置处单击鼠标右键执行【新建】/【文本】命令。在【字符】面板中设置合适的【字体系列】,【字体样式】为常规,【填充颜色】为白色,【描边颜色】为无颜色,【字体大小】为90,设置完成后输入文本"FUN",如图12-40所示。

图 12-40

步骤 06 在【时间轴】面板中打开FUN文本图层下方的【变换】,设置【位置】为(104.0,206.0),【旋转】为(0x-40.0°),如图12-41所示。此时画面效果如图12-42所示。

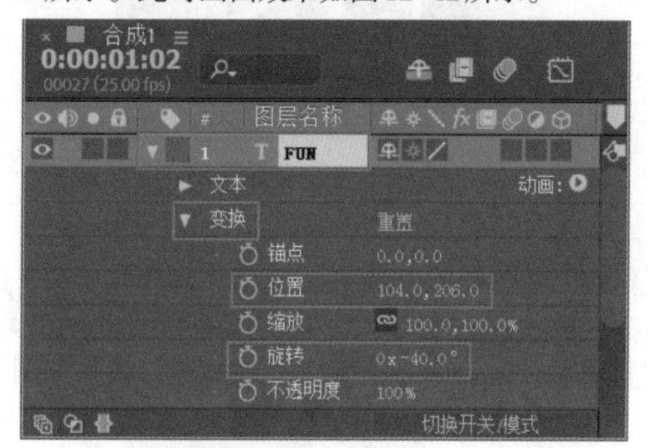

图 12-41

图 12-42

步骤 07 在【效果和预设】面板中搜索【投影】效果,并将其拖曳到【时间轴】面板中的FUN文本图层上,如图12-43所示。

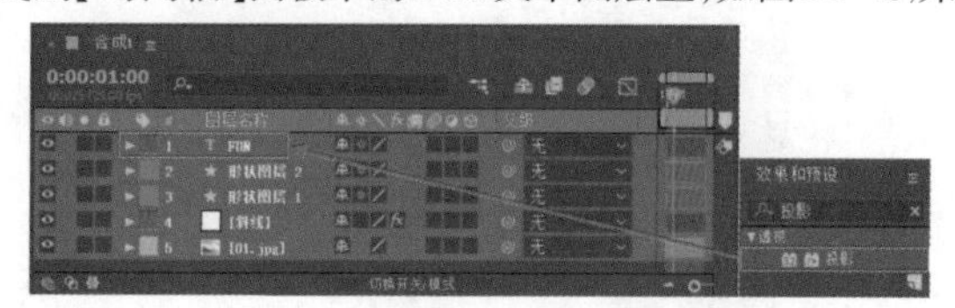

图 12-43

步骤 08 在【时间轴】面板中打开FUN文本图层下方的【效果】,设置【方向】为(0x+300.0°),【距离】为8.0,【柔和度】为15.0,如图12-44所示。此时画面效果如图12-45所示。

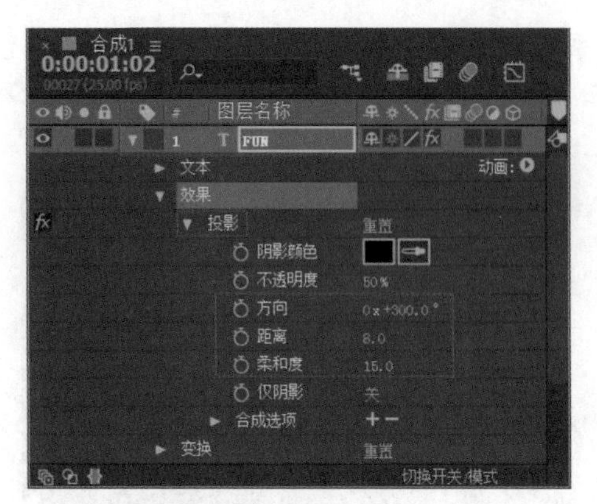

图 12-44

图 12-45

步骤 09 使用同样的方法创建文本FASHION，并在【时间轴】面板中设置合适的属性，然后为其添加【投影】效果。此时【时间轴】面板如图12-46所示。案例最终效果如图12-47所示。

图 12-46

图 12-47

综合实例：传统文化栏目包装设计

文件路径：Chapter 12 影视包装综合案例→综合实例：传统文化栏目包装设计

传统文化栏目包装的特点是要突出中国传统文化，因此设计中使用了大量中式元素，包括中国代表性建筑物、书法文字、水墨元素等。作品在构图上讲究对称布局、大气磅礴、气势恢宏。本案例先使用【颜色范围】效果和【Keylight (1.2)】效果抠像，再使用【矩形工具】绘制蒙版，为素材添加【玫瑰之光】效果。案例效果如图12-48所示。

扫一扫，看视频

图 12-48

操作步骤：

步骤 01 在【项目】面板中单击鼠标右键执行【新建合成】命令，在弹出来的【合成设置】对话框中设置【合成名称】为01，【预设】为自定义，【宽度】为3097，【高度】为2176，【像素长宽比】为方形像素，【帧速率】为25，【分辨率】为完整，【持续时间】为5秒，单击【确定】按钮。

步骤 02 执行【文件】/【导入】/【文件】命令或使用【导入文件】的快捷键Ctrl+I，在弹出的【导入文件】对话框中选择所需要的素材，单击【导入】按钮导入素材。

步骤 03 在【项目】面板中将素材1.jpg和2.jpg拖曳到【时间轴】面板中，如图12-49所示。

图 12-49

步骤 04 在【效果和预设】面板中搜索【颜色范围】效果，并将其拖曳到【时间轴】面板中的2.jpg图层上，如图12-50所示。

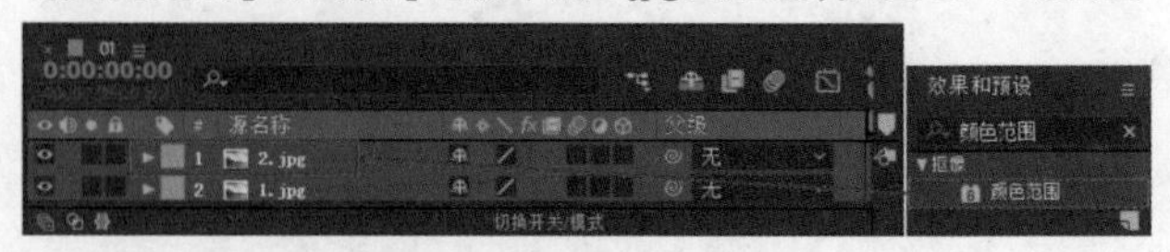

图 12-50

步骤 05 在【时间轴】面板中选中2.jpg素材图层，然后在【效果控件】面板中选择【范围选择器】的【吸管工具】，接着在【合成】面板中2.jpg素材图层的蓝紫色背景位置处单击鼠标左键吸取抠除颜色。若没有抠除干净，那么可以单击按钮，吸取素材下方的蓝色部分，如图12-51所示。此时画面效果如图12-52所示。

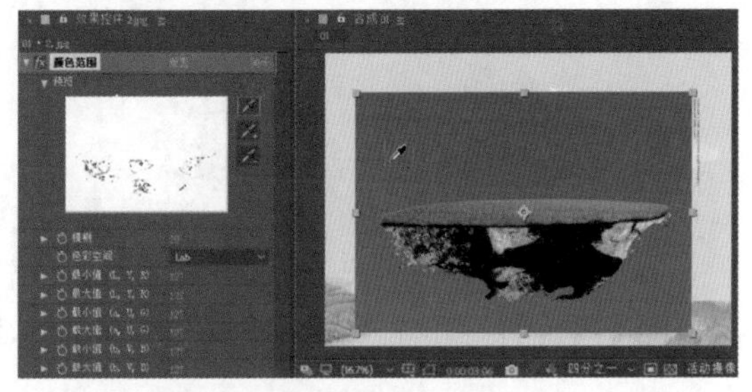

图 12-51

图 12-52

步骤 06 在【时间轴】面板中打开2.jpg素材图层下方的【变换】，设置【位置】为(1516.5,1184.0)。接着将时间线拖曳至起始帧位置处，然后依次单击【缩放】和【不透明度】前的【时间变化秒表】按钮，设置【缩放】为(0.0,0.0%)，【不透明度】为0%。再将时间线拖曳至1秒位置处，设置【缩放】为(100.0,100.0%)，【不透明度】为100%，如图12-53所示。拖曳时间线查看此时画面效果，如图12-54所示。

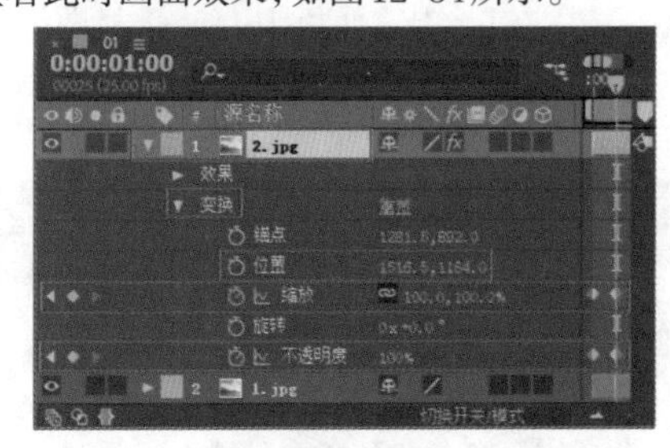

图 12-53

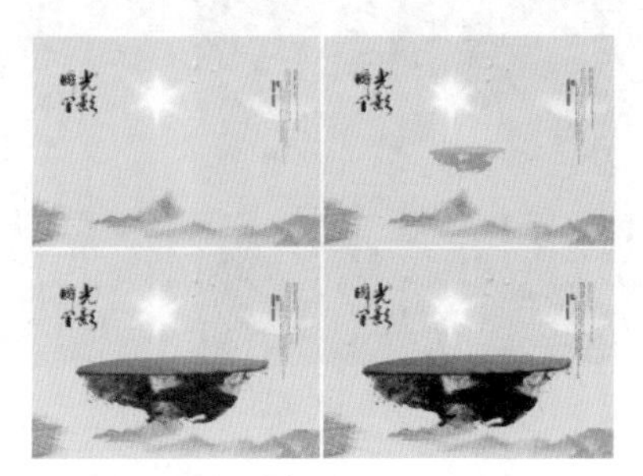

图 12-54

步骤 07 在【项目】面板中将素材3.png拖曳到【时间轴】面板中，如图12-55所示。

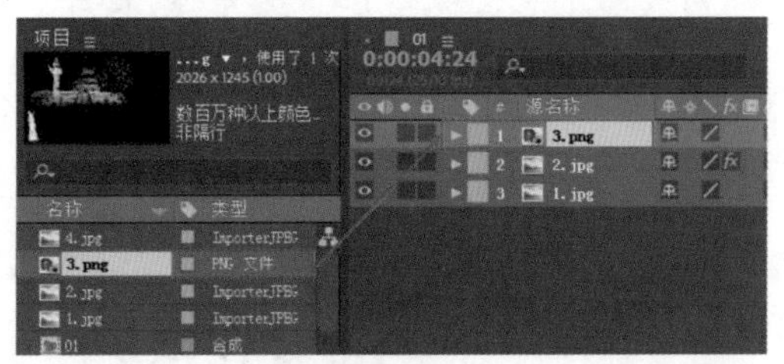

图 12-55

步骤 08 在【时间轴】面板中选中3.png素材图层，然后在选项栏中选择【矩形工具】。在画面中的合适位置处按住鼠标左键并拖曳至合适大小，得到矩形蒙版，如图12-56所示。

图 12-56

步骤 09 在【时间轴】面板中单击打开3.png素材图层下方的【变换】，并将时间线拖曳至2秒位置处，然后依次单击【位置】和【不透明度】前的【时间变化秒表】按钮，设置【位置】为(1692.5,-657.0)，【不透明度】为0%。再将时间线拖曳至3秒位置处，设置【位置】为(1692.5,1073.0)，【不透明度】为100%。最后将时间线拖曳至3秒05帧位置处，设置【位置】为(1692.5,1044.0)，【不透明度】为100%，如图12-57所示。拖曳时间线查看此时的画面效果，如图12-58所示。

图 12-57

图 12-58

步骤 10 在【项目】面板中再次将素材3.png拖曳到【时间轴】面板中，接着在【时间轴】面板中选中【图层1】3.png素材图层，然后在选项栏中选择【矩形工具】，在【合成】面板中的合适位置处按住鼠标左键并拖曳至合适大小，得到矩形遮罩，如图12-59所示。

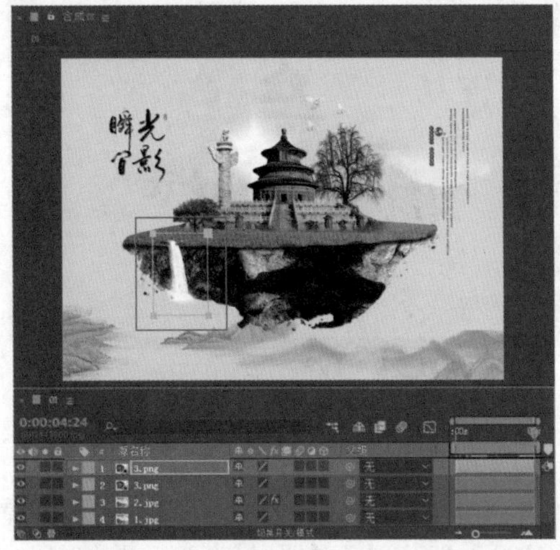

图 12-59

步骤 11 在【时间轴】面板中打开3.png素材图层下方的【变换】，设置【位置】为(1692.5,1044.0)，然后将时间线拖曳至3秒位置处，并单击【不透明度】前的【时间变化秒表】按钮，设置【不透明度】为0%。再将时间线拖曳至4秒位置处，设置【不透明度】为100%，如图12-60所示。拖曳时间线查看此时的画面效果，如图12-61所示。

图 12-60

图 12-61

步骤 12 在【项目】面板中将素材4.jpg拖曳到【时间轴】面板中。

步骤 13 在【效果和预设】面板中搜索【Keylight (1.2)】效果，并将其拖曳到【时间轴】面板中的4.jpg图层上，如图12-62所示。

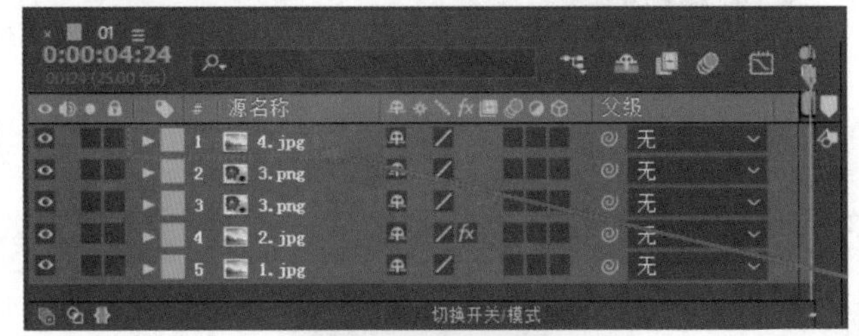

图 12-62

步骤 14 在【效果控件】面板中单击【Screen Colour】的【吸管工具】，然后在【合成】面板中4.jpg素材图层的蓝色背景处单击，吸取抠除颜色，然后设置【Screen Balance】为95，如图12-63所示。此时画面效果如图12-64所示。

图 12-63

图 12-64

步骤 15 将时间轴拖动到第0秒位置，然后在【效果和预设】面板中搜索【玫瑰之光】效果，并将其拖曳到【时间轴】面板中的4.jpg图层上，如图12-65所示。

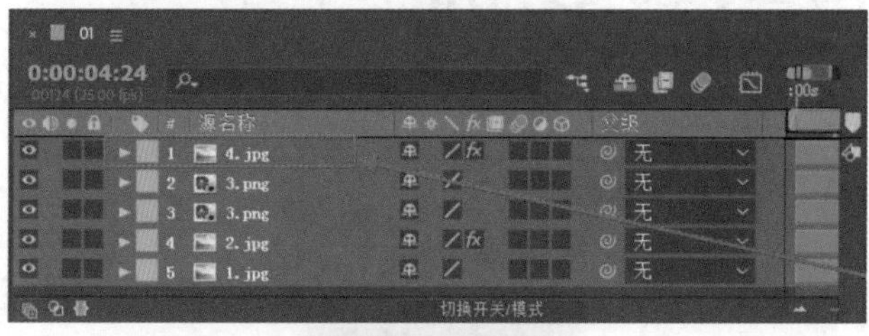

图 12-65

步骤 16 在【时间轴】面板中打开4.jpg素材图层下方的【效果】，按住Ctrl键的同时，依次选中【Fast Blur】【Radial Blur】和【Tritone】，按Delete键删除选中效果，如图12-66所示。

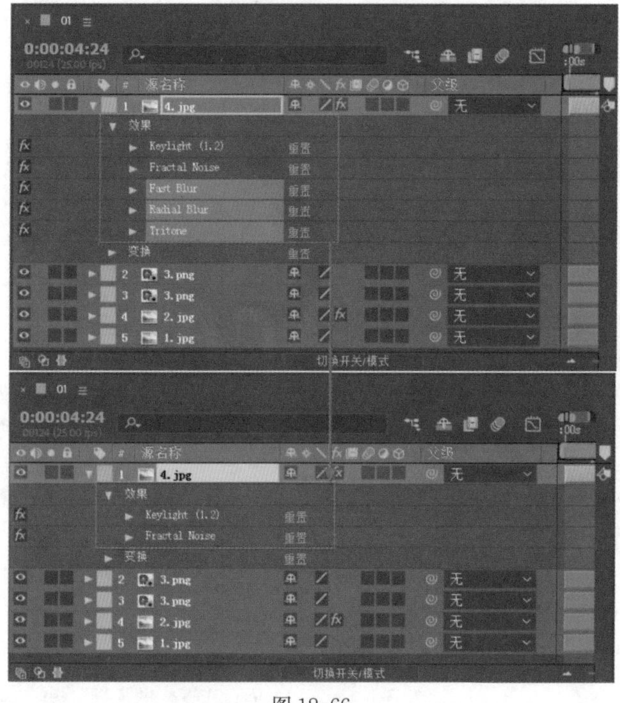

图 12-66

步骤 17 此时已经为第0帧和末尾帧自动添加好了关键帧动画，框选第0秒位置的3个关键帧，将其向后拖动到第2秒的位置，重新修改【旋转】为(0x+0.0°)。末尾帧的关键帧参数无须再调整。设置【混合模式】为相加，如图12-67所示。

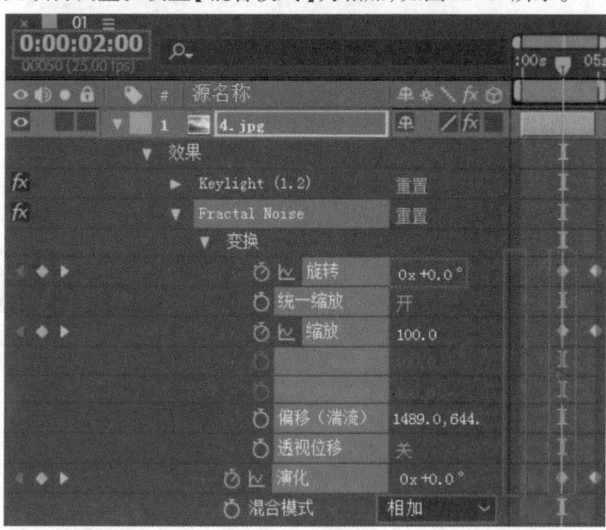

图 12-67

步骤 18 打开4.jpg素材图层下方的【变换】，设置【位置】为(1526.9,1513.9)，【缩放】为(116.6,116.6%)。将时间线拖曳至1秒位置处，单击【不透明度】前的【时间变化秒表】按钮，设置【不透明度】为0%。再将时间线拖曳至2秒位置处，设置【不透明度】为100%，如图12-68所示。

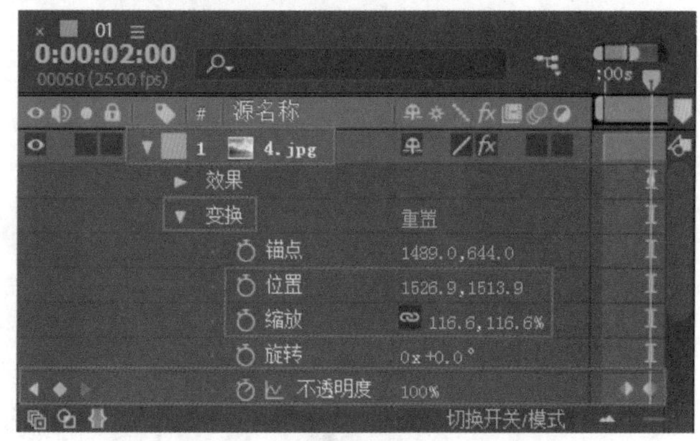

图 12-68

步骤 19 拖曳时间线查看案例最终效果(见图12-48)。

广告动画综合案例

重点知识掌握：

本章将通过以下几个案例，介绍After Effects在广告动画中的具体应用。

- 数码产品广告动画
- 运动品牌广告动画

综合实例：数码产品广告动画

文件路径：Chapter 13 广告动画综合案例→综合实例：数码产品广告动画

本案例首先使用【颜色范围】效果抠像，再使用【CC Light Sweep】效果制作光线动画，最后为素材添加【烟雾升腾】效果，从而制作出数码产品广告动画。案例效果如图13-1所示。

扫一扫，看视频

图13-1

操作步骤：

步骤 01 在【项目】面板中单击鼠标右键执行【新建合成】命令，在弹出的【合成设置】对话框中设置【合成名称】为01，【预设】为自定义，【宽度】为1378，【高度】为1000，【像素长宽比】为方形像素，【帧速率】为25，【分辨率】为完整，【持续时间】为8秒，单击【确定】按钮。

步骤 02 执行【文件】/【导入】/【文件】命令或使用【导入文件】的快捷键Ctrl+I，在弹出的【导入文件】对话框中选择所需要的素材，单击【导入】按钮导入素材。

步骤 03 在【项目】面板中将素材1.jpg和2.jpg拖曳到【时间轴】面板中，如图13-2所示。

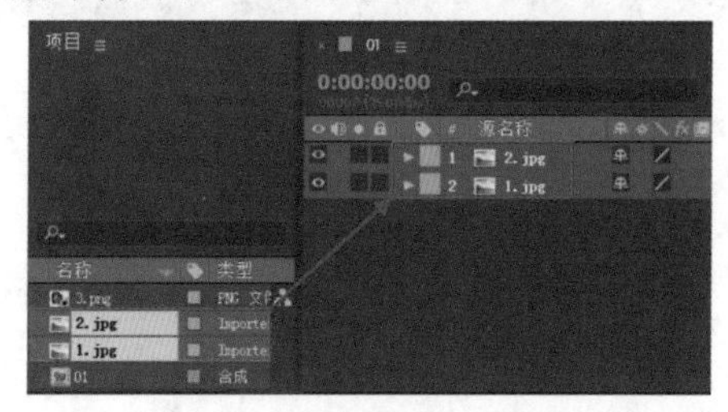

图13-2

步骤 04 在【效果和预设】面板中搜索【颜色范围】效果，并将其拖曳到【时间轴】面板中的2.jpg图层上，如图13-3所示。

图13-3

步骤 05 在【效果控件】面板中选择【吸管工具】，然后在画面中的青色背景处单击鼠标左键，吸取抠除颜色，如图13-4所示。此时画面效果如图13-5所示。

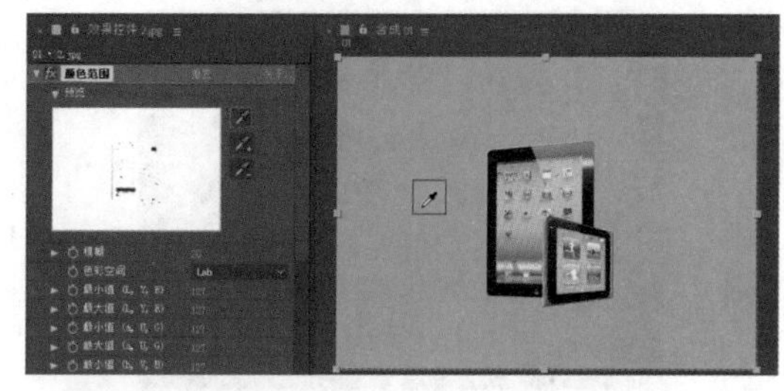

图13-4

图13-5

步骤 06 在【效果和预设】面板中搜索【CC Light Sweep】效果，并将其拖曳到【时间轴】面板中的2.jpg图层上，如图13-6所示。

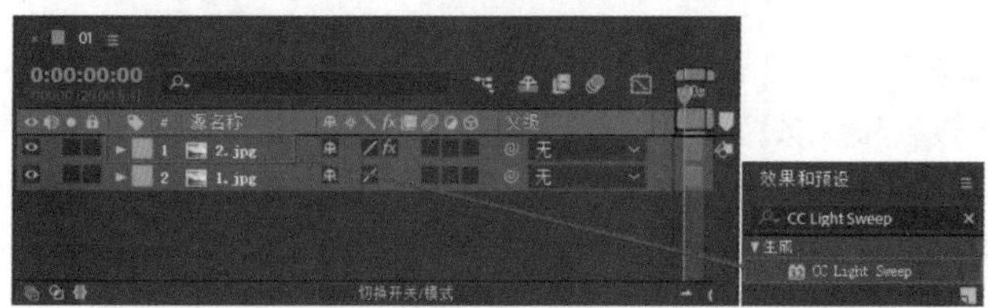

图13-6

步骤 07 在【时间轴】面板中打开2.jpg素材图层下方的【效果】/【CC Light Sweep】，并将时间线拖曳至10帧位置处，单击【Center(中心)】前的【时间变化秒表】按钮，设置【Center(中心)】为(356.0,432.0)。再将时间线拖曳至1秒10帧位置处，设置【Center(中心)】为(1180.0,236.0)，如图13-7所示。

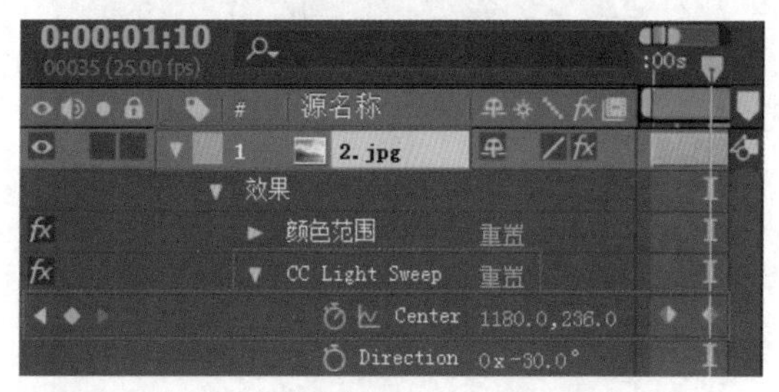

图13-7

步骤 08 打开该图层下方的【变换】，并将时间线拖曳至起始帧位置处，单击【位置】前的【时间变化秒表】按钮，设置【位置】为(689.0,-318.0)。再将时间线拖曳至10帧位置处，

设置【位置】为(689.0,500.0)，如图13-8所示。拖曳时间线查看此时画面效果，如图13-9所示。

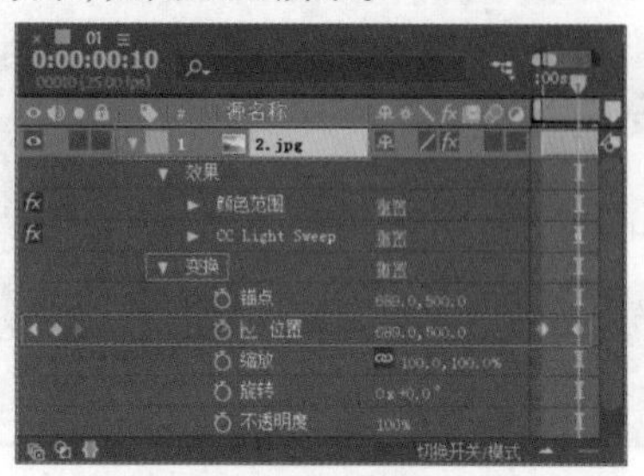

图13-8

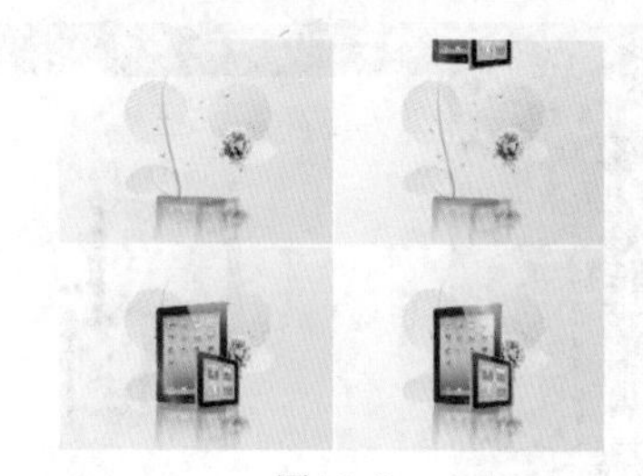

图13-9

步骤 09 在【项目】面板中将素材3.png拖曳到【时间轴】面板中，如图13-10所示。

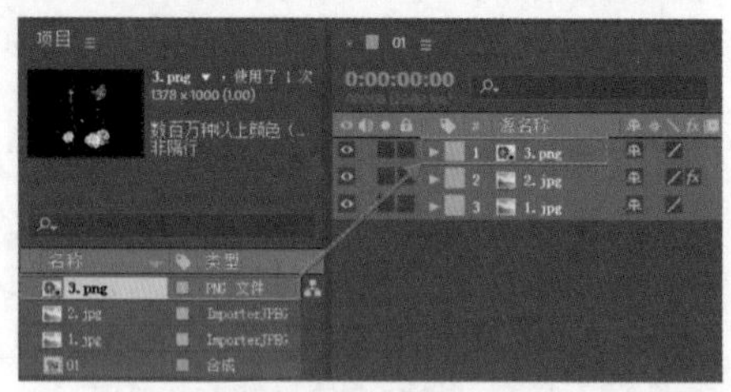

图13-10

步骤 10 在【时间轴】面板中将时间线拖曳至2秒位置处，在【效果和预设】面板中搜索【烟雾升腾】效果，并将其拖曳到【时间轴】面板中的3.png图层上。接着单击打开3.png素材图层下方的【效果】，在按住Ctrl键的同时，依次选中Wave Warp和Tritone，然后按Delete键删除选中效果，如图13-11所示。

图13-11

步骤 11 打开【效果】/【Fractal Noise】，设置【混合模式】为滤色，如图13-12所示。

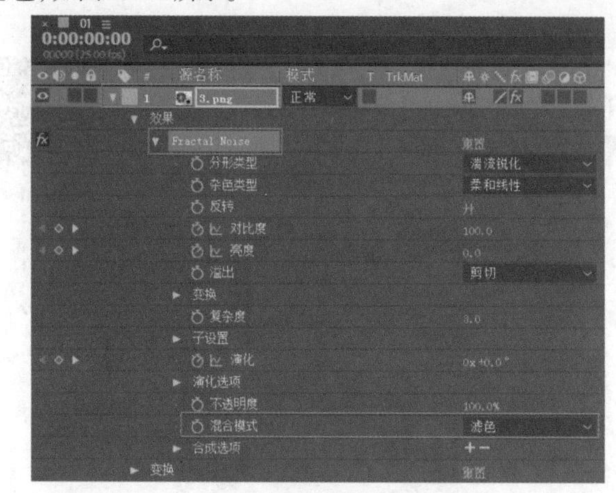

图13-12

步骤 12 打开3.png素材图层下方的【变换】，并将时间线拖曳至1秒10帧位置处，单击【不透明度】前的【时间变化秒表】按钮，设置【不透明度】为0%。再将时间线拖曳至1秒20帧位置处，设置【不透明度】为100%，如图13-13所示。

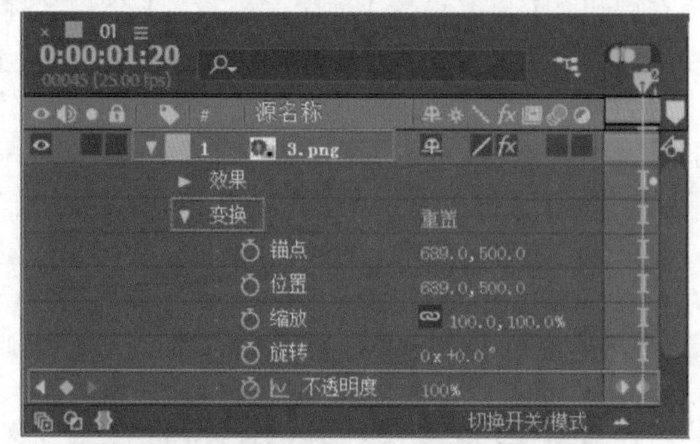

图13-13

步骤 13 拖曳时间线查看案例最终效果，如图13-14所示。

图13-14

综合实例：运动品牌广告动画

文件路径：Chapter 13 广告动画综合案例→综合实例：运动品牌广告动画

扫一扫，看视频

本案例主要学习如何使用【缩放回弹-随机】效果、【高斯模糊】效果、【运输车】效果及关键帧动画制作出运动品牌广告动画。案例效果如图13-15所示。

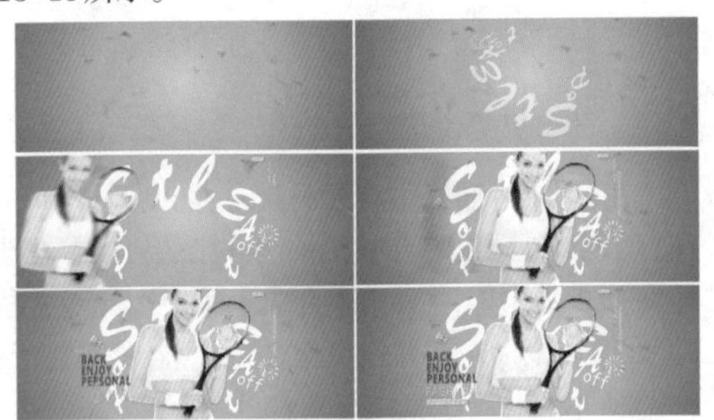

图13-15

操作步骤：

Part 01 制作主图动画

步骤 01 在【项目】面板中单击鼠标右键执行【新建合成】命令，在弹出的【合成设置】对话框中设置【合成名称】为01，【预设】为自定义，【宽度】为1920，【高度】为720，【像素长宽比】为方形像素，【帧速率】为25，【分辨率】为完整，【持续时间】为8秒，单击【确定】按钮。

步骤 02 执行【文件】/【导入】/【文件】命令或使用【导入文件】的快捷键Ctrl+I，在弹出的【导入文件】对话框中选择所需要的素材，单击【导入】按钮导入素材。

步骤 03 在【项目】面板中将素材1.jpg和2.png拖曳到【时间轴】面板中，如图13-16所示。

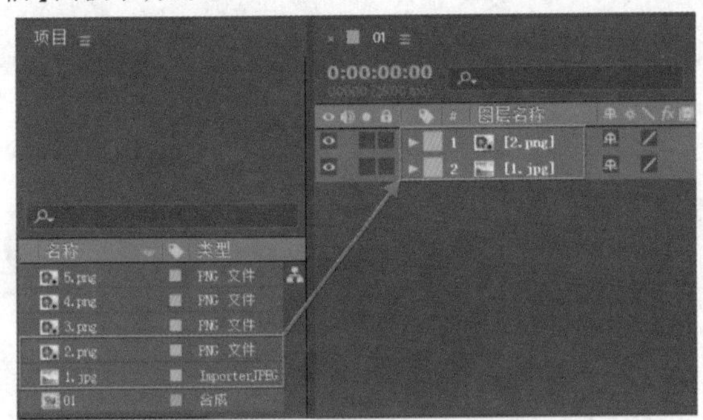

图13-16

步骤 04 在【效果和预设】面板中搜索【缩放回弹-随机】效果，并将其拖曳到【时间轴】面板中的2.png图层上，如图13-17所示。

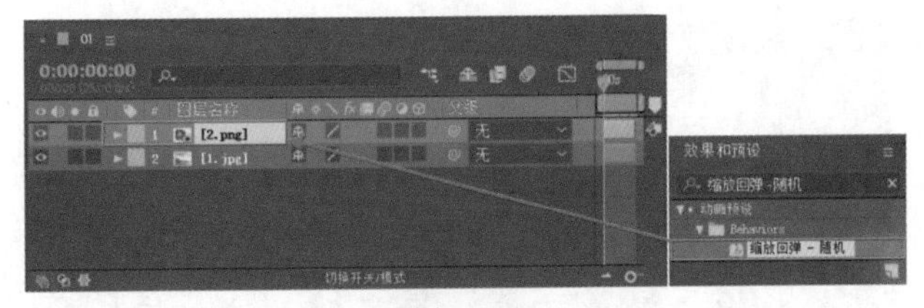

图13-17

步骤 05 拖曳时间线查看此时画面效果，如图13-18所示。

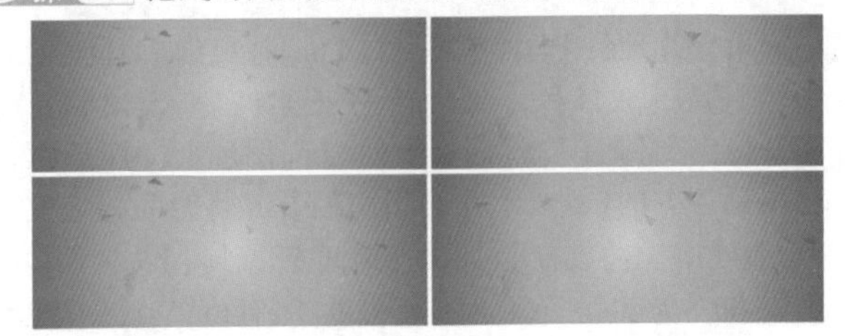

图13-18

步骤 06 在【项目】面板中将素材3.png拖曳到【时间轴】面板中，如图13-19所示。

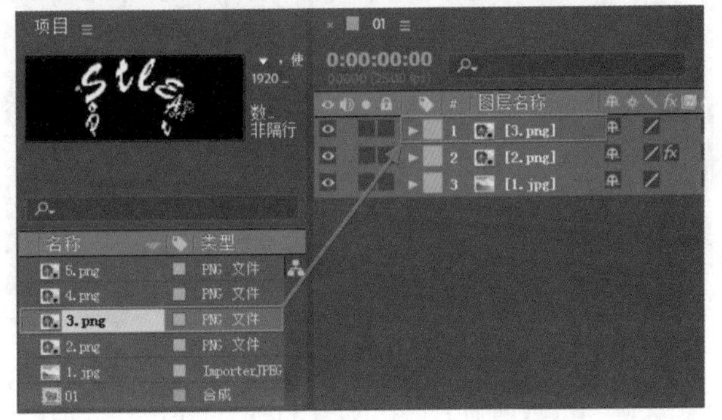

图13-19

步骤 07 在【时间轴】面板中打开3.png素材图层下方的【变换】，并将时间线拖曳至起始帧位置处，单击【缩放】【旋转】和【不透明度】前的【时间变化秒表】按钮，设置【缩放】为(0.0,0.0%)，【旋转】为(-1x-180.0°)，【不透明度】为0%。再将时间线拖曳至1秒位置处，设置【缩放】为(100.0,100.0%)，【旋转】为(0x+0.0°)，【不透明度】为100%，如图13-20所示。拖曳时间线查看此时的画面效果，如图13-21所示。

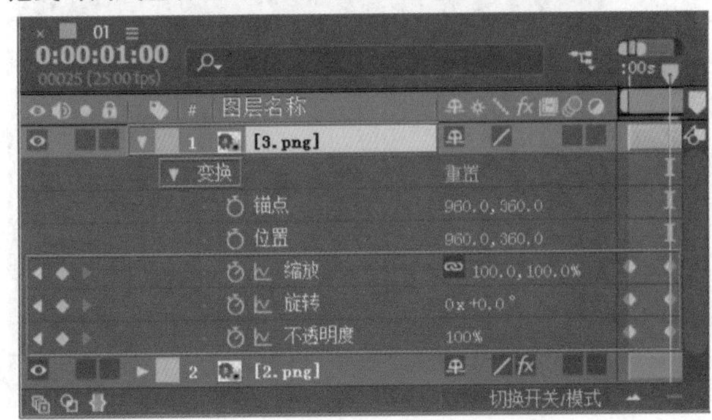

图13-20

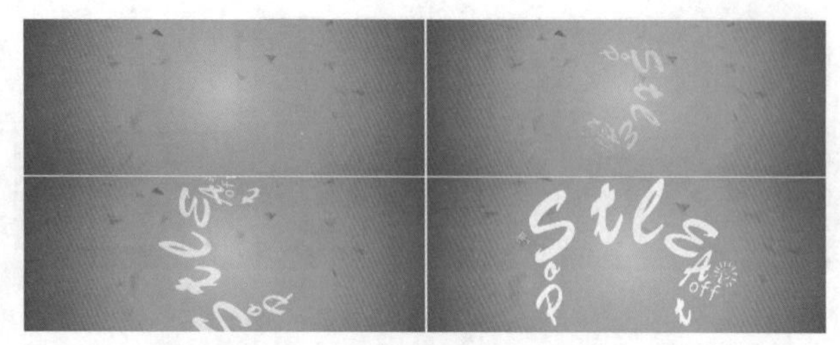

图13-21

步骤 08 在【项目】面板中将素材4.png拖曳到【时间轴】面板中，然后在【效果和预设】面板中搜索【高斯模糊】效果，并将其拖曳到【时间轴】面板中的4.png图层上。打开4.png素材图层下方的【效果】/【高斯模糊】，并将时间线拖曳至1秒位置处，单击【模糊度】前的【时间变化秒表】按钮，设置【模糊度】为50.0。再将时间线拖曳至2秒位置处，设置【模糊度】为0.0。最后设置【模糊方向】为水平，如图13-22所示。

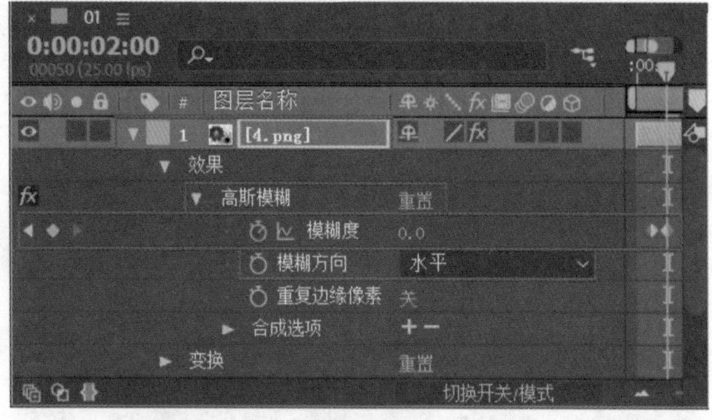

图13-22

步骤 09 在【时间轴】面板中打开4.png素材图层下方的【变换】，并将时间线拖曳至1秒位置处，单击【位置】前的【时间变化秒表】按钮，设置【位置】为(-450.0,360.0)。将时间线拖曳至1秒20帧位置处，设置【位置】为(993.0,360.0)。将时间线拖曳至2秒位置处，设置【位置】为(960.0,360.0)，如图13-23所示。拖曳时间线查看此时画面效果，如图13-24所示。

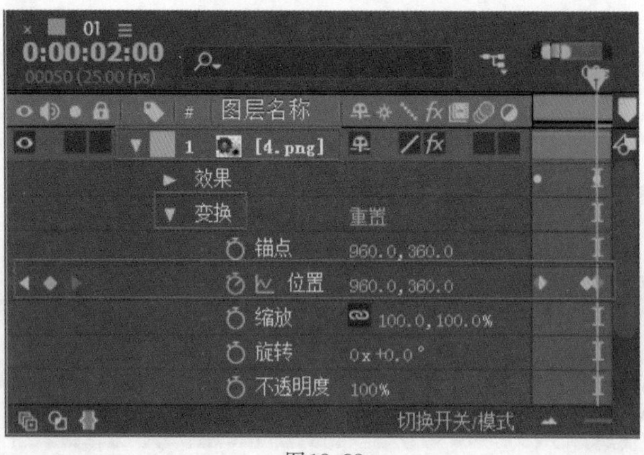

图13-23

图13-24

Part 02 制作文本动画

步骤 01 在【项目】面板中将素材5.png拖曳到【时间轴】面板中，在【时间轴】面板中选中5.png素材图层，接着在选项栏中选择【矩形工具】，然后在【合成】面板中5.png素材图层合适位置处按住鼠标左键并拖曳至合适大小，得到矩形遮罩，如图13-25所示。

图13-25

步骤 02 在【时间轴】面板中将时间线拖曳至2秒位置处，然后打开5.png素材图层下方的【蒙版】/【蒙版1】。单击【蒙版路径】前的【时间变化秒表】按钮，此时在【时间轴】面板中的相应位置处会自动出现一个关键帧。再将时间线拖曳至1秒位置处，然后在【合成】面板中调整遮罩形状，如图13-26所示。拖曳时间线查看此时画面效果，如图13-27所示。

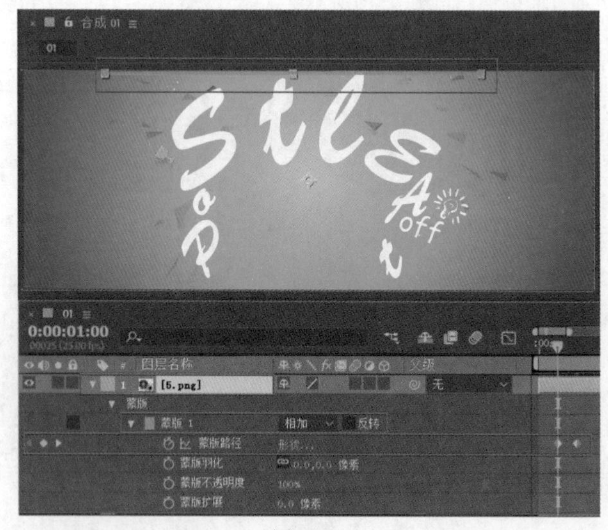

图13-26

图13-27

步骤 03 在【时间轴】面板中的空白位置处单击鼠标右键执行【新建】/【文本】命令。然后在【字符】面板中设置合适的【字体系列】,【字体样式】为Bold,【填充颜色】为深蓝色,【描边颜色】为无颜色,【字体大小】为70像素,【字符间距】为48,【水平缩放】为71%,接着选择【仿粗体】。设置完成后输入文本“BACK ENJOY PERSONAL”,在输入过程中可使用Enter键进行换行操作,如图13-28所示。

图13-28

步骤 04 在【时间轴】面板中打开BACK ENJOY PERSONAL文本图层下方的【变换】,设置【位置】为(386.0,404.0),如图13-29所示。此时画面效果如图13-30所示。

图13-29

图13-30

步骤 05 在【时间轴】面板中将时间线拖曳至2秒位置处,然后在【效果和预设】面板中搜索【运输车】效果,并将其拖曳到【时间轴】面板中的BACK ENJOY PERSONAL文本图层上,如图13-31所示。

步骤 06 拖曳时间线查看此时画面效果,如图13-32所示。

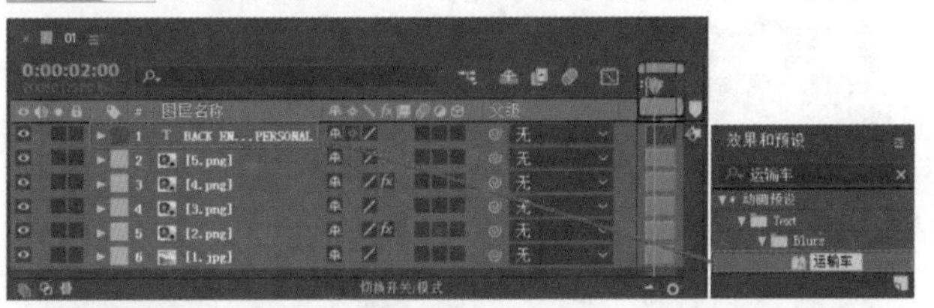

图13-31

图13-32

步骤 07 使用同样的方法制作文本FASHION,并将其摆放在合适位置处,此时【时间轴】面板中该文本的参数如图13-33所示,拖曳时间线查看此时画面效果,如图13-34所示。

图13-33

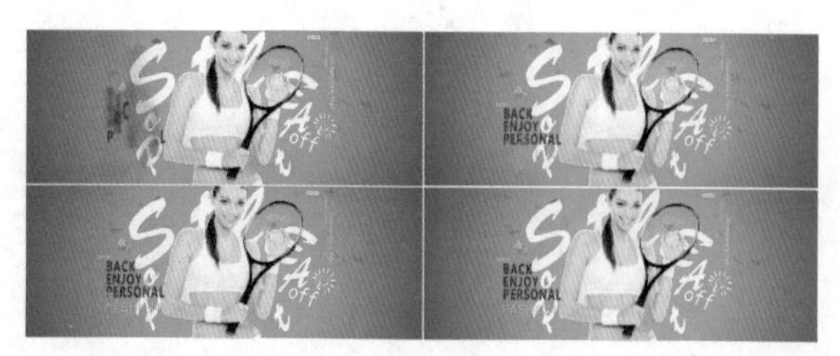

图13-34

步骤 08 在【时间轴】面板中的空白位置处单击鼠标左键，取消当前选中图层。在选项栏中选择【矩形工具】，设置【填充】为橙色，【描边】为无颜色，设置完成后在【合成】面板中的合适位置处按住鼠标左键并拖曳至合适大小，得到【形状图层1】，如图13-35所示。

图13-35

步骤 09 在【时间轴】面板中打开【形状图层1】下方的【变换】，设置【位置】为(958.0,360.0)。接着打开该图层的【内容】/【矩形1】/【变换：矩形1】，设置【位置】为(-454.0,267.0)，并将时间线拖曳至4秒位置处，然后依次单击【比例】【旋转】和【不透明度】前的【时间变化秒表】按钮，设置【比例】为(0.0,0.0%)，【旋转】为(3x+180.0°)，【不透明度】为0%。将时间线拖曳至5秒位置处，设置【比例】为(100.0,100.0%)，【旋转】为(0x+0.0°)，【不透明度】为100%，如图13-36所示。

图13-36

步骤 10 在【时间轴】面板中的空白位置处单击鼠标右键执行【新建】/【文本】命令，接着在【字符】面板中设置合适的【字体系列】，【字体样式】为Regular，【填充颜色】为白色，【描边颜色】为无颜色，【字体大小】为30像素，【水平缩放】为90，然后选择【仿粗体】，设置完成后输入文本CHARACTERISTIC，如图13-37所示。

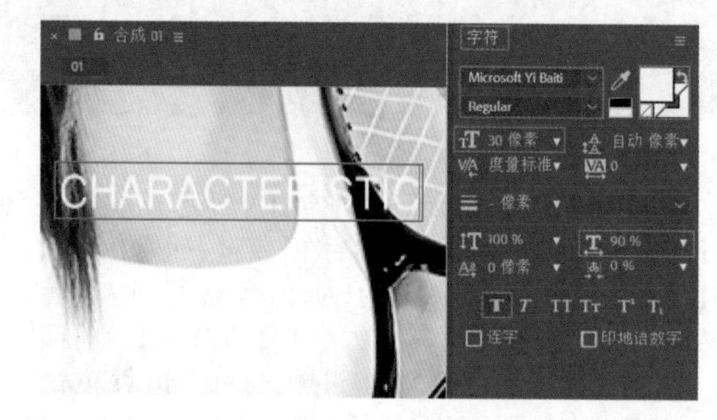

图13-37

步骤 11 在【时间轴】面板中打开CHARACTERISTIC文本图层下方的【变换】，设置【位置】为(409.0,636.0)。接着将时间线拖曳至5秒位置处，并依次单击【缩放】和【不透明度】前的【时间变化秒表】按钮，设置【缩放】为(0.0,0.0%)，【不透明度】为0%。再将时间线拖曳至6秒位置处，设置【缩放】为(100.0,100.0%)，【不透明度】为100%，如图13-38所示。

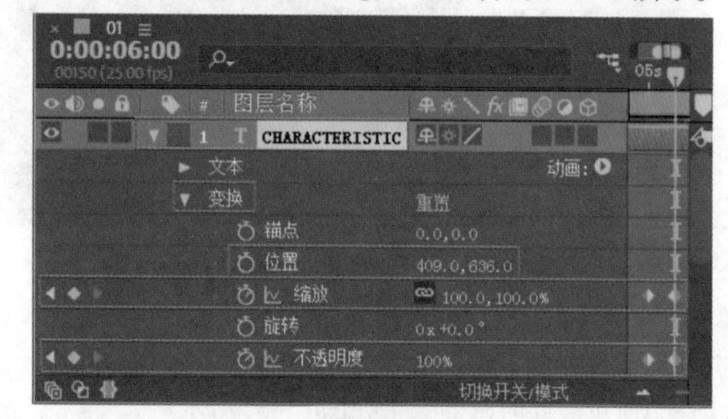

图13-38

步骤 12 拖曳时间线查看案例最终效果，如图13-39所示。

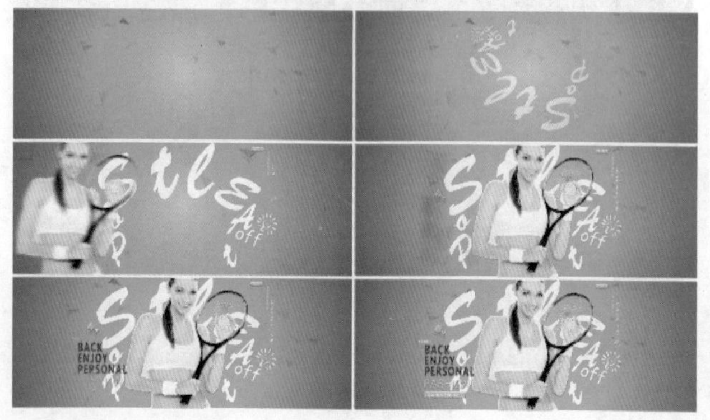

图13-39

第14章

扫一扫，看视频

影视特效综合案例

重点知识掌握：

本章将通过以下几个案例，介绍After Effects在影视特效中的具体应用。

- 电流变换动画效果
- 制作科幻电影特效
- 炫彩光效动态海报

综合实例：电流变换动画效果

文件路径：Chapter 14　影视特效综合案例→综合实例：电流变换动画效果

在After Effects中除了可以制作常规的、可控的效果之外，还可以制作随机的、混乱的动画效果，随机的美是更具想象力的艺术，本例将模拟抽象的电流变换动画。本案例先是使用【椭圆工具】绘制一个正圆，接着使用【湍流置换】效果，并通过设置参数及动画制作出抽象的电流变换动画。案例效果如图14-1所示。

扫一扫，看视频

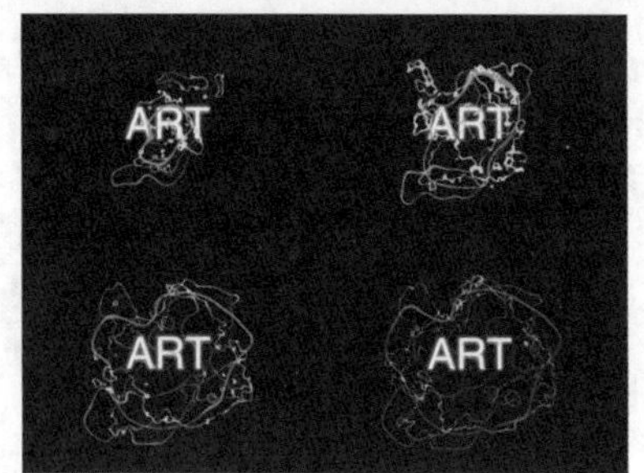

图14-1

操作步骤：

步骤 01　在【项目】面板中，单击鼠标右键选择【新建合成】命令，在弹出的【合成设置】面板中设置【合成名称】为合成1，【预设】为【NTSC D1 方形像素】，【宽度】为720像素，【高度】为534像素，【像素长宽比】为【方形像素】，【帧速率】为29.97，【分辨率】为完整，【持续时间】为5秒。在【时间轴】面板中的空白位置处单击鼠标右键选择【新建】/【纯色】命令。在弹出的【纯色设置】窗口中设置【名称】为【中等灰色蓝色 纯色1】，【颜色】为【深蓝色】，如图14-2所示。

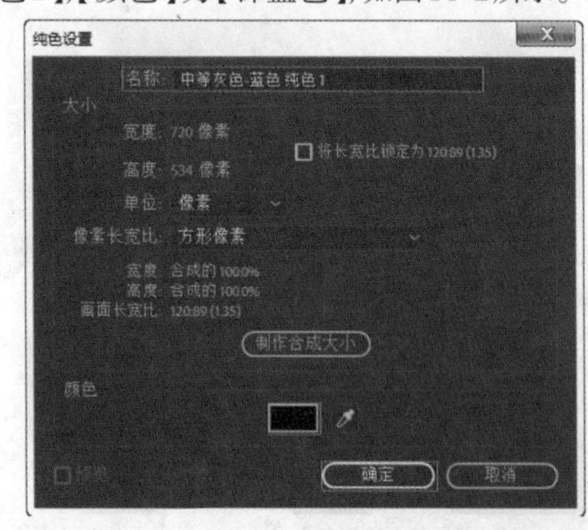

图14-2

步骤 02　下面制作文字部分。在【时间轴】面板的空白位置单击鼠标右键，执行【新建】/【文本】命令。在【字符】面板中设置合适的【字体系列】，设置【填充颜色】为白色，【描边颜色】为无，【字体大小】为100像素，在【段落】面板中选择【居中对齐文本】，设置完成后在画面中的合适位置输入文字"ART"，如图14-3所示。

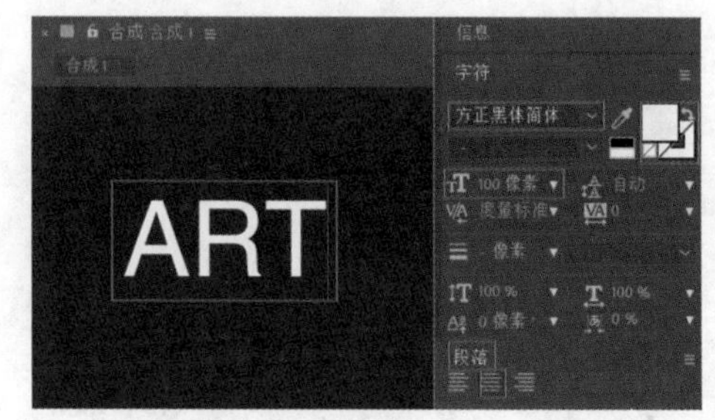

图14-3

步骤 03　在【时间轴】面板中右击文本图层，在弹出的快捷菜单中执行【图层样式】/【外发光】命令。在【时间轴】面板中单击打开文本图层下方的【图层样式】/【外发光】，设置【颜色】为荧光绿，【大小】为10，接着打开【变换】，设置【位置】为(344，284)，如图14-4所示。此时文字效果如图14-5所示。

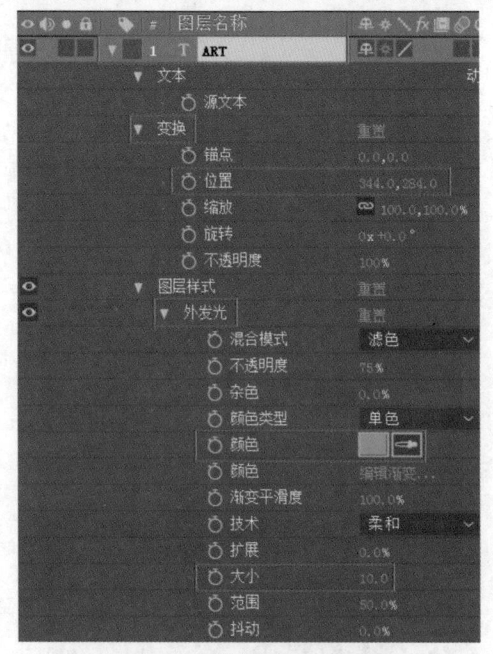

图14-4

图14-5

步骤 04　在【时间轴】面板中单击空白处使当前状态不选择任何图层，在工具栏中单击选择【椭圆工具】，设置【填充】为无，【描边】为绿色，描边宽度为25，接着在合成面板中的合适位置按住Shift键的同时单击鼠标左键绘制一个正圆，如图14-6所示。

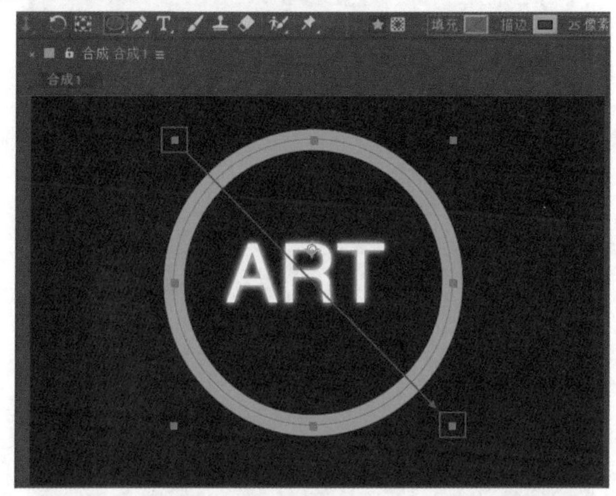

图14-6

步骤 05 在【时间轴】面板中单击打开形状图层1下方的【内容】/【椭圆1】/【描边】及【变换】，将时间线拖动到起始帧位置，单击【描边宽度】和【缩放】前的【时间变化秒表】按钮，设置【描边宽度】为25，【缩放】为(0, 0%)，继续将时间线滑动到2秒位置，设置【描边宽度】为0，【缩放】为(100, 100%)，接着设置【位置】为(353, 220)，如图14-7所示。接着框选两秒位置处的两个关键帧，单击鼠标右键，执行【关键帧辅助】/【缓出】命令，此时关键帧变为状态，如图14-8所示。

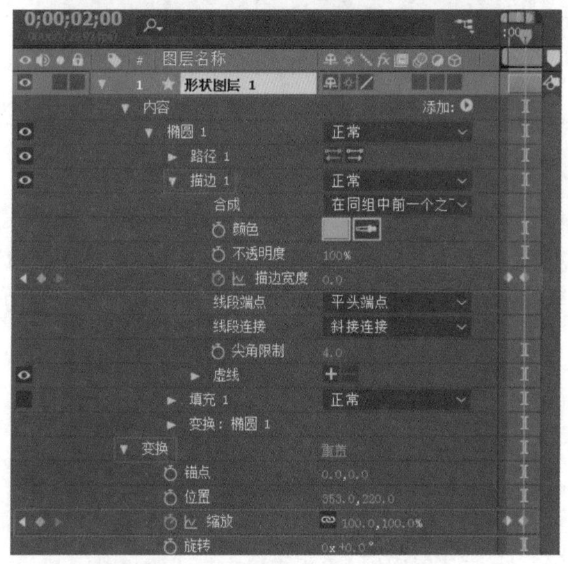

图14-7

图14-8

步骤 06 此时滑动时间线查看当前画面效果，更改关键帧后的状态更加平缓自然，如图14-9所示。

步骤 07 在【效果和预设】面板中搜索【湍流置换】效果，并将它拖曳到【时间轴】面板中的形状图层1上，如图14-10所示。

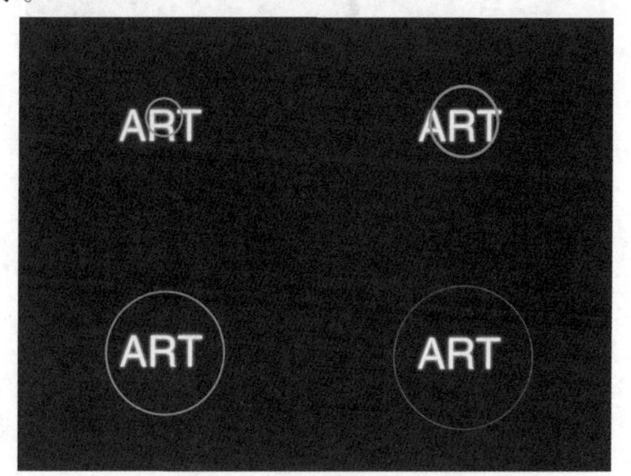

图14-9

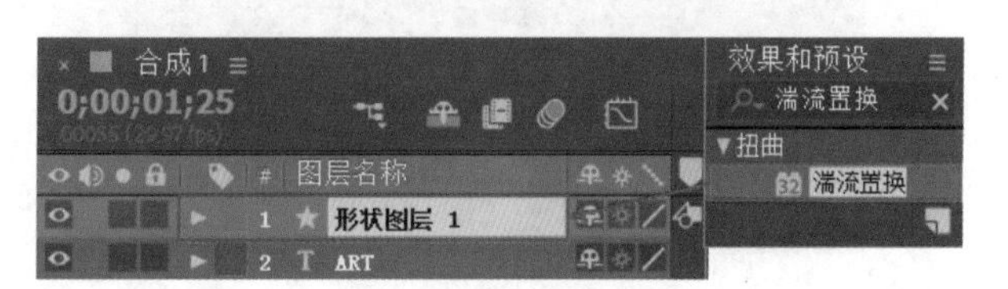

图14-10

步骤 08 在【时间轴】面板中单击打开形状图层1下方的【效果】/【湍流置换】，设置【数量】为80，【大小】为70，【复杂度】为2.3，将时间线滑动到起始帧位置，单击【演化】前的【时间变化秒表】按钮，设置【演化】为(0x+0.0°)，继续将时间线滑动到结束帧位置，设置【演化】为(1x+0.0°)，如图14-11所示。此时滑动时间线查看画面效果，如图14-12所示。

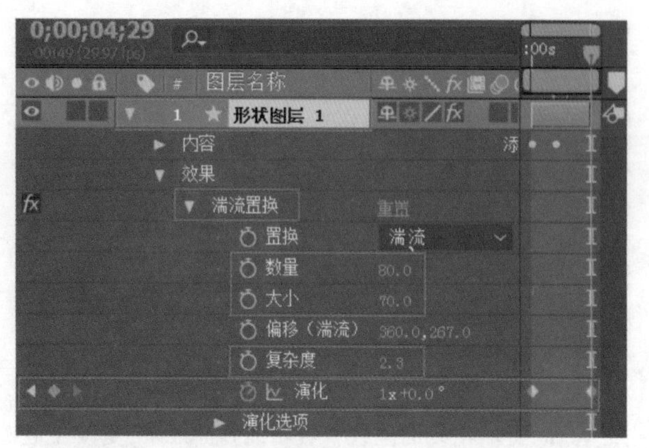

图14-11

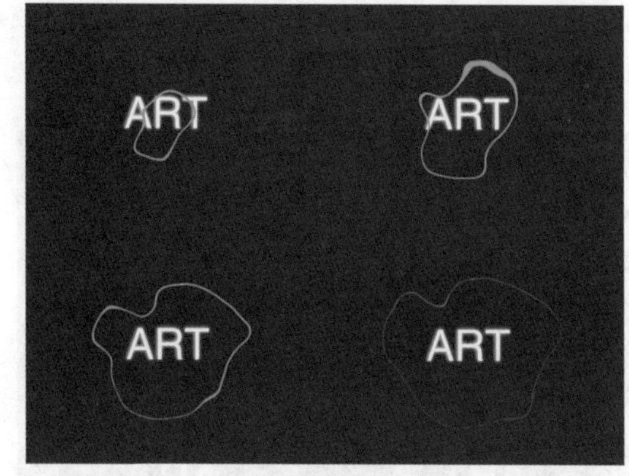

图14-12

步骤 09 在【时间轴】面板中选择形状图层1，使用快捷键Ctrl+D复制图层，如图14-13所示。

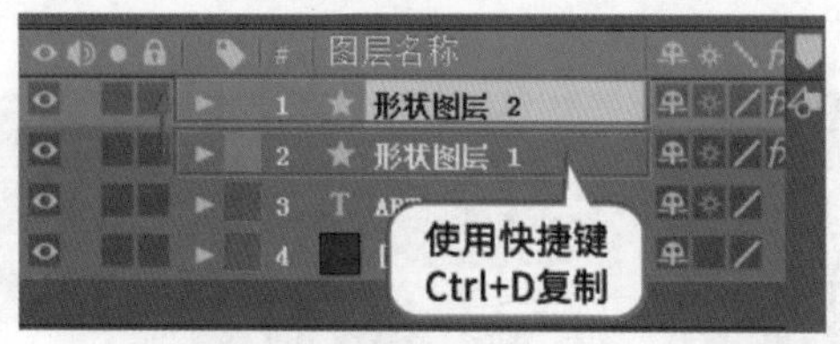

图14-13

步骤 10 在【时间轴】面板中单击打开形状图层2下方的【内容】/【椭圆1】/【描边1】，更改【颜色】为较浅一些的薄荷绿色，接着打开【效果】/【湍流置换】，更改【数量】为230，【大小】为130，【复杂度】为4，将时间线滑动到结束帧位置，更改【演化】参数为(0x+200°)，如图14-14所示。此时滑动时间线查看画面效果，如图14-15所示。

图14-14

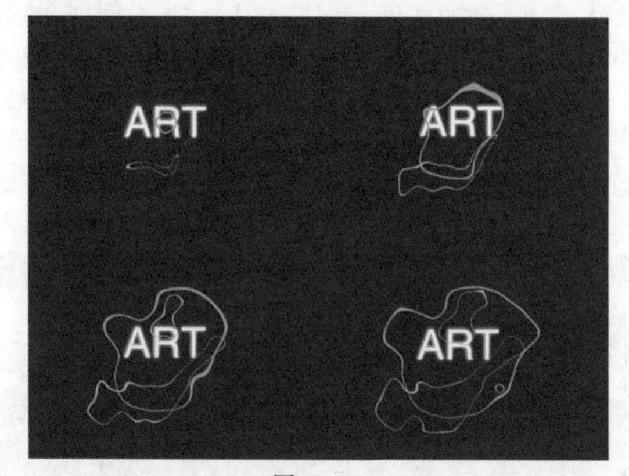

图14-15

步骤 11 继续在【时间轴】面板中选择形状图层2，使用快捷键Ctrl+D复制图层，此时出现形状图层3，如图14-16所示。

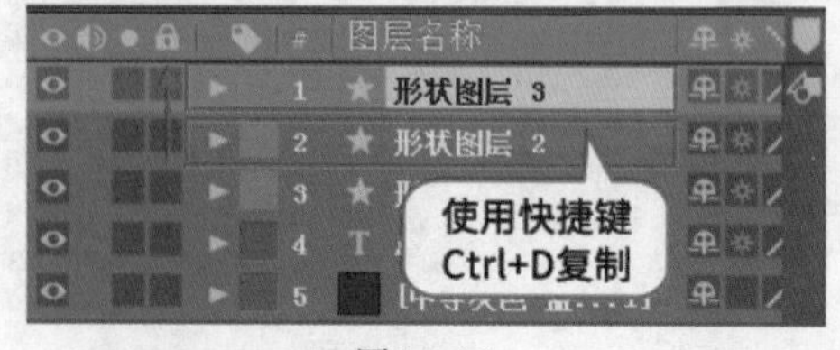

图14-16

步骤 12 在【时间轴】面板中单击打开形状图层3下方的【内容】/【椭圆1】/【描边1】，更改【颜色】为浅蓝色，将时间线滑动到起始帧位置，更改【描边宽度】为32，如图14-17所示。接着打开【效果】/【湍流置换】，更改【大小】为55，【复杂度】为5，将时间线滑动到结束帧位置，更改【演化】参数为(0x+110°)，如图14-18所示。

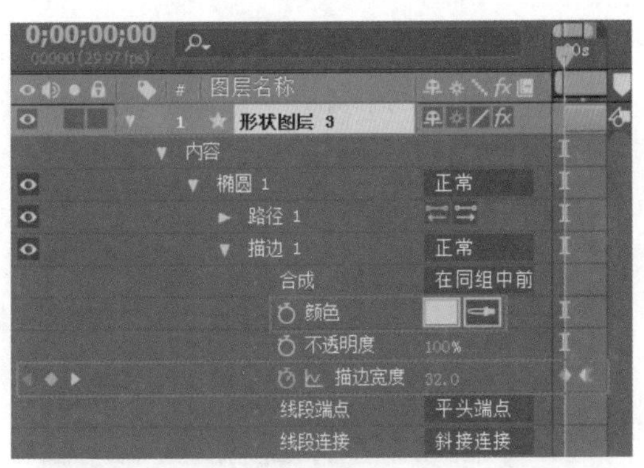

图14-17

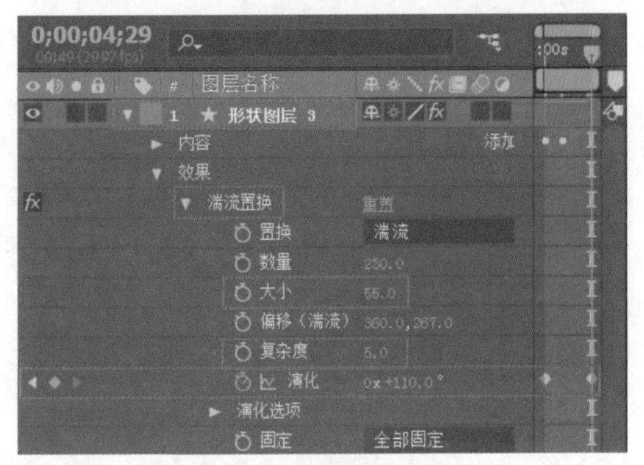

图14-18

步骤 13 此时滑动时间线查看画面效果，如图14-19所示。

步骤 14 使用同样的方式在【时间轴】面板中选择形状图层3，再使用快捷键Ctrl+D复制图层，此时得到形状图层4如图14-20所示。

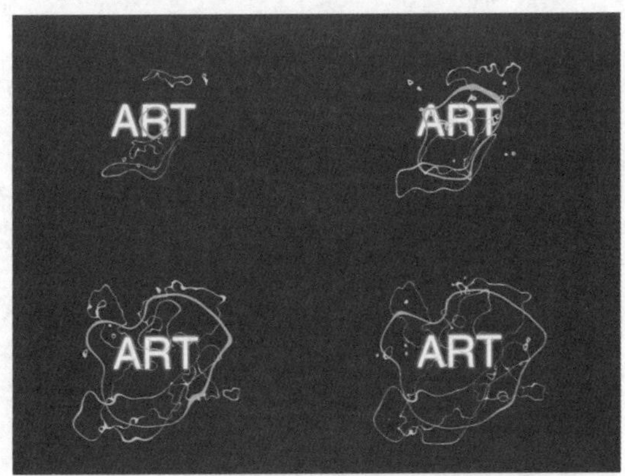

图14-19

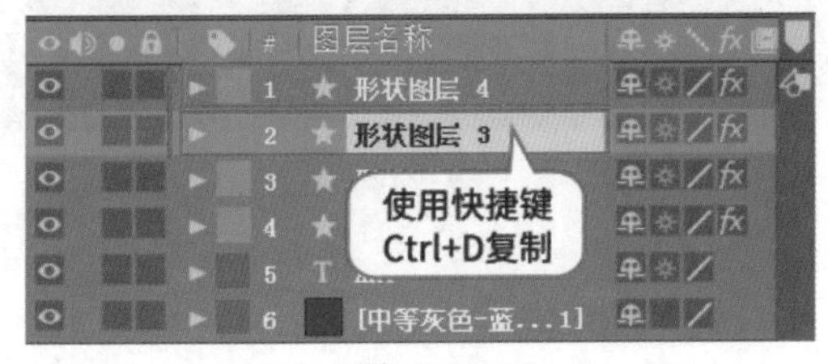

图14-20

步骤 15 在【时间轴】面板中单击打开形状图层4下方的【内容】/【椭圆1】/【描边1】，更改【颜色】为更浅一些的淡绿色，接着打开【效果】/【湍流置换】，更改【数量】为120，【大小】为40，设置【偏移(湍流)】为(148, 267)，将时间线滑动到结束帧位置，更改【演化】参数为(0x+235°)，如图14-21所示。本案例制作完成，滑动时间线查看画面效果，如图14-22所示。

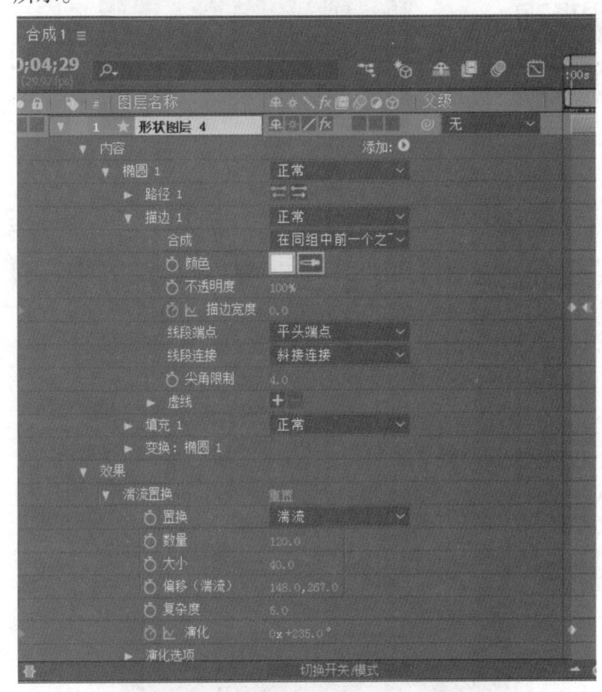

图14-21

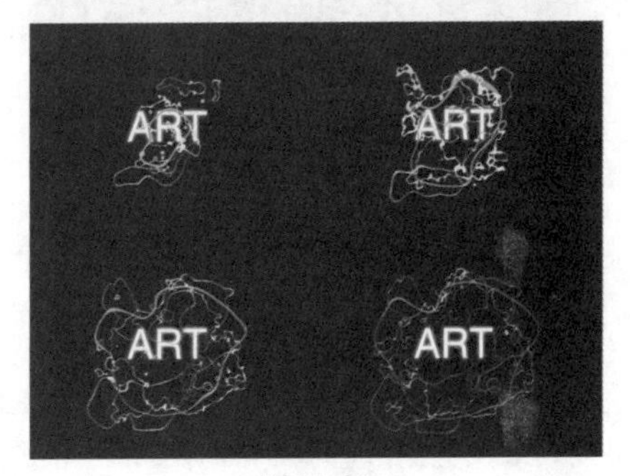

图14-22

综合实例：制作科幻电影特效

文件路径：Chapter 14 影视特效综合案例→综合实例：制作科幻电影特效

在很多科幻特效电影中，常会见到很多不切实际的、超出想象的镜头，例如人物的分身变化、抽象动画等。本案例先是使用【CC Star Burst】效果以及【发光】效果制作背景星光效果，再使用【分形杂色】效果制作人像下方的发电波，案例效果如图14-23所示。

扫一扫，看视频

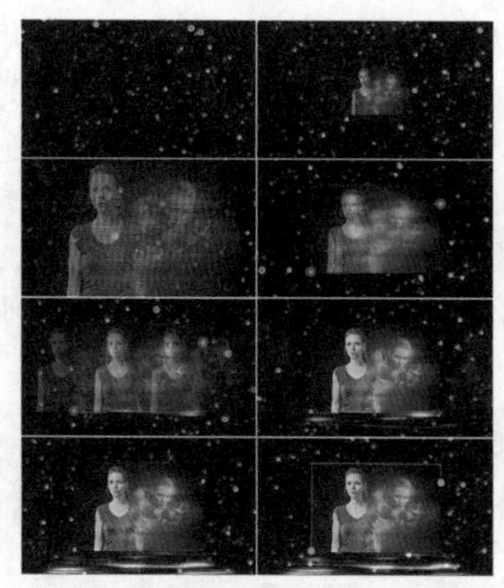

图14-23

操作步骤：

步骤 01　在【项目】面板中，单击鼠标右键选择【新建合成】命令，在弹出的【合成设置】面板中设置【合成名称】为合成1，【预设】为【HDTV 1080 24】，【宽度】为1920，【高度】为1080，【像素长宽比】为【方形像素】，【帧速率】为24，【分辨率】为完整，【持续时间】为8秒。执行【文件】/【导入】/【文件】，导入01.jpg素材文件。在【时间轴】面板的空白位置单击鼠标右键，执行【新建】/【纯色】命令。此时在弹出的【纯色设置】窗口中设置【名称】为黑色 纯色 1，【颜色】为黑色，如图14-24所示。

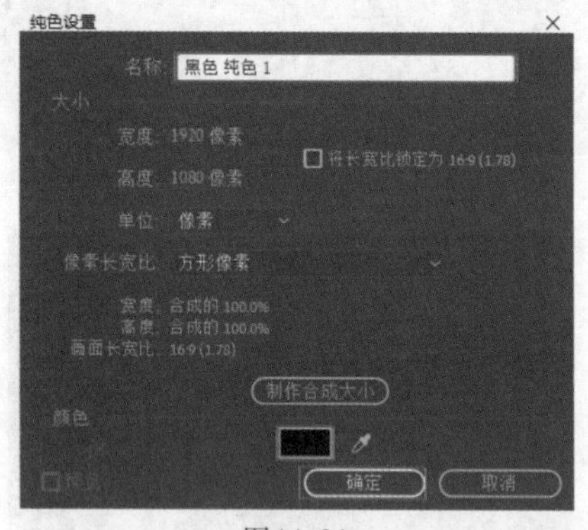

图14-24

步骤 02　在【效果和预设】面板搜索框中搜索【CC Star Burst】，将该效果拖曳到【时间轴】面板中的纯色图层上，如图14-25所示。

步骤 03　在【时间轴】面板中选择这个纯色图层，打开该图层下方的【效果】/【CC Star Burst】，设置【Scatter】为240，【Speed】为0.5，【Grid Spacing】为10，如图14-26所示。此时画面效果并不明显。

图14-25

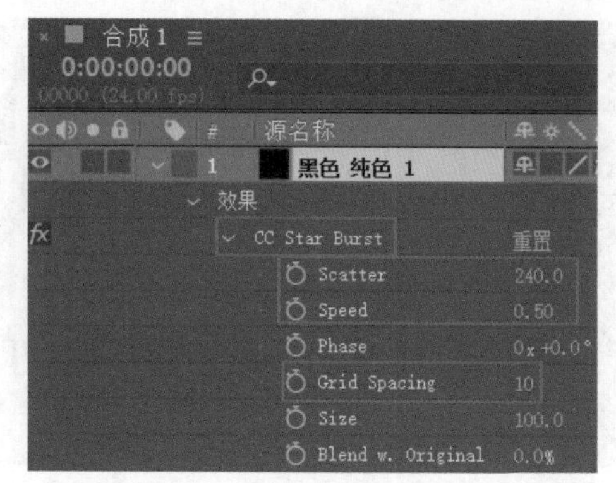

图14-26

步骤 04　接着在【效果和预设】面板搜索框中搜索【发光】，将该效果拖曳到【时间轴】面板中的纯色层上，如图14-27所示。

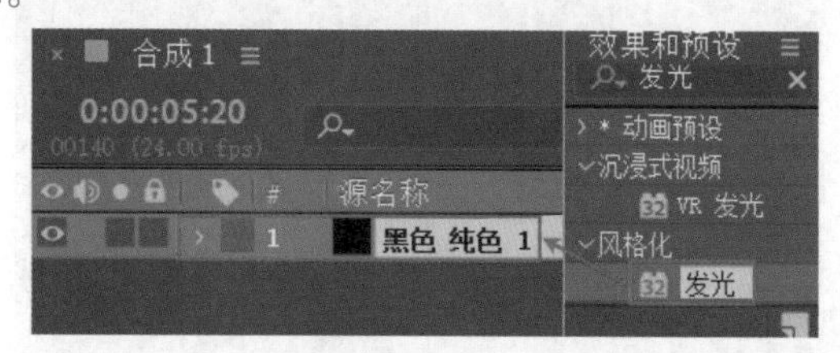

图14-27

步骤 05　在【时间轴】面板中选择纯色层，打开该图层下方的【效果】/【发光】，【发光基于】为Alpha通道，【发光半径】为23，【发光强度】为5，【发光颜色】为A和B颜色，【颜色A】为粉色，【颜色B】为蓝色，如图14-28所示。此时画面效果如图14-29所示。

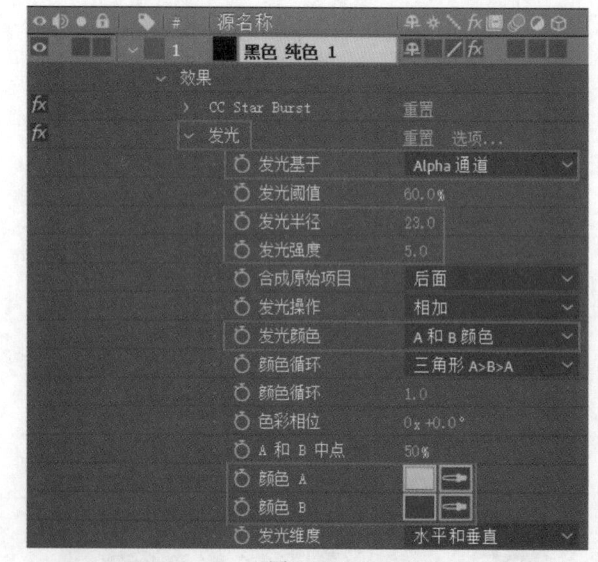

图14-28

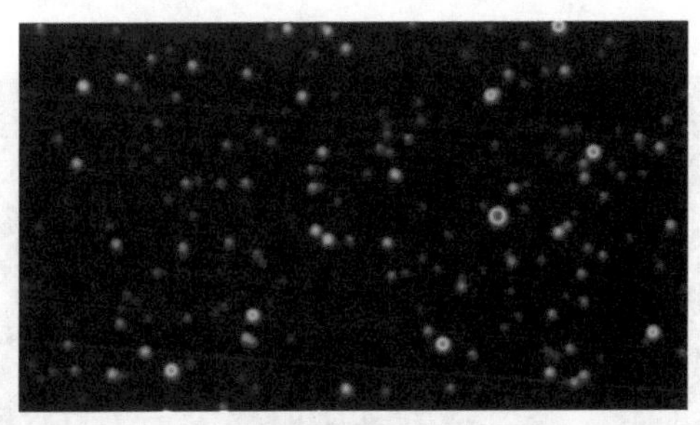

图14-29

步骤 06 在【项目】面板中选择01.jpg素材文件，将其拖曳到【时间轴】面板中，如图14-30所示。

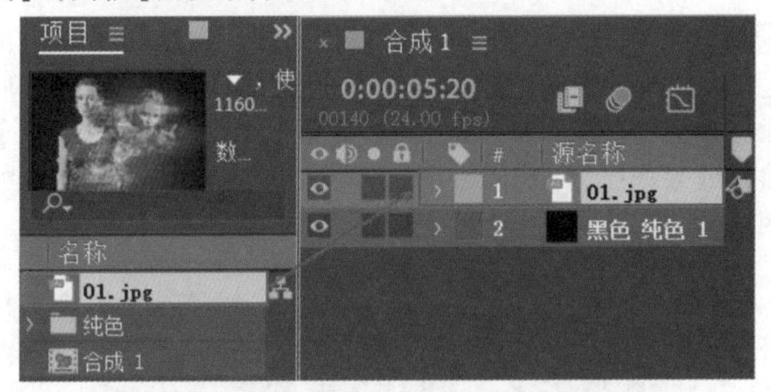

图14-30

步骤 07 在【时间轴】面板中单击打开01.jpg图层下的【变换】，将时间线滑动到起始帧位置，单击【缩放】前的【时间变化秒表】按钮，设置【缩放】为(0,0%)，继续将时间线滑动到2秒位置，设置【缩放】为(170,170%)，将时间线滑动到3秒位置，设置【缩放】为(90,90%)，如图14-31所示。画面效果如图14-32所示。

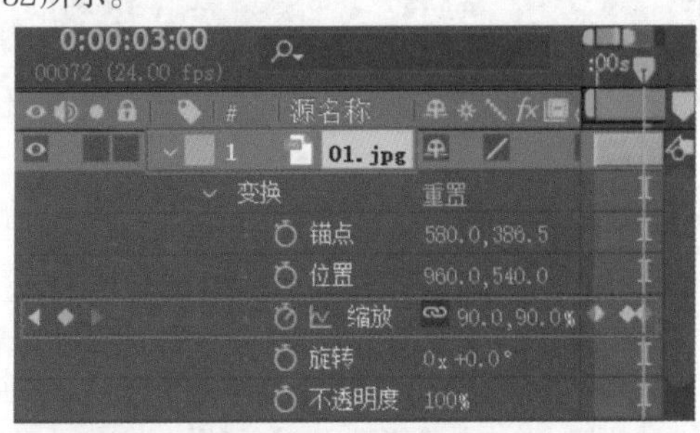

图14-31

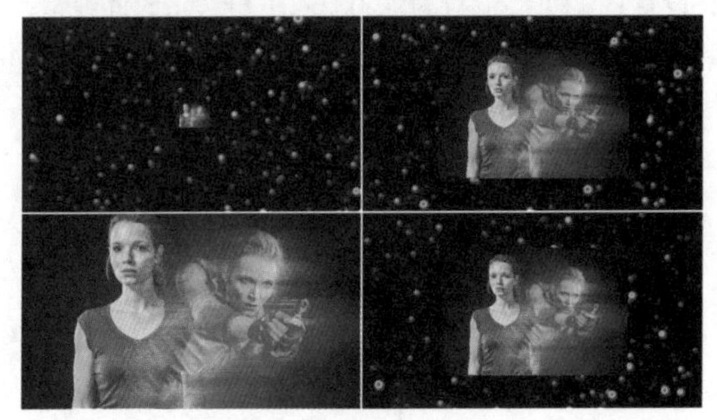

图14-32

步骤 08 在【效果和预设】面板搜索框中搜索【百叶窗】，将该效果拖曳到【时间轴】面板中的01.jpg图层上，如图14-33所示。

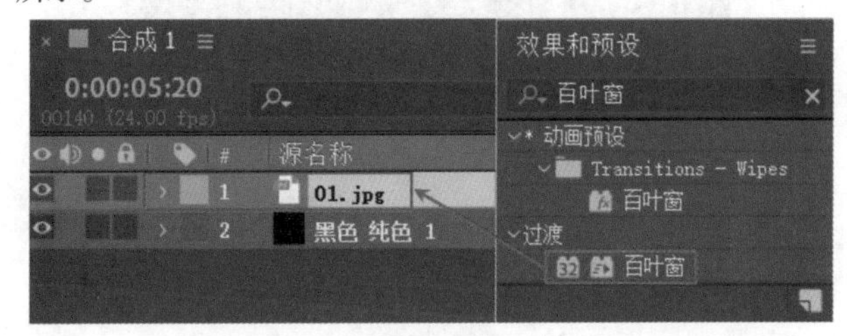

图14-33

步骤 09 在【时间轴】面板中单击打开01.jpg图层下的【百叶窗】，将时间线滑动到3秒位置，单击【过渡完成】前的【时间变化秒表】按钮，开启自动关键帧，设置【过渡完成】为30%，继续将时间线滑动到4秒位置，设置【过渡完成】为0%，继续设置【方向】为(0x+90°)，【宽度】为10，如图14-34所示。画面效果如图14-35所示。

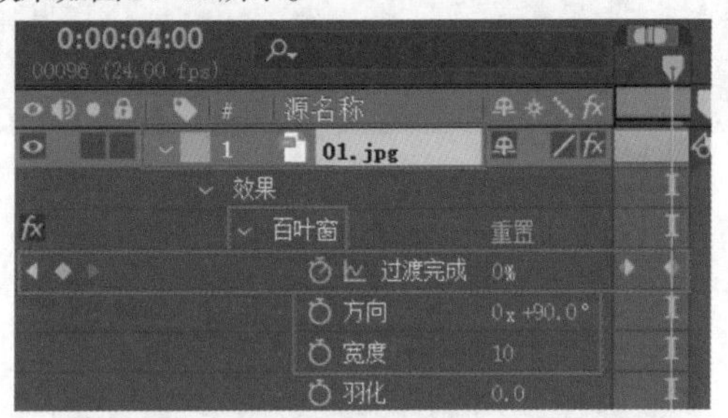

图14-34

图14-35

步骤 10 下面在【时间轴】面板中选择01.jpg图层，使用快捷键Ctrl+D快速复制，如图14-36所示。接着选择并展开新复制的01.jpg图层(图层1)，选择【效果】，按下Delete键将其进行删除，接着展开【变换】，单击【缩放】前的【时间变化秒表】按钮，关闭自动关键帧，并设置【缩放】为(90,90%)，将时间线滑动到3秒位置，单击【位置】前的【时间变化秒表】按钮，开启自动关键帧，设置【位置】为(960,540)，将时间线滑动到4秒10帧位置，设置【位置】为(2005,540)，继续将时间线滑动到2秒15帧位置，单击【不透明度】前的【时间变化秒表】按钮，设置【不透明度】为0%，将时间线滑动到3秒位置，设置【不透明度】为50%，将时间线滑动到5秒位置，设置【不透明度】为0%，如图14-37所示。

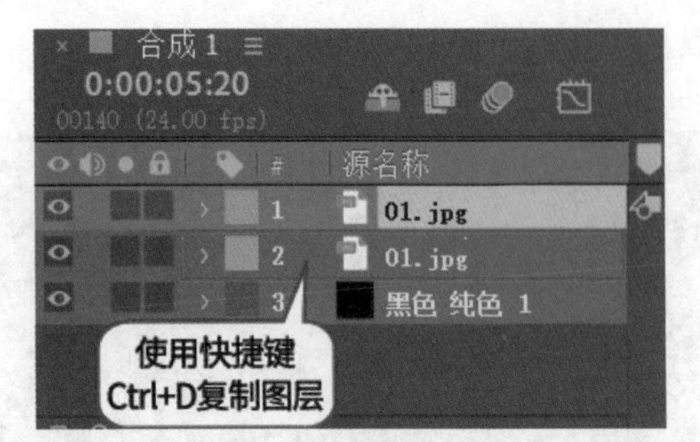

图14-36

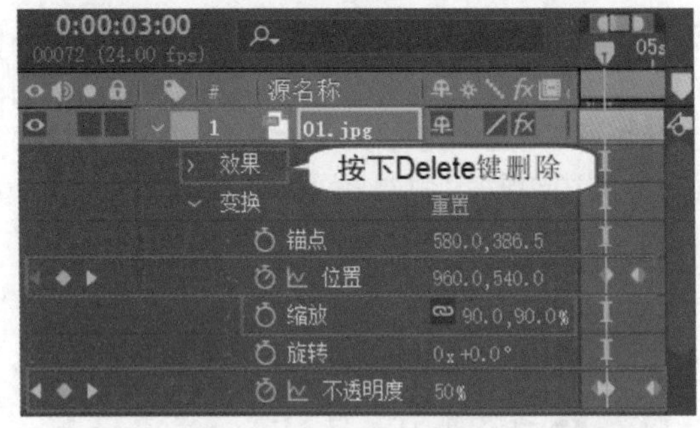

图14-37

步骤 11 在【时间轴】面板中选择01.jpg图层(图层1)，再次使用快捷键Ctrl+D复制图层，如图14-38所示。

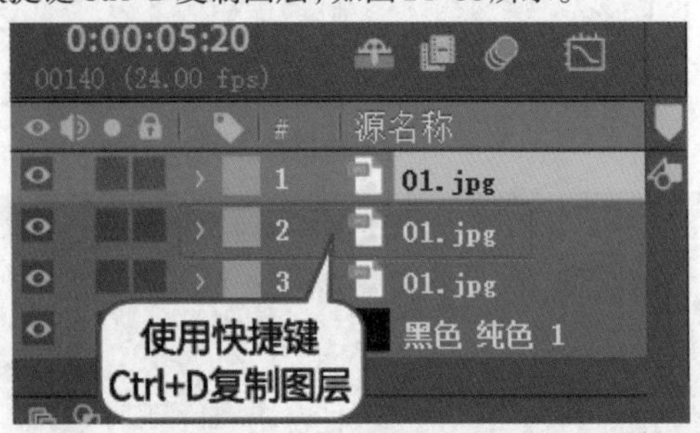

图14-38

步骤 12 选择刚刚复制的01.jpg图层，展开下方的【变换】，将时间线滑动到4秒10帧位置，更改【位置】为(-95,540)，如图14-39所示。

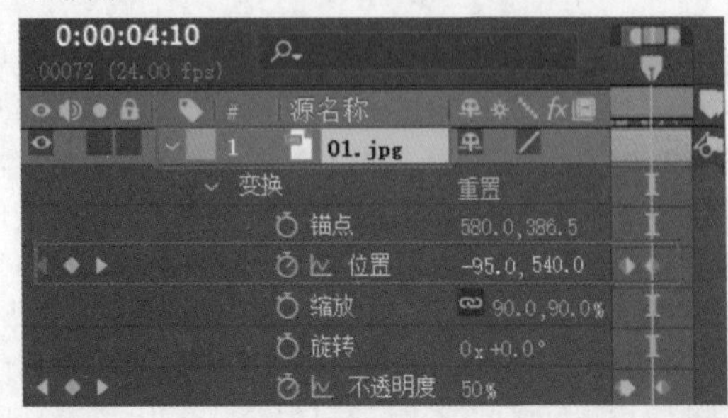

图14-39

步骤 13 此时滑动时间线查看画面效果，如图14-40所示。

图14-40

步骤 14 接下来制作图片下方的光波。再次新建一个黑色的纯色层，设置它的【混合模式】为相加，如图14-41所示。下面在【效果和预设】面板搜索框中搜索【分形杂色】，将该效果拖曳到【时间轴】面板中的黑色 纯色 2图层上，如图14-42所示。

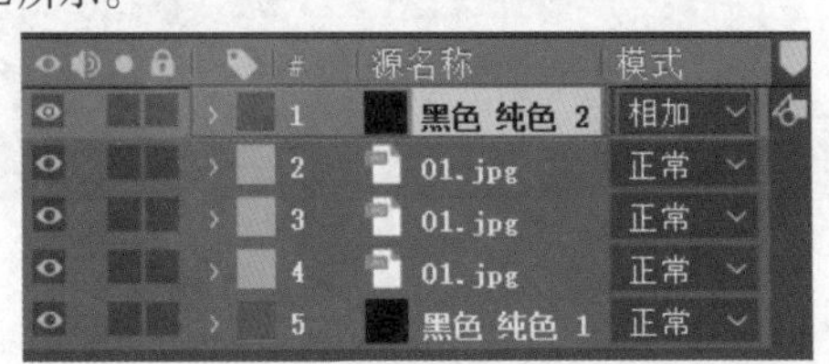

图14-41

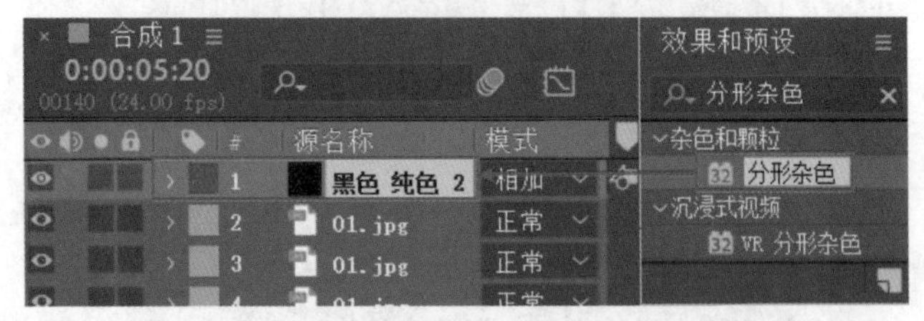

图14-42

步骤 15 在【时间轴】面板中选择中黑色 纯色 2图层，打开该图层下方的【效果】/【分形杂色】，设置【对比度】为150，【亮度】为-40，接着展开【变换】，设置【统一缩放】为关，【缩放宽度】为400，【缩放高度】为18，【复杂度】为1.5，将时间线滑动到3秒位置，单击【偏移(湍流)】前的【时间变化秒表】按钮，设置【偏移(湍流)】为(1500,540)，继续将时间线滑动到7秒23帧位置，设置【偏移(湍流)】为(1000,540)，如图14-43所示。此时画面效果如图14-44所示。

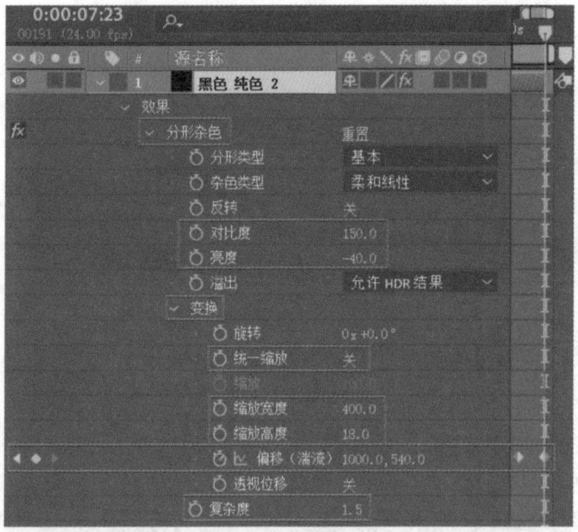

图14-43

图14-44

步骤 16 在【效果和预设】面板搜索框中搜索【发光】，将该效果拖曳到【时间轴】面板中的黑色 纯色 2图层上，如图14-45所示。

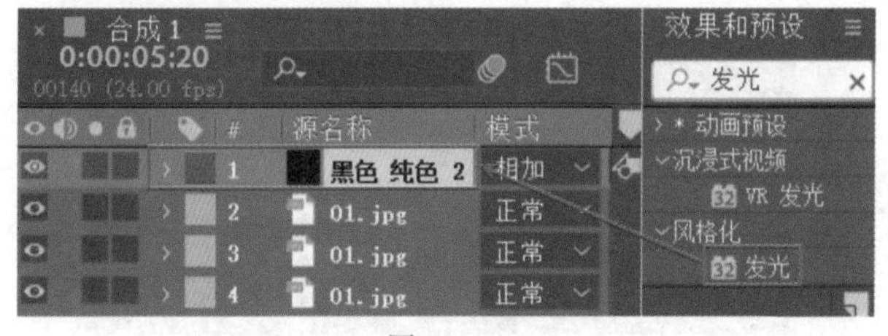

图14-45

步骤 17 在【时间轴】面板中选择中黑色 纯色 2图层，打开该图层下方的【效果】/【发光】，设置【发光阈值】为30%，【发光半径】为35，【发光强度】为2.5，【发光颜色】为A和B颜色，【颜色A】为藕荷色，【颜色B】为青色，如图14-46所示。此时画面效果如图14-47所示。

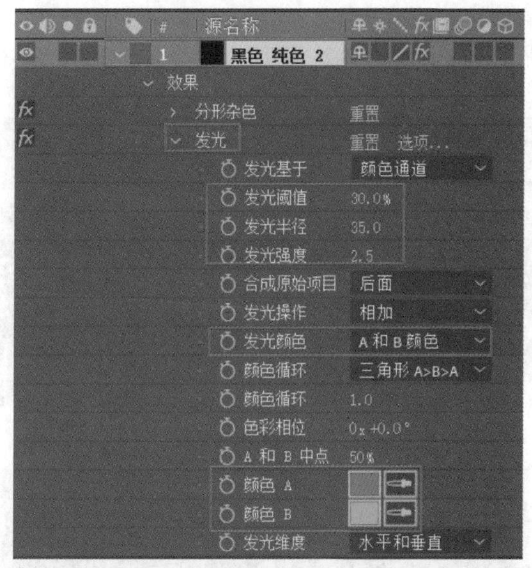

图14-46

图14-47

步骤 18 在【时间轴】面板中选择中黑色 纯色 2图层，在工具栏中选择【钢笔工具】，然后将光标移动到图片下方，单击鼠标左键建立锚点，绘制一个细长条四边形蒙版，如图14-48所示。

图14-48

步骤 19 接着单击打开【时间轴】面板黑色 纯色 2图层下方的【蒙版】/【蒙版1】，设置【蒙版羽化】为(67,67%)，将时间线滑动到3秒位置，单击【蒙版路径】前的【时间变化秒表】按钮，

开启自动关键帧，如图14–49所示。将时间线滑动到第5秒位置，在【合成】面板中调整蒙版形状为梯形，此时在当前位置出现关键帧，如图14–50所示。

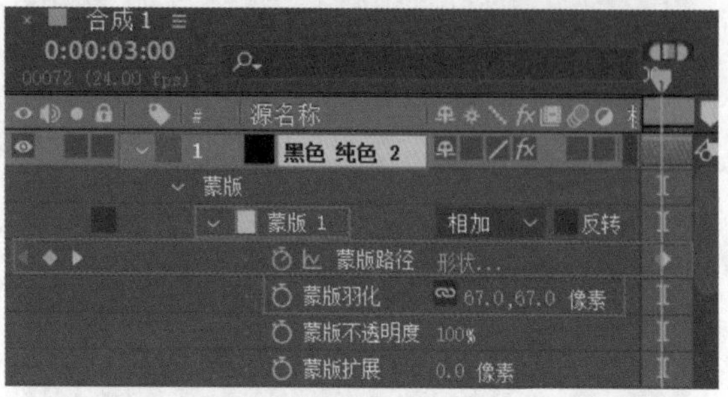

图14–49

图14–50

步骤 20 最后在图片周围制作形状。首先在工具栏中选择【椭圆工具】，设置【填充】为青色，接着按住Shift键的同时拖曳鼠标在人物图片左下角绘制一个较小的正圆，如图14–51所示。在【时间轴】面板中继续选择这个形状图层，使用同样的方式，继续在人物图片左上角绘制一个等大的正圆，如图14–52所示。

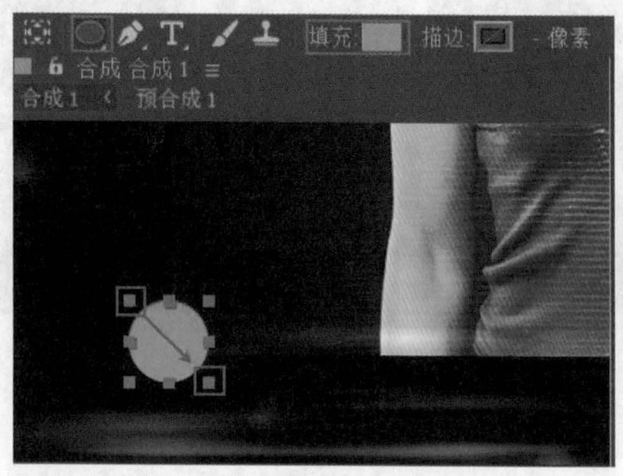

图14–51

图14–52

步骤 21 接下来在工具栏中选择【钢笔工具】，设置【填充】为无，【描边】为青色，【描边宽度】为6像素，然后单击鼠标左键添加锚点，围绕着图片边缘将两个正圆进行链接，如图14–53所示。

图14–53

步骤 22 在【时间轴】面板中选择形状图层1和形状图层2，使用快捷键Ctrl+Shift+C进行预合成，如图14–54所示。

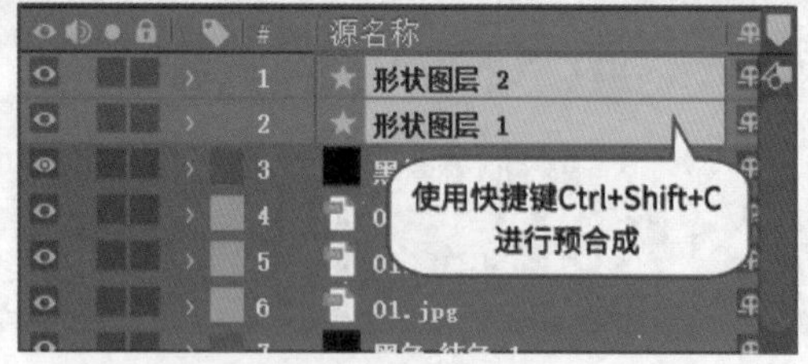

图14–54

步骤 23 此时在【预合成】窗口中设置【新合成名称】为预合成1。此时在【时间轴】面板中得到预合成1，如图14–55所示。

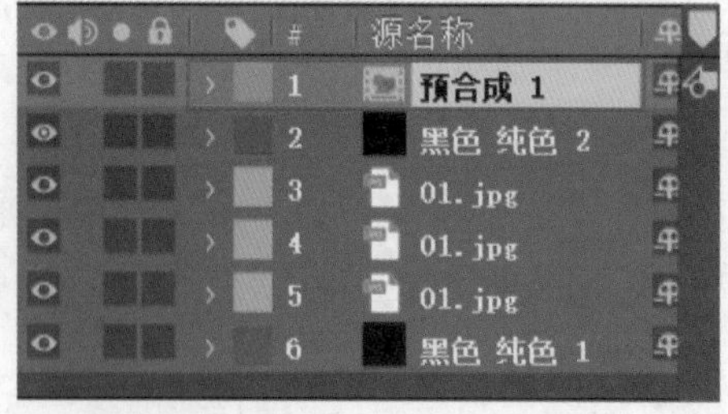

图14–55

步骤 24 下面绘制蒙版，在工具栏中选择【矩形工具】，在【合成】面板左下角绘制一个较小矩形，在【时间轴】面板中单击打开预合成图层下方的【蒙版】/【蒙版1】，将时间线滑动到2秒位置，单击【蒙版路径】前的【时间变化秒表】按钮，开启自动关键帧，如图14-56所示。继续将时间线滑动到2秒15帧位置，调整【合成】面板中矩形形状的大小及位置，此时在【蒙版路径】后方自动出现关键帧，如图14-57所示。

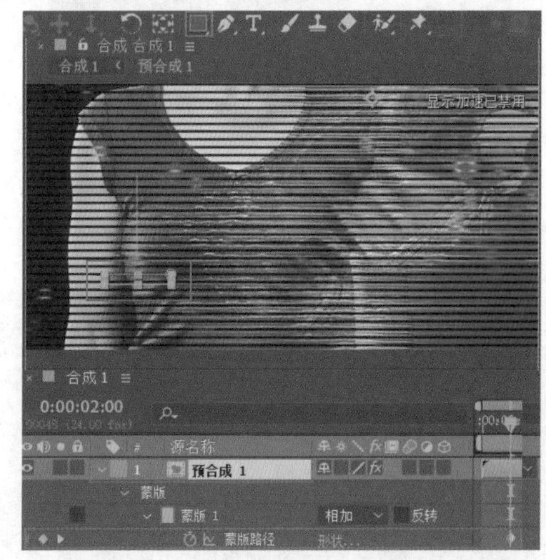

图14-56

图14-57

步骤 25 将时间线滑动到3秒位置，再次调整【合成】面板中矩形蒙版形状，如图14-58所示。

步骤 26 在【效果和预设】面板搜索框中搜索【CC WarpoMatic】，将该效果拖曳到【时间轴】面板中的预合成图层上，如图14-59所示。

图14-58

图14-59

步骤 27 在【时间轴】面板中选择预合成图层，打开该图层下方的【效果】/【CC WarpoMatic】，设置【Smoothness】为18，将时间线滑动到4秒位置，单击【Completion】前的【时间变化秒表】按钮，设置【Completion】为40，将时间线滑动到5秒位置，设置【Completion】为100，将时间线滑动到6秒位置，设置【Completion】为40，最后将时间线滑动到7秒位置，设置【Completion】为100，如图14-60所示。至此本案例制作完成，此时可滑动时间线查看画面效果，如图14-61所示。

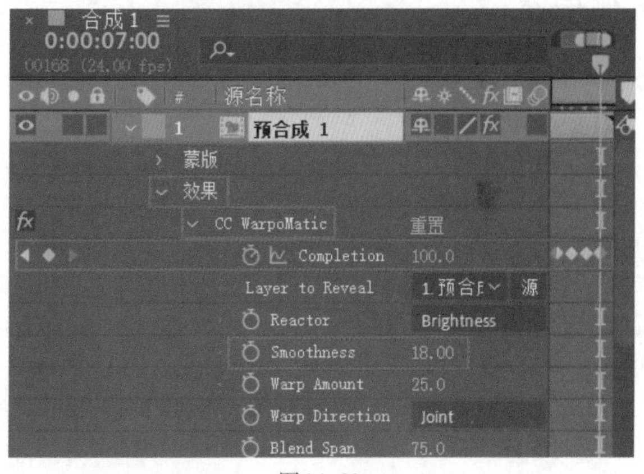

图14-60

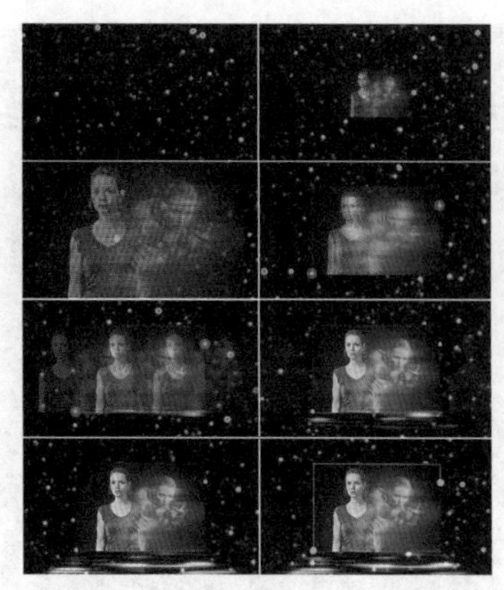

图14-61

综合实例：炫彩光效动态海报

文件路径：Chapter 14 影视特效综合案例→综合实例：炫彩光效动态海报

本案例先是为素材添加【图层样式】，再是添加【块溶解-扫描线】效果、【块溶解-数字化】效果以制作出炫彩光效动态海报。案例效果如图14-62所示。

扫一扫，看视频

图14-62

操作步骤：

Part 01 制作边角图案动画

步骤 01 在【项目】面板中单击鼠标右键执行【新建合成】命令，在弹出的【合成设置】对话框中设置【合成名称】为01，【预设】为自定义，【宽度】为1000，【高度】为1395，【像素长宽比】为方形像素，【帧速率】为25，【分辨率】为完整，【持续时间】为8秒，单击【确定】按钮。

步骤 02 执行【文件】/【导入】/【文件】命令或使用【导入文件】的快捷键Ctrl+I，在弹出的【导入文件】对话框中选择所需要的素材，单击【导入】按钮导入素材。

步骤 03 在【项目】面板中将素材1.jpg、2.png、3.png和4.png拖曳到【时间轴】面板中，如图14-63所示。

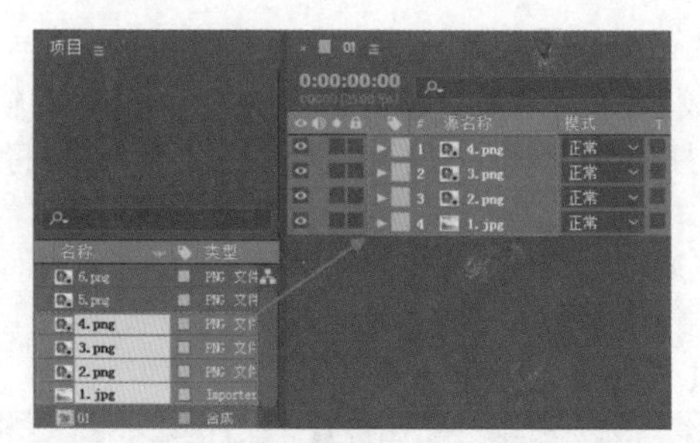

图14-63

步骤 04 在【时间轴】面板中打开2.png素材图层下方的【变换】，并将时间线拖曳至起始帧位置处，然后单击【不透明度】前的【时间变化秒表】按钮，设置【不透明度】为0%。再将时间线拖曳至20帧位置处，设置【不透明度】为100%，如图14-64所示。

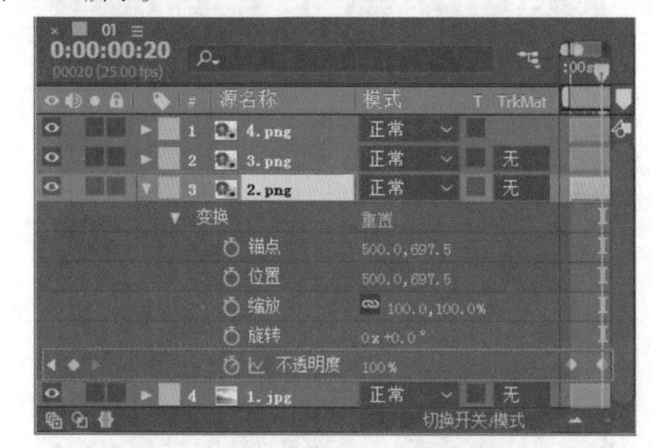

图14-64

步骤 05 单击打开3.png素材图层下方的【变换】，并将时间线拖动至20帧位置处，然后单击【位置】前的【时间变化秒表】按钮，设置【位置】为(890.0,387.5)。再将时间线拖动至1秒05帧位置处，设置【位置】为(500.0,697.5)，如图14-65所示。

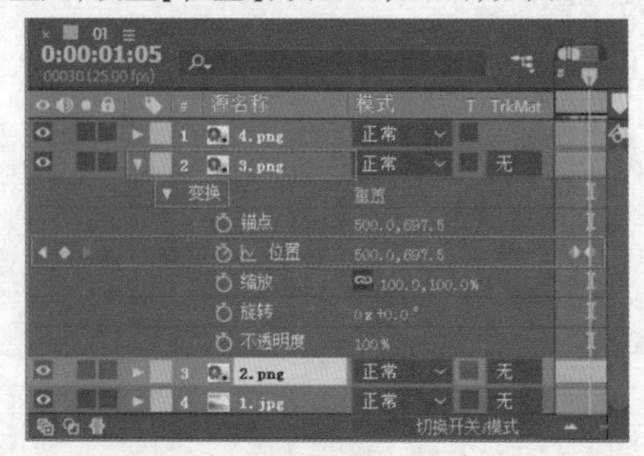

图14-65

步骤 06 单击打开4.png素材图层下方的【变换】，并将时间线再次拖动至20帧位置处，然后单击【位置】前的【时间变化秒表】按钮，设置【位置】为(-50.0,1451.5)。再将时间线拖动至1秒05帧位置处，设置【位置】为(500.0,697.5)，如图14-66所示。拖动时间线查看此时的画面效果，如图14-67所示。

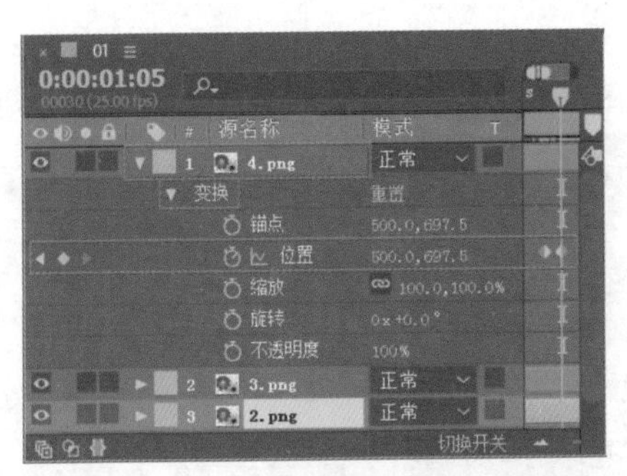

图14-66

图14-67

Part 02 文本动画的制作

步骤 01 在【时间轴】面板中的空白位置处单击鼠标右键执行【新建】/【文本】命令。接着在【字符】面板中设置合适的【字体系列】,【填充颜色】为白色,【描边颜色】为无颜色,【字体大小】为300,【字符间距】为-40,【水平缩放】为160%,设置完成后输入文本“EASY”,如图14-68所示。

图14-68

步骤 02 在【时间轴】面板中选中EASY文本图层,并将光标定位在该图层上,单击鼠标右键执行【图层样式】/【投影】命令,如图14-69所示。

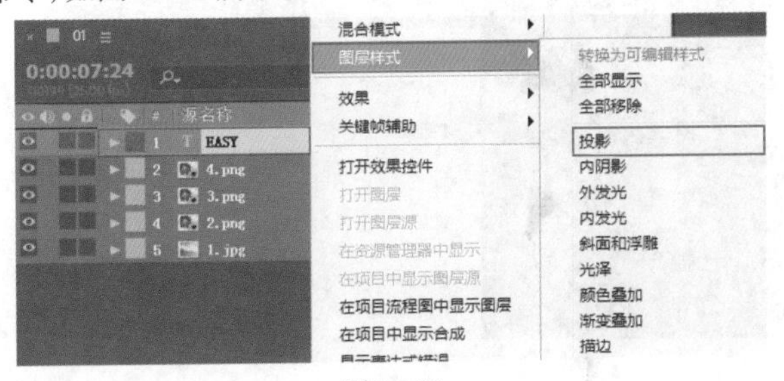

图14-69

步骤 03 在【时间轴】面板中打开EASY文本图层下方的【图层样式】/【投影】,设置【混合模式】为正常,【颜色】为青色,【不透明度】为100%,【角度】为(0x+96.0°),【距离】为10.0,【大小】为10.0,如图14-70所示。此时画面效果如图14-71所示。

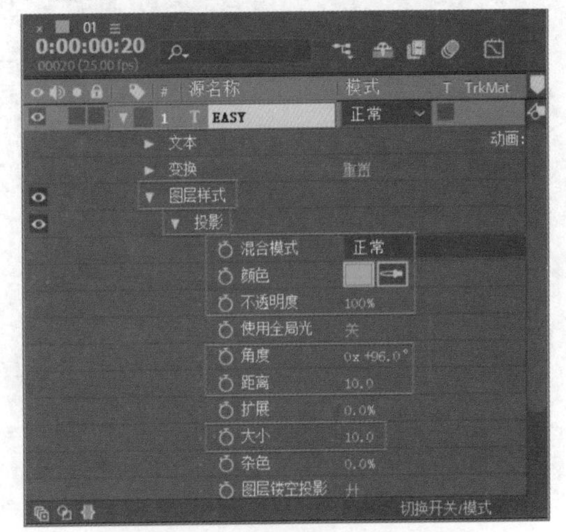

图14-70

图14-71

步骤 04 再次将光标定位在EASY文本图层上,单击鼠标右键执行【图层样式】/【外发光】命令,如图14-72所示。

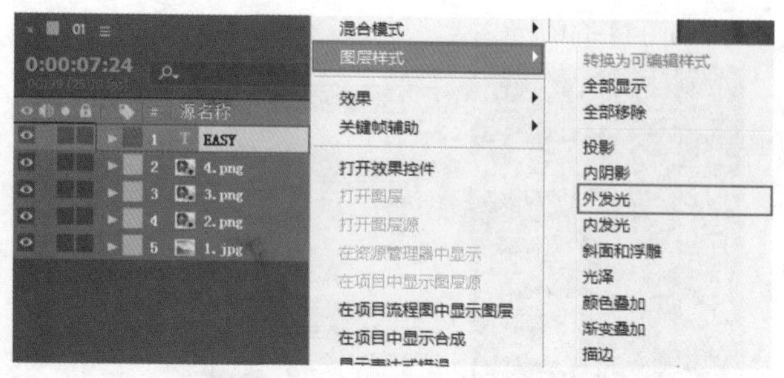

图14-72

步骤 05 在【时间轴】面板中打开EASY文本图层下方的【图层样式】/【外发光】，设置【不透明度】为50%，【颜色】为蓝色，【大小】为90.0，如图14-73所示。此时画面效果如图14-74所示。

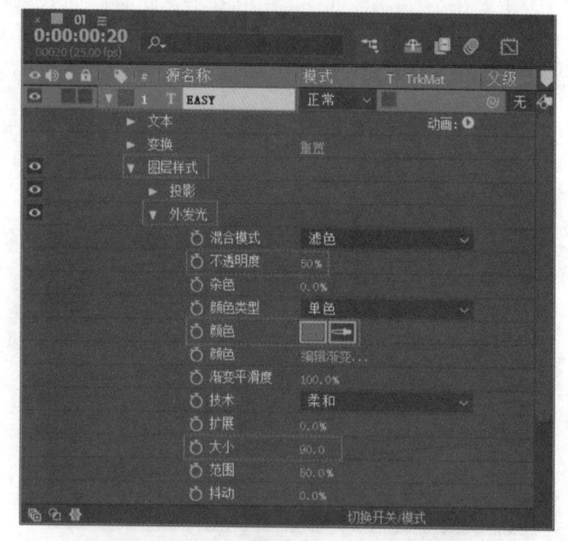

图14-73

图14-74

步骤 06 再次将光标定位在EASY文本图层上，单击鼠标右键执行【图层样式】/【渐变叠加】命令，如图14-75所示。

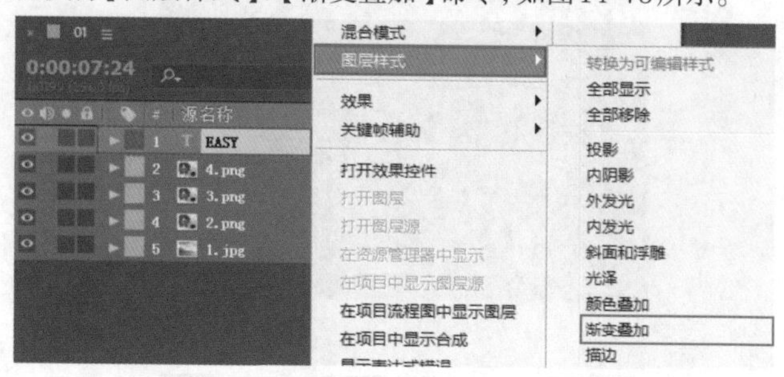

图14-75

步骤 07 在【时间轴】面板中打开EASY文本图层下方的【图层样式】/【渐变叠加】，单击【颜色】的【编辑渐变】，在弹出的【渐变编辑器】对话框中编辑一个合适的渐变色条，单击【确定】按钮，如图14-76所示。此时画面效果如图14-77所示。

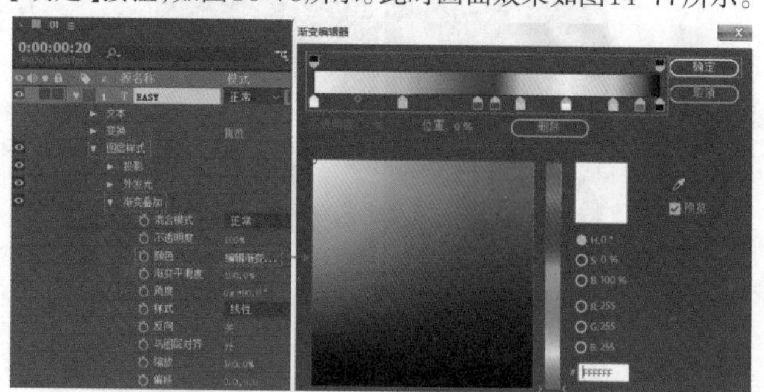

图14-76

图14-77

步骤 08 在【时间轴】面板中打开EASY文本图层下方的【变换】，设置【位置】为(508.0,1054.0)，如图14-78所示。此时画面效果如图14-79所示。

图14-78

图14-79

步骤 09 在【时间轴】面板中将时间线拖曳至1秒05帧位置处，然后在【效果和预设】面板中搜索【块溶解－扫描线】效果，并将其拖曳到【时间轴】面板中的EASY文本图层上，如图14-80所示。拖曳时间线查看此时画面效果，如图14-81所示。

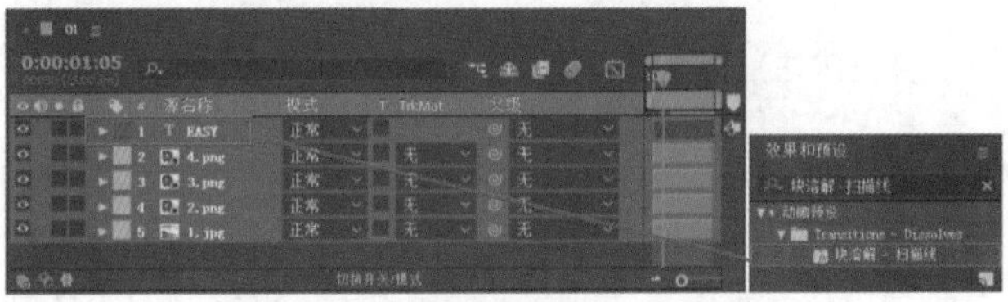

图14-80

图14-81

步骤 10 使用同样的方法创建文本GRACE FANTASTIC，并在【字符】面板中设置合适的参数，如图14-82所示。

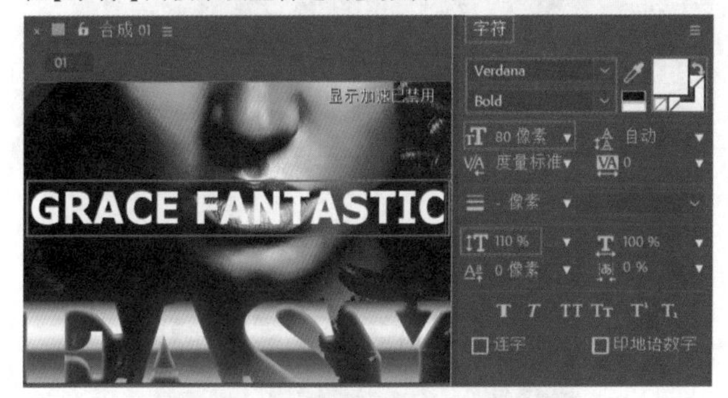

图14-82

步骤 11 为该文本图层添加【投影】和【渐变叠加】图层样式，最后设置【变换】/【位置】为合适参数，【时间轴】面板如图14-83所示。此时画面效果如图14-84所示。

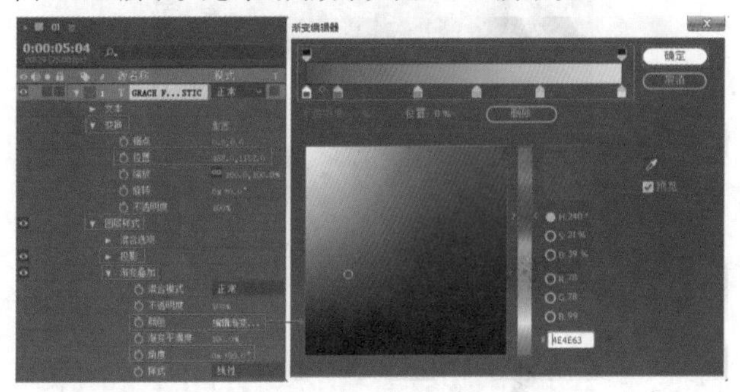

图14-83

图14-84

步骤 12 在【时间轴】面板中将时间线拖曳至2秒15帧位置处，然后在【效果和预设】面板中搜索【块溶解-数字化】效果，并将其拖曳到【时间轴】面板中的GRACE FANTASTIC文本图层上，如图14-85所示。拖曳时间线查看此时画面效果，如图14-86所示。

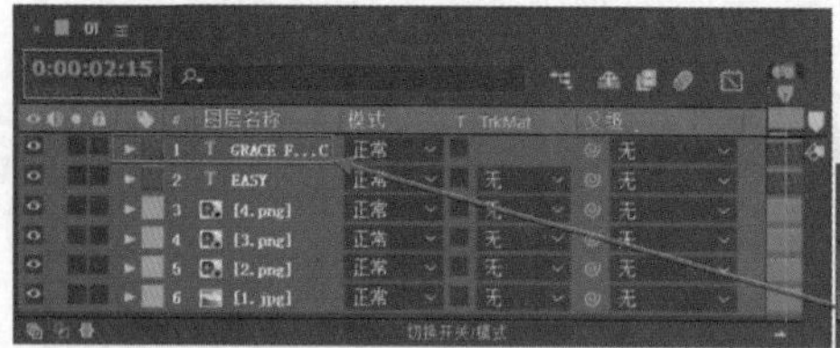

图14-85

图14-86

步骤 13 使用同样的方法创建文本O，并在【字符】面板中设置合适的参数，如图14-87所示。

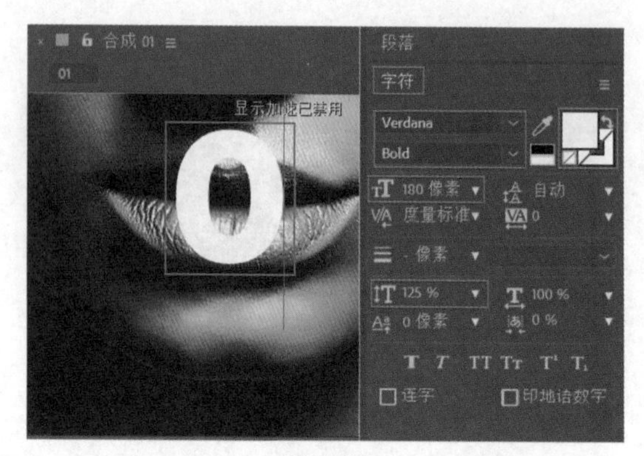

图14-87

步骤 14 为该文本图层添加【光泽】【渐变叠加】和【描边】图层样式，如图14-88所示。设置【变换】/【位置】为合适参数，如图14-89所示。此时画面效果如图14-90所示。

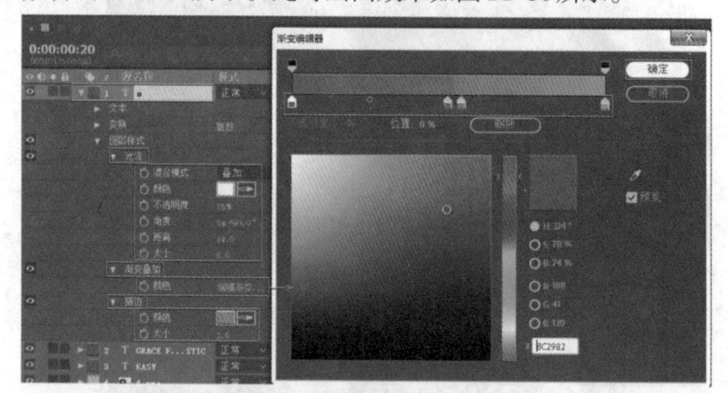

图14-88

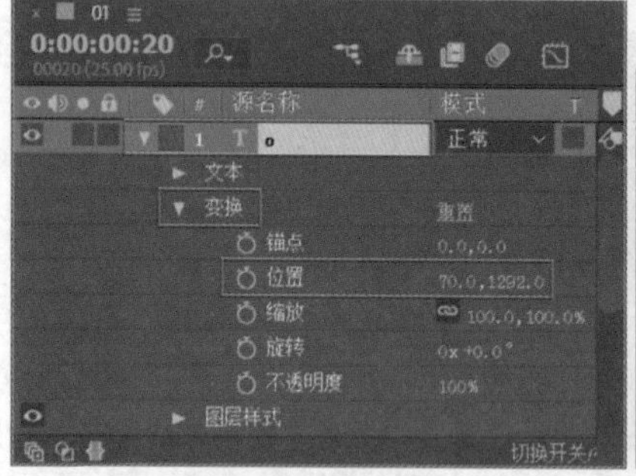

图14-89

图14-90

步骤 15 在【时间轴】面板中选中文本图层O，然后在选项栏中选择【矩形工具】，接着在【合成】面板中文本O的合适位置处按住鼠标左键并拖曳至合适大小，如图14-91所示。

步骤 16 在【时间轴】面板中打开文本图层O下方的【蒙版】/【蒙版1】，并将时间线拖曳至4秒位置处，然后单击【蒙版路径】前的【时间变化秒表】按钮，在【时间轴】面板中的相应位置处自动出现了一个关键帧，再将时间线拖曳至3秒15帧位置处，然后在【合成】面板中调整遮罩形状，如图14-92所示。拖曳时间线查看此时文本效果，如图14-93所示。

图14-91

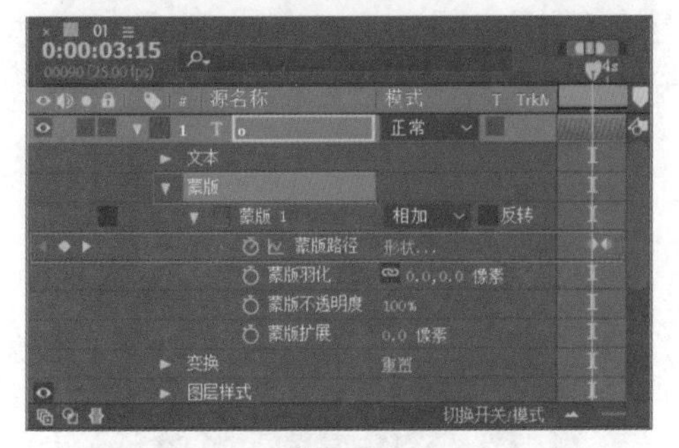

图14-92

图14-93

步骤 17 使用同样的方法创建段落文本IF YOU WEEPED FOR THE MISSING SUNSET YOU WOULD MISS ALL THE SHINING STARS，在编辑过程中可按Enter键进行换行操作，并在【字符】面板中设置合适的参数，在【段落】面板中选择【左对齐文本】，如图14-94所示。

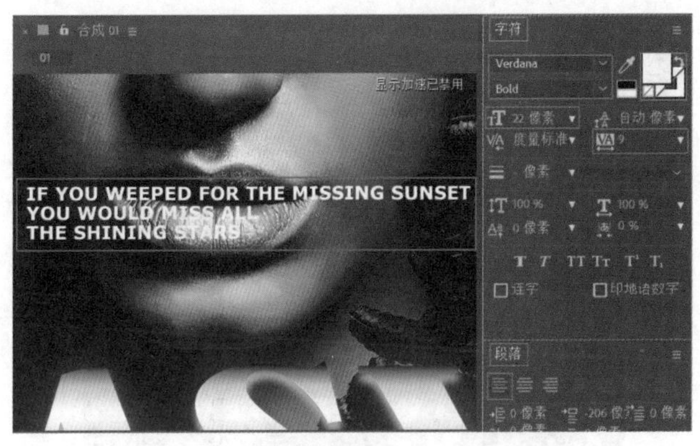

图14-94

步骤 18 为IF YOU WEEPED FOR THE MISSING SUNSET YOU WOULD MISS ALL THE SHINING STARS文本图层添加【渐变叠加】图层样式，并设置合适的位置，【时间轴】面板如图14-95所示。此时的画面效果如图14-96所示。

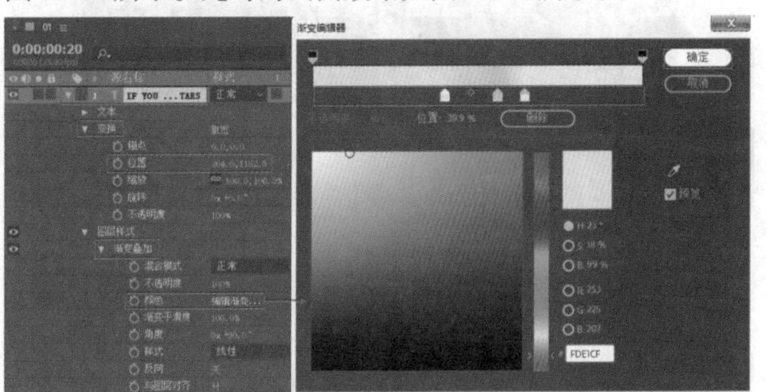

图14-95

图14-96

步骤 19 在【时间轴】面板中将时间线拖曳至4秒位置处，然后在【效果和预设】面板中搜索【双侧平推门】效果，并将其拖曳到【时间轴】面板中的IF YOU WEEPED FOR THE MISSING SUNSET YOU WOULD MISS ALL THE SHINING STARS文本图层上，如图14-97所示。拖曳时间线查看此时画面效果，如图14-98所示。

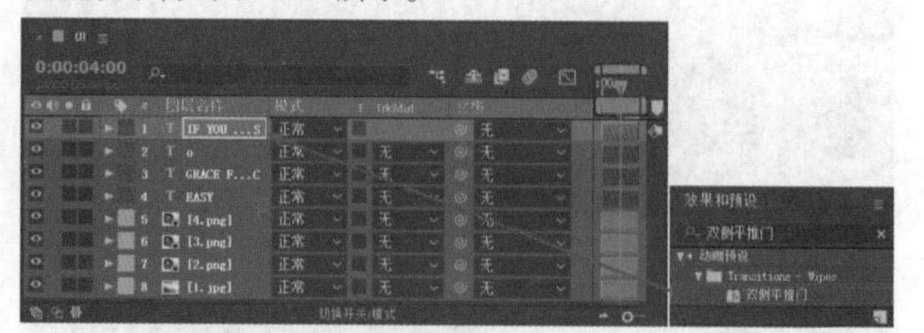

图14-97

图14-98

步骤 20 创建文本GUM，并在【字符】面板中设置合适的参数，如图14-99所示。

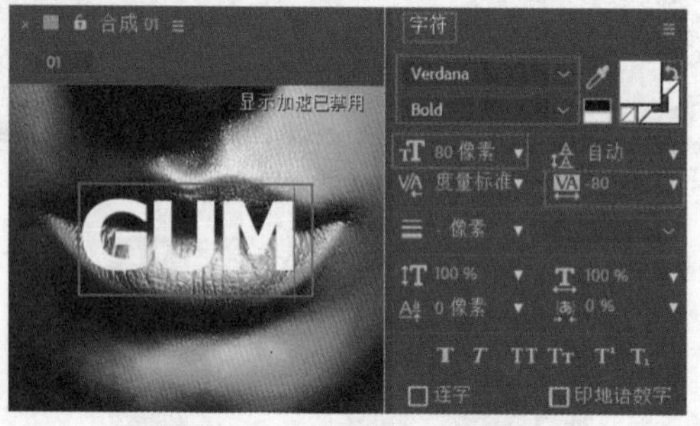

图14-99

步骤 21 为GUM文本图层添加【渐变叠加】图层样式，然后在【变换】下方设置【位置】为(200, 1294)，【时间轴】面板如图14-100所示，此时画面效果如图14-101所示。

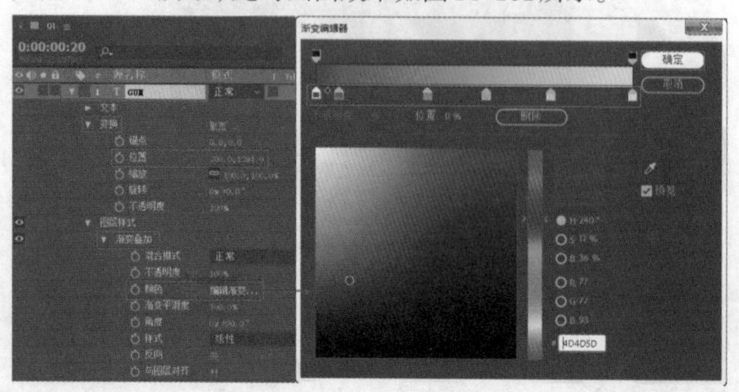

图14-100

图14-101

步骤 22 在【时间轴】面板中选中GUM文本图层，然后在选项栏中选择【矩形工具】。在【合成】面板中文本GUM合适位置处按住鼠标左键并拖曳至合适大小，得到矩形遮罩，如图14-102所示。在【时间轴】面板中打开GUM文本图层下方的【蒙版】/【蒙版1】，并将时间线拖曳至6秒位置处，单击【蒙版路径】前的【时间变化秒表】按钮，此时在【时间轴】面板中的合适位置处会自动出现一个关键帧，再将时间线拖曳至5秒位置处，然后在【合成】面板中调整遮罩形状，如图14-103所示。

图14-102

图14-103

步骤 23 使用同样的方式创建文本BUBBLE，并在【字符】面板中设置合适的参数，如图14-104所示。

图14-104

步骤 24 为BUBBLE文本图层添加【渐变叠加】图层样式，然后打开【变换】，设置【位置】为(398, 1292)，【时间轴】面板如图14-105所示。此时画面效果如图14-106所示。

图14-105

图14-106

步骤 25 在【时间轴】面板中选中BUBBLE文本图层，然后在选项栏中选择【矩形工具】。在【合成】面板中文本BUBBLE的合适位置处按住鼠标左键并拖曳至合适大小，得到矩形蒙版，如图14-107所示。接着在【时间轴】面板中打开BUBBLE文本图层下方的【蒙版】/【蒙版1】，并将时间线拖曳至6秒位置处，单击【蒙版路径】前的【时间变化秒表】按钮，此时在【时间轴】面板中的合适位置处会自动出现一个关键帧。再将时间线拖曳至5秒位置处，然后在【合成】面板中调整遮罩形状，如图14-108所示。

图14-107

图14-108

步骤 26 拖曳时间线查看此时文本效果，如图14-109所示。

图14-109

Part 03 光效的制作

步骤 01 在【项目】面板中将素材5.png拖曳到【时间轴】面板中，并将其拖曳至EASY文本图层下方，然后设置其【模式】为线性减淡，如图14-110所示。

图14-110

步骤 02 在【时间轴】面板中打开5.png素材图层下方的【变换】，并将光标定位在6秒位置处，单击【不透明度】前的【时间变化秒表】按钮，设置【不透明度】为0%。再将时间线拖曳至6秒10帧位置处，设置【不透明度】为100%，如图14-111所示。此时画面效果如图14-112所示。

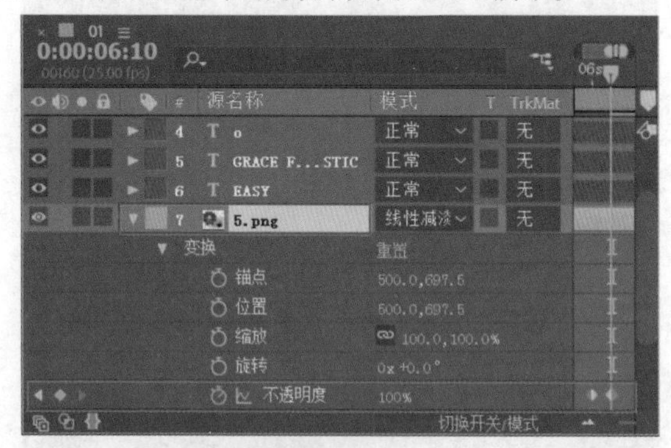

图14-111

图14-112

步骤 03 在【项目】面板中将素材6.png拖曳到【时间轴】面板中，并设置其【模式】为屏幕，如图14-113所示。

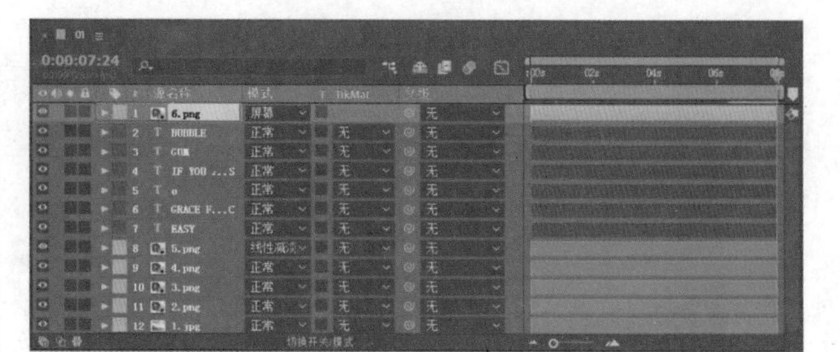

图14-113

步骤 04 在【时间轴】面板中单击打开6.png素材图层下方的【变换】，并将时间线拖动至2秒05帧位置处，单击【不透明度】前的【时间变化秒表】按钮，设置【不透明度】为0%。再将时间线拖动至2秒15帧位置处，设置【不透明度】为100%，如图14-114所示。

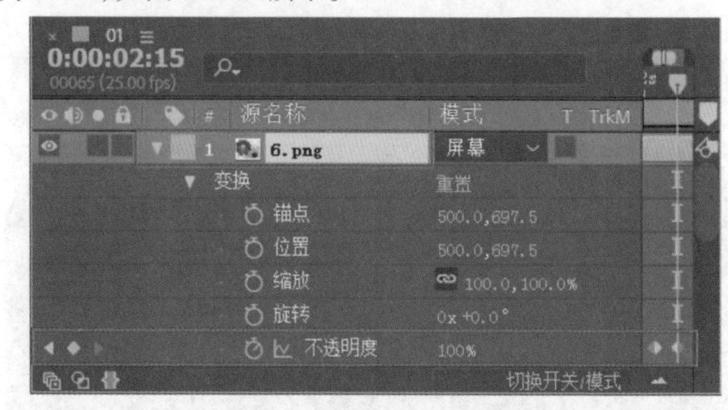

图14-114

步骤 05 拖曳时间线查看案例最终效果，如图14-115所示。

图14-115